# Periodic Table of the Elements

| Key | |
|---|---|
| 1 | Atomic number |
| **H** | Element symbol |
| 1.01 | Atomic mass† |
| hydrogen | Element name |

| PERIOD | GROUP 1<br>IA | 2<br>IIA | 3<br>IIIB | 4<br>IVB | 5<br>VB | 6<br>VIB | 7<br>VIIB | 8<br>VIII | 9<br>VIII |
|---|---|---|---|---|---|---|---|---|---|
| 1 | 1<br>**H**<br>1.01<br>hydrogen | | | | | | | | |
| 2 | 3<br>**Li**<br>6.94<br>lithium | 4<br>**Be**<br>9.01<br>beryllium | | | | | | | |
| 3 | 11<br>**Na**<br>22.99<br>sodium | 12<br>**Mg**<br>24.31<br>magnesium | | | | | | | |
| 4 | 19<br>**K**<br>39.10<br>potassium | 20<br>**Ca**<br>40.08<br>calcium | 21<br>**Sc**<br>44.96<br>scandium | 22<br>**Ti**<br>47.88<br>titanium | 23<br>**V**<br>50.94<br>vanadium | 24<br>**Cr**<br>52.00<br>chromium | 25<br>**Mn**<br>54.94<br>manganese | 26<br>**Fe**<br>55.85<br>iron | 27<br>**Co**<br>58.93<br>cobalt |
| 5 | 37<br>**Rb**<br>85.47<br>rubidium | 38<br>**Sr**<br>87.62<br>strontium | 39<br>**Y**<br>88.91<br>yttrium | 40<br>**Zr**<br>91.22<br>zirconium | 41<br>**Nb**<br>92.91<br>niobium | 42<br>**Mo**<br>95.95<br>molybdenum | 43<br>**Tc**<br>(99)<br>technetium | 44<br>**Ru**<br>101.07<br>ruthenium | 45<br>**Rh**<br>102.91<br>rhodium |
| 6 | 55<br>**Cs**<br>132.91<br>cesium | 56<br>**Ba**<br>137.33<br>barium | 57<br>**La**<br>138.91<br>lanthanum | 72<br>**Hf**<br>178.49<br>hafnium | 73<br>**Ta**<br>180.95<br>tantalum | 74<br>**W**<br>183.85<br>tungsten | 75<br>**Re**<br>186.21<br>rhenium | 76<br>**Os**<br>190.2<br>osmium | 77<br>**Ir**<br>192.22<br>iridium |
| 7 | 87<br>**Fr**<br>(223)<br>francium | 88<br>**Ra**<br>(226)<br>radium | 89<br>**Ac**<br>(227)<br>actinium | 104<br>**Rf**<br>(261)<br>rutherfordium | 105<br>**Db**<br>(262)<br>dubnium | 106<br>**Sg**<br>(263)<br>seaborgium | 107<br>**Bh**<br>(262)<br>bohrium | 108<br>**Hs**<br>(265)<br>hassium | 109<br>**Mt**<br>(266)<br>meitnerium |

| | | | | | | |
|---|---|---|---|---|---|---|
| Lanthanide series | 58<br>**Ce**<br>140.12<br>cerium | 59<br>**Pr**<br>140.91<br>praseodymium | 60<br>**Nd**<br>144.24<br>neodymium | 61<br>**Pm**<br>(147)<br>promethium | 62<br>**Sm**<br>150.36<br>samarium | 63<br>**Eu**<br>151.97<br>europium |
| Actinide series | 90<br>**Th**<br>(232)<br>thorium | 91<br>**Pa**<br>(231)<br>protactinium | 92<br>**U**<br>(238)<br>uranium | 93<br>**Np**<br>(237)<br>neptunium | 94<br>**Pu**<br>(244)<br>plutonium | 95<br>**Am**<br>(243)<br>americium |

†The mass number of an important radioactive isotope—not the atomic mass—is shown in parentheses for an element with no stable isotopes.

Metals
Semimetals
Nonmetals

| 10 VIII | 11 IB | 12 IIB | 13 IIIA | 14 IVA | 15 VA | 16 VIA | 17 VIIA | 18 VIIIA |
|---|---|---|---|---|---|---|---|---|
| | | | | | | | | 2<br>**He**<br>4.00<br>helium |
| | | | 5<br>**B**<br>10.81<br>boron | 6<br>**C**<br>12.01<br>carbon | 7<br>**N**<br>14.01<br>nitrogen | 8<br>**O**<br>16.00<br>oxygen | 9<br>**F**<br>19.00<br>fluorine | 10<br>**Ne**<br>20.18<br>neon |
| | | | 13<br>**Al**<br>26.98<br>aluminum | 14<br>**Si**<br>28.09<br>silicon | 15<br>**P**<br>30.97<br>phosphorus | 16<br>**S**<br>32.07<br>sulfur | 17<br>**Cl**<br>35.45<br>chlorine | 18<br>**Ar**<br>39.95<br>argon |
| 28<br>**Ni**<br>58.69<br>nickel | 29<br>**Cu**<br>63.55<br>copper | 30<br>**Zn**<br>65.39<br>zinc | 31<br>**Ga**<br>69.72<br>gallium | 32<br>**Ge**<br>72.63<br>germanium | 33<br>**As**<br>74.92<br>arsenic | 34<br>**Se**<br>78.97<br>selenium | 35<br>**Br**<br>79.90<br>bromine | 36<br>**Kr**<br>83.80<br>krypton |
| 46<br>**Pd**<br>106.42<br>palladium | 47<br>**Ag**<br>107.87<br>silver | 48<br>**Cd**<br>112.41<br>cadmium | 49<br>**In**<br>114.82<br>indium | 50<br>**Sn**<br>118.71<br>tin | 51<br>**Sb**<br>121.75<br>antimony | 52<br>**Te**<br>127.60<br>tellurium | 53<br>**I**<br>126.90<br>iodine | 54<br>**Xe**<br>131.29<br>xenon |
| 78<br>**Pt**<br>195.08<br>platinum | 79<br>**Au**<br>196.97<br>gold | 80<br>**Hg**<br>200.59<br>mercury | 81<br>**Tl**<br>204.38<br>thallium | 82<br>**Pb**<br>207.2<br>lead | 83<br>**Bi**<br>208.98<br>bismuth | 84<br>**Po**<br>(209)<br>polonium | 85<br>**At**<br>(210)<br>astatine | 86<br>**Rn**<br>(222)<br>radon |
| 110<br>**Ds**<br>(281)<br>darmstadtium | 111<br>**Rg**<br>(280)<br>roentgenium | 112<br>**Cn**<br>(285)<br>copernicium | 113*<br>**Nh**<br>(286)<br>nihonium | 114<br>**Fl**<br>(289)<br>flerovium | 115*<br>**Mc**<br>(289)<br>moscovium | 116<br>**Lv**<br>(293)<br>livermorium | 117*<br>**Ts**<br>(294)<br>tennessine | 118*<br>**Og**<br>(294)<br>oganesson |

| | | | | | | | |
|---|---|---|---|---|---|---|---|
| 64<br>**Gd**<br>157.25<br>gadolinium | 65<br>**Tb**<br>158.93<br>terbium | 66<br>**Dy**<br>162.50<br>dysprosium | 67<br>**Ho**<br>164.93<br>holmium | 68<br>**Er**<br>167.26<br>erbium | 69<br>**Tm**<br>168.93<br>thulium | 70<br>**Yb**<br>173.04<br>ytterbium | 71<br>**Lu**<br>174.97<br>lutetium |
| 96<br>**Cm**<br>(247)<br>curium | 97<br>**Bk**<br>(247)<br>berkelium | 98<br>**Cf**<br>(251)<br>californium | 99<br>**Es**<br>(252)<br>einsteinium | 100<br>**Fm**<br>(257)<br>fermium | 101<br>**Md**<br>(258)<br>mendelevium | 102<br>**No**<br>(259)<br>nobelium | 103<br>**Lr**<br>(260)<br>lawrencium |

*The names and symbols for elements 113, 115, 117, and 118 are currently under review by IUPAC.

# 일반 화학

# 일반 화학

## 개념과 사고

제 8 판

Charles H. Corwin

화학교재 편찬위원회 편

Pearson

탐구당

**Introductory Chemistry: Concepts & Critical Thinking**
[Eighth Edition]
by
Charles H. Corwin

Authorized translation from the English language edition, entitled INTRODUCTORY CHEMISTRY: CONCEPTS AND CRITICAL THINKING, 8th Edition, 9780134421377 by CORWIN, CHARLES H, published by Pearson Education, Inc, publishing as Pearson, Copyright © 2017



Pearson 탐구당

# 간략 목차

# 저자 소개

**찰스 H. 코윈**(Charles H. Corwin)은 일반화학을 강의실과 실험실에서 1만 명 이상의 학생들에게 강의하였다. 그는 일반화학 학생의 다양성을 인정하고 Bloom의 분류학, Myers-Briggs 인벤토리, 비판적 사고 및 알고리즘 대 개념적 휴리스틱을 기반으로 하는 다양한 수업 방법을 채택하였으며, 강의에는 객관적이고 협동적인 그룹 학습, 웹 기반 과제, 화학 시연 및 멀티미디어 프레젠테이션을 통한 학습이 포함되었다.

저자는 San Jose State University에서 Tau Delta Phi 아너 소사이어티의 구성원으로 학위를 받았다. 그는 Institute of Polymer Science와 University of Akron에서 공부하였으며, Stanford Research Institute에서 투석 막에 대한 대학원 연구를 하였다. 그는 Purdue University의 화학교육 그룹과 함께 안식년을 보내고 Jean Piaget의 작업을 기반으로 한 인지발달에 대한 구성주의적 접근방식을 연구하였다. 이전에는 Grand Valley State University에서 NSF 보조금을 받고 방문 교수로 재직하면서 자기 주도적인 완전학습 연구에 참여하였다. 그는 현재 실험실 구성 요소와 하이브리드 온라인 화학 과정 개발에 관심을 가지고 있다.

Corwin 교수는 American River College에서 올해의 강사로 인정받아 Purdue University에서 교육상을 받았다. 또한 교수진 멘토, 학과장, 대학평의원회 의원이었으며, ACS 시험위원회와 캘리포니아 화학 진단 시험위원회에서 일하였다. 캘리포니아 주립 대학의 박람회에서 과학 프로젝트를 심사하였고, 2YC3 및 중등학교에 많은 프레젠테이션을 제공하였다. 그리고 새크라멘토 지역 화학 경연 대회의 심사관으로 20년 넘게 활동하였다.

# 학생들에게

**개인 메모** 나는 강의실에서 여러분의 질문에 답했으며, 실험실에서 여러분과 함께했고 격려를 해주었습니다. 저는 여러분에게 개인적으로 이야기하지 않았지만, 대학 생활, 재정 지원, 고용 시간, 관계 문제, 시험 불안, 일반적인 스트레스를 곡예 하듯 다루려고 하는 학생들과 수없이 많은 대화를 나눴습니다. 신입생이거나 재입학한 학생인 경우 선배 및 강사와 연락망을 유지하고 목표 달성을 돕는 다른 사람들과 네트워크를 형성하는 것이 좋습니다.

일반화학은 체계적으로 구축되고 물리학, 생명과학, 보건학 및 그 이상을 위한 지식 기반으로 정점을 이루는 주제입니다. 따라서 화학을 공부하기 위해 매일 시간을 확보해야 하며, 시험을 위한 벼락치기 공부를 피하는 것이 중요합니다. 공부가 잘 안 될 때에는 공부하고 있는 주제를 다루는 매력적인 그림과 사진 위주로 보기 바랍니다.

화학 공부를 열심히 하면 결국 좋은 직업을 위한 문을 열어줍니다. 여러분은 좋은 직업으로 개인적으로 만족할만한 인생을 살 수 있을 것이며, 가난한 삶을 피하는 데 도움이 될 것입니다. 나는 여러분들이 화학 수업에서 성공할 수 있다는 것을 알고 있습니다. 학기가 끝날 때 여러분들은 자신의 다른 표정, 즉 도전을 받아들이고, 최선을 다하고, 앞으로 있을 일에 대해 더 잘 대비할 수 있다는 것을 알게 된 자신감의 표정을 보게 될 것입니다.

# Contents

# 3 물질과 에너지 63



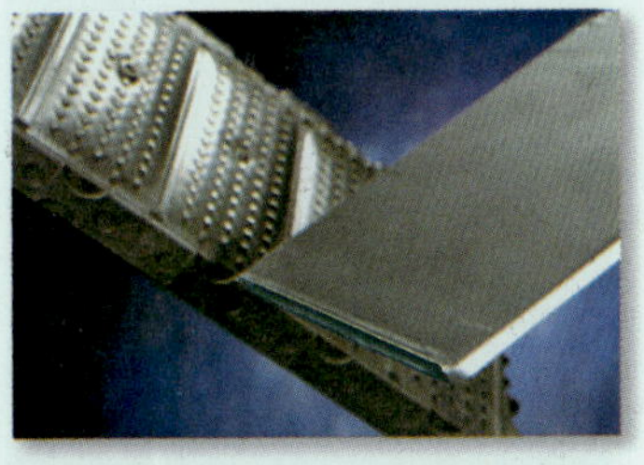

# 4 원자모형모형 97

# 5 주기율표 127

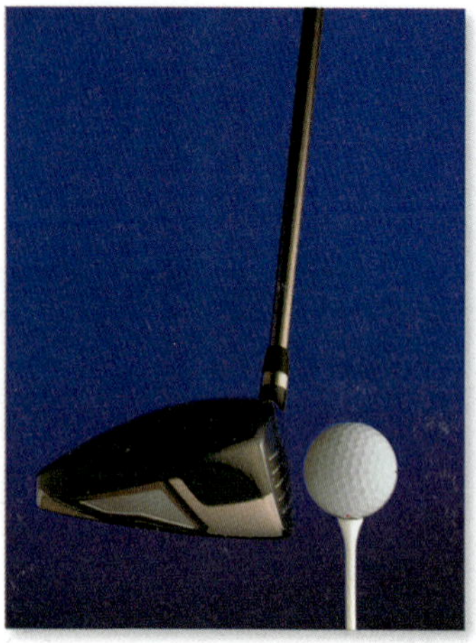



## 6 화학의 언어 155

## 7 화학반응 183

Neon

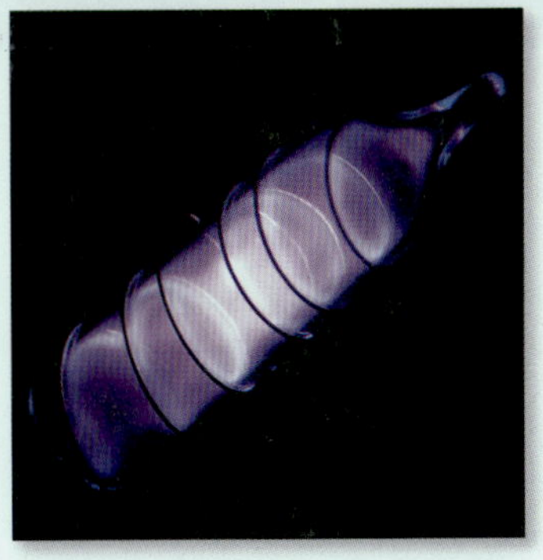

## 19 유기화학 526

## 20 생화학 558

## 부록

# 머리말

나의 목표는 매 학기마다 강의 프레젠테이션을 연마하고 강의 기술을 향상시키는 것이다. 그래서 프레젠테이션 개선을 위해 항상 포스트잇을 달고 산다. 나는 지속적으로 다양한 주제 구성으로 실험하고, 시각적 개념을 위한 멀티미디어 및 분자 모델을 사용하며, 학생들의 관심을 유지하기 위해 화학실험을 수행한다. 또한 주제 융합을 고려하고 최신 정보를 제공하기 위해 질적, 양적 주제를 번갈아 다룬다.

리뷰어의 의견으로부터 분명한 것은 기초화학 강의의 "올바른 방법"에 대해 어떠한 결론도 없으며, 각 수업 상황은 코스 목표 및 이용 가능한 시설에 따라 다르다. 따라서 나는 제8판에서 주제 순서를 결정할 때, 토론에 중점을 두고 숙고하여 결정을 내렸다.

10년 전, 많은 화학 교재는 원자 이론과 화학 결합을 책 후반부에 넣었다. 이는 Piagetian 이론과, 개념적 주제가 더 높은 인지 과제(기초로서 앞에서 다루는 기술적이며 알고리즘의 주제에 영향을 주는 과제)라는 교육 연구 때문이었다. 그러나 일부 화학 교재는 원자와 분자 세계에 관심 있는 학생에 영향을 받아 "원자 우선" 접근법을 선호한다.

숙련된 강사는 수학적으로 "부드러운" 접근법이 학생들과 공감한다는 것을 발견했을 것이다. 학생들의 관심을 키우기 위해 먼저 물리적, 화학적 성질을 논의하고 화학 원소의 이름과 기호를 배우는 것과 같은 쉬운 작업을 할당할 수 있다. 이 방법의 단점은 기본적인 수학 기술이 부족하여 나중에 계산이 어려워지고 최선의 노력에도 불구하고 성공하지 못할 수 있다는 것이다.

"제8판 일반화학: 개념과 사고"는 강사가 주제 발표를 선택할 수 있는 방향을 제시한다. 많은 리뷰어들이 주제의 배치 순서에 대해서 조언하였으며, 주제 순서에 대한 제안은 원자 이론, 화학 결합, 화학량론 및 이온 방정식과 같은 분야에서 특히 다양했다.

우리는 또한 리뷰어에게 필수 과학기술을 다루는 엄격성을 평가하도록 요청하였다. 응답은 책 전체에 대하여 다양했다. 분명히 그러한 차이가 있을 때 교과서는 모든 견해를 수용할 수 없다. 대안을 평가한 후에, 우리는 1장 다음에 "필수적인 과학 스킬"을 인터루드로 선택하였다. 준비가 잘 된 학생들은 이 장이 불필요하다고 생각할 수 있다. 그러나 준비가 약한 학생들은 매우 귀중한 장이 될 것이다.

깊이 고려된 영역은 화학 계산의 적용 범위이다. 이전 판에서는 문제풀이가 리뷰어에게 높은 점수를 받았다. "15장 고급문제풀이"에서 화학 계산은 더욱 정교하며, 문제풀이는 광범위한 기술을 다루고 있다.

## 이 판의 새로운 점

이 "제8판 일반화학: 개념과 사고"에서 상당한 변화가 있었다. 제8판에는 개정판을 커버하는 표지 외에도 다음과 같은 변화가 있다.

- 각 장의 시작하는 이미지는 주기율표의 원소와 그에 대한 숫자 레퍼런스와 함께 소개된다. 예를 들어, 1장은 간단한 설명과 함께 첫 번째 원소로 수소가 소개된다.

1
H
hydrogen

**원소 1 : 수소**
수소는 우주에서 가장 간단하고 가장 풍부한 원소다. 140억 년 전 빅뱅의 시작과 함께 수소 원자들은 우주 전체로 흩어져 나갔다. 나중에 두 개의 수소 원자들은 서로 합쳐져 헬륨을 만들게 된다. 헬륨은 다시 수소 원자와 합쳐져 세 번째 원소 리튬을 만들게 된다. 그러므로, 모든 원소는 수소로부터 시작된다.

- 이 판의 새로운 점은 많은 **도움말**이 있다는 것이다. 이 도움말은 어려움과 혼란이 있는 지점에서 개인 교습을 하는 것처럼 저자가 직접 학생에게 전달하는 방식이다.

- 이 판의 새로운 점은 학생의 흥미를 유지하기 위해 고안된, 통찰력과 생각을 자극하며, 정보를 제공하는 "**자세히 보기(A Closer Look)**"이라는 기능이 있다는 것이다. 이 자세히 보기는 흔히 볼 수 있는 잘못된 생각의 예를 제시한다.

- 무기 명명법은 기초 일반화학 수준에서 문제가 되었다. 역사적으로 명명법에서 스토크 체계(*Stock System*)와 라틴 체계(*Latin System*)는 모두 교과서에 실려 왔다. 스토크 체계는 IUPAC에서 선호하기 때문에 일부 교과서에서는 라틴 체계를 삭제하였다. 이 교재 제8판에는 이 문제를 다루기 위해 학습 목표에 따라 라틴 체계를 배정하거나, 배정하는 옵션을 강사에게 제공하는 "6.7절 **라틴 체계 명명법**"이 추가되었다.
- 제8판의 새로운 점은 실제 문제와 개념 문제가 포함된 예제가 추가된 것이다. 화학에 입문하는 학생들이 예제를 통해 배우기 때문에, 이것은 필수적이다.
- 각 장의 마지막 부분에 있는 문제와 그 뒤에 있는 자율테스트의 1/3이 개정되었다.

- 제8판의 새로운 점은 시카고대학교(University of Chicago)의 벤저민 블룸(Benjamin Bloom)과 동료들이 제시한 행동 동사 모델에 따라 학습 목표를 수정한 것이다. 블룸의 분류학은 단순 암기에서부터 창조에 이르기까지 다양한 단계에서 이루어지는 학습을 설명한다. 왼쪽의 피라미드 아이콘은 블룸 학습 모델을 도식화한 것이다. 강사 매뉴얼은 모든 장의 학습 목표를 나열하고 각 장을 특정 레벨에 배정한다. 학생들에게 많은 것을 요구하는 강사의 경우, 이 리소스는 수준에 상응하는 각 목표의 난이도를 예측하는 데 매우 중요하다.

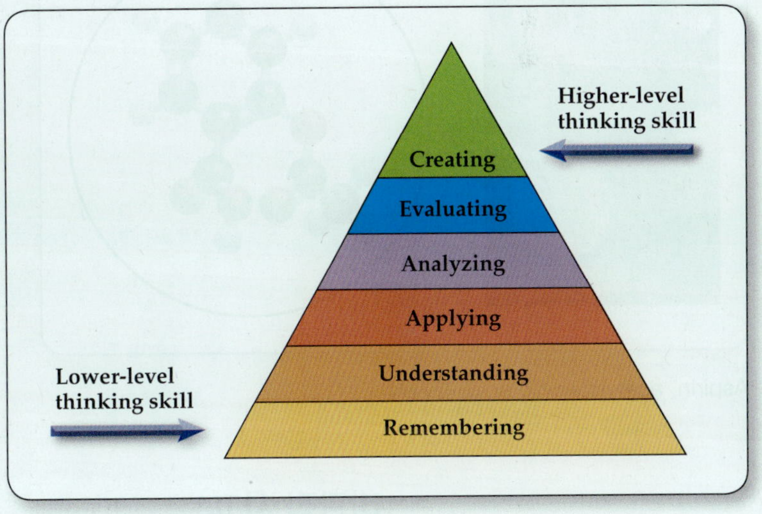


## 문제 풀이

이 텍스트의 중요한 목적은 학생들이 효과적으로 문제를 풀 수 있도록 돕는 것이다. 이 목적은 각각의 새로운 주제에 대한 검토 토론과 예제 연습, 실습, 개념 연습 및 각 장 끝에 있는 문제 풀이 요약에 따라 수행된다.

이전 판은 체계적인 문제 풀이에 대한 긍정적인 평가를 받았다. 기초 화학을 배우는 학생들이 종종 수학 실력이 약하므로, 앞 장들에서의 문제 풀이는 대수학을 철저히 피하고, 주로 단위 분석 방법을 사용하였다. 그러나 많은 강사가 기체 법칙에 대한 대수적 접근법을 선호하기 때문에 10장에서는 기체 법칙 문제를 풀기 위한 대수학 및 단위 분석 방법을 제공한다.

수학과 과학이 약한 학생을 돕기 위해 제8판은 "선행되어야할 필수 과학 스킬"을 제공하여 강사가 재량에 따라 강의 여부를 결정할 수 있다.

제8판은 일반 문제 및 도전 연습문제뿐만 아니라 각 장의 끝에 각 섹션과 관련된 문제(일치 쌍 형식)를 제공합니다. 15장 고급문제풀이는 단위 분석 방법과 대수적 방법에 대해 설명한다. 또한 시각화 및 개념 지도를 통한 문제 풀이 스킬에 대한 논의가 있다.

## 화학 언어

이 교재의 또 다른 중요한 목적은 학생들이 화학 언어를 배울 수 있게 돕는 것이다. 이를 위해 각 장에는 학생들이 부록 H에서 자신의 정의를 검증할 수 있게 해주는 주요 용어에 대해 일치시키는 문제가 있다.

## 개념 학습

일반화학에 입문하는 학생들은 종종 주제를 배우기 위한 동기 부여가 필요하다. 이를 위해 제8판에서는 삽화와 사진에서 새로운 수준의 세련미를 달성하기 위해 색상 및 스타일을 다듬었다. 분자 아트 프로그램은 화학 공식 및 화학반응을 위한 분자 구조를 제공한다. 또한 사진은 매크로/마이크로 분자를 제공한다. 이 비주얼 프레젠테이션은 주제에 대한 관심을 높일 뿐만 아니라 학생들이 파악하기 어려운 개념을 이해할 수 있는 효과적인 강의 도구일 것이다.

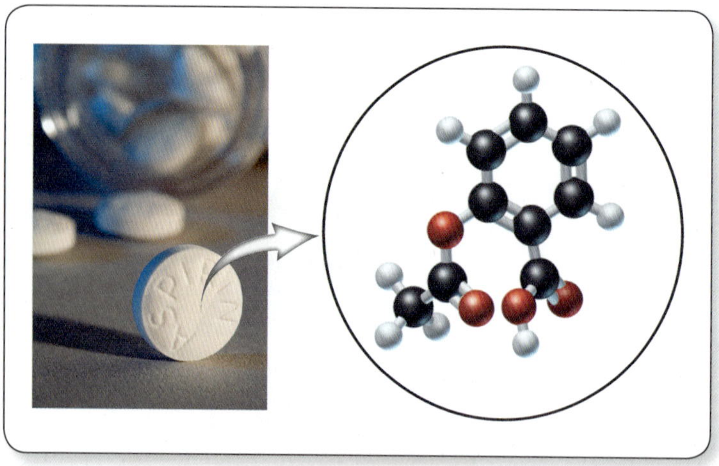

Aspirin, acetylsalicylic acid, 분자식

## 비판적 사고

인지 과학자들은 "비판적 사고"를 세 가지 프로세스, 즉 이유의 적용, 의사 결정 및 문제 해결과 관련된 정신 활동으로 정의한다. 이 교과서에서 비판적 사고는 특히 화학 문제를 해결하는 다양한 접근법에서 나타난다. 비판적 사고 문제는 장의 끝 자율 테스트에 있으며, 잘못된 개념은 별도 상자로 된 "자세히 보기"(예: 미터법 레이블 및 낮은 휘발유 청구서)에서 많은 부분 검토된다.

## 유연한 목차

여러 가지 이유로 어떤 일반화학 강의도 정확히 동일한 순서로 진행되지 않는다. 따라서 "일반화학: 개념과 사고(제8판)"의 목차는 자유롭게 순서를 바꿀 수 있도록 구성되어 있다. 예를 들어, 화학결합(12장)은 원자모형과 주기율표(4장과 5장) 다음에 강의할 수 있으며, 이온 방정식은 화학반응 다음에 강의할 수 있다(7장). 기체 화학양론은 기체(10장) 뒤로 미룰 수 있다.

## 감사의 글

이 학습 패키지를 성공적으로 만드는 데 도움을 준 리뷰어, 강사 및 학생들에게 감사드린다. 나는 수강신청자 수가 많은 일반화학을 맡고 있어 큰 단과대학(~40,000명의 학생들)에서 화학을 가르친다. 학생들과 동료들은 계속 나를 정진시켰으며, 전국의 학생과 강사가 보낸 이메일을 통해 교실에서 큰 성공을 거둘 수 있었다.

또한 제8판에 공헌한 "팀원"에게 감사하고 싶다. 선임 코스웨어 포트폴리오 관리자인 Scott Dustan은 광범위한 경험을 가지고 처음부터 프로젝트를 확고하게 해주었다. 프로젝트를 일정대로 유지하면서 문제를 다룬 긴 전화 대화로 나를 괴롭힌 콘텐츠 제작자 Brett Coker에게 특별한 감사를 드린다. 코스웨어 분석가 Matt Walker는 이전 판의 각 장을 검토하고 많은 제안을 해주었고 그 제안이 많이 구현되었다. 사진 연구원 Julie Lafflin은 사진 사용에 대한 새로운 제한 조건 내에서 고품질 사진을 제공하였다. T. J. Mullen는 다양한 출처에서 소개된 오용을 찾아내는 어려운 임무를 맡았다. 교정을 한 Nancy Moyer는 놀랍도록 세심한 주의를 기울였으며 문법상의 미세한 차이점을 가르쳐주었다. 이 분들 한분, 한분에게 나는 진심으로 감사드린다.

## 제8판의 리뷰어

이 일반화학의 전 판과 이 판의 리뷰어들은 학생들이 요구하는 단순화와, 정확성과 상세함을 요구하는 설명 사이에서 모호한 표현을 계속해서 바로 잡아주었다. 화학을 배우는 학생들에게 더 나은 교재를 만들도록 나와 함께 일 해준 리뷰어들에게 감사드린다.

**David Berhman**
*Somerset Community College*
**Kathleen Brunke**
*Christopher Newport University*
**Kenneth Caswell**
*University of South Florida*
**Donna Friedman**
*St. Louis Community College*
**Ted Gish**
*Madonna University*
**Alton Hassell**
*Baylor University*
**Sharon Motsinger**
*Rowan-Cabarrus Community College South*
**Kassandra Riley**
*Rollins College*

## Reviewers of Previous Editions

**Jeff Allison**
*Austin Community College*
**David Ball**
*Cleveland State University*
**Terri Beam**
*Mount San Antonio College*
**Karen Bender**
*Grossmont College*
**Ralph Benedetto**
*Wayne Community College*
**Sean Birke**
*Jefferson College*
**Simon Bott**
*University of Houston*
**Henry Brenner**
*New York University*
**John Brundage**
*Cuesta College*
**Nicole K. Carlson**
*Indiana University*
**Angela Carraway**
*Meridian Community College*
**Kaiguo Chang**
*University of Arkansas, Fort Smith*
**Anne Chevalier**
*Louisiana State University, Alexandria*
**Bernadette R. Corbett**
*Metropolitan Community College*
**Wanda Davila-Aponte**
*Valencia Community College*
**Dwaine Davis**
*Forsyth Technical Community College*

**John Dolhun**
*Norwalk Community College*
**Taiya Fabre**
*Houston Baptist University*
**Wendy Fleeman**
*Shawnee State University*
**Robert Fremland**
*Mesa College*
**Donna Friedman**
*St. Louis Community College*
**Wesley Fritz**
*College of Dupage*
**Ana Gaillat**
*Greenfield Community College*
**Steven Garber**
*Front Range Community College*
**David R. Gano**
*Minot State University*
**Mary Hadley**
*Minnesota State University, Mankato*
**Rebecca K. Hanckel**
*Charleston Southern University*
**Helen Haur**
*Delaware Technical & Community College*
**Leslie Hersh**
*Delta College*
**Mary Hickey**
*Henry Ford Community College*
**David Holder**
*Oklahoma State University*
**P. D. Hooker**
*Colby Community College*
**Gerald Ittenbach**
*Fayetteville Technical Community College*
**Kasem K. Kasem**
*Indiana University–Kokomo*
**Ray Kennedy**
*Massachusetts Bay Community College*
**Richard Laidlaw**
*Laramie Community College*
**Anthony Lazzaro**
*CA University of Pennsylvania*
**Jeff Lehman**
*Grossmont College*
**Anne Lenhert**
*Kansas State University*
**David Lippmann**
*Southwest Texas State University*
**Anne Loeb**
*College of Lake County*
**Richard Lomneth**
*University of Nebraska, Omaha*
**Sharyl Majorski-Briggs**
*Central Michigan University*
**Greg J. Maloney**
*Northland Pioneer College*
**Jerome Gerard May**
*Southeastern Louisiana University*
**Johanna Mazlo**
*University of North Carolina, Greensboro*
**Deborah Miller**
*CNMCC*
**Richard S. Mitchell**
*Arkansas State University*
**Alice Monroe**
*St. Petersburg College*
**Kent McCorkle**
*MiraCosta College*
**Daryl Mincey**
*Youngstown State University*
**Barbara Mowery**
*York College of Pennsylvania*
**Nancy Mullins**
*Florida State College at Jacksonville*
**Robert N. Nelson**
*Georgia Southern University*
**Lily Ng**
*Cleveland State University*
**Gayle Nicoll**
*University of Texas, San Antonio*
**Gita Perkins**
*Estrella Mountain Community College*
**Sacha Place**
*Gonzaga Prep*
**Jeffrey Rahn**
*Eastern Washington University*
**Christian Ray**
*University of Illinois at Urbana*
**Hussein Samha**
*Southern Utah University*
**Scott M. Savage**
*Northern State University*
**Mary Setzer**
*University of Alabama, Huntsville*
**Julianne M. Smist**
*Springfield College*
**Clarissa Sorensen-Unruh**
*CNMCC*
**Charles E. Sundin**
*University of Wisconsin–Platteville*
**Jerry Swanson**
*Daytona Beach Community College*
**Graham Stoner**
*Houston Community College*
**Harold Trimm**
*SUNY Broome Community College*
**Paul E. Tyner**
*Schenectady County Community College*

**Mine Ucak-Astarlioglu**
*The Pennsylvania State University*

**Mary Underdown**
*Montgomery College*

**Marie Villarba**
*Glendale Community College*

**William H. Voige**
*James Madison University*

Charles H. Corwin
*Department of Chemistry*
*American River College*
*Sacramento, CA 95841*
corwinc@arc.losrios.edu

# 역자 서문

이 책은 Charles H. Corwin 교수(American River 대학교)가 집필한 Introductory Chemistry: Concepts and Critical Thinking 제8판을 번역한 것이다.

일반화학은 자연 및 공학 과학 계열 학생은 모두 이수해야 하는 기초 과목의 하나이다. 우리나라 대학은 하나의 전공에서 다전공 시대로 많이 바뀌어 일반화학을 1년 또는 한 학기로 선택하는 추세로 변했다. 따라서 종전의 일반화학 책은 심오하고 방대한 양으로, 짧은 기간에 전부 배운다는 것은 무리였다. 그러므로 내용이 평이하며 교과 내용 순서를 선별적으로 선택하여도 무리가 없도록 배열하였으며, 이해가 쉽도록 간결하고 흥미 있게 전개된 이 책이야말로 시기적절한 것이라고 믿고 번역을 기꺼이 하게 되었다.

이 책의 특징은
첫째, 화학 원리를 일상생활과 관련시켜 생활의 과학화를 도모하였다.
둘째, 각 장의 앞부분에 서문을 둠으로써 공부해야 할 목표를 명확하게 하였다.
셋째, 초보적으로 알기 쉬운 표현과 적절한 비유의 예를 들어 화학 개념을 흥미롭고 명료하게 설명하였다.
넷째, 적절한 예제와 물음을 삽입하여 개념 파악을 재검토하도록 하였다.
다섯째, 내용과 관련된 "생활 화학"을 제공하여 최근이 과학 정보로서의 역할을 하도록 하였다.
여섯째, 각 장의 끝에는 요약, 주요 개념, 주요 용어, 문제, 자율테스트 등을 풍부히 수록하여 정리와 응용을 돕도록 하였다.

역자들은 이 책에 수록된 문제가 너무 방대하여 우리나라 교육 현상과 경제적 여건으로 홀수 번호만 수록하였다.

화학용어는 이전 화학 술어집(제5개정판, 대한화학회 발행 2008년), 편수 자료 III 기초과학(교육부 2016년), 대한화학회 홈페이지를 참고로 하였다.

특히 이번에 영어식 표현과 독일어식 표현이 혼용되어 오는 혼란을 피하기 위하여 영어식 표현(독일어식 표현)을 병기하였다. 여러 명의 역자로 인하여 번역의 문맥과 용어 등에서 차이가 있을 수 있어 처음부터 끝까지 일관되게 통일시켰다. 끝으로 이 책의 출판권을 준 미국 Pearson과 탐구당 홍정수 대표를 비롯하여 관계자 여러분께 감사를 드린다.

2018년 1월
역자 일동

CHAPTER 1

# 화학의 소개

*"우리가 추구하는 용기가 있다면 우리의 모든 꿈은 실현될 수 있다."*

월트 디즈니(Walt Disney), 디즈니랜드 제작자(1901–1966)



1 H hydrogen

**원소 1 : 수소**

수소는 우주에서 가장 간단하고 가장 풍부한 원소다.

140억 년 전 빅뱅의 시작과 함께 수소 원자들은 우주 전체로 흩어져 나갔다. 나중에 두 개의 수소 원자들은 서로 합쳐져 헬륨을 만들게 된다. 헬륨은 다시 수소 원자와 합쳐져 세 번째 원소 리튬을 만들게 된다. 그러므로, 모든 원소는 수소로부터 시작된다.

미국, 캐나다 그리고 다른 선진국에서는 불과 100년 전만 해도 상상하지 못했던 생활 수준을 누리고 있다. 과학과 기술의 발전 덕분에 우리는 풍족한 수확을 얻고, 안락하고 쾌적한 빌딩에서 생활하며, 자동차와 비행기로 세계를 여행한다. 과거에 인류를 위협했던 질병들로부터도 벗어나 연장된 수명을 누리고 있다.

기술의 발전으로 단순 반복 작업을 수행하는 기계나 도구들을 가지게 되면서, 우리는 더 많은 시간을 즐기는 일에 사용할 수 있게 되었다. 컴퓨터 칩의 도입으로 편의시설과 눈부신 오락기기를 제공하는 전자제품을 사용할 수 있게 되었다. 우리는 뛰어난 소리와 멋진 색깔을 제공하는 다양한 종류의 오디오나 비디오들을 선택할 수 있게 되었다. 우리는 인터넷이나 위성 또는 인터넷 서핑을 하는 동안 무선으로 통신할 수 있는 스마트폰으로부터 오디오 및 비디오 자료들에 접근할 수 있다(그림 1.1).

우리의 현재 생활 수준은 화학 분야에서 교육 훈련을 받은 과학자나 기술자를 필요로 한다. 생명과학뿐 아니라 보건과학, 물리학, 지구과학에서도 화학의 원리를 이해하여야 한다. 사실 화학은 생물, 물리, 지질학, 의학의 교차로에 놓여 있기 때문에 때때로 중심과학이라고 불린다. 우리의 일상에서 개인용 컴퓨터와 스마트폰이 필요한 것처럼 화학은 우리의 일상생활에 필수적인 역할을 한다.

**▲그림 1.1 스마트폰**
전형적인 스마트폰은 인터넷과 클라우드에 연결된다.

**학습 목표**

- 화학의 초기실행을 묘사할 수 있다.
- 과학적 방법의 세 단계를 알 수 있다.

## 1.1 화학의 발전

과학에 대한 초기의 개념은 고대 중국, 이집트 그리고 그리스의 문명으로부터 시작되었다. 중국인들은 우주가 두 가지 힘의 상호작용으로부터 생성되었다고 믿었다. 여성적 힘인 음은 어둠, 차가움, 그리고 습함을 나타낸다. 남성적 힘인 양은 밝음, 열 그리고 건조함을 나타낸다. 음과 양의 힘이 상호작용하여 세속적 세계가 존재하게 되었으며 자연에 존재하는 모든 것의 원인이 된다고 생각하였다.

B.C. 600년대에 이미 그리스 사람들은 우주가 하나의 원소로 구성되어 있다고 생각하였다. 그리스의 과학, 수학 그리고 철학의 창시자인 탈레스(Thales)는 물은 단 하나의 유일한 원소라고 제안하였다. 지구는 물의 우주에 떠 있는 단단하고 납작한 원판이라고 주장하였다. 그는 공기와 우주는 덜 단단한 형태의 물이라고도 믿었다.

몇 년 후 또 다른 그리스의 철학자는 공기가 기본 원소라고 제안하였다. 이 이론이 등장한 이후에 불, 나중에는 흙이 기본 원소라는 제안이 뒤따랐다. B.C. 450년경에 그리스의 철학자 엠페도클레스(Empedocles)는 나무가 탈 때 연기가 나오고(공기), 불꽃(불)이 생기는 것을 관찰하였다. 그는 불이 꺼진 후 차가운 표면에는 습기가 모여 있고(물), 남은 것은 재(흙)라는 것을 주목하였다. 엠페도클레스는 이 관찰을 공기, 불, 물 그리고 흙이 기본 원소들이라는 증거로 해석하였다. 그 결론은 그의 관찰을 기초로 하여 논리적이었으며, 더 나아가 다른 물질들은 그림 1.2에서처럼 이 네 가지 원소가 서로 다른 비율로 섞인 예라고 생각하였다.

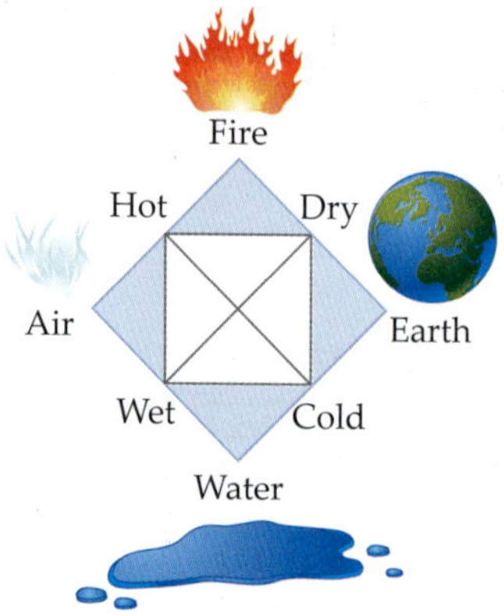


▲ **그림 1.2 네 가지 그리스 원소** 그리스인들이 제안한 네 가지 원소: 공기, 흙, 불, 물. 각각의 원소와 관련된 뜨거움, 차가움, 습함, 건조함의 성질들을 주목하라.

공기, 흙, 불 그리고 물이 네 가지 기본 원소라는 개념은 B.C. 350년경 아리스토텔레스(Aristotle)에 의해 받아들여졌다. 게다가, 그는 공간을 채운다고 믿었던 제5원소인 에터(ether)를 추가하였다. 아리스토텔레스의 영향은 매우 커서 그의 의견이 다른 그리스 철학자들을 제압하고 거의 2000년 동안 자연에 대한 우리들의 이해를 형성했다.

### 과학적 방법

1661년 영국의 과학자 보일(Robert Boyle, 1627-1691)은『회의적인 화학자(The Sceptical Chemist)』라는 책을 출판하였다. 보일은 그의 고전적 저서에서 실험적 증거의 뒷받침이 없는 과학적 고찰은 가치가 없다고 언급하였다. 이 원칙은 과학적 연구의 전환점이 되어 과학적 방법의 발전과 현대 과학의 출발이 되었다.

▲ **로버트 보일(Robert Boyle)** 보일은 진공관을 이용한 실험으로 과학적 방법론의 초석이 되는 고전 교과서 '회의적인 화학자'를 집필했다.

**과학(science)**은 자연의 체계적인 탐구와 그 관찰에 대한 논리적인 설명이라고 정의할 수 있다. 과학의 실행은 연구 계획, 주의깊은 관찰 기록, 자료 수집, 결과 분석을 수반한다. **실험(experiment)**에서 과학자들은 계획된 전략에 따라 자연을 탐구하고 통제된 조건 하에서 관찰한다.

**과학적 방법(scientific method)**은 자연에 대한 체계적인 조사이며, 일반적인 원리의 형태로 실험 결과에 대한 설명을 제시하기를 요구한다. 과학적 원리의 초기 잠정적인 제안을 '가설(hypothesis)'이라고 부른다.

더 많은 실험을 통하여 초기의 가설은 거부되거나, 수정되고 또는 과학적 원리의 형태로 승격되기도 한다. 그러나 가정이 과학적 원리가 되기 위해서는 더 많은 부가적인 실험들이 원래의 가정을 지지하고 증명해야 한다. 충분한 증거가 있어야만 하나의 가정이 과학적 이론(theory)의 수준으로 올라간다. 우리는 과학적 방법의 세 단계를 다음과 같이 요약할 수 있다.

#### 과학적 방법의 적용

**1단계:** 계획된 실험을 수행하고, 관찰하며, 자료를 기록한다.
**2단계:** 자료를 분석하고 실험 결과를 설명하는 잠정적인 가설을 제안한다.
**3단계:** 가설을 시험해보기 위한 추가적인 실험을 수행한다. 초기 가설을 뒷받침하는 증거가 있다면 가설은 과학적 이론이 될 수 있다.

우리는 과학자들이 어떤 이론을 받아들이기 전에 주의를 기울인다는 것을 주목해야 한다. 자연은 자신의 비밀을 느리게 그리고 상당한 탐색 후에만 내보인다는 것을 경험으로부터 알 수 있다. 철저한 시험으로 가설이 그 증거의 타당한 해석이라는 것이 입증될 때까지 과학적 이론은 받아들여지지 않는다. 예를 들어, 1803년 돌턴(John Dalton, 1766-1844)은 모든 물질은 원자라고 불리는 아주 작고 더 이상 나누어지지 않는 입자들로 구성되어 있다고 제안하였다. 그러나 그의 제안이 널리 받아 들여져서 원자론의 지위로 상승하기까지 추가적인 증거들을 수집하는데 거의 100년이 걸렸다.

이론(*theory*)과 법칙(*law*)이라는 용어는 관련이 있지만, 두 용어 간에 분명한 차이가 있다. 이론은 자연의 거동을 설명하는 모델이다. **자연법칙(natural law)**은 거동을 설명하는 것이 아니라 측정 가능한 관계를 진술한다. 실례를 통해서 설명하자면, 얼음 덩어리를 물속에 떨어뜨리면 온도 변화를 실험적으로 측정할 수 있기 때문에, 열은 뜨거운 물체로부터 차가운 물체로 흐른다는 것은 하나의 법칙이다. 열의 전달은 얼음과 물에 있는 분자들의 운동의 변화에 기인한다는 것은 하나의 이론이다.

우리는 이론과 법칙을 간단하게 다음 질문으로 구분할 수 있다: "그 제안이 측정 가능한가?" 만약 대답이 "예" 라면 그 진술은 하나의 법칙이다. 그렇지 못하면 그 진술은 하나의 이론이다.

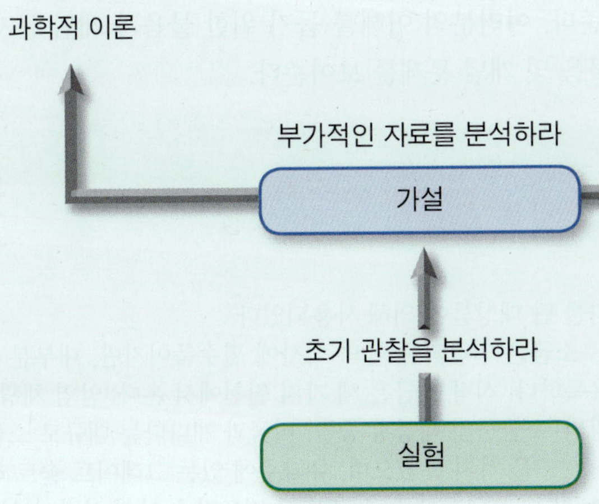


◀ **그림 1.3 과학적 방법**
실험으로부터 초기 관찰이 분석되고 가설로 공식화된다. 다음에는 부가적 자료가 여러 조건으로 수집되고 분석된다. 부가적 자료가 초기 제안을 지지하면, 그 가설은 과학적 이론이나 자연법칙으로 승격될 수 있다.

## 1.2 현대 화학

**학습 목표**

▶ 화학의 현대적 실행을 묘사할 수 있다.

A.D. 8세기에, 아랍인들은 **연금술(alchemy)**이라는 유사과학(pseudoscience)을 창안했다. 연금술사들은 간단한 실험을 하였으며, 기적적인 치료 능력을 갖추고 있고 납을 금으로 변화시킬 수 있는 마술 약(magic potion)의 존재를 믿고 있었다. 연금술은 시간이 흐름에 따라 사라졌지만, 그 실행 방식은 계획적, 체계적, 과학적 실험으로 연결되어 현대 화학 연구의 초석이 되었다.

18세기 후반에, 프랑스의 화학자 라부아지에(Antoine Lavoisier, 1743-1794)는 화학을 조직화하고 두 권의 중요한 교과서를 저술했다. 또한, 그는 훌륭한 연구소를 설립하여 세계 각지의 과학자들을 초청하여 견학할 수 있도록 했다. 많은 방문자 중에는 벤자민 프랭클린과 토머스 제퍼슨도 포함되어 있었다. 라부아지에는 실험을 많이 했으며, 연구 결과를 여러 언어로 출판했다. 그의 무수한 공헌 때문에 그는 현대 화학의 창시자로 여겨진다.

오늘날 **화학(chemistry)**은 물질의 조성과 성질을 연구하는 과학으로 정의할 수 있다. 지난 2세기에 걸쳐 화학자들은 아주 많은 정보를 축적하였으므로 우리는 이제 화학을 몇 개

▲**라부아지에(Antonie Lavoisier)** 2권의 교과서 외에도 화학에 관해 Lavoisier는 전 세계의 과학자들을 끌어모으는 웅장한 18세기 실험실을 설립했다.

의 분야 또는 전공으로 나눈다. 탄소를 포함하는 물질을 연구하는 화학의 분야는 **유기화학**(organic chemistry)이라고 부른다. 탄소를 포함하지 않는 그 외 물질의 연구는 **무기화학**(inorganic chemistry)이라고 부른다.

식물이나 동물로부터 유래된 물질을 연구하는 화학의 분야는 **생화학**(biochemistry)이다. 분석화학이라는 또 다른 분야는 정성 분석(어떤 물질이 시료에 존재하는가), 정량 분석(각각의 물질이 얼마나 많이 존재하는가)을 포함한다. 물리화학은 화학적 현상에 대한 이론적, 수학적 설명을 제안하는 전공을 말한다. 최근에는 환경화학이 화학 폐기물의 안전한 처리에 중점을 둔 중요한 전공으로 대두되고 있다. 지속할 수 있는 화학이라고도 부르는 **녹색 화학**(Green chemistry)은 위험한 물질을 경감시키거나 제거하는 화학제품과 화학 공정의 디자인과 관련된다.

화학은, 의약학 특히 약 처방전의 조제에서 중요한 역할을 한다. 화학자들은 비료와 살충제를 만들어 냄으로써 농업 생산량을 증가시키는데도 도움을 준다. 자동차, 전자제품, 알루미늄, 강철, 종이, 그리고 플라스틱 생산을 포함하는 여러 산업에서도 화학은 필수불가결하다. 가장 규모가 큰 산업 중의 하나는 석유 화학 산업이다. 석유 화학 물질들은 원유와 천연가스로부터 유도된 화학 물질들이다. 석유 화학 물질들은 페인트, 플라스틱, 고무, 섬유, 염료, 세제를 포함하는 많은 종류의 소비자 제품을 제조하는 데 사용될 수 있다.

모든 장에서 여러분은 학습을 실행에 옮기는 예제를 풀게 될 것이다. 각 예제는 하나의 질문을 제시하고 그 해답을 보여준다. 여러분의 이해를 돕기 위한 물음과 개념 문제도 주어진다. 예제 1.1은 하나의 질문과 물음 및 개념 문제를 보여준다.

## 자세히 보기 당신의 소금 섭취를 감시하라!

### Q: 소금은 얼마나 많은가요?

소금의 사용은 현대 역사 이전부터이다. 소금이 음식 필수품이고 식품 보존제이므로, 고대에는 도시와 거주지는 소금 저장소 근처에 있었다. 그리스 의학의 창시자인 히포크라테스는 의사들에게 각종 질병의 처치를 위해 환자를 소금물에 담그라고 강력히 권고했다. 대부분의 천연 소금이 소비에 적절하지 않으므로, 순수한 소금은 귀했고 값비싼 상품이었다. 소위 "소금길"은 금과 직물의 교역을 위해 소금을 장거리 운송하는 낙타를 탄 대상들에 의해 사용되었다.

소금은 인간과 동물의 식사에 필수품이지만, 대부분 식물에는 유독하다. 식탁 소금은 세 가지 원천에서 온다: 암염 채광, 용해 채광법, 소금물의 태양광 증발. 미국과 캐나다는 대규모 소금 매장량을 가지고 있으며, 유타주에 있는 그레이트 솔트 레이크(소금호수)는 농축되고 밀도가 높아서 사람이 쉽게 뜬다.

식탁 소금(염화 소듐)은 인간의 식사에 필수적이다. 그렇지만, 너무 많은 양의 소금은 당뇨와 심장 문제를 일으킬 수 있는 고혈압과 관련된다. 소금 한 숟가락은 약 2,300 mg의 소듐을 함유한다. 놀랍게도, 식사에서 얻는 대부분 소금은 식탁 소금에서 온 것이 아니라 케첩, 피클, 과자, 간장 등 가공식품에서다. 사람은 갑상선샘의 적절한 기능을 위해 소량의 요오드가 필요하다. 요오드를 함유한 티록신이라는 호르몬은 대사율을 유지하는 기능을 한다. 요오드가 첨가된 식탁 소금 한 숟가락에는 요오드가 일일 최소 권장량(RDA)의 두 배인 약 0.3 mg이 들어있다.

◀**그레이트 솔트 레이크(소금호수)**는 선사시대에 만들어졌으며 바닷물보다 훨씬 더 많은 소금을 함유하고 있다. 소금 새우와 물새들의 서식지를 제공하기는 하지만, "미국의 사해"라고 불린다.

**A:** 식탁용 소금의 약 한 숟가락; 소듐에 대한 일일 최소 권장량(RDA)은 2300 mg이다.

## 예제 1.1 화학소개

고대 화학과 현대 화학의 차이는 무엇인가?

**해답**

주된 차이는 현대 화학은 과학적 방법에 기초한다는 것이다. 현대 화학이 계획된 실험에 기초를 둔 것이지만, 고대 화학은 추측에 기초를 두었다.

**실전 연습문제**

과학적 이론을 자연법칙과 구별하려면 어떤 질문을 할 수 있을까?

**답:** "주어진 진술은 측정 가능한가?"라는 질문을 함으로써 이론과 법칙을 구별할 수 있다. 측정하여 수학식으로 관계를 입증할 수 있으면, 그 진술은 법칙이며, 그렇지 않으면 이론이다.

**개념 문제**

연금술사들은 어떤 기적적인 능력을 갖추는 마술 약을 믿었는가?

**답:** 부록 G. 1.1 참조

## 화학 커넥션 어떤 학생의 성공 이야기

### Q: 어떤 흔한 값싼 금속이 19세기에는 금보다 더 비쌌나?

1885년에, 홀(Charles Martin Hall, 1863-1914)은 오하이오주에 있는 오벌린 대학의 22살 난 학생이었다. 어느 날, 화학 선생님이 수업 중에 말하기를 알루미늄 금속을 값싸게 생산하는 방법을 발견하는 사람은 부자가 되고 인류에게 혜택을 줄 것이라고 말했다. 그 당시 알루미늄은 희귀하고 값비싼 금속이었다. 실제로 나폴레옹 보나파르트의 조카인 나폴레옹 3세는 가장 귀한 손님에게는 알루미늄 식기로 대접하고, 다른 손님들에게는 금과 은으로 된 식기로 음식을 대접했다. 알루미늄은 지각에서 가장 풍부한 금속이지만, 자연에서 결합하지 않은 금속 형태로는 발견되지 않는다. 대개 보크사이트와 같은 광물에서 산소와 결합하여 발견된다.

졸업 후 홀은 오하이오주 오벌린 시에 있는 그의 아버지의 교회 뒤 헛간에 실험실을 마련했다. 자신이 제작한 배터리를 사용하여, 녹은 광석 혼합물에 전기를 통하게 하여 알루미늄을 생산하는 간단한 방법을 고안했다. 단지 8개월의 실험 후에, 알루미늄 광물을 알루미늄 금속으로 환원하는 성공적인 방법을 발명했다. 1886년 2월, 홀은 한 줌의 금속 알루미늄 둥근 입자들을 가지고 그의 전 화학 선생님 사무실로 걸어 들어갔다.

그의 화학 선생님이 예측한 대로, 짧은 시간 안에 홀은 부자가 되고 유명해졌다. 1911년 그는 화학에서의 업적으로 퍼킨 메달을 수상했고, 그의 뜻에 따라 오벌린 대학에 5백만 달러를 기부했다. 그는 또한 미국 알루미늄 회사(ALICIA)를 설립하여, 알루미늄을 만드는 공정을 거대한 산업으로 일으켰다. 지금 알루미늄은 건설용 금속으로서 철강 다음으로 두 번째 금속이다.

프랑스 화학자 에루(Paul Heroust)가 홀의 업적을 모르는 채로 동시에 비슷한 발견을 했다는 것은 재미있는 우연의 일치이다. 따라서 알루미늄 금속을 얻는 공업적 방법은 홀-에루(Hall-Hereout) 공정이라 부른다. 이 공정의 발견 덕분에 1886년 알루미늄 가격은 파운드 당 100,000달러가 넘는 가격에서 급락했다. 오늘날, 알루미늄 가격은 파운드 당 1달러 이하이다.

▲**알루미늄 둥근 입자**
알루미늄 둥근 입자들과 함께 놓여 있는 홀의 연구 노트

**A:** 1885년 전까지는 알루미늄이 매우 귀하고 값비싼 금속이었다.

**학습 목표**

▶ 화학은 흥미롭고 실생활과 밀접한 분야임을 알 수 있다.

## 1.3 화학의 학습

미국 화학회(American Chemical Society)가 발표한 설문 조사에서, 대학 신입생들에게 과학 과목에 대한 그들의 사고방식을 표현하도록 하였다. 학생들은 화학을 실생활과 가장 밀접한 과학 과목으로 평가하였으며, 그들의 일상생활과 아주 밀접하다고 대답하였다. 그러나 불행하게도, 83%의 학생들은 화학을 어려운 분야라고 대답했다. 이런 학생 설문 조사 결과의 관점에서, 우리는 잠시 화학에 대한 일반적인 인식과 태도를 생각해 볼 필요가 있다.

어떤 사람들은 컵의 반이 물로 차 있다고 말하고, 다른 사람들은 컵의 반이 비어 있다고 말하는 식의 표현을 여러분들은 이미 잘 알고 있을 것이다. 이런 표현은 똑같은 경험에 대해서도 사람들 각자는 낙관적 또는 비관적으로 달리 반응할 수 있다는 것을 암시한다. 게다가, 실험 심리학자들은 추상적인 시각 이미지를 사용하여 특별한 인지 작용과 관련된 내재한 태도를 발견할 수 있다는 사실을 알아내었다. 실제 예로서, 다음 그림을 사용하여, 같은 이미지로부터도 두 가지의 인식이 가능하다는 것을 알 수 있다.

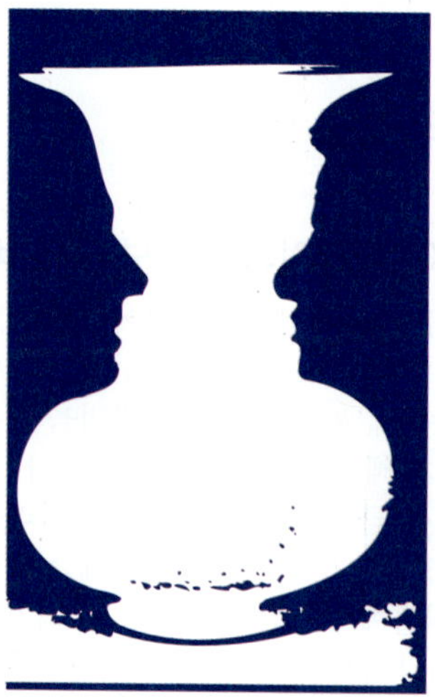

그림에서 여러분은 무엇이 보이는가? 어떤 학생들은 검은 바탕에 흰 화병을 볼 것이고, 다른 학생들은 마주 보는 두 얼굴의 검은 윤곽을 볼 것이다. 잠시 후에는 한 이미지가 다른 것으로 전환될 것이다. 집중해서 본다면 하나의 이미지만 볼 수 있을까? 여러분은 두 영상이 왔다 갔다 전환하도록 선택할 수 있을까? 이 연습은, 우리들의 뇌가 한 가지 이미지로부터 두 가지를 인식하는, 우리 뇌의 한 예이다.

화학을 공부하여 얻는 여러분의 경험은, 아마 여러분의 인지 작용을 시험한 위의 예와 비슷할 것이다. 즉, 여러분의 인식은 때로 화학이 어렵다는 것일 수 있는 반면에, 잠시 후 여러분의 태도는 화학이 쉽고 재미있다는 것일 수 있다.

인지 작용은 가끔 무의식적 가정에 의해 영향을 받는다. 꽃병의 인지 작용과는 조금 다른 문제를 생각해보자. 다음 문제에서 아홉 개의 점을 단지 4개의 직선만으로 연결하라.

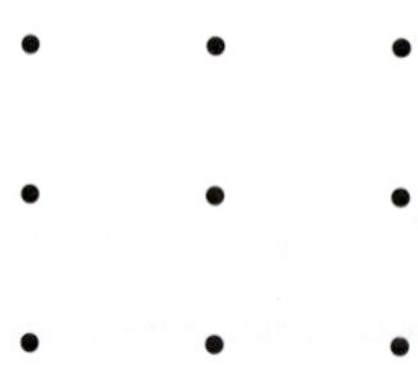

일단 실험해봄으로써 문제를 풀기 시작할 수 있다. 예를 들어, 왼쪽 위의 점부터 시작하여 오른쪽 위의 점까지 하나의 직선을 긋는다. 계속해서 다음과 같이 직선들을 긋는다.

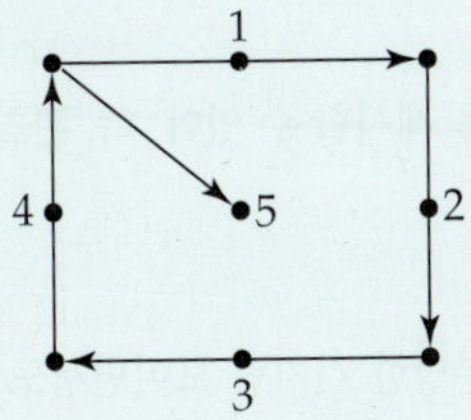

아홉 개의 점들을 연결하긴 하였지만, 5개의 연결된 직선을 사용해야만 했다. 다른 점에서 시작한다 하더라도, 어디에서 시작하든지 5개의 직선이 필요하다. 아마도 우리는 아홉 개 점 문제에 대해 어떤 내재한 가정을 하고 있는지도 모른다. 즉, 우리는 무의식적으로 아홉 개의 점을 네모난 틀 안에 넣어 4개의 직선의 길이를 제한하고 있는지도 모른다.

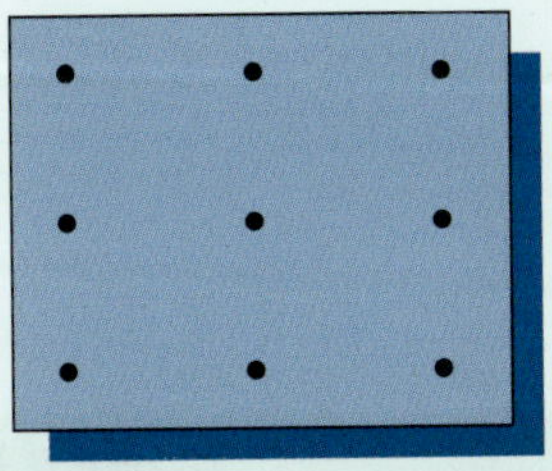

만약, 왼쪽 위의 점부터 직선을 긋기 시작해서 오른쪽 위의 점을 통과한다면 어떻게 될까? 계속하면, 다음 그림과 같이 4개의 연결된 직선만으로 문제를 풀 수 있다.

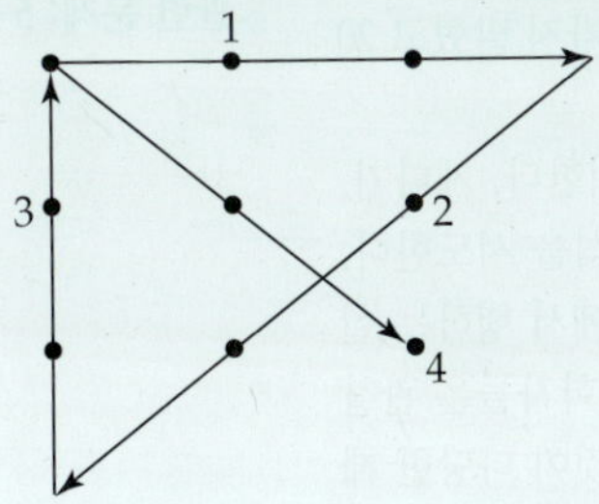

위의 아홉 개 점 문제의 해결 “비법”은, 우리가 무의식적으로 우리의 생각을 제한하여, 그 제한 때문에 문제를 풀 수 없도록 할 수 있다는 것을 깨닫는 것이다. 마찬가지로, 화학은 배우기가 어렵다는 식의 선입견적인 태도로 우리의 화학 개념을 제한해서는 안 된다. 그보다는, 우리의 화학 개념에 대한 긍정적인 연관성을 선택해야 한다.

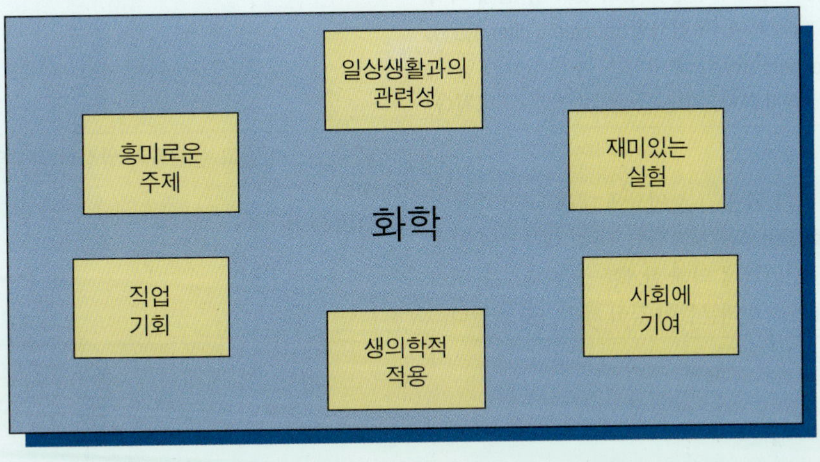

**도움말**
**화학을 공부하는 것**

하나의 정기적인 기준으로 공부하는 것이 필수적이다. 동기부여가 적은 날에는, 주제를 표현한 매력적인 그림을 봐라. 그 다음, 예제를 공부해라. 마지막으로, 챕터 마지막 예제 문제의 홀수 번만을 풀어라, 그리고 부록 I에서 답을 채점해라.
시험을 준비하기 위해서는, 챕터 마지막 자율 테스트를 풀고, 부록 J에서 답을 채점해라.

### 예제 1.2 화학의 학습

단일 시각적 이미지에 대해 다른 인식을 가질 수 있는가?

**해답**

예, 하나의 이미지가 두 가지 다른 관찰을 제시할 수 있다. 즉, 관찰자는 물의 절반을 "절반만 채울 때" 또는 "절반만 비울 때"로 볼 수 있다.

**실전 연습문제**

왜 여러분은 나중에 해답을 보면 쉽고 분명한 것처럼 보이면서도 화학 문제를 풀 때는 어렵다고 생각하는가?

**답:** 학생이 무의식적으로 화학이 어려운 주제라고 가정하면 학생은 화학 문제를 풀기가 어렵다고 가정할 수 있다.

**개념 문제**

학생이 화학에 관한 무의식적인 가정을 제거하기 위해 할 수 있는 일은 무엇인가?

**답:** 부록 G, 1.2 참조.

## Chapter Summary

| 주요 개념 | 학습목표와 관련 연습문제 |
|---|---|
| **1.1 화학의 발전**<br>이 장에서는 역사적 관점에서 화학의 발전을 살펴보았다. B.C. 600~350년부터, 초기 그리스인들은 이성과 신중한 정신적인 수련을 이용하여 자연의 법칙을 이해하였다. 그리스인들은 자주 추측에 바탕을 두고 결론을 얻었지만, 실제로 자연의 비밀을 몇 가지 밝혔고 20세기 동안 지속한 서구 문명에 지대한 영향을 미쳤다.<br>**과학(science)**이라는 말은, 자연에 대한 정밀하고 체계적인 연구를 의미한다. 게다가, 중요하고 의미 있는 증거들을 축적한 이후에야, 과학자는 결과에 대한 해석을 시도한다. 17세기에, 보일은 **과학적 방법(science method)**의 토대를 닦았으며, 실험실에서 행하는 실험은 연구를 위한 불가결한 요소가 되었다. **실험(experiment)**이 끝난 후, 과학자들은 관찰 결과로부터 **가설(hypothesis)**이라고 불리는 초기 제안을 만든다. 그러나 이것이 타당한 제안으로 받아들여지려면, 이 가설은 반복해서 검증 받아야 한다. 하나의 가설이 광범위한 검증을 통과하면, 이것은 하나의 과학 **이론(theory)**, 또는 **자연법칙(natural law)**으로 인정된다. 과학 이론이란 자연의 거동에 대한 받아들여진 설명이고, 자연법칙이란 여러 다른 실험 조건에서도 성립하는 관계를 말하며, 흔히 수학식으로 표현된다. | • 화학의 초기실행을 묘사할 수 있다.<br>**관련 문제:** 1-3<br>• 과학적 방법의 세 단계를 알 수 있다.<br>**관련 문제:** 5-11 |
| **1.2 현대 화학**<br>**연금술(alchemy)**이라는 유사과학은 실험실에서의 실험수행을 도입하였으며, **현대 화학(chemistry)**의 선구자였다. 오늘날 화학은 아주 다양하며, **무기화학(inorganic chemistry)**, **유기화학(organic chemistry)**, 그리고 **생화학(biochemistry)**을 포함하는 여러 분야가 있다. 화학은 의학, 농학뿐만 아니라, 전자 공학, 약학, 석유화학, 기타 산업에도 영향을 미친다. | • 화학의 현대적 실행을 묘사할 수 있다.<br>**관련 문제:** 13-15 |
| **1.3 화학의 학습**<br>이 절에서는, 복수의 인지 작용을 검토하고, 우리의 뇌가 같은 영상에 대해 두 가지 방식으로 반응하는 능력을 갖추고 있음을 알았다. 화학공부를 시작하기 전에, 대부분의 학생들은 이 과목에 대해 이미 선입견을 품고 있다. 선입견에 의해 한계를 긋는 태도를 버리고, 화학이 흥미롭고 실생활과 연관성 있는 주제임을 여러분들이 깊이 깨닫기를 바란다. | • 화학은 흥미롭고 실생활과 밀접한 분야임을 알 수 있다.<br>**관련 문제:** 17 |

## 주요 용어 주요 용어에 대한 해답은 부록 H에 수록하였다.

다음의 정의에 해당하는 용어를 선택하라.

_______ 1. 자연의 체계적인 탐구 및 관찰의 논리적인 설명
_______ 2. 통제된 조건 하에서 자료를 수집하고 관찰을 기록하기 위한 과학적인 순서
_______ 3. 실험을 수행하고, 가설을 제안하고, 가설을 시험하고, 이론이나 법칙을 진술하는 것을 수반하는 체계적인 조사.
_______ 4. 실험에서 수집된 자료들의 의미를 설명하는 과학적 원리로서 잠정적으로 제안된 것
_______ 5. 자연 현상을 설명하는 과학적 원리로서 광범위하게 검증된 제안
_______ 6. 다른 실험 조건 하에서 측정 가능한 관계를 진술하는 과학적 원리로서 광범위하게 검증된 제안
_______ 7. 납과 같은 기본 금속을 금으로 전환하려고 시도한 유사과학(pseudoscience); 불로장생과 영생을 위한 마술 약과 만병통치약을 찾으려고 했던 중세 과학
_______ 8. 물질의 조성과 성질을 연구하는 과학의 한 분야
_______ 9. 탄소를 포함하는 화학 물질의 연구
_______ 10. 탄소를 포함하지 않는 화학 물질의 연구
_______ 11. 식물과 동물로부터 유래한 화학 물질의 연구
_______ 12. 위험한 화학 물질을 줄이거나 제거한 제품과 공정의 고안

(a) 연금술(1.2절)
(b) 생화학(1.2절)
(c) 화학(1.2절)
(d) 실험 (1.1 절)
(e) 녹색 화학(1.2절)
(f) 가설 (1.1 절)
(g) 무기화학(1.2)절
(h) 자연법칙(1.1절)
(i) 유기화학(1.2절)
(j) 과학(1.1 절)
(k) 과학적 방법(1.1절)
(l) 이론(1.1 절)

## 문제 홀수 예제의 해답은 부록 I에 수록하였음

### 화학의 발전 (1.1 절)

1. 고대 중국인의 믿음에 따르면, 어떤 두 가지 힘이 작용하여 세속적 세계가 존재하게 되었는가?
3. 기원전 450년 그리스 철학자 엠페도클레스에 따르면, 어떤 네 가지 기본 원소들이 자연의 모든 것을 구성하였는가?
5. 과학적 방법에서 첫 번째 단계는 무엇인가?
7. 과학적 방법에서 세 번째 단계는 무엇인가?
9. 가설과 이론의 차이점은 무엇인가?
11. 다음 설명 중 어느 것이 자연법칙인가?
    (a) 반응하는 물질의 총 질량은 반응 후에도 일정하다.
    (b) 두 기체 분자의 총 에너지는 충돌 후에도 일정하다.
    (c) 두 기체의 부피는 작은 정수 비로 합해진다.
    (d) 원자의 핵은 양성자와 중성자를 포함한다.

### 현대 화학 (1.2절)

13. 화학이 왜 중심 과학이라고 여겨지는가?
15. 화학 훈련이 요구되는 직업 5가지를 써라.

### 화학의 학습 (1.3절)

17. 한 개의 연속된 직선으로 아홉 개 점 문제를 푸는 것이 가능하다. 문제를 풀고 무의식적으로 설정했던 가정이 무엇이었는지 확인하라.

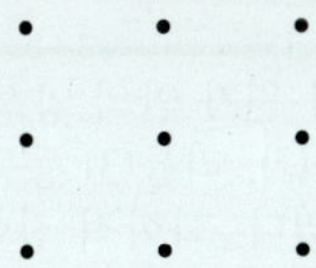

### 도전 예제

19. 아래의 선분 AB와 BC 중에 더 길게 보이는 것은 어느 것인가?

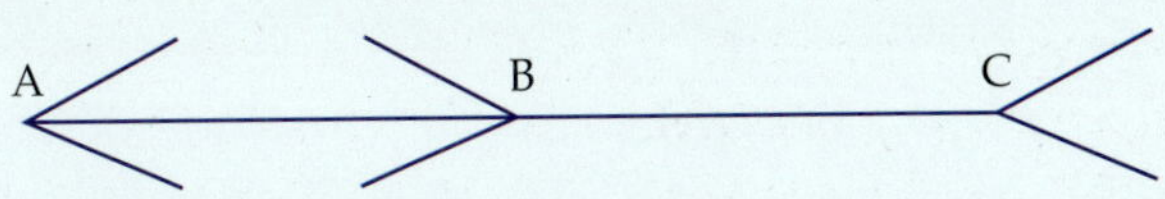

## Chapter 1 자율 테스트 해답은 부록 J에 수록하였다.

1. 과학적 이론과 자연법칙의 차이점은 무엇인가?(1.1 절)
   (a) 이론은 잠정적 제안이고 법칙은 검증된 제안이다.
   (b) 법칙은 잠정적 제안이고 이론은 검증된 제안이다.
   (c) 이론은 거동을 설명하고 법칙은 측정 가능한 관계를 진술한다.
   (d) 법칙은 거동을 설명하고 이론은 측정 가능한 관계를 진술한다.
   (e) 위의 어느 것도 아니다.

2. 석유 화학제품은 다음의 원천 중 어느 것에서 유래되었나? (1.2 절)
   (a) 대기 (b) 석유
   (c) 바닷물 (d) 나무
   (e) 위의 어느 것도 아니다.

3. 다음 중 화학을 배우는 긍정적인 이유는 무엇인가? (1.3 절)
   (a) 화학은 일상생활과 관련이 있다.
   (b) 화학은 경력 기회를 제공한다.
   (c) 화학은 흥미로운 주제들을 공부한다.
   (d) 화학은 사회에 이익이 된다.
   (e) 위의 모든 것

## 주요 개념

4. 여러분의 첫 번째 지각이 두 번째 관점으로 바뀔 때까지 다음의 상자를 응시하여라. (힌트: 두 번째 지각을 볼 수 없다면, 붉은색 점을 응시하고 정신적으로 그 점을 밀고 당겨라)

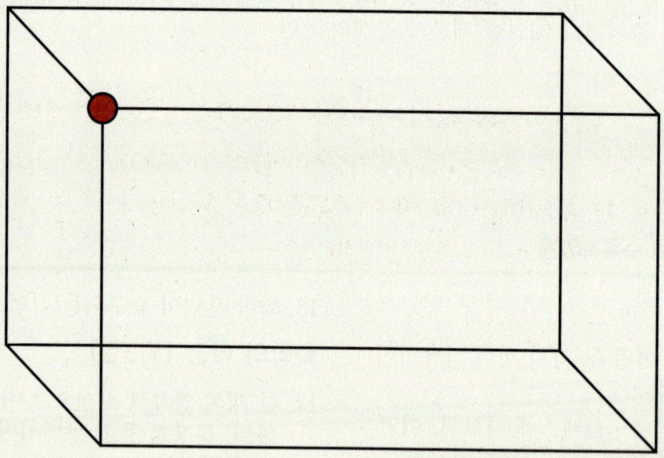

## 비판적 사고

5. 화학자들은 주기율표가 원자 안의 양성자 수에 따라 배열된다는 것(즉, 수소(1), 헬륨(2), 리튬(3) 등등)에 주목하여, 원소의 화학적 진화를 제안하였다. 화학적 진화는 과학적 이론인가 또는 자연법칙인가?

6. 생물학자들은 다윈의 자연도태론("적자생존")에 주목하여 종의 생물학적 진화를 제안하였다. 생물학적 진화는 과학적 이론인가 또는 자연법칙인가?

# 선행되어야 할 필수적인 과학 스킬

*"논리는 당신을 A에서 B로 데려다 주지만 상상력은 당신을 어디든 데려다준다."*

알버트 아인슈타인
독일-스위스-미국인 물리학자
(1879~1955)



**알버트 아인슈타인(1879~1955)**
그는 어렸을 때 말이 느리고 학교에서 어려움을 겪었지만, 그는 계속 나아가 20세기의 가장 유명한 과학자가 되었고 그의 상대성 이론에서 우리는 에너지(E)를 질량(m), 그리고 광속(c)과 연관시키는 $E = mc^2$를 얻어냈다.

## PSS. 1 측정값

**학습 목표**

- 측정값이 절대로 정확하지 않은 이유를 설명할 수 있다.
- 측정하기 위한 기구를 확인할 수 있다.

화학에서는 미터법을 사용하여 측정값을 나타낸다. 길이의 단위는 **센티미터(cm)**, 질량의 단위는 **그램(g)** 그리고 부피의 단위는 **밀리리터(mL)**이다. 그림 PSS.1은 길이, 질량, 부피에 대한 미터법 추정치를 보여준다.

측정값을 얻으려면 정밀한 **기기(instrument)**를 사용하여야 한다. 측정의 정확도는 기기의 감도에 의존한다. 예를 들면 어떤 전자저울은 시료의 질량을 0.001g까지 측정할 수 있다. 그렇지만, 어떠한 기기도 정확하게 측정하지 못하기 때문에, 정확한 측정은 불가능하다. 어떤 기기가 매우 감도가 높은 눈금을 보여줄 수는 있지만, 모든 측정은 불확정성(uncertainty)이라고 부르는 부정확도를 가진다.

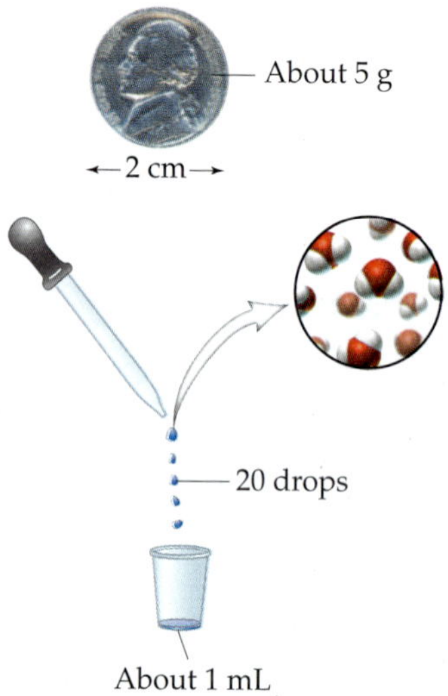


**▲그림 PSS.1 길이, 질량, 부피에 대한 미터법추정치**
5센트짜리 동전의 지름은 약 2 cm이고, 질량은 약 5 g이다. 점안기(eye dropper)로부터 떨어진 액체 20방울의 부피는 약 1 mL이다.

## 길이 측정값

불확정성에 대한 이해를 돕기 위해, 직사각형 형태의 금속 고체의 길이를 측정한다고 가정하자. 그림 PSS.2에서 보이는 것과 같이 서로 다른 두 개의 미터자를 가지고 있다고 하자. 이 예에서 B자가 A자보다 더 정확한 측정값을 보여준다.

A자는 10개의 1 cm 눈금을 가지고 있다. 눈금이 커서, 그 안에 10개의 작은 눈금을 상상할 수 있다. 따라서 한 눈금의 10분의 1, 즉, ±0.1 cm까지 추정할 수 있다. A자로 우리는 직사각형 고체가 약 4.2 cm로 측정되는 것을 볼 수 있다. 불확정성이 ±0.1 cm이므로, 4.1 cm나 4.3 cm로 읽은 수치 또한 수용될 수 있다.

B자는 10개의 1 cm 눈금과 10개의 0.1 cm 작은 눈금을 가지고 있다. B자는 작은 눈금이 더 작다. 그러므로 B자로 우리는 단지 작은 눈금의 2분의 1까지만, 즉 ±0.05 cm까지만 추정할 수 있다. B자로 우리는 직사각형 고체가 약 4.25 cm로 측정되는 것을 볼 수 있다. 불확정성이 ±0.05 cm이므로, 4.20 cm나 4.30 cm로 읽은 수치 또한 수용될 수 있다.

A자와 B자로 측정한 직사각형 고체의 길이는 다음과 같이 비교할 수 있다.

**A자:** 4.2±0.1 cm　　　**B자:** 4.25±0.05 cm

요약하면, A자는 불확정성이 더 크고 덜 정밀한 측정값을 준다. 반대로, B자는 불확정성이 더 작고 더 정밀한 측정값을 준다. 예제 PSS.1은 기록된 측정에서의 불확정성을 조금 더 설명한 것이다.

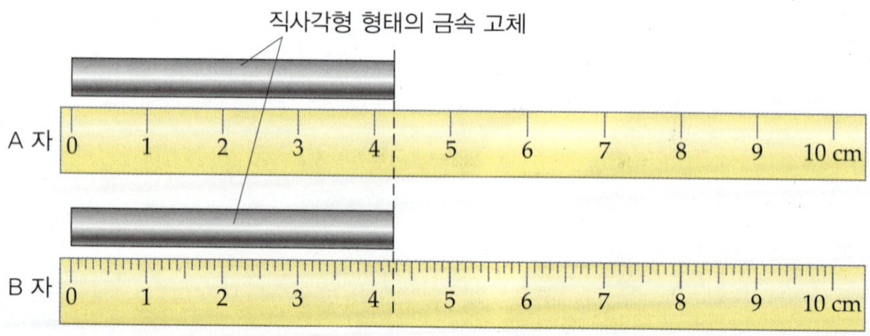


**▶그림 PSS.2 미터자**
A자는 각 눈금이 1 cm이다. B자는 각 눈금이 1 cm이고 각 작은 눈금이 0.1 cm이다.

### 예제 PSS.1 측정에서의 불확정성

그림 PSS.2에서 보여준 미터자를 사용할 때, 올바른 측정값은 어떤 것인가?

(a) A자 : 2 cm, 2.0 cm, 2.05 cm, 2.5 cm, 2.50 cm.
(b) B자 : 3.0 cm, 3.3 cm, 3.33 cm, 3.35 cm, 3.50 cm.

**해답**

A 자는 ±0.1 cm의 불확정성을 가지며, B자는 ±0.05 cm의 불확정성을 가진다.

(a) A 자는 2.0 cm와 2.5 cm의 측정값을 줄 수 있다.
(b) B 자는 3.35 cm와 3.50 cm의 측정값을 줄 수 있다.

**실전 연습문제**

그림 PSS.2에서 보여준 미터자를 사용할 때, 올바른 측정값은 어떤 것인가?

(a) A 자 : 1.5 cm, 1.50 cm, 1.55 cm, 1.6 cm, 2.00 cm.
(b) B 자 : 0.5 cm, 0.50 cm, 0.055 cm, 0.75 cm, 0.100 cm.

**답:** (a) 1.5 cm, 1.6 cm　　　(b) 0.50 cm, 0.75 cm.

**개념 문제**

어떤 첨단기술 기기로 정확한 측정을 할 수 있는가?

**답:** 부록 G, PSS. 1 참조.

## 질량 측정값

물체의 **질량(mass)**은 물체가 가지고 있는 물질의 양의 척도이다. 무게라는 용어가 종종 질량 대신에 사용되지만, 두 용어는 서로 다르다. 무게는 중력에 의해 영향을 받고, 질량은 중력에 의해 영향을 받지 않는다. 우주비행사의 무게는 지구 위에서 150 파운드지만, 우주에서는 무게가 없다. 우주비행사의 질량은 지구와 우주에서 똑같다.

질량의 측정값은 불확정성을 가지고 있고, 저울에 따라 다르다. 실험실에 있는 전형적인 저울은 시료의 무게를 0.1 g까지 잴 수 있다. 따라서 질량은 ±0.1 g의 불확정성을 갖는다. 전자 저울은 시료의 무게를 0.001 g까지 잴 수 있다. 따라서 질량은 ±0.001 g의 불확정성을 갖는다. 그림 PSS.3은 세 가지의 일반적인 실험실 저울을 보여준다.

## 부피 측정값

고체, 기체, 액체가 차지하는 공간의 양이 그것의 **부피**이다. 액체의 부피를 측정하는 데 사용할 수 있는 실험 장치는 여러 가지가 있다. 가장 흔히 사용되는 세 가지는 눈금실린더(graduated cylinder), 피펫 및 뷰렛이다. 그림 PSS.4는 부피 측정에 흔히 사용되는 실험 장치를 보여준다.

눈금실린더는 액체의 부피를 측정하는 데 일상적으로 사용된다. 가장 흔한 눈금실린더 크기는 10 mL, 50 mL, 및 100 mL이다. 눈금실린더 측정값의 불확정성은 가변적이지만, 대개 1/10~1/2 밀리리터(±0.1 mL~±0.5 mL)의 범위에 있다.

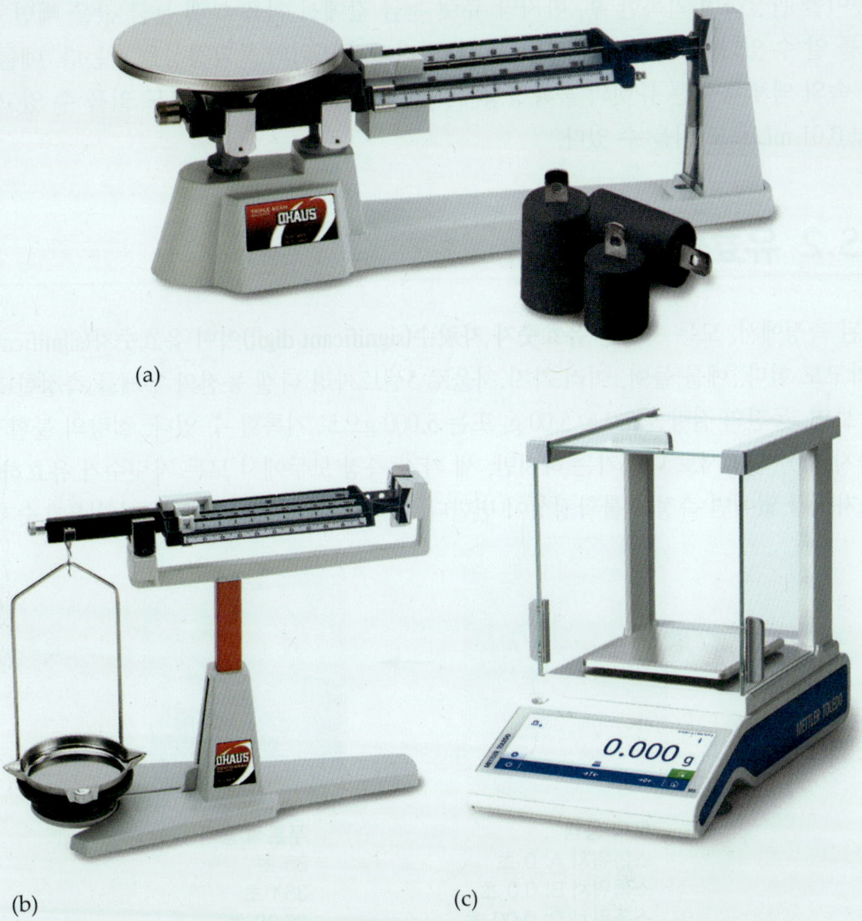


(a) (b) (c)

◀**그림 PSS. 3 실험실 저울**
(a) 불확정성이 ±0.1 g인 저울,
(b) 불확정성이 ±0.01 g인 저울
(c) 불확정성이 ±0.001 g인 전자 저울

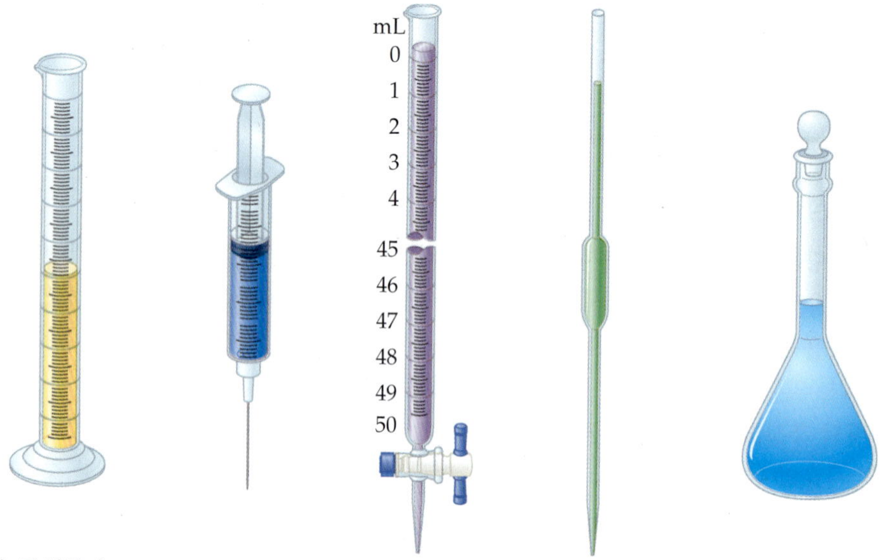


**▶그림 PSS.4 부피 측정용 실험실 기구**
눈금 실린더, 주사기, 뷰렛은 여러 다른 양의 액체를 옮기는 반면에, 부피 피펫과 부피 플라스크는 예를 들면 10 mL 및 250 mL와 같이 고정된 양의 액체를 담는 데 사용한다.

피펫에는 세 가지 형태가 있다. 그림 PSS.4에서 보이는 부피 피펫(volumetric pipet)은 일정한 부피의 액체를 옮기는 데 사용된다. 피펫에 표시된 눈금선에 도달할 때까지 액체를 빨아올린다. 그 다음 피펫의 끝을 용기 속에 넣고 피펫으로부터 액체가 빠져나오게 한다. 옮기는 부피가 가변적이기는 하지만, 불확정성은 대개 1/10~1/100 mL의 범위에 있다. 예를 들어, 10 mL짜리 피펫은 피펫의 불확정성에 따라 10.0 mL(±0.1 mL) 또는 10.00 mL(±0.01 mL)를 옮길 수 있다.

뷰렛은 아래쪽 끝에 "잠금 꼭지"라고 불리는 밸브가 달려있고 눈금이 새겨진 길고 좁은 유리관이다. 액체의 흐름은 잠금 꼭지를 열거나 잠가서 조절한다. 처음과 마지막의 뷰렛 속 액체 높이를 관찰하여 기록한 후, 마지막 뷰렛 눈금 값에서 처음 뷰렛 눈금 값을 빼면 옮겨진 부피를 알 수 있다. 뷰렛은 대개 1/10~1/100 밀리리터 범위의 불확정성을 갖는다. 예를 들어, 뷰렛 속의 액체 높이는 뷰렛의 불확정성에 따라 22.5 mL(±0.1 mL)로도 읽을 수 있고 22.55 mL(±0.01 mL)로도 읽을 수 있다.

## PSS.2 유효숫자

**학습 목표**

▶ 어떤 측정값에서 유효숫자의 자릿수를 알 수 있다.

기록된 측정에서, 모든 숫자는 **유효숫자 자릿수(significant digit)**이며 유효숫자(significant figure)라고도 한다. 예를 들어, 여러 가지 저울로 5센트짜리 니켈 동전의 무게를 측정한다고 가정해 보면, 동전의 질량을 5.0 g, 5.00 g, 또는 5.000 g으로 기록할 수 있다. 질량의 불확정성이 세 가지 저울에서 서로 다르기는 하지만, 세 가지 측정 모두에서 모든 자릿수가 유효하다. 마지막 자리를 없애면 측정의 불확정성이 변한다. 위의 예에서, 질량 측정에서의 유효숫자 자릿

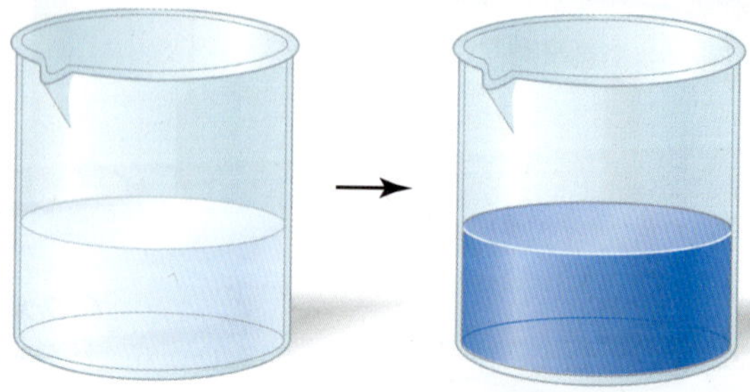


**▶그림 PSS. 5 유효숫자 자릿수와 일정 시간이 걸리는 반응**
이 자료는 세 가지 다른 스톱워치의 불확정성을 설명한다. 각각의 측정이 올바르게 이루어진다 하여도, 스톱워치 A는 불확정성이 가장 크고, 스톱워치 C는 불확정성이 가장 작다.

수는 각각 두 자리, 세 자리 및 네 자리이다.

모든 측정에서, 유효숫자 자릿수는 기기의 불확정성을 나타낸다. 예를 들어, 약 35초가 걸리는 화학 반응을 보여주는 그림 PSS.5를 살펴보자.

이 자료는 세 가지 다른 스톱워치의 불확정성을 설명한다. 각각의 측정이 올바르게 이루어진다 하여도, 스톱워치A는 불확정성이 가장 크고, 스톱워치C는 불확정성이 가장 작다.

어떤 측정에서 유효숫자 자릿수를 결정하려면, 단순히 0이 아닌 숫자가 처음 나오는 곳에서 시작하여 왼쪽에서 오른쪽으로 자릿수의 개수를 세면 된다. 그러므로 35초는 두 자리 유효숫자, 35.1초는 세 자리 유효숫자, 35.08초는 네 자리 유효숫자를 갖는다. 유효숫자 자릿수를 결정하는 규칙을 아래에 요약하였다.

## 유효숫자 자릿수의 결정

**규칙 1**: 어떤 측정값에서 자릿수를 왼쪽에서 오른쪽으로 세어라.
(a) 0이 아닌 숫자가 처음 나오는 곳에서 시작하라.
(b) 단순히 빈자리를 채우기 위해 표시하는 0은 세지 마라.
(0.11 g, 0.011 g 및 110 g은 각각 두 자리 유효숫자를 갖는다).

**규칙 2**: 유효숫자의 규칙은 측정값에만 적용되며 정확한 수에는 적용되지 않는다. 정확한 숫자는 다음과 같이 얻어질 수 있다.
(a) 6개의 시험관과 같이 물품의 개수를 세는 것
(b) 1 m = 100 cm와 같은 정확한 관계
(c) 1 지름 = 2 반지름과 같은 식

예제 PSS.2는 측정에서 유효숫자의 수를 보여준다.

### 예제 PSS.2 유효숫자

다음 측정에서 유효숫자의 자릿수를 말하라.

(a) 12,345 cm (b) 0.123 g (c) 0.5 mL (d) 102.0 s

**해답**

각각의 예에서 단순히 자리의 개수를 세면 된다.

(a) 5 (b) 3 (c) 1 (d) 4

(b)와 (c)에서 앞자리의 0은 측정의 일부분이 아니라 소수점을 넣기 위해 삽입된 것임을 명심하라.

**실전 연습문제**

다음 측정에서 유효숫자의 자릿수를 말하라.

(a) 2005 cm (b) 25.000 g (c) 25.0 mL (d) 0.25 s

**답**: (a) 4 (b) 5 (c) 3 (d) 2

**개념 문제**

어떤 측정유형이 정확한가?

**답**: 부록 G, PSS. 2 참조

## 유효숫자와 자릿수 표시 0

측정값은 예를 들면, 500 cm나 0.00 cm와 같이 소수점을 적절히 나타내기 위해 자릿수 표시 0을 포함할 수 있다. 숫자가 1보다 작을 때는 항상 자릿수 표시 0은 유효하지 않다. 그러므로 0.5 cm, 0.05 cm, 및 0.005 cm는 각각 하나의 유효숫자만을 가진다.

숫자가 1보다 크면, 자릿수 표시 0은 대개는 유효하지 않다. 그러므로 50 cm, 500 cm, 및 5000 cm는 각각 하나의 유효숫자만을 가진다. 예제 PSS.3은 유효숫자를 결정하는 것을 좀 더 설명해준다.

### 예제 PSS.3 유효숫자

다음 측정에서 유효숫자 자릿수를 말하라.

(a) 0.025 cm (b) 0.2050 g (c) 250 mL (d) 2500 s

**해답**

각각의 예에서 유효숫자의 개수를 세고 자릿수 표시 0은 무시한다.

(a) 2 (b) 4 (c) 2 (d) 2

**실전 연습문제**

다음 측정에서 유효숫자를 말하라.

(a) 0.050 cm (b) 0.0550 g (c) 50.00 mL (d) 1000 s

**답:** (a) 2 (b) 2 (c) 4 (d) 1

**개념 문제**

어떤 형태의 측정값이 유효숫자 자릿수가 무한대인가?

**답:** 부록 G, PSS. 3 참조

▲ **정확한 수**
사진에서 7개의 동전을 셀 수 있다. 이것은 정확한 수이다. 이것은 측정된 수가 아니다. 따라서 유효숫자의 개념이 적용되지 않는다.

**주의** 특별한 경우에 자릿수 표시 0이 유효하다면, 10의 지수를 사용하여 숫자를 표현할 수 있다(10의 지수개념은 2.6 절에 나와 있다). 예를 들어 100 cm에서 한 개의 0이 유효하다면, 측정값을 $1.0 \times 10^2$ cm로 사용할 수 있다. 두 개의 0이 모두 유효하다면, $1.00 \times 10^2$ cm로 쓸 수 있다. 0이 둘 다 유효하지 않다면, $1 \times 10^2$ cm로 쓸 수 있다. 10의 지수는 유효숫자에 아무런 영향도 주지 않는다. 그러므로 $1.1 \times 10^5$는 두 개의 유효숫자를 가지며, $1.11 \times 10^{-5}$ cm는 세 유효자리를 가진다.

### 유효숫자와 정확한 수

모든 측정이 오차를 가지므로, 정확한 수를 표현할 수는 없다. 그렇지만, 단순히 품목을 세는 것이라면, 이 말은 맞지 않는다. 예를 들어, 어떤 실험실에 피펫이 24개 있다. 단지 품목을 세었으므로, 24는 정확한 수이다. 정확한 수에는 유효숫자의 규칙이 적용되지 않는다. 유효숫자의 규칙은 측정값에만 적용된다.

**학습 목표**

▶ 계산에서 비유효숫자를 반올림하는 방법을 알 수 있다.

## PSS.3 비유효숫자 반올림하기

정확하게 측정 기록된 모든 숫자는 자릿수를 나타내는 0을 제외하고는 유효숫자이다. 그러나 계산기를 사용하여 얻은 숫자에는 자주 비유효숫자가 포함된다. 이러한 **비유효숫자(nosing-**

### 비유효숫자의 반올림

**규칙 1:** 첫 번째 비유효숫자가 5 미만일 경우에는 모든 비유효숫자를 버린다.

**규칙 2:** 첫 번째 비유효숫자가 5인 경우나 5보다 클 경우에는, 마지막 유효숫자를 1 만큼 더해 주고 나머지 비유효숫자는 버린다.*

**규칙 3:** 2번 이상 계산을 할 경우에는 비유효숫자를 마지막 계산까지 유지한다. 이것이 훨씬 편리할 뿐만 아니라, 마지막 답에서 반올림하는 것이 더 정확하다.

* 비유효숫자가 5이거나 0이 붙은 5일 경우, 홀-짝 규칙(odd-even rule)을 따를 수도 있다. 즉, 마지막 유효숫 자가 홀수이면 반올림하여 올리고, 짝수이면 비유효숫자를 버린다.

nificant digits)는 쓸모없는 숫자이지만, 계산기를 사용하여 얻은 값에는 자주 이러한 숫자가 나타난다. 비유효숫자는 필요 없는 숫자이기 때문에 이러한 숫자는 반드시 제거해야 한다. 비유효숫자를 없애려면 반올림(rounding off)법을 이용하면 된다. 비유효숫자를 반올림하는 방법은 다음과 같은 3가지 간단한 규칙에 의하여 수행한다.

만약 계산기에 나타난 값이 12.846239이고 세 자리만 유효숫자라고 한다면 이 숫자는 반드시 반올림한 값을 사용하여야 한다. 12.846239에서 첫 번째 비유효숫자는 4이므로 규칙 1에 따라서 모든 비유효숫자를 버리고 반올림하여 12.8이 된다. 만약 계산기에 나타난 값이 12.856239이고 세 자리만 유효숫자라고 한다면 규칙2에 따른다. 12.856239에서 첫 번째 비유효숫자가 5이기 때문에 반올림하여 12.9가 된다.

▲과학적 계산기

### 반올림과 자릿수를 나타내는 0

가끔 반올림은 문제를 일으킨다. 예를 들면, 유효숫자가 둘인 151을 반올림하면 15를 얻는다. 15는 원래 값의 일부분이기 때문에 여기에 자릿수를 나타내는 0(placeholder zero)을 반드시 넣어주어야 한다. 그래서 유효숫자 자릿수가 둘인 151을 반올림하면 150이 된다. 마찬가지로, 유효숫자가 둘인 1514를 반올림하면 1500이 된다. 예제 PSS.4는 숫자를 반올림하는 법을 설명한 것이다.

### 예제 PSS.4 반올림

다음의 숫자를 유효숫자 자릿수가 세 개가 되도록 반올림하라.

(a) 22.250 (b) 0.34548 (c) 0.072038 (d) 12,267

**해답**

첫 번째 비유효숫자를 찾으려면 왼쪽부터 오른쪽으로 3개의 숫자를 센다. 만약 첫 번째 비유효숫자가 5 미만이면, 모든 비유효숫자를 버린다. 만약 첫 번째 비유효숫자가 5 이상이면, 마지막 유효숫자에 1을 더한다.

(a) 22.3(규칙 2) (b) 0.345(규칙 1) (c) 0.0720(규칙 1) (d) 12,300(규칙 2)

(d)에서, 123에 자릿수를 나타내는 0 두 개를 더해서 12300을 얻는 것을 주목하라.

**실전 연습문제**

다음의 숫자를 유효숫자 자릿수가 세 개가 되도록 반올림하라.

(a) 12.514748 (b) 0.6015261 (c) 192.49032 (d) 14652.832

**답:** (a) 12.5(규칙 1) (b) 0.602(규칙 2) (c) 192(규칙 1) (d) 14,700(규칙 2)

**개념 문제**

정확한 숫자 155에 얼마나 많은 유효숫자가 있는가?

**답:** 부록 G, PSS. 4 참조

## PSS.4 측정값의 덧셈과 뺄셈

**학습 목표**

▶ 정확하게 측정값을 더하거나 뺄 수 있게 유효숫자 규칙을 적용할 수 있다.

측정값의 덧셈과 뺄셈을 할 때, 답은 불확정성이 가장 큰 값(유효숫자 자릿수가 제일 작은 것)에 의하여 결정된다. 다음 무게의 측정값을 더해보자.

$$\begin{array}{r} 5\ \ \ \ \text{g} \\ 5.0\ \ \text{g} \\ +\ 5.00\ \text{g} \\ \hline 15.00\ \text{g} \end{array}$$

여기서 5 g이라는 질량은 ±1 g이라는 값만을 측정할 수 있으므로 불확정성이 가장 크다. 그래서 이들의 합은 sg에 의하여 결정된다. 따라서 반올림하여 적절한 유효숫자 자릿수를 취한다면, 덧셈에 대한 올바른 답은 **15 g**이 된다. 덧셈과 뺄셈에 있어서, 최종 계산 결과의 단위(cm, g, mL)는 각각의 데이터에 있는 단위와 같은 단위이다. 예제 PSS.5는 측정값의 덧셈과 뺄셈을 설명한 것이다.

### 예제 PSS.5 덧셈/뺄셈과 반올림

다음 측정값을 더하거나 빼서 얻어진 답을 반올림하라.

(a) 106.7 g + 0.25 g + 0.195 g (b) 35.45 mL − 30.5 mL

**해답**

덧셈과 뺄셈에서 답은 불확정성이 가장 큰 측정값에 의하여 결정된다.

(a) 소수점 자리를 맞추고 덧셈을 하면

$$\begin{array}{r} 106.7\ \ \ \text{g} \\ 0.25\ \ \text{g} \\ +\ \ 0.195\ \text{g} \\ \hline 107.145\ \text{g} \end{array}$$

106.7 g은 불확정성이 가장 크므로 (±0.1 g), 답은 소수점 이하 한 자릿수로 반올림해야 한다. 정답은 **107.1 g**이고 읽을 때 **"백칠 점 일 그램"**이라고 한다.

(b) 소수점 자리를 맞추고 뺄셈을 하면

$$\begin{array}{r} 35.45\ \text{mL} \\ -\ \ 30.5\ \ \text{mL} \\ \hline 4.95\ \text{mL} \end{array}$$

30.5 mL가 불확정성이 가장 큰 값이므로 (±0.1 ML), 답은 소수점 이하 한 자리로 반올림해야 한다. 정답은 5.0 mL이고 읽을 때 **"오점 영 밀리리터"**라고 한다.

**실전 연습문제**

다음 측정값을 더하거나 빼고 반올림하라.

(a) 8.6 cm + 50.05 cm (b) 34.1 s − 0.55 s

**답:** (a) 58.7 cm (b) 33.6 s

**개념 문제**

측정값을 더하거나 빼는 경우, 데이터 집합의 어떤 측정값이 해답을 제한하는가?

**답:** 부록 G, PSS. 5 참조

**도움말 | 유효숫자**

측정값을 더하거나 빼는 반올림 규칙은 측정값을 곱하거나 나누어 반올림하는 규칙과 다르다.

- 측정값을 더하거나 뺄 때의 답은 최소의 확실성을 가지는 값으로 제한된다. 즉, 측정값을 더하거나 뺄 때, 측정값의 최소 숫자가 답의 자릿수를 제한한다.
- 측정값을 나누거나 곱할 때의 답은 유효숫자의 최저 자릿수로 제한된다. 즉, 측정값을 곱하거나 나눌 때, 측정값의 유효숫자의 최저 자릿수가 답의 자릿수를 제한한다.

## PSS.5 측정값의 곱셈과 나눗셈

**학습 목표**

▶ 정확하게 측정값을 곱하거나 나눌 수 있게 유효숫자 규칙을 적용할 수 있다.

곱셈과 나눗셈에서의 유효숫자 자릿수 처리는 덧셈과 뺄셈에서 취급하는 방법과 다르다. 곱셈과 나눗셈을 할 때, 답은 유효숫자 자릿수가 가장 적은 측정값에 의해 결정된다. 다음은 길이의 측정값들을 곱할 경우의 예이다.

$$5.15\ \text{cm} \times 2.3\ \text{cm} = 11.845\ \text{cm}^2$$

측정값 5.15 cm는 세 개의 유효숫자 자릿수를 갖고, 2.3 cm는 두 개의 유효숫자 자릿수를 갖는다. 그러므로 그 곱한 값이 두 자리의 유효숫자를 갖도록 반올림하면, 답은 12 $\text{cm}^2$가 된다. 여기서 단위도 곱해주어야 하며, $\text{cm}^2$의 위첨자 2가 곱해준 단위를 나타내고 있다. 예제 PSS.6은 유효숫자의 곱셈과 나눗셈을 설명한 것이다.

## 예제 PSS.6 곱셈/나눗셈과 반올림

다음 측정값의 곱셈이나 나눗셈을 하고, 유효숫자 자릿수를 맞추어 반올림한 답을 쓰라.

(a) 50.5 cm × 12 cm (b) 103.37 g/20.5 mL

**해답**

곱셈과 나눗셈을 할 때, 답은 유효숫자 자릿수가 가장 적은 측정값에 의하여 결정된다.

(a) 여기서 50.5 cm는 유효숫자 자릿수가 세 개, 12 cm는 유효숫자 자릿수가 두 개다.

$$50.5\ \text{cm} \times 12\ \text{cm} = 606\ \text{cm}^2$$

답은 두 개의 유효숫자 자릿수를 갖게 되고, 자릿수를 나타내는 0을 넣어 610 $cm^2$이 된다. 답을 읽을 때 "**육백십 제곱센티미터**"라고 한다.

(b) 여기서 103.37 g은 다섯 개가 유효숫자 자릿수이고, 20.5 mL는 세 개가 유효숫자 자릿수이다.

$$\frac{103.37\ \text{g}}{20.5\ \text{mL}} = 5.0424\ \text{g/mL}$$

답은 세 개의 유효숫자 자릿수를 갖게 되며, 반올림하면 5.04 g/mL가 된다. 여기서 단위는 바로 나타나게 되며 읽을 때는 "**오점영사 밀리리터 당 그램(gram per milliliter)**"이라고 한다.

**실전 연습문제**

다음 측정치들을 곱하거나 나눈 다음, 유효숫자 자릿수가 맞도록 반올림하라.

(a) 359 cm × 0.20 cm (b) 73.950 g/25.5 mL

**답:** (a) 72 $cm^2$ (b) 2.90 g/mL

**개념 문제**

측정값을 곱하거나 나누는 경우, 데이터집합의 어떤 측정값이 해답을 제한하는가?

**답:** 부록 G, PSS. 6 참조

# PSS.6 지 수

**학습 목표**

- 보통의 수를 10의 지수로 표시할 수 있다.
- 10의 지수를 보통의 수로 표시할 수 있다.

어떤 값이 그 자체의 수를 반복적으로 곱하여 나타내어질 때, 이 과정은 위첨자로 나타낼 수 있다. 즉, 위첨자는 곱셈이 반복되는 횟수를 표시한다. 예를 들어, 2라는 수를 2번 곱하면, 곱한 값은 $2^2$로 표현된다. 그러므로 (2)(2) = $2^2$이다. 2라는 수를 3번 곱하면, 그 곱한 값은 $2^3$으로 표현되고 (2)(2)(2) = $2^3$이 된다.

위첨자 숫자는 어떤 값을 반복적으로 곱한 횟수를 나타내고, 이 숫자를 **지수(exponent)**라고 한다. 2의 지수가 2이면, 그 값은 $2^2$이 되고, 읽을 때 2의 제곱(2 to the second power), 또는 2의 평방(2 squared)이라고 한다. $2^3$이라는 값은 2의 세제곱(2 to the third power), 또는 2의 입방(2 cubed)이라고 한다.

## 10의 지수

**10의 지수(power of 10)**는 10의 위첨자를 말한다. 어떤 숫자에도 지수를 쓸 수 있지만, 보통은 밑수(base number)가 10인 것이 가장 널리 사용된다. 10의 지수는 다음과 같은 일반 형태를 보인다.

$$10^n$$

지수 (n), 밑수 (10)

여기서 n은 지수(exponent)를 나타내고, 10은 밑수(base number)를 나타낸다. 10의 지수 n은 10 그 자체를 n번 곱하라는 의미이다. 예를 들면, 10의 제곱($10^2$)은 10을 두 번 곱하라는 의미이다. $10^2$을 보통의 수로 쓰면 100이다. 여기서 지수 2는 100이라는 숫자에서 0의 개수에 해당한다. 마찬가지로, $10^3$은 3개의 0을 가지고 있고(1000), $10^6$은 6개의 0을 갖는다(1,000,000).

지수가 양수(positive)인 모든 수는 1보다 크다. 반대로 지수가 음수(negative)인 10의 지수 값은 1보다 작다. 예를 들면, ($10^{-1}$)은 0.1, ($10^{-2}$)은 0.01, ($10^{-3}$)은 0.001이다. 표 PSS.1에는 10의 지수들과 이에 해당하는 보통의 수가 함께 표기되어 있다.

**표 PSS. 1 10의 지수**

| 지수 | 보통의 수 |
|---|---|
| $1 \times 10^6 = 10 \times 10 \times 10 \times 10 \times 10 \times 10$ | 1,000,000 |
| $1 \times 10^3 = 10 \times 10 \times 10$ | 1000 |
| $1 \times 10^2 = 10 \times 10$ | 100 |
| $1 \times 10^1 = 10$ | 10 |
| $1 \times 10^0 = 1$ | 1 |
| $1 \times 10^{-1} = 1 \times \frac{1}{10}$ | 0.1 |
| $1 \times 10^{-2} = 1 \times \frac{1}{10} \times \frac{1}{10}$ | 0.01 |
| $1 \times 10^{-3} = 1 \times \frac{1}{10} \times \frac{1}{10} \times \frac{1}{10}$ | 0.001 |
| $1 \times 10^{-6} = 1 \times \frac{1}{10} \times \frac{1}{10} \times \frac{1}{10} \times \frac{1}{10} \times \frac{1}{10} \times \frac{1}{10}$ | 0.000 001 |

지수를 가지는 숫자의 계산도 계산기를 사용하여 간단히 수행할 수 있지만, 지수에 대한 개념을 알고 있으면 훨씬 더 결과에 자신감을 느끼게 될 것이다. 예제 PSS.7과 PSS.8에 보통의 수와 지수의 관계를 다시 한번 설명해 놓았다.

## 예제 PSS.7 10의 지수로 변환

다음 보통의 수를 10의 지수로 표현하라.

(a) 100,000 (b) 0.000 000 01

**해답**

10의 지수는 이동해야 할 소수점 자리를 표시한다.

(a) 소수점 자리를 왼쪽으로 5칸 이동한다. 즉 $1 \times 10^5$

(b) 소수점 자리를 오른쪽으로 8칸 이동한다. 즉 $1 \times 10^{-8}$

**실전 연습문제**

다음 보통의 수를 10의 지수로 표현하라.

(a) 10,000,000 (b) 0.000 000 000 001

**답:** (a) $1 \times 10^7$ (b) $1 \times 10^{-12}$

**개념 문제**

다음 중 길이가 작은 것은 : $1 \times 10^3$ cm 또는 $1 \times 10^{-3}$ cm ?

**답:** 부록 G, PSS. 7 참조

▲지구
10의 지수는 매우 큰 숫자를 표현하는 데 사용할 수 있다. ; 예를 들어 지구의 지름은 $1 \times 10^7$ m이다.

## 예제 PSS.8 보통의 수로 변환

다음 10의 지수를 보통의 수로 나타내어라.

(a) $1 \times 10^4$

(b) $1 \times 10^{-9}$

**해답**

10의 지수는 소수점이 움직여야 할 위치를 의미한다.

(a) $1 \times 10^4$의 지수가 4이므로 소수점이 1의 오른쪽으로 4칸 이동하면 10,000이다.

(b) $1 \times 10^{-9}$의 지수가 −9이므로 소수점이 1의 왼쪽으로 9칸 이동하면 0.000 000 001 이다.

**실전 연습문제**

다음 10의 지수를 보통의 수로 나타내어라.

(a) $1 \times 10^{10}$ (b) $1 \times 10^{-5}$

**답:** (a) 10,000,000,000 (b) 0.000 01

**개념 문제**

다음 중 질량이 작은 것은 : 0.000 001 g 또는 0.000 01 g?

**답:** 부록 G, PSS. 8 참조

**▲적혈구 세포**

10의 음의 지수는 매우 작은 숫자를 표현하는 데 사용할 수 있다. 예를 들어 적혈구의 지름은 $1 \times 10^{-6}$ m이다.

# PSS.7 과학적 표기법

**학습 목표**

- 보통의 수를 과학적 표기법으로 나타낼 수 있다.
- 과학적 표기법으로 보통의 수를 나타낼 수 있다.

과학에서는 아주 크거나 아주 작은 수를 종종 다루게 된다. 이러한 숫자들은 많은 0을 가지고 있어서 쉽게 이해되지 않거나 불편할 때가 있다. 예를 들어, 철 원자의 무게는 0.000 000 000 000 000 000 000 093 g이다. 이러한 문제점을 극복하기 위하여 처음의 유효숫자 뒤에 소수점을 찍고, 10의 지수로 나타내는 표준 표기법이 제안되었는데 이러한 방법을 **과학적 표기법(scientific notation)**이라고 한다. 과학적 표기식은 다음과 같다.

10의 지수

$$D.DD \times 10^n$$

유효숫자

과학적 표기를 사용하기 위해서는 모든 유효숫자를 쓰고, 0이 아닌 첫째 자리 숫자 다음에 소수점을 찍는다. 소수점이 이동한 칸 수만큼을 10의 지수로 나타낸다. 예를 들어, 555,000을 과학적 표기로 나타내기 위해서 먼저 소수점을 왼쪽으로 다섯 칸 이동하면 5.55가 되고, 다음에 10의 지수인 $10^5$를 합친다. 따라서 555,000을 과학적 표기로는 $5.55 \times 10^5$로 쓸 수 있다.

1보다 작은 수도 과학적 표기로 나타낼 수 있다. 예를 들어, 0.000 888을 과학적 표기로 나타내기 위해서는 먼저 소수점을 오른쪽으로 네 칸 이동하여 8.88을 만든 후, 10의 지수인$10^{-4}$를 합친다. 그러면 0.000 888은 과학적 표기로 $8.88 \times 10^{-4}$이 된다.

과학적 표기에서는 숫자의 크기와 관계없이 소수점은 0이 아닌 첫 자리 숫자 다음에 위치한다. 숫자의 크기는 10의 지수로 표시한다. 양의 지수는 매우 큰 수를 의미하고, 음의 지수는 매우 작은 수를 의미한다. 과학적 표기로 숫자를 나타낼 때는 다음과 같은 두 단계과정을 거친다.

### 과학적 표기의 적용

**1단계:** 0이 아닌 첫째 유효숫자 다음에 소수점을 찍고 나머지 유효숫자를 그대로 적는다.

**2단계:** 소수점이 몇 칸 이동했는지를 10의 지수로 나타낸다. 소수점이 왼쪽으로 이동하면 10의 지수는 양의 지수가 되고, 소수점이 오른쪽으로 이동하면 10의 지수는 음의 지수가 된다.

예제 PSS.9는 보통의 수와 지수 사이의 변환을 설명하고 있다.

## 예제 PSS.9 과학적 표기

다음 값들을 과학적 표기로 나타내어라.

(a) 1리터 풍선 속에 있는 헬륨 기체에는 26,800,000,000,000,000,000,000개의 헬륨 원자가 있다.
(b) 헬륨 원자 한 개의 질량은 0.000 000 000 000 000 000 000 006 65 g이다.

**해답**

(a) 2 다음에 소수점을 찍고 그다음에 유효숫자를 표시한다(2.68). 그리고 소수점이 이동한 칸을 센다. 소수점 왼쪽으로 22칸 이동했으므로 지수는 +22이다. 따라서 1 L의 기체 속에 있는 헬륨 원자수는 $2.68 \times 10^{22}$개이다.

(b) 6 다음에 소수점을 찍고 그 다음에 나머지 유효숫자를 표시한다(6.65). 그리고 소수점이 이동한 칸을 센다. 소수점이 오른쪽으로 24칸 이동했으므로 지수는 −24이다. 따라서 헬륨 원자 한 개의 질량은 $6.65 \times 10^{-24}$ g이다.

**실전 연습문제**

다음의 값을 보통의 수로 나타내어라.

(a) 수은 원자 한 개의 질량은 $3.33 \times 10^{-22}$ g이다.
(b) 액체 수은 1 mL 속에는 원자가 $4.08 \times 10^{22}$개 있다.

**답:** (a) 0.000 000 000 000 000 000 000 333 g (b) 40,800,000,000,000,000,000,000 원자

**개념 문제**

다음 질량 중 크기가 큰 것은 : $1 \times 10^{-6}$ g 또는 0.000 01 g?

**답:** 부록 G, PSS. 9 참조

## 예제 PSS.10 보통의 수로 변환

다음 과학 표기법 값 각각을 보통의 수로 표현하라.

(a) $1.75 \times 10^{3}$ (b) $2.88 \times 10^{-2}$

**해답**

10의 거듭제곱은 소수점이 이동된 자릿수를 나타낸다.

(a) $1.75 \times 10^{3}$의 지수는 양수 3이므로 소수점 1.75 오른쪽으로 세 칸 이동하면 1750.
(b) $2.88 \times 10^{-2}$의 지수는 음수 2이므로 소수점을 2.88 왼쪽으로 두 칸 이동하면 0.0288.

**실전 연습문제**

다음의 값을 보통의 수로 표현하라.

(a) $7.11 \times 10^5$ (b) $8.23 \times 10^{-4}$

**답:**

(a) 711,000 (b) 0.000 823

**개념 문제**

다음을 보통의 수로 표현하라 : $1.55 \times 10^0$ cm.

**답:** 부록 G, PSS. 10 참조

## 자세히 보기 계산기

### Q: 화학 입문자에게는 어떤 계산기가 필요한가?

학생들은 일상적인 목표를 위한 개인 계산기를 가질 것이다. 그러나 개인 계산기, 또는 스마트폰 계산기는 화학 과정에 대부분 적합하지 않다. 과학적 계산기가 화학에서 맞닥뜨리는 계산을 위해 요구된다. 계산기를 구매하기 전, 강사와 함께 과정에 맞는 계산기 추천을 검토해야 한다.

최소로, 화학 과정에서는 지수(ex) EE, EXP, EEX)를 입력할 키들과 메모리를 저장하고 불러올 키(STO와 RCL)와 로그 값을 찾을 키(LOG)가 필요하다. 화학 전공자가 아닌 이상은, 기본적인, 비싸지 않은 계산기가 당신의 가장 좋은 선택일 것이다. 텍사스 인스트루먼트(TI) 사의 TI-30 시리즈가 가장 유명하고, 비싸지 않고, 화학 입문에 적합한 계산기다. 카시오, 샤프, HP 사도 각기 다르게 작동하지만 비싸지 않고(1만 원 이하) 비슷한 계산기들을 제공한다.

대부분의 경우, 학생들은 화학에서 만날 계산들을 수행하기에 효과적일 것이라 믿고 최첨단의 계산기를 선택한다. 실전에서, 이와 반대로, 최첨단 계산기들은 너무 많은 기능을 가지고 있어서 지수 입력이나 메모리 기능과 같은 간단한 기능을 수행하기에도 높은 진입장벽이 따른다

아래의 연습 예제들은 화학 입문에 최소한의 계산기 기능이 필요하다는 것을 증명하게 된다.

(a) $6.02 \times 10^{22}$를 계산기 화면에 입력한다. (입력: 6.02 EXP23)
(b) $6.02 \times 10^{22}$를 계산기 메모리에 저장한다.
(c) $6.02 \times 10^{22}$를 계산기 메모리에서 불러온다.
(d) log $2.55 \times 10^{-3}$를 찾는다. (답: 2.59)
(e) 역 log −4.57를 찾는다. (답: 0.0000269)

▲과학적 계산기

과학적 계산기는 10의 지수를 표현하기 위해 계산기에는 지수키가 있다.

**A:** 과학적 계산기는 화학에서 발생하는 계산에 필요하다. 학생 개인을 위한 계산기의 선택은 다양하다. 예를 들어 과학 전공자는 과학 그래프 계산기를 선택할 수 있다. 그러나 그래프 계산기를 사용하려면 큰 노력이 필요하며 실제로 화학 계산을 수행하는 학생들에게 역효과를 줄 수도 있다.

## Chapter Summary

| 주요 개념 | 학습목표와 관련 연습문제 |
|---|---|
| **PSS.1 측정**<br>**측정(measurement)**은 실험기구를 사용하여 얻는다. 물체의 질량을 측정하기 위해서는 저울을 사용한다. 대개 측정값은 **센티미터(centimeter, cm)**, **그램(gram, g)**, **밀리리터(mililiter, mL)**, 단위로 기록한다. 어떤 측정도 참값을 얻을 수 없는데, 그 이유는 모든 기구(instrument)에는 **불확정성(uncertainty)**이 있기 때문이다. | • 측정값이 절대로 정확하지 않은 이유를 설명할 수 있다.<br>**관련 문제:** 1<br>• 측정을 하기 위한 기구를 확인할 수 있다.<br>**관련 문제:** 3-9 |
| **PSS.2 유효숫자**<br>측정값에서 **유효숫자(significant digits)**란 확실히 알려진 숫자들과 추정된 또 하나의 숫자로서 이루어진다. | • 어떤 측정값에서 유효숫자의 자릿수를 알 수 있다.<br>**관련 문제:** 11-15 |
| **PSS.3 비유효숫자 반올림**<br>**비유효숫자(nonsignificant digits)**란 계산과정에서 발생하며, 이 비유효숫자를 제거하는 과정을 **반올림(rounding off)**이라고 한다. | • 계산에 비유효숫자를 반올림하는 방법을 알 수 있다.<br>**관련 문제:** 17-19 |
| **PSS.4 측정값의 덧셈과 뺄셈**<br>측정값을 더하거나 뺄 때, 해답은 불확정성이 가장 큰 측정값에 의해 제한된다. 세 가지 질량 측정값의 불확정성이 각각 ±0.1 g, ±0.01 g, 그리고±0.001 g이라면, 가장 큰 불확정성 ±0.1 g을 가진 측정값에 의해 답이 결정된다. | • 정확하게 측정값을 더하거나 뺄 수 있게 유효숫자 규칙을 적용할 수 있다.<br>**관련 문제:** 21-23 |
| **PSS.5 측정값의 곱셈과 나눗셈**<br>측정값을 곱하거나 나눌 때, 해답은 데이터 중에 가장 적은 개수의 유효숫자를 갖는 측정값에 의해 제한된다. 계산에 의해 얻어지는 답은 올바른 단위와 유효숫자를 포함해야 한다. | • 정확하게 측정값을 곱하거나 나눌 수 있게 유효숫자 규칙을 적용할 수 있다.<br>**관련 문제:** 25-27 |
| **PSS.6 지수**<br>어떤 값에 대해 위첨자로 쓰인 숫자를 **지수(exponent)**라고 하는데, 그 숫자만큼 값을 거듭해서 곱하는 것을 뜻한다. 어떤 값이 10이라면 지수는 **10의 거듭 제곱수**이다. 10의 거듭 제곱수는 양수 또는 음수일 수 있다. 지수가 양수라면($10^3$), 그 결과값은 1보다 크고, 음수면($10^{-3}$) 결과값은 1보다 작다. | • 보통의 수를 10의 지수로 표시할 수 있다.<br>**관련 문제:** 29-31<br>• 10의 지수를 보통의 수로 표시할 수 있다.<br>**관련 문제:** 33-37 |
| **PSS.7 과학적 표기법**<br>과학에서 대단히 크거나 작은 수를 표시할 때 **과학적 표기법(scientific notation)**을 사용한다. 유효숫자가 세 개인 수는 과학적 표에 따라 D.DDx $10^n$으로 표시한다. 세 개의 유효숫자(D.DD)는 소수점의 위치를 표시하기 위하여 10의 거듭제곱 ($10^n$)으로 곱한다. | • 보통의 수를 과학적 표기법으로 나타낼 수 있다.<br>**관련 문제:** 39<br>• 과학적 표기법으로 보통의 수를 나타낼 수 있다.<br>**관련 문제:** 41-43 |

## 문제 풀이 정리

| 주제 | 절차 | 예 |
|---|---|---|
| 측정값 PSS.1 | 측정값을 나타내고 불확정성을 제시하라 | 11.50 cm ± 0.05 cm<br>0.545 g ± 0.001 g<br>10.0 mL ± 0.5 mL |
| 유효숫자 PSS.2 | 유효숫자를 왼쪽에서 오른쪽으로 세라<br>(a) 0이 아닌 숫자부터 시작<br>(b 자릿값을 유지하는 0은 세지 마라 | 0.05 g (1 유효숫자)<br>50.0 g (3 유효숫자)<br>505 g (3 유효숫자)<br>50,000 g (1 유효숫자) |

## 문제 풀이 정리 (Continued)

| 주제 | 절차 | 예 |
|---|---|---|
| 비유효숫자 반올림 PSS.3 | 1. 비유효숫자가 5보다 작을 때는, 비유효숫자 전체를 버려라.<br>2. 첫 비유효숫자가 5보다 클 때는 유효숫자 마지막 자리에 1을 더해라.<br>3. 계산이 몇 가지 과정을 거칠 경우, 비유효숫자를 마지막 과정까지 보유하라. | 505.05 g은 505 g으로 반올림된다. (3 유효숫자)<br>505.50 g은 506 g으로 반올림된다. (3 유효숫자) |
| 측정값을 더하거나 빼기 PSS.4 | 그 답은 데이터의 표본의 최소의 유효 측정값으로 제한된다. | 5.05 g + 5.005 g= 10.06 g<br>5.05 mL − 2.1 mL= 3.0 mL |
| 측정값을 곱하거나 나누기 PSS.5 | 그 답은 주어진 데이터의 유효숫자의 최소 숫자로 제한된다. | 5.05 cm × 5.005 cm = 25.3 $cm^2$<br>5.0 g/ 10.0 mL = 0.5 g/mL |
| 지수의 숫자 PSS.6 | (a) 1보다 큰 값을 갖는 숫자는 양수의 지수를 갖는다.<br>(b) 1보다 작은 값을 갖는 숫자는 음수의 지수를 갖는다. | 1,000,000 = $1 \times 10^6$<br>0.000 001 = $1 \times 10^{-6}$ |
| 과학적 표기법 PSS.7 | 처음 영이 아닌 숫자 이후에 소수점을 찍어라. 지수를 사용해서, 몇 개의 숫자가 지워졌는지 표시해라. | 55,500 g = $5.55 \times 10^4$ g<br>0.000 555 g = $5.55 \times 10^{-4}$ g |

## 주요 용어 주요 용어에 대한 해답은 부록 H에 수록하였다.

**다음의 정의에 해당하는 용어를 선택하라.**

_______ 1. 길이, 질량, 또는 부피를 표시하는 단위와 수치.
_______ 2. 길이에 대한 일반적 미터법 단위.
_______ 3. 질량에 대한 일반적 미터법 단위.
_______ 4. 부피에 대한 일반적인 미터법 단위.
_______ 5. 길이, 질량, 혹은 부피와 같은 측정을 기록하는 장치.
_______ 6. 어떤 기기적 측정의 부정확함의 정도.
_______ 7. 어떤 물체 속에 있는 물질의 양.
_______ 8. 측정에서 확실하다고 생각되는 자릿수와 어림잡은 자릿수의 합.
_______ 9. 기기의 정확성을 초과하는 측정값의 자릿수.
_______ 10. 유효하지 않은 자릿수를 제거하는 과정.
_______ 11. 어떤 값의 거듭 제곱을 나타내는 위첨자로 쓰인 수.
예) $10^4 = 10 \times 10 \times 10 \times 10$ 그리고 $cm^3 = cm \times cm \times cm$
_______ 12. 10의 양 또는 음의 지수.
_______ 13. 첫 번째 유효숫자 자릿수 다음의 소수점을 이동하여 수를 표현하고 10의 지수에 의하여 이동한 소수점의 수를 나타내는 방법.

(a) 센티미터(cm) (PSS.1)
(b) 지수(PSS.6)
(c) 그램(g) (PPS.1)
(d) 기구 (PSS.1)
(e) 질량 (PSS.1)
(f) 측정(PSS.1)
(g) 밀리리터(mL) (PSS.1)
(h) 비유효숫자(PSS.3)
(i) 지수10 (PSS.6)
(j) 반올림(PSS.3)
(k) 과학적 표기 법(PSS.7)
(l) 유효숫자(PSS.2)
(m) 불확정성(PSS.1)

## 문제 문제에 대한 해답은 부록 I에 수록하였다.

### 측정에 대한 불확실성 (PSS.2)

1. 5센트 니켈 동전의 대략적인 질량은 얼마인가?

3. 어떤 양(길이, 질량, 부피, 시간)이 다음과 같은 단위에 의해 나타내지는가?
(a) 센티미터 (b) 그램
(c) 밀리리터 (d) 초

5. 다음 측정값 중 어느 것이 그림 PSS.2에 나타낸 미터자 A를 이용한 것에 해당하는가?
(a) 5.0 cm (b) 5.00 cm
(c) 5.05 cm (d) 0.5 cm

7. 다음 측정값 중 어느 것이 그림 PSS.2에 나타낸 전자저울에 해당하는가?
(a) 75 g (b) 75.0 g
(c) 75.22 g (d) 75.518 g

9. 다음 측정값 중 어느 것이 그림 PSS.3 불확정성 ±0.05 mL

의 뷰렛에 해당하는가?

(a) 32.0 mL (b) 32 mL

(c) 32.05 mL (d) 32.58 mL

## 유효숫자의 자릿수 (PSS.2)

11. 다음 각각에 대한 유효숫자의 개수를 말하라.

(a) 20 cm (b) 200 g

(c) 0.002 mL (d) 0.0002 s

13. 다음 각각에 대한 유효숫자의 개수를 말하라.

(a) 0.5 cm (b) 1055 g

(c) $1.2 \times 10^0$ mL (d) $4.50 \times 10^1$ s

15. 다음 각각에 대한 유효숫자의 개수를 말하라.

(a) 5.00 cm (b) 5005 g

(c) $1 \times 10^{-1}$ mL (d) $1.0 \times 10^{-2}$ s

## 비유효숫자의 반올림 (PSS.3)

17. 다음 값을 세 개의 유효숫자 개수로 반올림하라.

(a) 10.25 (b) 10.20

(c) 0.01029 (d) 10.248

19. 다음 값을 세 개의 유효숫자 개수로 반올림하라.

(a) $9.123 \times 10^5$ (b) $9.456 \times 10^{10}$

(c) $9.000 \times 10^{-7}$ (d) $9.075 \times 10^{-12}$

## 측정값의 덧셈과 뺄셈 (PSS.4)

21. 다음 측정값을 더한 후 답을 반올림하라.

(a) 1.55 cm<br>36.15 cm<br>+17.3 cm

(b) 5.0 cm<br>16.3 cm<br>+ 0.95 cm

23. 다음 측정값을 뺀 후 답을 반올림하라.

(a) 20.10 cm<br>− 10.5 cm

(b) 10.0 cm<br>− 0.15 cm

## 측정값의 곱셈과 나눗셈 (PSS.5절)

25. 다음 측정값을 곱하고 답을 반올림하라.

(a) $1.25\ \text{cm} \times 0.5\ \text{cm}$ (b) $2.55\ \text{cm} \times 1.1\ \text{cm}$

(c) $12.0\ \text{cm}^2 \times 1.00\ \text{cm}$ (d) $21.1\ \text{cm}^2 \times 0.75\ \text{cm}$

27. 다음 측정값을 나누고 답을 반올림하라.

(a) 66.3 g/75 mL (b) 12.5 g/ 4.1 mL

(c) 42.620 g/10.0 mL (d) 91.235 g/10.00 mL

## 지수 (PSS.6 절)

29. 다음 곱을 10의 지수형태로 나타내라.

(a) $10 \times 10 \times 10$ (b) $1/10 \times 1/10 \times 1/10$

31. 다음 곱을 지수 형태로 나타내라.

(a) $2 \times 2 \times 2$ (b) $1/2 \times 1/2 \times 1/2$

33. 10의 지수로 표현된 다음 수들을 보통의 수로 나타내라.

(a) $1 \times 10^3$ (b) $1 \times 10^{-7}$

35. 다음 각각의 보통의 수를 10의 지수형태로 나타내라.

(a) 1,000,000,000 (b) 0.000 000 01

37. 10의 제곱으로 표현된 다음 수들을 보통의 수로 나타내라.

(a) $1 \times 10^1$ (b) $1 \times 10^{-1}$

## 과학적 표기법 (PSS.7절)

39. 다음 보통의 수를 과학적 표기법으로 나타내라.

(a) 80,916,000 (b) 0.000 000 015

(c) 335,600,000,000,000 (d) 0.000 000 000 000 927

41. 표준 온도와 압력 상태에 있는 산소 가스 1 L 속에는 26,900, 000,000,000,000,000,000개의 산소 분자들이 있다. 이 원자의 개수를 과학적 표기법으로 나타내라.

43. 산소 분자의 질량은 0.000 000 000 000 000 000 000 053 2 g이다. 이 질량을 과학적 표기법으로 나타내라.

## 일반 연습 문제

45. 10 mL 피펫이 ±0.1 mL 불확정성을 갖는다. 보통의 수를 이용해 피펫의 부피를 나타내라.

47. 빛의 속도는 초당 186,282,397 마일이다. 이 값을 유효숫자 세 자리로 반올림하라.

49. 255 cm의 금속 리본에서 두 개의 25 cm 막대들을 잘라낸 후 남은 마그네슘 리본의 길이를 구하라.

51. 다음 지수를 과학적 표기법으로 바꾸어라.

(a) $352 \times 10^4$ (b) $0.191 \times 10^{-5}$

## 도전 연습문제

53. 중성자의 질량은 $1.6749 \times 10^{-24}$ g이고 양성자의 질량은 $1.6726 \times 10^{-24}$ g이다. 중성자와 양성자의 총 질량은 얼마인가?

55. 1 미터톤은 1,000 kg 또는 $2.200 \times 10^3$ lb로 정의한다. 1 영국톤은 2,000 lb 또는 $2.000 \times 10^3$ lb이다. 미터톤과 영국톤의 총질량을 파운드로 나타내라.

## PSS 자율 테스트 해답을 부록 J 에 수록하였다.

1. 어떤 저울이 가장 적은 불확실성을 가지고 있는 것인가? (PSS.1)
   (a) 접시저울, $\pm 0.1$ g
   (b) 트리플빔저울, $\pm 0.01$ g
   (c) 전자저울, $\pm 0.001$ g
   (d) 분석 저울, $\pm 0.0001$ g
   (e) 모든 저울은 똑같이 불확실성을 가지고 있다.
2. 질량 0.050g은 유효숫자가 몇 자리인가? (PSS.2)
   (a) 1 (b) 2
   (c) 3 (d) 4
3. 7268 mL를 유효숫자 세자리로 반올림하라. (PSS.3)
   (a) 720 mL (b) 726 mL
   (c) 727 mL (d) 7260 mL
   (e) 7270 mL
4. 55.5 cm와 0.50 cm를 더하고 반올림하라. (PSS.4)
   (a) 56 cm (b) 56.0 cm
   (c) 56.05 cm (d) 56.1 cm
   (e) 57 cm
5. 7.2cm와 3.75cm와 1.555cm를 곱하고 반올림하라. (PSS.5)
   (a) 41.9 $cm^3$ (b) 41.99 $cm^3$
   (c) 42 $cm^3$ (d) 42.0 $cm^3$
   (e) 42.00 $cm^3$
6. $5.55 \times 10^{-2}$를 보통의 수로 나타낸 것은 어느 것인가? (PSS.6)
   (a) 0.055 5 (b) 0.005 55
   (c) 0.000 555 (d) 5,550
   (e) 위에 없음
7. 55,500,000,000,000,000,000,000들 과학적 표로 나타내라. (PSS.7)
   (a) $5.55 \times 10^{-22}$ (b) $5.55 \times 10^{-23}$
   (c) $5.55 \times 10^{22}$ (d) $5.55 \times 10^{23}$
   (e) 위에 없음

## 주요 개념

8. 다단계 곱셈 또는 나눗셈을 수행하기 위해 과학적 계산법을 이 용할 때, 각각의 단계 뒤에 반올림하는 것이 더 좋은가 아니면 계산기에서최종 답을 반올림하는 것이 좋은가?

## 비판적 사고

9. 알파 입자 질량은 $6.64 \times 10^{-24}$ g, 베타 입자는 $9.11 \times 10^{-28}$ g 이다. 알파 입자와 베타 입자 중 어떤 것이 더 무거운가?
10. 철의 1온스 무게는 28.4 g이고 금의 1 온스 무게는 31.1 g이다. 철의 온스 무게와 금의 온스 무게 중 어떤 것이 더 무거운가?

CHAPTER 2

# 미터법

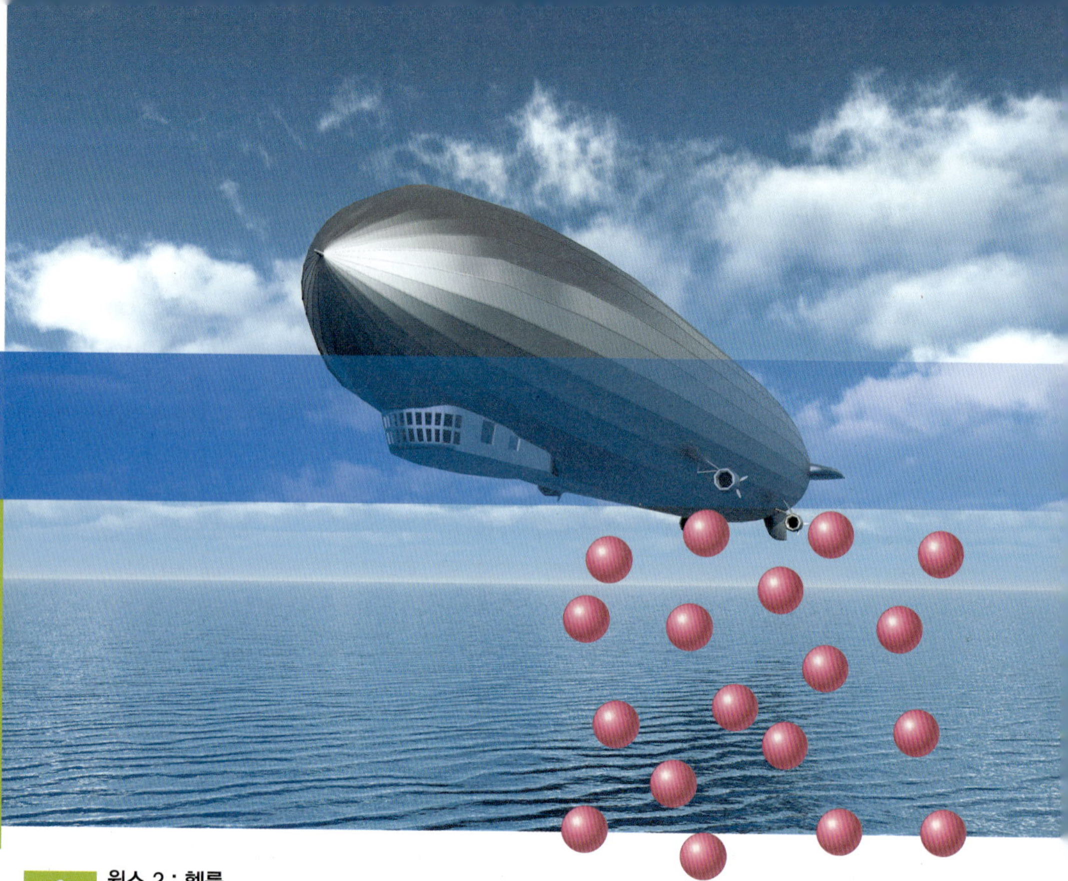

"사람의 손으로 만들어진 모든 것 중에서 미터법처럼 광대하고 단순하며 적용하기가 용이한 것이 없다."
앙투안 라부에제(AntoineLavoisier), 프랑스 화학자(1743-1794)



2 He helium

**원소 2 : 헬륨**
헬륨은 지구상에서 2번째로 가장 풍부한 원소이다. 헬륨 가스는 수소 가스보다 밀도가 높지만, 불에 잘 타지 않기 때문에 열기구 풍선과 소형비행선에 이용된다.

문명이 시작되면서 인류는 측정하는 수단이 필요하게 되었다. 상품을 교환할 때 상인들은 길이와 무게, 부피에 관한 표준을 정하지 않으면 안되었다. 역사적으로 볼 때 처음에는 길이의 측정 수단으로 편리한 손과 발을 사용하였음을 알 수 있다. 예를 들면, 1디지트(digit)는 엄지 손가락의 두께로 정의되었고, 1스팬(span)은 나머지 네 손가락의 넓이로 쓰여졌으며, 1큐빗(cubit)은 팔꿈치부터 가운데 손가락의 끝까지의 길이로 사용되었다.

그리스 사람들은 길이의 단위로 발을 12부분으로 나누어 사용하였다. 로마인들은 또한 발길이의 1/12을 한 단위로 채택하여 그것을 1유니카에(unicae)라고 규정하였다. 그 뒤 앵글로색슨족이 유니카에라는 단위를 영국식으로 '인치'라고 표명하였다.

영국식 측정 단위는 1215년 마그나 카르타 헌장을 조인함으로써 시작되었다. 마그나 카르타 헌장에서 세계 무역을 위하여 표준 측정 단위를 규정하였고 그 헌장의 원본에는 "모든 나라에서 와인이나 맥주, 곡물에 대한 표준 측정 단위가 있어야 한다"라는 조항이 있다. 일정한 단위를 확실히 정하기 위하여 영국인들은 기준을 삼을 수 있는 표준을 만들었다. 즉, 1 인치는 보리알 3개의 길이로 정해졌다. 마찬가지로 1파운드와 1갤런도 보리를 기준으로 삼았다.

## 2.1 기본 단위와 기호

**학습 목표**

- 미터법의 기본 단위와 기호를 기술할 수 있다.
- 기본 단위들의 배수와 분수의 접두어를 기술할 수 있다.

18세기 말에는 국제적으로 통일된 측정 단위가 충분하지 못해서 어려움을 겪었다. **영국 단위계(English system)**가 일반적이지만, 주로 대영 제국 내에서 사용되었다. 1790년에 프랑스 정부는 국제적인 측정 체계의 가능성을 연구하기 위하여 과학자로 구성된 위원회를 출범시켰다.

이 위원회는 새로운 체계를 만들기 위하여 거의 10년 동안 창안과 협의를 거쳐서 간

**표 2.1 미터법**

| 물리적 양 | 기본 단위 | 기호 |
|---|---|---|
| 길이 | 미터(meter*) | m |
| 질량 | 그램(gram) | g |
| 부피 | 리터(liter*) | L |
| 시간 | 초(second) | s |

*미국의 미터법 위원회는 알파벳 철자를 meter와 Liter로 정하고 있지만 그외 영어권 나라에서는 metre와Litre로 사용하고 있다.

단하고 기본 단위로 되어있는 **미터법(metric system)**을 개발하였다. 길이의 기본 단위는 **미터(meter, m)**이고, 질량의 기본 단위는 **그램(gram, g)**, 부피의 기본 단위로는 **리터(liter, L)**이고, 시간의 기본 단위로는 **초(second, s)**로 정하였다. 미터법에서 기본 단위와 기호들은 표 2.1과 같다.

미터법이 사용하기에 간단하고 용이한 이유가 두 가지 있다. 첫째, 이것은 측정할 각각의 양에 대하여 하나의 기본 단위로 미터, 그램, 리터를 사용한다. 둘째, 이것은 하나의 기본 단위가 증가하거나 감소할 수 있도록 접두어를 사용할 수 있는 십진법으로 되어 있다는 점이다. 예를 들면, 1 km는 1,000 m이고, 1 cm는 1/100 m에 해당한다.

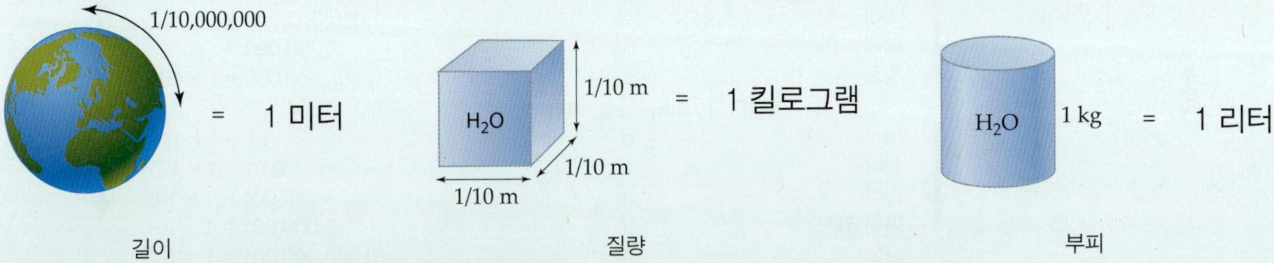


**▲미터 기준의 근원** 1 m는 북극에서 적도까지 거리의 천만 분의 1로 규정하였다. 1 kg은 길이가 1/10 m인 입방체의 물의 질량과 같다. 1 L는 4 ℃에서 물 1 kg의 부피와 같다.

미터법 위원회는 다음과 같이 1 m, 1 kg 그리고 1 L를 규정하였다. 북극에서 적도까지 거리의 천만 분의 일을 1미터로 하였다. 1 킬로그램은 한 변의 길이가 1/10 m인 입방체의 물의 질량에 해당한다. 1리터는 4 ℃에서 물 1 kg이 차지하는 부피와 같다.

미터법 위원회는 추가로 미터나, 킬로그램 그리고 리터에 관한 표준기준을 만들었다. 그들은 1 m에 대한 기준으로 백금 막대(10% 이리듐 금속 합금)를 주조하였다. 또한, 그들은 1 kg에 대한 기준으로 고체 백금 실린더를 주조하였고 1 L에 대한 기준으로 백금 용기를 주조하였다. 그 후 이들 백금 주조물들은 세계적인 측량의 표준기준이 되었다. 1875년에 미국을 포

**◀그림 2.1 미터**
공식적인 기준 미터는 1790년에 백금과 이리듐으로 주조되었다. 원형 주조물은 프랑스 파리 근교의 국제 도량국에 보관되어 있다.

함한 모든 대표적인 나라에서 미터법 조약(Treaty of the Meter)에 대한 조인식을 가졌고, 최초 주조물의 복사판이 만들어져 모든 회원국들에 배포되었다. 그림 2.1은 표준기준 미터의 원형 주조물(original casting)이다.

## 미터법 접두어

미국은 달러($ 1.00)를 기본 통화 단위로 사용하고 있다. 그들의 통화 제도에서는 1달러의 배수나 분수를 나타내기 위해서 소수점을 사용한다(예를 들면, $10.00과 $0.10). 유사하게 미터법은 십진법이지만, 접두어를 써서 기본 단위의 배수나 분수를 나타낸다. 미터식의 접두사는 10인수로 증가하거나 감소한다. 예를 들어, 접두어 킬로는 기본 단위가 1000배 증가한 것이고, 센티는 기본 단위가 100배 감소한 것이다. 그러므로 1 km는 1000 m이고, 1 cm는 0.01 m이다. 표 2.2에 기본적인 미터 단위에 자주 쓰이는 접두어들을 수록하였다.

**표 2.2 미터법 접두어**

| 접두어 | 기호 | 분수 |
|---|---|---|
| 엑스- | E | 1,000,000,000,000,000,000 = $1 \times 10^{18}$ |
| 피터- | P | 1,000,000,000,000,000 = $1 \times 10^{15}$ |
| 테라- | T | 1,000,000,000,000 = $1 \times 10^{12}$ |
| 기가- | G | 1,000,000,000 = $1 \times 10^{9}$ |
| 메가- | M | 1,000,000 = $1 \times 10^{6}$ |
| 킬로- | k | 1000 = $1 \times 10^{3}$ |
| 기본단위 : 미터, 그램, 리터, 초 | | |
| 데시- | d | 0.1 = $1 \times 10^{-1}$ |
| 센티- | c | 0.01 = $1 \times 10^{-2}$ |
| 밀리- | m | 0.001 = $1 \times 10^{-3}$ |
| 마이크로- | μ* | 0.000,001 = $1 \times 10^{-6}$ |
| 나노- | n | 0.000,000,001 = $1 \times 10^{-9}$ |
| 피코- | p | 0.000,000,000,001 = $1 \times 10^{-12}$ |
| 펨토- | f | 0.000,000,000,000,001 = $1 \times 10^{-15}$ |
| 아토- | a | 0.000,000,000,000,000,001 = $1 \times 10^{-18}$ |

*그리스 문자 뮤(μ)는 마이크로를 의미하는 기호이다.

미터 단위의 이름은 기호를 사용하여 줄일 수 있다. 예를 들면, 킬로미터(km), 밀리그램(mg), 마이크로리터(μL), 나노초(ns) 등이 있다. 예제 2.1에서 어떻게 미터 단위에 대한 이름과 기호들이 사용되는지를 살펴보자.

### 예제 2.1 미터 기본 단위와 접두어

다음에 제시되는 미터 단위들의 기호를 제시하고, 각 단위의 측정량을 말하라

(a) 기가미터(gigameter)
(b) 킬로그램
(c) 센티리터
(d) 마이크로초(microsecond)

**해답**

표 2.1과 2.2를 참고하여 접두어와 기본 단위의 기호들을 합쳐서 각 단위에 대한 기호들을 구성한다.

(a) Gm, 길이
(b) kg, 질량
(c) cL, 부피
(d) μs, 시간

**실전 연습문제**

각 미터 단위들의 기호를 제시하고, 각 단위의 측정량을 말하라.

(a) 나노초
(b) 밀리리터
(c) 데시그램
(d) 메가미터

**답:** (a) ns, 시간 (b) mL, 부피 (c) dg, 질량 (d) Mm, 길이

**개념 문제**

미터법에서 길이, 질량, 부피의 기본 단위는 무엇인가?

**답:** 부록 G, 2.1 참조

**주 의** 미터법은 흔히 측정값의 국제 단위계로 언급한다. **국제 단위계(International System, SI)**는 미터법과 유사하지만 그 체제가 더 복잡하고 정교하다고 볼 수 있다. 이 책에서는 좀더 간단한 미터법과 특별한 경우에만 쓰이는 SI 단위들이 사용될 것이다.

## 2.2 미터법 변환 인자

**학습 목표**

- 기본 미터법 단위와 접두어 단위에 대한 단위식을 쓸 수 있다.
- 미터 단위식으로부터 유도된 두 단위 인자를 사용할 수 있다.

다음 단원에서 우리는 단 하나의 중요한 작업을 다룰 것이다: 문제 풀이. 단순하지만 강력한 단위분석을 배울 것이다. 문제풀이의 단위분석법을 사용하기 위해, 동등한 관계와 단위 방식을 이해해야 한다.

**단위식(unit equation)**은 똑같은 두 개의 양을 말한다. 예를 들면, 킬로미터와 미터 사이의 관계를 찾아보자. 미터 접두어인 *킬로*는 1000 기본 단위를 의미하므로 1 킬로미터는 1000 미터에 해당된다. **등가식(exact equivalent)**으로 표현하면, 1 킬로미터 = 1000 미터 또는, 간단히 1 km = 1000 m로 쓸 수가 있다.

1 센티미터는 1 미터의 1/100이고, 1 cm = 0.01 m라고 쓸 수가 있다. 그러나 기본 단위의 분수를 사용할 때는 배수를 사용할 때보다 좀 더 혼동이 된다. 다행히도 관련되는 양을 바꾸어 표시하면 십진 분수를 피할 수 있다. 즉, 1미터는 100 센티미터이므로 1 m = 100 cm의 등가식을 쓸 수가 있다. 예제 2.2에서는 미터 관계에 대한 단위식 쓰는 법을 보여준다.

### 예제 2.2 미터 단위식

다음의 미터 등가식에 대한 단위식을 완성하라.

(a) 1 Mm = ? m  (b) 1 kg = ? g
(c) 1 L = ? dL  (d) 1 s = ? ns

**해답**

표 2.2를 참조하면,

(a) 접두어 메가가 1,000,000 기본 단위이므로 1 Mm=1,000,000 m이다.
(b) 접두어 킬로가 1000 기본 단위이므로 1 kg=1000 g이다.
(c) 접두어 데시가 기본 단위의 0.1이므로 1 L=10 dL이다.
(d) 접두어 나노가 기본 단위의 0.000 000 001이므로 1 s = 1,000,000,000ns 이다.

다른 방법으로 지수를 써서 단위식을 표현할 수도 있다.

(a) $1\ \text{Mm} = 1 \times 10^6\ \text{m}$  (b) $1\ \text{kg} = 1 \times 10^3\ \text{g}$
(c) $1\ \text{L} = 1 \times 10^1\ \text{dL}$  (d) $1\ \text{s} = 1 \times 10^9\ \text{ns}$

**실전 연습문제**

다음의 미터 등가식에 대한 각각의 단위식을 완성하라.

(a) 1 Gm = ? m  (b) 1 g = ? cg
(c) 1 L = ? μL  (d) 1 s = ? ms

**답:**

(a) 1 Gm = $1 \times 10^9$ m
(b) 1 g = $1 \times 10^2$ cg
(c) 1 L = $1 \times 10^6$ μL
(d) 1 s = $1 \times 10^3$ ms

**개념 문제**

다음의 단위식에는 몇 개의 유효숫자가 있는가 : 1 m = 1000 mm?

**답:** 부록 G, 2.2 참조

## 미터법 단위 인자를 쓰는 법

단위식을 쓸 수 있으면 쉽게 두 개의 단위 인자를 만들 수 있다. **단위 인자(unit factor)**는 두 개의 등가량 비이다. 즉, 분자의 양은 분모의 양과 같다.

미터 단위를 쓸 때에는 항상 큰 단위를 먼저 쓰고 작은 단위를 나중에 쓰는 것이 좋다. 예를 들어, 단위식 1 m = 100 cm, 1 kg = 1,000 g, 1 L = 1000 mL와 같이 쓴다.

분자와 분모가 같으므로, 단위 인자의 역수를 취함으로써 우리는 두 번째 단위 인자를 만들어낼 수 있다. 예를 들어, 1 m = 100 cm라는 단위식을 생각해보자. 위에서 말한 것에 해당하는 두 개의 단위 인자를 아래와 같이 쓸 수 있다.

$$\frac{1\ \text{m}}{100\ \text{cm}} = \frac{100\ \text{cm}}{1\ \text{m}}$$

예제 2.3에서는 주어진 미터 관계에 해당하는 단위 인자를 쓰는 방법을 보여주고 있다.

**도움말**
**단위식(Unit Equaltions)**

단위 분석법을 적용함으로써 실수를 제거한다. 미터 단위를 쓸 때에는 항상 큰 단위를 먼저 쓰고, 작은 단위를 나중에 쓰는 것이 좋다. 예를 들면, 1 m = 100 cm, 1 kg = 1000 g, 1 L = 1000 mL이다.

### 예제 2.3 미터법 단위 인자

다음의 미터법 관계의 각각에 대한 두 개의 단위 인자를 써라.

(a) 킬로미터와 미터
(b) 그램과 데시그램

**해답**

두 개의 단위 인자를 만들기 위해 먼저 두 개의 단위식을 적는다.

(a) 접두어 킬로는 1000의 기본 단위이므로 1 km = 1000 m이다. 그러므로 두 개의 단위 인자는 다음과 같다.

$$\frac{1\ \text{km}}{1000\ \text{m}} \text{ 와 } \frac{1000\ \text{m}}{1\ \text{km}}$$

(b) 접두어 데시는 기본 단위가 0.1이므로 1 g = 10 dg이다. 그러므로 두 개의 단위 인자는 다음과 같다.

$$\frac{1\ \text{g}}{10\ \text{dg}} \text{ 과 } \frac{10\ \text{dg}}{1\ \text{g}}$$

**실전 연습문제**

다음의 미터법 관계에 대해 각각 두 개씩의 단위 인자를 써라.

(a) 리터와 밀리리터
(b) 메가초와 초

**답:** (a) 1 L / 1000 mL 그리고 1000 mL / 1 L
(b) 1 Ms / 1,000,000 s 그리고 1,000,000 s / 1 Ms

**개념 문제**

다음의 단위 인자에는 몇 개의 유효숫자가 있는가: 1 L / 1000 mL?

**답:** 부록 G, 2.3 참조

## 2.3 미터법 – 미터법 단위 변환

**학습 목표**

▶ 주어진 미터 측정값을 다른 미터 접두어를 이용하여 표현할 수 있다.

과학은 언제나 어려운 문제에 대해 도전하는 것으로 잘 알려져 있다. 다행스럽게도 여러분은 문제 풀이를 위한 아주 유용한 기술을 배우게 될 것이다. 그 방법을 **단위 분석법(unit analysis method)**이라고 부른다. 그리고 이러한 문제 풀이 방법은 다른 말로 차원 분석(*dimensional analysis*) 또는 인자 표지 방법(*factor-label method*)이라고 한다. 단위 분석법으로 모든 문제를 풀 수 있는 것은 아니지만, 우리가 기초 화학을 공부하면서 만나게 되는 문제들에 대해서는 매우 효과적인 방법이다.

단위 분석에 의한 문제풀이 과정은 간단히 3 단계 과정이라고 볼 수 있다. 1 단계: 문제를 읽고 해답에서 요구하는 단위를 결정한다. 2 단계: 문제를 분석하고, 해답과 관련된 주어진 값을 정한다. 3 단계: 주어진 값의 단위를 해답에 있는 값의 단위로 변환하기 위해, 한 가지 또는 그 이상의 단위 인자를 적는다. 문제 풀이를 위한 단위 분석법을 사용할 때에는 항상 이 세 가지 단계를 체계적으로 적용해야 한다.

### 단위 분석법의 적용

1 단계 : 해답에서 요구하는 단위를 적는다.
2 단계 : 해답과 관계되는 주어진 값을 적는다.
3 단계 : 주어진 값의 단위를 해답에 있는 단위로 변환하기 위해 단위 인자를 적는다.

| *주어진 값* (2 단계) | *단위 인자* x (3 단계) | *해답의 단위* = (1 단계) |
|---|---|---|

간단한 문제로 먼저 시작하자. 아스피린 알약 325 mg의 질량을 그램으로 나타내 보자.

첫 번째, 해답에서 요구하는 단위(g)를 적는다. 두 번째, 주어진 값(325 mg)을 적는다. 세 번째, 다음 식을 이용하여 단위 인자를 적용한다.

$$\underset{(2\text{ 단계})}{325\text{ mg}} \times \underset{(3\text{ 단계})}{\frac{\text{단위}}{\text{인자}}} = \underset{(1\text{ 단계})}{\text{g}}$$

1 단계와 2 단계에 관련된 단위식은 1 g = 1000 mg이다. 그러므로 두 개의 관련된 단위 인자는 다음과 같다.

$$\frac{1\text{ g}}{1000\text{ mg}} \quad \text{과} \quad \frac{1000\text{ mg}}{1\text{ g}}$$

주어진 값(325 mg)의 단위를 소거하기 위하여, 단위 인자 1g / 1000 mg을 선택해야 한다. 치환하면 아래와 같은 식을 얻을 수 있다.

$$325\ \cancel{\text{mg}} \times \frac{1\text{ g}}{1000\ \cancel{\text{mg}}} = 0.325\text{ g}$$

주어진 값은 세 자리 유효숫자이며 단위 인자는 등가식이다. 따라서, 해답은 유효숫자 세 개를 포함하고 있다.

예제 2.4와 2.5에서 미터-미터 변환에 관한 문제 해결 단위 분석법에 대해서 설명하고 있다.

## 예제 2.4 미터법 – 미터법 변환

어떤 병원에서 125 데시리터(dL)의 혈장이 담긴 백이 있다. 이 혈장의 부피는 밀리리터(mL)로 몇 인가?

**풀이 과정**

**1 단계 :** 해답에서 요구하고 있는 단위는 무엇인가?

1 단계: mL

**2 단계 :** 해답과 관련된 주어진 값은 무엇인가?

2 단계: 125 dL

**3 단계 :** 적용해야 하는 단위 인자는 무엇인가?
1 L = 10 dL와 1L = 1000 mL 관계를 이용하면 두 쌍의 가능한 단위 인자는 오른쪽과 같다.

3 단계: $\frac{1\ \text{L}}{10\ \text{dL}}$ 또는 $\frac{10\ \text{dL}}{1\ \text{L}}$

$\frac{1\ \text{L}}{1000\ \text{mL}}$ 또는 $\frac{1000\ \text{mL}}{1\ \text{L}}$

**단위 분석 그림**

| 주어진 값 | 단위 인자 1 | 단위 인자 2 | 해답의 단위 |
|---|---|---|---|
| 125 dL | × $\frac{1\ \text{L}}{10\ \text{dL}}$ 또는 $\frac{10\ \text{dL}}{1\ \text{L}}$ | × $\frac{1\ \text{L}}{1000\ \text{mL}}$ 또는 $\frac{1000\ \text{mL}}{1\ \text{L}}$ | = ? mL |

**해답**

데시리터(dL)를 소거하기 위해 1 L/10 dL의 단위 인자와, 리터(L)를 소거하기 위해 1000 ml/1 L의 단위 인자를 적용한다.

$$125\ \text{d}\cancel{\text{L}} \times \frac{1\ \cancel{\text{L}}}{10\ \text{d}\cancel{\text{L}}} \times \frac{1000\ \text{mL}}{1\ \cancel{\text{L}}} = 125 \times 10^4\ \text{mL}$$

주어진 값 125 dL은 세 자리의 유효숫자이므로 해답은 세 자리로 제한된다. 각 단위 인자는 등가식이므로 해답의 유효숫자의 자릿수에 영향을 주지 않는다.

**실전 연습문제**

피부질환 환자가 375 nm 파장을 갖는 자외선 치료를 받았다.
자외선의 파장은 센티미터로 얼마인가?

**답:** 0.0000375 cm ($3.75 \times 10^{-5}$ cm)

**개념 문제**

한 변이 1 cm인 정육면체의 부피를 밀리리터로 나타내면 얼마인가?

**답:** 부록 G, 2.4 참조

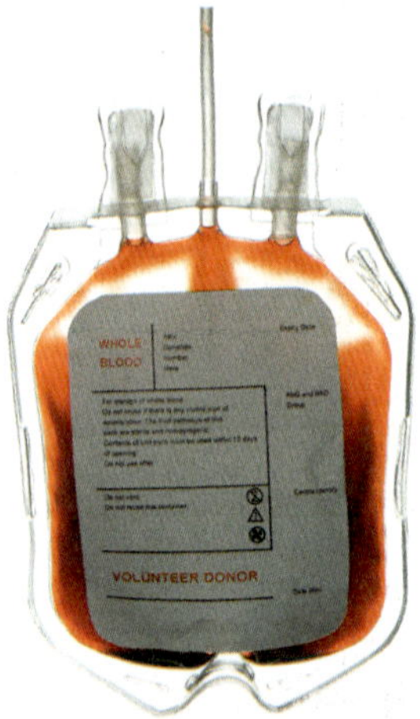

▶ **혈장**
혈장의 용기는 1 데시리터 즉, 0.1 리터 부피이다.

## 예제 2.5 미터법 – 미터법 변환

지구의 질량은 $5.98 \times 10^{24}$ kg이다. 메가그램으로 얼마나 되는가?

**풀이 과정**

**1 단계 :** 해답에서 요구하는 단위는 무엇인가?

1 단계: Mg

**2 단계 :** 해답과 관련된 주어진 값은 무엇인가?

2 단계: $5.98 \times 10^{24}$ kg

**3 단계 :** 적용해야 하는 단위 인자는 무엇인가?
1 kg = 1000 g과 1 Mg = 1,000,000 g 관계를 이용하면 두 쌍의 단위 인자는 오른쪽과 같다.

3 단계: $\frac{1\ \text{kg}}{1000\ \text{g}}$ 또는 $\frac{1000\ \text{g}}{1\ \text{kg}}$

$\frac{1\ \text{Mg}}{1{,}000{,}000\ \text{g}}$ 또는 $\frac{1{,}000{,}000\ \text{g}}{1\ \text{Mg}}$

**단위 분석 그림**

| 주어진 값 | 단위 인자 1 | 단위 인자 2 | 해답의 단위 |
|---|---|---|---|
| $5.98 \times 10^{24}$ kg | $\times \frac{1\ kg}{1000\ g}$ 또는 $\frac{1000\ g}{1\ kg}$ | $\times \frac{1\ Mg}{1,000,000\ g}$ 또는 $\frac{1,000,000\ g}{1\ Mg}$ | = ? Mg |

**해답**

kg을 소거하기 위해 1000 g/1 kg의 단위 인자와, g을 소거하기 위해 1 Mg/1,000,000 g의 단위 인자를 적용한다.

$$5.98 \times 10^{24}\ \cancel{kg} \times \frac{1000\ \cancel{g}}{1\ \cancel{kg}} \times \frac{1\ Mg}{1,000,000\ \cancel{g}} = 5.98 \times 10^{21}\ Mg$$

주어진 값은 세 자리 유효숫자로 제한되어 있다. 각 단위 인자는 등가식이므로 해답의 유효숫자에 영향을 미치지 않는다.

◀**지구** 지구의 질량은 약 6,000,000,000,000,000,000,000,000 킬로그램이다.

**실전 연습문제**

빛은 우주 공간 속에서 $3.00 \times 10^{10}$ cm/s의 속도로 이동한다. 빛은 1초에 몇 기가미터 이동하는가?

**답:** 0.300 Gm ($3.00 \times 10^{-1}$ Gm)

**개념 문제**

다음의 단위 인자에는 몇 개의 유효숫자가 포함되어 있는가 : 1 g / 1000 mg ?

**답:** 부록 G, 2.5 참조

## 2.4 미터법-영국 단위 변환

**학습 목표**

- ▶ 미터법 단위로 되어 있는 주어진 측정값을 인치, 파운드, 쿼트, 세컨드 등의 영국 단위로 표현할 수 있다.
- ▶ 측정값을 미터법 단위나 영국 단위로 표현할 수 있다.

미터법이 전보다 나은 체계였지만 처음부터 받아들여지지는 않았다. 프랑스인들이 미국과 영국인들에게 국제 표준 체계를 받아들이도록 요구했지만 두 나라는 승인을 하지 않았다. 그러나 흥미롭게도 초기의 반발은 오히려 과학적인 합리성보다는 정치적이었다고 볼 수 있다. 미터는 프랑스의 덩케르크(Dunkirk)를 통과하는 경도로 정의되었으며, 미터법 표준 원본(측정 기준)은 파리 외곽의 특별한 창고에 보관되어 있다.

1975년에 이르러서야 미국 대통령 제럴드 포드(Gerald Ford)에 의해 공식적으로 미터법에 관한 법이 승인되었다. 그리하여 미국은 세계 주요국 중에서 미터법을 공식적으로 승인한 마지막 나라가 되었다. 지금도 미국의 공립학교에서 미터법을 다루고는 있지만 완전히 미터법으로 바꾸기 위한 진전은 여전히 더디다.

과학에서 우리는 일상적으로 측정값을 미터 단위로 표시한다. 그러나 일상생활에서 여러분은 인치나 파운드나 쿼트가 더욱 친숙할지도 모른다. 그러므로 미터 단위를 좀더 이해하기 위하여 두 단위 체계를 비교해 보자. 표 2.3에서 일반적으로 많이 쓰이는 두 단위의 예들을 볼 수가 있다.

달리기에서 100 미터나 100 야드 중 어느 거리를 더 빨리 달리겠는가? 당연히 주어진 시간에 짧은 거리를 달리는 사람이 빨리 달릴 것이다. 1yd = 0.914 m이므로 100.0 m에 대한 yd(야

**표 2.3 영국 단위와 미터 단위**

| 물질량 | 영국 단위 | 미터법 단위 |
|---|---|---|
| 길이 | 1 인치(in.) | 1 in. = 2.54 cm |
| 질량 | 1 파운드 (lb) | 1 Lb = 454 g |
| 부피 | 1 쿼트 (qt) | 1 qt = 946 mL |
| 시간 | 1 세컨드 (sec) | 1 sec = 1.00 s |

이 미터 단위를 적용할 때에는, 유효숫자의 개수를 세 개라고 가정한다. 미터법과 영국 단위 체계는 서로 다른 표준을 사용하고 있기 때문에 완벽한 대응값은 없다; 그러나, 미국 도량형 관리국은 1 in.를 정확히 2.54 cm라고 재정의했다.

드)를 계산할 수 있다.

첫 번째, 답에서 요구한 단위(야드)를 적고, 두 번째, 주어진 값(100.0 m)을 쓴다. 세 번째, 다음과 같은 식을 사용하여 단위 인자를 적용한다.

$$\underset{(2\text{ 단계})}{100.0\text{ m}} \quad \times \quad \underset{(3\text{ 단계})}{\frac{\text{단위}}{\text{인자}}} \quad = \quad \underset{(1\text{ 단계})}{\text{yd}}$$

1 단계와 2 단계에서 필요한 단위식은 1 yd = 0.914 m이다. 그러므로 두 단위 인자는 다음과 같다.

$$\frac{1\text{ yd}}{0.914\text{ m}} \quad \text{와} \quad \frac{0.94\text{ m}}{1\text{ yd}}$$

주어진 값(100.0 m)의 단위를 소거하기 위해서 1 yd / 0.914 m의 단위 인자를 선택하여 치환하면 다음과 같은 식을 얻는다.

$$100.0\ \cancel{\text{m}} \times \frac{1\text{ yd}}{0.914\ \cancel{\text{m}}} = 109\text{ yd}$$

주어진 값(100.0 m)의 유효숫자는 네 자리이지만, 단위식(1 yd = 0.914 m)이 등가식이 아니기 때문에 단위 인자의 유효숫자는 세 자리가 된다. 따라서 답은 반올림하여 세 자리의 유효숫자로 나타낸다. 100 m가 100 yd보다 더 길기 때문에, 100 yd 달리기가 더 빠를 것이다. 실제로 100 m 세계 기록은 9초가 넘지만, 100 yd의 세계 기록은 9초도 안 된다!

예제 2.6과 2.7에서 미터-영국 단위 변환 문제를 풀기 위한 단위 분석법에 대하여 좀 더 보여주고 있다.

## 예제 2.6 미터법-영국 단위 변환

소다 한 캔은 12.0 fl oz이다. 소다의 부피는 몇 mL인가? (1 qt = 32 fluid ounces)

### 풀이 과정

**1 단계 :** 해답에서 요구하는 단위는 무엇인가?

1 단계: mL

**2 단계 :** 해답과 관련된 주어진 값은 무엇인가?

2 단계: 12.0 fl oz

**3 단계 :** 적용해야 하는 단위 인자는 무엇인가?
1 qt = 32 fl oz가 주어졌고, 표 2.3으로부터
1 qt = 946 mL의 관계를 알 수 있다.
이를 이용하여 두 가지 단위 인자를 구하면 오른쪽과 같다.

3 단계: $\frac{32\text{ fl oz}}{1\text{ qt}}$ 또는 $\frac{1\text{ qt}}{32\text{ fl oz}}$

$\frac{1\text{ qt}}{946\text{ mL}}$ 또는 $\frac{946\text{ mL}}{1\text{ qt}}$

### 단위 분석 그림

| 주어진 값 | 단위 인자 1 | 단위 인자 2 | 해답의 단위 |
|---|---|---|---|
| 12 fl oz | $\times$ $\frac{32\text{ fl oz}}{1\text{ qt}}$ 또는 $\frac{1\text{ qt}}{32\text{ fl oz}}$ | $\times$ $\frac{1\text{ qt}}{946\text{ mL}}$ 또는 $\frac{946\text{ mL}}{1\text{ qt}}$ | = ? mL |

### 해답

fl oz을 소거하기 위해 1 qt/32 fl oz의 단위 인자와, qt을 소거하기 위해 946 mL/1 qt의 단위 인자를 적용한다.

$$12.0\text{ fl}\ \cancel{\text{oz}} \times \frac{1\ \cancel{\text{qt}}}{32\text{ fl}\ \cancel{\text{oz}}} \times \frac{946\text{ mL}}{1\ \cancel{\text{qt}}} = 355\text{ mL}$$

주어진 값 12.0 fl oz에 의해 답에서의 유효숫자의 개수도 세 개로 제한된다. 유효숫자는 세 자리 숫자로 반올림된다. 단위 인자 1은 등가식에서 유도되었으므로, 해답의 유효숫자에 영향을 미치지 않는다. 단위 인자 2는 세 개의 유효숫자를 가진다.

**실전 연습문제**

소다 한 캔은 12.0 fl oz이다. 몇 L인가? (1 L = 1000 mL)

**답:** 0.355 L

**개념 문제**

다음의 단위식에는 유효숫자가 몇 개 들어있는가 : 1 L = 1000 mL?

**답:** 부록 G, 2.6 참조

## 자세히 보기 미터법 라벨(METRIC LABELS)

**Q: 12온스 소다 한 캔의 부피는 354 mL 또는 355 mL 중 어느 것인가?**

청량음료산업은 10억 달러 규모의 산업이다. 1980년대에 코가콜라와 펩시콜라가 더 많은 시장을 확보하기 위해 소위 "콜라전쟁"을 벌였다. 원래 청량음료 캔은 영국 미터법 단위의 라벨이 붙어 있었다. 예를 들면, 12 fl oz. 미국이 미터법을 채택하고 난 이후에 청량음료 제품에 두 개의 라벨이 붙게 되었다. 예를 들면, 1 lb(454 g)와 12 fl oz (355 mL)이다.

초기에 펩시콜라 12 oz 캔에는 354 mL 라벨이 붙었고 코카콜라 캔에는 355 mL 라벨이 붙어 있었다. 이러한 이유로 펩시콜라 회사는 코크 캔의 콜라 내용물이 펩시 캔보다 더 많은 것으로 소비자들이 인식함으로써 시장 점유율이 떨어진 것을 알게 되었다. 곧 그 이후 펩시는 12 FL OZ(355 mL)인 라벨로 바꾸었다.

이와 같이 라벨의 차이가 어떻게 발생되었는가? 영국 미터법으로 변환하면 그 결과는 다음과 같다.

$$12.0\ \cancel{\text{fl oz}} \times \frac{1\ \cancel{\text{qt}}}{32\ \cancel{\text{fl oz}}} \times \frac{946\ \text{mL}}{1\ \cancel{\text{qt}}} = 354.75\ \text{mL}$$

분명히, 펩시는 소다의 부피를 354 mL로 절삭하였다. 그러나 3개의 유효숫자로 하여 값을 교정하면 부피는 355 mL가 되는 것이다.

▲Pepsi 12 fl oz 354 mL

▲Pepsi 12 fl oz 355 mL

**A:** 3개의 유효숫자로 표현하면, 코카와 펩시의 12온스 한 캔은 355 mL의 부피 용량으로 같은 것이다.

## 예제 2.7 미터법 - 영국 단위 변환

한 개의 테니스 공 무게가 2.0 oz라면, g으로는 얼마인가?

**풀이 과정**

| | | |
|---|---|---|
| **1 단계 :** 해답에서 요구하는 단위는 무엇인가? | 1 단계: | g |
| **2 단계 :** 해답과 관련된 주어진 값은 무엇인가? | 2 단계: | 2.0 oz |

**3 단계 :** 적용해야 하는 단위 인자(들)는 무엇인가?
1 lb = 16 oz로 주어지고 표 2.3에서
1 lb = 454 g을 찾으면 두 개의 단위 인자는 오른쪽과 같다.

3 단계: $\frac{1\text{ lb}}{16\text{ oz}}$ 또는 $\frac{16\text{ oz}}{1\text{ lb}}$

$\frac{1\text{ lb}}{454\text{ g}}$ 또는 $\frac{454\text{ g}}{1\text{ lb}}$

### 단위 분석 그림

| 주어진 값 | 단위 인자 1 | 단위 인자 2 | 해답의 단위 |
|---|---|---|---|
| 2.0 oz | $\times \frac{1\text{ lb}}{16\text{ oz}}$ 또는 $\frac{16\text{ oz}}{1\text{ lb}}$ | $\times \frac{1\text{ lb}}{454\text{ g}}$ 또는 $\frac{454\text{ g}}{1\text{ lb}}$ | = ? g |

### 해답

oz를 소거하기 위해 1 lb/16 oz의 단위 인자와 lb를 소거하기 위해 454 g/1 lb의 단위 인자를 적용한다.

$$2.0\ \cancel{\text{oz}} \times \frac{1\ \cancel{\text{lb}}}{16\ \cancel{\text{oz}}} \times \frac{454\text{ g}}{1\ \cancel{\text{lb}}} = 57\text{ g}$$

주어진 값 2.0 oz는 유효숫자 자릿수가 두 자리이므로 해답의 유효숫자 자릿수는 두 자리로 반올림 되었다.
단위 인자 1은 등가식에서 유도되었으므로 해답의 유효숫자에 영향을 주지 않고, 단위 인자 2는 세 자리의 유효숫자를 가지고 있다.

### 실전 연습문제

테니스 공의 지름은 2.5인치이다. 이것은 몇 mm인가?
**답:** 64 mm

### 개념 문제

다음의 단위 인자에는 몇 개의 유효숫자가 있는가 : 1 kg / 2.20 lb ?

**답:** 부록 G, 2.7 참조

## 화학 커넥션 올림픽

**Q:** 어느 올림픽 달리기 경기가 1/4 mile, 즉 440 yard와 거의 같은 거리를 달리는가?

B.C. 776년에 시작된 올림픽 경기는 200 yard를 달리는 stadion이라고 불리는 단일 경기로 시작되었다. 그 당시에 2-stadia와 24-stadia 경기가 추가되었으며, B.C. 708년에 레슬링이 추가되었다. 그러나 결국 경기 참여가 줄어들어 A.D. 394년에 고대올림픽 경기는 중단되었다.

1896년 여름에 근대 올림픽이 그리스에서 열렸다. 그 올림픽에는 13개국에서 약 500명의 선수들이 모였다. 그때부터 올림픽 경기는 4년마다 세계의 각 도시에서 개최되고 있다.

그러면서 참가 선수들과 경기수가 점점 더 늘어갔다. 1896년에 13개국에서 311명이 참가하였으며, 미국이 12개 종목 중 9개 종목에서 금메달을 차지하였다. 2004년에 열린 올림픽에서는 197개국에서 10,000명이 넘는 남녀 선수들이 경기에 참가하였다.

미국의 육상 경기에서는 영국식 단위를 사용했었다. 즉 미국 육상 선수들은 100 야드, 440 야드, 그리고 1 마일의 거리에서 경기를 하였다. 그러나 미터법이 국제적인 인정을 받음으로써, 올림픽

**▲올림픽 마라톤**
2012년 하계 런던올림픽에서의 마라톤 주자들.

경기에서는 미터법이 사용되었다. 올림픽 육상 선수들은 100, 400, 그리고 1500 m 등에 상응하는 거리에서 경기를 하였다. 그러나 마라톤은 예외였다. 마라톤의 거리는 B.C. 490년에 마라톤 평원에서 아테네의 승리를 전했던 그리스 전사가 달린 거리에서 기인하였다. 그 전설적인 거리는 26 마일, 385 야드이다.

동계 올림픽 경기는 1924년에 프랑스의 샤모니에서 처음 소개되었다. 그 후로 동계 경기는 미국에서 네 번 열렸는데 미국의 Lake Placid에서 두 번, Squaw Valley에서 한 번, 2002년 SaltLake 시에서 한 번 열렸다. 동계 올림픽에서는 스케이팅, 스키, 봅슬레이, 루지, 터보건(tobogganing), 그리고 아이스하키가 열렸다. 노르딕 크로스 컨트리 스키의 경기 거리로는 10, 20, 30, 50 km가 있다. 스키 점프에서는 경사 길이가 70과 90 m가 있다. 이와 같이 올림픽 경기에서는 동계에서나 하계에서나 미터법을 적용하고 있다.

**A:** 올림픽 경주에서 400 미터는 440 야드와 거의 동일하다. 그리고 이 두 경주에서 세계 신기록의 차이는 10분의 1초 이내에 있다.

## 2.5 퍼센트 개념

**학습 목표**

- 질량 퍼센트 개념을 설명할 수 있다.
- 퍼센트를 단위 인자로서 적용할 수 있다.

**퍼센트**(percent, 기호**%**)는 일정량을 시료 전체에 비교한 양으로 나타낸 것이다. 예를 들어, 미국 화폐인 다임(dime)은 달러의 10%이고, 쿼터(quarter)는 달러의 25%이다. 퍼센트 기호(%)는 비를 나타내는 기호(/)와 100에 있는 두 개의 0을 결합해서 만들었다.

퍼센트는 비율을 나타내므로 전체가 100인 양에 대한 값으로 해석할 수 있다. 퍼센트를 계산하려면, 일정량을 전체 양으로 나누어 얻어진 비율에 100%를 곱한다.

$$\frac{\text{일정량}}{\text{전체량}} \times 100\% = \%$$

한 예로, 1971년 이후에 주조된 5센트 주화(동전)는 구리와 니켈 두 가지 금속으로 구성되었다. 만일 5센트 동전이 3.80 g의 구리와 1.27 g의 니켈을 포함한다면, 동전에서 구리는 몇 퍼센트를 차지하는가? 다음과 같이 구리의 퍼센트를 계산할 수 있다.

$$\frac{3.80\ \text{g}}{(3.80 + 1.27)\ \text{g}} \times 100\% = 75.0\%$$

### 예제 2.8 퍼센트 개념

유통되는 순은(sterling silver)은 은과 구리로 이루어져 있다. 만일 순은 목걸이가 18.5 g의 은과 1.5 g의 구리를 포함하고 있다면, 은의 퍼센트는 얼마인가?

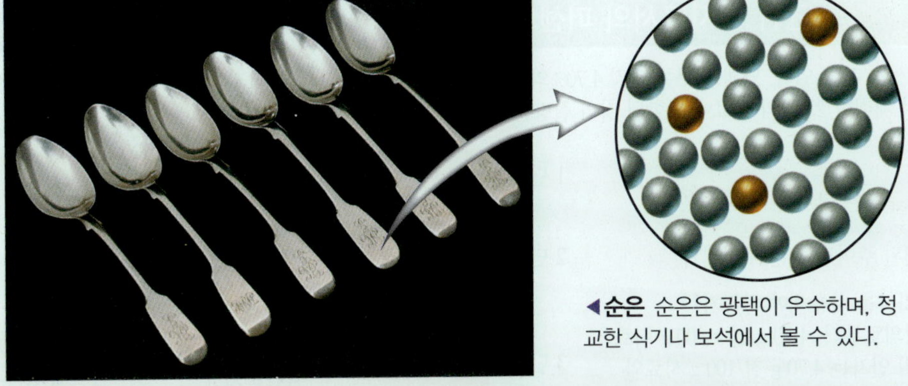

◀**순은** 순은은 광택이 우수하며, 정교한 식기나 보석에서 볼 수 있다.

**풀이 과정**

**1 단계 :** 해답에서 요구하는 것은 무엇인가? — 1 단계: %

**2 단계 :** 해답과 관계된 주어진 양은 무엇인가? — 2 단계: 18.5 g과 1.5 g

**3 단계 :** 어떤 단위 인자를 사용해야 하는가?
단위 인자는 필요하지 않다. — 3 단계: 없음

**해답**

퍼센트를 알아내기 위해서는 목걸이에 포함된 은 금속의 질량을 은과 구리 전체의 질량과 비교하여 100%를 곱한다.

$$\frac{18.5\,\cancel{g}}{(18.5 + 1.5)\,\cancel{g}} \times 100\% = 92.5\%$$

유통되는 순은은 92.5%의 은과 7.5%의 구리로 주조한다. 순은 제품을 자세히 살펴보면 보석 세공인이 .925라고 표시한 걸 볼 수 있는데, 이 제품이 진짜 순은임을 나타낸다.

**실전 연습문제**

어떤 14 K 금반지는 7.45 g의 금, 2.66 g의 은, 그리고 2.66 g의 구리를 포함한다. 이 14 K 반지에 포함된 금은 몇 퍼센트인가?

**답:** 58.3%

**개념 문제**

금 합금은 20%의 은과 5%의 구리로 되어 있다. 이 합금 중 금은 몇 퍼센트인가?

**답:** 부록 G, 2.8 참조

## 퍼센트 단위 인자

▲**달** 달과 지구는 조성이 비슷하다.

퍼센트는 전체 100에 대한 일부분을 나타낸다. 예를 들면, 10%와 25%는 100개에 대해 각각 10개와 25개에 해당한다. 따라서 퍼센트를 비율로도 쓸 수 있다, 즉 10%를 10/100으로, 또한 25%를 25/100으로 쓸 수 있다.

퍼센트가 주어지는 문제 형태를 다루어 보자. 아폴로 11호는 지구로부터 394,000 km를 비행하여 달에 최초의 우주인을 착륙시켰다. 이 우주인이 총 거리의 15.5%를 갔을 때, 이는 몇 킬로미터를 비행한 것인가? 정의에 의해, 15.5%는 100개에 대해 15.5개에 해당되므로, 이 예제에서 15.5%는 100 km에 대해 15.5 km에 해당한다. 따라서 이 비율을 단위 인자로 사용하여 단위 분석 방법을 적용할 수 있다.

$$394{,}000\,\cancel{km} \times \frac{15.5\text{ km}}{100\,\cancel{km}} = 61{,}100\text{ km}$$

이 문제에서 퍼센트를 단위 인자로 사용한 것에 주목하라. 예제 2.9에서 퍼센트를 단위 인자로 사용하는 추가적인 예를 보여준다.

## 예제 2.9 단위 인자로서의 퍼센트

달과 지구는 비슷한 조성을 갖고 있다. 달과 지구는 각각 4.70%의 철을 함유하고 있는데, 이는 달과 지구가 원래 하나의 행성이었다는 이론을 뒷받침하고 있다. 달 표면에서 채취한 235 g의 시료에 포함된 철의 질량은 얼마인가?

**풀이 과정**

**1 단계 :** 해답에서 요구하는 단위는 무엇인가? — 1 단계: g 철

**2 단계 :** 해답과 관계된 주어진 값은 무엇인가? — 2 단계: 235 g 시료

**3 단계 :** 어떤 단위 인자를 사용해야 하는가?
퍼센트의 정의로부터, 4.70 g 철 = 100 g 시료;
두 개의 단위 인자는 4.70 g 철/100 g 시료와
이것의 역인 100 g 시료/4.70 g 철이다.

3 단계: $\frac{4.70\text{ g 철}}{100\text{ g 시료}}$ 또는 $\frac{100\text{ g 시료}}{4.70\text{ g 철}}$

### 단위 분석 그림

| 주어진 값 | 단위 인자 | 해답의 단위 |
|---|---|---|
| 235 g 시료 | $\times \dfrac{4.70\text{ g 철}}{100\text{ g 시료}}$ 또는 $\dfrac{100\text{ g 시료}}{4.70\text{ g 철}}$ | = ? g 철 |

### 해답

단위 인자로서 4.70 g 철/100 g 시료를 사용해야 분모에 포함된 시료의 g이 제거된다.

$$235\text{ g }\cancel{\text{시료}} \times \frac{4.70\text{ g 철}}{100\text{ g }\cancel{\text{시료}}} = 11.0\text{ g 철}$$

주어진 값과 단위 인자 각각이 모두 세 개의 유효숫자를 가지며, 따라서 해답의 유효숫자도 세 개로 제한된다.

### 실전 연습문제

달에서 채취한 시료가 7.50%의 알루미늄을 포함하고 있다. 시료에 포함된 알루미늄의 양이 5.25 g이라면 달에서 채취한 시료의 질량은 얼마인가?

**답:** 70.0 g 시료

### 개념 문제

물은 질량으로 11%의 수소를 포함하고 있다. 물 속의 수소의 퍼센트를 나타내는 두 개의 단위 인자는 무엇인가?

**답:** 부록 G, 2.9 참조

## 예제 2.10 단위 인자로서의 퍼센트

2016년에 주조된 5센트 동전에 75.0%의 구리와 25.0%의 니켈이 포함되어 있다. 만일 동전의 질량이 5.000 g이라면, 동전에서의 니켈의 질량은 몇 g인가?

### 풀이과정

**1 단계:** 해답에서 요구하는 단위는 무엇인가?

**2 단계:** 해답과 관계된 주어진 값은 무엇인가?

**3 단계:** 적용해야 하는 단위 인자는 무엇인가?

퍼센트의 정의로부터 25.0 g의 니켈 = 100 g 동전 ; 두 개의 단위 인자는 25.0 g의 니켈/100 g 동전과 이것의 역인 100 g 동전/25.0 g의 니켈이다.

1 단계: g 니켈

2 단계: 5.000 g 코인

3 단계: $\dfrac{25.0\text{ g 니켈}}{100\text{ g 코인}}$ 또는 $\dfrac{100\text{ g 코인}}{25.0\text{ g 니켈}}$

### 단위 분석 그림

| 주어진 값 | 단위 인자 | 해답의 단위 |
|---|---|---|
| 5.000 g 동전 | $\times \dfrac{25.0\text{ g 니켈}}{100\text{ g 동전}}$ 또는 $\dfrac{100\text{ g 동전}}{25.0\text{ g 니켈}}$ | = ? g 니켈 |

### 해답

단위 인자로서 25.0g 니켈/100g 동전을 적용하여 분모에 있는 동전의 g(g 동전)을 제거한다.

$$5.000\text{ g }\cancel{\text{동전}} \times \frac{25.0\text{ g 니켈}}{100\text{ g }\cancel{\text{동전}}} = 1.25\text{ g 니켈}$$

주어진 값과 단위 인자 각각이 3개의 유효숫자를 가지므로 해답의 유효숫자도 3개로 제한된다.

### 실전 연습문제

2015년에 주조된 25센트 동전에 91.67%의 구리와 8.33%의 니켈이 포함되어 있다. 만일 동전에 포함된 구리가 5.2 g이라면, 동전의 질량은 얼마인가?

**답:** 5.67 g 동전

**개념 문제**

물은 질량으로 11.2%의 수소를 포함하고 있다. 물속에 수소의 퍼센트를 나타내는 두 개의 단위 인자는 무엇인가?

**답:** 부록 G, 2.10 참조

**학습 목표**

- 직육면체형 고체의 부피와 길이, 폭, 두께를 관련지어 계산할 수 있다.
- 주어진 부피를 밀리미터, 입방 센티미터, 입방 인치 단위로 표현할 수 있다.

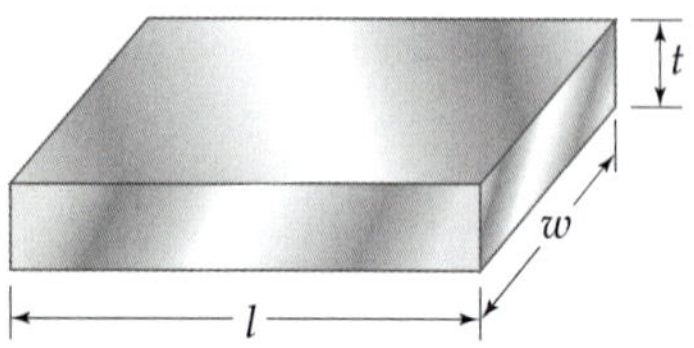


**▲부피 계산**
직육면체 고체의 부피는 길이($l$) 곱하기 폭($w$) 곱하기 두께($t$) 또는 높이와 같다.

## 2.6 부피 계산

여러분은 건축업자가 새집을 건축할 때의 비용을 어떻게 계산하는지 궁금해 한 적이 있는가? 예를 들면, 기초를 다지는 비용을 어떻게 계산하는가? 그 비용은 부어지는 콘크리트의 부피에 근거한다. 그 기초가 직사각형이라면 콘크리트의 부피는 길이($l$) 곱하기 폭($w$) 곱하기 두께($t$)이다. 이 관계를 다음식으로 나타낼 수 있다.

$$l \times w \times t = \text{부피}$$

부피를 계산하기 전에 각 측정값의 단위를 같은 단위로 바꾸어 주어야 한다. 길이와 폭과 두께를 센티미터로 나타냈다면, 직육면체의 고체의 부피는 **입방 센티미터(cubic centimeter)**의 단위를 갖는다(기호 $cm^3$). 예를 들면, 직육면체 모양의 고체가 3 cm x 2 cm x 1 cm라면 그 부피는 6 $cm^3$이다. 예제 2.11에서, 계산에 의한 직육면체 모양 고체의 부피 결정에 대해 더 자세히 설명하였다.

### 예제 2.11 직육면체 고체의 부피 계산

직육면체의 스테인레스강의 길이가 5.55 cm, 폭이 3.75 cm, 두께가 2.25 cm일 때, 부피는 몇 입방 센티미터인가?

**풀이 과정**

| | | |
|---|---|---|
| 1 단계 : 해답에서 요구하는 단위는 무엇인가? | 1 단계: | $cm^3$ |
| 2 단계 : 해답과 관계되어 있는 주어진 값은 무엇인가? | 2 단계: | 5.55 cm, 3.75 cm와 2.25 cm |
| 3 단계 : 단위 인자를 적용해야하는가? 단위 인자는 필요없다. | 3 단계: | 없음 |

**해답**

길이와 폭과 두께를 곱함으로써 직육면체 고체의 부피를 계산할 수 있다.

$$5.55 \text{ cm} \times 3.75 \text{ cm} \times 2.25 \text{ cm} = 46.8 \text{ cm}^3$$

각각의 주어진 값이 세 개의 유효숫자를 가지고 있으므로, 답도 반올림 하여 세 개의 유효숫자로 만든다.

**실전 연습문제**

직육면체 놋쇠(brass)가 52.0 mm와 25.0 mm와 15.0 mm로 나타내질 때, 부피는 몇 입방 밀리미터인가?

**답:** 19,500 $mm^3$ ($1.95 \times 10^4$ $mm^3$)

**개념 문제**

한 변이 10 cm인 정육면체의 부피를 L로 나타내라.

**답:** 부록 G, 2.11 참조

이제 길이 4 cm, 폭이 3 cm, 부피가 24 $cm^3$인 직육면체 모양의 고체를 살펴보자. 직육면체 고체의 길이, 폭, 두께가 주어졌다면, 부피를 길이와 폭으로 나누면 직육면체 고체의 두께를 계산할 수 있다. 즉, 24 $cm^3$를 4 cm와 3 cm으로 나누면 고체의 두께는 2 cm이다. 예제 2.12에서 직육면체 모양 고체의 두께 계산에 대해 더 자세히 설명하였다.

## 예제 2.12 직육면체 고체의 두께 계산

한 장의 알루미늄박의 길이와 폭이 각각 25.0 mm와 10.0 mm이며, 부피가 3.75 $mm^3$이다. 이 알루미늄박의 두께는 몇 mm인가?

**풀이 과정**

**1 단계 :** 해답에서 요구하는 단위는 무엇인가?

**2 단계 :** 해답과 관련된 주어진 값은 무엇인가?

**3 단계 :** 적용해야 하는 단위 인자(들)은 무엇인가? 단위 인자는 필요없다.

1 단계: mm

2 단계: 3.75 $mm^3$, 25.0 mm와 10.0 mm

3 단계: 없음

**해답**

알루미늄 두께를 얻기 위해서 부피를 길이와 폭으로 나누면 다음과 같다.
부피의 단위는 $mm^3$이기 때문에, 단위를 소거함으로써 mm의 두께를 계산할 수 있다.

$$3.75\ mm^3 \times \frac{1}{25.0\ mm} \times \frac{1}{10.0\ mm} = \frac{3.75\ mm \times \cancel{mm} \times \cancel{mm}}{25.0\ \cancel{mm} \times 10.0\ \cancel{mm}} = 0.0150\ mm$$

각각 주어진 값의 유효숫자가 세 개이기 때문에 해답은 세 자리 숫자가 되도록 반올림하였다.

**실전 연습문제**

알루미늄박이 세로 35.0 cm, 가로 25.0 cm이고 부피는 1.36 $cm^3$이다. 이 알루미늄박의 두께는 몇 cm인가?

**답:** 0.00155 cm ($1.55 \times 10^{-3}$ cm)

**개념 문제**

다음 중 두께가 가장 큰 것은? 1 mm, 0.1 cm 또는 0.001 m

**답:** 부록 G, 2.12 참조

▲**알루미늄박**
알루미늄 호일의 얇은 판

## 고체, 액체 및 기체의 부피

미터법에서 액체 부피의 기본 단위는 리터이다. 1 L는 한 변이 정확히 10 cm인 입방체의 부피와 동일하다. 입방체란 길이, 폭, 두께가 모두 같은 정사각형 고체를 말한다. 입방체의 부피는 길이, 폭, 두께를 곱하여 구할 수 있다.

$$10\ cm \times 10\ cm \times 10\ cm = 1{,}000\ cm^3$$

1 L의 부피는 1,000 $cm^3$이다. 등가식 1 L = 1,000 mL라는 것을 알고 있으므로 두 가지의 등가식을 다음과 같이 나타낼 수 있다.

$$1{,}000\ cm^3 = 1\ L = 1{,}000\ mL$$

간단히 하면,

$$1\ cm^3 = 1\ mL$$

1 $cm^3$가 1 mL와 등가식라는 것을 알 수 있다. 예제 2.13에서 입방체의 부피 계산에 대해 더 자세히 설명하였다.

**주 의** 입방 센티미터는 1 cc 의료 주사기와 같이 의학적으로 "cc"라는 약어가 종종 사용된다. cc 단위가 입방 센티미터라고 하는 것이 명료하지 않기 때문에, 의학에서 흔히 쓰일지라도 과학에서는 이런 약어 사용을 권장하지 않는다.

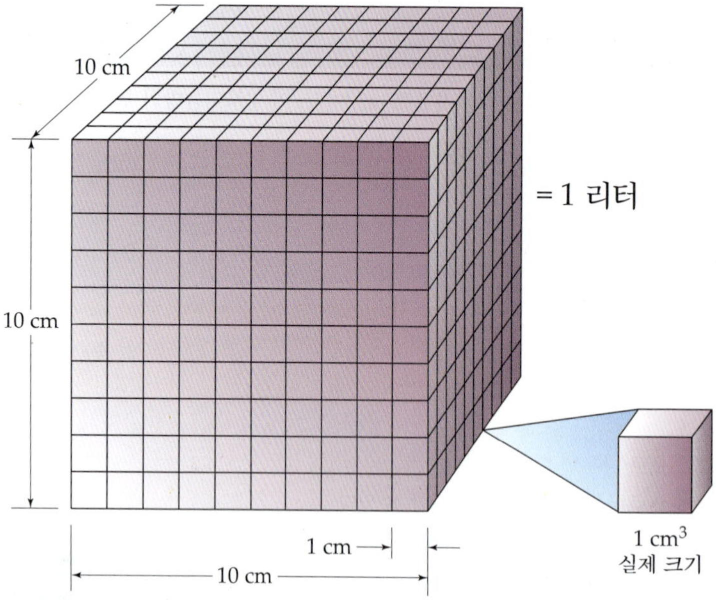


▲**1 리터** 1 리터는 한 변이 10 cm인 입방체의 부피, 즉, 1000 cm$^3$와 같다.

▲**1 리터 병** 1 리터 병은 1000 mL의 액체를 담고 있다.

## 예제 2.13 미터법 – 영국 단위의 부피 변환

어떤 자동차의 엔진 배기량이 498 cm$^3$이다. 이 부피를 입방 인치로 나타내어라.

### 풀이 과정

**1 단계:** 해답에서 요구하는 단위는 무엇인가? — 1 단계: in.$^3$

**2 단계:** 해답과 관련된 주어진 값은 무엇인가? — 2 단계: 498 cm$^3$

**3 단계:** 적용해야 하는 단위 인자(들)은 무엇인가? — 3 단계: $\frac{1\text{ in.}}{2.54\text{ cm}}$ 또는 $\frac{2.54\text{ cm}}{1\text{ in.}}$

### 단위 분석 그림

| 주어진 값 | 단위 인자 1 | 단위 인자 2 | 단위 인자 3 | 해답의 단위 |
|---|---|---|---|---|
| 498 cm$^3$ | $\times \frac{1\text{ in.}}{2.54\text{ cm}}$ | $\times \frac{1\text{ in.}}{2.54\text{ cm}}$ | $\times \frac{1\text{ in.}}{2.54\text{ cm}}$ | = ? in.$^3$ |

### 해답

입방 센티미터로 주어진 부피를 변환하여 입방 인치 단위로 부피를 계산할 수 있다. cm 단위로 cm$^3$를 소거할 수 없다는 것을 주의하라. 입방 인치 단위를 얻기 위해서는 단위 인자, 1 in./2.54 cm를 세 번 곱해 주어야 한다. 즉, 다음과 같다.

$$498\ \text{cm}^3 \times \frac{1\text{ in.}}{2.54\text{ cm}} \times \frac{1\text{ in.}}{2.54\text{ cm}} \times \frac{1\text{ in.}}{2.54\text{ cm}} = 30.4\text{ in.}^3$$

주어진 값과 단위 인자들의 유효숫자가 세 자리이기 때문에 해답은 세 자리 숫자로 제한된다.

### 실전 연습문제

어떤 SUV가 244 in.$^3$의 엔진 배기량을 가진다. 엔진의 부피를 리터로 나타내어라.

**답:** 4.00 L

### 개념 문제

다음 500 mL 또는 500 cm$^3$ 중 어느 부피가 더 큰가?

**답:** 부록 G, 2.13 참조

▲**대표적인 SUV.**

## 2.7 치환에 의한 부피 측정

**학습 목표**

▶ 물의 치환에 의해 고체나 기체의 부피를 측정할 수 있다.

액체와 고체의 부피는 몇가지 방법에 의해서 측정할 수 있다. 액체의 부피는 눈금실린더, 피펫, 그리고 뷰렛 등의 부피 측정용 유리 기구를 이용하여 직접 측정할 수 있다. 입방체, 원통, 구와 같은 규칙적인 모양의 고체의 부피도 측정값으로부터 계산할 수 있다. 비정형 고체의 부피는 직접 측정하여 부피를 계산할 수 없다.

그러나 비정형 고체의 부피는 그것을 치환하는 물의 양을 측정하여 간접적으로 계산할 수 있다. 이 방법을 **치환에 의한 부피(volume by displacement)** 측정이라고 한다.

옥(jade) 한 조각의 부피를 측정하기 원한다고 하자. 옥이 비정형이기 때문에 직접 그 부피를 측정할 수는 없다. 치환에 의한 부피 측정 방법을 사용해야 한다. 첫 번째, 그림 2.2에서와 같이, 눈금실린더에 물을 반 정도 채우고 물의 높이를 표시한다. 다음은 옥을 눈금실린더 안으로 조심스럽게 넣고 올라간 물의 높이를 기록한다. 처음과 나중 물의 수위 차이가 옥 조각의 부피가 된다.

또한, 같은 방법으로 기체의 부피를 측정할 수 있다. 화학반응으로부터 기체가 생성될 때 그것의 부피는 치환된 물의 양과 같다. 이 방법은 기체가 물에 녹지 않거나 아주 조금만 녹을 때 좋은 결과를 보여준다. 실례로 고체 시료를 가열하면 산소 기체가 발생하고 이 기체가 닫힌 용기에서 물을 치환한다고 하자. 산소는 물에 매우 조금만 녹기 때문에 치환된 물의 부피는 발생한 산소의 부피와 같다. 이와 같이 치환에 의한 기체 부피를 측정하는 방법을 수상기체 포집*(collecting a gas over water)*이라 부르며 그림 2.3에 나타내었다.

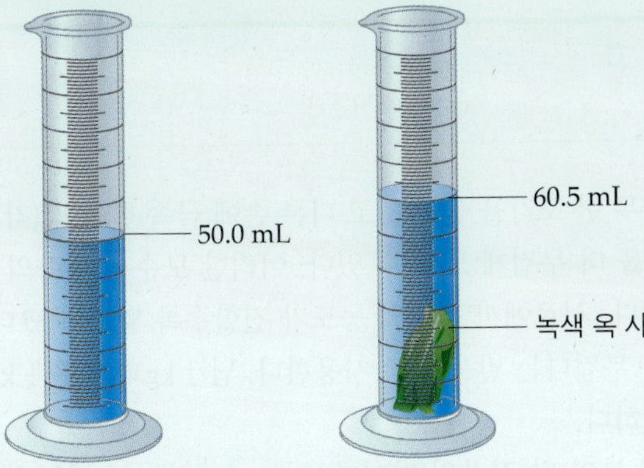


◀**그림 2.2 치환에 의한 고체의 부피 측정**
눈금실린더의 처음과 마지막의 수위의 차이(10.5 mL)가 옥 조각의 부피와 같다.

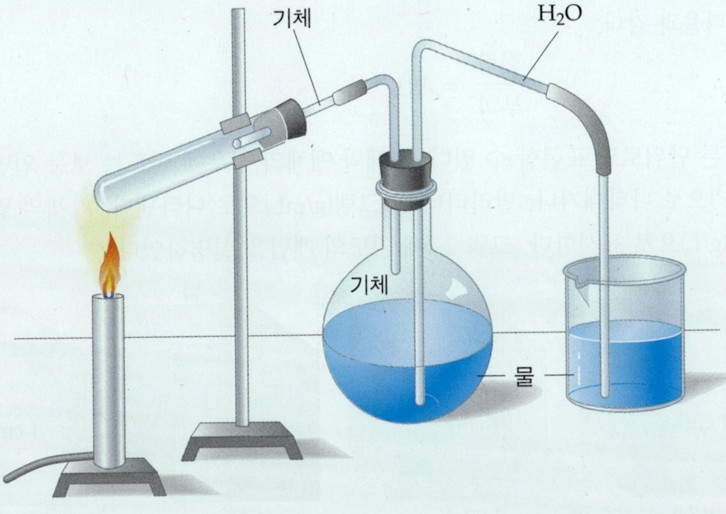


◀**그림 2.3 치환에 의한 기체의 부피 측정**
플라스크에 물을 채우고 시료를 시험관에 넣는다. 가열하면 시료가 분해되어 산소기체가 발생하고 이 산소기체는 플라스크로부터 물을 밀어낸다. 비커로 밀려나온 물의 부피는 시료에 의해 생성된 산소의 부피와 같다.

## 예제 2.14 치환에 의한 부피 측정

30.475 g의 석영 덩어리를 눈금실린더에 넣었더니 물의 높이가 25.0 mL에서 36.5 mL로 증가하였다면 석영의 부피는?

**풀이 과정**

**1 단계 :** 해답에서 요구하는 단위는 무엇인가? — 1 단계: mL

**2 단계 :** 해답과 관련된 주어진 값은 무엇인가? — 2 단계: 25.0 mL와 36.5 mL

**3 단계 :** 적용해야 하는 단위 인자(들)은 무엇인가? — 3 단계: 없음

단위 인자는 필요 없다.

**해답**

석영의 부피는 처음과 나중 물의 부피 차이이다. 따라서

$$36.5\ \text{mL} - 25.0\ \text{mL} = 11.5\ \text{mL}$$

**실전 연습문제**

과산화 수소가 분해하여 산소 기체가 발생하고 이 기체가 물을 치환하였다. 베이커 물의 높이가 50.0 mL에서 105.5 mL로 증가하였다면 발생한 산소 기체의 부피는 얼마인가?

**답:** 55.5 mL

**개념 문제**

다음 1 mL 또는 1 $cm^3$ 중 부피가 더 큰 것은?

**답:** 부록 G, 2.14 참조

**학습 목표**

- 밀도의 개념을 적용할 수 있다.
- 물의 밀도값을 설명할 수 있다.
- 밀도, 질량 그리고 부피를 연관 지어 계산할 수 있다.

## 2.8 밀도 개념

만약 우리가 한 손에 나무 한 조각을 들고 있고 다른 손에 금속 한 조각(각각의 질량은 같음)을 들고 있다면 금속 조각을 더 무겁게 느낄 수 있다. 이러한 모순은 질량의 농도를 표현하는 **밀도(density, *d*)**로 설명된다. 시료에서 질량의 농도가 진할수록 밀도가 크다. 우리는 밀도를 표현하려고 할 때, 물체가 무겁다는 말을 종종 사용한다. 납 1 kg과 얼음 1 kg은 질량이 같다. 그러나 납이 훨씬 더 조밀하다.

밀도의 정의는 단위 부피 당 질량의 양이다. 당(*per*)이라는 용어는 "시간 당 마일"에서와 같이 비(ratio)를 표시한다. 따라서 질량을 부피로 나눈 것이 밀도(d)이다. 이 관계를 수학적으로 나타내면 다음과 같다.

$$\frac{\text{질량}}{\text{부피}} = \text{밀도}$$

밀도는 다른 단위로도 표현할 수 있다. 고체와 액체의 경우에 밀도는 보통 입방 센티미터 당 그램(g/$cm^3$)으로 나타내거나, 밀리리터 당 그램(g/mL)으로 나타낸다. 기체의 밀도는 보통 리터 당 그램(g/L)으로 표시한다. 그림 2.4에 밀도의 개념을 설명하였다.

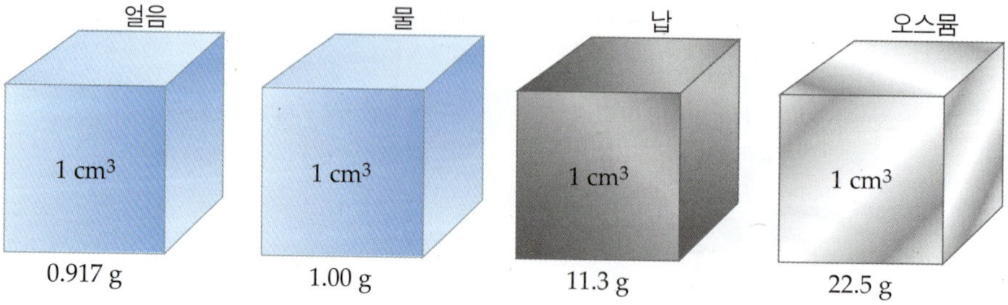


▶그림 2.4 **밀도** 각 입방체는 1 $cm^3$의 부피를 나타낸다. 밀도가 증가함에 따라 각 입방체의 질량이 증가함에 유의하라. 오스뮴이 22.5 g/$cm^3$로, 가장 큰 밀도를 가지고 있다.

질량과 부피의 최초 미터법은 물을 기초로 한 것이다. 물 1 kg의 질량이 1 L 부피의 물과 같다고 정의되었다. 따라서 물의 밀도는 1 kg/L이다. 1 kg/L의 밀도는 정확히 1 g/mL와 등가식이다. 고체와 액체의 밀도가 온도에 따라서 약간씩 변화 하지만, 우리는 이런 미미한 영향은 무시하고, 물의 밀도는 1.00 g/mL로 간주한다. 그러나 기체의 밀도는 예외로 취급하는데 기체의 밀도는 온도와 압력 변화에 의해 매우 크게 변화하기 때문이다. 표 2.4에 여러 종류의 고체, 액체, 기체의 밀도를 나타내었다.

고체 물체를 물속에 떨어뜨려 밀도를 추정할 수 있다. 물체를 물에 떨어뜨렸을 때에 물에 가라앉는 물체는 1.00 g/mL보다 큰 밀도를 가지고 있는 것이다. 물체가 물에 뜬다면 그 물체의 밀도는 1.00 g/mL보다 작은 것을 알 수 있다.

다음 실험을 생각해보자. 물, 클로로폼 그리고 에틸 에터(에틸 에테르)를 유리눈금실린더에 붓는다. 이 액체들은 그림 2.5에서 보는 것처럼 3개의 층을 이룬다. 표 2.4에 언급된 액체의 밀도로부터 $L_1$과 $L_2$를 구별하라. 다음에는 얼음, 고무 그리고 알루미늄 입방체를 실린더 안으로 떨어뜨린다. 표 2.4에서 언급한 고체의 밀도로부터 $S_1$, $S_2$, $S_3$을 구별하라. 액체 $L_1$이 물 위에 뜨기 때문에 물의 밀도($d$ = 1.00 g/mL)보다 작다는 것을 알 수 있다. 액체 $L_2$는 물에 가라앉기 때문에 액체 $L_2$의 밀도가 물보다 더 크다. 따라서, 밀도는 물보다 작은 $L_1$은 에틸 에터(0.714 g/mL)이고, 물(1.00 g/mL)보다 밀도가 큰 $L_2$는 클로로폼(1.48 g/mL)이다.

그림 2.5에서 $S_1$이 물 위에 뜨고, $S_2$가 클로로폼 위에 뜨고, 그리고 $S_3$가 클로로폼에서 가라앉는 것을 볼 수 있다. 표 2.4는 얼음, 고무 그리고 알루미늄의 밀도가 각각 0.917 g/cm$^3$, 1.19 g/cm$^3$ 그리고 2.70 g/cm$^3$라는 것을 알려준다. 따라서, $S_1$ 에터(또는 에테르)에 가라앉고 물에서 뜨기 때문에 얼음이라는 것을 알 수 있고, $S_2$는 물에서 가라앉고 클로로폼 위에서 뜨기 때문에 고무라는 것을 알 수 있다. 또한 $S_3$는 클로로폼 속에 가라앉기 때문에 알루미늄이라는

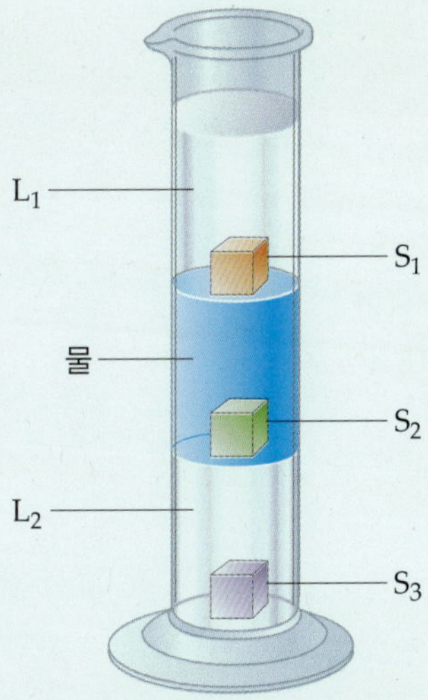


▲**그림 2.5 밀도의 개념** 길쭉한 유리 실린더에서, 액체$L_1$은 물 위에 뜨고, 물은 액체$L_2$ 위에 뜬다. 고체 $S_1$은 물에 뜨고 고체 $S_2$는 액체$L_2$에 뜬다. 또한 고체 $S_3$는 유리 실린더 바닥에 가라앉았다.

## 자세히 보기 하락하는 휘발유 요금 명세서

**Q: 연료탱크에 휘발유를 채울 때 날씨가 더운 오후 또는 날씨가 차가운 오전 중 언제 비용 측면에서 더 유리할까?**

흥미롭게도 밀도 개념을 적용함으로써 자동차 연료계산서의 비용을 절감시킬 수 있다. 대부분 액체 밀도는 온도가 올라가면 감소하고 온도가 내려가면 증가하게 된다. 따라서 휘발유의 밀도는 따뜻한 오후에 감소하고 차가운 아침에는 증가한다.

휘발유의 밀도가 증가하는 것은 질량의 변화가 아니라 부피 변화에 의해 증가한다. 50.00달러 가격의 연료에는 다양한 온도에서 동일한 부피(same volume)가 내포되어 있지만, 50.00달러 가격의 연료에는 70 °F 보다는 40 °F에서의 휘발유의 질량이 더 크다는 의미가 내포되어 있다. 따라서 날씨가 차가운 오전에 휘발유를 탱크에 채우면 비용 절감이 된다.

물과 암모니아이인 두 종류의 액체에서는 온도가 낮을수록 밀도가 증가한다는 원리가 맞지 않는다. 이들 두 종류의 액체는 어는점(0℃와 −77℃) 근처 온도에서 결정성 고체(crystalline soild)를 형성한다. 결과적으로 물의 밀도가 감소되어 고체 얼음은 물에 뜨게 되는 비정상적인 성질을 보여주게 된다. 이와 유사하게 고체 암모니아도 액체 암모니아에서 뜨게 된다. 다른 고체물질들 모두는 밀도가 더 크고 이에 따라 액체에서 가라앉게 된다.

▲**주유소에 표시된 휘발유 가격**

**A:** 날씨가 차가운 오전에 가스탱크에 가스를 채우는 것이 더욱 경제적일 수 있지만, 70 °F 보다 40 °F에서의 휘발유의 질량은 단지 1%밖에 더 크지 않고 밀도 변화는 적다.

**표 2.4 몇 가지의 고체, 액체, 기체에 대한 밀도**

| 예 | 밀도(d) |
|---|---|
| ***고체*** | |
| 얼음 | 0.917 $g/cm^3$ 또는 g/mL |
| 고무 | 1.19 |
| 마그네슘 | 1.74 |
| 알루미늄 | 2.70 |
| 철 | 7.87 |
| 납 | 11.3 |
| 금 | 19.3 |
| ***액체*** | |
| 에틸 에터(에틸 에테르) | 0.714 $g/cm^3$ 또는g/mL |
| 에틸 알코올 | 0.789 |
| 물 | 1.000 |
| 클로로폼 | 1.48 |
| 수은 | 13.6 |
| ***기체**** | |
| 수소 | 0.090 g/L |
| 헬륨 | 0.179 |
| 암모니아 | 0.760 |
| 공기 | 1.29 |
| 산소 | 1.43 |

*각 기체의 밀도는 0 ℃와 1 기압(기준 대기압)에서의 값이다.

것도 알 수 있다.

이제 우리는 밀도의 개념에 대해서 공부를 했으니 몇가지 계산을 해보자. 밀도는 간단히, 질량을 부피로 나누어 구할 수 있다. 예제 2.15에 밀도를 계산하는 방법을 설명하였다.

## 예제 2.15 밀도 계산

백금 덩어리는 214.50 g의 질량과 10.0 $cm^3$의 부피를 갖는다. 이 금속의 밀도는 얼마인가?

**풀이 과정**

| | | |
|---|---|---|
| **1 단계 :** 해답에서 요구하는 단위는 무엇인가? | 1 단계: | $g/cm^3$ |
| **2 단계 :** 해답과 관련된 주어진 값은 무엇인가? | 2 단계: | 214.50 g과 10.0 $cm^3$ |
| **3 단계 :** 적용해야 하는 단위 인자(들)는 무엇인가? 단위 인자가 필요 없는 경우이다. | 3 단계: | 없음 |

**해답**

백금 덩어리의 밀도는 질량 214.50 g을 부피 10.0 $cm^3$와 비교하여 계산할 수 있다.

$$\frac{214.50\ g}{10.0\ cm^3} = 21.5\ g/cm^3$$

주어진 값과 단위 인자의 유효숫자가 세 자리이기 때문에 해답은 세 자리 숫자로 반올림하였다.
백금의 밀도가 납 ($d$ = 11.3 $g/cm^3$)보다 더 크고 또한 값도 금보다 더 비싼 것은 흥미롭다.

### 실전 연습문제

전자 부품의 그리스 제거용으로 자주 사용하는 사염화 탄소 25.0 mL의 질량이 39.75 g이라면 이 액체의 밀도는 얼마인가?

**답:** 1.59 g/mL

### 개념 문제

얼음과 물 중에서 밀도가 더 큰 것은 어느 것인가?

**답:** 부록 G, 2.15 참조

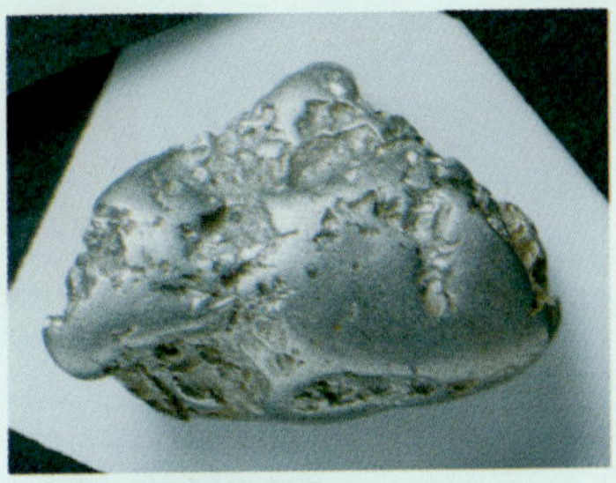

▲**천연 백금덩어리**
귀중한 백금 금속 덩어리

## 단위 인자(Unit Factor)로서 밀도의 응용

문제 풀이 과정에 단위 분석법을 이용하여 어떤 시료의 부피 또는 질량을 묻는 문제를 풀 수 있다. 이 문제를 풀기 위한 비결은 밀도를 하나의 단위 인자로서 사용하는 것이다. 그 이유는 밀도는 질량과 부피가 관련되는 단위 인자이기 때문이다. 예를 들면, 수은의 밀도는 13.6 g/mL 이다. 그래서 다음처럼 쓸 수 있다.

$$\frac{13.6\ \text{g}}{1\ \text{mL}} \quad \text{과} \quad \frac{1\ \text{mL}}{13.6\ \text{g}}$$

액체 수은 75.5 g의 부피(mL)를 계산하여 보자. 첫 번째, 답에서 요구하는 단위(mL)를 쓴다. 두 번째, 주어진 값(75.5 g)을 적고, 세 번째, 아래 식과 같이 단위 인자를 응용한다.

$$\underset{(2\ \text{단계})}{75.5\ \text{g}} \times \underset{(3\ \text{단계})}{\frac{\text{단위}}{\text{인자}}} = \underset{(1\ \text{단계})}{\text{mL}}$$

주어진 값(75.5 g)의 단위를 제거하기 위해서 단위 인자 1 mL/13.6 g을 선택한다. 그리고 대입하면

$$75.5\ \cancel{\text{g}} \times \frac{1\ \text{mL}}{13.6\ \cancel{\text{g}}} = 5.55\ \text{mL}$$

주어진 질량과 단위 인자의 유효숫자는 세 자리이므로, 따라서 답도 세 자리로 반올림한다. 예제 2.16에 단위 인자로서 밀도를 이용하는 방법을 더 설명하였다.

### 예제 2.16 단위 인자로서 밀도

한 변이 1.00 in.인 구리 입방체의 변의 길이는 센티미터로 환산하면 2.54 cm이다. 이 구리 입방체의 질량은 얼마인가? (구리의 밀도 d = 8.96 g/cm$^3$)

**풀이 과정**

**1 단계:** 해답에서 요구하는 단위는 무엇인가? — 1 단계: g

**2 단계:** 해답과 관련된 주어진 값은 무엇인가? — 2 단계: 2.54 cm 입방체

**3 단계:** 적용해야 하는 단위 인자(들)는 무엇인가? 밀도의 정의로부터 8.96 g = 1 cm$^3$이므로 두 단위 인자는 8.96 g/1 cm$^3$과 그 역수인 1 cm$^3$/8.96 g이다. — 3 단계: $\frac{8.96\ \text{g}}{1\ \text{cm}^3}$ 또는 $\frac{1\ \text{cm}^3}{8.96\ \text{g}}$

### 단위 분석 그림

| 주어진 값 | 단위 인자 1 | 해답의 단위 |
| --- | --- | --- |
| 16.4 cm$^3$ | $\times \dfrac{8.96\ g}{1\ cm^3}$ 또는 $\dfrac{1\ cm^3}{8.96\ g}$ | = ? g |

### 해답

우선 구리 입방체의 부피를 구한다. 입방체이므로 먼저 각각의 길이 즉, (2.54 cm)(2.54 cm)(2.54 cm)를 곱하여 부피 16.4 cm$^3$를 구한다. cm$^3$의 단위를 소거하기 위해서 분모에 cm$^3$이 사용된 단위 인자인 밀도, 8.96 g/1 cm$^3$를 사용한다.

$$16.4\ \cancel{cm^3} \times \frac{8.96\ g}{1\ \cancel{cm^3}} = 147\ g$$

주어진 값과 단위 인자는 세 자리의 유효숫자를 가지므로 해답도 세 자리로 반올림한다.

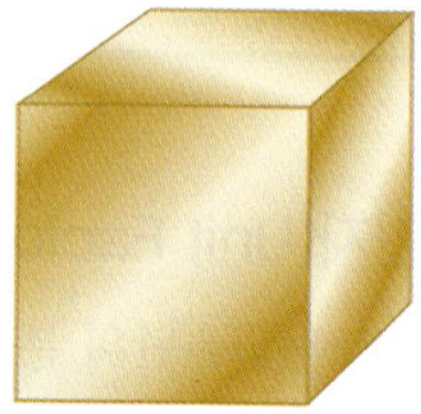


▲**구리 금속** 1.00 inch인 구리 금속 입방체

### 실전 연습문제

한 변의 길이가 5.00 cm인 입방체 은의 질량이 1,312.5 g이다. 은의 밀도는 얼마인가?

**답:** 10.5 g/cm$^3$

### 개념 문제

일부 사람들은 물에 뜨고, 다른 사람들은 가라앉는다면 인체의 대략적인 밀도는 얼마인가?

**답:** 부록 G, 2.16 참조

## 비중

4 ℃에서 물의 밀도에 대한 액체의 밀도의 비를 **비중**(**Specific gravity**, 기호 **sp gr**)이라고 한다. 두 밀도에 대한 비를 비중이라고 하므로 각각의 단위는 소거된다. 따라서 비중은 단위가 없는 양이다. 물의 밀도는 1.00 g/mL이고 물의 비중은 1.00이다. 진단 의학 검사에서 인체 유체의 비중을 종종 측정한다. 예를 들면, 오줌의 비중은 1.02, 혈액의 비중은 1.06이다. 이들 두 값은 정상적인 범위에 속한다.

**학습 목표**

- 화씨 온도, 섭씨 온도, 켈빈 온도로 물의 끓는점과 어는점을 나타낼 수 있다.
- 화씨 온도(℉), 섭씨 온도(℃), 켈빈 온도(K)로 온도를 표현할 수 있다.

## 2.9 온도

대기의 서늘함과 뜨거움은 작은 공기 분자들이 얼마나 빨리 움직이는가에 의해 결정된다. 만약 온도가 높다면 분자들은 더 빨리 운동하고 더 많은 에너지를 갖는다. 반대로 온도가 낮아진다면 분자들은 더 느리고 더 적은 에너지를 갖는다. **온도**(**temperature**)는 개개의 입자들이 가지는 평균 운동 에너지이다. 예를 들면, 대기 중 공기 분자의 평균 운동 에너지이다. 우리는 온도계를 이용하여 온도를 측정한다.

1724년에 독일 물리학자인 파렌하이트(Daniel Gabriel Fahrenheit, 1686~1736)는 수은 온도계를 발명하였다. 그는 최대한 낮은 온도를 만들기 위해서 얼음 중탕(ice bath)을 준비하고 온도를 더욱 낮게 하기 위해서 소금을 첨가하였다. 그는 그때의 온도를 영(zero)에 할당하는 화씨 온도 척도를 정하였다.

그는 자기 겨드랑이 밑의 온도를 측정하여 두 번째의 기준점으로 삼았다. 그는 그 온도 값을 96으로 정하였다. 두 개의 기준점 사이의 거리를 96개의 똑같은 눈금으로 분할하였고 각 눈금을 **화씨 온도**(**Fahrenheit degree, ℉**)라고 칭하였다. 이후, 물의 어는점과 끓는점을 두 개의 표준 기준점으로 선택하였다. 물의 어는점은 화씨 32 ℉이고 끓는점은 212 ℉이다. 이 화씨 온도는 영어식 측정계에서 기본 단위의 하나가 되었다.

1742년 스웨덴의 천문학자 셀시우스(Anders Celsius, 1701～1744)는 화씨 척도와 원리적으로 유사한 척도를 제안하였다. 셀시우스 척도에서는 물의 어는점을 0 ℃, 끓는점을 100 ℃로 정하고 그 사이를 100 등분하고, 각 눈금을 **섭씨 온도(Celsius degree, ℃)**로 칭하였다. 간혹 섭씨 온도를 백분도라고도 하지만, 백분도의 사용은 권장하지 않는다.

1848년 영국 물리학자인 톰슨(William Thomson, 1824～1907, Kelvin이라는 작위를 가짐)이 가능한 가장 낮은 온도를 기초로 하는 척도를 제안하였다. 그 온도의 단위는 **켈빈단위(Kelvin unit**, 기호 **K)**로 SI 단위계에서 기본 단위이다. 켈빈 척도는 가장 낮은 온도를 0 K로 정하였고, 각 눈금의 분할은 섭씨 온도와 같이 하였다. 가장 낮은 온도를 절대 영도(absolute zero)로 부르며, 섭씨 －273.15 ℃와 같다. 가장 높은 켈빈 온도는 없지만 태양의 내부 온도는 약 10,000,000 K에 이른다.

## 화씨 온도와 섭씨 온도의 변환

켈빈 척도에서 한 눈금이 섭씨 척도에서 1 °와 같다. 따라서 0 K는 －273 ℃이고 물의 어는점은 273 K, 그리고 물의 끓는점은 373 K이다. 그림 2.6에 세 가지 온도들의 상관 관계를 나타냈다.

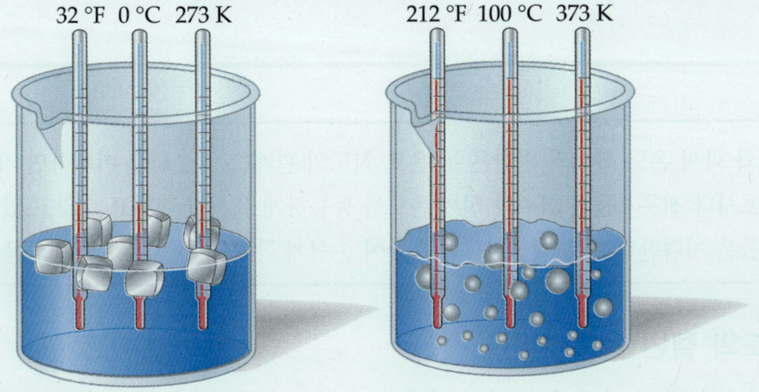


◀그림 2.6 온도 척도
화씨, 섭씨, 그리고 켈빈 온도계가 (a) 얼음물 (b) 끓는물에 꽂혀있다. 각 척도의 끓는점과 어는점에 주목하라. 두 온도 간격을, 화씨 척도에서는 180 등분, 섭씨 척도에서는 100 등분, 그리고 켈빈 척도에서도 100 등분한다.

화씨 온도로 180 단위가 섭씨 온도로 100 단위와 동등하므로, ℉를 ℃로 바꾸려면, 먼저 화씨 온도에서 32를 빼고(두 척도에서 물의 어는점의 차이), 다음 100 ℃/180 ℉를 곱한다. 즉,

$$(°\text{F} - 32\ °\text{F}) \times \frac{100\ ℃}{180\ °\text{F}} = ℃$$

섭씨(℃)를 화씨(℉)로 바꾸려면 위의 화씨를 섭씨로 바꾸는 과정을 거꾸로 한다. 첫째로 섭씨 온도에 180 ℉/100 ℃를 곱한 후, 32 ℉를 더하면 된다. 즉,

$$\left(℃ \times \frac{180\ °\text{F}}{100\ ℃}\right) + 32\ °\text{F} = °\text{F}$$

예제 2.17에서 화씨와 섭씨 온도 사이의 변환을 다룬다.

### 예제 2.17 ℉과℃ 온도 변환

사람의 정상 체온은 98.6 ℉이다. 사람의 정상 체온은 섭씨 몇도인가?

**풀이 과정**

| | | |
|---|---|---|
| 1 단계 : 해답에서 요구하는 단위는 무엇인가? | 1 단계: | ℃ |
| 2 단계 : 해답과 관련된 주어진 값은 무엇인가? | 2 단계: | 98.6 ℉ |
| 3 단계 : 적용해야 하는 단위 인자(들)는 무엇인가? 여기서 단위 인자는 필요하지 않다. | 3 단계: | 없음 |

### 해답

℃ 온도를 계산하기 위해 그림 2.6을 참고로 섭씨와 화씨 온도척도를 비교할 수 있다. 화씨(℉)에서 섭씨(℃)로의 전환은 다음과 같이 한다.

$$(98.6\ ^{\circ}\mathrm{F} - 32\ ^{\circ}\mathrm{F}) \times \frac{100\ ^{\circ}\mathrm{C}}{180\ ^{\circ}\mathrm{F}} = {}^{\circ}\mathrm{C}$$

간단히 하고 단위를 소거하면

$$(66.6\ ^{\circ}\mathrm{F}) \times \frac{100\ ^{\circ}\mathrm{C}}{180\ ^{\circ}\mathrm{F}} = 37.0\ ^{\circ}\mathrm{C}$$

주어진 값 98.6 ℉는 유효숫자가 세 자리이므로 해답도 반올림하여 세 자리가 된다.

32 ℉와 100 ℃/180 ℉는 정의된 값으로 유효숫자에 영향을 주지 않기 때문이다.

### 실전 연습문제

화성의 평균 표면 온도는 −55 ℃이다. 화씨 온도로는 몇 도인가?

**답:** −67 ℉

### 개념 문제

섭씨와 백분도 온도척도 사이에는 어떤 관계가 있는가?

**답:** 부록 G, 2.17 참조

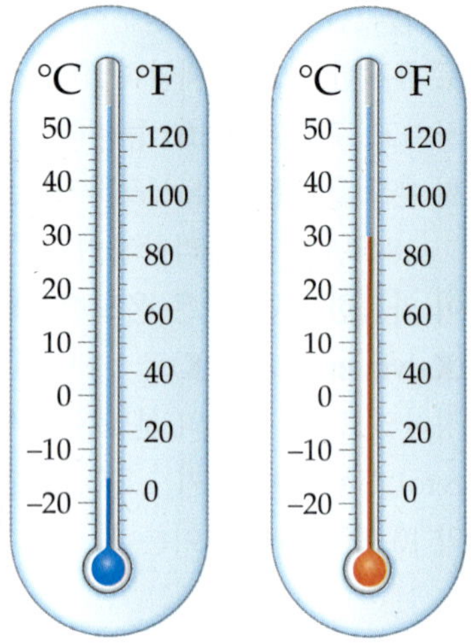


**▲섭씨온도와 화씨온도**
5 ℉는 15 ℃에 해당됨을 주의하라. 86 ℉는 30 ℃에 해당됨.

**주의** 섭씨와 화씨 온도 사이의 변환은 두 온도 척도의 관계(그림 2.6)를 이해하면 가능하다. 실생활에서, 간호사나 전문가들은 화씨와 섭씨 온도를 동등하게 표시한 변환표를 갖고 있기도 하다. 더구나, 학생들은 저렴한 과학용 계산기를 이용하여 손쉽게 화씨와 섭씨 온도의 변환을 할 수 있다.

## 섭씨 온도와 켈빈 온도 변환

그림 2.6을 다시 보면, 켈빈 온도 값이 섭씨 온도 값보다 273 단위가 크다는 걸 알 수 있다. 따라서 섭씨 온도를 켈빈 온도로 바꾸어 주려면 섭씨 온도에 273을 더해야 한다.

$${}^{\circ}\mathrm{C} + 273 = \mathrm{K}$$

반대로 켈빈 온도를 섭씨 온도로 바꾸어 주려면, 켈빈 온도에서 273을 빼야 한다. 음의 켈빈 온도가 실제로 존재하지 않다는 것을 기억하면 유용하다. 정의에 의하면 실현 가능한 가장 낮은 온도를 0 K로 정하였다. 예제 2.18에 섭씨와 켈빈 온도의 변환을 설명하였다.

## 예제 2.18 ℃ 와 K 온도 변환

액체 질소는 피부과 의사들이 피부 조직을 냉동시키는 데 사용한다. 액체 질소의 섭씨 온도가 − 196 ℃이라면 켈빈 온도로는 몇 도인가?

### 풀이 과정

**1 단계 :** 해답에서 요구하는 단위는 무엇인가?

**2 단계 :** 해답과 연관된 주어진 값은 무엇인가?

**3 단계 :** 적용해야 하는 단위 인자(들)는 무엇인가?
여기서 단위 인자는 필요하지 않다.

| | |
|---|---|
| 1 단계: | K |
| 2 단계: | − 196 ℃ |
| 3 단계: | 없음 |

**해답**

주어진 섭씨의 온도에 273을 더하여 해당하는 켈빈 온도를 구한다.

$$-196\ ^\circ C + 273 = 77\ K$$

**실전 연습문제**

fire-walking(달구어진 자갈 위를 걸어가는 것)의 비밀은 먼저 축축한 풀밭을 맨발로 걸은 후 빨갛게 달구어진 뜨거운 석탄 위를 걷는 것이다. 만약 펼쳐진 석탄이 1,475 K라면 섭씨로는 몇 도인가?

**답:** 1202 ℃

**개념 문제**

-100 ℉, -100 ℃, -100 K 중 현실적으로 불가능한 온도는 무엇인가?

**답:** 부록 G, 2.18 참조

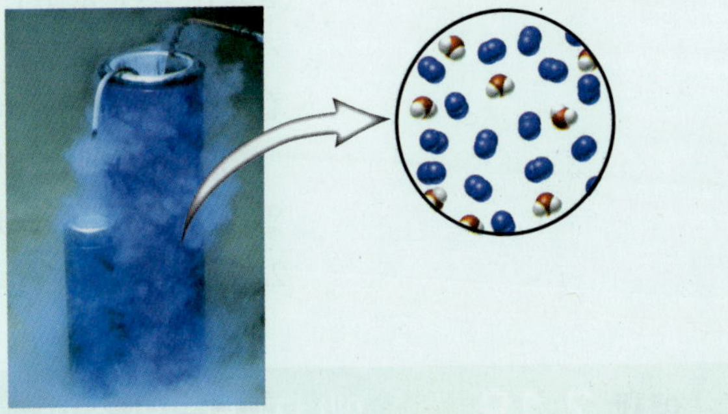

▲**액체 질소** 질소는 보통 기체이지만 −196 ℃에서 액화된다. 액체 질소를 보온병에서 따르면 이 액체 질소는 공기 중의 수분을 얼게 할 수 있을 만큼 충분히 낮고 하얀 서리를 형성시킨다.

## 2.10 열 개념

**학습목표**

- ▶ 열 전도체가 좋은 것과 나쁜 것에 비열 개념을 적용할 수 있다.
- ▶ 열 에너지를 칼로리, 킬로칼로리, 주울, 킬로주울로 표시한 계산을 할 수 있다.
- ▶ 비열, 질량, 온도 변화와 연관지어 계산할 수 있다.

과학자들은 주변 상황에 따라 열을 달리 정의한다. 이 책에서는 열(heat)을 높은 온도에 있는 물체로부터 낮은 온도에 있는 물체를 향하는 에너지의 흐름으로 정의할 것이다. 예를 들면, 만약 얼음 결정을 손으로 잡고 있다면 열은 손(뜨거운 온도)으로부터 얼음 결정(차거운 온도)으로 흘러가며 여러분의 손은 차가워진다.

열과 온도 모두 에너지의 척도이다. 열과 온도의 차이점은 **열(heat)**은 전체에너지(total energy)의 척도인데 반하여, 온도(temperature)는 평균 에너지(average energy)의 척도이다. 열을 온도와 구분하기 위해서 100 ℃의 아주 뜨거운 차 한 컵과 차 한 티스푼을 생각해 보자. 차 한 컵을 서둘러 마시는 것과 한 티스푼을 마시는 것 중 어떤 것이 더 뜨겁게 느껴질까?

명백히, 뜨거운 차 한 컵이 한 티스푼보다도 구강에 더 심한 화상을 일으킬 것이다. 왜냐하면, 비록 컵의 차와 티스푼의 차가 같은 100 ℃ 온도의 액체를 담고 있을 지라도 컵의 차가 더 많은 열을 가지고 있기 때문이다. 그림 2.7에 온도와 열의 개념에 대해서 더 자세히 설명하였다.

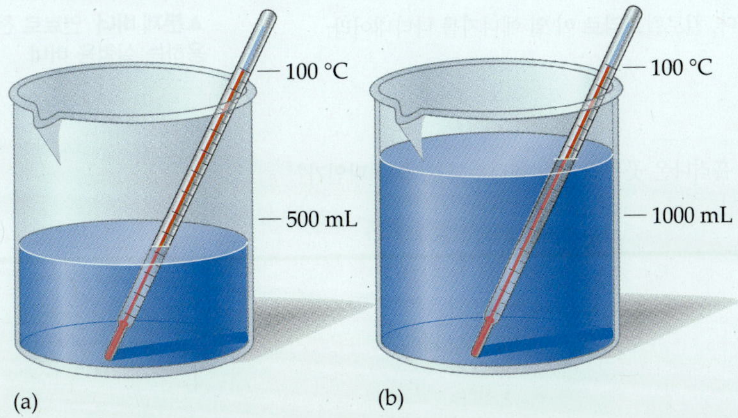


◀그림 2.7 **열과 온도** (a) 500 mL 물을 100 ℃로 데운다. (b) 1000 mL 물을 100 ℃로 데운다. 온도는 같지만 두 번째 비커가 두 배 많은 열을 갖고 있다.

열 에너지는 종종 칼로리나 또는 킬로칼로리 단위로 표현된다. **칼로리(Calorie, cal)**는 물 1 g을 1 ℃ 올리는 데 필요한 열의 양이다. 킬로칼로리(기호, kcal)는 물 1000 g을 1 ℃ 올리는 데 필요한 열의 양이다. 영양학에서 쓰이는 칼로리(Cal)는 미터법에서 쓰이는 칼로리와 구별하기 위해서 첫 글자를 대문자로 쓴다. 영양학에서의 1칼로리(Cal)는 미터법에서 쓰이는 1킬로칼로리와 같다. 즉, 1000 cal이다.

SI계에서 에너지 단위는 **주울(joule, J)**이고 1 cal = 4.184 J이다. 화학반응에 의해서 생성된 열은 종종 킬로주울(kJ)은 물론, 킬로칼로리(kcal)로도 표현된다. 1 kcal = 4.184 kJ이다. 예제 2.19에서 칼로리, 킬로칼로리 및 주울 사이의 변환을 설명하였다.

## 예제 2.19 에너지 단위의 전환

1L의 천연 가스를 태우면 9.46 kcal의 열 에너지가 발생한다. 킬로주울로 이 에너지를 나타내어라. (1 kcal = 4.184 kJ)

### 풀이 과정

**1 단계 :** 해답에서 요구하는 단위는 무엇인가?

1 단계: kJ

**2 단계 :** 해답과 관련된 주어진 값은 무엇인가?

2 단계: 9.46 kcal

**3 단계 :** 적용해야 하는 단위 인자(들)는 무엇인가?
1 kcal = 4.184 kJ이므로 두 단위 인자는
1 kcal/4.184 kJ과 그 역수인
4.184 kJ/ 1 kcal이다.

3 단계: $\frac{1\ \text{kcal}}{4.184\ \text{kJ}}$ 또는 $\frac{4.184\ \text{kJ}}{1\ \text{kcal}}$

### 단위 분석 그림

| *주어진 값* | *단위 인자* | *해답의 단위* |
|---|---|---|
| 9.46 kcal | $\times\ \frac{1\ \text{kcal}}{4.184\ \text{kJ}}$ 또는 $\frac{4.184\ \text{kJ}}{1\ \text{kcal}}$ | = ? kJ |

### 해답

분모에 나타나는 킬로칼로리를 소거하기 위해 4.184 kJ/1 kcal의 단위 인자를 적용한다.

$$9.46\ \cancel{\text{kcal}} \times \frac{4.184\ \text{kJ}}{1\ \cancel{\text{kcal}}} = 39.6\ \text{kJ}$$

주어진 값의 유효숫자가 세 자리이고 단위 인자는 네 자리이므로 답을 세 자리로 반올림하여 나타낸다.

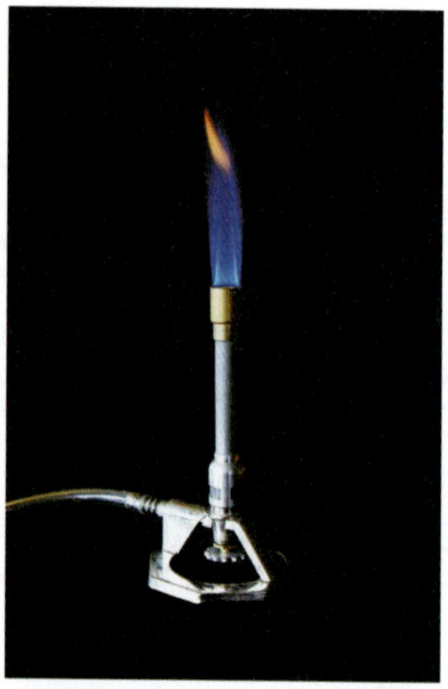

▲**분제 버너** 연료로 천연 가스를 사용하는 실험용 버너

### 실전 연습문제

1 g의 가솔린을 태우면 47.9 kJ의 열 에너지가 발생한다. 킬로칼로리로 이 열 에너지를 나타내어라.

**답:** 11.4 kcal

### 개념 문제

에어로졸 분사 후에 용기가 차갑게 느껴진다면, 열이 흘러나온 곳은 용기와 여러분의 손 중 어디인가?

**답:** 부록 G, 2.19 참조

## 비열

물질의 비열은 일정한 온도 변화를 일으키는 데 필요한 열의 양이다. 필요한 열의 양은 각 물질마다 고유한 값을 가진다는 것이 관찰되었다. 물의 비열은 비교적 높으므로, 물이 열을 얻거나 잃을 때 물의 온도의 변화는 작다. 지구 표면은 물로 덮여 있는데 다행스럽게도, 이 높은 비열이 기후를 조절하고 온도를 온화하게 유지하는 데 도움을 주고 있다. 그림 2.8에서 1 cal의 열이 가해진 4가지 물질들의 온도의 변화를 나타내었다.

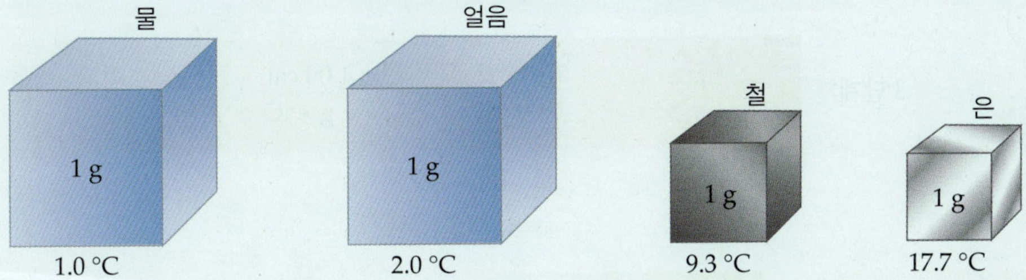


◀**그림 2.8 비열의 예** 각 입방체는 1칼로리의 열이 가해지는 물질 1 g의 부피를 나타낸다. 비열이 작을수록 온도 변화가 큰 것에 주목하라. 은의 비열은 작아서 좋은 열전도체이다.

물질 1 g을 1 ℃ 올리는 데 필요한 열의 양을 **비열(specific heat)**이라고 정의할 수 있다. 비열의 단위는 종종 그램과 섭씨 온도 당 칼로리로 주어진다. 참고로 물의 비열은 1.00 cal/(g×℃)이다. 물의 비열은 특별히 크며, 얼음과 수증기보다 1 ℃ 올리는 데 더 많은 에너지가 필요하다. 또한, 높은 물의 비열은 해양에서 폭넓은 온도 변화를 저감시켜 지구의 기후를 유지하는 데 기여한다. 표 2.5에 몇 가지 고체, 액체 및 기체의 비열을 나타내었다.

**표 2.5 몇 가지 고체, 액체 및 기체의 비열**

| 예 | 비열 |
|---|---|
| **고체** | |
| 얼음 | 0.492 cal/(g×°C) |
| 알루미늄 | 0.215 |
| 탄소(흑연) | 0.170 |
| 탄소(다이아몬드) | 0.124 |
| 철 | 0.108 |
| 구리 | 0.0920 |
| 은 | 0.0566 |
| 금 | 0.0305 |
| **액체** | |
| 물 | 1.00 cal/(g×°C) |
| 에틸알코올(에탄올) | 0.587 |
| 메틸알코올(메탄올) | 0.424 |
| 프레온(CFC 냉매) | 0.232 |
| 수은 | 0.0331 |
| **기체** | |
| 수증기 | 0.485 cal/(g×°C) |
| 질소 | 0.249 |
| 산소 | 0.219 |
| 아르곤 | 0.124 |
| 라돈 | 0.0224 |

## 예제 2.20 비열

250 ℃에서 25.0 g의 암석 시료는 19 ℃에서의 물 100 g에 해당된다. 만일 물의 온도가 31 ℃로 증가된다면 암석의 비열은 얼마인가?

### 풀이과정

**1 단계:** 해답에서 요구하는 단위는 무엇인가?

1 단계: cal/(g × °C)

**2 단계:** 해답과 관계된 주어진 값은 무엇인가?

2 단계: 100.0 g 물

**3 단계:** 적용해야 하는 단위 인자는 무엇인가?
비열의 정의로부터 1.00 cal = 1 g × ℃ ;
두 개의 단위 인자는 1.00 cal = 1 g × ℃
와 이것의 역인 1 g × ℃= 1.00 cal이다.

3 단계: $\frac{1\ g \times °C}{1.00\ cal}$ 또는 $\frac{1.00\ cal}{1\ g \times °C}$

### 단위 분석 그림

| 주어진 값 | 단위 인자 | 해답의 단위 |
|---|---|---|
| 100.0 g | × $\frac{1\ g \times °C}{1.00\ cal}$ 또는 $\frac{1.00\ cal}{1\ g \times °C}$ | = ? cal/g × °C |

### 해답

단위 인자로 1.00 cal / (1 g × ℃)를 적용하여 g과 ℃를 제거하고 온도 변화를 곱하여 계산하면 다음과 같다.

$$100.0\ \cancel{g} \times \frac{1.00\ cal}{(1\ \cancel{g} \times \cancel{℃})} \times (31 - 19)\ \cancel{℃} = 1{,}200 cal$$

만일 물이 1200 cal의 열을 얻게 되면 암석은 1,200 cal의 열을 잃게 된다. 즉, 얻는 열 = 잃는 열인 것이다. 암석이 250 ℃에서 31 ℃로 냉각되면 다음과 같이 암석의 비열을 계산할 수 있다.

$$\frac{1{,}200\ cal}{25.0\ g\ (250 - 31)\ ℃} = 0.22\ cal / g \times ℃$$

이러한 열전달의 원리는 사우나에서도 보인다. 뜨거운 암석에 차가운 물을 부으면 먼저 물이 열을 흡수하고 증기로 변화되어 날아간다.

### 실전 연습문제

425 ℃에서 1,025 g의 말굽 편자는 20 ℃에서의 물 1,550 g에 해당된다. 만일 물의 온도가 47 ℃로 증가된다면 말굽 편자의 비열은 얼마인가?

**답:** 0.11 cal / g × ℃

### 개념문제

높은 비열을 갖는 물질과 낮은 비열을 갖는 물질 중 열에너지 저장에 더 좋은 물질은 무엇인가?

**답:** 부록 G, 2.20 참조

# Chapter Summary

| 주요 개념 | 학습목표와 관련 연습문제 |
|---|---|

## 2.1 기본 단위와 기호

**영국 단위계(English system)**에는 서로 관련되지 않는 많은 단위들이 있는 반면에 **미터법(metric system)**은 **미터(meter, m)**, **그램(gram, g)**, **리터(liter, L)**, **초(second, s)** 등의 기본 단위를 가지고 있는 십진법으로 된 측정단위이다. 미터법에서의 접두어는 기본적인 단위의 배수와 분수를 나타낸다. 일반적인 접두어로는 *기가*(G), *메가*(M), *킬로*(k), *데시*(d), *센티*(c), *밀리*(m), *마이크로*(μ) 그리고 *나노*(n)가 있다. **국제 단위계(International system, SI)**에는 미터법에 기반하고 있지만 더 포괄적이다.

- 미터법의 기본 단위와 기호를 기술할 수 있다.
  **관련 문제:** 1-5
- 기본 단위들의 배수와 분수의 접두어를 기술할 수 있다.
  **관련 문제:** 7-9

| 주요 개념 | 학습목표와 관련 연습문제 |
|---|---|
| **2.2 미터법 변환 인자**<br>미터법에서 변환 문제는 **단위식(unit equation)**이나 **등가식(exact equivalent**, 예: 1 m=100 cm)을 체계적으로 사용함으로써 풀 수 있다. 같거나 등가의 관계를 사용하여 **단위 인자(unit factor)** 또는 이것의 **역수(reciprocal)** (예, 1 m/100 cm 그리고 100 cm/1 m)를 얻는다. | • 기본 미터법 단위와 접두어 단위에 대한 단위식을 쓸 수 있다. **관련 문제:** 11<br>• 미터 단위식으로부터 유도된 두 단위 인자를 사용할 수 있다. **관련 문제:** 13 |
| **2.3 미터법–미터법 단위변환**<br>미터법 문제는 다음과 같은 **단위 분석법(unit analysis method)**을 적용함으로써 풀 수 있다. 1 단계, 미지 값의 단위를 적는다. 2 단계, 미지 값에 관계되는 주어진 값을 적는다. 3 단계, 하나 또는 그 이상의 단위 인자를 사용하여 주어진 값의 단위를 해답에서 요구하는 단위로 변환한다. | • 주어진 미터 측정값을 다른 미터 접두어를 이용하여 표현할 수 있다.<br>**관련 문제:** 15–17 |
| **2.4 미터법–영국단위 변화**<br>세계 모든 국가에서 미터법을 사용하고 있지만, 미국에서는 아직도 영국 단위계를 흔히 사용한다. 그러므로 두 단위계를 연결시켜 다음을 기억해야 한다. 2.54 cm = 1 in, 454 g = 1 lb, 946 mL =1 qt. 이 등가식들이 미터-영국 단위계의 변환에 사용된다. | • 미터법 단위로 되어 있는 주어진 측정값을 인치, 파운드, 쿼트, 세컨드 등의 영국단위로 표현할 수 있다.<br>**관련 문제:** 19<br>• 측정값을 미터법 단위나 영국단위로 표현할 수 있다.<br>**관련 문제:** 21–27 |
| **2.5 퍼센트 개념**<br>**백분율(%)**은 전체 시료에 대한 특정 성분의 양을 나타낸다. 백분율은 비율이므로 단위 분석법을 적용하여 계산할 때, 백분율 단위 인자를 적용할 수 있다. | • 질량 퍼센트 개념을 설명할 수 있다.<br>**관련 문제:** 29–31<br>• 퍼센트를 단위 인자로서 적용할 수 있다.<br>**관련 문제:** 33 |
| **2.6 부피 계산**<br>직육면체 모양의 고체의 부피는 길이, 폭 그리고 두께(높이)를 곱한 값과 같다. 계산된 부피는 **입방 센티미터(cubic centimeter, $cm^3$)**와 같은 입방 단위로 나타낸다. 1 mL = 1 $cm^3$의 등가식 관계를 기억해야 한다. | • 직육면체형 고체의 부피와 길이, 폭, 두께를 관련지어 계산할 수 있다. **관련 문제:** 35–37<br>• 주어진 부피를 밀리미터, 입방 센티미터, 입방 인치 단위로 표현할 수 있다. **관련 문제:** 39–41 |
| **2.7 치환에 의한 부피 측정**<br>기체나 불규칙한 모양의 물체의 부피는 간접적으로 결정해야 한다. 즉, 치환된 물의 양을 측정함으로써 어떤 물체나 기체의 부피를 알 수 있다. 이러한 방법을 **치환에 의한 부피 측정(volume by displacement)**이라고 한다. | • 물의 치환에 의해 고체나 기체의 부피를 측정할 수 있다.<br>**관련 문제:** 43–45 |
| **2.8 밀도 개념**<br>물의 **밀도(density)**는 1.00 g/mL이다. 물에 뜨는 기체나 액체는 물보다 밀도가 작고, 가라앉으면 물보다 크다. 예를 들면, 1.00 g/mL 또는 1 mL/1.00 g와 같이 밀도를 단위 인자로 이용할 수 있다. **비중(specific gravity, sp gr)**은 단위가 없으며, 물의 밀도에 대한 어떤 액체의 밀도의 비율로 표현된다. | • 밀도의 개념을 적용할 수 있다. **관련 문제:** 47–49<br>• 물의 밀도 값을 설명할 수 있다. **관련 문제:** 51<br>• 밀도, 질량 그리고 부피를 연관 지어 계산할 수 있다.<br>**관련 문제:** 53–57 |
| **2.9 온도**<br>**온도(temperature)**는 운동하는 분자들의 평균 운동에너지이다. **화씨(Fahrenheit)**, **섭씨(Celsius)** 그리고 **켈빈(Kelvin)** 척도의 기준점은 서로 연관되어 있다. 즉, 물의 어는점은 32 ℉, 0 ℃ 혹은, 273 K이고, 끓는점은 212 ℉, 100 ℃ 혹은 373 K이다. | • 화씨 온도, 섭씨 온도, 캘빈 온도로 물의 끓는점과 어는점을 나타낼 수 있다. **관련 문제:** 59<br>• 화씨 온도(℉), 섭씨 온도(℃), 캘빈 온도(K)로 온도를 표현할 수 있다. **관련 문제:** 61–65 |
| **2.10 비열**<br>**열(heat)**은 운동하는 분자들 전체의 에너지이다. 열 변화는 칼로리(cal)나 킬로칼로리(kcal)로 표시한다. 열 변화는 SI단위인 주울(joule, J)로 표현되기도 한다 (1cal = 4.184J). **비열(specific heat)**은 1 g의 물질을 1 ℃ 올리는 데 필요한 열량이다. 예로서, 물의 비열은 1.00 cal/(g×℃)이다. | • 열 전도체가 좋은 것과 나쁜 것에 비열 개념을 적용할 수 있다. **관련 문제:** 67<br>• 열에너지를 칼로리, 킬로칼로리, 주울, 킬로주울로 표시한 계산을 할 수 있다. **관련 문제:** 69<br>• 비열, 질량, 온도 변화와 연관 지어 계산할 수 있다.<br>**관련 문제:** 71–75 |

## 문제 풀이 정리

| 주제 | 절차 | 예 |
|---|---|---|
| 기본 단위와 기호<br>2.1절 | 접두어를 나타내는 기호와 기본 미터 단위를 조합한다. | 센티미터, cm(길이);<br>킬로그램,kg(질량); 밀리리터, mL(부피) |
| 미터 변환 인자<br>2.2절 | (a) 기본 미터 단위와 접두어를 사용하여 단위 관계식을 적는다.<br>(b) 미터와 연관된 식으로부터 두 단위 인자를 적는다.(1 m = 100 cm) | $\frac{1\ \text{m}}{100\ \text{cm}}$ 와 $\frac{100\ \text{cm}}{1\ \text{m}}$ |
| 미터–미터 변환<br>2.3절 | 1. 답에서 요구하는 단위를 적는다.<br>2. 연관된 주어진 값을 적는다.<br>3. 주어진 단위를 해답의 단위로 변환하기 위한 단위 인자를 적용한다. | 질량 0.515 kg 치즈 한 덩어리의 데시그램 질량은 얼마인가?<br>$0.515\ \text{kg} \times \frac{1000\ \text{g}}{1\ \text{kg}} \times \frac{10\ \text{dg}}{1\ \text{g}} = 5150\ \text{dg}$ |
| 미터–영국식 변환<br>2.4절 | 1. 답에서 요구하는 단위를 적는다.<br>2. 연관된 주어진 값을 적는다.<br>3. 주어진 단위를 답의 단위로 변환하기 위한 단위 인자를 적용한다. | 질량 0.515 kg 치즈 한 덩어리의 2.4절 파운드 질량은 얼마인가?<br>$0.515\ \text{kg} \times \frac{1000\ \text{g}}{1\ \text{kg}} \times \frac{1\ \text{lb}}{454\ \text{g}} = 1.13\ \text{lb}$ |
| 백분율 개념<br>2.5절 | 시료 전부에 대해 특정 성분의 양을 비교하여 100%를 곱한다. | 14캐럿 반지에 20.0 g의 금과 14.3 g의 은이 함유되어 있다면, 금의 백분율은 얼마인가?<br>$\frac{20.0\ \text{g}}{(20.0 + 14.3)\ \text{g}} \times 100\% = 58.3\%$ |
| 계산에 의한 부피<br>2.6절 | 직육면체 고체의 부피는 길이, 폭, 두께를 곱하여 계산한다.<br>$V = L \times w \times t$ | 측정값이 65 mm, 35 mm, 12 mm인 직육면체 고체의 부피는 얼마인가?<br>$65\ \text{mm} \times 35\ \text{mm} \times 12\ \text{mm} = 27{,}000\ \text{mm}^3$ |
| 치환에 의한 부피<br>2.7절 | 치환된 부피는 눈금이 새겨진 용기의 시작과 종료 눈금의 차이에서 얻는다. | 눈금실린더의 액면이 25.0 mL에서 42.5 mL로 증가했다면 금괴의 부피는 얼마인가?<br>$42.5\ \text{mL} - 25.0\ \text{mL} = 17.5\ \text{mL}$ |
| 밀도 개념<br>2.8절 | 시료의 밀도는 질량을 부피로 나누어 얻는다.<br>밀도 = 질량/부피 | 부피가 10.0 mL인 에터의 질량이 7.142 g이라면 밀도는?<br>$\frac{7.142\ \text{g}}{10.0\ \text{mL}} = 0.714\ \text{g/mL}$ |
| 온도<br>2.9절 | (a) 섭씨를 켈빈으로 변환하려면 273 단위를 더한다.<br>(b) 켈빈을 섭씨로 변환하려면 273 단위를 뺀다. | $-88\ ^\circ\text{C} + 273 = 185\ \text{K}$<br>$1265\ \text{K} - 273 = 992\ ^\circ\text{C}$ |
| 열 개념<br>2.10절 | 1. 해답이 요구하는 단위를 적는다.<br>2. 주어진 연관된 값을 적는다.<br>3. 단위 인자를 적용하여 단위를 변환한다. | 열에너지 10.0 cal를 주울로 나타내면 얼마인가?<br>$10.0\ \text{cal} \times \frac{4.184\ \text{J}}{1\ \text{cal}} = 41.8\ \text{J}$ |

## 주요 용어 주요 용어에 대한 해답은 부록 H에 수록하였다.

다음의 정의에 해당하는 용어를 선택하라.

_______ 1. 기본 단위가 없는 비십진법의 측정계
_______ 2. 기본 단위를 갖는 십진법의 측정계
_______ 3. 미터법에서 길이의 기본 단위
_______ 4. 미터법에서 질량의 기본 단위
_______ 5. 미터법에서 부피의 기본 단위
_______ 6. 미터법에서 시간의 기본 단위
_______ 7. 7개의 기본 단위를 갖는 종합적인 측정계
_______ 8. 두 개의 등가식에 대한 표현. 예, 1 m = 39.4 in
_______ 9. 두 개가 완전한 등치인 표현. 예, 1 m = 100 cm
_______ 10. 등치인 두 양의 비. 예, 1 Lb/454 g
_______ 11. 분수와 그 역의 관계, 예, 1 qt/946 mL 그리고 946 mL/1 qt
_______ 12. 주어진 값을 연관된 최종 답으로 바꾸는 과정에서 단위 변환을 이용하는 풀이 방법
_______ 13. 시료 전체에 대해 표현된 특정 성분의 양
_______ 14. 한 변의 길이가 1 cm인 정육면체가 차지하는 부피
_______ 15. 치환된 물의 양으로 부피를 측정하는 방법
_______ 16. 단위 부피 당 질량의 양
_______ 17. 4 ℃에서 물의 밀도에 비교한 액체 밀도의 비
_______ 18. 높은 온도의 물체에서 낮은 온도의 물체로 이동하는 에너지의 흐름
_______ 19. 운동하는 분자들의 평균 운동 에너지
_______ 20. 영국식 체계에서 온도의 기본 단위
_______ 21. 미터법에서 온도의 기본 단위
_______ 22. SI 단위계에서 온도의 기본 단위
_______ 23. 물질 1 g을 1℃ 올리는 데 필요한 열의 양
_______ 24. 물 1 g을 1℃ 올리는 데 필요한 열의 양
_______ 25. SI 단위계에서 에너지의 단위

(a) 칼로리(cal)(2.10절)
(b) 섭씨(℃)(2.9절)
(c) 입방 센티미터($cm^3$)(2.6절)
(d) 밀도(d)(2.8절)
(e) 영국식 체계(2.1절)
(f) 등가식(2.2절)
(g) 화씨(℉)(2.9절)
(h) 그램(g)(2.1절)
(i) 열(2.10절)
(j) 국제 단위계(SI)(2.1절)
(k) 주울(J)(2.10절)
(l) 켈빈 단위(K)(2.9절)
(m) 리터(L)(2.1절)
(n) 미터(m)(2.1절)
(o) 미터법(2.1절)
(p) 백분율(%)(2.5절)
(q) 역수(2.2절)
(r) 초(s)(2.1절)
(s) 비중(sp gr)(2.8절)
(t) 비열(2.10절)
(u) 온도(2.9절)
(v) 단위 분석법(2.3절)
(w) 단위식(2.2절)
(x) 단위 인자(2.2절)
(y) 부피 치환법(2.7절)

## 문제 문제에 대한 해답은 부록 I에 수록하였다.

### 기본 단위와 기호 (2.1절)

1. 다음 각 양들에 대한 미터법의 기본 단위는 무엇인가?
   (a) 길이 (b) 질량
   (c) 부피 (d) 시간

3. 다음 미터법 단위의 기호를 적어라.
   (a) 엑사미터 (b) 테라그램
   (c) 아토리터 (d) 피코초

5. 다음 기호로 표시되는 미터법 단위의 이름을 적어라.
   (a) Km (b) Mg
   (c) nL (d) ds

7. 다음 기구를 사용하여 측정된 물리량을 적어라.
   (a) 미터 자 (b) 전자저울
   (c) 눈금실린더 (d) 스톱워치

9. 다음 미터법을 나타내는 이름과 기호를 적어라.
   (a) $1 \times 10^9$ m (b) $1 \times 10^3$ g
   (c) $1 \times 10^{-3}$ L (d) $1 \times 10^{-9}$ s

### 미터법 변환 인자 (2.2절)

11. 다음의 미터법 단위로 등량을 나타내는 단위 관계식을 적어라.
    (a) Km와 m (b) Mg과 g
    (c) L와 mL (d) s와 μs

13. 다음 각각의 미터법 관계에 대한 두 단위 인자를 적어라.
    (a) Km와 m (b) Mg과 g
    (c) L와 mL (d) s와 μs

### 미터법–미터법 변환 (2.3절)

15. 다음의 미터–미터 변환을 실행하라.

(a) 5.00 m를 km로 (b) 5.00 g를 cg로
(c) 5.00 L를 dL로 (d) 5.00 s를 ns로

17. 다음의 미터-미터 변환을 실행하여라.
(a) 6.50 Tm를 Mm로 (b) 650 G g를 kg로
(c) 0.650 cL를 dL로 (d) 0.000650 ns를 ps로

## 미터–영국식 단위 변환 (2.4절)

19. 다음 미터-영국식 등가에 해당하는 양을 기술하여라.
(a) 1 in = ? cm (b) 1 lb = ? g
(c) 1 qt =? mL (d) 1 sec = ? s

21. 다음 미터-영국식 단위 변환을 실행하여라.
(a) 25 cm를 in로 (b) 25 g을 lb로
(c) 2.50 qt를 mL로 (d) 2.50 sec를 s로

23. 다음 미터-영국식 단위 변환을 실행하여라.
(a) 72 in를 m로 (b) 175 lb를 kg로
(c) 0.500 qt를 L로 (d) $4.55 \times 10^{-4}$ min를 ds로

25. 세계에서 가장 높은 사무실은 뉴욕시의 1776 ft인 "자유타워"이다. 이 건물의 높이는 몇 m인가?

27. 혼다 어코드 하이브리드는 리터당 19 km를 주행한다. 갤런당 주행 마일 수는 얼마인가 ? (단, 1 km = 0.621 mi, 1 L = 0.264 gal)

## 백분율 개념 (2.5절)

29. 순 은수저의 질량은 65.5 g이고 7.50%의 구리가 함유되어 있다. 이 은 수저에 포함된 구리의 질량을 구하라.

31. 어떤 용액이 255 mL의 에탄올과 375 mL의 물을 포함하고 있다면, 이 용액의 에탄올 백분율은 얼마인가?

33. 1982년 이전에는 미국 조폐국은 구리와 아연의 혼합물로 페니 동전을 주조했다. 만일 1990년 페니의 질량이 2,554 g이고 2,490 g의 아연이 포함되어있었다면, 동전의 구리 백분율은 얼마인가?

## 부피 계산 (2.6절)

35. 다음 부피 등량을 완성하여라.
(a) 1 mL = ? mL (b) 1 L = ? $cm^3$

37. 녹색 비취 조각은 2.50 cm × 1.25 cm × 3.50 mm의 직사각형 고체이다. 부피는 몇 $cm^3$인가?

39. 75.0 cm × 35.0 cm 크기인 알루미늄 한 장이 있다. 부피가 5.00 $cm^3$일 때 호일의 두께는 얼마인가?

41. 만일 자동차 엔진이 325 $in.^3$이라면, 부피 L로 얼마인가?

## 치환에 의한 부피 (2.7절)

43. 10 mL 눈금실린더 내의 최초 물의 액면은 4.5 mL이다. 루비를 실린더 속에 떨어뜨린 후 물의 액면이 7.0 mL가 되었다. 이 루비의 부피는 얼마인가?

45. 마그네슘 금속은 산과 반응하여 수소 기체를 발생시킨다. 수소기체는 실린더 속의 물을 치환하여, 물의 액면이 95.0 mL에서 32.5 mL로 감소했다. 이때 반응에서 생성된 수소의 부피는 얼마인가?

## 밀도 개념 (2.8절)

47. 다음 물질을 물에 떨어뜨렸을 때, 떠오를 것인지 가라앉을 것인지를 서술하여라.
(a) 왁스 ($d$ = 0.90 g/$cm^3$) (b) 대리석 ($d$ = 3.5 g/$cm^3$)

49. 다음 기체로 채운 풍선이 땅으로 가라앉을 것인지 공기 중으로 떠오를 것인지를 서술하여라. (단, 풍선의 무게는 무시하고, 공기의 밀도는 1.29 g/L이다.)
(a) 헬륨 ($d$ = 0.178 g/L) (b) 아르곤 ($d$ = 1.78 g/L)

51. 물의 밀도를 mL당 g단위로 서술하여라.

53. 다음 각각에 대한 밀도를 mL당 g단위로 계산하여라.
(a) 질량 19.7 g의 에틸 알코올 25.0 mL
(b) 부피 14.0 mL의 에틸 에터 10.0 g

55. 다음 각 액체의 질량을 그램으로 계산하여라.
(a) 250 mL의 가솔린(d = 0.69 g/mL)
(b) 150 mL의 에탄올(d = 0.79 g/mL)

57. 다음 액체 각각에 대해 mm로 부피를 계산하라.
(a) 25.0 g의 에터(d = 714 g/mL)
(b) 15.0 g의 아세톤(d = 0.792 g/mL)

## 온 도 (2.9절)

59. 다음의 온도 척도로 물의 어는점을 적어라.
(a) 화씨 온도 (b) 섭씨 온도
(c) 켈빈 온도

61. 다음의 화씨 온도를 섭씨 온도 단위로 표현하여라.
(a) 101 ℉ (b) −215 ℉

63. 다음의 섭씨 온도를 켈빈 온도 단위로 표현하여라.
(a) 495 ℃ (b) −185 ℃

65. 가장 낮은 기온은 남극 대륙 보스토크에서 184 K(캘빈 온도)이었다. 화씨 온도(℉)로 나타내어라.

## 열 개념 (2.10절)

67. 표 2.5에 수록된 고체 중에서 가장 좋은 열전도체를 서술하여라.

69. 가스 난로에서 450 kcal의 열에너지가 방출되었다면, 킬로주울로는 얼마의 에너지인가? (1 cal = 4.184 J)

71. 철 25.0 g을 25.0 ℃에서 50.0 ℃로 올리는 데 필요한 열을 계산하여라.

## 일반 연습 문제

73. 금 30.0 g을 27.5 ℃에서 55.0 ℃로 올리는 데 25.5 cal의 열이 필요할 때 금의 비열을 구하라.

75. 금속을 20.5 ℃에서 32.0 ℃로 가열하는 데 75.5 cal가 필요하다. 이 때 티타늄(0.125 cal/g · ℃)의 질량을 구하라.

77. 어떤 컴퓨터 하드디스크가 1.5 테라바이트(TB)를 저장할 수 있다면, 메가바이트(MB)로 저장 능력은 얼마인가?

79. DVD 한 장이 4.7 기가바이트(GB)의 데이터를 저장할 수 있고, 컴퓨터 하드디스크의 용량은 1.5 테라바이트(TB)라면, 하드디스크의 저장능력에 해당되는 DVD는 몇 장인가?

81. 자동차 에어백은 35 ms(밀리초) 동안에 팽창한다. 에어백이 팽창하는 데 걸리는 시간(마이크로초, μs)은?

83. 1광년은 1.00년 동안 빛이 이동하는 거리이다. 빛의 속도가 $1.86 \times 10^5$ mi/s로 주어졌을 때, 1년 동안 빛은 몇 마일 이동하는가?

85. 농구장이 94.0 feet × 50.0 feet로 측정되었다. 면적을 제곱미터로 계산하여라. (단, 1 yd = 0.914 m)

87. 올림픽 선수들이 1/4 mi이 아닌 400 m 종목에서 경쟁한다. 400 m 또는 1/4 mi(0.25 mi) 중에서 더 긴 경기는? (단, 1 mi = 1.61 km)

89. 분말 아스피린 2.50 kg으로 325 mg 알약 몇 개를 만들 수 있는가?

91. 만약 gasohol(가솔린과 에틸 알코올의 혼합 연료)의 밀도가 0.801 g/mL라면 비중은 얼마인가?

### 도전연습 문제

93. 물의 밀도를 영국식 단위인 입방 피트 당 파운드 단위로 표시하여라.

95. 국제기준 킬로그램 실린더의 반경은($r$) 1.95 cm이다. 킬로그램 밀도가 21.50 g/cm이라면 높이($h$)는 얼마인가? $\pi$가 상수 3.14일 때, 실린더의 부피는 $\pi r^2 h$이다.

## Chapter 2 자율 테스트 해답을 부록 J 에 수록하였다.

1. 미터법의 기본 단위와 기호는 다음 중 어느 것인가? (2.1절)
   (a) 센티미터(cm) (b) 킬로그램(kg)
   (c) 밀리리터(mL) (d) 앞 항목 전부
   (e) 앞 항목에 없음

2. 미터와 밀리미터에 관련된 2개의 단위 인자는 무엇인가? (2.2절)
   (a) 1000 mm/1 m 와 1 m/1000 mm
   (b) 1000 mm/1 m 와 1000 m/1 mm
   (c) 1 mm/1000 m 와 1 m/1000 mm
   (d) 1 mm/1000 m 와 1000 m/1 mm
   (e) 앞 항목에 없음

3. 문제 풀이에서 단위 분석법을 이루는 세 단계는 무엇인가? (2.3절)
   (a) 1-미지 값의 단위, 2-단위 인자, 3-주어진 관련 값
   (b) 1-미지 값의 단위, 2-주어진 관련 값, 3-단위 인자
   (c) 1-주어진 관련 값, 2-미지 값의 단위, 3-단위 인자
   (d) 1-단위 인자, 2-미지 값의 단위, 3-주어진 관련 값
   (e) 1-단위 인자, 2-주어진 관련 값, 3-미지 값의 단위

4. 화학과 한 학생의 몸무게가 155 lb의 측정값을 얻었다면, 킬로그램 질량은 얼마인가? (2.4절)
   (a) 0.341 kg (b) 0.394 kg
   (c) 70.4 kg (d) 341 kg
   (e) 70,400 kg

5. 18K 금 시료가 다음 물질들로 구성되어있다. 18.0그램 금, 3.0그램 은, 그리고 3.0그램 구리. 금의 백분율은 얼마인가? (2.5절)
   (a) 18% (b) 25%
   (c) 33% (d) 75%
   (e) 90%

6. 직육면체 알루미늄 덩이의 크기가 3.80 cm × 2.55 cm × 1.25 cm 라면, 이 직육면체 고체의 부피는 얼마인가? (2.6절)
   (a) 0.0826 $cm^3$ (b) 1.19 $cm^3$
   (c) 1.86 $cm^3$ (d) 7.75 $cm^3$
   (e) 12.1 $cm^3$

7. 눈금실린더 속 물의 액면을 25.5 mL에서 35.0 mL로 치환하는 '가짜금'의 부피는 얼마인가? (2.7절)
   (a) 9.5 mL (b) 11.5 mL
   (c) 25.5 mL (d) 35.0 mL
   (e) 60.5 mL

▶ **황철광**
황철광, $FeS_2$는 노란색 금속 광택 때문에 보통 가짜금이라고 한다. 가짜금(황철광, $FeS_2$)

8. 50.0 mL 개소홀(gasohol)의 질량이 37.5 g이라면 개소홀의 밀도는 입방 센티미터 당 그램으로 얼마인가? (2.8절)
   (a) 0.00750 g/$cm^3$ (b) 0.0750 g/$cm^3$
   (c) 0.750 g/$cm^3$ (d) 7.50 g/$cm^3$
   (e) 10.0 g/$cm^3$

9. 어떤 희귀 금속합금이 55 K에서 초전도체가 된다. 이 온도는 섭씨로 얼마인가? (2.9절)
   (a) −328 ℃ (b) −218 ℃
   (c) −55 ℃ (d) 218 ℃
   (e) 328 ℃

10. 다음 중 어느 것이 밀봉된 통 속의 전체 열 에너지를 나타내는가? (2.10절)
    (a) 20 ℃ (b) 68 ℉
    (c) 293 K (d) 20 kcal
    (e) 위의 모두

## 주요 개념

11. 기다란 유리 실린더 속에는 물($d$=1.00 g/mL)이 액체 수은($d$=13.6 g/mL) 위에 떠 있다. 금($d$=18.3 g/mL)과 '바보의 금'($d$=5.00 g/mL) 각각 한 조각을 이 실린더 속에 넣으면 각 조각은 어디에서 멈추겠는가?

12. 다음 온도 중 어느 것이 가장 차가운가? 0 ℉, 0 ℃, 또는 0 K

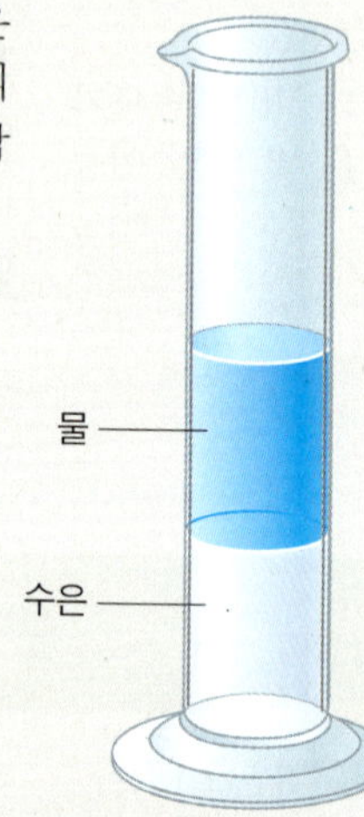


◀**밀도 개념** 물과 액체 수은이 담겨있는 유리 실린더를 묘사했다.

## 비판적 사고

13. 10센트짜리 은화는 1센트짜리 아연화보다 더 작고 얇다. 왜 10센트짜리 은화가 1센트짜리 아연화보다 무거울까?

14. 오직 물이 담긴 비커만 사용하여 헥세인($d$=0.70 g/mL)과 클로로폼($d$=1.5 g/mL)을 어떻게 구별할 수 있을까?

CHAPTER 3

# 물질과 에너지

**원소 3: 리튬**

3 Li Lithium

리튬은 본질적으로 밀도가 낮은 금속이며, 건전지와 습식전지 두 분야에서 널리 사용된다. 리튬이온 전지는 쉐보레 볼트와 같은 하이브리드 차량에 사용되는 최신기술이다.

*"물질은 불연속적이며 무한히 나눌 수 없다."*
그리스 철학자 데모크리투스 (450–370 B.C.)

*"물질은 연속적이며 무한히 나눌 수 있다."*
그리스 철학자 아리스토텔레스 (384–322 B.C.)



17세기 영국의 과학자 보일(Boyle, 1627 ~ 1691)은 과학의 연구에 있어서 실험의 중요성을 깨달았다. 보일은 실험연구의 가치를 알고 실험방법을 자세히 기록하여 다른 사람들이 그것을 보고 그의 실험을 반복하여 결과를 확인하도록 하였다. 1661년 그는 이론을 증명하는 데에 실험방법보다 좋은 것이 없다는 것을 제안함으로써 과학 발전의 전환점이 된「회의론적 화학자」(*The Sceptical Chymist*)를 출간하였다.

보일은 공기, 흙, 물, 불이 기본 원소라는 그리스 개념을 부정하고 대신에 그는 원소는 더 이상 쪼갤 수 없는 물질이라고 제안하였다. 따라서 원소는 화학변화와 다른 원소와 결합할 때 무거워진다. 이것은 실험실에서 실험될 수 있는 실질적 제안이었다.

보일의 지도에 따라, 과학자들은 동료 과학자들에 의해 증명될 수 있었던 실험을 수행하여 과학적 원리를 입증했다. 과학자들이 물질의 특성에 관한 이론들을 계속적으로 발표해왔는데 그러한 이론들은 지금도 실험적 증거에 근간이 되고 있다.

## 3.1 물질의 물리적 상태

**학습 목표**

- ▶ 고체, 액체, 기체 상태 물질 중에서 입자들의 운동을 설명할 수 있다.
- ▶ 고체, 액체, 기체 상태 물질에 대한 온도의 영향을 설명할 수 있다.

물질은 질량을 가지고 부피를 점유하는 존재로 정의된다. 물질은 세 가지 **물리적 상태(physical state)**인 고체, 액체 또는 기체 중의 하나로 존재한다. 고체 상태의 물질은 고정된 모양과 일정한 부피를 가지며, 고체의 입자는 견고하게 응집되어 있기 때문에 쉽게 압축될 수 없다. 액체 상태의 물질은 형태가 변할 수 있으나 용량은 고정되어 있다. 액체 상태의 입자는 느슨하게 얽혀있기 때문에 약간 압축될 수 있다.

기체 상태에서, 작은 입자들은 공간을 넓게 차지하며 기체의 용기 내에 균일하게 분포되어 있다. 만약 부피가 증가하면 기체는 팽창하고 입자는 서로 멀리 떨어진다. 만약 부피가 감소하면 기체는 압축되고 입자들은 서로 가깝게 접근한다. 표 3.1은 물질의 세 가지 상태의 성질을 요약해 놓은 것이다.

**표 3.1 물질의 물리적 상태**

| 성질 | 고체 | 액체 | 기체 |
|---|---|---|---|
| 모양 | 일정함 | 일정하지 않음 | 일정하지 않음 |
| 부피 | 일정함 | 일정함 | 일정하지 않음 |
| 압축성 | 무시할 수 있음 | 무시할 수 있음 | 가능 |

**▶물질의 물리적 상태**
얼음, 물, 증기는 고체, 액체 및 기체의 세 가지 상태를 나타낸다.

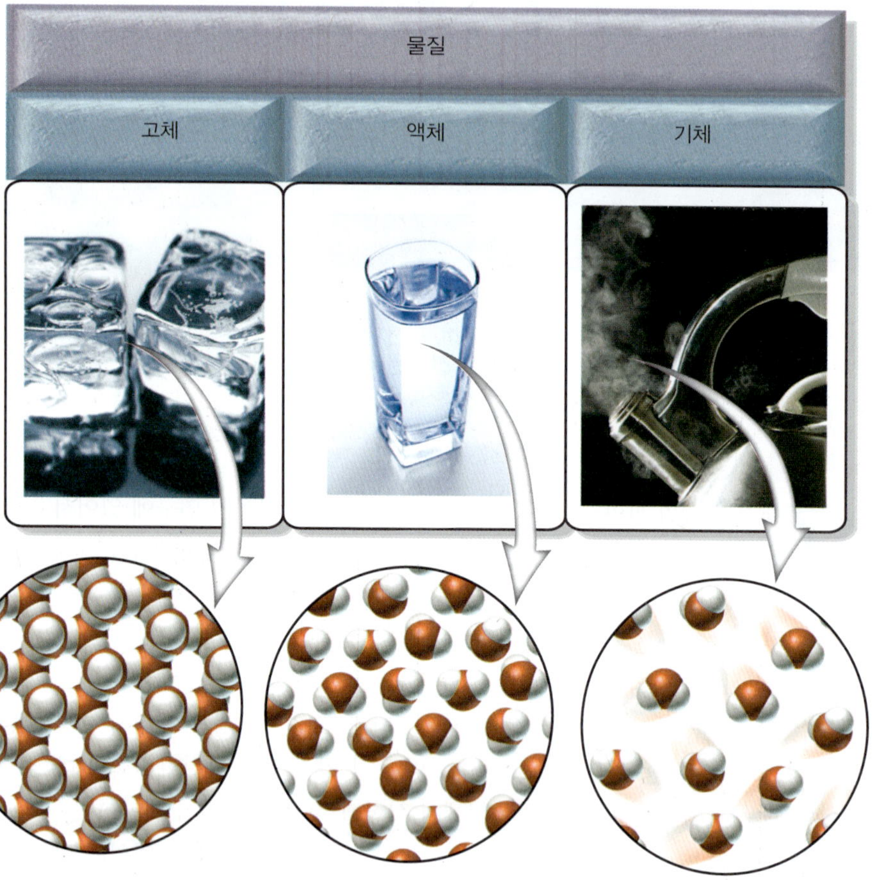

**▲승화 및 석출**
가열된 비커의 요오드 결정은 자주색 기체로 승화되고 기체가 냉각되면서 비커 상단의 고체로 석출된다.

물질을 고체, 액체 또는 기체로 설명하지만, 어떤 물리적 상태로도 존재할 수 있다. 온도를 변화시켜 물리적 상태를 변화시킬 수 있다. 예를 들어, 0 ℃에서 물은 액체에서 고체인 얼음으로, 100 ℃에서는 액체에서 가스인 증기로 변화된다. 다른 물질들 역시 다른 온도에서 비슷하게 변화된다. 예를 들어, 철은 1,535 ℃에서 용해된 액체로, 2,750 ℃에서 기체로 변화된다.

물리적 상태의 변화를 다음과 같이 설명할 수 있다. 온도가 상승함에 따라 고체가 융해*(melts)*되어 액체가 되고 액체가 기화*(vaporizes)*되어 기체가 된다. 고체에서 기체로 상태가 직접 변하는 것을 **승화(sublimation)**라고 한다. 드라이아이스를 예로 들자면, 승화가 일어나며 고체에서 기체로 직접 변화되어 사라진다.

반대로, 온도가 떨어지면 기체는 액체로 응축*(condenses)*되고 액체는 고체로 응고*(freezes)*된다. 가스 상태에서 고체로 상태가 직접 변하는 것을 **석출(deposition)**이라고 한다. 냉장고에서 냉동칸에 쌓인 얼음을 볼 수 있는데 이것으로 석출을 증명할 수 있다. 냉장고의 문을 열면 습한 찬 공기가 들어와 액체인 물이 되지 않고 서리로 석출된다. 그림 3.1은 온도와 물리적 상태의 관계를 보인 것이다.

▶**그림 3.1 물리적 상태의 변화**
온도가 상승하면 고체는 액체로 녹고 액체는 기체로 기화한다. 온도가 떨어지면 기체는 액체로 응축되고 액체는 고체로 응고된다.

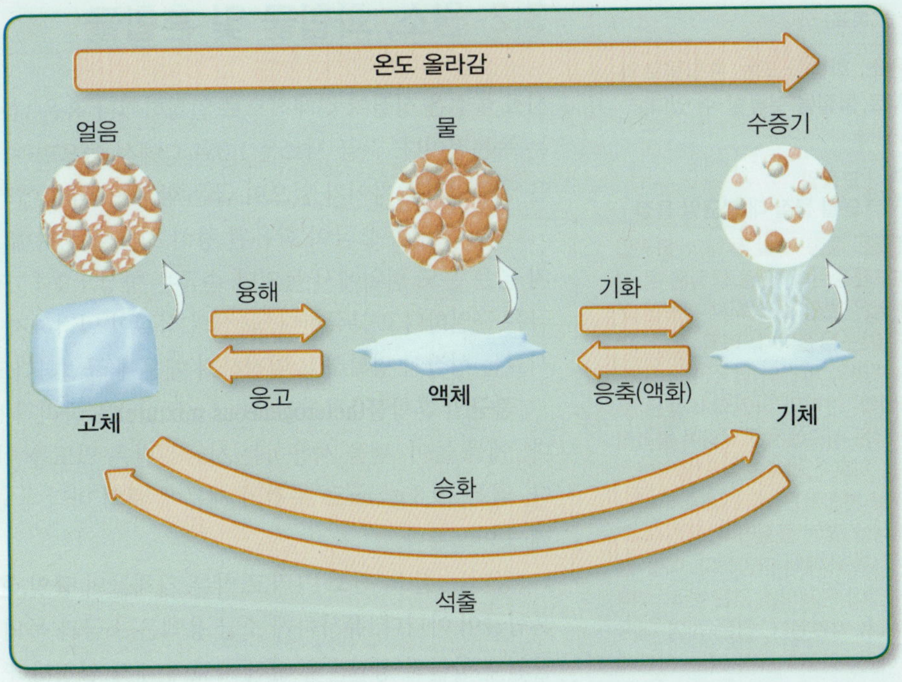


## 예제 3.1 물리적 상태의 변화

다음 물리적 상태의 변화에 알맞은 용어를 기술하라.

(a) 고체에서 액체로 변하는 눈.
(b) 액체에서 기체로 변하는 휘발유.
(c) 고체에서 기체로 변하는 드라이아이스.

**해답**

물리적 상태의 변화에 대한 그림 3.1을 참조하라.

(a) 고체에서 액체로 변화하는 것을 융해라 한다.
(b) 액체에서 기체로 변화하는 것을 기화라 한다.
(c) 고체에서 기체로 변화하는 것을 승화라 한다.

**실전 연습문제**

다음 물리적 상태의 변화에 알맞은 용어를 기술하라.

(a) 기체에서 액체로 변화되는 냉각제.
(b) 액체에서 고체로 변화되는 물.
(c) 기체에서 고체로 변화하는 요오드

**답**

(a) 응축 (b) 응고 (c) 석출

**개념 문제**

다음 그림으로 나타낸 것에 해당하는 물리적 상태(고체, 액체, 기체)를 확인하라.

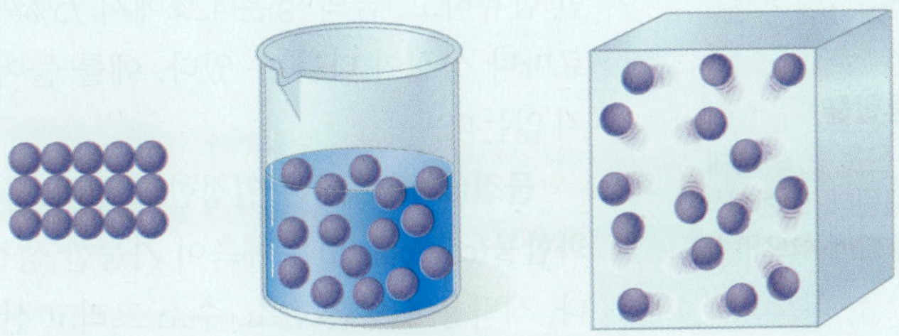

**답:** 부록 G, 3.1 참조

학습 목표

▶ 원소, 화합물 또는 혼합물로의 시료 물질을 분류할 수 있다.

**도움말**
**균일 물질 대 불균일 물질**

학생들은 종종 균일 물질과 불균일 물질을 혼동한다. 균일 물질은 각 성분의 양은 변할 수 있지만 명확한 조성을 갖는 물질이다. 예를 들면, 황동은 구리와 아연의 합금인 균일 혼합물이다. 구리와 아연의 비율은 주어진 황동 시료에서 동일하며 물리적 특성은 시료 전체에 걸쳐 균일하다.

불균일 혼합물은 시료 내에서 다양한 조성을 갖는 물질이며, 물리적 특성은 시료 내에서 다양하다. 예를 들어, 자연에 존재하는 금은 흔히 석영 광물에서 발견된다. 금은 석영 내에 존재하기 때문에 금의 양은 시료에 따라 다양하다. 석영 시료 중의 금은 불균일 혼합물이며 밀도와 같은 물리적 특성은 시료 전체에서 달라진다.

## 3.2 원소, 화합물 및 혼합물

시료 물질은 성질이 전체적으로 일정하거나 혹은 다르다. 물질의 성질 중 변하지 않는 한 가지는 녹는점이다. 순금 시료는 1,064 ℃에서 녹으며 이것은 달라지지 않는다. 큰 금덩어리든 작은 금덩어리든 차이가 없으며 금은 항상 1,064 ℃에서 녹는다.

석영바위 속에 금이 함유된 광석 시료를 생각해 보자. 석영 시료는 1,000 ℃ ~ 1,600 ℃까지 넓은 온도 범위에서 녹지만 순금은 항상 1,064 ℃에서 녹는다. 과학자들은 석영을 불균일, 금은 균일하다고 분류한다. 물질의 성질이 일정하지 않고 다양할 경우 불균일하다고 한다. 금 시료는 성질이 명확하고 일정하기 때문에 균일하다고 한다.

**불균일 혼합물(heterogeneous mixture)**은 물리적 방법에 의해 순수한 물질로 분리할 수 있다. 예를 들어, 팬을 사용하는 사금선별은 밀도를 이용하여 순금을 모래와 암석에서 분리한다. 금은 19.3 g/cm$^3$로 무겁기 때문에 팬의 바닥에 남고 밀도가 작은 모래와 바위는 물과 함께 솟아오른다.

공기는 질소, 산소 그리고 다른 기체들의 **균일 혼합물(homogeneous mixture)**이며 불균일 혼합물이 아니다. 유사하게 소금 용액은 소금과 물의 균일 혼합물이다. 불균일 혼합물과 달리 균일 혼합물의 성질은 주어진 시료에 대해 일정하다. 그러나 균일 혼합물이라도 시료에 따라 다른 성질을 가질 수 있다. 예를 들어, 태평양과 사해의 바닷물 시료는 서로 다른 성질을 갖는다. 사해의 소금물은 밀도가 더 크고 광물질이 더 많이 녹아있다.

▲**불균일 혼합물** 모래와 물은 각각 순물질이다. 그러나 그것들을 섞으면 불균일 혼합물을 이루고 성질은 시료별로 다양하게 나타난다.

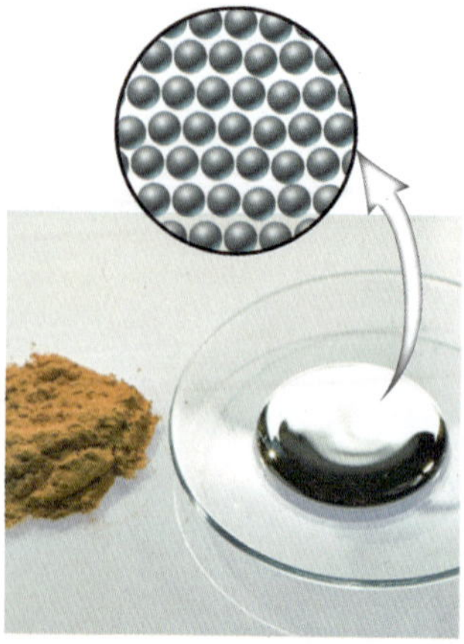

▲**화합물, 원소, 혼합물**
오렌지색의 산화 수은은 은빛 액체인 수은 원소로 분해된다. 오렌지색 분말과 금속 액체를 함께 섞으면 불균일 혼합물이 된다.

**합금(alloy)**은 두 개 또는 그 이상의 금속으로 이루어진 균일 혼합물이다. 합금의 예로 10K, 14K, 18K 금 보석류가 있다. 10K, 14K, 18K 등의 보석류에는 금, 은 그리고 구리 금속만 함유하고, 금의 양은 42%에서 75%까지 들어있다. 금 합금은 균일 혼합물이다. 따라서 시료마다 성질이 다를 수 있다. 예를 들어, 10K 금은 18K 금보다 더 단단한 합금이고 잘 긁히지 않는다.

**물질(substance)**은 일정한 조성과 일정한 성질을 갖는다. 물질은 화합물이거나 원소이다. **화합물(compound)**은 예측이 가능한 성질을 갖지만, 화학적 변화에 의해 원소로 분해될 수 있다. 식탁용 설탕은 탄소, 수소 그리고 산소로 분해될 수 있는 화합물의 예이다.

**원소(element)**는 화학반응에 의해 더 이상 분해될 수 없는 물질이다. 예를 들어, 식탁용 소금은 더 이상 분해되지 않는 소듐과 염소 원소로 구성된 화합물이다. 그림 3.2는 물질의 분류를 나타낸 것이다.

## 자세히 보기 18K 금

### Q: 18K 금의 가치는 모두 같은가?

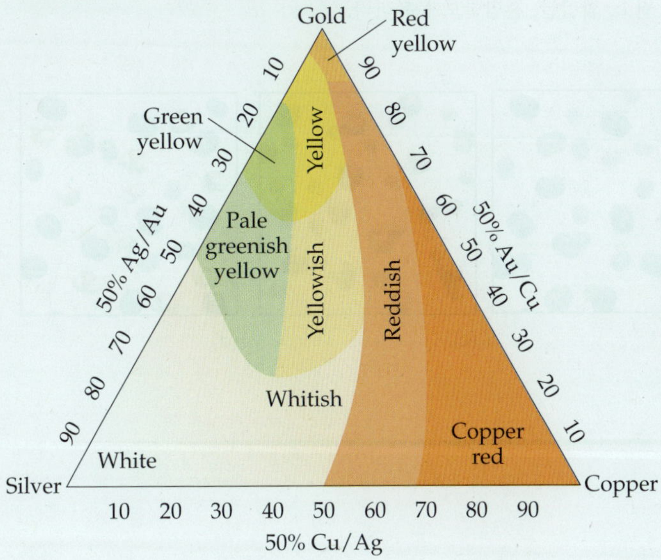


순금은 24캐럿(24K)으로 지칭된다. 그러나 금은 비교적 부드러운 금속으로 쉽게 긁힐 수 있다. 금 보석류는 보통 은과 구리 같은 다른 금속과 합금시켜 긁힘에 대한 내성과 색을 얻게 한다. 다음 그림은 금 합금의 은과 구리 백분율을 기준으로 한 금의 색을 나타낸다.

▲18K 금목걸이

때로는 니켈, 망간 및 기타 전이금속을 사용하여 화이트 골드를 만든다. 아연은 어두운 옐로우 골드 또는 붉은색 금 생산에 사용할 수 있다. 회색 금 합금은 보통 금과 팔라듐으로 만들어 진다. 팔라듐은 가격이 비싼 금속이기 때문에, 회색 금을 보다 저렴하게 생산하기 위해 은, 망간 및 구리를 합금에 첨가한다.

**A:** 모든 18K 금 보석류가 똑같은 듯 보이지만 같은 가치를 가진 것은 아니다! 그러나, 모든 18K 금 보석류는 75%의 중량을 가진 금이다. 즉 순금은 24K이고 18K는 75%의 금이다. 따라서 18K의 금은 75%의 금과 25%의 다른 금속으로 구성되어있다. 18K의 금 보석류 속 다른 금속의 종류에 따라 금의 색상과 가치가 달라질 수 있다.

## 예제 3.2 원소, 화합물 또는 혼합물

구리 원소에 대한 다음 성질을 고려하라.

(a) 구리 금속은 화학변화로 분해될 수 없다.
(b) 구리는 공기 중에서 산소와 반응하여 산화 구리가 된다.
(c) 공작석(malachite) 광석에 있는 구리는 세계적으로 발견된다.
(d) 구리와 주석은 청동 합금의 성분이다.

다음 구리 시료를 원소, 화합물, 균일 혼합물, 불균일 혼합물로 분류하라

(a) 구리 선 (b) 산화 구리 (c) 공작석 광석 (d) 청동 합금

### 해답

각 시료를 분류하기 위해 그림 3.2를 참조하라.

(a) 구리 선은 금속 원소이다.
(b) 산화 구리는 구리와 산소 원소의 화합물이다.
(c) 공작석 광석은 구리와 다른 물질의 불균일 혼합물이다.
(d) 청동 합금은 구리와 주석의 균일 혼합물이다.

### 실전 연습문제

수은 원소에 대한 다음 특성을 고려하라.

(a) 수은 액체는 화학변화에 의해 분해될 수 없다.
(b) 산화 수은은 가열에 의해 수은과 산소 기체로 분해될 수 있다.
(c) 수은이 함유된 진사(cinnabar) 광석은 스페인과 이탈리아에서 발견된다.
(d) 은과 수은으로 된 합금은 치과용 충전제이다.

다음 수은 시료를 원소, 화합물, 균일 혼합물 또는 불균일 혼합물로 분류하라

(a) 수은 액체 (b) 산화 수은 (c) 진사 광석 (d) 치과용 합금

**답**

(a) 원소 (b) 화합물

(c) 불균일 혼합물 (d) 균일 혼합물

**개념 문제**

그림으로 나타낸 다음 기체들을 원소, 화합물, 혼합물로 분류하라.

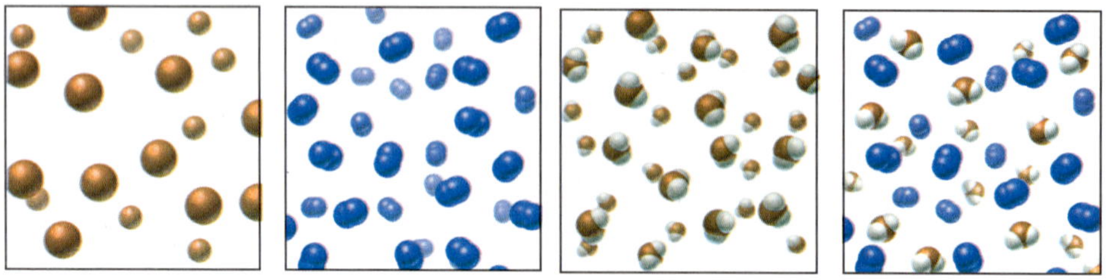

(a) (b) (c) (d)

**답:** 부록 G, 3.2 참조

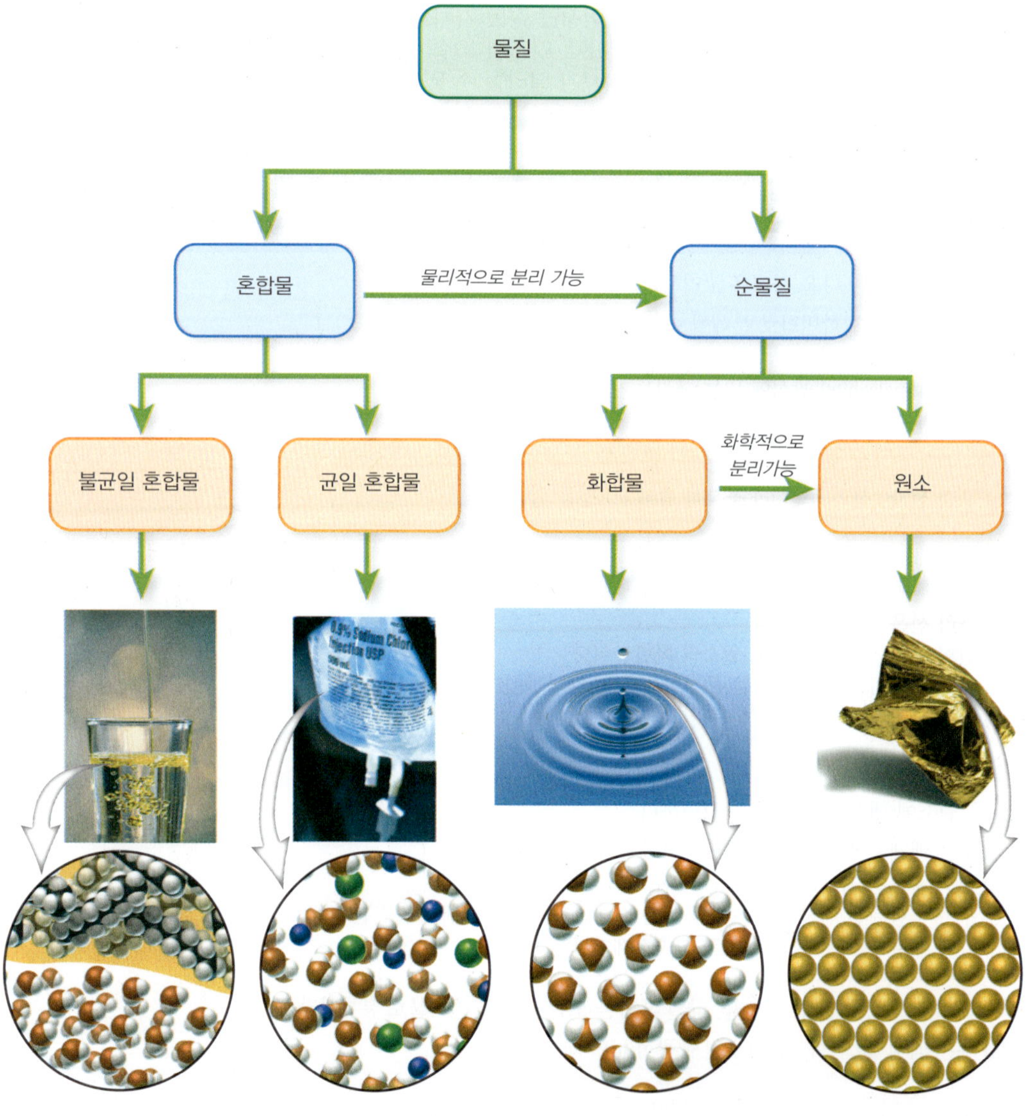


▶**그림 3.2 물질의 분류**
물질은 혼합물 또는 순물질로 되어 있다. 불균일 혼합물의 성질은 변화한다(기름과 물). 균일 혼합물의 성질은 일정하다(소금물). 순물질은 화합물(물)이거나 원소(금)일 수 있다. 왼쪽에서 오른쪽으로; 기름과 물, NaCl 용액, $H_2O$, 금박.

## 3.3 원소들의 이름과 기호

**학습 목표**

▶ 일반적인 48개 원소의 이름과 기호를 기억할 수 있다.

자연에는 81개의 안정한 원소가 있다. 또한, 우라늄과 같이 몇 가지 불안정한 원소가 있다. 전체적으로 100개 이상의 원소가 있지만 지구의 지각, 물, 대기의 95%를 차지하는 것은 10개 뿐이다.

산소는 지구의 지각, 물 그리고 대기에서 가장 풍부한 원소이다. 산소는 수소와 결합하여 물로, 규소와 결합하여 모래와 바위로 발견된다. 산소는 대기의 21%를 구성한다. 지구의 지각, 물 그리고 대기에 있는 산소의 질량은 모든 다른 원소의 전체 질량과 거의 같다. 표 3.2는 가장 풍부한 10가지 원소를 수록했다.

산소, 규소 그리고 알루미늄은 지구상에서 가장 많이 존재하는 세 원소이다. 산소, 탄소, 수소, 질소, 칼슘 그리고 인은 인체 질량의 99% 이상을 차지한다. 남은 1%는 인간의 생활에 필수적인 미량의 원소이다. 예를 들어 산소를 혈액 속의 헤모글로빈에 결합시키기 위해 철분이 필요하다. 그림 3.3은 지구의 지각과 인체에 있는 원소의 분포를 비교한 것이다.

**표 3.2 지구의 지각, 물, 그리고 대기에 있는 원소의 존재비**

| 원소 | 질량 백분율 | 원소 | 질량 백분율 |
|---|---|---|---|
| 산소 | 49.5% | 소듐(나트륨) | 2.6% |
| 규소 | 25.7% | 포타슘(칼륨) | 2.4% |
| 알루미늄 | 7.5% | 마그네슘 | 1.9% |
| 철 | 4.7% | 수소 | 0.9% |
| 칼슘 | 3.4% | 타이타늄(티탄) | 0.6% |
| | | 모든 다른 원소 | 0.5% |

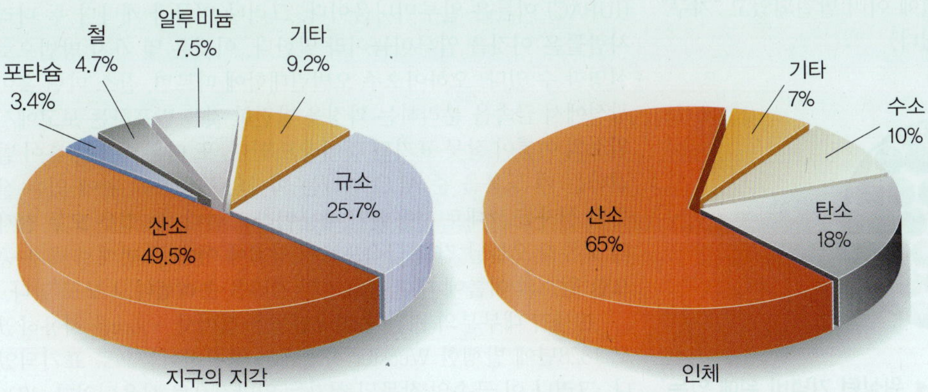


◀**그림 3.3 원소의 존재비**
산소가 지구의 지각과 인체에서 가장 많은 원소임을 주목하라. 비록 알루미늄이 지구에 많이 존재하지만 인체에는 독성이 있는 원소이다.

원소의 이름은 다양한 근원에서 유래되었다. 예를 들어, 수소는 그리스어로 '물을 만든다'를 의미하는 하이드로(hydro)에서 유래되었으며, 탄소는 '석탄'을 의미하는 라틴어 카보(carbo)로부터 유래되었다. 칼슘은 칼슘의 광물질 근원인 '석회'로 번역되는 라틴어 칼시스(calsis)에서 유래되었다. 어떤 원소들은 발견지역을 따서 이름을 붙였다. 예를 들어, 게르마늄은 독일로부터, 스칸듐은 스칸디나비아로부터 유래된 것이다. 또 다른 일부 원소들은 유명한 과학자의 이름을 따왔다. 큐륨(마리 퀴리), 노벨륨(알프레드 노벨)도 과학자의 이름에서 따온 것이다.

각 원소의 이름은 **화학기호(chemical symbol)**를 사용하여 축약된다. 1803년 영국의 화학자 존 돌턴(1766~1844)은 원소들은 나누어지지 않으며 구형의 입자로 구성되었다고 제안하였다. 돌턴은 이렇게 나누어지지 않는 입자들의 각각을 **원자(atom)**라 불렀고, 이것은 "나누어지지 않는다"는 뜻을 가진 그리스어 아토모스로부터 나온 것이다. 그는 원소의 기호를 닫힌 원안에 표시할 것을 제안했다. 그림 3.4는 돌턴이 제안한 몇 가지 원소기호이다.

**▶그림 3.4 몇 가지 원소들에 대한 돌턴의 기호**
돌턴은 각 원소를 원 안에 표시하여 기호화 했다. 돌턴의 기호는 실제로는 아니지만 원소들이 원자구(sphere)로 이루어졌다는 개념을 나타내었다.

## 자세히 보기 알루미늄 또는 알루미니움?

**Q: 원소가 금속임을 나타내기 위해서 원소 이름에 보통 어떤 접미사가 붙는가?**

19세기가 되면서 많은 새로운 원소가 분리되었다. 예를 들어, 1807년에서 1808년 사이에 발견된 소듐, 포타슘, 마그네슘, 칼슘, 스트론튬, 바륨은 모두 영국 화학자 험프리 데이비(1778 – 1829)에 의해서 발견되었다. 금속원소는 금속의 원래 이름에 접미사 윰(-ium)을 추가해서 체계적으로 명명하였다. 비금속인 셀레늄은 몇 년 후인 1817년에 발견되었고, "달"을 뜻하는 그리스어 셀렌으로 명명하였다. 준금속인 텔루륨(텔루르)은 1782년에 이미 발견되었고 "지구"를 의미하는 라틴어 텔레스로 명명하였다.

**◀ 워싱턴 기념비 위에 있는 알루미늄 봉우리**
워싱턴 시에 있는 워싱턴 기념비는 봉우리가 빛나는 금속 피라미드 모양으로 되어있다. 이 얇은 금속 피라미드는 알루미늄으로 구성되어있으며 무게가 2.85 kg 이고 1884년 건설 당시에는 값비싼 금속이었다.

1808년 데이비는 알루미나 광물에서 분리하려고 시도했던 원소에 알루미늄이라고 명명하였다. 몇 년 후, 그는 찰스 마틴 홀(Charles Martin Hall)이 1885년 위업을 달성하기 전까지 분리하지 못했던 그 원소의 이름을 알루미니움이라 제안하였다.(1장의 화학 커넥션 참조)

오늘날, 이 원소에 대한 공식적인 국제 순수 및 응용화학연맹(IUPAC) 이름은 알루미니움이다. 그러나 미국과 캐나다 두 나라 사람들은 이것을 알루미늄이라 말한다. 이것은 몇 가지 방법으로 설명할 수 있다. 오하이오주 오벌린대학에 따르면, 찰스 마틴 홀이 광석에서 금속을 분리하는 과정을 발견한 것을 발표하는 보고에서 원소의 이름이 잘못 표기된 것이라고 한다. 또 다른 이유는 홀이 발견하는 데 도움을 준 ALCOA라는 회사의 필기용지 위에 있는 잘못된 철자를 그대로 사용했기 때문이라고 한다. 두 경우 모두 철자의 오류가 오늘날 건축 금속으로써 강철에 이어 두 번째로 매우 중요한 원소의 이름에 대한 불규칙한 결말을 초래했다고 보고 있다.

19세기 대부분의 기간에 미국인들은 접미사 –*ium*을 사용하였고 1828년에 발행한 Webster 사전에는 알루미니움으로 표기되었다. 그러나 이 금속의 잘못된 철자는 일반적으로 사용되었다. 1926년 미국화학협회는 공식적으로 이 금속을 알루미늄이라 부르기로 결정하였다. 한편 유럽에서는 – *ium* 어미는 관습적인 철자로 용인하였다. 1990년 IUPAC는 이 금속의 공식적인 국제이름을 프랑스, 독일, 덴마크, 네덜란드, 노르웨이 및 스웨덴 과학자들이 사용하는 알루미니움으로 채택했다. 1993년 IUPAC는 공식적으로 다른 철자법인 알루미늄을 승인했지만 이들은 알루미니엄을 더 선호하여 인용하고 있다.

**A:** 접미사–*ium*은 백금(Pt), 몰리브덴(몰리브데넘)(Mo), 탄탈(탄탈럼)(Tantalum)(Ta)같은 몇 가지 예외가 있지만 금속원소의 일반적인 어미로 사용된다. 또한 고대부터 알려진 원소이름인 구리(cuprum, Cu), 은(Argentum, Ag) 금(Aurum, Au)은 예외이다.

1813년 스웨덴 화학자 베르젤리우스(1779-1848)는 현재 사용되는 원소기호 시스템을 제안했다. 그는 원소 이름의 첫 글자에 해당하는 기호를 제안했고, 예로 수소(Hydrogen)는 H, 산소(Oxygen)는 O, 그리고 탄소(Carbon)는 C라고 표기하였다. 나아가 같은 글자로 시작하는 원소의 경우 이름의 두 글자를 사용하도록 권장했다. 예를 들어, 칼슘(calcium)은 Ca로 카드뮴(cadium)은 Cd로 염소(chlorine)는 Cl로 표기하였다.

일부 화학기호는 원소의 원래 라틴어 이름으로부터 유래되었다. 예를 들어, 납의 기호 Pb는 라틴어 플럼범(*plumbum*)에서 유래되었다. 흥미롭게도 로마인들이 물을 수송할 때 사용한 납 파이프는 "납관(plumbing)"의 말에서 유래하였다. 수은의 기호 Hg는 "액체 은"을 의미하는 그리스어 하이드라지로(*hydrargyro*)에서 유래하였다. 마찬가지로 은(Ag), 금(Au), 구리(Cu), 철(Fe), 포타슘(K), 소듐(Na), 안티모니(Sb) 그리고 주석(Sn)등은 최초의 라틴어와 그리스어 이름에서 유래되었다.

원소의 이름을 쓸 때 혼란을 방지하기 위해 협약을 준수하는 것이 중요하다. 첫 번째 글자는 항상 대문자로 표시하고 두 번째 문자는 소문자로 표시한다. 예를 들어, 금속원소인 코발트의 기호는 Co로 쓴다. 표 3.3은 몇가지 원소의 이름과 기호를 나타낸 것이다.

**표 3.2 지구의 지각, 물, 그리고 대기에 있는 원소의 존재비**

| 원소명 | 기호 | 원소명 | 기호 | 원소명 | 기호 | 원소명 | 기호 |
|---|---|---|---|---|---|---|---|
| 알루미늄 | Al | 염소 | Cl | 납 | Pb | 라듐 | Ra |
| 안티모니(안티몬) | Sb | 크로뮴(크롬) | Cr | 리튬 | Li | 셀레늄(셀렌) | Se |
| 아르곤 | Ar | 코발트 | Co | 마그네슘 | Mg | 규소(실리콘) | Si |
| 비소 | As | 구리 | Cu | 망가니즈(망간) | Mn | 은 | Ag |
| 바륨 | Ba | 플루오린(플루오르) | F | 수은 | Hg | 소듐(나트륨) | Na |
| 베릴륨 | Be | 저마늄(게르마늄) | Ge | 네온 | Ne | 스트론튬 | Sr |
| 비스무트 | Bi | 금 | Au | 니켈 | Ni | 황 | S |
| 붕소 | B | 헬륨 | He | 질소 | N | 텔루륨(텔루르) | Te |
| 브로민(브롬) | Br | 수소 | H | 산소 | O | 주석 | Sn |
| 카드뮴 | Cd | 아이오딘(요오드) | I | 인 | P | 타이타늄(티탄) | Ti |
| 칼슘 | Ca | 철 | Fe | 백금 | Pt | 제논(크세논) | Xe |
| 탄소 | C | 크립톤 | Kr | 포타슘(칼륨) | K | 아연 | Zn |

## 3.4 금속, 비금속 및 준금속

**학습 목표**

- 금속과 비금속의 특성을 열거할 수 있다.
- 주기율표상의 위치로부터 원소의 금속, 비금속, 또는 준금속 여부를 예측할 수 있다.
- 25 ℃, 대기압에서 원소의 고체, 액체 또는 기체 여부를 예측할 수 있다.

원소는 더 이상 분해할 수 없고 그 특성을 항상 유지하는 순물질이다. **금속(metal)**은 일반적으로 고체이며, 밝은 금속성 광택, 높은 밀도, 높은 용융점을 가지며 열과 전기의 좋은 전도체이다. 금속은 일반적으로 얇은 막으로 펼 수 있으며, 이러한 성질을 **전성(malleable)**이라고 한다. 또한 가느다란 끈의 형태로 뽑을 수 있는데 이를 **연성(ductile)**이라고 한다. 알루미늄, 구리, 그리고 은은 금속의 좋은 예이다.

**비금속(nonmetal)**은 일반적으로 낮은 밀도, 낮은 융점을 가지며 열 및 전기의 전도성이 좋지 않다. 많은 비금속은 자연에서 고체 상태로 존재하며 인과 황과 같이 광택이 없다. 비금속은 전성과 연성이 없어서 비금속을 두들긴다면 가루로 부서진다. 11개의 비금속은 자연계에서 기체 상태로 존재한다. 수소와 산소는 무색 기체인 비금속으로 잘 알려진 예이다. 표 3.4는 금속과 비금속의 성질을 요약해 놓은 것이다.

**준금속(semimetal)**은 전형적으로 금속과 비금속 사이의 중간 성질을 갖는 원소이다. 규소는 트랜지스터와 집적회로 제작에 사용되는 것으로 잘 알려진 준금속이다. 예제 3.3은 금속과 비금속의 특성을 더 설명하는 것이다.

**표 3.4 금속과 비금속의 일반적인 성질***

| 성질 | 금속 | 비금속 |
|---|---|---|
| 물리적 상태 | 고체 | 고체, 기체 |
| 겉모양 | 금속 광택 | 무광택 |
| 유연성 | 전성, 연성 | 부서지기 쉬움 |
| 전도도 | 열, 전기 | 비전도체 |
| 밀도 | 높은 편 | 낮은 편 |
| 녹는점 | 높은 편 | 낮은 편 |
| 화학 반응성 | 비금속과 반응 | 금속 및 비금속과 반응 |

* 이러한 일반적인 성질에는 많은 예외가 있다. 예를 들어, 수은과 브로민은 액체이고 마그네슘 금속은 밀도가 낮으며 갈륨 금속은 30 ℃ 이하의 녹는점을 갖는다.

### 예제 3.3 금속의 성질

다음 성질 중 금속의 성질이 아닌 것은?

(a) 좋은 열전도체
(b) 전성(두들겨 펴지는 특성)
(c) 높은 용융점
(d) 다른 금속과 반응

**해답**

각 성질을 분류하는 데 표 3.4를 참조하라

(a) 금속은 좋은 열전도체이다.
(b) 금속은 두들겨 펼 수 있다.
(c) 금속은 보통 높은 녹는점을 갖는다.
(d) 금속은 다른 금속과 반응하지 않고 합금을 형성한다.

**실전 연습문제**

다음 중 비금속의 특성이 아닌 것은?

(a) 전기 절연체
(b) 연성(잡아 늘리기 쉬운 특성)
(c) 저밀도
(d) 비금속과 반응

**답:**

(b) 비금속은 가루로 부스러지고 두들겨 펴거나 잡아 늘여지지 않는다.

**개념 문제**

다음 중 어느 것이 정상 조건에서 고체 금속인가? 칼슘, 인, 수은 또는 규소

**답:** 부록 G, 3.3 참조

## 원소의 주기율표

5장에서 우리는 화학 원소에 대한 전체적 논의를 다룰 것이며, 이 장에서는 각 원소에 어떤 정수가 부여되어 있음을 배울 것이다. 특정 원소를 식별하게 하는 수를 **원자번호(atomic number)** 라고 부른다. 예를 들면, 수소의 원자번호는 1, 헬륨은 2, 리튬은 3이고, 우라늄의 원자번호는 92이다.

모든 원소는 원자번호순으로 배열되고 특정 도표에 표시된다. 이 도표를 원소의 주기율표 *(periodic table fo the elements)* 또는 주기율표*(periodic table)*라고 한다. 금속은 도표의 왼쪽에 배치되고 비금속은 오른쪽에 배치된다. 수소는 예외이다. 비금속이지만 특이한 성질을 지니며 이 책에 있어서는 주기율표의 최상부 중앙에 배열되어 있다.

금속과 비금속은 붕소, 규소, 저마늄, 비소, 안티모니, 텔루륨을 포함하는 준금속에 의해 나눠진다. 불안정한 원소들인 폴로늄과 아스타틴 역시 준금속으로 분류된다. 그림 3.5는 원소의 주기율표로 금속, 비금속, 준금속의 전체적 배열을 보여준다.

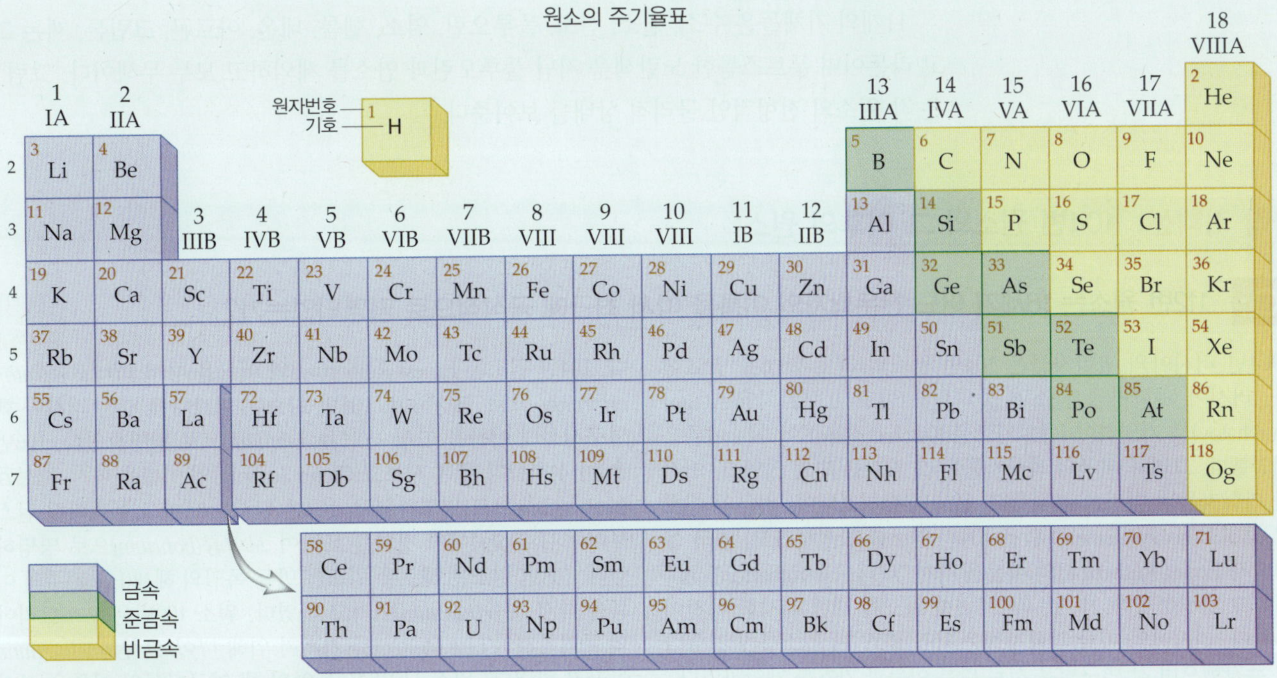


▲그림 3.5 **금속, 비금속, 그리고 준금속** 주기율표의 왼쪽에는 금속성의 원소기호가, 비금속은 오른쪽, 준금속은 중간에 위치한다. 비금속 원소인 수소는 특별한 위치에 있는 것에 유의하라.

## 원소들의 물리적 상태

주기율표를 사용하면 많은 양의 정보를 습득할 수 있다. 적은 노력으로 대부분 원소의 물리적 상태를 올바르게 예측할 수 있다. 수은을 제외한 모든 금속은 25 ℃, 대기압의 보통 조건에서 고체 상태로 존재한다. 모든 준금속들 역시 통상의 온도와 압력에서 고체로 존재한다. 반면 비금속은 매우 다양한 물리적 상태를 갖는다. 25 ℃, 통상 압력 하에서 5개의 비금속은 고체이고, 1개는 액체이며, 11개는 기체이다. 고체인 물질은 탄소, 인, 황, 셀레늄 그리고 아이오딘이다. 유일한 비금속 액체는 적갈색을 띠는 브로민이다.

▲그림 3.6 **원소들의 물리적 상태** 25 ℃ 대기압에서 모든 금속은 Hg를 제외하고 고체 상태로 존재한다. 고체 형태인 C, P, S, Se, I를 제외하면 대부분의 비금속은 기체 상태이다. 정상 조건에서 액체 상태인 원소는 Hg와 Br뿐이다.

11개의 기체들은 수소, 질소, 산소, 플루오린, 염소, 헬륨, 네온, 아르곤, 크립톤, 제논 그리고 라돈이며 푸르스름한 노란색을 지닌 플루오린과 염소를 제외하고 모두 무색이다. 그림 3.6은 각 원소의 전형적인 물리적 상태를 보여준다.

## 화학 커넥션 104번 원소와 그 이후의 원소

**Q: 112번 원소는 16세기 어느 천문학자의 이름을 따서 최근에 공식적으로 명명되었는가?**

1964년 러시아의 과학자들은 104번 원소의 최초 합성을 발표했다. 러시아 과학자들은 소련 물리학자 이고르 쿠르챠토프(Igor Kurchatov)를 기념하여 "큐르카토븀(Kurchatovium)"이라는 이름을 제안했다. 그러나 미국의 과학자들은 그 결과를 믿지 않았고, 러시아 과학자들의 발견을 부정했다. 1969년 캘리포니아, 버클리 대학교 중원소(heavy element) 팀은 104번 원소를 합성하였고, 영국 물리학자 Ernest Rutherford의 이름을 따서 "러더포듐(rutherfordium)"이라고 명명하였다. 몇 년 후 105번째 원소에 대한 유사한 이견이 나왔다. 러시아와 미국 과학자들은 각각 105번째 원소를 발견했다고 주장했으며 각 연구팀은 서로 다른 이름과 기호를 제안하였다.

1985년 국제순수 및 응용화학연맹(International Union of Pure and Applied Chemistry, IUPAC)은 체계적인 이름을 제안함으로써 논쟁을 해결하려고 시도하였다. IUPAC에 따르면, 104번째 원소와 그 이후의 원소에 대한 이름은 라틴어 접두사에 –ium 어미로 구성된다. 예를 들어, 104번 원소의 이름은 운일쿼듐(unnilquadium)이어야 한다. 흥미롭게도, IUPAC의 제안에 강한 반발이 있었다. 왜냐하면 제안한 사람들은 중원소(heavy element) 연구에 중요한 기여도가 있는 유명한 과학자가 아니기 때문이다.

1997년 IUPAC는 공식적 이름의 새로운 공식 명칭을 발표하였다. 104번 원소는 Ernest Rutherford의 이름을 따서 *러더포듐(rutherfordium)*으로 명명하고, 105번 원소는 더브나에 있는 러시아 핵 연구시설의 이름을 따서 *더브늄(dubnium)*으로 명명하였다. 106번은 미국 화학자 글렌 시보그(Glenn Seaborg)의 이름을 따서 *시보귬(seaborgium)*으로 명명하였고, 107번 원소는 덴마크 물리학자 닐스 보어(Niels Bohr)에게 경의를 표하여 *보어륨(bohrium)*으로 명명하였다. 108번 원소는 새로운 원소를 만든 독일의 헤세(Hesse)주의 이름을 따서 *하슘(hassium)*이라고 하였다. 원소 109번은 오스트리아의 물리학자인 Lise Meitner를 기리기 위해 *마이트너륨(meitnerium)*이라고 하였다. 원소 110번은 독일의 핵 연구시설의 이름을 따서 *다름슈타튬(darmstadtium)*이라고 하였다. 원소 111번은 X선을 발견한 독일의 물리학자인 Roentgen의 이름을 따서 *뢴트게늄(roentgenium)*이라 명명하였다. 원소 112번은 우리 태양계 중심부의 태양(지구가 아닌)과 함께하는 태양중심모델(heliocentric model)을 처음 제안한 16세기 천문학자인 니콜라스 코페르니쿠스의 이름을 따서 공식적으로 *코페르니슘(copernicium)*이라고 명명하였다. 최근에, 114번 원소는 공식적으로 러시아 물리학자 Georgy Flyorov의 이름을 따서 *플레로븀(flerovium)*으로 명명되었다. 113, 115, 117 그리고 118번은 제안된 이름으로 IUPAC의 승인을 기다리는 중이다.

| 원자번호 | 발견국과 발견연도 | 제안된 이름 | IUPAC 이름 |
|---|---|---|---|
| 104 | 러시아,1964 | kurchatovium, ku | rutherfordium, Rf(러더포듐) |
| | 미국, 1969 | rutherfordium, Rf | |
| 105 | 러시아, 1967 | nielsbohrium, Ns | dubnium, Db(더브늄) |
| | 미국, 1970 | hahnium, He | |
| 106 | 미국, 1974 | seabrogium, Sg | seaborgium, Sg(시보귬) |
| 107 | 독일, 1974 | bohrium, Bh | bohrium, Bh(보륨) |
| 108 | 독일, 1984 | hassium, Hs | hassium, Hs(하슘) |
| 109 | 독일, 1982 | meitnerium, Mt | meitnerium, Mt(마이트너륨) |
| 110 | 독일, 1994 | darmstadtium, Ds | darmstadtium, Ds(다름슈타튬) |
| 111 | 독일, 1994 | roentgenium, Rg | roentgenium, Rg(뢴트겐늄) |
| 112 | 독일, 1996 | copernicium, Cn | copernicium, Cn(코페르슘) |
| 113 | 러시아, 2003 | nihonium, Nh | |
| 114 | 러시아, 1999 | flerovium, Fl | flerovium, Fl(플레로븀) |
| 115 | 러시아, 2004 | moscovium, Mc | |
| 116 | 러시아, 2001 | livermorium, Lv | livermorium, Lv(리버모륨) |
| 117 | 러시아, 2010 | tennessine, Ts | |
| 118 | 러시아, 2002 | oganesson, Og | |

**A:** 112번 원소는 지구가 아닌 태양이 우리 태양계의 중심에 있다고 처음으로 제안한 16세기 천문학자인 니콜라스 코페르니쿠스에 경의를 표하기 위해 공식적으로 코페르니슘으로 명명되었다.

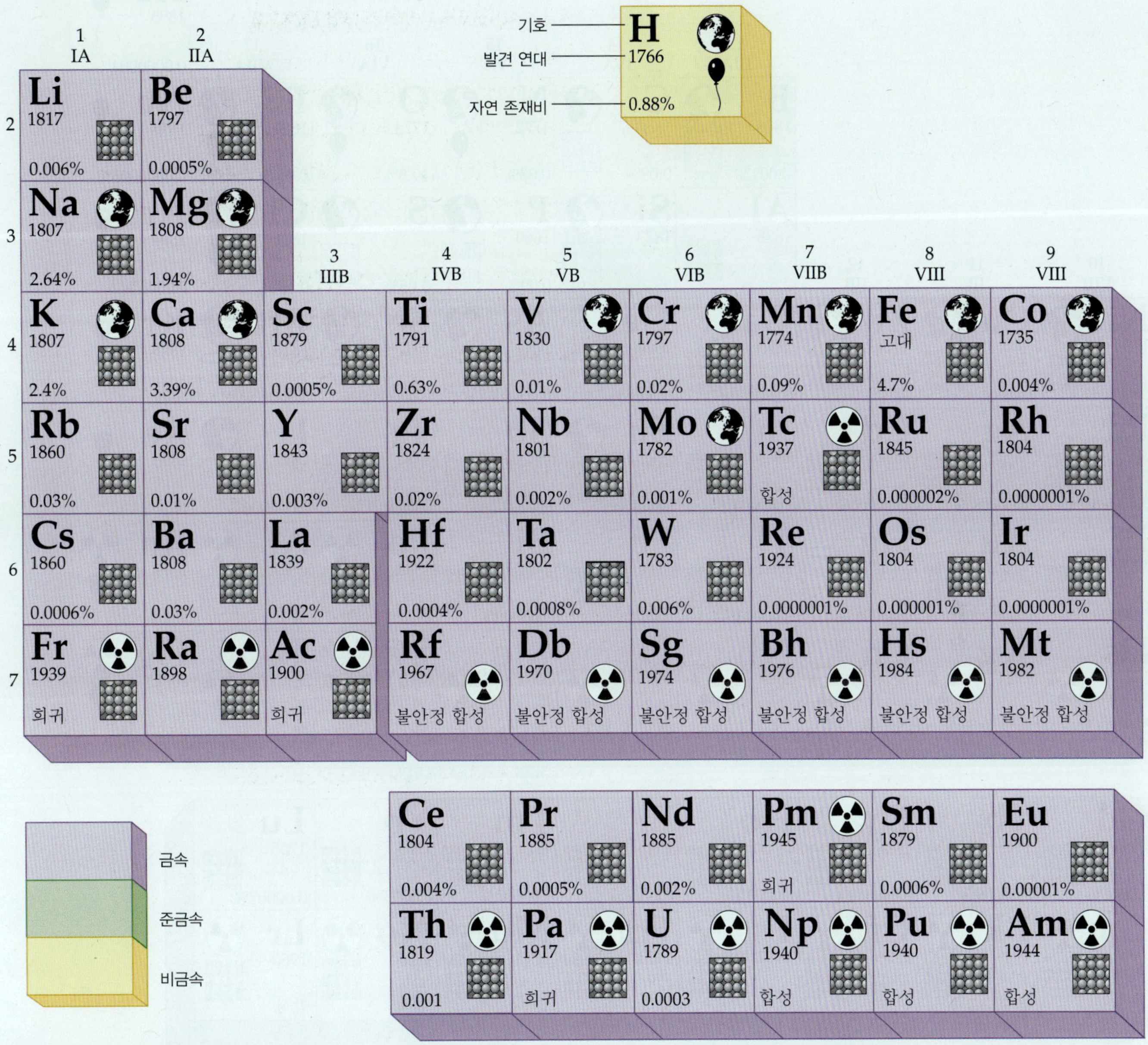


▲그림 3.7 **원소의 주기율표**

원소의 자연 존재비는 지구의 지각, 해양, 대기에 존재하는 원소의 질량을 퍼센트로 나타낸 것이다. "희귀"로 표시된 원소의 자연 존재비는 1톤(1,000 kg)당 1 mg 미만이다. "합성"으로 표시된 원소는 인공적으로 만든 것이며 자연적으로 생성되지 않는다. "불안정 합성"으로 표시된 원소는 1초의 몇 분의 1 동안에 분해된다.

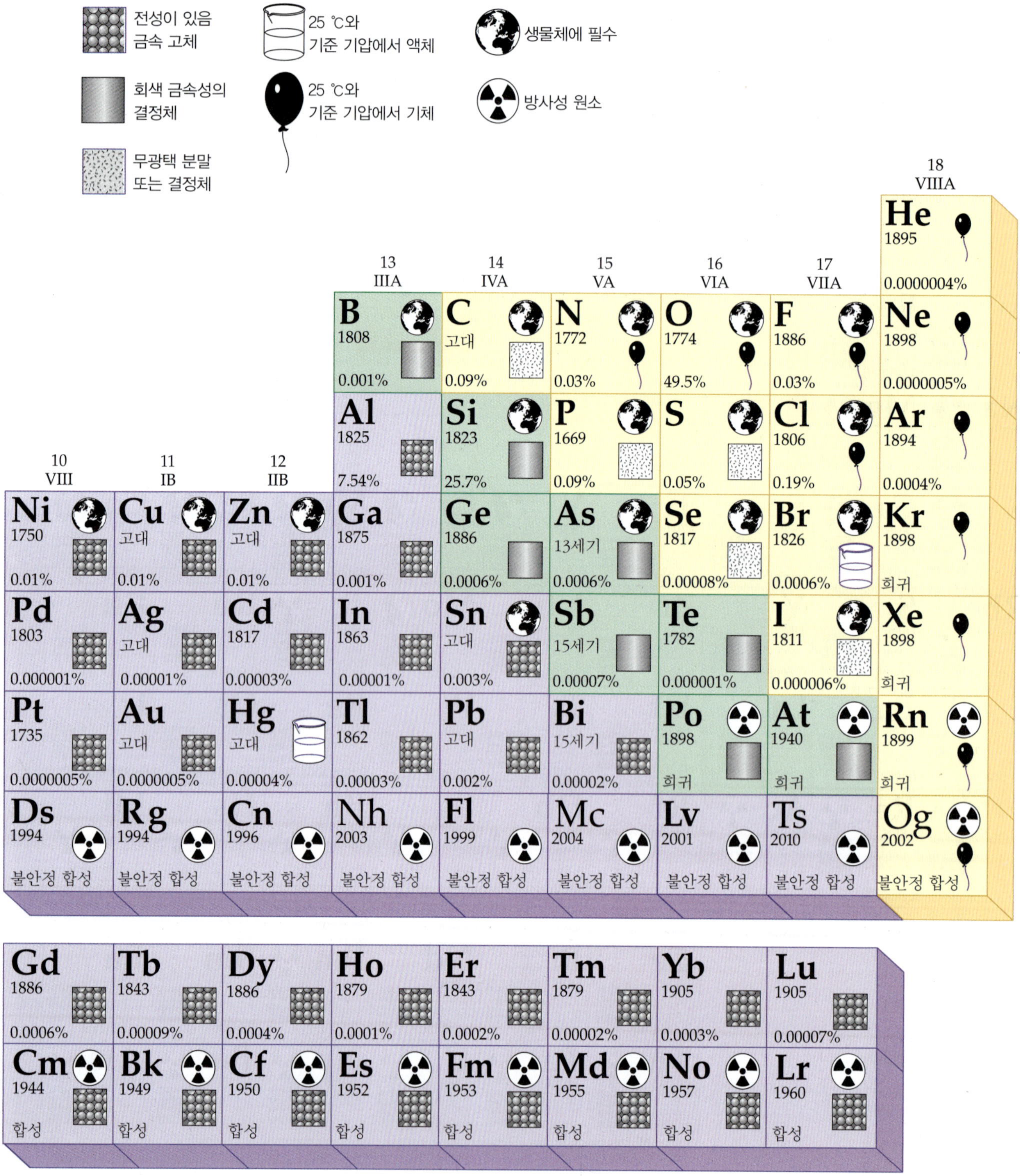
전성이 있음 금속 고체
회색 금속성의 결정체
무광택 분말 또는 결정체
25 ℃와 기준 기압에서 액체
25 ℃와 기준 기압에서 기체
생물체에 필수
방사성 원소
10 VIII
11 IB
12 IIB
13 IIIA
14 IVA
15 VA
16 VIA
17 VIIA
18 VIIIA
He 1895 0.0000004%
B 1808 0.001%
C 고대 0.09%
N 1772 0.03%
O 1774 49.5%
F 1886 0.03%
Ne 1898 0.0000005%
Al 1825 7.54%
Si 1823 25.7%
P 1669 0.09%
S 0.05%
Cl 1806 0.19%
Ar 1894 0.0004%
Ni 1750 0.01%
Cu 고대 0.01%
Zn 고대 0.01%
Ga 1875 0.001%
Ge 1886 0.0006%
As 13세기 0.0006%
Se 1817 0.00008%
Br 1826 0.0006%
Kr 1898 희귀
Pd 1803 0.000001%
Ag 고대 0.00001%
Cd 1817 0.00003%
In 1863 0.00001%
Sn 고대 0.003%
Sb 15세기 0.00007%
Te 1782 0.000001%
I 1811 0.000006%
Xe 1898 희귀
Pt 1735 0.0000005%
Au 고대 0.0000005%
Hg 고대 0.00004%
Tl 1862 0.00003%
Pb 고대 0.002%
Bi 15세기 0.00002%
Po 1898 희귀
At 1940 희귀
Rn 1899 희귀
Ds 1994 불안정 합성
Rg 1994 불안정 합성
Cn 1996 불안정 합성
Nh 2003 불안정 합성
Fl 1999 불안정 합성
Mc 2004 불안정 합성
Lv 2001 불안정 합성
Ts 2010 불안정 합성
Og 2002 불안정 합성
Gd 1886 0.0006%
Tb 1843 0.00009%
Dy 1886 0.0004%
Ho 1879 0.0001%
Er 1843 0.0002%
Tm 1879 0.00002%
Yb 1905 0.0003%
Lu 1905 0.00007%
Cm 1944 합성
Bk 1949 합성
Cf 1950 합성
Es 1952 합성
Fm 1953 합성
Md 1955 합성
No 1957 합성
Lr 1960 합성

### 예제 3.4 원소의 물리적 상태

25 ℃ 대기압에서 다음 원소들의 물리적 상태를 나타내어라. 각 원소들을 금속, 비금속 또는 준금속으로 분류하라

(a) 바륨 (b) 붕소 (c) 비스무트 (d) 브롬

**해답**

그림 3.5와 3.6을 참조하면 다음을 알 수 있다.

(a) 바륨(Ba)은 주기율표의 왼쪽에 있다; 이것은 기준조건에서 고체 금속이다.
(b) 붕소(B)는 주기율표의 가운데 있다; 이것은 기준조건에서 고체 준금속이다.
(c) 비스무트(Bi)는 주기율표의 오른쪽에 있으나, 준금속 아래에 있는 고체 금속이다.
(d) 브롬(Br)은 주기율표의 오른쪽에 있다; 이것은 기준조건에서 액체 비금속이다.

**실전 연습문제**

25 ℃ 대기압에서 다음 원소들에 대한 물리적 상태를 나타내라. 각 원소를 금속, 비금속 또는 준금속으로 분류하라.

(a) 알루미늄 (b) 수소 (c) 헬륨 (d) 라듐

**답:**

(a) 고체인 금속 (b) 기체인 비금속
(c) 기체인 비금속 (d) 고체인 금속

**개념 문제**

다음 중 통상의 조건에서 액체 비금속인 것은? 소듐, 수은, 브로민 또는 황

**답:** 부록 G, 3.4 참조

## 3.5 화합물과 화학식

**학습 목표**

- 화학식으로 나타낸 화합물 중 각 원소의 원자 수를 계산할 수 있다.
- 화합물에 대한 일정 성분비의 법칙을 응용할 수 있다.

1700년대 말 프랑스의 화학자 조제프 루이 프루스트(Joseph Louis Proust, 1754-1826)는 탄산구리 화합물을 어렵게 분석했다. 그가 화합물을 어떻게 준비하든 구리와 탄소 및 산소의 질량 비율이 항상 일정한 비율로 존재하는 것을 발견했다. 프루스트는 많은 다른 화합물들을 연구했고 그 원소들에 대해 유사한 일정 비율을 얻었다. 프루스트는 "화합물은 항상 일정한 질량의 비율로 포함된다."고 주장하였다. 이 주장은 지금 **일정 성분비의 법칙(law of definite composition)** 또는 일정 비례의 법칙으로 불린다.

보통의 소금은 염화 소듐, NaCl의 화합물이다. 일정 성분비 법칙에 따르면 소금은 소듐과 염소의 질량이 일정한 비율로 함유되어 있다. NaCl의 경우, 질량비 39.3%의 소듐과 60.7%의 염소로 되어있다. 또한 소듐과 염소의 비율은 작은 소금결정이거나, 소금 덩어리거나, 또는 소금 산더미에서 모두 같다.

마찬가지로, 화합물인 물은 11.2%의 수소와 88.8%의 산소를 함유한다. 물의 양과 관계없이 물은 항상 수소와 산소를 일정한 비율과 질량을 포함한다. 그림 3.8은 물을 예로 들어 일정 성분비의 법칙을 설명한 것이다.

### 화학식

대부분의 원소는 개별 원자들의 집합체로서 자연적으로 발생한다. 수소와 산소처럼 일부 비금속 원소들은 두 개 원자가 한 단위로 자연계에 존재한다. 두 개 이상의 비금속 원자로 구성된 물질의 한 단위를 **분자(molecule)**라 부른다. 수소($H_2$)와 산소($O_2$)는 두 개의 원자를 포함하

▲그림 3.8 **일정 성분비의 법칙** 한 방울의 물, 한 잔의 물, 그리고 호수의 물은 모두 같은 질량 백분율의 수소와 산소를 가지고 있다. 즉, 11.2%의 수소와 88.8%의 산소를 함유하고 있다.

는 분자로 자연에 존재한다.

우리는 원소들의 이름에 대해 화학기호의 이용법을 배웠다. 비슷한 형식으로 화합물의 이름에 대해 화학식을 사용할 수 있다. **화학식(chemical formula)**은 화합물 각 원소의 원자 수를 나타낸다. 원자의 수가 1이 아니라면 원자의 수를 아래첨자로 표시하고, 1인 경우 생략한다. 물 분자는 두 개의 수소 원자와 한 개의 산소 원자로 되어있다. 따라서, 그 화학식은 $H_2O$이다. 암모니아 분자는 질소 원자 1개와 수소 원자 3개로 되어있고 화학식은 $NH_3$ 이다. 황산 $H_2SO_4$의 화학식에 대한 설명은 그림 3.9에 있다.

▶그림 3.9 **화학식의 뜻** 황산의 화학식 $H_2SO_4$는 2개의 수소 원자, 1개의 황 원자 그리고 4개의 산소 원자를 나타낸다. 따라서 황산은 총 7개의 원자를 갖는다.

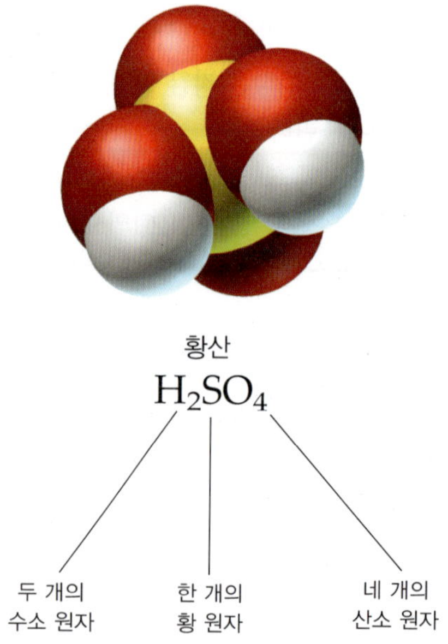

## 예제 3.5 화학식의 조성

비타민 $B_3(C_6H_6N_2O)$ 분자의 총 원자 수를 말해보라.

### 해답

비타민 $B_3$의 화학식은 탄소 원자 6개, 수소 원자 6개, 질소 원자 2개, 산소 원자 1개를 나타낸다. 따라서, $C_6H_6N_2O$는 총 15개의 원자를 갖는다.

### 실전 연습문제

비타민 $B_6$가 8개의 탄소 원자, 11개의 수소 원자, 1개의 질소 원자 그리고 3개의 산소 원자로 구성되었을 때, 화학식을 써보라.

**답:** $C_8H_{11}NO_3$ (총 23개의 원자)

### 개념 문제

비타민 C의 모형을 보고 분자식을 결정하라. 모형에서 검은 구는 탄소 원자, 흰색 구는 수소 원자, 빨간색 구는 산소 원자

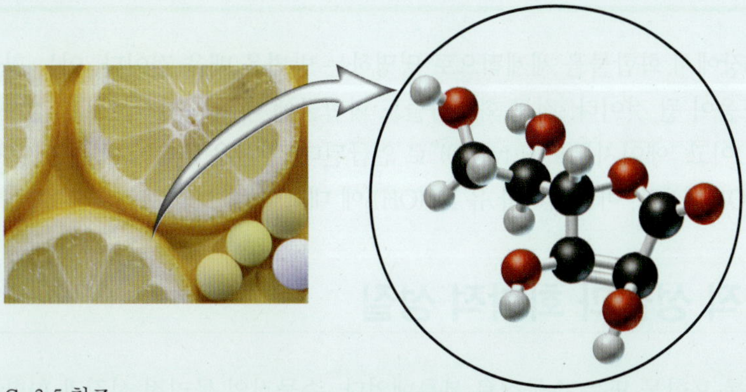

**답:** 부록 G, 3.5 참조

일부 화학식은 화학성분을 명확히 하기 위해 괄호를 사용한다. 예를 들어, 부동액은 에틸렌 글라이콜이며 화학식은 $C_2H_4(OH)_2$ 이다. 이 분자는 탄소 원자 2개, 수소 원자 4개, 그리고 OH 2개로 구성된다. 화학식에서 OH 주위의 괄호는 OH가 2원자 단위라는 것을 나타낸다. 에틸렌 글라이콜$C_2H_4(OH)_2$의 화학식에 대한 풀이는 그림 3.10에 나타나 있다.

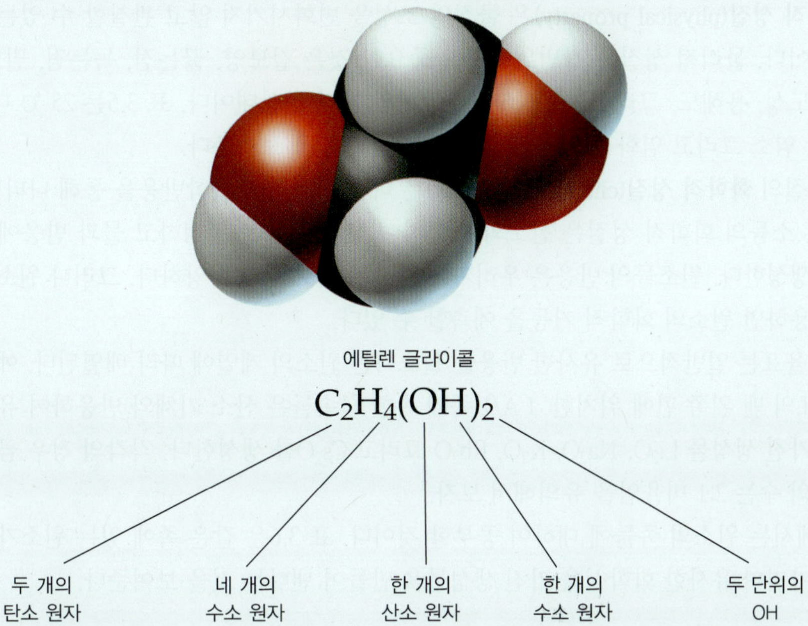


**◀그림 3.10 화학식의 뜻**
에틸렌 글라이콜, $C_2H_4(OH)_2$의 화학식은 탄소 원자 2개, 수소 원자 4개, OH 단위 2개로 이루어져 있다. 산소 원자와 수소 원자는 한 분자에서 단일 단위를 두 배하였다. 따라서, 에틸렌 글라이콜은 총 10개의 원자를 가진다.

**예제 3.6** **화학식의 조성**

글리세린($C_3H_5(OH)_3$) 한 분자 중의 총 원자 수를 말해보라.

**해답**

글리세린의 화학식은 탄소 원자 3개, 수소 원자 5개 그리고 OH 단위 3개로 구성된다. 따라서 $C_3H_5(OH)_3$는 총 14개의 원자를 가진다.

**실전 연습문제**

나이트로글리세린은 탄소 원자3개, 수소 원자 5개, 산소 원자 3개 그리고 $NO_2$ 단위 3개로 이루어져있다. 화학식을 써보라.

**답:** $C_3H_5O_3(NO_2)_3$

**개념 문제**

나이트로글리세린($C_3H_5O_3(NO_2)_3$) 한 분자 중의 총 원자 수를 말해보라.

**답:** 부록 G, 3.6 참조

**주의** 우리는 6장에서 화합물을 체계적으로 명명하는 방법을 배울 것이다. 이는 화합물의 화학식 호칭에 도움이 될 것이다. 전문 화학자들도 화합물에 대해 화학식으로 호칭하는데 예를 들어, 물은 $H_2O$이고 "에이치투오(H two O)"로 언급된다. 황산은 $H_2SO_4$이며, "에이치 투 에스 오 포(H two S O four)"로, 마그네시아 유 $Mg(OH)_2$에 대하여는 "Mg, OH twice"로 언급된다.

## 3.6 물리적 성질과 화학적 성질

**학습 목표**

▶ 물질의 성질을 물리적 또는 화학적으로 구분할 수 있다.

이전에는 물체를 혼합물 또는 순물질로 분류했었다. 순물질의 물리적 성질과 화학적 성질이 시료 전체에 통하여 일정함을 상기해 보자. 또한, 두 물질은 결코 같은 물리적 성질과 화학적 성질을 가질 수 없다.

또한, 우리는 순물질이 화합물이거나 원소라고 언급하였다. 그러나 어떤 경우도 화합물의 물리적 성질과 화학적 성질이 화합물을 구성하고 있는 원소들의 성질과 같은 경우는 없다. 예를 들어, 소듐은 연한 은색의 금속이며, 염소는 독성의 노란색 기체이다. 어떤 반응에서 이 두 원소는 결합하여 식탁용 소금의 흰색 결정인 NaCl을 형성한다(그림 3.11).

**물리적 성질(physical property)**은 물질의 조성을 변화시키지 않고 관찰할 수 있는 순물질의 특성이다. 물리적 성질은 광범위하지만 중요한 것은 겉모양, 끓는점, 녹는점, 밀도, 열과 전기 전도성, 용해도, 그리고 기준 조건 하에서의 물리적 상태이다. 표 3.5는 25 ℃ 대기압에서 소듐, 염소 그리고 염화 소듐의 몇 가지 물리적 성질을 보여준다.

순물질의 **화학적 성질(chemical property)**은 다른 물질과의 화학반응을 통해 나타난다. 예를 들어, 소듐의 화학적 성질은 산소와 반응하여 산화 소듐을 형성하고 물과 반응에서 수소 기체를 생성한다. 원소들의 반응은 우리가 생각하는 것보다 더 다양하다. 그러나 원소 주기율표를 이용하면 원소의 화학적 거동을 예측할 수 있다.

주기율표는 일반적으로 유사한 반응을 일으키는 원소의 계열에 따라 배열된다. 예를 들어 주기율표의 맨 왼쪽 편에 위치한 Ⅰ A/1 족에 속한 금속들은 산소 기체와 반응하여 유사한 화학식을 가진 생성물 $Li_2O$, $Na_2O$, $K_2O$, $Rb_2O$ 그리고 $Cs_2O$를 생성한다. 각각의 경우 금속과 산소 원자의 수는 2:1 비율임을 유의해서 보자.

5장에서는 원소의 족들에 대하여 공부할 것이다. 표 3.6은 같은 족에 있는 원소가 유사한 성질을 가지며 유사한 화학식을 가진 생성물을 만들어 낸다는 것을 보여준다.

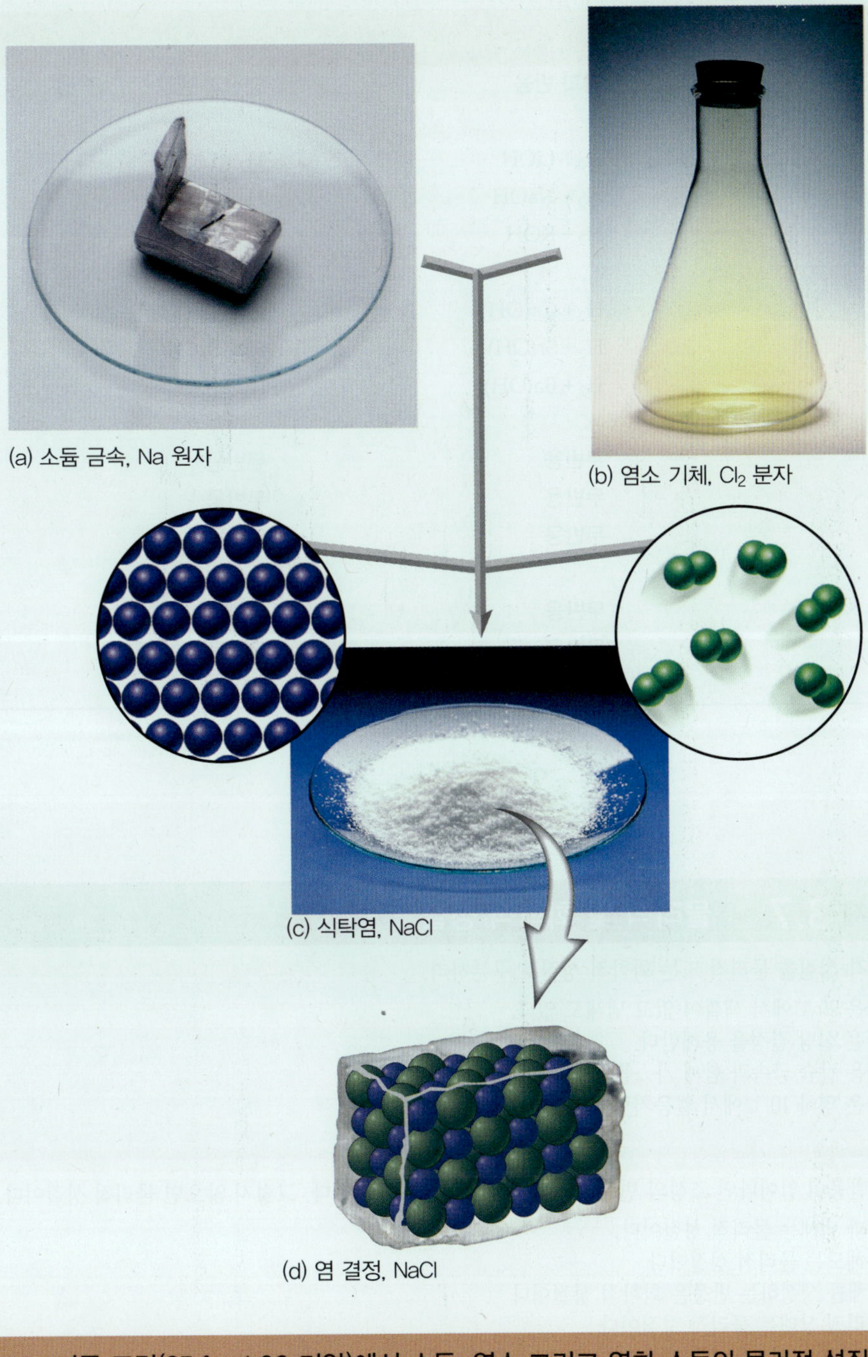


**◀그림 3.11 소듐, 염소, 염화 소듐**
(a) 소듐은 광택이 나는 금속이다. (b) 염소는 노란색 기체이다. (c) 식탁용 소금은 흰색 결정이다. (d) 염, NaCl의 결정은 소듐(보라색)과 염소(초록색)로 구성된다.

**표 3.5 기준 조건(25 ℃, 1.00 기압)에서 소듐, 염소 그리고 염화 소듐의 물리적 성질**

| 성질 | 소듐 | 염소 | 염화 소듐 |
|---|---|---|---|
| 모양 | 은색 금속 | 노란색 기체 | 흰색 결정 |
| 녹는점 | 98 ℃ | −101 ℃ | 801 ℃ |
| 끓는점 | 883 ℃ | −35 ℃ | 1413 ℃ |
| 밀도 | 0.97 g/cm$^3$ | 2.90 g/L | 2.17 g/cm$^3$ |
| 물 100 g 속의 용해도 | 물과 반응 | 0.51 g at 30 ℃ | 35.7 g at 0 ℃ |

## 물리적 성질과 화학적 성질의 구별

우리는 물리적 성질과 화학적 성질 사이의 차이를 구별할 수 있다. 물리적 성질은 물질의 조성을 변경하지 않고 관찰되며, 화학적 특성은 항상 화학적 변화를 포함한다. 화학변화 시, 물질의 조성은 변하고 다른 물질이 생성된다. 예제 3.7은 물리적 성질과 화학적 성질 간의 구분을 보여준다.

**표 3.6 원소의 족에 대한 화학적 성질**

| 족/원소 | 산소와 반응 | 물과 반응 | 염산과 반응 |
|---|---|---|---|
| 족 IA/I | | | |
| 리튬 | $Li_2O$ | $H_2 + LiOH$ | $H_2 + LiCl$ |
| 소듐(나트륨) | $Na_2O$ | $H_2 + NaOH$ | $H_2 + NaCl$ |
| 포타슘(칼륨) | $K_2O$ | $H_2 + KOH$ | $H_2 + KCl$ |
| 족 IIA/2 | | | |
| 칼슘 | $CaO$ | $H_2 + Ca(OH)_2$ | $H_2 + CaCl_2$ |
| 스트론튬 | $SrO$ | $H_2 + Sr(OH)_2$ | $H_2 + SrCl_2$ |
| 바륨 | $BaO$ | $H_2 + Ba(OH)_2$ | $H_2 + BaCl_2$ |
| 족 IV A/14 | | | |
| 탄소 | $CO_2$ | 무반응 | 무반응 |
| 규소(실리콘) | $SiO_2$ | 무반응 | 무반응 |
| 저마늄(게르마늄) | $GeO_2$ | 무반응 | 무반응 |
| 족 VIII A/18 | | | |
| 헬륨 | 무반응 | 무반응 | 무반응 |
| 네온 | 무반응 | 무반응 | 무반응 |
| 아르곤 | 무반응 | 무반응 | 무반응 |

## 예제 3.7 물리적 및 화학적 성질

다음 각 성질을 물리적 또는 화학적 성질로 구분하라.

(a) 물은 20 ℃에서 색깔이 없고 냄새도 없다.
(b) 물은 설탕 결정을 용해한다.
(c) 물은 칼슘 금속과 함께 가스를 생성한다.
(d) 물은 영하 10 ℃에서 얼음처럼 존재한다.

**해답**

만약 반응이 일어나면 조성의 변화가 있고, 그 성질은 화학적이다. 그렇지 않으면 물리적 성질이다.

(a) 색과 냄새는 물리적 성질이다.
(b) 용해도는 물리적 성질이다
(c) 기체를 생성하는 반응은 화학적 성질이다
(d) 물리적 상태는 물리적 성질이다

**실전 연습문제**

다음 각 성질을 물리적 또는 화학적 성질로 구분하라

(a) 물은 0 ℃에서 딱딱한 결정이 된다.
(b) 물은 가솔린에 불용성이다.
(c) 물은 매우 약한 전기 전도도를 가진다,
(d) 물은 소듐 금속과 함께 기체를 생성한다.

**답:**

(a) 물리적 성질 (b) 물리적 성질 (c) 물리적 성질 (d) 화학적 성질

**개념 문제**

구리는 1,083 ℃에서 녹으며, 밀도는 8.92 g/mL이고 전기의 좋은 도체이며 가열하면 검게 변한다. 이들 중 어느 것이 화학적 성질의 예인가?

**답:** 부록 G, 3.7 참조

# 3.7 물리변화와 화학변화

**학습 목표**

▶ 물질의 변화를 물리적 변화 또는 화학적 변화로 구분할 수 있다.

순수한 물질이 변했을 때 이는 물리적 또는 화학적 변화로 분류된다. 시료의 화학적 조성이 변하지 않는 성질을 **물리적 변화(physical change)**라고 한다. 얼음이 물로 녹고 알코올이 가열되어 증기가 되거나 또는 알루미늄 캔을 알루미늄 호일로 재생하여 이용하는 이러한 과정은 물리변화이다. 얼음, 알코올, 알루미늄의 화학적 조성은 변화가 일어나기 전과 일어난 후가 동일하다. 즉, 각 물질의($H_2O$, $C_2H_5OH$ 그리고 Al)의 화학식은 일정하다. 따라서 순물질의 모양이나 물리적 상태가 변하는 것은 물리변화를 말한다.

**화학적 변화(chemical change)**는 시료의 조성이 변하는 것을 말한다. 시료의 구성이 바뀌고 새로운 성질을 가지게 된다. 바나나가 녹색에서 노란색으로 익는 경우, 제산제(antacid)는 물속에서 기포를 발생시키고 불꽃놀이에서는 여러 가지 색깔의 빛들을 보인다. 바나나, 제산제, 불꽃놀이 재료의 조성은 반응이 일어나기 전과 후가 다르다.

## 물리변화와 화학변화의 구별

물리변화와 화학변화는 다음과 같이 구별할 수 있다. 화학적 변화는 새로운 물질의 형성을 동반하는 반면 물리적 변화는 물질의 조성이 변하지 않는 것을 관찰할 수 있다. 새로운 물질이 생성될 때 보통 색의 변화, 기체 방출로 인한 냄새 또는 기포 발생, 에너지의 방출로 인한 빛 또는 열의 발생 중 한 가지가 일어나는 것을 관찰할 수 있다.

실험실에서 우리는 두 용액이 혼합되어 불용성 물질이 생성됨을 관찰할 수 있다. 용액 속에서 만들어지는 고체는 화학변화를 나타내는 실용적인 관찰이다. 그림 3.12는 화학변화에 대한 세 가지 예를 나타낸 것이다.

(a) (b) (c)

▲**그림 3.12 화학변화의 증거** 화학변화에 대한 증거로 (a) 물 속에서 칼슘 금속의 반응으로 생성된 기포, (b) 물 속에서 포타슘 금속의 반응으로 생성된 열과 빛에너지 (c) 두 가지 용액으로부터 색깔을 띤 불용성 물질의 생성

## 예제 3.8 물리변화와 화학변화

다음 각 관찰 결과를 물리 또는 화학변화로 구분하라.

(a) 수소 기체로 채워진 비누 거품에 성냥불을 대면 폭발하게 된다.
(b) 플라스크에 담긴 물을 가열하면 유리에 수분이 생긴다.
(c) 두 개의 무색 용액을 서로 혼합하여 황색 고체를 얻는다.
(d) 베이킹 소다에 식초를 넣으면 기포가 발생한다.

**해답**

물리변화를 나타내는 것은 물리적 상태의 변화이다. 화학변화는 연소, 기포의 발생, 색의 변화, 또는 용액에서 불용성 물질의 생성을 뜻한다.

(a) 수소 폭발; 화학변화
(b) 물의 끓음; 물리변화
(c) 혼합된 두 용액에서 불용성 물질이 생성; 화학변화
(d) 베이킹 소다에서 기포 발생; 화학변화

**실전 연습문제**

다음 각 관찰결과를 물리변화 또는 화학변화로 구분하라

(a) 냉장고에 물을 넣어 얼음 결정이 만들어진다.
(b) 질산은을 수도 물에 넣으면 용액이 흐려진다.
(b) 황을 태우면 하늘색 불꽃이 생긴다.
(d) 아스피린 알약을 갈면 분말이 된다.

**답:**

(a) 물리변화
(b) 화학변화
(c) 화학변화
(d) 물리변화

▲ **알카셀처(Alka-Seltzer)** 알카셀처 알약은 물 속에서 이산화 탄소 기체 거품을 방출한다.

**개념 문제**

알카셀처(Alka-Seltzer) 알약은 물에 녹아 기체 거품을 생성한다. 이 예는 물리변화인가 화학변화인가?

**답:** 부록 G, 3.8 참조

**학습 목표**

▶ 화학변화에 대해 질량 보존의 법칙을 응용할 수 있다.

## 3.8 질량 보존

1700년대 후반, 프랑스 화학자인 라브아지에(Antoine Lavoiser, 1743-1794)는 엄격한 실험실의 실험을 통해서 화학변화 이전 반응물 질량은 변화 이후의 생성물 질량과 항상 동일함을 발견하였다. 그는 물질은 화학반응 중에 생성되거나 소멸되지 않는다고 결론지었다. 1789년에 그는 질량 보존의 원리를 발표했다. 이 원리는 **질량 보존의 법칙(law of conservation of mass)**으로 알려지게 되었다.

질량 보존의 한 예로서, 수소와 산소의 반응을 생각해보자. 수소와 산소는 항상 동일한 비율로 결합하여 물을 생성한다. 즉 수소 1 g은 산소 8 g, 수소 2 g은 산소 16 g, 수소 3 g은 24 g의 산소와 반응한다. 우리는 각각의 반응에 의해 생성된 물의 질량을 예측할 수 있다. 질량 보존의 법칙으로부터, 우리는 수소 질량과 산소 질량이 생성된 물의 질량과 같아야 한다는 것을 안다. 즉,

$$\text{수소 } 1.0\text{ g} + \text{산소 } 8.0\text{ g} = \text{물 } 9.0\text{ g}$$

반대로, 우리는 물의 분해에 의해 생성된 수소와 산소의 질량을 예측할 수 있다. 물에 전류를 흘려보내면 수소 기체와 산소 기체가 생성된다. 이 과정을 전기분해라고 한다. 물 45.0 g의 전기분해로 5.0 g의 수소가 생성되면 몇 그램의 산소가 방출되는가?

질량 보존의 법칙은 수소와 산소의 질량이 물 45.0 g과 동등함을 나타낸다. 따라서 산소의 질량은 물의 질량에서 수소의 질량을 뺀 값과 같아야 한다. 즉,

$$물\ 45.0\ g - 수소\ 5.0\ g = 산소\ 40.0\ g$$

질량 보존의 법칙은 화학에서 가장 중요한 법칙 중 하나이다. 역사적으로, 이 법칙은 화합물의 화학식 결정과 최초의 원소 주기율표를 발전시키는 데 사용되었다. 9장에서 논의가 되겠지만 질량 보존의 법칙은 화학에서 모든 정량적 관계의 초석이 된다. 예제 3.9는 질량 보존의 법칙에 대해 설명한 것이다.

### 예제 3.9 질량 보존의 법칙

실험에서, 마그네슘 금속 2.430 g을 공기 중의 산소에 의해 연소시켰다. 만약 흰색의 산화 마그네슘(MgO) 분말 4.030 g 이 생성되었다면, 반응에 참여한 산소 기체의 질량은 얼마인가?

**해답**

질량 보존의 법칙을 적용하면, 마그네슘 금속의 질량에 산소 기체의 질량을 더한 것이 마그네슘 산화물 분말의 질량과 같음을 알 수 있다. 즉,

$$Mg\ 2.430\ g + 산소\ 질량 = MgO\ 4.030\ g$$
$$산소\ 질량 = MgO\ 4.030\ g - Mg\ 2.430\ g$$
$$산소\ 질량 = 1.600\ g$$

**실전 연습문제**

아연금속 0.654 g이 노란색 분말인 황 0.321 g과 반응하면, 생성되는 황화 아연의 질량은?

**답:** 0.975 g

**개념 문제**

구리 금속 1.000 g을 노란색 황과 함께 가열하면 1.252 g의 검은색 황화 구리 1.252 g이 생성된다. 구리 금속과 반응한 황의 질량은 얼마인가?

**답:** 부록 G, 3.9 참조

## 3.9 위치에너지와 운동에너지

**학습 목표**

- 위치에너지와 운동에너지의 차이를 구분할 수 있다.
- 온도와 운동에너지의 관계를 요약할 수 있다.
- 운동에너지와 물리적 상태의 관계를 요약할 수 있다.

에너지는 어떤 것을 일어나게 하며, 일할 능력으로 정의되기도 한다. 에너지는 위치에너지와 운동에너지의 두 가지 유형이 있다. **위치에너지(Potential energy, PE)**는 위치나 조성의 결과로 물질이 에너지를 저장하고 있다. **운동에너지(Kinetic energy, KE)**는 운동으로 인한 결과로 물질이 에너지를 저장하고 있다. 산꼭대기에 자리 잡은 돌멩이는 위치에너지를 가지고 있다. 돌멩이가 굴러 내려오면 위치에너지를 잃지만 운동에너지를 얻는다. 산을 굴러 내려가는 과정에서 돌멩이의 위치에너지는 운동에너지로 전환된다. 그림 3.13은 위치에너지가 운동에너지로 전환되는 것을 보여준다.

화학에 관하여 우리는 보통 순물질의 화학적 조성과 관련한 위치에너지에 관심이 있다. 예를 들어, 가솔린은 위치에너지를 가지고 있는데 이것이 연소될 때 운동에너지로 전환된다. 가솔린이 연소할 때, 차가운 액체의 위치에너지는 뜨겁고 팽창하는 기체 혼합물의 운동에너지로 전환된다.

### 운동에너지, 온도, 그리고 물리적 상태

우리는 물질 시료를 매우 작은 입자들의 큰 집합체로 간주할 수 있다. 입자들 사이의 인력은 물리적 상태에 영향을 미치는 기준 중 하나이다. 고체에서 이 인력은 입자들을 고정된 위치에

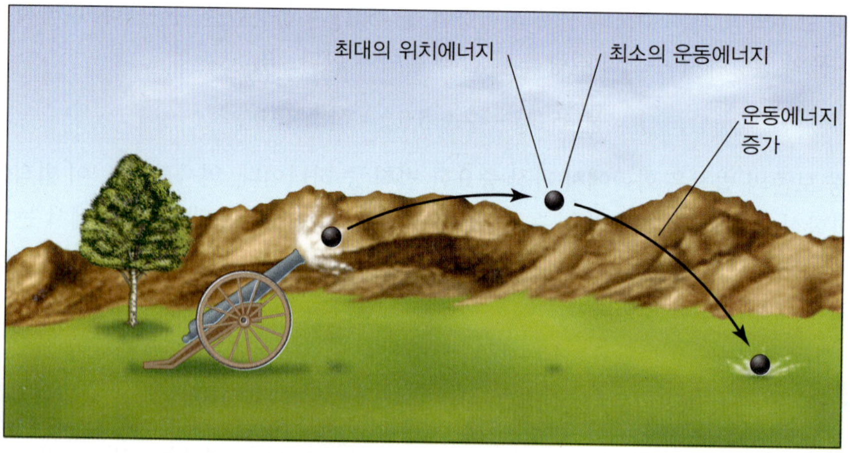


**▶그림 3.13 위치에너지와 운동 에너지**
포탄을 공기 중에 쏘면 위치에너지를 얻는 동안 운동에너지를 잃는다. 포탄이 비행 중 정점에 도달했을 때, 위치에너지는 최대이고 운동에너지는 최소가 된다. 포탄이 땅으로 떨어지면 운동에너지가 증가함에 따라 위치에너지는 감소한다.

서, 그리고 거의 움직임이 없도록 붙든다.

고체 상태의 물질이 가열되면 온도가 올라가고 입자들은 고정된 위치에서 진동하기 시작한다. 고체가 더 많은 열에너지를 얻음에 따라, 입자들은 매우 강하게 진동하여 인력을 극복하고, 서로가 끊어져 자유로워진다. 이러한 상태가 액체 상태이다.

따라서 액체는 입자들이 그들 상호간의 인력을 극복하기에 충분한 에너지를 가지고, 용기에서 제한된 운동을 하는 물질의 상태이다. 액체가 인력을 충분히 극복할 만한 에너지를 가졌을 때, 입자는 자유롭게 날아다니며 용기의 벽에 부딪힌다. 이 시점에서 액체는 기체 상태로 변한다. 표 3.7은 입자들의 성질과 물리적 상태의 관계를 요약한 것이다.

**표 3.7 입자의 성질과 물리적 상태**

| 입자의 성질 | 고체 | 액체 | 기체 |
|---|---|---|---|
| 운동에너지 | 매우 작음 | 큼 | 매우 큼 |
| 이동 | 무시할 정도 | 제한적 | 무제한 |

우리는 운동에너지와 물리적 상태 사이의 관계를 다음과 같이 살펴볼 수 있다. 만약 고체를 가열하면, 고체는 충분한 에너지를 얻어 집자들 사이의 인력을 극복하고 액체로 용해된다. 온도가 증가함에 따라 입자는 점차적으로 더 많은 에너지를 얻고 움직임이 증가하는 것을 보여준다. 우리가 액체를 계속 가열하면, 기체로 증발하기에 충분한 에너지를 얻게 된다. 그림 3.14는 증가하는 에너지와 물리적 상태 사이의 관계를 보여주고 있다.

기체의 운동에너지는 온도와 직접적으로 관련이 있다. 온도가 높아지면 운동에너지가 증가하고 온도가 낮아지면 운동에너지가 감소한다. 또한, 온도가 높아지면 입자의 움직임이 증가하며 온도가 낮아지면 운동이 감소한다. 예제 3.10은 온도, 운동에너지 그리고 기체 입자들의 운동에 관한 관계를 더 설명한 것이다.

## 예제 3.10 운동에너지와 분자 운동

헬륨 기체로 채워져 있는 풍선을 25 ℃에서 −25 ℃로 냉각시켰다. 다음 각 변화를 나타내어라.
(a) 기체의 운동에너지 (b) 헬륨 원자의 운동

**해답**

온도, 운동에너지, 그리고 속도는 다음과 같은 관련이 있다.
(a) 온도가 25 ℃에서 −25 ℃로 냉각될 때, 헬륨 원자의 운동에너지가 감소한다.
(b) 온도가 낮아짐에 따라 운동에너지가 감소하기 때문에 헬륨 원자의 운동이 감소한다.

**실전 연습문제**

공기가 들어있는 강철 실린더가 25 ℃에서 50 ℃로 가열되었다. 다음 각 항목의 변화를 나타내어라.

(a) 기체의 운동에너지

(b) 공기 분자의 운동

**답:**

(a) 증가 (b) 증가

**개념 문제**

온도가 증가할 때, 공기 분자의 운동에너지와 속도에 어떤 변화가 일어날까?

**답:** 부록 G, 3.10 참조

**◀그림 3.14 운동에너지와 물리적 상태**

고체 얼음이 가열됨에 따라 각 $H_2O$ 분자들의 에너지는 증가한다. 분자들 간 인력의 한계를 초과함에 따라, 고체 얼음은 액체 물 그리고 기체인 수증기로 변한다.

## 3.10 에너지 보존

**학습 목표**

- 물리변화와 화학변화에 대한 에너지 보존의 법칙을 응용할 수 있다.
- 에너지의 형태 : 화학, 전기, 기계, 핵, 열, 그리고 빛에너지를 이해할 수 있다.

19세기 중반 몇몇 영국과 독일 과학자들은 우주에서의 총 에너지가 일정하다고 제안했다. 이 제안은 여러 가지 방법으로 설명될 수 있으나 본질적으로 에너지는 창조되거나 소멸되지 않는다는 것이다. 그러나 에너지는 한 형식에서 다른 형식으로 변환될 수 있다. 이 원리는 **에너지 보존의 법칙(law of conservation of energy)**으로 알려져 있다. 이 원리를 실험적으로 응용하여 물리변화와 화학변화에 필요한 에너지 예측을 할 수 있다.

### 에너지와 물리변화

물리적 상태의 변화에 응용할 수 있는 에너지 보존의 법칙에 대해 생각해보자. 물이 증기로 전환될 때 주어진 양의 열에너지가 요구된다. 실제로 100 ℃에서 물 1 g을 100 ℃의 증기로 전환하려면 540 cal의 열에너지가 필요하다. 그러므로 100 ℃의 스팀 1 g이 물로 응축되면 540 cal의

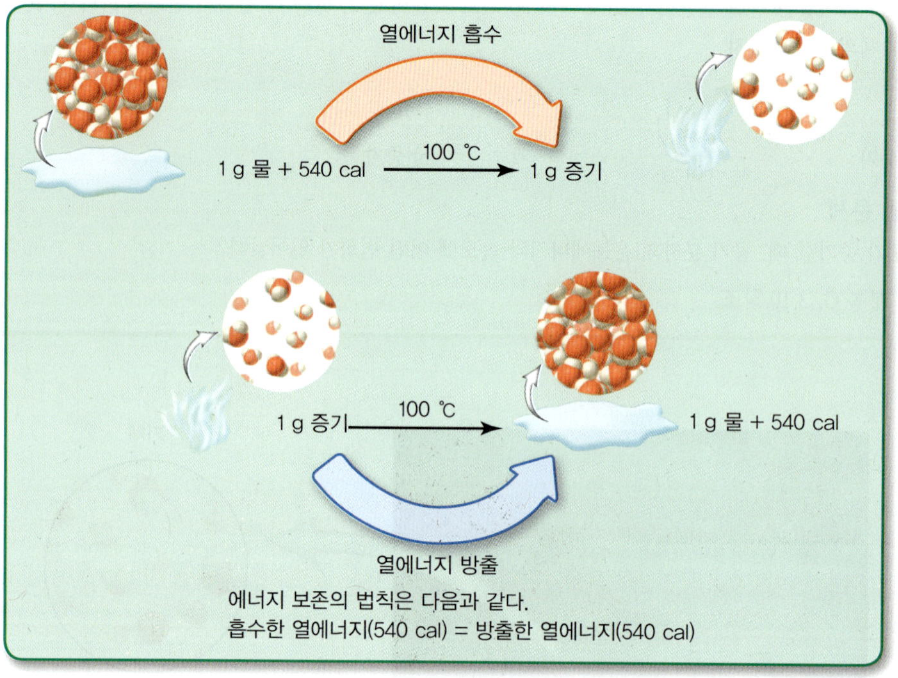


**▶그림 3.15 물리변화에 대한 에너지의 보존**
물에서 증기로의 상태 변화와 그 역 과정에는 같은 양의 에너지를 필요로 한다.

열이 방출된다. 그림 3.15는 물리변화에 대한 에너지의 보존을 보여준다.

## 에너지와 화학변화

화학변화에 적용되는 에너지 보존의 법칙은 질량 보존의 법칙과 유사하다. 즉, 반응 전의 총 에너지는 반응 후의 총 에너지와 같다. 그러나 일부 화학변화는 에너지를 방출하는 반면 다른 변화들은 에너지를 흡수한다는 것이 중요하다. 그러나 반응 전후의 총 에너지는 항상 일정해야 한다.

그러나 열의 변화가 포함된 반응에서 어떻게 에너지가 일정할 수 있을까? 이에 대한 설명은 이전에 언급된 두 가지 에너지, 위치에너지(*potnetial*)와 운동에너지(*kinetic*)에 열에너지를 포함하는 것이다. 어떤 반응에서 초기 반응물이 위치에너지를 잃으면 그 결과 생성물은 운동에너지를 얻는다. 열을 발생시키는 반응에서, 초기 반응물이 생성물보다 큰 위치에너지를 갖는다. 반대로, 열을 흡수하는 반응에서 초기 반응물은 생성물보다 작은 위치에너지를 갖는다.

### 예제 3.11 에너지와 물리변화

얼음 덩어리를 녹이기 위해 5.50 kcal의 열이 필요한 경우, 0 ℃에서 물을 얼음으로 얼릴 때 얼마나 많은 에너지가 방출될까?

**해답**

에너지 보존의 법칙에 따라, 0 ℃에서 물이 얼음으로 냉각될 때 5.50 kcal의 열에너지가 방출된다.

**실전 연습문제**

물 시료를 증발시키기 위해 1,250 kcal의 열이 필요하다면, 100 ℃의 증기가 물로 응축될 때 얼마나 많은 에너지가 방출될까?

**답:** 1,250 kcal

**개념 문제**

다음 중 더 많은 에너지를 필요로 하는 것을 고르라. (a) 알코올 10.0 g을 20 ℃에서 50 ℃로 가열 (b) 알코올 10.0 g을 50 ℃에서 20 ℃로 냉각

**답:** 부록 G, 3.11 참조

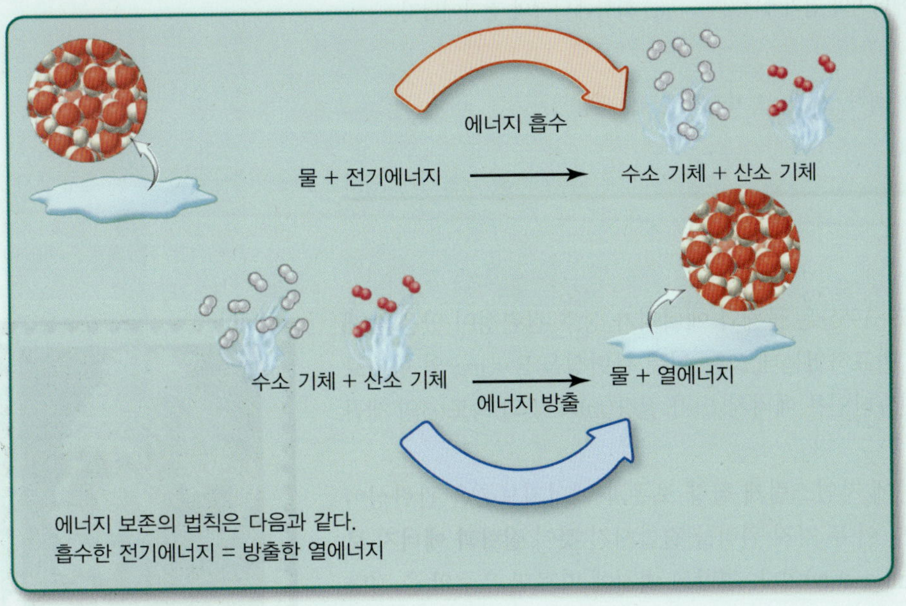


◀**그림 3.16 화학변화에 대한 에너지의 보존**
물에서 수소와 산소 기체로의 화학변화와 그 역과정은 같은 양의 에너지를 포함한다.

만약 우리가 에너지 보존의 법칙을 생각한다면, 주어진 변화로부터 방출된 에너지는 역변화에 필요한 에너지와 같다고 할 수 있다. 예를 들어, 우리는 수소 기체와 산소 기체가 반응하여 1 g의 물을 생성할 때 3.20 Kcal의 열이 방출된다는 것을 실험에서 알 수 있다.

따라서, 1 g의 물을 수소 기체와 산소 기체로 분해하는 역과정에는 3.20 kcal의 열이 필요하다. 전류를 사용하여 물을 두 가스로 분해할 때 필요한 전기에너지는 3.20 kcal에 해당한다. 그림 3.16은 화학변화에 대한 에너지 보존의 법칙을 예로 설명한 것이다.

## 에너지의 형태

에너지는 열, 빛, 화학, 전기, 기계, 핵에너지의 6가지 형태가 있다. 이들 각각은 어떤 에너지 형태에서 다른 에너지 형태로 전환될 수 있다. 예를 들어 태양전지 패널을 이용하여 태양의 빛 에너지를 열에너지로 전환시켜 뜨거운 물로 저장할 수 있다.

우리는 또한 기계에너지를 전기에너지로 전환할 수 있는데, 이는 보다 효율적인 과정이다. 예를 들어, 댐 위로 넘쳐흐르는 물의 기계적 에너지는 차례로 발전기의 터빈을 회전시키는 데 사용된다. 이 수력발전 과정은 거의 90%의 효율을 가진다. 예제 3.12는 에너지의 다양한 형태로의 전환을 보여준다.

### 예제 3.12 에너지의 형태

다음 각각의 전환에 관계된 두 개의 에너지 형태를 나타내보라.
(a) 방사성 방출이 물을 증기로 증발시킨다.
(b) 증기로 터빈을 돌린다.
(c) 터빈이 회전하여 발전기를 작동시킨다.

**해답**

위에 열거한 6가지의 에너지 형태로 언급할 수 있다.
(a) 핵에너지가 열에너지로 전환되었다.
(b) 열에너지가 기계에너지로 전환되었다.
(c) 기계에너지가 전기에너지로 전환되었다.

**실전 연습문제**

다음 각 기구에 포함된 두 가지 에너지 형태를 써보라.
(a) 손전등 (b) 태양광 계산기
(c) 납-산 배터리

**답:** (a) 화학에너지와 빛에너지 (b) 빛에너지와 전기에너지 (c) 화학에너지와 전기에너지

**개념 문제**

다음 중 에너지의 기본 형태가 아닌 것은? : 화학, 전기, 열, 빛, 기계, 핵, 태양

**답:** 부록G. 3.12 참조

## 질량과 에너지의 보존

1905년, 아인슈타인(Albert Einstein, 1879-1955)은 물체와 에너지가 상호 관련성이 있음을 제안한 특수 상대성이론에 관한 논문으로 발표하였는데 그는 이런 관련성을 $E = mc^2$의 형태로 써 나타냈다. 이 유명한 방정식에서 아인슈타인은 에너지($E$)가 질량($m$)과 빛의 속도($c$)의 제곱으로 관계됨을 보여주었다.

질량과 에너지가 관련되어있기 때문에 자연스럽게 질량 보존과 에너지보존은 관련성이 있게 된다. 따라서 보다 정확히 말하자면, 이 두 가지 원리를 결합시킨 것이 **질량과 에너지 보존의 법칙(law of conservation of mass and energy)**이다. 결합된 법칙에 따르면 우주의 총 질량과 에너지는 일정하다. 화학반응에 적용하면 화학변화 전과 후의 총 질량과 에너지가 일정하다는 법칙이 나타난다.

결합된 법칙을 적용함으로써 질량 감소는 그에 걸맞는 에너지 증가로 나타남을 알 수 있다. 비록 미미한 질량 감소에도 이는 엄청난 양의 에너지에 해당될 수 있다. 예를 들어, 0.001 g의 질량 손실은 대형 수영장의 온도를 약 30 ℃ 높이기에 충분한 열에너지를 수반한다. 일반적인 화학반응에 대하여는 질량 손실은 발견되지 않기 때문에 원래의 질량 보존의 법칙은 유효하다.

▲**알버트 아인슈타인**
질량과 에너지 간의 관계는 아인슈타인의 유명한 방정식 $E=mc^2$으로 표현된다.

## Chapter Summary

| 주요 개념 | 학습 목표와 관련 문제 |
|---|---|
| **3.1 물질의 물리적 상태**<br>물질은 세 가지 **물리적 상태(physical states)**: 고체, 액체 그리고 기체로 존재한다. *고체(solid)*는 일정한 형태와 고정된 부피를 갖는다. *액체(liquid)*는 형태는 다양하지만 고정된 부피를 갖는다. *기체(gas)*는 일정하지 않은 형태와 부피를 가진다. 온도가 높아질수록 고체는 액체로 녹고(melt), 그리고 기체로 *증발(vaporize)*한다. 고체에서 기체로 직접 변하는 것을 **승화(sublimation)**라고 한다. 반대로 온도가 낮아질수록 기체는 액체로 *응축(condense)*되고 고체로 *응고(freeze)*된다. 기체로부터 고체로 직접 변하는 것을 **석출(depositon)**이라고 한다. | • 고체, 액체 및 기체 상태 물질 중에서 입자의 움직임을 설명할 수 있다. **관련 문제:** 1-5<br>• 고체, 액체 및 기체 상태 물질에 대한 온도의 영향을 설명할 수 있다. **관련 문제:** 7-11 |
| **3.2 원소, 화합물 및 혼합물**<br>우리는 물질을 그 속성에 따라 분류할 수 있다. **불균일 혼합물(heterogeneous mixture)**은 일정하지 않은 조성과 변할 수 있는 성질을 갖는다. **균일 혼합물(homogeneous mixture)**은 일정한 조성을 가지지만 시료에 따라 성질이 변한다. 예를 들어 **합금(alloys)**, 용액 그리고 기체 혼합물이 여기에 속한다. **물질(substance)**은 **원소(element)** 또는 **화합물(compound)**이다. 물질은 일정한 조성과 일정한 성질을 가진다. | • 원소, 화합물 또는 혼합물로의 시료물질을 분류할 수 있다. **관련 문제:** 13-15 |
| **3.3 원소들의 이름과 기호**<br>1803년 영국의 화학자 존 돌턴은 원소가 **원자(atoms)**라 불리는 더 이상 쪼갤 수 없는 구형 입자들로 구성되어있다고 주장하였다. 1813년 스웨덴의 화학자인 베르젤리우스는 **화학기호(chemical symbol)**를 원소 이름의 약자로서 원소의 첫 번째 문자로 표기할 것을 제안하였다. 예를 들어, 질소는 N으로 표기한다. 또한 그는 만약 같은 문자가 두 개 또는 그이상의 이름으로 시작할 경우 이름속의 두 개의 문자를 사용하도록 하였다. 예를 들어, 니켈은 Ni로 표기한다. | • 일반적인 48개 원소의 이름과 기호를 기억할 수 있다. **관련 문제:** 17-21 |

| 주요 개념 | 학습 목표와 관련 문제 |
|---|---|
| **3.4 금속, 비금속 및 준금속**<br>원소는 **금속(metal)** 또는 **비금속(nonmetal)**으로 분류할 수 있다. 만약 원소를 두드려서 얇은 판이 된다면 이는 전성(malleabel)을 가졌다고 한다. 원소를 가느다란 철사로 늘릴 수 있다면 이는 **연성(ductile)**을 가졌다고 한다. 금속과 비금속 사이의 특성을 갖는 원소를 **준금속(semimetal)** 또는 *반금속(metalloid)*이라고 한다. 모든 원소를 **원자번호(atomic number)** 순으로 배열하고 정리한 것이 **주기율표(periodic table)**이다. 일반적으로 주기율표는 금속이 왼쪽에 있고 비금속이 오른쪽에 있다. | • 금속과 비금속의 특성을 열거할 수 있다. **관련 문제:** 23-25<br>• 주기율표상의 위치로부터 원소의 금속, 비금속 또는 준금속 여부를 예측할 수 있다. **관련 문제:** 27-29<br>• 25 ℃, 대기압에서 원소의 고체, 액체, 또는 기체 여부를 예측할 수 있다. **관련 문제:** 31-33 |
| **3.5 화합물과 화학식**<br>**일정 성분비 법칙(law of definite composition)**은 화합물이 같은 비율로 같은 원소들을 포함한다는 것이다. 화합물의 조성은 **화학식(chemical formula)**에 의해 주어진다. 비타민 C는 화학식 $C_6H_8O_6$을 가지며 한 **분자(molecule)**는 탄소원자 6개, 수소원자 8개, 산소원자 6개로 이루어진다. 따라서 비타민 C의 화학식에 있는 총 원자 수는 20개이다. | • 화학식으로 나타낸 화합물 중 각 원소의 원자 수를 계산할 수 있다. **관련 문제:** 35-39<br>• 화합물에 대한 일정 성분비의 법칙을 응용할 수 있다. **관련 문제:** 41 |
| **3.6 물리적 성질과 화학적 성질**<br>물질의 성질은 물리적 성질과 화학적 성질로 구분된다. **물리적 성질(physical property)**은 색깔, 밀도, 녹는점, 전도도, 용해도, 그리고 물리적 상태를 말한다. **화학적 성질(chemical property)**은 물질과 다른 물질의 화학반응으로 설명할 수 있다. | • 물질의 성질을 물리적 또는 화학적으로 구분할 수 있다. **관련 문제:** 43-49 |
| **3.7 물리변화와 화학변화**<br>물질의 변화는 물리적 변화와 화학적 변화로 구분된다. **물리적 변화(physical change)**는 화학적 조성을 변화시키지 않으며 질량, 부피 또는 물리적 상태의 변화를 말한다. **화학적 변화(chemical change)**는 화학적 조성의 변화를 나타낸다. 화학변화에 대한 증거로 연소, 기체 생성, 용액에서 고체 물질 생성, 열 또는 빛에너지 방출 등이 있다. | • 물질의 변화를 물리적 변화 또는 화학적 변화로 구분할 수 있다. **관련 문제:** 51-57 |
| **3.8 질량 보존**<br>**질량 보존의 법칙(law of conservation of mass)**은 물체가 창조되거나 소멸되지 않는다는 것이다. 이 기본적인 원리는 화학실험실에서 실제로 적용된다. 즉, 생성물의 질량과 반응물의 질량은 같기 때문에 반응으로부터 생성된 물질의 총 질량을 계산할 수 있다. | • 화학변화에 대해 질량 보존의 법칙을 적용할 수 있다. **관련 문제:** 59-61 |
| **3.9 위치에너지와 운동에너지**<br>**물질의 위치에너지(potential energy, PE)**는 화학적 조성과 관련이 있는 반면, 물질의 **운동에너지(kinetic energy, KE)**는 입자의 운동과 관련이 있다. 즉, 고체 물질을 가열해서 온도를 높이면 운동에너지도 증가한다. 온도증가에 따라 입자들은 더 많은 에너지를 얻고 서로의 인력을 이겨내기 시작한다. 우리가 계속 가열하게 되면 결국 고체에서 액체로, 그리고 액체에서 기체로 상태 변화가 일어난다. | • 위치에너지와 운동에너지의 차이를 구분할 수 있다. **관련 문제:** 63<br>• 온도와 운동에너지의 관계를 요약할 수 있다. **관련 문제:** 65<br>• 운동에너지와 물리적 상태의 관계를 요약할 수 있다. **관련 문제:** 67 |
| **3.10 에너지 보존**<br>에너지에는 열, 빛, 화학, 전기, 기계, 핵에너지의 6가지 형태가 있다. **에너지 보존의 법칙(law of conservation of energy)**은 에너지가 창조되거나 소멸되지 않는다는 것이다. 그러나 에너지는 한 가지의 형태에서 다른 형태로 변환될 수 있다. 실제로 화학에너지는 열과 전기에너지를 만드는 데 사용된다. 질량 보존의 법칙 및 에너지 보존의 법칙은 **질량 및 에너지 보존의 법칙(law of conservation of mass and energy)**이라는 단일 원리로 다뤄질 수 있다. 일반적인 화학반응에서는 에너지 변화가 작기 때문에, 이 원리를 무시하고 질량 보존 및 에너지 보존을 나누어 적용할 수 있다. | • 물리변화와 화학변화에 대한 에너지 보존의 법칙을 응용할 수 있다. **관련 문제:** 69-73<br>• 에너지의 형태: 화학, 전기, 기계, 핵, 열 그리고 빛에너지를 이해할 수 있다. **관련 문제:** 75-77 |

## 주요 용어 주요 용어에 대한 답은 부록 H.에 있다.

다음 각 정의에 해당되는 주요 용어를 선택해보라.

_______ 1. 고체, 액체 또는 기체로 존재하는 물질의 조건
_______ 2. 고체에서 기체로 상태의 직접적인 변화
_______ 3. 기체에서 고체로 상태의 직접적인 변화
_______ 4. 일정하지 않은 조성과 다양한 성질을 갖는 물질
_______ 5. 일정 조성을 가지고 있지만 시료에 따라 다른 특성을 갖는 물질; 예: 합금 및 용액
_______ 6. 일정한 조성과 성질을 갖는 물질; 예: 원소 또는 화합물
_______ 7. 2종 이상 금속의 균일한 혼합물
_______ 8. 더 간단한 물질로 분해될 수 있는 물질
_______ 9. 화학 반응에 의해 분해될 수 없는 물질
_______ 10. 원소를 나타내는 가장 작은 입자
_______ 11. 원소의 이름에 대한 약어
_______ 12. 일반적으로 외관에 광택이 있으며, 밀도가 높고 융점이 높으며 열과 전기의 좋은 전도성을 보여주는 원소
_______ 13. 호일(foil) 모양으로 가공할 수 있는 금속의 성질
_______ 14. 철사처럼 잡아 늘릴 수 있는 금속의 성질
_______ 15. 일반적으로 외관에 광택이 없고 낮은 밀도와 낮은 녹는점을 지니며 열과 전기의 전도도가 좋지 않은 원소.
_______ 16. 일반적으로 외관상 금속성이고, 금속과 비금속의 중간 특성을 갖는 원소
_______ 17. 특정 원소를 지칭하는 숫자
_______ 18. 그 특성에 따라 원소들을 정리해놓은 차트
_______ 19. 화합물은 항상 일정한 비율로 같은 원소와 같은 질량을 포함한다는 원칙
_______ 20. 두 개 이상의 비금속 원자로 구성된 단일 입자
_______ 21. 각 원소의 원자 수를 나타내는 화합물 이름의 약어
_______ 22. 화학적 조성의 변화 없이 관찰할 수 있는 물질의 특성
_______ 23. 화학적 변화가 없으면 관찰할 수 없는 물질의 특성
_______ 24. 화학 조성이 바뀌는 물질의 변화
_______ 25. 화학 조성이 바뀌지 않는 물질의 변화
_______ 26. 물질이 그 위치 또는 조성으로 인해 보유한 저장된 에너지
_______ 27. 입자의 질량과 속도에 관련된 에너지
_______ 28. 질량은 창조되거나 소멸될 수 없다는 법칙
_______ 29. 에너지는 창조되거나 소멸될 수 없다는 법칙
_______ 30. 우주의 총 질량과 에너지가 일정함을 나타내는 법칙

(a) 합금 (3.2 절)
(b) 원자 (3.3 절)
(c) 원자 번호 (3.4 절)
(d) 화학변화 (3.7 절)
(e) 화학식 3.5 (3.5 절)
(f) 화학적 특성 (3.6 절)
(g) 화학 기호 (3.3 절)
(h) 화합물 (3.2 절)
(i) 승화 (3.1 절)
(j) 연성 (3.4 절)
(k) 원소 (3.2 절)
(l) 불균일 혼합물 (3.2 절)
(m) 균일 혼합물 (3.2 절)
(n) 운동에너지 (KE) (3.9 절)
(o) 에너지 보존의 법칙 (3.10 절)
(p) 질량 보존의 법칙 (3.8 절)
(q) 질량과 에너지 보존의 법칙 (3.10 절)
(r) 일정 성분비의 법칙 (3.5 절)
(s) 전성 (3.4 절)
(t) 금속 (3.4 절)
(u) 분자 (3.5 절)
(v) 비금속 (3.4 절)
(w) 주기율표 (3.4 절)
(x) 물리 변화 (3.7 절)
(y) 물리적 특성 (3.6 절)
(z) 물리적 상태 (3.1 절)
(aa) 위치에너지 (PE) (3.9 절)
(bb) 준금속 (3.4 절)
(cc) 승화 (3.1 절)
(dd) 물질 (3.2 절)

## 문제 홀수 문제의 해답은 부록 I에 수록하였다.

### 물질의 물리적 상태 (3.1절)

1. 모양과 부피가 고정된 것은 어떤 물리적 상태인가?
3. 모양이 변할 수 있으며 압축성이 큰 물리적 상태는 무엇인가?
5. 밀도가 높으며 입자가 근접 고정되어 있는 물리적 상태는 무엇인가?
7. 다음 각각의 물리적 상태 변화를 설명하는 용어를 쓰라.
   (a) 기체를 액체로 변화 (b) 액체를 고체로 변화
9. 다음 물리적 상태 변화에 가열 또는 냉각이 필요로 하는지 구분하라.
   (a) 기체에서 액체로 변화 (b) 액체에서 고체로 변화
11. 석출 과정에서 가열 또는 냉각이 필요한지 쓰라.

### 원소, 화합물 및 혼합물 (3.2절)

13. 다음 각각을 원소, 화합물, 또는 혼합물로 분류해보라.
   (a) 소듐 금속 (b) 염소 기체
   (c) 염화 소듐 (d) 소금물

15. 다음 각각을 원소, 화합물, 균질 혼합물, 불균일 혼합물로 구분하라.
(a) 구리 선 (b) 구리 광석
(c) 산화 구리 (d) 놋쇠 합금

◀구리 선 구리금속은 전성이 있으며 얇은 철사로 늘일 수 있다.

## 원소들의 이름과 기호 (3.3절)

17. 다음 각 원소에 대한 화학기호를 쓰라.
(a) 리튬 (b) 아르곤
(c) 마그네슘 (d) 망간
(e) 베릴륨 (f) 실리콘
(g) 수은 (h) 티타늄

19. 다음 화학기호 각각에 대한 원소의 이름을 쓰라.
(a) P (b) S
(c) Kr (d) Fe
(e) Sb (f) N
(g) Pt (h) Ag

21. 주기율표를 참조하여 다음 각 항목의 원자번호를 찾아보라.
(a) 수소 (b) 붕소
(c) 알루미늄 (d) 타이타늄
(e) 비소 (f) 스트론튬
(g) 주석 (h) 비스무트

## 금속, 비금속 및 준금속 (3.4절)

23. 다음 각각의 성질이 금속 또는 비금속 중 더 가까운 것을 쓰라.
(a) 빛나는 광택 (b) 낮은 녹는점
(c) 전성
(d) 금속 과 비금속 모두 반응

25. 다음 각각의 성질이 금속 또는 비금속 중 더 가까운 것을 쓰라.
(a) 광택 없는 가루 (b) 무색의 기체
(c) 높은 밀도 (d) 금속과 반응

27. 주기율표를 참조하여 다음 각 원소를 금속, 비금속 또는 준금속으로 구분하라
(a) H (b) He
(c) Hf (d) Ho

29. 주기율표를 참조하여 다음 각 원소를 금속, 비금속 또는 준금속으로 구분하라.
(a) 붕소 (b) 바륨
(c) 베릴륨 (d) 비스무트

31. 주기율표를 참조하여 다음 원소들에 대한 25 ℃ 대기압에서의 물리적 상태를 쓰라.
(a) N (b) Na
(c) Ne (d) Ni

33. 주기율표를 참조하여 다음 원소들에 대한 25 ℃ 대기압에서의 물리적 상태를 쓰라.
(a) 수소 (b) 타이타늄
(c) 플루오린 (d) 브로민

## 화합물과 화학식 (3.5절)

35. 다음 화합물 각각의 분자에 대한 조성을 쓰라.
(a) 콜레스테롤, $C_{27}H_{46}O$ (b) 퀴닌, $C_{20}H_{24}N_2O_2$

37. 다음 화합물 각각에 대한 화학식을 쓰라.
(a) 라이신(아미노산): 탄소 6 개, 수소 14 개, 질소 2 개, 산소 원자 2 개
(b) 메티오닌(아미노산): 탄소 5 개, 수소 11 개, 질소 1 개, 산소 2 개, 그리고 황 원자 1 개

39. 다음 화합물 각각의 분자에 포함된 총 원자 수는 얼마인가?
(a) 구연산(감귤류), $C_3H_4OH(COOH)_3$
(b) 젖산(근육통), $C_2H_4(OH)COOH$

41. 한 병의 물에서 H : O 의 질량비는 1 : 8이다. 10 병의 물에 있는 물의 질량비를 예측하라.

## 물리적 성질과 화학적 성질 (3.6절)

43. 다음 각각이 구리의 물리적 또는 화학적 성질인지 여부를 쓰라.
(a) 금속성 광택 (b) 높은 녹는점
(c) 열 전도 (d) 산소와 반응

◀금박과 구리 막대 금과 구리는 전성 및 연성을 가진 금속이다. 즉, 각각 두드려서 얇은 박을 만들거나 가는 막대로 늘일 수 있다.

45. 다음 각 항목이 물리적 또는 화학적 성질인지 여부를 쓰라.
(a) 산에서 망가니즈의 거품
(b) 은의 전성
(c) 공기 중에서 어둡게 변하는 칼슘
(d) 탄소가 가루로 분쇄 되는 것

47. 다음 각 항목이 물리적 또는 화학적 성질인지 여부를 쓰라.
(a) 전기의 물 분해
(b) 얼음은 물 위에서 뜬다.
(c) 포타슘 금속은 물에서 가라앉는다.
(d) 아세톤은 물에 용해된다.

49. 다음 각 항목이 물리적 또는 화학적 성질인지 여부를 쓰라.
(a) 철은 산화되어 녹이 슨다.
(b) 드라이아이스의 승화
(c) 리튬 금속은 공기 중에서 회색으로 변한다.

(d) 플루토늄은 방사능으로 붕괴한다.

## 물리변화와 화학변화 (3.7절)

51. 다음 각 항목이 물리변화인지 화학변화인지 쓰라.
    (a) 연소 (b) 응축
    (c) 동결 (d) 부식

53. 다음 각 항목이 물리변화인지 화학변화인지 쓰라.
    (a) 알루미늄 호일의 절단 (b) 카라멜화된 설탕
    (c) 타이어에 공기 주입 (d) 불꽃 점화

55. 다음 각 항목이 물리변화인지 화학변화인지 쓰라.
    (a) 아연 금속은 산에서 무색의 기체를 생성한다.
    (b) 니켈은 구리와 함께 5¢ 동전을 합금한다.
    (c) 액체 헬륨은 −269 ℃에서 끓는다.
    (d) 소듐 금속은 염소 가스와 반응한다.

57. 다음 각 항목이 물리변화인지 화학변화인지 쓰라.
    (a) 수은 액체는 은색 고체로 냉각된다.
    (b) 천연가스는 연소할 때 푸른색 불꽃을 나타낸다.
    (c) 암모니아와 구리 용액은 진한 파랑색으로 변한다.
    (d) 설탕 결정이 물에 용해된다.

## 질량 보존 (3.8절)

59. 회색 아연 분말 1.00 g을 노란 황 분말 0.49 g과 반응시키면 황화 아연 생성물의 질량은 얼마나 될까?

61. 만약 10.11 g의 석회석이 열에 의해 분해되어 8.51 g의 고체 산화 칼슘과 이산화 탄소를 생성한다면, 생성되는 이산화 탄소의 질량은 얼마나 될까?

## 위치에너지와 운동에너지 (3.9절)

63. 입자가 가장 낮은 운동에너지를 갖는 물리적 상태는?

65. 온도가 높아지면 운동에너지는 증가하거나 감소하는가?

67. 헬륨 기체가 들어있는 강철 실린더를 50 ℃에서 100 ℃로 가열하면 헬륨 원자의 움직임이 증가하거나 감소하는가?

## 에너지 보존 (3.10절)

69. 0 ℃의 얼음 덩어리는 열을 흡수하여 녹아 물이 된다. 얼음을 녹이기 위해 10.5 Kcal의 열이 필요한 경우 0 ℃에서 물을 얼음으로 얼리려면 얼마나 많은 에너지를 잃어야 하는가?

71. 수은 10.0 g의 시료는 25 ℃에서 356 ℃의 끓는점까지 가열될 때 110 cal의 열을 흡수한다. 그 다음 증발하기 위해 추가로 697 cal을 필요로 한다. 수은 증기가 356 ℃에서 25 ℃로 냉각되면 어느 정도의 에너지를 방출하는가?

73. 수소와 산소 기체의 반응으로 18.0 g의 물이 생성되고 68.2 kcal의 열이 방출된다. 18.0 g의 물을 수소와 산소 기체로 분해하는데 얼마나 많은 에너지가 필요한가?

75. 화석연료 발전소와 관련된 다음 각 에너지의 전환 속에 수반되는 두 가지 에너지 형태를 쓰라.
    (a) 석탄을 태워 물을 증기로 바꾼다.
    (b) 증기로 터빈을 구동한다.
    (c) 터빈이 발전기를 돌린다.
    (d) 발전기가 전기를 만든다.

77. 자동차와 관련된 다음의 각 에너지의 전환 속에 수반되는 두 가지 에너지 형태를 쓰라.
    (a) 피스톤을 움직이는 고온 가스
    (b) 크랭크샤프트에 동력을 공급하는 피스톤
    (c) 발전기를 돌리는 크랭크샤프트
    (d) 배터리를 충전하는 발전기

## 일반 연습문제

79. 1982년 이전에 동전은 구리와 아연의 합금으로 제조했다. 이 동전은 균일 혼합물의 예인가, 불균일 혼합물의 예인가?

81. 가솔린은 탄화수소의 복잡한 혼합물을 함유하고 있다. 가솔린은 불균일 혼합물인가 불균일 혼합물인가?

83. 전자산업에는 규소로 반도체 칩을 제조한다. 주기율표를 참조하여 규소를 대체할 수 있는 원소를 찾아보라.

85. 지구의 지각에서 가장 풍부한 원소 세 가지를 쓰라.

87. 다음 각 원소에 대한 원자번호를 쓰라.
    (a) 철 (b) 구리
    (c) 주석 (d) 납

89. 수소와 질소 기체의 반응은 5.00 g의 암모니아를 생성하면서 3,250 cal의 열을 방출한다. 5.00 g의 암모니아를 수소와 질소 기체로 분해하는 데 얼마나 많은 에너지가 필요한가?

91. 철과 황은 반응하여 황화 철과 열에너지를 생성한다. 실험에 따르면, 철과 황의 질량은 황화 철의 질량과 같다. 이론상, 생성물의 무게가 반응물보다 약간 많아야 하나? 적어야 하나?

93. 아인슈타인의 식 $E = mc^2$에서 각 기호를 정의하라.

## 도전 연습문제

95. 다음이 물리변화인지 화학변화인지 구분해보라: 물리적 상태를 변화시키나, 화학식은 변하지 않는다.

# 3장 자율 테스트

부록 J.에 자율 테스트에 대한 답을 기술하였다.

1. 다음 중 기체 상태의 물질을 표현한 것은 어느 것인가? (3.1절)
   (a) 물질의 형상이 다양하다.
   (b) 물질의 부피가 가변적이다.
   (c) 물질이 크게 압축된다.
   (d) 위의 내용 모두 맞음
   (e) 위의 내용 모두 아님

2. 물은 수소와 산소를 포함한다. 다음 중 물에 대해 설명하는 것은 어느 것인가?(3.2절)
   (a) 화합물 (b) 원소
   (c) 불균일 혼합물 (d) 균일 혼합물
   (e) 위의 내용 모두 아님

3. 다음 중 지구의 지각, 해양 그리고 대기에서 가장 풍부한 10가지 원소가 아닌 원소는 무엇인가?
   (a) 알루미늄 (b) 철
   (c) 산소 (d) 규소
   (e) 은

4. 주기율표를 참조하여 다음 중 어느 원소가 준금속인지 찾아보라.(3.4절)
   (a) Al (b) Ca
   (c) Te (d) Ti
   (e) Zn

5. 백반, $Al_2(SO_4)_3$은 소량의 출혈을 멈추기 위해 지혈심 속에 사용된다. 백반의 화학식에 있는 원자 수는 얼마인가?(3.5절)
   (a) 10 (b) 12
   (c) 14 (d) 17
   (e) 21

6. 휘발유의 다음 성질 중 어느 것이 화학적 성질인가?(3.6절)
   (a) 무색의 액체 (b) 공기와 연소
   (c) 밀도, 0.70 g/mL (d) 끓는점, 97 ℃
   (e) 수 불용성

7. 다음중 화학변화의 예는 어느 것인가?(3.7절)
   (a) 응축 (b) 결정화
   (c) 산화 (d) 승화
   (e) 위의 내용 전부 아님

8. 마그네슘 2.43 g이 산소와 반응하여 산화 마그네슘 4.03 g을 생성한다면, 반응에 참여하는 산소 기체의 질량은 얼마인가?(3.8절)
   (a) 1.60 g (b) 2.43 g
   (c) 4.03 g (d) 6.46 g
   (e) 주어진 정보로 예측할 수 없음

9. 기체가 냉각 될 때 기체 분자의 운동에너지는 어떻게 되는가?(3.9절)
   (a) 운동에너지는 증가함
   (b) 운동에너지는 감소함
   (c) 운동에너지는 일정하게 유지됨
   (d) 운동에너지는 기체에 의존함
   (e) 위의 내용 모두 아님

10. 원자력 발전소는 방사성 물질인 우라늄을 사용하여 물을 증기로 전환한다. 증기는 전기를 생산하기 위해 발전기를 돌리는 터빈을 구동시킨다. 우라늄과 증기가 나타내는 두 가지 에너지 형태는 무엇인가?(3.10절)
    (a) 화학에너지와 기계에너지 (b) 화학에너지와 열에너지
    (c) 전기에너지와 열에너지 (d) 핵에너지와 열에너지
    (e) 핵에너지와 기계에너지

## 주요 개념

11. 다음 그림 각각의 개념에 해당되는 물리적 상태(고체, 액체 또는 기체)를 쓰라.

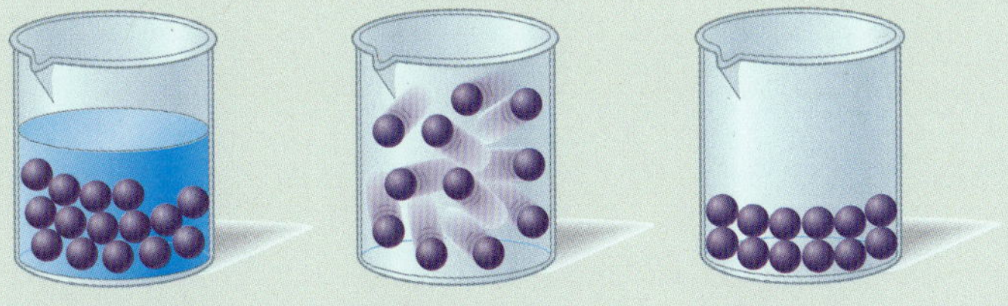

(a) (b) (c)

12. 다음을 각 원소, 화합물, 균일혼합물, 또는 불균일 혼합물로 분류하라.
    (a) 철광석 (b) 산화 철
    (c) 철 금속 (d) 철 합금

13. 황의 광석(사진)과 분자(모형)을 원소, 화합물, 균일 혼합물 또는 불균일 혼합물로 분류해보라.

14. 아스피린의 모형을 보고 분자식을 구하라. 보여준 모형에서, 검은색 구는 C 원자, 흰색 구는 H 원자, 그리고 빨간색 구는 O 원자

## 비판적 사고

15. 물 위에 떠 있는 얼음은 균일 혼합물 또는 불균일 혼합물의 예인가?
16. 다음 화합물 중 어느 것이 코발트 금속과 유사한 물리적, 화학적 성질을 갖는가? : CoO, $Co_2O_3$, or $Co(NO_3)_3$
17. 놀이터에서 흔들리는 기구를 볼 때 위치에너지가 최소이고 운동에너지가 최대일 때는 언제인가?
18. 롤러코스터를 탈 때를 예로 들어, 위치에너지가 최대이고 운동에너지가 최소일 때는 언제인가?
19. 태양이 7.00 톤의 수소를 6.95 톤의 헬륨으로 전환하면 질량 보존의 법칙에 위반되는 것인가?
20. 어느 보존의 법칙이 수소와 헬륨의 전환반응에 대한 질량 차이를 설명할 수 있는가?

CHAPTER 4

# 원자모형

*"혼란없이 양자역학을 이해할 수 있다고 말하는 사람은 최소한 그 개념도 이해하지 못한 것이다"*

덴마크 물리학자, 보어(Bohr)
(1885~1962)

4 **Be** Beryllium

**원소 4: 베릴륨**

베릴륨은 항공기, 미사일, 인공위성을 제조하기 위한 항공우주산업에 사용되는 경금속이다. 베릴륨-구리 합금은 유일하게 스파크 방지를 위한 공구를 만들기 위해서 사용된다. 부가적으로 베릴륨은 중성자의 좋은 반사체이고, 핵 반응기 응용에도 사용된다.



원자에 대한 개념은 B.C. 450년경 그리스에서 시작되었다. 그 당시에 물질과 운동이 연속적인지 불연속적인지가 중요한 관심사 중의 하나였다. 그리스의 위대한 철학자 데모크리토스(Democritus)는 물질(matter)은 불연속적(discontinuous)이고 무한히 나누어질 수 없는 것이라고 제안하였다. 그는 어떤 점에서 기본적이고 나누어질 수 없는 입자에 도달된다고 믿었다. 그는 이 궁극적인 입자를 더 이상 나누어질 수 없다는 그리스어 atomos에서 유래한 원자(atom)라고 불렀다.

B.C 350년경, 그 당시 철학에 가장 영향력 있는 철학자인 아리스토텔레스(Aristotle)는 물질과 운동은 둘 다 연속적이라고 주장하였다. 그는 물질은 무한히 나누어질 수 있고, 하물며 아무리 작은 입자라 할지라도 더 나누어 질 수 있다고 주장하였다. 아리스토텔레스(Aristotle)의 영향력은 매우 강력하여 원자의 존재에 대하여 종지부를 찍게 하고, 21세기까지 그 효과를 발휘하고 있다.

## 4.1 돌턴의 원자 모형

**학습 목표**

▶ 돌턴의 원자 모형을 기술할 수 있다.

1803년 신중한 영국 학교의 선생님인 돌턴(John Dalton, 1776-1844)은 20세기 전에 데모크리토스가 주장했던 것과 같은 물질의 불연속적인 성질을 제안하였다. 그러나 그리스 시대와는 달리 돌턴은 입자의 존재를 실험으로서 제시하였다. 비록 그는 뛰어난 과학자는 아니지만, 그 이전 3명의 위대한 과학자들의(Boyle, Lavoisier, Proust) 연구 결과를 기초로 하여 입자의 존재를 확신하였다.

돌턴은 질량 보존과 일정 성분비의 법칙에 기초하여 물질은 원자로 구성되었다고 제안하였다. 두 가지 원소는 한 가지 방법 이상으로 결합한다는 푸루스트(Proust)의 실험을 인용하여 보일은 배수 비례의 법칙을 공식화하였다. 예를 들면, 탄소와 산소는 CO와 $CO_2$로 결합할 수 있다.

17세기에 영국의 유명한 물리학자 보일(Boyle)은 실험을 통하여 기체는 아주 작은 입자로 구성되었다는 결론을 내렸고 돌턴은 보일의 결론을 확대하여 모든 물질은 입자로 구성되어 있다고 제안하였다. 보일의 실험에 더불어 돌턴은 다음 두 가지의 다른 질량 보존의 법칙과 일정 성분비의 법칙의 과학적 원리를 믿고 있었다.

1789년 프랑스의 유명한 화학자 라부아지에는 **질량 보존의 법칙**(the law of conservation of mass)을 완성하였다. 라부아지에는 조심스럽게 반응 전후의 물질의 무게를 측정한 결과 물질은 생성되지도 소멸되지도 않는다는 사실을 입증해 보였다. 비록 원자가 너무 작아 무게를 직접 측정할 수는 없을지라도 이 원리는 화학변화가 일어날 경우 물질의 양을 예측하는 데 적용할 수 있다. 1799년 프랑스의 또 다른 유명한 화학자 프루스트는 화합물이 항상 동일한 질량비로 같은 원소를 포함하고 있다는 **일정 성분비의 법칙**(the law of definite composition)을 완성하였다.

## 주요 과학자 돌턴(John Dalton)

**Q: 돌턴은 퀘이커교(Quaker)의 신자로서 진홍색 옷을 입는 것이 금지되어 있는데, 옥스포드(Oxford) 대학교로부터 진홍색 예복을 입고 명예 학위를 받는 것을 어떻게 수용할 수 있었을까?**

돌턴(Dalton)은 독실한 종교 집안의 직조공 아들로 태어났다. 12세에 퀘이커 학교에서 배움을 시작하였으며 자연과학에 대한 흥미를 키웠다. 그는 기상학에 가장 많은 관심을 가지고 일생 동안 매일 그의 고향인 영국 맨체스터의 대기 상태를 기록하였다.

◀ 돌턴 (1766 – 1844)

누구 말을 들어도, 돌턴은 감정을 불러일으키는 강사가 아니었으며, 색맹 때문에 연구자로서 지장을 받았다. 그는 가난한 경제 여건으로 단지 기본적 교육만을 받았지만, 정확하고 끈기있는 업무 습관으로 이를 극복하였다. 돌턴이 날씨에 대하여 매일 매일 연구한 결과, 공기는 기체 입자로 구성되었다는 그 이전의 보일(Robert Boyle)과 뉴톤(Isaac Newton)과 같은 결론에 도달하게 되었다. 시간이 흐른 후, 그는 그의 원자설을 다음과 같이 세우기 시작하였다.

일정 성분비의 법칙에 따르면, 탄소와 산소는 항상 같은 질량비로 반응하여 이산화 탄소를 생성한다. 돌턴은 탄소 원자 한 개와 산소 원자 두 개가 반응하여 $CO_2$ 분자를 생성한다고 제안하였다.

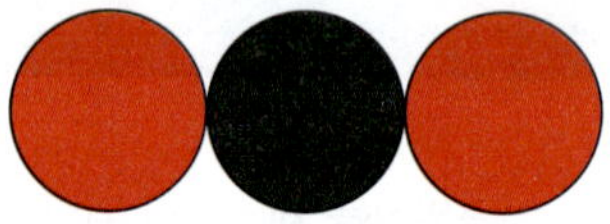

Carbon dioxide, $CO_2$ ◀ 이산화 탄소, $CO_2$

마찬가지로, 그는 수소 원자 두 개와 산소 원자 한 개가 반응하여 하나의 $H_2O$ 분자를 생성한다고 제안하였다.

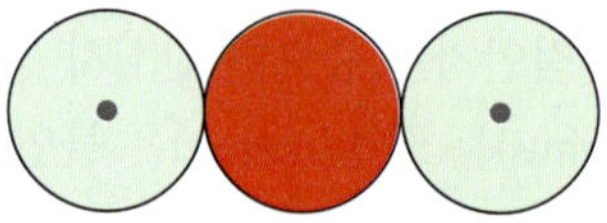

Water, $H_2O$ ◀ 물, $H_2O$

마침내, 돌턴은 물속의 수소 원자 두 개는 이산화 탄소 중의 산소 원자 하나씩에 치환될 수 있다고 생각하였다. 이것은 탄소 원자 하나와 수소 원자 네 개를 갖는 분자가 되어 $CH_4$로 된다. 그 당시 이 화합물은 습지 기체(marsh gas)라고 알려져 있으나, 현재는 메테인(메탄)으로 알려져 있다.

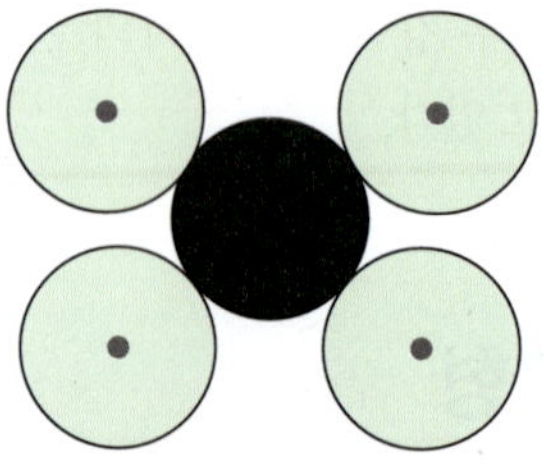

Methane, $CH_4$ ◀ 메테인, $CH_4$

돌턴은 실험을 통하여 메테인에서 탄소와 수소가 1 : 4의 비로 결합하는 것을 실제 발견하였다. 이러한 발견은 그의 예상과 완전히 일치하였다. 그러므로 돌턴은 실험적 근거로 원자설을 뒷받침하였다.

**A:** 돌턴은 그가 색맹이어서 예복이 회색으로 보였기 때문에 퀘이커 교리를 위반한 것이 아니라고 합리화하였다.

돌턴은 초기에 영국 맨체스터의 *문학과 철학 학회(Literary and Philosophical Society)*에 원자의 존재에 대한 증거를 논문으로 게재하였다. 그는 원소는 아주 작고, 쪼갤 수 없으며, 파괴될 수 없는 입자로 구성되어 있다고 제안하였다. 더구나 화합물은 2개 또는 그 이상의 다른 원소가 간단하게 결합하는 것이라고 주장하였다. 1808년에 돌턴은 「*화학 철학의 새로운 체계(A New System of Chemical Philosophy)*」라는 그의 고전적 교과서에 원자설을 발표하였다.

놀랄 만큼 짧은 기간에 원자설은 자연과학계에서 일반적으로 받아들이게 되었다. 이 이론을 요약하면 다음과 같다.

1. 원소는 원자라 불리는 아주 작고, 더 이상 쪼갤 수 없으며, 파괴될 수 없는 입자로 되어있다.
2. 한 원소의 모든 원자들은 동일하고, 동일한 성질을 갖는다.
3. 다른 원소의 원자들은 결합하여 화합물을 형성한다.
4. 화합물은 작은 정수비로 원자를 포함한다.
5. 원자들은 하나 이상의 비로 결합하여 다른 화합물을 형성할 수 있다.

앞으로 공부 하겠지만 돌턴의 첫 번째 두 가설은 정확하지 않다. 그렇지만 원자설은 물질의 성질을 이해하는 중요한 단계이다.

## 4.2 톰슨의 원자 모형

학습 목표

- ▶ 톰슨의 건포도–푸딩 원자 모형을 기술할 수 있다.
- ▶ 전자와 양성자의 상대 전하를 기술할 수 있다.

1800년대 말경 원자는 전혀 쪼개질 수 없는가에 대해 동요하기 시작하였다. 기체를 포함하고 있는 밀봉된 유리관으로부터 그러한 증거가 나타났다. 전기가 통하자 유리관은 빛을 발하며 광선을 방출한다. 다른 기체를 관에 넣으면 유리관은 다른 색깔의 빛을 띤다. 결과적으로 음으로 하전된 입자인 **전자**(electron, 기호 $e^-$)와 양으로 하전된 입자인 **양성자**(proton, 기호 $p^+$)를 발견하였다. 전자는 상대 전하가 -1이고, 양성자는 그의 반대이며 같은 크기인 +1전하를 갖는다.

1903년 톰슨(J. J Thomson, 1856~1940)이 원자의 구성 모형을 제안하였다. 이 모형은 음으로 하전된 전자를 양으로 하전된 원자가 포함하는 것으로 묘사하였다. 톰슨은 영국의 건포도-푸딩 속의 건포도와 비슷한 방법으로 양전하의 균일한 구 내부에 전자가 있는 것으로 나타내었다(그림 4.1). 그러므로 톰슨의 제안은 일반적으로 원자에 대한 *건포도-푸딩 모형(plum-pudding model or raisin-pudding model of atom)*이라고 알려졌다.

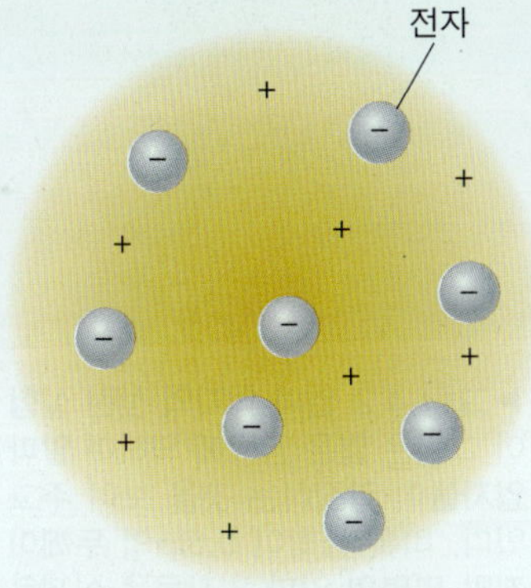


▲**그림 4.1 톰슨의 원자 모형**
원자는 양으로 하전된 공처럼 그려졌다. 공 속에 있는 작은 음의 입자들은 전자들을 나타낸 것이다.

원래 톰슨은 전자와 양성자의 상대적 전하 대 질량비를 결정할 수 있을 뿐이었다. 1911년, 5년간의 지독한 연구 결과 미국의 물리학자 밀리컨(Robert Millikan, 1868~1953)은 전자의 실제 전하를 결정하였다. 이 전하값으로 부터 톰슨은 전자와 양성자의 질량을 구할 수 있었다. 그는 전자의 질량을 $9.11 \times 10^{-28}$ g으로 양성자의 질량을 $1.67 \times 10^{-24}$ g으로 계산하였다.

**주 의** 톰슨은 그의 학문적 연구를 케임브리지(Cambridge) 대학교에서 하였으며, 27세에 유명한 캐번디쉬(Cavendish) 연구소의 책임자가 되었다. 1906년 전자에 관한 그의 업적으로 노벨 물리학상을 수상하였으며, 2년 후 기사 작위를 받았다. 톰슨의 공적은 널리 7명의 제자들과 조수들이 노벨상을 받을 수 있도록 한 것이었다.

## 4.3 러더포드의 원자 모형

학습 목표

- ▶ 러더포드의 원자에 대한 핵 모형을 설명할 수 있다.
- ▶ 전자, 양성자, 중성자의 상대 전하와 근사 질량을 기술할 수 있다.

러더포드(Ernest Rutherford, 1871~1937)가 뉴질랜드에 있는 그의 아버지 농장에서 감자를 캐고 있을 때, 케임브리지 대학교에서 장학금을 타게 되었다는 소식을 접하게 되었다. 그는 결혼을 하기 위하여 첫 번째 장학금을 거절하였기 때문에 실제로 이번이 두 번째로 타게 되는 것이다. 24세의 러더포드는 결혼 계획을 연기하고 즉시 영국으로 출발하였다.

케임브리지 대학에서 러더포드는 원자구성 입자를 연구하였으며, 톰슨에게서 박사학위를 획득하였다. 졸업 후 러더포드는 캐나다의 맥길(McGill) 대학교에 가서 방사능의 새로운 분야에 관하여 연구하였다. 이 연구는 원자구성 입자와 에너지를 방출하는 불안정한 원자에 관한 것이었다. 1년 후 뉴질랜드로 돌아가 결혼을 하고 영국의 맨체스터 대학으로 되돌아왔다. 거기에서 그는 방사능에 관한 연구를 계속하였으며, 두 가지 형태의 방사선에 대한 알파선과 베타선이라는 용어를 만들어 냈다. 그는 자기장에 영향을 받지 않는 세 번째 형태의 방사선을 발견하였는데 이것을 감마선이라고 하였다. 1908년 러더포드는 방사선에 관한 그의 연구 업적으로 노벨 화학상을 수상하였다.

1906년 러더포드는 알파선이 전자를 제거한 헬륨 원자와 일치하는 입자를 포함하고 있다는 것을 발견하였다. 그는 알파선을 얇은 금박에 충돌하게 하는 실험을 하였다. 예상했던 대로, 입자들은 금박을 똑바로 통과하거나 때때로 약간 휘어졌다(그림 4.2). 이 관찰은 원자의 건포도-푸딩 모형이 균일한 구로 나타내었기 때문에 합당하게 보였다.

몇년 후 원자의 진짜 모습이 밝혀졌다. 그 실험을 행했던 사람은 러더포드의 조수이며 가이거(Geiger) 계수기의 발명가인 한스 가이거(Hans Geiger)였다. 여기에 러더포드 자신의 말로 실험에 대하여 기술한 것이 있다. :

> 어느 날 Geiger가 나에게 와서 "내가 방사능 체계를 가르치고 있는 젊은 Marsden이 작은 연구를 해야한다고 생각하지 않습니까?"라고 말했다. 이때 나도 그렇게 생각했으므로 그에게 "알파 입자가 넓은 각도로 흩어질 수 있는지를 그에게 알아보게 하는 것이 어떠한가?"라고 말했다. 나는 알파 입자들이 그럴 것이라고는 믿지 않았다고 자신 있게 말할 수 있는데, 그것은 알파 입자란 막대한 에너지를 가진 매우 빠른 거대한 입자로 알고 있었기 때문이다. 그리고 나는 며칠 후 가이거가 흥분에 찬 상태로 나에게 와서 "되돌아오는 약간의 알파 입자를 얻을 수 있었습니다."라고 말한 것을 기억한다. 이것은 분명히 내 인생에서 가장 믿을 수 없는 사건이었다. 그것은 마치 누군가 15인치짜리 포탄을 박엽지(薄葉紙, tissue paper)에 쏘면 포탄이 다시 돌아와 그를 때린 것과 마찬가지로 믿을 수 없는 일이었다.

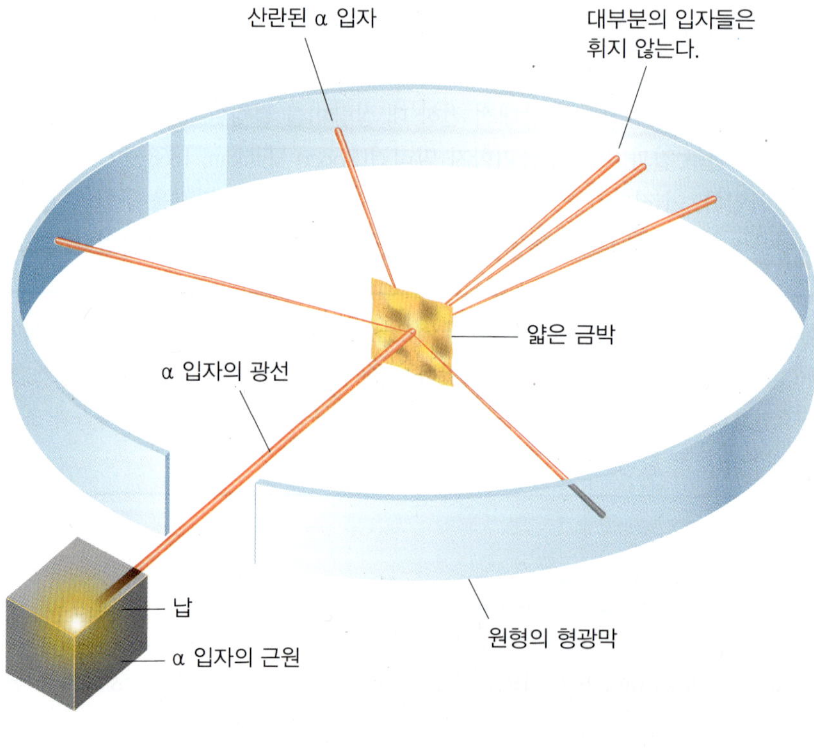


**▶그림 4.2 알파 입자의 산란 실험** 이 그림은 얇은 금박에 의하여 알파 입자들이 굴절하는 것을 보여 주고 있다. 비록 금박이 0.5㎛의 두께이지만 몇몇의 알파 입자들은 실제로 되돌아 간다.

러더포드는 알파 입자의 산란에 대한 결과를 다음과 같이 해석하였다. 그는 대부분의 알파 입자는 금박을 통과하여 직진하는데, 그 이유는 원자는 이리저리 움직이는 전자들로 채워져 있어서 대부분 텅 빈 공간이기 때문이라고 하였다. 그러나 원자의 중심부에는 양성자를 포함하는 **원자핵**(atomic nucleus)이 존재한다. 러더포드는 원자와 비교하여 핵은 매우 작으며, 매우 고밀도를 가진 것으로 추론해 내었다. 다시 거꾸로 돌아온 알파 입자는 조밀한 핵에 충돌한 후 되돌아온 것이다. 금박에서 원자핵에 의한 알파 입자의 산란(scattering)은 그림 4.3에 나타내었다.

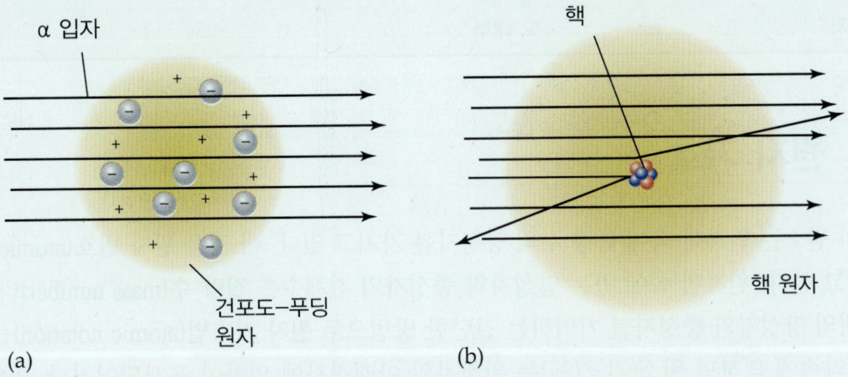


◀ **그림 4.3 알파 입자의 산란 설명**
(a) 강력한 알파 입자는 균일한 건포도–푸딩 금 원자를 통과한다.
(b) 알파 입자는 양전하이므로 휘어진다. 러더포드는 금 원자는 조밀하고 양전하를 띤 핵을 가졌다고 올바르게 합리화시켰다.

1911년에 러더포드는 새로운 원자 모형을 제시했다. 그는 음으로 하전된 전자는 양으로 하전된 핵 주위에 분포되어 있다고 제안하였다. 러더포드는 원자와 원자핵의 크기를 추정할 수 있었다. 그는 하나의 원자는 약 $1 \times 10^{-8}$ cm의 지름을 가지며, 핵은 약 $1 \times 10^{-13}$ cm의 지름을 가진다고 계산했다. 원자의 러더포드 모형은 그림 4.4에 설명하였다.

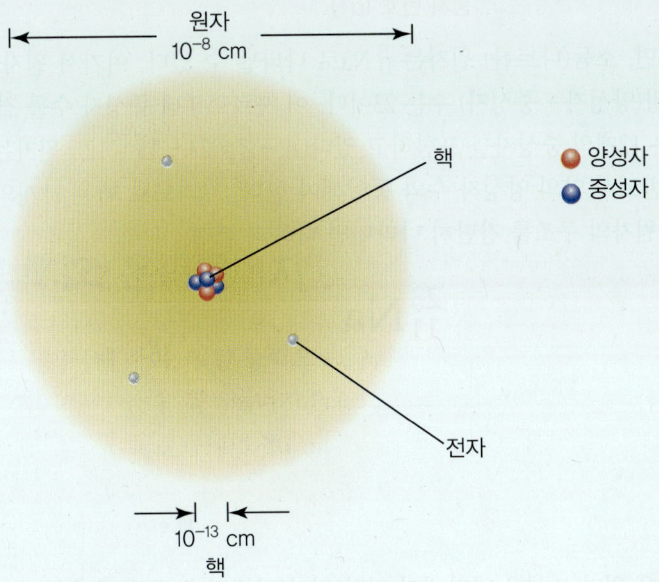


◀ **그림 4.4 러더포드의 원자 모형**
대부분은 원자 질량의 핵에서 발견된다. 원자의 크기가 핵의 크기보다 약 100,000배 크므로 원자와 핵을 크기의 척도로 나타낸 것이 아님을 기억하라.

이들 지름이 대단히 작고 알아보기 어려우므로, 원자와 원자의 핵을 표현하기 위하여 다음과 같은 유추법을 이용해 보기로 하자. 원자의 크기를 핵의 크기와 비교하면 km대 cm의 비율이다. 게다가, 만약 원자가 야구장만큼 크다면, 핵은 작은 대리석 만한 크기가 될 것이다. 이 유추법은 극소수의 알파 입자가 얇은 박막 속의 금핵에 의해 분산되는 이유를 분명히 밝힌 것이다.

핵의 무게 때문에, 러더포드는 핵이 양성자 외에 중성 입자도 포함하고 있다고 예측하였다. 20년 후 러더포드의 제자들 중 한 명이 알아내기 어려웠던 중성 입자를 발견했다. 1932년에 채드윅크(James Chadwick, 1891~1974)는 **중성자**(neutron ; $n^0$)를 발견하였고 3년 뒤 물리학 분야에서 노벨상을 수상하였다. 전자, 양성자 그리고 중성자에 대한 자료는 표 4.1에 나타내었다.

**표 4.1 원자구성 입자**

| 원자구성 입자 | 기호 | 위치 | 상대 전하 | 상대 질량 |
|---|---|---|---|---|
| 전자 | $e^-$ | 핵 외부 | −1 | 1/1836 |
| 양성자 | $p^+$ | 핵 내부 | +1 | 1 |
| 중성자 | $n^0$ | 핵 내부 | 0 | 1 |

**학습 목표**

- 주어진 원자 기호법에 따라 양성자, 중성자, 전자를 표시할 수 있다.
- 주어진 동위원소에 중성자 수를 나타낼 수 있다.

## 4.4 원자 기호

각각의 원소는 원자핵 속에 특정 수의 양성자를 가지고 있다. 이 값을 **원자 번호**(atomic number)라고 한다. 원자핵 속에 있는 양성자와 중성자의 전체수를 **질량 수**(mass number)라 한다. 원자핵의 양성자와 중성자를 기억하는 간단한 방법으로 **원자 기호법**(atomic notation)을 이용한다. 약속에 의하면 원소 기호(Sy)는 위첨자와 아래첨자에 의하여 표시되어진다. 아래첨자로 표시된 Z는 원자 번호를 나타낸다. A로 나타내는 위첨자는 질량 수를 나타낸다.

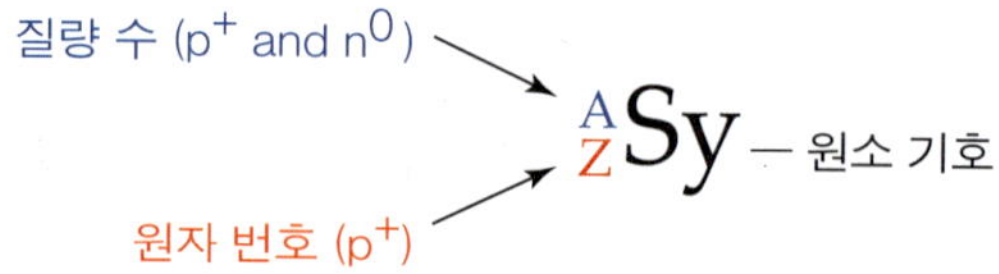


예를 들면, 소듐(나트륨) 원자는 $^{23}_{11}Na$로 나타낼 수 있다. 여기서 원자 번호(양성자) 수는 11이고, 질량(양성자 + 중성자) 수는 23이다. 이 자료로부터 중성자 수를 결정할 수 있다. 소듐 원자의 핵은 12개의 중성자를 포함하고 있다($A - Z = 23 - 11 = 12$). 원자는 중성이므로, 음의 전자 수는 반드시 양의 양성자 수와 동일해야 한다. 그러므로 핵은 11개의 전자로 둘러 싸여 있다. 소듐 원자의 구조를 간단히 나타내면 다음과 같다.

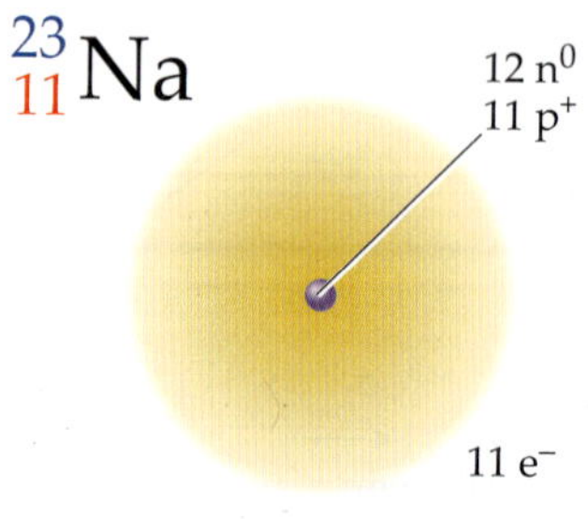


예제 4.1은 원자 조성을 나타내기 위한 원자 기호법에 대한 해석을 더 설명한 것이다.

### 예제 4.1 원자 기호법

다음에 주어진 원자 기호법에서, 양성자, 중성자 그리고 전자 배치를 보여줄 수 있는 그림을 그려라.

(a) $^{19}_{9}F$ (b) $^{109}_{47}Ag$

**해답**

전자로 둘러싸여 있는 핵 속에 양성자와 중성자를 나타냄으로써 원자에 대한 그림을 그릴 수 있다.

(a) 원자 번호는 9이고 질량 수는 19이므로, 중성자 수는 10(19 − 9)이다. 양성자 수가 9이므로 전자 수도 9이어야 한다.

$^{19}_{9}F$

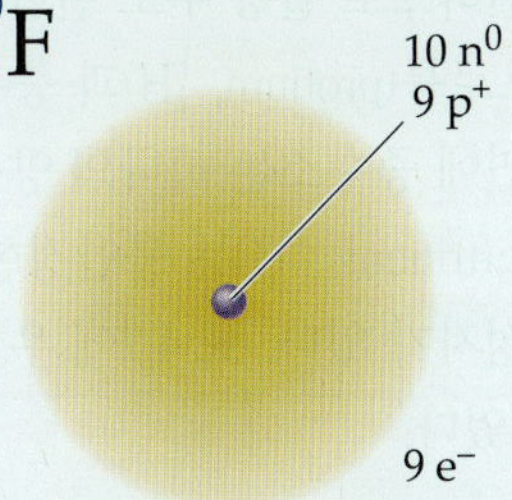


(b) 원자 번호가 47이고 질량 수가 109이므로, 중성자 수는 62(109 − 47)이다. 양성자 수가 47이면 전자 수도 47이어야 한다.

$^{109}_{47}Ag$

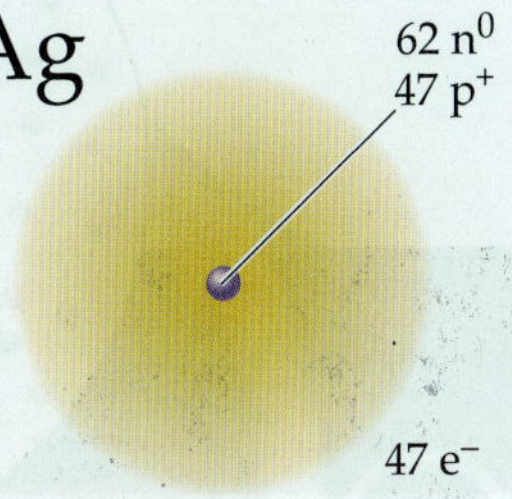


### 실전 연습문제

주어진 다음의 그림에서, 원자 기호법을 이용하여 핵을 나타내어라.

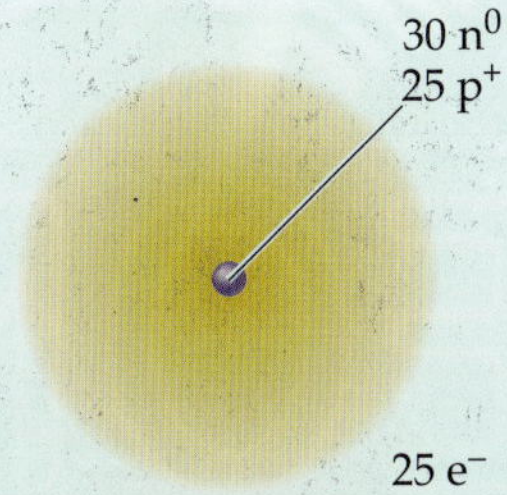


**답:** $^{55}_{25}Mn$

### 개념 문제

다른 원소의 원자는 같은 원자 번호를 가질수 있는가?

**답:** 부록 G, 4.1 참조

## 동위원소

대략 20개 정도의 원소만이 일정한 중성자 수를 갖고 자연에 존재한다. 대부분의 원소는 원자핵 내의 중성자 수가 다르다. 같은 원소의 원자가 핵 내에 다른 중성자 수를 갖는 원자를 **동위원소(isotope)**라고 부른다.

**표 4.2 자연에 존재하는 안정한 10개 원소의 동위원소**

| 원자 번호 | 질량 수 | 원자 기호 | 원자 번호 | 질량 수 | 원자 기호 |
|---|---|---|---|---|---|
| 1 | 1 | $^{1}_{1}H$ | 6 | 13 | $^{13}_{6}C$ |
| 1 | 2 | $^{2}_{1}H$ | 7 | 14 | $^{14}_{7}N$ |
| 2 | 3 | $^{3}_{2}He$ | 7 | 15 | $^{15}_{7}N$ |
| 2 | 4 | $^{4}_{2}He$ | 8 | 16 | $^{16}_{8}O$ |
| 3 | 6 | $^{6}_{3}Li$ | 8 | 17 | $^{17}_{8}O$ |
| 3 | 7 | $^{7}_{3}Li$ | 8 | 18 | $^{18}_{8}O$ |
| 4 | 9 | $^{9}_{4}Be$ | 9 | 19 | $^{19}_{9}F$ |
| 5 | 10 | $^{10}_{5}Be$ | 10 | 20 | $^{20}_{10}Ne$ |
| 5 | 11 | $^{11}_{5}Be$ | 10 | 21 | $^{21}_{10}Ne$ |
| 6 | 12 | $^{12}_{6}C$ | 10 | 22 | $^{22}_{10}Ne$ |

동위원소에서 중성자 수가 변하므로 질량 수도 변한다. 예를 들면, 수소는 두 개의 안정한 동위원소가 자연에 존재한다. 프로튬(protium, $^{1}_{1}H$)과 중수소(deuterium, $^{2}_{1}H$)이다. 프로튬은 단지 양성자가 하나인 핵이며, 반면에 중수소는 하나의 양성자와 하나의 중성자를 갖는다. 수소의 세 번째 동위원소인 삼중수소(tritium, $^{3}_{1}H$)는 불안정한 방사성 원소이다. 삼중수소는 핵 속에 하나의 양성자와 두 개의 중성자가 있다. 표 4.2에 우선 10개의 원소에 대하여 자연에 존재하는 안정한 동위원소를 나타내었다.

**▶네온 동위원소** 네온 원소는 자연에 세 가지 동위원소(Ne-20, Ne-21, Ne-22)가 있다. Ne-20이 가장 많이 존재하는 동위원소이며 네온의 원자질량은 20.18 amu이다.

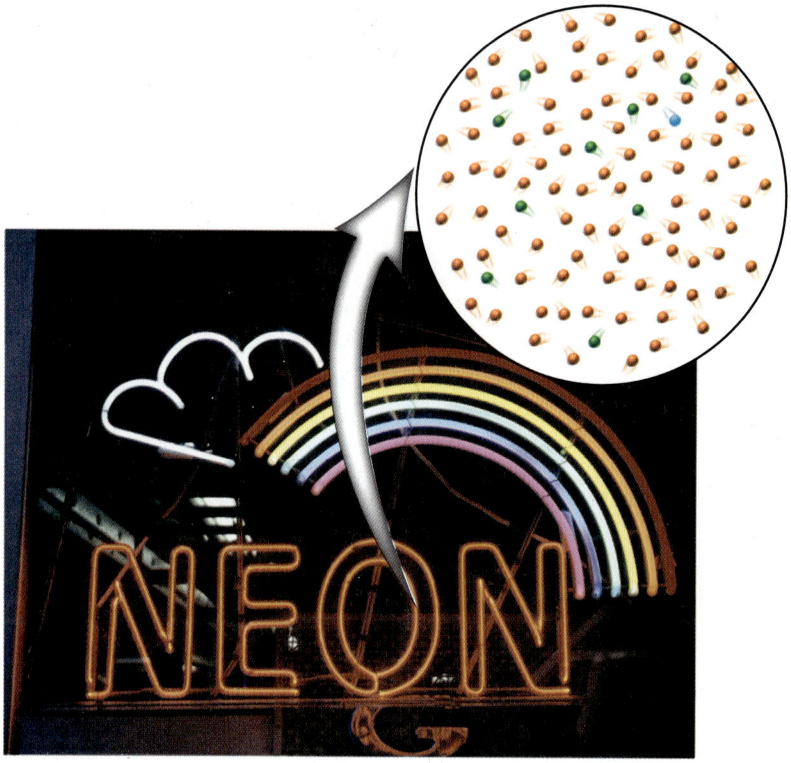


예를 들면, 탄소-12와 같이 질량 수를 원소 이름에 붙여서 표시하여 종종 동위원소를 나타낸다. 원자 기호법으로 쓰기 위해서는 원자 번호를 반드시 알아야 한다. 이 책에서 원자 번호는 주기율표의 원소 기호 상단에 나타나 있다. 책에 나타낸 표를 참조하면, 탄소의 원자 번호는 6이다. 그러므로 탄소-12의 원자 표기법은 $^{12}_{6}C$이다.

예제 4.2는 원자 기호와 원자핵의 조성과의 관계를 더 설명한 것이다.

## 예제 4.2 동위원소의 핵 조성

다음에 있는 동위원소의 각 원자에서 양성자 수와 중성자 수를 설명하라.

(a) $^{37}_{17}Cl$ (b) 수은 - 202

**해답**

아래첨자는 원자 번호($p^+$)를 나타내고, 위첨자는 질량 수($p^+$와 $n^0$)를 각각 나타낸다.

(a) $^{37}_{17}Cl$은 17의 $p^+$와 20개의 $n^0$을 가진다(37 - 17 = 20).

(b) 주기율표에서 수은의 원자 번호는 80이다. 따라서 원자 기호법으로 $^{202}_{80}Hg$이며, 80 $p^+$와 122 $n^0$를 나타낸다. (202 - 80 = 122).

**실전 연습문제**

다음의 동위원소에서 각 원자의 양성자 수와 중성자 수를 말하라.

(a) $^{120}_{50}Sn$ (b) 우라늄 - 238

**답:**

(a) 50 $p^+$와 70 $n^0$ (b) 92 $p^+$와 146 $n^0$

**개념 문제**

원소가 다른 원자는 질량 수가 같을 수 있을까?

**답:** 부록 G, 4.2 참조

**주 의** 일반적으로 한 원소의 동위원소들의 특성은 비슷하다. 탄소-12 원자를 예를 들면, 핵 속에 6개의 양성자와 6개의 중성자를 가지고 있다. 만약 중성자 하나에 의하여 질량 수가 증가한다면 탄소-13 원자가 된다. 질량이 약간 변하였을 뿐 탄소-12와 탄소-13의 특성들은 거의 동일하다.

반면에 탄소-12의 원자 번호에 양성자 하나가 증가하면 질소-13의 원자가 된다. 양성자가 추가될 경우에는 특성이 근본적으로 변화된다. 탄소는 자연 상태에서 석탄, 다이아몬드, 흑연으로 존재하지만, 질소는 대기 상태에서 무색 무취의 기체이다.

## 4.5 원자질량

**학습 목표**

- 상대적 원자질량의 개념을 설명할 수 있다.
- 자연에 존재하는 동위원소의 함량과 질량이 주어진 원소에 대하여 원자질량을 계산할 수 있다.

물론 원자들은 너무 작기 때문에 저울로 직접 무게를 달 수 없다. 예를 들면, 탄소 원자의 질량은 $1.99 \times 10^{-23}$g이다. 과학자들은 원자들의 무게를 다는 대신에 서로 상대적으로 원자질량을 결정한다. 특수 자기장 기구를 이용하여 원자질량은 탄소-12 원자의 질량과 비교할 수 있다. 탄소-12 동위원소를 기준으로 하여, 12를 원자질량 단위 값으로 할당하였다. 다르게 말하면, **원자질량 단위**(atomic mass unit ; amu)는 탄소-12 원자질량의 1/12이다.

### 단순평균과 가중평균

더 계속하기 전에, 두 종류의 평균을 설명해 보자. 어떤 공장에서 올림픽 남녀 경기에 사용하는 8 lb와 16 lb의 금속 투포환 공을 생산한다고 가정하자. 제조된 투포환 공 전체에서 25%는 8 lb이고 75%는 16 lb이다. 투포환 공 하나의 평균 질량은 어떻게 되는가? 2개의 질량을 더한 다음 2로 나누면 단순평균 질량이 나온다. 즉,

$$\frac{16\text{ lb} + 8\text{ lb}}{2} = 12\text{ lb}$$

투포환 공의 단순평균 질량은 12 lb이다. 그러나 참평균 질량은 16 lb의 공이 더 많은 백분율이므로 더 무거울 것이다. 백분율이 75%와 25%이므로, 십진수로는 0.75와 0.25며 다음과 같이 나타낼 수 있다.

$$\begin{aligned} 16\text{ lb 공}: 16\text{ lb} \times 0.75 &= 12\text{ lb} \\ 8\text{ lb 공}: 8\text{ lb} \times 0.25 &= \underline{\;\;2\text{ lb}} \\ &\;\;\;\; 14\text{ lb} \end{aligned}$$

가중평균 질량이 14 lb이나 어떤 투포환 공의 무게도 14 lb가 아니라는 점에 유념해야 한다. 실제 투포환 공의 무게는 8 lb 혹은 16 lb이다. 14 lb의 질량은 투포환 공의 이론적인 평균 질량을 나타낸다.

▲**올림픽 투포환** 올림픽의 여자 투포환 경기에서 여자 운동선수가 8 lb 강철공을 던진다.

### 원소의 원자질량

원소의 **원자질량**(atomic mass)은 자연에 존재하는 동위원소에 대한 가중평균 질량이다. 원자질량을 계산하기 위하여 투포환의 경우와 동일한 방법을 사용할 것이다. 즉, 가중평균을 계산하기 위하여 동위원소 각각의 질량뿐만 아니라 백분율도 고려하여야 한다.

탄소는 탄소-12와 탄소-13의 두 개의 안정한 동위원소가 자연에 존재한다. 각 동위원소의 자연 존재비와 질량이 주어질 경우 탄소의 원자질량을 계산할 수 있다.

| 동위원소 | 질량 | 존재량 |
|---|---|---|
| $^{12}C$ | 12.000 amu | 98.89% |
| $^{13}C$ | 13.003 amu | 1.11% |

각 동위원소의 자연존재비는 소수로 나타낼 경우 0.9889와 0.0111이다. 탄소 원자의 가중 평균을 구하기 위하여 각각 동위원소의 질량과 백분율을 고려하여야 하며 다음과 같이 계산할 수 있다.

$$
\begin{aligned}
{}^{12}C: 12.000\ \text{amu} \times 0.9889 &= 11.87\ \text{amu} \\
{}^{13}C: 13.003\ \text{amu} \times 0.0111 &= \underline{0.144\ \text{amu}} \\
&\phantom{=}\ 12.01\ \text{amu}
\end{aligned}
$$

탄소의 원자질량이 12.01 amu이라 할지라도, 탄소 원자의 무게는 12.01 amu가 아니다. 실제로 탄소 원자의 무게는 12.000 amu 혹은 13.003 amu이다. 질량 12.01 amu는 탄소 원자의 가상 평균 질량을 나타낸다. 예제 4.3은 동위원소 질량과 존재량 자료로부터 원자질량 계산을 설명한 것이다.

## 예제 4.3 원자질량 계산

규소는 지각에서 두 번째로 풍부한 원소이다. 다음에 있는 세 개의 자연 동위원소의 자료를 이용하여 규소의 원자질량을 계산하라.

| 동위원소 | 질량 | 존재량 |
|---|---|---|
| $^{28}Si$ | 27.977 amu | 92.21% |
| $^{29}Si$ | 28.976 amu | 4.70% |
| $^{30}Si$ | 29.974 amu | 3.09% |

**해답**

다음과 같이 규소의 원자질량을 구할 수 있다.

$$
\begin{aligned}
{}^{28}Si: 27.997\ \text{amu} \times 0.9221 &= 25.80\ \text{amu} \\
{}^{29}Si: 28.976\ \text{amu} \times 0.0470 &= 1.36\ \text{amu} \\
{}^{30}Si: 29.974\ \text{amu} \times 0.0309 &= \underline{0.926\ \text{amu}} \\
&\phantom{=}\ 28.09\ \text{amu}
\end{aligned}
$$

규소 원자의 평균 질량은 28.09 amu이다. 그러나 28.09 amu 질량을 갖는 규소 원자는 없다는 사실을 명심하여야 한다.

**실전 연습문제**

다음의 자료를 이용하여 구리의 원자질량을 계산하라.

| 동위원소 | 질량 | 존재량 |
|---|---|---|
| $^{63}Cu$ | 62.930 amu | 69.09% |
| $^{65}Cu$ | 64.928 amu | 30.91% |

**답:** 63.55 amu

**개념 문제**

대리석 가방에 2.00 g인 대리석 75개와 1.00 g 인 대리석 25개가 들어있다. 이 대리석 가방의 단순 평균 질량과 가중 평균 질량을 구하라.

**답:** 부록 G, 4.3 참조

## 주기율표

종종 원소의 원자 번호와 원자질량을 참조하게 되는데, 편의상 이런 정보가 주기율표에 작성되어 있다. 이 책에서는 원자 번호는 원자 기호의 상부에, 원자질량은 하부에 나타내었다. 그림 4.5는 주기율표에 나타난 탄소를 보여 주고 있다.

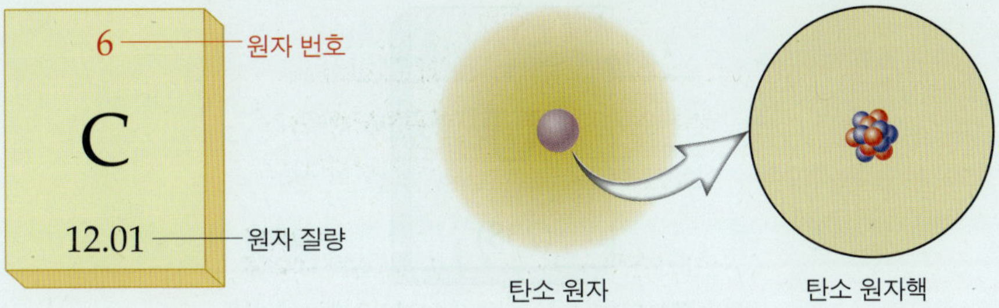


◀**그림 4.5 원소 주기율표에서의 탄소** 원자 번호는 양성자 수(6)를 나타내고, 원자질량은 자연에 존재하는 안정한 동위원소의 가중평균 질량을 말한다.

우리는 주기율표를 참조해서, 주어진 원소에 대하여 자연에 존재하는 동위원소의 수를 결정하는 것은 불가능하다. 그러나 처음 83개의 원소 중 81개 원소는 하나 또는 그 이상의 안정한 동위원소를 가지고 있다. 단지 테크네튬(원자 번호 43)과 프로메튬(원자 번호 61)은 방사능 물질이며 불안정하다. 이 책의 표지 안쪽에 있는 주기율표는 그림 4.6에서 보는 바와 같이 불안정한 원소의 질량 수는 괄호 안에 표시하였다.

원소 기호의 아래에 있는 괄호 안의 수치는 가장 안정한 또는 가장 잘 알려진 방사능 동위원소의 질량 수를 나타내고 있다. 질량 수는 불안정한 핵 속의 양성자와 중성자 수의 총 수를 나타낸다. 주기율표에서 여러분은 쉽게 안정한 원소와 불안정한 방사능 원소를 구별할 수 있을 것이다. 예제 4.4와 4.5는 주기율표를 이용하는 방법을 보여 주고 있다.

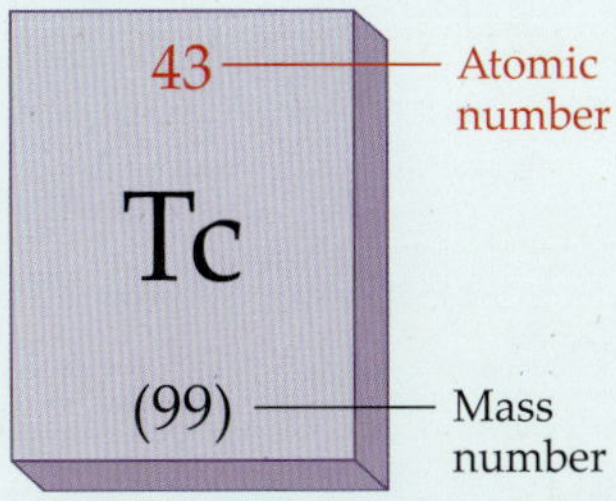


▲**그림 4.6 원소 주기율표로부터의 테크네튬**
원자 번호는 양성자 수(43)를 나타내고 이 방사성 동위원소의 질량 수는 99이다. 테크네튬-99는 핵 속에 양성자 43개와 중성자 56개가 존재한다.

## 예제 4.4 주기율표로부터 핵의 조성

이 책 표지 안쪽의 주기율표를 참조하여 철의 원자 기호와 원자질량을 결정하라.

**해답**

주기율표에서 보면 다음과 같은 그림이 있다.

철의 원자 번호는 26이고, 원자질량은 55.85 amu이다. 주기율표의 정보를 이용하여 철의 동위원소 수와 동위원소의 질량 수를 결정하는 것은 불가능하다는 사실을 명심하여야 한다.

**실전 연습문제**

이 책에 있는 주기율표를 참조하여, 황(S)의 원자 번호와 질량 수를 결정하라.

**답:** 16(32.07)

**개념 문제**

소듐(Na)은 한 개의 안정한 동위원소를 가진다. Na-23에 안정한 동위원소를 갖는 질량 수는 무엇인가?

**답:** 부록 G, 4.4 참조

## 예제 4.5 주기율표로부터 핵의 조성

이 책 표지 안쪽의 주기율표를 참조하여 우라늄-92의 원자 번호와 원자질량을 결정하라.

**해답**

주기율표에서 보면 다음과 같은 그림이 있다.

우라늄의 원자 번호는 92이다. 괄호 안에 표시된 238은 원자질량을 나타낸다. U-233, U-235는 우라늄의 방사성 동위원소이고 안정하지 않다.

**실전 연습문제**

이 책의 주기율표를 참조하여 프로메튬의 원자 번호와 질량 수를 결정하라.

**답:** 61 (147)

**개념 문제**

원자 번호, 원자량, 질량 수 중 정수가 아닌 것은 무엇인가?

**답:** 부록 G, 4.5 참조

**학습 목표**

▶ 빛의 파장, 주파수(진동수), 에너지의 관계를 기술할 수 있다.

## 4.6 빛의 파동성

파도가 진행하는 것과 동일한 방식으로 빛이 공간을 진행하는 광경을 우리의 상상력을 이용하여 생각할 수 있다. **파장**(wavelength)은 빛의 파동이 완전히 한 주기를 이동하는 거리이다. **진동수**(**주파수**, frequency)는 1초 동안 지나간 파동의 주기 횟수이다. 빛의 속도는 $3.00 \times 10^8$ m/s로 일정하며 모든 파장과 주파수가 전달된다. 그림 4.7은 빛의 파동성을 나타내고 있다.

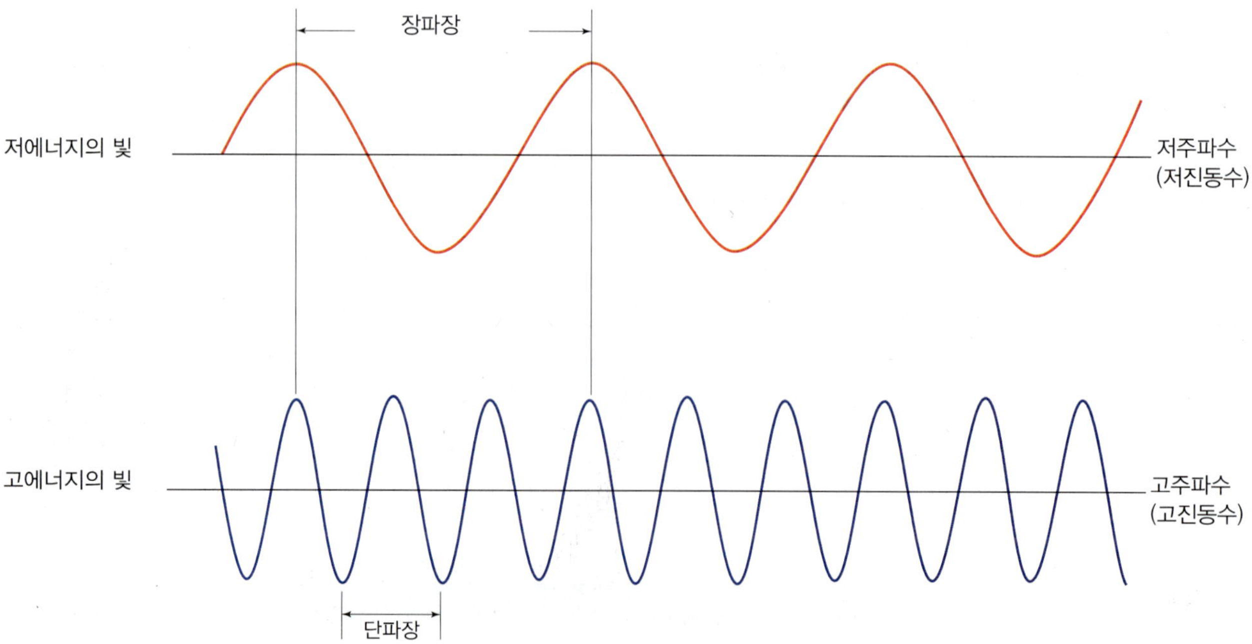


**▲그림 4.7 빛의 파동에 대한 파장과 주파수(진동수)**
고에너지 빛보다 저에너지 빛의 파장이 더 길며, 저에너지보다 고에너지 빛의 주파수(진동수)가 더 크다는 것을 기억하라.

빛의 파장이 감소함에 따라 빛의 파동의 진동수는 증가한다. 역으로, 파장이 증가함에 따라 진동수는 감소한다. 예를 들면, 진동수가 증가함에 따라 파장은 붉은색에서 보라색으로 이동하면서 감소한다. 1초당 많은 주기를 완성하는 동안 위 아래로 움직이며 빠르게 진행하는, 고진동수를 가진 빛의 파동을 볼 수 있다. 결과적으로 고진동수의 빛은 저진동수의 빛보다 에너지가 많고, 단 파장의 빛이 장 파장의 빛보다 에너지가 높다.

## 빛 – 연속 스펙트럼

**빛**(light)이라는 단어는 보통 눈으로 볼 수 있는 복사에너지를 말한다. 우리의 눈은 **가시광선 스펙트럼**(visual spectrum, 400~700 nm)은 볼 수 있지만, 자외선이나 또는 적외선 영역에 있는 빛은 볼 수 없다. 자외선 복사선의 파장(400 nm 이하)은 너무 짧아서 볼 수 없고, 적외선 복사선의 파장(700 nm 이상)은 너무 길어서 볼 수 없다.

무지개는 햇빛이 빗방울 속을 통과할 때 생성된다. 개개의 물방울은 소형의 프리즘과 같은 역할을 담당하여, 햇빛을 여러 가지 색의 띠로 분리한다. 빛은 보통 백색광으로 보이지만 실제로는 여러 가지 색깔의 빛이 서로 혼합되어 있다. 백색광이 유리 프리즘을 통과할 때 그림 4.8과 같이 무지개 색으로 분리된다.

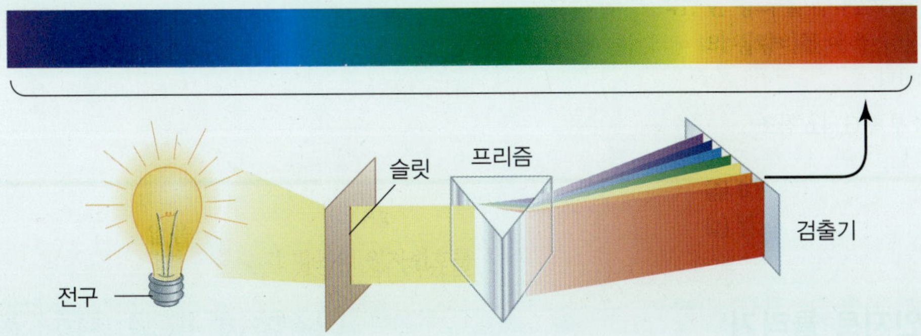


**◀그림 4.8 프리즘을 통과한 백색광** 백색광은 유리 프리즘을 통과할 때 무지개 색깔로 분리되며, 마찬가지로 햇빛이 빗방울을 통과할 때 무지개가 만들어진다.

또한 때때로 눈으로 볼 수 없는 복사에너지를 말할 경우에도 "빛"이라는 용어를 사용한다. 완전한 **복사에너지 스펙트럼**(radiant energy spectrum)은 짧은 파장에서 긴 파장까지의 범위를 가지는 가시광선과 비가시광선의 연속적인 띠 또는 **연속 스펙트럼**(continuous spectrum)이다. 복사에너지 스펙트럼은 가시광선뿐만 아니라 비가시광선인 감마선, X-선, 마이크로파를 포함한다(그림 4.9 참조).

**▼그림 4.9 복사에너지 스페트럼** 완전한 복사에너지 스펙트럼은 장파장의 마이크로파에서 단파장인 감마선까지를 포함한다. 가시광선스펙트럼은 복사에너지의 넓은 띠 속에 있는 좁은 창에 지나지 않음을 기억하라.

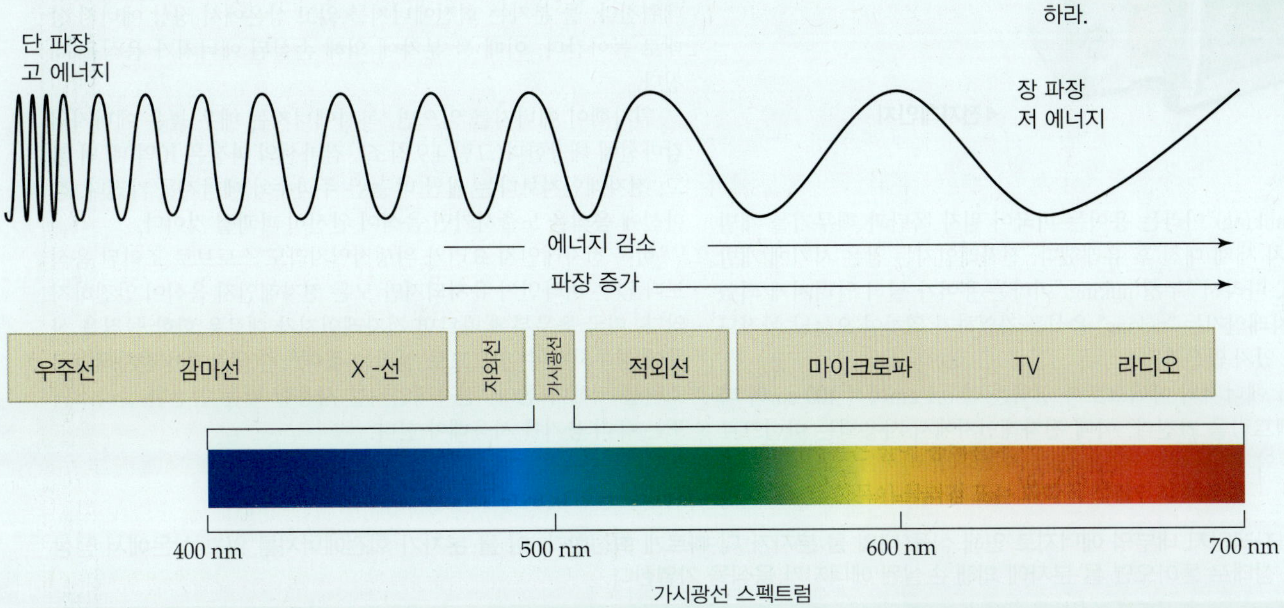

예제 4.6은 빛의 파장, 주파수, 에너지의 관계를 설명해 준다.

### 예제 4.6 빛의 성질

푸른빛과 노란빛 중에서, 다음 설명에 해당되는 것은 어느 것인가?

(a) 더 긴 파장 (b) 더 높은 주파수(진동수) (c) 더 높은 에너지

**해답**

그림 4.9를 참조하여 노란빛의 파장은 600 nm이고, 푸른빛의 파장은 500 nm이다. 그러므로

(a) 노란빛이 푸른빛보다 더 긴 파장을 갖는다.
(b) 푸른빛은 파장이 더 짧기 때문에 더 높은 진동수를 가진다.
(c) 푸른빛은 더 높은 진동수를 가지기 때문에 더 높은 에너지를 갖는다.

**실전 연습문제**

적외선과 자외선 중에서, 다음 설명은 어느 것인가?

(a) 더 긴 파장 (b) 더 높은 주파수(진동수) (c) 더 높은 에너지

**답:** (a) 적외선 (b) 자외선 (c) 자외선

**개념 문제**

파장이 증가함에 따라 빛의 에너지는 (증가/감소)한다. 진동수가 증가함에 따라 빛의 에너지는 (증가/감소)한다.

**답:** 부록 G, 4.6 참조

### 자세히 보기 음식을 전자레인지로 돌리기

**Q: 음식이 전자레인지에서 어떻게 데워지는가?**

◀전자레인지

"누킹(nuking)"이라는 용어는 미국이 원자 폭탄과 핵무기를 개발한 제2차 세계 대전 후 유래했다. 전자레인지는 같은 시기에 개발되었고, 따라서 "누킹(nuking)"이라는 용어가 널리 알려지게 되었다. 전자레인지는 "nuking" 음식을 가열하기 위하여 오늘날 아직도 인기가 있지 않은가?

방사 에너지의 마이크로파 영역은 약 0.1 cm에서 100 cm의 파장 스펙트럼을 가진다. 이때 전자레인지에서 사용되는 마이크로 파장은 약 12 cm이다. 그림 4.9를 참조하라. 마이크로파는 가시광선보다 긴 파장을 가지며(더 적은 에너지), 적외선보다도 긴파장(더 적은 에너지)을 가짐을 주목하라.

전자레인지 안에 음식을 넣을 때 음식은 마이크로파에 노출되어 있고, 이때 음식 속의 물 분자가 빠르게 회전함에 따라 음식이 데워진다. 물 분자는 회전에너지를 잃고 상온에서 정상 에너지 상태로 돌아간다, 이때 물 분자에 의해 손실된 에너지가 음식을 데친다.

원자핵이 에너지를 잃으면, 복사에너지는 매우 높은 에너지의 감마선에 해당한다(그림 4.9 참조). 감마선의 파장은 10억 배 더 짧고, 전자레인지보다는 훨씬 더 높은 주파수와 에너지를 가진다. 감마선에 음식을 노출시키면 음식이 완전히 파괴될 것이다.

비록 전자레인지 요리가 위생적일지라도 스토브로 조리된 음식보다 많은 비타민이 유지되지만 모든 전자레인지 음식이 안전하지 않다. 미국 농무부에 따르면 전자레인지가 해로운 화학 물질을 식품에 침투시킬 수 있으므로 일회용 플라스틱 용기에서 전자레인지 조리를 피해야 한다. 전자레인지를 사용할 때는 안전한 플라스틱 또는 유리 용기를 사용해야 한다.

**A:** 전자레인지 내부의 에너지로 인해 식품 내의 물 분자가 더 빠르게 회전한다. 이 물 분자가 회전에너지를 잃고 상온에서 정상 에너지 상태로 돌아오면 물 분자에 의해 손실된 에너지가 음식을 가열한다.

## 4.7 양자의 개념

**학습 목표**

▶ 양자의 개념을 물질과 에너지에 적용하여 설명할 수 있다.

1900년 독일의 물리학자 플랑크(Max Planck, 1858~1947)는 획기적인 생각을 제안하였다. 플랑크는 가열된 물질에서 복사되는 에너지는 연속적이지 않고, 오히려 복사선이 작은 덩어리로 방출된다고 제안하였다. 에너지가 불연속적인 단위로 구성된다는 생각은 양자의 개념으로 설명된다.

복사에너지는 파동성을 갖지만 또한 입자성을 가지며 빛에너지의 개별 단위는 양자 또는 **광자**(photon)라 부른다. 양자론에 의하면 보통 전구는 파동성과 입자성을 둘 다 갖는 빛을 복사한다.

다음과 같은 가정으로 양자 개념을 설명할 수 있다. 경사로(ramp)의 아래로 구르는 공은 연속적으로 위치에너지를 잃어버린다. 한편, 계단 아래로 구르는 공은 하나의 계단에서 다른 계단으로 떨어질 때마다 불연속적인 단위로 위치에너지를 잃어버린다. 이 예에서 공이 경사로의 아래로 구르면 위치에너지의 손실된 양은 연속적이며, 공이 계단 아래로 구르면 위치에너지의 손실된 양은 양자화된다. 그림 4.10은 양자화된 에너지 변화와 연속적인 에너지의 변화를 비교한 것이다.

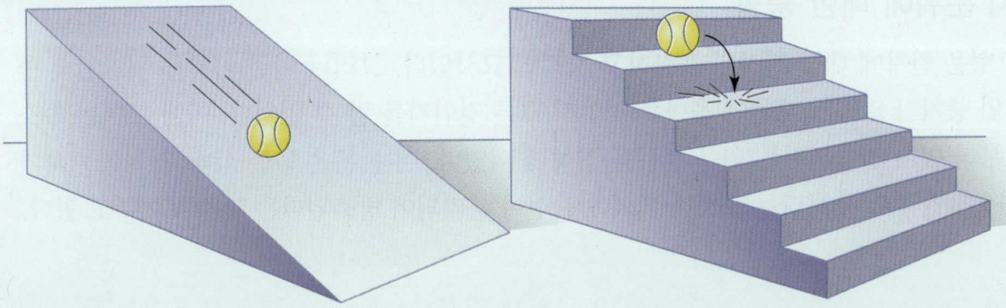

◀그림 4.10 **양자 원리에 대한 계단 비유** 경사로(ramp)를 구르는 공은 연속적으로 위치에너지가 손실되고, 반대로 계단으로 구르는 공은 하나의 계단에서 다른 계단으로 떨어질 때마다 양자화된 양으로 위치에너지가 손실된다.

다음 예제 4.7은 양자 이론의 실제 응용을 더 설명한 것이다.

### 예제 4.7 양자 개념

다음의 과학 기구가 주어져서 질량을 측정할 경우 어느 것이 연속적인 것인지 또는 양자화된 것인지를 설명하라.

(a) 삼중 저울대 저울　　(b) 디지털 전자 저울

**해답**

실험실에서 저울을 사용하지 않을 경우에 그림 pss.3을 참조하라.

(a) 삼중 저울대 저울은 작은 금속추가 저울대를 따라 움직인다. 금속추가 저울대의 어떤 위치에로도 움직일 수 있으므로 삼중 저울대 저울은 '연속적인' 질량을 측정할 수 있다.

(b) 디지털 전자 저울에 나타나는 표시는 어떤 특별한 소수 자리로 물체의 질량을 나타낸다. 예를 들면, 5.015 g이다. 표시 화면에 최종의 숫자가 정수이므로 디지털 저울은 '양자화된' 질량을 측정할 수 있다.

**실전 연습문제**

다음 악기는 연속적 또는 양자화된 음악의 음을 내는지를 말하라.

(a) 보통 기타(전자 기타가 아님)　　(b) 전자 키보드

**답:** (a) 연속적임　　(b) 양자화 됨

**개념 문제**

다음 양자를 유추하여 완성하여라. 수면파는 물방울의 양자로 되었으며, 빛 파동은 _______의 양자로 되었다.

**답:** 부록 G, 4.7 참조

학습 목표

- 원자에 대한 보어 모형을 표시할 수 있다.
- 방출 스펙트럼 선과 원자의 에너지 준위 사이의 관계를 설명할 수 있다.

## 4.8 원자의 보어 모형

1911년 뛰어난 젊은 덴마크 물리학자, 보어(Niels Bohr, 1885~1962)는 박사 학위를 취득하고, 영국에 건너와 톰슨(J.J. Thomson) 아래서 박사 후 연구를 시작하였다. 몇 달 후, 그는 원자핵을 발견한 맨체스터에 있는 러더포드를 만나기 위하여 캠브리지를 떠났다. 그 젊은 덴마크 사람이 아직은 우리에게 생소한 원자론에 대한 인식을 한 단계 높여 고조시킨 것은 불과 2년만의 일이었다.

1913년에 보어는 행성이 태양 주위를 선회하는 것처럼, 전자가 원자핵 주위에 궤도를 그리며 선회한다고 추측하였다. 게다가, 그는 전자의 궤도들이 핵으로부터 일정한 거리를 유지하고 있으며, 일정한 에너지를 가지고 있다고 제안하였다. 전자가 **에너지 준위**(energy level)라고 불리는 고정된 에너지 궤도에서 움직이고 있다고 말하였다. 더욱이 전자들은 어떤 특정한 에너지 준위에서만 발견되고 그 외의 곳에서는 발견되지 않는다. 그림 4.11은 보어에 의하여 제안된 수소 원자의 모형을 그림으로 나타내었다. 이 모형은 원자의 보어 모형 또는 간단하게 **보어 원자**(Bohr atom)로 불려지고 있다.

### 에너지 준위에 대한 증명

보어 모형은 원자에 대한 전자의 훌륭하고 지적인 묘사였다. 그러나 이런 이론을 뒷받침해 줄 실험적인 증거가 없었기 때문에 올바른 것인지 그른 것인지를 알 수 없었다. 이때 보어는 수소 기체로부터 빛이 방출된다는 연구 논문을 접하게 되었다. 이 논문은 들뜬 상태의 수소 기체가 색의 연속적인 띠라기 보다는 오히려 빛의 방출선이 분리되어 방출된다는 것을 보여주고 있다.

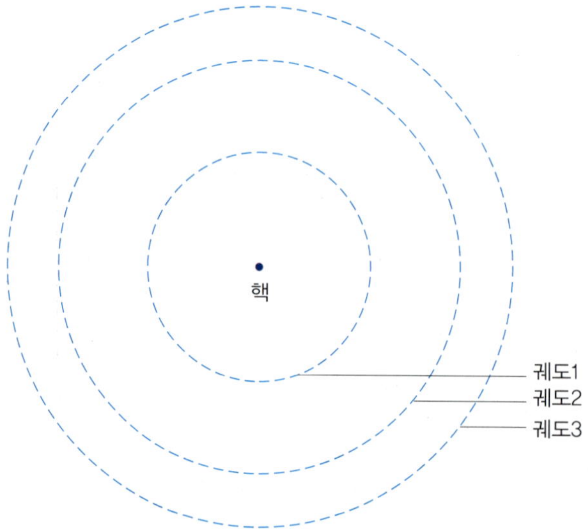


▶그림 4.11 **수소 원자에 대한 보어 모형** 전자는 핵으로부터 일정한 거리에 있다. 그리고 분리된 에너지의 궤도를 차지한다. 보어 모형에 의하면 전자는 어떤 주어진 에너지 준위에서만 발견된다.

▲**보어(Niels Bohr)**
Bohr가 제안한 원자의 행성모형에 대한 설명

방출 스펙트럼은 수소 기체가 전압에 의하여 들떴을 경우에 생성된다. 이렇게 되기 위해서 수소를 방전관에 넣고 밀봉하여 전류를 통하게 하면, 방전관에서 빛이 방출되며 프리즘을 통과할 때 일련의 가는 선으로 분리된다. 빛에너지의 가는 띠에 대한 이러한 집합체를 **방출선 스펙트럼**(emission line spectrum)이라고 한다. 그리고 빛에너지에 대한 개개의 띠들은 *스펙트럼 선*이라고 부른다. 수소 기체의 방출 스펙트럼은 그림 4.12에 보여주고 있다.

수소의 방출 스펙트럼을 실험한 후, 보어는 원자에 대한 그의 모형을 입증하기 위하여 실험을 수행하였다. 전자 에너지 준위에 대한 개념이 수소의 선 스펙트럼에 의하여 지지를 받았다. 기체 방전관에서 들뜬 수소 원자는 높은 에너지 궤도에 존재하게 되는데 예를 들면, 이때 전자는 두 번째 궤도를 일시적으로 차지할 수 있다. 이런 상태는 불안정하므로 전자는 높은 준위에서 더 낮은 준위로, 즉 다시 말하면 2에서 1로 빠르게 떨어진다. 이 과정에서 전자의 불

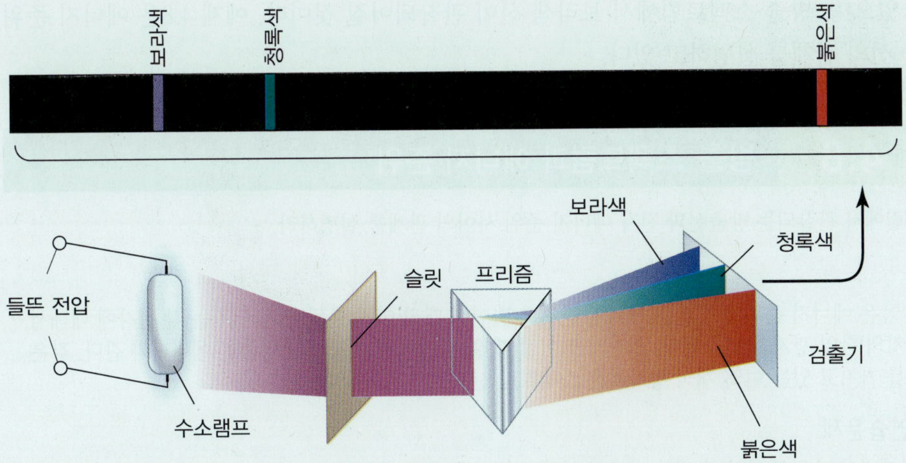


◀그림 4.12 **수소 방출 스펙트럼** 수소램프에 전압을 걸어주면 불그스레한 빛이 관찰된다. 방출된 빛이 프리즘을 통과한 후 분리된 3개의 선(보라색, 청록색, 붉은색)이 선명하게 관찰된다.

연속적인 에너지의 손실량은 빛에너지의 한 광자에 해당된다. 분리된 광자 에너지는 전자가 고 에너지 준위에서 저 에너지 준위로 떨어질 때 손실된 에너지 양과 같다.

수소 스펙트럼에는 3개의 밝은 선이 존재하며 이것은 붉은색, 청록색, 그리고 보라색이다. 붉은색 선은 3개의 파장 중에서 가장 긴 파장과 가장 낮은 에너지를 가지고 있다. 보어는 붉은색 선의 경우 들뜬 전자가 에너지 준위 3에서 2로 떨어질 때 형성된다는 것을 발견하였다. 청록색은 붉은색보다 더 많이 에너지화되어 있으며, 들뜬 전자가 에너지 준위 4에서 2로 떨어지는 경우에 해당된다. 보라색 선은 3가지 색 중에서 가장 많이 에너지화되어 있고, 전자가 에너지 준위 5에서 2로 떨어질 때 생성된다. 그림 4.13은 보어의 전자 에너지 준위와 수소 스펙트럼에서 관찰되는 선과의 관계를 그림으로 나타낸 것이다.

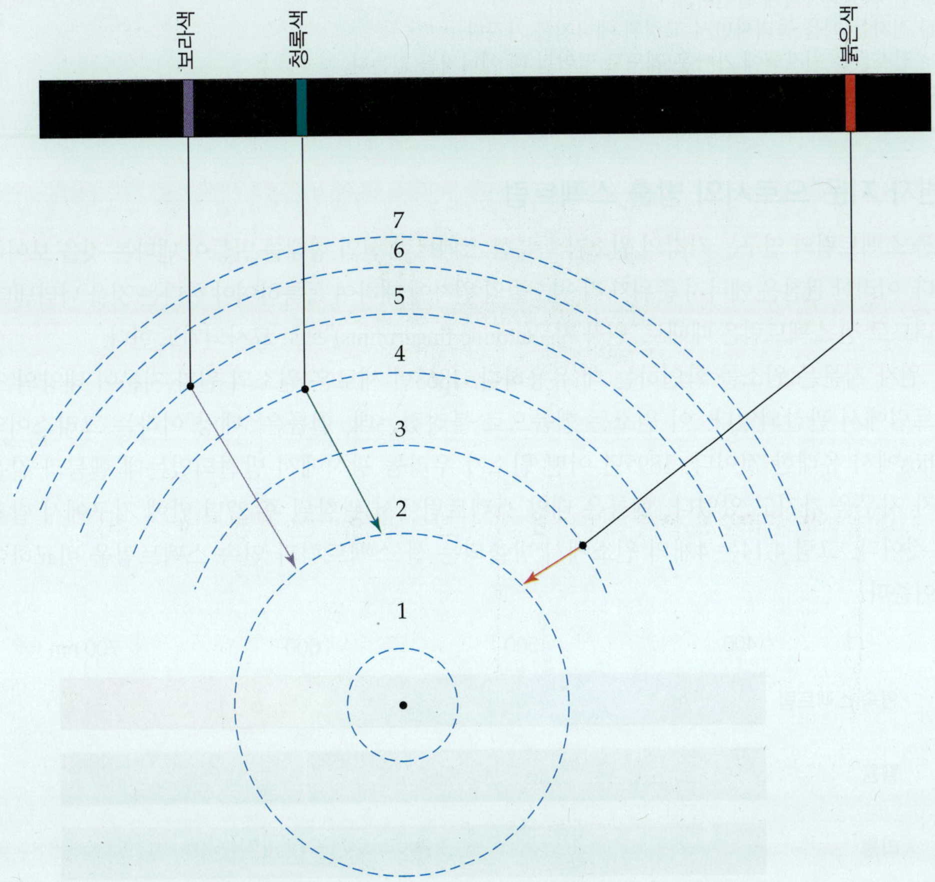


◀그림 4.13 **수소의 스펙트럼선과 에너지 준위** 전자가 에너지 준위 5에서 2로 떨어질 때 보라색 선을 보게 된다. 전자가 에너지 준위 4에서 2로 떨어질 때는 청록색 선을, 에너지 준위 3에서 2로 떨어질 때는 붉은색 선을 관찰할 수 있다. 가시 스펙트럼선은 많은 동일한 광자에 해당한다.

한 개의 광자는 전자가 낮은 준위로 떨어질 때마다 방출되며 여러 개의 광자는 여러 개의 전자들이 준위를 변화시킬 때 방출된다. 예를 들면, 10개의 수소 원자에 있는 전자가 에너지 준위 5에서 2로 떨어질 경우 10개의 광자가 방출될 것이다. 각각의 광자들은 같은 에너지를 가지고 있으며, 방출 스펙트럼에서 보라색 선이 관찰되어질 것이다. 예제 4.8은 에너지 준위와 방출 선의 관계를 설명하고 있다.

## 예제 4.8 방출 스펙트럼과 에너지 준위

스펙트럼에서 관찰되는 방출선과 전자 에너지 준위 사이의 관계를 설명하라.

**해답**

전자가 높은 에너지 준위에서 낮은 에너지 준위로 떨어질 때 빛이 방출된다. 떨어지는 각 전자에 대해서, 빛에너지의 단일 광자가 방출된다. 전자가 떨어질 때 잃는 에너지는 광자가 방출한 에너지와 같다. 같은 에너지를 가지고 있는 여러 개의 광자들은 스펙트럼 선으로서 관찰된다.

**실전 연습문제**

수소 원자에서 다음의 각각에 대한 전자의 변화에 대하여 방출되는 광자의 수와 색을 설명하라.
(a) 에너지 준위 3에서 2로 떨어지는 한 개의 전자
(b) 에너지 준위 3에서 2로 떨어지는 10개의 전자
(c) 에너지 준위 4에서 2로 떨어지는 100개의 전자
(d) 에너지 준위 5에서 2로 떨어지는 500개의 전자

**답:**
(a) 1개의 붉은색 광자
(b) 10개의 붉은색 광자
(c) 100개의 청록색 광자
(d) 500개의 보라색 광자

**개념 문제**

다음 중 어느 것이 원자의 보어모델의 진술과 일치하는가?
(a) 전자는 원자핵에 끌린다.
(b) 전자는 핵을 둘러싸면서 고정된 에너지를 가진다.
(c) 전자들은 원자핵에 가까운 궤도로 떨어질 때 에너지를 잃는다.

**답:** 부록 G, 4.8 참조

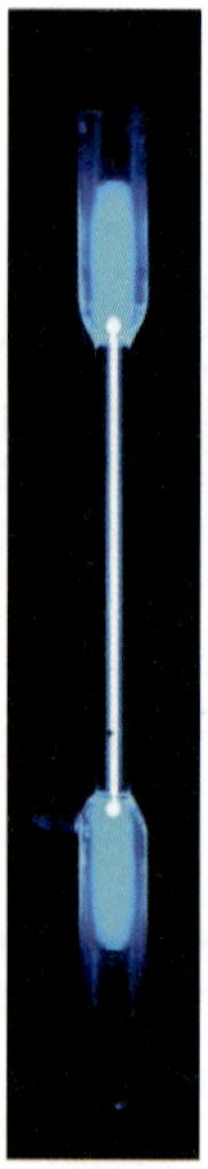

▲**수은 기체 방전관** 수은 증기로부터 나온 방출 선은 유리관에 파란 빛을 내게 한다.

## "원자 지문"으로서의 방출 스펙트럼

방출 스펙트럼의 연구는 각각의 원소가 독특한 스펙트럼 선의 형태를 만들어 낸다는 것을 보여주었다. 이러한 관찰은 에너지 준위가 각 원소들의 원자에 대하여 독특하여야 한다는 것을 나타낸다. 그러므로 선 스펙트럼은 때때로 "원자 지문(atomic fingerprints)"으로 묘사되기도 한다.

원자 지문은 원소를 확인하는 데 유용하다. 1868년 새로운 원소의 원자 지문이 태양의 스펙트럼에서 관찰되었다. 이 원소는 헬륨으로 불려졌는데, 헬륨은 "태양"이라는 그리스어인 helios에서 유래한 것이다. 1895년 어떤 원소가 우라늄 광석에서 발견되었는데 헬륨과 같은 원자 지문을 가지고 있었다. 헬륨은 태양 스펙트럼에서 관찰된 후 27년 만에 지구에서 발견된 것이다. 그림 4.14는 4개의 원소에서 방출되는 선 스펙트럼과 연속 스펙트럼을 비교하여 보여준다.

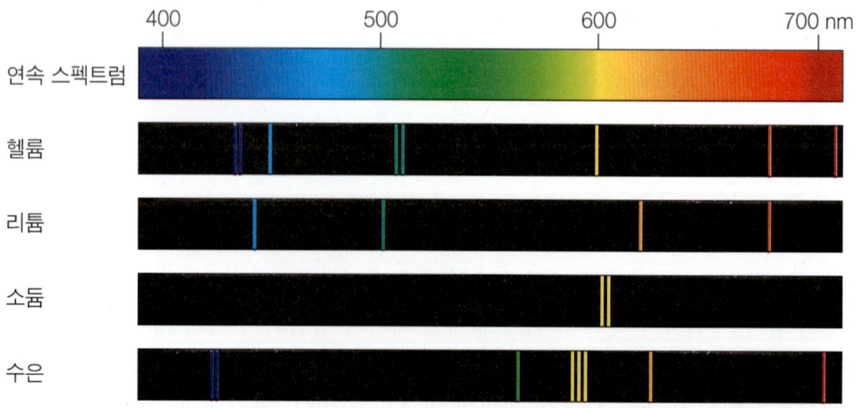


▶**그림 4.14 연속 스펙트럼과 선 스펙트럼의 비교** 연속 스펙트럼은 보통의 전구에서 생성된다. 방출 선 스펙트럼은 기체 상태에 있는 원소의 들뜬 원자로부터 생성된다.

## 자세히 보기 네온빛

### Q: 모든 "네온" 광고 불빛은 네온 기체를 포함하는가?

19세기 말 톰슨(J.J.Thomson)은 기체 방전관을 이용하여 전자를 발견하였다. 톰슨은 그의 기체 방전관을 얇은 유리로 만들었으며, 각각의 끝점에 금속 전극을 배치하고 소량의 기체를 유입시켰다. 관 속의 기체가 전기적으로 들떴을 때 관에서 빛이 나오는 것을 알게 되었다. 그는 빛이 나는 광선이 음의 작은 하전 입자들의 흐름이라는 것을 확인할 수 있었다. 이들 입자들은 전자라고 불려지며, 이들 발견에 대한 공로는 톰슨에게 돌아갔다. 톰슨이 사용한 유리관은 음극선 관과 유사하며, 이 음극선 관은 텔레비젼과 컴퓨터 스크린에 처음으로 이용되었다.

1913년 보어는 전기적으로 들뜬 기체가 원자 내부에서 전자를 일시적으로 고 에너지 상태로 올려 놓는다고 하였다. 그러나 들뜬 전자는 빠르게 에너지를 잃어버리고 그들의 본래 상태로 돌아간다. 이들 전자들은 방출되는 빛에 의하여 에너지를 잃어버린다. 다른 기체들에 의하여 방출되는 빛은 원자 내부의 에너지 준위가 각 원소에 따라 달라지기 때문에 변화한다. 예를 들면, 수은 증기로 구성된 기체 방전관은 푸른 빛을 발하며 수소 기체는 불그스름한 자주 빛을 발산한다.

1898년 스코틀랜드의 화학자인 램지(William Ramsay)는 네온 기체를 발견하였다. 공기에 약 1%가 포함되어 있는 아르곤과는 상이하며 네온은 훨씬 진귀하다. 네온 기체를 좁은 유리관 내에 두고 전기적으로 들떴을 때 불그스레한 오렌지 빛이 발생하며 우리의 시선을 끌게 되었다. 기체 방전관이 시선을 끄는 아름다운 색깔을 만든다는 사실은 빛을 광고용으로 이용하게 하였다. 들뜬 네온 기체에서 발생되는 빛은 매우 강렬하며 "네온빛"이라는 용어가 모든 광고 불빛에 이용되는 일반적인 용어가 되었다.

분명히 모든 광고에 이용되는 불빛은 똑같은 색이 아니다. 다시 말하면 "네온빛"은 붉은색, 녹색, 파란색 등등이 있을 수 있다. 원하는 불빛을 만들어 내기 위해서 기체 방전관을 특별한 기체로 채워야 한다. 푸른빛을 발생시키기 위하여 아르곤 기체가 이용되고, 분홍빛을 만들기 위해서는 헬륨 기체를 사용한다. 단지, 우리가 불그스레한 오렌지 불빛을 원한다면 광고 간판은 실제로 네온 기체를 채워 넣으면 된다.

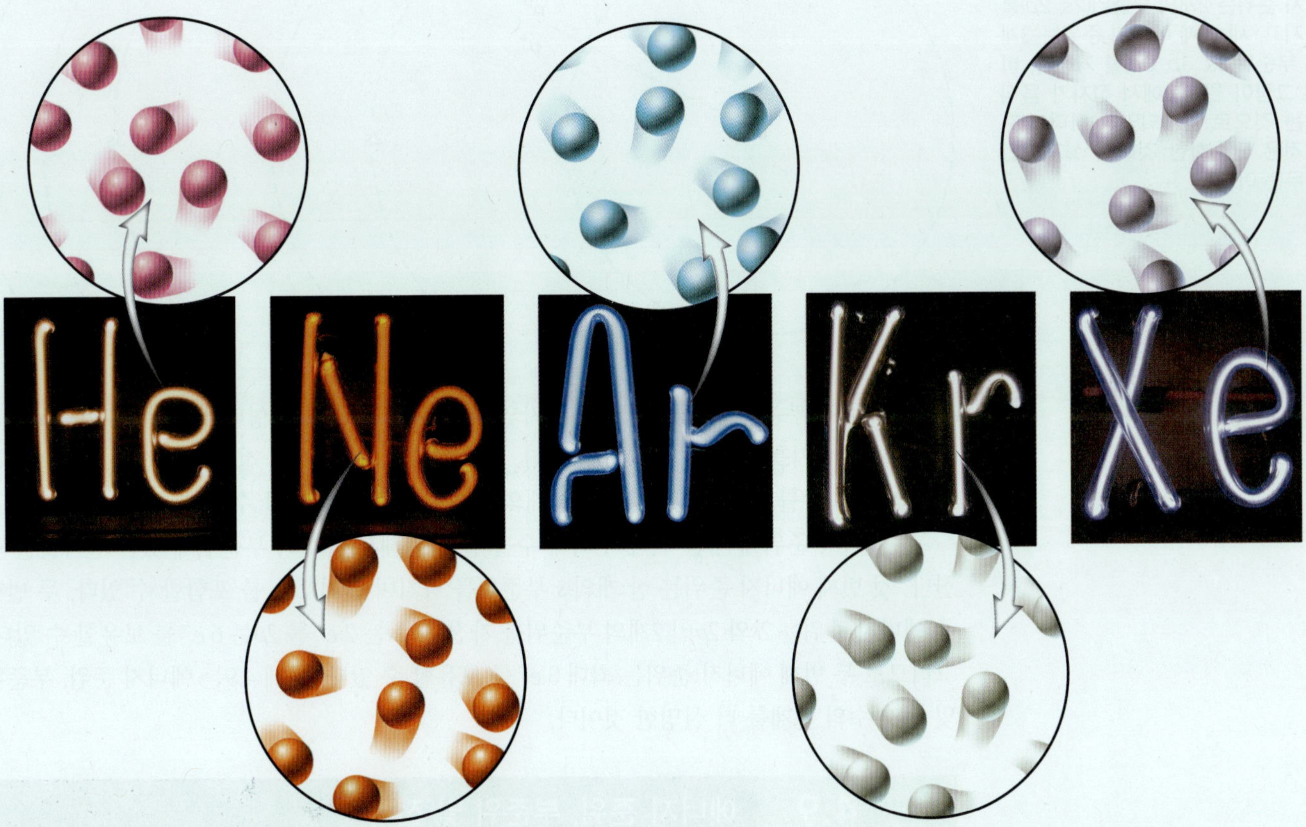


▲**빛 방출** 각각의 빛 색깔은 유리관 내부에 들어 있는 기체에 의해서 변함을 알았다.

**A:** 모든 네온 불빛은 네온 기체를 포함하는 것이 아니고, 불그스레한 오렌지 불빛을 가지는 것만 네온 기체가 들어있다.

학습 목표

- 주어진 에너지 준위 안에서 에너지 부준위를 설명할 수 있다.
- 주어진 에너지 준위 또는 에너지 부준위를 점유할 수 있는 전자의 수를 알 수 있다.

## 4.9 에너지 준위와 부준위

앞 절에서 배운 바와 같이 1913년 보어는 전자가 일정한 에너지 준위를 가지고 핵주위를 회전한다는 원자에 대한 모형을 제안하였다. 그의 제안은 수소의 방출 스펙트럼 선에 의하여 실험적으로 입증되었다. 그러나 다른 원소에 대한 방출 스펙트럼은 너무 많은 선들이 존재하여 판단할 수 없었다. 보어는 다른 원소의 스펙트럼에 대하여는 설명할 수 없었지만, 주 에너지 준위 내에 부준위의 개념을 제안하였다. 결국 이러한 모형은 주 에너지 준위 내부에 **에너지 부준위**(energy sublevel)을 점유하는 전자를 가지고 있는 것으로 드러났다. 이들 에너지 부준위는 원소의 방출 스펙트럼에서 *sharp, principal, diffuse, fundamental* 선과 관련하여 *s, p, d* 그리고 *f*로 나타내게 되었다.

각각의 준위에 있는 부준위의 수는 주 에너지 준위의 수와 일치한다. 즉, 첫 번째 에너지 준위인 (1)은 하나의 부준위를 가지고 있으며 1*s*로 나타낸다. 두 번째 에너지 준위인 (2)는 2개의 부준위를 가지고 있으며 2*s*와 2*p*로 나타낸다. 세 번째 에너지 준위인 (3)은 3개의 부준위를 가지며 3*s*, 3*p*, 3*d*로 나타낸다. 네 번째 에너지 준위인 (4)는 4*s*, 4*p*, 4*d*, 그리고 4*f*의 부준위로 구성된다.(그림 4.15)

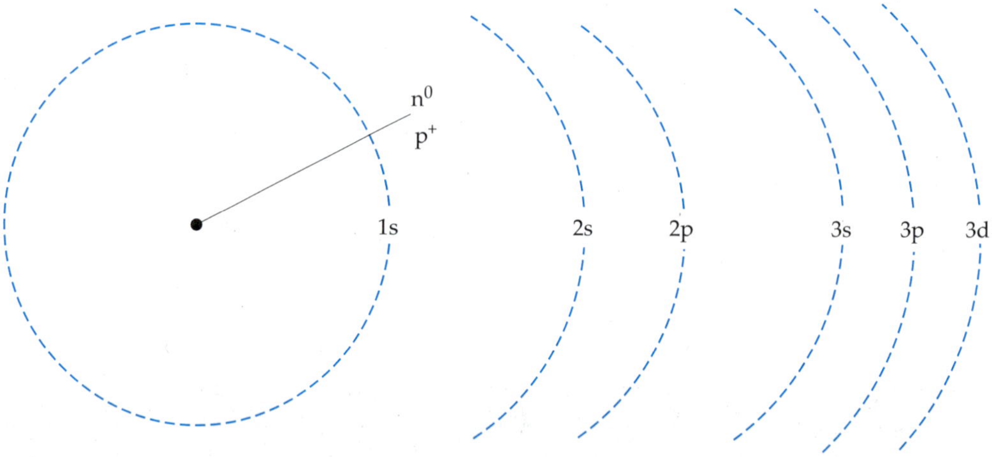


▶ **그림 4.15 원자의 단면**
첫 번째 에너지 준위는 단지 한 개의 부준위(1s)를 가진다. 두 번째 에너지 준위는 2개의 부준위(2*s*, 2*p*)를 가지고, 세 번째 에너지 준위는 3개의 부준위(3*s*, 3*p*, 3*d*)를 가진다. 비록 그림이 원궤도에서 전자가 움직이는 것으로 암시되었다 하더라도, 이것은 단순화한 것이며 실제적인 경우는 아니다.

각 에너지 부준위가 가지고 있는 전자의 최대 수는 부준위의 형태에 의존한다. 즉 *s* 부준위는 2개의 전자를 최대로 보유할 수 있다. *p* 부준위는 최대 6개의 전자를 가진다. *d* 부준위는 10개의 전자 수를 가지고 *f* 부준위는 14개의 전자를 최대로 보유할 수 있다.

주 에너지 준위에 대한 전자의 최대 수를 알기 위해서 각각의 부준위에 있는 전자들을 합한다. 첫 번째 에너지 준위는 한 개의 *s* 부준위를 가지며 단지 2 $e^-$를 포함할 수 있다. 두 번째 주 에너지 준위는 2*s*와 2*p*인 2개의 부준위를 가진다. 2*s*는 2 $e^-$를 2*p*는 6 $e^-$를 보유할 수 있다. 그러므로 두 번째 에너지 준위는 최대 8 $e^-$를 보유할 수 있다. 예제 4.9는 에너지 준위, 부준위 및 전자 수의 관계를 더 설명한 것이다.

### 예제 4.9 에너지 준위, 부준위 및 전자

세 번째 에너지 준위에 얼마나 많은 부준위가 있는가? 세 번째 에너지 준위를 차지할 수 있는 최대의 전자 수는 몇 개인가?

**해답**

에너지 준위의 부준위 수는 에너지 준위의 수와 일치한다. 세 번째 에너지 준위는 3*s*, 3*p* 그리고 3*d*인 3개의 부준위로 되어 있다. 주어진 부준위를 차지할 수 있는 최대의 전자 수는 다음과 같다.

*s* 부준위 = 2 $e^-$

$$p \text{ 부준위} = 6\ e^-$$
$$d \text{ 부준위} = 10\ e^-$$

세 번째 에너지 준위에서 최대의 전자 수는 3개의 부준위를 합함으로써 알 수 있다.

$$3s + 3p + 3d = \text{총 전자 수}$$
$$2\ e^- + 6\ e^- + 10\ e^- = 18\ e^-$$

세 번째 에너지 준위는 18개의 전자를 최대로 보유할 수 있다. 원자의 세 번째 에너지 준위가 채워지지 않는 원소에 있어서는 물론 18개의 전자 수보다 적을 것이다.

**실전 연습문제**

네 번째 에너지 준위를 점유할 수 있는 최대 전자 수는 얼마인가?

**답:** 32 e-(2 e- + 6 e- + 10 e- + 14 e-)

**개념 문제**

열 번째 에너지 준위에 있는 부준위 수는 이론적으로 몇 개인가?

**답:** 부록 G, 4.9 참조

요약해보면 전자들은 특별히 일정한 에너지를 가진 부준위에서 핵 주위에 배치되어 있다. 핵으로부터 멀리 떨어진 전자는 핵에서 가까운 것보다 높은 에너지 준위를 차지한다. 표 4.3은 주 에너지 준위, 부준위 및 전자 수의 관계를 요약한 것이다.

**표 4.3 에너지 준위에 의한 전자 배치**

| 에너지 준위 | 에너지 부준위 | 전자/부준위 | 전자/에너지 준위 |
|---|---|---|---|
| 1 | 1s | $2\ e^-$ | $2\ e^-$ |
| 2 | 2s | $2\ e^-$ | |
| | 2p | $6\ e^-$ | $8\ e^-$ |
| 3 | 3s | $2\ e^-$ | |
| | 3p | $6\ e^-$ | |
| | 3d | $10\ e^-$ | $18\ e^-$ |
| 4 | 4s | $2\ e^-$ | |
| | 4p | $6\ e^-$ | |
| | 4d | $10\ e^-$ | |
| | 4f | $14\ e^-$ | $32\ e^-$ |

## 4.10 전자 배치

**학습 목표**

- 에너지의 증가에 따른 부준위의 순서를 작성할 수 있다.
- 선택된 원소들에 대하여 전자 배치를 예시할 수 있다.

전자들은 규칙적인 방법으로 핵 주위에 배치되어 있다. 첫 번째 전자는 핵과 가장 근접한 에너지 부준위에 채워진다. 그 다음의 전자는 핵으로부터 점점 더 멀리 떨어져있는 에너지 부준위를 채운다. 바꾸어 말하면, 각각의 에너지 준위는 부준위에 의하여 전자를 채우고 있는 것이다. *s* 부준위는 *p* 부준위보다 먼저 채워지고, *p* 부준위는 *d* 부준위보다 먼저 채워지며, *d* 부준위는 *f* 부준위보다 먼저 채워진다.

일반적으로 부준위들은 에너지 준위가 증가하게되면 에너지가 더욱 높아진다. 그러므로 부준위 순서는 1*s*, 2*s*, 2*p*, 3*s*, 3*p*, 3*d*, 4*s* 등등의 순서가 되도록 채워지는 것으로 예상할 수 있다. 이것은 예외가 있기 때문에 아주 정확한 것은 아니다. 이를테면 4*s* 부준위는 3*d*보다 더 낮은 에너지를 가지고 있으며 5*s*는 4*d*보다 에너지가 더 낮다. 에너지 증가에 따른 부준위 순서는 $1s < 2s < 2p < 3s < 3p < 4s < 3d < 4p < 5s < 4d < 5p < 6s$ 이다.

주기율표에 있는 원소의 위치로부터 부준위에 전자가 채워지는 순서를 예상할 수 있는 방법을 5장에서 배우게 될 것이다. 주기율표의 특별한 형태는 에너지 증가에 따른 부준위의 순서를 반영한 것이다. 당분간은 부준위가 채워지는 순서를 기억하거나 그림 4.16를 참조하라.

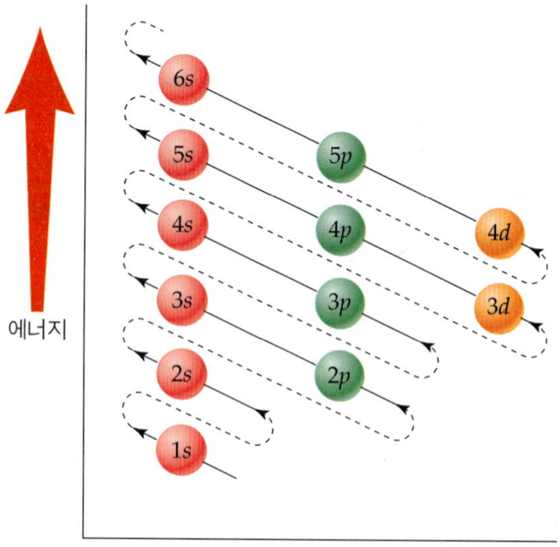


▶**그림 4.16 에너지 부준위가 채워지는 도표**
부준위가 채워지는 순서는 에너지의 증가에 따라 배열된다. 전자들은 먼저 1*s* 부준위를 채우고 다음으로는 2*s*, 2*p*, 3*s*, 3*p*, 4*s*, 3*d*, 4*p*, 5*s*, 4*d*, 5*p* 그리고 6*s*로 채워진다.

## 예제 4.10 부준위 순서

에너지가 증가함에 따라 다음 각 부준위의 다음 번 에너지 부준위는 무엇인가?

(a) 3*p* (b) 4*d*

### 해답

만약 여러분이 부준위의 순서를 기억하지 못한다면 그림 4.16에 나타낸 채워지는 도표를 참조하라.

(a) 비록 세 번째 에너지 준위가 3*s*, 3*p*, 3*d* 부준위를 가지고 있더라도 3*d*는 바로 3*p* 다음에 오지 않는다. 대신에 4*s* 부준위는 3*p* 다음에 오며 3*d* 보다 앞에 있다. 따라서

3*s*, 3*p*, 4*s*

(b) 네 번째 에너지 준위가 4*s*, 4*p*, 4*d* 그리고 4*f* 부준위를 가지고 있더라도 4*f*는 즉시 4*d* 다음에 오지 않는다. 대신에 5*p* 부준위는 4*d*가 채워진 후 전자를 받아들인다. 따라서

4*p*, 5*s*, 4*d*, 5*p*

### 실전 연습문제

다음의 각 부준위들이 채워진 후의 전자들은 어떤 부준위에 채워지는가?

(a) 2*s* (b) 5*p*

**답:**

(a) 2*p* (b) 6*s*

### 개념 문제

핵으로부터 멀리 떨어져 가면 부준위 사이의 에너지 차이는 (증가/감소)한다.

**답:** 부록 G, 4.10 참조

## 전자 배치 쓰는 법

원자의 **전자 배치**(electron configuration)는 부준위에 의한 전자들의 위치를 설명하는 단축된 말이다. 먼저 부준위를 쓰고 다음에 전자의 개수를 나타내는 것으로 위첨자(superscript)를 쓴다. 예를 들면, 2*p* 부준위가 2개의 전자로 구성될 경우 표준기호로 $2p^2$이다. 그러므로 다음과 같다.

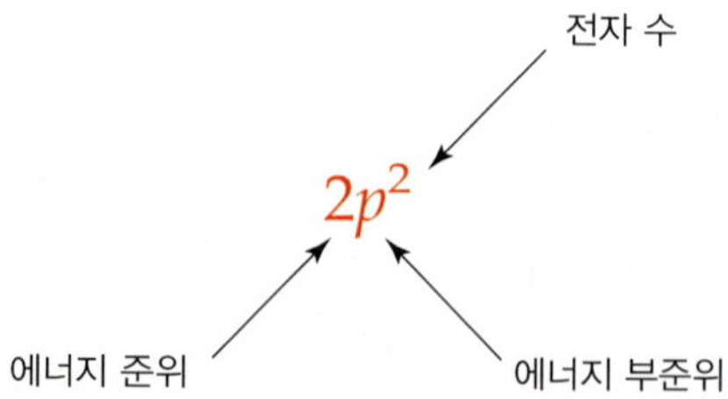

한 원자에 대한 전자 배치를 쓸 때에 확실한 방법이 있다. 먼저, 주기율표에 있는 원소의 원자 번호를 알아본다. 이것은 중성 원자의 전자 수와 같으며 핵 속에 있는 양성자의 수에 해당한다. 그 다음 에너지가 증가하는 순서로 부준위를 쓴다. 각각의 부준위는 모든 위첨자의 총 합이 원소의 원자 번호와 같아질 때 까지 연속해서 전자로 채운다.

예를 들어, 철에 대한 전자 배치를 써보자. 주기율표를 참고로 할 경우, 철의 원자 번호는 26이라는 것을 알게 된다. 주어진 원자 번호를 보면 철 원자의 핵이 26개의 양성자를 가지고 있으며 26개의 전자로 둘러싸여 있다. 전자 부준위의 에너지 증가에 따른 배열 순서는 다음과 같다.

$$1s \;\; 2s \;\; 2p \;\; 3s \;\; 3p \;\; 4s \;\; 3d \cdots$$

철의 에너지 부준위들은 1*s* 부준위에서 시작하여 전자 수가 총 26이 될 때까지 채워지며, 철의 전자 배열은 다음과 같다. :

$$\mathrm{Fe}: 1s^2 \;\; 2s^2 \;\; 2p^6 \;\; 3s^2 \;\; 3p^6 \;\; 4s^2 \;\; 3d^6$$

위첨자의 합이 철의 원자 번호(26)와 같다는 점에 주목하라. 예제 4.11은 다른 원소들의 전자 배치에 대하여 설명하였다.

### 예제 4.11 전자 배치

다음에 있는 각각의 원소에 대한 전자 배열을 써라.

(a) F (b) Sr

**해답**

원소의 원자 번호를 알기 위하여 주기율표를 참조한다.

(a) 플루오린(플루오르)의 원자 번호는 9이다. 그러므로 전자 수는 9이다. 다음과 같이 9개의 전자가 표시 될 때까지 부준위를 채울 수 있을 것이다.

$$\mathrm{F}: 1s^2 \; 2s^2 \; 2p^5$$

(b) 주기율표로부터 스트론튬의 원자 번호가 38이라는 것을 알 수 있다. 스트론튬의 전자 수는 38이다 그러므로 전자 배치는 다음과 같다.

$$\mathrm{Sr}: 1s^2 \;\; 2s^2 \;\; 2p^6 \;\; 3s^2 \;\; 3p^6 \; 4s^2 \;\; 3d^{10} \;\; 4p^6 \;\; 5s^2$$

해답을 검사해 보기 위해서 위첨자를 합하여 총 전자 수를 확인한다. 총 합은 38 $e^-$이다. 이것은 Sr의 원자 번호와 일치한다.

**실전 연습문제**

다음의 원소들에 대한 전자 배치를 쓰라. 표준 기호를 사용하여 부준위에 따라 전자를 서로 분류하라.

(a) 아르곤 (b) 카드뮴

**답:**

(a) $1s^2\ 2s^2\ 2p^6\ 3s^2\ 3p^6$ (b) $1s^2\ 2s^2\ 2p^6\ 3s^2\ 3p^6\ 4s^2\ 3d^{10}\ 4p^6\ 5s^2\ 4d^{10}$

**개념 문제**

주기율표를 참조하여 Cr 또는 Mn 중 어느 것이 최외각이 부준위에 더 많은 전자가 있는가?

**답:** 부록 G, 4.11 참조

## 4.11 원자의 양자 역학 모델

**학습 목표**

- *s* 와 *p* 궤도의 상대적 크기와 형태 에너지에 대한 관계를 설명할 수 있다.
- 어떤 주어진 궤도함수를 차지할 수 있는 전자 수를 알 수 있다.

1920년 중반에 원자에 대한 새로운 모형이 등장하기 시작했다. 전자의 거동이 보어의 원자 모형에 의하여 충분히 설명되지 못하기 때문에 좀 더 강력한 이론이 전개되었다. 독일의 물리학자인 하이젠베르크(Werner Heisenberg, 1901~1976)는 한 전자의 에너지와 위치 두 가지를 정확하게 결정한다는 것은 불가능하다는 결론을 내렸다. 그의 **불확정성 원리(uncertainty principle)**

> 도움말
> **보어 모델 대 양자 역학**
> 원자의 톰슨 모델이 원자의 보어 모델에 비해 단순한 것과 마찬가지로, 보어 모델은 원자의 양자 역학 모델보다 훨씬 정교하다. 원자의 보어 모델을 연구하면 고정된 원자 궤도에서 원자핵을 돌고 있는 전자를 시각화할 수 있다. 핵으로부터 멀리 떨어진 궤도를 선회하는 전자는 핵 가까이에 있는 것보다 더 큰 에너지를 갖는다.
> 원자의 양자 역학 모델은 전자가 파동과 입자 성질을 모두 가진다고 생각한다. 전자가 차지하는 정확한 궤도를 말하기보다는 양자 역학은 주어진 에너지로 전자를 공간 볼륨 내에서 발견할 확률을 기술한다. "orbit"라는 용어는 보어 모델에 적용되는 반면 "orbital"라는 용어는 양자 역학 모델용으로 사용된다.

에서 하이젠베르크는 소립자의 위치와 운동량(또는 에너지)을 동시에 정밀하게 측정한다는 것은 불가능하다고 말하였다. 실제로 한 원자에 있는 한 전자의 위치를 더 정밀하게 알수록 전자의 에너지는 덜 정밀해진다.

1932년 하이젠베르크는 그의 불확정성 원리로 노벨 물리학상을 수상하였다. 그러나 모든 사람이 불확정성 원리에 대하여 동의하지는 않았다. 어떤 물리학자들에게 우연히 지배하는 세계 속에 살고 있다는 생각은 그들을 동요시키는 것이었다. 아인슈타인(Albert Einstein, 18879~1955)은 "신의 카드를 들여다보는 것도 어려운 일이지만 나는 한 순간도 신이 주사위 놀이를 하듯 양자론이 주장하는 것처럼 그렇게 행했다고 믿을 수 없다" 라는 유명한 인용문을 제시하면서 불확정성 원리에 대하여 매우 걱정하였다. 비록 불확정성 원리가 처음에는 쟁점이 되었지만 원자에 대한 새로운 관점을 확립하는 데 필수적인 공헌을 하였다.

일반적으로 원자의 더 심오한 성질에 대하여 집중되기 시작하였다. 새로운 모형은 불확정성의 개념을 통합한 것이 아니라 양자화된 에너지 준위의 개념을 유지한 것이다. 새로 대두된 모형은 **양자역학 원자**(quantum mechanical atom)로서 알려지게 되었다. 보어의 모형에서 전자 에너지가 핵 주위의 일정한 에너지 궤도로 정의됨을 상기하라. 양자역학 모형에서 전자 에너지는 핵 주위의 어떤 공간 부피 안에 존재할 확률이라고 설명할 수 있다. 주어진 에너지에서 전자를 발견할 높은 확률(~95%)의 영역을 **궤도함수**(orbital)라고 부른다.

## *s*와 *p*궤도함수의 크기와 모양

양자 역학 원자에서 궤도함수는 그들의 크기와 형태에 따라 핵 주위에 배열되어진다. 일반적으로, 더 높은 에너지를 가진 전자들은 더 큰 궤도함수에서 발견된다. 보어 원자의 에너지 준위와 비슷하게 궤도함수의 에너지는 양자화되어지고 모두 1, 2, 3, 4 등과 같은 정수값으로 할당된다. 정수값이 증가하므로써 궤도함수의 에너지와 크기도 역시 증가한다.

우리는 궤도함수의 형태를 *s*, *p*, *d* 그리고 *f*의 문자로써 표현할 수 있다. 예를 들면, *s* 궤도함수의 형태는 구형이며, *p* 궤도함수의 형태는 아령 모양이다. *d*와 *f* 궤도함수는 우리가 언급하기에는 너무 복잡하다. 형태를 나타내는 문자와 에너지를 나타내는 수를 결합하므로써 궤도함수의 크기와 형태를 나타낼 수 있다. 예를 들면, 1*s*, 2*p*, 3*d* 의 명칭은 크기, 에너지, 그리고 형태가 다른 3개의 궤도함수를 나타낸다. 3*s* 궤도함수는 2*s* 보다 더 큰 구형이다. 2*s* 궤도함수는 1*s* 보다 더 크다. 그림 4.17은 핵주위의 *s* 궤도들 사이의 관계를 설명한 것이다.

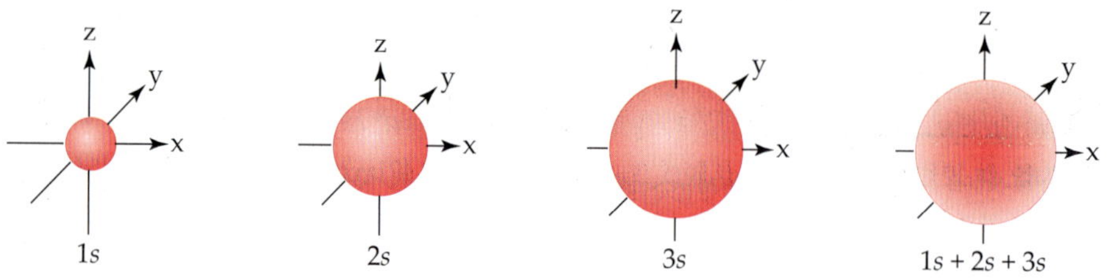


▶**그림 4.17 *s* 궤도함수의 상대적인 크기** 1*s*, 2*s*와 3*s* 궤도함수의 상대적인 크기를 보여주고 있다. 주 에너지 준위가 증가함으로써 궤도함수의 크기와 에너지도 증가한다. 원자핵은 세 축이 교차하는 중심에 놓여 있다. 가장 왼쪽에 있는 그림부터 1*s*, 2*s*, 3*s* 궤도함수이다.

모든 *p* 궤도함수는 아령 모양이지만 그것들은 크기나 에너지가 모두 똑같지 않다. 3*p* 궤도함수는 2*p* 궤도함수보다 더 크고 에너지 준위가 더 높다. 모든 *p* 궤도함수는 두 개의 귓불을 가지고 있기 때문에 아령을 닮았다고 말한다. *p* 궤도함수의 전자는 어느 한쪽 귓불을 점유할 수도 있다.

3개의 다른 2*p* 궤도함수가 있다. 3개의 궤도함수는 크기와 형태에 있어서 동일할지라도 그것들은 상호 간에 방향이 다르다. 즉 3개의 2*p* 궤도함수는 핵에서 교차하고 있지만 서로 직각 방향으로 배향되어 있다. 그림 4.18은 $2p_x$, $2p_y$, $2p_z$ 궤도함수의 관계를 나타내었다. $p_x$ 궤도함수는 3차원계에서 $x$축 쪽으로 배향하고 있다. $p_y$와 $p_z$ 궤도함수는 제각기 $y$축과 $z$축으로 방향을 정하고 있다.

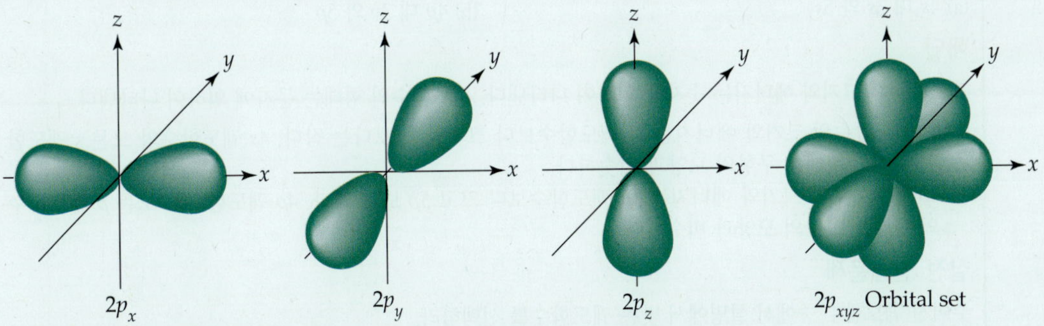


▲ **그림 4.18 2*p* 궤도함수의 배향** 3개의 2*p* 궤도함수에 대한 크기와 형태는 동일하다. 2*p* 궤도함수는 고정된 배향을 가지지 않지만 서로 직각을 이룬다. $2p_x$ 궤도함수의 전자는 $2p_y$ 또는 $2p_z$ 궤도함수를 점유할 확률이 똑같다.

유사하게 설명해 보면, 끝이 붙어있는 2개의 병 속에 갇혀 있는 날아다니는 벌레를 상상해보자. 벌레는 2개의 병 내부 공간 주위를 자유롭게 날아다닌다. 이런 비유에서, 벌레는 전자를 나타내고 두 개의 병은 2개의 *p* 궤도함수의 귓불을 나타낸다면 전체 *p* 궤도함수의 부피 속 어느 곳에서도 전자를 발견할 높은 확률이 존재한다. 그림 4.19는 이런 비유를 나타내었다.

지금까지 우리는 *s* 와 *p* 궤도함수만의 크기와 모양을 보았다. 그러나 많은 다른 궤도함수가 있다. 예를 들면, 세 번째 에너지 준위에 3*s*, 3*p* 및 3*d* 궤도, 네 번째 에너지 준위에는 4*s*, 4*p*, 4*d* 및 4*f* 궤도가 있다.

3*s* 부준위는 한 개의 구형 3*s* 궤도함수가 있고, 3*p* 부준위는 세 개의 아령 모양인 궤도함수 $3p_x$, $3p_y$, 및 $3p_z$가 있다. 3*p* 궤도함수는 2*p* 궤도함수와 모양은 비슷하나 더 크다. 3*d* 부준위는 다섯 개의 3*d* 궤도함수가 있다. 비록 *d* 궤도함수의 모양을 꼭 알아야 할 필요는 없지만 다섯 개의 다른 3*d* 궤도함수를 그림 4.20에 나타냈다.

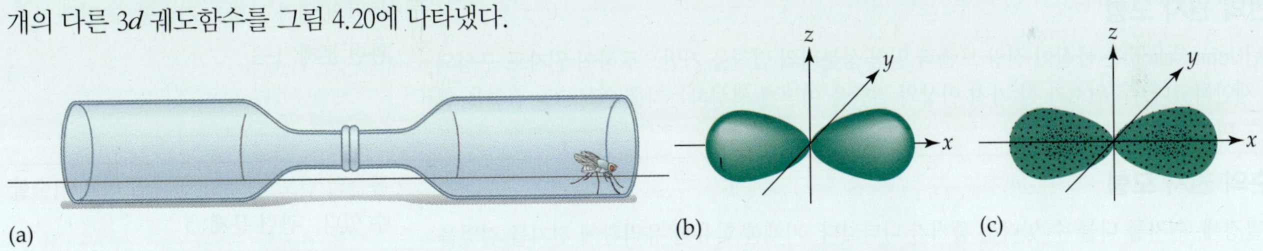


▲ **그림 4.19 *p* 궤도함수에 대한 비유** (a) 병 입구가 붙어있는 두 개의 병 속에 갇혀 있는 벌레를 주의해서 보라. 벌레는 오른쪽 병과 왼쪽 병에 모두 존재할 수 있다. (b) 마찬가지로, 두 개의 전자가 *p* 궤도함수의 두 귓불 중 어느 곳에서도 발견될 확률이 있다. (c) 검은 점의 농도는 가장 가능한 전자의 위치를 나타낸다.

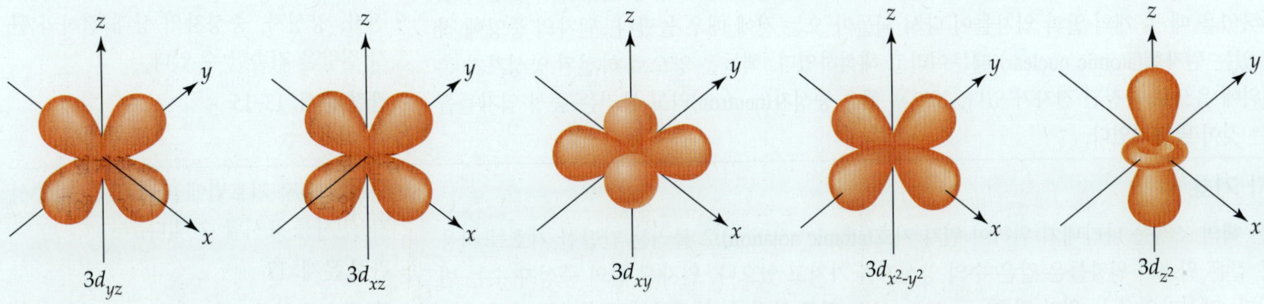


▲ **그림 4.20 3*d* 궤도함수의 모양** 다섯 개의 3*d* 궤도함수의 모양은 동일하지 않다. 비록 3개의 3*d* 궤도함수는 모양이 비슷하지만 이들은 서로 다른 배향을 하고 있다.

## 예제 4.12 원자 궤도함수

다음의 궤도함수에 대한 크기, 에너지, 형태에 대하여 비교하라.

(a) 4*s* 대 3*s* 와 5*s*  (b) 4*p* 대 3*p* 와 5*p*

**해답**

궤도함수의 크기와 에너지는 숫자에 의하여 나타낸다. 궤도함수의 형태는 문자에 의하여 나타낸다.

(a) 4*s* 궤도함수의 크기와 에너지는 3*s* 궤도함수보다 크지만 5*s* 보다는 작다. 4*s* 궤도함수와 모든 *s* 궤도함수에 대한 형태는 구형의 모양과 비슷하다.

(b) 4*p* 궤도함수의 크기와 에너지는 3*p* 궤도함수보다 크고 5*p* 보다 작다. 4*p* 궤도함수와 모든 *p* 궤도함수의 형태는 아령의 모양과 비슷하다.

**실전 연습문제**

주어진 궤도함수 중에서 설명에서 맞는 궤도함수를 선택하라.

(a) 더 높은 에너지를 가진 궤도함수 : 3*p* 또는 4*p*

(b) 크기가 더 큰 궤도함수 : 4*d* 또는 5*d*

**답:** (a) 4*p*  (b) 5*d*

**개념 문제**

다음 설명 중 어느 것이 원자의 양자 역학 모델에 따라 진실인가?

(a) 궤도함수는 전자의 양자 에너지 준위를 나타낸다.

(b) 궤도함수는 확률 경계를 나타낸다.

(c) 궤도함수는 다른 모양을 가질 수 있다.

**답:** 부록 G, 4.12 참조

# Chapter Summary

| 주요 개념 | 학습목표와 관련 연습문제 |
|---|---|
| **4.1 돌턴의 원자 모형**<br>1803년 돌턴(John Dalton)은 물질이 질량 보존과 일정 성분비의 법칙을 기반으로하여 원자로 구성되어 있다고 제안하였다. 두 원소가 한 가지 이상의 결합을 어떻게 생성하는지를 CO, $CO_2$ 실험을 인용하여 배수 비례법칙을 정하였다. | • 돌턴의 원자 모형을 기술할 수 있다.<br>**관련 문제:** 1-3 |
| **4.2 톰슨의 원자 모형**<br>1800년대 말경에, 원자를 나눌 수 있다는 증거가 나타났다. 기체를 함유한 유리관에 전기를 걸었을 때 음과 양의 광선이 관 속에서 관찰되었다. 과학자들은 수소 기체로부터의 광선들이 아주 작은 입자로 하전돼 있는 것을 발견하고 그것을 **전자**(electron)와 **양성자**(proton)라고 불렀다. | • 톰슨의 건포도-푸딩 원자 모형을 기술할 수 있다. **관련 문제:** 5<br>• 전자와 양성자의 상대 전하를 기술할 수 있다. **관련 문제:** 7-9 |
| **4.3 러더포드의 원자 모형**<br>1911년에 러더포드는 얇은 금박지에 알파 입자를 발사하는 고전적인 실험을 행하였다. 그가 알파 입자를 발사하였을 때 몇 개의 알파 입자들이 다시 되돌아 오는 것에 매우 놀랐다. 원자의 중앙에 작고 밀집해 있는 **원자핵**(atomic nuclear) 때문이라고 해석하였다. 핵들은 양으로 하전된 양성자가 존재하고 주위에 음으로 하전된 전자가 있다. 20년후 핵은 **중성자**(neutron)라고 불리는 중성 입자들을 포함한다는 것이 발견되었다. | • 러더포드의 원자에 대한 핵 모형을 설명할 수 있다. **관련 문제:** 11<br>• 전자, 양성자, 중성자의 상대 전하와 근사 질량을 기술할 수 있다.<br>**관련 문제:** 13-15 |
| **4.4 원자 기호**<br>화학자들은 핵의 조성을 나타내기 위하여 **원자 기호**(atomic notation)로 불리는 간단한 기호를 사용한다. 보통 같은 원소의 원자들은 같은 수의 양성자를 가지고 있으나, 원자핵 속의 중성자 수는 변화할 수 있다. 양성자의 수는 **원자 번호**(atomic number, Z)로 불리며, 양성자와 중성자를 합한 수를 **질량 수**(mass number, A)라고 한다. 원자 번호는 같지만 질량 수가 다른 원자들을 **동위원소**(isotope)라고 부른다. | • 주어진 원자 기호법에 따라 양성자, 중성자, 전자를 표시할 수 있다.<br>**관련 문제:** 17<br>• 주어진 동위원소에 중성자 수를 나타낼 수 있다. **관련 문제:** 19-23 |

| 주요 개념 | 학습목표와 관련 연습문제 |
|---|---|
| **4.5 원자질량**<br>원자의 질량이 너무 작아서 직접 측정할 수 없지만 상대적인 질량을 결정할 수 있다. 탄소-12는 기준 동위원소로 이용되며, 엄밀하게는 탄소-12의 질량은 12 **원자질량 단위**(atomic mass unit, amu)로 할당하였다. 모든 다른 원자들의 질량은 탄소-12의 질량과 관련되어진다. 원소의 원자질량에 대한 값을 알기 위하여 각 동위원소의 질량을 평균한다. 모든 동위원소의 가중평균 질량이 그 원소의 **원자질량**(atomic mass)으로 불려진다. | • 상대적 원자질량의 개념을 설명할 수 있다. **관련 문제:** 25-31<br>• 자연에 존재하는 동위원소의 함량과 질량이 주어진 원소에 대하여 원자질량을 계산할 수 있다. **관련 문제** 33-35 |
| **4.6 빛의 파동성**<br>**빛**(light)은 복사에너지의 파동으로서 공간을 통과한다. 파동 간에 마루와 마루 사이의 거리를 **파장**(wavelength)이라고 하고, 1초 동안에 지나간 주기의 수를 **진동수**(frequency)라고 한다. 파장이 감소하게 되면 빛의 진동수와 에너지는 증가한다. **가시광선 스펙트럼**(visual spectrum)은 400~700 nm에 이른다. 그러나 전체 **복사에너지 스펙트럼**(radiant energy spectrum)은 감마선, X-선 그리고 마이크로파 등을 포함한다. 그러므로 복사에너지는 가시 광선과 비가시광선의 **연속 스펙트럼**(continuous spectrum)이다. | • 빛의 파장, 주파수(진동수), 에너지의 관계를 기술할 수 있다. **관련 문제:** 37-43 |
| **4.7 양자의 개념**<br>1900년 플랑크(Max Planck)는 양자 개념을 도입하였다. 플랑크는 어떤 물체에 의하여 복사되는 에너지는 연속적이 아니고 오히려 작은 덩어리로 방출되는 것이라고 말하였다. 물체가 빛을 복사할 때 이때 복사에너지의 단위를 **광자**(photon)라고 부른다. | • 양자의 개념을 물질과 에너지에 적용하여 설명할 수 있다.<br>**관련 문제:** 45-49 |
| **4.8 원자의 보어 모형**<br>1913년 보어(Niels Bohr)는 전자가 핵 주위의 원 궤도를 이동한다고 제의하였다. 전자는 어떤 특별한 에너지를 가지고 있으며, 하나의 **에너지 준위**(energy level)를 점유한다고 말하였다. 보어의 **원자 모형**(Bohr atom)에서 전자가 궤도를 변경할 경우에 하나의 양자 에너지에 변화가 일어난다. 보어는 전자가 고 에너지 준위에서 저 에너지 준위로 떨어지므로써 방출 선 스펙트럼(emission line spectrum)이 된다고 주장하였다. 전자가 떨어질 때마다 두 준위 사이에 에너지 차이에 해당되는 에너지를 갖는 광자가 방출된다. | • 원자에 대한 보어 모형을 표시할 수 있다. **관련 문제:** 51<br>• 방출 스펙트럼 선과 원자의 에너지 준위 사이의 관계를 설명할 수 있다.<br>**관련 문제:** 53-65 |
| **4.9 에너지 준위와 부준위**<br>기체로부터 방출되는 선 스펙트럼을 더 자세히 조사해 보면 준위 내에 **에너지 부준위**(energy sublevel)가 나타난다. 부준위의 수는 에너지 준위의 수와 일치한다. 예를 들면, 네 번째 에너지 준위는 네 개의 부준위(*s, p, d, f*)를 가진다. *s* 부준위는 2개의 전자를 보유할 수 있고, *p* 부준위는 6개의 전자를, *d* 부준위는 10개의 전자를, 그리고 *f* 부준위는 최대 14개의 전자를 보유할 수 있다. | • 주어진 에너지 준위 안에서 에너지 부준위를 설명할 수 있다.<br>**관련 문제:** 67-69<br>• 주어진 에너지 준위 또는 에너지 부준위를 점유할 수 있는 전자의 수를 알 수 있다. **관련 문제:** 71 |
| **4.10 전자 배치**<br>전자들은 다음과 같이 증가하는 에너지의 순서에 따라 부준위가 채워진다. : $1s < 2s < 2p < 3s < 3p < 4s < 3d < 4p < 5s < 4d < 5p < 6s$. $4s$ 부준위는 $3d$ 앞에, $5s$는 $4d$ 앞에 위치한다고 알려져 있다. 한 원소에 채워지는 부준위의 표시는 **전자 배치**(electron configuration)에 의한다. 다음의 각 부준위의 위첨자는 하나의 부준위에 있는 전자 수를 나타낸 것이다. 다시 말하면 $1s^2$, $2s^2$, $2p^6$, $3s^1$은 소듐(나트륨)(원자 번호 11)에 대한 전자배치이다. | • 에너지의 증가에 따른 부준위의 순서를 작성할 수 있다.<br>**관련 문제:** 73<br>• 선택된 원소들에 대하여 전자 배치를 예시할 수 있다.<br>**관련 문제:** 75-77 |
| **4.11 원자의 양자 역학 모델**<br>1920년대 원자의 전자에 대한 우리의 인식은 매우 복잡하였다. 1925년에 하이젠베르크는 **불확정성 원리**(uncertainty principle)를 제안하였다. 즉 전자의 정확한 위치와 에너지를 동시에 안다는 것은 불가능하다. 대신에, 전자의 에너지는 단지 원자 내부의 어떤 곳에 위치할 확률로만 알 수 있다. 이러한 설명이 **양자역학 원자**(quantum mechanical atom)를 탄생시킨 것이다. 어떤 에너지를 갖는 전자를 발견할 확률이 높은 원자 내의 영역을 **궤도함수**(orbital)라고 한다. 궤도함수는 어떤 주어진 에너지, 크기, 형태 그리고 배향을 가진 핵 주위의 영역이다. *s* 궤도함수의 형태는 구의 모양이며 *p* 궤도함수는 아령 모양과 비슷하다. | • *s*와 *p* 궤도의 상대적 크기와 형태 에너지에 대한 관계를 설명할 수 있다.<br>**관련 문제:** 79-83<br>• 어떤 주어진 궤도함수를 차지할 수 있는 전자 수를 알 수 있다.<br>**관련 문제:** 85 |

## 주요 용어 주어 용어에 대한 해답은 부록 H에 수록하였다.

다음의 정의에 해당하는 용어를 선택하라.

| | 정의 | 용어 |
|---|---|---|
| ______ | 1. 작은 질량을 가진 음전하의 원자 구성(아원자) 입자. | (a) 원자질량(4.5절) |
| ______ | 2. 1 amu에 근사한 질량을 가진 양전하의 원자 구성(아원자)입자. | (b) 원자질량 단위(amu) (4.5절) |
| ______ | 3. 1 amu에 근사한 질량을 가진 중성의 원자 구성(아원자)입자. | (c) 원자 기호법(4.4절) |
| ______ | 4. 양성자와 중성자를 포함하는 원자의 중심 영역. | (d) 원자핵(4.3절) |
| ______ | 5. 원자핵 내의 양성자 수를 나타내는 값. | (e) 원자 번호(Z)(4.4절) |
| ______ | 6. 원자핵 내의 양성자와 중성자 수를 나타내는 값. | (f) 보어 원자(4.8절) |
| ______ | 7. 원자핵의 조성을 표기하기 위한 기호법. | (g) 연속 스펙트럼(4.6절) |
| ______ | 8. 같은 원소이지만 중성자 수가 다른 원자. | (h) 전자($e^-$)(4.2절) |
| ______ | 9. C-12 질량의 1/12와 정확하게 같은 질량의 단위. | (i) 전자 배치(4.10절) |
| ______ | 10. 자연에 존재하는 한 원소의 모든 동위원소의 평균 질량. | (j) 방출 선 스펙트럼(4.8절) |
| ______ | 11. 빛 파동이 한 사이클을 완전히 이동한 거리. | (k) 에너지 준위(4.8절) |
| ______ | 12. 가시 또는 비가시 복사에너지라고 말할 수 있는 일반적인 용어. | (l) 에너지 부준위(4.9절) |
| ______ | 13. 가시 또는 비가시 복사에너지 어느 것이든지 설명할 수 있는 일반적인 용어 | (m) 진동수(4.6절) |
| ______ | 14. 빨강에서 보라까지. 즉 대략 400~700 ㎚의 범위에 속하는 빛에너지의 범위 | (n) 동위원소(4.4절) |
| ______ | 15. 마이크로파에서 감마선까지의 범위에 속하는 빛에너지. | (o) 빛(4.6절) |
| ______ | 16. 연속되는 빛에너지 띠. | (p) 질량 수(a)(4.4절) |
| ______ | 17. 복사에너지의 입자. | (q) 중성자($n^0$)(4.3절) |
| ______ | 18. 전자가 원자핵 주위를 궤도로 하여 회전한다는 원자 모형. | (r) 궤도함수(4.11절) |
| ______ | 19. 전자들이 핵을 회전하면서 차지하는 일정한 에너지 궤도. | (s) 광자(4.7절) |
| ______ | 20. 에너지를 방출하는 어떤 원소의 원자로부터 생성된 빛의 좁은 띠의 집합체. | (t) 양성자(p+)(4.2절) |
| ______ | 21. 주 에너지 준위가 나누어져 생기는 전자의 에너지 준위. | (u) 양자역학 원자(4.11절) |
| ______ | 22. 에너지 증가에 따른 부준위에 의하여 전자배치의 단축된 설명. | (v) 복사에너지 스펙트럼(4.6절) |
| ______ | 23. 입자의 위치와 에너지를 동시에 정확하게 측정한다는 것은 불가능하다는 서술문. | (w) 불확정성 원리(4.11절) |
| ______ | 24. 원자핵 주위의 어떤 특별한 위치에서 발견할 확률에 관한 표현으로써 전자의 에너지를 설명하는 복잡한 원자 모형. | (x) 가시광선 스펙트럼(4.6절) |
| ______ | 25. 어떤 주어진 에너지를 가진 전자를 발견할 확률이 높은 원자의 핵 주위의 영역. | (y) 파장(4.6절) |

## 문제 문제에 대한 해답은 부록 I에 수록하였다.

### 원자에 대한 돌턴의 모델 (4.1절)

1. B.C 486에 어떤 그리스 철학자가 원자 개념을 제안하였는가?
3. 돌턴의 원자 이론을 지원하기 위해 사용했던 세 명의 과학자는 누구인가?
5. 다음 중 돌턴의 제안한 것 중 타당하지 않은 것은 어느 것 인가?
   (a) 서로 다른 원소의 원자가 결합되어 화합물을 형성한다.
   (b) 원자는 작은 정수 비율로 결합될 수 있다.
   (c) 원자는 나누어질 수 없다.

### 톰슨의 원자모델 (4.2절)

7. 건포도는 원자의 건포도 푸딩 모델에서 무엇을 의미하는가?
9. 원자에서 가장 단순한 음의 입자는 무엇인가?
11. 전자의 상대 전하는 무엇인가?

### 러더포드의 원자 모형 (4.3절)

13. 원자 속에 존재하는 양성자와 중성자는 어디에 위치하는가?
15. 원자의 대략적인 크기 (cm)는 얼마인가?
17. 전자와 양성자의 상대 질량은 얼마인가?

### 원자 기호법 (4.4절)

19. 다음 각 동위원소에 대한 중성자의 수를 말하라.
   (a) ${}^{1}_{1}H$ (b) ${}^{4}_{2}He$
   (c) ${}^{16}_{8}O$ (d) ${}^{20}_{10}Ne$
21. 다음 각 동위원소에 대한 중성자의 수를 말하라.
   (a) 수소-1 (b) 탄소-13
   (c) 코발트-59 (d) 아이오딘-127
23. 다음 표를 완성하고 누락된 정보를 말하라.

| 원자 기호 | 원자번호 | 질량 수 | 양성자 수 | 중성자 수 | 전자 수 |
|---|---|---|---|---|---|
| ${}^{11}_{5}B$ | | | | | |
| ${}^{15}_{7}N$ | | | | | |
| ${}^{40}_{20}Ca$ | | | | | |
| ${}^{200}_{80}Hg$ | | | | | |

25. 다음의 동위원소에 대한 양성자, 중성자 및 전자 배치를 그려라.
(a) ${}^{7}_{3}H$ (b) ${}^{4}_{2}C$ (c) ${}^{16}_{8}O$ (d) ${}^{20}_{10}Ne$

## 원자질량 (4.5절)

27. 원자 번호와 질량 수를 구별하라.

29. 기준 동위원소에 지정된 질량은 무엇인가?

31. 자연에 존재하는 소듐의 동위원소가 Na-23인 경우, 주기율표에서 소듐의 질량을 결정하라.

33. 자연에 존재하는 플루오린의 동위원소가 F-19인 경우, 주기율표에서 플루오린의 질량을 결정하라.

35. 천연 동위원소에 대해 다음과 같은 데이터가 주어진 경우 리튬의 원자질량을 계산하라.
${}^{6}Li$: 6.015 amu 7.42% ${}^{7}Li$: 7.016 amu 92.58%

37. 천연 동위원소에 대해 다음과 같은 자료가 주어진 경우 철의 원자량을 계산하라.
${}^{54}Fe$: 53.940 amu 5.82% ${}^{56}Fe$: 55.935 amu 91.66%
${}^{57}Fe$: 56.935 amu 2.19% ${}^{58}Fe$: 57.933 amu 0.33%

## 빛의 파동성 (4.6절)

39. 다음 중 더 긴 파장을 갖는 것은? : 적색광 또는 황색광

41. 다음 중 높은 주파수를 갖는 것은?: 적색광 또는 황색광

43. 다음 중 더 높은 에너지를 갖는 것은?: 적색광 또는 황색광

45. 다음 중 더 높은 에너지를 갖는 것은?: 400 nm 또는 450 nm

## 양자 개념 (4.7절)

47. 어떤 입자가 빛에너지의 양자성을 나타내는가?

49. 다음 중 어느 것이 연속적인지 또는 양자화된 것인지 나타내라.
(a) 무지개 (b) 선 스펙트럼

51. 다음의 각 기구로 길이를 측정했을 때 어느 기구가 연속적인지 또는 양자화된 것인지를 말하라.
(a) 미터법 자 (b) 디지털 레이저

## 원자의 보어 모형 (4.8절)

53. 다음의 전자에 대한 에너지 준위 변화 중 가장 에너지가 큰 것은? 5 → 2, 4 → 2 또는 3 → 2

55. 다음의 전자에 대한 에너지 준위 변화 중 가장 에너지가 큰 것은? 4 → 1, 3 → 1 또는 2 → 1

57. 수소 원자에서 전자가 세 번째 에너지 준위에서 두 번째 에너지 준위로 떨어질 때 관찰되는 방출선은 어떤 색인가?

59. 수소 기체의 방출 스펙트럼에서 전자가 네 번째 에너지 준위에서 첫 번째 에너지 준위로 떨어질 때 방출되는 에너지 형태는 무엇인가?

61. 빨간색, 청록색 또는 보라색 중 수소의 방출 스펙트럼 중 가장 적은 에너지를 갖는 것은 어느 것인가?

63. 다음 각각에서 얼마나 많은 광자가 방출되는가?
(a) 전자는 에너지 준위 3에서 1로 떨어진다.
(b) 전자는 에너지 준위 3에서 2로 떨어진다.

65. 들뜬 수소 기체에서 다음의 전자 에너지가 변화할 때 방출되는 스펙트럼 선의 색은 무엇인가?
(a) 전자는 에너지 준위 2에서 1로 떨어진다.
(b) 전자는 에너지 준위 3에서 2로 떨어진다.
(c) 전자는 에너지 준위 4에서 3으로 떨어진다.

## 에너지 준위와 부준위 (4.9절)

67. 에너지 준위로 전자의 개념을 증명하기 위하여 어떤 실험이 이루어졌는가?

69. 다음과 같은 주 에너지 준위 내의 모든 부준위의 수를 나타내어라.
(a) 1st(첫 번째) (b) 2nd(두 번째)
(c) 3rd(세 번째) (d) 4th(네 번째)

71. 다음 부준위에 있는 최대 전자 수는 얼마인가?
(a) $2s$ (b) $4p$
(c) $3d$ (d) $5f$

73. 두 번째 에너지 준위에 있는 전자의 최대 수는 얼마인가?

## 전자배치 (4.10절)

75. 에너지 증가하는 도표를 그려서 4s 다음의 부준위를 예상하라.

77. 다음 각 원소에 대한 전자배치를 그려라.
(a) He (b) Be (c) Co (d) Cd

79. 다음의 각 전자배치에 해당하는 원소는 무엇인가?
(a) $1s^2\ 2s^1$
(b) $1s^2\ 2s^2\ 2p^6\ 3s^2\ 3p^2$
(c) $1s^2\ 2s^2\ 2p^6\ 3s^2\ 3p^6\ 4s^2\ 3d^2$
(d) $1s^2\ 2s^2\ 2p^6\ 3s^2\ 3p^6\ 4s^2\ 3d^{10}\ 4p^6\ 5s^2$

## 원자의 양자 역학 모델 (4.11절)

81. 다음의 궤도함수에 대한 3차원적인 표현을 기술하라. x 축, y 축 및 z 축으로 분류하라.
(a) $1s$ (b) $2p_x$ (c) $3p_y$ (d) $2p_z$

83. 다음 중 에너지가 더 높은 궤도함수를 갖는 것은 어느 것인가?
(a) $2s$ 또는 $3s$ (b) $2p_x$ 또는 $3p_x$
(c) $2p_x$ 또는 $2p_y$ (d) $4p_y$ 또는 $4p_z$

85. 다음 표현에 맞는 궤도함수를 설명하라.
(a) 다섯 번째 에너지 준위에서 구형의 궤도함수
(b) 네 번째 에너지 준위에서 아령모양의 궤도함수

87. 다음과 같은 각 궤도함수를 차지할 수 있는 최대 전자 수를 말하라.
(a) $1s$ (b) $2p$ (c) $3d$ (d) $4f$

## 일반 연습문제

89. 은은 자연에 ${}^{107}Ag$과 ${}^{109}Ag$로 존재한다. 은 -109의 질량과 존재량은 108.91 amu와 48.16%로 주어졌다. 은 -107의 동위원소 질량은 얼마인가?

91. 원소 43은 종양의 위치를 알기 위해서 의료 방사선에 이용된다. 주기율표를 참조하여 Tc는 어떤 안정한 동위원소를 갖는지 말하라.

93. 다음 파장의 빛은 어느 영역의 스펙트럼인가?
(a) 300 nm (b) 1000 nm

## 도전 연습문제

95. 은(Ag)은 2 개의 자연 동위원소를 가지며, 거의 동등한 양으로 존재한다. ${}^{109}Ag$가 동위원소 중 하나라면, 은의 원자질량이 약 108 amu인 다른 동위원소는 무엇인가?

97. 은에 대한 전자 배열이 예측 된 $1s^2\ 2s^2\ 2p^6\ 3s^2\ 3p^6\ 4s^2\ 3d^{10}\ 4p^6\ 5s^1\ 4d^{10}$가 아닌 $1s^2\ 2s^2\ 2p^6\ 3s^2\ 3p^6\ 4s^2\ 3d^{10}\ 4p^6\ 5s^2\ 4d^9$인지 설명하라.

## Chapter 4 자율 테스트 해답은 부록 J에 수록하였다.

1. 돌턴의 제안 중에서 다음 어느 것이 아직도 타당한가? (4.1절)
   (a) 원소는 원자라 부르는 작은 입자로 구성되어 있다.
   (b) 다른 원소의 원자들이 결합하여 화합물을 생성한다.
   (c) 화합물은 원자들을 작은 정수비로 포함한다.
   (d) 위의 모든 것
   (e) 위의 모두 아님
2. 원자의 건포도 푸딩 모델에서 건포도는 무엇을 나타내는가? (4.2절)
   (a) 전자 (b) 중성자
   (c) 양성자 (d) 핵
   (e) 위의 모두 아님
3. 어느 원자 구성 입자가 상대전하가 +1이고 질량이 1 amu인가? (4.3절)
   (a) 알파 (b) 전자
   (c) 중성자 (d) 양성자
   (e) 위의 모두 아님
4. 코발트-60 원자의 핵에는 중성자가 몇개인가? (4.4절)
   (a) 27 (b) 33
   (c) 60 (d) 87
   (e) 위의 모두 아님
5. 원소 X는 자연에 두 가지 동위원소 [X-63(62.940 amu)과 X-65(64.928 amu)]가 있다. X-63의 존재량이 69.17%이라면 원소 X의 원자질량을 구하라. (4.5절)
   (a) 63.55 amu (b) 64.00 amu
   (c) 64.32 amu (d) 107.85 amu
   (e) 108.46 amu
6. 다음 중 어느 빛의 색이 에너지가 가장 높은가? (4.6절)
   (a) 푸른색 (b) 초록색
   (c) 붉은색 (d) 보라색
   (e) 노란색
7. 다음 중 어느 것이 에너지가 양자화로 변한 예인가? (4.7절)
   (a) 운동장을 가로 질러 구르는 공
   (b) 램프 (경사로) 아래로 구르는 공
   (c) 계단 아래로 구르는 공
   (d) 위의 모든 것
   (e) 위의 모두 아님
8. 한 개의 수소 원자에 있는 전자가 에너지 준위 3에서 1로 떨어질 때 몇 개의 광자가 방출되는가? (4.8절)
   (a) 1 (b) 2
   (c) 3 (d) 4
9. 3*d* 에너지 부준위에 채워질 수 있는 전자는 최대 몇 개인가? (4.9절)
   (a) 2 (b) 6
   (c) 8 (d) 14
   (e) 위의 모두 아님
10. 망가니즈(망간) 원자의 전자 배치는 무엇인가? (4.10절)
    (a) $1s^2\ 2s^2\ 2p^6\ 3s^2\ 3p^6\ 3d^5$
    (b) $1s^2\ 2s^2\ 2p^6\ 3s^2\ 3p^6\ 4s^2\ 3d^5$
    (c) $1s^2\ 2s^2\ 2p^6\ 3s^2\ 3p^6\ 4s^2\ 4p^5$
    (d) $1s^2\ 2s^2\ 2p^6\ 3s^2\ 3p^6\ 4s^2\ 4d^5$
11. 다음 중 어느 것이 궤도와 궤도함수에 진실인가? (4.11절)
    (a) 궤도와 궤도함수는 두 개의 전자를 포함한다.
    (b) 궤도와 궤도함수는 타원형으로 설명할 수 있다.
    (c) 궤도와 궤도함수는 전자 경계를 나타낸다.
    (d) 궤도와 궤도함수는 일정한 에너지 상태를 나타낸다.
    (e) 위의 모두 것

## 주요 개념

12. 원자핵은 "댈러스 카우보이 스타디움의 대리석 조각과 같은" 비유에 의하여 표현할 수 있다. 대리석이 원자핵으로 표현된다면 스타디움은 무엇으로 표현되는가?

▲**댈러스 카우보이 스타디움의 비유**
50야드-선 위에 있는 대리석 조각과 전체 스타디움의 크기를 비교해 보아라.

13. 얇은 금박에 의한 알파 입자의 산란은 "태양계를 통과하는 미사일포 같은 것"에 비유하여 설명할 수 있다. 만약 미사일이 알파 입자라면 행성들은 무엇으로 표현될 수 있는가?
14. 다음의 양자 비유를 완성하여라. 전자를 전기에 비유한다면, ________은 빛에 비유된다.
15. 핵 주위에 일정한 에너지 상태를 차지하는 전자의 실험 증거는 무엇인가?

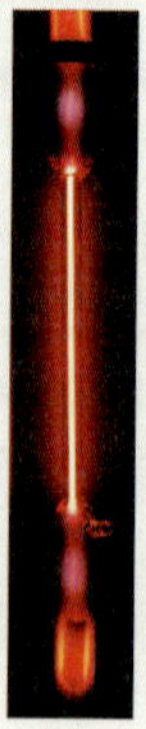

◀**네온 기체 방전관** 네온 기체로부터 붉그스레한 오렌지 빛이 프리즘을 통하여 지나갈 때 선 스펙트럼이 관찰된다. 이것은 네온의 "원자 지문"이다.

## 비판적 사고

16. 구리는 자연에 두 개의 동위원소 Cu-63과 Cu-65가 있다. 어느 동위원소가 자연에 더 많이 존재하는가?(힌트: 주기율표 참조)
17. 다른 원소의 원자는 양성자의 수가 같을 수 있는가?
18. 다른 원소의 원자는 중성자의 수가 같을 수 있을까?

CHAPTER

# 5 주기율표

*"자연에서 일반적인 질서의 세계가 존재함을 발견하고 이 질서를 지배하는 원인을 발견하는 것이 과학의 목적이다."*

**멘델레예프, 러시아 화학자 (1834-1907)**



| 5 |
|---|
| **B** |
| Boron |

**원소 5: 붕소**

붕소는 골프채와 낚싯대를 만들 만큼 강도가 강한 섬유로 가공할 수 있는 반금속 원소이다. 붕소는 자연에서 붕사로 존재하며, 흰색가루로서 세제, 화장품 그리고 난연제 등으로 사용된다.

구리, 은 및 금은 선사 이래 사용되어 왔으나, 1700년대에 이르러 보일(Robert Boyle, 1627~1691)에 의해서 이 금속들은 원소로 분류되었다. 1800년까지, 30개의 원소가 분리, 확인되었으며, 1870년까지는 60개 이상이 확인되었다.

1829년 독일화학자 되베라이너(J. W. Döbereiner, 1780~1849)는 몇몇 원소들이 삼연체 *(triad)*라 불리는 세 개 원소로 이루어진 그룹으로 분류될 수 있음을 관찰하여 알았다. 삼연체에 있는 각각의 세 원소는 화학반응에서 주목할 만한 유사성을 보였다. 또한 이들 원소는 밀도, 녹는점, 그리고 특히 원자질량과 같은 물리적 성질에 일관된 경향성을 보였다.

1865년에 영국화학자 뉼런즈(J. A. R Newlands, 1837~1898)는 알려진 62개 원소들이 원자질량이 증가하는 순서에 의해 7개의 그룹으로 배열될 수 있다는 것과 8번째 원소는 앞 그룹의 첫 번째 원소의 성질들이 되풀이 된다는 것을 제안하였다. 흥미롭게도, 옥타브법칙*(law of octaves)*이라고 불리는 그의 이론은 비웃음의 대상이 되었으며, 출판되지 못했다. 비록 원소들의 주기적인 관계에 대한 뉼런즈의 통찰력은 본질적으로 옳았지만, 그가 전문가로 인정을 받기까지는 20년이 걸렸다. 1887년에 뉼런즈는 영광스럽게 영국학술원으로부터 Davy Medal을 받았다.

## 5.1 원소들의 분류

**학습 목표**

▶ 멘델레예프에 의하여 제안된 최초의 주기율을 적용할 수 있다.

1860년대 러시아 화학자 멘델레예프(Dmitri Mendeleev)는 원소들을 원자량이 증가하는 순서로 배열하면, 원소들이 규칙적인 간격을 두고 되풀이된다고 제안하였다. 오늘날 멘델레예프는 원소들의 체계적인 배열을 묘사하는 현대 주기율표의 기틀을 만든 사람으로서 존경받고 있다.

멘델레예프의 업적은 원소들의 물리적, 화학적 성질들에 대한 그의 끈기 있고 체계적인 연구결과들이다. 더군다나 그는 세 개의 원소가 실제로 발견되기도 전에 그 원소들의 존재와 성질을 예상하는 통찰력과 용기를 가졌다. 1869년 멘델레예프는 그가 에카규소라고 불렸던 원소의 존재를 예측했다. 에카규소는 1886년에 독일에서 발견되었고 저마늄(게르마늄, germanium)이란 이름이 주어졌다. 관찰된 저마늄의 성질과 멘델레예프가 예상했던 에카규소의 성질들을 표 5.1에 비교하였다.

**표 5.1 멘델레예프가 예언한 에카규소(Ek)의 성질들**

| 성질 | 예언한 예카규소(1869) | 발견된 저마늄(1886) |
|---|---|---|
| 색 | 회색 | 회색 |
| 원자질량 | 72 amu | 72.6 amu |
| 밀도 | 5.5 g/mL | 5.32 g/mL |
| 녹는점 | 매우 높음 | 937 ℃ |
| 산화물의 화학식 | $EkO_2$ | $GeO_2$ |
| 산화물의 밀도 | 4.7 g/mL | 4.70 g/mL |
| 염화물의 화학식 | $EkCl_4$ | $GeCl_4$ |
| 염화물의 끓는점 | 100 ℃ | 86 ℃ |

1869년 멘델레예프의 최초 주기율표가 원소들을 세로열로 배열하긴 하였지만, 2년 후에 그는 원소들을 가로줄로 나타낸 또 다른 형태를 출간하였다. 그는 원소들을 원자량이 증가하는 순서로 배열하였으며, 이전 원소의 성질을 되풀이하는 원소는 새로운 줄로 다시 시작하여 배치했다. 그림 5.1은 1871년 멘델레예프가 만든 원소 주기율표의 일부이다.

| Group | I | II | III | IV | V | VI | VII | VIII |
|---|---|---|---|---|---|---|---|---|
| Formula of Oxide | $R_2O$ | $RO$ | $R_2O_3$ | $RO_2$ | $R_2O_5$ | $RO_3$ | $R_2O_7$ | $RO_4$ |
| | H | | | | | | | |
| | Li | Be | B | C | N | O | F | |
| | Na | Mg | Al | Si | P | S | Cl | |
| | K | Ca | **eka-** | Ti | V | Cr | Mn | Fe, Co |
| | Cu | Zn | **eka-** | **eka-** | As | Se | Br | & Ni |
| | Rb | Sr | Y | Zr | Nb | Mo | — | Ru, Rh |
| | Ag | Cd | In | Sn | Sb | Te | I | & Pd |
| | Cs | Ba | Di | Ce | — | — | — | |
| | — | — | — | — | — | — | — | |
| | — | — | Er | La | Ta | W | — | Os, Ir |
| | Au | Hg | Tl | Pb | Bi | — | — | & Pt |
| | — | — | — | Th | — | U | — | |

**◀그림 5.1 멘델레예프의 원소분류 (1871년)**
한 원소의 산화물에 대한 식은 $R_2O$, RO 등의 기호로 표시된다. 예를 들면, Ⅰ족 산화물에는 $Li_2O$, $Na_2O$, $K_2O$가 있고, Ⅱ족 산화물에는 BeO, MgO 및 CaO가 있다. Ⅲ족과 Ⅳ족 에서 멘델레예프는 3개의 발견되지 않은 원소들의 존재를 지적하였으며 그는 에카붕소(ekaboron), 에카알루미늄(ekaalu-minum) 및 에카실리콘(ekasilicon)이라 명명하였다.

## 주요 과학자 멘델레예프(Dmitri Mendeleev)

**Q: 주기율표에서 멘델레예프를 기념하기 위하여 명명된 원소는 어떤 것인가?**

멘델레예프(Dmitri Ivanovich Mendeleev, 1834~1907)는 시베리아에서 14명에서 17명(기록에 따라 다르지만)의 자녀 중 막내로 태어났다. 그의 아버지는 고등학교의 교장이었으나, 젊은 시절에 눈이 멀어 직장을 그만둘 수밖에 없었다. 남다른 활동력과 결단력 있는 여성이었던 그의 어머니는 가족들을 부양하기 위하여 유리 공장을 시작하였다. 멘델레예프가 고등학교를 졸업할 무렵, 그의 아버지는 돌아가셨고 어머니가 운영하던 공장은 불타버렸다. 곤궁에 빠져 있었음에도 불구하고, 어머니는 자신이 죽기 몇 달 전 멘델레예프가 대학에 갈 수 있도록 영향력을 행사하였다.

멘델레예프는 상트 페테르부르크(St. Peterburg) 대학에 입학해서 1등으로 졸업하였다. 유럽에서 대학원 과정을 마친 후에 상트 페테르부르크에 돌아와서 화학 교수가 되었다. 멘델레예프의 관심은 급속히 불어나는 원소들을 연결할 공통적인 실마리를 찾는 것이었다. 1869년 그는 원자질량이 증가하는 순서에 따라 원소들을 연관 짓는 표를 발표하였다. 그는 발견되지 않았던 3개의 원소들의 존재와 성질들까지도 예상하였다. 1875년 갈륨(gallium)이라고 예상했던 원소가 프랑스(Gallia)에서 발견되었고, 1879년 스칸듐(Scandium)이 스칸디나비아에서 발견되었으며, 그리고 1886년에는 저마늄(germanium)이 독일에서 발견되었다.

점차로, 과학자들은 주기율표의 중요성을 인식하게 되었고 멘델레예프는 세계에서 가장 유명한 화학자가 되었다. 그는 유럽과 미국, 그리고 캐나다에 있는 유명한 주요 대학들에 초청되어 강연을 하였다. 그는 또한 부인과 이혼하고 예술을 공부하는 젊은 학생과 재혼하였다. 러시아 정교회 입장에서 볼 때, 재혼하기까지는 7년이라는 기간을 기다려야 되는데, 그는 이를 지키지 않은 이중 혼인자였다. 짜르 알렉산더 II(Czar Alexander II)가 멘델레예프의 중혼죄에 관한 질문을 받았을 때 그는 다음과 같이 대답하였다. "멘델레예프는 두 명의 아내가 있지만 나에게는 오직 한 명의 멘델레예프가 있다."

**▲ 멘델레예프(Dmitri Mendeleev, 1834~1907)**
주기율표의 나선형은 화학발전의 개념을 보여준다. H를 시작으로 하여 모든 원소들은 차례로 전개해 나간다. 멘델레예프의 초상이 원소들의 나선형 중심에 놓이게 하여 기념이 되게 하였다. 주기율표에서 18족의 원소들에 해당하는 18열의 원소들이 있다는 것을 주의해서 보라.

19세기 말, 러시아는 정치적 혼란에 휩쓸렸다. 멘델레예프는 거리낌 없는 자유 사상의 소유자였고, 대체로 학생의 권리, 특히 여성의 권리를 위한 그의 목소리는 높았다. 이 일로 그는 1890년 대학에서 강제로 사임하게 되었다. 다행이 멘델레예프에게는 여전히 영향력 있는 친구들이 있었고 그는 도량형국(the Bureau of Weights and Measures)의 장으로 임명되었다.

1906년, 그는 단 한 표의 차이로 노벨상을 수상하지 못했다. 역사가들은 멘델레예프가 당연히 그의 공로를 인정받아야 하지만, 그의 논쟁을 즐기는 성격 때문에 그 상은 플루오린(플루오르, fluorine) 원소를 발견한 프랑스의 화학자 앙리 무아상(Henri Moissan)에게 수여되었다고 생각하였다.

**A:** 멘델레예프를 기념하는 뜻에서 101번 원소를 멘델레븀이라고 하고 기호 Md로 나타낸다.

### 비활성 기체

주기율표의 오른쪽에 있는 비슷한 원소들의 무리를 발견하여 원소들의 배열은 크게 확장되었다. 아르곤이 1894년에 공기로부터 분리되었고, 헬륨, 네온, 크립톤, 제논 및 라돈 등도 그 후 5년 이내에 발견되었다. 원래 그 기체 원소들은 *비활성 기체(inert gas)*로 불렸는데, 그 이유는 이 원소들이 화학반응성을 보이지 않기 때문이다.

1962년에 제논을 포함한 화합물이 영국의 콜럼비아 대학교(University of British Columbia)에서 합성되었다. 제논과 크립톤의 화합물이 만들어지긴 했어도 아르곤, 네온 및 헬륨의 원소들은 아직도 화합물로 만들지 못하고 있다. 더욱 최근에는 이들 족에 있는 각 기체의 비반응성을 나타내는 비활성 기체 대신에 "영족 기체(noble gas)"라는 용어를 사용하고 있다. 같은 이유로 구리, 은 및 금을 귀금속이라 부르는데 그 이유는 화학반응에 대한 이 원소들의 저항성 때문이다.

학습 목표

▶ 모즐리가 제안한 현대의 주기율 개념을 설명할 수 있다.

## 5.2 주기율의 개념

1869년 멘델레예프는 원소들의 원자질량이 증가함에 따라서 원소들의 성질들이 되풀이 된다고 제안하였다. 1913년에 박사과정 이수 후 연구자이던 모즐리(H. G. J. Mosely, 1887-1915)는 고 에너지 복사선으로 원자 핵들에 충격을 주었고, 방출된 X선의 연구에서 주기율표에 배열된 각 원소의 핵전하가 아래와 같이 하나씩 증가함을 발견하였다.

| | | | | | | | |
|---|---|---|---|---|---|---|---|
| H = 1 | | | | | | | He = 2 |
| Li = 3 | Be = 4 | B = 5 | C = 6 | N = 7 | O = 8 | F = 9 | Ne = 10 |
| Na = 11 | Mg = 12 | Al = 13 | Si = 14 | P = 15 | S = 16 | Cl = 17 | Ar = 18 |

모즐리는 원자질량에 의한 것보다는 핵전하 증가에 따라 원소를 배열하는 것이 원소들의 주기적 성질을 더 잘 설명할 수 있다는 결론을 내렸다. 즉 원자 번호에 의해 원소를 배열하는 것이 주기율표의 경향성을 더 잘 설명할 수 있으므로 원소들은 원자량이 아니라 핵 속에 있는 양성자의 수에 의해서 배열되어야 한다는 것이다. **주기율(periodic law)**은 원자 번호가 증가함에 따라 배열된 원소의 주기적 성질을 나타낸다. 양성자 수에 따라 배열할 때 몇 개의 예외는 있어도 이들 경향성은 일치한다.

1913년대에 보어(N. Bohr)는 전자 에너지 준위의 개념을 도입하였고 주기율표는 새로운 모양을 갖게 되었다. 새로운 모양은 그림 5.2에 나타낸 것처럼 오늘날 사용하는 눈에 익은 배열을 닮았다.

주기율표의 네 번째 줄을 주의 깊게 살펴보면 연속되는 원자질량이 Co에서 Ni로 갈 때 증가하지 않음을 알게 될 것이다. 즉 Ni이 Co보다 더 적은 원자질량을 갖는다. 주기율표에서 Co가 Ni 앞에 있는 이유는 Co(27)의 원자 번호가 Ni(28)의 원자 번호보다 더 낮기 때문이다. Co의 성질은 9족에 있는 원소들을 닮았고 Ni의 성질은 10족에 있는 원소들과 비슷하다.

원자 번호 — 1, 기호 — H, 원자질량 — 1.01

| | 1 IA | 2 IIA | 3 IIIB | 4 IVB | 5 VB | 6 VIB | 7 VIIB | 8 VIII | 9 VIII | 10 VIII | 11 IB | 12 IIB | 13 IIIA | 14 IVA | 15 VA | 16 VIA | 17 VIIA | 18 VIIIA |
|---|---|---|---|---|---|---|---|---|---|---|---|---|---|---|---|---|---|---|
| | | | | | | | | | | | | | | | | | | 2 He 4.00 |
| 2 | 3 Li 6.94 | 4 Be 9.01 | | | | | | | | | | | 5 B 10.81 | 6 C 12.01 | 7 N 14.01 | 8 O 16.00 | 9 F 19.00 | 10 Ne 20.18 |
| 3 | 11 Na 22.99 | 12 Mg 24.31 | | | | | | | | | | | 13 Al 26.98 | 14 Si 28.09 | 15 P 30.97 | 16 S 32.07 | 17 Cl 35.45 | 18 Ar 39.95 |
| 4 | 19 K 39.10 | 20 Ca 40.08 | 21 Sc 44.96 | 22 Ti 47.88 | 23 V 50.94 | 24 Cr 52.00 | 25 Mn 54.94 | 26 Fe 55.85 | 27 Co 58.93 | 28 Ni 58.69 | 29 Cu 63.55 | 30 Zn 65.39 | 31 Ga 69.72 | 32 Ge 72.63 | 33 As 74.92 | 34 Se 78.97 | 35 Br 79.90 | 36 Kr 83.80 |
| 5 | 37 Rb 85.47 | 38 Sr 87.62 | 39 Y 88.91 | 40 Zr 91.22 | 41 Nb 92.91 | 42 Mo 95.95 | 43 Tc (99) | 44 Ru 101.07 | 45 Rh 102.91 | 46 Pd 106.42 | 47 Ag 107.87 | 48 Cd 112.41 | 49 In 114.82 | 50 Sn 118.71 | 51 Sb 121.75 | 52 Te 127.60 | 53 I 126.90 | 54 Xe 131.29 |
| 6 | 55 Cs 132.91 | 56 Ba 137.33 | 57 La 138.91 | 72 Hf 178.49 | 73 Ta 180.95 | 74 W 183.85 | 75 Re 186.21 | 76 Os 190.2 | 77 Ir 192.22 | 78 Pt 195.08 | 79 Au 196.97 | 80 Hg 200.59 | 81 Tl 204.38 | 82 Pb 207.2 | 83 Bi 208.98 | 84 Po (209) | 85 At (210) | 86 Rn (222) |
| 7 | 87 Fr (223) | 88 Ra (226) | 89 Ac (227) | 104 Rf (261) | 105 Db (262) | 106 Sg (263) | 107 Bh (262) | 108 Hs (265) | 109 Mt (266) | 110 Ds (271) | 111 Rg (272) | 112 Cn (277) | 113 Nh (286) | 114 Fl (285) | 115 Mc (289) | 116 Lv (293) | 117 Ts (294) | 118 Og (294) |

| 58 Ce 140.12 | 59 Pr 140.91 | 60 Nd 144.24 | 61 Pm (147) | 62 Sm 150.36 | 63 Eu 151.97 | 64 Gd 157.25 | 65 Tb 158.93 | 66 Dy 162.50 | 67 Ho 164.93 | 68 Er 167.26 | 69 Tm 168.93 | 70 Yb 173.04 | 71 Lu 174.97 |
|---|---|---|---|---|---|---|---|---|---|---|---|---|---|
| 90 Th 232.04 | 91 Pa (231) | 92 U 238.03 | 93 Np (237) | 94 Pu (244) | 95 Am (243) | 96 Cm (247) | 97 Bk (247) | 98 Cf (251) | 99 Es (252) | 100 Fm (257) | 101 Md (258) | 102 No (259) | 103 Lr (260) |

**▲그림 5.2 현대적인 원소의 주기율표**
원자 번호는 주기율표의 전체에 걸쳐서 순차적으로 증가한다. 원자질량도 몇 개를 제외하고는 증가함에 유의하라. 그러나 핵전하(즉, 원자 번호)가 원소들의 반복되는 성질을 더 분명하게 설명해 준다.

### 예제 5.1 주기율

멘델레예프가 최초로 제안했던 주기율표의 다섯 번째 줄에 있는 두 원소를 찾아라.

**해답**

멘델레예프는 원자질량 증가에 의해서 원소들을 배열해야 한다고 제안하였다. Rb으로 시작하는, 다섯 번째 주기에 있는 각 원소는 아이오딘(요오드)까지 원자질량이 증가한다. Te(52)와 I(53)의 원자 번호가 증가해도 Te(127.60)와 I(126.90)의 원자질량은 증가하지 않는다. 실험적으로 F, Cl 및 Br과 성질이 비슷한 것은 I이지 Te는 아니다.

**실전 연습문제**

최초의 주기율에 예외가 되는 원자 번호가 20보다 작은 원소들의 쌍을 주기율표에서 찾아라.

**답:** Ar과 K

**개념 문제**

현대 주기율의 원소들을 (원자질량/원자 번호) 증가 순서에 따라 배열한 것이다.

**답:** 부록 G, 5.1 참조

## 5.3 원소들의 족과 주기

주기율표에서 세로 열은 원소들의 *족(group)*이라 부르고, 가로줄은 **주기(period)**라고 부른다. 이 책의 앞 표지 내부에 있는 주기율표를 주의해서 보면 7개의 가로줄에 원소들이 나열되어 있다. 이들 원소들의 주기는 1에서 7까지 번호가 매겨져 있다. 첫 번째 주기에는 H와 He의 단 2개의 원소가 있다. 두 번째와 세 번째 주기에는 Li에서 Ne까지 그리고 Na에서 Ar까지 각각 8개의 원소가 있다. 네 번째와 다섯 번째 주기에는 K에서 Kr까지 그리고 Rb에서 Xe까지 18개의 원소가 있다.

**학습 목표**

- 주기율표에서 족과 주기에 따라 원소들을 구분할 수 있다.
- 미국 규약(ⅠA~ⅧA)과 IUPAC 규약(1~18)을 모두 사용하는 주기율표에서 원소들의 족을 명시할 수 있다.

멘델레예프가 그의 초기 주기율표를 작성할 때, 수소의 성질이 원소의 어떤 족들과도 달랐기 때문에 주기율표 어디에 둘지 몰랐다. 수소는 기체이므로 물리적 성질은 비금속과 비슷하다. 그런데 수소는 전자를 잃음으로써 반응하며 전자를 잃는다는 것은 금속의 화학적 성질이다. 오늘날 H는 대부분의 주기율표에서 맨 왼쪽 세로열의 가장 위에 있다.

주기율표에는 18개의 세로열이 있다. 과거에는 미국 화학자들이 원소의 족을 표시할 때 IA, IIA, IIB 등으로 로마 숫자 다음에 문자 A 또는 B를 사용했다. 주기율표에서 IA 족은 Li에서 Fr까지, IIA족은 Be에서 Ra까지의 원소를, 그리고 IIB족은 Zn, Cd 및 Hg을 포함하고 있다.

1920년대 이후 주기율표에 족의 숫자를 매기는 데 논쟁이 있어 왔다. 최근 국제 순수 및 응용 화학기구(IUPAC)는 숫자 1에서 18까지를 사용하여 족에 번호를 매기는 것을 제안함으로써 논쟁을 해결하였다. 예를 들면 IUPAC는 IA족을 1족으로 표시하고, IIB족을 12족으로 표시하고 VIIIA족을 18족으로 표시할 것을 권장하고 있다. 화학자들은 현재 IUPAC규약을 채택하는 과정에 있다. 그러므로 이 책에 있는 주기율표는 두 규약 모두를 표에 실었다. 예를 들면 IA/1, IIB/12 그리고 VIII A/18 등이다.

주기율표에서 원소들은 족의 이름에 의해서도 불려질 수 있다. IA/1족의 이름은 **알칼리 금속(alkali metal)**이다. IIA/2족에 있는 원소는 **알칼리 토금속(alkaline earth metal)**으로 불린다. VIIA/17족에 있는 원소들은 **할로젠(할로겐, halogen)**으로 불린다. VIIIA/18족 원소들은 정상 조건에서는 모두 기체이며 대체적으로 반응성이 없다; 이들을 **영족 기체(noble gas)**라 부른다.

## 주족 원소와 전이 원소

우리는 원소들의 족을 주족 원소나 전이 원소 중 하나로 분류할 수 있다. **주족 원소(representative element)**들은 주기율표의 왼쪽과 오른쪽의 A족에서 찾을 수 있다. 일반적으로 주족 원소의 화학적 성질은 예상될 수 있다. 예를 들면, 마그네슘은 언제나 산소와 반응하여 MgO을 생성한다.

**전이 원소(transition element)**는 주기율표의 중간에 위치한 B족에서 찾을 수 있다. 전이 원소의 화학적 거동(성질)은 주족 원소의 경우와는 다르게 예상하기가 어렵다. 예를 들면, 제한된 산소 속에서 철이 반응하면 FeO를 형성하나 과잉 산소 존재 시 철의 생성물은 $Fe_2O_3$가 된다.

**내부 전이 원소(inner transition element)**는 주기율표의 주요 부분 아래쪽에서 발견된다. 이들 두 계열은 주기율표가 심하게 넓어지지 않도록 하기 위해 주요 부분 밑에 두었다. 첫 번째 원소 계열은 주기율표에서 La과 Hf 사이에 속하는 Ce부터 Lu까지고 6주기의 일부분이다. 이 계열은 란타넘(란탄)의 뒤를 잇기 때문에 **란타넘족 계열(lanthanide series)**이라 부른다. Ce-Lu 원소들은 성질이 비슷하며 Sc, Y 및 La과 같이 자연에 존재한다. 지각에 있는 이들 원소들의 자연존재비는 0.005%보다 적다. 이들을 한데 묶어 **희토류 원소(rare earth element)**라고 부른다.

두 번째 계열인 내부 전이 원소인 Th-Lr는 89번 원소인 악티늄의 뒤를 잇기 때문에 **악티늄족 계열(actinide series)**이라 부른다. Th-Lr의 계열은 7주기의 일부분이다. 이 계열에 있는 모든 원소들은 방사성 원소들이다. 사실 극소량을 제외하고는 우라늄 다음 원소 중 어느 것도 자연적으로 존재하지 않는다. 93번 원소와 그 이후의 원소들은 "원자 분쇄기"로 불리는 입자 가속기로 만들어 낸 것이다. 이들 원소의 동위 원소는 수명이 극히 짧아 밀리초(1/1000초)도 안 된다. 우라늄 뒤를 잇는 Np에서 Lr까지 11개의 원소들은 **초우라늄 원소(transuranum element)**라 불린다. 중요한 족과 주기들의 이름을 그림 5.3에 있는 주기율표에 요약하여 나타내었다.

## 예제 5.2 원소들의 족과 주기

다음 설명에 알맞은 원소의 기호를 골라라.

(a) 제 4주기에 있는 알칼리 금속 원소
(b) 제 3주기에 있는 할로젠 원소
(c) 가장 낮은 원자질량을 가진 희토류 원소
(d) VIIB/7족과 4주기에 있는 금속 원소

**해답**

그림 5.3에 있는 주기율표를 참조하면 다음과 같다.

(a) K
(b) Cl
(c) Sc
(d) Mn

**실전 연습문제**

다음 설명에 적당한 원소의 기호를 골라라.

(a) 제 6주기에 있는 알칼리 토금속 원소
(b) 제 3주기에 있는 비활성 기체
(c) 원자질량이 가장 큰 악티늄족 원소
(d) IIIA/13족에 있는 준금속(semimetal) 원소

**답:** (a) Ba (b) Ar (c) Lr (d) B

**개념 문제**

다음 원소들의 족번호는 무엇인가?

(a) 알칼리 금속
(b) 알칼리 토금속
(c) 할로젠족
(d) 비활성 기체

**답:** 부록 G, 5.2 참조

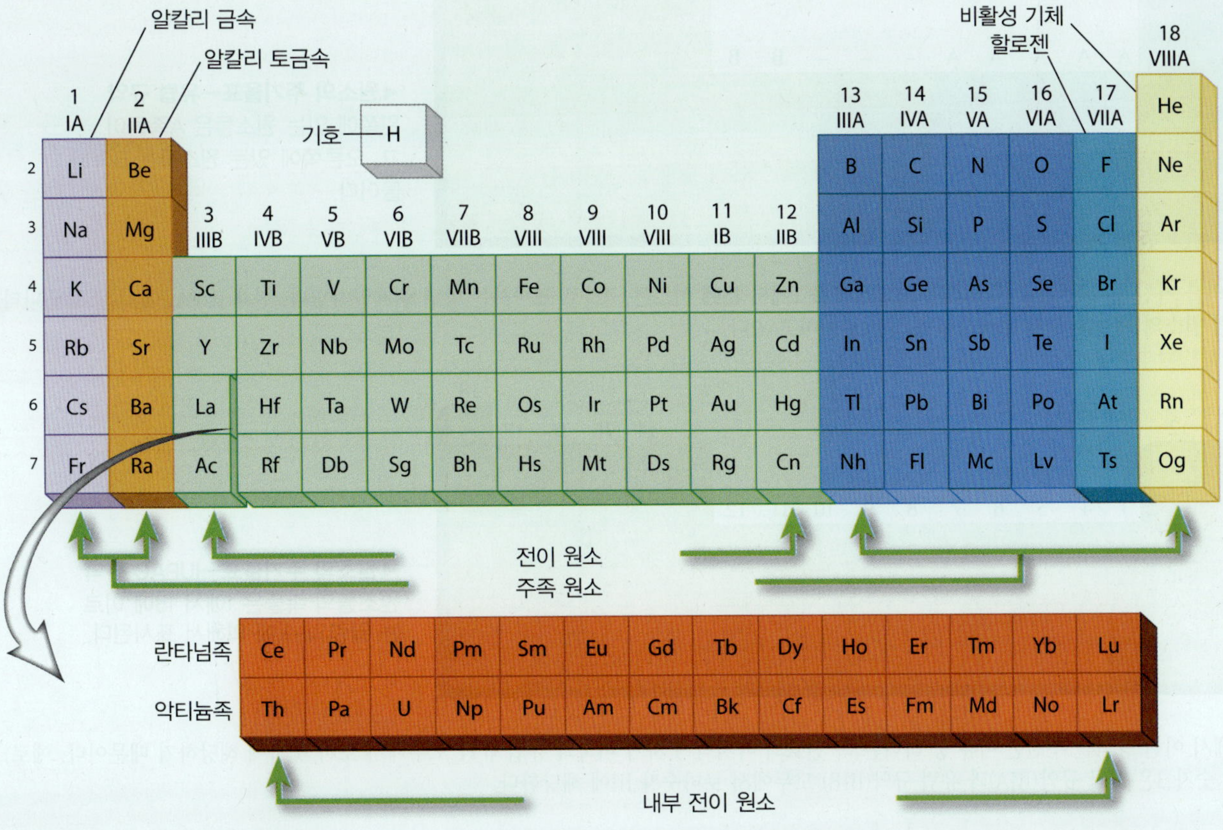


**▲그림 5.3 족과 주기의 이름**
족과 주기의 일반적인 이름은 해당되는 족과 주기에 나타내었다.

## 자세히 보기 공식적인 IUPAC 족 번호

**Q: 주기율표에서 전이 원소의 어느 두 족이 미국과 유럽의 두 가지 규약에 따라 같은 명칭을 갖는가?**

최근에 주기율표에 원소들을 그룹지어 명칭을 정하는 일이 관심거리가 되어 왔다. 1970년대 질질 끌어오던 논쟁이 IUPAC에 의해 표면화되었다. 그 전에 미국에서는 주기율표의 왼쪽과 오른쪽에 위치한 원소를 A족이라고 불렀다. 주기율표의 중간에 위치한 원소는 B족이라는 명칭을 붙였는데, 이는 소위 미국 규약이라고 할 수 있다.

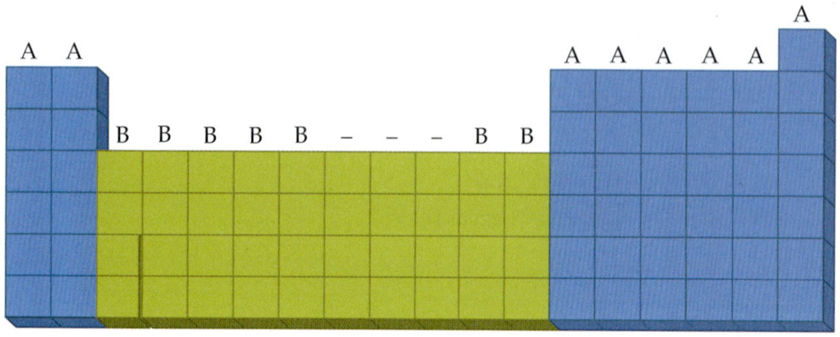


**◀원소의 주기율표—미국 규약**
주족 원소는 A족에 위치하고, 전이 원소는 B족에 위치한다.

유럽에서는 주기율표의 왼쪽에 있는 원소들을 A족이라고 명명하였고, 오른쪽에 있는 원소들은 B족이라고 명명하였다. 그것은 소위 유럽 규약이라고 할 수 있다.

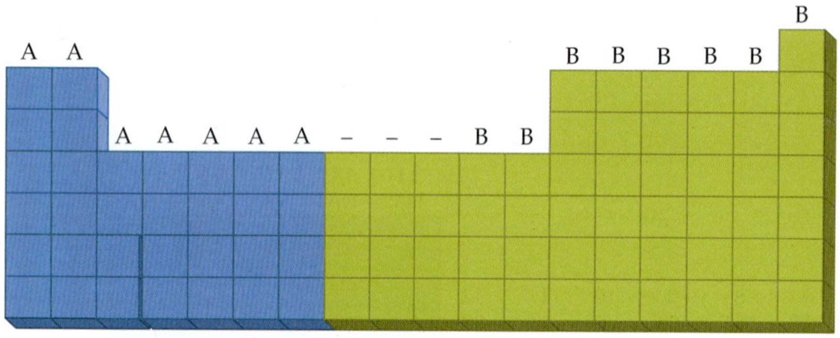


**◀원소의 주기율표—유럽 규약**
왼쪽에 있는 원소들은 A족들이고, 오른쪽에 있는 원소들은 B족들이다.

많은 논의를 거친 후 1985년에 IUPAC은 원소의 족을 1에서 18에 이르는 숫자로 표시하는 방법을 제안하였다. 현재 IUPAC에서는 표에 나타난 것처럼 원소의 족들을 숫자로 표시하는 것을 권장하고 있다.

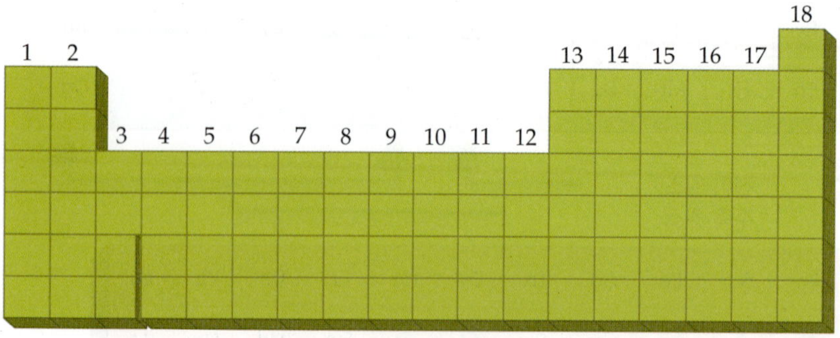


**◀원소의 주기율표—IUPAC 규약**
원소들의 족들은 1에서 18에 이르는 일련의 수에 의해서 표시된다.

IUPAC에서 이런 방식을 추천한 이유 중 하나는 족 번호의 마지막 숫자가 미국과 유럽 규약 모두에서 로마 숫자에 해당하기 때문이다. 예로, 13족에서 숫자 3은 미국 규약(IIIA)과 유럽 규약(IIIB) 모두에서 로마숫자 III에 해당한다.

**A:** IB와 IIB족은 주기율표의 미국과 유럽 규약에 같은 명칭을 갖는다. 이들 두 족은 IUPAC 규약에 따라 11과 12족이다.

## 5.4 주기적 경향

**학습 목표**

- 족이나 주기에서 금속성의 경향을 예상할 수 있다.
- 족이나 주기에서 원자 크기의 경향을 예상할 수 있다.

원자를 공처럼 간주할 때, 원자 반지름으로 그 크기를 나타낼 수 있다. 원자 반지름(atomic radius)은 원자 핵으로부터 최외각 전자까지의 거리이다. 이 거리는 매우 작으므로 원자 반지름을 나노미터(nm) 단위로 표시한다.

주기율표에서 원자 크기에는 두 가지 일반적 경향이 있다. 첫째, 같은 족의 밑에서 위로 올라가면, 그 원자의 반지름은 감소한다. 반지름의 감소는 핵을 둘러 싼 전자의 에너지 준위의 수가 더 작아지기 때문이다. 에너지 준위 수가 작아짐으로써 핵과 최외각 전자 간의 거리는 감소한다. 그러므로 원자 반지름의 경향은 족의 위로 올라갈수록 감소한다.

둘째, 한 주기의 왼쪽에서 오른쪽으로 갈수록 원소들의 반지름은 감소한다. 이러한 감소는 다음과 같이 설명된다. 원자 번호는 왼쪽에서 오른쪽으로 갈수록 증가한다. 그러므로 양성자의 수는 증가한다. 핵이 양성자를 더 많이 소유할수록 원소들의 핵전하는 증가한다. 이러한 결과는 전자들을 핵에 더 가까이 끌어당기게 하므로 원자의 크기는 감소한다. 따라서 한 주기 내에서 왼쪽에서 오른쪽으로 갈수록 원자 반지름이 감소한다.

그림 5.4는 주기율표의 일부에 대한 원자 반지름의 경향을 나타낸 것이다. 전이 원소들과 내부 전이 원소들은 일반적인 경향에 예외가 많아서 생략되었다. 더욱이 주어진 부준위에서 전이 원소들의 원자 반지름은 상당히 비슷하다.

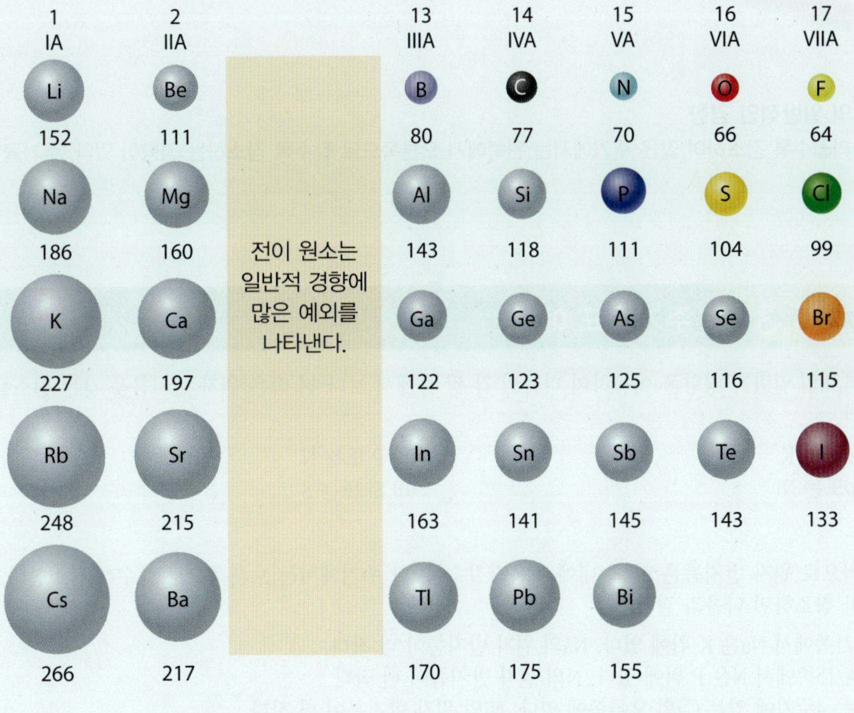


**◀그림 5.4 선택된 주족 원소들의 원자 반지름**
원자 반지름의 값은 나노미터(nm)단위로 나타낸다. 어떤 기준표는 원자 반지름을 피코미터(pm)로 나타낸다. 예를 들면, Li의 원자 반지름은 152 pm이다.

또한 주기율표는 원소들의 금속성에 대한 두 가지 일반적 경향을 나타낸다. 첫째로 금속은 주기율표의 왼쪽에 있고 비금속은 오른쪽에 있음을 기억하라. 따라서 한 주기의 왼쪽에서 오른쪽으로 갈수록 금속성이 감소하는 경향이다. 둘째로 주기율표는 원소들의 금속성이 수직적 경향이 있음을 보여준다. 금속은 최외각 원자가 전자를 잃음으로써 반응한다. 족은 위로 올라갈수록 원자 반지름이 더 작아지고 최외각 원자가 전자들은 핵에 더 가까워진다. 음전하인 전자들은 양전하인 핵 간의 거리가 가까울수록 한 원자에서 전자를 제거하기가 더 어렵다. 따라서 어느 한 쪽에서, 위로 올라갈수록 금속성은 감소하는 경향이다. 그림 5.5는 주기율표에서 원자 반지름과 금속성에 대한 일반적 경향을 나타낸 것이다.

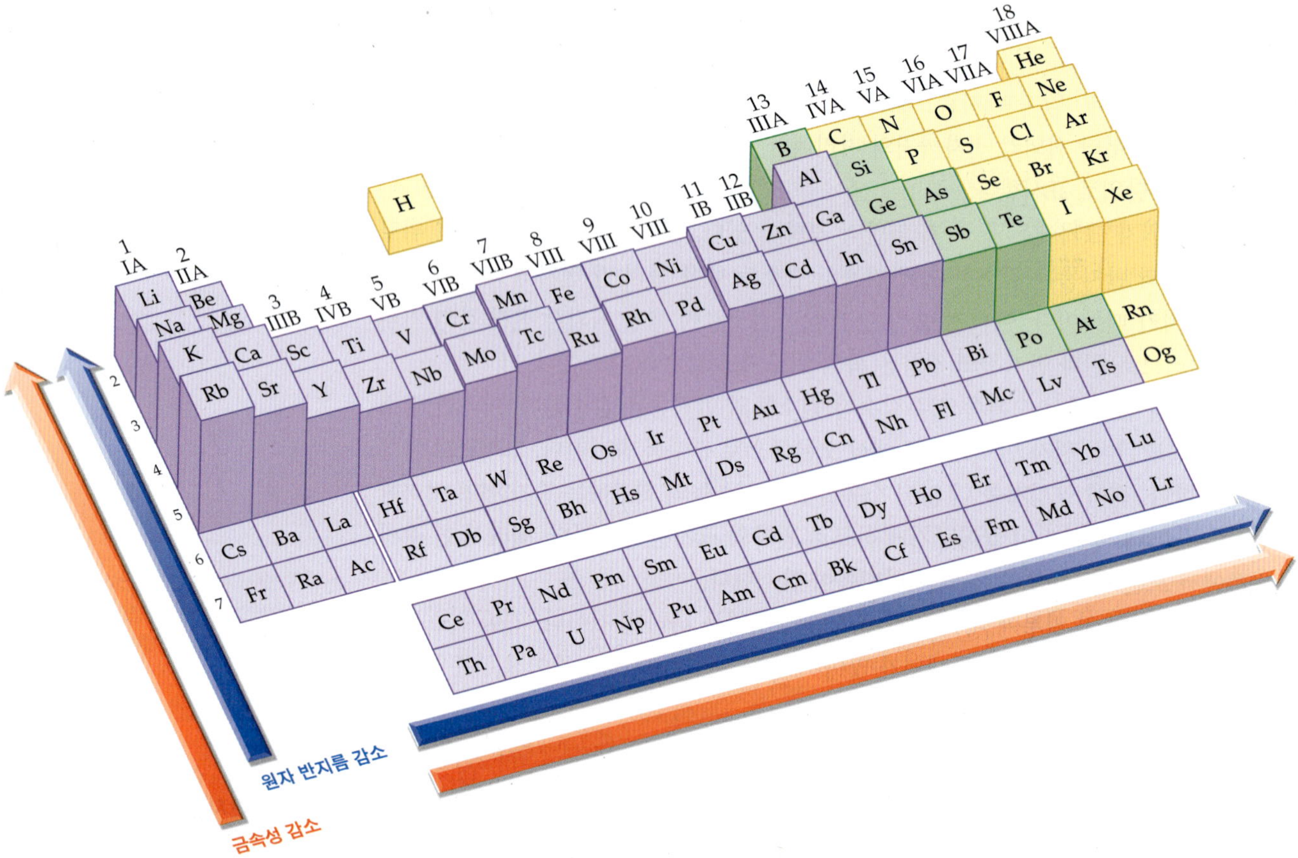


▲그림 5.5 **원자 반지름과 금속성에 있어서의 일반적인 경향**
원자 반지름은 일반적으로 같은 족에서는 위로 올라갈수록 감소하며 같은 주기에서는 왼쪽에서 오른쪽으로 갈수록 감소하는 경향이 있다. 주기율표에서 금속성의 경향도 비슷하다.

## 예제 5.3 주기율표 예상

주기율표의 일반적 경향을 이용하여 다음의 각 쌍 중에서 보다 더 작은 원자 반지름을 갖는 원소를 예상하라.

(a) Na 또는 K (b) P 또는 N
(c) Ca 또는 Ni (d) Si 또는 S

### 해답

일반적으로 원자 반지름은 한 족 내에서 올라갈수록, 한 주기에서는 오른쪽으로 갈수록 감소한다. 주기율표를 참조하면 다음과 같다.

(a) IA/1족에서 Na은 K 위에 있다. Na의 원자 반지름이 더 작다.
(b) VA/15족에서 N은 P 위에 있다. N의 원자 반지름이 더 작다.
(c) Ni는 4주기에 있는 Ca의 오른쪽에 있다. Ni의 원자 반지름이 더 작다.
(d) S는 3주기에서 Si의 오른쪽에 있다. S의 원자 반지름이 더 작다.

### 실전 연습문제

주기율표의 일반적 경향을 이용하여 다음의 각 쌍 중에서 가장 큰 금속성을 갖는 원소를 예상하라.

(a) Sn 또는 Pb (b) Ag 또는 Sr (c) Al 또는 B (d) Ga 또는 Ge

**답:** (a) Pb (b) Sr (c) Al (d) Ga

### 개념 문제

어느 주기가 원자 반지름이 제일 작은가? 어느 족이 금속성이 가장 큰가?

**답:** 부록 G, 5.3 참조

## 자세히 보기 연필심

**Q: 왜 연필심은 잘못된 켄셉일까?**

16세기에, 아주 많은 흑연(graphite)이 영국에서 발견되었다. 그 당시 과학자들은 흑연이 납(lead)과 비슷하게 생겨서 흑연이 일종의 납 형태라고 믿었다. 하지만 흑연은 납과는 다르게, 종이에 쓸 수 있는 유용한 도구라는 것이 바로 발견되었다. 이런 흑연의 특이한 점 때문에 가치 있는 원자재가 되었다 그래서 영국 광산들은 흑연의 도난을 방지하기 위해 신중을 기하였다.

▲ 흑연막대 (연필)

흑연은 실제로 탄소(carbon)의 결정 형체이고 매우 잘 부러진다. 부러지는 것을 방지하고 쓰기에 적합하게 만들기 위해서 흑연을 나무 속에 단단히 박았다. 연필이라는 단어는 라틴어 "pencillus" 즉 "작은 꼬리"라는 단어에서 비롯되었다. 그 당시에 연필 안에 있는 흑연은 "검정 납"이라고 불렸고, "연필 납"은 지금까지도 그렇게 불리고 있다.

19세기 때 영국과 프랑스의 전쟁 당시에 , 프랑스는 영국의 순도 높은 흑연을 구할 수 없었다. 그렇지만 프랑스의 군인 장교는 흑연가루와 찰흙을 섞어 가마에서 높은 온도를 가하면, 종이에 쓰기에 적합한 물질이 생긴다는 것을 발견했다. 그리고, 흑연가루와 찰흙의 비율을 다르게 납(심)의 단단함을 조정할 수 있고, 그렇게 하면 글씨의 어둡기 또한 조정할 수 있었다. 그 후에, 흑연과 찰흙의 혼합물의 단단함을 나타내는 숫자가 할당되었다. #1은 부드러운 진한 "심"을, #2는 중간의 진한 "심"을, #3는 중간의 밝은 "심"을, 그리고 #4는 단단한 밝은 "심"을 나타냈다. 만약 연필을 본다면 HB라는 표기를 볼 수 있을 것이다. H는 hard (단단함)의 약자이고, B는 black (검정)의 약자이다.

**A:** "연필심(pencil lead)"이란 단어는 오해 때문이며, 연필에는 납을 함유하지 않는다. 연필은 흑연을 포함하고 있으며, 그것은 다이아몬드와 같이 탄소의 결정체이다.

## 5.5 원소들의 성질

**학습 목표**

- ▶ 같은 족에서 주어진 한 원소의 물리적 성질로부터 다른 원소에 대한 물리적 성질을 예상할 수 있다.
- ▶ 같은 족에서 한 원소를 포함하고 있는 화합물에서 다른 화합물의 화학식을 예상할 수 있다.

멘델레예프가 주기율표를 설계할 때, 성질이 비슷한 원소들을 같은 족에 두었다. 그렇게 함으로써 그는 자기가 만든 주기율표의 빈 곳에서 아직 발견되지 않는 원소들을 예상할 수 있었다. 예를 들면, 그는 색깔, 밀도, 녹는점 및 원자질량과 같은 성질에 대한 경향성을 알게 된 후, 에카규소의 성질을 예상하는 데 성공하였다.

### 물리적 성질의 예상

오늘날, 화학자들은 원소의 성질에 관한 정보의 대부분을 Handbook of Chemistry and Physics 그리고 온라인 매체인 위키피디아와 같은 참고서에서 얻는다. 만약 어떤 특정한 성질에 대한 값을 모른다 할지라도 멘델레예프가 물리적 성질을 예상했던 방식을 사용할 수 있다. 예를 들어, 만약 우리가 같은 족 두 원소의 밀도를 안다면 같은 족 내의 또 다른 원소에 대한 밀도를 합리적으로 예상할 수 있다.

**표 5.2 알칼리 금속들의 물리적 성질들**

| 원소 | 원자 반지름(pm) | 밀도(g/mL, 20 ℃) | 녹는점(℃) | 원자량(amu) |
|---|---|---|---|---|
| Li | 152 | 0.53 | 180.5 | 6.94 |
| Na | 186 | 0.97 | 97.8 | 22.99 |
| K | 227 | 0.86 | 63.3 | 39.10 |
| Rb | 248 | 1.53 | 38.9 | 85.47 |
| Cs | 266 | 1.87 | 28.4 | 132.91 |

**K의 밀도가 Na보다 작음을 주목하라. 족의 경향성에서 약간의 불규칙성이 나타나는 것은 이상한 일이 아니다.

표 5.2는 주기율표에서 IA/1족에 나타난 알칼리 금속들의 몇 가지 물리적 성질들을 표로 만든 것이다. 방사성 원소 프란슘(Fr)의 물리적 성질들은 표 5.2에 있는 다른 알칼리 금속들과 함께 포함되지 않았음을 주목하라. 그러나 다른 원소에 의해 나타난 경향에 근거하여 원소의 물리적 성질에 대해 어떤 타당한 예상을 할 수 있다. IA/1족에서 Fr이 Cs보다 밑에 있으므로, Fr의 원자 반지름은 0.266 nm보다 크고, 밀도는 1.87 g/mL보다 크며, 녹는점이 28.4 ℃보다 낮고, 원자질량이 132.91 amu보다 크다고 예상할 수 있다.

## 예제 5.4 물리적 성질 예상

아래에 나타난 각 물리적 성질에서 보이지 않는 값(?)을 예상하라.
IIA/2족에 있는 3개의 알칼리 토금속들 중 2개의 (a) 원자 반지름 (b) 밀도 및 (c) 녹는점이 주어져 있다.

| 원소 | 원자 반지름 | 밀도(20 ℃) | 녹는점 |
|---|---|---|---|
| Ca | 0.197 nm | 1.54 g/mL | (?) ℃ |
| Sr | 0.215 nm | (?) g/mL | 769 ℃ |
| Ba | (?) nm | 3.65 g/mL | 725 ℃ |

### 해답

같은 족 안에 있는 원소들의 물리적 성질의 경향을 관찰함으로써 다른 원소의 값을 예상할 수 있다.

(a) Ba의 원자 반지름값을 결정하기 위해서는 우선 Ca으로부터 Sr까지의 증가량을 알아낸다. 즉 0.215 nm − 0.018 nm이다. 이 차이(0.018 nm)를 Sr의 원자 반지름에 더하여 0.215 nm + 0.018 nm = 0.233 nm를 얻는다. Ca으로부터 Sr까지 증가한 것처럼 Sr으로부터 Ba까지 원자 반지름이 똑같은 양으로 증가한 것으로 가정했음을 유의하라.(문헌값은 0.217 nm이다.)

(b) Sr은 IIA/2족에서 Ca와 Ba 사이에 놓여져 있음을 주목하라. 따라서, Sr의 밀도는 Ca와 Ba 사이의 중간쯤에 놓일 것으로 예상할 수 있다. 즉, (1.54 + 3.65)/2 = 2.60 g/mL(문헌값은 2.64 g/mL)이다.

(c) 일반적인 경향으로부터, Ca의 녹는점이 Sr의 녹는점보다 크다는 것을 예상할 수 있다. 그 값을 결정하기 위해서 Ba으로부터 Sr까지 녹는점의 증가량을 알아보자. 769 ℃ − 725 ℃ = 44 ℃이다. 이제 Sr의 값에다 44 ℃를 더한다; 즉 769 ℃ + 44 ℃ = 813 ℃. 그러므로 Ca의 녹는점은 813 ℃로 예상한다.(문헌값은 839 ℃이다.)

### 실전 연습문제

아래에 나타낸 각 물리적 성질에 대해서 보이지 않는 값(?)을 예상하라. (a) 원자 반지름 (b) 밀도 및 (c) 녹는점이 VIII/10족에 있는 2개의 금속에 대해 표에 나타내었다.

| 원소 | 원자 반지름 | 밀도(20 ℃) | 녹는점 |
|---|---|---|---|
| Ni | 0.125 nm | 8.91 g/cm$^3$ | (?) ℃ |
| Pd | 0.138 nm | (?) g/cm$^3$ | 1554 ℃ |
| Pt | (?) nm | 21.5 g/cm$^3$ | 1772 ℃ |

**답:** (a) 0.151 nm (b) 15.2 g/cm$^3$ (c) 1336 ℃

### 개념 문제

소듐에 대한 원자 반지름(0.186 nm), 밀도(0.97 g/mL), 녹는점(98 ℃)이다. 리튬에 대한 이들의 값을 예상하라.

**답:** 부록 G, 5.4 참조

## 화학적 성질 예상

7장에서 화학반응을 체계적으로 공부할 것이다. 지금은 주기율표를 이해함으로써 화학반응의 생성물을 예상할 수 있다. 예를 들면, 마그네슘과 산소가 반응하여 산화 마그네슘(MgO)이 생성됨을 알면 비슷한 방법으로 다른 IIA/2족 원소들이 반응하는 것도 예상할 수 있다. 즉 칼슘, 스트론튬 및 바륨은 산소와 반응하여 비슷한 산화물(CaO, SrO 및 BaO)을 생성한다. 일반적인 규칙에 예외가 있으나, 주기율표를 이용한 원리는 화학반응을 이해하는 데 도움이 된다.

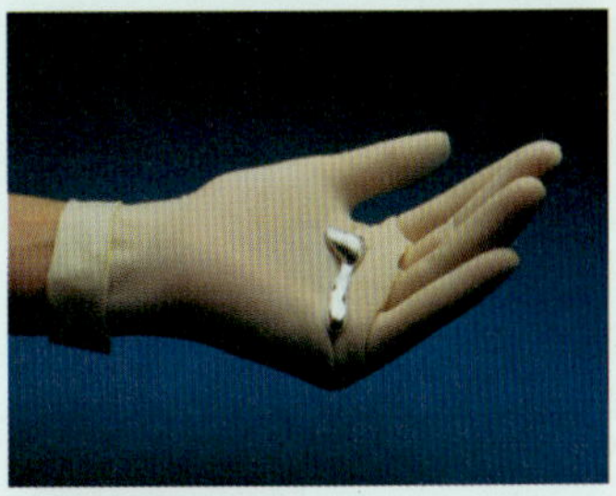

▲ **갈륨 금속**
갈륨은 화학적 성질이 알루미늄과 비슷하다. 그러나 갈륨은 녹는점(30 ℃)이 더 낮아 손바닥 안에서 녹는다.

### 예제 5.5 화학적 성질 예상

금속 소듐(나트륨)은 염소 기체와 반응하여 염화 소듐(NaCl)을 생성한다. (a) 리튬과 (b) 포타슘(칼륨)이 염소 기체와 반응할 때 형성되는 생성물을 예상하라.

**해답**

Li와 K는 Na(IA/1족)과 같은 족에 있으므로 생성물은 NaCl과 비슷하리라 예상할 수 있다. 따라서
(a) 리튬 금속은 염소 기체와 반응하여 LiCl을 생성한다.
(b) 칼륨 금속은 염소 기체와 반응하여 KCl을 생성한다.

**실전 연습문제**

포타슘(칼륨), 칼슘, 갈륨 및 저마늄의 산화물에 대한 화학식은 각각 $K_2O$, CaO, $Ga_2O_3$ 및 $GeO_2$이다. 주기율표를 참조하여 다음 화합물의 화학식을 각각 예상하라.
(a) 산화 루비듐 (b) 산화 스트론튬 (c) 산화 인듐 (d) 산화 납

**답:** (a) $Rb_2O$ (b) SrO (c) $In_2O_3$ (d) $PbO_2$

**개념 문제**

아연과 화학적 성질이 가장 비슷한 금속은 다음 중 어느 것인가? Fe, Cu 또는 Cd

**답:** 부록 G, 5.5 참조

## 5.6 원소들의 구역

**학습 목표**

- 주기율표에서 위치가 주어진 원소에 대하여 가장 높은 에너지 부준위를 예상할 수 있다.
- 주기율표에서 위치가 주어진 원소에 대하여 전자 배치를 예상할 수 있다.

4.9절에서 전자의 에너지 부준위는 $1s < 2s < 2p < 3s < 3p < 4s < 3d < 4p < 5s < 4d < 5p < 6s$ 의 순서로 에너지가 증가함을 배웠다. 이 절에서는 주기율표의 특이한 구역 모양이 에너지 부준위 순서에 기인됨을 알게 될 것이다. 즉 에너지 부준위의 순서는 족들에 의한 체계적인 원소들의 배열을 따른다.

IA/1족과 IIA/2족에 있는 원소들은 *s* 부준위를 채운다. IIIA/13에서 VIIIA/18족에 있는 원소는 *p* 부준위를 채운다. IIIB/3에서 IIB/12족에 있는 전이 원소들은 *d* 부준위를 채운다. 내부 전이 원소(Ce–Lu 및 Th–Lr)는 *f* 부준위를 채운다. *s* 부준위를 채운 원소들은 주기율표의 왼쪽에 있으며 *s* 구역(block) 원소라 부른다. 마찬가지로 *p* 구역은 *p* 부준위를 채워가는 원소들로 구성되었으며, *d* 구역은 d 부준위를 포함하고, *f* 구역은 란타넘족 계열과 악티늄족 계열을 포함한다. 그림 5.6은 주기율표에서 *s*, *p*, *d* 및 *f* 구역 원소들을 그린 것이다.

4장에서 3*d* 에너지 부준위가 4*s* 에너지 부준위 다음에 옴을 알 수 있었다. 이제 간단히 주기율표를 참조하여 *s* 구역 원소가 모든 *d* 부준위보다 앞에 옴을 알 수 있었다. 또한 부준위 수가 주에너지 준위의 수에 일치함을 상기할 수 있다. 예를 들어, 세 번째 주준위에는 3개의 부준위(3*s*, 3*p* 및 3*d*) 들이 있다. 네 번째 주준위에는 4개의 부준위(4*s*, 4*p*, 4*d* 및 4*f*)들이 있다.

그림 5.6에서 란타넘족과 악티늄족이 *f* 구역 원소임을 알 수 있다. 그 란타넘족들은 4*f* 에너지 부준위를 채우고 악티늄족들은 5*f* 부준위를 채운다.

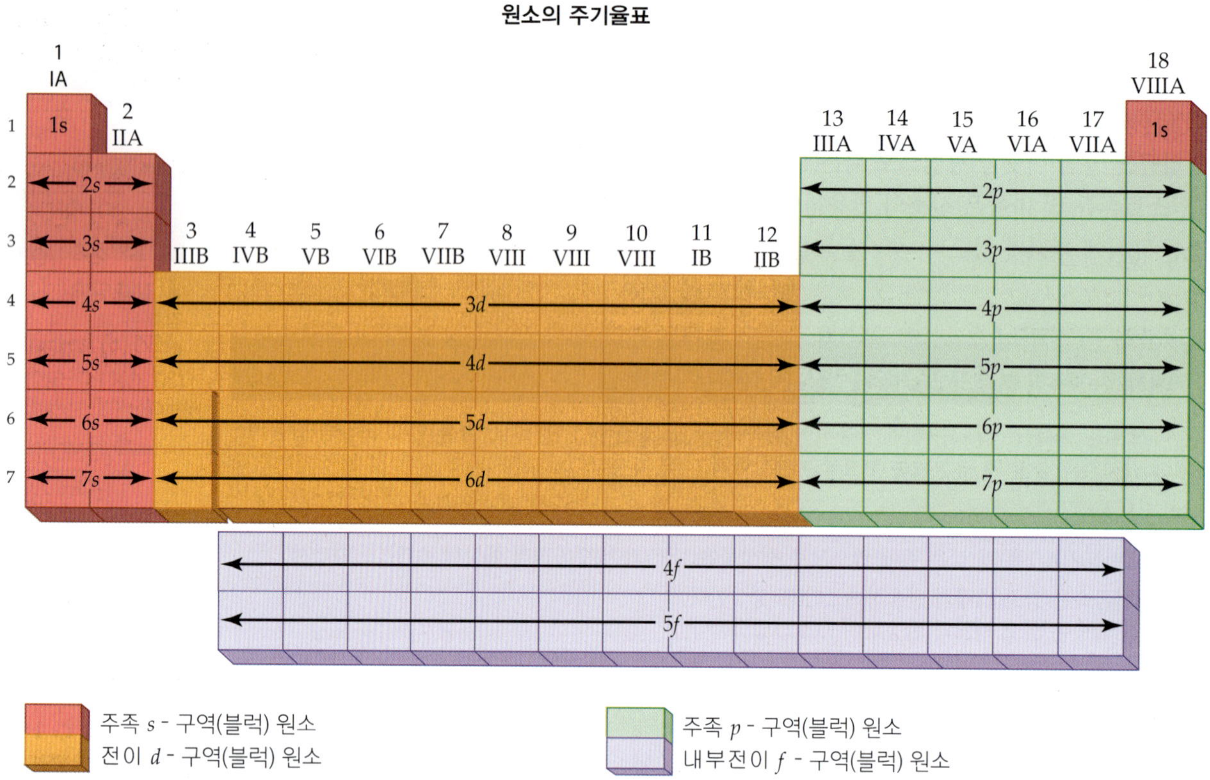


**▲그림 5.6 주기율표에서 원소의 구역(블럭, block)**
주기율표에서 에너지 부준위와 $s$, $p$, $d$ 및 $f$의 구역 원소들 간의 관계.

**도움말**
**화학식의 예측**

5장에서는 주기율표가 물리,화학적인 특성을 예상할 수 있는 강력한 도구임을 알 수 있다. 6장에서 주기율표를 사용하여 화학식을 작성하고 화합물을 어떻게 명명하는지를 배우게 될 것이다. 즉, 화학용어를 배울 것이다.

화학과 관련된 용어를 배우는 데에 시간을 할애할 것이지만 우리가 주기율표의 관계를 이해한다면 여러분은 간단히 화합물을 명명할 수 있을 것이다. 예를 들면, 여러분이 소금이 염화 소듐(NaCl)임을 안다면, 리튬과 포타슘은 소듐과 같은 족이기 때문에 염화 리튬(LiCl), 염화 포타슘(KCl)의 화학식을 예상할 수 있을 것이다. 비슷한 방식으로 불소(f), 브로인( Br), 아이오딘(I)은 주기율표에서 염소(Cl)와 같은 가족군이므로 플루오린화 소듐, 브로민화 소듐, 아이딘화 소듐의 화학식을 예상할 수 있을 것이다.

## 예제 5. 6 에너지 부준위와 주기율표

다음 각 원소들 중 에너지 부준위가 가장 높은 것을 말하라.

(a) H (b) S
(c) Ni (d) U

**해답**

주기율표를 참조하여 주기와 원소들의 구역에 근거한 에너지 부준위를 결정한다.

(a) 수소는 단지 1개의 전자를 갖는다. 따라서 H는 $1s$ 부준위를 채운다.
(b) 황은 3주기에 있으며 $p$ 구역 원소이다. S는 $3p$ 부준위를 채운다.
(c) 니켈은 $d$ 구역 원소 중 첫 번째 계열에 있다. Ni은 $3d$ 부준위를 채운다.
(d) 우라늄은 $f$ 구역 원소들 중 두 번째 계열에 있다. U는 $5f$ 부준위를 채운다.

**실전 연습문제**

다음 원소의 계열에 의해 채워지는 에너지 부준위를 말하라.

(a) Cs-Ba (b) Y-Cd (c) In-Xe (d) Ce-Lu

**답:** (a) $6s$ (b) $4d$ (c) $5p$ (d) $4f$

**개념 문제**

주기율표를 참조하여 은 원자에서 에너지 부준위가 가장 높은 것을 말하라.

**답:** 부록 G, 5.6 참조

## 원소들의 전자 배치

4.10절에서 부준위가 채워지는 순서로부터 한 원소의 **전자 배치(electron configuration)** 쓰는 법을 배웠다. 이제 주기율표에서 부준위들의 관계를 이해하였으므로 주기율표를 이용하여 전자 배치를 쓸 수 있다.

Na(원자 번호 11)의 전자 배치는 $1s^2\ 2s^2\ 2p^6\ 3s^1$이다. 속기법으로서 가장 내부의 전자를 앞에 있는 비활성 기체의 기호로 표시함으로써 전자 배치를 줄여서 쓸 수 있다. 원자 번호가 11보다 작으면서 이 앞에 있는 비활성 기체는 네온(원자 번호 10)이다. 네온의 기호를 괄호로 묶어 [Ne] 와 같이 쓰고 가장 바깥쪽의 전자들이 다음에 이어진다. 즉, Na의 전자 배치는 $[Ne]3s^1$과 같이 쓸 수 있다.

### 예제 5.7 전자 배치와 주기율표

주기율표를 참조하여 다음 원소들의 예상되는 전자 배치를 쓰라.

(a) P (b) Co

**해답**

주기율표에서 원소들의 구역을 이해하였으므로, 에너지 증가에 따른 부준위의 순서를 예상할 수 있다.

(a) 인은 $3p$ 부준위의 세 번째에 있다. P의 전자 배치는 $1s^2\ 2s^2\ 2p^6\ 3s^2\ 3p^3$ 또는 $[Ne]3s^2\ 3p^3$이다

(b) 코발트는 $3d$ 부준위의 일곱 번째이다. Co의 전자 배치는 $1s^2\ 2s^2\ 2p^6\ 3s^2\ 3p^6\ 4s^2\ 3d^7$ 또는 $[Ar]4s^2\ 3d^7$이다

**실전 연습문제**

주기율표를 참조하여 다음 원소들의 예상되는 전자 배치를 쓰라.

(a) Zn (b) Se

**답:** (a) $1s^2\ 2s^2\ 2p^6\ 3s^2\ 3p^6\ 4s^2\ 3d^{10}$ 또는 $[Ar]\ 4s^2\ 3d^{10}$

(b) $1s^2\ 2s^2\ 2p^6\ 3s^2\ 3p^6\ 4s^2\ 3d^{10}\ 4p^4$ 또는 $[Ar]\ 4s^2\ 3d^{10}\ 4p^4$

**개념 문제**

주기율표를 참조하여 P 원자에 있는 $5d$ 전자의 수를 예상하라.

**답:** 부록 G, 5.7 참조

**주의** 몇 개의 원소들에 대해서는 예상되는 전자 배치에 약간의 예외가 있다. 즉 몇 개의 원소들은 실제적인 전자 배치가 예상되는 배열과는 다르다. 때에 따라서는 보다 낮은 에너지 부준위에 있는 전자들이 에너지가 약간 높은 비어 있는 부준위로 뛰어오를 수 있다. 이들 예외의 어떤 것들은 설명하기 쉬우나 다른 것들은 그렇지 않다. 이들 예외를 무시하고 부준위가 채워지는 순서에 대한 일반적인 예상에 근거하여 전자 배치를 쓰는 것이 우리의 목적이다.

## 5.7 원자가 전자

**학습 목표**

▶ 어느 주족 원소에 대해서도 원자가 전자들의 수를 예상할 수 있다.

어떤 원소가 화학반응할 때는 최외각 전자들만이 참여한다. 이들 전자들은 에너지가 가장 높으며 핵으로부터 가장 멀리 떨어져 있으며 다른 원자와 반응하기에 더 적합하다. 이들 최외각 전자들을 **원자가 전자(valence electron)**라 부른다. 원자가 전자는 원자들 사이에 화학 결합을 형성하고 그 원소의 화학적 성질을 지배한다. 여기에서 우리의 목적을 위하여 전이 원소를 무시하고 주족 원소들만을 고려할 것이다. 그러한 경우에, 원자가 전자들의 수는 최외각에 있는 $s$ 및 $p$ 준위의 전자의 총 수와 같다.

원자가 전자의 수를 예상하는 방법을 알아보기 위하여 주기율표에서 족의 번호를 검사해 보자. 로마 숫자 규약을 이용하여 족수가 원자가 전자의 수와 일치함을 알 수 있다. 즉 IA족

원소들에는 1개의 원자가 전자가 있으며, IIA족 원소에는 2개의 원자가 전자가 있다.

IIIA족은 *s* 부준위에 2개 *p* 부준위로부터 1개를 더하여 전체적으로 3개의 원자가 전자를 가진다. IVA족은 4개의 원자가 전자를 가진다. VA족은 5개의 원자가 전자를 갖는 등등.

만약 족의 번호에 대한 IUPAC 명명법을 이용하면, 끝자리 숫자(예를 들면, 13에서 3)는 원자가 전자의 수를 나타낸다. 1족은 1개의 원자가 전자를 가지고 14족은 4개의 원자가 전자를 가지며, 그리고 18족은 8개의 원자가 전자를 가진다. *s* 및 *p* 부준위는 각각 최대 2개 및 6개의 전자를 가질 수 있음에 유의하라. 따라서 원자가 전자의 최대수는 8(2 + 6)과 같다.

리튬은 IA/1족에 있으며, 그래서 한 개의 리튬 원자는 단 하나의 원자가 전자를 가진다. 산소는 VIA/16족에 있으며 여섯 개의 원자가 전자를 가진다. 다음 예제들은 족의 번호와 원자가 전자의 수 사이의 관계를 추가로 나타낸 것이다.

## 예제 5.8 원자가 전자와 주기율표

다음 주족 원소의 각 원소에 대한 원자가 전자의 수를 주기율표를 참조하여 예상하라.

(a) Na (b) Al
(c) S (d) Xe

### 해답

주기율표에서 원소를 찾아 족의 번호를 관찰하고, 원자가 전자의 수를 표시하라.

(a) Na은 IA/1족에 있으므로, Na은 1개의 원자가 전자를 가진다.
(b) Al은 IIIA/13족에 있으므로, Al은 3개의 원자가 전자를 가진다
(c) S는 VIA/16족에 있으므로, S는 6개의 원자가 전자를 가진다
(d) Xe은 VIIIA/18족에 있으므로, Xe은 8개의 원자가 전자를 가진다

### 실전 연습문제

주기율표를 참조하여 다음 족에 속해 있는 원소에 대한 원자가 전자의 수를 말하라.

(a) IIA족 (b) VA족
(c) 14족 (d) 17족

**답:**

(a) 2 (b) 5
(c) 4 (d) 7

### 개념 문제

주족 원소만 원자가 전자의 수를 예상할 수 있는 이유는 무엇인가?

**답:** 부록 G, 5.8 참조

**주 의** 주기율표에서 족의 번호를 참조함으로써 모든 주족 원소들에 대하여 원자가 전자의 수를 빨리 예상할 수 있다. 그러나, 전이 원소들은 *s* 혹은 *p* 부준위가 아닌 *d* 부준위를 채움에 유의하라. 그러므로 한 전이 원소에 대한 원자가 전자의 수를 예상하기가 어렵다.

## 5.8 전자 점식

**학습 목표**

▶ 어떤 주족 원소에 대한 전자 점식을 그릴 수 있다.

한 원소가 화학반응을 할 때 단지 원자가 전자만이 참여한다고 언급한 바 있다. 그것은 원자가 전자가 핵으로부터 가장 멀리 떨어져 있고 가장 접근하기 쉽기 때문이다. 원자가 전자들의 배치를 표시하기 위하여 화학자들은 **전자 점식**이라 불리는 표기법을 고안해 냈다. 전자 점식은 원자가 전자의 표기법을 창안한 유명한 미국 화학자 루이스(G. N. Lewis, 1875-1946))를 기념하기 위해 루이스 구조라고도 부른다.

**전자 점식(electron dot formula)**은 원소 기호 주위에 원자가 전자를 배치하여 나타낸다. 원소 기호는 원자의 **핵심부 전자(core electrons)**를 나타낸다. 즉 결합에 적합하지 않은 내부 전자들을 나타낸다. 점들은 원자가 전자들을 나타내기 위하여 기호 둘레에 표시한다. 그림 5.7은 전자 점식에 대한 일반적 기호를 설명한 것이다.

실제로 전자 점식을 그리기 위한 다음 지침을 이용할 것이다.

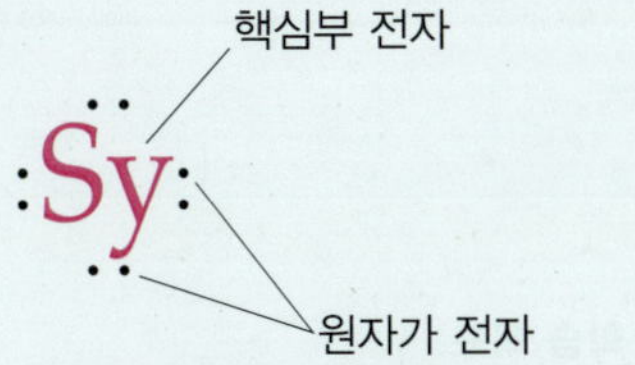


**▲ 그림 5.7 전자 점식**
어떤 원소의 원자에 대한 전자 점식은 그 원자의 핵심부 전자를 표시하는 원소 기호를 이용한다. 점들은 원자가 전자를 표시한 것이며 원소 기호 주위에 시계 바늘이 움직이는 방향으로 배치한다.

### 원자의 전자 점식을 그리는 지침

**1 단계 :** 핵심부 전자를 나타내기 위해 원소 기호를 쓰라.

**2 단계 :** 기호의 각면에 최대로 두 개의 점을 그린다. 하나의 점은 하나의 원자가 전자를 나타내며 최대수는 여덟 개의 전자이다. ($s$ 부준위 + $p$ 부준위 = $2\ e^- + 6\ e^- = 8\ e^-$)

**3 단계 :** 주기율표에서 원소의 족 번호로부터 원자가 전자의 수를 결정하라. 각 원자가 전자를 기호 둘레에 하나의 점들을 표시하여 나가라.

점들을 표시하는 절대적인 규칙은 없다 할지라도 첫 번째 점은 기호 오른쪽에, 두 번째 점은 기호 밑에, 세 번째 점은 기호 왼쪽에, 그리고 네 번째 점은 기호 위에 표시한다. 다섯 번째 점은 첫 번째 점과 쌍을 이루게 된다. 여섯 번째, 일곱 번째, 그리고 여덟 번째 점은 기호 둘레를 시계 방향으로 돌면서 각각 두 번째, 세 번째, 그리고 네 번째 점과 쌍을 이루게 된다.

예를 들어, 원소 인을 생각해 보자. 인은 VA/15족에 있으므로 5개의 원자가 전자를 가진다. 인에 대한 전자 점식을 다음과 같이 그릴 수 있다. 먼저 인의 기호를 쓴 다음 다섯 개의 점을 다음과 같이 한꺼번에 표시한다.

| P | > | P· | > | P· | > | ·P· | > | ·P· | > | ·P: |
|---|---|---|---|---|---|---|---|---|---|---|
| 핵심부 | + | $1\ e^-$ | + | $2\ e^-$ | + | $3\ e^-$ | + | $4\ e^-$ | + | $5\ e^-$ |

점들의 위치가 원자 핵 둘레에 전자의 실제적인 위치를 나타내려는 것이 아님을 유의하라. 실제로 전자들은 일정한 운동을 하며 핵 둘레를 돌고 있다. 전자 점식은 단지 원자가 전자들의 배치에 도움이 될 뿐이다. 다음 예제는 전자 점식을 더 설명한 것이다.

### 예제 5.9 전자 점식

다음의 각 원소에 대한 전자 점식을 그려라

(a) Si (b) Xe

**해답**

주기율표에서 원소의 족 번호를 찾아서 원자가 전자들의 수를 적어 두어라. 원소 기호를 쓰고 기호 둘레에 원자가 전자만큼의 같은 수의 점을 표시하라. 이 예에서는 Si가 4개의 원자가 전자를 가지며 Xe는 8개를 가진다. 전자 점식은 다음과 같다.

(a) ·Si· (b) :Xe:

**실전 연습문제**

다음 각 원소에 대한 전자 점식을 그려라.

(a) K (b) I

**답:** (a) K• (b) $:\ddot{\underset{\cdot\cdot}{\mathrm{I}}}:$

**개념 문제**

Mg에 대한 전자 점식을 그리는 두 가지 방법을 제시하라.

**답:** 부록 G, 5.9 참조

## 5.9 이온화 에너지

**학습 목표**

- 주기율표에서 이온화 에너지의 일반적 경향을 서술할 수 있다.
- 가장 높은 이온화 에너지와 가장 낮은 이온화 에너지를 가진 족을 서술할 수 있다.
- 한 쌍의 원소에서 이온화 에너지가 더 높은 원소를 예상할 수 있다.

전자는 모든 원소로부터 제거될 수 있지만 금속이 비금속보다 더 쉽게 전자를 잃는다. 실제로 금속은 하나 또는 그 이상의 원자가 전자를 잃음으로써 화학반응을 한다. 전자는 음으로 하전되어 있으므로, 금속은 전자를 잃은 후에 양으로 하전된다. 전하를 지니고 있는 모든 원자는 **이온(ion)**이라 불린다.

원자로부터 전자를 제거하려면 언제나 에너지가 필요하다. 정의에 따라 기체 상태에 있는 중성 원자로부터 전자 하나를 제거하는데 필요한 에너지의 양을 **이온화 에너지(ionization energy)** 또는 이온화 퍼텐셜(ionization potential)이라 한다. Na원자에 대한 이온화를 다음과 같이 나타낼 수 있다.

$$\mathrm{Na} \xrightarrow{\text{이온화 에너지}} \mathrm{Na^+} + e^-$$

그림 5.8은 원자 번호 1번부터 86까지의 원소들의 원자로부터 전자 하나를 제거하는 데 필

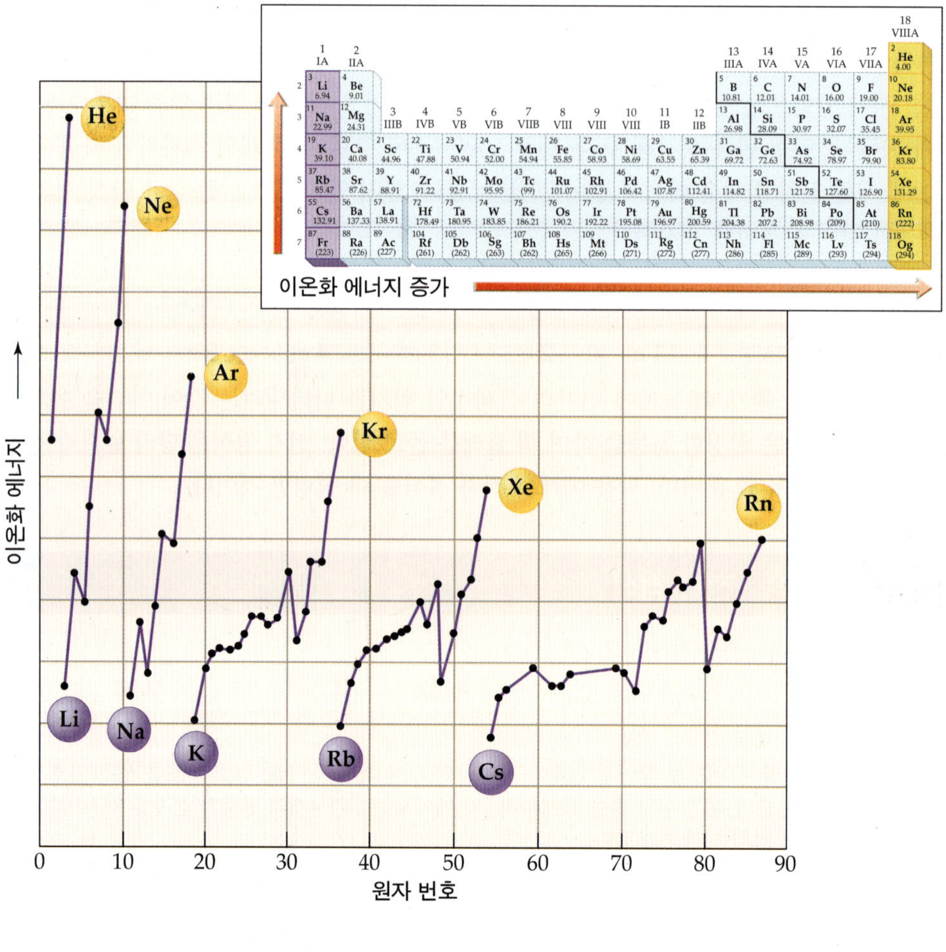


**▶그림 5.8 이온화 에너지**
그림은 기체 상태에 있는 원소의 중성 원자로부터 하나의 전자를 제거하는 데 필요한 에너지를 나타낸다. 알칼리 금속이 작은 이온화 에너지를 가지며 영족 기체가 가장 큰 이온화 에너지를 갖고 있음을 주목하라.

요한 상대적 에너지를 나타낸 것이다.

그림 5.8에서 가장 높은 이온화 에너지를 가진 원소들은 같은 주기-영족 기체-에 속해 있음에 유의하라. 이 족이 반응을 일으키는 경향성이 작은 하나의 이유는 전자 한개를 제거하기가 어렵기 때문이다. 영족 기체는 원자가 껍질에 전자가 완전히 채워져 있으므로 안정하게 되기 위해서 전자를 얻거나 잃을 필요가 없기 때문에 높은 이온화 에너지를 갖는 것으로 추론할 수 있다.

이와 반대로 가장 낮은 이온화 에너지를 갖는 원소들은 알칼리 금속에 속한다는 것에 유의하라. 모든 알칼리 금속들은 비슷한 전자 배치를 갖는다. 즉 알칼리 금속은 모두 *s* 부준위에 전자 한 개를 가진다. 만일 알칼리 금속으로부터 하나의 전자를 제거하면, 그 결과 생긴 이온은 앞의 영족 기체와 같은 수의 전자를 갖는다. 예를 들면 $Li^+$은 2개(He와 같음)의 전자를 가지며 (He와 같음), $Na^+$은 10개 (Ne와 같음)의 전자를 가지며 (Ne와 같음), $K^+$은 18개(Ar와 같음)의 전자를 가진다. 알칼리 금속이 전자 한 개를 잃으면 매우 안정한 전자 배치인 영족 기체의 전자 배치를 갖는 것으로 추정된다.

주기율표에는 이온화 에너지에 관한 일반적 경향이 있다. 하나의 족 안에서 한 개 전자를 제거하는데 필요한 에너지는 그 원자 반지름이 감소함에 따라 증가한다. 어느 족에서 위로 올라 갈수록 원자가 전자는 핵에 더 가까이 있고 더 단단히 달라붙어 있다. 따라서 이온화 에너지는 *족 내에서 위로 올라 갈수록 증가한다.* 주기율표에서 왼쪽으로부터 오른쪽으로 갈수록 핵전하는 더욱 커지게 된다. 그러므로 한 개의 전자를 제거하기 위해서 요구되는 에너지가 더 크다. 일반적으로 이온화 에너지는 *한 주기의 왼쪽에서 오른쪽으로 갈수록 증가한다.*

## 예제 5.10 이온화 에너지와 주기율표

주기율표의 일반적 경향에 의하여 다음 각 쌍의 원소 중 어느 것이 이온화 에너지가 더 높은지 예상 하라.

(a) Li 또는 Na (b) O 또는 F

**해답**

주기율표에서 경향성을 참조하면 다음을 알 수 있다.

(a) IA/1족에서 Li이 Na보다 위에 있으므로 Li의 이온화 에너지가 더 높다.
(b) 2주기에서 F가 O의 오른쪽에 있으므로, F의 이온화 에너지가 더 높다.

**실전 연습문제**

주기율표의 일반적 경향에 의하여, 다음 각 쌍의 원소들 중 어느 것이 이온화 에너지가 더 높은지 예상하라.

(a) Na 또는 Mg (b) O 또는 S

**답:** (a) Mg (b) O

**개념 문제**

주기율표에서 어느 족이 이온화 에너지가 가장 높은가? 어느 족이 이온화 에너지가 가장 낮은가?

**답:** 부록 G, 5.10 참조

**주 의** 중성 원자가 전자를 얻을 때 참여되는 에너지의 양을 전자 친화도라 부른다. 금속은 전자를 얻으려는 경향이 약하여 전자 친화도가 낮다. 비금속은 전자를 얻으려는 경향이 강하여 전자 친화도가 높다. 불활성 기체에 가장 가까운 비금속은 전자 친화도가 가장 높다. 그러므로 F는 O보다, Cl은 S보다 전자 친화도가 높다는 것을 예상할 수 있다.

학습 목표

- 어떤 주족 원소에 대해서도 이온 전하를 예상할 수 있다.
- 선택된 이온들에 대하여 예상되는 전자 배치를 쓸 수 있다.

## 5.10 이온 전하

일반적으로, 금속과 비금속이 반응할 때, 금속은 전자를 잃고 비금속은 전자를 얻는다. 더욱 명확히 말하면 금속은 자신의 원자가 전자로부터 전자를 잃고 비금속은 원자가 껍질에 전자를 얻는다. 전자를 얻거나 잃은 결과로 전하를 지닌 원자는 이온으로 불려짐을 상기하라. 따라서, 금속은 양이온이 되고 비금속은 음이온이 된다. 즉, 금속과 비금속은 **이온 전하(ionic charge)**를 갖게 된다.

금속 이온에 있는 양이온 전하는 원자가 전자들의 수와 관계가 있다. IA/1족에 있는 금속은 1+의 양이온 전하를 생성시키기 위해서 하나의 원자가 전자를 잃는다. IIA/2족에 있는 원소는 2+의 양이온 전하를 만들기 위해서 두 개의 원자가 전자를 버린다. IIIA/13족에 있는 금속은 보통 세 개의 전자를 잃고 3+의 이온 전하를 갖는다. IVA/14족 금속은 네 개의 전자를 잃고 4+의 전하를 생성한다.

비금속 이온에 있는 음전하도 원자가 전자의 수에 의해서 지배된다. VIIA/17족에 있는 비금속은 일곱 개의 원자가 전자를 가지며 하나의 전자를 얻어 불활성 기체의 전자 배치를 하려는 경향이 있다. 전자 하나를 얻으면, 비금속은 1-의 음이온 전하를 가진다. VIA/16족에 있는 원소는 두 개의 원자가 전자를 얻어, 2-의 이온 전하를 생성한다. VA/15족에 있는 비금속은 세 개의 원자가 전자를 얻어 3-의 이온 전하가 된다.

그림 5.9는 몇 개의 보통 원소들과 주기율표에서 그 원소들의 위치에 의해 예상된 이온 전하를 보이고 있다.

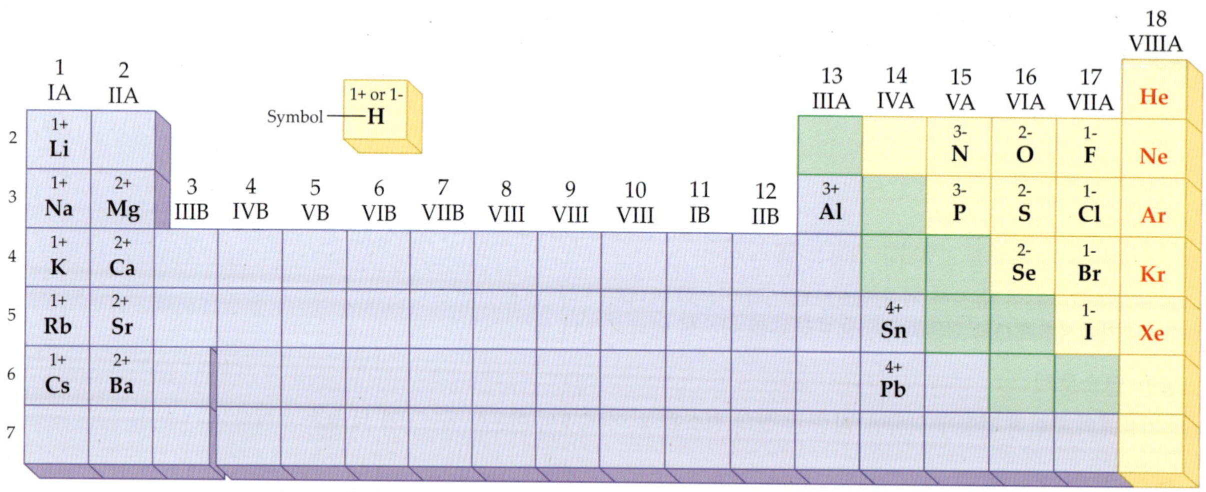


**▲그림 5.9 몇 가지 이온들의 주기율표**
금속은 자신의 A족 번호와 같은 양이온 전하를 가짐에 유의하라. 비금속은 8에서 주기율표에 있는 자신의 A족의 번호를 뺀 것과 동일한 음이온 전하를 가진다. 금속과 비금속 모두 안정한 영족 기체의 전자 배치를 가지려고 한다.

Li은 IA/1족에 있으므로 리튬 이온은 1+의 이온 전하를 가진다. 리튬 이온은 $Li^+$으로 쓰고, 한 개의 전자를 잃었음을 나타낸다. VIA/16족에 있는 산소는 2-의 이온 전하를 가지며 $O^{2-}$로 표시된다. 다음 예는 족의 번호와 이온 전하 사이의 관계를 더 설명한 것이다.

## 예제 5.11 양이온 전하의 예측

주기율표의 원소의 위치를 바탕으로 소듐이온($Na^{?+}$)의 이온 전하를 예상해 보라.

**해답**

원소의 족 번호를 찾기 위해 주기율표를 사용한다. 소듐은 IA/1족에 속해있고 1개의 전자를 잃으면 이온 전하는 1+이 되며, 그게 바로 $Na^+$이다.

**실전 연습문제**

주기율표의 원소의 위치를 바탕으로 알루미늄 이온($Al^{?+}$)의 이온 전하를 예상해 보라.

**답:** $Al^{3+}$

**개념 문제**

IA/1족의 원소, IIA/2족의 원소, III/13족의 원소 이온 전하를 예상해 보라.

**답:** 부록 G, 5.11 참조

## 예제 5.12 음이온 전하의 예측

주기율표의 원소의 위치를 바탕으로 염소 이온($Cl^{?-}$)의 이온 전하를 예상해 보라.

**해답**

원소의 족 번호를 찾기 위해 주기율표를 사용한다. 염소는 VIIA/17족에 속해 있고 1개의 전자를 얻으면 이온 전하는 1-이 되며, 그게 바로 $Cl^-$이다.

**실전 연습문제**

주기율표의 원소의 위치를 바탕으로 인 이온($P^{?-}$)의 이온 전하를 예상해 보라.

**답:** $P^{3-}$

**개념 문제**

VIIA/17족의 원소, VIA/16족의 원소, VA/15족의 원소 이온 전하를 예상해 보라.

**답:** 부록 G, 5.12 참조

5.9절에서 IA/1족 원소가 하나의 전자를 잃음으로써 이온을 형성한다는 것을 배웠다. 각 IA/1족 이온은 그 앞의 영족 기체 원소와 동일한 전자 배치를 갖는 것을 보였다. 마찬가지로 VIIA/17족 원소들은 하나의 전자를 얻어 다음의 영족 기체 원소와 동일한 전자 배치를 가지려 한다.

예를 들면, 소듐(나트륨) 이온($Na^+$)과 플루오린화(플루오르화) 이온($F^-$)은 각각 네온 중성 원자처럼 열 개의 전자를 갖는다. 비록 그 성질에는 관계가 없다 해도 그 전자 배치는 동일하다. 같은 수의 전자를 가진 둘 또는 그 이상의 이온들을 **등전자(isoelectronic)**라고 정의한다. 소듐 이온, 플루오린화 이온 그리고 네온 원자는 등전자 계열의 구성원들이다.

## 예제 5.13 등전자 이온의 예상

주기율표를 참조하여 다음 이온 중 어느 것이 영족 기체 아르곤과 등전자인지 예상하라.

(a) $K^+$ (b) $Br^-$
(c) $Ca^{2+}$ (d) $O^{2-}$

**해답**

주기율표를 참조하여 원소의 원자 번호를 찾는다.

(a) $K^+$은 18개 전자를 가진다. (19 − 1=18) ; 아르곤과 등전자이다.(18 $e^-$)
(b) $Br^-$은 36개 전자를 가진다. (35 + 1=36) ; 크립톤과 등전자이다.(36 $e^-$)
(c) $Ca^{2+}$은 18개 전자를 가진다. (20 − 2=18) ; 아르곤과 등전자이다.(18 $e^-$)
(d) $O^{2-}$는 10개 전자를 가진다. (8 + 2=10) ; 네온과 등전자이다.(10 $e^-$)

**실전 연습문제**

주기율표를 참조하여 다음 이온 중 어느 것이 영족 기체 제논(크세논)과 등전자인지 예상하라.

(a) $Cs^+$ (b) $Cl^-$
(c) $La^{3+}$ (d) $Se^{2-}$

**답:** (a) $Cs^+$는 제논과 등전자이다. (b) $Cl^-$은 아르곤과 등전자이다.
(c) $La^{3+}$가 제논과 등전자이다. (d) $Se^{2-}$은 크립톤과 등전자이다.

**개념 문제**

아래 등전자 계열의 다음 이온을 예상하라. $Se^{2-}$, $Br^-$, Kr, $Rb^+$, $Sr^{2+}$

**답:** 부록 G, 5.13 참조

## 이온의 전자 배치

5.6 절에서 주기율표에 있는 원소의 구역으로부터 원소의 전자 배치를 예상하는 법을 배웠다. 이제 이온의 전자 배치 적는 법을 배울 것이다. 그렇게 하기 위해 우선 주기율표에서 원소를 찾은 다음 5.6절에서 했던 것처럼 전자 배치를 적는다.

양이온에 대한 전자 배치를 표시할 때는 양이온 전하에 해당하는 전자의 수를 제거한다. 예를 들면, 소듐(나트륨) 원자에 대한 전자 배치는 $1s^2\ 2s^2\ 2p^6\ 3s^1$이다. 소듐 이온은 $Na^+$이므로 하나의 전자를 잃는다. 즉

$$\underset{1s^2\ 2s^2\ 2p^6\ 3s^1}{\text{Na 원자}} \xrightarrow{1e^-\ \text{잃음}} \underset{1s^2\ 2s^2\ 2^6}{Na^+}$$

전이 금속은 외각 $d$ 부준위로부터 전자를 잃기 전에 먼저 가장 높은 s 부준위부터 두 개의 전자를 잃음에 유의하라. 예를 들면, 제4주기에서 4$s$ 전자는 3$d$보다 앞서 전자를 잃는다. 망가니즈 이온에 대한 전자 배치는 $1s^2\ 2s^2\ 2p^6\ 3s^2\ 3p^6\ 3d^5$이다. 망가니즈는 3$d$부준위보다 4$s$ 부준위로부터 두 개의 전자를 잃음으로써 $Mn^{2+}$을 형성함에 주목하라. 즉

$$\underset{1s^2\ 2s^2\ 2p^6\ 3s^2\ 3p^6\ 4s^2\ 3d^5}{\text{Mn 원자}} \xrightarrow{2e^-\ \text{잃음}} \underset{1s^2\ 2s^2\ 2p^6\ 3s^2\ 3p^6\ 3d^5}{Mn^{2+}}$$

전자 배치는 핵심부 전자를 나타내기 위하여 영족 기체 기호를 이용하여 간단하게 할 수 있다. 원자의 핵심부를 표시하는 방법을 **핵심부 표기법(core notation)**이라고 부른다. 앞의 예에서 Mn 원자는 핵심부 표기법을 이용하여 [Ar] $4s^2\ 3d^5$처럼 전자 배치를 쓸 수 있다. $Mn^{2+}$에 대해서는 [Ar] $3d^5$처럼 전자 배치를 적을 수 있다.

비금속 음이온에 대한 전자 배치를 적을 때는, 음이온 전하에 해당하는 전자의 수를 더해야 한다. 예를 들면, 염소에 대한 전자 배치는 [Ne]$3s^2\ 3p^5$이다. 염화 이온은 $Cl^-$이므로 하나의 전자를 얻는다. 즉,

$$\underset{[Ne]\ 3s^2\ 3p^5}{\text{Cl 원자}} \xrightarrow{1e^-\ \text{얻음}} \underset{[Ne]\ 3s^2\ 3p^6}{Cl^-}$$

핵심부 표기법에서는, $Cl^-$의 전자 배치는 [Ar]으로 쓸 수 있다. 다음 예제는 이온의 전자 배치 적는 것을 추가로 설명한 것이다.

## 예제 5.14 이온의 전자 배치

주기율표를 참조하고 핵심부 표기법을 이용하여 다음 이온에 대하여 예상한 전자 배치를 적어라.

(a) $Fe^{3+}$ (b) $Se^{2-}$

**해답**

원소의 구역을 고려하기 위해서 주기율표를 참조하면 원소의 전자 배치를 쓸 수 있다.

(a) Fe 원자의 전자 배치는 [Ar] $4s^2\ 3d^6$이다. $Fe^{3+}$ 이온에 대한 핵심부 전자 배치는 [Ar] $3d^5$이다.

(b) Se 원자의 전자 배치는 [Ar]$4s^2\ 3d^{10}\ 4p^4$이다. $Se^{2-}$의 전자 배치는 [Ar] $4s^2\ 3d^{10}\ 4p^6$ 또는 간단히 [Kr] 이다.

**실전 연습문제**

주기율표를 참조하고 핵심부 표기법을 이용하여 다음 이온에 대하여 예상한 전자 배치를 적어라.

(a) $Cd^{2+}$ (b) $P^{3-}$

**답:** (a) [Kr] $4d^{10}$ (b) [Ne] $3s^2\ 3p^6$ 또는 [Ar]

**개념 문제**

핵심부 표기법을 이용하여 라돈 기체의 전자 배치를 적어라.

**답:** 부록 G, 5.14 참조

## 화학 커넥션 화학 원소의 진화

**Q: 모든 화학 원소는 어떤 단일 원소로부터 유래되었는가?**

생물학자들이 "종의 기원(Origin of species)"에 아주 관심이 있을지라도 화학자들은 이와 동등하게 원소의 기원에 대해서 호기심이 있다. 과학 사회가 모두 동의하지는 않지만 일반적으로 과학자들은 화학 원소들이 가장 간단한 수소 원소로부터 진화되었다고 믿는다.

화학 원소들이 수소로부터 진화되었다는 이 이론은 19세기에 처음으로 가설이 세워졌다. 이 이론은 1859년 발표한 다윈의 "*종의 기원*"과 일치하며 이는 네 번째 생물학 진화의 원리가 된 것이다.

우주는 "대폭발(Big Bang)"이라는 사건으로 시작해서 약 140 억년이 되었다고 추정하고 있다. 대폭발은 우주 창조에 동기가 된 것이며 상상할 수 없을 정도의 고온이라는 특성을 밝힌 것이다. 그 후, 우주는 빠르게 냉각되고 양성자, 중성자 및 전자들을 포함하는 원자 구성 입자들이 생성되기 시작했다. 수소와 헬륨이 대폭발에서 형성되었다는 증거가 있다. 그렇지만 헬륨은 최근 핵융합 과정을 통하여 태양에 의해서 형성되고 있음을 알고 있다. 두 개의 수소핵($_1H$)이 서로 융합해서 하나의 헬륨핵($_2He$)을 생성한다.

더 무거운 핵은 핵합성(nucleo synthesis)이라는 과정에 의해서 핵융합으로 생성할 수 있다는 것이 합리적인 생각이다. 헬륨보다 더 무거운 원소의 생성을 설명해주는 메커니즘이 많이 발표되었다. 예를 들면, 수소와 헬륨의 융합은 리튬($_3Li$)을 생성할 수 있다. 차례로 베릴륨($_4Be$), 탄소($_6C$)를 생성할 수 있다. 또한 세 개의 헬륨핵($_2He$)을 직접 융합하여 탄소($_6C$)를 생성하는 증거가 있다.

비록 화학 원리의 연구가 분명히 화학자들의 범주에 속하지만 원소의 진화에 대한 근본적인 해답은 별과 다른 행성체의 물리적 성질을 연구하는 천문학의 분야인 천체 물리학으로부터 나오게 될 것이다. 천체 물리학자들은 천문학적 관찰을 해석하기 위해 물리와 화학의 법칙을 적용한다.

◀은하수 은하계(Milky way galaxy)

대폭발로부터 나온 파편에 작용하는 중력은 수많은 별들을 갖고 있는 은하계 우주인 고밀도 영역을 만들어낸다. 이들 별의 어떤 것은 간단히 연소해 버린다. 한편, 다른 별들은 더 무거운 원소들의 핵 합성이 가능한 높은 핵심부 온도에 도달한다. 결국, 이들 별들은 붕괴되고 폭발하면서 거대 덩어리를 만들어 내고 우주 전체에 화학 원소들을 내보내게 된다.

**A:** 수소는 빅뱅으로부터 처음 형성되었고 직 · 간접적으로 더 무거운 화학 원소가 만들어지게 되었다.

# Chapter Summary

| 주요 개념 | 학습 목표와 관련 연습문제 |
|---|---|
| **5.1 원소들의 분류**<br>1869년 멘델레예프는 원자질량의 증가에 따른 원소들의 배열로부터 60여 개 원소들의 반복되는 성질을 설명했다. 1871년 멘델레예프는 원소들에 대한 주기율표를 발표했는데 그 표에는 그 당시 발견되지 않은 원소들과 그 원소들의 예상되는 성질까지도 포함되었다. | • 멘델레예프에 의하여 제안된 최초의 주기율표를 적용할 수 있다.<br>**관련 문제:** 1-3 |
| **5.2 주기율의 개념**<br>1913년 모즐리는 주기율표에 있는 각 원소의 양(positively)으로 하전된 핵이 점차적으로 증가함을 나타내었다. 결과적으로 **주기율(periodic law)**을 고쳐 쓰게 되었고, 그것은 이제 원소들을 원자 번호가 증가하는 순서로 배열할 때 물리적, 화학적 성질이 주기적으로 반복됨을 설명하였다. | • 모즐리가 제안한 현대의 주기율 개념을 설명할 수 있다.<br>**관련 문제:** 5-7 |
| **5.3 원소들의 족과 주기**<br>주기율표의 세로열을 **족(group)**이라 부르고 가로줄을 **주기(period)**라 한다. 1, 2 족 그리고 13~18족에 있는 원소를 **주족 원소(representative element)**, 3~12족에 있는 원소를 **전이 원소(transition element)**라 부른다. 1, 2, 17 및 18족에 있는 원소를 각각 **알칼리 금속(alkali metal)**, **알칼리 토금속(alkaline earth metal)**, **할로젠(할로겐, halogen)** 및 **영족 기체(noble gas)**로 불린다. 란타넘 다음을 잇는 원소(Ce-Lu)는 **란타넘족(lanthanides)**이라 부르고 악티늄 다음을 잇는 원소(Th-Lr)는 **악티늄족(actinides)**이라 부른다. 총체적으로 란타넘족과 악티늄족은 **내부 전이 원소(inner transition element)**로 불린다. 원소 Sc, Y, La 및 Ce-Lu는 **희토류 원소(rare earth element)**라고 불린다. 우라늄 이후의 원소는 **초우라늄 원소 (transuranium element)**라고 불린다. | • 주기율표에서 족과 주기에 따라 원소들을 구분할 수 있다. **관련 문제:** 9-19<br>• 미국 규약( I A~VIIIA)과 IUPAC 규약(1~18)을 모두 사용하는 주기율표에서 원소들의 족을 명시할 수 있다.<br>**관련 문제:** 21-27 |
| **5.4 주기적 경향**<br>주기율표는 왼쪽에 금속, 오른쪽에 비금속으로 나뉘어져 있다. 준금속은 중간성을 가지며 금속과 비금속 사이에서 발견된다. 원자 반지름의 경향은 족에서는 위로 올라갈수록 주기에서는 왼쪽에서 오른쪽으로 갈수록 감소한다. 금속성의 경향도 족에서는 위로 올라갈수록 주기에서는 왼쪽에서 오른쪽으로 갈수록 감소한다. | • 족이나 주기에서 금속성의 경향을 예상할 수 있다.<br>**관련 문제:** 29-30, 33<br>• 족이나 주기에서 원자 크기의 경향을 예상할 수 있다. **관련 문제:** 31-32, 35 |
| **5.5 원소들의 성질**<br>주기율표의 경향은 물리적 및 화학적 성질을 예상할 수 있게 해 준다. 만약 어느 족에서 두 원소의 원자 반지름과 산화물의 식이 주어지면 같은 족에서 또 다른 원소의 원자 반지름과 산화물의 식에 알맞는 예상을 할 수 있다. | • 같은 족에서 주어진 한 원소의 물리적 성질로부터 다른 원소에 대한 물리적 성질을 예상할 수 있다. **관련 문제:** 37-39<br>• 같은 족에서 한 원소를 포함하고 있는 화합물에서 다른 화합물의 화학식을 예상할 수 있다. **관련 문제:** 41-45 |
| **5.6 원소들의 구역**<br>증가하는 에너지의 부준위 순으로 원소들이 주기율표에 배열되어 있다. 주기율표를 참조함으로써 최외각 전자를 포함한 에너지 부준위를 쉽게 예상할 수 있다. 원소의 *s*, *p*, *d* 및 *f* 구역에 있는 부준위를 표기함으로써 **전자 배치(electronic configuration)**를 나타낼 수 있다. | • 주기율표에서 위치가 주어진 원소에 대하여 가장 높은 에너지 부준위를 예상할 수 있다. **관련 문제:** 47-53<br>• 주기율표에서 위치가 주어진 원소에 대하여 전자 배치를 예상할 수 있다. **관련 문제:** 55 |
| **5.7 원자가 전자**<br>원소의 최외각에 있는 *s* 및 *p* 부준위에 있는 전자 즉, **원자가 전자(valence electron)**를 예상하는 데 주기율표를 이용할 수 있다. 원자가 전자는 주기율표에서 족의 번호와 일치한다. 예를 들어 IA/1족 원소는 1개의 원자가 전자를 가지며 VII/17족은 7개의 원자가 전자를 갖는다. | • 어느 주족 원소에 대해서도 원자가 전자들의 수를 예상할 수 있다. **관련 문제:** 57-59 |

| 주요 개념 | 학습 목표와 관련 연습문제 |
|---|---|
| **5.8 전자 점식**<br>**핵심부 전자**(core electrons)를 나타내기 위해 원소 기호를 적고, 원자가 전자를 나타내기 위해 점을 사용함으로써 원자를 그림으로 표시할 수 있다. 이러한 그림을 원소의 **전자 점식**(electron dot formular)이라 부른다. | • 어떤 주족 원소에 대한 전자 점식을 그릴 수 있다. **관련 문제**: 61 |
| **5.9 이온화 에너지**<br>원소가 전자를 잃거나 얻어서 그 결과 양으로 또는 음으로 하전된 원자를 **이온**(ion)이라 부른다. 한 원자로부터 하나의 전자를 제거하는 데 필요한 에너지의 양을 **이온화 에너지**(ionization energy)라 부른다. 각각의 영족 기체는 원자가 껍질이 채워져 있으므로, 영족 기체의 이온화 에너지는 극히 높다. 반대로, 알칼리 금속은 낮은 이온화 에너지를 갖는다. 그 이유는 영족 기체의 전자 구조를 얻기 위해서는 단 하나의 원자가 전자를 잃으면 되기 때문이다. 이온화 에너지의 경향은 족에서는 위로 올라갈수록 그리고 주기에서는 왼쪽에서 오른쪽으로 갈수록 증가한다. | • 주기율표에서 이온화 에너지의 일반적 경향을 서술할 수 있다. **관련 문제**: 63<br>• 가장 높은 이온화 에너지와 가장 낮은 이온화 에너지를 가진 족을 서술할 수 있다. **관련 문제**: 65<br>• 한 쌍의 원소에서 이온화 에너지가 더 높은 원소를 예상할수 있다. **관련 문제**: 67-69 |
| **5.10 이온 전하**<br>주족 원소에 대한 **이온 전하**(ionic charge)는 그 원소의 족 번호로부터 예상할 수 있다. 영족 기체의 전자 구조를 얻기 위해서 금속은 원자가 전자를 잃고 비금속은 원자가 전자를 얻는다. 예를 들면, 포타슘(칼륨)은 IA/1족에 있으며 1개의 원자가 전자를 잃고 $K^+$을 형성한다. 황은 VIA/16족에 있으며 6개의 원자가 전자를 가지며 $S^{2-}$을 이루기 위해 전자 2개를 얻는다. 결과적으로 $K^+$과 $S$ 2$^-$이온은 각각 18개의 전자를 가지며 **등전자**(isoelectronic)라 부른다. 어떤 이온에 대한 전자 배치를 나타내기 위해서는 이온 전하에 해당하는 전하를 더하거나 뺀다. 마그네슘 이온, $Mg^{2+}$에 대해서 2개의 전자를 빼고 플루오린화(플루오르화) 이온, $F^-$에 대해서는 1개의 전자를 더한다. $Mg^{2+}$과 $F^-$은 각각 10개의 전자를 가지므로 이들의 전자 배치를 $1s^2\ 2s^2\ 2p^6$ 또는 [Ne]처럼 **핵심부 표기법**(core notation)으로 간단히 나타낼 수 있다. | • 어떤 주족 원소에 대해서도 이온 전하를 예상할 수 있다. **관련 문제**: 71-75<br>• 선택된 이온들에 대하여 예상되는 전자 배치를 쓸 수 있다. **관련 문제**: 77-79 |

## 주요 용어

주요 용어에 대한 해답은 부록 H에 수록하였다.

| | | |
|---|---|---|
| ________ | 1. 원자 번호가 증가함에 따라 원소들이 배열되어질 때 반복되는 형태로 나타나는 원소들의 성질. | (a) 악티늄족 계열(5.3절) |
| ________ | 2. 주기율표 상에서 수직 열의 원소들. | (b) 알칼리 금속 (5.3절) |
| ________ | 3. 주기율표 상에서 가로줄에 있는 원소들. | (c) 알칼리 토금속 (5.3절) |
| ________ | 4. 수소를 제외한 IA/1족 원소들. | (d) 핵심부 전자들(6.8절) |
| ________ | 5. IIA/2족 원소들. | (e) 핵심부 표기법(5.10절) |
| ________ | 6. VIIA/17족 원소들. | (f) 전자 배치(5.6절) |
| ________ | 7. 상대적으로 비반응성 VIIIA/18족 원소들. | (g) 전자 점식(5.10절) |
| ________ | 8. 주기율표 상에서 A (1, 2와 13~18)족 원소들. | (h) 족(5.3절) |
| ________ | 9. 주기율표 상에서 B족 (3~12)원소들. | (i) 할로젠(할로겐)(5.3절) |
| ________ | 10. 원자 번호가 58~71인 원소들. | (j) 내부 전이 원소(5.3절) |
| ________ | 11. 원자 번호가 90~103인 원소들. | (k) 이온 (5.9절) |
| ________ | 12. 란타넘족과 악티늄족 계열에 있는 원소들. | (l) 이온 전하(5.10절) |
| ________ | 13. 원자 번호가 21, 39, 57 및 58~71인 원소들. | (m) 이온화 에너지 (5.9절) |
| ________ | 14. 원자 번호가 92를 넘는 원소들. | (n) 등전자(5.10절) |
| ________ | 15. 에너지 증가에 따른 부준위에 의한 전자 배치의 간단한 표기. | (o) 란타넘족 계열(5.3절) |
| ________ | 16. 결합하는 데 참여 않는 원자 내의 내부전자들. | (p) 영족 기체(5.3절) |
| ________ | 17. 원자의 가장 바깥 $s$와 $p$ 부준위를 차지하는 전자들. | (q) 주기(5.3절) |
| ________ | 18. 각 가전자 전자를 점으로 원소 주위에 둘러 싸인 화학 기호. | (r) 주기율(5.2절) |
| ________ | 19. 원소의 가전자 전자를 얻거나 잃은 결과로 하전을 띠는 원자. | (s) 희토류 원소(5.3절) |

| | | |
|---|---|---|
| ____________ | 20. 한 원자로부터 한 전자를 제거하는 데 필요한 에너지의 양. | (t) 주족 원소(5.3절) |
| ____________ | 21. 전자를 얻어 비금속 원자 위에 띠는 음전하 또는 전자를 잃어서 금속 원자 위에 양전하를 띠는 것에 대한 언급. | (u) 전이 원소(5.3절) |
| ____________ | 22. 같은 전자 배치를 가지는 이온에 대한 언급: 예, $Mg^{2+}$와 $O^{2-}$는 각각 10개 전자를 갖는다. | (v) 초우라늄 원소(5.3절) |
| ____________ | 23. 핵심부 전자는 괄호 안에 영족 기체 기호를 나타내고 계속 이어 원자가 전자를 써서 전자 배치를 쓰는 방법: 예 [Ne]$3s^2$ | (w) 원자가 전자(5.7절) |

# 문제 문제에 대한 해답은 부록 I에 수록하였다.

## 원소들의 분류 (5.1절)

1. 1871년 멘델레예프의 주기율표에 네온을 포함시키지 않은 이유는?

3. 1871년 멘델레예프의 주기율표에 아르곤을 포함시키지 않은 이유는?

## 주기율의 개념 (5.2절)

5. 1913년 모즐리의 발견 전에 멘델레예프는 원소가 어떠한 경향에 따라 배열되었을 때 물리적이고 화학적인 특성이 주기적으로 반복된다고 제시하였는가?

7. 주기율표의 4번째 줄만 고려해 보자. 현대 주기율에 따르지만 멘델레예프에 의한 원래 주기율에는 위반한 두 원소를 말하라.

## 원소의 족과 주기 (5.3절)

9. 주기율표에서 수직열은 어떠한 두 가지 용어로 나타내어지는가?

11. IA~VIIIA족 (1, 2, 13~18족)에 속한 원소들에 대한 용어는 무엇인가?

13. 원소 57 다음에 오는 계열의 원소들에 대한 용어는 무엇인가?

15. Ce~Lu를 포함하는 원소들에 대한 용어는?

17. 주기율표의 왼쪽에는 어떤 형태의 원소들(금속, 비금속)이 있는가?

19. 란타넘족이 아닌 두 개의 희토류 원소는 무엇인가?

21. 다음 각각 원소의 족들에 맞는 족의 번호를 밝혀라.
    (a) 알칼리 금속 (b) 알칼리 토금속
    (c) 할로젠(할로겐) (d) 영족 기체

23. 미국 규약에서 다음과 같이 명시한 각각의 족들에 대한 IUPAC의 명칭은 무엇인가?
    (a) IA족 (b) III족
    (c) VA족 (d) VII족
    (e) IB족 (f) IIIB족
    (g) VB족 (h) VIIB족

25. 주기율표를 참조하여 다음의 설명에 알맞는 원소의 기호를 골라라.
    (a) 2주기에서 준금속성 원소.
    (b) 4주기에서 주금속성 IVA/14 족 원소.
    (c) 황색 기체의 할로젠 원소.
    (d) 방사성의 할로젠 원소.

27. 주기율표를 참조하여 다음의 설명에 알맞는 원소의 기호를 골라보라.
    (a) 3주기 알칼리 금속
    (b) 3주기 알칼리 토금속
    (c) 희토류 원소의 원자 질량이 최대인 것
    (d) 방사성의 란타넘족 원소

## 주기적 경향 (5.4절)

29. 일반적인 경향에 따르면, 주기율표의 같은 족에서 위로 올라갈수록 금속성이( 증가 / 감소 )한다.

31. 일반적인 경향에 따르면, 주기율표의 같은 족에서 위로 올라갈수록( 증가 / 감소 )한다.

33. 주기율표의 일반적인 경향에 따라 다음 각 쌍의 원소들에서 더 큰 금속성을 가지는 것은?
    (a) K 또는 Ca (b) Mg 또는 Al
    (c) Fe 또는 Cu (d) S 또는 Ar

35. 주기율표의 일반적인 경향에 따라 다음 각 쌍의 원소들에서 더 큰 원자 반지름을 가지는 것은?
    (a) Li 또는 Na (b) N 또는 P
    (c) Mg 또는 Ca (d) Ar 또는 Kr

## 원소들의 성질 (5.5절)

37. 아래에 주어진 각각의 성질을 이용하여 방사성 프랑슘(Fr)의 미지의 값(?)을 예상하라. IA/1족 원소에 대한 원자 반지름, 밀도, 녹는점이 주어졌다.

| 원소 | 원자 반지름 | 밀도(20 ℃) | 녹는점 |
|---|---|---|---|
| Rb | 248 pm | 1.53 g/L | 39.3 ℃ |
| Cs | 266 pm | 1.93 g/L | 28.4 ℃ |
| Fr | (?) pm | (?) g/L | (?) ℃ |

39. 아래에 주어진 각각의 성질을 이용하여 방사성 아스타틴(At)의 값(?)을 예상하라. VIIA/17 족의 원소들은 원자 반지름, 밀도, 끓는점이 주어졌다.

| 원소 | 원자 반지름 | 밀도(20 ℃) | 녹는점 |
|---|---|---|---|
| Br | 115 Pm | 3.10 g/L | 59 ℃ |
| I | 133 Pm | 4.93 g/L | 184 ℃ |
| At | (?) Pm | (?) g/L | (?) ℃ |

41. 포타슘(칼륨), 칼슘, 붕소 그리고 저마늄(게르마늄)의 염화물은 각각 KCl, $CaCl_2$, $BCl_3$, 그리고 $GeCl_4$이다. 주기율표를 이용하여 유사한 화합물의 화학식을 예상하라.

(a) 플루오드화 칼륨 (b) 플루오드화 칼슘
(c) 브로민화 붕소 (d) 아이오딘화 저마늄

43. 염화 바륨의 화학식은 $BaCl_2$이다. 다음 유사한 화합물들의 화학식들을 예상하라.
(a) 플루오르화 칼슘 (b) 염화 칼슘
(c) 브로민화 칼슘 (d) 아이오딘화 칼슘

45. 반응조건에 따라 질소와 산소는 $N_2O_3$와 $N_2O_5$ 중 하나를 생성할 수 있다. 다음 각 화합물의 예상되는 두 가지 화학식을 쓰라.
(a) 산화 비소 (b) 산화 안티모니

## 원소들의 구역 (5.6절)

47. IA/1과 IIA/2 족들의 원소들에 의해서 채워지는 에너지 부준위의 종류는 무엇인가?

49. 전이 원소들에 의해서 채워지는 에너지 부준위의 종류는 무엇인가?

51. 란타넘족 계열에 의해서 채워지는 에너지 부준위의 종류는 무엇인가?

53. 주기율표를 참조하여 각각의 원소들의 가장 높은 에너지 부준위를 나타내어라.
(a) H (b) Na
(c) Sm (d) Br
(e) Sr (f) C
(g) Sn (h) Cs

55. 주기율표를 참조하여 다음 원소들 각각에 대하여 전자 배치를 예상하라.
(a) Li (b) F
(c) Mg (d) P
(e) Ca (f) Mn
(g) Ga (h) Rb

## 원자가 전자 (5.7절)

57. 주기율표에 제시된 것과 같이 다음 각각의 족들의 원자가 전자의 수를 나타내어라.
(a) IA/1족 (b) IIIA/13족
(c) VA/15족 (d) VIIA/17족

59. 다음 각각의 원소들의 원자가 전자의 수를 나타내어라.
(a) H (b) B
(c) N (d) F
(e) Ca (f) Si
(g) O (h) Ar

## 전자 점식 (5.8절)

61. 다음 각각의 원소들의 전자 점식을 그려라.
(a) H (b) B
(c) N (d) F
(e) Ca (f) Si
(g) O (h) Ar

## 이온화 에너지 (5.9절)

63. 일반적인 경향에 따르면 주기율표에서 족의 위로 갈수록 원소들에 대한 이온화 에너지는 (증가/감소)한다.

65. 이온화 에너지가 가장 낮은 것은 어느 족에 있는 원소들인가?

67. 주기율표를 이용하여 다음 원소들의 쌍 중에서 더 큰 이온화 에너지를 갖는 원소를 구하라.
(a) Mg 또는 Ca (b) S 또는 Se
(c) Sn 또는 Pb (d) N 또는 P

69. 주기율표를 이용하여 다음 원소들의 쌍 중에서 더 낮은 이온화 에너지를 갖는 원소를 예상하라.
(a) Rb 또는 Cs (b) He 또는 Ar
(c) B 또는 Al (d) F 또는 I

## 이온 전하 (5.10절)

71. 다음 각각의 원소 족들 중에 금속 이온들의 예상되는 이온 전하를 구하라
(a) IA/1족 (b) IIA/2족 (c) IIIA/13족 (d) IVA/14족

73. 주기율표에서 원소들의 족 번호로 예상된 다음 이온들에 대한 이온 전하를 구하라.
(a) Be 이온 (b) Sn 이온 (c) P 이온 (d) S 이온

75. 주기율표를 이용하여 다음 이온들 중 어느 것이 영족 기체인 크립톤과 등전자인지를 예상하라.
(a) $K^+$ (b) $Sr^{2+}$ (c) $Cl^-$ (d) $Se^{2-}$

77. 주기율표를 이용하여 다음 각각의 양이온들에 대하여 예상되는 전자 배치를 핵심부 표기법으로 쓰라.
(a) $Mg^{2+}$ (b) $K^+$ (c) $Fe^{2+}$ (d) $Zr^{2+}$

79. 주기율표를 이용하여 다음 각각의 음이온들에 예상되는 전자 배치를 핵심부 표기법으로 쓰라.
(a) $F^-$ (b) $S^{2-}$ (c) $N^{3-}$ (d) $I^-$

## 일반 연습문제

81. 유럽식으로 표기된 다음 각각의 족들에 일치하는 미국식의 표기법을 찾아라.
(a) IA족 (b) IB족 (c) IIIA족 (d) IIIB족

83. 아래에 주어진 각각의 성질을 이용하여 미지의 값(?)을 예상하라. VIB/6 족 원소에 대한 원자 반지름, 밀도, 녹는점이 주어졌다.

| 원소 | 원자 반지름 | 밀도(20 ℃) | 녹는점 |
|---|---|---|---|
| Cr | 125 pm | 7.14 g/mL | (?) ℃ |
| Mo | (?) pm | 10.28 g/mL | 2617 ℃ |
| W | 137 pm | (?) g/mL | 3410 ℃ |

85. 주기율표를 참조하여 핵심부 표기법을 이용해 다음 각각의 원소에 대한 전자 배치를 쓰라.
(a) Sr (b) Ru (c) Sb (d) Cs

87. 수소의 이온화 에너지가 다른 IA/1족 원소들보다 훨씬 더 높은 이유를 설명하라.

## 도전 연습문제

89. 그림 5.1을 참조하여 멘델레예프가 발견하기 전 에카붕소라 불렸던 원소의 이름은 무엇인가?

91. 알칼리 금속의 이온화 에너지가 알칼리 토금속의 이온화 에너지보다 낮은 이유는 무엇인가?

## Chapter 5 자율 테스트 해답은 부록 J에 수록하였다.

1. 다음 과학자들 중에서 원소의 주기율 발전에 공헌한 사람은?(5.1절)
   (a) 되베라이너 (b) 멘델레예프
   (c) 모즐리 (d) 뉼런즈
   (e) 위의 모든 과학자
2. 현대 주기율표는 주기율표가 다음 중 어느 것에 따라 배열되었을 때 원소의 성질이 반복되는가?(5.2절)
   (a) 증가하는 원자 번호
   (b) 증가하는 질량수
   (c) 증가하는 원자 질량
   (d) 증가하는 동위 원소 질량
   (e) 위의 모두 아님
3. 다음 원소 중 어느 것이 3주기 알칼리 금속인가?(5.3절)
   (a) Ca (b) K
   (c) Mg (d) Na
   (e) Sr
4. 다음 원소 중에서 금속성이 가장 큰 것은?(5.4절)
   (a) Li (b) Na
   (c) Be (d) Mg
   (e) Al
5. 주어진 원자의 반지름은 다음과 같다. 황, S(0.104 nm), 텔루륨(텔루르), Te(0.143 nm), 셀레늄(셀렌)의 예상되는 원자 반지름은 얼마인가?(5.5절)
   (a) 0.039 nm (b) 0.062 nm
   (c) 0.124 nm (d) 0.163 nm
   (e) 0.182 nm
6. 어느 에너지 부준위가 원소 Sc에서 Zn까지 채워지는가?(5.6절)
   (a) 3*d* (b) 4*s*
   (c) 4*p* (d) 4*d*
   (e) 4*f*
7. VIIA/17족 원소의 원자가 전자의 수를 예상하라.(5.7절)
   (a) 1 (b) 2
   (c) 3 (d) 7
   (e) 17
8. 네온 원자의 전자 점식은 무엇인가?(5.8절)
   (a) Ne· (b) ·Ne·
   (c) $\cdot\dot{\underset{\cdot}{\mathrm{Ne}}}\cdot$ (d) $:\dot{\underset{\cdot}{\mathrm{Ne}}}:$
   (e) $:\ddot{\underset{\cdot\cdot}{\mathrm{Ne}}}:$
9. 다음 원소들 중에서 어느 것이 이온화 에너지가 제일 높은가?(5.9절)
   (a) H (b) He
   (c) Ne (d) Cl
   (e) F
10. 다음 족 중 어느 것이 3- 이온 전하로 예상되는가?(5.10절)
    (a) IIIA/13족 (b) IIIB/3족
    (c) VA/15족 (d) VB/5족
    (e) VIIIA/18족

## 주요 개념

11. 주기율표에서 금속성이 감소하는 경향을 말하라.
12. 주기율표에서 원자 반지름이 감소하는 경향을 말하라.
13. 주기율표에서 이온화 에너지가 증가하는 경향을 말하라.
14. 주어진 화학식은 다음과 같다. $Al_2O_3$, $SiO_2$, 그리고 $P_2O_5$이다. 산화 비소의 화학식($AS_?O_?$)은 무엇인가?

## 비판적 사고

15. 다른 원소의 이온은 같은 수의 전자를 가질 수 있는가?
16. 다른 원소의 이온은 같은 수의 양성자를 가질 수 있는가?
17. 다른 원소의 이온은 같은 수의 중성자를 가질 수 있는가?
18. 다음 사진은 시계접시에 안티모니(Sb), 황(S), 황화안티모니($Sb_2S_5$)을 나타낸 것이다. 준금속과 비금속의 전형적인 특성에 기초하여 (a) 노란색 (b) 회색 그리고, (c) 오렌지색의 물질을 확인하라.

CHAPTER 6

# 화학의 언어

**원소 6: 탄소**

6
C
Carbon

다이아몬드는 열린 결정 구조로 배열된 탄소 원자들로 이루어져 있다.

*"과학은 정리된 지식이다. 지혜는 정리된 삶이다."*

독일 철학자, 임마누엘 칸트 (Immanuel Kant, German Philosopher, 1724~1804)



중세시대 동안, 연금술사들은 많은 물질들을 확인했고, 제멋대로 명명하였다. 물질이 단지 수십 개 정도일 때까지 큰 문제가 되지 않았다. 그러나 1700년대 후반 무렵, 연금술사들은 10,000개 이상 되는 물질들을 확인했고, 화합물들의 수는 빠르게 증가했다. 따라서 화학자들은 이러한 모든 물질의 이름을 짓는 엄청난 업무에 직면하게 되었다. 이름을 짓는 문제는 결국 일단의 체계적 규칙을 사용함으로써 해결되었다.

프랑스 화학자인 라부아지에(Antoine Lavoisier)는 처음으로 물질의 체계적인 명명법을 개발하였다. 그는 화합물의 이름은 화합물의 조성을 나타내며, 라틴어나 그리스어에서 유래된다고 제안하였다. 1787년, 라부아지에는 다른 사람과 '화학 명명법(*Methods of Chemical Nomenclature*)'이란 책을 출판하였다. 그가 제안한 명명 체계는 매우 명료하고 합리적이었으므로 단시간에 일반적으로 수용되었으며, 오늘날 명명 체계의 근간이 되었다.

## 6.1 화합물의 분류

1921년 국제 순수 및 응용 화학 기구(IUPAC)는 무기화학의 명명법을 위한 위원회를 조직하였다. 1938년 무기화학 명명법의 개정에 관한 IUPAC 위원회가 베를린에서 모였다. 2년 후 위원회는 포괄적인 규칙을 발표하였다. 비록 규칙은 확장되고 수정되어 왔지만 1940년 규칙이 화합물의 명명을 위한 공식적인 국제적 체제가 되었다. 이 규칙을 IUPAC

**학습 목표**

- 화합물을 이성분 이온 화합물, 삼성분 이온 화합물 또는 이성분 분자 화합물로 분류할 수 있다.
- 산을 이성분 산 또는 삼성분 산소산으로 분류할 수 있다.
- 이온을 단원자 양이온, 단원자 음이온, 다원자 양이온, 또는 다원자 음이온으로 분류할 수 있다.

**명명법(IUPAC nomenclature)**이라고 한다.

## 무기 화합물의 분류

**무기 화합물(inorganic compound)**은 탄소 원소를 포함하지 않는다. 그러나 이산화 탄소($CO_2$), 그리고 탄산 이온($CO_3^{2-}$) 혹은 탄산수소 이온($HCO_3^-$)을 포함한 화합물은 예외적으로 무기 화합물로 간주된다. 1940년 IUPAC 규칙에 의하면, 무기 화합물들은 여러 분류 중 하나에 속한다. 무기 화합물은 이성분 이온, 삼성분 이온, 이성분 분자, 이성분 산, 삼성분 산소산의 다섯 가지로 보통 분류한다.

**이성분 이온 화합물(binary ionic compound)**은 금속과 비금속의 두 원소를 포함한다. 이성분 이온 화합물의 예로 KCl과 $AlCl_3$를 들 수 있다. **삼성분 이온 화합물(ternary ionic compound)**은 적어도 하나의 금속과 하나의 비금속을 포함한 세 원소를 갖는다. 삼성분 이온 화합물의 예는 $KNO_3$와 $Al(NO_3)_3$이다. **이성분 분자 화합물(binary molecular compound)**은 모두 비금속인 두 원소를 갖는다. 물($H_2O$)은 이성분 분자 화합물의 일반적인 예이다. 암모니아($NH_3$) 역시 마찬가지이다.

**수용액(aqueous solution)**은 화합물이 물에 용해되었을 때 만들어진다. 수용액은 (*aq*)란 기호로 나타낸다. **이성분 산(binary acid)**은 수소와 다른 하나의 비금속을 포함하는 화합물의 수용액이다. 산의 화학식은 H로 시작되며 이성분 산의 예는 HCl(*aq*)과 $H_2S$(*aq*)이다.

**▶그림 6.1 무기 화합물 및 산의 분류**
IUPAC 명명법에 따라 무기 화합물과 산은 이성분 이온 화합물, 삼성분 이온 화합물, 이성분 분자 화합물, 이성분 산 및 삼성분 산소산의 다섯 영역으로 나누어진다.

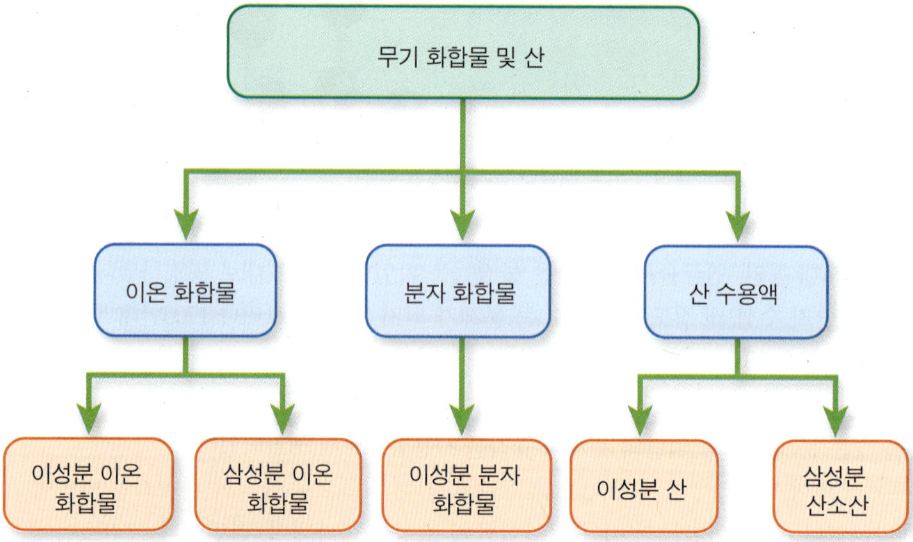


IUPAC
INTERNATIONAL UNION OF PURE AND APPLIED CMEMISTRY
▲국제 순수 및 응용 화학 기구의 로고

◀**식탁염(Table Salt)** 염화 소듐, NaCl은 금속과 비금속 이온들로 구성된 이성분 이온 화합물의 한 예이다.

**삼성분 산소산(ternary oxyacid)**은 수소와 하나의 비금속 및 산소를 포함하는 화합물의 수용액이다. 삼성분 산소산의 예는 $HNO_3(aq)$와 $H_2SO_4(aq)$가 있다. 그림 6.1은 IUPAC 규칙에 따라 분류한 5가지 종류의 화합물의 상호관계를 설명하고 있다.

다음의 예제는 다른 종류의 화합물들과 산 수용액들의 분류를 설명한다.

## 예제 6.1 화합물과 산의 분류

다음 각각을 이성분 이온 화합물, 삼성분 이온 화합물, 이성분 분자 화합물, 이성분 산, 또는 삼성분 산소산으로 분류하라.

(a) 산화 칼슘, CaO
(b) 이산화 황, $SO_2$
(c) 크로뮴(크롬)산 은, $Ag_2CrO_4$
(d) 플루오르화 수소산(플루오린화 수소산), $HF(aq)$
(e) 탄산, $H_2CO_3(aq)$

### 해답

주기율표를 참조하고, 화합물과 용액을 다음과 같이 분류할 수 있다

(a) CaO는 금속과 비금속의 두 원소를 포함하고 있다. 따라서 CaO는 이성분 이온 화합물이다.
(b) $SO_2$는 모두 비금속 물질인 두 원소를 포함하고 있다. 따라서 $SO_2$는 이성분 분자 화합물이다.
(c) $Ag_2CrO_4$는 금속 두 개과 비금속 한 개의 세 원소를 포함하고 있다. 따라서 $Ag_2CrO_4$는 삼성분 이온 화합물이다.
(d) $HF(aq)$는 수소와 비금속의 화합물이 물에 용해되어 있다. 따라서 $HF(aq)$는 이성분 산이다.
(e) $H_2CO_3(aq)$는 수소와 산소를 포함한 세 원소 화합물이 물에 용해되어 있다. 따라서 $H_2CO_3(aq)$는 삼성분 산소산이다.

### 실전 연습문제

다음 각각을 이성분 이온 화합물, 삼성분 이온 화합물, 이성분 분자 화합물, 이성분 산, 또는 삼성분 산소산으로 분류하라.

(a) 이황화 탄소, $CS_2$
(b) 중크로뮴산 리튬, $Li_2Cr_2O_7$
(c) 아이오딘화 마그네슘, $MgI_2$
(d) 질산, $HNO_3(aq)$
(e) 염산, $HCl(aq)$

**답:** (a) 이성분 분자 화합물
(b) 삼성분 이온 화합물
(c) 이성분 이온 화합물
(d) 삼성분 산소산
(e) 이성분 산

### 개념 문제

이성분 분자 화합물과 이성분 산을 어떻게 구별하는가?

**답:** 부록 G, 6.1 참조

## 이온의 분류

이온은 IUPAC 명명법에 따라 이온이 속해 있는 분류에 따라 체계적으로 명명된다. 양전하를 띠는 이온은 **양이온(cation)**, 그리고 음전하를 띠는 이온은 **음이온(anion)**이라고 한다. 양전하 또는 음전하를 띠는 단일 원자를 **단원자 이온(monoatomic ion)**이라 한다. 여러 원자가 함께 뭉쳐져 전체적으로 양전하 또는 음전하를 띠는 원자단을 **다원자 이온(polyatomic ion)**이라고 부른다. 그림 6.2는 이러한 이온들의 분류와 상호 관계를 설명한다.

▶**그림 6.2 이온의 분류**
IUPAC 명명법에 따라 이온은 단원자 양이온, 다원자 양이온, 단원자 음이온 및 다원자 음이온의 네 영역으로 나누어진다.

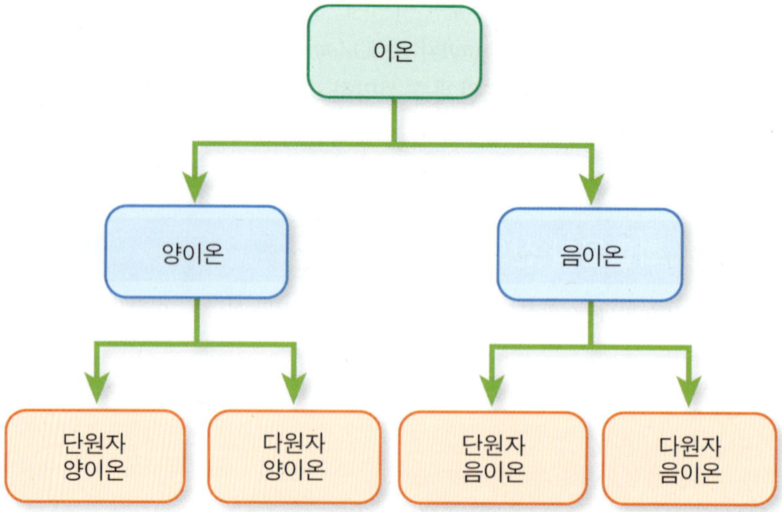


다음 예제는 여러 이온의 분류를 설명한다.

## 예제 6.2 양이온과 음이온의 분류

다음 각 이온을 단원자 양이온, 단원자 음이온, 다원자 양이온 또는 다원자 음이온으로 분류하라.

(a) 바륨 이온, $Ba^{2+}$
(b) 염화 이온, $Cl^-$
(c) 암모늄 이온, $NH_4^+$
(d) 탄산 이온, $CO_3^{2-}$

**해답**

각 이온을 다음과 같이 분류할 수 있다.

(a) $Ba^{2+}$는 양전하를 갖는 단일 원자이다. 따라서 $Ba^{2+}$는 단원자 양이온이다.
(b) $Cl^-$는 음전하를 갖는 단일 원자다. 따라서 $Cl^-$는 단원자 음이온이다.
(c) $NH_4^+$는 다섯 개의 원자를 포함하고 양전하를 갖는다. 따라서 $NH_4^+$는 다원자 양이온이다.
(d) $CO_3^{2-}$는 네 개의 원자를 포함하고 음전하를 갖는다. 따라서 $CO_3^{2-}$는 다원자 음이온이다.

**실전 연습문제**

다음 각 이온을 단원자 양이온, 단원자 음이온, 다원자 양이온 또는 다원자 음이온으로 분류하라.

(a) 하이드로늄 이온, $H_3O^+$
(b) 황화 이온, $S^{2-}$
(c) 과망가니즈산 이온, $MnO_4^-$
(d) 제일주석 이온, $Sn^{2+}$

**답:**

(a) 다원자 양이온
(b) 단원자 음이온
(c) 다원자 음이온
(d) 단원자 양이온

**개념 문제**

$Hg^{2+}$과 $Hg_2^{2+}$의 차이는 무엇인가?

**답:** 부록 G, 6.2 참조

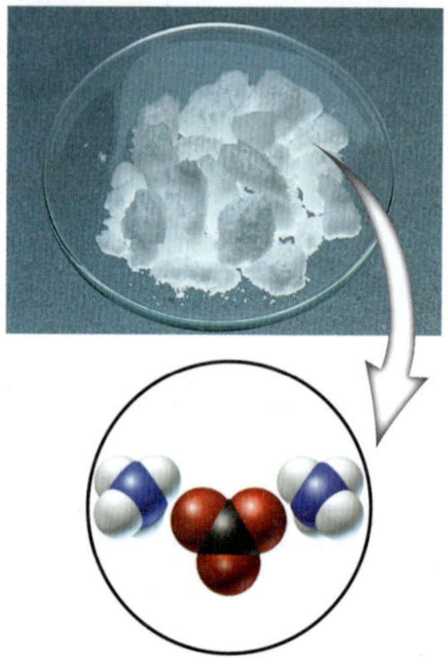

$(NH_4)_2CO_3$

▲**탄산 암모늄, $(NH_4)_2CO_3$**
탄산 암모늄은 공기 중에서 분해하여 암모니아($NH_3$)와 이산화 탄소($CO_2$)를 내놓는다. 냄새나는 염(Smelling salt)으로 이용되며, 베이킹 파우더에서 볼 수 있다.

## 주요 과학자 라부아지에(Lavoisier)와 마리(Marie) 부부

**Q:** **라부아지에의 매우 귀중한 실험 보조자였고 유럽과 아메리카를 통하여 방대한 양의 저술을 도왔으며, 다른 언어로 실험결과를 번역한 사람은 누구인가?**

라부아지에(Antoine Lavoisier, 1743~1794)는 부유한 프랑스 가정에서 태어나 매우 훌륭한 교육을 받았다. 그는 처음엔 그의 아버지처럼 법관이 되었으나, 나중에 과학자로 변신하였다. 라부아지에는 천부적인 실험가였으며, 일반적으로 현대 화학의 창시자로 인정받고 있다. 그는 전 세계 과학자들로부터 관심을 끈 훌륭한 실험실을 만들었다.

▲앙투안 라부아지에(Antoine Lavoisier)와 마리(Marie)가 실험실에 함께 있는 모습

1787년 라부아지에는 "화학 명명법(Methods of Chemical Nomenclature)"이라는 제목의 책을 출간했다. 이 책은 화합물의 체계적인 명명의 원리를 담고 있고, 매우 논리적이어서 오늘날의 명명법 규칙의 근간이 되었다. 1789년 그는"화학에 관한 기본적인 논설(Elementary Treatise on Chemistry)"이라는 역사적으로 기념비가 될 만한 교과서를 출간하였는데, 여기에서 화학에 대한 현대적 관점을 처음으로 제시하였다. 라부아지에는 1771년에 마리(Marie-Anne Pierrette, 1758-1936)와 결혼했다. 그녀는 겨우 13세였으며, 어머니를 여읜 후 수녀원에서 성장했으며 교육을 받았다. 마리의 부친은 그녀보다 나이가 세 배 이상 많은 영향력 있는 신사의 청혼을 거절하기위해서 그 결혼을 시킨 것이다. 어린 나이에도 불구하고 그녀는 라부아지에의 일을 훌륭히 도왔으며, 실험실에서 그와 함께 일을 하였다. 마리는 그림과 노트기록을 통해 실험을 기록했으며 그 실험들의 결과를 불어에서 다른 여러 나라 언어로 번역하였다. 부부의 밀접한 작업 관련성 때문에 화학의 발전을 그 부부 중 한 사람의 공으로 돌리거나 그들의 공동 기여를 분리하여 생각하는 것은 불가능하다.

불행히도 그녀는 세금을 징수하는 회사 중역의 딸이었다. 비록 라부아지에가 세금을 징수하지 않았지만, 그는 그 회사에서 특권을 누렸다. 프랑스 혁명이 발발하였을 때 혁명가들은 세금 징수원을 감옥으로 보냈다. 라부아지에는 처음엔 그의 실험실 출입이 금지되었으며, 이어서 체포되었다. 어리석은 재판 후에 그는 장인과 다른 세금 징수원들과 함께 단두대 참수형 선고를 받았다.

1794년 5월 8일 라부아지에의 형이 집행되었고, 이름 없는 묘지에 묻혔다. 프랑스 재판관들은 프랑스엔 더 이상 과학자가 필요 없다고 선언했지만, 유명한 수학자 라그랑쥬(Lagrange)는 "그의 목을 자르는 일은 순간이면 다 되지만, 그 같은 현명한 두뇌를 다시 얻기 위해서는 아마 100년이 걸려도 모자랄 것이다"라고 애도했다. 2년도 못되어 프랑스 사람들은 그들의 실수를 개탄했고, 라부아지에의 동상을 세우기 시작했다.

**A:** 여러 나라 말을 구사하는 라부아지에의 부인인 마리는 실험기록을 보관하고, 과학 논문을 타국어로 번역한 공적이 있다.

## 6.2 단원자 이온

**학습 목표**

- ▶ 일반적인 단원자 이온의 체계적 이름과 화학식을 쓸 수 있다.
- ▶ 주족 원소의 이온에 대한 이온 전하를 예측할 수 있다.

금속 원자는 원자가 전자(valence electron)를 잃고 양으로 하전된 양이온이 될 수 있으며, 예를 들어 $Na^+$, $Ca^{2+}$ 및 $Al^{3+}$가 있다. 반면에 비금속 원자는 원자가 전자를 얻어 음으로 하전된 음이온이 될 수 있으며, 예를 들어, $Cl^-$, $S^{2-}$ 및 $P^{3-}$가 있다.

### 금속 이온의 명명

IUPAC 명명법에 따라, 양이온은 모체 금속의 이름 다음에 '이온'이라는 글자를 붙여서 명명한다. 예를 들면, $Na^+$는 소듐 이온(sodium ion), $Ca^{2+}$는 칼슘 이온(calcium ion), 그리고 $Al^{3+}$는 알루미늄 이온(aluminum ion)이라고 명명한다.

주족(main group) 금속들은 보통 하나의 양이온을 형성한다. 주석과 납은 예외이다. 그러나 전이 금속(transition metal)의 경우 종종 두 개 이상의 양이온을 형성한다. 예를 들어 철은 $Fe^{2+}$와 $Fe^{3+}$를 만들 수 있다. 두 개 이상의 이온 전하를 가지는 금속 양이온을 명명하려면 전하를 명시할 필요가 있다. IUPAC은 모체 금속 이름에 이어서 괄호 안에 로마 숫자로 전하를 명시함으로써 양이온을 명명하라고 추천한다. 따라서 $Fe^{2+}$는 철(II) 이온, 그리고 $Fe^{3+}$는 철(III) 이온이 된다. 비슷하게, $Cu^{+}$는 구리(I) 이온, 그리고 $Cu^{2+}$는 구리(II) 이온이 된다. 전이 금속 양이온을 명명하는 이 방법을 **슈토크 체계(Stock system)**라고 한다. $Ag^{+}$, $Zn^{2+}$, 그리고 $Cd^{2+}$의 명명은 전이 금속에서 예외이며, 로마 숫자가 필요하지 않다는 것에 주의해야 한다.

수은(I) 이온의 화학식은 예외이다. 수은이 하나의 전자를 잃을 때, 얻어진 이온 $Hg^{+}$은 다른 $Hg^{+}$와 결합을 함으로써 더 안정하게 된다. 따라서 수은(I) 이온은 $Hg_2^{2+}$로 쓴다. 표 6.1에 보통의 양이온에 대한 슈토크 체계에 따른 체계적 이름을 나열하였다.

**표 6.1 일반적인 단원자 양이온**

| 양이온 | 슈토크 체계(stock system) |
|---|---|
| $Al^{3+}$ | 알루미늄 이온 |
| $Ba^{2+}$ | 바륨 이온 |
| $Cd^{2+}$ | 카드뮴 이온 |
| $Ca^{2+}$ | 칼슘 이온 |
| $Co^{2+}$ | 코발트(II) 이온 |
| $Co^{3+}$ | 코발트(III) 이온 |
| $Cu^{+}$ | 구리(I) 이온 |
| $Cu^{2+}$ | 구리(II) 이온 |
| $Cr^{3+}$ | 크로뮴(크롬)(III) 이온 |
| $H^{+}$ | 수소 이온 |
| $Fe^{2+}$ | 철(II) 이온 |
| $Fe^{3+}$ | 철(III) 이온 |
| $Pb^{2+}$ | 납(II) 이온 |
| $Pb^{4+}$ | 납(IV) 이온 |
| $Li^{+}$ | 리튬 이온 |
| $Mg^{2+}$ | 마그네슘 이온 |
| $Mn^{2+}$ | 망가니즈(망간)(II) 이온 |
| $Hg_2^{2+}$ | 수은(I) 이온* |
| $Hg^{2+}$ | 수은(II) 이온 |
| $Ni^{2+}$ | 니켈(II) 이온 |
| $K^{+}$ | 포타슘(칼륨) 이온 |
| $Ag^{+}$ | 은 이온 |
| $Na^{+}$ | 소듐(나트륨) 이온 |
| $Sr^{2+}$ | 스트론튬 이온 |
| $Sn^{2+}$ | 주석(II) 이온 |
| $Sn^{4+}$ | 주석(IV) 이온 |
| $Zn^{2+}$ | 아연 이온 |

*수은(I) 이온은 이원자 이온이며 $Hg_2^{2+}$로 표시한다.

## 비금속 이온의 명명

비금속 원자는 알고 있는 바와 같이, 원자가 전자(valence electron)를 얻어 음이온이라고 하는 음으로 하전된 이온이 될 수 있다. IUPAC 규칙에 따라 비금속 이온은 비금속의 어간에 접미사 *-ide*(-화)를 붙여 명명한다. 비금속 이온을 예로 들면 $Cl^-$(chloride ion;염화 이온), $S^{2-}$(sulfide ion;황화 이온) 그리고 $P^{3-}$(phosphide ion;인화 이온)이 있다. 표 6.2에 보통의 음이온에 대한 체계적 이름을 나열하였다.

**표 6.2 일반적인 단원자 음이온**

| 음이온 | IUPAC 이름 | 음이온 | IUPAC 이름 |
|---|---|---|---|
| $Br^-$ | 브로민화(브롬화) 이온 | $N^{3-}$ | 질소화 이온 |
| $Cl^-$ | 염화 이온 | $O^{2-}$ | 산화 이온 |
| $F^-$ | 플루오린화(플루오르화) 이온 | $P^{3-}$ | 인화 이온 |
| $I^-$ | 아이오딘화(아이오딘화) 이온 | $S^{2-}$ | 황화 이온 |

## 단원자 양이온의 화학식 예측

주기율표를 사용하여 이온의 화학식과 이름을 배울 수 있고, 원소의 족 번호를 근거로 이온의 전하를 예상할 수 있다. IA/1 족 금속은 항상 1+ 이온을 형성한다는 사실을 상기하자. 따라서 $Li^+$, $Na^+$그리고 $K^+$를 얻게 된다. 마찬가지로 IIA/2 족 원소는 2+ 이온을 형성한다는 사실도 상기하자. 따라서 $Mg^{2+}$, $Ca^{2+}$, $Sr^{2+}$ 그리고 $Ba^{2+}$를 얻게 된다. 비슷한 방식으로 IIIA/13 족에 있는 알루미늄이 3+ 이온, 즉 $Al^{3+}$을 형성한다고 예측할 수 있다.

모든 금속 이온이 주기율표로부터 예상 가능한 것은 아니다. IVA/14 족에 속하는 주석과 납은 각각 $Sn^{2+}$ 또는 $Sn^{4+}$ 그리고 $Pb^{2+}$ 와 $Pb^{4+}$의 두 가지 이온을 형성할 수 있다. 따라서 이러한 이온의 화학식은 암기하여야 한다.

예외는 적지만 모든 전이 원소들은 다양한 수의 *d* 전자뿐만 아니라 두 개의 *s* 전자를 갖는다. 일반적으로 전이 금속은 두 개의 *s* 전자를 잃음으로써 2+ 전하를 갖는 이온을 형성하며, 예를 들어 $Ni^{2+}$가 있다. 많은 전이 금속은 예상할 수 없는 하전을 띠는 이온을 추가적으로 형성하며, 이들 이온의 이름은 기억해야 할 것이다. 그림 6.3은 주기율표에서 원소의 위치에 대한 이온 전하의 관계를 나타내고 있다.

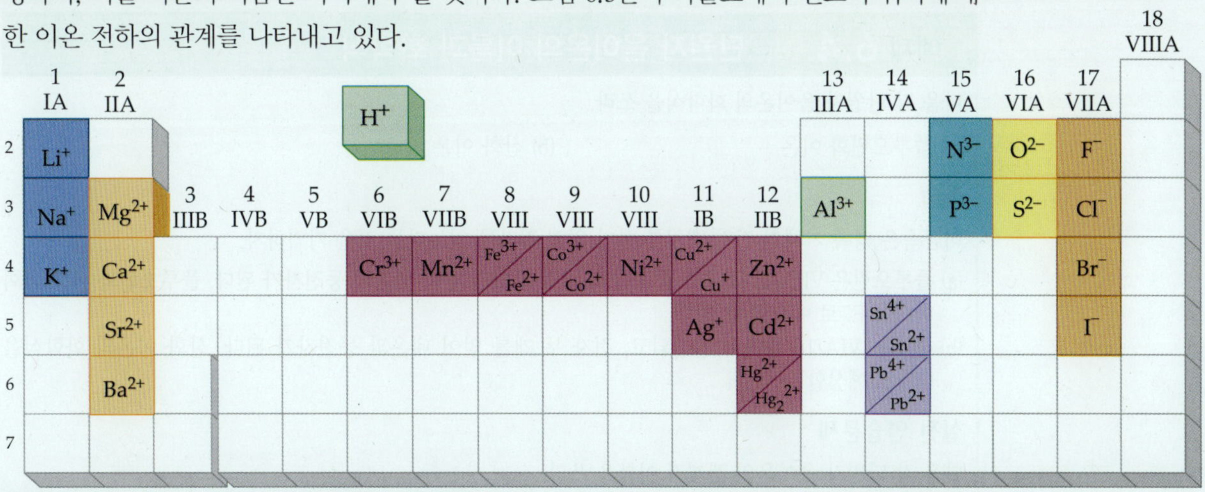


▲**그림 6.3 몇 가지 선택된 이온에 대한 주기율표**

이온 전화와 족 번호의 상관 관계를 주목하라. 전이 원소가 두 개 이상의 이온 전하를 나타내지만, 이들 금속 거의 모두는 2+의 전하를 보인다.

비록 이온들의 이름과 화학식을 암기해야 하지만 주기율표는 이온 전하를 확인할 수 있는 귀중한 수단이다. 다음 예제는 단원자 양이온의 이름과 화학식을 설명한다.

## 예제 6.3 단원자 양이온의 이름과 화학식

다음 단원자 양이온의 화학식을 쓰라

(a) 바륨 이온 (b) 코발트(II) 이온

**해답**

주기율표를 사용하여 양이온의 전하를 예상할 수 있다.

(a) 바륨은 IIA/2 족에 속하며, 두 개의 원자가 전자를 잃을 수 있다. 따라서 이온의 화학식을 $Ba^{2+}$라고 예상할 수 있다.

(b) 코발트는 전이 금속이고 두 개 또는 그 이상의 원자가 전자를 잃을 수 있다. 로마 숫자 II는 전자 두 개를 잃음을 나타낸다. 따라서 이온의 화학식은 $Co^{2+}$이다.

**실전 연습문제**

다음의 단원자 양이온의 체계적 이름을 쓰라.

(a) $Al^{3+}$ (b) $Co^{3+}$

**답:** (a) 알루미늄 이온 (b) 코발트(III) 이온

**개념 문제**

한 양이온이 가질 수 있는 다양한 전하에 대하여 슈토크 체계는 어떻게 특정하는가?

**답:** 부록 G, 6.3 참조

## 단원자 음이온의 화학식 예측

비금속은 예측할 수 있는 방식으로 전자를 얻어 음이온을 형성한다. VIIA/17 족의 할로젠(할로겐, halogen)은 영족 기체와 등전자(isoelectronic)가 되기 위해서 단 한 개의 전자만 필요하다. 따라서 할로젠은 1- 의 전하를 가지며, 화학식은 $F^-$, $Cl^-$, $Br^-$, 그리고 $I^-$와 같다. VIA/16 족의 원소들은 2개의 전자를 얻어야 영족 기체와 등전자가 된다. 따라서 이러한 원소들은 2- 전하를 띠게 되며, 화학식은 $O^{2-}$, $S^{2-}$ 그리고 $Se^{2-}$이다. 질소와 인은 VA/15 족에 속하고, 3개의 전자를 얻는다. 이 원소들은 3- 전하를 가지며 화학식은 $N^{3-}$과 $P^{3-}$이다.

## 예제 6.4 단원자 음이온의 이름과 화학식

다음 각 단원자 음이온의 화학식을 쓰라.

(a) 플루오린화 이온 (b) 산화 이온

**해답**

비금속은 영족 기체의 전자 배치를 하기 위해 전자를 얻는다는 것을 기억하자.

(a) 플루오린은 VIIA/17 족에서 발견되고, 전자 하나를 얻어 네온과 등전자가 된다. 플루오린화 이온의 화학식을 $F^-$로 예상할 수 있다.

(b) 산소는 VIA/16 족에서 발견되고, 전자 두 개를 얻어 네온과 등전자가 된다. 산화 이온의 화학식을 $O^{2-}$로 예상할 수 있다.

**실전 연습문제**

다음 각 단원자 음이온의 체계적 이름을 쓰라.

(a) $Br^-$ (b) $N^{3-}$

**답:** (a) 브로민화 이온 (b) 질소화 이온

**개념 문제**

다음 중 어느 것이 단원자 음이온인가? : 아이오딘화 이온, 아이오딘산 이온, 또는 아아이오딘산 이온

**답:** 부록 G, 6.4 참조

## 6.3 다원자 이온

학습 목표

▶ 보통의 다원자 이온의 체계적 이름과 화학식을 쓸 수 있다.

일반적으로 다원자 음이온은 하나 또는 그 이상의 원소가 산소와 결합되어 있다. 이러한 음이온은 그 조성을 반영하여 **산소음이온(oxyanion)**이라 한다. 대부분의 산소음이온은 이름 끝부분에 *-ate* (산)라는 접미사를 가진다. 예를 들면, $NO_3^-$인 nitrate ion(질산 이온), 그리고 $SO_4^{2-}$인 sulfate ion(황산 이온)이 있다.

몇 가지 산소음이온은 이름 끝부분에 *-ite*(아-산)라는 접미사가 붙는다. 예를 들면 $NO_2^-$인 nitrite ion(아질산 이온)과 $SO_3^{2-}$인 sulfite ion(아황산 이온)이 있다. 각 경우에 *-ite* (아-산)라는 접미사를 갖는 이온의 화학식은 *-ate*(-산)라는 접미사를 가진 것보다 산소를 하나 적게 가진다는 점에 주목하라. 이러한 접미사 양식은 몇 가지 다원자 이온을 명명할 때 실마리를 준다. chlorate ion(염소산 이온)에 대하여 $ClO_3^-$란 화학식이 주어졌을 때 chlorite ion(아염소산 이온)에 대한 화학식을 예상할 수 있다. 접미사가 *-ate*에서 *-ite*로 변했으므로 화학식에서 산소가 하나 적다. 따라서 아염소산 이온의 화학식은 $ClO_2^-$이다. 접미사 *-ate*와 *-ite*의 일반적인 관계는 이온의 화학식을 쉽게 기억하게 해준다.

예외적으로 접미사 *-ide*(-화)를 갖는 중요한 다원자 이온이 두 개, 즉 $CN^-$인 cyanide ion(사이안화 이온) 및 $OH^-$인 hydroxide ion(수산화 이온)이 있으며, 이들의 이름은 외워야 한다. 이 두 개의 다원자 음이온에 덧붙여 $NH_4^+$인 ammonium cation(암모늄 양이온)이 있고, 이 화학식은 암모니아 기체 $NH_3$의 화학식으로부터 유도된다. 표 6.3에는 화학식을 기억해야 할 일반적인 다원자 이온들이 나열되어 있다.

**표 6.3 일반적인 다원자 이온**

| 양이온 | | IUPAC 이름 | |
|---|---|---|---|
| $NH_4^+$ | | 암모늄 이온 | |
| **음이온** | **IUPAC 이름** | **음이온** | **IUPAC 이름** |
| $C_2H_3O_2^-$ | 아세트산 이온 | $OH^-$ | 수산화 이온* |
| $CO_3^{2-}$ | 탄산 이온 | $ClO^-$ | 하이포아염소산 이온 |
| $ClO_3^-$ | 염소산 이온 | $NO_3^-$ | 질산 이온 |
| $ClO_2^-$ | 아염소산 이온 | $NO_2^-$ | 아질산 이온 |
| $CrO_4^{2-}$ | 크롬산 이온 | $ClO_4^-$ | 과염소산 이온 |
| $CN^-$ | 사이안화(시안화) 이온* | $MnO_4^-$ | 과망간산 이온 |
| $Cr_2O_7^{2-}$ | 중크롬산 이온 | $PO_4^{3-}$ | 인산 이온 |
| $HCO_3^-$ | 탄산수소 이온 | $SO_4^{2-}$ | 황산 이온 |
| $HSO_4^-$ | 황산수소 이온 | $SO_3^{2-}$ | 아황산 이온 |

*접미사 *-ide*(-화)는 일반적인 *-ate*(-산) *-ite*(아-산) 규칙의 예외임을 유의하라.

다음 예제는 어떻게 일반적 원리가 다원자 이온의 이름과 화학식을 외우는데 도움을 주도록 사용될 수 있는가를 보여준다.

### 예제 6.5 다원자 이온의 이름과 화학식

다음 각 다원자 이온의 체계적인 이름을 쓰라.

(a) $CO_3^{2-}$ (b) $CrO_4^{2-}$ (c) $ClO_2^-$ (d) $HSO_4^-$

**해답**

많은 다원자 이온의 이름을 합리적으로 예상할 수 있다. 이것은 암기를 쉽게 해준다.

(a) $CO_3^{2-}$는 carbon(탄소)을 포함하며, 접미사 *-ate*를 갖는 이름이 예상된다. 따라서 $CO_3^{2-}$를 carbonate ion(탄산 이온)이라고 명명할 수 있다.

(b) $CrO_4^{2-}$는 크롬(크로뮴)을 포함하며, 접미사 *-ate*를 갖는 이름이 예상된다. 따라서 $CrO_4^{2-}$를 chromate ion(크롬산 이온, 크로뮴산 이온)이라고 명명할 수 있다.

(c) $ClO_2^-$는 chlorate ion(염소산 이온)이라고 명명된 $ClO_3^-$와 관계가 있다. $ClO_2^-$가 하나 적은 산소를 가지고 있으므로 접미사는 *-ite*로 바뀐다. 따라서 $ClO_2^-$를 chlorite ion(아염소산 이온)이라고 명명할 수 있다.

(d) $HSO_4^-$는 sulfate ion(황산 이온)인 $SO_4^{2-}$와 관계가 있다. 수소의 첨가와 함께 이름은 *hydrogen sulfate ion*(황산수소 이온)이 된다.

### 실전 연습문제

다음 각 다원자 이온의 화학식을 쓰라.

(a) 아세트산 이온(acetate ion)
(b) 중크롬산(중크로뮴산) 이온(dichromate ion)
(c) 과염소산 이온(perchlorate ion)
(d) 탄산수소 이온(hydrogen carbonate ion)

**답:** (a) $C_2H_3O_2^-$ (b) $Cr_2O_7^{2-}$ (c) $ClO_4^-$ (d) $HCO_3^-$

### 개념 문제

단원자 음이온과 다원자 음이온을 어떻게 구별하여 체계적으로 명명하는가?

**답:** 부록 G, 6.5 참조

**주 의** 이온을 외울 때 플래시카드를 만드는 것은 도움이 될 것이다. 카드 한 면에 이온의 이름을, 그리고 다른 면에 이온의 화학식을 적어라. 다음을 기억한다면 일은 더욱 쉬워질 것이다.

1. 일반적인 다원자 양이온은 하나 있으며, $NH_4^+$ 이다.
2. 대부분의 산소음이온은 접미사 *-ate*(-산)를 가진다.
3. 산소음이온이 산소 원자가 하나 적어짐으로써 접미사 *-ate*(-산)는 접미사 *-ite*(아 -산)로 바뀐다. 예를 들면 $NO_3^-$인 nitrate(질산)는 $NO_2^-$인 nitrite(아질산)로 바뀐다.
4. 일반적인 다원자 음이온 중에서, 예외적으로서 $OH^-$와 $CN^-$ 두 가지는 각각 접미사 *-ide*(-화)를 가지고 있다.

## 6.4 화학식의 표기

**학습 목표**

▶ 단원자와 다원자 이온으로 구성된 이온 화합물의 화학식 단위를 쓸 수 있다.

이온 화합물은 양이온과 음이온으로 구성되어 있다. **화학식 단위(formula unit)**는 이온 화합물을 대표하는 가장 간단한 입자이다. 화학식 단위가 중성이므로, 화학식 단위와 이온 화합물 모두에서 총 양전하는 총 음전하와 같아야 한다. 즉, 금속 이온으로부터 오는 총 양전하와 비금속 이온으로부터 오는 총 음전하가 똑같아야 한다.

보통 소금(염화 소듐)의 화학식 단위는 $Na^+$와 $Cl^-$이온을 포함한다. 양이온과 음이온이 같은 전하를 갖지만 부호가 반대이므로 이 화합물의 화학식은 NaCl이다. $Ca^{2+}$와 $Cl^-$이온을 포함하는 염화 카드뮴의 화학식 단위에서 전하는 같지 않다. 전하의 균형을 맞추고 중성 화합물을 가지기 위해 각 $Ca^{2+}$이온에 대하여 두 개의 $Cl^-$이온이 필요하다. 따라서 이 화합물의 화학식은 $CaCl_2$이다. $Al^{3+}$와 $Cl^-$를 포함하는 염화 알루미늄의 화학식 단위에서 각 $Al^{3+}$에 대해서 세 개의 $Cl^-$가 필요하고, 이 화합물에 대한 화학식은 $AlCl_3$이다.

다음 예제는 이온 화합물에 대한 화학식의 표기법에 대하여 추가적으로 설명한 것이다.

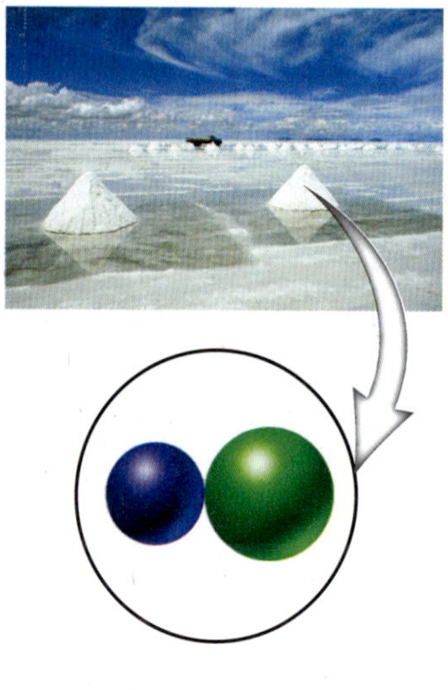

NaCl

**▲소금, NaCl**
식탁염(소금)은 소듐 이온과 염화이온으로 구성된 이성분 이온 화합물이다.

### 예제 6.6 이성분 이온 화합물의 화학식 표기

구성 이온들이 주어진 다음 이성분 화합물의 화학식을 쓰라.

(a) 산화 구리(I), $Cu^+$와 $O^{2-}$
(b) 산화 카드뮴, $Cd^{2+}$와 $O^{2-}$
(c) 산화 코발트(III), $Co^{3+}$와 $O^{2-}$

**해답**

(a) 구리(I) 이온은 1+ 전하를 가지며 산화 이온은 2- 전하를 가진다. 따라서 중성 화학식에서는 각 음이온에 대하여 두 개의 양이온이 필요하다. 산화 구리(I)를 $Cu_2O$로 쓸 수 있다.
(b) 카드뮴 이온과 산화 이온은 각각 2의 전하를 가지고 있으므로, 비율은 1:1, 즉 $Cd_1O_1$이다. 하첨자 1은 쓸 필요가 없으므로 산화 카드뮴의 화학식은 간단히 CdO이다.

(c) 이 예는 좀 복잡하다. 코발트(III) 이온은 3+ 전하를 가지고 있다. 그리고 산화 이온은 2-전하를 가지고 있다. 최소공배수가 6이므로 세 개의 2- 이온의 전하를 상쇄시키기 위해서 두 개의 3+ 이온이 필요하다. 그 비는 2:3이며, 산화 코발트(III)의 화학식은 $Co_2O_3$이다.

**실전 연습문제**

구성 이온들이 주어진 다음 이성분 화합물의 화학식을 쓰라.

(a) 황화 철(II), $Fe^{2+}$와 $S^{2-}$ (b) 플루오린화 수은(I), $Hg_2^{2+}$와 $F^-$
(c) 산화 납(IV), $Pb^{4+}$와 $O^{2-}$

**답:** (a) FeS (b) $Hg_2F_2$ (c) $PbO_2$

**개념 문제**

금속[M]의 전하가 3+이라면 산화 금속의 화학식은?

**답:** 부록 G, 6.6 참조

---

**주 의** 각 이온 전하를 교차시킴으로써 화학식이 옳게 쓰여 졌는지를 빠르게 확인할 수 있다. $Al^{3+}$와 $O^{2-}$를 포함하는 산화 알루미늄을 생각해보자. 알루미늄 이온의 3+ 전하는 산소의 하첨자가 되고, 산화 이온의 2- 전하는 알루미늄 이온의 하첨자가 된다. 이것은 아래 그림과 같다.

$$Al^{3+}\ O^{2-} = Al_2O_3$$

---

## 다원자 이온을 포함하는 화학식 단위

앞에서 이미 언급했듯이 화학식 단위는 이온 화합물을 나타내는 가장 간단한 입자이며, 총 양전하는 총 음전하와 같다. 앞서 이성분 이온 화합물에 대한 중성의 화학식 단위 쓰는 법을 배웠다. 마찬가지로, $K^+$와 $SO_4^{2-}$를 포함하는 화학식 단위에서 각 $SO_4^{2-}$의 전하를 균형 맞추기 위해서 두 개의 $K^+$ 이온이 필요하다. 따라서 중성 화학식은 $K_2SO_4$로 적는다.

황산 마그네슘은 $Mg^{2+}$와 $SO_4^{2-}$를 포함한다. 전하의 크기가 각 이온에서 같으므로 양이온 대 음이온의 비는 1:1이다. 화학식 단위는 $MgSO_4$로 적는다.

황산 암모늄은 비료에서의 질소 공급원이며, $NH_4^+$와 $SO_4^{2-}$를 포함한다. $SO_4^{2-}$의 음전하가 더 크므로 중성 화학식 단위를 나타내기 위해서 두 개의 $NH_4^+$ 이온이 필요하다. 오해를 피하기 위하여 $NH_4^+$ 이온의 앞뒤를 괄호로 묶는다. 정확한 화학식은 $(NH_4)_2SO_4$이다. 다음 예제는 이온 화합물의 화학식을 적는 방법에 대하여 추가적으로 설명을 한다.

CaCO3

▲**분필, $CaCO_3$**
보통 교실용 흰색 분필은 탄산 칼슘, $CaCO_3$으로 구성되었고, 파스텔 분필은 황산 칼슘, $CaSO_4$으로 구성되었다.

### 예제 6.7 삼성분 이온 화합물의 화학식 표기

구성 이온이 주어진 다음 삼성분 화합물의 화학식을 적어라.

(a) 탄산 칼슘, $Ca^{2+}$과 $CO_3^{2-}$
(b) 수산화 칼슘, $Ca^{2+}$과 $OH^-$
(c) 인산 칼슘, $Ca^{2+}$과 $PO_4^{3-}$

**해답**

(a) 양이온과 음이온이 각각 2의 전하를 갖고 있으므로 중성 화학식 단위를 만들기 위해서 하나의 양이온과 하나의 음이온이 필요하다. 화학식은 $CaCO_3$이며, 탄산 칼슘은 보통 일반적인 분필로 사용되고 있다.

(b) 양이온은 2+의 전하를 가지며, 음이온은 1-의 전하를 가진다. 따라서 중성 화학식 단위를 만들기 위해서 하나의 양이온과 두 개의 음이온이 필요하다. $OH^-$는 다원자 이온이므로 괄호가 필요하며 화학식은 $Ca(OH)_2$로 적는다. 수산화 칼슘은 "소석회(slaked lime)"로 알려져 있고 운동장의 경계를 표시할 때 간혹 사용된다.

(c) 양이온은 2+의 전하를 가지며, 음이온은 3-의 전하를 가진다. 전하의 최소공배수는 6이다. 중성 화학식 단위를 만들기 위해서는 두 개의 음이온마다 세 개의 양이온이 필요하다. 인산 칼슘의 화학식은 $Ca_3(PO_4)_2$로 적는다. 인산 칼슘은 치아의 에나멜에서 발견된다.

### 실전 연습문제

성분 이온이 주어진 다음 삼성분 화합물의 화학식을 적어라.

(a) 과망간산 구리(II), $Cu^{2+}$와 $MnO_4^-$　　(b) 탄산 철(III), $Fe^{3+}$와 $CO_3^{2-}$

(c) 중크롬산 칼륨, $K^+$와 $Cr_2O_7^{2-}$

**답:** (a) $Cu(MnO_4)_2$　　(b) $Fe_2(CO_3)_3$　　(c) $K_2Cr_2O_7$

### 개념 문제

금속[M]의 전하가 3+이라면, 탄산 금속의 화학식은 무엇인가?

**답:** 부록 G, 6.7 참조

**주 의** 앞에서 했던 것처럼 각 이온의 전하를 단순히 교차시킴으로써 화학식이 옳다는 것을 확인할 수 있다. $Ca^{2+}$와 $PO_4^{3-}$를 포함하는 인산 칼슘을 생각해 보자. 칼슘 이온의 전하 2+는 인산 이온의 하첨자가 된다. 인산 이온은 다원자 이온이므로 괄호를 사용하여 $(PO_4)$로 적어야 한다. 반대로 인산 음이온의 전하 3-는 칼슘 이온의 하첨자가 된다.

$$Ca^{2+}\ PO_4^{3-} = Ca_3(PO_4)_2$$

## 자세히 보기 영양가 있는 포타슘(칼륨)

**Q:** 포타슘은 물속에서 폭발적으로 반응하는 금속 원소인데 어떻게 인간의 식단에서 필수 미네랄이 될 수 있을까?

인체는 미량의 철, 아연 및 셀레늄은 물론 칼슘, 나트륨, 포타슘 같은 많은 미네랄을 필요로 한다. 미네랄은 규칙적인 심장의 고동을 유지하고, 호르몬을 만들며, 신경자극을 전달하고, 강한 뼈를 만드는 것처럼 인체 내에서 수많은 기능을 수행한다.

포타슘의 역할 중 하나는 인체 조직 속에서 과량의 물이 머무르지 않고 정상적인 물의 양을 유지시키는 것이다. 또한 포타슘은 근육을 만들고 단백질과 탄수화물을 신진대사 시키는데 중요하다. 포타슘의 일일 허용추천량(RDA)은 없지만 국가 의약총서에는 하루에 약 2g을 섭취토록 제시하였다.

포타슘의 가장 좋은 섭취원은 생선(특히, 대구와 정어리), 육류, 완두콩, 토마토, 감자, 푸른 잎줄기 채소, 감귤류의 열매, 바나나, 멜론, 건조시킨 열매, 견과류 및 초콜릿 등이 있다. 고혈압인 사람은 소금이 적고 대신 포타슘이 높은 "대용 소금(Salt substitute)"으로 종종 식단을 구성한다.

임산부와 만성병을 가진 사람은 포타슘 결핍이 될 위험이 있다. 구토, 설사 혹은 이뇨제나 코티존(cortisone, 관절염약)의 투약에 의해서도 포타슘 수치가 기준 이하로 떨어질 수 있다. 포타슘 결핍 증상으로는 피로, 느린 반사작용, 근육이완 및 건성 피부가 있다. 포타슘 수치가 급격히 떨어진다면 심장에 문제가 생길 수 있다. 만약 포타슘 수치가 빨리 원상 복구되지 않으면, 심장마비로 죽게 될 수도 있다.

▲ **물속에서의 포타슘**
포타슘 금속은 보는 바와 같이 물속에서 폭발적으로 반응한다. 염화 포타슘, KCl은 물에 단순히 용해된다.

반대로, 과량의 칼륨 또는 다른 미네랄을 섭취하는 것도 건강에 해로울 수 있다. 어떤 경우에는 과량의 미네랄은 인체가 다른 미네랄과 비타민을 섭취하는 것을 어렵게 할 수 있다. 비타민과 미네랄 결핍을 막는 가장 좋은 방책은 다양한 종류의 과일, 푸른 채소, 단백질 공급원, 통곡물(Whole grain) 및 유제품을 매일 균형 있게 먹는 것이다.

**A:** 영양학자들은 식단에서 포타슘이 필요하다고 말한다. 더 자세히 말하면 인간은 음식에 포타슘 염(포타슘 금속이 아님)이 필요하다. 실제로 저염 식사를 하는 개인은 식탁용 소금, NaCl 대신에 KCl을 함유하는 "대용 소금"을 사용하기도 한다.

## 6.5 이성분 이온 화합물

**학습 목표**

- 이성분 이온 화합물의 체계적 이름과 화학식을 쓸 수 있다.
- 이성분 이온 화합물에서 양이온의 이온 전하를 예상할 수 있다.

양으로 하전된 금속 이온과 음으로 하전된 비금속 이온은 중성의 이성분 이온 화합물을 만든다. 반대로 하전된 양이온과 음이온은 서로 끌어당기고, 전체의 전하가 영(zero)인 화합물을 형성한다. 즉, 이온 화합물은 전하를 띤 이온들을 가지고 있지만 전체의 전하는 영이다.

### 전이 금속을 포함한 이성분 화합물

몇 가지 이성분 이온 화합물은, 예를 들면 $Fe^{2+}$와 $Fe^{3+}$와 같이 다양한 이온 전하를 가질 수 있는 전이 금속 이온을 포함한다. 이러한 화합물의 이름을 정확히 명명하기 위해서는 우선 금속 양이온의 이온 전하를 결정하여야 한다. 다음의 예제는 이온 전하의 결정을 설명하고 있다.

$Fe_2O_3$

▲**적철광, $Fe_2O_3$**
적철광은 철을 포함한 천연 광물이다.

### 예제 6.8 화합물에서 이온 전하의 결정

적철광($Fe_2O_3$)에서 철의 이온 전하를 결정하라.

**해답**

산화 이온의 전하는 2-이고, 3개의 산화 이온이 있다. 전체의 음전하는 6-가 되어야 한다.

$$O^{2-} + O^{2-} + O^{2-} = 6-$$

모든 화합물은 전기적으로 중성이므로 전체 양전하는 전체 음전하와 같아야 한다 : 6- = 6+. 따라서 두 개의 철 이온은 총 6+의 양전하를 가진다.

$$Fe^{x+} + Fe^{x+} = 6+$$
$$Fe^{x+} = 3+$$

따라서 철 이온은 $Fe^{3+}$이다. 슈토크 체계에 따른 $Fe_2O_3$의 이름은 산화 철(III)이다.

**실전 연습문제**

다음 화합물에 있는 각 전이 금속의 이온 전하를 결정하라.

(a) $Cu_3P$ (b) CoN

**답:** (a) $Cu^+$ (b) $Co^{3+}$

**개념 문제**

산화물의 화학식이 $MO_2$로 주어졌다면 금속 M의 이온 전하는 얼마인가?

**답:** 부록 G, 6.8. 참조

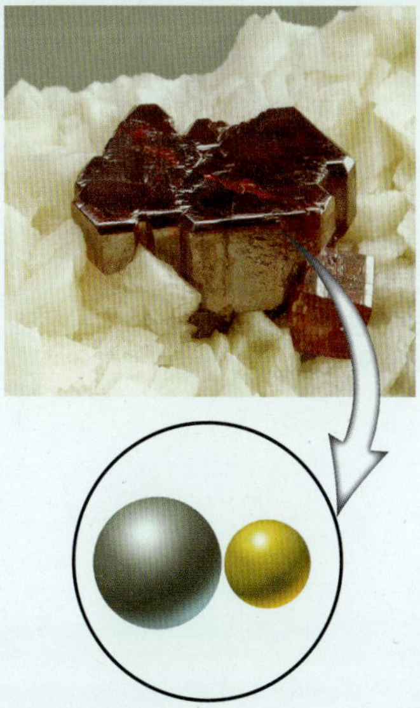

HgS

▲**진사, HgS**
진사는 수은을 포함한 천연 광물이다.

### 이성분 이온 화합물의 명명

화학식을 쓸 때 항상 양전하의 양이온은 음전하의 음이온 앞에 쓴다. 따라서 이성분 이온 화합물을 명명할 때, 금속 양이온의 이름이 먼저 오고 뒤에 비금속 음이온의 이름이 오게 된다(이는 영어식이며, 국어식은 명명할 때 음이온이 먼저오고 양이온이 나중에 온다). 6.2절에서 배웠듯이, 단원자 음이온의 이름은 뒤에 *-ide*(-화)라는 접미사를 붙인다. 예를 들면 MgO는 마그네슘 이온과 산화 이온으로 구성되어져 있으므로 이름은 산화 마그네슘(magnesium oxide)이 된다.

광물인 진사, HgS는 수은 이온과 황화 이온으로 구성되어져 있다. 수은은 $Hg_2^{2+}$와 $Hg^{2+}$의 두 가지 이온이 가능하다. 황화 이온의 전하가 2-이기 때문에 수은 이온은 $Hg^{2+}$이다. 따라서 슈토크 체계에 따른 HgS의 이름은 황화 수은(II)이다.

## 예제 6.9 이성분 이온 화합물의 이름

다음 이성분 이온 화합물의 체계적 이름을 각각 쓰라.

(a) ZnO (b) $SnF_2$

**해답**

두 이온을 특정함으로써 이온 화합물을 명명할 수 있다.

(a) ZnO는 아연 이온과 산화 이온을 포함하며, ZnO는 산화 아연으로 명명한다.
(b) $SnF_2$는 주석(II) 이온과 플루오린화 이온을 포함하며, 따라서 $SnF_2$를 플루오린화 주석(II)이라고 명명한다.

**실전 연습문제**

다음의 이성분 이온 화합물의 체계적 이름을 쓰라.

(a) $Mn_3P_2$ (b) $Fe_2S_3$

**답:** (a) 인화 망가니즈(II) (b) 황화 철(Ⅲ)

**개념 문제**

다음 중 어느 것이 이성분 이온 화합물인가? 염화 소듐, 염소산 소듐, 아염소산 소듐

**답:** 부록 G, 6.9 참조

## 예제 6.10 이성분 이온 화합물의 화학식

PbS

▲**방연광, PbS**
방연광은 납을 포함하고 있는 천연 광물이다.

다음 이성분 이온 화합물에 대한 각각의 화학식을 쓰라.

(a) 플루오린화 리튬(lithium fluoride) (b) 황화 납(II)(lead(II) sulfide)

**해답**

전체 양전하와 전체 음전하가 같도록 이온들을 결합하여 이성분 이온 화합물의 화학식을 쓴다.

(a) 플루오린화 리튬은 $Li^+$와 $F^-$로 구성되어져 있으므로 화합물의 화학식은 LiF로 쓴다.
(b) 황화 납(II)은 $Pb^{2+}$와 $S^{2-}$로 구성되어 있으므로 화합물의 화학식은 PbS로 쓴다.

**실전 연습문제**

다음 이성분 이온 화합물에 대한 각각의 화학식을 쓰라.

(a) 아이오딘화 구리(II)(copper(II) iodide)
(b) 산화 수은(II)(mercury(II) oxide)

**답:** (a) $CuI_2$ (b) HgO

**개념 문제**

다음 중 어느 것이 이성분 이온 화합물인가? LiCl, $LiClO_3$, 또는 $LiClO_2$

**답:** 부록 G, 6.10 참조

## 이성분 이온 화합물의 화학식 예측

이온들의 화학식을 터득하는데 있어서 주기율표의 가치를 이미 배웠다. 지금부터 주기율표를 활용하여 이성분 이온 화합물의 화학식을 예상하고자 한다.

화합물의 화학식은 비슷한 화합물의 화학식을 기초로 하여 예상할 수 있다. 염화 알칼리 금속(alkali metal chlorides)부터 시작해보자. 소듐은 IA/1 족이다. 염화 소듐의 화학식은 NaCl이다. 실제로 모든 염화 알칼리 금속은 유사한 화학식을 가지고 있다. 알칼리 금속족의 염화물은 LiCl, NaCl, KCl의 화학식을 가진다.

비슷한 방법으로 염화 알칼리 토금속(alkaline earth metal chlorides)의 화학식을 예상할 수 있다. 바륨은 IIA/2 족이고, 염화 바륨의 화학식은 $BaCl_2$이다. 따라서 다른 염화 알칼리 토금

속의 화학식은 $MgCl_2$, $CaCl_2$, $SrCl_2$이다.

### 예제 6.11 이성분 이온 화합물의 화학식 예측

산화 알루미늄의 화학식이 $Al_2O_3$일 때 다음 각 이성분 화합물의 화학식을 예상하라.

(a) 산화 갈륨(gallium oxide) (b) 황화 알루미늄(aluminum sulfide)

**해답**

화학식을 예상하기 위하여, 유사한 화합물에서 다른 원소를 비교하라.

(a) Ga와 Al은 모두 IIIA/13 족에 속하므로 화학식은 $Ga_2O_3$이다.
(b) S와 O는 모두 VIA/16 족에 속한다. 따라서 화학식은 $Al_2S_3$이다.

**실전 연습문제**

염화 마그네슘의 화학식이 $MgCl_2$일 때 다음 각 이성분 화합물의 화학식을 예상하라.

(a) 염화 라듐(radium chloride) (b) 플루오린화 마그네슘(magnesium fluoride)

**답:** (a) $RaCl_2$ (b) $MgF_2$

**개념 문제**

플루오린화 소듐의 화학식이 NaF일 때 아이오딘화 포타슘의 화학식은?

**답:** 부록 G, 6.11 참조

## 6.6 삼성분 이온 화합물

금속과 두 개의 다른 원소들을 함유하는 화합물들은 삼성분 이온 화합물로 분류한다. 전형적으로 삼성분 이온 화합물은 단원자 금속 양이온과 다원자 산소 음이온을 포함한다. 예를 들면, $NaNO_3$이다.

모든 이온 화합물에서와 마찬가지로 양이온은 화학식에서 처음에 쓴다.(이는 영어식이며, 국어식에서는 나중에 쓴다.) 삼성분 이온 화합물의 이름들은 보통 접미사 *-ate*(-산)나 *-ite*(아-산)를 가진다. 예를 들어, $KClO_3$는 염소산 포타슘(potassium chlorate)이고 $KClO_2$는 아염소산 포타슘(potassium chlorite)이다.

**학습 목표**

- 삼성분 이온 화합물에서 양이온의 이온 전하를 예상할 수 있다.
- 삼성분 이온 화합물의 체계적 이름과 화학식을 쓸 수 있다.

### 전이 금속을 함유하는 삼성분 화합물

몇 가지 삼성분 화합물들은 $Fe^{2+}$와 $Fe^{3+}$와 같이 다양한 이온 전하를 가지는 전이 금속 이온을 포함한다. 이러한 화합물의 이름을 정확히 명명하기 위해서는 먼저 전이 금속 양이온의 이온 전하를 결정해야 한다.

### 예제 6.12 화합물에서 이온 전하의 결정

$Fe_3(PO_4)_2$에 대하여 철에 대한 이온 전하를 결정하라.

**해답**

인산 이온에 대하여 전하는 3-이고, 두 개의 인산 이온이 있다. 따라서 전체 음전하는 6-이다.

$$PO_4^{3-} + PO_4^{3-} = 6-$$

$CaCO_3$

▲**대리석, $CaCO_3$**
인도의 타지마할 묘당은 천연 대리석으로 만들어졌다.

모든 화합물들은 전기적으로 중성이므로 전체 양전하는 반드시 전체 음전하와 같아야 한다. 따라서 3개의 철 이온은 총 6개의 양전하를 가진다.

$$Fe^{x+} + Fe^{x+} + Fe^{x+} = 6+$$
$$Fe^{x+} = 2+$$

그러므로 철 이온은 $Fe^{2+}$이다. $Fe_3(PO_4)_2$의 이름은 슈토크 체계에 따라 인산 철 (II)로 명명할 수 있다.

**실전 연습문제**

다음 각 화합물의 금속 양이온에 대한 이온 전하를 결정하라.

(a) $Hg(OH)_2$ (b) $Co(ClO_3)_3$

**답:** (a) $Hg^{2+}$ (b) $Co^{3+}$

**개념 문제**

탄산 염의 화학식이 $MCO_3$ 일 때, 금속 M의 이온 전하는 무엇인가?

**답:** 부록 G, 6.12 참조

## 삼성분 이온 화합물의 명명

삼성분 이온 화합물은 모든 이온 화합물에서와 마찬가지로 양이온 다음에 음이온이 오도록 명명한다(이는 영어식이며, 국어식에서는 음이온 다음에 양이온을 명명한다.). 천연 대리석인 $CaCO_3$는 칼슘 이온과 탄산 이온으로 구성되어져 있으며, 탄산 칼슘이라고 명명한다. 화합물 $Ca(NO_3)_2$는 칼슘 이온과 두 개의 질산 이온으로 구성되어있으며 질산 칼슘이라고 명명한다.

화합물 $CuSO_4$는 구리 이온과 황산 이온으로 구성되어 있다. 그러나 구리는 $Cu^+$와 $Cu^{2+}$의 두 가지 이온이 가능하다. 황산 이온의 전하는 2-이므로 구리의 전하는 2+이어야 한다. 구리 이온은 $Cu^{2+}$이므로 화합물의 이름은 황산 구리(II)이다.

### 예제 6.13 삼성분 이온 화합물의 이름

다음의 삼성분 이온 화합물의 체계적인 이름을 쓰라.

(a) $KMnO_4$ (b) $Hg(NO_3)_2$

**해답**

두 이온을 특정함으로써 이온 화합물을 명명할 수 있다.

(a) $KMnO_4$는 포타슘 이온과 과망가니즈산 이온으로 이루어져 있다. 따라서 화합물은 과망가니즈산 포타슘으로 명명할 수 있다.

(b) $Hg(NO_3)_2$는 수은(II) 이온과 질산 이온을 함유한다. 따라서 화합물은 질산 수은(II)으로 명명된다.

**실전 연습문제**

다음의 삼성분 이온 화합물에 대하여 체계적 이름을 쓰라.

(a) $BaCrO_4$ (b) $Cu(NO_2)_2$

**답:** (a) 크롬산 바륨, 크로뮴산 바륨(barium chromate)

(b) 아질산 구리(II)(copper(II) nitrite)

**개념 문제**

다음 중 삼성분 이온 화합물이 아닌 것은?

질소화 포타슘(potassium nitride), 질산 포타슘(potassium nitrate), 아질산 포타슘(potassium nitrite)

**답:** 부록 G, 6.13 참조

## 예제 6.14 삼성분 이온 화합물의 화학식

다음의 각 삼성분 이온 화합물의 화학식을 쓰라.

(a) 아세트산 니켈(II)(nickel(II) acetate) (b) 황산 철(III)(iron(III) sulfate)

**해답**

양이온과 다원자 음이온을 결합하여 중성 화학식 단위가 되도록 화학식을 표기할 수 있다.

(a) 아세트산 니켈(II)은 $Ni^{2+}$와 $C_2H_3O_2^-$로 이루어져 있다. 화합물의 화학식은 $Ni(C_2H_3O_2)_2$로 쓰여진다.
(b) 황산 철(Ⅲ)은 $Fe^{3+}$와 $SO_4^{2-}$를 포함한다. 따라서 화학식은 $Fe_2(SO_4)_3$으로 쓰여진다.

**실전 연습문제**

다음의 각 삼성분 이온 화합물에 대하여 화학식을 쓰라.

(a) 아질산 수은(I)(mercury(I) nitrite) (b) 과망가니즈산 주석(IV)(tin(IV) permanganate)

**답:** (a) $Hg_2(NO_2)_2$ (b) $Sn(MnO_4)_4$

**개념 문제**

다음 중 삼성분 이온 화합물이 아닌 것은? LiCl, LiClO, $LiClO_2$

**답:** 부록 G, 6.14 참조

## 삼성분 이온 화합물의 화학식 예측

주기율표는 삼성분 이온 화합물의 화학식을 예측하는 데 사용될 수 있다. 예를 들어, 질산 포타슘의 화학식이 $KNO_3$임을 안다면, 질산 소듐과 질산 리튬의 화학식을 예측할 수 있다. Li, Na, 그리고 K는 모두 IA/1 족에 속해 있으므로 화학식이 $LiNO_3$, $NaNO_3$ 및 $KNO_3$와 같이 비슷한 화학식을 가질 것으로 예측할 수 있다. 다음의 예제는 삼성분 이온 화합물의 화학식 예측을 설명한 것이다.

## 예제 6.15 삼성분 이온 화합물의 화학식 예측

주어진 탄산 칼슘의 화학식 $CaCO_3$를 이용하여 다음의 각 삼성분 이온 화합물의 화학식을 예측하라.

(a) 탄산 라듐(radium carbonate)
(b) 규산 칼슘(calcium silicate)

**해답**

화학식을 예측하기 위하여, 비슷한 화합물에서 서로 다른 원소를 비교한다.

(a) Ra와 Ca는 둘 다 IIA/2 족에 속한다. 따라서 탄산 라듐의 화학식은 $RaCO_3$이다.
(b) Si와 C원소는 둘 다 IVA/14 족에 속한다. 따라서 규산 칼슘에 대한 화학식은 $CaSiO_3$이다.

**실전 연습문제**

주어진 염소산 포타슘(potassium chlorate)의 화학식 $KClO_3$를 이용하여 다음의 삼성분 이온 화합물의 화학식을 예측하라.

(a) 염소산 리튬(lithium chlorate)
(b) 브로민산 포타슘(potassium bromate)

**답:** (a) $LiClO_3$ (b)$KBrO_3$

**개념 문제**

황산 칼슘의 화학식이 $CaSO_4$일 때 황산 스트론튬의 화학식은?

**답:** 부록 G, 6.15 참조

학습 목표

▶ 라틴 체계를 사용하여 이온 화합물의 이름과 화학식을 쓸 수 있다.

## 6.7 라틴 체계에 따른 명명법

비록 권장하지는 않지만, IUPAC은 슈토크 체계와 더불어서 두 가지 전하를 띠는 금속 양이온을 명명하는 또 다른 오래된 방법도 인정한다. 이것은 **라틴 체계(Latin system)** 또는 접미사 체계(suffix system)라고도 불린다. 이 체계는 금속의 라틴어 이름을 취하고 접미사인 *-ous* 또는 *-ic*을 붙인다. 둘 중에서 이온 전하가 낮은 것에는 접미사 *-ous*를 붙이고, 이온 전하가 높은 것에는 접미사 *-ic*를 붙인다(이는 영어식이며, 국어식으로는 금속의 이름 앞에 접두사격인 제일- 혹은 제이-를 붙인다. *-ous*에 해당하는 것이 제일-이고, *-ic*에 해당하는 것이 제이-이다). 예를 들면, 철의 라틴 이름은 *ferrum*이다. 철 이온을 명명하기 위해서 어간 *ferr*–을 취하고 접미사 *-ous*나 *-ic*를 붙인다. 따라서 $Fe^{2+}$는 ferrous ion(제일철 이온)으로 명명되고 $Fe^{3+}$는 ferric ion(제이철 이온)으로 명명된다.

구리의 라틴 이름은 *cuprum*이다. 비슷한 방식으로 어간 cupr–에 접미사 -ous 나 -ic를 붙인다. 따라서 $Cu^{+}$는 cuprous ion(제일구리 이온)이 되고, $Cu^{2+}$는 cupric ion(제이구리 이온)이 된다.

수은의 라틴 이름은 hydrargyrum이지만, IUPAC은 영어 이름에 접미사를 추가하는 방식을 권장한다. 따라서 $Hg_2^{2+}$는 mercurous ion(제일수은 이온), 그리고 $Hg^{2+}$는 mercuric ion(제이수은 이온)이 된다. 표 6.4에 보통의 양이온에 대한 슈토크 체계 및 라틴 체계 명명법에 따른 체계적 이름을 비교하였다.

**표 6.4 일반적인 단원자 양이온**

| 양이온 | 슈토크 체계(stock system) | 라틴 체계(Latin system) |
|---|---|---|
| $Co^{2+}$ | 코발트(II) 이온 | 제일코발트 이온 |
| $Co^{3+}$ | 코발트(III) 이온 | 제이코발트 이온 |
| $Cu^{+}$ | 구리(I) 이온 | 제일구리 이온 |
| $Cu^{2+}$ | 구리(II) 이온 | 제이구리 이온 |
| $Fe^{2+}$ | 철(II) 이온 | 제일철 이온 |
| $Fe^{3+}$ | 철(III) 이온 | 제이철 이온 |
| $Pb^{2+}$ | 납(II) 이온 | 제일납 이온 |
| $Pb^{4+}$ | 납(IV) 이온 | 제이납 이온 |
| $Hg_2^{2+}$ | 수은(I) 이온* | 제일수은 이온 |
| $Hg^{2+}$ | 수은(II) 이온 | 제이수은 이온 |
| $Sn^{2+}$ | 주석(II) 이온 | 제일주석 이온 |
| $Sn^{4+}$ | 주석(IV) 이온 | 제일주석 이온 |

*수은(I) 이온은 이원자 이온이며 $Hg_2^{2+}$로 표시한다.

### 예제 6.16 라틴 체계에 따른 이성분 이온 화합물의 명명

다음의 이성분 이온 화합물에 대한 체계적인 이름을 쓰라.

(a) $SnF_2$ (b) $FeCl_3$

**해답**

(a) 이성분 이온 화합물 $SnF_2$는 stannous ion(제일주석 이온), $Sn^{2+}$와 두 개의 fluoride ion 플루오린화 이온, $F^-$를 가지고 있다. 라틴 체계에 따른 $SnF_2$의 이름은 stannous fluoride(플루오린화 제일주석)이며, 일반적인 치약에서 치과 질환 예방에 쓰인다.

(b) 이성분 이온 화합물 $FeCl_3$는 ferric ion(제이철 이온), $Fe^{3+}$와 세 개의 chloride ion(염화 이온), $Cl^-$를 가지고 있다. 라틴 체계에 따른 $FeCl_3$의 이름은 ferric chloride(염화 제이철)이다.

**실전 연습문제**

다음 각 이성분 이온 화합물의 화학식을 쓰라.

(a) 인화 제일구리(cuprous phosphide) (b) 황화 제이코발트(cobaltic sulfide)

**답:** (a) $Cu_3P$ (b) $Co_2S_3$

**개념 문제**

음이온의 접미사에 따른다면 다음 중 이성분 이온 화합물은 무엇인가: 염화 소듐(sodium chliride), 염소산 소듐(sodium chlorate), 아염소산 소듐(sodium chlorite)

**답:** 부록 G, 6.16 참조

### 예제 6.17 라틴 체계에 따른 삼성분 이온 화합물의 명명

다음 삼성분 이온 화합물에 대한 체계적인 이름을 쓰라.

(a) $Cu(NO_3)_2$ (b) $Co(MnO_4)_2$

**해답**

두 이온을 특정함으로써 이온 화합물을 명명할 수 있다.

(a) 삼성분 이온 화합물 $Cu(NO_3)_2$는 제이구리 이온(cupric ion), $Cu^{2+}$와 두 개의 질산 이온(nitrate ion), $NO_3^-$를 가지고 있다. 라틴 체계에 따른 $Cu(NO_3)_2$의 이름은 질산 제이구리(cupric nitrate)이다.

(b) 삼성분 이온 화합물 $Co(MnO_4)_2$는 제일코발트 이온(cobaltous ion), $Co^{2+}$과 두 개의 과망가니즈산 이온(permanganate ion), $MnO_4^-$를 가지고 있다. 라틴 체계에 따른 $Co(MnO_4)_2$의 이름은 과망가니즈산 제일코발트(cobaltous permanganate)이다.

**실전 연습문제**

다음 각 삼성분 이온 화합물의 화학식을 쓰라.

(a) 아질산 제이주석(stannic nitrite)
(b) 아세트산 제일철(ferrous acetate)

**답:** (a) $Sn(NO_2)_4$ (b) $Fe(C_2H_3O_2)_2$

**개념 문제**

음이온의 접미사에 따른다면 다음 중 삼성분 이온 화합물인 것은 무엇인가: 질소화 포타슘(potassium nitride), 질산 포타슘(potassium nitrate), 아질산 포타슘(potassium nitrite)

**답:** 부록 G, 6.17 참조

**도움말**

2장에서 측정에 대한 미터법과 영국 단위 체계를 모두 소개한 바 있다. 비록 미터법이 국제적인 체계이고 사용하기 훨씬 편리하지만, 영국 단위 체계는 여전히 미국에서 널리 사용되고 있다. 마찬가지로, 슈토크 체계와 라틴 체계에 따른 명명법 모두가 아직 널리 사용되고 있다.

- 슈토크 체계에 따른 명명법에서는 여러 개의 이온 전하를 가지는 양이온의 이온 전하를 괄호 안에 로마 숫자로 표시한다. 예를 들면 $Fe^{2+}$ 이온에 대해서는 철(II)(Fe(II)), $Fe^{3+}$ 이온에 대해서는 철(III)(Fe(III))이다.
- 라틴 체계에 따른 명명법에서는 접두사로 제일–(영어식으로는 접미사로 *–ous*), 혹은 제이–(영어식으로는 접미사로 *–ic*)을 원소의 라틴어 이름에 붙여 사용한다. 예를 들면 $Fe^{2+}$ 이온에 대해서는 제일철(Ferrous), $Fe^{3+}$ 이온에 대해서는 제이철(ferric)이다.

## 6.8 이성분 분자 화합물

**학습 목표**

▶ 이성분 분자 화합물(binary molecular compound)에 대한 체계적인 이름과 분자식을 쓸 수 있다.

이성분 분자 화합물은 두 개의 비금속 원소로 구성된 것임을 상기하라. 이성분 분자 화합물에서 가장 간단하게 나타낼 수 있는 입자는 **분자(molecule)**이다. 일반적으로 비금속성이 더 큰 원소를 화학식에서 두 번째로 쓴다. IUPAC에서는 화합물에서 원소를 쓰는 순서를 다음과 같은 순서로 적도록 규정하였다: C, P, N, H, S, I, Br, Cl, O, F. 여기서 주목할 것은 수소는 이 순서에서 중간에 위치한다는 것이다. 따라서 수소의 이성분 화합물들은 다음과 같이 쓴다: $CH_4$, $PH_3$, $NH_3$, $H_2S$, HI, HBr, HCl, $H_2O$, HF.

### 이성분 분자 화합물의 명명법

이성분 분자 화합물들의 명명에 있어서, IUPAC에서는 화합물에 있는 첫 번째 원소를 먼저 명명하고 두 번째 원소에 *-ide*(-화) 접미어를 붙이도록 규정하였다. 따라서 이성분 이온 화합물과 이성분 분자 화합물은 둘다 접미사 *-ide*(-화)를 마지막에 붙인다(이는 영어식이며, 국어식에서는 접미사를 붙인 두 번째 원소를 먼저 명명하고 난 후 첫 번째 원소를 나중에 명명한다). 또한 각 원소의 원자수는 그리스어의 접두어로 나타낸다. 표 6.5에 있는 그리스어의 접두어는 화학식의 아래 첨자에 해당하는 것으로 각 원소의 원자수를 나타낸 것이다.

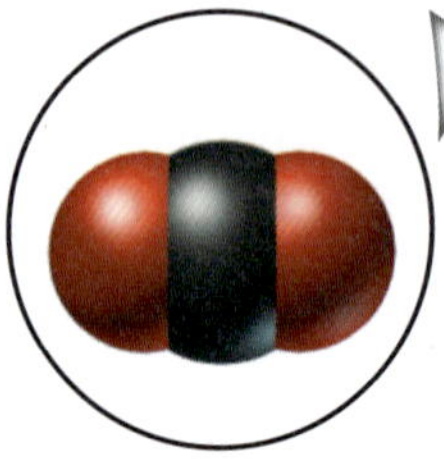

$CO_2$

▲**이산화 탄소, $CO_2$**
드라이아이스는 이성분 분자 화합물의 한 예이다.

$P_4S_3$

▲그림 6.4 **성냥 개비의 화학**
성냥 개비의 머리 부분에는 $P_4S_3$와 $KClO_3$ 두 물질이 있다. 성냥 개비를 거친 표면에 문지르면 이 두 화합물이 점화하여 불꽃을 발생한다. 이 반응의 생성물은 $P_2O_5$, KCl 및 $SO_2$이며, 이 중 $SO_2$ 때문에 황 특유의 냄새가 난다.

**표 6.5 이성분 분자 화합물에 대한 그리스 접두어**

| 원자 | 접두어 | 원자 | 접두어 |
|---|---|---|---|
| 1 | *mono* – (모노) | 6 | *hexa* – (헥사) |
| 2 | *di* – (다이) | 7 | *hepta* – (헵타) |
| 3 | *tri* – (트라이) | 8 | *octa* – (옥타) |
| 4 | *tetra* – (테트라) | 9 | *nona* – (노나)* |
| 5 | *penta* – (펜타) | 10 | *deca* – (데카) |

*라틴 접두어 *nona*가 일반적으로 사용되기는 하지만 IUPAC에서는 그리스 접두어 *ennea*를 선호한다.

IUPAC의 공식적인 권고에 따라 접두어 mono(일)는 혼돈을 피하기 위해서 꼭 필요한 경우를 제외하고는 항상 생략된다. 예외적으로 CO와 NO의 경우에는 접두어 *mono*를 사용한다. CO의 명명은 산소 앞에 접두어 *mono*(일)를 붙여서 carbon monoxide(일산화 탄소)로 쓴다. NO도 마찬가지로 nitrogen monoxide(일산화 질소)로 명명한다.

이성분 분자 화합물 $P_4S_3$를 예를 들어 생각해보자. 이 화합물은 성냥 개비의 끝에 입혀진 물질로서 공기 중에서 거친 표면 위에 문지르면 점화된다(그림 6.4). 이 화합물의 비율은 4개의 인 원자와 3개의 황 원자로 되어있기 때문에 그리스 접두어는 각각 *tetra*-(사)와 *tri*-(삼)가 되며, 따라서 $P_4S_3$의 명명은 tetraphosphorus trisulfide(삼황화 사인)가 된다. 다른 화합물인 $P_4S_7$의 경우, 같은 원소로 구성되어 있지만 명명은 tetraphosphorus heptasulfide(칠황화 사인)와 같이 된다.

## 예제 6.18 이성분 분자 화합물의 이름

다음 이성분 분자 화합물들에 대한 IUPAC에 따른 체계적인 이름을 쓰라.

(a) $IF_6$ (b) $Br_3O_8$

**해답**

이성분 분자 화합물들의 명명은 두 번째 비금속 원소에 *-ide*(-화) 접미어를 붙이고, 원자의 비율을 그리스 접두어를 사용하여 나타낸다.

(a) $IF_6$는 플루오린화 아이오딘라고 부른다. 여기에 원자의 비율에 대한 그리스 접두어를 부여하면 iodine hexafluoride(육플루오린화 아이오딘)가 된다.

(b) $Br_3O_8$은 먼저 산화 브로민이라고 부른다. 여기에 원자의 비율에 대한 그리스 접두어를 부여하면 tribromine octaoxide(팔산화 삼브로민)가 된다.

**실전 연습문제**

다음 이성분 분자 화합물들에 대한 IUPAC 명명법을 쓰라.

(a) $Cl_2O_5$ (b) $P_4S_{10}$

**답:** (a) 오산화 이염소(dichlorine pentaoxide) (b) 십황화 사인(tetraphosphorus decasulfide)

**개념 문제**

다음 중 어느 것이 각 원소의 원자수를 표시하기 위해서 그리스 접두어를 사용하여 명명하는가? : $Fe_2O_3$ 또는 $P_2O_3$

**답:** 부록 G, 6.18 참조

## 예제 6.19 이성분 분자 화합물의 화학식

다음 이성분 분자 화합물들의 분자식을 쓰라.

(a) 오황화 이인(diphosphorous pentasulfide)
(b) 구산화 사아이오딘(tetraiodine nonaoxide)

**해답**

분자식을 작성하기 위해서 각 원소의 기호와, 원자의 개수를 나타내는 아래 첨자를 적어야 한다.

(a) 오황화 이인은 2개의 인 원자와 5개의 황 원자로 구성되어 있다 따라서 이 화합물의 분자식은 $P_2S_5$가 된다.

(b) 구산화 사아이오딘은 4개의 아이오딘 원자와 9개의 산소 원자로 구성되어 있다. 따라서 이 화합물의 분자식은 $I_4O_9$가 된다.

**실전 연습문제**

다음 각 이성분 분자 화합물들의 분자식을 쓰라.

(a) 사아이오딘화 이인(diphosphorus tetraiodide)
(b) 육플루오린화 황(sulfur hexafluoride)

**답:** (a) $P_2I_4$ (b) $SF_6$

**개념 문제**

다음 중 어느 것이 이성분 분자 화합물인가? : 산화 마그네슘 또는 산화 질소

**답:** 부록 G, 6.19 참조

**주 의** 발음의 편의를 위하여 그리스 접두어를 가진 화합물의 명명법에서는 이중 모음을 종종 피하였다. 예를 들어, 그리스 접두어가 "a"나 "o"로 끝나고 비금속 원소가 oxygen(산소) 원자라고 할 경우에 두 가지 발음이 일반적이다. 즉, tetraoxide 또는 tetroxide, pentaoxide 또는 pentoxide 등으로 발음된다. 그러나 공식적인 IUPAC 추천에 따라 모음은 생략하지 않으므로 tetraoxide의 사용이 선호된다. 한 가지 예외는 monooxide가 아니라 monoxide이다.

## 6.9 이성분 산

**학습 목표**

▶ 이성분 산(binary acid)들을 체계적으로 명명하고 분자식을 쓸 수 있다.

이성분 산은 수소와 비금속을 포함하는 화합물의 수용액이다. 산의 화학식은 HCl(*aq*)처럼 항상 H로 시작한다. 이성분 산은 HCl와 같은 이성분 분자 화합물이 물에 용해되어 생성되며, 이때 수용액 HCl(*aq*)는 이성분 산이다.

이성분 산들은 비금속 원소의 어간 앞에 접두어 *hydro-*를 붙이고 접미어 *-ic acid*(산)를 붙여서 명명한다(이는 영어식이며, 국어식으로는 '비금속 원소의 어간 + 수소 + 산'으로 명명한다). 예를 들어, 수영장의 산도를 조절하는 데 사용되고 슈퍼마켓에 판매하는 염산(muriatic acid)를 생각해보자. 염산(muriatic acid)은 수용성 염화 수소, 즉 HCl(*aq*)이다. 염산에 대한 IUPAC 명명은 다음과 같이 만들어진다 : *hydro- + chlor + -ic acid*; 따라서 HCl(*aq*)의 체계적인 이름은 hydrochloric acid(염화 수소산 또는 염산)이다. 표 6.6에 이성분 산과 그에 관련하는 화합물의 관계를 나타내었다.

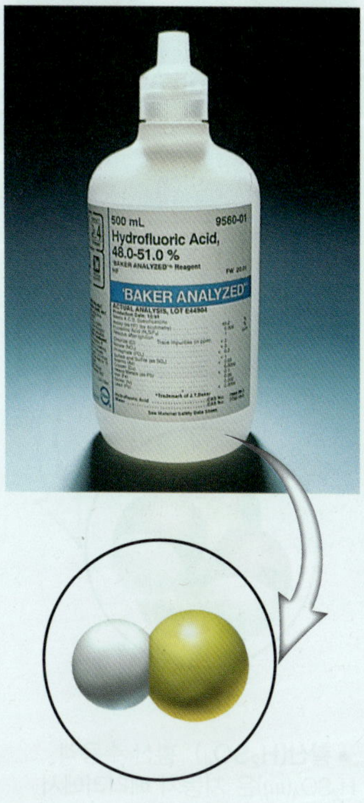


▲플루오르화 수소산(플루오린화 수소산)(HF)

**표 6.6 이성분 산 및 관련 화합물**

| 이성분 | 산 | 이성분 | 화합물 |
|---|---|---|---|
| HF | 플루오린화 수소산 | NaF | 플루오린화 소듐 |
| HCl | 염화 수소산 (혹은 염산) | NaCl | 염화 소듐 |
| HBr | 브로민화 수소산 | NaBr | 브로민화 소듐 |
| HI | 아이오딘화 수소산 | NaI | 아이오딘화 소듐 |

### 예제 6.20 이성분 산의 이름

이성분 산 HF(*aq*)에 대한 IUPAC 명명법을 쓰라.

**해답**

이성분 산은 *hydro-* 비금속 원소의 어간 *-ic acid*로 명명한다. HF(*aq*)는 비금속 원소인 fluorine(플루오린)를 포함하고 있으므로 다음과 같이 만들 수 있다 : hydro + fluor + ic acid ; 따라서 즉 HF(*aq*)는 *hydrofluoric acid*(플루오르화 수소산 또는 플루오린화 수소산)로 명명한다.

**실전 연습문제**

$H_2S(aq)$에 대한 IUPAC 명명법을 쓰라.

**답:** 황화 수소산(hydrosulfuric acid)

**개념 문제**

다음 산 중에서 어느 것이 접두사 *hydro*-를 사용하여 명명하는가? :

$HBr(aq)$, $HBrO_2(aq)$, $HBrO_3(aq)$

**답:** 부록 G, 6.20 참조

**주 의** 이성분 산과 이성분 분자 화합물의 명명에 혼동하지 않도록 주의하라. 이성분 산은 물속에 용해된 비금속 원소와 수소와의 화합물이다. 예를 들어, $HCl(aq)$은 이성분 산이고, 'hydrochloric acid(염화수소산, 혹은 염산)'로 명명한다. 반면에 기체 상태의 $HCl(g)$은 이성분 분자 화합물로서 'hydrogen chloride(염화 수소)'로 명명한다.

## 6.10 삼성분 산소산

**학습 목표**

▶ 삼성분 산소산(ternary oxyacids)들을 체계적으로 명명하고 분자식을 쓸 수 있다.

삼성분 산소산은 수소와 산소음이온(oxyanion)들을 함유하고 있는 화합물의 수용액이다. 대부분의 삼성분 산소산은 산소음이온의 비금속 원소의 어간에 접미어 *-ic acid*(-산)를 붙여서 명명한다. 예를 들면, $HNO_3(aq)$은 다음과 같은 방법에 의해서 체계적으로 명명된다 : 비금속 원소의 어간 + *-ic acid*. 따라서 $HNO_3(aq)$는 nitr + ic acid, 즉, nitric acid(질산)이다.

어떤 삼성분 산소산은 산소음이온의 비금속 원소의 어간에 접미어 *-ous acid*를 붙여서 명명하기도 한다. 예를 들면, $HNO_2(aq)$는 다음과 같이 체계적으로 명명된다 : 비금속 원소의 어간 + *ous acid*. 따라서 $HNO_2(aq)$의 명명은 nitr + ous acid 즉, *nitrous acid*(아질산)가 된다.

접미어 *-ic acid*를 갖는 삼성분 산소산은 접미어 *-ate*를 갖는 산소음이온을 포함한다. 따라서 이 산소음이온을 포함하는 화합물의 이름은 접미어 *-ate*를 가진다. 황산(sulfuric acid), $H_2SO_4(aq)$를 고려해 보면, 황산 산소음이온, $SO_4^{2-}$(sulfate)을 포함한다. 화합물 $Na_2SO_4$의 이름은 황산 소듐(sodium sulfate)이다.

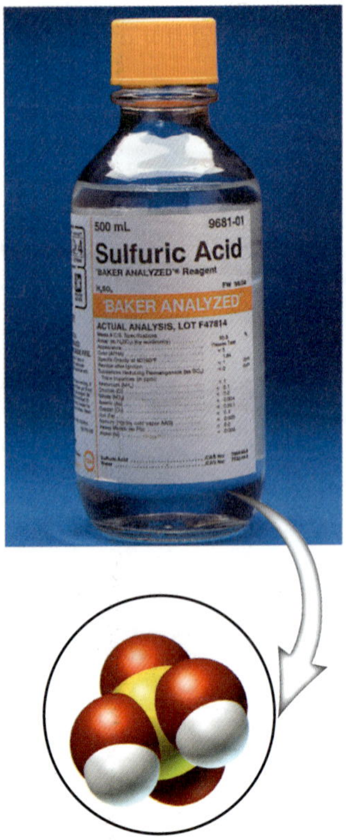

$H_2SO_4$

▲**황산($H_2SO_4$)** 황산 수용액 $H_2SO_4(aq)$은 자동차 배터리에서 볼 수 있다. 따라서 이것을 보통 "배터리산"이라 말한다.

마찬가지로 접미어 *-ous acid*인 삼성분 산소산은 접미어 *-ite*로 끝나는 산소음이온을 포함한다. 아황산 산소음이온 $SO_3^{2-}$(sulfite)을 포함하는 아황산(sulfurous acid), $H_2SO_3(aq)$을 고려해 보자. 화합물 $Na_2SO_3$의 이름은 아황산 소듐(sodium sulfite)이다. 삼성분 산소산과 그의 화합물과의 관계를 표 6.7에 나타냈다.

**표 6.7 삼성분 산소산과 삼성분 화합물**

| 삼성분 | 산소산 | 삼성분 | 화합물 |
|---|---|---|---|
| $HClO$ | **Hypo**chlor**ous** acid (**하이포아**염소산) | $NaClO$ | sodium **hypo**chlor**ite**(**하이포아**염소산 소듐) |
| $HClO_2$ | Chlor**ous**(**아**염소산) | $NaClO_2$ | sodium chlor**ite**(**아**염소산 소듐) |
| $HClO_3$ | Chlor**ic** acid(염소산) | $NaClO_3$ | sodium chlor**ate**(염소산 소듐) |
| $HClO_4$ | **Per**chlor**ic** acid(**과**염소산) | $NaClO_4$ | sodium **per**chlor**ate**(**과**염소산 소듐) |

이제 삼성분 산소산에 대하여 대략적으로 배웠다. 다음 예제는 삼성분 산소산의 명명법에 대하여 더 설명한 것이다.

### 예제 6.21 삼성분 산소산의 이름

삼성분 산소산 $H_3PO_4(aq)$에 대한 IUPAC명명법을 쓰라.

**해답**

삼성분 산소산은 *-ic acid*(- 산)나 -ous acid(아-산)로서 명명한다. $H_3PO_4(aq)$는 인산 산소음이온(phosphate oxyanion)을 포함하고 있으므로 이것은 *-ic acid*를 붙인다. 따라서 다음과 같은 방법에 의하여 명명할 수 있다. phosphor + ic acid : 즉, $H_3PO_4(aq)$는 phosphoric acid(인산)으로 명명한다.

**실전 연습문제**

삼성분 산소산 $H_3PO_3(aq)$의 IUPAC 명명법을 적어보라.

**답:** phosphorous acid(아인산)

**개념 문제**

다음 산 중 어느 것이 비금속어간 *+ic acid*(-산)인가? :

$HBr(aq)$, $HBrO_2(aq)$, $HBrO_3(aq)$

**답:** 부록 G, 6.21 참조

# Chapter Summary

| 주요 개념 | 학습목표와 관련 연습문제 |
|---|---|
| **6.1 화합물의 분류**<br>**무기 화합물(inorganic compound)**들은 탄소를 포함하고 있지 않으며, **IUPAC의 명명법(IUPAC nomenclature)**에 의하여 체계적인 규칙에 따라 명명한다. IUPAC 명명법은 물질이 다섯 개의 항목, 즉 **이성분 이온 화합물 (binary ionic compound)**, **삼성분 이온 화합물(ternary ionic compound)**, **이성분 분자 화합물(binary molecular compound)**, **이성분 산(binary acid)**이나 **삼성분 산소산(ternary oxyacid)** 중 하나에 속하도록 분류를 하였다. 물에 용해된 물질을 **수용액(aqueous solution)**이라고 한다. 이온 화합물은 양전하를 띤 **양이온(cation)**과 음전하를 띤 **음이온(anion)**으로 구성된다. **단원자 이온(monoatomic ion)**은 전하를 가진 단일 원자이다. 반면에, **다원자 이온(polyatomic ion)**은 전하를 띠는 2개 이상의 원자들의 기(group)이다. | • 화합물을 이성분 이온 화합물, 삼성분 이온 화합물 또는 이성분 분자 화합물로 분류할 수 있다.<br>**관련 문제:** 1<br>• 산을 이성분 산 또는 삼성분 산소산으로 분류할 수 있다.<br>**관련 문제:** 1<br>• 이온을 단원자 양이온, 단원자 음이온, 다원자 양이온, 또는 다원자 음이온으로 분류할 수 있다.<br>**관련 문제:** 3 |
| **6.2 단원자 이온**<br>단원자 양이온들의 이름은 소듐(나트륨) 이온($Na^+$)과 같이 금속 원소의 이름에서 유도된다. 두 가지의 가능한 이온 전하를 가지는 양이온은 추가적인 식별이 필요하다. **슈토크 체계(Stock system)**은 괄호 안에 로마숫자를 사용하여 금속의 전하를 나타낸다. 따라서 슈토크 체계에 의해서는 $Cu^+$ 이온은 copper(I)[구리(I)]이고, $Cu^{2+}$ 이온은 copper(II)[구리(II)]이다.<br>일원자 음이온들의 명명은 비금속 원소의 이름에서 유도된다. 일원자 음이온은 비금속 원소의 어간에 접미어 *-ide*(-화)를 붙여서 명명한다. 비금속 원소 이온의 예로서 염화 이온($Cl^-$)과 산화 이온($O^{2-}$) 등이 있다. | • 일반적인 단원자 이온의 체계적 이름과 화학식을 쓸 수 있다.<br>**관련 문제:** 5-7<br>• 주족 원소의 이온에 대한 이온 전하를 예측할 수 있다.<br>**관련 문제:** 9 |
| **6.3 다원자 이온**<br>하나 또는 그 이상의 원소가 산소와 결합한 다원자 음이온을 **산소음이온(oxyanion)**이라 한다. 대부분의 다원자 산소음이온들의 이름은 nitrate ion(질산 이온, $NO_3^-$)과 같이 끝에 *-ate*(-산)을 붙인다. nitrite ion(아질산 이온, $NO_2^-$)과 같이 몇몇 산소 음이온들은 끝에 *-ite*(아-산)를 붙인다. nitrite ion(아질산 이온, $NO_2^-$)은 nitrate ion(질산 이온)보다 산소 원자가 한 개 적다. 산소 원자를 한 개 작게 가지는 산소음이온은 끝에 접미어 *-ite*를 붙인다. 예를 들어, sulfite ion(아황산 이온, $SO_3^{2-}$)는 sulfate ion(황산 이온, $SO_4^{2-}$) 보다 산소 원자가 한 개 적다. | • 보통의 다원자 이온의 체계적 이름과 화학식을 쓸 수 있다.<br>**관련 문제:** 11-13 |
| **6.4 화학식의 표기**<br>이온 화합물에서 가장 간단하게 대표할 수 있는 입자는 **화학식 단위(formula unit)**로 불린다. 화학식 단위에 대한 알짜 전하는 0이다. 즉, 화합물에서 양이온의 전체 양(+) 전하는 음이온의 전체 음(-) 전하와 같아야 한다. | • 단원자와 다원자 이온으로 구성된 이온 화합물의 화학식 단위를 쓸 수 있다.<br>**관련 문제:** 15-19 |
| **6.5 이성분 이온 화합물**<br>이성분 이온 화합물은 끝에 접미어 *-ide*(-화)를 붙여서 명명한다. 예를 들어, NaCl은 sodium chloride(염화 소듐)이며, $CaBr_2$는 calcium bromide(브로민화 칼슘)이고, $AlF_3$은 aluminum fluoride(플루오린화 알루미늄)로 명명한다. | • 이성분 이온 화합물의 체계적 이름과 화학식을 쓸 수 있다.<br>**관련 문제:** 21-23<br>• 이성분 이온 화합물에서 양이온의 이온 전하를 예상할 수 있다.<br>**관련 문제:** 25-29 |

| 주요 개념 | 학습목표와 관련 연습문제 |
|---|---|
| **6.6 삼성분 이온 화합물**<br>삼성분 이온 화합물들은 끝에 접미어 *-ate*(-산)나 *-ite*(아-산)를 붙인다. 예를 들어, $CaSO_4$는 calcium sulfate(황산 칼슘)이고, $CaSO_3$은 calcium sulfite(아황산 칼슘)로 명명한다. 사이안화 이온(cyanide ion, $CN^-$)이나 수산화 이온(hydroxide ion, $OH^-$)을 포함하는 삼성분 화합물들은 예외적으로 접미어 *-ide*(-화)를 붙인다. 예로서, NaOH는 sodium hydroxide(수산화 소듐)이고, KCN은 potassium cyanide(사이안화 포타슘)로 명명한다. | • 삼성분 이온 화합물에서 양이온의 이온 전하를 예상할 수 있다.<br>**관련 문제:** 31-33<br>• 삼성분 이온 화합물의 체계적 이름과 화학식을 쓸 수 있다.<br>**관련 문제:** 35-39 |
| **6.7 라틴 체계에 따른 명명법**<br>두 개 이상의 이온 전하를 가지는 양이온은 슈토크(Stock) 체계나 라틴(Latin) 체계의 두 가지 방법으로 명명할 수 있다. **라틴 체계**는 접미어 *-ous*(제일-) 이나 *-ic*(제이-)를 원소의 라틴 이름에 붙여서 명명한다. $FeCl_2$의 철의 이온 전하는 2+ 이므로 염화 제일철(ferrous chloride)로 명명하고, $FeCl_3$의 철의 이온 전하는 3+ 이므로 염화 제이철(ferric chloride)로 명명한다. | • 라틴 체계를 사용하여 이온 화합물의 이름과 화학식을 쓸 수 있다.<br>**관련 문제:** 41-47 |
| **6.8 이성분 분자 화합물**<br>이성분 분자 화합물은 두 개의 비금속을 포함하고 있으며, 가장 간단하게 나타낼 수 있는 입자를 **분자(molecule)**라 부른다. 이성분 분자 화합물들은 원자의 개수에 대한 그리스 접두어와 접미어 *-ide*(-화)를 사용하여 명명한다. 예로서 $SO_2$와 $SO_3$는 각각 sulfur dioxide(이산화 황)와 sulfur trioxide(삼산화 황)로 명명한다. | • 이성분 분자 화합물(binary molecular compound)에 대한 체계적인 이름과 분자식을 쓸 수 있다.<br>**관련 문제:** 49-51 |
| **6.9 이성분 산**<br>이성분 산은 수소를 포함하고 있는 화합물의 수용액이다. 이성분 산들은 '*hydro + 비금속 원소의 어간 + ic acid*'로 명명한다. 예로서, 물속에 염화 수소가 용해된 것, HCl(*aq*)은 hydrochloric acid(염화 수소산 또는 염산)로 명명한다. | • 이성분 산(binary acid)들을 체계적으로 명명하고 분자식을 쓸 수 있다.<br>**관련 문제:** 53 |
| **6.10 삼성분 산소산**<br>삼성분 산소산들은 일반적으로 '*비금속 원소의 어간 +-ic acid*'(이는 영어식이며, 국어식으로는 '비금속 원소의 어간 +산')로 명명된다. 예로서 $HNO_3(aq)$의 수용액은 nitric acid(질산)로 명명된다. 몇 가지의 삼성분 산들은 '*비금속 원소의 어간 + -ous acid*'(이는 영어식이며, 국어식으로는 '아 + 비금속 원소의 어간 + 산')로 명명된다. 예로서, $HNO_2(aq)$의 수용액은 nitrous acid(아질산)로 명명된다. | • 삼성분 산소산(ternary oxyacids)들을 체계적으로 명명하고 분자식을 쓸 수 있다.<br>**관련 문제:** 55-57 |

## 명명법 정리

| 주제 | 절차 | 예 |
|---|---|---|
| 화합물의 분류 6.1절 | **이성분 이온 화합물**은 금속과 비금속의 2개의 원소를 갖는다.<br>**삼성분 이온 화합물**은 적어도 하나의 금속을 포함하는 3가지의 원소를 갖는다.<br>**이성분 분자 화합물**은 두개의 비금속 원소를 갖는다.<br>**이성분 산**은 수소와 비금속 원소를 포함하는 화합물의 수용액이다.<br>**삼성분 산소산**은 수소와 하나의 다른 비금속과 산소를 포함하는 화합물의 수용액이다 | 이성분 이온 화합물, KCl<br>삼성분 이온 화합물, $KClO_3$<br>이성분 분자 화합물, HCl<br>이성분 산, HCl(*aq*)<br>삼성분 산소산, $HClO_3(aq)$ |
| 단원자 이온 6.2절 | 주족 금속 이온은 그 원소로서 명명된다.<br>전이 금속 이온은 그 원소의 이름 뒤에 괄호 안에 이온 전하를 표시하여 명명하며, 이를 슈토크 체계(Stock System)라고 한다.<br>비금속은 **접미사 *-ide*(-화)**를 원소에 붙여 명명한다. | $K^+$, 포타슘 이온<br>$Fe^{2+}$, 철(II) 이온<br>$Cl^-$, 염화 이온 |

## 명명법 정리 (Continued)

| | | |
|---|---|---|
| 다원자 이온<br>6.3절 | 다원자 산소음이온은 이름 끝부분에 (1) ***−ate***라는 **접미사**를 붙이거나 또는 (2) 산소음이온이 산소를 하나 적게 가질 때에는 ***−ite***라는 **접미사**를 붙여서 명명된다.<br>두 개의 일반적인 다원자 음이온은 예외적으로 **접미사 *−ide* (−화)**를 가지고 있다. | $ClO_3^-$, 염소산 이온<br>$ClO_2^-$, 아염소산 이온<br>$OH^-$, 수산화 이온<br>$CN^-$, 사이안화 이온 |
| 화학식의 표기<br>6.4절 | 이온 화합물들의 화학식을 표기할 때 양이온과 음이온의 비율은, 총 양전하와 총 음전하의 합이 같아 전기적으로 중성이 되도록 해야 한다. | $Fe^{2+}$과 $O^{2-}$ = FeO<br>$Fe^{3+}$과 $O^{2-}$ = $Fe_2O_3$<br>$Fe^{2+}$과 $ClO_3^-$ = $Fe(ClO_3)_2$<br>$Fe^{3+}$과 $ClO_3^-$ = $Fe(ClO_3)_3$ |
| 이성분 이온 화합물<br>6.5절 | 이성분 이온 화합물의 이름은 뒤에 ***−ide* (−화)**라는 **접미사**를 붙인다. 금속 양이온의 이름이 먼저 오고 뒤에 음이온이 오게 된다. (이는 영어식이고, 국어식은 접미사 '−화'를 붙인 비금속 음이온 다음에 금속 양이온을 명명한다.) | KCl, 염화 포타슘<br>$FeCl_2$,염화 철(II) |
| 삼성분 이온 화합물<br>6.6절 | 삼성분 이온 화합물의 이름들은 끝에 **접미사 *−ate* (−산)**나 ***−ite* (아−산)**가 붙는다. 금속 양이온 다음에 음이온이 오도록 명명되어진다.(이는 영어식이며, 국어식으로는 접미사 '−산' 혹은 '아−산'을 붙인 음이온 다음에 양이온을 명명한다) | $KClO_3$, 염소산 포타슘<br>$KClO_2$, 아염소산 포타슘 |
| 라틴체계에 따른 명명법<br>6.7절 | 전이 금속 이온은 원소의 라틴 이름에 ***−ous*(제일−)** 이나 ***−ic*(제이−) 접미어**를 붙여서 명명할 수 있다. | $Fe^{2+}$, ferrous ion(제일철 이온)<br>$Fe^{3+}$, ferric ion(제이철 이온) |
| 이성분 분자 화합물<br>6.8절 | 이성분 분자 화합물들 끝에 **접미사 *−ide***를 붙인다.(이는 영어식이며, 국어식으로는 **접미사 '−화'**를 붙인 두 번째 원소 다음에 첫번째 원소를 명명한다.) 비금속 원자들의 수는 그리스어의 접두사로 나타낸다. | CO, 일산화 탄소<br>$CO_2$, 이산화 탄소 |
| 이성분 산<br>6.9절 | 이성분 산들은 비금속 원소 어간 앞에 hydro−를 붙이고 **접미사** *−ic acid* 를 붙여서 명명한다. | HCl(*aq*), 염산 |
| 삼성분 산소산<br>6.10절 | 삼성분 산소산들은 비금속 원소의 어간에 (1) ***−ic acid* (−산)** 또는 (2) ***−ous acid* (아−산)의 접미사**를 붙여서 명명한다. | $HClO_3$(*aq*), 염소산<br>$HClO_2$(*aq*), 아염소산 |

## 주요 용어 주요 용어에 대한 해답은 부록 H에 수록하였다.

다음의 정의에 해당하는 용어를 선택하라.

| | |
|---|---|
| ________ 1. 화학적 화합물의 명명에 대하여 국제적으로 규정한 체계. | (a) 음이온(6.1절) |
| ________ 2. 탄소 원소를 포함하지 않는 화합물. | (b) 수용액(6.1절) |
| ________ 3. 한 개의 금속 원소와 하나의 비금속 원소로 이루어진 화합물. | (c) 이성분 산(6.1절) |
| ________ 4. 세 개의 원소로 되어있으며, 이 중 적어도 하나는 금속 원소인 화합물. | (d) 이성분 이온 화합물(6.1절) |
| ________ 5. 두 개의 비금속 원소로 이루어진 화합물. | (e) 이성분 분자 화합물(6.1절) |
| ________ 6. 물에 용해된 물질. | (f) 양이온(6.1절) |
| ________ 7. 수소와 비금속 원소로 이루어진 화합물이 물에 용해된 것. | (g) 화학식 단위(6.4절) |
| ________ 8. 수소, 비금속 원소, 산소로 이루어진 화합물이 물에 용해된 것. | (h) 무기 화합물(6.1절) |
| ________ 9. 양으로 하전된 이온. | (i) IUPAC 명명법(6.1절) |
| ________ 10. 음으로 하전된 이온. | (j) 라틴 체계(6.7절) |
| ________ 11. 음 또는 양의 전하를 가지는 단일 원자. | (k) 분자(6.8절) |
| ________ 12. 음이나 양의 전하를 가지는 원자단(기). | (l) 단원자 이온(6.1절) |
| ________ 13. 로마 숫자로 양이온의 전하를 표시하는 이온 화합물의 명명 체계. | (m) 산소음이온(6.3절) |
| ________ 14. *-ic*(제이-)나 *-ous*(제일-) 접미어로 양이온의 전하를 표시하는 이온 화합물의 명명 체계. | (n) 다원자 이온(6.1절) |

__________ 15. 하나 또는 그 이상의 원소가 산소와 결합한 다원자 음이온. 예) $CO_3^{2-}$

__________ 16. 이온들로 이루어진 화합물에서 가장 간단하게 나타낼 수 있는 입자.

__________ 17. 비금속 원소들로 이루어진 화합물에서 가장 간단하게 나타낼 수 있는 입자.

(o) 슈토크 체계(6.2절)
(p) 삼성분 이온 화합물(6.1절)
(q) 삼성분 산소산(6.1절)

# 문제 문제에 대한 해답은 부록 I에 수록하였다.

## 화합물의 분류 (6.1절)

1. 다음의 각각을 이성분 이온 화합물, 삼성분 이온 화합물, 이성분 분자 화합물, 이성분 산 또는 삼성분 산소산으로 각각 분류하라.
   (a) 물, $H_2O$ (b) 녹, $Fe_2O_3$
   (c) 대리석, $CaCO_3$ (d) 위산, $HCl(aq)$

3. 다음의 각각을 단원자 양이온, 단원자 음이온, 다원자 양이온 또는 다원자 음이온으로 분류하라.
   (a) 암모늄 이온, $NH_4^+$ (b) 알루미늄 이온, $Al^{3+}$
   (c) 염화 이온, $Cl^-$ (d) 염소산 이온, $ClO_3^-$

## 단원자 이온 (6.2절)

5. 다음의 단원자 양이온들에 대하여 슈토크 체계로 명명하라.
   (a) $Ca^{2+}$ (b) $Cd^{2+}$
   (c) $Co^{2+}$ (d) $Cu^{2+}$

7. 다음의 단원자 음이온들에 대하여 체계적으로 명명하라.
   (a) $F^-$ (b) $Cl^-$
   (c) $Br^-$ (d) $I^-$

9. 다음의 단원자 양이온들에 대하여 화학식을 쓰라.
   (a) 포타슘 이온 (b) 바륨 이온
   (c) 철(II) 이온 (d) 주석(II) 이온

## 다원자 이온 (6.3절)

11. 다음의 산소 음이온들에 대해 체계적으로 명명하라.
   (a) $NO_3^-$ (b) $NO_2^-$
   (c) $ClO_3^-$ (d) $ClO_2^-$

13. 다음의 다원자 이온들에 대한 화학식을 쓰라.
   (a) 크롬산 이온 (b) 중크롬산 이온
   (c) 수산화 이온 (d) 사이안화 이온

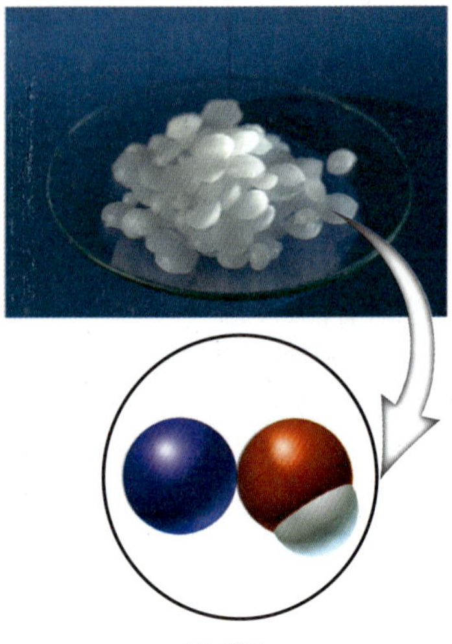

NaOH

◀ **수산화 소듐 NaOH**
수산화 소듐은 오븐 청소제와 하수구 청소제로 사용된다. 강력한 부식작용과 소듐을 함유하고 있으므로 주로 "가성소다"로 불린다.

## 화학식의 표기 (6.4절)

15. 다음의 구성하는 이온이 주어진 이성분 화합물들에 대한 화학식을 쓰라.
   (a) 브로민화 알루미늄, $Al^{3+}$와 $Br^-$
   (b) 황화 카드뮴, $Cd^{2+}$과 $S^{2-}$
   (c) 인화 망가니즈(II), $Mn^{2+}$과 $P^{3-}$
   (d) 플루오린화 납(IV), $Pb^{4+}$과 $F^-$

17. 다음의 구성하는 이온이 주어진 삼성분 화합물들에 대한 화학식을 쓰라.
   (a) 질산 포타슘($K^+$, $NO_3^-$)
   (b) 중크로뮴산 암모늄($NH_4^+$, $Cr_2O_7^{2-}$)
   (c) 탄산 구리(I) ($Cu^+$, $CO_3^{2-}$)
   (d) 아황산 망가니즈(II) ($Mn^{2+}$, $SO_3^{2-}$)

19. 다음의 구성하는 이온이 주어진 삼성분 화합물들에 대한 화학식을 쓰라.
   (a) 아질산 스트론튬($Sr^{2+}$, $NO_2^-$)
   (b) 과망가니즈산 아연($Zn^{2+}$, $MnO_4^-$)
   (c) 크롬산 칼슘($Ca^{2+}$, $CrO_4^{2-}$)
   (d) 과염소산 니켈(II)($Ni^{2+}$, $ClO_4^-$)

## 이성분 이온 화합물 (6.5절)

21. 다음의 이성분 이온 화합물들에 대하여 체계적으로 명명하라.
   (a) MgO (b) ZnO
   (c) CdO (d) BaO

23. 다음의 이성분 이온 화합물들에 대하여 슈토크 체계로 명명하라.
   (a) CoO (b) FeO
   (c) HgO (d) SnO

25. 다음의 이성분 이온 화합물들에 대하여 화학식을 쓰라.
   (a) 산화 구리(I) (b) 질소화 철(II)
   (c) 염화 수은(II) (d) 황화 납(IV)

◀ **적동광(cuprite, $Cu_2O$)**
적동광, 산화 구리(I)은 구리를 함유하고 있는 천연 광물이다.

27. 염화 소듐의 화학식은 NaCl이다. 다음의 이성분 이온 화합물들의 화학식을 예상하라.
   (a) 염화 루비듐
   (b) 브로민화 소듐

29. 질소화 알루미늄의 화학식은 AlN이다. 다음의 이성분 이온화합물들의 화학식을 예상하라.
(a) 질소화 갈륨 (b) 비소화 알루미늄

## 삼성분 이온 화합물 (6.6절)

31. 다음의 삼성분 이온 화합물들에 대하여 체계적으로 명명하라.
(a) $LiMnO_4$ (b) $Sr(ClO_2)_2$
(c) $BaCO_3$ (d) $(NH_4)_2Cr_2O_7$

33. 다음의 삼성분 이온 화합물들에 대하여 슈토크 체계로 명명하라.
(a) $CuSO_4$ (b) $FeCrO_4$
(c) $Hg(NO_2)_2$ (d) $Pb(C_2H_3O_2)_2$

35. 다음의 삼성분 이온 화합물들에 대한 화학식을 쓰라.
(a) 아세트산 망가니즈(II) (b) 아염소산 구리(II)
(c) 인산 주석(II) (d) 하이포아염소산 철(III)

37. 황산 소듐의 화학식은 $Na_2SO_4$이다. 다음 삼성분 이온 화합물들에 대한 화학식을 예상하라.
(a) 황산 프랑슘
(b) 아황산 소듐

39. 염소산 바륨의 화학식은 $Ba(ClO_3)_2$이다. 다음 삼성분 이온 화합물들에 대한 화학식을 예상하라.
(a) 염소산 라듐 (b) 브롬산 바륨

## 라틴체계 명명법 (6.7절)

41. 다음의 단원자 양이온에 대하여 라틴 체계로 명명하라.
(a) $Co^{2+}$ (b) $Co^{3+}$
(c) $Sn^{2+}$ (d) $Sn^{4+}$

43. 다음의 단원자 양이온에 대한 화학식을 쓰라.
(a) 제일구리 이온 (b) 제이구리 이온
(c) 제일납 이온 (d) 제이납 이온

45. 다음의 이온 화합물에 대하여 라틴 체계로 명명하라.
(a) CuS (b) FeO
(c) $Hg(NO_2)_2$ (d) $Pb(C_2H_3O_2)_2$

47. 다음의 이온 화합물에 대한 화학식을 쓰라.
(a) 염화 제이구리 (b) 황화 제일철
(c) 아세트산 제이코발트 (d) 크롬산 제일주석

## 이성분 분자 화합물 (6.8절)

49. 다음의 이성분 분자 화합물들에 대한 화학식을 쓰라.
(a) 삼산화 이질소
(b) 사염화 탄소
(c) 일브로민화 아이오딘
(d) 황화 수소

51. 다음의 이성분 분자 화합물들에 대하여 체계적으로 명명하라.
(a) BrF (b) $CF_4$
(c) $I_2O_4$ (d) $Cl_2O_5$

## 이성분 산 (6.9절)

53. 다음의 이성분 산들에 대한 화학식을 쓰라.
(a) 황화 수소산 (b) 브로민화 수소산

## 삼성분 산소산 (6.10절)

55. 다음의 삼성분 산소산들에 대한 화학식을 쓰라.
(a) 아세트산 (b) 질산

57. 다음의 삼성분 산소산들에 대하여 IUPAC 체계로 명명하라.
(a) $HClO_2(aq)$ (b) $H_3PO_4(aq)$

## 일반 연습문제

59. 다음 물질들에 대한 각각의 이온 전하를 밝혀라.
(a) 철 금속 원자 (b) 제일철 이온
(c) 철(III) 이온 (d) 철 화합물

61. 다음의 다원자 음이온 중에서 어느 것의 이온 전하가 2-일지 예상하라.(힌트 ; 원자가 전자의 전체 합은 짝수이어야 한다.)
(a) 과아이오딘산 이온, $IO_4^{?-}$
(b) 규산 이온, $SiO_3^{?-}$

63. 다음 표의 양이온과 음이온을 짝지어서 화학식을 완성하고 각 화합물들을 슈토크 체계로 명명하라.

| 이온 | 염화 이온 | 황화 이온 | 인화 이온 |
|---|---|---|---|
| **구리(I) 이온** | CuCl(염화 구리(I)) | | |
| **코발트(III) 이온** | | | |
| **납(IV) 이온** | | | |

65. 다음 표에서 양이온과 산소음이온을 짝지웠을 때의 화학식을 쓰고 그 화합물들에 대하여 라틴 명명을 하라.

| 이온 | 수산화 이온 | 황산 이온 | 인산 이온 |
|---|---|---|---|
| **제일수은 이온** | $Hg_2(OH)_2$<br>수산화 제일수은 | | |
| **제일철 이온** | | | |
| **제일주석 이온** | | | |

67. 다음 각 화합물들에 대한 접미어를 쓰라.
(a) $Na_2S$ (b) $H_2S(aq)$

69. 다음 각 화합물들에 대한 접미어를 쓰라.
(a) $Na_2SO_3$ (b)$H_2SO_3(aq)$

71. 다음 각 화합물들에 대한 접미어를 쓰라.
(a) $Na_2SO_4$ (b) $H_2SO_4(aq)$

73. 다음 가정용 화학 제품들에 대한 화학식을 쓰라.
(a) 산화 이수소(일반적인 액체)
(b) 하이포아염소산 소듐(표백제)
(c) 수산화 소듐(가성소다)
(d) 탄산수소 소듐(베이킹 소다)

75. 다음의 준금속(semimetal) 원소를 포함하고 있는 화합물들에 대하여 명명하라.(힌트: 이성분 분자 화합물의 화학식으로 명명).
(a) $BF_3$ (b) $SiCl_4$
(c) $As_2O_5$ (d) $Sb_2O_3$

77. 산화 타이타늄 화합물은 금홍석 광물에 존재한다. 산화 지르코늄의 화학식이 $ZrO_2$일 때, 주기율표를 이용하여 산화 타이타늄의 화학식을 예상하라.

◀ **금홍석($TiO_2$)** 금홍석, 이산화 타이타늄은 타이타늄을 함유하고 있는 천연광물이다.

## 도전 연습문제

79. 악티늄 원소는 불안정하고 방사능이 있다. 염화 란타넘의 화학식이 $LaCl_3$일 때, 주기율표를 이용하여 염화 악티늄의 화학식을 예상하라.

## Chapter 6 자율 테스트 해답은 부록 J에 수록하였다.

1. 기체상의 HCl은 다음 중 어느 것으로 분류하는가?(6.1절)
 (a) 이성분 이온 화합물 (b) 삼성분 이온 화합물
 (c) 이성분 분자 화합물 (d) 이성분 산
 (e) 삼성분 산소산

2. $Hg^{2+}$의 슈토크 체계 이름은 무엇인가?(6.2절)
 (a) 수은(Ⅰ) 이온 (b) 수은(Ⅱ)이온
 (c) 제이수은 이온 (d) 제일수은 이온
 (e) 위의 모두 아님

3. 하이포아염소산 이온의 화학식은 무엇인가?(6.3절)
 (a) $ClO^-$ (b) $ClO_2^-$
 (c) $ClO_3^-$ (d) $ClO_4^-$
 (e) 위의 모두 아님

4. $Cr^{3+}$와 $OH^-$ 이온으로 구성된 삼성분 화합물의 화학식은 무엇인가?(6.4절)
 (a) CrOH (b) $CrOH_3$
 (c) $Cr(OH)_3$ (d) $Cr_3OH$
 (e) 위의 모두 아님

5. CuS의 라틴 체계 이름은 무엇인가?(6.5절)
 (a) 황화 제일구리(cuprous sulfide)
 (b) 황화 제이구리(cupric sulfide)
 (c) 황화 구리(I)(copper(I) sulfide)
 (d) 황화 구리(Ⅱ)(copper(Ⅱ) sulfide)
 (e) 위의 모두 아님

6. $CuSO_4$의 슈토크 체계 이름은 무엇인가?(6.6절)
 (a) 황산 제일구리(cuprous sulfide)
 (b) 아황산 제이구리(cupric sulfide)
 (c) 황산 구리(I)(copper(I) sulfide)
 (d) 황산 구리(Ⅱ)(copper(Ⅱ) sulfide)
 (e) 위의 모두 아님

7. $CuSO_3$의 라틴 체계 이름은 무엇인가? (6.7절)
 (a) 아황산 제일구리(cuprous sulfide)
 (b) 아황산 제이구리(cupric sulfide)
 (c) 아황산 구리(I)(copper(I) sulfide)
 (d) 아황산 구리(Ⅱ)(copper(Ⅱ) sulfide)
 (e) 위의 모두 아님

8. 기체상의 $H_2S$의 체계적 이름은 무엇인가? (6.8절)
 (a) 황화 수소 (b) 황화 수소산
 (c) 아황산 (d) 황산
 (e) 위의 모두 아님

9. $H_2S$ 수용액의 체계적 이름은 무엇인가?(6.9절)
 (a) 황화 수소 (b) 황화 수소산
 (c) 아황산 (d) 황산
 (e) 위의 모두 아님

10. $H_2SO_4$ 수용액의 체계적인 이름은 무엇인가?(6.10절)
 (a) 황화수소 (b) 황화수소산
 (c) 아황산 (d) 황산
 (e) 위의 모두 아님

## 주요 개념

11. 다음 각각을 이성분 이온, 삼성분 이온, 이성분 분자, 이성분 산, 또는 삼성분 산소산으로 분류하라.
 NaCl, HCl, HCl(*aq*), $NaClO_3$, $HClO_3$(*aq*)

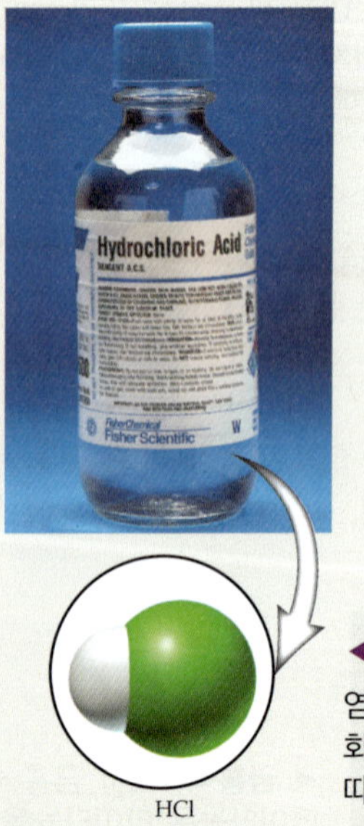


◀**염산, HCl**
염산 HCl은 수영장에서 볼 수 있고 소화를 돕기 위해서 위 속에서 생산된다. 따라서 보통 "위산"이라 언급한다.

12. 다음 화합물 중 어느 것이 접미어 -화(-*ide*)를 사용하여 명명하는가?
 NaCl, $NaClO_2$, $NaClO_3$

13. 다음 화합물 중 어느 것이 접미어 -산(-*ate*)을 사용하여 명명하는가?
 NaCl, $NaClO_2$, $NaClO_3$

14. 다음 화합물 중 어느 것이 접미어 아-산(-*ite*)을 사용하여 명명하는가?
 NaCl, $NaClO_2$, $NaClO_3$

15. 다음 산 중 어느 것이 *hydro*+*비금속 원소 어간* +*ic acid*의 이름을 갖는가?
 HCl(*aq*), $HClO_3$(*aq*), $HClO_2$(*aq*)

16. 다음 산 중 어느 것이 *비금속 원소어간* +*ic acid*의 이름을 갖는가?
 HCl(*aq*), $HClO_3$(*aq*), $HClO_2$(*aq*)

17. 다음 산 중 어느 것이 *비금속 원소어간* +*ous acid*의 이름을 갖는가?
 HCl(*aq*), $HClO_3$(*aq*), $HClO_2$(*aq*)

## 비판적 사고

18. 주기율표를 참조하여 구리이온이 1+ 또는 2+의 전하를 가질 수 있는 이유를 설명하라.

19. 주기율표를 참조하여 철이온이 2+ 또는 3+의 전하를 가질 수 있는 이유를 설명하라.

20. 분필과 대리석은 모두 석회석, $CaCO_3$의 예이다. 대리석은 단단한 광물인 반면, 분필은 왜 연한 물질인가?

CHAPTER 7

# 화학반응

*"벽돌로 집을 짓는 것처럼 과학은 사실로 만들어진다. 그러나 벽돌더미가 집이 될 수 없듯이 사실의 축적만으로는 과학이 될 수 없다."*

프랑스 물리학자, 푸앵카레
(1854 – 1912)



7 N nitrogen

**원소 7번: 질소**
질소 원소는 자연 상태에서 2원자 기체로 존재하며, 지구 대기의 약 80%는 질소 기체로 구성되어 있다. 질소 기체는 반응성이 전혀 없으며, –196 ℃에서 액화시킬 수 있다. 액체 질소는 피부과에서 피부를 얼리거나 피부의 병변을 제거하는 데 사용된다.

물질들은 끊임없이 여러 가지로 변화되고 있다. 이들 변화는 물리변화 또는 화학변화로 분류된다. **물리변화(physical change)**에서는 물질의 화학 조성은 변하지 않는다. 예를 들어, 얼음을 녹이거나 물을 끓이면 물리변화를 일으키고 있는 것이다. 얼음과 물의 화학적 조성인 $H_2O$는 변화하기 전후가 동일하다.

**화학변화(chemical change)**에서는 물질의 화학 조성이 원래 상태로 남아 있지 않는다. 예를 들어, 제산제를 컵 속의 물에 떨어뜨리면 화학변화를 일으키고 있는 것이다. 제산제의 화학 조성은 변화 전과 후가 동일하지 않다. 컵에 든 물에서 방출되는 기체 거품은 새로운 물질 형성에 대한 증거다.

어떤 물질이 화학변화가 일어나서 새로운 물질을 형성할 때, **화학반응(chemical re-**

## 자세히 보기 타이어의 팽창기체로 사용되는 질소

**Q:** 타이어를 팽창시키는 데 공기보다 질소가 더 효과적인 이유는?

공기 중에는 78%의 질소, 21%의 산소 그리고 수증기가 포함된 1%의 기타 기체로 구성되어 있다. 자동차 타이어에 들어있는 공기 분자들은 고무 타이어의 외벽을 투과하는데, 공기 분자들은 질소 분자보다 6배나 더 빠르게 빠져나가기 때문에, 타이어의 압력을 낮춰서 수명이 짧아지는 원인이 된다. 또한 산소 분자는 타이어의 안쪽에 있는 라이너를 분해시키고, 타이어 림의 강철, 알루미늄 그리고 합금의 부식을 초래한다. 미국연방항공국(Federal Aviation Administration)은 안전상의 이유로 항공기 타이어에 질소 가스를 채우라고 권장하고 있는데, 비행기 착륙의 가혹한 조건 하에서 타이어가 매우 뜨거워지고 타이어의 산소가 고무 타이어를 연소시킬 수 있기 때문이다. 최근 몇 자동차 타이어 제조업체는 안전상의 이유로 타이어 수명을 늘리기 위해 질소 가스를 충전하고 있다. 질소로 타이어를 팽창시키는 또 다른 이유는 압축 공기가 수증기를 포함하고 있기 때문이다. 수증기는 바깥 공기가 차가우면 동결될 수 있으며, 노면이 가열된 조건에서는 팽창할 수 있다. 질소는 압축 공기보다 훨씬 적은 수분을 가지고 있다. 수분을 제거함으로써 타이어 압력이 더 안정되고 예측 가능해져 타이어의 수명이 연장된다.

**A:** 타이어 수명을 연장하고, 안정성을 높이기 위해 질소를 넣는 것은 여러 가지 장점이 있다.

action)을 관찰할 수 있다. 새로운 물질을 형성할 때 에너지의 방출, 빛과 열의 발생, 색의 변화, 냄새 또는 기포 발생 중에서 한 가지를 관찰하게 된다. 예를 들어 밀가루, 효모 물을 혼합하여 오븐 속에 넣으면, 잠시 후에 빵 굽는 냄새를 맡을 수 있다. 밀가루, 효모 및 물이 결합하여 새로운 물질을 만드는 화학반응이 일어나며, 색과 냄새의 변화로부터 알 수 있다.

**학습 목표**

▶ 화학반응에 대한 증거가 되는 네 가지 관찰을 서술할 수 있다.

## 7.1 화학반응에 대한 증거

물질들이 결합할 때 그 변화는 물리 또는 화학변화일 수 있다. 그 변화를 관찰함으로써 물리변화와 화학변화를 구별할 수 있다. 다음 각 사항은 화학변화를 나타내고 있다. 즉, **화학반응(chemical reaction)**이 일어났다는 것이다.

1. **기체가 방출된다.** 수많은 방법으로 발생되는 기체의 존재에 관한 증거를 관찰할 수 있다. 예를 들어, 용액에서 기포를 볼 수 있다면 이것은 기체의 증거가 된다. Alka-Seltzer(알칼리성 탄산수) 정제를 물에 넣으면 '쉬~잇' 하고 거품이 발생한다. '쉬~잇' 하고 기포가 일어나는 것은 화학반응의 증거이며, 정제에 함유된 탄산수소 소듐(baking soda)과 시트르산(citric acid, 구연산)이 반응하여 생성된 이산화 탄소 기체의 방출 때문이다.
2. **불용성 고체가 용액 속에 생성된다.** 어떤 물질이 물에 녹아서 **수용액(aqueous solution)**이 된다. 두 가지의 수용액을 함께 섞으면 용액 속에서 고체 입자를 관찰할 수 있을 것이다. 이러한 불용성 고체를 **침전(precipitate)**이라고 한다. 침전의 형성은 반응의 증거가 된다.
3. **영구적인 색깔 변화가 관찰된다.** 많은 화학반응은 색깔의 영구적인 변화가 나타난다. 예를 들면, 황산 구리(Ⅱ) 용액에 암모니아수를 넣으면 연한 청색에서 진한 청색으로 변한다. 산이 염기와 반응하는 것을 관찰하기 위해서 색깔이 바뀌는 지시약을 사용한다. 지시약은 보이지 않는 반응을 간접적으로 우리가 알 수 있게 한다.
4. **열 에너지 변화가 관찰된다.** 화학반응에서는 종종 온도의 변화가 일어난다. 열이 발생하는 반응을 **발열 반응(exothermic reaction)**이라고 하며 반대로, 열을 흡수하는 반응을 **흡열 반응(endothermic reaction)**이라고 한다. 예를 들어, 갑작스럽게 불꽃이 점화되면 열과 빛이 관찰된다. 열과 빛은 발열 화학반응이 일어나는 것을 보여주는 두 가지 형태의 에너지다.

요약하면, 위의 네 가지, 즉 기체의 발생, 침전의 형성, 색깔의 변화, 또는 에너지의 변화는 화학반응이 일어났다는 증거가 된다. 이러한 내용은 그림 7.1에서 보여주고 있다. 하지만 화학반응에서 이러한 변화가 관찰되지 않을 수도 있다. 예를 들면, 산-염기 반응은 에너지 변화가 너무 작아서 감지하기 어려워 외부의 지시약이 필요할 수 있다.

(a) (b) (c)

◀그림 7.1 **화학반응에 대한 증거** 각각의 옆 그림들은 화학반응에 대한 증거이다. (a) 산성 용액 속에 있는 마그네슘 금속으로부터 발생되는 기포. (b) 물속에 있는 포타슘 금속으로부터 방출되는 열과 빛. (c) 두 가지의 수용액으로부터 생성된 침전과 색깔 변화.

## 예제 7.1 반응의 증거

다음 중 화학반응에 대한 실험적 증거가 되는 것은 어느 것인가?

(a) 베이킹 소다에 식초를 부으면 거품이 일며 기포를 일으킨다.
(b) 두 용액을 혼합하면 불용성 입자가 생성된다.
(c) 무색의 두 용액을 혼합하면 노란색의 용액이 만들어진다.
(d) 두 용액을 혼합하면 온도가 높아진다.

### 해답

화학반응에 대한 기준에 근거를 둔 이런 각각의 관찰 현상을 분석할 수 있다.

(a) 생성된 기포는 화학반응이 발생하고 있음을 나타낸다.
(b) 만들어진 불용성 입자들은 화학반응을 나타낸다.
(c) 생성된 노란색은 화학반응을 나타낸다.
(d) 온도 상승은 열 에너지가 방출되고 있다는 것을 의미하며, 이것은 발열 화학반응을 나타낸다.

### 실전 연습문제

화학반응이 일어났다는 네 가지 징조(증거)는 무엇인가?

**답:** (a) 기체가 방출된다. (b) 침전이 생성된다.
(c) 영구적인 색깔 변화가 관찰된다. (d) 에너지 변화가 나타난다.

### 개념 문제

어떤 네 가지 관찰이 화학반응의 증거인가?

**답:** 부록 G, 7.1 참조

## 화학 커넥션 불꽃 놀이

**Q:** **불꽃 놀이에서 적황색(붉은-오렌지색)을 나타내는 원인은 어떤 원소 때문인가?**

불꽃 놀이를 보고 그 색깔이 어떻게 만들어졌는지 궁금해 본 적이 있는가? 불꽃의 색은 금속화합물의 연소에 의해 에너지 준위의 차이로 색깔의 종류가 다르게 나타난다. 지연장치(퓨즈)의 길이에 따라 상승높이가 설계 되어지며, 성형화약의 성분이 소듐 화합물이면 노란색을 나타내고, 바륨 화합물이면 녹색을 나타내게 된다.

모든 화학 물질이 색깔을 나타내는 것은 아니다. 밝은 하얀색 불꽃을 내는 경우는 알루미늄이나 마그네슘 금속분말이 화약성분 중에 혼합되어 있기 때문이다. 아래 표는 불꽃의 다양한 색깔을 생성하는 화학약품을 나타낸 것이다.

◀ 불꽃 놀이

| 화학 물질 | 불꽃 색깔 |
|---|---|
| Na 화합물 | 주황색 |
| K 화합물 | 보라색 |
| Ba 화합물 | 녹황색 |
| Ca 화합물 | 적황색 |
| Sr 화합물 | 빨간색 |
| Li 화합물 | 심홍색 |
| Cu 화합물 | 청록색 |
| Al 또는 Mg 금속 | 하얀 불꽃 |

흥미롭게도 불꽃색과 네온사인의 색은 같은 원리에 의하여 설명된다. 불꽃 놀이에서 원소는 열에 의하여 에너지화(들뜬 상태)되고, 반면 네온 빛은 원소가 전기에 의하여 에너지화(들뜬 상태)된다. 이런 경우 전자는 들뜬 상태가 되고 방출된 빛에 의하여 즉시 에너지를 잃는다. 관찰된 색은 방출된 빛의 파장과 연관이 있다. 예를 들면, 방출된 빛이 약 650 nm의 파장이라면 붉은색이 관찰된다. 만약 빛이 450 nm 파장이라면 푸른색이 나타난다.

화학자들은 종종 불꽃색 검사에 의하여 원소를 확인한다. 실험실에서 불꽃색 검사는 금속선 끝에 적은 양의 화학 물질을 놓고 뜨거운 불꽃에 금속선을 가져가면 일어난다. 예를 들면, 소듐은 불꽃색 검사에서 노란색을 나타내고 바륨은 녹색을 띤다. 불꽃색 검사에서는 같은 원소를 포함하는 불꽃색들은 동일하다. 칼슘의 불꽃색 검사는 다음 그림과 같이 설명할 수 있다.

◀**칼슘 불꽃 반응**
칼슘의 불꽃 반응은 붉은 오렌지색이다.

**A:** 칼슘의 불꽃 반응은 적황색(붉은-오렌지색)이다.

## 7.2 화학반응식 쓰기

**학습 목표**

- 이원자 분자($H_2$, $N_2$, $O_2$, $F_2$, $Cl_2$, $Br_2$, $I_2$)와 같이 자연적으로 발생하는 일곱 가지 원소들을 식별할 수 있다.
- 화학반응의 기술로부터 화학반응식을 쓸 수 있다.

이 장에서 화학반응을 기술하기 위해 화학식과 기호를 사용할 것이다. 즉 화학반응식(chemical equation)을 쓸 것이다. 다음 화학반응의 기술에 대해 생각해 보자. 물질 A와 물질 B가 화학변화를 일으켜 물질 C와 D를 생성했다고 하자. 다음과 같이 기호로 이러한 내용을 서술할 수 있다. :

$$A + B \rightarrow C + D$$

이런 일반적인 화학반응식에서 A와 B는 **반응물(reactant)**이라 부르고, C와 D는 **생성물**

(product)이라 부른다.

우리가 고체, 액체, 기체 등 각각의 물질에 물리적인 상태를 상세히 분류한다면 더 많은 정보를 제공할 수 있다. 물리적인 상태는 (*s*), (*l*), 또는 (*g*)와 같은 약어를 사용하여 특징화된다. 관례적으로 수용액은 (*aq*)라는 기호로 나타내고, 불용성 고체는 (*s*)로 표시한다. 예를 들어, 수용액 A와 기체로 된 물질 B가 반응하여 침전물 C와 수용액 D가 생성되었다면 다음과 같이 나타낼 수 있다.

$$A(aq) + B(g) \rightarrow C(s) + D(aq)$$

**촉매(catalyst)**란 소모되지 않거나 영구적으로 변화되지 않으면서 반응속도를 증가시키는 물질이다. 예를 들면, 자동차 내부에 있는 촉매 변환기는 연소되지 않은 연료를 이산화 탄소와 물로 변환시켜서 속도를 증가시키는 금속성 촉매들을 포함하고 있다. 촉매는 화살표 위에 촉매의 화학식을 써서 표시된다. 표 7.1은 화학반응을 기술하기 위해 사용되는 기호들을 나열해 놓은 것이다.

아세트산과 베이킹 소다의 반응에 대한 다음 화학반응에서의 기호를 설명해 보자.

$$HC_2H_3O_2(aq) + NaHCO_3(s) \rightarrow NaC_2H_3O_2(aq) + H_2O(l) + CO_2(g)$$

화학식과 기호는 다음과 같이 읽는다 : 아세트산 수용액에 고체 탄산수소 소듐을 첨가하면 아세트산 소듐 수용액, 물 및 이산화 탄소 기체가 생성된다.

**표 7.1 화학식 기호**

| 기호 | 화학반응식 기호 설명 |
|---|---|
| $\rightarrow$ | 생성하다. 주다(반응물로부터 생성물로 향한다) |
| + | 반응시키다. 추가하다. 더하다(두 개 또는 그 이상의 반응물이나 생성물이 분리되어 있는 것) |
| $\xrightarrow{\Delta}$ | 반응물이 가열됨 |
| $\xrightarrow{Fe}$ | 철 촉매가 반응에 첨가됨 |
| NR | 반응이 일어나지 않음 |
| (*s*) | 고체 물질 또는 침전물 |
| (*l*) | 액체 물질 |
| (*g*) | 기체 물질 |
| (*aq*) | 수용액 |

화학반응은 종종 수소, 질소 또는 산소 기체들이 나타나며, 이러한 비금속성 물질들은 **이원자 분자(diatomic molecule)**로써 $H_2$, $N_2$ 및 $O_2$이며 자연적으로 발생한다. 할로젠 원소 또한 이원자 분자처럼 자연적으로 발생하고, $F_2$, $Cl_2$, $Br_2$ 그리고 $I_2$와 같이 쓰여 진다. 이러한 원소들 중 하나가 화학반응식에 쓸 때는 이원자 분자로 쓴다.

**도움말**
**이원자 분자**
$H_2$, $N_2$ 및 $O_2$와 같은 원소들은 자연적으로 이원자 분자로 된다. 만약 산소가 화학반응에서 반응물 또는 생성물이라면 $O_2$로 표기해야 된다.

다음 예제는 화학반응의 기술로부터 화학반응식으로 쓰는 것을 더 설명한 것이다.

### 예제 7.2 화학반응식 쓰기

다음 화학반응을 화학반응식으로 쓰라.

(a) 수은 액체와 플루오린 기체를 반응시키면 플루오린화 수은(Ⅱ)의 고체가 생성된다.
(b) 금속 아연을 황산과 반응시키면 황산 아연 수용액과 수소 기체가 생성된다.

**해답**

화학반응식을 쓰려면, 각각의 물질에 대한 화학식과 기호를 마련해야 한다. 다음과 같이 화학반응을 나타낼 수 있다.

(a) $Hg(l) + F_2(g) \rightarrow HgF_2(s)$ (b) $Zn(s) + H_2SO_4(aq) \rightarrow ZnSO_4(aq) + H_2(g)$

**실전 연습문제**

다음 화학반응을 반응식으로 쓰라.

(a) 아이오딘화 소듐 수용액에 질산 은을 넣으면 아이오딘화 은 침전과 질산 소듐 수용액을 생성한다.

(b) 수산화 포타슘 수용액을 아세트산에 넣으면 아세트산 포타슘 수용액과 물을 생성한다.

**답:** (a) $NaI(aq) + AgNO_3(s) \rightarrow AgI(s) + NaNO_3(aq)$

(b) $HC_2H_3O_2(aq) + KOH(aq) \rightarrow KC_2H_3O_2(aq) + H_2O(l)$

**개념 문제**

자연에 이원자 분자로 존재하는 일곱 가지 비금속 물질은 어떤 것인가?

**답:** 부록 G, 7.2 참조

**학습 목표**

▶ 화학반응을 균형 화학반응식으로 쓸 수 있다.

## 7.3 균형 화학반응식

앞 절에서는 화학반응의 설명을 화학반응식으로 바꾸었다. 각각의 경우에, 각 원소의 원자 수는 반응물과 생성물에서 같다. 왜냐하면 각각의 원소의 원자 수는 화살표의 양쪽에서 같기 때문이며, 이때 화학반응은 균형 화학반응식이 되었다고 말한다.

종종 반응식이 처음 쓰여졌을 때 반응물과 생성물의 각 원소의 원자 수는 같지 않다. 이러한 경우 화학반응식 양쪽 각각에 해당하는 원자 수의 균형이 필요하게 된다. 각 물질 앞에 **정수 계수(whole number coefficient)**를 놓아 균형 화학반응식이 되도록 한다. 이때 계수는 뒤따라오는 화학식의 모든 아래첨자를 곱한 것이란 것을 주의할 필요가 있다. 즉 3 $H_2O$는 6개의 수소 원자와 3개의 산소 원자를 나타낸다.

수소 기체와 염소 기체를 반응시키면 자극성 냄새를 가진 염화 수소가 만들어진다. 이에 대한 화학반응식은 다음과 같다.

$$H_2(g) + Cl_2(g) \longrightarrow HCl(g)$$

$H_2$와 $Cl_2$의 **아래첨자(subscript)**가 2인 것을 알 수 있으나 생성물에는 단지 한 개의 H원자와 한 개의 Cl 원자가 나타난다. 따라서 반응식은 균형을 이루지 못했다. 반응식 양쪽에 수소 원자의 균형을 맞추기 위해 HCl 앞에 계수 2를 써놓는다. 이는 다음과 같이 쓸 수 있다.

$$H_2(g) + Cl_2(g) \longrightarrow 2\,HCl(g)$$

계수 2를 사용함으로써 두 개의 HCl 분자가 된다. 즉 반응식의 양쪽이 두 개의 H 원자와 두개의 Cl 원자를 가짐으로써 반응식이 균형을 이루었다.

더 어려운 문제를 해결해 보자. 알루미늄 금속에 산소 기체를 넣고 가열하면 고체 산화 알루미늄이 생성된다. 산화 알루미늄의 화학식은 $Al_2O_3$이며, 화학반응식은 다음과 같다.

$$Al(s) \quad + \quad O_2(g) \longrightarrow Al_2O_3(s)$$

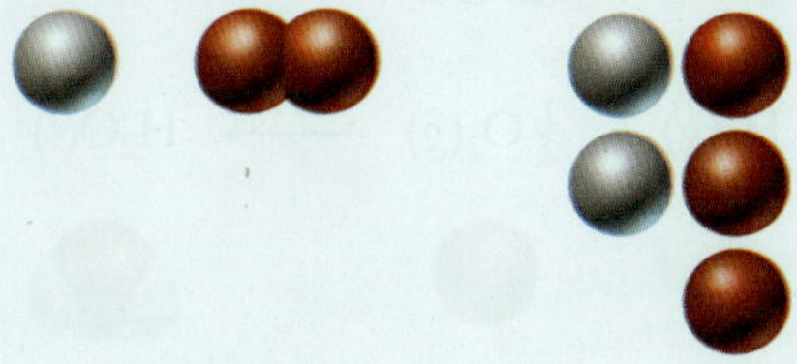

반응물 쪽에서는 두 개의 산소 원자가 있지만 생성물 쪽에서는 세 개의 산소 원자가 있다는 것에 유의해야 한다. 이 반응은 균형이 잡힌 것이 아니다. 산소 원자 수의 균형을 맞추기 위해서 2와 3의 최소공배수 6을 사용해야 할 것이다. 반응물 쪽에서 6개의 산소 원자를 만들기 위해 $O_2$ 앞에 계수 3을 놓고, 생성물 쪽에도 6개의 산소 원자를 만들기 위해 $Al_2O_3$ 앞에 계수 2를 놓는다. 주어진 것은 다음과 같다.

$$Al(s) \quad + \quad 3\,O_2(g) \longrightarrow 2\,Al_2O_3(s)$$

그렇지만, Al 원자의 수가 균형이 이루어지지 않았다. 반응물에서는 하나의 Al 원자를 가지고 있다. 생성물 쪽에서는 2개의 $Al_2O_3$를 가지고 있어 총 4개의 Al 원자를 갖는다. 반응하는 Al 금속 앞에 계수 4를 놓을 수 있다. 이것은 균형 화학반응식이 된다.

$$4\,Al(s) \quad + \quad 3\,O_2(g) \longrightarrow 2\,Al_2O_3(s)$$

반응식의 양쪽을 체계적인 분석에 의해서 계수를 놓는 방법을 *검산에 의해 균형을 맞추는 것(balancing by inspection)*이라 한다. 비록 검산에 의해 반응식을 균형 잡는 데는 공식적인 규정은 없지만, 몇 가지 일반적인 지침들을 목록으로 만들 수 있다.

### 화학반응식의 균형을 맞추기 위한 일반적인 지침

1. 반응식에 계수를 쓰기 전에 화학식의 아래첨자가 올바른가를 확인하고 각 물질의 화학식을 점검한다. 화학식의 아래 첨자는 반응식의 균형을 맞출 때 변하지 않음을 주의하라. 실제로, 어떤 반응식의 균형을 맞추는 것이 어렵다면 보통 화학식의 아래 첨자가 틀려서 생긴다.
2. 각 물질 앞에 계수를 놓아서 반응식에 있는 각 원소의 균형을 맞추어라. 계수 1은 균형 화학반응식에서는 나오지 않는다.
   (a) 가장 복잡한 화학식으로 시작해서 반응식의 균형을 맞추기 시작한다.
   (b) 다원자 이온은 단일체처럼 균형을 맞춘다. 하지만 만약 다원자 이온을 분해한다면 각 원자마다 따로 따로 균형을 맞춰야 한다.
   (c) 반응식 안의 계수는 정수이어야 한다. 가끔 이원자 분자에서 원소의 균형을 맞추기 위해서는 분수

계수를 사용하는 것이 도움이 된다. 예를 들면

$$H_2(g) + \frac{1}{2}O_2(g) \longrightarrow H_2O(l)$$

1/2과 같은 분수가 사용된다면 정수 계수로 맞추기 위하여 반응식에 2를 곱해야 한다. 균형 반응식은 다음과 같다.

$$2\,H_2(g) + O_2(g) \longrightarrow 2\,H_2O(l)$$

3. 반응식에 균형을 맞춘 후에 계수가 올바른지 입증하기 위해서 모든 원소(또는 다원자 이온)의 각 기호를 대조(√)해 확인해 본다. 반응물과 생성물 사이의 정반응과 역반응 관계를 고려한다. 검증하는 과정은 각 원소의 첨자와 계수를 곱하는 것이다. 즉 그 합계들은 반응식의 양쪽에서 같게 나와야 한다. 마지막으로 계수들이 최소 정수비로 되었는지를 확인한다. 더 작은 계수의 쌍을 얻을 수 있을지 모른다. 비록 다음 반응식은 균형을 이루지만,

$$\overset{\surd}{2\,N_2(g)} + \overset{\surd}{6\,H_2(g)} \rightarrow \overset{\surd}{4\,NH_3(g)}$$

올바른 균형 반응식을 얻기 위해서는 2로 계수를 나누어서 계수를 줄여야 한다.

$$N_2(g) + 3\,H_2(g) \rightarrow 2\,NH_3(g)$$

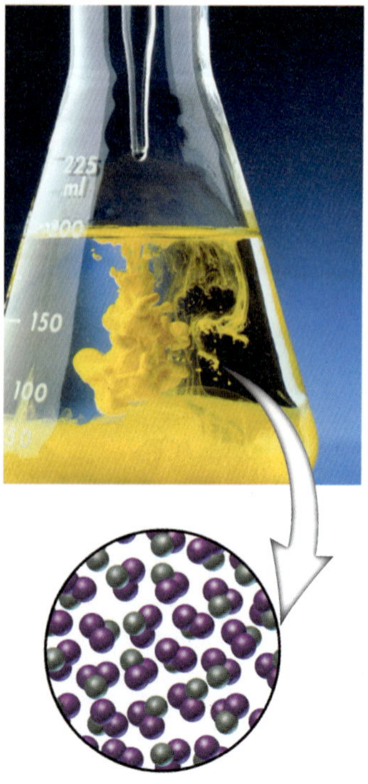

▲**불용성 아이오딘화 납(II)**
아이오딘화 납(II), $PbI_2$는 수용액에서 노란 침전을 생성한다.

그림 7.1(c) 에서 보여준 노란 침전의 형성에 대한 것을 식으로 쓸 수 있다. 아이오딘화 포타슘과 질산 납(II) 수용액의 반응에서 질산 포타슘 수용액과 아이오딘화 납(II)의 노란 침전이 생성된다. 아래와 같이 반응에 대한 화학반응식을 쓸 수 있다.

$$Pb(NO_3)_2(aq) + KI(aq) \rightarrow PbI_2(s) + KNO_3(aq)$$

$Pb(NO_3)_2$으로 균형 맞추는 것부터 시작하자. 왜냐하면 그것이 가장 복잡한 화학식이기 때문이다. 하나의 Pb 원자가 반응식의 양쪽에서 나타나는 것에 주의하자. 그렇지만 생성물 쪽에서는 단지 하나의 $NO_3^-$ 이온이 있고 반응물 쪽에는 두 개의 $NO_3^-$ 이온이 있다. $KNO_3$ 앞에 2를 놓아서 $NO_3^-$ 다원자 이온의 균형을 맞출 수 있다.

$$Pb(NO_3)_2(aq) + KI(aq) \rightarrow PbI_2(s) + 2\,KNO_3(aq)$$

지금 반응식의 오른쪽에 2개의 K와 왼쪽에 하나의 K을 가지고 있다. 그래서 KI의 앞에 계수 2가 필요하다.

$$Pb(NO_3)_2(aq) + 2\,KI(aq) \rightarrow PbI_2(s) + 2\,KNO_3(aq)$$

KI 앞에 계수 2를 넣어서 2개의 아이오딘이 되는 것에 유의해야 하며, 이것은 $PbI_2$ 안에 있는 2개의 I와 같다. 마지막 검산으로써 과연 확실한 균형식을 이루었는지 입증하기 위해 각 원소와 다원자 이온을 확인하자.

√ √ √√ √√ √ √

$$Pb(NO_3)_2(aq) + 2\,KI(aq) \rightarrow PbI_2(s) + 2\,KNO_3(aq)$$

다음의 예제들은 화학반응식의 균형에 있어서 일반적인 지침으로써 더 자세한 설명을 해 준다.

## 예제 7.3 균형 화학식

질산 칼슘과 탄산 소듐 수용액이 반응하면 흰색 침전물인 탄산 칼슘과 질산 소듐 수용액이 생성된다. 주어진 균형 화학식을 쓰라.

$$Ca(NO_3)_2(aq) + Na_2CO_3(aq) \rightarrow CaCO_3(s) + NaNO_3(aq)$$

### 해답

$Ca(NO_3)_2$는 두 개의 $NO_3^-$ 이온이 있고, 오른쪽에는 $NO_3^-$ 이온이 한 개만 있다. 따라서, 계수 2를 써 넣으면 다음과 같다.

$$Ca(NO_3)_2(aq) + Na_2CO_3(aq) \rightarrow CaCO_3(s) + 2\ NaNO_3(aq)$$

$NaNO_3$ 앞에 계수 2는 오른편의 Na를 두 개 만들고 왼편에도 두 개의 Na가 있다. 각 편에 한 개의 $CO_3$와 한 개의 Ca가 있다. 마지막으로 화학 반응식이 균형을 이루었는지 확인하기 위해서 각각의 원소와 다원자 이온을 대조해 본다.

√ √ √ √ √ √ √ √

$$Ca(NO_3)_2(aq) + Na_2CO_3(aq) \rightarrow CaCO_3(s) + 2\ NaNO_3(aq)$$

### 실전 연습문제

황산 알루미늄과 질산 바륨 수용액이 반응하면 흰색의 황산 바륨 침전물과 질산 알루미늄 수용액이 생성된다. 주어진 균형 화학반응식을 쓰라.

$$Al_2(SO_4)_3(aq) + Ba(NO_3)_2(aq) \rightarrow BaSO_4(s) + Al(NO_3)_3(aq)$$

√ √ √ √ √ √ √ √

**답:** $Al_2(SO_4)_3(aq) + 3\ Ba(NO_3)_2(aq) \rightarrow 3\ BaSO_4(s) + 2\ Al(NO_3)_3(aq)$

### 개념 문제

반응식의 균형을 맞추기 위해서 화학식에 있는 아래 첨자를 변경할 수 있는가?

**답:** 부록 G, 7.3 참조

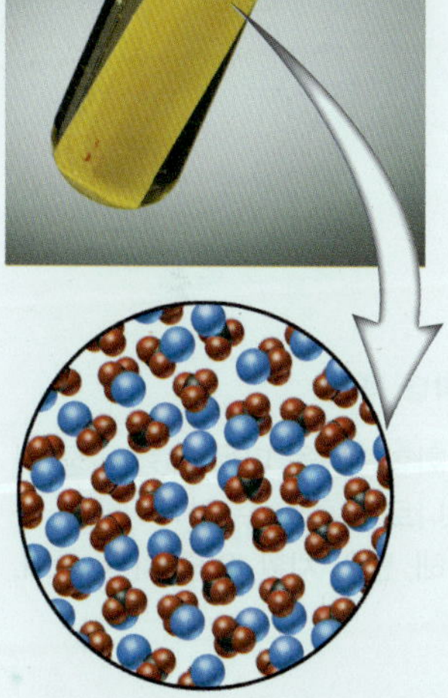

▲**불용성 탄산 칼슘** 분필, 탄산 칼슘, $CaCO_3$는 수용액에서 불용성이다.

## 예제 7.4 균형 화학반응식

황산과 수산화 소듐 수용액이 반응하면 황산 소듐 수용액과 물이 생성된다. 주어진 균형 화학반응식을 쓰라.

$$H_2SO_4(aq) + NaOH(aq) \rightarrow Na_2SO_4(aq) + H_2O(l)$$

### 해답

$Na_2SO_4$에서 시작해보면, $H_2SO_4$와 같은 수의 원자들을 가지고 있다. 반응식의 양쪽에 1 $SO_4$가 있어서 $SO_4$는 균형을 이룬다. 그러나 반응식의 오른쪽에는 2 Na가 있지만 왼편에는 1 Na만 있다. 그래서 NaOH 앞에 계수 2를 써 넣어야 한다.

$$H_2SO_4(aq) + 2\ NaOH(aq) \rightarrow Na_2SO_4(aq) + HOH(l)$$

더 쉽게 중화 반응의 균형을 잡을 수 있도록 물을 HOH라는 화학식으로 표기했다. 주목할 만한 사항은 반응식의 왼쪽에 두 개의 OH와 오른쪽에 한 개의 HOH가 있다는 것이다. HOH 앞에 2를 써 놓으면 OH는 균형을 잡을 수 있다. $H_2SO_4$에 2 H와 오른쪽의 2 H는 균형을 이루었다. 따라서 화학반응식이 균형을 이루었는지 확인하기 위해서는 각각의 원소와 다원자 이온을 대조해 보면 된다.

√√ √ √ √ √ √√

$$H_2SO_4(aq) + 2\ NaOH(aq) \rightarrow Na_2SO_4(aq) + 2\ HOH(l)$$

**실전 연습문제**

질산과 수산화 바륨 수용액이 반응하면 질산 바륨 수용액과 물이 생성된다. 주어진 균형 화학반응식을 쓰라.

$$HNO_3(aq) + Ba(OH)_2(aq) \rightarrow Ba(NO_3)_2(aq) + HOH(l)$$

**답:** $2\ \overset{\surd\surd}{HNO_3}(aq) + \overset{\surd\ \surd}{Ba(OH)_2}(aq) \rightarrow \overset{\surd\ \surd}{Ba(NO_3)_2}(aq)) + 2\ \overset{\surd\surd}{HOH}(l)$

**개념 문제**

중화 반응의 생성물인 물을 HOH로 쓴 이유는 무엇인가?

**답:** 부록 G, 7.4 참조

**주 의** 어떤 반응식의 균형을 잡는 것은 간단한 일이다. 가장 복잡한 화학식부터 시작해서 체계적으로 전후의 반응물과 생성물 사이의 균형을 잡도록 한다. 만약 마지막 단계에서 난관에 부딪히면, 보통은 원래 반응식에서 화학식의 아래첨자가 틀렸기 때문이다.

**학습 목표**

▶ 화학반응을 다음 유형들 중 하나로 분류할 수 있다 : 화합, 분해, 단일 치환, 이중 치환, 중화.

## 7.4 화학반응별 분류

수 백만의 화학반응들이 있다. 어떻게 하면 그 같은 수많은 반응들을 이해하고, 그 생성물들을 예측할 수 있는가? 그 답은 앞에서 화학식들을 알기 위해 배웠던 바와 같은 기술들이 사용되는 것이다. 화학반응을 분류하고(classify chemical reaction) 종류별로 구분해 보자. 이 장에서는 다섯 가지 반응을 먼저 공부하기로 한다 : 화합, 분해, 단일 치환, 이중 치환, 중화.

1. **화합 반응(combination reaction)**은 둘이나 그 이상의 물질이 결합하여 하나의 화합물을 만드는 것이다. 이 반응을 합성 반응(synthesis reaction)이라고도 한다. 일반적인 경우에 물질 A와 물질 Z가 결합하면 화합물 AZ이 생성된다. 화학반응식은 다음과 같다.

$$A + Z \rightarrow AZ$$

2. **분해 반응(decomposition reaction)**은 하나의 화합물이 둘 또는 그 이상의 더 간단한 물질로 분해되는 것이다. 이 경우 보통 화합물이 열에 의해 분해된다. 일반적으로 화합물 AZ은 물질 A와 물질 Z로 분해된다. 화학반응식은 다음과 같다.

$$AZ \xrightarrow{\Delta} A + Z$$

3. **단일-치환 반응(single-replacement reaction)**은 하나의 원소가 하나의 화합물 또는 수용액으로부터 다른 원소를 치환한다. 치환된 물질은 반응을 하지 않으려는 경향이 있다 : 즉, 활성적이지 못하다. 일반적으로 금속 A는 BZ에 있는 금속 B와 바뀌어 AZ와 B가 된다. 화학반응식은 다음과 같다.

$$A + BZ \rightarrow AZ + B$$

4. **이중-치환 반응(double-replacement reaction)**은 두 화합물의 음이온이 서로 바뀌는 이중-치환 반응이다. 화합물 AX와 BZ는 서로 반응하여 생성물 AZ와 BX를 생성한다. 일반적인 반응의 유형은 다음과 같다.

$$AX + BZ \rightarrow AZ + BX$$

5. 산과 염기가 반응하는 **중화 반응(neutralization reaction)**이다. 산인 HX와 염기인 BOH가 반응하여 화합물 BX와 물을 생성한다. 일반적인 형태로 다음과 같이 쓸 수 있다.

$$HX + BOH \rightarrow BX + HOH$$

중화 반응을 잘 살펴보면 이것은 이중-치환 반응의 특별한 유형이라는 것을 알게 된다. 간단하게, 산과 염기는 각각 음이온을 서로 교환한다. 물을 $H_2O$보다 HOH로 표기한 것에 주목하라. HOH식은 중화 반응이 자연스럽게 이중 치환 반응임을 보여주며 반응식의 균형을 맞추는 데 용이하다. 몇 개의 예제를 풀어보자.

## 예제 7.5 화학반응의 분류

다음 반응들을 화합, 분해, 단일-치환, 이중-치환, 중화 반응인지를 분류하라.

(a) 금속 구리를 산소 기체와 함께 가열하면 고체의 산화 구리(Ⅱ)가 생성된다.

$$2\ Cu(s) + O_2(g) \xrightarrow{\Delta} 2\ CuO(s)$$

(b) 가루로 된 탄산 철(Ⅲ)에 열을 가하면 고체의 산화 철(Ⅲ)과 이산화 탄소 기체가 생성된다.

$$Fe_2(CO_3)_3(s) \xrightarrow{\Delta} Fe_2O_3(s) + 3\ CO_2(g)$$

(c) 금속 알루미늄과 황산 망가니즈(Ⅱ) 수용액이 반응하여 황산 알루미늄 수용액과 금속인 망가니즈를 얻게 된다.

$$2\ Al(s) + 3\ MnSO_4(aq) \rightarrow Al_2(SO_4)_3(aq) + 3\ Mn(s)$$

(d) 크롬산 소듐 수용액과 염화 바륨 수용액이 반응하여 불용성의 크롬산 바륨과 염화 소듐 수용액을 얻게 된다.

$$Na_2CrO_4(aq) + BaCl_2(aq) \rightarrow BaCrO_4(s) + 2\ NaCl(aq)$$

(e) 질산과 수산화 포타슘 수용액이 반응하여 질산 포타슘 수용액과 물을 얻게 된다.

$$HNO_3(aq) + KOH(aq) \rightarrow KNO_3(aq) + H_2O(l)$$

### 해답

다음과 같은 각각의 반응을 유형별로 분류할 수 있다.

(a) 두 원소인 Cu와 $O_2$는 하나의 화합물로 합성된다 ; 화합 반응의 예.

(b) 화합물 $Fe_2(CO_3)_3$은 가열되어 더 간단한 화합물과 기체로 분해된다 ; 분해 반응의 예.

(c) 금속 Al은 $MnSO_4$ 수용액 속에서 금속 Mn을 치환한다 ; 단일-치환 반응의 예.

(d) 두 화합물 $Na_2CrO_4$과 $BaCl_2$은 서로 음이온을 교환한다 ; 이중-치환 반응의 예.

(e) 산 $HNO_3$과 염기 KOH이 반응하여 $KNO_3$과 물이 형성된다 ; 중화 반응의 예.

### 실전 연습문제

다음을 화합, 분해, 단일-치환, 이중-치환, 중화 반응인지 그 유형별로 분류하라.

(a) $Zn(s) + CuSO_4(aq) \rightarrow ZnSO_4(aq) + Cu(s)$

(b) $2\ Sr(s) + O_2(g) \rightarrow 2\ SrO(s)$

(c) $Cd(HCO_3)_2(s) \rightarrow CdCO_3(s) + H_2O(g) + CO_2(g)$

(d) $HC_2H_3O_2(aq) + NaOH(aq) \rightarrow NaC_2H_3O_2(aq) + H_2O(l)$

(e) $AgNO_3(aq) + KCl(aq) \rightarrow AgCl(s) + KNO_3(aq)$

**답:** (a) 단일 치환 (b) 화합 (c) 분해 (d) 중화 (e) 이중 치환

### 개념 문제

분해 반응과 다른 형태의 화학 반응을 어떻게 쉽게 구별할 수 있는가?

**답:** 부록 G, 7.5 참조

**학습 목표**

- 금속과 산소 기체와의 반응에 대한 균형 화학반응식을 쓸 수 있다.
- 비금속과 산소 기체와의 반응에 대한 균형 화학반응식을 쓸 수 있다.
- 금속과 비금속 반응에 대한 균형 화학반응식을 쓸 수 있다.

# 7.5 화합 반응

화합 반응에는 많은 예가 있다. 이를테면, 두 물질을 가열하면 그 물질들이 결합하여 하나의 화합물이 된다. 이 장에서 우리는 세 종류의 중요한 화합 반응을 공부할 것이다.

## 금속과 산소 기체

화합 반응의 하나로 금속과 산소 기체가 반응하여 금속 산화물을 생성하는 것이다. 아래의 예에서 마그네슘 금속은 산소 기체와 결합하여 산화 마그네슘을 생성시킨다.

**금속 + 산소 기체 → 금속 산화물**

$$2\,Mg(s) + O_2(g) \xrightarrow{\Delta} 2\,MgO(s)$$

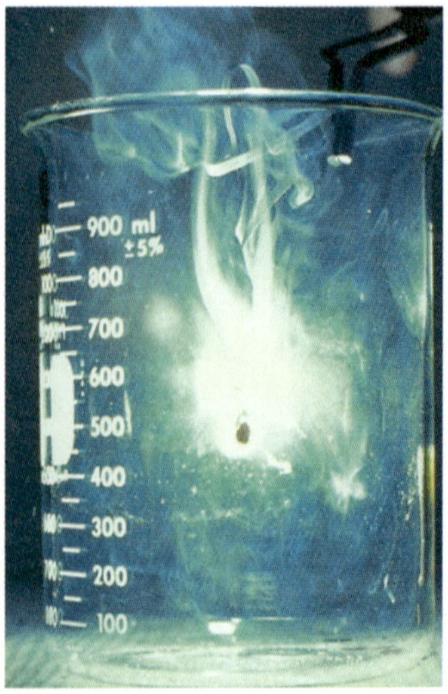


**▲마그네슘 금속에 불을 붙인 것** 길고 가느다란 마그네슘 금속은 공기 중의 산소와 반응하여 흰 연기인 MgO와 밝은 흰 빛을 낸다.

금속과 산소가 반응하면 금속 산화물이 생성된다. 우리는 대개 전형(주족) 금속을 포함한 금속 산화물의 화학식은 예측할 수가 있다. 반면에, 전이 금속을 포함한 대부분의 금속 산화물의 화학식은 예측할 수가 없다. 전이 금속 산화물들의 화학식을 쓰기 위해 우리는 그 금속의 이온 전하를 알고 있어야 한다.

다음 예제는 금속과 산소 기체의 화합 반응에 대한 균형 화학반응식을 쓰는 방법을 더 자세히 설명한 것이다.

### 예제 7.6 금속과 산소 기체의 화합 반응

아래의 화합 반응에 대한 균형 화학반응식을 쓰라.

(a) 아연 금속을 공기 중의 산소 기체와 같이 가열하면 고체 산화 아연이 생성된다.
(b) 크롬 금속을 공기 중의 산소 기체와 같이 가열하면 산화 크롬(Ⅲ)이 생성된다.

**해답**

금속과 산소가 반응하면 금속 산화물이 생성된다.

(a) 아연은 예측할 수 있는 전하를 가진 금속, 즉, $Zn^{2+}$다. 산화 아연의 화학식은 ZnO이다. 이 반응의 균형 화학반응식은 다음과 같다.

$$2\,Zn(s) + O_2(g) \xrightarrow{\Delta} 2\,ZnO(s)$$

(b) 크롬은 변하기 쉬운 전하를 가진 금속이다. 산화 크롬(Ⅲ)의 이름으로부터 크롬 이온이 $Cr^{3+}$라는 것을 알 수 있다. 그러므로 산화물의 화학식은 $Cr_2O_3$이고 균형 화학반응식은 다음과 같다.

$$4\,Cr(s) + 3\,O_2(g) \xrightarrow{\Delta} 2\,Cr_2O_3(s)$$

**실전 연습문제**

아래의 화합 반응에 대한 균형 화학반응식을 쓰라.

(a) 납 금속을 공기 중의 산소 기체와 같이 가열하면 고체인 산화 납(Ⅳ)이 생성된다.
(b) 코발트 금속을 산소 기체와 같이 가열하면 고체인 산화 코발트(Ⅲ)이 생성된다.

**답:** (a) $Pb(s) + O_2(g) \xrightarrow{\Delta} PbO_2(s)$ (b) $4\,Co(s) + 3\,O_2(g) \xrightarrow{\Delta} 2\,Co_2O_3(s)$

**개념 문제**

금속과 산소 기체를 가열하면 어떤 생성물이 나오는가?

**답:** 부록 G, 7.6 참조

## 비금속과 산소 기체

화합 반응의 또 다른 종류에는 비금속 원소와 산소 기체가 반응하여 산화 비금속을 만드는 것이다. 다음 예에서 노란 황 가루는 산소 기체와 결합하여 이산화 황 기체를 생성시킨다.

**비금속 + 산소 기체 → 비금속 산화물**

$$S(s) + O_2(g) \xrightarrow{\Delta} SO_2(g)$$

비금속 산화물은 다양한 결합 능력을 보인다. 예를 들면 CO와 $CO_2$이다. 일반적으로 생성물인 비금속 산화물의 화학식은 예측이 어렵고 압력과 온도의 변화에 따라 달라질 수 있다. 예를 들어, 질소와 산소 기체가 결합하면 다음과 같은 여러 화합물이 만들어 진다 : NO, $NO_2$, $N_2O$, $N_2O_3$, $N_2O_4$ 및 $N_2O_5$. 따라서 비금속 원소와 산소 기체의 균형 반응식을 완성하기 위해서는 생성되는 비금속 산화물의 화학식을 미리 알고 있어야 한다.

다음의 예제들은 비금속 원소와 산소 기체의 화합 반응에 대한 균형 반응식을 작성하는 방법에 대해 더 자세히 설명하였다.

**▲황 가루의 연소**
소량의 노란색 황이 공기 중에서 산소와 함께 연소하게 되면, 파란색의 격렬한 불꽃을 내면서 자극성이 강한 냄새를 지닌 이산화 황, $SO_2$ 기체가 생성된다.

### 예제 7.7 비금속과 산소 기체의 화합 반응

다음 화합 반응에 대한 균형 화학반응식을 완성하라

(a) 탄소에 산소 기체가 가해져 화합하면 이산화 탄소 기체가 생성된다.
(b) 인과 산소 기체가 반응하면 오산화 이인의 고체가 생성된다.

**해답**

비금속 원소와 산소가 화합하면 비금속 산화물이 생성된다.

(a) 비금속 산화물의 화학식은 예측하기가 어렵지만 생성물이 일산화 탄소가 아니라 이산화 탄소라는 것을 알고 있으므로 균형 반응식은 다음과 같다.

$$C(s) + O_2(g) \xrightarrow{\Delta} CO_2(g)$$

(b) 인산화물에 대한 화학식은 잘 예측이 되지 않지만 생성물인 비금속 산화물 이름을 알고 있다. 오산화 이인의 화학식은 $P_2O_5$다. 이 반응의 균형 화학반응식은 다음과 같다.

$$4\,P(s) + 5\,O_2(g) \longrightarrow 2\,P_2O_5(s)$$

**실전 연습문제**

다음 화합 반응에 대한 균형 화학반응식을 완성하라.

(a) 질소 기체를 산소 기체와 함께 가열하면 삼산화 이질소 기체가 만들어진다.
(b) 염소 기체를 산소 기체와 함께 가열하면 일산화 이염소 기체가 만들어진다.

**답:** (a) $2\,N_2(g) + 3\,O_2(g) \xrightarrow{\Delta} 2\,N_2O_3(g)$ (b) $2\,Cl_2(g) + O_2(g) \xrightarrow{\Delta} 2\,Cl_2O(g)$

**개념 문제**

비금속과 산소 기체를 가열하여 얻어진 생성물은 무엇인가?

**답:** 부록 G, 7.7 참조

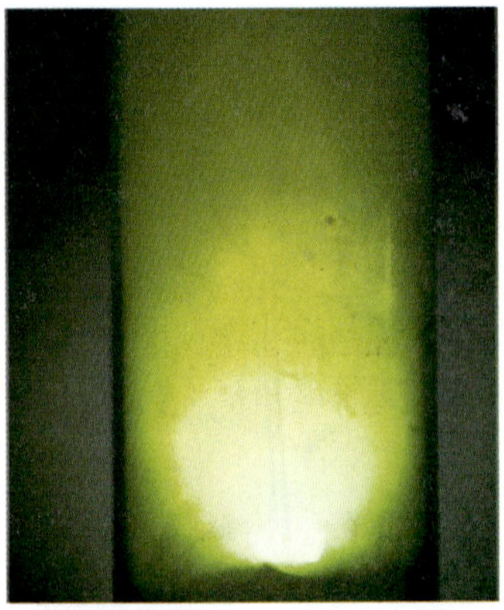

▲**소듐과 염소의 점화**
소듐 금속과 염소 기체가 격렬하게 반응하여 밝은 노랑 빛을 내고 염화 소듐, NaCl 가루를 만든다.

## 금속과 비금속

화합 반응의 또 다른 종류에는 금속과 비금속이 반응하여 이온 화합물이 되는 것이다. 다음 예는 은빛의 소듐 금속과 노란 염소 기체가 화합하여 고체의 염화 소듐을 생성한 것이다.

**금속 + 비금속 → 이성분 이온 화합물**

$$2\,Na(s) + Cl_2(g) \xrightarrow{\Delta} 2\,NaCl(s)$$

금속 원소와 비금속 원소는 반응하면 이성분 이온 화합물이 만들어진다. 전형(주족) 금속을 포함하는 이온 화합물의 화학식은 일반적으로 예측할 수 있다. 전이 금속을 포함하는 화합물의 화학식은 때때로 예측이 어렵다.

다음 예제는 금속과 비금속의 화합 반응에 대한 균형 화학반응식의 작성 방법을 자세히 설명하고 있다.

### 예제 7.8 금속과 비금속의 화합 반응

다음 화합 반응에 대한 균형 화학반응식을 완성하라.

(a) 알루미늄 금속에 황 고체를 넣고 가열하면 고체 황화 알루미늄이 만들어진다.
(b) 크롬 금속에 아이오딘 결정을 넣고 가열하면 아이오딘화 크롬(Ⅲ) 고체가 만들어진다.

**해답**

금속과 비금속은 반응하여 이성분 이온 화합물을 생성한다.

(a) 생성물의 화학식에 대한 예측은 가능하다. 알루미늄은 황과 화합하여 황화 알루미늄인 $Al_2S_3$를 만든다. 그 반응의 균형 화학반응식은 다음과 같다.

$$2\,Al(s) + 3\,S(s) \xrightarrow{\Delta} Al_2S_3(s)$$

(b) 크롬은 전이 금속이다. 그래서 생성물에 대한 화학식을 예측할 수 없다. 그러나 우리는 이 화합물의 이름이 아이오딘화 크롬(Ⅲ)이라는 것을 알고 있다. 아이오딘화 크롬(Ⅲ)의 화학식은 $CrI_3$이다. 이 반응의 균형 화학반응식은 다음과 같다.

$$2\,Cr(s) + 3\,I_2(s) \xrightarrow{\Delta} 2\,CrI_3(s)$$

**실전 연습문제**

다음 화합 반응의 균형 화학반응식을 쓰라.

(a) 칼슘 금속을 플루오린 기체와 가열하면 고체 플루오린화 칼슘이 생성된다.
(b) 망가니즈 금속이 브로민 증기와 반응하면 결정성 브로민화 망가니즈(Ⅳ)가 된다.

**답:** (a) $Ca(s) + F_2(g) \xrightarrow{\Delta} CaF_2(s)$ (b) $Mn(s) + Br_2(g) \rightarrow MnBr_4(s)$

**개념 문제**

금속과 비금속을 가열하여 얻어지는 생성물은 무엇인가?

**답:** 부록 G, 7.8 참조

## 7.6 분해 반응

분해 반응에 관한 예는 여러 가지가 있다. 화합물을 가열하면 화합물은 둘이나 그 이상의 간단한 물질로 분해된다. 이 장에서 세 가지의 중요한 분해 반응에 관하여 공부하게 될 것이다.

**학습 목표**

- ▶ 금속 탄산수소염의 분해에 관한 균형 화학반응식을 쓸 수 있다.
- ▶ 금속 탄산염의 분해에 관한 균형 화학반응식을 쓸 수 있다.
- ▶ 산소 기체를 방출하는 화합물의 분해에 관한 균형 화학반응식을 쓸 수 있다.

### 금속 탄산수소염

금속 탄산수소염에 열을 가하면 분해반응이 일어난다. 예를 들어, 베이킹 소다가 천연의 소화기라는 것을 알 것이다. 즉, 불길의 열기가 베이킹 소다(탄산수소 소듐)를 분해하고 이산화 탄소 기체를 방출하는 것이다. 이산화 탄소가 공기보다 밀도가 더 높기 때문에 이산화 탄소가 산소를 차단함으로써 불길을 덮어 끌 수 있게 된다. 여기에 금속 탄산수소염의 분해에 관한 일반 반응이 있다. 예로써, 탄산수소 소듐은 가열하면 분해되어 탄산 소듐, 물 및 이산화 탄소를 생성시킨다.

$$\text{금속 탄산수소염} \xrightarrow{\Delta} \text{금속 탄산염} + \text{물} + \text{이산화 탄소}$$

$$2\ NaHCO_3(s) \xrightarrow{\Delta} Na_2CO_3(s) + H_2O(g) + CO_2(g)$$

금속 탄산수소염의 분해 반응이 일어나는 동안에는 금속의 이온 전하가 바뀌지 않는다. 그래서 금속 탄산염의 화학식은 예측할 수 있다. 그러므로 전이 금속 탄산수소염 또한 예측 가능하다. 탄산수소 니켈(Ⅱ)이 분해되면, 생성물 중의 하나는 탄산 니켈(Ⅱ)이다. 그러므로 다음과 같은 반응식을 쓸 수 있다.

$$Ni(HCO_3)_2(s) \xrightarrow{\Delta} NiCO_3(s) + H_2O(g) + CO_2(g)$$

다음의 예제에서는 금속 탄산수소염의 분해 반응에 관한 균형 반응식을 쓰는 것을 더 잘 설명해 주고 있다.

#### 예제 7.9 탄산수소염의 분해 반응

다음 분해 반응에 관한 화학반응식을 쓰라.
(a) 탄산수소 리튬을 가열하면 분해된다.
(b) 탄산수소 납(Ⅱ)을 가열하면 분해된다.

**해답**

금속 탄산수소염이 가열에 의해 분해되면 금속 탄산염과 물 그리고 이산화 탄소가 나온다.
(a) 생성물 $LiCO_3$를 포함한 모든 화학식을 예측할 수 있다. 균형 반응식은 다음과 같다.

$$2\ LiHCO_3(s) \xrightarrow{\Delta} Li_2CO_3(s) + H_2O(g) + CO_2(g)$$

(b) 납의 이온 전하는 다양하지만, 반응물로 탄산수소 납(Ⅱ)이 주어져 있다. 따라서 생성물은 탄산 납(Ⅱ), $PbCO_3$이다. 반응의 균형 반응식은 다음과 같다.

$$Pb(HCO_3)_2(s) \xrightarrow{\Delta} PbCO_3(s) + H_2O(g) + CO_2(g)$$

**실전 연습문제**

다음 분해 반응의 균형 화학반응식을 쓰라.
(a) 탄산수소 바륨은 화합물을 가열함으로써 분해된다.
(b) 탄산수소 구리(I)는 가열하면 분해된다.

**답:** (a) $Ba(HCO_3)_2(s) \xrightarrow{\Delta} BaCO_3(s) + H_2O(g) + CO_2(g)$
(b) $2\ CuHCO_3(s) \xrightarrow{\Delta} Cu_2CO_3(s) + H_2O(g) + CO_2(g)$

**개념 문제**

금속 탄산 수소염을 가열하면 어떤 생성물이 얻어지는가?

**답:** 부록 G, 7.9 참조

## 금속 탄산염

금속 탄산수소염은 금속 탄산염으로 분해된 후, 분해된 금속 탄산염을 계속 가열하면 더 많은 분해가 일어날 수 있다. 금속 탄산염은 이산화 탄소 기체를 방출하는 동안 금속 산화물로 분해된다.

금속 탄산염이 분해되는 일반적인 반응이 있다. 예를 들면, 탄산 칼슘이 열에 의해 분해되어 산화 칼슘과 이산화 탄소를 생성시킨다.

$$\text{금속 탄산염} \xrightarrow{\Delta} \text{금속 산화물} + \text{이산화 탄소}$$

$$CaCO_3(s) \xrightarrow{\Delta} CaO(s) + CO_2(g)$$

금속 탄산염이 분해 반응을 하는 동안에 이 금속의 이온 전하는 변하지 않는다. 그러므로 금속 탄산염의 분해로 생기는 금속 산화물의 화학식을 예측할 수 있다. 탄산 니켈(Ⅱ)이 분해된다면, 그 생성물 중의 하나는 산화 니켈(Ⅱ)일 것이다. 즉, 다음과 같다.

$$NiCO_3(s) \xrightarrow{\Delta} NiO(s) + CO_2(g)$$

### 예제 7.10 탄산염의 분해 반응

다음 분해 반응의 균형 화학반응식을 쓰라.

(a) 탄산 마그네슘이 열에 의해 분해되는 반응.

(b) 탄산 구리(I)가 열에 의해 분해되는 반응.

**해답**

금속 탄산염이 열에 의해 분해되어 이산화 탄소 기체와 금속 산화물로 된다.

(a) 금속 산화물, MgO를 포함하여 모든 화학식들이 예측될 수 있다. 균형 화학반응식은 다음과 같다.

$$MgCO_3(s) \xrightarrow{\Delta} MgO(s) + CO_2(g)$$

(b) 구리의 이온 전하는 1+ 또는 2+가 될 수 있다. 탄산 구리(I)가 반응한 후의 생성물은 산화 구리(I), $Cu_2O$이다. 즉 이 반응에 대한 균형 반응식은 다음과 같다.

$$Cu_2CO_3(s) \xrightarrow{\Delta} Cu_2O(s) + CO_2(g)$$

**실전 연습문제**

다음 분해 반응에 따른 균형 화학반응식을 쓰라.

(a) 탄산 알루미늄은 열에 의해 분해된다.

(b) 탄산 철(Ⅱ)은 열에 의해 분해된다.

**답:** (a) $Al_2(CO_3)_3(s) \xrightarrow{\Delta} Al_2O_3(s) + 3\,CO_2(g)$

(b) $FeCO_3(s) \xrightarrow{\Delta} FeO(s) + CO_2(g)$

**개념 문제**

탄산 금속을 가열하여 얻어지는 생성물은 무엇인가?

**답:** 부록 G, 7.10 참조

## 산소를 포함하는 여러 가지 화합물들

산소를 포함한 이온 화합물에서 산소 기체를 분리하는 분해를 할 수 있다. 그러나 우리가 항상 예측했던 생성물들이 얻어지는 것만은 아니다. 이러한 분해 반응에서는 생성물의 화학식을 알고 있어야만 한다. 아래의 예에서 산화 수은(Ⅱ)은 열에 의하여 액체 수은과 산소 기체로 분해된다.

$$\text{산소를 포함한 화합물} \xrightarrow{\Delta} \text{물질} + \text{산소 기체}$$

$$2\,HgO(s) \xrightarrow{\Delta} 2\,Hg(l) + O_2(g)$$

▲**분해되는 산화 수은(II)** 소량의 오렌지색 HgO 분말을 열에 의해 분해시키면 산소 기체, $O_2$와 은빛 구슬인 수은 금속을 얻는다.

다음 예제에서는 여러 가지 분해 반응에 대한 균형 반응식을 쓰는 것에 대해 더 잘 설명하여 준다.

### 예제 7.11 산소 기체를 생성하는 분해 반응

다음 분해 반응의 균형 화학반응식을 쓰라.

(a) 염소산 포타슘 고체는 열에 의해 분해되면 고체 염화 포타슘과 산소 기체가 생긴다.

(b) 질산 소듐 고체는 열에 의해 분해되어 고체 아질산 소듐과 산소 기체가 생긴다.

**해답**

이러한 반응에 일반적인 형식이 없다. 그러나 반응물과 생성물의 이름들은 알 수 있다.

(a) 각각의 물질들의 화학식을 쓴 다음에 균형 화학반응식을 쓸 수 있다. 균형 반응식은 다음과 같다.

$$2\,KClO_3(s) \xrightarrow{\Delta} 2\,KCl(s) + 3\,O_2(g)$$

(b) 질산 소듐의 균형 반응식은 다음과 같다.

$$2\,NaNO_3(s) \xrightarrow{\Delta} 2\,NaNO_2(s) + O_2(g)$$

**실전 연습문제**

다음 분해 반응에 따른 균형 화학반응식을 쓰라.

(a) 산화 납(Ⅳ) 고체는 열에 의해 분해하면 고체의 산화 납(Ⅱ)과 산소 기체가 얻어진다.

(b) 과산화 수소 수용액을 열에 의해 분해하면 물과 산소 기체가 얻어진다.

**답:** (a) $2\,PbO_2(s) \xrightarrow{\Delta} 2\,PbO(s) + O_2(g)$

(b) $2\,H_2O_2(aq) \xrightarrow{\Delta} 2\,H_2O(l) + O_2(g)$

**개념 문제**

산소를 포함하는 화합물을 가열하면 유용한 생성물은 무엇인가?

**답:** 부록 G, 7.11 참조

학습 목표

- 금속이 염의 수용액과의 반응 여부를 예상할 수 있다.
- 금속이 산 수용액과의 반응 여부를 예상할 수 있다.
- 금속이 25 ℃에서 물과의 반응 여부를 예상할 수 있다.

**도움말**
**금속의 활성도 서열**
반응성에 따라 정렬된 금속의 상대적인 순서는 다음과 같다.
Li > K > Ba > Sr > Ca > Na > Mg > Al > Mn > Zn > Fe >Cd > Co > Ni > Sn > Pb > (H) > Cu > Ag > Hg > Au
아연 금속을 철 수용액에 넣으면 Zn은 용액에서 Fe를 치환한다.

## 7.7 활성도 서열 개념

금속이 단일 치환 반응을 할 때, 화합물이나 수용액으로부터 다른 금속을 치환시킨다. 하나의 금속이 다른 금속을 치환하는 것은 그 금속이 반응하려는 경향이 크기 때문이다. 다시 말해서, 더 활성적이다. 만약 금속 A가 금속 B보다 더 활성적이라면, 금속 A는 BZ 화합물로부터 금속 B를 치환시킬 것이다. 다음과 같은 반응식을 볼 수 있다.

$$A + BZ \rightarrow AZ + B$$

금속의 활성도는 단일 치환 반응에서 경쟁할 수 있는 금속 활성의 척도이다. **활성도 서열**(activity series) 또는 **이온화 전극 전위 서열**(electro motive series)은, 반응하려는 금속의 활성에 따라 배열된 금속의 순서이다. 반응성이 큰 금속들은 활성도 서열에서 먼저 나타난다. 반응성이 적은 금속들은 서열에서 나중에 나타난다. 여러 금속들의 상대적인 활성도는 왼쪽 도움말의 목록과 같다.

이 서열에서 리튬은 포타슘에 앞서고, 차례로 바륨 등이 앞서는 것을 알 수 있다. 수소(H)는 금속이 아니지만, 기준으로써 서열에 포함시켰다. 반응 서열에서 수소보다 앞에 있는 금속들은 산과 반응한다. 서열에서 수소의 다음에 오는 금속들은 산과 반응하지 않는다. Cu, Ag, Hg 그리고 Au 금속들은 산과 반응하지 않는 것에 주의해야 한다.

황산 구리(Ⅱ) 수용액에서 철의 반응을 생각해 보자.

$$Fe(s) + CuSO_4(aq) \rightarrow FeSO_4(aq) + Cu(s)$$

◀**구리 용액 속의 철**
철 못이 푸른 $CuSO_4$ 수용액에서 반응하면 철 못 표면에 불그스름한 갈색 Cu 금속 침전이 생긴다.

철은 활성도 서열에서 구리에 앞선다. 따라서 철은 수용액에서 Cu를 치환한다. 실험실에서 반응을 실행해보면, 금속 철 표면에서 불그레한 갈색 구리 침전을 볼 수 있게 된다. 이러한 유형의 실험으로 활성도 서열에서 금속의 순서를 정한다. 즉, Fe >>> Cu 이다.

반대로, 황산 철(Ⅱ) 수용액 속에 구리 금속을 넣는다면 반응은 일어나지 않는다. 즉, 활성도 서열에서 Cu가 철 다음에 오기 때문에 Cu가 용액에서 철을 치환시킬 수 없는 것이다. 따라서 황산 철(Ⅱ) 용액 속에 구리선을 넣는다면 반응이 일어나지 않는다.

$$Cu(s) + FeSO_4(aq) \rightarrow NR$$

이제 황산에서 철선의 반응을 생각해 보자. 황산 용액은 기체 기포들을 방출하며, 반응식은 다음과 같다.

$$Fe(s) + H_2SO_4(aq) \rightarrow FeSO_4(aq) + H_2(g)$$

철은 활성도 서열에서 수소(H)에 앞선다. 따라서 철은 황산 용액에서 수소 기체를 치환한다. 반응을 관찰해보면, 철선이 수소 기체의 작은 기포를 방출하는 것을 보게 될 것이다. 이제 황산과 구리 금속의 반응을 생각해 보자.

$$Cu(s) + H_2SO_4(aq) \rightarrow NR$$

구리는 활성도 서열에서 수소(H) 뒤에 온다. 따라서 구리는 황산 용액에서 수소($H_2$) 기체를 치환할 수 없다. 만약 황산 속에 있는 구리선을 관찰하면, 반응에 대한 증거는 없는 것이다.

## 활성 금속

반응성이 커 상온에서 물과 직접 반응하는 금속은 그리 많지 않다. 이 금속들은 **활성 금속(active metal)**이라 불리며, IA/1 족 그리고 IIA/2 족 금속들이 대부분이다. 특히, Li, Na, K, Rb, Cs, Ca, Sr과 Ba은 물과 반응한다. 가장 일반적인 활성 금속은 오른쪽 도움말에 수록하였다.

소듐 금속을 물에 떨어뜨리는 실험을 생각해 보자. 소듐이 활성 금속이므로 물과의 반응은 다음 반응식에 따른다.

$$2\ Na(s) + 2\ H_2O(l) \rightarrow 2\ NaOH(aq) + H_2(g)$$

다음의 예제는 산, 물 및 수용액과 금속의 반응성을 예측할 수 있는 방법을 더 잘 설명하였다.

**도움말**
**활성 금속 목록**
물에서의 반응성에 따라 정렬된 금속의 상대적 순서는 다음과 같다:
Li > K > Ba > Sr > Ca > Na
리튬 금속이 물에 들어가면 Li는 용액에서 $H_2$ 기체를 치환한다.

### 예제 7.12 활성도 서열에 근거한 예측

다음의 각각에 대하여 반응이 일어날 것인지의 여부를 예측하라.
(a) 황산 철(Ⅱ)용액에 알루미늄 호일을 첨가한다.
(b) 황산 알루미늄 용액에 철사를 첨가한다.
(c) 아세트산에 망가니즈 금속을 첨가한다.
(d) 물에 마그네슘 금속을 첨가한다.

**해답**

각 금속들의 반응성에 대한 활성도 서열을 참고할 수 있을 것이다.
(a) 알루미늄은 활성도 서열에서 철 앞에 있다: Al > Fe. 따라서 반응이 일어나고 Al은 용액에서 Fe를 치환한다.
(b) 반대로, 철은 활성도 서열에서 알루미늄 다음에 있다: Al > Fe. 따라서 반응은 일어나지 않는다.
(c) 망가니즈는 활성도 서열에서 수소 앞에 있다 : Mn > (H). 따라서 반응이 일어나고 Mn은 용액에서 기포 상태의 $H_2$ 기체를 생성한다.
(d) 마그네슘은 활성 금속이 아니다. 그러므로 마그네슘은 물과 반응하지 않고, 따라서 반응은 일어나지 않는다.

**실전 연습문제**

다음의 각각에 대하여 반응이 일어날 것인지의 여부를 예측하라.
(a) 황산에 금반지를 떨어뜨린다.
(b) 염산에 아연 분말을 떨어뜨린다.
(c) 질산 납(Ⅱ) 용액에 카드뮴 호일을 집어넣는다.
(d) 물속에 크롬 조각을 집어넣는다.

**답:** (a) Au는 활성도 서열에서 (H)의 뒤에 있기 때문에 반응이 일어나지 않는다.
(b) Zn은 활성도 서열에서 (H)의 앞에 있기 때문에 반응이 일어난다.
(c) Cd는 활성도 서열에서 Pb의 앞에 있기 때문에 반응이 일어난다.
(d) Cr은 활성 금속이 아니기 때문에 반응이 일어나지 않는다.

**개념 문제**

다음 금속 중 어느 것이 질산 은 수용액과 반응하는가? : Zn, Cu, Au

**답:** 부록 G, 7.12 참조

▲산 속의 금
금반지는 황산, $H_2SO_4$ 수용액에서 반응이 일어나지 않는다.

**주 의** 활성도 서열 개념의 도입 부분에서 우리는 단지 금속들의 활성도만을 생각해 봤다. 이에 덧붙여 비금속의 반응에서 활성도 또한 활성도 서열을 생기게 한다. 예를 들면, 할로젠은 다음과 같은 활성도 서열을 나타낸다: F > Cl > Br > I. 다음과 같은 반응을 생각해 보자.

$$Cl_2(g) + 2\ NaBr(aq) \rightarrow 2\ NaCl(aq) + Br_2(l)$$

활성도 서열에서 Cl이 Br의 앞에 있기 때문에 단일 치환 반응이 일어난다. 따라서 더 활성인 Cl은 용액에서 덜 활성인 Br를 치환한다. 이와 반대로 서열에서 Cl은 F 뒤에 있다. 그러므로 Cl은 F 보다 덜 활성이어서 용액에서 F를 치환할 수가 없다. 따라서 다음과 같이 반응은 일어나지 않는다.

$$Cl_2(g) + NaF(aq) \rightarrow NR$$

**학습 목표**

- 수용액에서 금속의 반응에 대한 균형 화학반응식을 쓸 수 있다.
- 산 수용액에서 금속의 반응에 대한 균형 화학반응식을 쓸 수 있다.
- 물에서 활성 금속의 반응에 대한 균형 화학반응식 쓸 수 있다.

## 7.8 단일–치환 반응

용액에서 활성이 큰 금속이 활성이 작은 금속을 치환하는 단일 치환 반응에는 많은 예가 있다. 일반적으로, 금속의 활성도는 주기율표에서 금속성의 경향에 따른다. 어떤 특별한 금속에 상대적 반응성을 결정하기 위해서는 활성도 서열을 참고할 수 있을 것이다.

### 금속과 염수용액

단일-치환 반응의 한 가지 유형은 금속과 이온 화합물의 수용액과의 반응이다. 이러한 반응에 대한 일반적인 반응식은 다음과 같다.

$$\textbf{금속}_1(s) + \textbf{염}_1(aq) \rightarrow \textbf{금속}_2(s) + \textbf{염}_2(aq)$$

질산은 수용액에서 금속성인 구리선의 반응을 생각해 보자. 반응에 대한 균형반응식은 다음과 같다.

$$Cu(s) + 2\ AgNO_3(aq) \rightarrow 2\ Ag(s) + Cu(NO_3)_2(aq)$$

활성도 서열을 참고하면, 구리가 활성이 큰 금속이라는 것을 알 수가 있을 것이다. 즉, 구리는 서열에서 은보다 앞에 있다: Cu > Ag. 그러므로 Cu 금속은 수용액에서 Ag 금속을 치환할 수 있다.

이제 역반응에 대해서 생각해 보자. 즉, 질산 구리 수용액에서 금속 은선의 반응이다. Ag 금속은 Cu 금속보다 덜 활성적이기 때문에 반응이 일어나지 않으리라는 것을 예측할 수 있다. 즉, 다음과 같다.

$$Ag(s) + Cu(NO_3)_2(aq) \rightarrow NR$$

▲**은 용액 속의 구리**
구리선이 무색의 $AgNO_3$ 용액과 반응하여 흰색 결정인 Ag와 밝은 푸른색의 수용액이 생성된다.

### 금속과 산 수용액

단일-치환 반응의 두 번째 유형은 금속과 산 수용액과의 반응이다. 금속과 산 수용액이 반응하여 수소 기체와 이온 화합물(염)의 수용액을 생성한다. 이 반응의 일반적인 반응식은 다음과 같다.

$$\textbf{금속}\ (s) + \textbf{산}\ (aq) \rightarrow \textbf{염}(aq) + \textbf{수소}\ (g)$$

철 금속과 황산의 반응을 생각해 보자. 먼저, 철의 위치를 확인하기 위해서 활성도 서열을 참고한다. 철은 활성도 서열에서 수소보다 앞에 있다. 따라서 철은 산에서 수소 기체를 치환한다. 반응에서 황산 철(Ⅱ)을 생성한다고 가정하면, 다음과 같이 균형 화학반응식을 쓸 수 있다.

$$Fe(s) + H_2SO_4(aq) \longrightarrow FeSO_4(aq) + H_2(g)$$

## 활성 금속과 물

단일-치환 반응의 세 번째 유형은 활성 금속과 물의 반응이다. 활성 금속은 물과 반응하여 금속 수산화물과 수소 기체를 생성한다. 일반적인 반응식은 다음과 같다.

$$\text{금속}(s) + \text{물}(l) \rightarrow \text{금속 수산화물}(aq) + \text{수소}(g)$$

물속에서 칼슘 금속의 반응을 생각해보자. 이 반응에서 수산화 칼슘과 수소 기체가 생성되며, 반응의 균형 반응식은 다음과 같다.

$$Ca(s) + 2\,H_2O(l) \longrightarrow Ca(OH)_2(aq) + H_2(g)$$

다음의 예제는 세 가지 유형의 단일-치환 반응들의 균형 화학반응식을 쓰는 것을 더 설명한 것이다.

▲물속의 칼슘
물속에 있는 칼슘 금속 조각은 반응하여 수소 기체의 기포를 발생시킨다.

### 예제 7.13 단일-치환 반응

다음 단일-치환 반응들의 균형 화학반응식을 쓰라.
(a) 니켈 금속을 황산 주석(Ⅱ) 용액 속에 넣는다.
(b) 코발트 금속을 질산 카드뮴(Ⅱ) 용액 속에 넣는다.
(c) 망가니즈 조각을 황산에 넣는다.
(d) 포타슘 조각을 물속에 떨어뜨린다.

**해답**

먼저, 각 금속들의 활성도 서열에서의 상대적 위치를 참고한다. 그 다음에 반응식을 쓴다.

(a) 니켈은 활성도 서열에서 주석보다 앞선다: Ni > Sn. 따라서 반응이 일어나고, Ni가 용액으로부터 Sn을 치환한다.

$$Ni(s) + SnSO_4(aq) \rightarrow NiSO_4(aq) + Sn(s)$$

(b) 코발트는 활성도 서열에서 카드뮴의 뒤에 있다: Cd >Co. 따라서 반응은 일어나지 않는다.

$$Co(s) + Cd(NO_3)_2(aq) \rightarrow NR$$

(c) 망가니즈는 활성도 서열에서 수소보다 앞에 있다: Mn > (H). 따라서 반응이 일어나고, 망가니즈(Mn)는 용액으로부터 $H_2$ 기체 기포를 방출한다.

$$Mn(s) + H_2SO_4(aq) \rightarrow MnSO_4(aq) + H_2(g)$$

(d) 포타슘은 IA/1 족 활성 금속이다. 따라서 반응이 일어나고, 포타슘은 용액으로부터 $H_2$ 기체를 방출한다.

$$2\,K(s) + 2\,H_2O(l) \rightarrow 2\,KOH(aq) + H_2(g)$$

**실전 연습문제**

다음 단일-치환 반응의 균형 화학반응식을 쓰라.
(a) 니켈 금속을 질산은 용액 속에 넣는다.
(b) 금 금속을 질산은 용액 속에 넣는다.
(c) 카드뮴 금속 조각을 염산 속에 떨어뜨린다.
(d) 작은 스트론튬 금속 조각을 물속에 떨어뜨린다.

**답:** (a) $Ni(s) + 2\,AgNO_3(aq) \rightarrow 2\,Ag(s) + Ni(NO_3)_2(aq)$
(b) $Au(s) + AgNO_3(aq) \rightarrow NR$
(c) $Cd(s) + 2\,HCl(aq) \rightarrow CdCl_2(aq) + H_2(g)$
(d) $Sr(s) + 2\,H_2O(l) \rightarrow Sr(OH)_2(aq) + H_2(g)$

**개념 문제**

다음 금속 중 어느 것이 산 수용액과 반응하는가? : Zn, Cu, Au

**답:** 부록 G, 7.13 참조

**주 의** 단일-치환 반응에서 금속 양이온의 이온 전하를 예측하는 것이 항상 가능한 것은 아니다. 예를 들면, 구리 금속이 질산 은 수용액과 반응했을 때 최종 구리 화합물은 $Cu^{+}$ 또는 $Cu^{2+}$를 포함한다.

**학습 목표**

▶ 일반적인 용해도 규칙이 주어졌을 때 이온 화합물이 물속에서 용해되는지를 예측할 수 있다.

## 7.9 용해도 규칙

7.10에서 언급할 이중-치환 반응에서 두 수용액은 침전을 형성하는 반응을 할 것이다. 만약 불용성 화합물이 생성되는 것을 관찰하면, 화학반응의 증거를 가지게 된다.

용액 속에서 불용성 화합물을 구별할 수 있는 것이 중요하다. 표 7.2에는 물속에서 이온 화합물의 용해도를 나타내는 일반적인 일련의 규칙들이 있다. 그러나 일반적인 규칙에는 예외가 있고, 이 몇 가지 예외들이 표에 제시되어 있다. 예를 들어 $Na_2CO_3$는 물에 용해된다(규칙 6).

▲**불용성의 염화 은**
질산 은과 염화 소듐의 수용액은 반응하여 불용성인 AgCl을 생성한다.

**표 7.2 이온 화합물의 용해도 규칙**

다음의 이온을 포함하는 화합물들은 일반적으로 물에 가용성이다.
1. 알칼리 금속 이온과 암모늄 이온, $Li^{+}$, $Na^{+}$, $K^{+}$, $NH_4^{+}$
2. 아세트산 이온, $C_2H_3O_2^{-}$
3. 질산 이온, $NO_3^{-}$
4. 할로젠 이온($X = Cl^{-}$, $Br^{-}$, $I^{-}$) (예외로 AgX, $Hg_2X_2$ 및 $PbX_2$은 불용성이다.)
5. 황산 이온, $SO_4^{2-}$ (예외로 $SrSO_4$, $BaSO_4$ 및 $PbSO_4$은 불용성이다.)

다음의 이온을 포함하는 화합물들은 일반적으로 물에 불용성이다.*
6. 탄산 이온, $CO_3^{2-}$ (규칙 1은 예외로 가용성이다.)
7. 크롬산 이온, $CrO_4^{2-}$ (규칙 1은 예외로 가용성이다.)
8. 인산 이온, $PO_4^{3-}$ (규칙 1은 예외로 가용성이다.)
9. 황화 이온, $S^{2-}$ (CaS, SrS, BaS 및 규칙 1은 예외로 가용성이다.)
10. 수산화 이온, $OH^{-}$ [$Ca(OH)_2$, $Sr(OH)_2$, $Ba(OH)_2$ 및 규칙 1은 예외로 가용성이다.

* 이 화합물들은 실제적으로 물에서 매우 약간 혹은 극미량 녹는다.

화합물이 물에 녹을 것인지 혹은 아닌지를 결정하기 위하여 그 화합물에 용해도 규칙을 적용하여 보자.

### 예제 7.14 수용성 이온 화합물

다음 화합물들이 물에 가용성인지 불용성인지 진술하라.

(a) 황화 암모늄, $(NH_4)_2S$

(b) 황산 바륨, $BaSO_4$

**해답**

표 7.2에 있는 용해도 규칙을 참고하라.

(a) 황화 암모늄은 암모늄 이온인 $NH_4^{+}$을 포함한다. 규칙 1에 따라 $(NH_4)_2S$은 가용성이다.
(b) 황산 바륨은 황산 이온인 $SO_4^{2-}$을 포함한다. 규칙 5의 예외로서 $BaSO_4$은 불용성이다.

**실전 연습문제**

다음 화합물들이 물에서 가용성인지 불용성인지 진술하라.

(a) 탄산 마그네슘, $MgCO_3$ (b) 수산화 칼슘, $Ca(OH)_2$

**답:** (a) 불용성(규칙 6)　　(e) 가용성(규칙 10의 예외)

**개념 문제**

다음 화합물 중 어느 것이 물에 용해하는가? : $HgCl_2$ 또는 $Hg_2Cl_2$?

**답:** 부록 G, 7.14 참조

## 예제 7.15 불용성 이온 화합물

다음 화합물들이 물에 가용성인지 불용성인지 진술하라.

(a) 질산 알루미늄, $Al(NO_3)_3$　　(b) 크롬산 납, $PbCrO_4$

**해답**

표 7.2에 있는 용해도 규칙을 참고하라.

(a) 질산 알루미늄은 질산 이온인 $NO_3^-$를 포함한다. 규칙 3에 따라 $Al(NO_3)_3$은 가용성이다.
(b) 크롬산 납(II)은 크롬산 이온인 $CrO_4^{2-}$을 포함한다. 규칙 7에 따르면 $PbCrO_4$은 불용성이다.

**실전 연습문제**

다음 화합물들이 물에서 가용성인지 불용성인지 진술하라.

(a) 아세트산 납 (II), $Pb(C_2H_3O_2)_2$　　(b) 인산 아연, $Zn_3(PO_4)_2$

**답:** (a) 가용성(Rule 2)　　(b) 불용성(Rule 8)

**개념문제**

다음 화합물 중 어느 것이 물에 용해되지 않는가? $HgCl_2$ 또는 $Hg_2Cl_2$?

**답:** 부록 G, 7.15 참조

# 7.10 이중–치환 반응

**학습 목표**

▶ 수용액에서 두 염의 반응에 대한 균형 반응식을 쓸 수 있다.

이중–치환 반응인 경우, 수용액에서 두 이온 화합물들은 음이온들을 교환하여 불용성 물질들을 생성한다. 이 반응의 일반적인 형태는 다음과 같다.

$$AX + BZ \rightarrow AZ + BX$$

AX와 BZ의 반응에서, AZ 또는 BX는 불용성의 침전이라는 것을 가정할 수 있다. AZ와 BX가 둘 다 가용성이라면, 아무런 침전은 일어나지 않으며 또한 반응은 일어나지 않는다. 수용액에서 두 염의 이중–치환 반응을 고려하자.

$$\text{염}_1(aq) + \text{염}_2(aq) \rightarrow \text{염}_3(s) + \text{염}_4(aq)$$

한 예로서, 질산 은과 탄산 소듐의 수용액을 혼합할 때 흰 침전을 관찰할 수 있다. 이 반응에서, 두 화합물들은 음이온들을 교환해서 불용성 탄산 은과 질산 소듐을 생성한다. 아래와 같이 균형 화학반응식을 쓸 수 있다.

$$2\ AgNO_3(aq) + Na_2CO_3(aq) \rightarrow Ag_2CO_3(s) + 2\ NaNO_3(aq)$$

용해도 규칙 6을 참고하면, 탄산 이온인 $CO_3^{2-}$를 포함하는 대부분의 화합물들은 불용성이라는 것을 알 수 있다. 탄산 은이 불용성이기 때문에 위 반응식에서 $Ag_2CO_3(s)$로서 쓰여 진다. 여기서 쓴 (*s*)는 $Ag_2CO_3$가 불용성의 침전임을 나타낸다. 다음의 예제에서는 이중–치환 반응의 균형 반응식을 쓰는 방법을 더 설명한 것이다.

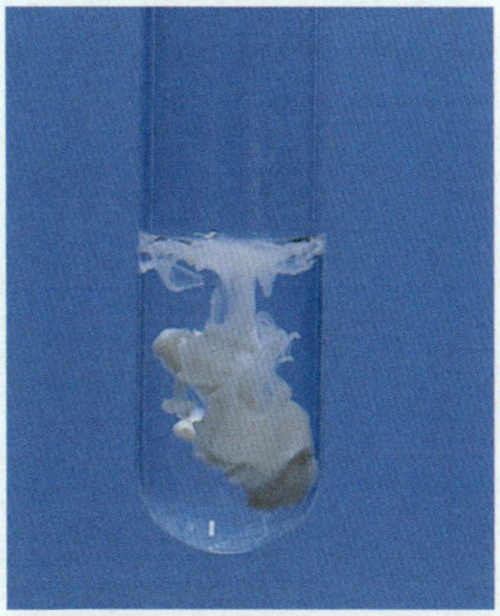

▲**불용성의 탄산 은**
질산 은과 탄산 소듐의 수용액은 반응하여 불용성 침전인 $Ag_2CO_3$을 생성한다.

### 예제 7.16 이중-치환 반응

다음 이중-치환 반응에 대한 균형 화학반응식을 쓰라.

(a) 염화 바륨 수용액에 크롬산 포타슘 용액을 가한다.
(b) 아세트산 스트론튬 수용액에 수산화 리튬 용액을 가한다.

**해답**

이중-치환 반응에서는 두 화합물의 음이온을 바꾸고 불용성 화합물에 대한 용해도 규칙을 검토한다.

(a) 염화 바륨과 크롬산 포타슘은 크롬산 바륨과 염화 포타슘을 생성한다. 용해도 규칙 7에 의하면 크롬산 바륨은 불용성이란 것을 알 수 있다. 균형 반응식은 다음과 같다.

$$BaCl_2(aq) + K_2CrO_4(aq) \rightarrow BaCrO_4(s) + 2\ KCl(aq)$$

(b) 아세트산 스트론튬과 수산화 리튬은 다음과 같이 반응한다.

$$Sr(C_2H_3O_2)_2(aq) + 2\ LiOH(aq) \rightarrow Sr(OH)_2(aq) + 2\ LiC_2H_3O_2(aq)$$

하지만 용해도 규칙에 의하면 $Sr(OH)_2$와 $LiC_2H_3O_2$는 가용성이다. 따라서 반응식은 다음과 같다.

$$Sr(C_2H_3O_2)_2(aq) + LiOH(aq) \rightarrow NR$$

**실전 연습문제**

다음 이중-치환 반응에 대한 균형 화학반응식을 쓰라.

(a) 황산 아연 수용액에 탄산 소듐 용액을 가한다.
(b) 질산 망가니즈(II) 수용액에 수산화 포타슘 용액을 가한다.

**답:** (a) $ZnSO_4(aq) + Na_2CO_3(aq) \rightarrow ZnCO_3(s) + Na_2SO_4(aq)$

(b) $Mn(NO_3)_2(aq) + 2\ KOH(aq) \rightarrow Mn(OH)_2(s) + 2\ KNO_3(aq)$

**개념 문제**

질산 은과 염화 소듐의 반응에서 불용성 생성물의 여부를 확인하라.

**답:** 부록 G, 7.16 참조

**학습 목표**

▶ 산과 염기의 반응에 대한 균형 화학반응식을 쓸 수 있다.

## 7.11 중화 반응

중화 반응에서 산과 염기는 반응해서 이온 화합물 수용액과 물을 만든다. **산(acid)**은 용액에서 수소 이온($H^+$)을 방출하는 물질이고, **염기(base)**는 수산화 이온(OH−)을 방출하는 물질이다. 생성된 이온 화합물은 **염(salt)**이라 불리고 염기로부터 생긴 양이온과 산으로부터 생긴 음이온으로 구성되어진다. 일반적인 반응 형식은 다음과 같다.

$$HX + BOH \rightarrow BX + HOH$$

중화 반응은 이중-치환 반응의 특별한 경우이다. 이온들의 교환을 강조하기 위해서 HOH로써 물을 표기한다는 것을 주의하라. 또한 HOH로 물을 표기하는 것이 중화반응에서 반응식의 균형을 맞추는 데 도움을 준다는 것을 알 수 있을 것이다. 중화 반응에서 산과 염기는 반응하여 염과 물을 생성한다.

$$\textbf{산}\ (aq) + \textbf{염기}\ (aq) \rightarrow \textbf{염}\ (aq) + \textbf{물}\ (l)$$

예를 들어, 염산과 수산화 소듐 용액을 혼합하면 염화 소듐과 물을 얻을 수 있다. 균형 화학반응식은 다음과 같이 쓸 수 있다.

$$HCl(aq) + NaOH(aq) \rightarrow NaCl(aq) + HOH\ (l)$$

여기에서 약간의 열 이외에는 반응의 다른 증거는 없다. 이러한 중화 반응에 대한 증거를 제시하기 위해 산-염기 지시약 페놀프탈레인 용액 한 방울을 떨어뜨릴 수 있다. 페놀프탈레인 용액은 산에서는 색깔 변화가 없지만 염기에서는 분홍색이다. 처음에 산 용액인 염산은 색깔 변화가 없지만 염기인 수산화 소듐에서 산뜻한 색깔을 볼 수 있고, 결과적으로 용액이 분홍색으로 변한다. 산-염기 지시약으로 색깔 변화를 관찰할 수 있으며, 그것은 화학반응의 증거이다. 다음 예제는 균형을 맞춘 중화 반응식을 쓰기 위한 추가적인 연습을 제공한 것이다.

▲**페놀프탈레인 산-염기 지시약**
어떤 산-염기 중화 반응에서 페놀프탈레인 지시약 한 방울은 어떤 색깔의 변화를 일으킨다. 플라스크에 산이 들어있고 염기를 이 산에 첨가한다면 지시약은 무색에서 분홍색으로 변한다.

## 예제 7.17 중화 반응

다음 중화 반응에 대한 균형 화학반응식을 쓰라.

(a) 질산은 수산화 암모늄 용액을 중화시킨다.
(b) 황산은 수산화 포타슘 용액을 중화시킨다.

**해답**

중화 반응은 염과 물을 생성한다.

(a) 질산과 수산화 암모늄은 질산 암모늄과 물을 생성한다. 균형 반응식은 다음과 같다.

$$HNO_3(aq) + NH_4OH(aq) \rightarrow NH_4NO_3(aq) + HOH(l)$$

(b) 황산과 수산화 포타슘은 황산 포타슘과 물을 생성한다. 균형 반응식은 다음과 같다.

$$H_2SO_4(aq) + 2\ KOH(aq) \rightarrow K_2SO_4(aq) + 2\ HOH(l)$$

**실전 연습문제**

다음 중화반응에 대한 균형 화학반응식을 쓰라.

(a) 염소산은 수산화 스트론튬 용액을 중화시킨다.
(b) 인산은 수산화 소듐 용액을 중화시킨다.

**답:** (a) $2\ HClO_3(aq) + Sr(OH)_2(aq) \rightarrow Sr(ClO_3)_2(aq) + 2\ HOH(l)$
(b) $H_3PO_4(aq) + 3\ NaOH(aq) \rightarrow Na_3PO_4(aq) + 3\ HOH(l)$

**개념 문제**

염산과 수산화 소듐의 반응에서 생성되는 염을 확인하라.

**답:** 부록 G, 7.17 참조

## 자세히 보기 가정용 화학 물질

**Q: 어떤 두 가지 일반적인 가정용 화학 물질을 혼합했을 때 독가스가 발생할 수 있을까?**

소금과 설탕은 식탁에서 우리들에게 아주 친숙한 화학 제품들이다. 또 다른 주방 화학 물질인 식초는 아세트산 용액이다. 감귤류 과일에는 구연산(시트르산, citric acid)을 포함하고 있으며, 이 구연산은 레몬이나 라임에서 신맛을 낸다. 아스피린은 아세틸살리실산을 포함하고 있으며, 너무 과도하게 복용하면 위에 염증을 일으킬 수도 있다.

수영장의 산도 조절과 콘크리트 세척에 사용되는 염산은 슈퍼에서 muriatic acid(염산)으로 팔리고 있다. 자동차 배터리에서 사용되는 황산은 매우 위험한 화학 물질로서 다룰 때에 매우 세심한 주의가 필요하다.

가정에서 가장 위험한 화학 물질은 아마도 가성소다(NaOH)일 것이다. 그리고 배수관과 오븐 세제로서 다양한 상품명으로 판매되고 있다. 피부에 가성소다가 닿게 되면, 미끌미끌한 느낌을 주며

▲**일반적인 가정용 화학 물질**

붉은 염증을 일으킨다. 어린이들이 이것을 섭취하면 치명적일 수도 있다. 가정용 암모니아는 잠재적인 위험성을 가지고 있으며, 표백제로 사용해서는 안 된다. 이들 두 화학 물질은 함께 혼합하면 유독 기체를 생성한다.

**일반적인 가정용 화학 물질**

| 이름 | 화학식 | 생산품/용도 | 안정성 |
|---|---|---|---|
| **산** | | | |
| 아세트산 | $HC_2H_3O_2(aq)$ | 식초 | |
| 탄산 | $H_2CO_3(aq)$ | 탄산음료 | |
| 염산 | $HCl(aq)$ | 수영장 | 만지지 마시오* |
| 황산 | $H_2SO_4(aq)$ | 배터리산 | 만지지 마시오*† |
| **염기** | | | |
| 암모니아 | $NH_3(aq)$ | 유리 세척용액 | |
| 수산화 마그네슘 | $Mg(OH)_2(aq)$ | 마그네시아 우유 | |
| 탄산수소 소듐 | $NaHCO_3(s)$ | 제산제, 베이킹 소다 | |
| 수산화 소듐 | $NaOH(aq)$ | 배수관 및 오븐 세척제 | 만지지 마시오*† |
| **기타** | | | |
| 수산화 알루미늄 | $Al(OH)_3(s)$ | 제산제 | |
| 드라이아이스 | $CO_2(s)$ | 물품을 차게 유지 | 만지지 마시오 |
| 에프솜염 | $MgSO_4 \cdot 7H_2O(s)$ | 염욕로, 완하제 | |
| 하이포아염소산 소듐 | $NaClO(aq)$ | 표백제 | 만지지 마시오* |
| **유기물** | | | |
| 에틸렌 글라이콜 | $C_2H_4(OH)_2(l)$ | 부동액 | 흡입하지 마시오† |
| 아이소프로필 알코올 | $CH_3CHOHCH_3(l)$ | 소독용 알코올 | 흡입하지 마시오† |
| 나프탈렌 | $C_{10}H_8(s)$ | 좀약 | 흡입하지 마시오† |
| 트라이클로로 에테인 | $C_2H_3Cl_3(l)$ | 얼룩 제거제 | 흡입하지 마시오† |

* 접촉했을 때 물로 씻어라.
† 섭취하였을 때 즉시 의료치료를 하라.

**A:** 가정용 암모니아와 일반 표백제는 서로 반응하여 치명적인 기체를 발생시킬 수 있어 조심해야 한다.

# Chapter Summary

| 주요 개념 | 학습목표와 관련 연습문제 |
|---|---|
| **7.1 화학반응에 대한 증거**<br>이 장에서 우리는 **화학반응(chemical reaction)**의 증거로 다음과 같은 몇 가지를 배웠다. 기체가 검출되는 것, **침전(precipitation)**이 **수용액(aqueous solution)**에서 생성되는 것, 색깔 변화 또는 에너지 변화가 관찰되는 것. **발열 반응(exothermic reaction)**은 열 에너지를 방출하고, **흡열 반응(endothermic reaction)**은 열 에너지를 흡수한다. | • 화학반응에 대한 증거가 되는 네 가지 관찰을 서술할 수 있다.<br>**관련 문제:** 1-5 |
| **7.2 화학반응식 쓰기**<br>**반응물(reactant)**은 화학변화를 거쳐 **생성물(product)**이 된다. **촉매(catalyst)**는 영구히 변화되지 않고 반응의 속도를 증가시키는 물질이다. **화학반응식(chemical equation)**은 화학식과 기호를 사용하여 반응을 나타낼 수 있다. 일곱 가지 비금속 원소는 **이원자 분자(diatomic molecules)**로서 자연적으로 발생하며, 화학식은 $H_2$, $N_2$, $O_2$, $F_2$, $Cl_2$, $Br_2$ 그리고 $I_2$가 된다. | • 이원자 분자($H_2$, $N_2$, $O_2$, $F_2$, $Cl_2$, $Br_2$, $I_2$)와 같이 자연적으로 발생하는 일곱 가지 원소들을 식별할 수 있다. **관련 문제:** 7<br>• 화학반응의 기술로부터 화학반응식을 쓸 수 있다.<br>**관련 문제:** 7-15 |

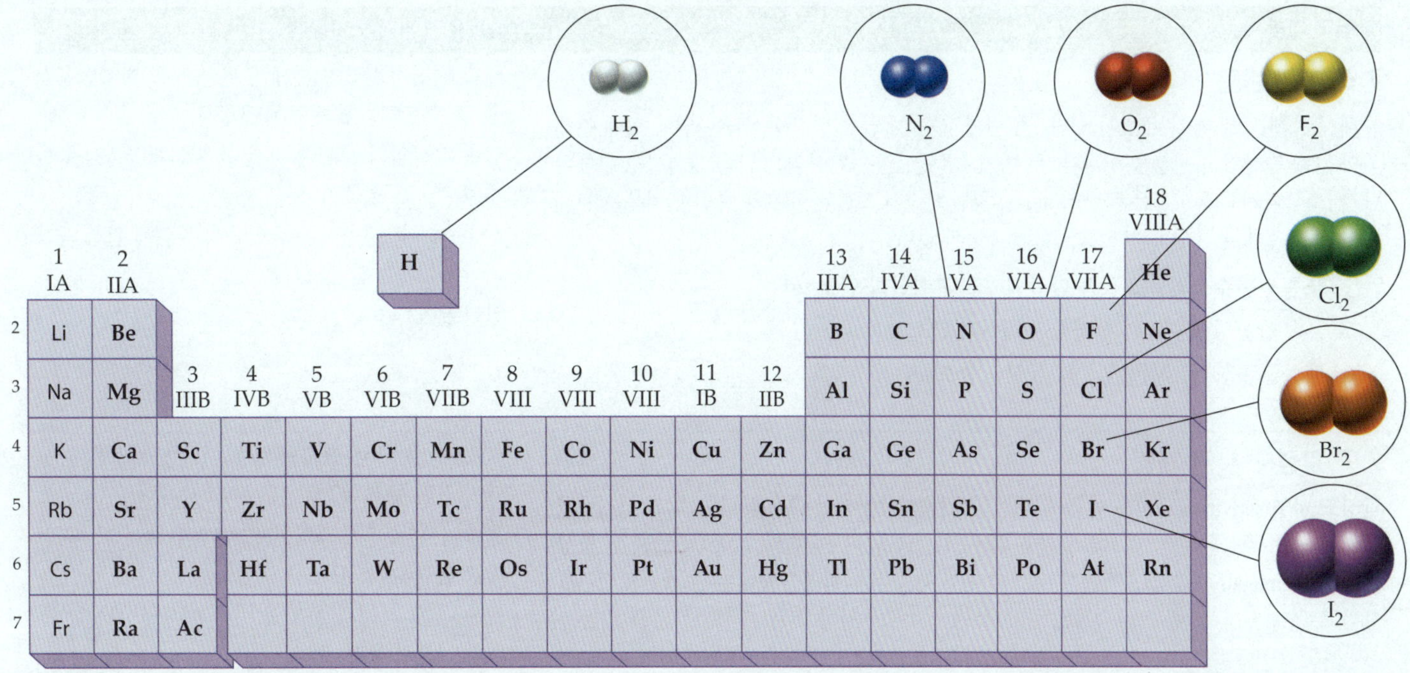


▲**이원자 분자** 일곱 개의 원소들은 이원자 분자들로써 자연에 존재한다. $H_2$, $N_2$, $O_2$, $F_2$ 그리고 $Cl_2$는 기체, $Br_2$은 액체, $I_2$는 고체결정이다.

| 주요 개념 | 학습목표와 관련 연습문제 |
|---|---|

## 7.3 균형 화학반응식

화학반응식의 균형을 맞추기 위해, 반응식의 양쪽에 있는 각각의 원소가 같은 수의 원자가 될 때까지 **계수(coefficients)**는 각각의 물질들 앞에 체계적으로 쓴다. 만약 반응 계수가 1이면 그 계수는 생략한다. 마찬가지로, 만약 $H_2O$에서의 산소와 같이 화학식 **아래첨자(subscript)**가 1이라면 1은 생략된다.

- 화학 반응을 균형 화학반응식으로 쓸 수 있다.
  **관련 문제**: 17-19

## 7.4 화학반응별 분류

비록 수천 개의 화학반응이 있을지라도 대부분은 다음의 한 가지로 분류할 수 있다 : 화합 반응, 분해 반응, 단일-치환 반응, 이중-치환 반응, 중화 반응. 표 7.3은 다섯 가지의 기본 유형을 나타낸 것이다.

**표 7.3 화학반응의 기본 유형**

| 반응 유형 | 일반 형식 |
|---|---|
| 화합 반응 | A + Z → AZ |
| 분해 반응 | AZ → A + Z |
| 단일 – 치환 반응 | A + BZ → AZ + B |
| 이중 – 치환 반응 | AX + BZ → AZ + BX |
| 중화 반응 | HX + BOH → BX + HOH |

- 화학반응을 다음 유형들 중 하나로 분류할 수 있다 : 화합, 분해, 단일 치환, 이중 치환, 중화.
  **관련 문제**: 21-23

## 7.5 화합 반응

화합 반응에는 세 가지 유형이 있다: 금속과 산소, 비금속과 산소, 금속과 비금속의 결합. 때때로 우리는 반응에서 생성물을 예측할 수 있다. 그러나 비금속들이 산소와 결합하면 여러 가지 산화물이 된다. 따라서 비금속의 생성물은 예측할 수 없다. 요약하면 다음과 같다.

1. 금속 + 산소 (*g*) → 금속 산화물
2. 비금속 + 산소 (*g*) → 비금속 산화물
3. 금속 + 비금속 → 이온 화합물

- 금속과 산소 기체와의 반응에 대한 균형 화학반응식을 쓸 수 있다. **관련 문제**: 25
- 비금속과 산소 기체와의 반응에 대한 균형 화학반응식을 쓸 수 있다. **관련 문제**: 27
- 금속과 비금속 반응에 대한 균형 화학반응식을 쓸 수 있다. **관련 문제**: 29-35

| 주요 개념 | 학습목표와 관련 연습문제 |
|---|---|

## 7.6 분해 반응

분해 반응에는 세 가지 유형이 있다. 첫 번째 유형은, 금속 탄산수소염은 열에 의해 분해되어 금속 탄산염의 생성물이 된다. 두 번째 유형은, 금속 탄산염은 금속 산화물로 분해된다. 염소산염(chlorate) 혹은 질산염(nitrate)처럼 산소가 포함된 대부분 다원자 이온은 분해하여 산소 기체를 발생시킨다. 요약하면 다음과 같다.

1. **금속 탄산수소염 $\xrightarrow{\Delta}$ 금속 탄산염 + 물 + 이산화 탄소 (*g*)**
2. **금속 탄산염 $\xrightarrow{\Delta}$ 금속 산화물 + 이산화 탄소 (*g*)**
3. **산소를 포함하는 화합물 $\xrightarrow{\Delta}$ 물질 + 산소 (*g*)**

- 금속 탄산수소염의 분해에 관한 균형 화학반응식을 쓸 수 있다. **관련 문제:** 37, 41
- 금속 탄산염의 분해에 관한 균형 화학반응식을 쓸 수 있다. **관련 문제:** 39
- 산소 기체를 방출하는 화합물의 분해에 관한 균형 화학반응식을 쓸 수 있다.

**관련 문제:** 43-45

## 7.7 활성도 서열 개념

**활성도 서열(activity series)**은 반응을 하는 금속들의 상대적인 활성을 나타낸다. 서열에서 상위에 있는 금속들은 항상 서열에서 하위에 있는 금속을 치환한다. 수소(H)보다 더 **활성 금속(active metal)**은 산성 용액에서 수소 기체를 치환한다. 활성금속에는 Li, Na, K, Ba, Sr 그리고 Ca가 있다. 이러한 금속들은 물에서 수소 기체를 치환한다.

- 금속이 염의 수용액과의 반응 여부를 예상할 수 있다. **관련 문제:** 47
- 금속이 산 수용액과의 반응 여부를 예상 할 수 있다. **관련 문제:** 49
- 금속이 25 ℃에서 물과의 반응 여부를 예상할 수 있다. **관련 문제:** 51

## 7.8 단일-치환 반응

단일-치환 반응에는 세 가지 유형이 있다: 금속과 수용액의 치환 반응, 금속과 묽은 산의 치환 반응 그리고 활성 금속과 물의 치환 반응. 이를 요약하면 다음과 같다.

1. **금속$_1$ + 염$_1$(*aq*) → 금속$_2$ + 염$_2$(*aq*)**
2. **금속 + 산 (*aq*) → 염(*aq*) + 수소(*g*)**
3. **금속 + 물 → 금속 수산화물(*aq*) + 수소(*g*)**

- 수용액에서 금속의 반응에 대한 균형 화학반응식을 쓸 수 있다. **관련 문제:** 53, 55, 61
- 산 수용액에서 금속의 반응에 대한 균형 화학반응식을 쓸 수 있다. **관련 문제:** 57, 63
- 물에서 활성 금속의 반응에 대한 균형 화학반응식 쓸 수 있다. **관련 문제:** 59, 65

## 7.9 용해도 규칙

불용성 물질은 약간 녹지만 물속에서 거의 대부분 녹지 않는다. 한 물질이 가용성인지 불용성인지 결정하기 위해서는 표 7.2 에서 설명하는 용해도 규칙을 참조하면 될 것이다.

- 일반적인 용해도 규칙이 주어졌을 때 이온 화합물이 물속에서 용해되는지를 예측할 수 있다.

**관련 문제:** 67, 69

## 7.10 이중-치환 반응

이중-치환 반응에서, 두 이온 화합물(염)들은 수용액에서 반응한다. 이 두 화합물들은 양이온과 음이온 짝들을 교환하면서 반응하며 불용성 물질을 형성한다. 일반적으로, 다음과 같이 나타난다.

염$_1$(*aq*) + 염$_2$(*aq*) → 염$_3$(*s*) + 염$_4$(*aq*)

- 수용액에서 두 염의 반응에 대한 균형 반응식을 쓸 수 있다. **관련 문제:** 71, 73

## 7.11 중화 반응

중화 반응에서는 **산(acid)**과 **염기(base)**가 반응하여 **염(salt)**과 물을 생성한다. 중화 반응은 이중 치환 반응의 특별한 유형이다. 중화 반응의 균형을 맞출 때 물을 HOH 화학식으로 표기하는 것은 도움이 된다.

산(*aq*) + 염기(*aq*) → 염 (*aq*) + 물(*l*)

- 산과 염기의 반응에 대한 균형 화학반응식을 쓸 수 있다. **관련 문제:** 75, 77

## 주요 용어 주요 용어에 대한 해답은 부록 H에 수록하였다.

다음의 정의에 해당하는 용어를 선택하라.

_________ 1. 화학변화가 일어나는 과정.
_________ 2. 열 에너지를 방출하는 화학반응.
_________ 3. 열 에너지를 흡수하는 화학반응.
_________ 4. 물에 용해된 물질.
_________ 5. 수용액 중의 반응에서 생성된 불용성 고체 물질.
_________ 6. 화학변화를 설명하기 위해 화학식들과 기호들을 사용한 표현
_________ 7. 화학반응을 하는 물질.
_________ 8. 화학반응으로부터 생겨난 물질.
_________ 9. 반응 속도를 증가시키지만 영구적인 변함없이 보통 되돌아올 수 있는 물질.
_________ 10. 두 개의 비금속 원자로 구성된 입자.
_________ 11. 화학반응식의 균형을 맞추기 위해 화학식의 앞에 쓰이는 숫자.
_________ 12. 화학식에서 물질에 나타난 원자나 이온의 수를 나타내는 숫자.
_________ 13. 두 물질이 단일 화합물을 생성하는 반응의 유형.
_________ 14. 단일 화합물이 두 가지 또는 그 이상의 물질을 생성하는 반응 유형.
_________ 15. 용액에서 더 활성인 금속이 덜 활성인 금속을 치환하는 반응의 유형.
_________ 16. 서로 다른 화합물들의 두 양이온이 음이온을 교환하는 반응의 유형.
_________ 17. 산과 염기가 염과 물을 생성하는 반응의 유형.
_________ 18. 반응을 일으키는 활성에 따라 배열된 금속들의 상대적인 순서.
_________ 19. 상온에서 물과 반응하는 금속.
_________ 20. 물에서 수소 이온을 내놓는 물질.
_________ 21. 물에서 수산화 이온을 내놓는 물질.
_________ 22. 산-염기 반응에서 생성된 이온 화합물.

(a) 산(7.11 절)
(b) 활성 금속(7.7 절)
(c) 활성도 서열(7.7 절)
(d) 수용액($aq$)(7.1 절)
(e) 염기(7.11절)
(f) 촉매(7.2절)
(g) 화학 반응식(7.2절)
(h) 화학 반응(7.1절)
(i) 계수(7.3절)
(j) 화합 반응(7.4절)
(k) 분해 반응(7.4절)
(l) 이원자 분자(7.2절)
(m) 이중-치환(7.4절)
(n) 흡열 반응(7.1절)
(o) 발열 반응(7.1절)
(p) 중화 반응(7.4절)
(q) 침전물(7.1절)
(r) 생성물(7.2절)
(s) 반응물(7.2절)
(t) 염(7.11절)
(u) 단일 치환 반응(7.4절)
(v) 아래첨자(7.3절)

## 문제 해답은 부록 I에 수록하였다.

### 화학반응의 증거 (7.1)

1. 다음 중 어느 것이 화학반응의 증거인가?
(a) 공기 중에서 구리를 가열하면 검은색 고체가 생성한다.
(b) 진공에서 구리를 가열하면 붉은 갈색막이 생긴다.

3. 다음 중 어느 것이 화학반응의 증거인가?
(a) 두 가지 수용액을 혼합하면 침전물을 생성한다.
(b) 두 가지 무색 용액을 혼합하면 푸른 용액이 된다.

5. 다음 중 어느 것이 화학반응의 증거인가?
(a) 포타슘 금속을 물에 떨어뜨리면 보라색 불꽃을 낸다.
(b) 아연 금속을 물에 떨어뜨리면 기체 거품이 생성된다.

### 화학반응식 쓰기 (7.2)

7. 마그네슘 금속과 브로민 액체가 결합하여 브로민화 마그네슘 고체를 생성하는 화학반응식을 쓰라.

9. 탄산수소 아연 고체가 분해되어 탄산 아연 고체, 물, 이산화 탄소 기체를 생성하는 화학반응식을 쓰라.

11. 카드뮴 금속과 질산 코발트(Ⅱ) 수용액이 반응하여 질산 코발트(Ⅱ) 수용액과 코발트 금속을 생성하는 화학반응식을 쓰라.

13. 아이오딘화 리튬 수용액과 질산 은이 반응하여 아이오딘화 은 침전물과 질산 리튬 수용액을 생성하는 화학반응식을 쓰라.

15. 질산과 수산화 암모늄 수용액의 반응으로 질산 암모늄 수용액과 물이 생성되는 화학반응식을 쓰라.

### 균형 화학반응식 (7.3)

17. 다음 각 화학반응식을 검산하여 균형을 맞추어라.
(a) $H_2(g) + N_2(g) \rightarrow NH_3(g)$
(b) $Al_2(CO_3)_3(s) \rightarrow Al_2O_3(s) + CO_2(g)$
(c) $Sr(s) + H_2O(l) \rightarrow Sr(OH)_2(aq) + H_2(g)$
(d) $K_2SO_4(aq) + Ba(OH)_2(aq) \rightarrow BaSO_4(s) + KOH(aq)$
(e) $H_3PO_4(aq) + Mn(OH)_2(s) \rightarrow Mn_3(PO_4)_2(s) + H_2O(l)$

19. 다음 각 화학반응식을 검산하여 균형을 맞추어라.
(e) $Pb(s) + O_2(g) \rightarrow PbO(s)$
(d) $LiNO_3(s) \rightarrow LiNO_2(s) + O_2(g)$
(c) $Mg(s) + HC_2H_3O_2(aq) \rightarrow Mg(C_2H_3O_2)_2(aq) + H_2(g)$
(b) $Hg_2(NO_3)_2(aq) + NaBr(aq) \rightarrow Hg_2Br_2(s) + NaNO_3(aqq)$
(a) $H_2CO_3(aq) + NH_4OH(aq) \rightarrow (NH_4)_2CO_3(aq) + H_2O(l)$

### 화학반응의 분류 (7.4)

21. 문제 17번의 각 반응들을 다음 중에서 한 가지로 분류하라: 화합, 분해, 단일 치환, 이중 치환, 중화.

23. 문제 19번의 각 반응들을 다음 중에서 한 가지로 분류하라: 화합, 분해, 단일 치환, 이중 치환, 중화.

## 화합 반응 (7.5)

25. 다음 화합 반응의 균형 화학반응식을 쓰라.
   (a) 산화 니켈(Ⅱ)을 생성하기 위해서 니켈 금속에 산소 기체와 함께 열을 가한다.
   (b) 회색 산화 철(Ⅲ)을 생성하기 위해서 철솜에 산소 기체와 함께 열을 가한다.

◀**산소 기체 속의 철**
강철 솜은 산소 기체와 반응하여 밝은 흰빛을 내고 회색의 $Fe_2O_3$ 잔류물을 생성한다.

27. 다음 화합 반응의 균형 화학반응식을 쓰라.
   (a) 탄소에 산소를 넣고 가열하면 일산화 탄소 기체가 생성된다.
   (b) 인에 산소를 넣고 가열하면 오산화 이인 고체가 생성된다.

29. 다음 화합 반응의 균형 화학반응식을 쓰라.
   (a) 구리에 염소 기체를 넣고 가열하면 고체 염화 구리(I)가 생성된다.
   (b) 코발트에 황 분말을 넣고 가열하면 황화 코발트(II) 고체가 생성된다.

31. 다음 화합 반응의 균형 화학반응식을 쓰라.
   (a) 크로뮴(크롬)에 산소를 넣고 가열하면 산화 크로뮴(크롬)(III)이 생성된다.
   (b) 크로뮴(크롬)에 질소를 넣고 가열하면 질소화 크로뮴(크롬)(III)이 생성된다.

33. 다음 화합 반응을 완성하고 균형을 맞추어라.
   (a) $Li + O_2 \rightarrow$　　(b) $Ca + O_2 \rightarrow$

35. 다음 화합 반응을 완성하고 균형을 맞추어라.
   (a) $Na + I_2 \rightarrow$　　(b) $Ba + N_2 \rightarrow$

## 분해 반응 (7.6)

37. 다음 분해 반응의 균형 화학반응식을 쓰라.
   (a) 탄산수소 포타슘에 열을 가하면 탄산 포타슘 고체, 물 그리고 이산화 탄소 기체로 분해된다.
   (b) 탄산수소 스트론튬에 열을 가하면 탄산 스트론튬 고체, 물, 이산화 탄소 기체로 분해된다.

39. 다음 분해 반응의 균형 화학반응식을 쓰라.
   (a) 탄산 코발트(Ⅲ)에 열을 가하면 산화 코발트(Ⅲ)와 이산화 탄소 기체로 분해된다.
   (b) 탄산 주석(Ⅳ)에 열을 가하면 산화 주석(Ⅳ)과 이산화 탄소 기체로 분해된다.

41. 다음 분해 반응의 균형 화학반응식을 쓰라.
   (a) $AgHCO_3(s) \rightarrow$
   (b) $Zn(CHCO_3)_2(s) \rightarrow$

43. 다음 분해 반응을 완성하고 균형을 맞추어라.
   (a) 질산 칼슘에 열을 가하면 아질산 칼슘 고체와 산소 기체로 분해된다.
   (b) 황산 은에 열을 가하면 아황산 은 고체와 산소 기체로 분해된다.

45. 다음 분해 반응의 균형을 맞추어라.
   (a) $NaClO_3(s) \rightarrow NaCl(s) + O_2(g)$
   (b) $Ca(NO_3)_2(s) \rightarrow Ca(NO_2)_2(s) + O_2(g)$

## 활성도 서열 개념 (7.7)

(다음 질문에 답하기 위해서 부록 C와 7.7절에 있는 활성도 서열을 참고하라.)

47. 다음 금속 중 질산 구리(II) 수용액과 반응하는 것은 어느 것인가?
   (a) Ag　　(b) Sn
   (c) Co　　(d) Mn

49. 다음 금속 중 황산과 반응하는 것은 어느 것인가?
   (a) Ag　　(b) Sn
   (c) Co　　(d) Mn

51. 다음 금속들 중에 실온의 물과 반응하는 것은 어느 것인지 예측하라.
   (a) Li　　(b) Mg
   (c) Ca　　(d) Al

## 단일-치환 반응 (7.8)

53. 다음 단일-치환 반응의 균형 화학반응식을 쓰라.
   (a) 질산 알루미늄 용액에 구리선을 넣는다.
   (b) 질산 구리(Ⅱ) 용액에 알루미늄 선을 넣는다.

55. 다음 단일-치환 반응의 균형 화학반응식을 쓰라.
   (a) 아세트산 납(Ⅱ) 용액에 니켈 금속을 넣는다.
   (b) 아세트산 니켈(Ⅱ) 용액에 납 금속을 넣는다.

57. 다음 단일-치환 반응의 균형 화학반응식을 쓰라.
   (a) 질산에 마그네슘 금속을 넣는다.
   (b) 염산에 망가니즈 금속을 넣는다.

59. 다음 단일-치환 반응의 균형 화학반응식을 쓰라.
   (a) 물에 부드럽고 회색의 리튬 조각을 넣는다.
   (b) 물에 작은 바륨 조각을 넣는다.

61. 다음 단일-치환 반응을 완성하고 균형을 맞추어라.
   (a) $Zn(s) + Pb(NO_3)_2(aq) \rightarrow$
   (b) $Cd(s) + Fe(NO_3)_2(aq) \rightarrow$

63. 다음 단일 치환 반응을 완성하고 균형을 맞추어라.
   (a) $Zn(s) + HNO_3(aq) \rightarrow$
   (b) $Cd(s) + HNO_3(aq) \rightarrow$

65. 다음 단일 치환 반응을 완성하고 균형을 맞추어라.
   (a) $Zn(s) + H_2O(l) \rightarrow$
   (b) $Ba(s) + H_2O(l) \rightarrow$

## 용해도 규칙 (7.9)

(다음의 문제에 답하기 위해서 표 7.2의 용해도 규칙을 참고하라.)

67. 다음 화합물 중에서 물에 용해되는 것을 예측해 보라.
   (a) 황산 암모늄, $(NH_4)_2S$

◀ **납 용액 속의 아연**
아연 금속은 $Pb(NO_3)_2$ 용액 속에서 반응하여 해면성 Pb 금속의 회색 침전물을 생성한다.

(b) 탄산 아연, $ZnCO_3$
(c) 크롬산 주석(Ⅱ), $SnCrO_4$
(d) 아세트산 납(Ⅱ), $Pb(C_2H_3O_2)_2$

69. 다음 화합물 중에서 물에 용해되지 않는 것을 예측해 보라.
(a) 염화 수은(Ⅰ), $Hg_2Cl_2$
(b) 염화 수은(Ⅱ), $HgCl_2$
(c) 브로민화 은, AgBr
(d) 아이오딘화 납(Ⅱ), $PbI_2$

## 이중-치환 반응 (7.10)

71. 다음 이중-치환 반응의 균형 화학반응식을 쓰라.
(a) 염화 주석(Ⅱ) 수용액과 황화 포타슘이 반응하면 염화 포타슘 수용액과 황화 주석(Ⅱ) 침전물이 생성된다.
(b) 질산 코발트(Ⅱ) 수용액과 크롬산 소듐이 반응하면 질산 소듐 수용액과 크롬산 코발트(Ⅱ) 침전물이 생성된다.

73. 다음 이중-치환 반응을 완성하고 균형을 맞추어라.
(a) $MgSO_4(aq) + BaCl_2(aq) \rightarrow$
(b) $FeSO_4(aq) + Ca(OH)_2(aq) \rightarrow$

## 중화 반응 (7.11)

75. 다음 중화 반응의 균형 화학반응식을 쓰라.
(a) 수산화 리튬 용액을 탄산에 넣는다.
(b) 수산화 칼슘 용액을 질산에 넣는다.

77. 다음 중화 반응을 완성하고 균형을 맞추어라.
(a) $HNO_3(aq) + Ca(OH)_2(aq) \rightarrow$
(b) $HNO_2(aq) + Ca(OH)_2(aq) \rightarrow$

## 일반 연습문제

79. 균형 화학식을 만드는 것이 불가능하다면 문제가 주로 무엇 때문인가?

81. 다음 각각의 화학반응식을 검산하여 균형을 맞추어라.
(a) $Fe(s) + H_2O(g) \rightarrow Fe_3O_4(s) + H_2(g)$
(b) $FeS(s) + O_2(g) \rightarrow Fe_2O_3(s) + SO_2(g)$

83. 다음 각각의 화학반응식을 검산하여 균형을 맞추어라.
(a) $F_2(g) + NaBr(aq) \rightarrow Br_2(l) + NaF(aq)$
(b) $Sb_2S_3(s) + HCl(aq) \rightarrow SbCl_3(aq) + H_2S(g)$

85. 다음 각각의 연소 반응을 검산하여 균형을 맞추어라.
(a) $CH_4(g) + O_2(g) \rightarrow CO_2(g) + H_2O(g)$
(b) $C_3H_8(g) + O_2(g) \rightarrow CO_2(g) + H_2O(g)$

## 도전 연습문제

87. 1,500 ℃의 용광로에서 녹은 철광석, $Fe_2O_3$에 일산화 탄소를 통과시켜 철을 공업적으로 만든다. 유일한 생성물이 녹은 철과 이산화 탄소 기체라 가정하고 철 제조의 균형 화학반응식을 쓰라.

# Chapter 7 자율 테스트 해답은 부록 J에 수록하였다.

1. 다음 중 어느 것이 화학 반응의 증거인가?(7.1절)
(a) 기체 방출　(b) 침전 생성
(c) 영구적 색 변화　(d) 위의 모두
(e) 위의 모두 아님

2. 다음 중 어느 것이 자연적으로 이원자 분자로 나타나는가?(7.2절)
(a) 플루오린 기체　(b) 헬륨 기체
(c) 크립톤 기체　(d) 위의 모두
(e) 위의 모두 아님

3. 다음 반응의 균형을 맞춘 후의 산소 기체의 계수는 무엇인가?(7.3절)

$$\_\ SO_2(g) + \_\ O_2(g) \rightarrow \_\ SO_3(g)$$

(a) 1　(b) 2
(c) 3　(d) 5
(e) 위의 모두 아님

4. 문제 3을 설명하는 화학반응은 어느 형태인가?(7.4절)
(a) 화합 반응　(b) 분해 반응
(c) 단일 치환 반응　(d) 이중 치환 반응
(e) 중화 반응

5. 다음 반응으로 부터 생성물을 예측하라.(7.5절)

$$Zn(s) + O_2(g) \xrightarrow{\Delta}$$

(a) ZnO　(b) $Zn_2O$
(c) $ZnO_2$　(d) $Zn_2O_3$
(e) $Zn_3O_2$

6. 다음 반응으로부터 생성물을 예측하라.(7.6절)

$$LiHCO_3(s) \xrightarrow{\Delta}$$

(a) Li, $H_2$ 와 $CO_2$　(b) Li, $H_2O$와 $CO_2$
(c) $Li_2CO_3$, $H_2$와 $CO_2$　(d) $Li_2CO_3$, $H_2O$와 $CO_2$
(e) $Li_2CO_3$와 $H_2O$

7. 다음 금속 중 어느 것이 황산과 반응하는가?(7.7절)
   (a) Ag (b) Cu
   (c) Fe (d) 위의 모두
   (e) 위의 모두 아님

8. 다음 반응으로부터 생성물은 무엇인가?(7.8절)

$$Mg(s) + H_2SO_4(aq) \rightarrow$$

   (a) $MgO$와 $H_2SO_3$ (b) $MgO$와 $H_2S$
   (c) $MgSO_4$와 $H_2$ (d) $MgSO_4$와 $H_2O$
   (e) 반응 없음

9. 다음 화합물 중 어느 것이 물에 녹지 않는가?(7.9절)
   (a) $(NH_4)_2CO_3$ (b) $BaSO_4$
   (c) $K_2CrO_4$ (d) $Na_2S$
   (e) $Sr(OH)_2$

10. 다음 반응으로부터 생성물은 무엇인가?(7.10절)

$$Fe(NO_3)_3(aq) + Na_3PO_4(aq) \rightarrow$$

   (a) $FeP$와 $NaNO_3$ (b) $FePO_3$와 $NaNO_2$
   (c) $FePO_3$와 $NaNO_3$ (d) $FePO_4$와 $NaNO_2$
   (e) $FePO_4$ 와 $NaNO_3$

11. 다음 중화 반응으로부터 예상되는 생성물은 무엇인가?(7.11절)

$$H_2SO_4(aq) + NH_4OH(aq) \rightarrow$$

   (a) $NH_4SO_3$와 $H_2O$ (b) $NH_4SO_4$와 $O_2$
   (c) $(NH_4)_2SO_4$와 $O_2$ (d) $(NH_4)_2SO_4$와 $H_2O$
   (e) 반응 없음

## 주요 개념

12. 철 금속과 산소 기체가 화합하여 산화 철(Ⅲ) 고체를 생성하는 균형 화학반응식을 쓰라.

13. 탄산수소 칼슘 고체를 가열하여 탄산 칼슘 가루, 증기, 이산화 탄소 기체로 분해되는 균형 화학반응식을 쓰라.

14. 아연 금속과 질산 니켈(Ⅱ) 수용액의 반응으로 질산 아연 수용액과 니켈 금속을 생성하는 균형 화학반응식을 쓰라.

15. 질산과 수산화 암모늄 수용액의 중화로 질산 암모늄 수용액과 물을 생성하는 균형 화학반응식을 쓰라.

16. 에틸 알코올, $C_2H_5OH$와 산소의 연소로 이산화 탄소와 물을 생성하는 균형 화학반응식을 쓰라.

## 비판적 사고

17. 아래 그림에서 보인 것처럼 베이킹 소다가 들어 있는 시험관 속에 염산을 떨어뜨려 일어날 반응의 균형 화학반응식을 쓰라.

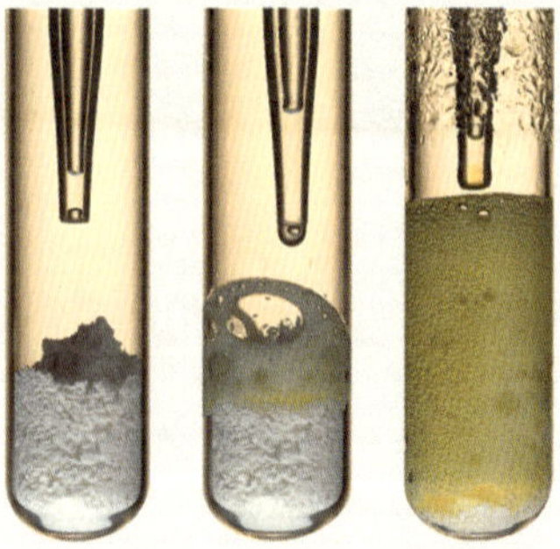

18. 아래 그림에서 보인 것처럼 아이오딘화 포타슘 용액을 비커에 들어 있는 질산 납(Ⅱ) 용액에 부어 넣었을 때의 반응에 대한 균형 화학반응식을 쓰라.

CHAPTER 8

# 몰 개념

**원소 8: 산소**
지구의 대기는 약 80%의 질소와 20%의 산소를 포함하고 있다. 불꽃은 노란풍선 속에 있는 수소가 폭발을 일으키도록 하는데, 이는 수소가 공기 중에 있는 산소와 강력하게 반응하기 때문이다.

*"기회는 준비된 마음에 호의적이다."*
프랑스 화학자, 파스퇴르 (1822~1895)



원자의 개수를 셀 수 있을까? 비록 직접적이진 않지만 원자의 수를 셀 수는 있다. 원자들은 너무 작기 때문에 개별적이 아니라 묶음으로 셀 수 있다. 이는 마치 연필 12 자루를 1 다스(dozen)로, 144 자루(12 다스)의 연필들을 1 그로스(gross)로, 500 장의 종이 한 묶음을 1 연(ream)으로 헤아리는 것과 같다. 원자들은 매우 작기 때문에 한 묶음 속에는 많은 수의 원자가 들어가게 된다.

일반적으로 우리가 매우 큰 수를 접했을 때 그 크기가 얼마나 되는지 짐작하기 힘든 경우가 많다. 이 장에서 602,000,000,000,000,000,000,000($6.02 \times 10^{23}$)라는 매우 큰 수를 접하게 될 것이다. 이 숫자는 원자들의 묶음을 의미하며 아보가드로 수(*Avogadro's number*)라고 불리고 있다. 이 숫자의 크기를 짐작해보기 위해서 다음과 같은 상황을 가정해 보자. 즉 여러분이 아보가드로 수 만큼의 조약돌을 쌓아 올린다면 그 부피는 달의 크기와 동일해 질 것이다.

**학습 목표**

- 아보가드로 수가 $6.02 \times 10^{23}$ 임을 설명할 수 있다.
- 주기율표를 참고하여 어떤 원소에 대한 원자의 아보가드로 수 만큼의 원자질량에 대해 설명할 수 있다.

## 8.1 아보가드로 수

원자의 개수를 세는 방법을 설명하기 위하여 다음과 같은 실험을 해보자. g 단위로 나타낸 질량이 원자 질량 단위로 나타낸 원자 질량과 숫자로 나타낸 값이 같도록 충분한 원자들의 무게를 측정한다고 해보자. 예를 들면, 탄소의 경우 질량이 12.01 g(원자 질량=12.01 amu)과 같은 원자들의 무게를 측정한다고 해보자.

그러나 12.01 g 탄소 중에는 얼마나 많은 탄소 원자가 있을까? 원자는 매우 작으므로 12.01 g 속에 있는 탄소 원자의 수는 매우 많이 존재할 것이다. 실험에 의하면 탄소 12.01 g 속에 들어있는 탄소 원자의 수는 $6.02 \times 10^{23}$ 개임이 밝혀졌다. 이 수를 이탈리아 과학자 아보가드로(Amedeo Avogadro, 1776~1856)에게 경의를 표하기 위해서 **아보가드로 수(Avogadro's number)**라고 명명하였다. 아보가드로 수는 화학자에겐 마치 다스(dozen)와 같은 단위의 일종이다.

원자의 아보가드로 수를 세기 위해서는 그 원소의 원자 질량을 아는 것이 필요하다. 즉, 탄소 원자 1 개의 질량은 12.01 amu이고, $6.02 \times 10^{23}$ 개의 탄소 원자들의 질량은 12.01 g이다.

### 화학 커넥션 아보가드로 수에 대한 유추

**Q: 만약 달이 작은 대리석으로 구성되었다면 달의 크기에 해당하는 대리석은 얼마나 되는가? 달의 크기와 같기 위해서는 보통 작은 대리석이 $6.02 \times 10^{23}$ 개가 필요하다.**

**길이에 대한 유추** : 만약 $6.02 \times 10^{23}$ 개의 수소 원자들을 한 줄로 늘어놓으면 지구를 약 백만 번 감쌀 수 있는 길이가 된다.

**부피에 대한 비유** : 소프트볼(투포환) $6.02 \times 10^{23}$ 개의 부피는 지구의 부피와 비슷하다.

**질량에 대한 유추** : $6.02 \times 10^{23}$ 개의 투포환 공의 질량은 지구의 질량과 비슷하다.

**A:** 달의 크기와 같기 위해서는 보통 작은 대리석이 $6.02 \times 10^{23}$ 개가 필요하다.

## 예제 8.1 원자질량과 아보가드로 수

이 교재의 표지 안쪽에 있는 주기율표를 참고하라. 다음 각 금속에 대하여 원자의 아보가드로 수 만큼의 질량을 구하라.

(a) 은 (b) 수은

**해답**

각 원소의 원자량이 주기율표의 원소기호 아래에 있다. 따라서 원자의 아보가드로 수 만큼의 질량은 그램으로 표시되는 원자량이다.

(a) Ag = 107.87 g (b) Hg = 200.59 g

**실전 연습문제**

주기율표를 참조하여 다음의 각 비금속에 대하여 원자의 아보가드로 수 만큼의 질량을 구하라.

(a) 황 (b) 헬륨

**답:** (a) 32.07 g (b) 4.00 g

**개념 문제**

주기율표를 참조하여 다음의 각 원자 수에 대한 질량을 구하라.

(a) 탄소 원자 1 개 (b) 탄소 원자 $6.02 \times 10^{23}$ 개

**답:** 부록 G, 8.1 참조

## 예제 8.2 아보가드로 수와 주기율표

다음 각 원소들에 대하여 원자 수를 구하라.

(a) 63.55 g Cu (b) 40.08 g Ca

**해답**

각 원소들의 원자량은 주기율표의 원소기호 아래에 있다. 그러므로 만약 원자량을 그램으로 표시하면 아보가드로 수 만큼의 원자가 된다.

(a) $6.02 \times 10^{23}$ 개의 구리 원자 (a) $6.02 \times 10^{23}$ 개의 칼슘 원자

**실전 연습문제**

주기율표를 참고하여 다음의 각 비금속에 대하여 원자 수를 구하라.

(a) 30.97 g 인 (b) 20.18 g 네온

**답:**

(a) $6.02 \times 10^{23}$ 개의 인 원자 (b) $6.02 \times 10^{23}$ 개의 네온 원자

**개념 문제**

주기율표를 참조하여 다음의 질량을 가지는 각 원소에 대하여 원자량을 구하여라.

(a) 195.08 amu 백금 (b) 195.08 g 백금

**답:** 부록 G, 8.2 참조

## 화학 커넥션 오존 구멍

**Q: 어떤 동물의 개체수가 남극대륙의 오존 결핍의 결과로 위협을 받는가?**

지구상에서 약 50마일 되는 성층권에서는 오존 분자가 태양으로부터 고에너지 자외선을 흡수한다. 오존의 감소는 오존 분자가 태양의 유해한 자외선으로부터 우리를 보호하기 때문에 큰 관심사이다. 자외선이 피부암과 눈 백내장을 유발할 수 있다는 것은 잘 알려져 있다. 남극대륙 위의 성층권에서 오존이 감소하면 태양의 강력한 자외선이 펭귄에 유전적 손상을 가져오고 따라서 개체수가 감

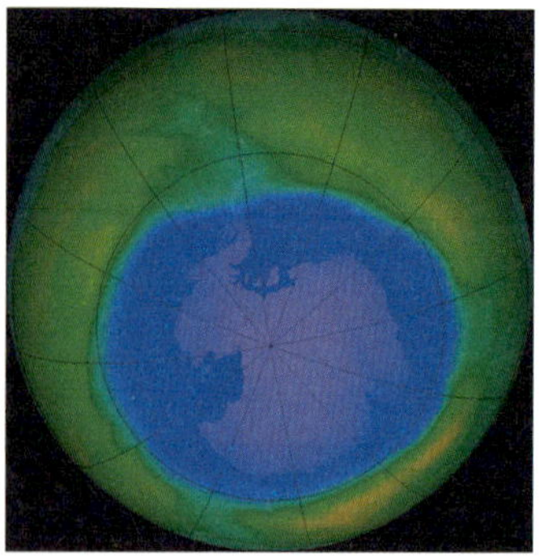

◀**남극대륙 위의 오존 결핍** 성층권에 있는 다량의 오존이 남극대륙 위에 표시되어있다. 오존 농도가 푸른색 지역에서는 낮고 보라색 지역에서는 최저이다.

소될 것이다.

클로로플루오로탄소(CFCs)는 에어로졸 캔의 추진제와 에어컨디션 장치에 사용되어져왔다. 프레온과 같은 CFCs 화합물들은 아주 비활성이나, 환경에 노출되었을 때 대기권 위쪽으로 확산되어서 오존층을 파괴한다. CFCs는 층간에서 오존분자와 반응한다. 첫 번째로, 태양에서 온 자외선은 CFC 분자로부터 염소 원자를 벗겨낸다. 결과적으로 염소 원자(Cl• )는 자유 라디칼로 된다.

$$\text{단계 1:} \quad CFC \xrightarrow{UV} Cl\bullet$$

염소 자유 라디칼은 매우 반응성이 커서 오존 기체 분자, $O_3$를 산소 기체 분자로 분해하는데 촉매로서 작용한다.

$$\text{단계 2:} \quad 2\,O_3 \xrightarrow{Cl\bullet} 3\,O_2$$

염소 자유 라디칼이 반응에서 소모되지 않기 때문에 이 과정은 반복적으로 일어날 수 있으며, 단일 염소 자유 라디칼은 수많은 오존 분자를 파괴할 수 있다.

오존 결핍은 전세계적인 문제이다. 많은 나라들이 CFCs의 생산과 사용을 망설여왔다. 미국은 CFC를 도퇴시키는 것으로 문제를 해결해왔으나, 자동차와 가정에 존치하는 냉장기구를 대체하기에는 너무 비싼 비용을 치루어야 했다. 그러나 새집과 자동차에 에어컨디션 장치에는 비-CFC 냉매 기체가 장착되고 있다. 이러한 예방 조치로 성층권에서의 오존 레벨이 증가하고 있으며, 과학자들은 오존 레벨이 21세기 중반까지는 복구될 것이라고 예측한다.

**A:** 펭귄의 개체수는 남극대륙 위의 오존층에 난 구멍으로 위협을 받고 있다.

**학습 목표**

▶ 입자 수와 물질의 몰과의 관계에 대하여 설명할 수 있다.

## 8.2 몰 계산 I

**몰(mol)**은 화학 물질의 양의 측정단위이다. 1 몰은 아보가드로 수, 즉 $6.02 \times 10^{23}$ 개의 입자를 포함하는 물질의 양으로 정의한다.

몰 단위가 적용되는 개별 입자는 원자, 분자, 화학식 단위 또는 임의의 다른 입자일 수 있다.

$$1\ \text{몰(mol)} = \text{Avogadro 수 } (N) = 6.02 \times 10^{23}\ \text{개의 원자, 분자 또는 화학식 단위}$$

몰 연관성은 입자들의 개수와 물질의 질량 사이의 변환을 가능하게 한다. 몰 계산을 해보자. 다음과 같은 세 단계의 단위 조작을 통해서 이러한 문제들을 풀 수 있음을 상기해보자.

### 단위 분석 방법의 적용

1 단계 : 해답에 필요한 단위를 적는다.

2 단계 : 해답에 필요한 단위에 관련 문제에 주어진 값들을 적는다.

3 단계 : 주어진 값들의 단위를 삭제할 수 있는 하나 또는 그 이상의 단위 인자를 이용하여 답안에 필요한 단위로 바꿔 나간다.

| *주어진 값* | *단위 인자* | *해답의 단위* |
|---|---|---|
| (2 단계) | × (3 단계) | = (1 단계) |

몰 수를 입자 수로 계산할 수 있다. 예를 들면, 황색 염소 기체 0.250 mol 속에는 몇 개의 염소 분자가 들어있을지를 계산할 수 있다. 이는 단위 분석을 통해서 풀 수 있으며 다음과 같이 표시된다.

$$0.250 \text{ mol } Cl_2 \times \frac{6.02 \times 10^{23} \; Cl_2 \text{ 분자}}{1 \text{ mol } Cl_2} = 1.51 \times 10^{23} \; Cl_2 \text{ 분자}$$

다음 예제를 통해 몰의 개념을 이용한 계산을 이해해보자.

## 예제 8.3 몰 계산 I

0.120 mol Na의 소듐 원자의 수를 구하라.

### 풀이 과정

**1 단계:** 해답에 필요한 단위는 무엇인가?

1 단계: atoms Na

**2 단계:** 해답에 관계되는 주어진 값은 무엇인가?

2 단계: 0.120 mol Na

**3 단계:** 적용할 수 있는 단위 인자는 무엇인가?
1 mol Na = $6.02 \times 10^{23}$ 원자이므로
Na/$6.02 \times 10^{23}$
$6.02 \times 10^{23}$ Na 원자/1 mol Na이다.

3 단계: $\frac{1 \text{ mol Na}}{6.02 \times 10^{23} \text{ atoms Na}}$ 또는 $\frac{6.02 \times 10^{23} \text{ atoms Na}}{1 \text{ mol Na}}$

### 단위 분석 그림

| 주어진 값 | 단위 인자 | 해답의 단위 |
|---|---|---|
| 0.120 mol Na | $\times \frac{6.02 \times 10^{23} \text{ atoms Na}}{1 \text{ mol Na}}$ | = ? atoms Na |

### 해답

원자 Na를 삭제하기 위하여 1 mol Na/$6.02 \times 10^{23}$ Na 원자의 단위 인자를 적용하면

$$0.120 \text{ mol Na} \times \frac{6.02 \times 10^{23} \text{ Na 원자}}{1 \text{ mol Na}} = 7.22 \times 10^{22} \text{ Na 원자}$$

해답은 주어진 값과 단위 인자가 각각 세 자리 유효 숫자이므로 세 자리로 반올림하였다.

### 실전 연습문제

0.0763 몰의 염소 기체 $Cl_2$에 있는 분자의 수를 계산하라.

**답:** $4.59 \times 10^{22}$ mol $Cl_2$

### 개념 문제

1.00 mol의 이원자 비금속에는 몇 개의 분자가 있는가?

**답:** 부록 G, 8.3 참조

입자 수로부터 물질의 양을 구하는 역 계산도 가능하다. 즉, 보라색 결정인 $I_2$의 분자 $2.50 \times 10^{23}$ 개는 몇 몰인가를 구할 수 있다. 풀이는 단위 분석 방법에 의해 다음 식으로 표시된다.

$$2.50 \times 10^{23} \; I_2 \text{ 분자} \times \frac{1 \text{ mol } I_2}{6.02 \times 10^{23} \; I_2 \text{ 분자}} = 0.415 \text{ mol } I_2$$

▶ **몰 개념–아보가드로의 수** 사진은 1 mol의 산소, 물 및 소금을 보여준 것이다. 풍선에는 $6.02 \times 10^{23}$ 개의 $O_2$ 기체 분자, 눈금 실린더에는 $6.02 \times 10^{23}$ 개의 $H_2O$ 물 분자, 시계접시에는 $6.02 \times 10^{23}$ 개의 NaCl이 들어 있다.

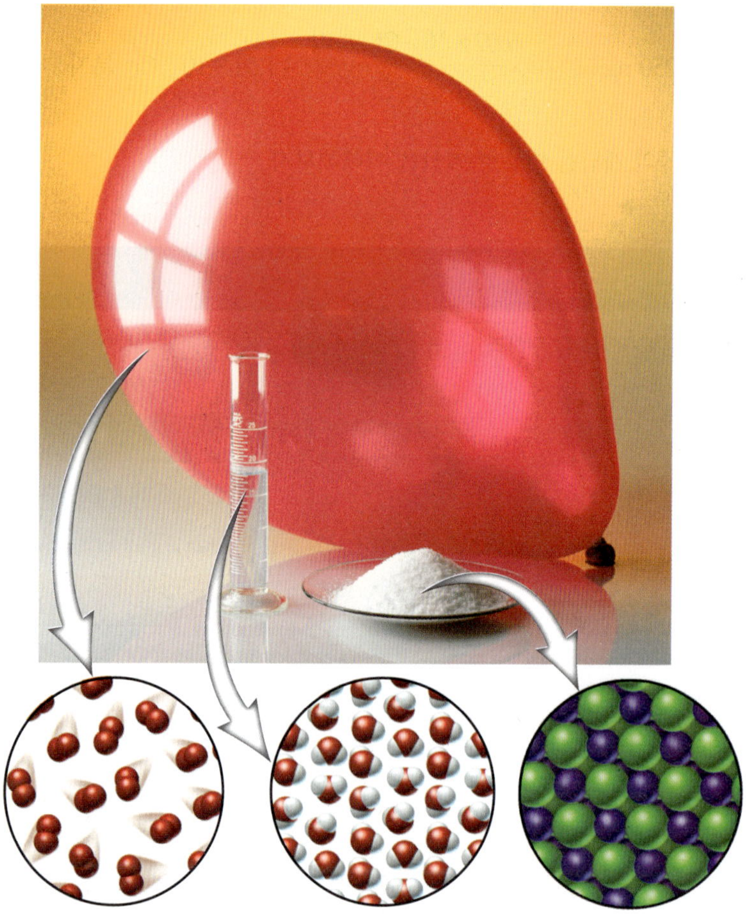

## 예제 8.4 몰 계산 I

$1.25 \times 10^{21}$ 개의 K 원자는 몇 몰인가?

**풀이 과정**

**1 단계 :** 해답에 필요한 단위는 무엇인가?

1 단계: mol K

**2 단계 :** 해답에 관계되는 주어진 값은 무엇인가?

2 단계: $1.25 \times 10^{21}$ atoms K

**3 단계 :** 적용할 수 있는 단위 인자는 무엇인가? 1 mol K=$6.02 \times 10^{23}$ K 원자이므로 2 개의 단위 인자는 1 mol K/$6.02 \times 10^{23}$ K 원자와 이것의 역수인 $6.02 \times 10^{23}$ K 원자/1 mol K이다.

3 단계: $\dfrac{1 \text{ mol K}}{6.02 \times 10^{23} \text{ atoms K}}$ 또는 $\dfrac{6.02 \times 10^{23} \text{ atoms K}}{1 \text{ mol K}}$

**단위 분석 그림**

| *주어진 값* | *단위 인자* | *해답의 단위* |
|---|---|---|
| $1.25 \times 10^{21}$ atoms K | $\times \dfrac{1 \text{ mol K}}{6.02 \times 10^{23} \text{ atoms K}}$ | = ? mol K |

**해답**

원자 K를 삭제하기 위하여 1 mol K/$6.02 \times 10^{23}$ K 원자의 단위 인자를 적용하면

$$1.25 \times 10^{21} \text{ K 원자} \times \frac{1 \text{ mol K 원자}}{6.02 \times 10^{23} \text{ K 원자}} = 2.08 \times 10^{-3} \text{ mol K}$$

해답은 주어진 값과 단위 인자가 각각 세 자리 유효 숫자이므로 세 자리로 반올림하였다.

**실전 연습문제**

$5.34 \times 10^{25}$ 개의 $I_2$ 분자는 몇 몰의 아이오딘인가?

**답:** 88.7 mol $I_2$

**개념 문제**

1.00 mol의 이원자 비금속에는 몇 개의 분자가 있는가?

**답:** 부록 G, 8.4 참조

## 8.3 몰 질량

**학습 목표**

▶ 화학식으로부터 주어진 물질의 몰 질량을 구할 수 있다.

몰은 시료 속의 입자 수를 나타내는 물질의 양이다. 즉, 원자 1 mol은 $6.02 \times 10^{23}$ 개의 원자를 의미한다. 탄소 원자 질량은 12.01 amu이므로 탄소 1 mol의 질량은 12.01 g임을 알고 있다. 실제로 어떤 물질의 원자 질량에 g 단위를 붙이면 그 물질 1 mol의 질량이 된다. 이 질량 값을 **몰 질량(molar mass, MM)**이라고 한다.

한 원소의 몰 질량 값은 g으로 표시한 그 원소의 원자 질량과 같다. 주기율표를 보면 철의 원자 질량은 55.85 amu임을 알 수 있다. 따라서 철의 몰 질량은 55.85 g/mol이 된다. 자연에 존재하는 산소는 $O_2$이므로 분자 질량은 32.00 amu이며, 몰 질량은 32.00 g/mol이 된다.

삼산화 이철($Fe_2O_3$)의 몰 질량을 구하기 위해서는 2 mol의 철 원자의 원자량과 3 mol의 산소의 원자량을 더하면 된다.

$$Fe_2O_3 : 2(55.85 \text{ g / mol Fe}) + 3(16.00 \text{ g / mol O}) = 159.70 \text{ g / mol}$$
$$Fe_2O_3 : 111.70 \text{ g / mol Fe} + 48.00 \text{ g / mol O} = 159.70 \text{ g / mol}$$

따라서 $Fe_2O_3$의 몰 질량은 159.70 g/mol이 된다. 이 계산에서 산소의 몰 질량으로 16.00 g을 사용하였다. 자연에 존재하는 산소는 이원자 분자 상태로 존재하지만 화합물 속에는 원자 상태로 결합된다. 다음 예제를 통해 몰 질량을 구하는 연습을 해보자.

### 예제 8.5 몰 질량 계산

다음 물질 각각의 몰 질량을 구하라

(a) 은 금속, Ag
(b) 암모니아 기체, $NH_3$
(c) 질산 마그네슘, $Mg(NO_3)_2$

**해답**

주기율표에서 원자 질량을 찾는다. 그램 단위를 붙인 원자 질량은 1 몰의 질량, 즉, 몰 질량이다.

(a) Ag의 원자 질량은 107.87 amu이고, 몰 질량은 107.87 g/mol이다.

(b) 질소의 원자 질량은 14.01 amu이고 수소의 원자 질량은 1.01 amu이다. $NH_3$의 원자 질량의 합은 14.01 amu + 3(1.01) amu = 17.04 amu이다. 따라서 몰 질량은 17.04 g/mol이다.

(c) $Mg(NO_3)_2$의 원자 질량의 합은 다음과 같다.

24.31 amu + 2(14.01 + 16.00 + 16.00 + 16.00) amu = 148.33 amu. 따라서 몰 질량은 148.33 g/mol이다.

### 실전 연습문제

다음 물질 각각에 대한 몰 질량을 구하라.

(a) 망가니즈 금속, Mn

(b) 육플루오린화 황, $SF_6$

(c) 아세트산 스트론튬, $Sr(C_2H_3O_2)_2$

**답:**

(a) 54.94 g/mol (b) 146.07 g/mol (c) 205.72 g/mol

### 개념 문제

물의 분자 질량은 18.02 amu이다. 물 분자의 아보가드로 수의 질량은 얼마인가?

**답:** 부록 G, 8.5 참조

**▲ 몰 개념–몰 질량**

그림은 물, 황, 설탕, 수은, 구리(시계방향)의 1 몰(mol)을 보여주고 있다. 몰 질량은 다음과 같다: $H_2O$ 18.02 g/mol, S 32.07 g/mol, $C_{11}H_{22}O_{11}$ 342.34 g/mol, Hg 200.59 g/mol, Cu 63.55 g/mol.

## 8.4 몰 계산 II

**학습 목표**

▶ 입자 수와 물질의 질량과의 관계를 알 수 있다.

몰은 화학의 주요 단위이다. 몰은 물질의 양을 표시함과 동시에 물질의 질량에 대한 입자 수와도 관련되어 있다. 즉,

$$6.02 \times 10^{23} \text{ 개의 입자} = 1 \text{ 몰} = \text{물질의 몰 질량}$$

이와 같은 몰의 관계를 이용하여 질량과 입자 수 사이의 상호 변환이 가능하게 된다. 예를 들면, 납 원자 $2.55 \times 10^{23}$ 개의 질량을 계산할 수 있다. 단위 분석 방법을 적용해서 먼저 몰 수를 구한다.

$$2.55 \times 10^{23} \text{ Pb 원자} \times \frac{1 \text{ mol Pb}}{6.02 \times 10^{23} \text{ Pb 원자}} = 0.424 \text{ mol Pb}$$

납의 질량을 그램으로 계산하기 위해서 Pb의 몰 수에 납의 몰 질량을 곱한다. 주기율표에서 납의 몰 질량은 207.2 g/mol이다.

$$0.424 \text{ mol Pb} \times \frac{207.2 \text{ g Pb}}{1 \text{ mol Pb}} = 87.8 \text{ g Pb}$$

다음 예제는 아보가드로 수와 몰 질량을 이용하여 몰 계산을 하는 데 도움을 준다.

### 예제 8.6 몰 계산 II

황 원자 $2.01 \times 10^{22}$ 개의 그램 질량은 얼마인가?

**풀이 과정**

**1 단계:** 해답에 필요한 단위는 무엇인가?

1 단계: g S

**2 단계:** 해답에 관계되는 주어진 값은 무엇인가?

2 단계: $2.01 \times 10^{22}$ 원자 S

**3 단계:** 적용할 수 있는 단위 인자는 무엇인가?
2 개의 단위 인자는 1 mol S = $6.02 \times 10^{23}$ S 원자, 주기율표로부터 몰 질량은 32.07 g S = 1 mol S이다. ; 단위 인자의 두 쌍은 3단계에서 보이는 것과 같다.

3 단계:

$$\frac{1 \text{ mol S}}{6.02 \times 10^{23} \text{ 원자 S}} \text{ 또는 } \frac{6.02 \times 10^{23} \text{ 원자 S}}{1 \text{ mol S}}$$

$$\frac{1 \text{ mol S}}{32.07 \text{ g S}} \text{ 또는 } \frac{32.07 \text{ g S}}{1 \text{ mol S}}$$

**단위 분석 그림**

| 주어진 값 | 단위 인자 1 | 단위 인자 2 | 해답의 단위 |
|---|---|---|---|
| $2.01 \times 10^{22}$ atoms S | $\times \frac{1 \text{ mol S}}{6.02 \times 10^{23} \text{ atoms S}}$ | $\times \frac{32.07 \text{ g S}}{1 \text{ mol S}}$ | = ? g S |

**해답**

원자 S를 삭제하기 위하여 1 mol S/$6.02 \times 10^{23}$ S 원자 그리고 mol S를 삭제하기 위하여 32.07 g S/1 mol S의 단위 인자를 적용하면

$$2.01 \times 10^{22} \text{ S 원자} \times \frac{1 \text{ mol S}}{6.02 \times 10^{23} \text{ S 원자}} \times \frac{32.07 \text{ g S}}{1 \text{ mol S}} = 1.07 \text{ g S}$$

**실전 연습문제**

황화 납(Ⅱ), PbS의 $7.75 \times 10^{22}$ 화학식 단위의 질량은 얼마인가?

**답:** 30.8 g PbS

**개념 문제**

황 분자, $S_8$의 아보가드로 수의 질량은 얼마인가?

**답:** 부록 G, 8.6 참조

## 예제 8.7 몰 계산 II

0.470 g의 산소 기체 내에 $O_2$ 분자가 몇 개 있는가?

**풀이 과정**

**1 단계:** 해답에 필요한 단위는 무엇인가?

1 단계: 분자 $O_2$

**2 단계:** 해답에 관계되는 주어진 값은 무엇인가?

2 단계: 0.470 g $O_2$

**3 단계:** 적용할 수 있는 단위 인자는 무엇인가? 주기율표로부터 몰 질량은 32.00 g $O_2$ = 1 mol $O_2$, 그리고 정의에 의해서 1 mol $O_2$ = $6.02 \times 10^{23}$ $O_2$ 분자이다. 그래서 두 쌍의 단위 인자는 3단계와 같다.

3 단계: $\frac{1\ \text{mol}\ O_2}{32.00\ \text{g}\ O_2}$ 또는 $\frac{32.00\ \text{g}\ O_2}{1\ \text{mol}\ O_2}$

$\frac{1\ \text{mol}\ O_2}{6.02 \times 10^{23}\ \text{분자}\ O_2}$ 또는 $\frac{6.02 \times 10^{23}\ \text{분자}\ O_2}{1\ \text{mol}\ O_2}$

**단위 분석 그림**

| 주어진 값 | 단위 인자 1 | 단위 인자 2 | 해답의 단위 |
|---|---|---|---|
| 0.470 g $O_2$ | $\times \frac{1\ \text{mol}\ O_2}{32.00\ \text{g}\ O_2}$ | $\times \frac{6.02 \times 10^{23}\ \text{분자}\ O_2}{1\ \text{mol}\ O_2}$ | = ? 분자 $O_2$ |

**해답**

g $O_2$를 삭제하기 위하여 1 mol $O_2$/32.00 g $O_2$ 그리고 mol $O_2$를 삭제하기 위하여 $6.02 \times 10^{23}$ $O_2$ 분자/1 mol $O_2$의 단위 인자를 적용하면

$$0.470\ \text{g}\ O_2 \times \frac{1\ \text{mol}\ O_2}{32.00\ \text{g}\ O_2} \times \frac{6.02 \times 10^{23}\ O_2\ \text{분자}}{1\ \text{mol}\ O_2} = 8.84 \times 10^{21}\ O_2\ \text{분자}$$

**실전 연습문제**

0.175 g $F_2$, 플루오린 기체에서 몇 개의 분자가 발견되는가?

**답:** $2.77 \times 10^{21}$ 개의 $F_2$ 분자

**개념 문제**

오존, $O_3$ 분자의 아보가드로 수의 질량은 얼마인가?

**답:** 부록 G, 8.7 참조

## 원자 또는 분자의 질량

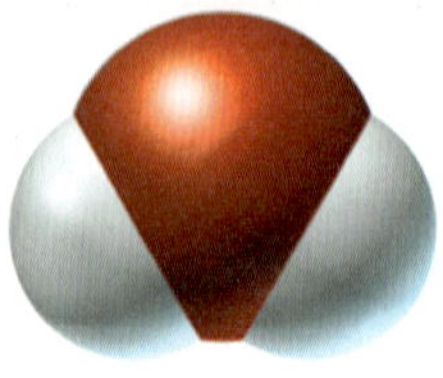

▲물 분자 — $H_2O$

다른 형태의 문제를 취급해보자. 만일 물의 몰 질량이 18.02 g/mol이면 물 분자 하나의 질량은 얼마인가? 이 문제의 해답으로는 단위의 비를 구하면 된다. 즉 $H_2O$의 g/분자이다.

$$\text{주어진 값} \times \frac{\text{단위}}{\text{인자}} = \frac{\text{g}}{\text{분자}}$$

복합 단위를 가진 답에 도달하기 위하여, 우선 두 단위의 비를 가지고 시작한다. 물의 몰 질량은 18.02 g/mol이므로

$$\frac{18.02\ \text{g}}{1\ \text{mol}\ H_2O} \times \frac{\text{단위}}{\text{인자}} = \frac{\text{g}}{\text{분자}}$$

아보가드로의 수는 단위 인자 1 mol $H_2O$ / $6.02 \times 10^{23}$ 분자를 제공한다. 단위 인자를 적용하여 다음과 같이 단위들을 삭제한다.

$$\frac{18.02\ \text{g}}{1\ \text{mol}\ H_2O} \times \frac{1\ \text{mol}\ H_2O\ \text{g}}{6.02 \times 10^{23}\ \text{분자}} = 2.99 \times 10^{-23}\ \text{g/분자}$$

다음 예제는 한 개의 원자 또는 분자의 질량을 구할 때 몰 개념을 어떻게 적용하는 지를 더 심화하여 설명한 것이다.

### 예제 8.8 분자 한 개의 질량

이산화 탄소 $CO_2$ 분자 한 개에 대한 그램 질량을 구하라.(MM = 44.01 g/mol)

**풀이 과정**

1 단계 : 해답에 필요한 단위는 무엇인가?

1 단계: g $CO_2$/분자 $CO_2$

2 단계 : 해답에 관계되는 주어진 값은 무엇인가?

2 단계: 44.01 g $CO_2$/1 mol $CO_2$

3 단계 : 적용할 수 있는 단위 인자는 무엇인가? 1 mol $CO_2$ = $6.02 \times 10^{23}$ $CO_2$ 분자이므로 3 단계의 단위 인자를 적용한다.

3 단계: $\frac{1\ \text{mol}\ CO_2}{6.02 \times 10^{23}\ \text{분자}\ CO_2}$ 또는 $\frac{6.02 \times 10^{23}\ \text{분자}\ CO_2}{1\ \text{mol}\ CO_2}$

**단위 분석 그림**

$$\underset{\text{주어진 값}}{\frac{44.01\ \text{g}\ CO_2}{1\ \text{mol}\ CO_2}} \times \underset{\text{단위 인자}}{\frac{1\ \text{mol}\ CO_2}{6.02 \times 10^{23}\ \text{분자}\ CO_2}} = \frac{\text{g}\ CO_2}{\text{분자}\ CO_2}$$

**해답**

mol $CO_2$를 삭제하기 위하여 단위 인자 1 mol $CO_2$/$6.02 \times 10^{23}$ $CO_2$ 분자를 적용하면

$$\frac{44.01\ \text{g}}{1\ \text{mol}\ CO_2} \times \frac{1\ \text{mol}\ CO_2}{6.02 \times 10^{23}\ \text{분자}} = 7.31 \times 10^{-23}\ \text{g 분자}$$

**실전 연습문제**

일산화 탄소, CO 분자 한 개의 그램 질량을 구하라.

**답:** $4.65 \times 10^{-23}$ g /분자

**개념 문제**

일산화 탄소 분자 한 개의 질량은 amu 단위로 얼마인가?

**답:** 부록 G, 8.8 참조

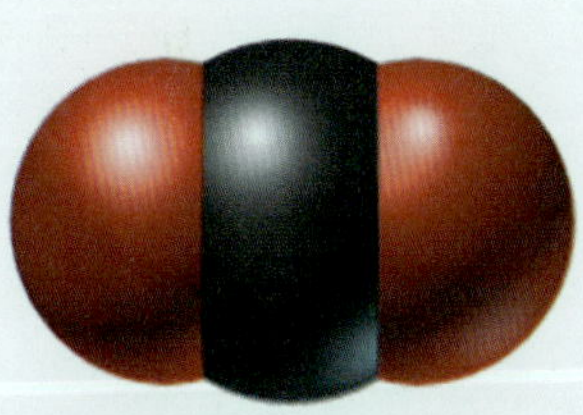

▲ 이산화 탄소 분자—$CO_2$

## 8.5 몰 부피

**학습 목표**

- ▶ STP에서 어떤 기체의 몰 부피는 22.4 L/mol임을 기억할 수 있다.
- ▶ 몰 질량과 몰 부피로부터 STP에서 기체의 밀도를 계산할 수 있다.

임의의 기체 1 몰은 $6.02 \times 10^{23}$ 개의 분자들을 포함한다. 그 기체는 수소, 산소 또는 다른 기체일 수도 있다. 1811년 아보가드로는 비슷한 조건 하에서 동일한 수의 분자들로 채워진 서로 다른 두 가지 기체는 동일한 부피를 갖는다는 사실을 제안하였다. 이 가설은 **아보가드로 이론(Avogadro's theory)**으로 알려져 있으며, 아보가드로 법칙 또는 아보가드로 가설이라고도 한다. 따라서 수소 기체 1 몰과 산소 기체 1 몰은 같은 부피를 갖고 있음을 의미한다. 다르게 설명하면, $H_2$ $6.02 \times 10^{23}$ 개의 분자는 $O_2$ $6.02 \times 10^{23}$ 개의 분자와 같은 부피를 갖는다. 즉 임의의 기체 $6.02 \times 10^{23}$ 개의 분자는 수소 또는 산소의 $6.02 \times 10^{23}$ 분자와 동일한 부피를 갖는다.

▲**그림 8.1 기체의 몰 부피**
1 몰 기체로 구성된 풍선은 STP에서 약 35 cm의 지름을 가진다. STP에서 임의의 기체 1 몰은 아보가드로 수만큼의 분자들을 포함하고 22.4 L의 부피를 차지한다.

아보가드로 수만큼의 분자들로 구성된 기체의 부피는 얼마인가? **표준 온도와 압력(STP: standard temperature and pressure)**에서 그 부피는 22.4 L이다. 표준 온도는 0 ℃이다. 표준 압력은 1 기압이며 해면 높이에서의 대기압을 의미한다. STP에서 임의의 기체 1 몰의 부피를 **몰 부피(molar volume)**라 하며 그림 8.1은 이를 도식적으로 보여주고 있다.

표 8.1은 1 mol의 기체 다섯 개를 비교한 것이다. 이때 분자 수와 몰 부피는 일정한 반면 몰 질량은 변함을 알 수 있다.

**표 8.1 몇 가지 기체들의 몰 관계**

| 기체 | 몰 수 | 분자 수 | 몰 질량 | 몰 부피(STP에서) |
|---|---|---|---|---|
| 수소, $H_2$ | 1.00 | $6.02 \times 10^{23}$ | 2.02 g/mol | 22.4 L/mol |
| 산소, $O_2$ | 1.00 | $6.02 \times 10^{23}$ | 32.00 g/mol | 22.4 L/mol |
| 이산화 탄소, $CO_2$ | 1.00 | $6.02 \times 10^{23}$ | 44.01 g/mol | 22.4 L/mol |
| 암모니아, $NH_3$ | 1.00 | $6.02 \times 10^{23}$ | 17.04 g/mol | 22.4 L/mol |
| 아르곤, Ar* | 1.00 | $6.02 \times 10^{23}$ | 39.95 g/mol | 22.4 L/mol |

*아르곤 기체는 분자보다 원자로 이루어져 있다.

## 기체 밀도

기체의 밀도는 액체 또는 고체의 밀도보다 훨씬 작다. 2.8절에서 4 ℃에서 물의 밀도는 1.00 g/mL라고 언급하였다. 공기의 밀도는 4 ℃에서 0.00129 g/mL (1.29 g/L)이므로 물의 밀도는 공기의 1000배 이상이 된다.

밀도는 질량을 부피로 나눈 값이다. 수소 또는 산소 같은 임의의 기체에 대해서 STP에서의 밀도를 계산할 수 있다. 이것은 임의의 기체 1 mol은 그 기체의 몰 질량과 동일한 질량을 가지게 되며, STP에서 그 기체의 몰 부피와 동일한 부피를 갖기 때문이다. **기체 밀도(gas density)**의 일반식은 다음과 같다.

$$\frac{\text{몰 질량 g}}{\text{몰 부피 L}} = \text{밀도, g/L (STP에서)}$$

다음 예제는 기체의 밀도, 몰 질량, 및 몰 부피가 어떻게 관련되었는가를 설명한 것이다.

▶**몰 개념–몰 부피**
사진은 기체의 몰 부피를 보여준다. 참고로 농구공의 부피는 STP에서 약 9 L의 공기가 들어 있다.

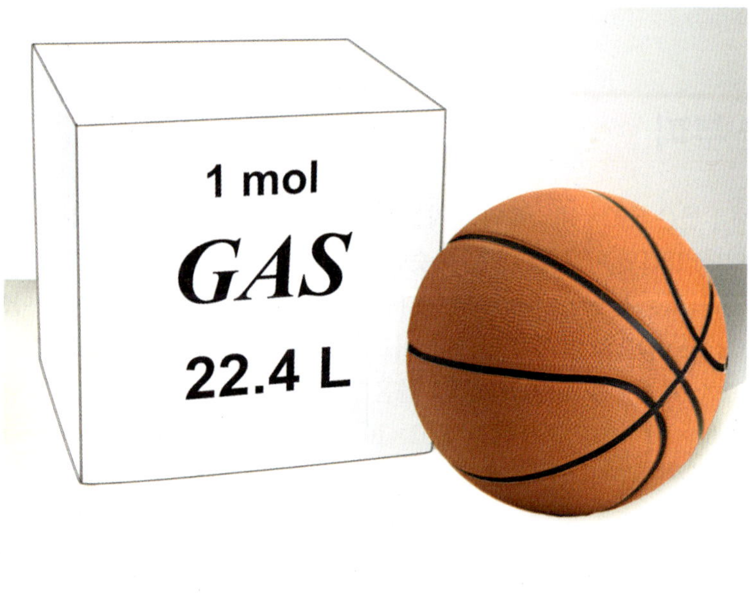

## 예제 8.9 STP에서 기체의 밀도

STP에서 암모니아 기체, $NH_3$의 밀도를 구하라.(MM=17.04 g/mol)

**풀이 과정**

**1 단계:** 해답에 필요한 단위는 무엇인가?

1 단계: g/L

**2 단계:** 해답에 관계되는 주어진 값은 무엇인가?

2 단계: 17.04 g/mol

**3 단계:** 적용할 수 있는 단위 인자는 무엇인가?
STP에서 기체의 몰 부피 1 mol = 22.4 L이므로 3 단계의 단위 인자를 적용한다.

3 단계: $\frac{1\ \text{mol}}{22.4\ \text{L}}$ 또는 $\frac{22.4\ \text{L}}{1\ \text{mol}}$

**단위 분석 그림**

| 주어진 값 | 단위 인자 | 해답의 단위 |
|---|---|---|
| $\frac{17.04\ \text{g}}{1\ \text{mol}}$ | $\times \frac{1\ \text{mol}}{22.4\ \text{L}}$ | $= \frac{\text{g}}{\text{L}}$ |

**해답**

mol을 삭제하기 위하여 단위 인자 1 mol/22.4 L를 적용하면,

$$\frac{17.04\ \text{g}}{1\ \cancel{\text{mol}}} \times \frac{1\ \cancel{\text{mol}}}{22.4\ \text{L}} = 0.761\ \text{g/L}$$

**실전 연습문제**

STP에서 황화 수소 기체, $H_2S$의 밀도를 구하라.

**답:** 1.52 g/L

**개념 문제**

헬륨 기체로 채운 풍선은 올라가는데 질소로 채운 풍선은 올라가지 않는 이유는 무엇인가?

**답:** 부록 G, 8.9 참조

▲기체 풍선

## 예제 8.10 기체의 몰 질량

소화기에서 방출되는 미지의 기체 1.96 g이 STP에서 1.00 L의 부피를 갖는다면 이 기체의 몰 질량은 얼마인가?

**풀이 과정**

**1 단계:** 해답에 필요한 단위는 무엇인가?

1 단계: g/mol

**2 단계:** 해답에 관계되는 주어진 값은 무엇인가?

2 단계: 1.96 g/1.00 L

**3 단계:** 적용할 수 있는 단위 인자는 무엇인가?
STP에서 기체의 몰 부피 1 mol = 22.4 L이므로 3 단계의 단위 인자를 적용한다.

3 단계: $\frac{1\ \text{mol}}{22.4\ \text{L}}$ 또는 $\frac{22.4\ \text{L}}{1\ \text{mol}}$

### 단위 분석 그림

| 주어진 값 | | 단위 인자 | | 해답의 단위 |
|---|---|---|---|---|
| $\frac{1.96\ \text{g}}{1.00\ \text{L}}$ | $\times$ | $\frac{22.4\ \text{L}}{1\ \text{mol}}$ | = | $\frac{\text{g}}{\text{mol}}$ |

### 해답

L을 삭제하기 위하여 단위 인자 1 mol/22.4 L를 적용하면

$$\frac{1.96\ \text{g}}{1.00\ \cancel{\text{L}}} \times \frac{22.4\ \cancel{\text{L}}}{1\ \text{mol}} = 43.9\ \text{g/mol}$$

미지의 기체는 소화기에서 방출되기 때문에 이산화 탄소라고 추측할 수 있다. $CO_2$의 몰 질량(44.01 g/mol)과 비교해보면 이 기체가 이산화 탄소임을 확신할 수 있다.

### 실전 연습문제

컴퓨터 칩을 만드는 데 사용되는 삼플루오린화 붕소 기체의 몰 질량은 얼마인가? 이 기체 1.505 g은 STP에서 497 mL 부피를 갖는다.

**답:** 67.8 g/mol

### 개념 문제

STP에서 어떤 기체 1 몰의 부피는 얼마인가?

**답:** 부록 G, 8.10 참조

**학습 목표**

▶ STP에서 기체의 부피를 입자의 질량 및 입자 수와 관련시킬 수 있다.

## 8.6 몰 계산 III

앞서 언급한 바와 같이 몰은 화학 계산의 주요 단위이다. 몰은 세 가지로 해석된다.

1. 1 몰은 아보가드로 수만큼의 입자 수를 의미한다.
2. 1 몰의 물질은 그램 단위의 원자량과 동일한 질량을 갖는다.
3. STP에서 어떤 기체 1 몰은 22.4 L의 부피를 차지한다.

몰(mol)에 대한 해석을 다음 세 가지 식으로 표현할 수 있다.

1 mol = $6.02 \times 10^{23}$ 개의 입자
1 mol = 몰 질량
1 mol = 22.4 L (STP에서)

위의 몰 식에서 입자 수를 물질의 질량 또는 STP에서 물질의 기체 부피와 관련시킬 수 있다. 이들 세 가지 값들의 상호 변환 과정을 몰 계산이라고 한다.

다음의 예제에서 아보가드로 수, 몰 질량, 몰 부피의 개념들을 이용한 몰 계산을 연습하여 보자.

**도움말**
**몰**

몰 개념은 화학개론에서 직면하는 계산을 수행하는 데는 별 쓸모가 없다. 만약 주어진 물질에서 입자의 수를 질량이나 기체상의 부피와 연관 시키려고 한다면 몰 개념을 적용한다. 입자 수와 몰의 관계는 아보가드로 수를 사용함으로써 알 수 있다. 즉 몰과 질량의 관계는 몰 질량과 연관이 있고, STP에서 몰과 기체의 부피와의 관계는 몰 부피와 연관이 있다. STP에서 기체의 몰 부피는 22.4 L/mol 이다.

## 예제 8.11 몰 계산 III

STP에서 3.36 L의 오존, $O_3$의 질량은 얼마인가?

**풀이 과정**

1 단계: 해답에 필요한 단위는 무엇인가?

1 단계: $g\ O_3$

2 단계: 해답에 관계되는 주어진 값은 무엇인가?

2 단계: $3.36\ L\ O_3$

3 단계: 적용할 수 있는 단위 인자는 무엇인가? STP에서 기체의 몰 부피 $1\ mol\ O_3 = 22.4\ L\ O_3$이며, 몰 질량은 주기율표로부터 $48.00\ g\ O_3 = 1\ mol\ O_3$이다. 그러므로 3 단계의 두 쌍의 단위 인자를 적용한다.

3 단계: $\frac{1\ mol\ O_3}{22.4\ L\ O_3}$ 또는 $\frac{22.4\ L\ O_3}{1\ mol\ O_3}$

$\frac{1\ mol\ O_3}{48.00\ g\ O_3}$ 또는 $\frac{48.00\ g\ O_3}{1\ mol\ O_3}$

**단위 분석 그림**

| 주어진 값 | 단위 인자 1 | 단위 인자 2 | 해답의 단위 |
|---|---|---|---|
| $3.36\ L\ O_3$ | $\times \frac{1\ mol\ O_3}{22.4\ L\ O_3}$ | $\times \frac{48.00\ g\ O_3}{1\ mol\ O_3}$ | $= ?\ g\ O_3$ |

**해답**

$L\ O_3$를 삭제하기 위하여 단위 인자 $1\ mol\ O_3 / 22.4\ L\ O_3$, $mol\ O_3$를 삭제하기 위하여 $48.00\ g\ O_3 / 1\ mol\ O_3$를 적용하면

$$3.36\ \cancel{L\ O_3} \times \frac{1\ \cancel{mol\ O_3}}{22.4\ \cancel{L\ O_3}} \times \frac{48.00\ g\ O_3}{1\ \cancel{mol\ O_3}} = 7.20\ g\ O_3$$

**실전 연습문제**

STP에서 메테인 기체, $CH_4$, 0.125 g의 부피는 얼마인가?

**답:** $0.174\ L\ CH_4$(174 mL)

**개념 문제**

오존 분자는 기체 1 몰에 몇 개 있는가?

**답:** 부록 G, 8.11 참조

## 예제 8.12 몰 계산 III

STP에서 부피가 0.500 L인 수소 기체, $H_2$ 속에는 몇 개의 수소 분자가 존재하는가?

**풀이 과정**

1 단계: 해답에 필요한 단위는 무엇인가?

Step 1: 분자 $H_2$

2 단계: 해답에 관계되는 주어진 값은 무엇인가?

Step 2: $0.500\ L\ H_2$

3 단계: 적용할 수 있는 단위 인자는 무엇인가? STP에서 기체의 몰 부피는 $1\ mol\ H_2 = 22.4\ L\ H_2$이며, $1\ mol\ H_2 = 6.02 \times 10^{23}\ H_2$ 분자이다. 그러므로 3 단계의 두 쌍의 단위 인자를 적용한다.

Step 3: $\frac{1\ mol\ H_2}{22.4\ L\ H_2}$ 또는 $\frac{22.4\ L\ H_2}{1\ mol\ H_2}$

$\frac{1\ mol\ H_2}{6.02 \times 10^{23}\ 분자\ H_2}$ 또는 $\frac{6.02 \times 10^{23}\ 분자\ H_2}{1\ mol\ H_2}$

**단위 분석 그림**

| 주어진 값 | 단위 인자 1 | 단위 인자 2 | 해답의 단위 |
|---|---|---|---|
| 0.500 L $H_2$ | $\times \dfrac{1\ \text{mol}\ H_2}{22.4\ \text{L}\ H_2}$ | $\times \dfrac{6.02 \times 10^{23}\ \text{molecules}\ H_2}{1\ \text{mol}\ H_2}$ | = ? molecules $H_2$ |

**해답**

L $H_2$를 삭제하기 위하여 단위 인자 1 mol $H_2$ / 22.4 L $H_2$, mol $H_2$를 삭제하기 위하여 $6.02 \times 10^{23}$ $H_2$ 분자 / 1 mol $H_2$를 적용하면

$$0.500\ \text{L}\ H_2 \times \frac{1\ \text{mol}\ H_2}{22.4\ \text{L}\ H_2} \times \frac{6.02 \times 10^{23}\ H_2\ \text{분자}}{1\ \text{mol}\ H_2} = 1.34 \times 10^{22}\ H_2\ \text{분자}$$

**실전 연습문제**

STP에서 헬륨 기체 원자 $3.33 \times 10^{21}$ 개로 이루어진 기체의 부피는 얼마인가?

**답:** 0.124 L He(124 mL)

**개념 문제**

수소 기체 1 몰의 질량은 얼마인가?

**답:** 부록 G, 8.12 참조

**학습 목표**

▶ 화합물의 화학식으로부터 화합물의 백분율 성분비를 구할 수 있다.

## 8.7 백분율 성분비

이미, 백분율을 "100개 부분당 일정 부분"으로 정의하였다. 백분율을 정의하는 또다른 방법은 전체 시료에 대한 어떤 주어진 양의 비에 100을 곱한 값이다. 예를 들면, 일 다임(dime, 10센트)은 일 달러의 10%이다. 이 개념을 이용하여 화합물의 성분비를 구해보자.

한 화합물의 **백분율 성분비(percent composition)**는 화합물을 구성하고 있는 각 원소의 질량 백분율의 목록을 의미한다. 한 예로 물($H_2O$)의 경우 11%의 수소와 89%의 산소로 이루어져 있다. 일정 성분비의 법칙에 의하여 특정 화합물을 구성하는 원소들의 질량비는 항상 일정하다. 그러므로 물은 그 양에 관계없이 항상 11%의 수소와 89%의 산소로 구성된다. 한 방울의 물, 1 mL의 물, 한 연못의 물 모두 11%의 수소와 89%의 산소로 이루어져 있다.

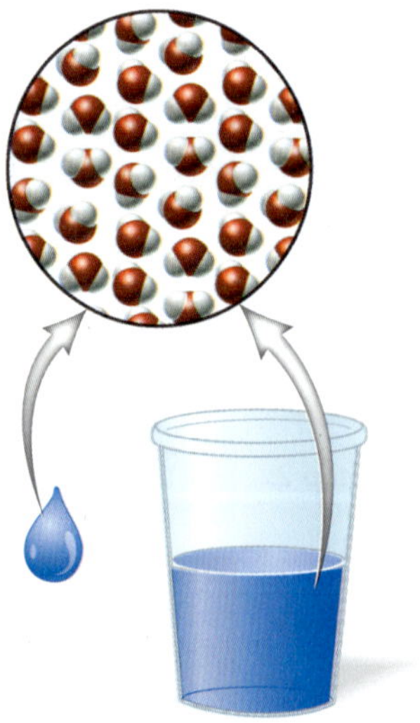

◀**백분율 성분비**
$H_2O$의 백분율 성분비는 한 컵의 물이나 한 방울의 물에서나 동일하다. 즉 물은 11%의 수소와 89%의 산소로 구성되어 있다.

물을 구성하는 원소들의 백분율 성분비는 일정한 값을 갖는다. 그러면 그 값을 어떻게 얻을 수 있을까? 다음 방법으로 물의 백분율 성분비를 구할 수 있다. 먼저 1 mol의 $H_2O$가 있다

고 가정하자. 1 mol의 물에는 2 mol의 수소와 1 mol의 산소로 구성되어 있다.

$$2\ (\text{mol H}) + 1\ \text{mol O} = 1\ \text{mol } H_2O$$

$$2\ (\text{몰 질량 H}) + 1\ \text{몰 질량 O} = 1\ \text{몰 질량 } H_2O$$

$$2\ (1.01\ \text{g H}) + 16.00\ \text{g O} = \text{g } H_2O$$

$$2.02\ \text{g H} + 16.00\ \text{g O} = 18.02\ \text{g } H_2O$$

이제는 물의 몰 질량에 대한 수소, 산소의 질량의 백분율 성분비를 구하여보자.

$$\frac{2.02\ \text{g H}}{18.02\ \text{g } H_2O} \times 100\% = 11.2\%\ \text{H}$$

$$\frac{16.00\ \text{g O}}{18.02\ \text{g } H_2O} \times 100\% = 88.79\%\ \text{O}$$

다음 예제를 통해 백분율 성분비를 구하는 것을 연습해 보자.

## 예제 8.13 물질의 백분율 성분비

TNT(트라이나이트로톨루엔)는 흰색 고체로서 240 ℃에서 폭발한다. TNT, $C_7H_5(NO_2)_3$의 백분율 성분비를 구하라.

**해답**

먼저 TNT가 1 mol 있다고 가정하자. 각 원소의 원자 수를 구해야 한다. 1 mol의 TNT, $C_7H_5(NO_2)_3$ 속에는 탄소 원자(C) 7 mol, 수소 원자(H) 5 mol, 질소 원자(N) 3 mol, 산소 원자(O) 6 mol을 포함한다.
다음의 방법으로 TNT의 몰 질량을 구한다.

$$7\ (12.01\ \text{g C}) + 5\ (1.01\ \text{g H}) + 3\ (14.01\ \text{g N} + 32.00\ \text{g O}) = \text{g } C_7H_5(NO_2)_3$$

$$84.07\ \text{g C} + 5.05\ \text{g H} + 42.03\ \text{g N} + 96.00\ \text{g O} = 227.15\ \text{g } C_7H_5(NO_2)_3$$

그러므로 TNT의 몰 질량은 227.15 g이 된다. 이제는 각각의 원소들의 몰 질량과 TNT의 몰 질량과의 비를 구해보자.

$$\frac{84.07\ \text{g C}}{227.15\ \text{g } C_7H_5(NO_2)_3} \times 100\% = 37.01\%\ \text{C}$$

$$\frac{5.05\ \text{g H}}{227.15\ \text{g } C_7H_5(NO_2)_3} \times 100\% = 2.22\%\ \text{H}$$

$$\frac{42.03\ \text{g N}}{227.15\ \text{g } C_7H_5(NO_2)_3} \times 100\% = 18.50\%\ \text{N}$$

$$\frac{96.00\ \text{g O}}{227.15\ \text{g } C_7H_5(NO_2)_3} \times 100\% = 42.26\%\ \text{O}$$

그러므로 TNT의 백분 함량은 대부분이 산소로 이루어졌음을 나타낸다. 각각의 퍼센트(37.01 + 2.22 + 18.50 + 42.26 = 99.99%)를 합했을 때 계산은 입증되고 전체는 대략 100%임을 확신할 수 있다.

**실전 연습문제**

EDTA(에틸렌다이아민테트라아세트산)는 음식물의 보존제나 중금속 중독 치료제로 사용된다. EDTA, $C_{10}H_{16}N_2O_8$의 백분율 성분비를 구하라.

**답:** 41.09% C, 5.53% H, 9.587% N, 43.79% O

**개념 문제**

설탕, $C_x H_y O_z$ 를 분석하였더니 40.0% C 와 6.7% H 이다. 산소의 백분율은 얼마인가?

**답:** 부록 G, 8.13 참조

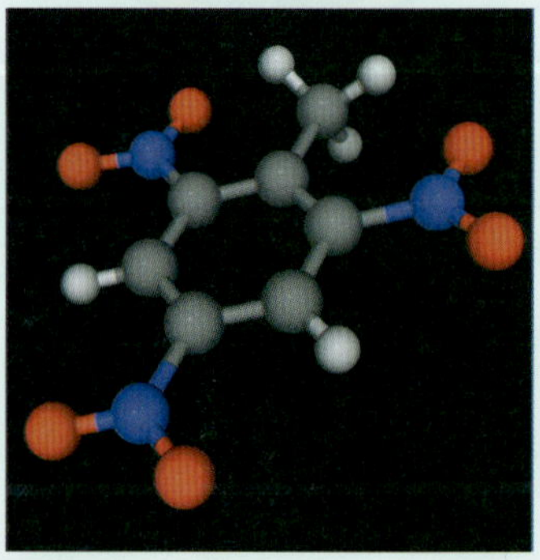

▲TNT
트라이나이트로톨루엔은 다이나마이트 막대에 혼합되어있는 흰색 결정성 화합물이다.

## 8.8 실험식

**학습 목표**

- 화합물의 질량 조성으로부터 실험식을 계산할 수 있다.
- 화합물의 백분율 성분비로부터 실험식을 계산할 수 있다.

1700년대 후반에 와서야 화학자들은 어떻게 원소들이 반응하여 화합물이 만들어지는지를 실험적으로 이해하기 시작하였다. 특히, 그 시기의 화학자들은 여러 원소들과 산소와의 반응에 의하여 산화물을 형성하는 반응에 대하여 많은 연구를 하였다. 한 원소의 질량과 반응 후 산화물의 질량을 측정하여 화학자들은 화학식을 결정할 수 있었다.

**실험식(empirical formula)**은 화합물을 구성하는 원소들의 가장 간단한 정수비를 표시한 화학식으로서 화학식 단위의 경우는 구성 이온들의 가장 간단한 정수비를, 분자의 경우는 구성 원자들의 가장 간단한 정수비로 표시한다. 다음의 예를 통하여 어떻게 실험식이 결정되는가를 알아보자. 1.640 g의 방사성 라듐을 공기 중에서 가열하여 1.755 g의 라듐 산화물을 만들었다. 따라서 반응에 참여한 산소의 질량은 라듐 산화물의 질량에서 라듐의 질량을 빼면 알 수 있다. 즉, (1.755 g −1.640 g) = 0.115 g임을 알 수 있다. 즉, 라듐이 0.115 g의 산소와 반응함을 알 수 있다.

▲**방사능**
라듐과 같은 방사성 원소는 “프로펠러” 심볼로 표시된다.

라듐 산화물의 실험식을 결정해보자. 이를 $Ra_xO_y$라 하고 x, y값을 결정하면 된다. Ra과 O의 비를 구하기 위하여 226.03 g/mol이라는 Ra의 몰 질량을 이용하여 1.640 g에 해당하는 Ra의 몰 수를 구해보면 다음과 같다.

$$1.640 \text{ g Ra} \times \frac{1 \text{ mol Ra}}{226.03 \text{ g Ra}} = 0.00726 \text{ mol Ra}$$

0.115 g의 산소(16.00 g/mol)에 대해서도 동일한 방법으로 몰 수를 계산한다.

$$0.115 \text{ g O} \times \frac{1 \text{ mol O}}{16.00 \text{ g O}} = 0.00719 \text{ mol O}$$

그러므로 라듐 산화물에서 원소들의 몰 비는 $Ra_{0.00726}O_{0.00719}$이다. 정수 비를 만들기 위해서 더 작은 수인 0.00719로 나누어준다.

$$Ra\frac{0.00726}{0.00719}O\frac{0.00719}{0.00719} = Ra_{1.01}O_{1.00}$$

실험식은 작은 정수이어야 하므로 $Ra_{1.01}O_{1.00}$은 소수점 이하를 반올림하면 RaO의 실험식을 얻게 된다. 정수의 값과 약간 차이가 있는 것은 실험오차 때문이다. Ra은 IIA/2족의 다른 원소들과 유사한 실험식을 갖는다. 마그네슘, 칼슘, 바륨은 IIA/2 족에 있으므로 이들의 화합물은 유사한 실험식을 갖는다. 즉, 금속 산화물의 실험식은 모두 금속 대 산소의 비가 1 : 1, 즉 MgO, CaO, 및 BaO이다. 따라서, 라듐 산화물의 실험식은 RaO이다.

### 예제 8.14 질량 조성으로부터 실험식 결정

실험실에서 0.500 g의 스칸듐(scandium)을 가열하여 산소와 반응시켰다. 생성된 산화물의 질량은 0.767 g이 되었다. 스칸듐 산화물($Sc_?O_?$)의 실험식을 구하라.

**해답**

먼저 스칸듐의 몰 수를 구한다.

$$0.500 \text{ g Sc} \times \frac{1 \text{ mol Sc}}{44.96 \text{ g Sc}} = 0.0111 \text{ mol Sc}$$

0.767 g의 스칸듐 산화물에서 0.500 g의 스칸듐의 질량을 빼면 반응한 산소의 질량을 구할 수 있다.

$$0.767 \text{ g } Sc_xO_y - 0.500 \text{ g Sc} = 0.267 \text{ g O}$$

그러므로 산소의 몰 수는 반응한 산소의 질량으로부터 다음 식에서 구할 수 있다.

$$0.267 \text{ g O} \times \frac{1 \text{ mol O}}{16.00 \text{ g O}} = 0.0167 \text{ mol O}$$

따라서 스칸듐 산화물의 실험식은 $Sc_{0.0111}O_{0.0167}$이 된다. 간단한 정수비를 얻기 위해 다음과 같이 작은 수인 0.0111로 나누어주면 $Sc_{1.00}O_{1.50}$을 얻는다.

$$Sc\frac{0.0111}{0.0111}O\frac{0.0167}{0.0111} = Sc_{1.00}O_{1.50}$$

1.50은 반올림할 수 없으나 정수를 얻기 위해서 양쪽에 2를 곱하면 $Sc_{2.00}O_{3.00}$, 즉, $Sc_2O_3$의 실험식을 얻을 수 있다.

**실전 연습문제**

철(Fe)이 염소 기체($Cl_2$)와 반응하면 두 가지 화합물 $FeCl_2$와 $FeCl_3$를 생성한다. 0.558 g의 금속 철이 염소 기체와 반응하여 1.621 g의 염화 철을 만들었다면 어떤 철 화합물이 얻어졌을까?

**답:** $FeCl_3$

**개념 문제**

0.500 mol의 노란 황분말이 0.500 mol의 산소 기체와 반응한다면 황산화물의 실험식은 무엇인가?

**답:** 부록 G, 8.14 참조

▲**스칸듐**
스칸듐은 무르고 은색인 희토류 금속이며, 1879년에 스칸디나비아에서 발견되었다.

## 백분율 성분비에서 실험식 구하기

벤젠(benzene)은 환경 보호국(Environmental Protection Agency, EPA)이 발암 물질로 발표하기 전에는 널리 사용되던 용매였다. 기기 분석 결과 벤젠의 백분율 성분비가 탄소 92.2%, 수소 7.83%로 나왔을 때 이를 이용하여 벤젠의 실험식을 구하여 보자.

실험식을 구하기 위해서는 탄소와 수소의 몰 수의 간단한 정수비를 구하면 된다. 각 원소의 몰 수를 구하기 위해서 원소의 질량을 구해야 한다. 백분율 조성비를 g 질량으로 바꾸기 위해서 100 g의 벤젠 시료가 있다고 가정하자. 탄소와 수소의 백분율 성분비에서 100 g의 벤젠에는 92.2 g의 탄소와 7.83 g의 수소가 존재함을 알 수 있다. 즉 각 원소의 백분율은 100 g의 화합물에 있는 원소의 질량에 해당한다. 앞의 예제와 같이 하면 C와 H의 몰 수는 다음과 같다.

$$92.2\ \text{g C} \times \frac{1\ \text{mol C}}{12.01\ \text{g C}} = 7.68\ \text{mol C}$$

$$7.83\ \text{g H} \times \frac{1\ \text{mol H}}{1.01\ \text{g H}} = 7.75\ \text{mol H}$$

그러므로 탄소, 수소의 몰 비는 $C_{7.68}H_{7.75}$가 되며 정수를 얻기 위해 7.68로 나누어주면 다음과 같이 된다.

$$C\frac{7.68}{7.68}H\frac{7.75}{7.68} = C_{1.00}H_{1.01}$$

반올림에 의해 소수점 이하를 버리면 CH가 벤젠의 실험식이 됨을 알 수 있다. 다음 예제는 백분율 성분비 자료로부터 실험식을 구하는 계산을 더 설명한 것이다.

▲**벤젠**
벤젠 분자는 여섯 개의 탄소 원자와 여섯 개의 수소 원자를 포함하고 있는데, 단일 결합과 이중 결합이 교대로 한 고리에 결합되어 있다.

### 예제 8.15 백분율 성분비로부터 실험식

글리신(glycine)은 단백질을 구성하는 아미노산 중 하나이다. 글리신의 분석 결과는 다음과 같다, 탄소 32.0%, 수소 6.7%, 질소 18.7%, 산소 42.6%. 글리신의 실험식을 구하라.

**해답**

먼저 100 g의 글리신 시료가 있다고 가정하자. 100 g의 시료에는 32.0 g의 탄소, 6.7 g의 수소, 18.7 g의 질소, 42.6 g의 산소가 들어 있다. 다음과 같이 각각의 몰 수를 구한다.

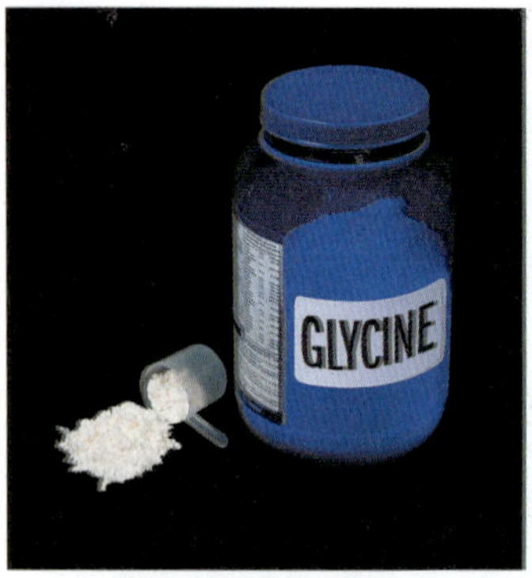

▲**글리신**
글리신은 단백질에서 발견되는 가장 흔한 아미노산 중의 하나이다.

$$32.0\ \text{g C} \times \frac{1\ \text{mol C}}{12.01\ \text{g C}} = 2.66\ \text{mol C}$$

$$6.7\ \text{g H} \times \frac{1\ \text{mol H}}{1.01\ \text{g H}} = 6.6\ \text{mol H}$$

$$18.7\ \text{g N} \times \frac{1\ \text{mol N}}{14.01\ \text{g N}} = 1.33\ \text{mol N}$$

$$42.6\ \text{g O} \times \frac{1\ \text{mol O}}{16.00\ \text{g O}} = 2.66\ \text{mol O}$$

몰 비를 구하면 $C_{2.66}H_{6.6}N_{1.33}O_{2.66}$이 된다. 가장 작은 수인 1.33으로 나누어준 다음 반올림에 의해 소수점 이하를 없애면

$$C_{\frac{2.66}{1.33}}H_{\frac{6.6}{1.33}}N_{\frac{1.33}{1.33}}O_{\frac{2.66}{1.33}} = C_{2.00}H_{5.0}N_{1.00}O_{2.00}$$

글리신의 실험식이 $C_2H_5NO_2$가 됨을 알 수 있다.

### 실전 연습문제

카페인(caffeine)의 백분율 성분비가 다음과 같을 때 카페인의 실험식을 구하라. 49.5% C, 5.15% H, 28.9% N, 16.5% O

**답:** $C_4H_5N_2O$

### 개념 문제

0.500 mol의 노란 황분말이 0.750 mol의 산소 기체와 반응하였다면 황산화물의 실험식은 무엇인가?

**답:** 부록 G, 8.15 참조

학습 목표

▶ 실험식과 몰 질량으로부터 분자식을 구할 수 있다.

## 8.9 분자식

분자 화합물들은 각 분자로 나타낸다. 앞에서 설명한 벤젠의 실험식을 생각해보자. CH는 벤젠 분자식으로 표시하지 못한다. 우선 1 개의 C 원자와 1 개의 H 원자로는 안정한 분자를 나타내지 못한다. CH는 분자 내에 있는 탄소 원자와 수소 원자의 상대적인 수를 나타낼 뿐이다. 그러므로 벤젠의 **분자식(molecular formula)**은 실험식에 정수배를 한 형태가 되어야 한다. 이는 $(CH)_n$으로 표시할 수 있다. 이때 n은 CH에 2, 3, 4, 5 또는 6 같은 정수를 곱하라는 것을 표시한 것이다.

이제부터는 아세틸렌(acetylene)을 예로 들어보자. 아세틸렌의 실험식도 역시 CH이다. 아세틸렌과 벤젠은 서로 다른 물질이지만 동일한 실험식을 갖는다. 일회용 스티로폼(styrofoam) 컵을 만드는 데 사용되는 스틸렌(styrene) 역시 CH의 실험식을 갖는다.

벤젠, 아세틸렌, 스틸렌이 서로 다른 물질이므로 이들의 분자식은 서로 달라야 할 것이다. 실험적으로 구한 몰 질량을 보면 벤젠이 78 g/mol, 아세틸렌이 26 g/mol, 스틸렌이 104 g/mol이 된다. 따라서 각각에 대해 다음과 같은 식들을 세울 수 있다.

벤젠 : $(CH)_n = 78\ \text{g/mol}$

아세틸렌 : $(CH)_n = 26\ \text{g/mol}$

스틸렌 : $(CH)_n = 104\ \text{g/mol}$

실험식 CH의 실험식량은 12 g + 1 g= 13 g/mol이므로 벤젠에 대해 다음 식을 세울 수 있으며 $n = 6$이 됨을 알 수 있다.

$$\text{벤젠} : \frac{(CH)_n}{CH} = \frac{78\ \text{g/mol}}{13\ \text{g/mol}}$$

$$n = 6$$

그러므로 벤젠의 분자식은 $(CH)_6$이 되며 이는 $C_6H_6$로 표기한다. 아세틸렌의 경우도 마찬가지로 다음과 같이 식을 세울 수 있으며 $n = 2$가 되며,

$$\text{아세틸렌}: \frac{(CH)_n}{CH} = \frac{26\ g/mol}{13\ g/mol}$$

$$n = 2$$

분자식은 $(CH)_2$ 또는 $C_2H_2$가 된다.

마찬가지로 스틸렌의 분자식은 아래 식에 의해 $(CH)_8$ 또는 $C_8H_8$이 된다.

$$\text{스틸렌}: \frac{(CH)_n}{CH} = \frac{104\ g/mol}{13\ g/mol}$$

$$n = 8$$

이상에서와 같이 비록 실험식은 같아도, 벤젠 아세틸렌, 스틸렌은 서로 다른 분자들이며 분자식도 서로 다르다. 따라서 벤젠, 아세틸렌, 스틸렌은 다른 화합물이다. 다음 예제를 통해 분자식을 구하는 연습을 해보자.

## 예제 8.16 실험식으로 분자식 결정

프럭토오스(fructose) 또는 과당은 과일에 존재하는 당으로서 $CH_2O$의 실험식을 갖는다. 몰 질량이 180 g/mol이라고 할 때 분자식을 결정하라.

### 해답

프럭토오스의 분자식이 $(CH_2O)n$이라고 가정하자. $CH_2O$의 실험식의 몰 질량은 12 g C + 2(1 g H) + 16 g O = 30 g/mol이 된다. 그러므로 다음과 같이 $n$ 값을 결정하면 6이 된다.

$$\text{프럭토오스}: \frac{(CH_2O)_n}{CH_2O} = \frac{180\ g/mol}{30\ g/mol}$$

$$n = 6$$

그러므로 프럭토오스의 분자식은 $(CH_2O)_6$, 또는 $C_6H_{12}O_6$가 된다.

### 실전 연습문제

다이브로민화 에틸렌(ethylene dibromide, EDB)은 지하수에 축적되는 것이 발견되었기 때문에 1983년 곡물 살충제로 사용이 금지되었다. 실험실 검사에서 EDB는 물 검사에서 생식 질환을 일으키는 발암물질임을 보였다. (a) 실험식을 결정하라. (b) 몰 질량을 190 g/mol이라 하고 분자식을 결정하라. 백분율 성분비는 12.7% C, 2.1% H, 85.1% Br이다.

**답:** (a) $CH_2Br$ (b) $C_2H_4Br_2$

### 개념 문제

과산화 수소의 분자식이 $H_2O_2$이라면 실험식은 무엇인가?

**답:** 부록 G, 8.16 참조

▲벌꿀

글루코오스와 프럭토오스는 벌꿀에 있는 당이며, 같은 분자식, $C_6H_{12}O_6$을 가지고 있으나, 글루코오스와 프럭토오스의 구조식은 다르다.

**주 의** 분자 화합물의 경우 실험식과 분자식이 같지 않은 경우가 많이 있다. 이온 화합물의 경우는 실제 화학식은 실험식과 동일하다. 예를 들어, 소금의 실제 화학식은 NaCl이며 $Na_2Cl_2$ 또는 어떤 배수를 한 것이 아니다. 한 가지 예외는 수은(I) 화합물로서 염화 수은(I)의 화학식은 $Hg_2Cl_2$로서 실험식의 두 배이다.

## 자세히 보기 아보가드로(AVOGADRO) 수

### Q: 아보가드로 수만큼의 규소(실리콘) 원자들의 질량은 얼마나 될까?

1911년 러더포드(Ernest Rutherford)는 방사성의 원리를 이용하여 아보가드로 수의 값을 결정하였다. 러더포드는 그의 조수였던 가이거(Hans Geiger)가 개발한 가이거 계수기를 이용하여 방사성 라듐으로부터 방출되는 알파(a) 입자를 연구하고 있었다. 알파 입자가 붕괴되어 생성된 헬륨 기체의 부피를 측정하였다. 그 결과, 러더포드는 아보가드로 수가 $6.11 \times 10^{23}$임을 계산해 내었다.

X선을 이용하여 규소의 원자 간 거리를 측정할 수 있다(그림 참조). X선은 규소 원자들의 핵과 충돌하여 회절이 일어나 그 경로가 바뀌게 된다. 인접한 두 개의 X선들의 거리를 측정하면 규소 원자의 부피를 알 수 있다. 아보가드로 수의 값은 규소 원자 1 개의 부피로 규소 몰 질량의 부피를 나누면 얻을 수 있다.

그림과 같이 각각의 규소 원자의 부피가 0.020116 $nm^3$라고 하고 결정의 부피가 12.114 $cm^3$이라면, 규소 원자의 부피로 결정의 부피를 나누어 아보가드로 수를 얻을 수 있다. 먼저 단위를 맞추기 위해서 아래와 같이 $cm^3$를 $nm^3$으로 바꾸어 준다.

$$12.114\ cm^3 \times \left(\frac{1\ m}{10^2 cm}\right)^3 \times \left(\frac{10^9\ nm}{1\ m}\right)^3 = nm^3$$

$$12.114\ \cancel{cm^3} \times \frac{1\ \cancel{m^3}}{10^6\ \cancel{cm^3}} \times \frac{10^{27}\ nm^3}{1\ \cancel{m^3}} = 1.2114 \times 10^{22}\ nm^3$$

규소 원자의 부피로 결정의 부피를 나누어 주면 규소 원자의 수가 나온다.

$$1.2114 \times 10^{22}\ \cancel{nm^3} \times \frac{1\ \text{Si 원자}}{0.020116\ \cancel{nm^3}} = 6.0221 \times 10^{23}\ \text{Si 원자}$$

이 예에서 아보가드로 수인 $6.0221 \times 10^{23}$ 원자의 실험값을 얻었다. 최근에 아보가드로 수의 가장 정확한 값은 $6.0221415 \times 10^{23}$ 이다.

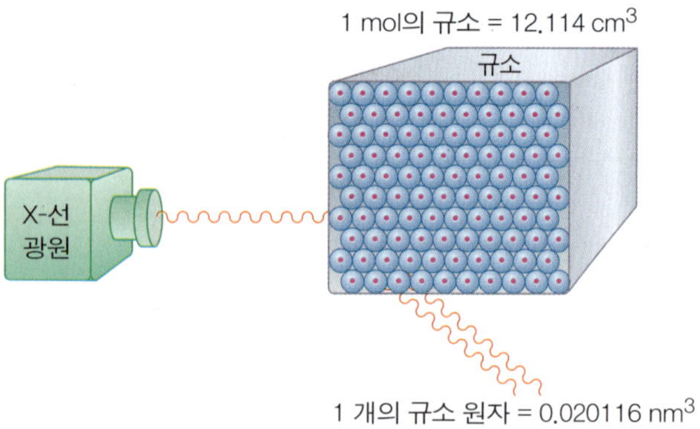


**◀규소 결정의 X-선 회절**
규소 결정에 X-선을 회절시켜 규소 원자들의 간격을 알아내고, 원자의 부피를 계산할 수 있다.

**A:** 아보가드로 수만큼의 규소 원자들의 질량은 몰 질량에 해당한다. 즉, 28.09 g이다.

# Chapter Summary

| 주요 개념 | 학습목표와 관련 연습문제 |
|---|---|
| **8.1 아보가드로 수**<br>**아보가드로 수(Avogadro's number, N)**는 탄소 12.01 g 속의 탄소 원자의 수에 해당한다. 또한 어떤 원소 g 원자질량 속에 있는 원자 수는 $6.02 \times 10^{23}$ 개이다. | • 아보가드로 수가 $6.02 \times 10^{23}$ 임을 설명할 수 있다.<br>**관련 문제:** 1, 3<br>• 주기율표를 참고하여 어떤 원소에 대한 원자의 아보가드로 수 만큼의 원자질량에 대해 설명할 수 있다.<br>**관련 문제:** 1, 3 |
| **8.2 몰 계산 I**<br>**몰(mole)**은 아보가드로 수($6.02 \times 10^{23}$) 만큼의 입자들로 구성된 물질의 양을 의미한다. 몰은 화학식 계산의 주요 단위이다. 이와 같이 몰 단위의 물질들의 계산을 몰 계산이라고 한다. | • 입자 수와 물질의 몰과의 관계에 대하여 설명할 수 있다.<br>**관련 문제:** 5-11 |

| 주요 개념 | 학습목표와 관련 연습문제 |
|---|---|
| **8.3 몰 질량**<br>물질 1 몰의 질량을 **몰 질량(molar mass, MM)**이라고 한다. 원소의 몰 질량은 원자질량과 같은 값을 갖는다. 한 예로 탄소의 몰 질량은 12.01 g/mol이며 산소의 몰 질량은 16.0 g/mol이 된다. 화합물의 몰 질량은 구성 원자들의 원자질량의 합과 동일한 값을 갖는다. 예로, 일산화 탄소(CO)의 몰 질량은 28.01 g/mol이다. | • 화학식으로부터 주어진 물질의 몰 질량을 구할 수 있다.<br>**관련 문제:** 13, 15 |
| **8.4 몰 계산 II**<br>몰은 화학에서 가장 중요한 단위이다. 몰의 개념은 물질의 양과 입자 수(원자, 분자 또는 화학식)와 연관되어 있다. 물질의 몰에서 그 물질의 질량과 입자 수를 구할 수 있다. | • 입자 수와 물질의 질량과의 관계를 알 수 있다.<br>**관련 문제:** 17-21 |
| **8.5 몰 부피**<br>**아보가드로 이론(Avogadro's theory)**에 따르면 동일 조건에서 동일 부피의 기체에는 동일한 수의 기체 분자들이 존재한다. **표준 상태(standard temperature and pressure, STP)**에서 1 mol의 기체가 갖는 부피를 **몰 부피(molar volume)**라고 한다. STP에서 기체들의 몰 부피는 22.4 L/mol이다. STP는 0 ℃, 1 atm을 의미한다. **기체 밀도(gas density)**는 몰 질량을 몰 부피로 나누어준 값이다. 즉 몰 질량을 22.4 L/mol로 나누어주면 된다. | • STP에서 어떤 기체의 몰 부피는: 22.4L/mol임을 알 수 있다.<br>**관련 문제:** 23<br>• 몰 질량과 몰 부피로부터 STP에서 기체의 밀도를 계산할 수 있다.<br>**관련 문제:** 25-29 |
| **8.6 몰 계산 III**<br>몰의 개념은 입자 수, 몰 질량, 기체의 몰 부피와 관련된다. STP에서 기체 물질의 리터 수가 주어졌을때 몰의 개념을 이용하면 기체의 부피를 알 때 몰 질량과 존재하는 입자 수를 구할 수 있다. | • STP에서 기체의 부피를 입자의 질량 및 입자 수와 관련시킬 수 있다.<br>**관련 문제:** 31-37 |
| **8.7 백분율 성분비**<br>**화합물의 백분율 성분비(percent composition)**는 물질의 몰 질량에 대하여 각 원소가 차지하는 몰 질량의 비를 표시한다. 각 원소의 백분율 결과는 화합물의 백분율 성분비이다. | • 화합물의 화학식으로부터 화합물의 백분율 성분비를 구할 수 있다.<br>**관련 문제:** 39-45 |
| **8.8 실험식**<br>**실험식(empirical formula)**은 화합물을 구성하는 원자들의 가장 간단한 비를 나타낸다. 실험식을 결정하기 위해서는 (1) 합성 실험 자료가 필요하며, 또는 (2) 화합물의 백분율 성분비를 알아야 한다. 화합물 내의 각 원소들의 몰 수를 계산한 다음 몰의 비가 간단한 정수비가 되도록 만들면 된다. | • 화합물의 질량 조성으로부터 실험식을 계산할 수 있다.<br>**관련 문제:** 47-51<br>• 화합물의 백분율 성분비로부터 실험식을 계산할 수 있다.<br>**관련 문제:** 53-57 |
| **8.9 분자식**<br>**분자식(molecular formula)**은 화합물 한 분자 내의 원자들의 비를 표시한다. 예로서 락트산(lactic acid)과 글루코오스(glucose)는 $CH_2O$의 동일한 실험식을 가지나 락트산의 분자식은 $C_3H_6O_3$으로서 실험식에 3배에 해당하며, 포도당의 분자식은 6배인 $C_6H_{12}O_6$이 된다. | • 실험식과 몰 질량으로부터 분자식을 구할 수 있다.<br>**관련 문제:** 59-67 |

# 문제 풀이 정리

| 주제 | 절차 | 예 |
|---|---|---|
| 아보가드로 수<br>8.1절 | 아보가드로 수 만큼의 원자질량을 구하기 위해서 원소의 원자질량에 단위를 그램으로 나타낸다. | 아보가드로 수만큼의 Fe 원자질량은 55.85 g이다. |
| 몰 계산 I<br>8.2절 | 1. 해답에 필요한 단위를 적는다.<br>2. 관련된 주어진 값을 적는다.<br>3. 주어진 단위를 답안의 단위로 변환하기 위해서 단위 인자를 적용한다. | 0.500 mol의 Fe는 철 원자가 몇 개인가?<br>$0.500 \text{ mol} \times \frac{6.02\times10^{23} \text{ 원자}}{1 \text{ mol}} = 3.01\times10^{23} \text{ 원자}$ |
| 몰 질량<br>8.3절 | 몰 질량을 구하기 위해서는 화합물에 있는 각 원소의 원자질량을 합한다. | 산화 철(Ⅲ), $Fe_2O_3$의 몰 질량은 얼마인가?<br>2(55.85 g/mol) + 3(16.00 g/mol) = 159.70 g/mol |
| 몰 계산 II<br>8.4절 | 1. 해답에 필요한 단위를 적는다.<br>2. 관련된 주어진 값을 적는다.<br>3. 주어진 단위를 답안의 단위로 변환하기 위해서 단위 인자를 적용한다. | $Fe_2O_3$ $5.00\times10^{23}$ 개의 화학식 단위의 질량은 얼마인가?<br>$5.00\times10^{23} \text{ 화학식 단위} \times \frac{1 \text{ mol}}{6.02\times10^{23} \text{ 화학식 단위}}$<br>$\frac{159.70 \text{ g } Fe_2O_2}{1 \text{ mol}} = 133 \text{ g } Fe_2O_3$ |
| 몰 부피<br>8.5절 | STP에서 어떤 기체 1 mol이 차지하는 부피는 22.4 L이다. | STP에서 $O_2$ 1.00 mol의 부피는 22.4 L이다. |
| 몰 계산 III<br>8.6절 | 1. 해답에 필요한 단위를 적는다.<br>2. 관련된 주어진 값을 적는다.<br>3. 주어진 단위를 답안의 단위로 변환하기 위해서 단위 인자를 적용한다. | STP에서 2.50 L의 $O_2$ 기체의 질량은 얼마인가?<br>$2.50 \text{ L} \times \frac{1 \text{ mol}}{22.4 \text{ L}} \times \frac{32.00 \text{ g } O_2}{1 \text{ mol}} = 3.57 \text{ g } O_2$ |
| 백분율 성분비<br>8.7절 | 화합물의 전체 몰 질량에 대한 각 원소들의 질량비를 구하고 100%를 곱한다. | 과산화 수소 $H_2O_2$ (MM = 34.02 g/mol)의 백분율 성분비는 얼마인가?<br>$\frac{2(1.01) \text{ g}}{34.02 \text{ g}} \times 100\% = 5.94\% \text{ H}$<br>$\frac{2(16.00) \text{ g}}{34.02 \text{ g}} \times 100\% = 94.06\% \text{ O}$ |
| 실험식<br>8.8절 | 화합물에 있는 각 원소의 몰 비를 구하고 정수비로 되게끔 간단히 한다. | 2.25 mol H와 2.22 mol 0가 주어졌을 때 과산화 수소의 실험식은 무엇인가?<br>$\text{H} \frac{2.25}{2.22} \text{O} \frac{2.22}{2.22} = H_{1.01}O_{1.00}$<br>따라서 HO |
| 분자식<br>8.9절 | 화합물의 몰 질량을 실험식 단위의 몰 질량으로 나눈 비를 구한다. 이 비를 이용하여 실험식 단위의 아래 하첨자에 해당하는 승수를 구한다. | 주어진 몰 질량은 약 34 g/mol이다. 과산화 수소의 분자식을 구하라.<br>$\frac{(HO)_n}{HO} = \frac{34 \text{ g/mol}}{17 \text{ g/mol}} = 2$<br>따라서, $H_2O_2$ |

## 주요 용어 주요 용어에 대한 해답은 부록 H에 수록하였다.

다음의 정의에 해당하는 용어를 선택하라.

| | | |
|---|---|---|
| ______ | 1. 12.01 g의 탄소 속에 존재하는 탄소 원자의 수를 나타내며 $6.02 \times 10^{23}$ 개에 해당하는 값 | (a) 아보가드로 수(N)(8.1절) |
| ______ | 2. $6.02 \times 10^{23}$ 개의 입자를 포함하는 물질의 양 | (b) 아보가드로 이론(8.5절) |
| ______ | 3. 순물질 1 mol의 g 단위 질량 | (c) 실험식(8.8절) |
| ______ | 4. STP에서 1 mol의 어떤 기체가 차지하는 부피. | (d) 기체 밀도(8.5절) |
| ______ | 5. 0 ℃, 1 atm을 의미하며 표준 상태로 정해져 있다. | (e) 몰 질량(MM)(8.3절) |
| ______ | 6. 동일한 온도, 압력 조건에서 동일한 부피의 기체는 동일한 수의 분자를 갖는다. | (f) 몰 부피(8.5절) |
| ______ | 7. 기체의 단위 부피당 질량의 비를 표시하며 g/L의 단위를 갖는다. | (g) 몰(mol)(8.2절) |
| ______ | 8. 화합물을 구성하는 원소들의 질량 함량을 %로 표시한 목록. | (h) 분자식(8.9절) |
| ______ | 9. 분자 내 원자들 또는 이온 화합물 내 이온들의 구성비를 가장 간단한 정수비로 표시한 화학식. | (i) 백분율 성분비(8.7절) |
| ______ | 10. 분자를 구성하는 각 원소에 있는 원자들의 실제 개수를 표시한 화학식. | (j) 표준 온도와 압력(STP)(8.5절) |

## 문제 해답은 부록 I에 수록하였다.

### 아보가드로 수 (8.1절)

1. 주기율표를 참조하여 다음 금속들의 단일 원자의 질량을 amu 단위로 구하라.
   (a) 소듐 (b) 스트론튬
   (c) 실리콘 (d) 셀레늄

3. 주기율표를 참조하여 다음 금속 원자 $6.02 \times 10^{23}$ 개의 질량을 구하라.
   (a) 소듐 (b) 스트론튬
   (c) 실리콘 (d) 셀레늄

### 몰 계산 I (8.2절)

5. 다음 시료에 들어있는 입자 수를 구하라.
   (a) 탄소(C) 원자 1 mol
   (b) 메테인($CH_4$) 분자 1 mol

7. 다음의 몰 수를 구하라.
   (a) $6.02 \times 10^{23}$ 개의 황 원자(S).
   (b) $6.02 \times 10^{23}$ 개의 이산화 황 분자($SO_2$)

9. 다음의 입자 수를 구하라.
   (a) 0.100 mol의 마그네슘, Mg
   (b) 0.200 mol의 염소($Cl_2$) 분자
   (c) 0.300 mol의 염화 마그네슘 화학식 단위, $MgCl_2$

11. 다음의 몰 수를 구하라.
   (a) $2.50 \times 10^{22}$ 개의 철(Fe) 원자
   (b) $5.00 \times 10^{23}$ 개의 삼산화 황($SO_3$) 분자
   (c) $7.50 \times 10^{24}$ 개의 황산 철(II), $FeSO_4$

### 몰 질량 (8.3절)

13. 주기율표를 참조하여 다음 각 원소의 몰 질량을 구하라.
   (a) 알루미늄, Al (b) 실리콘, Si
   (c) 비소, As (d) 황, S

15. 주기율표를 참조하여 다음 각 화합물의 몰 질량을 계산하라.
   (a) 황화 칼슘, CaS (b) 황산 칼슘, $CaSO_4$
   (c) 오산화 이염소, $Cl_2O_5$ (d) 글리세린, $C_3H_5(OH)_3$

### 몰 계산 II (8.4절)

17. 다음의 질량을 g 단위로 구하라.
   (a) $2.95 \times 10^{23}$ 개의 수은 원자, Hg
   (b) $1.16 \times 10^{22}$ 개의 질소 분자, $N_2$
   (c) $5.05 \times 10^{21}$ 개의 염화 바륨, $BaCl_2$

19. 다음 시료 속의 입자 수를 계산하라.
   (a) 1.50 g 포타슘, K
   (b) 0.470 g 산소, $O_2$
   (c) 0.555 g 염소산 은, $AgClO_3$

21. 다음 원소의 단일 원자의 질량을 g 단위로 계산하라.
   (a) 리튬, Li (b) 실리콘, Si
   (c) 이산화 황, $SO_2$ (d) 일산화 이질소, $N_2O$

### 몰 부피 (8.5절)

23. 기체의 표준 조건(STP)을 섭씨 온도와 기압 단위로 표시하라.

25. STP에서 다음 기체들의 밀도를 계산하라.
   (a) 아르곤, Ar (b) 플루오린, $F_2$
   (c) 메테인, $CH_4$ (d) 프로페인, $C_3H_8$

27. 주어진 STP에서의 밀도를 이용하여 다음 기체의 몰 질량을 구하라.
   (a) 산소, 1.43 g/L
   (b) 포스핀(수소화 인), 1.52 g/L
   (c) 일산화 이질소, 1.97 g/L
   (d) 프레온 -12, 5.40 g/L

29. 다음은 1 mol 기체의 표이다. 빠진 곳을 채워 넣어라.

| 기체 | 분자 수 | 질량 | 부피(STP에서) |
|---|---|---|---|
| 질소, $N_2$ | | | |
| 산소, $O_2$ | | | |
| 이산화 이질소, $NO_2$ | | | |

## 몰 계산 III (8.6절)

31. STP에서 다음 기체들의 부피를 L 단위로 구하라.
 (a) 0.150 g의 일산화 탄소, CO
 (b) 100.0 mL의 수소, $H_2$

33. STP에서 다음 기체들의 질량을 g 단위로 구하라.
 (a) 1.05 L 황화 수소, $H_2S$
 (b) $5.42 \times 10^{22}$ 분자의 프로페인, $C_3H_8$

35. STP에서 다음 각 기체에 대하여 리터 단위의 부피를 계산하라.
 (a) 0.250 g의 헬륨, He
 (b) $2.22 \times 10^{22}$ 개의 메테인 분자, $CH_4$

37. 주어진 값을 이용하여 다음 표를 완성하라.

| 기체 | 분자 수 | 질량 | 부피(STP에서) |
|---|---|---|---|
| 메테인, $CH_4$ | $1.50 \times 10^{23}$ | | |
| 에테인, $C_2H_6$ | | 7.50 g | |
| 프로페인, $C_3H_8$ | | | 5.58 L |

## 백분율 성분비 (8.7절)

39. 만약 소금 결정, NaCl에서 소듐의 퍼센트가 39.34%라면, 1 킬로그램의 소금에서 소듐의 퍼센트는 얼마인가?

41. 락토스(Lactose)는 우유 속에 있는 당이다. 락토스, $C_{12}H_{22}O_{11}$의 백분율 성분비를 구하라.

43. 메티오닌(Methionine)은 단백질에 있는 필수 아미노산이다. 메티오닌, $C_5H_{11}NSO_2$의 백분율 성분비를 구하라.

45. 머큐로크롬(Mercurochrome)은 물에 녹아 불그스레한 액체로써 예전에는 방부제로 사용하였다. 머큐로크롬, $HgNa_2C_{20}H_8Br_2O_6$의 백분율 성분비를 구하라.

## 실험식 (8.8절)

47. 1.115 g의 코발트 시료를 과량의 황과 함께 가열하여 1.722 g의 황화 코발트가 생성되었다. 황화 코발트의 실험식은 무엇인가?

49. 어떤 실험에서, 2.410 g의 산화 구리를 수소 가스와 함께 가열한 후에 1.926 g의 구리 금속이 생성되었다. 산화 구리의 실험식은 무엇인가?

51. 0.500 g의 주석을 질산과 반응시켜 산화 주석을 만들었다. 생성된 산화 주석의 무게가 0.635 g이라면 실험식은 어떻게 되겠는가?

53. 염화 구리의 백분율 성분비가 64.1% Cu, 35.9% Cl이다. 실험식을 결정하라.

55. 브로민화 주석의 백분율 성분비가 42.6% Sn, 57.4% Br이다. 실험식을 결정하라.

57. 트라이클로로에틸렌(TCE)은 기계들의 기름 세척용 용매로 사용된다. 백분율 성분비가 18.25% C, 0.77% H, 80.99% Cl이라면 실험식은 어떻게 되겠는가?

## 분자식 (8.9절)

59. 아스피린의 몰 질량은 180 g/mol이다. 실험식이 $C_9H_8O_4$일 때 분자식을 구하라.

61. 아디프산은 나일론을 제조하는 데 사용된다. 만약 몰 질량이 147 g/mol이고 실험식이 $C_3H_5O_2$라면, 화합물의 분자식은 무엇인가?

63. 에틸렌 글라이콜은 부동액으로 사용된다. 몰 질량이 62 g/mol이며 백분율 성분비가 38.7% C, 9.74% H, 51.6% O일 때 분자식을 구하라.

65. 린데인(lindane)은 살충제이다. 몰 질량이 290 g/mol이며 백분율 성분비가 24.8% C, 2.08% H, 73.1% Cl이라면 분자식은 어떻게 되겠는가?

67. 니코틴은 담배에 존재하며 몰 질량은 160 g/mol이다. 백분율 성분비가 74.0% C, 8.70% H, 17.3% N일 때 분자식을 결정하라.

## 일반 연습문제

69. 1871년에, 멘델레예프는 미발견 원소 *에카실리콘(ekasilicon)*을 예측하였다. 1886년에, 그 원소는 독일에서 발견되었으며 이름을 저마늄이라 지었다. 만약 0.500 g의 저마늄이 염소 기체와 반응하여 1.456 g의 염화 저마늄을 생성한다면 이 화합물의 실험식은 무엇인가?

71. 일천 조, $1 \times 10^{15}$는 대략 50,000명의 사람에 있는 적혈구 세포의 수라고 한다. 일천 조의 적혈구 세포의 수와 5 g 니켈 동전에 있는 니켈 원자의 수 중 어느 것이 더 클까?

73. 지구의 질량이 $6 \times 10^{24}$ kg이고, 설치류의 평균 질량이 100 g이라면, 지구와 설치류 1 몰 중 어느 것이 더 무거울까?

**▶몰의 개념**
mol의 설탕, 물, 수은, 황, 소금, 구리, 납(시계방향 순서)과 중앙의 오렌지색의 중크롬산 포타슘을 보여준다. 이들은 각각 $6.02 \times 10^{23}$ 개의 입자들로 구성되어 있으나 몰 질량은 다음과 같이 다르다. 342.34 g/mol $C_{12}H_{22}O_{11}$, 18.02 g/mol $H_2O$, 200.59 g/mol Hg, 32.07 g/mol S, 58.44 g/mol NaCl, 63.55 g/mol Cu, 207.2 g/mol Pb, 294.20 g/mol $K_2Cr_2O_7$.

75. 1.00 g의 식탁 설탕, $C_{12}H_{22}O_{11}$에 있는 탄소 원자의 수를 계산하라.

77. 10.0 g의 구리를 포함하는 일산화 이구리, $Cu_2O$의 질량은 얼마인가 ?

79. 물을 담은 비이커에서 물 한 분자가 차지하는 부피를 입방 센티미터 단위로 계산하라. 물의 밀도는 1.00 g/cm³이다.

### 도전 연습문제

81. 구리 1 mol 결정에 각각의 구리 원자가 차지하는 부피는 0.0118 nm³이다. 구리 결정의 밀도가 8.92 g/cm³라고 할 때 아보가드로 수를 실험적으로 구해보면 얼마가 되는가?

## Chapter 8 자율 테스트 해답은 부록 J에 수록하였다.

1. 은 원자 몇 개의 질량이 107.87 amu 인가?(8.1절)
   (a) 1 (b) 47
   (c) 107.87 (d) 108
   (e) $6.02 \times 10^{23}$

2. 2.50 mol의 Ag 금속에는 은 원자가 몇개인가?(8.2절)
   (a) $1.51 \times 10^{22}$ 원자
   (b) $1.51 \times 10^{23}$ 원자
   (c) $1.51 \times 10^{24}$ 원자
   (d) $2.41 \times 10^{23}$ 원자
   (e) $2.41 \times 10^{24}$ 원자

3. 중크롬산 암모늄, $(NH_4)_2Cr_2O_7$의 몰 질량은 얼마인가?(8.3절)
   (a) 238.09 g/mol (b) 252.10 g/mol
   (c) 260.18 g/mol (d) 372.18 g/mol
   (e) 386.19 g/mol

4. 은, Ag 원자 $3.30 \times 10^{23}$ 개의 질량은 얼마인가?(8.4절)
   (a) 0.549 g (b) 25.8 g
   (c) 59.1 g (d) 85.7 g
   (e) 197 g

5. STP에서 $H_2$ 기체 22.4 L 속에는 몇 개의 수소 분자가 있겠는가?(8.5절)
   (a) $1.20 \times 10^{24}$ (b) $1.35 \times 10^{25}$
   (c) $1.81 \times 10^{24}$ (d) $2.69 \times 10^{22}$
   (e) $6.02 \times 10^{23}$

6. STP에서 오존, $O_3$ 분자 $1.20 \times 10^{22}$의 부피는 얼마인가?(8.6절)
   (a) 0.0199 L (b) 0.447 L
   (c) 2.24 L (d) 5.02 L
   (e) 1120 L

7. 에메랄드의 화학식은 $Be_3Al_2Si_{16}O_{18}$이다. 보석 속에 있는 알루미늄의 백분율은 얼마인가?(8.7절)
   (a) 3.30% (b) 3.37%
   (c) 6.59% (d) 35.2%
   (e) 54.9%

8. 0.500 mol의 은이 0.250 mol의 황과 결합하여 생성된 황화 은의 실험식은 무엇인가?(8.8절)
   (a) AgS (b) $Ag_2S$
   (c) $AgS_2$ (d) $Ag_5S_5$
   (e) 위의 모두 아님

9. 프럭토오스의 보통명은 과당(fruit sugar)이다. 실험식이 $CH_2O$이고 몰 질량이 대략 180 g/mol이라면 프럭토오스의 분자식은 무엇인가(8.9절)
   (a) CHO (b) $CH_2O$
   (c) $CH_2O_6$ (d) $C_6H_{12}O_6$
   (e) $C_{12}H_{22}O_{11}$

## 주요 개념

10. Al-27은 자연에만 존재하는 알루미늄의 동위 원소이다. 한 개의 Al 원자와 아보가드로 수의 Al 원자의 질량은 각각 얼마인가?

11. I-127은 자연에만 존재하는 아이오딘의 동위 원소이다. 한 개의 I 원자와 아보가드로 수의 I 원자의 질량은 각각 얼마인가?

12. 아보가드로 수의 투포환 공이 있다면 전체 질량은 다음 중 어느 것이 가장 근접한가? : 자동차, 엠파이어 빌딩, 또는 지구

13. 아보가드로 수의 대리석이 있다면 전체 부피는 다음 중 어느 것이 가장 근접한가? : 농구공, 달러스 카우보이 스타디움, 또는 달

## 비판적 사고

14. 만약 1μg 또는 그 이상의 질량인 사료를 잴 수 있는 초정밀 저울이 있다면 10조($10^{19}$)개의 구리 원자의 질량을 잴 수 있을까?

15. 1-캐럿 다이아몬드는 탄소의 순 결정체이며, 질량이 0.200 g이다. 1-캐럿 다이아몬드에 있는 원자 또는 1구골(googol, $1 \times 10^{100}$)개의 원자 중 어느 것이 더 많은가?

CHAPTER

# 9 화학반응식 계산

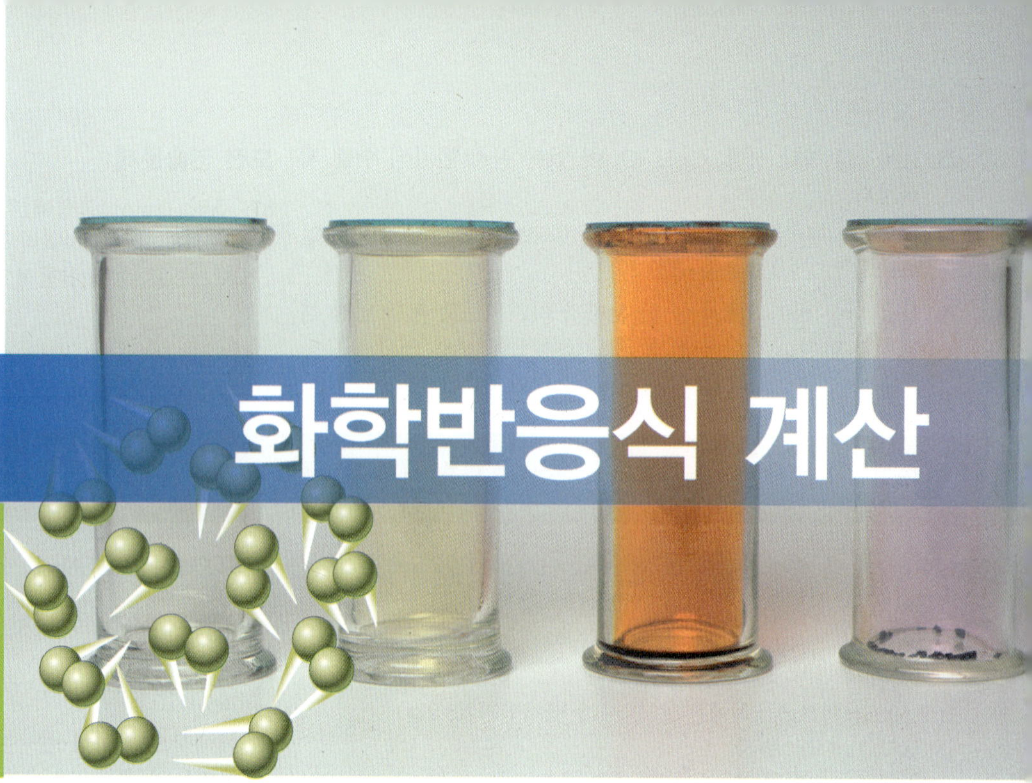

*"훌륭한 스승과의 잠깐의 대화는 한 달 간의 독학과도 같다."*
– 중국 속담

9
F
fluorine

**원소 9: 플루오린(Fluorine)**

플루오린(Fluorine)는 주기율표에서 염소, 브로민 및 아이오딘의 위에 있는 할로젠 원소이다. 옅은 황색이고 매우 위험하며 반응성이 매우 높은 특징을 가진다. 그러나 프레온(Freon)이나 테프론(Teflon)과 같은 불소 화합물은 매우 안정적이며 현대사회에서 중요한 역할을 한다. 불소는 1886년까지 천연 미네랄 형태에서 분리하지 못하였고, 이에 대한 연구로 프랑스의 화학자가 1906년 노벨 화학상을 수상했다.



화학공업은 미국에서 가장 중요한 비중을 차지하는 산업 중의 하나이다. 매년 수백만 톤 가량의 화학 약품이 미국과 기타 다른 나라에서 여러 용도로 생산된다. 이러한 화학 약품은 자동차, 컴퓨터 칩, 전자계기, 의약품, 유리, 제지, 비료, 살충제, 배관설비, 합성 섬유 그리고 기타 여러 제품을 제조하는 데 사용된다.

화학자와 화공기사들은 화학 약품의 생산 단가를 결정하기 위하여 균형 화학반응식(balanced chemical equation)에 기초하여 일상적으로 계산을 수행한다. 이러한 계산은 자동차, 전자제품, 의약품, 플라스틱, 농산품, 섬유 등 모든 산업의 제품 생산에 매우 중요하다. 매년 산업에 사용되는 화학 약품의 양이 발표되는데, 그 중 자동차 배터리와 모든 화학 실험실에서 볼 수 있는 황산이 이들을 대표한다. 생산된 황산의 양은 제조업의 전반적인 경기를 나타내며, 이러한 이유로 화공 산업의 척도로 이용된다. 그러나, 황산은 황이 포함된 저급 석탄의 연소로 생기며, 환경 문제가 된다. 이산화 황이 대기에 방출되면 황산으로 전환된다. 황산을 포함한 소위 "산성비"는 부식성 화학물질로 식물, 조류 및 수중 생물에 해를 끼친다.

## 9.1 화학반응식의 해석

균형 화학반응식으로부터 어떤 정보를 얻을 수 있는가? 자동차 배기 기체에 포함되어 있는 산화 질소를 고려해보자. 대기 중에서 자외선은 일산화 질소와 산소의 반응을 촉진시켜 적갈색의 이산화 질소 스모그를 생성시킨다. 균형 화학반응식은 다음과 같다.

$$2\ NO(g) + O_2(g) \xrightarrow{UV} 2\ NO_2(g)$$

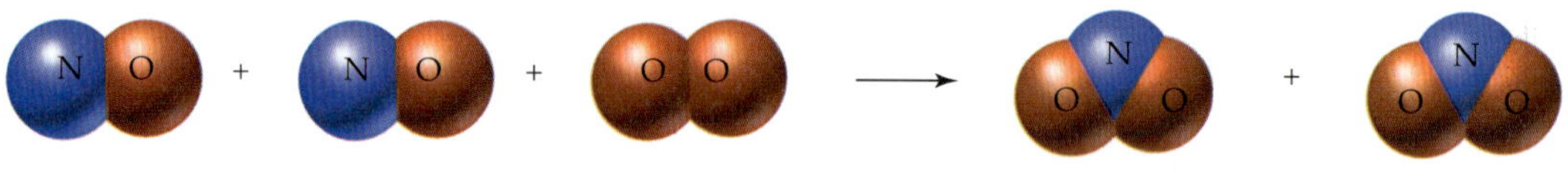

## 자세히 보기 불소화된 물

**Q:** 수돗물의 플루오린화 소듐은 치과건강에 어떻게 기여하는가?

▶**불소화된 물**
다음 미국의 지도는 각 지방의 불소화된 물의 사용률을 나타낸다.

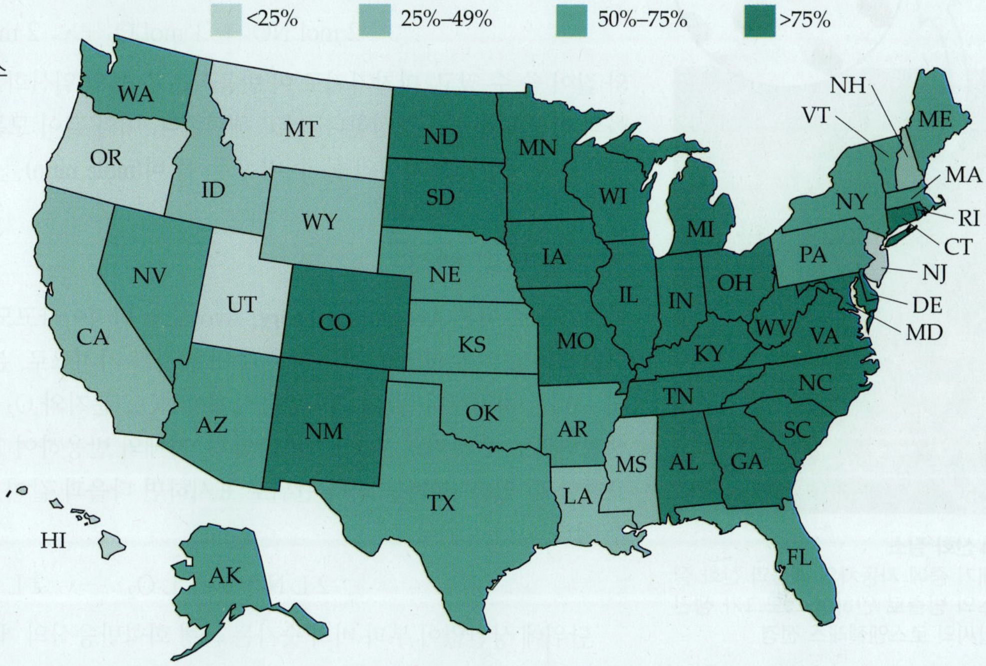


다음 미국의 지도는 각 지방의 불소화된 물의 사용률을 나타낸다. 미국의 공중 보건국은 불소화된 물이 충치 예방에 도움이 될 수 있다고 말한다. 1950년대의 초기 연구를 따르면 불소화된 물을 마시고 자란 아이들은 평균 3개의 충치를 가지지만 불소화된 물을 마시지 않고 자란 아이들은 평균 10개의 충치를 가진다.

플루오린화 이온의 효과는 치아의 표면을 부식에 강하게 만드는 것이다. 치아 에나멜은 주로 신체의 가장 단단한 물질인 Hydroxyapatite ($Ca_{10}(PO_4)_6(OH)_2$)이다. 그러나 입 안의 박테리아가 치아 에나멜에 구멍을 내는 원인이 될 수 있다. 그러나 불소는 Hydroxyapatite를 $Ca_{10}(PO_4)_8F_2$로 전환시켜 충치를 예방할 수 있다. $Ca_{10}(PO_4)_8F_2$는 입 안의 박테리아와 산에 대한 내성이 강하기 때문이다.

미국의 모든 주에는 자연적 혹은 인위적으로 불소화가 된 식수를 사용한다. 2000년에 50개 대도시 중 42개 도시는 식수를 불소화하였고, 미국인의 2/3은 불소화된 물을 마신다. 그러나 불소화된 물을 마시는 사람들의 비율은 주마다 매우 다양하다. 2015년 보건복지부는 불소의 농도를 0.7mg/L(0.7ppm)으로 제한한다는 물의 불소 기준을 발표하였다. 불소화된 물 공급이 되지 않는 지역에서도 값싼 불소를 섭취할 수 있다. 예를 들어, 플루오린화 소듐과 플루오린화 주석과 같은 불소 화합물이 많은 치약에 첨가되어 있다. 이와 다른 대안은 치과 진료소등에서 불소 치료제를 구매하는 것이다.

**A:** 불소화된 물을 마시는 것은 치아가 발달하는 동안 치아의 에나멜 표면을 더 단단하게 하여 충치 예방에 도움이 된다.

## 계수의 몰 해석

위의 균형 반응식에서 계수들은 NO 2 분자와 $O_2$ 1 분자가 반응하여 $NO_2$ 2 분자가 생성됨을 나타낸다. 이 계수들은 반응물과 생성물 분자들의 상대적인 수를 나타낸다. 그러므로 이 계수들에 임의의 수를 곱해도 같은 비를 유지한다. 예를 들면, 2000 분자의 NO는 1000 분자의 $O_2$와 반응하여 2000 분자의 $NO_2$를 생성한다. 2000보다 더 큰 수, 아보가드로 수(기호 $N$), 즉 $6.02 \times 10^{23}$ 분자에 대하여 고려해 보자. 계수에 이와 같은 매우 큰 수의 분자를 치환하면 균형 반응식은 다음과 같이 나타낼 수 있다.

$$2\,N\,\text{NO} + 1\,N\,\text{O}_2 \rightarrow 2\,N\,\text{NO}_2$$

**학습 목표**

- 균형 화학반응식의 계수들로부터 다음의 관계를 알 수 있다.
  (a) 반응물과 생성물 사이의 몰 수 비
  (b) 기체 상태의 반응물과 생성물 사이의 부피 비
- 질량 보존의 법칙을 이용하여 균형 화학반응식의 계수를 확인할 수 있다.

▲**산화 질소**
대기 중에 자동차의 배출과 산화 질소의 방출로 인하여 스모그가 생긴 날씨의 로스엔젤레스 전경

위의 반응식은 "아보가드로 수의 2배의 일산화 질소 분자와 아보가드로 수의 산소 분자가 반응하여 아보가드로 수의 2배의 이산화 질소 분자를 생성한다" 라고 해석한다. 아보가드로 수의 분자는 1 몰에 들어 있는 분자의 수를 나타내므로 이 화학반응식을 물질의 몰 단위로 나타내면

$$2 \text{ mol NO} + 1 \text{ mol } O_2 \rightarrow 2 \text{ mol } NO_2$$

와 같이 쓸 수 있고, 마찬가지로 이 반응식은 "2 몰의 일산화 질소와 1 몰의 산소가 반응하여 2 몰의 이산화 질소를 생성한다" 라고 해석한다. 이와 같이 모든 균형 화학반응식에서 계수들은 반응물과 생성물들 사이의 몰 수 비 또는 **몰 비(mole ratio)**를 나타낸다.

## 계수의 부피 해석

**아보가드로 이론(Avogadro's theory**, Avogadro 법칙이라고도 함)에 의하면 같은 온도와 같은 압력에서 같은 부피의 기체는 같은 수의 분자를 가지므로, 분자의 수가 두 배인 기체는 두 배의 부피를 차지한다. 앞의 화학반응식에서 NO 2 분자와 $O_2$ 1 분자가 반응하여 $NO_2$ 2 분자가 생성되므로, 2 부피의 NO가 1 부피의 $O_2$ 기체와 반응하여 2 부피의 $NO_2$ 기체를 생성한다고 표현할 수 있다. 부피를 리터 단위로 표시하면 다음과 같이 반응을 기체의 부피 비로 나타낼 수 있다.

$$2 \text{ L NO} + 1 \text{ L } O_2 \rightarrow 2 \text{ L } NO_2$$

단위에 상관없이 부피 비의 숫자는 균형 화학반응식의 계수 즉, 2 : 1 : 2와 같다. 예를 들면 2 mL의 NO는 1 mL의 $O_2$와 반응하여 2 mL의 $NO_2$를 만들고, 20 mL의 NO는 10 mL의 $O_2$와 반응하여 20 mL의 $NO_2$를 생성한다. 비록 기체 부피 비는 20 : 10 : 20이지만 최소 정수비는 2 : 1 : 2이다. 균형 화학반응식의 계수로부터 얻을 수 있는 정보를 표 9.1에 정리하였다.

**표 9.1 화학반응식 계수의 해석**

| 일반 반응식 | 2 A | + | 3 B | → | C | + | 2 D |
|---|---|---|---|---|---|---|---|
| 분자 수 비 | 2 | : | 3 | : | 1 | : | 2 |
| 몰 수 비 | 2 | : | 3 | : | 1 | : | 2 |
| 기체의 부피 비 | 2 | : | 3 | : | 1 | : | 2 |

다음의 예제를 통하여 균형 화학반응식의 계수를 해석함으로써 얻을 수 있는 정보를 설명한다.

### 예제 9.1 화학반응식 계수의 해석

주어진 메테인($CH_4$)의 연소 반응에 대한 화학반응식을 이용하여, 균형 화학반응식을 만들고 계수를 (a) 몰과 (b) 리터 단위로 설명하라.

$$CH_4(g) + O_2(g) \xrightarrow{\text{불꽃}} CO_2(g) + H_2O(g)$$

**해답**

균형 화학반응식은 다음과 같다.

$$CH_4(g) + 2\,O_2(g) \xrightarrow{\text{불꽃}} CO_2(g) + 2\,H_2O(g)$$

(a) 반응식에서 계수, (1 : 2 : 1 : 2)는 분자 수 그리고 몰 수 비를 나타낸다.

$$1 \text{ mol } CH_4 + 2 \text{ mol } O_2 \longrightarrow 1 \text{ mol } CO_2 + 2 \text{ mol } H_2O$$

(b) 반응식에서 계수, (1 : 2 : 1 : 2)는 기체 물질의 부피 비를 나타낸다. 부피를 리터 단위로 나타내면 다음과 같이 표시된다.

$$1\ L\ CH_4 + 2\ L\ O_2 \longrightarrow 1\ L\ CO_2 + 2\ L\ H_2O$$

**물음**

주어진 프로페인, $C_3H_8$의 연소 반응에 대한 화학반응식을 이용하여, 균형 화학반응식을 만들고 계수를 (a) 몰 (b) mL 단위로 설명하라.

$$C_3H_8(g) + O_2(g) \xrightarrow{\text{불꽃}} CO_2(g) + H_2O(g)$$

**답:** (a) $1\ mol\ C_3H_8 + 5\ mol\ O_2 \rightarrow 3\ mol\ CO_2 + 4\ mol\ H_2O$

(b) $1\ mL\ C_3H_8 + 5\ mL\ O_2 \rightarrow 3\ mL\ CO_2 + 4\ mL\ H_2O$

**개념 문제**

다음 중 어느 것이 균형 화학반응식에 있는 계수가 같은 비인가? : 기체 몰 수, 기체 질량, 기체 부피

**답:** 부록 G, 9.1 참조

## 질량 보존의 법칙 확인

1787년에 많은 실험을 통해 확인한 결과, 라부아지에(Antoine Lavoisier)는 화학반응이 일어나는 동안 질량은 생성되거나 소멸되지 않는다는 **질량 보존의 법칙(law of conservation of mass)**을 발표하였다. 즉 반응물 질량의 총합은 생성물 질량의 총합과 같다.

균형 화학반응식에서 질량 보존의 법칙을 확인할 수 있다. 앞의 이산화 질소가 생성되는 화학반응식을 고려해보자.

$$2\ NO(g) + O_2(g) \xrightarrow{UV} 2\ NO_2(g)$$

균형 화학반응식에서 각 물질의 계수들의 비가 2 : 1 : 2이므로 각 물질의 몰 수 비 역시 2 : 1 : 2이다.

$$2\ mol\ NO + 1\ mol\ O_2 \rightarrow 2\ mol\ NO_2$$

각 물질에서 그램 원자 질량을 합하여 **몰 질량(molar mass)**을 계산하면 NO는 30.01 g/mol, $O_2$는 32.00 g/mol, 그리고 $NO_2$는 46.01 g/mol이다. 각 물질의 몰에 몰 질량을 대입하면

$$2\ (30.01\ g) + 1\ (32.00\ g) \rightarrow 2\ (46.01\ g)$$

간단히 하면, $60.02\ g + 32.00\ g \rightarrow 92.02\ g$

양변을 정리하면, $92.02\ g \rightarrow 92.02\ g$

이 예에서, 반응물의 총 질량은 92.02 g으로 생성물의 총 질량과 같다. 따라서 위 계산으로부터 질량 보존의 법칙을 확인할 수 있다.

# 9.2 몰–몰 관계

**학습 목표**

- 균형 화학반응식에서 두 물질 사이의 몰 수 관계를 이해할 수 있다.

9.1 절에서 설명한 바와 같이, 화학반응식에서 계수는 반응물과 생성물 사이의 몰 비를 나타낸다. 질소와 산소가 결합하여 일산화 질소를 생성하는 반응을 살펴보자. 반응식은 다음과 같다.

$$N_2(g) + O_2(g) \xrightarrow{\Delta} 2\ NO(g)$$

균형 화학반응식의 계수로부터 1 몰의 질소가 1 몰의 산소와 반응하여 2 몰의 일산화 질소를 생성함을 알 수 있다. 이 반응식에서 여러 가지 몰 비를 나타낼 수 있다.

1 몰의 $N_2$가 1 몰의 $O_2$와 반응하기 때문에 이에 따른 몰 비는 다음과 같다.

$$\frac{1\ mol\ N_2}{1\ mol\ O_2} \quad \text{및} \quad \frac{1\ mol\ O_2}{1\ mol\ N_2}$$

1 몰의 $N_2$가 2 몰의 NO를 생성하기 때문에 이에 따른 몰 비는 다음과 같다.

$$\frac{1\ \text{mol}\ N_2}{2\ \text{mol NO}} \quad \text{및} \quad \frac{2\ \text{mol NO}}{1\ \text{mol}\ N_2}$$

1 몰의 $O_2$가 2 몰의 NO를 생성하기 때문에 이에 따른 몰 비는 다음과 같다.

$$\frac{1\ \text{mol}\ O_2}{2\ \text{mol NO}} \quad \text{및} \quad \frac{2\ \text{mol NO}}{1\ \text{mol}\ O_2}$$

2.25 몰의 질소와 반응하는 산소의 몰 수가 얼마인지 알기를 원한다고 하자. 이 문제는 다음과 같은 **단위 분석법(unit analysis method)**을 통하여 구할 수 있다.

$$2.25\ \text{mol}\ N_2 \times \frac{\text{단위}}{\text{인자}} = \text{mol}\ O_2$$

단위를 없애기 위하여 몰 비, 1 mol $O_2$ / 1 mol $N_2$를 단위 인자(unit factor)로 적용시키면 다음과 같다.

$$2.25\ \cancel{\text{mol}\ N_2} \times \frac{1\ \text{mol}\ O_2}{1\ \cancel{\text{mol}\ N_2}} = 2.25\ \text{mol}\ O_2$$

마찬가지로 반응에 의해 생성되는 일산화 질소의 몰 수도 계산할 수 있다. 단위를 없애기 위하여 몰 비, 2 mol NO / 1 mol $N_2$를 단위 인자로 적용시키면 다음과 같다

$$2.25\ \cancel{\text{mol}\ N_2} \times \frac{2\ \text{mol NO}}{1\ \cancel{\text{mol}\ N_2}} = 4.50\ \text{mol NO}$$

균형 화학반응식만 있으면 몰 비를 단위 인자로 사용하여 한 물질의 몰 수로부터 다른 물질의 몰 수를 계산할 수 있다. 예제 9.2을 통해서 반응물과 생성물의 몰 수 간의 관계를 더 살펴볼 수 있다.

## 예제 9.2 몰–몰 관계

일산화 탄소는 용광로에서 뜨거운 석탄 위로 산소 기체를 통과시켜 제조한다(생활 화학–철의 대량 생산 참조). 다음의 균형 화학반응식에서 2.50몰의 탄소와 반응하는 산소의 몰 수를 구하라.

$$2\ C(s) + O_2(g) \xrightarrow{\Delta} 2\ CO(g)$$

**풀이 과정**

**1 단계 :** 해답에서 요구하는 단위는 무엇인가? — 1 단계: mol $O_2$

**2 단계 :** 해답과 관련되는 주어진 값은 무엇인가? — 2 단계: 2.50 mol C

**3 단계 :** 적용해야 할 단위 인자는 무엇인가? 균형 화학반응식에서 2 mol C = 1 mol $O_2$ 임을 알 수 있다. 따라서 몰 비 및 두 개의 단위 인자는 세 단계에 나타낸 것과 같다. — 3 단계: $\frac{2\ \text{mol C}}{1\ \text{mol}\ O_2}$ 또는 $\frac{1\ \text{mol}\ O_2}{2\ \text{mol C}}$

**단위 분석 그림**

| 주어진 값 | 단위 인자 | 해답의 단위 |
|---|---|---|
| 2.50 mol C | $\times \frac{1\ \text{mol}\ O_2}{2\ \text{mol C}}$ | = ? mol $O_2$ |

**해답**

주어진 값의 단위(mol C)를 없앨 수 있는 단위 인자를 택한다. 따라서

$$2.50\ \cancel{\text{mol C}} \times \frac{1\ \text{mol}\ O_2}{2\ \cancel{\text{mol C}}} = 1.25\ \text{mol}\ O_2$$

**물음**

철은 용광로에서 철광석의 용융 산화 철(III)에 일산화 탄소를 통과시켜 제조한다. 균형 반응식은 다음과 같다.

$$Fe_2O_3(l) + 3\,CO(g) \xrightarrow{\Delta} 2\,Fe(l) + 3\,CO_2(g)$$

(a) 2.50 몰의 $Fe_2O_3$와 반응하는 일산화 탄소의 몰 수는 얼마인가?

(b) 2.50 몰의 $Fe_2O_3$로 부터 반응하여 생성되는 철의 몰 수는 얼마인가?

**답:** (a) 7.50 mol CO (b) 5.00 mol Fe

**개념 문제**

몰-몰 문제를 풀기 위해서 얼마나 많은 단위 인자가 필요한가?

**답:** 부록 G, 9.2 참조

## 자세히 보기 철(IRON)과 강철(STEEL)

**Q:** 철(iron)과 강철(steel)의 차이점은 무엇인가?

철기 시대는 서아시아와 유럽에서 대략 B.C. 1000년부터 시작되었다. 청동기 시대 이후 철광석을 석탄과 함께 가열하여 철을 생산하는 방법이 발견되면서 철기 시대가 열렸다. 흥미로운 것은 현대에도 여전히 철은 이와 비슷한 방법으로 만들어진다는 것이다. 오늘날에는 공업용 용광로에서 철광석을 환원시켜 철을 생산한다. 용광로 상층에 철광석, 코크(석탄의 한 종류), 석회석($CaCO_3$)을 넣고 용광로 아래쪽에서 뜨거운 공기를 불어넣어 준다. 이 공정에서 많은 반응이 일어나게 되는데 먼저 뜨거운 공기 중의 산소가 코크 중의 탄소와 반응하여 일산화 탄소를 생성한다.

$$2\,C(s) + O_2(g) \rightarrow 2\,CO(g)$$

▲**용광로**
용융 선철은 용광로의 산소 기체와 반응하여 탄소와 황 불순물을 $CO_2$와 $SO_2$ 기체로 바꾼다.

철광석은 적철광(hematite, $Fe_2O_3$)과 자철광(magnetite, $Fe_3O_4$)이 섞여있는 혼합물이다. 용광로 내에서 적철광과 자철광은 일산화 탄소 기체에 의해 철로 바뀐다. 반응은 다음과 같다.

$$Fe_2O_3(l) + 3\,CO(g) \rightarrow 2\,Fe(l) + 3\,CO_2(g)$$
$$Fe_3O_4(l) + 4\,CO(g) \rightarrow 3\,Fe(l) + 4\,CO_2(g)$$

철광석은 또한 규소 불순물을 포함하고 있으므로 이를 제거해 주어야만 한다. 규소 불순물은 석회석($CaCO_3$)을 환원시켜서 얻어진 CaO와 반응시켜 제거한다. 용광로 내에서 $CaSiO_3$와 같은 규소 화합물이 생성되며 "슬랙"(slag)이라고 불린다. 이 슬랙은 상대적으로 밀도가 작아 용광로 아래쪽에서 용융 철 위에 뜨므로 쉽게 제거할 수 있다. 용광로에서 얻어진 용융 철은 여전히 순수하지 못하며 이것을"선철"(銑鐵, pig iron)이라고 부른다. 선철은 탄소와 황과 같은 불순물을 포함한다. 공정의 두 번째 단계에서 이러한 불순물들은 용융 선철에 산소 기체를 불어 넣어 제거한다. 불순물들은 산화물로 바뀌며 일부는 $CO_2$ 및 $SO_2$와 같은 기체로 방출된다.

산소 공정을 거쳐 얻어진 철에도 미량의 탄소가 함유되어 있다. 여기에 망가니즈을 첨가하여 강도와 유연성을 증가시키며, 이렇게 하여 얻어지는 것을 "강철"(steel)이라고 한다. 많은 합금 강철이 다른 금속을 첨가하여 생산된다. 예를 들면, 스테인레스 강은 약 10%의 크롬이 들어 있다.

**A:** 철은 원소인 반면, 강철은 미량의 탄소와 망가니즈, 니켈, 크롬과 같은 금속을 함유하는 철의 합금이며, 이로 인해 특별한 성질을 나타낸다.

## 9.3 화학량론 문제의 유형

**학습 목표**

▶ 화학량론 문제의 기본적인 세 가지 유형을 분류할 수 있다. : 질량-질량, 질량-부피, 부피-부피

8장에서는 화학식에서 몰을 계산하는 방법을 공부하였다. 이 장에서는 화학반응식에서 몰을 계산하는 방법을 학습할 것이다. 즉 반응물과 생성물의 양을 관련지우기 위해서 몰 비를 적용할 것이다. **화학량론(stoichiometry)**은 균형 화학반응식에서 화학반응의 양들 간의 관계를 나

▲**금속 아연의 반응**
금속 아연(Zn)은 염산(HCl)과 반응하여 염화 아연($ZnCl_2$)과 수소($H_2$) 기체를 생성한다.

타내는 데 사용된다. 이 용어는 그리스어에서 "원소(element)"를 의미하는 stoicheion과 "측정(measure)"을 의미하는 metron으로부터 유래하였다.

화학량론 계산은 주어진 양의 반응물로부터 생성물의 미지량을 계산할 수도 있고, 역으로 주어진 생성물의 양을 얻기 위해 필요한 반응물의 양을 계산할 수도 있다. 두 가지 계산 모두 문제를 푸는 기본 방법은 동일하다.

주어진 양과 계산할 양의 차원에 따라 세 가지 유형의 화학량론 문제로 분류할 수 있다. 다음의 일반적인 반응식을 고려해 보자. 여기서 a, b, c 와 d는 각각 물질 A, B, C와 D의 계수이다.

$$a\,\mathrm{A} + b\,\mathrm{B} \rightarrow c\,\mathrm{C} + d\,\mathrm{D}$$

만약 A의 양이 g으로 주어지고 몇 g의 C가 생성되는가라고 문제가 주어지면 **질량-질량 문제(mass-mass problem)**로, A의 양이 g으로 주어지고 몇 mL의 기체 D가 생성되는가라는 문제가 주어지면 **질량-부피 문제(mass-volume problem)**로, 그리고 기체 A의 양이 L로 주어지고 몇 L의 기체 D가 생성 되는가라는 문제가 주어지면 **부피-부피 문제(volume-volume problem)**로 분류한다. 요약하면 화학량론 문제는 기본적인 이 세 가지 유형: 질량-질량, 질량-부피, 부피-부피 형태 중 하나로 분류할 수 있다.

문제의 유형을 파악하면 원하는 답을 얻기 위해 단위 분석법을 적용할 수 있다. 문제의 각 유형은 주어진 양과 구하고자 하는 양의 특성을 갖게 된다. 다음의 예제 9.3을 통해 화학량론 문제의 유형을 분류하는 연습을 해보자.

**도움말**
**화학량론**
2장에서 단위 분석법을 소개하였다. 화학량론 문제 풀이 전에 반드시 균형 화학반응식을 써야한다. 균형 화학반응식에서 계수는 반응물과 생성물의 몰 비를 제공한다.

## 예제 9.3 화학량론 문제의 분류

다음의 각각에 대해 화학량론 문제의 유형을 분류하라.

(a) 염산과 반응하여 0.500 g의 염화 아연을 얻기 위해 필요한 Zn 금속의 양은 몇 g인가?
(b) 염소 기체와 반응하여 50.0 $cm^3$의 염화 수소 기체를 얻기 위해 필요한 $H_2$ 기체의 부피는 몇 L인가?
(c) 황산과 반응하여 50.0 mL의 수소 기체를 얻기 위해 필요한 Fe의 양은 몇 kg인가?

### 해답

관련되는 주어진 값과 구하고자 하는 물질의 양에 대해 문제를 분석한 후 문제의 유형을 분류한다.

(a) 이 문제는 0.500 g(질량)의 $ZnCl_2$와 반응하는 데 필요한 Zn의 g(질량)을 묻고 있다. 이것은 질량-질량 문제의 유형이다.
(b) 이 문제는 50.0 $cm^3$(부피)의 HCl 기체를 얻기 위해 반응에 필요한 $H_2$ 기체의 L(부피)를 묻고 있다. 이것은 부피-부피 문제의 유형이다.
(c) 이 문제는 50.0 mL(부피)의 $H_2$ 기체를 얻기 위해 반응에 필요한 Fe의 kg(질량)을 묻고 있다 이것은 질량-부피 문제의 유형이다.

### 물음

다음의 각각에 대해 화학량론 문제의 유형을 분류하라.

(a) 몇 g의 산화 수은(HgO)이 분해되어야 표준 상태(STP)에서 0.500 L의 산소 기체가 생성되는가?
(b) 0.500 g의 고체 염화 소듐이 질산 은(silver nitrate) 용액과 반응하여 생성되는 염화 은(AgCl)의 양은 몇 g인가?
(c) 질소 기체와 반응하여 1.00 L의 암모니아 기체를 얻기 위해 필요한 수소 기체의 양은 몇 mL인가?

**답:** (a) 질량-부피 (b) 질량-질량 (c) 부피-부피

### 개념 문제

화학량론 문제의 세 가지 유형은 무엇인가?

**답:** 부록 G, 9.3 참조

## 9.4 질량–질량 문제

**학습 목표**

▶ 질량–질량 화학량론 문제를 풀 수 있다.

질량-질량 화학량론 문제는 화학반응식에서 반응물 또는 생성물의 *주어진 질량(given mass)*으로부터 물질의 미지 질량*(unknown mass)*을 계산하기 때문에 이름이 그렇게 붙여진 것이다. 화학반응식의 균형을 맞춘 후에 다음 과정을 수행한다.

(a) 물질의 몰 질량을 단위 인자로 사용하여 주어진 물질의 질량을 몰 수로 환산한다.
(b) 균형 반응식의 계수를 사용하여 주어진 몰 수를 미지 물질의 몰 수로 환산한다.
(c) 미지 물질의 몰 질량을 단위 인자로 사용하여 미지 물질의 몰 수를 g으로 환산한다.

질량-질량 문제를 푸는 방법을 알아보기 위하여, 고온에서 알루미늄 금속을 사용하여 14.4 g의 산화 철(II)이 원소 철로 환원하는 반응을 고려해 보자. 이 반응의 균형 반응식은 다음과 같다.

$$3\ \mathrm{FeO}(l) + 2\ \mathrm{Al}(l) \xrightarrow{\Delta} 3\ \mathrm{Fe}(l) + \mathrm{Al_2O_3}(l)$$

반응에 필요한 알루미늄의 질량을 계산하기 위해서는 먼저, 산화 철(II)의 몰 수를 계산해야한다. FeO의 몰 질량은 71.85 g/mol이므로 단위 인자 환산은 다음과 같다.

(a) $$14.4\ \cancel{\mathrm{g\ FeO}} \times \frac{1\ \mathrm{mol\ FeO}}{71.85\ \cancel{\mathrm{g\ FeO}}} = 0.200\ \mathrm{mol\ FeO}$$

다음, 균형 반응식의 계수로부터 몰 비를 적용하여 FeO의 몰 수를 Al의 몰 수로 환산한다. 3몰 FeO = 2 몰 Al이므로 몰 비 단위 인자는 다음과 같다.

(b) $$0.200\ \cancel{\mathrm{mol\ FeO}} \times \frac{2\ \mathrm{mol\ Al}}{3\ \cancel{\mathrm{mol\ FeO}}} = 0.134\ \mathrm{mol\ Al}$$

마지막으로, 알루미늄의 몰 질량(26.98 g/mol)을 단위 인자로 사용하여 14.4g의 FeO와 반응하는 Al의 질량을 다음과 같이 계산한다.

(c) $$0.134\ \cancel{\mathrm{mol\ Al}} \times \frac{26.98\mathrm{g\ Al}}{1\ \cancel{\mathrm{mol\ Al}}} = 3.60\ \mathrm{g\ Al}$$

화학량론 문제의 풀이에 자신이 생기면, 한번의 연속적인 계산이 더욱 편리하게 될 것이다. 예로서, 위 문제의 풀이는 다음과 같이 나타낼 수 있다.

$$14.4\ \cancel{\mathrm{g\ FeO}} \times \underset{(a)}{\frac{1\ \cancel{\mathrm{mol\ FeO}}}{71.85\ \cancel{\mathrm{g\ FeO}}}} \times \underset{(b)}{\frac{2\ \cancel{\mathrm{mol\ Al}}}{3\ \cancel{\mathrm{mol\ FeO}}}} \times \underset{(c)}{\frac{26.98\ \mathrm{g\ Al}}{1\ \cancel{\mathrm{mol\ Al}}}} = 3.60\ \mathrm{g\ Al}$$

다음 예제는 질량-질량 화학량론 계산을 단위 인자를 사용하여 추가적으로 설명한 것이다.

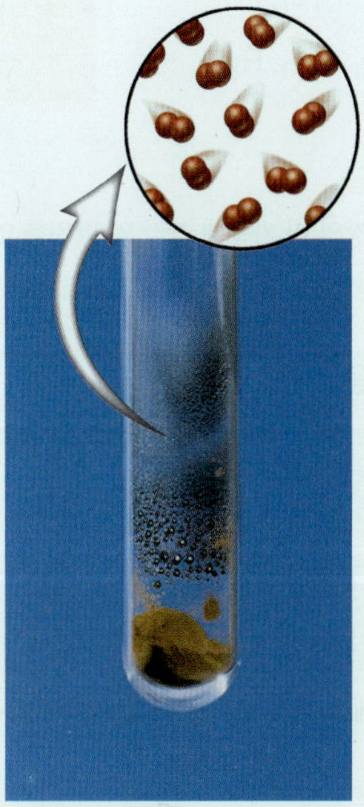

▲**HgO의 분해**
오렌지색의 산화 수은(II)은 열에 의해 분해되어 은색의 Hg 액체 방울과 $O_2$ 기체를 발생시킨다.

### 예제 9.4 질량–질량 화학량론

1.25 g의 오렌지색 산화 수은(II)(MM = 216.59 g/mol)이 분해하여 생성되는 수은의 질량을 계산하라.

$$2\ \mathrm{HgO}(s) \xrightarrow{\Delta} 2\ \mathrm{Hg}(l) + \mathrm{O_2}(g)$$

**풀이 과정**

**1 단계:** 해답에서 요구하는 단위는 무엇인가? 1 단계: g Hg

**2 단계:** 해답과 관련되는 주어진 값은 무엇인가? 2 단계: 1.25 g HgO

**3 단계:** 적용해야 할 단위 인자는 무엇인가?
1 mol HgO = 216.59 g HgO로 주어져있다 ; 균형 화학반응식에서 몰 비는 2 mol HgO = 2 mol Hg이다. 주기율표에서 1 mol Hg = 200.59 g Hg임을 알 수 있다. 따라서 단위 인자들은 다음과 같다.

3 단계:

$$\frac{1\ \text{mol HgO}}{216.59\ \text{g HgO}} \quad \text{또는} \quad \frac{216.59\ \text{g HgO}}{1\ \text{mol HgO}}$$

$$\frac{2\ \text{mol HgO}}{2\ \text{mol Hg}} \quad \text{또는} \quad \frac{2\ \text{mol Hg}}{2\ \text{mol HgO}}$$

$$\frac{1\ \text{mol Hg}}{200.59\ \text{g Hg}} \quad \text{또는} \quad \frac{200.59\ \text{g Hg}}{1\ \text{mol Hg}}$$

### 단위 분석 그림

| 주어진 값 | 단위 인자 1 | 단위 인자 2 | 단위 인자 3 | 해답의 단위 |
|---|---|---|---|---|
| 1.25 g HgO | $\times \frac{1\ \text{mol HgO}}{216.59\ \text{g HgO}}$ | $\times \frac{2\ \text{mol Hg}}{2\ \text{mol HgO}}$ | $\times \frac{200.59\ \text{g Hg}}{1\ \text{mol Hg}}$ | = ? g Hg |

### 해답

세 쌍의 비 가운데 각각 앞 단위를 없앨 수 있는 하나의 단위 인자를 선택한다. 따라서,

$$1.25\ \text{g HgO} \times \frac{1\ \text{mol HgO}}{216.59\text{g HgO}} \times \frac{2\ \text{mol Hg}}{2\ \text{mol HgO}} \times \frac{200.59\ \text{g Hg}}{1\ \text{mol Hg}} = 1.16\ \text{g Hg}$$

### 물음

다음의 균형을 맞추지 않은(unbalanced) 반응식에서 10.0 g의 탄산 코발트(III)가 분해되어 얻어지는 이산화 탄소의 질량을 계산하라.

$$Co_2(CO_3)_3(s) \xrightarrow{\Delta} Co_2O_3(s) + CO_2(g)$$

**답:** 4.43 g $CO_2$

### 개념 문제

문제를 푸는 단위 분석법에서 세 가지 단계는 무엇인가?

**답:** 부록 G, 9.4 참조

## 예제 9.5 질량–질량 화학량론

1.78 g의 아이오딘화 수은(II) (454.39 g/mol) 침전물을 얻기 위해 필요한 아이오딘화 포타슘(166.00 g/mol)의 질량을 계산하라.

$$2\ KI(s) + Hg(NO_3)_2(aq) \rightarrow HgI_2(s) + 2\ KNO_3(aq)$$

### 풀이 과정

**1 단계:** 해답에서 요구하는 단위는 무엇인가?

1 단계: g KI

**2 단계:** 해답과 관련되는 주어진 값은 무엇인가?

2 단계: 1.78 g $HgI_2$

**3 단계:** 적용해야 할 단위 인자는 무엇인가?
주어진 몰 질량에서, 1 몰 $HgI_2$ = 454.39 g $HgI_2$임을 알 수 있다. 균형 화학반응식에서 몰 비는 2 mol KI = 1 mol $HgI_2$이며, 주어진 몰 질량에서 1 mol KI = 166.00 g KI이다. 따라서 세 쌍의 단위 인자들은 다음과 같다.

3 단계:

$$\frac{1\ \text{mol HgI}_2}{454.39\ \text{g HgI}_2} \quad \text{또는} \quad \frac{454.39\ \text{g HgI}_2}{1\ \text{mol HgI}_2}$$

$$\frac{2\ \text{mol KI}}{1\ \text{mol HgI}_2} \quad \text{또는} \quad \frac{1\ \text{mol HgI}_2}{2\ \text{mol KI}}$$

$$\frac{1\ \text{mol KI}}{166.00\ \text{g KI}} \quad \text{또는} \quad \frac{166.00\ \text{g KI}}{1\ \text{mol KI}}$$

**단위 분석 그림**

| 주어진 값 | 단위 인자 1 | 단위 인자 2 | 단위 인자 3 | 해답의 단위 |
|---|---|---|---|---|
| $1.78\ g\ HgI_2$ | $\times \dfrac{1\ mol\ HgI_2}{454.39\ g\ HgI_2}$ | $\times \dfrac{2\ mol\ KI}{1\ mol\ HgI_2}$ | $\times \dfrac{166.00\ g\ KI}{1\ mol\ KI}$ | $= ?\ g\ KI$ |

**해답**

세 쌍의 비 가운데 각각 앞 단위를 없앨 수 있는 하나의 단위 인자를 선택한다. 따라서,

$$1.75\ g\ HgI_2 \times \frac{1\ mol\ HgI_2}{454.39\ g\ HgI_2} \times \frac{2\ mol\ KI}{1\ mol\ HgI_2} \times \frac{166.00\ g\ KI}{1\ mol\ KI} = 1.30\ g\ KI$$

**물음**

다음의 균형을 맞추지 않은(unbalanced) 반응식에서 0.455 g의 은 금속을 얻기 위해 필요한 철의 질량을 계산하라.

$$Fe(s) + AgNO_3(aq) \rightarrow Fe(NO_3)_3(aq) + Ag(s)$$

**답:** 0.0785 g Fe

**개념 문제**

일반적으로 질량–질량 화학량론 문제를 푸는데 얼마나 많은 단위 인자가 필요한가?

**답:** 부록 G, 9.4 참조

**▲$HgI_2$의 침전**
아이오딘화 포타슘과 질산 수은이 반응하여 오렌지색의 $HgI_2$ 침전물이 생긴다.

## 9.5 질량–부피 문제

**학습 목표**

▶ 질량–부피 화학량론 문제를 풀 수 있다.

질량–부피 화학량론 문제는 화학반응식에서 반응물 또는 생성물의 주어진 질량(given mass)으로부터 물질의 미지 부피(unknown volume)를 계산하기 때문에 이름이 그렇게 붙여진 것이다. 화학반응식의 균형을 맞춘 후에 다음 과정을 수행한다.

(a) 물질의 몰 질량을 단위 인자로 사용하여 주어진 물질의 질량을 몰 수로 환산한다.
(b) 균형 반응식의 계수를 사용하여 주어진 물질의 몰 수를 미지 물질의 몰 수로 환산한다.
(c) 기체의 **몰 부피(molar volume)**를 단위 인자로 사용하여 미지 물질의 몰 수를 리터 단위의 부피로 환산한다. **표준 온도와 압력(standard temperature and pressure, STP)**에서 기체의 몰 부피는 22.4 L / mol이다.

물론 역계산도 가능하다; 즉, 주어진 기체의 부피로부터 미지 물질의 질량을 구할 수 있다. 간단히 말해서 이 역과정인 부피–질량 계산도 질량–부피 화학량론 문제이다.

질량–부피 화학량론 문제를 푸는 방법을 이해하기 위하여 0.165 g의 알루미늄 금속과 묽은 염산과의 반응을 고려해 보자.

$$2\ Al(s) + 6\ HCl(aq) \rightarrow 2\ AlCl_3(aq) + 3\ H_2(g)$$

표준 상태에서 반응에 의해 발생되는 수소 기체의 부피를 계산해 보자. 이것은 질량–부피 화학량론 문제이다. 먼저, 몰 질량이 26.98 g/mol인 알루미늄의 몰 수를 계산한다.

(a) $$0.165\ g\ Al \times \frac{1\ mol\ Al}{26.98\ g\ Al} = 0.00611\ mol\ Al$$

다음, 균형 반응식의 계수에서 수소 기체의 몰 수를 구한다. 균형 반응식에서 2 mol Al = 3 mol $H_2$이다. 몰 비 단위 인자를 적용하면 다음과 같다.

(b) $$0.00611\ \text{mol Al} \times \frac{3\ \text{mol}\ H_2}{2\ \text{mol Al}} = 0.00917\ \text{mol}\ H_2$$

마지막으로, 몰 부피, 22.4 L / mol을 곱하면 STP에서 발생하는 $H_2$ 기체의 부피를 구할 수 있다.

(c) $$0.00917\ \text{mol}\ H_2 \times \frac{22.4\ \text{L}\ H_2}{1\ \text{mol}\ H_2} = 0.205\ \text{L}\ H_2$$

위 문제의 풀이는 또한 다음과 같이 하나의 연속적인 계산으로 나타낼 수도 있다.

$$0.165\ \text{g Al} \times \underset{(a)}{\frac{1\ \text{mol Al}}{26.98\ \text{g Al}}} \times \underset{(b)}{\frac{3\ \text{mol}\ H_2}{2\ \text{mol Al}}} \times \underset{(c)}{\frac{22.4\ \text{L}\ H_2}{1\ \text{mol}\ H_2}} = 0.205\ \text{L}\ H_2$$

다음 예제는 질량-부피 화학량론 문제를 푸는 방법을 추가로 설명한 것이다.

## 예제 9.6 질량-부피 화학량론

자동차가 충돌할 경우, 불안정한 화합물인 아자이드화 소듐($NaN_3$)이 폭발적으로 분해하면서 에어백을 질소 기체로 채운다. 에어백에 100.0 g의 $NaN_3$ (65.02 g/mol)가 있다면 STP에서 발생되는 질소 기체의 부피는 얼마인가? 반응식은 다음과 같다.

$$2\ NaN_3(s) \xrightarrow{\text{불꽃}} 2\ Na(s) + 3\ N_2(g)$$

### 풀이 과정

**1 단계:** 해답에서 요구하는 단위는 무엇인가?

1 단계: L $N_2$

**2 단계:** 해답과 관련되는 주어진 값은 무엇인가?

2 단계: 100.0 g $NaN_3$

**3 단계:** 적용해야 할 단위 인자는 무엇인가? 주어진 몰 질량은, 1 mol $NaN_3$ = 65.02 g $NaN_3$이다. 균형 반응식에서 몰 비는 2 mol $NaN_3$ /3 mol $N_2$이며, 기체의 몰 부피는 1 mol $N_2$ = 22.4 L $N_2$이다. 따라서 단위 인자는 다음과 같다.

3 단계:

$$\frac{1\ \text{mol}\ NaN_3}{65.02\ \text{g}\ NaN_3} \quad \text{또는} \quad \frac{65.02\ \text{g}\ NaN_3}{1\ \text{mol}\ NaN_3}$$

$$\frac{2\ \text{mol}\ NaN_3}{3\ \text{mol}\ N_2} \quad \text{또는} \quad \frac{3\ \text{mol}\ N_2}{2\ \text{mol}\ NaN_3}$$

$$\frac{1\ \text{mol}\ N_2}{22.4\ \text{L}\ N_2} \quad \text{또는} \quad \frac{22.4\ \text{L}\ N_2}{1\ \text{mol}\ N_2}$$

### 단위 분석 그림

| 주어진 값 | 단위 인자 1 | 단위 인자 2 | 단위 인자 3 | 해답의 단위 |
|---|---|---|---|---|
| 100.0 g $NaN_3$ | $\times \frac{1\ \text{mol}\ NaN_3}{65.02\ \text{g}\ NaN_3}$ | $\times \frac{3\ \text{mol}\ N_2}{2\ \text{mol}\ NaN_3}$ | $\times \frac{22.4\ \text{L}\ N_2}{1\ \text{mol}\ N_2}$ | = ? L $N_2$ |

**해답**

세 쌍의 비 가운데 각각 앞 단위를 없앨 수 있는 하나의 단위 인자를 선택한다. 따라서,

$$100.0\ \text{g NaN}_3 \times \frac{1\ \text{mol NaN}_3}{65.02\ \text{g NaN}_3} \times \frac{3\ \text{mol N}_2}{2\ \text{mol NaN}_3} \times \frac{22.4\text{L N}_2}{1\ \text{mol N}_2} = 51.7\ \text{L N}_2$$

**물음**

다음의 균형을 맞추지 않은(unbalanced) 반응식에서 1.55 g의 소듐 금속이 물과 반응할 때 STP에서 발생되는 수소 기체의 부피를 계산하라

$$Na(s) + H_2O(l) \rightarrow NaOH(aq) + H_2(g)$$

**답:** $0.755\ L\ H_2$

**개념 문제**

문제를 푸는 단위 분석법에서 세 가지 단계는 무엇인가?

**답:** 부록 G, 9.6 참조

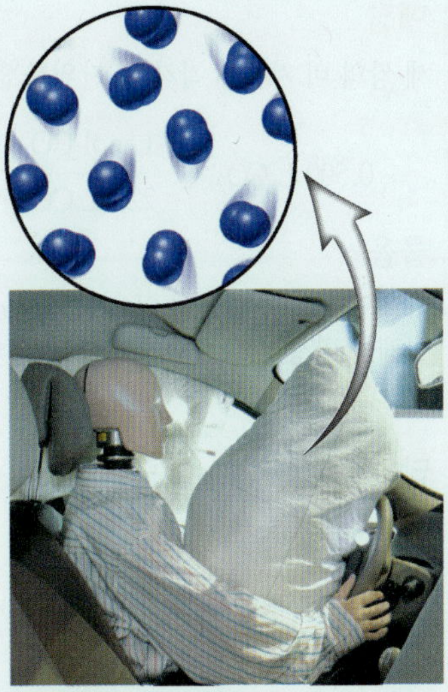

▲**자동차의 에어백**
아자이드화 소듐의 분해에 의해 $N_2$ 기체가 방출하여 에어백을 팽창시킨다.

## 예제 9.7 질량–부피 화학량론

탄산수소 소듐(베이킹소다)은 가열되면 분해되면서 이산화 탄소가 발생하여 불을 덮어 꺼지게 하므로 소화기로 사용될 수 있다. STP에서 0.500 L의 이산화 탄소 기체를 발생시킬 수 있는 탄산수소 소듐(84.01 g/mol)의 질량은 얼마인가?

$$2\ NaHCO_3(s) \xrightarrow{\Delta} Na_2CO_3(s) + H_2O(g) + CO_2(g)$$

**풀이 과정**

**1 단계:** 해답에서 요구하는 단위는 무엇인가?

1 단계: g $NaHCO_3$

**2 단계:** 해답과 관련되는 주어진 값은 무엇인가?

2 단계: 0.500 L $CO_2$

**3 단계:** 적용해야 할 단위 인자는 무엇인가?
몰 부피에서, 1 mol $CO_2$ = 22.4 L $CO_2$이다. 균형 반응식에서 몰 비는 2 mol $NaHCO_3$ / 1 mol $CO_2$이며, 주어진 몰 질량에서 1 mol $NaHCO_3$ = 84.01 g $NaHCO_3$ 이다. 따라서 단위 인자는 다음과 같다.

3 단계:

$$\frac{1\ \text{mol CO}_2}{22.4\ \text{L CO}_2} \quad \text{또는} \quad \frac{22.4\ \text{L CO}_2}{1\ \text{mol CO}_2}$$

$$\frac{2\ \text{mol NaHCO}_3}{1\ \text{mol CO}_2} \quad \text{또는} \quad \frac{1\ \text{mol CO}_2}{2\ \text{mol NaHCO}_3}$$

$$\frac{1\ \text{mol NaHCO}_3}{84.01\ \text{g NaHCO}_3} \quad \text{또는} \quad \frac{84.01\ \text{g NaHCO}_3}{1\ \text{mol NaHCO}_3}$$

**단위 분석 그림**

| *주어진 값* | *단위 인자 1* | *단위 인자 2* | *단위 인자 3* | *해답의 단위* |
|---|---|---|---|---|
| 0.500 L $CO_2$ | $\times \frac{1\ \text{mol CO}_2}{22.4\ \text{L CO}_2}$ | $\times \frac{2\ \text{mol NaHCO}_3}{1\ \text{mol CO}_2}$ | $\times \frac{84.01\ \text{g NaHCO}_3}{1\ \text{mol NaHCO}_3}$ | = ? g $NaHCO_3$ |

**해답**

세 쌍의 비 가운데 각각 앞 단위를 없앨 수 있는 하나의 단위 인자를 선택한다. 따라서,

$$0.500\ \text{L}\ CO_2 \times \frac{1\ \text{mol}\ CO_2}{22.4\text{L}\ CO_2} \times \frac{2\ \text{mol}\ NaHCO_3}{1\ \text{mol}\ CO_2} \times \frac{84.01\text{g}\ NaHCO_3}{1\ \text{mol}\ NaHCO_3} = 3.75\ \text{g}\ NaHCO_3$$

**물음**

다음의 균형을 맞추지 않은(unbalanced) 반응식에서 황산과 반응하여 표준 상태(STP)에서 2160 mL의 수소 기체를 발생시키는 데 필요한 알루미늄 금속의 질량을 계산하라.

$$Al(s) + H_2SO_4(aq) \rightarrow Al_2(SO_4)_3(aq) + H_2(g)$$

**답:** 1.73 g Al

**개념 문제**

일반적으로 질량-부피 화학량론 문제를 푸는 데 얼마나 많은 단위 인자가 필요한가?

**답:** 부록 G, 9.7 참조

▲**베이킹 소다, $NaHCO_3$**
보통의 베이킹 소다는 불을 끄는 데 사용될 수 있다. 이것은 가열되면 분해되어 공기보다 밀도가 높고 화염으로부터 산소와 교체되는 이산화탄소 기체를 발생하기 때문이다.

**학습 목표**

▶ 부피-부피 화학량론 문제를 풀 수 있다.

## 9.6 부피-부피 문제

1804년에 프랑스 화학자 게이뤼삭(Joseph Gay-Lussac)은 수소 풍선을 23,000 피트 상공에 올려, 높은 곳의 대기 시료를 채취하여 성분을 연구하였다.

1808년에 게이뤼삭은 "**결합 부피의 법칙(law of combining volumes)**"을 제안하였다. 이 법칙은 같은 조건에서 기체 부피들은 작은 정수 비로 결합한다는 것이다. 예로, 10.0 mL의 수소 기체는 10.0 mL의 염소 기체와 결합하여 20.0 mL의 염화 수소 기체를 생성시킨다.

$$\begin{array}{ccccc} H_2(g) & + & Cl_2(g) & \rightarrow & 2\ HCl(g) \\ 10.0\ mL & & 10.0\ mL & & 20.0\ mL \end{array}$$

기체의 부피들 (10.0 mL : 10.0 mL : 20.0 mL)은 작은 정수 비(1 : 1 : 2)가 됨을 알 수 있으며, 또한 부피 비는 균형 화학반응식의 몰 비(1 : 1 : 2)와 같음을 알 수 있다.

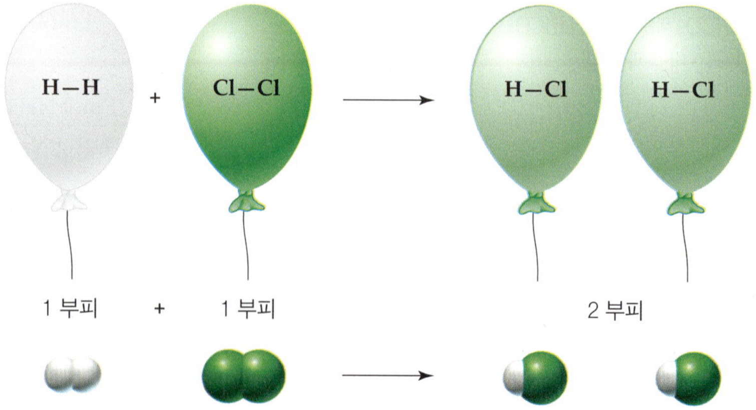

결합 부피의 법칙에 따라, 기체들은 작은 정수 비로 결합한다. 이 부피 비는 균형 반응식의 계수 비와 같으므로, 몰 비를 사용하여 단일 과정으로 주어진 기체 부피를 미지의 기체 부피로 환산할 수 있다. 부피–부피 화학량론 문제는 화학반응식에 있는 기체상의 반응물 또는 생성물의 주어진 부피(*given volume*)로부터 기체의 미지 부피(*unknown volume*)를 계산할 수 있기 때문에 이름이 그렇게 붙여진 것이다.

공업적으로 황산을 제조하는 방법을 사용하여 부피–부피 문제를 설명해 보자. 공업적으로 황산을 제조하는 접촉 공정에서 이산화 황은 열과 백금 촉매에 의해 삼산화 황으로 되고, 다시 삼산화 황 기체를 물속에 통과시켜 황산을 만든다. $SO_2$가 $SO_3$로 변환하는 균형 반응식은 다음과 같다.

$$2\,SO_2(g) + O_2(g) \xrightarrow{\Delta} 2\,SO_3(g)$$

37.5 L의 이산화 황과 반응하는 산소 기체의 리터를 계산해 보자. 균형 반응식에서 2부피의 $SO_2$ = 1 부피의 $O_2$임을 알 수 있다. 부피를 리터 단위로 나타내면, 2 L $SO_2$ = 1 L $O_2$이다. 부피 비를 단위 인자로 사용하면 다음과 같다.

$$37.5\text{ L }\cancel{SO_2} \times \frac{1\text{ L }O_2}{2\text{ L }\cancel{SO_2}} = 18.8\text{ L }O_2$$

이제 생성된 삼산화 황의 부피를 리터로 계산해 보자. 균형 반응식에서 2 부피의 $SO_2$ = 2 부피의 $SO_3$임을 알 수 있으므로 다음과 같이 계산된다.

$$37.5\text{ L }\cancel{SO_2} \times \frac{2\text{ L }SO_3}{2\text{ L }\cancel{SO_2}} = 37.5\text{ L }SO_3$$

다음의 예제를 통하여 부피–부피 유형의 문제에 화학량론 원리를 적용하는 것을 더 살펴볼 수 있다.

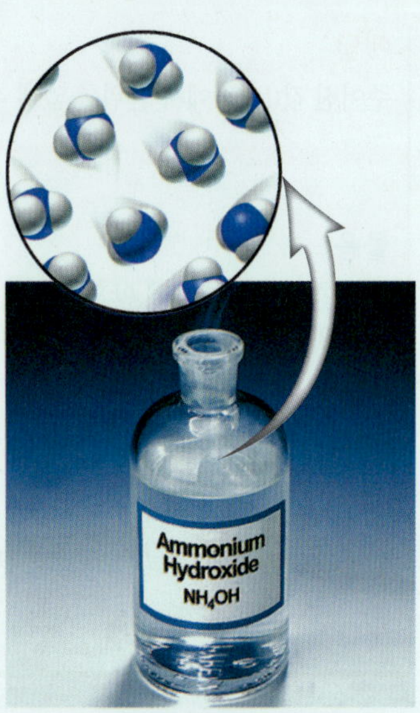

▲**암모니아**, 수용성 암모니아는 "수산화 암모늄"으로 표시되어 있는 실험실 시약병에서 발견된다.

## 예제 9.8 질량–질량 화학량론–하버(Haber) 공정

하버(Haber) 공정에서, 질소와 수소 기체를 반응시켜 암모니아 기체를 만든다. 5.55 L의 질소 기체로부터 생성되는 암모니아의 부피를 계산하라. 기체의 부피는 모두 500℃와 300 기압의 일정한 조건 하에서 측정되었다고 가정하라.

$$N_2(g) + 3\,H_2(g) \xrightarrow{Fe/Al_2O_3} 2\,NH_3(g)$$

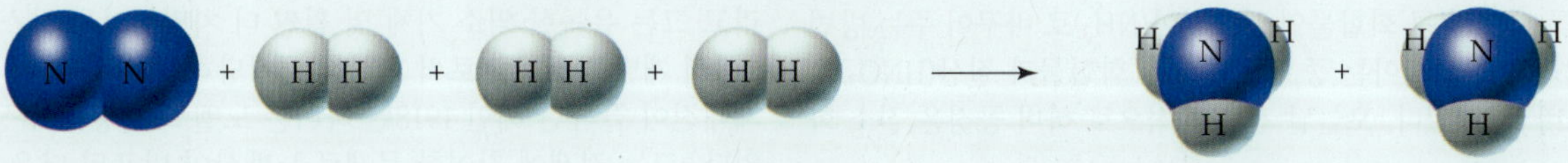


**풀이 과정**

**1 단계 :** 해답에서 요구하는 단위는 무엇인가?

1 단계: L $NH_3$

**2 단계 :** 해답과 관련되는 주어진 값은 무엇인가?

2 단계: 5.55 L $N_2$

**3 단계 :** 적용해야 할 단위 인자는 무엇인가? 균형 반응식에서, 1 몰 $N_2$ = 2 몰 $NH_3$임을 알 수 있다. 기체의 부피 비는 몰 비와 같으므로 단위 인자는 3 단계에 나타낸 것과 같다.

3 단계: $\dfrac{1\text{ L }N_2}{2\text{ L }NH_3}$ 또는 $\dfrac{2\text{ L }NH_3}{1\text{ L }N_2}$

**단위 분석 그림**

| *주어진 값* | *단위 인자* | *해답의 단위* |
|---|---|---|
| 5.55 L $N_2$ | $\times \dfrac{2\text{ L }NH_3}{1\text{ L }N_2}$ | = ? L $NH_3$ |

**해답**

주어진 값(L $N_2$)에서 단위를 없앨 수 있는 단위 인자를 선택한다. 따라서,

$$5.55\ \cancel{L\ N_2} \times \frac{2\ L\ NH_3}{1\ \cancel{L\ N_2}} = 11.1\ L\ NH_3$$

**물음**

다음의 균형을 맞추지 않은 반응식에서 40.00 mL의 염소 기체를 생성하기 위해서 반응하는 (a) 염화 수소 기체 (b) 산소 기체의 부피를 계산하라. 모든 기체들은 동일한 온도와 압력 하에 있다고 가정하라.

$$HCl(g) + O_2(g) \rightarrow Cl_2(g) + H_2O(g)$$

**답:** (a) 80.0 mL HCl (b) 20.00 mL $O_2$

**개념 문제**

일반적으로 부피-부피 화학량론 문제를 푸는 데 얼마나 많은 단위 인자가 필요한가?

**답:** 부록 G, 9.8 참조

## 화학 커넥션 암모니아 제조

**Q: 공업적으로 가장 중요한 10가지 화합물들 중의 하나인 암모니아는 주로 어디에 사용되는가?**

미국에서 매년 1500만 톤 이상의 암모니아가 생산되고 있다. 암모니아는 주로 농업 분야에 사용되어 땅을 기름지게 하며, 곡식에 의하여 소모되는 질소를 보충한다. 비록 대기 중에 상당한 양의 질소가 존재하지만, 기체 상태의 질소 원자는 잘 반응하지 않아 다른 원소들과 쉽게 결합하지 않는다. 질소 기체는 본질적으로 무색, 무취의 비활성 기체이다.

1905년 독일의 화학자인 하버[Fritz Haber(1868~1934)]가 처음으로 실험실에서 암모니아를 성공적으로 합성하였다. 하버는 질소와 수소 기체들이 금속 산화물 촉매의 존재 하에 높은 온도와 압력에서 직접 결합함을 알았다. 하버 공정은 반응성이 작은 대기 중의 질소를 용도가 큰 화합물인 암모니아($NH_3$)로 바꾸어 주는 방법이다. 그리고 암모니아는 중요한 암모늄 화합물과 질산($HNO_3$)으로 쉽게 바뀔 수 있다. 오늘날 전 세계적으로 하버 공정은 질소 화합물들을 제조하는 중요한 공정 중의 하나이다.

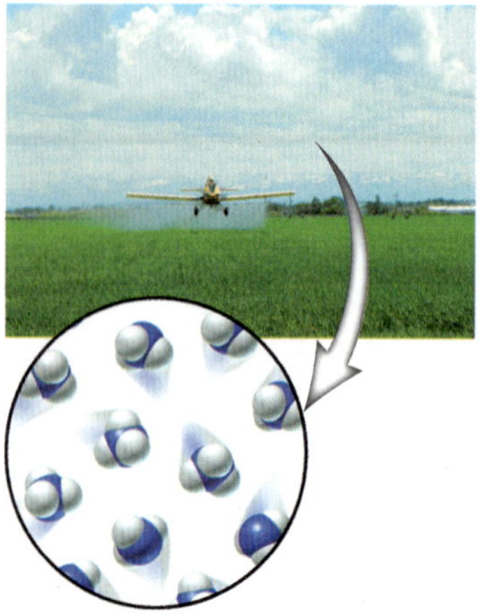

◀**흙 속의 질소**
무수 암모니아를 뿌려주면 최적의 수확량을 얻도록 흙 속에 질소를 제공해 준다.

1900년대 초까지 전 세계적으로 필요한 질산염의 대부분은 남미의 풍부한 초석($KNO_3$) 퇴적물로부터 공급되었다. 질산염의 대부분은 주로 비료로 사용되었지만, 폭발물을 만드는 데도 역시 사용되었다. 간접적으로 하버 공정은 제1차 세계대전에도 막대한 영향을 미쳤다. 전쟁이 발발하자 곧 영국은 칠레의 초석이 독일로 공급되는 것을 막았으며, 독일은 질산염의 공급 없이는 곧 탄약이 바닥날 수밖에 없었다. 1914년 말경, 독일은 하버 공정으로 암모니아 및 질산염 화합물들을 제조할 수 있는 공장들을 세웠다.

하버는 독일의 전쟁 노력에 호의적이었던 것으로 알려졌다. 그리고 그는 유독한 염소 기체 및 훨씬 더 치명적인 독가스(mustard gas)의 개발을 도움으로써 화학전에 상당히 기여하였다. 제1차 세계대전이 끝나던 해인 1918년 하버는 노벨 화학상을 수상하게 되었다. 그는 전쟁에 참여한 문제로 노벨상이 발표된 다음 미국, 영국, 프랑스 과학자들로부터 공공연한 비난을 받았다.

애국적이었던 하버가 후에 자신의 국가로부터도 비난받은 것은 참으로 아이러니하다고 할 수 있다. 1933년 나치(Nazis)가 정권을 잡으면서, 유태인이었던 하버는 Kaiser Wilhelm 연구소 소장직을 사임할 수밖에 없었다. 곤경에 처한 그는 스위스로 여행하는 동안 지나가기 전에 영국의 케임브리지 대학교로 건너가, 그 곳에서 생애의 마지막 몇 달을 보냈다.

**A:** 암모니아($NH_3$)는 주로 농업의 비료로 사용된다. 하지만 암모니아는 폭발물 및 유리창 세제 등과 같은 가정용품에도 사용된다.

### 예제 9.9 부피–부피 화학량론(stoichiometry) – 오스트발트 공정(Ostwald Process)

오스트발트 공정에서 백금 촉매를 사용하여 암모니아와 산소 기체가 결합해서 일산화 질소 기체와 수증기가 생성된다. 그 다음에 NO는 질산 $HNO_3$로 변환된다. NO 50.0 L가 생성된다면, 필요한 $NH_3$의 부피는 얼마인가? 모든 기체의 부피는 같은 온도와 압력 조건에서 측정된다고 가정하라.

$$4\,NH_3(g) + 5\,O_2(g) \xrightarrow{pt} 4\,NO(g) + 6\,H_2O(g)$$

**풀이 과정**

1 단계 : 답에서 요구하는 단위는 무엇인가? — 1 단계: L $NH_3$

2 단계 : 답과 관련되어 주어진 값은 무엇인가? — 2 단계: 50.0 L NO

3 단계 : 우리가 적용해야하는 단위 인자는 무엇인가? 균형맞춘 식에서 4 몰 $NH_3$ = 4 몰 NO이다. 두 단위 인자는 — 3 단계: $\frac{4\text{ L }NH_3}{4\text{ L NO}}$ 또는 $\frac{4\text{ L NO}}{4\text{ L }NH_3}$

**단위 분석 그림**

| 주어진 값 | 단위 인자 | 해답의 단위 |
|---|---|---|
| 50.0 L NO | $\times \frac{4\text{ L }NH_3}{4\text{ L NO}}$ | = ? L $NH_3$ |

**해답**

주어진 값의 단위를 상쇄하는 단위 인자를 선택한다.

$$50.0\text{ L NO} \times \frac{4\text{ L }NH_3}{4\text{ L NO}} = 50.0\text{ L }NH_3$$

**실전 연습문제**

다음의 균형 맞춘 화학식에서 이산화 질소 50.0 mL를 생성하기 위해 반응하는 (a) 일산화 질소 기체와 (b) 산소 기체의 부피를 계산하라. 모든 기체는 같은 온도와 압력에 있다고 가정하라.

$$NO(g) + O_2(g) \rightarrow NO_2(g)$$

**해답**

(a) 50.0 mL NO (b) 25.0 mL $O_2$

**개념 문제**

부피–부피 화학량론 문제를 푸는 데 왜 오직 하나의 단위 인자만 주로 요구되는가?

**답:** 부록 G, 9.9 참조

## 9.7 한계 반응물 개념

세계적 수준의 사이클 대회에서 경쟁자들은 여분의 자전거 뼈대와 타이어를 휴대한다. 만약 뚜르드 프랑스(Tour de France) 경기에 참가하는 사이클 선수가 5개의 뼈대와 20개의 타이어를 가지고 있다면 완성된 자전거를 몇 대나 조립할 수 있을까? 5개의 뼈대로 완성된 자전거는 10개의 타이어만 필요로 하기 때문에, 10개의 타이어는 남는다. 이 예에서 뼈대는 조립할 수 있는 자전거 수를 제한한다. 마찬가지로 화학반응에서도 한 반응물이 생성물의 양을 제한할 수 있음을 알게 될 것이다.

**학습 목표**

- 한계 반응물의 개념을 설명할 수 있다.
- 각 반응물의 몰 수가 주어져 있는 화학 반응에서 한계 반응물을 예측할 수 있다.

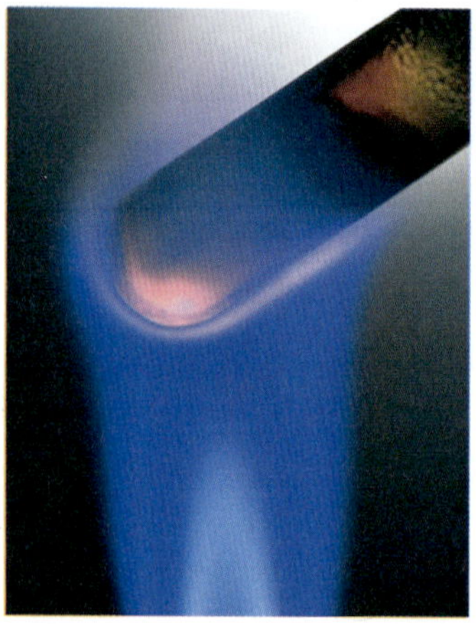

▲**FeS 생성** 철 분말과 황 분말의 혼합물을 가열하면 황화 철(II)이 생성된다; 철이든 황이든 한계 반응물이 될 수 있다.

앞에서, 균형 화학반응식으로부터 알 수 있는 정보를 이용하여 화학량론 계산을 수행하는 방법을 알아보았다. 예를 들어, 금속 상태의 철과 분말 상태인 황의 반응에서 생성되는 황화 철(II)의 양을 계산할 수 있다.

$$Fe(s) + S(s) \xrightarrow{\Delta} FeS(s)$$

먼저, 우리는 철과 황이 각각 완전히 반응할 수 있을 만큼 충분히 존재한다고 가정한다. 하지만 때로, 이 가정은 사실이 아닐 수 있다. 만약 철과 반응하기에 황이 충분치 못하다면 어떻게 될까? 이 경우, 황은 생성되는 FeS의 양을 제한할 것이다. 화학량론 문제에 있어서 생성물의 양을 결정하는 반응물을 **한계 반응물(limiting reactant)**이라 하며 생성물의 양을 정확히 계산하기 위해서 반드시 찾아내어야만 한다. 그림 9.1은 한계 반응물의 개념을 보여주는 좋은 예이다.

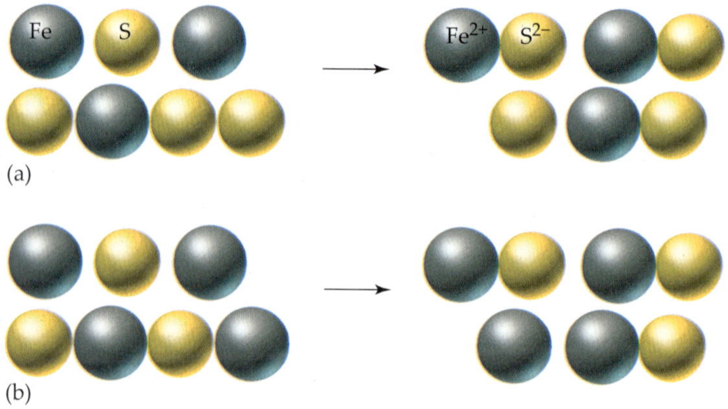


▲그림 9.1 **한계 반응물 개념** (a) 이 반응에서 과량의 S가 있다. 따라서, Fe가 한계 반응물이다. 반응하지 않은 S 원자가 남아있음을 주목하라. (b) 다른 반응에서 과량의 Fe가 있다. 따라서, S가 한계 반응물이다. 반응하지 않은 Fe 원자가 남아있음을 주목하라.

## 한계 반응물의 결정

여기에 한계 반응물의 개념을 보여주는 좋은 예가 있는데, 실험 자료를 조사하고 문제를 풀어보자. 만약 2.50 몰의 철을 3.00 몰의 황과 함께 가열하면, 몇 몰의 FeS가 생성되겠는가? 반응 전 후의 각 물질들의 양을 고려하여 문제를 분석한다.

반응이 시작되기 전에 2.50 몰의 철, 3.00 몰의 황, 그리고 0.00 몰의 FeS가 있다. 균형 반응식에 따르면, Fe 1 몰은 S 1 몰과 반응하여 FeS 1 몰을 생성한다. 따라서 2.50 몰의 Fe는 2.50 몰의 S와 반응하여 2.50 몰의 FeS를 생성한다. 초기에 3.00 몰의 S가 있었으므로, 모든 황과 반응하기에는 철의 양이 충분하지 못하다. 그러므로, 철이 한계 반응물이며 황은 잉여 반응물(excess reactant)이다. 반응 후 남은 황의 양은 0.50 몰이다 (3.00 몰 - 2.50 몰). 표 9.2에서 반응 전 후의 물질들의 양을 요약하였다.

**표 9.2 FeS의 합성 실험 요약**

| 실험 | Fe의 몰 수 | S의 몰 수 | FeS의 몰 수 |
|---|---|---|---|
| 반응 전 | 2.50 | 3.00 | 0.00 |
| 반응 후 | 0.00 | 0.50 | 2.50 |

## 예제 9.10 한계 반응물 개념

산화 철(II) 시료 1.00 몰을 알루미늄 금속 1.00 몰과 함께 가열하여 용융 철로 전환시켰다. 한계 반응물을 확인하고, 소위 테르밋(Thermite) 반응이라 부르는 반응에서 생성된 철의 몰 수를 계산하라.

$$3\ FeO(l) + 2\ Al(l) \xrightarrow{\Delta} 3\ Fe(l) + Al_2O_3(s)$$

### 풀이 과정

**1 단계:** 답에서 요구하는 단위는 무엇인가?

1 단계: mol Fe

**2 단계:** 답과 관련되어 주어진 값은 무엇인가?

2 단계: 1.00 mol FeO와 1.00 mol Al

**3 단계:** 우리가 적용해야하는 단위 인자는 무엇인가? 균형 맞춘 식으로부터 3몰 FeO/3 몰 Fe 몰 비와 2몰 Al/3몰 Fe 몰 비를 알고 있다.

3 단계: $\frac{3\text{ mol FeO}}{3\text{ mol Fe}}$ 또는 $\frac{3\text{ mol Fe}}{3\text{ mol FeO}}$

$\frac{2\text{ mol Al}}{3\text{ mol Fe}}$ 또는 $\frac{3\text{ mol Fe}}{2\text{ mol Al}}$

### 단위 분석 그림

| 주어진 값 | 단위 인자 | 해답의 단위 |
|---|---|---|
| 1.00 mol FeO | $\times \frac{3\text{ mol Fe}}{3\text{ mol FeO}}$ | = ? mol Fe |

| 주어진 값 | 단위 인자 | 해답의 단위 |
|---|---|---|
| 1.00 mol Al | $\times \frac{3\text{ mol Fe}}{2\text{ mol Al}}$ | = ? mol Fe |

### 해답

주어진 값의 단위(FeO 몰 수)를 상쇄하는 단위 인자를 선택한다.

$$1.00\text{ mol FeO} \times \frac{3\text{ mol Fe}}{3\text{ mol FeO}} = 1.00\text{ mol Fe}$$

둘째로, 주어진 값의 단위(Al 몰 수)를 상쇄하는 단위 인자를 선택한다.

$$1.00\text{ mol Al} \times \frac{3\text{ mol Fe}}{2\text{ mol Al}} = 1.50\text{ mol Fe}$$

FeO는 1.00 몰의 Fe를 생성하는 반면, Al은 1.50 몰의 Fe를 생성한다는 것을 주목하라. 따라서, FeO가 한계 반응물이며, 생성물의 양은 1.00 몰의 Fe이다.

▲ **터마이트(Thermite) 반응** 산화 철과 알루미늄 금속의 터마이트(thermite) 반응은 용융 철과 많은 불꽃들을 생성한다.

### 실전 연습문제

산화 철(III) 시료 5.00 몰을 알루미늄 금속 5.00 몰과 함께 가열하여 용융철로 전환시켰다. 한계 반응물을 확인하고, 균형맞추지 않은 반응식을 이용하여 생성된 철의 몰 수를 계산하라.

$$Fe_2O_3(l) + Al(l) \xrightarrow{\Delta} Fe(l) + Al_2O_3(s)$$

**답:** 한계 반응물은 Al이며, Fe 5.00 몰이 생성된다.

### 개념 문제

뚜르드 프랑스 대회의 사이클 선수가 10 개의 바퀴와 3 개의 사이클 몸체를 가지고 있다. 완전한 사이클을 몇 개 조립할 수 있는가?

**답:** 부록 G, 9.10 참조

학습 목표

- 한계 반응물을 포함하는 질량-질량 화학량론 문제를 풀 수 있다.
- 기체상의 한계 반응물을 포함하는 부피-부피 화학량론 문제를 풀 수 있다.

## 9.8 한계 반응물 문제

25.0 g의 FeO와 25.0 g의 Al을 반응시키면 얼마나 많은 용융 철을 얻을 수 있는지 계산해 보자. 이 반응의 균형 반응식은 다음과 같다.

$$3\ \text{FeO}(l) + 2\ \text{Al}(l) \xrightarrow{\Delta} 3\ \text{Fe}(l) + \text{Al}_2\text{O}_3(s)$$

각 반응물들의 질량이 주어져 있으므로 FeO와 Al 중 어느 것이 철의 생성을 제한하는지 분명하지 않다. 두 반응물들의 질량이 주어져 있는 문제에서 한계 반응물은 다음과 같은 세 단계 과정을 거쳐 결정할 수 있다.

Ⅰ. *첫 번째의 반응물로부터 생성될 수 있는 생성물의 질량을 계산한다.*
 (a) 반응물의 몰 수를 계산한다.
 (b) 생성물의 몰 수를 계산한다.
 (c) 생성물의 질량을 계산한다.

Ⅱ. *두 번째의 반응물로부터 생성될 수 있는 생성물의 질량을 계산한다.*
 (a) 반응물의 몰 수를 계산한다.
 (b) 생성물의 몰 수를 계산한다.
 (c) 생성물의 질량을 계산한다.

Ⅲ. *한계 반응물을 찾고 한계 반응물로부터 생성된 생성물의 질량을 결정한다.* 한계 반응물이 생성물의 생성량을 결정한다. 화학반응으로부터 얻을 수 있는 생성물의 실제 질량은 Ⅰ단계와 Ⅱ 단계에서 계산된 생성물의 두 질량들 중 작은 쪽이다.

**Ⅰ단계 적용 :** 산화 철(Ⅱ)(산화 제일철)로부터 얻을 수 있는 철의 양을 계산한다. 균형 반응식을 이용하면, 25.0 g의 FeO로부터 생성되는 Fe의 질량을 구할 수 있다. 문제를 해결하기 위한 순서는 다음과 같다.

$$\text{g FeO} \xrightarrow[\text{I(a)}]{} \text{mol FeO} \xrightarrow[\text{I(b)}]{} \text{mol Fe} \xrightarrow[\text{I(c)}]{} \text{g Fe}$$

주기율표로부터 Fe의 몰 질량이 55.85 g / mol이며, FeO는 71.85 g / mol임을 알 수 있다. 문제를 해결하기 위한 단위 분석은 다음과 같다.

$$25.0\ \text{g FeO} \times \frac{1\ \text{mol FeO}}{71.85\ \text{g FeO}} \times \frac{3\ \text{mol Fe}}{3\ \text{mol FeO}} \times \frac{55.85\ \text{g Fe}}{1\ \text{mol Fe}} = 19.4\ \text{g Fe}$$

**Ⅱ단계 적용 :** 알루미늄으로부터 얻을 수 있는 철의 양을 계산한다. 균형 반응식을 이용하면, 25.0 g의 Al로부터 얻을 수 있는 Fe의 질량을 구할 수 있다. 문제를 해결하기 위한 순서는 다음과 같다.

$$\text{g Al} \xrightarrow[\text{II(a)}]{} \text{mol Al} \xrightarrow[\text{II(b)}]{} \text{mol Fe} \xrightarrow[\text{II(c)}]{} \text{g Fe}$$

주기율표로부터 Al의 몰 질량이 26.98 g / mol임을 알 수 있다. 문제를 해결하기 위한 단위 분석은 다음과 같다.

$$25.0\ \text{g Al} \times \frac{1\ \text{mol Al}}{26.98\ \text{g Al}} \times \frac{3\ \text{mol Fe}}{2\ \text{mol Al}} \times \frac{55.85\ \text{g Fe}}{1\ \text{mol Fe}} = 77.6\ \text{g Fe}$$

**Ⅲ단계 적용 :** 두 반응물로부터 각각 얻을 수 있는 철의 질량을 비교한다.

$$25.0\ \text{g FeO} \rightarrow 19.4\ \text{g Fe}$$
$$25.0\ \text{g Al} \rightarrow 77.6\ \text{g Fe}$$

여기서 FeO가 생성할 수 있는 생성물의 질량이 적음을 알 수 있다; 따라서 FeO가 한계 반응물이다. 반대로 Al은 모든 양이 반응에서 사용되지는 않기 때문에 알루미늄 금속이 잉여 반응물이다. 그러므로, 반응에서 생성될 수 있는 금속 철의 최대 수득량은 19.4 g이다.

다음 예제 9.11을 통하여 한계 반응물 문제를 더 연습하여 볼 수 있다.

## 예제 9.11 질량–질량 한계 반응물

산화 망가니즈(Ⅳ) 50.0 g을 알루미늄 25.0 g과 함께 반응시켰다. 한계 반응물을 찾고, 생성된 망가니즈 금속의 질량을 계산하라. 반응식은 다음과 같다.

$$3\ MnO_2(l) + 4\ Al(l) \xrightarrow{\Delta} 3\ Mn(l) + 2\ Al_2O_3(s)$$

### 해답

**1 단계 :** 위 반응식이 균형 반응식인지 확인하고 시작한다. 50.0 g의 $MnO_2$로부터 생성되는 Mn의 질량을 계산한다. 문제를 해결하기 위한 순서는 다음과 같다.

$$g\ MnO_2 \rightarrow mol\ MnO_2 \rightarrow mol\ Mn \rightarrow g\ Mn$$

주기율표로부터 $MnO_2$의 몰 질량이 86.94 g / mol이며, Mn의 몰 질량이 54.94 g/mol임을 알 수 있다. 문제를 해결하기 위한 단위 분석은 다음과 같다.

$$50.0\ g\ MnO_2 \times \frac{1\ mol\ MnO_2}{86.94\ g\ MnO_2} \times \frac{3\ mol\ Mn}{3\ mol\ MnO_2} \times \frac{54.94\ g\ Mn}{1\ mol\ Mn} = 31.6\ g\ Mn$$

**2 단계 :** 25.0g의 Al로부터 생성되는 Mn의 질량을 계산한다. 문제를 해결하는 순서는 다음과 같다.

$$g\ Al \rightarrow mol\ Al \rightarrow mol\ Mn \rightarrow g\ Mn$$

주기율표로부터 Al의 몰 질량이 26.98 g / mol임을 알 수 있다. 25.0 g의 Al로 시작하면 문제를 해결하기 위한 단위 분석은 다음과 같다.

$$25.0\ g\ Al \times \frac{1\ mol\ Al}{26.98\ g\ Al} \times \frac{3\ mol\ Mn}{4\ mol\ Al} \times \frac{54.94\ g\ Mn}{1\ mol\ Mn} = 38.2\ g\ Mn$$

**3 단계 :** 각 반응물로부터 얻을 수 있는 생성물의 질량을 비교한다.

$$50.0\ g\ MnO_2 \rightarrow 31.6\ g\ Mn$$

$$25.0\ g\ Al \rightarrow 38.2\ g\ Mn$$

이 예제에서는 $MnO_2$가 만들 수 있는 생성물의 양이 적으므로 $MnO_2$가 한계 반응물이다. Al은 잉여 반응물이며 반응에서 전부 소비되지는 않는다. 따라서, 반응에서 생성물 Mn의 최대 수득량은 31.6 g이다.

### 실전 연습문제

산화 망가니즈(Ⅳ) 75.0 g을 알루미늄 30.0 g과 함께 반응시켰다. 한계 반응물을 찾고, 생성된 산화 알루미늄의 질량을 계산하라.

$$3\ MnO_2(l) + 4\ Al(l) \xrightarrow{\Delta} 3\ Mn(l) + 2\ Al_2O_3(s)$$

**답:** 한계 반응물은 Al이며, $Al_2O_3$가 56.7 g 생성된다.

### 개념 문제

다음 설명에서 보인 것 중 한계 반응물을 제시하라.

$$Zn(s) + S(s) \xrightarrow{\Delta} ZnS(s)$$

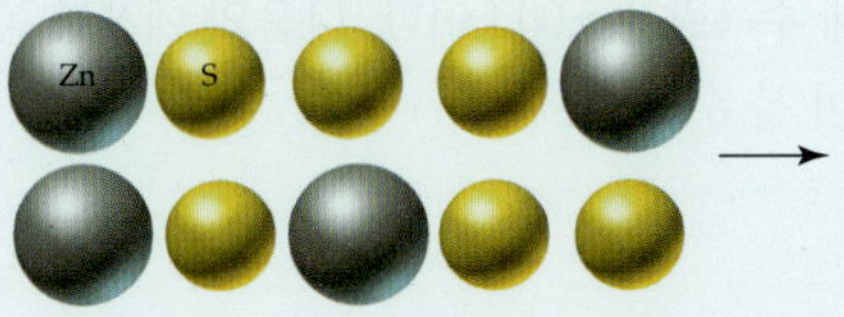


**답:** 부록 G, 9.11 참조

## 기체의 부피를 포함하는 한계 반응물

이제 기체 상태의 반응물이나 생성물을 포함하는 한계 반응물 문제를 살펴보자. 예를 들어 일산화 질소와 산소가 반응하여 이산화 질소를 만드는 반응을 생각해보자. 이 반응의 균형 반응식은 다음과 같다.

$$2\ NO(g) + O_2(g) \xrightarrow{UV} 2\ NO_2(g)$$

5.00 L의 NO 기체가 5.00 L의 $O_2$ 기체와 반응하는 경우를 생각해 보자. 두 반응물 모두 부피가 주어져 있으므로 어느 기체가 생성물의 양을 제한하는지 분명하지 않다. 온도와 압력은 일정하게 유지된다고 가정하고, 다음과 같은 방법을 사용하여 한계 반응물을 결정할 수 있다.

Ⅰ. *첫 번째 반응물로부터 생성될 수 있는 생성물의 부피를 계산한다.* 균형 반응식의 계수는 기체 부피 사이의 비와 같다는 점을 기억하자.

Ⅱ. *두 번째 반응물로부터 생성될 수 있는 생성물의 부피를 계산한다.* 다시, 균형반응식의 계수는 기체 부피 사이의 비와 같다.

Ⅲ. *한계 반응물을 찾고 한계 반응물로부터 생성된 생성물의 부피를 결정한다.* 한계반응물은 최소량의 생성물을 생성시키는 기체이다. 화학반응에서 얻을 수 있는 생성물의 실제 부피는 I 단계와 II 단계로부터 계산된 두 부피들 중 작은 쪽이다.

**Ⅰ 단계 적용 :** 5.00 L의 일산화 질소 기체로부터 생성되는 이산화 질소의 부피를 계산한다. 균형 반응식에서, 2 몰의 NO로부터 2 몰의 $NO_2$가 생성됨을 알 수 있다. 따라서 2 L의 NO는 2 L의 $NO_2$를 생성한다. 그러므로,

$$5.00\ \text{L NO} \times \frac{2\ \text{L NO}_2}{2\ \text{L NO}} = 5.00\ \text{L NO}_2$$

**Ⅱ 단계 적용 :** 5.00 L의 산소 기체로부터 생성되는 이산화 질소의 부피를 계산한다. 균형 반응식에서, 1 몰의 $O_2$로부터 2 몰의 $NO_2$가 생성됨을 알 수 있다. 따라서 1 L의 $O_2$는 2 L의 $NO_2$를 생성한다. 그러므로,

$$5.00\ \text{L O}_2 \times \frac{2\ \text{L NO}_2}{1\ \text{L O}_2} = 10.0\ \text{L NO}_2$$

**Ⅲ 단계 적용 :** 각각의 기체 반응물로부터 생성되는 기체 상태의 $NO_2$의 부피를 비교한다.

$$5.00\ \text{L NO} \rightarrow 5.00\ \text{L NO}_2$$
$$5.00\ \text{L O}_2 \rightarrow 10.0\ \text{L NO}_2$$

여기서 NO가 만들 수 있는 생성물의 부피가 적음을 알 수 있다; 따라서 NO가 한계 반응물이다. 반대로 $O_2$는 잉여 반응물이며, 모든 $O_2$ 기체가 반응에서 사용되지는 않는다. 따라서, 반응에서 생성되는 $NO_2$의 최대 수득량은 5.00 L이다. 다음의 예제를 통하여 기체를 포함하는 한계 반응물 문제를 더 연습하여 볼 수 있다.

**▲산소 아세틸렌 용접**
산소와 아세틸렌 기체가 반응하면 철을 녹일 수 있을 만큼 충분한 열을 낸다.

## 예제 9.12 부피-부피 한계 반응물

산소-아세틸렌 용접에서, 아세틸렌은 산소와 반응하여 이산화 탄소와 물을 생성한다. 만약 25.0 mL의 $C_2H_2$가 75.0 mL의 $O_2$와 반응한다면 한계 반응물은 무엇인가? 조건이 일정하다고 가정하고 생성된 $CO_2$의 부피를 구하라.

$$2\ C_2H_2(g) + 5\ O_2(g) \xrightarrow{\text{불꽃}} 4\ CO_2(g) + 2\ H_2O(g)$$

### 풀이 과정

**1 단계 :** 해답에서 요구하는 단위는 무엇인가?

1 단계: mL $CO_2$

**2 단계 :** 해답과 관련되는 주어진 값은 무엇인가?

2 단계: 25.0 mL $C_2H_2$ 와 75.0 mL $O_2$

**3 단계 :** 적용해야 할 단위 인자는 무엇인가? 균형 방응식에서, 부피 비는 2 mL $C_2H_2$ / 4 mL $CO_2$, 그리고 5 mL $O_2$ / 4 mL $CO_2$임을 알 수 있다.

3 단계: $\dfrac{2\ \text{mL}\ C_2H_2}{4\ \text{mL}\ CO_2}$ 또는 $\dfrac{4\ \text{mL}\ CO_2}{2\ \text{mL}\ C_2H_2}$

$\dfrac{5\ \text{mL}\ O_2}{4\ \text{mL}\ CO_2}$ 또는 $\dfrac{4\ \text{mL}\ CO_2}{5\ \text{mL}\ O_2}$

### 단위 분석 그림

| *주어진 값* | *단위 인자* | *해답의 단위* |
|---|---|---|
| 25.0 mL $C_2H_2$ | $\times \dfrac{4\ \text{mL}\ CO_2}{2\ \text{mL}\ C_2H_2}$ | = ? mL $CO_2$ |

| *주어진 값* | *단위 인자* | *해답의 단위* |
|---|---|---|
| 75.0 mL $O_2$ | $\times \dfrac{4\ \text{mL}\ CO_2}{5\ \text{mL}\ O_2}$ | = ? mL $CO_2$ |

### 해답

첫 번째 : 첫 번째 반응물(mL $C_2H_2$)로부터 생성될 수 있는 생성물의 양을 알 수 있다. 따라서,

$$25.0\ \text{mL}\ \cancel{C_2H_2} \times \frac{4\ \text{mL}\ CO_2}{2\ \text{mL}\ \cancel{C_2H_2}} = 50.0\ \text{mL}\ CO_2$$

두 번째 : 두 번째 반응물(mL $O_2$)로부터 생성될 수 있는 생성물의 양을 알 수 있다.

$$75.0\ \text{mL}\ \cancel{O_2} \times \frac{4\ \text{mL}\ CO_2}{5\ \text{mL}\ \cancel{O_2}} = 60.0\ \text{mL}\ CO_2$$

세 번째 : 각 반응물로부터 생성물의 양을 비교해 보면 $C_2H_2$는 50.0 mL $CO_2$를 생성하고, $O_2$는 60.0 mL $CO_2$를 생성함을 알 수 있다. 따라서 $C_2H_2$이 한계 반응물이며 생성물의 양은 50.0 mL $CO_2$로 제한된다.

### 실전 연습문제

에테인은 연소 과정을 거쳐 이산화 탄소와 물을 생성한다. 만약 10.0 L의 $C_2H_6$가 25.0 L의 $O_2$와 반응한다면 한계 반응물은 무엇인가? 조건이 일정하다고 가정하면, 생성된 $CO_2$의 부피는 얼마인가? 반응식은 다음과 같다.

$$2\ C_2H_6(g) + 7\ O_2(g) \xrightarrow{\text{불꽃}} 4\ CO_2(g) + 6\ H_2O(g)$$

**답:** 한계 반응물은 $O_2$이며, 14.3 L의 $CO_2$가 생성된다.

### 개념 문제

다음 설명에서 보인 것 중 한계 반응물을 제시하라.

$$Zn(s) + S(s) \xrightarrow{\Delta} ZnS(s)$$

**답:** 부록 G, 9.12 참조

학습 목표

▶ 주어진 실제 수득량과 이론 수득량으로부터 반응의 백분 수득률을 계산할 수 있다.

▲CdS의 백분 수득률
수용액 상태의 $CdCl_2$와 $Na_2S$가 반응하여 노란색의 CdS 침전물을 생성한다.

▲$CuCO_3$의 백분 수득률
수용액 상태의 $Cu(NO_3)_2$와 $Na_2CO_3$가 반응하여 $CuCO_3$ 침전물을 생성한다.

## 9.9 백분 수득률

수득률의 개념을 이해하기 위하여 다음과 같은 실험을 고려해 보자. 우선 한 학생이 1.00 g의 염화 카드뮴 시료를 저울로 측정하여 물에 녹였다. 그리고 황화 카드뮴, CdS 침전물을 얻기 위해 황화 소듐 수용액을 가하였다. 이 반응의 균형 반응식은 다음과 같다.

$$CdCl_2(aq) + Na_2S(aq) \rightarrow CdS(s) + 2\ NaCl(aq)$$

불용성의 황화 카드뮴 침전물을 거름종이를 사용하여 모은 후, 저울을 사용하여 질량을 측정하였다. 이 침전물의 질량을 **실제 수득량(actual yield)**이라고 한다.

1.00 g의 염화 카드뮴 시료로부터 얻을 수 있는 황화 카드뮴의 질량은 질량-질량 문제로 계산할 수 있다. 이렇게 계산으로부터 얻을 수 있는 침전물의 양을 **이론 수득량(theoretical yield)**이라고 한다. 실험에서는, 항상 고유 실험오차가 있다. 따라서, 실제 수득량과 이론 수득량을 비교하여 그 결과를 백분 수득률로 표현할 수 있다. **백분 수득률(percent yield)**이란 실제 수득량의 이론 수득량에 대한 비를 백분율로 나타낸 것이다.

$$\frac{\text{실제 수득량}}{\text{이론 수득량}} \times 100\% = \text{백분 수득률}$$

백분 수득률을 구하기 위하여 1.00 g의 염화 카드뮴 시료를 가지고 시작해 보자. 균형 반응식에 화학량론을 적용하면, 황화 카드뮴 침전물의 양이 0.788 g임을 계산할 수 있다. 만약 학생이 CdS 침전물의 질량을 측정하여 실제 질량이 0.775 g임을 알았다고 가정하자. 이론 수득량(0.788 g)과 실제 수득량(0.775 g)을 비교하여 백분 수득률을 다음과 같이 구할 수 있다.

$$\frac{0.775\ \not{g}}{0.788\ \not{g}} \times 100\% = 98.4\ \%$$

만약 그 학생이 1.00 g의 염화 카드뮴 시료를 사용하여 같은 실험을 다시 시도한다고 생각해 보자. 두 번째 시도에서는 0.805 g의 침전물을 얻었다. 그 학생은 같은 1.00 g의 염화 카드뮴을 사용하였으므로 두 시도에 대한 이론 수득량은 모두 0.788 g으로 같다. 첫 번째 시도와 마찬가지로 백분 수득률은 실제 수득량과 이론 수득량을 비교하여 구할 수 있다.

$$\frac{0.805\ \not{g}}{0.788\ \not{g}} \times 100\% = 102\ \%$$

여기서 두 번째 시도에서의 백분 수득률은 100% 보다 크며, 이것은 비록 놀라운 결과이지만, 실제 실험에서도 가능한 결과이다. 실험에서 어떤 오차들은 결과가 더 높게 나오게도 하고, 또 다른 오차들은 실험결과가 더 낮게 나오게도 한다. 위의 두 시도에서도 다른 종류의 실험 오차가 개입되었을 것이다. 예를 들어, 침전물 중에 불순물이 포함되어 있거나, 침전물을 완전히 말리지 못한 경우, 학생은 실험에서 높은 수득률을 얻을 수 있다.

다음 예제를 통하여 백분 수득률을 계산하는 문제를 더 연습하여 보자.

### 예제 9.13 백분 수득률

한 학생이 질산 구리(II) 1.50 g을 물에 녹인 후, 탄산 소듐 수용액을 가하여 $CuCO_3$를 0.875 g 얻었다. 만약 이론 수득량이 0.988 g이라면, 백분 수득률은 얼마인가?

$$Cu(NO_3)_2(aq) + Na_2CO_3(aq) \rightarrow CuCO_3(s) + 2\ NaNO_3(aq)$$

**해답**

백분 수득률은 이론 수득량에 대한 실제 수득량의 백분비이다. 이 실험에서 실제 수득량이 0.875 g이고, 이론 수득량이 0.988 g이므로, 백분 수득률은 다음과 같다.

$$\frac{\text{실제 수득량}}{\text{이론 수득량}} \times 100\% = \text{백분 수득률}$$

$$\frac{0.875\ g}{0.988\ g} \times 100\% = 88.6\ \%$$

학생이 얻은 백분 수득률은 88.6%이다.

**실전 연습문제**

폭발물을 제조하는 데 사용되는 질산 암모늄은 암모니아, $NH_3$와 질산을 반응시켜 만들 수 있다. 이 반응의 반응식은 다음과 같다.

$$NH_3(g) + HNO_3(aq) \rightarrow NH_4NO_3(s)$$

만약 15.0 kg의 암모니아로부터 65.3 kg의 질산 암모늄을 실제 수득량으로 얻었다면, 백분 수득률은 얼마인가? 이 실험에 대해 계산된 질산 암모늄의 수득량은 70.5 kg이었다.

**답**: 92.6%

**개념 문제**

백분 수득률이 100%보다 더 큰 것이 가능한가?

**답**: 부록 G, 9.13 참조

## Chapter Summary

| 주요 개념 | 학습목표와 관련 연습문제 |
|---|---|
| **9.1 화학반응식의 해석**<br>**균형 화학반응식**의 계수는 반응에 참여하는 물질의 **몰 비(mole ratio)**를 나타냄을 배웠다. 또한 **아보가드로 이론(Avogadro's thoery)**을 적용하여 기체의 부피로 몰 비를 나타낼 수 있음을 알았다. 아울러, 화학반응식에서 각 반응물과 생성물의 몰에 대해 **몰 질량(molar mass)**을 이용하여 **질량 보존의 법칙(law of conservation of mass)**을 확인할 수 있었다. | • 균형 화학반응식의 계수들로부터 다음의 관계를 알 수 있다. (a) 반응물과 생성물 사이의 몰 수 비 (b) 기체 상태의 반응물과 생성물 사이의 부피 비 **관련 문제**: 1-3<br>• 질량 보존의 법칙을 이용하여 균형 화학반응식의 계수를 확인할 수 있다. **관련 문제**: 5 |
| **9.2 몰-몰 관계**<br>균형 화학반응식의 계수를 사용하여 반응물의 몰을 생성물의 몰에 관련지울 수 있었다. | • 균형 반응식에서 두 물질 사이의 몰 수 관계를 이해할 수 있다. **관련 문제**: 7-13 |
| **9.3 화학량론 문제의 유형**<br>**화학량론(stoichiometry)**은 반응에 참여하는 물질의 양과 관련되며, 기본적으로 세 가지 유형의 화학량론 문제로 나눌 수 있다. **질량-질량 문제(mass-mass problem)**에서는, 균형 화학반응식에서 한 물질의 질량을 또 다른 물질의 질량과 관련시킨다. **질량-부피 문제(mass-volume problem)**에서는 한 물질의 질량을 기체의 부피와 관련시킨다. 마지막으로 **부피-부피 문제(volume-volume problem)**에서는 반응에 참여하는 두 기체 물질 사이의 부피를 관련시킨다. | • 화학량론 문제의 기본적인 세 가지 유형을 분류할 수 있다: 질량-질량, 질량-부피, 부피-부피 **관련 문제**: 15-19 |
| **9.4 질량-질량 문제**<br>질량-질량 문제에서는, 먼저 주어진 물질의 질량을 몰 질량을 이용하여 몰 수로 바꾼다. 문제에서 몰 질량이 주어지지 않으면 주기율표로부터 물질에 포함되는 각 원소의 그램 원자 질량을 모두 합하여 계산한다. 다음으로, 균형 반응식의 계수를 사용하여 주어진 물질의 몰 수를 미지 물질의 몰 수로 전환한다. 마지막으로, 구하고자하는 물질의 몰 질량을 곱하여 미지 물질의 질량을 구한다. | • 질량-질량 화학량론 문제를 풀 수 있다. **관련 문제**: 21-29 |
| **9.5 질량-부피 문제**<br>질량-부피 문제에서는, 먼저 몰 질량을 사용하여 주어진 물질의 질량을 몰 수로 바꾼다. 다음으로, 균형 반응식의 계수로부터 몰 비를 적용하여 주어진 물질의 몰 수를 미지 물질의 몰 수로 전환한다. 마지막으로 **몰 부피(molar volume)**를 곱하여 STP에서 구하고자하는 기체의 부피를 구한다. STP, 즉 0℃, 1 기압에서 기체 1 몰이 차지하는 부피는 22.4 L이다. | • 질량-부피 화학량론 문제를 풀 수 있다. **관련 문제**: 31-37 |

| 주요 개념 | 학습목표와 관련 연습문제 |
|---|---|
| **9.6 부피-부피 문제**<br>부피-부피 문제에서는, 게이뤼삭(Gay-Lussac)의 **결합 부피의 법칙(law of combining volume)**을 이용한다. 기체의 부피는 균형 반응식의 계수와 동일한 정수 비로 결합하므로, 부피-부피 문제는 한번의 전환 과정으로 풀 수 있다. 간단히, 주어진 부피에 균형 반응식의 계수의 비를 곱하면 된다. | • 부피-부피 화학량론 문제를 풀 수 있다.<br>**관련 문제:** 39-47 |
| **9.7 한계 반응물 개념**<br>좀 더 어려운 화학량론 문제에서는, 각 반응물의 양이 모두 충분히 존재한다고 가정할 수가 없다. 즉 한 반응물의 양이 과잉으로 존재하는 다른 반응물을 모두 반응시키기에는 충분하지 않을 수가 있다. 반응을 조절하며 생성물의 양을 제한하는 반응물을 **한계 반응물(limiting reactant)**이라 한다. | • 한계 반응물의 개념을 설명할 수 있다.<br>**관련 문제:** 49-51<br>• 각 반응물의 몰 수가 주어져 있는 화학반응에서 한계 반응물을 예측할 수 있다.<br>**관련 문제:** 49-57 |
| **9.8 한계 반응물 문제**<br>두 반응물의 양이 주어지면 각 반응물로부터 생성될 수 있는 생성물의 양을 계산하여 한계 반응물을 결정할 수 있다. 가장 적은 양의 생성물을 생성하는 반응물이 반응을 제한하며 한계 반응물이 된다. 한계 반응물 문제에는 두 반응 물질의 질량뿐만 아니라 두 반응 기체의 부피도 포함될 수 있다. | • 한계 반응물을 포함하는 질량-질량 화학량론 문제를 풀 수 있다. **관련 문제:** 59-65<br>• 기체 한계 반응물을 포함하는 부피-부피 화학량론 문제를 풀 수 있다. **관련 문제:** 67-73 |
| **9.9 백분 수득률**<br>**백분 수득률**(precent yield)은 실험 방법과 분석자의 기술을 평가하는 지표가 된다. 실험에서 **백분 수득률(precent yield)**은 **이론 수득량(theoretical yield)**에 비교한 **실제 수득량(actual yield)**을 나타낸다. | • 주어진 실제 수득량과 이론 수득량으로부터 반응의 백분 수득률을 계산할 수 있다.<br>**관련 문제:** 75-77 |

## 문제 풀이 정리

| 주제 | 절차 | 예 |
|---|---|---|
| 화학반응식의 해석<br>9.1절 | 균형 방정식의 계수를 이용하여 몰 비와 기체 물질인 경우 부피 비를 표시한다. | 주어진 화학반응식 : $N_2(g) + O_2(g) \rightarrow 2\ NO(g)$ 몰 비와 리터 단위의 부피 비를 표시한다.<br>$1\ mol\ N_2 + 1\ mol\ O_2 \rightarrow 2\ mol\ NO$<br>$1\ L\ N_2 + 1\ L\ O_2 \rightarrow 2\ L\ NO$ |
| 몰-몰 관계<br>9.2절 | 몰 비를 이용하여 주어진 물질의 몰 수를 미지 물질의 몰 수로 변환시킨다. | 0.500 mol $N_2$로부터 몇 몰의 NO가 생성되는가?<br>$0.500\ mol\ N_2 \times \frac{2\ mol\ NO}{1\ mol\ N_2} = 1.00\ mol\ NO$ |
| 화학량론 문제의 유형<br>9.3절 | 화학량론 문제를 다음과 같이 분류한다.<br>질량-질량, 질량-부피, 부피-부피 | 11.2 L $N_2$로부터 몇 그램의 NO가 생성되는 가는 어떤 유형의 문제인가?<br>(질량-부피 문제) |
| 질량-질량 문제<br>9.4절 | (a) 주어진 물질의 질량을 주어진 물질의 몰 수로 바꾼다.<br>(b) 주어진 물질의 몰 수로부터 미지 물질의 몰 수를 구한다.<br>(c) 미지 물질의 몰 수로부터 미지 물질의 질량을 구한다. | 10.0 g $N_2$로부터 몇 그램의 NO가 생성되는가?<br>$10.0\ g\ N_2 \times \frac{1\ mol\ N_2}{28.02 g\ N_2} \times \frac{2\ mol\ NO}{1\ mol\ N_2} \times \frac{30.01\ g\ NO}{1\ mol\ NO}$<br>$= 21.4\ g\ NO$ |
| 질량-부피문제<br>9.5절 | (a) 주어진 물질의 질량을 주어진 물질의 몰 수로 바꾼다.<br>(b) 주어진 물질의 몰 수로부터 미지 물질의 몰 수를 구한다.<br>(c) 미지 물질의 몰 수로부터 미지 물질의 부피를 구한다. | 10.0 g $N_2$로부터 STP에서 몇 L의 NO가 생성되는가?<br>$10.0\ g\ N_2 \times \frac{1\ mol\ N_2}{28.02\ g\ N_2} \times \frac{2\ mol\ NO}{1\ mol\ N_2} \times \frac{22.4\ L\ NO}{1\ mol\ NO}$<br>$= 16.0\ L\ NO$ |
| 부피-부피문제<br>9.6절 | 주어진 기체의 부피를 미지 물질의 부피로 바꾼다. | 10.0 L $N_2$로부터 STP에서 몇 L의 NO가 생성되는가?<br>$10.0\ L\ N_2 \times \frac{2\ L\ NO}{1\ L\ N_2} = 20.0\ L\ NO$ |

## 주요 용어 주요 용어에 대한 해답은 부록 H에 수록하였다.

다음의 정의에 해당하는 용어를 선택하라.

| | | |
|---|---|---|
| ________ | 1. 균형 화학반응식의 계수에 따르는 반응물과 생성물의 몰 수 비. | (a) 실제 수득량(9.9절) |
| ________ | 2. 같은 온도와 압력에서 같은 부피의 기체에는 같은 수의 분자가 들어 있다는 원리. | (b) 아보가드로 이론(9.1절) |
| ________ | 3. 화학반응에서 반응물의 총질량은 생성물의 총질량과 같다는 법칙. | (c) 결합 부피의 법칙(9.6절) |
| ________ | 4. 물질 1 몰의 g 질량. | (d) 질량 보존의 법칙(9.1절) |
| ________ | 5. 균형 반응식에 따르는 화학반응에서 물질의 양(물질의 질량 또는 기체의 부피)들 사이의 관계. | (e) 한계 반응물(9.7절) |
| | | (f) 질량-질량 문제(9.3절) |
| ________ | 6. 두 물질의 질량들을 관련시킨 화학량론 계산의 유형. | (g) 질량-부피 문제(9.3절) |
| ________ | 7. 물질의 질량을 기체의 부피와 관련시킨 화학량론 계산의 유형. | (h) 몰 질량(9.1절) |
| ________ | 8. 같은 온도와 압력에서 두 기체의 부피들을 관련시킨 화학량론 계산의 유형. | (i) 몰 부피(9.5절) |
| ________ | 9. STP에서 기체 1 몰의 부피 즉, 22.4 L / mol. | (j) 몰 비(9.1절) |
| ________ | 10. 0 ℃의 온도와 1기압의 압력. | (k) 백분 수득률(9.9절) |
| ________ | 11. 화학반응에서 반응하는 기체의 부피는 간단한 정수 비라는 법칙. | (l) 표준 상태(STP)(9.5절) |
| ________ | 12. 화학반응에서 생성물의 최대 생성량을 결정하는 반응물. | (m) 화학량론(9.3절) |
| ________ | 13. 주어진 반응물의 양으로부터 실험적으로 얻어진 생성물의 양. | (n) 이론 수득량(9.9절) |
| ________ | 14. 주어진 반응물의 양으로부터 계산적으로 얻을 수 있는 생성물의 양 | (o) 부피-부피 문제(9.3절) |
| ________ | 15. 이론 수득량에 대한 실제 수득량의 백분비 . | |

## 문제 홀수 번호 문제에 대한 해답은 부록 I에 수록하였다.

### 화학반응식의 해석 (9.1절)

1. 다음의 일반적인 화학반응식을 고려해보자:

$$A + 2\,B \rightarrow C + 2\,D$$

(a) 1 mol A로부터 몇 mol의 C가 생성되는가?
(b) 같은 온도와 압력에서 2 L의 기체 D를 생성하기 위해 몇 L의 기체 B가 반응해야 하는가?

3. 다음의 일반적인 화학반응식을 고려해보자:

$$A + 3\,B \rightarrow 2\,C$$

(a) 1.00 g의 A와 1.50 g의 B가 반응하면 생성되는 C의 질량은 얼마인가?
(b) 2.00 g의 A가 반응하여 5.00 g의 C가 생성된다면, 반응하는 B의 질량은 얼마인가?

5. 다음의 균형반응식에서 각 반응물질과 생성물질의 몰 질량을 사용하여 질량보존의 법칙을 확인하라.
(a) $2\,N_2(s) + 3\,O_2(g) \rightarrow 2\,N_2O_3(s)$
(b) $2\,N_2(s) + 5\,O_2(g) \rightarrow 2\,N_2O_4(s)$

### 몰-몰 관계 (9.2절)

7. 다음의 분해 반응이 주어졌을 때, 5.00 mol $H_2O_2$로부터 생성되는 산소 기체의 몰 수를 구하라.

$$2\,H_2O_2(l) \xrightarrow{\Delta} 2\,H_2O(l) + O_2(g)$$

9. 다음의 분해 반응이 주어졌을 때, 5.00 mol $LiClO_3$로부터 생성되는 산소 기체의 몰 수를 구하라.

$$2\,LiClO_3(s) \xrightarrow{\Delta} 2\,LiCl(s) + O_2(g)$$

11. 주어진 불균형 화학반응식에서 0.100 mol 금속 철과 반응하는 염소 기체의 몰 수는 얼마인가? 생성되는 염화 철(III)의 몰 수는 얼마인가?

$$Fe(s) + Cl_2(g) \xrightarrow{\Delta} FeCl_3(s)$$

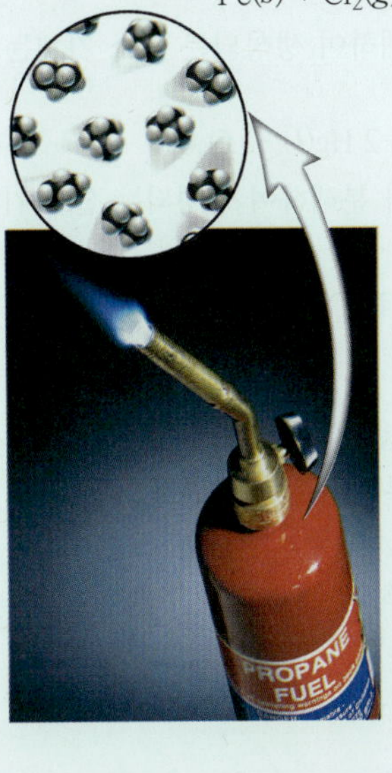


◀프로페인 토치
프로페인, $C_3H_8$ 기체와 공기 중의 산소가 반응하여 열에너지를 방출한다.

13. 주어진 불균형 화학반응식에서 산소 기체 2.50 mol과 반응하는 프로페인, $C_3H_8$ 기체의 몰 수는 얼마인가? 생성되는 이산화 탄소의 몰 수는 얼마인가?

$$C_3H_8(g) + O_2(g) \xrightarrow{\Delta} CO_2(g) + H_2O(g)$$

## 화학량론 문제의 유형 (9.3절)

15. 다음 물음이 어떤 유형의 화학량론 문제인지 답하라: 1.10 g의 $NaHCO_3$ 분해로부터 생성되는 이산화 탄소 기체는 몇 g인가?

17. 다음 물음이 어떤 유형의 화학량론 문제인지 답하라: 50.0 L의 수증기와 금속 철이 반응했을 때 생성되는 염화철은 몇 g인가?

19. 다음 물음이 어떤 유형의 화학량론 문제인지 답하라: 수소와 25.0 mL의 $Cl_2$가 반응하면 몇 mL의 염화 수소가 생성되는가?

## 질량–질량 문제 (9.4절)

21. 1.00 g의 금속 아연이 반응할 때 생성되는 산화 아연의 질량은 얼마인가?

$$2\ Zn(s) + O_2(g) \rightarrow 2\ ZnO(s)$$

23. 3.45 g의 금속 비스무트로부터 얻을 수 있는 생성물의 질량은 얼마인가?

$$2\ Bi(s) + 3\ Cl_2(g) \rightarrow 2\ BiCl_3(s)$$

25. 1.25 g의 금속 구리가 반응할 때 생성되는 은의 질량은 얼마인가?

$$Cu(s) + 2\ AgNO_3(aq) \rightarrow Cu(NO_3)_2(aq) + 2\ Ag(s)$$

27. 1.25 g의 금속 코발트가 반응할 때 생성되는 수은의 질량은 얼마인가?

$$Co(s) + HgCl_2(aq) \rightarrow CoCl_3(aq) + Hg(l)$$

29. 1.78 g의 $Na_3PO_4$가 반응할 때 생성되는 인산 칼슘의 질량은 얼마인가?

$$Na_3PO_4(aq) + Ca(OH)_2(aq) \rightarrow Ca_3(PO_4)_2(s) + NaOH(aq)$$

## 질량–부피 문제 (9.5절)

31. 1.75 g의 탄산수소 소듐이 분해하여 생성되는 이산화 탄소 기체는 STP에서 몇 mL인가?

$$2\ NaHCO_3(s) \xrightarrow{\Delta} Na_2CO_3(s) + H_2O(l) + CO_2(g)$$

33. 5.00 g의 탄산 철(III)이 분해하여 생성되는 이산화 탄소 기체는 STP에서 몇 mL인가?

$$Fe_2(CO_3)_3(s) \xrightarrow{\Delta} Fe_2O_3(s) + 3\ CO_2(g)$$

35. 2.50 g의 산화 수은(II)이 분해하여 생성되는 산소 기체는 STP에서 몇 mL인가?

$$2\ HgO(s) \xrightarrow{\Delta} 2\ Hg(l) + O_2(g)$$

37. 1.55 g의 과산화 수소, $H_2O_2$가 분해하여 생성되는 산소 기체는 STP에서 몇 mL인가?

$$H_2O_2(l) \xrightarrow{\Delta} H_2O(l) + O_2(g)$$

## 부피–부피 문제 (9.6절)

39. 각 기체가 같은 온도와 압력 하에 존재할 때, 50.0 L의 수소 기체와 반응하는 질소 기체의 부피(L)는 얼마인가?

$$3\ H_2(g) + N_2(g) \rightarrow 2\ NH_3(g)$$

41. 각 기체가 같은 온도와 압력 하에 존재할 때, 일산화 탄소 10.0 mL와 반응하는 산소는 몇 mL인가?

$$2\ CO(g) + O_2(g) \rightarrow 2\ CO_2(g)$$

43. 일정한 조건 하에서 몇 mL의 염소가 반응하여 1.75L의 $Cl_2O_3$을 발생시키는가?

$$Cl_2(g) + O_2(g) \rightarrow Cl_2O_3(g)$$

45. 일정한 조건 하에서, 25.0mL의 산소 기체로부터 발생하는 삼산화 황이 부피는 얼마인가?

$$SO_2(g) + O_2(g) \rightarrow SO_3(g)$$

47. 일정한 조건 하에서, $500cm^3$의 이질화 오산소를 발생시킬 수 있는 질소 기체의 부피는 얼마인가?

$$N_2(g) + O_2(g) \rightarrow N_2O_5(g)$$

## 한계 반응물 개념 (9.7절)

▲**뚜르드 프랑스** 자전거 바퀴의 프레임과 타이어와의 관계를 이용하여 한계 반응물 개념을 설명할 수 있다. 만약 5개의 프레임과 20개의 타이어가 있다면 프레임 개수가 자전거 개수를 결정한다.

49. 5.00 몰의 질소 기체가 5.00 몰의 산소 기체와 반응할 때, 한계 반응물이 무엇이며 반응에서 발생하는 NO의 몰 수는 얼마인가?

$$N_2(g) + O_2(g) \rightarrow 2\ NO(g)$$

51. 1.50 몰의 일산화 질소 기체가 1.50 몰의 산소 기체와 반응할 때, 한계 반응물이 무엇이며 반응에서 발생하는 $NO_2$의 몰 수는 얼마인가?

$$2\ NO(g) + O_2(g) \rightarrow 2\ NO_2(g)$$

53. 5.00 몰의 수소 기체가 5.00 몰의 산소 기체와 반응할 때, 한계 반응물이 무엇이며 반응에서 발생하는 물의 몰 수는 얼마인가?

$$2\ H_2(g) + O_2(g) \rightarrow 2\ H_2O(l)$$

55. 1.00 몰의 에테인 기체가 5.00 몰의 산소 기체와 반응할 때, 한계 반응물이 무엇이며 반응에서 발생하는 물의 몰 수는 얼마인가?

$$2\ C_2H_6(g) + 7\ O_2(g) \rightarrow 4\ CO_2(g) + 6\ H_2O(g)$$

57. 표에 반응 전의 Co와 S의 양을 나타내었다. 균형 반응식을 이용하여 반응 후의 양 (a)와 (b)를 완성하라.

$$Co(s) + S(s) \xrightarrow{\Delta} CoS(s)$$

| 실험 | Co 몰 수 | S 몰 수 | CoS 몰 수 |
|---|---|---|---|
| (a) 반응 전: | 1.00 | 1.00 | 0.00 |
| 반응 후: | | | |
| (b) 반응 전: | 2.00 | 3.00 | 0.00 |
| 반응 후: | | | |

## 한계 반응물 문제 (9.8절)

59. 용융된 상태의 철(II) 50.0 g이 10.0 g의 마그네슘과 반응할 때 발생되는 철의 질량은 얼마인가?

$$FeO(l) + Mg(l) \xrightarrow{\Delta} Fe(l) + MgO(s)$$

61. 용융된 상태의 산화 철(III) 50.0 g이 15.0 g의 알루미늄과 반응할 때 발생되는 철의 질량은 얼마인가?

$$Fe_2O_3(l) + Al(l) \xrightarrow{\Delta} Fe(l) + Al_2O_3(s)$$

63. 1.00 g의 수산화 마그네슘이 0.605 g의 황산과 반응할 때 발생되는 황산 마그네슘의 양은 얼마인가?

$$Mg(OH)_2(s) + H_2SO_4(l) \rightarrow MgSO_4(s) + H_2O(l)$$

65. 1.00 g의 수산화 알루미늄이 3.00 g의 황산과 반응할 때 발생되는 물의 양은 얼마인가?

$$Al(OH)_3(s) + H_2SO_4(l) \rightarrow Al_2(SO_4)_3(aq) + H_2O(l)$$

67. 45.0 mL의 질소 기체가 95.0 mL의 산소 기체와 반응할 때 발생하는 $NO_2$의 부피는 얼마인가? 모든 기체는 같은 온도와 압력 하에 있다고 가정한다.

$$N_2(g) + O_2(g) \rightarrow NO_2(g)$$

69. 70.0 mL의 질소 기체가 45.0 mL의 산소 기체와 반응할 때 발생하는 $N_2O_3$의 부피는 얼마인가? 모든 기체는 같은 온도와 압력 하에 있다고 가정한다.

$$N_2(g) + O_2(g) \rightarrow N_2O_3(g)$$

71. 3.00 L의 이산화 황 기체가 1.25 L의 산소 기체와 반응할 때 발생하는 삼산화 황 기체의 부피는 얼마인가? 모든 기체는 같은 온도와 압력 하에 있다고 가정한다.

$$SO_2(g) + O_2(g) \rightarrow SO_3(g)$$

73. 50.0 L의 염화 수소 기체가 10.0 L의 산소 기체와 반응할 때 발생하는 염소 기체의 부피는 얼마인가? 모든 기체는 같은 온도와 압력 하에 있다고 가정한다.

$$HCl(g) + O_2(g) \rightarrow Cl_2(g) + H_2O(g)$$

### 백분 수득률 (9.9절)

75. 한 화학과 학생이 1.50 g의 베이킹소다를 가열하여 탄산소듐을 준비하였다. 이때의 이론적 수율이 0.946 g이고 이 학생은 $Na_2CO_3$ 0.988 g을 얻었다면 백분 수율은 얼마인가?

77. 1.50 g의 질산화 소듐을 열분해하여 1.29 g의 질산화 소듐을 얻었다. 이론 수율이 1.22 g이라면 백분 수율은 얼마인가?

### 일반 연습문제

79. 몰 질량의 단위는 무엇인가?

81. "화산 반응"은 암모늄 다이크로메이트로부터 산화 크로뮴(III), 물 및 기체 질소를 발생시키는 반응이다. 1.54 g의 암모늄 다이크로메이트로부터 발생되는 산화 크로뮴(III)의 질량을 계산하라.

83. 금속 알루미늄은 산화 망가니즈(IV)과 반응하여 산화 알루미늄과 금속 망가니즈을 발생시킨다. 1.00 kg의 금속 망가니즈을 발생시키기 위해서는 얼마의 금속 알루미늄이 필요한가?

85. 광물인 휘안광과 황화 안티모니(III)를 염산으로 처리하면 염화 안티모니(III)과 황화 수소 기체가 발생한다. 3.00 g의 휘안광으로부터 발생하는 $H_2S$의 STP 부피는 얼마인가?

### 도전 연습문제

87. 레크레이션용 차량은 요리와 온열을 위해 기체 프로페인을 사용한다. 프로페인과 산소의 연소 반응은 이산화 탄소와 물을 발생시킨다. 10.0 g의 프로페인($C_3H_8$)의 연소로 발생하는 물의 질량은 얼마인가?

89. 물에 전류가 흐를 때, 수소 기체와 산소 기체가 발생한다. 물 100.0 mL의 전기분해로 발생되는 수소 기체의 STP 부피는 얼마인가?

## Chapter 9 자율 테스트 해답은 부록 J에 수록하였다.

1. 공기 중의 산소가 0.115 g의 수소 기체와 반응하여 1.024 g의 물이 발생하였다. 질량 보존 법칙을 이용하여 반응한 산소의 질량을 예측하라. (9.1절)

$$2\ H_2(g) + O_2(g) \rightarrow 2\ H_2O(l)$$

(a) 0.115 g (b) 0.909 g
(c) 1.024 g (d) 1.139 g
(e) 답 없음

2. 몇 몰의 물이 분해되면 0.500 몰의 산소 기체가 발생하는가? (9.2절)

$$2\ H_2O(l) \longrightarrow 2\ H_2(g) + O_2(g)$$

(a) 0.250 몰 (b) 0.500 몰
(c) 1.00 몰 (d) 2.00 몰
(e) 답 없음

3. 다음의 화학량론 문제는 다음의 어디로 분류될 수 있는가? 5.00 mL의 증기의 분해로부터 발생하는 산소 기체는 몇 $cm^3$인가? (9.3절)

(a) 질량 – 질량 문제
(b) 질량 – 부피 문제
(c) 부피 – 부피 문제
(d) 몰 – 몰 문제
(e) 위의 모두 아님

4. 5.00 g의 물(18.02 g/mol)을 분해하면 얻을 수 있는 산소 기체의 질량은 얼마인가?(9.4절)

$$2\ H_2O(l) \longrightarrow 2\ H_2(g) + O_2(g)$$

(a) 2.22 g (b) 2.50 g
(c) 4.44 g (d) 5.00 g
(e) 8.88 g

5. 5.00 g의 물(18.02 g/mol)을 분해하면 생성되는 수소 기체의 부피는 STP에서 얼마인가?(9.5절)

$$2\ H_2O(l) \longrightarrow 2\ H_2(g) + O_2(g)$$

(a) 1.55 L (b) 3.11 L
(c) 5.00 L (d) 6.22 L
(e) 12.4 L

6. 물을 분해해서 5.00 mL의 수소가 생성되었다면 방출하는 산소 기체의 부피는 얼마인가?(온도와 압력은 일정하다고 가정한다.)(9.6절)

$$2\ H_2O(l) \rightarrow 2\ H_2(g) + O_2(g)$$

(a) 2.50 mL (b) 5.00 mL
(c) 7.50 mL (d) 10.0 mL
(e) 20.0 mL

7. 한계 반응물 개념을 고려하여, 5.00 몰의 수소와 5.00 몰의 산소가 반응할 때 생성되는 수증기의 몰 수를 예측하라. (일정한 온도와 압력 하라고 가정한다.) (9.7절)

$$2\ H_2(g) + O_2(g) \rightarrow 2\ H_2O(g)$$

(a) 2.50 mol (b) 5.00 mol
(c) 10.0 mol (d) 15.0 mol
(e) 답 없음

8. 한계 반응물 개념을 고려하여, 5.00 L의 수소와 5.00 L의 산소가 반응할 때 생성되는 수증기의 몰 수를 예측하라. (일정한 온도와 압력 하라고 가정한다.) (9.8절)

$$2\ H_2(g) + O_2(g) \rightarrow 2\ H_2O(g)$$

(a) 2.50 L (b) 5.00 L
(c) 10.0 L (d) 15.0 L
(e) 위의 모두 아님

9. 5.00 g의 물이 분해하면서 4.00 g의 산소 기체를 내놓았다. 산소의 이론적 질량이 4.44 g이라면 백분 수율이 얼마인가? (9.9절)

$$2\ H_2O(l) \rightarrow 2\ H_2(g) + O_2(g)$$

(a) 80.0 % (b) 88.8 %
(c) 90.1 % (d) 111 %
(e) 125 %

## 주요 개념

10. 화학량론 문제를 풀기 위한 단위 분석을 위해 필요한 것은 무엇인가?

11. 질량–질량 문제를 해결하기 위해 필요한 단위 인자는 몇 개인가?

12. 질량–부피 문제를 해결하기 위해 필요한 단위 인자는 몇 개인가?

13. 부피–부피 문제를 해결하기 위해 필요한 단위 인자는 몇 개인가?

## 비판적 사고

14. 자동차 엔진에서는 가솔린과 공기의 반응이 일어난다. 이 때 한계 반응물은 무엇인가? 무엇이 과량의 반응물인가?

15. 금속 은을 노란색의 황 분말과 함께 가열하면 $Ag_2S$가 발생된다.

$$2\ Ag(s) + S(s) \xrightarrow{\Delta} Ag_2S(s)$$

생성물과 과량의 반응물을 표시하여 그림을 완성하라. 각각에서 한계 반응물이 무엇인지 나타내어라.

(a)
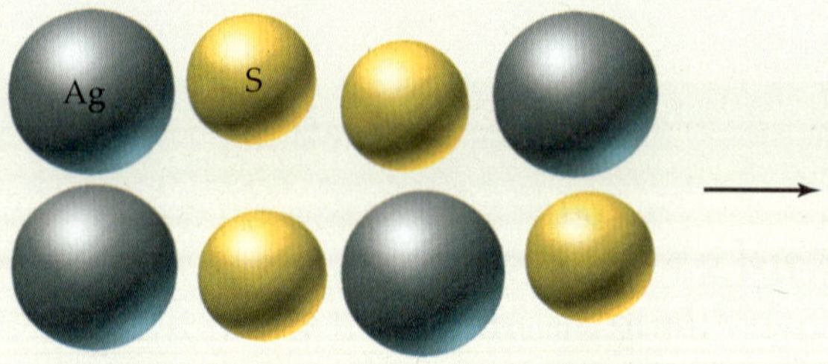


(b)

CHAPTER 10

# 기체상태

*"대기 중에 있는 입자수를 생각했다면, 우주에 있는 별들의 수를 고려한 것과 약간 같다."*

영국 화학자, 돌턴(1766~1844)

**10 Ne neon**

**원소 10: 네온**

네온은 우주에는 풍부하지만, 지구 대기에서는 희박한 무색, 무취, 비활성 기체이다. 네온은 주로 광고등에 사용되고 밝고 붉은 오렌지색 빛을 낸다. 광고등이 주로 "네온등"이라 불리지만, 다른 기체들이 다른 색의 빛을 만들어내는 데 사용된다.



영국의 화학자 보일(Robert Boyle)은 기체에 대한 연구와 과학적 방법의 성립으로 가장 잘 알려져 있다. 그는 대기에 관해 연구하였고, 공기의 부피는 압축될 수 있다는 사실을 발견하였다. 그는 공기는 서로 더 가까이 압축될 수 있는 보이지 않는 입자들로 구성되어 있다고 상상하였다. 더욱이 그는 다른 기체들도 압축될 수 있으며, 모든 기체들은 분리된 작은 입자들로 구성되어있다는 것을 발견하였다. 그의 실험은 물질이 입자성이라는 첫 번째 증거를 제공했기 때문에 주목할 만하다. 1803년에 돌턴(John Dalton)은 원자설을 제안하였고, 그 이론은 부분적으로 보일의 기체 실험에 의해 입증되었다.

## 10.1 기체의 성질

**학습 목표**

▶ 기체의 다섯 가지 관측된 성질을 요약할 수 있다.

1700년대 후반에 높은 고도로 기구를 올리는 것이 특히 프랑스에서 인기가 있었다. 프랑스 과학자들은 기구를 수소 기체로 채운 후 하늘 높이 수 마일까지 올렸다. 또한 기구놀이는 기체의 연구에 대한 커다란 관심을 유발시켰다. 수많은 실험을 거친 후, 과학자들은 모든 기체들은 공통적인 특성을 가지고 있다는 결론을 내렸다. 다음과 같이 이러한 성질을 요약할 수 있다.

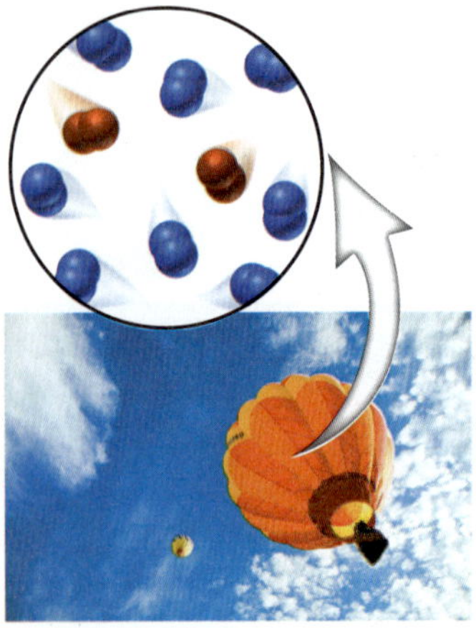

▲**열기구**
풍선 내부의 뜨거운 공기는 풍선 주위의 공기보다 밀도가 낮으므로 풍선은 위로 올라간다.

1. **기체들은 일정한 형태를 가지고 있지 않는다.** 기체는 그것을 담고 있는 용기의 모양을 취하여 균일하게 용기를 채운다. 만약에 용기의 모양이 변하면, 기체의 모양도 변한다.
2. **기체는 팽창할 수 있다.** 기체는 팽창하며 밀폐된 용기의 내부 전체에 분포된다. 만약에 용기의 부피가 커지면 기체의 부피는 증가한다.
3. **기체는 압축될 수 있다.** 기체의 부피는 부피가 줄어들면 감소한다. 만약에 기체의 부피를 충분히 줄이면, 결과적으로 기체는 액화된다.
4. **기체는 낮은 밀도를 가지고 있다.** 공기의 밀도는 약 0.001 g/mL(1 g/L)이다. 반면 물의 밀도는 1 g/mL이다. 따라서 물은 공기보다 거의 1000배 더 조밀하다.
5. **기체는 용기 전체에 다른 기체와 균일하게 확산하여 균일 혼합물을 형성한다.** 공기는 기체 혼합물의 일반적인 예이다. 화석 연료가 타면 이산화 탄소를 대기에 방출하며 공기 중의 기체들과 혼합한다. 식물이 광합성을 하는 동안 공기 중의 이산화 탄소를 소모하고 산소 기체를 방출한다.

대부분의 기체들은 무색이며 볼 수는 없지만 그들의 성질을 관측할 수 있다. 예를 들면, 기체의 부피가 감소할 때 기체의 압력이 증가하는 것을 관찰할 수 있다. 그러므로 기체의 성질을 연구함으로써 기체 물질에 관한 정보를 얻을 수 있다.

## 10.2 대기압

**학습 목표**

- 표준 대기압을 다음 단위로 암기할 수 있다 : atm, mm Hg, torr, cm Hg, in. Hg, psi, kPa.
- 주어진 기체 압력을 다른 측정 단위로 환산할 수 있다.

**기체 압력(gas pressure)**은 분자가 끊임없는 운동을 하면서 용기의 내벽과 충돌함으로써 일어나는 결과이다. 어떤 기체가 가하는 압력은 기체 분자들이 얼마나 자주 그리고 얼마나 강하게 용기벽을 충돌했느냐에 의존한다.

1. 만약에 분자들이 더 자주 충돌하면, 기체의 압력은 증가한다.
2. 만약에 분자들이 더 많은 에너지를 가지고 충돌하면, 압력은 증가한다.

온도가 증가함에 따라, 분자는 더 빨리 움직이고 더 많은 에너지를 가지고 더 자주 충돌한다. 그리하여 기체의 압력은 증가한다(그림 10.1).

▶ 그림 10.1 **기체의 압력과 온도**
(a) 분자들은 더 빨리 움직이고, 용기의 벽과 더 자주 충돌한다. (b) 분자들은 더 천천히 움직이고, 용기와 덜 자주 충돌한다.

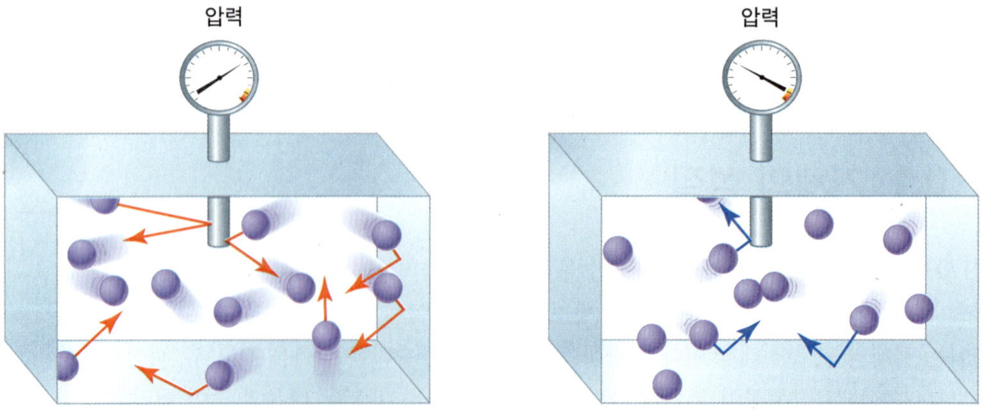


(a) 더 높은 온도, 더 높은 압력　　(b) 더 낮은 온도, 더 낮은 압력

## 화학 커넥션 온실 효과

**Q:** 왜 지구 온난화를 줄이기 위해서 수백만 그루의 나무를 심는 계획이 제안되었는가?

여러분은 온실 효과에 대하여 알게 되면, 그것이 우리 행성의 생명을 위협한다고 생각할 것이다. 그러나 온실 효과는 사실 유익하며 지구의 온도를 따뜻하게 유지시킨다. 요즘의 우려는 지구의 온도를 급격히 높이는 이른바 온실 기체라고 불리는 기체가 상당량 대기 중에 존재하는 것이다. 이산화 탄소가 그 주된 원인이 되는 것으로 알려져 있지만 클로로플루오르탄소(CFCs), 메테인($CH_4$), 그리고 질소 산화물(NO*x*)도 지구의 온도를 높이는 데 기여한다.

과학자들은 온실 효과를 다음과 같이 설명한다. 지구의 대기는 태양으로부터 오는 짧은 파장의 복사선을 통과시킨다. 태양으로부터의 복사선은 지구의 표면과 충돌한 후, 긴 파장의 열에너지로 우주에 다시 방사된다. 긴 파장의 열에너지는 대기 중의 이산화 탄소와 다른 미량의 기체에 의하여 흡수될 수 있다. 그 후, 이러한 기체 분자들은 열에너지를 모든 방향으로 방출한다. 이들 중 일부는 지구에 다시 방사된다. 결과적으로 대기 중의 이산화 탄소와 다른 기체는 열을 가두는 거대한 덮개로 작용한다.

현재 우리의 관심사는 이러한 대기 중 미량의 기체들이 놀랄 만큼 빠른 속도로 우리 행성의 온도를 올리고 있다는 것이다. 지구의 온난화는 대기 중의 높은 이산화 탄소의 농도에서 유래한다. 이산화 탄소는 자동차, 가정 그리고 발전소에서 이루어지는 화석 연료(석탄, 석유, 가스)의 연소에 의하여 생성된다. 주로 남미에서 이루지는 대규모 산림 훼손은 이러한 문제를 더욱 가속화시킨다. 나무는 대기 중의 이산화 탄소를 산소로 전환하기 때문에 산림 훼손은 매우 해롭다.

몇몇의 과학자들은 지구 온난화가 심각하다고 생각하고, 우리가 지금 당장 무언가 조치를 취하여야 한다고 믿는다. 파격적인 제안으로는 바다에 플랑크톤의 증식을 자극할 수 있는 화학 약품을 가하자는 것이다. 플랑크톤은 광합성 작용을 통해 대기 중의 이산화 탄소를 제거한다. 현재로서 우리의 노력은 수백만 그루의 나무를 심어서 대기에 방출된 온실 기체를 줄이는 방향으로 전환하고 있다.

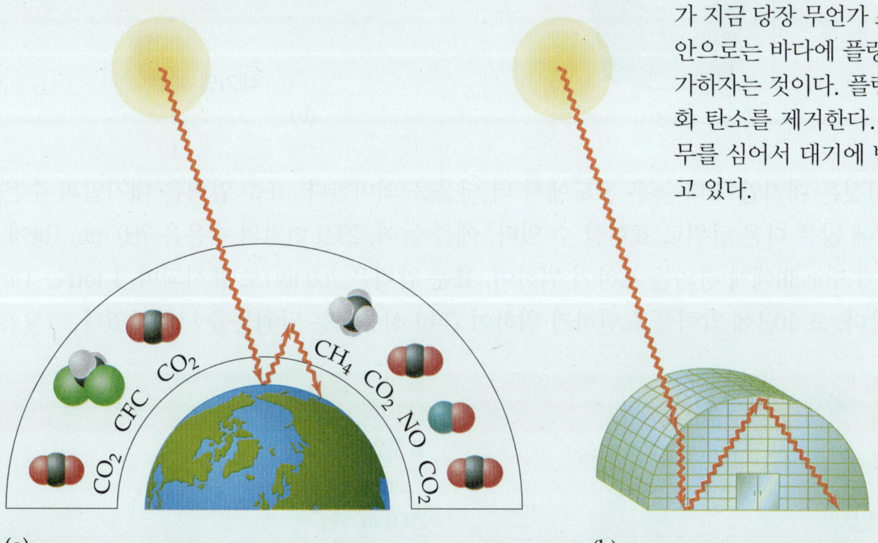


◀ **온실 효과**
온실 기체는 비닐하우스와 같은 방법으로 태양으로부터 열에너지를 가둔다.

**A:** 지구 온난화의 원인이 되는 온실 기체는 주로 이산화 탄소이다. 수백만 그루의 나무를 심으면 광합성 작용에 의해 이산화 탄소의 양을 줄이고 대기 중에 산소를 더 많이 배출시킨다.

## 대기압

이탈리아의 과학자 토리첼리(Evangelista Torricelli, 1608~1647)는 진공에 대한 과학적 설명을 첫 번째로 공표하였다. 토리첼리는 "공기의 바다"가 지구를 둘러싸고 있다고 제안하였다. 그는 공기는 접촉하고 있는 모든 것에 대해 압력을 가한다고 주장하였다. 우리는 현재 **진공(vacuum)**에서는 기체 분자들이 없으므로 기체 압력은 0이라는 사실을 이해하고 있다.

1600년대 말까지, 대기압의 개념은 잘 확립되어 있었다. 오늘날, **대기압(atmospheric pressure)**은 주위 환경에 있는 공기 분자의 결과라는 것을 알고 있다. 대기의 압력은 표면의 제곱 인치 당 약 15 파운드로 무시 못 할 정도이다. 사실상, 대기는 보통 크기의 인체에 총괄하여 거의 20 ton의 무게를 가한다. 대기압의 더 큰 영향은 그림 10.2에 예시되어 있다.

1643년에 토리첼리는 대기압을 측정하기 위하여 **기압계(barometer)**를 발명하였다(그림 10.3). 그는 해면에서 수은의 높이는 29.9 인치임을 보여 주었다. 우리는 그것을 표준 대기압, 즉 1기압(기호, atm)이라 정의한다. 해면보다 높은 곳에서 수은의 높이는 29.9인치보다 더 낮

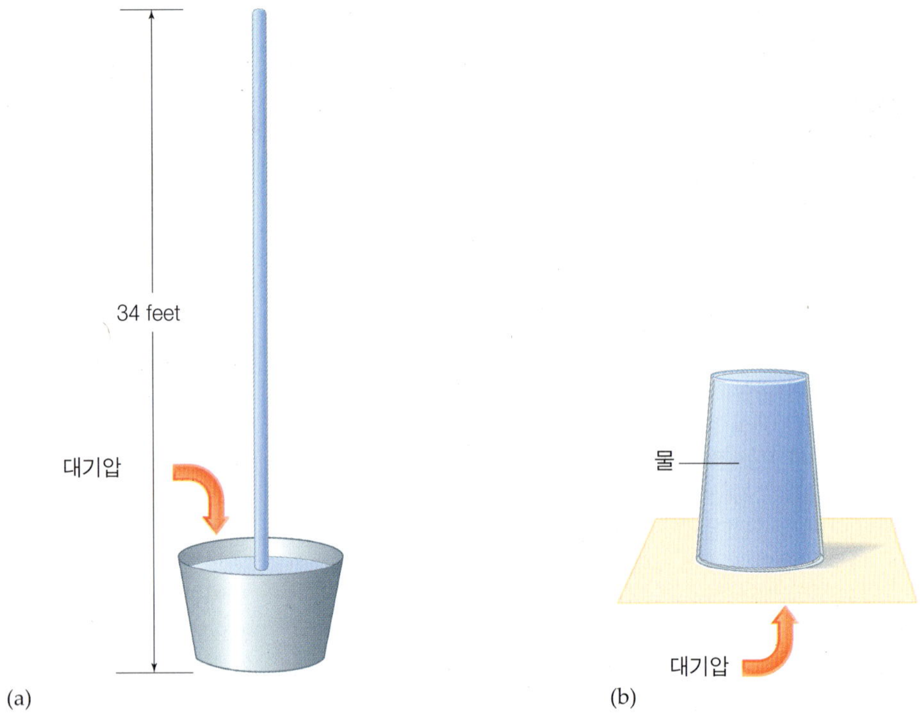


▶그림 10.2 **대기압**
(a) 대기 중에 공기 분자의 압력은 34 feet의 물기둥을 지탱한다. (b) 대기압은 모든 방향으로 작용하기 때문에 공기 분자들은 카드의 바닥을 때려 거꾸로 세워진 잔 속의 물을 지탱한다.

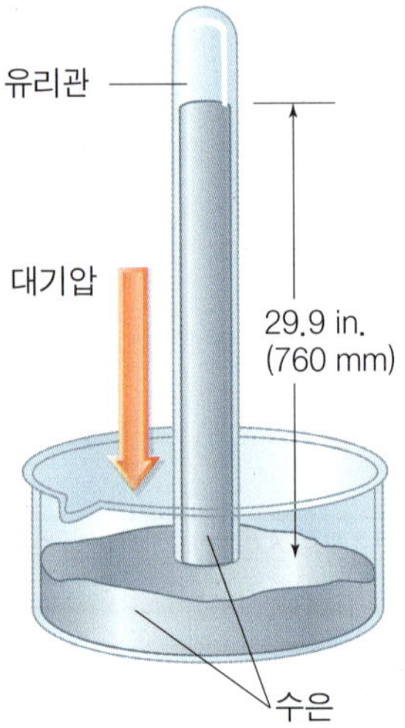


▲그림 10.3 **토리첼리의 수은 기압계**
밀봉된 유리관은 액체 수은으로 채워져 있고, 거꾸로 세워져 수은이 담긴 접시에 놓여졌다. 유리관 속의 수은주 위에는 기체 분자가 없다. 해면에서 대기압은 수은주 29.9 인치(760 mm)높이를 유지한다.

으며, 이것은 대기압이 더 높은 고도에서 더 낮음을 의미한다. 표준 압력은 대기압과 수은의 인치 외에 많은 다른 단위로 표현할 수 있다. 예를 들어, 29.9 인치의 수은은 760 mm Hg에 해당한다. Torricelli에게 경의를 표하기 위하여, 표준 압력은 760 torr로 표시되며, 1 **torr**는 1 mm Hg와 같다. 표 10.1에 압력을 표현하기 위하여 흔히 사용되는 단위들을 나열하였다.

**표 10.1 기체 압력의 단위**

| 단위 | 표준압력 |
|---|---|
| 대기압 | 1 atm (정확히) |
| 수은의 인치 | 29.9 in. Hg |
| 수은의 센티미터 | 76 cm Hg (정확히) |
| 수은의 밀리미터 | 760 mm Hg (정확히) |
| 토르[1] | 760 torr (정확히) |
| 제곱인치 당 파운드 | 14.7 psi |
| 킬로파스칼[2] | 101 kPa |

[1] 밀리미터 수은(1 mm Hg)은 1 torr의 압력과 정확히 같은 것으로 정의한다. 그리하여 표준 압력은 760 torr로 주어질 수 있다.
[2] 킬로파스칼. kPa은 국제 단위계(SI)의 표준 압력 단위이다.

표 10.1에서 모든 값들은 표준 압력에 대한 표현이다. 하나의 단위를 또 다른 단위로 전환할 수 있다. 예를 들면, 철제 탱크 속에 있는 프로페인 기체의 압력이 2,550 torr이면 압력을 기압으로 전환할 수 있다. 이 문제를 풀기 위하여 단위 분석 방법을 적용해 보자. 알려지지 않은 단위는 atm(기압)이다. 주어진 값은 2,550 torr이며, 그러므로

$$2{,}550 \text{ torr} \times \frac{\text{단위}}{\text{인자}} = \text{atm}$$

한 단위에서 또 다른 단위로 기체 압력을 변환하기 위하여, 표준 압력의 관계로부터 단위 인자를 끌어낸다. 이 예에서 1 atm = 760 torr, 두 개의 관련된 단위 인자는 1 atm/760 torr 또는 760 torr/1 atm이다. 단위를 소거하기 위하여 첫 번째 단위 인자를 선택한다.

$$2{,}550 \cancel{\text{torr}} \times \frac{1 \text{ atm}}{760 \cancel{\text{torr}}} = 3.36 \text{ atm}$$

다음 예제는 압력 변환의 실례를 더 자세하게 보여준다.

▲**자동차 타이어에 공기를 넣고 있는 것**
타이어 내부에 분자가 많아지면 충돌 수가 증가한다. 자동차 타이어에 공기를 더 넣으면 분자가 증가되기 때문에 타이어 압력은 증가하게 된다.

## 예제 10.1 기체 압력 변환

기상학자들은 "떨어지는" 기압계는 폭풍이 어떤 지역으로 움직이고 있다고 말한다. 기압계의 눈금이 27.5 in. Hg이다. 다음의 각 단위로 압력을 표시하라.

(a) atm (b) mm Hg
(c) psi (d) kPa

**해답**

각 변환에 대하여, 표준 압력 단위에 대한 관계로부터 유도된 단위 인자를 쓴다.

(a) 대기압으로 표현하기 위하여 29.9 in. Hg = 1 atm의 동치 관계를 쓴 후 단위 분석 방법을 적용할 수 있다.

$$27.5\ \text{in. Hg} \times \frac{1\ \text{atm}}{29.9\ \text{in. Hg}} = 0.920\ \text{atm}$$

(b) mm Hg로 전환하기 위해서 29.9 in. Hg = 760 mm Hg의 동치 관계를 이용한다.

$$27.5\ \text{in. Hg} \times \frac{760\ \text{mm Hg}}{29.9\ \text{in. Hg}} = 699\ \text{mm Hg}$$

(c) psi로 압력을 표현하기 위하여 29.9 in. Hg = 14.7 psi라는 동치 관계를 이용한다.

$$27.5\ \text{in. Hg} \times \frac{14.7\ \text{psi}}{29.9\ \text{in. Hg}} = 13.5\ \text{psi}$$

(d) kPa로 고치기 위하여 29.9 in. Hg = 101 kPa의 동치 관계를 이용한다.

$$27.5\ \text{in. Hg} \times \frac{101\ \text{kPa}}{29.9\ \text{in. Hg}} = 92.9\ \text{kPa}$$

1 atm과 760 mm Hg는 완전 동치값이므로 주어진 값 27.5 in. Hg에 일치하는 세 자리 유효숫자로 반올림하여 답을 취한다.

**실전 연습문제**

자동차 타이어의 내부공기 압력은 34.0 psi이다. 다음 각 단위로 이 기체의 압력을 표시하라.

(a) atm (b) cm Hg
(c) torr (d) kPa

**답:** (a) 2.31 atm (b) 176 cm Hg (c) 1760 torr (d) 234 kPa

**개념 문제**

다음 중 어느 것이 가장 큰 기체 압력을 나타내는가? : 1 atm, 1 in. Hg, 1 torr, 1 cm Hg, 1 mm Hg 또는 1 psi

**답:** 부록 G, 10.1 참조

## 10.3 기체 압력에 영향을 주는 변수

**학습 목표**

- 기체의 압력에 영향을 주는 세 가지 변수를 확인할 수 있다.
- 기체의 압력이 부피, 온도 또는 기체 몰 수의 변화에 대하여 증가하거나 또는 감소하는지를 말할 수 있다.

10.2절에서, 기체의 압력이 분자의 충돌 에너지와 충돌 횟수에 관계된다는 사실을 배웠다. 실험적으로, 충돌 횟수, 즉 압력을 변화시키기 위한 세 가지 방법이 있다.

1. **용기 부피의 감소 또는 증가.** 부피를 증가시키면, 기체 분자들은 더 멀리 떨어지며, 덜 자주 충돌하며, 압력은 감소한다. 부피가 감소하면, 기체 분자들은 서로 더 가까이 있고, 더 자주 충돌하여 압력은 증가한다. 압력은 부피에 반비례한다. 즉, 부피가 증가하면 압력은 감소한다. 부피가 감소하면 압력은 증가한다.

2. **기체 온도의 증가 또는 감소.** 만약 온도가 증가하면 기체 분자들은 더 빠르게 움직이고 더 큰 에너지와 자주 충돌한다. 온도가 감소하면, 기체 분자들은 더 천천히 움직이며 덜 자주 충돌한다. 압력은 온도에 정비례한다. 온도가 증가하면 압력도 증가한다. 온도가 감소하면 압력도 감소한다.
3. **용기 속 분자 수의 증가 또는 감소.** **아보가드로(Avogadro)의 이론**, 즉, 아보가드로의 법칙은 같은 온도와 같은 압력에서 동등한 부피의 기체는 동등한 분자 수를 포함한다고 표현한다. 만약 기체 분자의 수를 증가시키면, 더 많은 충돌을 하여 압력은 증가한다. 기체 분자 수가 감소하면 덜 자주 충돌하고 압력은 감소한다. 압력은 기체 분자의 수에 정비례한다. 만약에 분자의 수가 증가하면 압력은 증가하고, 분자의 수가 감소하면 압력은 감소한다.

압력에 대한 이들 세 변수, 부피, 온도 그리고 분자 수의 영향을 그림 10.4에 실례로 나타내었다.

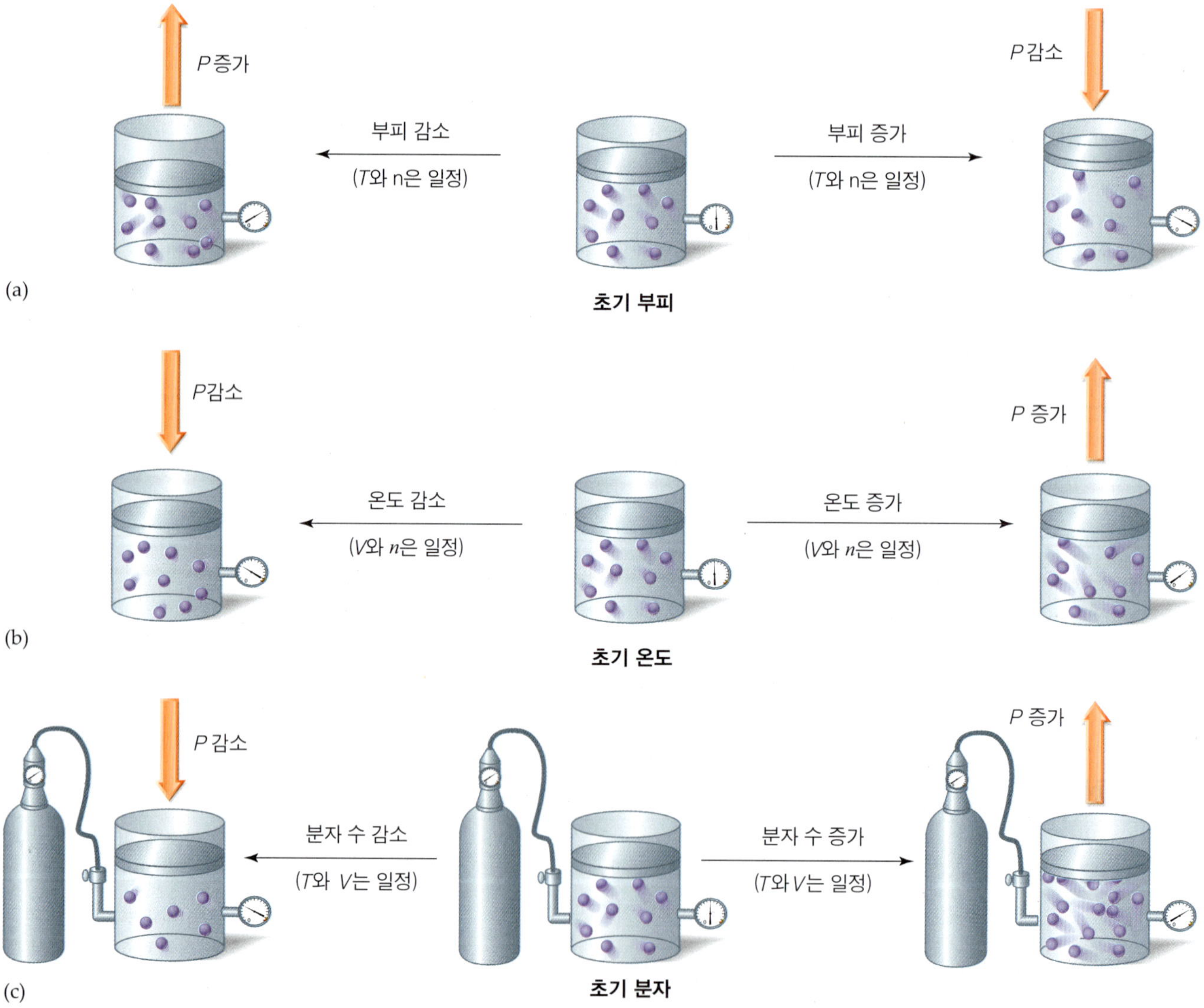


▲그림 10.4 **기체 압력에 영향을 주는 변수**
기체가 피스톤이 움직이는 실린더 속에 들어 있다. 기체의 압력, *P*는 실린더 속의 (a) 부피, V (b) 온도, *T* (c) 기체 분자의 수, *n*의 변화에 의해 영향을 받는다.

## 예제 10.2 기체 압력의 변화

닫힌 용기 내에서 어떤 기체의 압력이 다음의 변화에 따라 증가하는지 감소하는지 기술하라.
(a) 250 mL에서 500 mL로의 부피 변화
(b) 20 ℃에서 -80 ℃로의 온도 변화
(c) 기체 몰 수를 1.00 몰에서 1.50 몰로의 변화

**해답**

각 변화에 대하여, 분자의 충돌 수가 증가하는지 감소하는지 고려하여야 한다.
(a) 부피는 증가한다. 그래서 충돌 수는 감소한다. 따라서 압력은 감소한다.
(b) 온도는 감소한다. 그래서 충돌 수는 감소한다. 따라서 압력은 감소한다.
(c) 만약에 기체의 몰 수가 증가하면, 분자의 수는 증가한다. 더 많은 분자는 더 많은 충돌을 유발하여 압력은 증가한다.

**실전 연습문제**

닫힌 용기 내에서 다음의 각 변화에 대해 기체의 압력이 증가하는지 감소하는지 설명하라.
(a) 온도의 증가
(b) 부피의 증가
(c) 기체 분자 수의 증가

**답:** (a) 압력의 증가 (b) 압력의 감소 (c) 압력의 증가

**개념 문제**

다음 중 어느 것이 기체 압력을 감소시키겠는가? : 부피 증가, 온도 증가, 분자 수 증가

**답:** 부록 G, 10.2 참조

## 10.4 보일의 법칙 : 압력-부피의 관계

**학습 목표**

- 기체에 대한 압력-부피 관계의 도표를 그릴 수 있다.
- 조건의 변화 후 기체의 압력이나 부피를 계산할 수 있다.

보일(Robert Boyle)을 과학적 방법의 창시자라고 언급하였다. 그가 행한 실험 중 하나에서, 보일은 액체 수은이 채워진 J 모양의 관에 공기를 가두었다. 관 속에 수은을 첨가함에 따라, 갇힌 공기의 부피가 감소한다는 사실을 발견하였다(그림 10.5). 이때 압력을 2배로 하면, 부피는 반으로 감소되었다. 압력을 3배로 하면 부피는 1/3로 감소되었다. 그리하여 보일은 기체의 압력

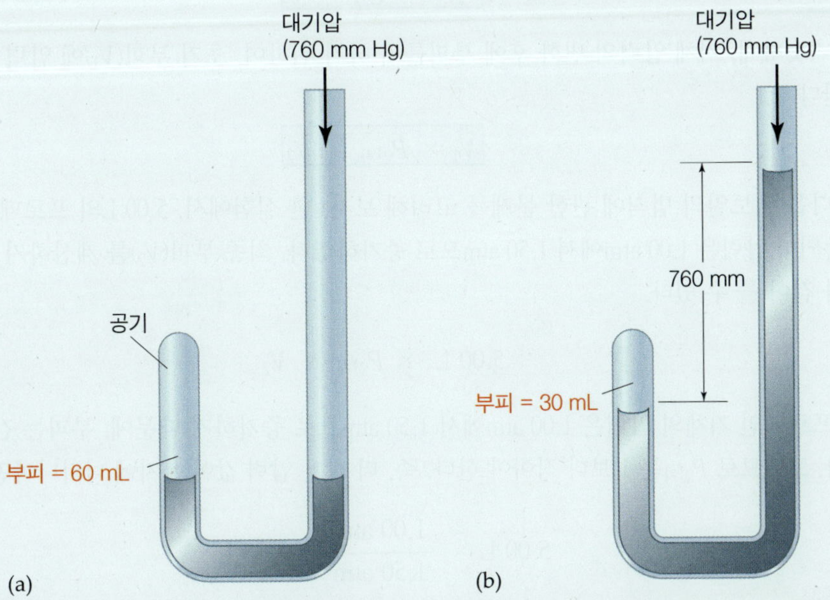


◀**그림 10.5 보일의 법칙**
(a) 대기압에서 기체의 초기 부피는 60 mL이다. (b) 수은을 첨가한 후 기체의 부피는 30 mL이다. 압력이 두 배일 때 부피는 절반임을 주목하라. 초기에 압력은 760 mm Hg이다. 수은을 첨가한 후 압력은 1,520 mm Hg이다(760 mm Hg + 760 mm Hg).

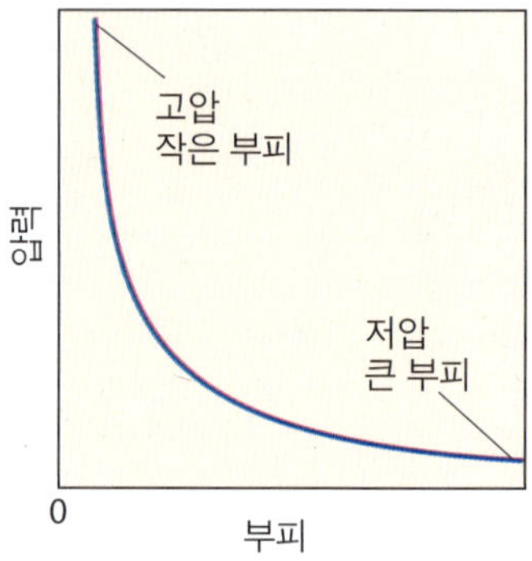


**▲그림 10.6 기체 압력 대 부피**
기체의 부피가 증가함에 따라 압력은 감소한다. 거꾸로 말하면, 부피가 감소함에 따라 압력은 증가한다. 기체의 부피와 압력은 반비례한다.

과 부피 사이의 관계를 수립하였다.

보일의 실험 결과는 **보일의 법칙(Boyle's law)**으로 알려져 있다. 보일의 법칙은 기체의 부피는 온도가 일정하게 유지될 때 압력에 반비례한다. **반비례(inversely proportional)**는 두 변수가 역 관계임을 의미한다. 하나의 변수가 더 커질 때 다른 변수는 더 작아진다. 보일의 법칙을 수학적으로 표현할 수 있다. 기호 ∝는 비례함을 나타낸다.

$$V \propto \frac{1}{P} \quad (\text{T 일정})$$

즉, 부피(V)는 온도(T)가 일정하게 유지될 경우 압력의 역수(1/P)에 비례(∝)한다. 그림 10.6이 보여주는 것처럼, 실험 자료들을 이용하여 압력 대 부피를 그리면 곡선을 얻을 수 있다. 압력과 부피의 관계는 비례 상수(k)를 사용하여 하나의 식으로 쓸 수 있다.

$$V = k \times \frac{1}{P}$$

P를 식의 양쪽 항에 곱해줌으로써, 압력과 기체의 곱이 상수 k와 같음을 알 수 있다. 새로운 식은 다음과 같다.

$$PV = k$$

온도가 일정하고 다른 조건들이 변화하는 기체 시료를 고려할 수 있다. 압력과 부피의 초기 조건들을 $P_1$과 $V_1$으로 각각 표시하자. 조건의 변화 후에, 최종 압력과 부피를 $P_2$와 $V_2$로 나타낼 수 있다. 압력과 부피의 곱은 일정하기 때문에 다음과 같이 쓸 수 있다.

$$P_1V_1 = k = P_2V_2$$

## 보일의 법칙에 관한 문제 풀기

기체 법칙에 관한 문제들을 풀기 위한 두 가지 방법을 보여줄 것이다. 대수학적인 풀이에 더하여, 우리는 다음의 합리적 방법을 사용할 것이다.

기체의 압력과 부피는 반비례하기 때문에, 미지의 변수를 구하기 위한 비례 인자를 적용할 수 있다. 부피의 변화 후에 기체의 압력을 구하기 위하여 부피 인자를 초기압력($P_1$)에 적용한다.

$$\boxed{P_1 \times V_{\text{인자}} = P_2}$$

비슷하게, 기체 압력의 변화 후에 부피를 구하기 위하여, 초기 부피($V_1$)에 압력 인자를 적용한다.

$$\boxed{V_1 \times P_{\text{인자}} = V_2}$$

다음에 보일의 법칙에 관한 문제를 고려해 보자. 한 실험에서, 5.00 L의 프로페인 기체가 압축되어 압력은 1.00 atm에서 1.50 atm으로 증가하였다. 최종 부피($V_2$)를 계산하기 위하여 다음과 같이 쓸 수 있다.

$$5.00\ \text{L} \times P_{\text{인자}} = V_2$$

프로페인 기체의 압력은 1.00 atm에서 1.50 atm으로 증가하기 때문에, 부피는 감소하여야 한다. 그러므로 $P_{\text{인자}}$는 1 보다 작아야 한다. 즉, 더 작은 압력 값이 분자에 나타나야만 한다.

$$5.00\ \text{L} \times \frac{1.00\ \cancel{\text{atm}}}{1.50\ \cancel{\text{atm}}} = 3.33\ \text{L}$$

단위 인자($P_{인자}$)에서 단위의 소거가 일어남에 주목하라. 분자와 분모가 같지 않지만, 이 방법은 문제풀이의 단위 분석 방법과 매우 동일한 방법을 이용한 것이다. 개념적 또는 대수학적 해법을 적용하여 연습 예제를 통해 보일의 법칙의 이해를 더해보자.

## 예제 10.3 보일의 법칙

1.50 L 메테인 기체 시료가 1,650 mm Hg의 압력을 나타낸다. 만약에 부피가 7.00 L로 변한다면 새로운 압력을 계산하라. 단, 온도는 일정하게 유지된다고 가정하라.

**해답**

보일의 법칙을 적용하여 최종 압력($P_2$)은 다음 관계를 이용하여 구할 수 있다.

$$P_1 \times V_{인자} = P_2$$

부피가 1.50 L에서 7.00 L로 증가하면 압력은 감소한다. $V_{인자}$는 1보다 작아야만 한다. 그래서

$$1{,}650 \text{ mm Hg} \times \frac{1.50 \text{ L}}{7.00 \text{ L}} = 354 \text{ mm Hg}$$

보일 법칙의 풀이를 다음과 같이 요약할 수 있다.

**대수학적 해법**

다른 방법으로, 식을 사용하여 이 문제를 풀 수 있다.

$$P_1V_1 = P_2V_2$$

$P_2$에 대하여 풀면

$$\frac{P_1V_1}{V_2} = P_2$$

각 변수를 대입하고 간단히 하면

$$\frac{1650 \text{ mm Hg} \times 1.50 \text{ L}}{7.00 \text{ L}} = 354 \text{ mm Hg}$$

**실전 연습문제**

20 ℃와 725 torr에서 에테인 기체의 부피가 125 mL이었다. 만약에 압력이 475 torr로 감소하면 20 ℃에서 이 기체의 부피는 얼마인가?

**답:** 191 mL

**개념 문제**

강철 실린더 속의 공기가 10 L에서 5 L로 압축되었을 때 일정한 온도에서 실린더 내부의 기체 압력은 (증가/감소)한다.

**답:** 부록 G, 10.3 참조

---

**주 의** 기체 법칙의 문제를 풀기 위한 개념적인 방법은 유용하다. 왜냐하면, 그것은 기체 거동을 더 깊게 이해하고 이해력을 강화시키기 때문이다. 개념적인 방법으로 기체의 압력, 부피 및 온도가 상호 간에 얼마나 영향을 주는가를 이해하는 것이 필요하다. 한편, 수학은 문제를 푸는 데 강력한 도구이며 대수학의 방법은 어려운 곳에 유용하다.

---

## 주요 과학자 보일(Robert Boyle)

**Q:** 보일은 깃털과 납 조각에 동일한 중력이 작용한다는 것을 증명하기 위하여 어떤 장치를 발명하였나?

보일은 8살에 이미 라틴어와 그리스어를 할 줄 아는 꼬마 신동이었다. 부유한 영국 귀족의 아들인 보일은 많은 지식을 얻기 위하여 가정 교사와 함께 전 유럽을 여행하였다. 18세에 그의 아버지는 죽었으며, 그에게는 일생 동안 쓸 수 있는 재산이 남겨졌다. 그는 공부를 계속하기 위하여 27세에 옥스퍼드에 입학하였다. 그 당시에는 비록 실험실의 작업이 별로 중요하지 않았다고 간주되었지만, 그는 실험에 흥미를 가지게 되었다. 그리스인들이 그랬던 것처럼 그 당시 대부분의 영향력 있는 과학자들은 이성(reason)이 실험에 앞선다고 믿었다.

1657년에 보일은 몇 년 전에 처음으로 개발한 진공 펌프보다 더욱 개선된 펌프를 디자인하였다. 어떤 실험에서 그는 밀폐된 방에서 대부분의 공기를 없애고, 똑딱거리는 시계 소리를 진공에서는 들을 수 없다는 것을 보여주었다. 그런 뒤 그는 공기가 없을 때 소리는 존재하지 않는다고 결론지었다. 보일은 기체의 움직임에 관심을 가지게 되었으며, 또한 그는 기체의 압력과 부피는 서로 반비례 한다는 법칙을 공식화하였다.

1661년에 보일은 「회의론적 화학자」(*The Sceptical Chymist*)를 출판하였으며, 그는 그 책에서 이론이 실험보다 나을 것이 없다고 주장하였다. 점차로 이 견해는 받아들여졌고, 그의 주장은 실험의 중요성을 부각시키는 전환점이 되었다. 화학과 물리에 수많은 공헌을 이룸으로써 보일은 현대의 과학적 방법의 창시자로 간주되었다.

보일은 꼼꼼하게 실험 결과를 기록하고 보고하는 것이 매우 중요하다고 생각하였다. 그는 모든 사람들이 실험실에서 발표된 보고서로부터 배울 수 있어야만 한다고 생각하였으며, 실험은 과학적이고 정밀한 조사로 이루어져야 한다고 주장하였다. 또한 그는 다른 사람들에게 그 결과를 확인하거나 반박할 기회가 주어져야만 한다고 생각하였다. 이것을 실천하는 것이 바로 과학의 초석이 된다. 군사적 또는 산업적으로 비밀을 유지해야 되는 경우를 제외하고 연구된 실험이 일반 대중뿐만 아니라 과학자들에게 발표되고 이용될 수 있어야 한다.

◀보일(Robert Boyle (1627 – 1691)

**A:** 보일은 실린더에서 공기를 제거하기 위하여 진공 펌프를 발명하였다. 그는 진공 실린더 속의 같은 높이에서 깃털과 납 조각을 떨어뜨리면 실린더의 바닥에 동시에 닿는 것을 발견하였다.

**학습 목표**

- 기체에 대한 부피–온도 관계를 그래프로 그릴 수 있다.
- 조건이 변화된 후에 기체의 부피 또는 온도를 계산할 수 있다.

## 10.5 샤를의 법칙 : 부피–온도 관계

1783년에 프랑스 과학자 샤를[Jacques Charles(1746~1823)]은 기구에 수소 기체를 채우고 10,000 피트(약 2 마일)까지 올렸다. 비록 뜨거운 열기구는 Montgolfier 형제에 의해 이미 개척됐지만, 샤를은 수소 기체를 채운 기구를 처음으로 올렸다.

1787년에 샤를은 기체의 부피에 미치는 온도의 영향을 발견하였다. 샤를은 그의 실험으로부터 기체의 부피는 켈빈 온도(절대 온도)에 **정비례(directly proportional)**한다고 추론하였다. 즉 켈빈(Kelvin) 온도를 2배로 하면 기체의 부피는 2배로 된다. 만약 캘빈 온도를 반으로 줄이면 기체의 부피도 반으로 준다. **샤를의 법칙(Chales's law)**을 다음과 같이 정의할 수 있다: 기체의 부피는 압력이 일정하다면 켈빈 온도(절대 온도)에 정비례한다. 만약 실험적 자료를 이용하여 기체에 대한 부피 대 켈빈 온도의 관계를 그리면 그림 10.7에서 보인 직선 그래프를 얻는다.

부피와 켈빈 온도의 직선 관계를 다음 식과 같이 표현할 수 있다.

$$V \propto T \ (P \text{ 일정})$$

또한 부피와 켈빈 온도의 관계는 비례 상수($k$)를 써서 다음과 같이 쓸 수 있다.

$$V = kT$$

식의 양쪽 항을 $T$로 나누면, 온도에 대한 부피의 비는 상수 $k$와 같게 된다. 이 새로운 식은 다음과 같다.

$$\frac{V}{T} = k$$

압력을 일정하게 유지하면서 상태가 변화되는 기체 시료를 생각하자. 부피와 온도의 초기 상태를 각각 $V_1$과 $T_1$이라고 하면, 상태가 변화된 후의 마지막 부피와 온도는 $V_2$와 $T_2$로 나타낼 수 있다. 온도에 대한 부피의 비는 상수 $k$와 같으므로 다음과 같이 쓸 수 있다.

$$\frac{V_1}{T_1} = k = \frac{V_2}{T_2}$$

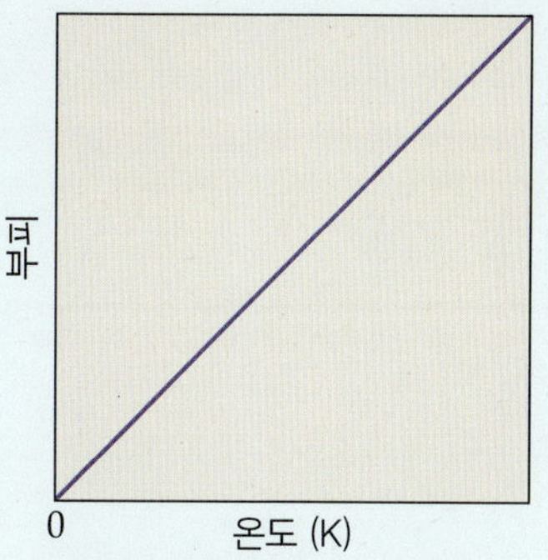


▲그림 10.7 **기체 부피 대 온도** 켈빈 온도가 감소할수록 기체의 부피도 감소한다. 기체의 켈빈 온도와 부피는 정비례한다.

## 샤를의 법칙에 관한 문제 풀이

기체의 압력과 부피는 정비례하기 때문에, 미지의 변수를 알기 위하여 비례 인자를 적용할 수 있다. 온도의 변화가 일어난 후의 부피를 계산하기 위하여, 초기 부피($V_1$)에 온도 인자를 적용한다.

$$V_1 \times T_{인자} = V_2$$

이것과 유사하게 부피의 변화가 일어난 후의 온도를 계산하기 위하여, 초기 온도($T_1$)에 부피 인자를 적용한다.

$$T_1 \times V_{인자} = T_2$$

다음의 샤를의 법칙에 관한 문제를 고려하자. 225 K의 아르곤 기체를 가열하는 실험에서 기체의 부피가 3.50 L에서 12.5 L로 증가하였다. 최종 온도($T_2$)를 계산하기 위해 다음과 같이 쓸 수 있다.

$$225\ \text{K} \times V_{인자} = T_2$$

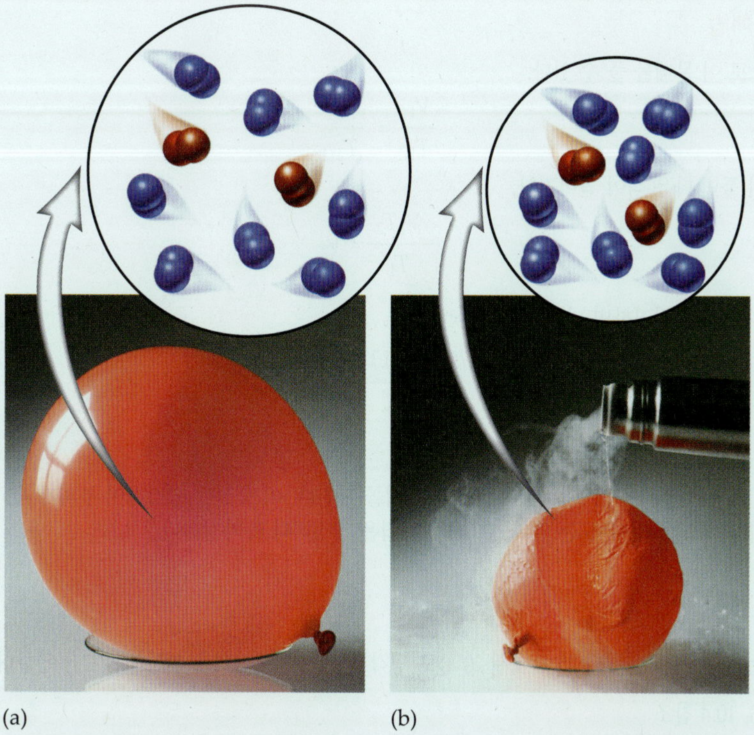


◀**샤를 법칙의 실례**
(a) 풍선이 실온에서 공기로 채워져 있다. (b) −196 ℃에서 액체 질소를 풍선 위에 부으면 풍선 속의 공기가 차가워져서 풍선의 부피가 감소한다.

아르곤 기체의 부피가 3.50 L에서 12.5 L로 증가하였으므로 반응 후의 온도도 증가하여야만 한다. 그러므로 $V_{인자}$가 1보다 커지게 된다. 즉 더 큰 값이 분자가 된다.

$$225\ \text{K} \times \frac{12.5\ \text{L}}{3.50\ \text{L}} = 804\ \text{K}$$

마지막 온도는 804 K 또는 531 ℃이다. 개념적 또는 대수학적 해법을 적용하여 예제를 통해 샤를의 법칙의 이해를 더해보자.

## 예제 10.4 샤를의 법칙

275 L 헬륨 기구를 20 ℃에서 40 ℃까지 가열하였다. 압력이 일정하다고 가정하고 최종 부피를 계산하라.

### 개념적 해법

우선 섭씨 온도에 273을 더해서 켈빈 온도로 바꾼다.

$$20\ ℃ + 273 = 293\ \text{K}$$
$$40\ ℃ + 273 = 313\ \text{K}$$

샤를의 법칙을 적용해서 마지막 부피($V_2$)를 다음의 관계로부터 구할 수 있다.

$$V_1 \times T_{인자} = V_2$$

온도가 293 K에서 313 K로 증가 하였으므로 부피는 증가하고, $T_{인자}$는 1보다 커야 한다.

$$275\ \text{L} \times \frac{313\ \text{K}}{293\ \text{K}} = 294\ \text{L}$$

샤를의 법칙 풀이를 요약하면 다음과 같다.

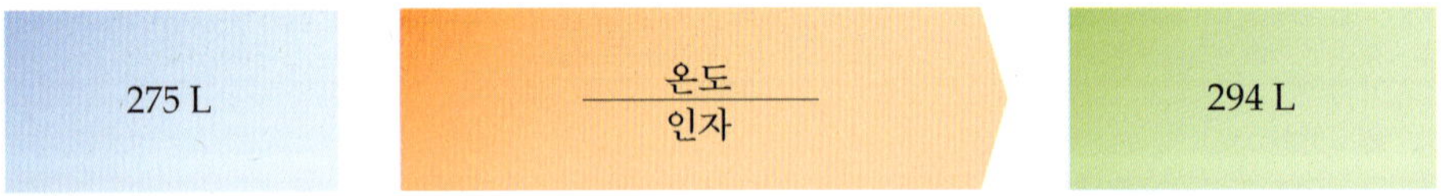


### 대수학적 해법

다른 방법으로 이 문제를 풀 수 있다.

$$\frac{V_1}{T_1} = \frac{V_2}{T_2}$$

$V_2$에 대해서 풀면 다음 식이 얻어진다.

$$\frac{V_1 T_2}{T_1} = V_2$$

각 변수를 대입하고 정리하면 다음의 결과를 얻는다.

$$\frac{275\ \text{L} \times 313\ \text{K}}{293\ \text{K}} = 294\ \text{L}$$

### 실전 연습문제

크립톤으로 채워진 풍선은 21 ℃에서 555 mL의 부피를 가진다. 이 풍선을 냉각하여 부피가 475 mL로 되게 하려고 한다. 이때의 최종 온도는 얼마인가? 단, 압력은 일정하다고 가정한다.

**답:** −21 ℃

### 개념 문제

신축성 있는 풍선 속의 공기를 25 ℃에서 20 ℃로 냉각시켰을 때 풍선의 부피는 (증가/감소)한다.

**답:** 부록 G, 10.4 참조

**주 의** 샤를의 법칙에 관한 문제에서 어떤 단위의 부피도 사용될 수 있다. 예를 들어, L 혹은 $cm^3$ 단위의 부피가 이용될 수 있다. 그러나 온도는 반드시 켈빈(Kelvin) 온도를 사용하여야 한다.

## 10.6 게이-뤼삭의 법칙 : 압력-온도 관계

**학습 목표**

- 기체에 대한 압력-온도 관계를 그래프로 그릴 수 있다.
- 조건이 변화된 후에 기체의 압력 또는 온도를 계산할 수 있다.

샤를과 같이 프랑스 과학자 게이-뤼삭(Gay-Lussac, 1778~1850)도 기구에 관심을 가졌으며, 그는 수소를 채운 기구로 23,000 피트까지 올라가는 기록을 세웠다. 그는 올라가는 도중에 실험실에서 연구하기 위하여 대기를 채집하였다.

1802년에 게이-뤼삭은 압력과 온도의 관계를 수립하였다. 그는 실험으로부터 기체의 압력은 켈빈 온도에 정비례한다는 것을 알았다. 즉, 켈빈 온도를 2배로 하면 기체의 압력은 2배가 된다. 만약 켈빈 온도를 반으로 줄이면 기체의 압력도 반으로 준다. **게이-뤼삭의 법칙(Gay-Lussac's law)**을 다음과 같이 정의할 수 있다: 기체의 부피가 일정하다면 기체의 압력은 켈빈 온도에 정비례한다. 실험 자료를 사용하여 그래프를 그리면 그림 10.8에 보인 것처럼 직선 관계를 얻을 수 있다. 압력과 켈빈 온도의 관계를 다음과 같이 나타낼 수 있다.

$$P \propto T \quad (V\text{는 일정})$$

압력과 온도의 관계는 비례 상수($k$)를 사용하여 다음과 같이 쓸 수 있다.

$$P = k\,T$$

식의 양쪽 항을 $T$로 나누면, 압력에 대한 온도의 비가 상수 $k$와 같게 된다. 새로운 식은 다음과 같다.

$$\frac{P}{T} = k$$

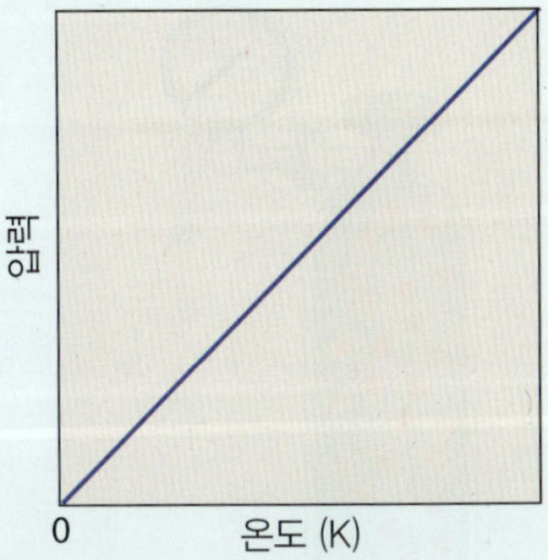


**▲그림 10.8 기체의 압력 대 온도**
켈빈 온도가 감소할수록 기체의 압력은 감소한다. 기체의 켈빈 온도와 압력은 정비례한다.

부피가 일정하게 유지되고 다른 상태가 변화되는 기체 시료를 생각하자. 압력과 온도의 초기상태를 각각 $P_1$과 $T_1$이라고 하면, 상태가 변화된 후의 마지막 압력과 온도는 $P_2$와 $T_2$로 나타낼 수 있다. 온도에 대한 압력의 비가 상수($k$)와 같으므로 다음과 같이 쓸 수 있다.

$$\frac{P_1}{T_1} = k = \frac{P_2}{T_2}$$

### 게이-뤼삭의 법칙에 관한 문제 풀이

기체의 압력과 온도는 직접 연관되기 때문에 미지 변수를 발견하기 위해 비례 인자를 사용할 수 있다. 온도가 변화된 후의 압력을 계산하기 위해서 초기 압력($P_1$)에 온도 인자를 적용한다.

$$P_1 \times T_{\text{인자}} = P_2$$

이것과 유사하게 압력이 변화된 후의 온도를 알기 위해서는 초기 온도($T_1$)에 압력 인자를 적용한다.

$$P_1 \times P_{\text{인자}} = T_2$$

게이-뤼삭의 법칙에 관한 문제를 살펴보자. 자동차 타이어는 20 ℃의 온도에서 28.0 psi로 팽창되어 있다. 높은 속력으로 달린 후, 타이어 압력은 36.0 psi가 되었다. 최종 온도($T_2$)를 계산하기 위해 우선 초기 온도를 켈빈 온도(20 ℃ + 273 = 293 K)로 바꾼다. 그런 뒤 다음과 같이 쓸 수 있다.

$$293\text{ K} \times P_{\text{인자}} = T_2$$

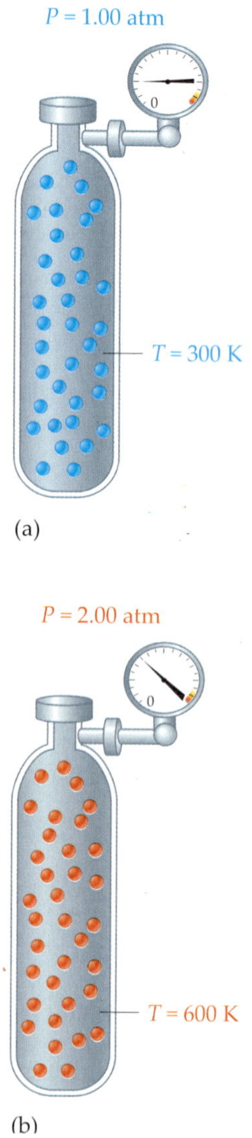


▲**게이-뤼삭의 법칙에 관한 예**
(a) 300 K와 1.00 atm의 압력으로 실린더에 헬륨 기체를 채웠다. (b) 온도를 600 K로 2배 하면 압력은 2.00 atm으로 2배가 된다.

타이어의 부피는 일정하고 공기의 압력이 28.0에서 36.0 psi로 증가하였으므로 마지막 온도도 증가하여야 한다. 그러므로 $P_{인자}$는 1보다 커야 한다. 즉 더 큰 압력의 값이 분자가 된다.

$$293\ \text{K} \times \frac{36.0\ \text{psi}}{28.0\ \text{psi}} = 377\ \text{K}$$

마지막 온도는 377 K 혹은 104 ℃이다. 예제를 통하여 게이-뤼삭의 법칙에 관하여 더 자세하게 이해해 보자.

## 예제 10.5 게이-뤼삭의 법칙

강철 원통에 산화 질소가 15.0 atm의 압력으로 채워져 있다. 이것을 25 ℃에서 -40 ℃로 냉각하였다. 부피가 일정하게 유지된다면 최종 압력은 얼마인가?

### 개념적 해법

섭씨 온도에 273을 더해서 켈빈 온도로 바꾼다.

$$25\ ℃ + 273 = 298\ \text{K}$$

$$-40\ ℃ + 273 = 233\ \text{K}$$

최종 압력($P_2$)를 알기 위해 게이-뤼삭의 법칙을 이용한다.

$$P_1 \times T_{인자} = P_2$$

용기의 부피가 일정하고 온도가 298 K에서 233 K로 감소하므로 압력도 감소한다. $T_{인자}$는 1보다 작아야 한다. 따라서 다음의 결과가 얻어진다.

$$15.0\ \text{atm} \times \frac{233\ \text{K}}{298\ \text{K}} = 11.7\ \text{atm}$$

게이-뤼삭 법칙의 풀이를 다음과 같이 요약할 수 있다.

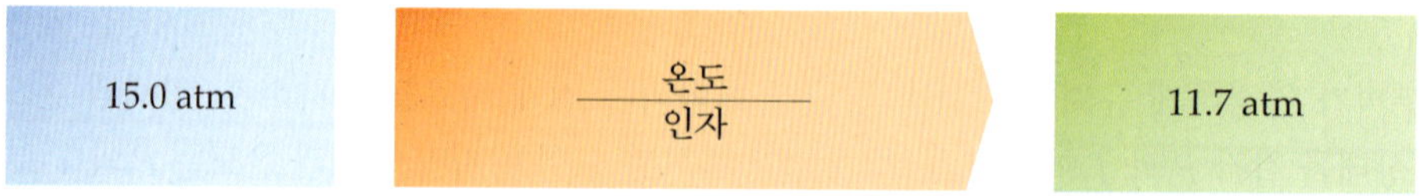


### 대수학적 해법

다른 방법으로 이 문제를 풀 수 있다.

$$\frac{P_1}{T_1} = \frac{P_2}{T_2}$$

$P_2$에 대해 풀면 다음 식이 얻어진다.

$$\frac{P_1\,T_2}{T_1} = P_2$$

각 변수를 대입하고 정리하면 다음과 같은 결과를 얻는다.

$$\frac{15.0\ \text{atm} \times 233\ \text{K}}{298\ \text{K}} = 11.7\ \text{atm}$$

### 실전 연습문제

부피가 555 mL인 구리 용기는 25 ℃에서 공기로 채워져 있다. 그 용기를 드라이아이스에 넣어서 공기의 압력을 761 torr에서 495 torr로 떨어지게 하였다. 구리 용기 안에 있는 공기의 최종 온도는 얼마인가?

**답:** 194 K(-79 ℃)

### 개념 문제

단단한 강철 용기 속의 공기를 25 ℃에서 20 ℃로 냉각시켰을 때 용기 내부의 압력은 (증가/감소) 한다.

**답:** 부록 G, 10.5 참조

## 10.7 기체 법칙의 결합

**학습 목표**

▶ 상태가 변화된 후에 기체의 압력, 부피 또는 온도를 계산할 수 있다.

지금까지 단순화를 위하여 가정을 전제로 하는 기체 법칙들에 대한 논의를 하였다. 보일, 샤를 그리고 게이-뤼삭의 법칙을 설명하였을 때 우리는 기체의 취급을 두 개의 변수로 한정할 수 있다고 가정하였다. 실험적으로는 보통 세 개의 변수(압력, 부피 및 온도)가 동시에 변한다. 하나의 식에 세 개의 변수를 모두 포함시키자. 그 결과, **기체 법칙의 결합(combined gas law)**이라고 부르는 다음 식이 얻어진다.

$$\frac{P_1 V_1}{T_1} = \frac{P_2 V_2}{T_2}$$

변수 $P$, $V$와 $T$는 비례하므로 기체 법칙의 결합에 관한 문제를 단위 분석법으로 풀 수 있다. 최종 압력($P_2$)를 계산하기 위하여 다음과 같이 초기 압력($P_1$)에 부피 인자와 온도 인자를 적용한다.

$$P_1 \times V_{\text{인자}} \times T_{\text{인자}} = P_2$$

최종 부피($V_2$)를 계산하기 위하여 다음과 같이 초기 부피($V_1$)에 압력 인자와 온도 인자를 적용한다.

$$V_1 \times P_{\text{인자}} \times T_{\text{인자}} = V_2$$

최종 온도($T_2$)를 계산하기 위하여 다음과 같이 초기 온도($T_1$)에 압력 인자와 부피 인자를 적용한다.

$$T_1 \times P_{\text{인자}} \times V_{\text{인자}} = T_2$$

기체 법칙의 결합에 관한 문제에서 초기와 최종 상태를 나타내기 위하여 각각 세 개의 변수가 필요하다. 따라서 6개의 데이터가 주어지므로 표를 사용하는 것이 도움이 된다. 다음과 같이 표에 데이터를 작성하고 정보를 정리한다.

| 상태 | $P$ | $V$ | $T$ |
|---|---|---|---|
| 초기 | $P_1$ | $V_1$ | $T_1$ |
| 최종 | $P_2$ | $V_2$ | $T_2$ |

300 K와 1.00 atm에서 이산화 탄소 기체 10.0 L에 기체 법칙의 결합을 적용하자. 부피와 켈빈 온도를 모두 2배로 하면 최종 압력은 얼마인가? 초기 상태는 300 K와 1.00 atm이므로 온도를 2배로 하면 600 K이고, 부피를 2배로 하면 20.0 L가 된다. 표에 데이터를 넣어보자.

| 상태 | P | V | T |
|---|---|---|---|
| 초기 | 1.00 atm | 10.0 L | 300 K |
| 최종 | $P_2$ | 20.0 L | 600 K |

최종 압력($P_2$)는 초기 압력 1.00 atm에 $V_{\text{인자}}$와 $T_{\text{인자}}$를 적용해서 계산할 수 있다.

$$1.00 \text{ atm} \times V_{\text{인자}} \times T_{\text{인자}} = P_2$$

기체의 부피가 10.0 L에서 20.0 L로 증가하므로 $P_2$는 감소해야 한다. 따라서 $V_{\text{인자}}$는 1 보다 작아야 하며, 작은 값이 분자가 된다.

$$1.00 \text{ atm} \times \frac{10.0 \not{L}}{20.0 \not{L}} \times T_{\text{인자}} = P_2$$

기체의 절대 온도는 300 K에서 600 K로 증가하므로 $P_2$는 증가한다. 따라서 $T_{\text{인자}}$는 1 보다 커야 하며, 큰 값이 분자가 된다.

**도움말**
**기체 법칙 계산들**

이전에는 문제 해결을 위해 단위 분석 방법을 사용하였다. 이 장에서는 같은 방법의 변형을 사용하여 개념적으로 기체 법칙 문제를 해결할 수 있다. 또는 압력, 부피 및 온도와 관련된 방정식을 풀어 대수학적으로 기체 법칙 문제를 풀 수 있다.

기체 법칙 문제를 풀기 위한 개념적 방법은 비록 학생들이 개념적 방법을 적용하는 데 어려움이 있고 대수학적으로 기체 법칙 문제를 푸는 것을 선호하지만 개념의 더 나은 이해를 제공하기 때문에 선호된다.

$$1.00\ \text{atm} \times \frac{10.0\ \text{L}}{20.0\ \text{L}} \times \frac{600\ \text{K}}{300\ \text{K}} = 1.00\ \text{atm}$$

여기서 부피와 온도가 각각 2배로 되었어도 압력이 변하지 않는 것에 주목하자. 압력과 부피는 반비례하며, 압력과 온도는 정비례하기 때문에 압력이 변하지 않는다. 따라서, 사실상 부피와 온도의 변화는 상쇄되고, 압력은 일정하게 유지된다.

## 온도와 압력의 표준 상태

기체에 대한 **표준 온도와 압력(standard temperature and pressure, STP)**은 0 ℃와 1 atm이다. 표준 온도를 273 K로 그리고 표준 압력을 760 mm Hg, 760 torr 및 76 cm Hg와 같은 단위로 표시할 수 있다. 다음 연습 예제에서는 개념적 또는 대수학적 해법을 적용하여 일련의 조건들에서 STP 조건들로 변환되는 방법을 예를 들어 설명하였다.

### 예제 10.6 기체 법칙의 결합

질소 기체가 -80 ℃와 1,250 torr에서 50.5 mL의 부피를 가진다. STP에서 부피는 얼마인가?

**개념적 해법**

최종 상태가 주어지지는 않았지만 STP 상태가 273 K와 760 torr임을 알고 있다. 다음처럼 정보를 요약할 수 있다.

| 상태 | P | V | T |
|---|---|---|---|
| 초기 | 1,250 torr | 50.5 mL | −80 ℃ + 273 = 193 K |
| 최종 | 760 torr | $V_2$ | 273 K |

최종 부피는 초기 부피에 $P_{인자}$와 $T_{인자}$를 적용해서 구할 수 있다.

$$V_1 \times P_{인자} \times T_{인자} = V_2$$

압력이 감소하므로 부피는 증가한다. 따라서 $P_{인자}$는 1 보다 커야 한다. 온도가 증가하므로 부피도 증가한다. 따라서 $T_{인자}$도 또한 1 보다 크다.

$$50.5\ \text{mL} \times \frac{1250\ \text{torr}}{760\ \text{torr}} \times \frac{273\ \text{K}}{193\ \text{K}} = 117\ \text{mL}$$

기체 법칙의 결합 풀이를 다음과 같이 요약할 수 있다.

**대수학적 해법**

다른 방법으로 이 문제를 풀 수 있다.

$$\frac{P_1 V_1}{T_1} = \frac{P_2 V_2}{T_2}$$

$V_2$에 대하여 풀면 다음 식이 얻어진다.

$$\frac{P_1 V_1 T_2}{T_1 P_2} = V_2$$

각 변수를 대입하면 다음의 결과를 얻는다.

$$\frac{1250\ \text{torr} \times 50.5\ \text{mL} \times 273\ \text{K}}{193\ \text{K} \times 760\ \text{torr}} = 117\ \text{mL}$$

**실전 연습문제**

27 ℃와 765 mm Hg에서 산소 기체는 50.0 mL의 부피를 가진다. 만일 산소 기체가 냉각되어 35.5 mL의 부피와 455 mm Hg의 압력을 가지게 되면 최종 온도는 얼마인가?

**답:** 127 K(−146 ℃)

**개념 문제**

공기시료가 처음 압력이 1.00 atm이다. 만약 부피와 켈빈 온도 둘 모두를 각각 두 배로 했다면 최종 압력은 얼마인가?

**답:** 부록 G, 10.6 참조

## 10.8 증기압 개념

**학습 목표**

▶ 증기압과 온도의 관계를 정의할 수 있다.

열린 용기 안의 물은 증발한다는 것을 누구나 알고 있다. 기화는 액체로부터 달아나기에 충분한 에너지를 가진 물 분자들로 인하여 생긴다. 만약 용기가 닫혀 있으면, 증기 분자는 액체 위에 갇혀 있게 된다. 분자들은 계속 액체에서 증기로 빠져 나온다. 이와 동시에 다른 분자들은 증기에서 액체로 되돌아간다. **증기압(vapor pressure)**은 증발과 응축의 속도가 동일할 때 액체 위의 증기상의 분자들이 가한 압력이다(그림 10.9).

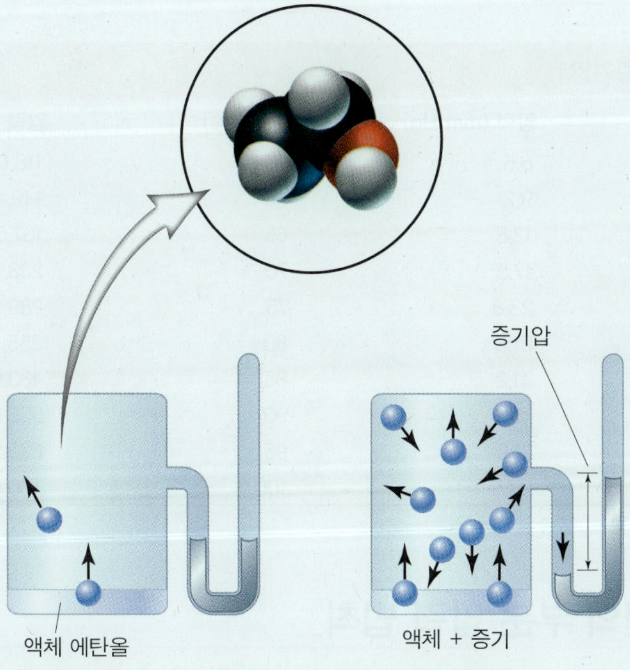


◀**그림 10.9 액체의 증기압**
(a) 초기에 닫힌 용기에 에탄올을 넣으면, 에탄올 분자는 액체로부터 빠져나가기 시작한다. 얼마 후에 증기상의 에탄올 분자들이 액체로 되돌아간다. (b) 결국에는 에탄올 분자들이 같은 속도로 증발하고 응축한다. 증기압은 옆 관에 있는 수은의 높이 차이로 측정할 수 있다.

액체의 증기압은 수은 기압계를 사용하여 측정할 수 있다(그림 10.10). 액체 한 방울을 기압계의 바닥에 넣어보자. 밀도가 작은 액체 방울은 수은주의 위로 올라가서 기화된다. 기화된 액체는 기체의 압력으로 작용하고, 그 결과 수은주의 높이는 밑으로 내려가게 된다. 수은 높이의 감소는 액체의 증기압에 해당한다. 수은 높이가 760 mm에서 740 mm로 떨어졌다면 액체의 증기압은 20 mm Hg가 된다.

온도가 증가하면 증기압이 증가하는 것을 볼 수 있다. 이것은 액체 속의 분자들은 더 빠르게 증발하며 기체 분자들은 더 많은 운동 에너지를 가지기 때문이다. 25 ℃에서 물의 증기압은 23.8 mm Hg이다. 50 ℃에서 증기압은 92.5 mm Hg로 증가한다. 표 10.2에 물의 증기압에 관한 값들을 나타내었다.

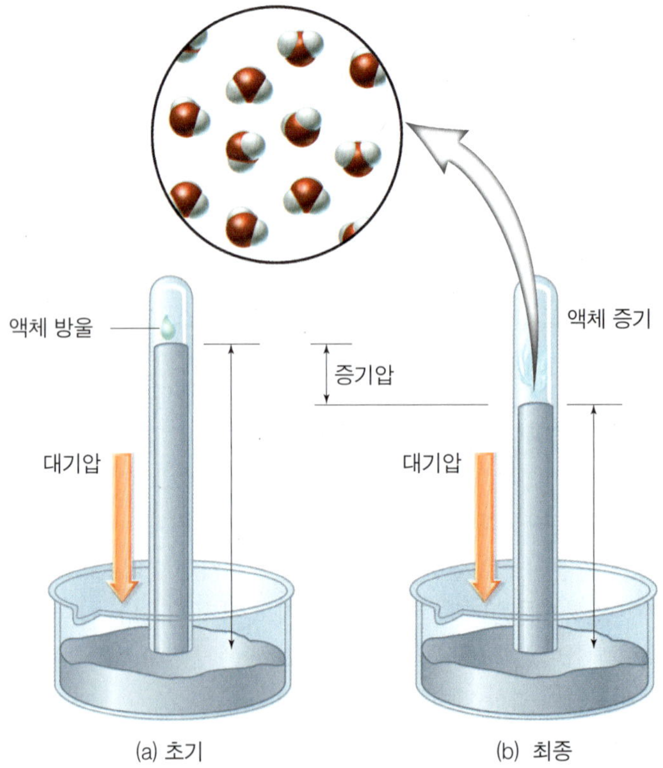


▶그림 10.10 **액체의 증기압 측정** (a) 처음에 한 방울의 액체를 수은이 담겨진 시험관에 넣는다. 액체의 분자가 증발하면서 수은주에 압력이 작용하기 시작한다. (b) 결국 분자의 증발 속도와 응축 속도는 같아진다. 액체를 넣기 전후의 수은주 높이의 차이가 주어진 온도에서 액체의 증기압이다.

**표 10.2 물의 증기압**

| 온도 (℃) | 압력 (mm Hg) | 온도 (℃) | 압력 (mm Hg) |
|---|---|---|---|
| 5 | 6.5 | 55 | 118.0 |
| 10 | 9.2 | 60 | 149.4 |
| 15 | 12.8 | 65 | 187.5 |
| 20 | 17.5 | 70 | 233.7 |
| 25 | 23.8 | 75 | 289.1 |
| 30 | 31.8 | 80 | 355.1 |
| 35 | 41.2 | 85 | 433.6 |
| 40 | 55.3 | 90 | 525.8 |
| 45 | 71.9 | 95 | 633.9 |
| 50 | 92.5 | 100 | 760.0 |

**학습 목표**

▶ 돌턴의 부분 압력 법칙을 기체 혼합물에 적용할 수 있다.

## 10.9 돌턴의 부분 압력 법칙

돌턴이 원자론을 발표할 당시에 그 증거는 주로 기체의 실험에 근거하였다. 돌턴의 기체에 대한 지식은 기상학에 대한 그의 흥미와 연관되며, 실제로 그는 그의 생애 전반에 걸친 기간의 날씨에 대한 기록을 소장하고 있었다. 1801년 돌턴은 혼합물 중의 각 기체성분은 혼합물의 전체 압력에 기여한다고 제안하였다. 그는 또한 **돌턴의 부분 압력 법칙(Dalton's law of partial pressures)**을 수식화하였는데 이는 기체 혼합물의 전체 압력은 각 기체 성분의 개별적인 압력의 합과 같다는 것이다. 이러한 관계는 아래와 같이 표현할 수 있다.

$$P_1 + P_2 + P_3 + \cdots = P_{전체}$$

개개의 기체 성분에 의해 작용하는 압력을 **부분 압력(partial pressure)**이라고 한다. 위의 식에서, $P_1$, $P_2$ 및 $P_3$는 기체 혼합물 내의 기체 각 성분의 부분 압력을 나타내며 $P_{전체}$는 이러한 모든 부분 압력들의 총 합을 의미한다.

1952년, 밀러(Stanley Miller)는 시카고 대학에서 역사적인 실험을 수행하였다. 밀러는 생명체의 화학적인 진화를 증명하기 위해 지구의 원시 상태의 대기를 모의 실험하였다. 그는 수소, 암모니아, 메테인 그리고 수증기를 유리구 안에 주입하고 7일 동안 자외선과 전기 스파크를 통해 에너지를 가하였다. 일주일 후에 밀러는 유리구 안의 성분을 분석하였다. "원시 수프(primordial soup)"에서 그는 생명체를 구성하는 기본요소인 아미노산과 핵세인을 발견하였다! 생물학자들은 이 유명한 실험을 생명체의 화학적 진화의 증거로 자주 이용한다. 밀러는 그의 노력 덕택에 노벨상을 받았다.

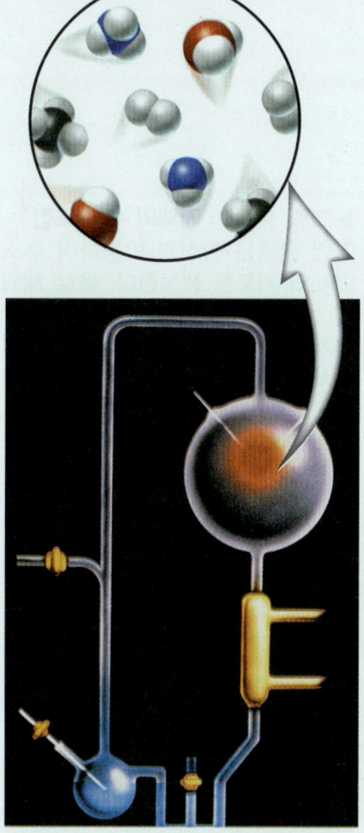

▲**"원시 수프(Primordial Soup)"** 밀러(Stanley Miller)는 $H_2$, $NH_3$, $CH_4$ 및 $H_2O$ 증기를 그의 장치 안에 넣고 기체 혼합물에 자외선과 전기 스파크로 에너지를 가하였다.

돌턴의 법칙을 더욱 자세히 이해하기 위하여 밀러의 기체 혼합물을 이용할 수 있다. 이 기체 혼합물의 전체 압력에 대한 식은 아래와 같이 나타낼 수 있다.

$$P_{수소} + P_{암모니아} + P_{메테인} + P_{수증기} = P_{전체}$$

만일 수소, 암모니아 및 메테인의 부분 압력이 각각 275 torr, 125 torr 그리고 340 torr이었다면 수증기의 부분 압력은 얼마였을까? 유리구 안의 압력이 760 torr이었다고 가정하면 아래와 같은 식을 얻을 수 있다.

$$275 \text{ torr} + 125 \text{ torr} + 340 \text{ torr} + P_{수증기} = 760 \text{ torr}$$

위의 양쪽 항에서 수소, 암모니아 및 메테인의 압력을 빼면

$$P_{수증기} = 760 \text{ torr} - (275 \text{ torr} + 125 \text{ torr} + 340 \text{ torr})$$

$$P_{수증기} = 760 \text{ torr} - 740 \text{ torr} = 20 \text{ torr}$$

다음의 예제는 돌턴의 법칙의 적용에 대한 예시를 보여준다.

## 예제 10.7 돌턴의 부분 압력 법칙

대기의 시료는 질소, 산소 아르곤 및 극소량의 다른 기체를 포함한다. 만약 질소의 부분 압력이 587 mm Hg이고 산소의 부분 압력이 158 mm Hg이며 아르곤의 부분 압력은 7 mm Hg라면 기압계가 가리키는 압력은 얼마인가?

**해답**

각 성분의 부분 압력의 합은 전체 압력과 같다. 그러므로

$$P_{질소} + P_{산소} + P_{아르곤} = P_{전체}$$

기체 부분 압력의 수치를 대입하면

$$587 \text{ mm Hg} + 158 \text{ mm Hg} + 7 \text{ mm Hg} = 752 \text{ mm Hg}$$

그러므로 기압계를 통하여 읽혀지는 압력은 752 mm Hg이다.

**실전 연습문제**

압축 공기가 채워진 잠수용 탱크에 부착된 압력 조절기는 압축 공기의 압력이 2,250 psi이라고 나타낸다. 만약 질소의 부분 압력이 1,755 psi이고 아르곤의 부분 압력은 22 psi라면 산소의 부분 압력은 얼마인가?

**답:** 473 psi

**개념 문제**

단단한 강철 용기에 $N_2$, $O_2$ 및 NO가 들어있고 전체 압력은 2.50 atm이다. 만약 $N_2$와 $O_2$가 각각 1.00 atm이라면 NO 기체의 부분 압력은 얼마인가?

**답:** 부록 G, 10.7 참조

## 기체의 수상 포집

기체의 부피를 측정하는 한 가지 방법은 기체가 치환한 물의 양을 측정하는 것이다. 이러한 방법을 **치환 부피 측정법(volume by displacement)**이라 하며 기체의 부피는 치환된 물의 부피와 같다.

금속 아연과 황산과의 반응을 통해 수소를 생성시키는 실험을 생각해 보자.

$$Zn(s) + H_2SO_4(aq) \rightarrow ZnSO_4(aq) + H_2(g)$$

실험에서 생성된 수소 기체를 포집하기 위해 금속 아연을 물이 채워진 눈금실린더로 덮는다. 그림 10.11은 이러한 실험 장치를 보여준다.

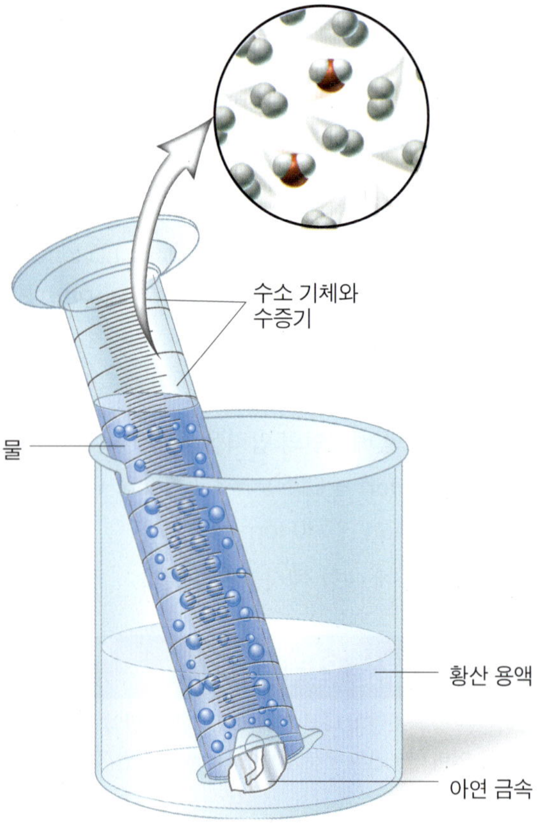


**▶그림 10.11 기체의 수상 포집** 아연 금속은 황산과 반응하여 수소 기체의 기포를 생성한다. 물로 채워진 눈금실린더가 금속을 덮고 있으면서 기포를 포집한다. 눈금실린더에서 치환된 물(수소 기체가 밀어낸 물)의 부피는 산으로부터 방출된 수소의 부피와 같다.

반응이 완결되었을 때, 눈금실린더 내부에 있는 수소 기체에 의해서 작용하는 압력은 대기압과 동일하다. 즉, 이는 눈금실린더 내부 수면 위의 기체 압력은 비커 수면의 대기압과 동일하다는 뜻이다.

그러나 눈금실린더 내에는 두 가지 기체가 존재한다. 수소 기체는 수용액 위에서 포집되므로, 수증기가 존재한다. 수소의 부분 압력을 측정하기 위하여 돌턴의 부분 압력 법칙을 이용할 수 있다:

$$P_{\text{수소}} + P_{\text{수증기}} = P_{\text{대기압}}$$

만약, 위의 반응이 25 ℃에서 이루어지며 이때 기압계가 767 mm Hg의 수치를 가리킨다면, 수소 기체의 부분 압력은 얼마인가? 표 10.2에 의거하여 25 ℃에서 물의 증기압이 23.8 mm Hg라는 것을 알 수 있다. 이제 수소의 압력을 계산할 수 있다:

$$P_{\text{수소}} + 23.8 \text{ mm Hg} = 767 \text{ mm Hg}$$

위의 식을 아래와 같이 재배열 할 수 있다.

$$P_{\text{수소}} = 767 \text{ mm Hg} - 23.8 \text{ mm Hg} = 743 \text{ mm Hg}$$

**주 의** 기체가 수상 포집 되는 경우, 이를 "습한" 기체라고 부르곤 한다. 이는 포집된 기체가 수증기를 포함하기 때문이다. 수증기를 포함하지 않는 기체를 "건조"기체라고 한다.

## 예제 10.8 돌턴의 법칙과 기체 법칙의 결합

수소 기체가 25 ℃와 767 mmHg에서 92.5 mL의 부피를 가진다. 물의 증기압이 23.8 mmHg이면, STP에서 부피는 얼마인가?

### 개념적 해법

수소의 부분 압력은 767 mm Hg − 23.8 mm Hg = 743 mm Hg이다. 다음처럼 정보를 요약할 수 있다.

| 상태 | *P* | *V* | *T* |
|---|---|---|---|
| 초기 | 743 mm Hg | 92.5 mL | 25 ℃ + 273 = 298 K |
| 최종 | 760 mm Hg | $V_2$ | 273 K |

최종 부피는 초기 부피에 $P_{인자}$와 $T_{인자}$를 적용해서 구할 수 있다.

$$V_1 \times P_{인자} \times T_{인자} = V_2$$

압력이 증가하므로 부피는 감소한다. 따라서 P인자는 1보다 작아야 한다. 온도가 감소하므로 부피도 감소한다. 따라서 T인자도 또한 1보다 작다.

$$92.5\ \text{mL} \times \frac{743\ \text{mm Hg}}{760\ \text{mm Hg}} \times \frac{273\ \text{K}}{298\ \text{K}} = 82.8\ \text{mL}$$

기체 법칙의 결합 풀이를 다음과 같이 요약할 수 있다.

$$92.5\ \text{mL} \times \frac{압력}{인자} \times \frac{온도}{인자} = 82.8\ \text{mL}$$

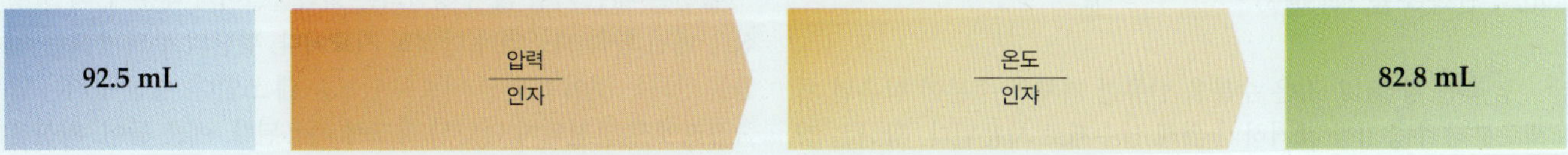


### 대수학적 해법

다른 방법으로 방정식을 사용하여 이 문제를 풀 수 있다.

$$\frac{P_1 V_1}{T_1} = \frac{P_2 V_2}{T_2}$$

$V_2$에 대하여 풀면 다음 식이 얻어진다.

$$\frac{P_1 V_1 T_2}{T_1 P_2} = V_2$$

각 변수를 대입하면 다음의 결과를 얻는다.

$$\frac{743\ \text{mm Hg} \times 92.5\ \text{mL} \times 273\ \text{K}}{298\ \text{K} \times 760\ \text{mm Hg}} = 82.8\ \text{mL}$$

### 실전 연습문제

20 ℃와 762 mm Hg에서 산소 기체는 75.0 mL의 부피를 가지면 72.5 mL와 10 ℃에서 압력은 얼마인가? 10 ℃에서 물의 압력은 9.2 mmHg 이다.

**답:** 752 mm Hg

### 개념 문제

공기시료 초기 압력이 1.00 atm 이다. 만약 부피와 켈빈 온도 둘 모두를 각각 두 배로 했다면 최종 압력은 얼마인가?

**답:** 부록 G, 10.8 참조

## 화학 커넥션 산업계 10대 화학물질

**Q: 매년 가장 많이 생산되는 화학 물질은 무엇이며, 화학 산업의 "지표"로 불리는 것은 무엇인가?**

매년 가장 많이 생산되는 화학 물질 리스트가 발표된다. 전 세계적으로 그리고 매년 황산은 리스트에 올라있다. 황산의 주산지로는 미국 , 러시아, 캐나다, 독일, 일본 등이 있다. 2015년에는 200,000,000톤 이상의 황산이 생산되었다. 리스트의 상위 화학물질은 다음과 같다.

1. 황산, $H_2SO_4(aq)$
2. 질소, $N_2(g)$
3. 산소, $O_2(g)$
4. 에틸렌, $C_2H_4(g)$
5. 프로필렌, $C_3H_6(g)$
6. 염소, $Cl_2(g)$
7. 염화 에틸렌, $C_2H_4Cl_2(g)$
8. 인산, $H_3PO_4(aq)$
9. 암모니아, $NH_3(g)$
10. 수산화 소듐, $NaOH(s)$

농축된 황산(18 M)은 수분을 함유한 기체와 수분이 함유된 기체로부터 수증기를 제거하기 위해 탈수제로 사용된다. 황산은 강력한 탈수제로서 가루 설탕($C_{12}H_{22}O_{11}$)에서 수분을 제거할 수 있다. 가루 설탕에 진한 황산을 부으면 그을음과 증기가 발생한다. 증기는 하얀 연기로 나타나는 가루 설탕의 작은 입자들을 함유하고 있다. 반응에 대한 화학식은 다음과 같다:

$$C_{12}H_{22}O_{11}(s) \xrightarrow{H_2SO_4} 12\,C(s) + 11\,H_2O(g)$$

황산은 매년 가장 많이 생산되는 화학물질이기 때문에, 황산 생산은 매년 화학 제조의 일반적인 지표이다. 황산의 주된 용도는 인산을 만드는 것이며 인산 비료를 만드는 데 쓰인다. 황산 구리는 납축전지에서 발견되며 다양한 용도로 사용된다. 예를 들어, 황산은 니트로글리세린을 생산하는 데 사용된다. 그러나 나이트로글리세린은 혈관을 확장시키는 물질인 혈관 확장제로서 의학적으로 적용된다. 이에 따라 심장병 치료를 위한 질소, 스프레이, 패치 등의 형태로 나이트로글리세린이 처방된다.

**A:** 황산($H_2SO_4$)은 매년 가장 많이 생산되는 화학물질이다. 생산된 산의 양은 전 세계적으로 화학적 생산성의 지표이다.

**학습 목표**

- 기체의 분자 운동론에 의거한 이상 기체의 다섯 가지 특성을 열거할 수 있다.
- 온도에 대한 부피 또는 압력의 그래프로부터 절대 영도 값을 정의할 수 있다.

## 10.10 이상 기체의 거동

1800년대 초 이전에는 실험에 의해 기체 거동에 대한 많은 정보가 주어졌다. 그러나 이러한 정보를 설명할 수 있는 명확한 방법이 없었다. 1850년경 하나의 학설이 나타나기 시작했다. 영국의 물리학자인 줄[James Joule (1818~1889)]은 기체의 온도는 분자의 에너지와 관련된다고 제의하였다. 줄은 온도와 기체 내의 분자의 운동이 서로 연관된다고 주장하였다. 온도가 높아지면 기체 분자는 더 빠르게 움직이며, 온도가 낮아지면 기체 분자는 더 느리게 움직인다.

### 기체의 분자 운동론

1850년에서 1870년 사이에 과학자들은 기체 분자들의 거동을 설명할 수 있는 모델을 만들려고 시도하였다. 그들은 이론적인 모델이 주어지면 실제 기체의 거동을 설명할 수 있을 것으로 생각했다. **이상 기체(ideal gas)**는 지속적이고 예측 가능한 형태로 거동하는 기체이다. 실험적으로 알 수 있지만 수소 또는 산소와 같은 **실제 기체(real gas)**는 모든 조건에서 이상적으로 거동하지 않는다. 특히, 실제 기체는 낮은 온도와 높은 압력에서 이상적으로 행동하지 않는다.

얼마 후 이상 기체의 거동은 기체의 **분자 운동론(kinetic theory)**이라는 모델을 통해 설명되었다. 분자 운동론에 의하면 이상 기체는 다음과 같은 특성을 갖는다.

1. **기체는 매우 작은 분자들로 이루어져 있다.** 기체 분자의 크기는 작고 분자들 사이의 간격은 넓다. 그러므로 기체는 거의 빈 공간이다. 이상 기체에서 분자는 무시할 만큼 작은 부피를 차지한다.
2. **기체 분자는 빠른 움직임, 직선 운동 그리고 여러 방향으로 이동을 한다.**
3. **기체 분자들 상호 간에는 인력이 작용하지 않는다.** 기체 분자들은 서로 충돌한 후에는 다른 방향으로 튀겨나간다.
4. **기체 분자들은 에너지의 손실이 없이 충돌한다.** 두 기체 분자들은 **탄성 충돌(elastic collision)**을 한다고 말한다. 만약 높은 에너지를 지닌 분자가 낮은 에너지를 지닌 분자와 충돌할 경우 에너지의 일부는 전달될 수 있다. 그러나, 충돌 전후에 있어서 두 분자가 보유하는 총 에너지는 변하지 않는다.
5. **기체 분자의 평균 운동 에너지는 켈빈 온도에 비례한다.** 즉, $KE \propto T$. 같은 온도에서 모든 기체 분자는 동일한 운동 에너지를 갖는다.

동일한 온도에서 서로 다른 기체일지라도 모든 기체의 평균 운동 에너지는 같다. 예를 들어, 25 ℃에서 수소의 평균 운동 에너지는 25 ℃에서 산소의 평균 운동 에너지와 같다. 산소와 수소의 운동 에너지는 같지만 수소 분자가 더 가볍기 때문에 수소 분자는 더 빨리 움직인다. 운동 에너지에 대한 식, $KE = 1/2\,mv^2$이 주어지면, 이러한 현상은 수학적으로 설명할 수 있다. 두 기체의 운동 에너지가 같으면, 더 가벼운 수소 분자($m$ = 2 amu)는 더 무거운 산소 분자($m$ = 32 amu)보다 훨씬 더 큰 속도($v$)를 가져야만 한다.

더 높은 온도에서 분자들은 더 큰 운동 에너지를 가지며, 더 빠르게 움직이고 또한 더 자주 충돌한다. 낮은 온도에서 분자들은 느리게 움직이며 드물게 충돌한다. 아래의 예제는 분자 운동론에 따라 이상 기체의 성질에 대하여 설명한 것이다.

## 예제 10.9 이상 기체의 거동

25 ℃에서 5.00 L의 기체 시료가 두 개 있다. 하나는 암모니아, $NH_3$이고 다른 하나는 이산화 질소, $NO_2$이다. 어느 기체가 더 높은 운동 에너지를 갖는가? 어느 기체의 분자가 더 빠르게 움직이는가?

### 해답

기체 온도가 25 ℃임으로 운동 에너지는 $NH_3$와 $NO_2$에서 같다. 같은 온도에서는 가벼운 분자가 무거운 분자보다 더 빠르게 움직인다. $NH_3$의 분자량은 17 amu이며 $NO_2$의 분자량은 46 amu이다. $NH_3$가 $NO_2$보다 가벼우므로 암모니아 분자가 이산화 질소 분자보다 더 빠른 속도를 갖는다.

### 실전 연습문제

다음의 설명 중에 기체의 분자 운동론에 입각하여 옳지 않은 것은 어느 것인가?

(a) 분자의 부피는 무시할 만큼 작다.
(b) 분자는 직선 경로로 움직인다.
(c) 분자는 서로 끌어당긴다.
(d) 분자는 탄성 충돌을 한다.
(e) 동일한 온도에서 서로 다른 기체의 분자들은 같은 평균 운동 에너지를 갖는다.

**답:** (c)를 제외한 모든 서술문이 옳다. 이상 기체의 분자들은 서로 끌어당기지 않으며 독립적인 입자로서 행동한다.

### 개념 문제

다음 중 어느 것이 이상 기체의 예인가? : $H_2$, $O_2$ 또는 He

**답:** 부록 G. 참조

## 절대 영도

기체의 압력과 부피가 이론적으로 영의 상태로 도달하는 온도를 **절대 영도(absolute zero)**라 한다. 절대 영도는 가능한 가장 차가운 온도이고 –273 ℃ 혹은 0 K에 해당한다. 절대 영도에서 이상 기체는 운동 에너지가 없으므로 분자 운동도 없다.

실험적으로 –273 ℃에 도달할 수 없다면 절대 영도의 값을 어떻게 결정할 수 있을까? 절대 영도의 값은 0 K 이상의 온도 범위에서 기체 부피에 대한 데이터로부터 결정할 수 있다. 부피와 온도의 데이터를 따라 그래프를 그리고 그 그래프를 영의 부피까지 연장하면 절대 영도에 해당하는 온도를 구할 수 있다. 그림 10.12는 절대 영도에 대하여 외삽한 값을 나타낸 것이다.

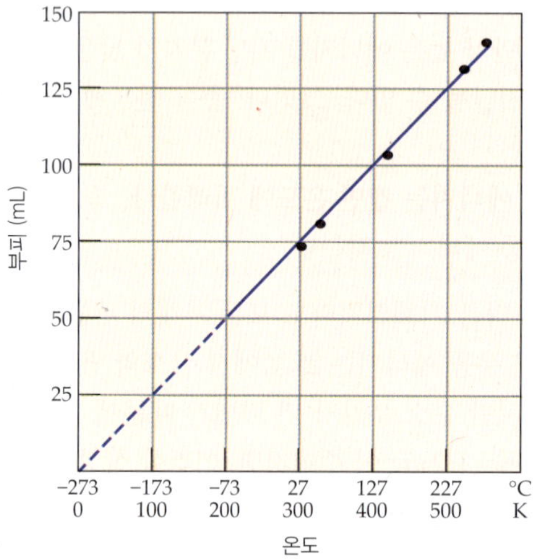


▶**그림 10.12 부피가 영인 상태와 절대 영도**
기체의 온도가 감소함에 따라 부피도 감소한다. 이상 기체의 부피가 영에 접근하면 절대 온도 또한 영에 접근한다.

절대 영도는 기체의 압력과 온도의 데이터로부터 결정할 수도 있다. 압력과 온도의 데이터로 그래프를 그릴 수 있고, 그 그래프를 절대 영도까지 연장할 수 있다. 그림 10.13은 절대 영도를 구하는 과정을 보여 준다.

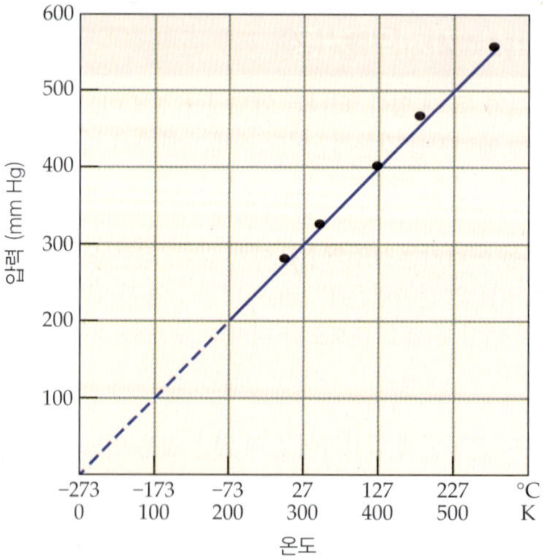


▶**그림 10.13 압력이 영인 상태와 절대 영도**
기체의 온도가 감소함에 따라 압력도 감소한다. 이상 기체의 압력이 영에 접근하면서 절대 온도 역시 영에 접근한다.

**학습 목표**

▶ 이상 기체 방정식을 이용하여 압력, 부피, 온도 또는 기체의 몰 수를 계산할 수 있다.

## 10.11 이상 기체의 법칙

10. 3절에서 기체의 압력($P$)이 기체의 부피($V$)에 반비례한다는 것을 배웠다. 압력이 분자 수 혹은 기체의 몰 수($n$) 그리고 켈빈 온도($T$)에 직접 비례한다는 것도 배웠다. 그러므로 압력이 기체의 몰 수와 온도의 곱을 부피로 나눈 값에 비례한다는 관계를 얻을 수 있다.

$$P \propto \frac{nT}{V}$$

위의 관계에 비례 상수 $R$을 삽입하여 아래의 식을 얻을 수 있다.

$$P = \frac{RnT}{V}$$

위의 식을 재배열하여,

$$PV = nRT$$

이 식을 **이상 기체의 법칙(ideal gas law)**이라 한다. 상수 R을 **이상 기체 상수(ideal gas constant)**라고 하며 0.0821 L · atm/mol · K로 표현할 수 있다. R 값을 기체의 법칙에 사용하기 위하여 압력은 기압의 단위로, 부피는 리터로, 그리고 온도는 켈빈 단위로 사용하여야 한다. 이상 기체 법칙은 기체의 거동을 요약하여 주는 아주 유용한 식이다. 즉, 압력, 부피, 온도 및 기체의 양(기체의 몰)은 이 하나의 식을 통하여 서로 관련된다.

이상 기체의 법칙을 사용하여 계산을 해보자. 만일 25 ℃, 3.75 atm의 상태에서 밀봉한 용기에 1.10 몰의 질소가 들어있으면 그 부피는 몇 리터인가? 우선, 부피를 구하기 위해 이상 기체의 식을 재배치 할 수 있다. $PV = nRT$이므로

$$V = \frac{nRT}{P}$$

온도를 켈빈 단위로 환산하기 위해 25 ℃에 273을 더하여 298 K를 구한다. 그러면 이상 기체 방정식에 각 변수를 대입할 수 있다.

$$V = \frac{1.10\ \text{mol} \times \dfrac{0.0821\ \text{L} \cdot \text{atm}}{1\ \text{mol} \cdot \text{K}} \times 298\ \text{K}}{3.75\ \text{atm}} = 7.18\ \text{L}$$

## 자세히 보기 기체의 개념화

**Q:** 200 ℃, −200 ℃, −273 ℃의 헬륨 기체를 함유한 강철 탱크 내에서 헬륨 원자의 분포를 표현하라.

### 개념 문제

다음 그림은 1기압과 20 ℃에서 헬륨 기체가 들어 있는 강철 용기이다. 점들은 용기 안에 있는 헬륨 원자들이다.

**최초 조건:**

1기압과 20 ℃에서 헬륨 기체가 들어 있는 강철통의 그림

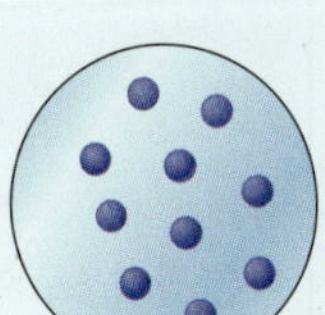

(1) 다음 그림 중 어느 것이 헬륨 기체가 들어있는 강철 통이 200 ℃로 가열된 것인가?

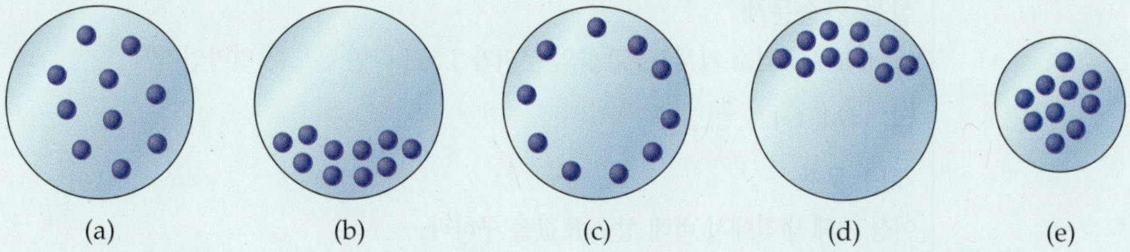

(a) (b) (c) (d) (e)

(2) 다음 그림 중 어느 것이 헬륨 기체가 들어있는 강철 통이 -200 ℃로 냉각된 것인가? (헬륨의 끓는점은 -269 ℃이다.)

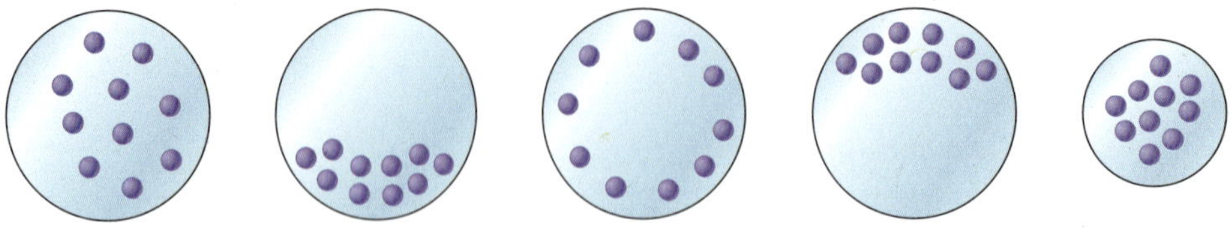

(a) (b) (c) (d) (e)

(3) 다음 그림 중 어느 것이 헬륨 기체가 들어 있는 강철 통이 -273 ℃로 냉각된 것인가? (절대 영도의 개념을 상기하라.)

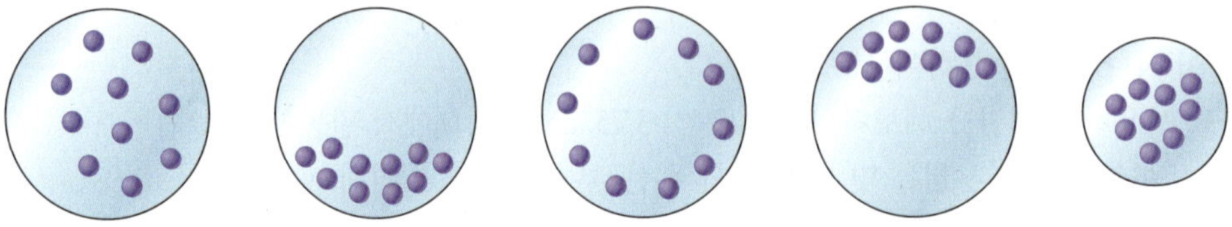

(a) (b) (c) (d) (e)

**A:** (1) 200 ℃ 헬륨 원자들은 (a)에서 보인 대로 더 빠르게 움직이며 용기 안에 제멋대로 분포되어 있다. (2) –200 ℃에서 원자들은 더 느리게 움직이며 (a)에서 보인 대로 제멋대로 분포되어 있다. (3) 절대 영도, –273 ℃에서 원자들은 움직이지 않고 (b)에서 보인 대로 기체가 응축된다.

다음 예제는 이상 기체의 법칙에 대하여 더 자세하게 설명한 것이다. 표기하여 단위의 소거를 명확하게 나타낼 수도 있다.

## 예제 10.10 이상 기체의 법칙

STP 상태에서 0.500 L의 부피를 차지하는 수소 기체의 몰 수는 얼마인가?

**해답**

이상 기체의 방정식 PV = *n*RT를 재배치하고 *n*을 구한다.

$$n = \frac{PV}{RT}$$

STP 상태에서의 온도는 273 K이며 압력은 1.00 atm이다. 이 값들을 이상 기체의 방정식에 대입한다. 그러면,

$$n = \frac{1\ \cancel{\text{atm}} \times 0.500\ \cancel{\text{L}}}{\dfrac{0.0821\ \cancel{\text{L}} \cdot \cancel{\text{atm}}}{1\ \text{mol} \cdot \cancel{\text{K}}} \times 273\ \cancel{\text{K}}} = 0.0223\ \text{mol}$$

다른 방법으로 아래와 같이 이상 기체 상수의 값을 나누어서 표기하여 단위의 소거를 명확하게 나타낼 수도 있다.

$$n = \frac{1\ \cancel{\text{atm}} \times 0.500\ \cancel{\text{L}}}{273\ \cancel{\text{K}}} \times \frac{1\ \text{mol} \cdot \cancel{\text{K}}}{0.0821\ \cancel{\text{L}} \cdot \cancel{\text{atm}}} = 0.0223\ \text{mol}$$

**실전 연습문제**

655 torr에서 염소 기체 0.250 몰의 부피가 3.50 L라면 온도는 얼마인가?

**답:** 147 K (-126 ℃)

**개념 문제**

이상 기체 법칙에서 비례 상수 *R* 값을 구하라.

**답:** 부록 G, 10.10 참조

# Chapter Summary

| 주요 개념 | 학습목표와 관련 연습문제 |
|---|---|
| **10.1 기체의 성질**<br>기체의 부피와 모양은 가변적이고 밀봉된 용기의 전체 부피를 채운다. 기체는 팽창하고 수축되며, 액체보다 훨씬 낮은 밀도를 가진다. 기체는 같은 용기 속에서 다른 기체와 완전히 혼합된다. | • 기체의 다섯 가지 관측된 성질을 요약할 수 있다: atm, mm Hg, torr, cm Hg, in. Hg, psi, kpa.<br>**관련 문제:** 1 |
| **10.2 대기압**<br>**기체의 압력(gas pressure)**은 기체를 담는 용기의 내벽에 충돌하는 기체 분자에 의한 것이다. 기체에 의하여 작용하는 압력은 이들 분자가 용기에 충돌하는 빈도와 강도에 의하여 결정된다. **진공(vacuum)**에서는 기체 분자들은 없고 기체의 압력은 영이다. **대기압(atmospheric pressure)**은 공기의 분자에 의한 것이며, **기압계(barometer)**에 의해 측정이 된다. 표준 압력은 1 atm, 760 mm Hg, 760 torr, 76 cm Hg, 29.9 in. Hg, 14.7 psi 혹은 101 kPa로 표현될 수 있다. | • 표준 대기압을 다음 단위로 암기할 수 있다. **관련 문제:** 3<br>• 주어진 기체 압력을 다른 측정 단위로 환산할 수 있다. **관련 문제:** 5-7 |
| **10.3 기체 압력에 영향을 미치는 변수**<br>세 가지 변수 중 하나를 변화시켜서 기체의 압력을 증가시킬 수 있다. 첫째는 부피를 감소시키면 분자의 충돌 빈도는 높아지고 압력은 증가한다. 둘째는 온도를 올리면 분자들은 용기의 내부 벽과 더 빈번하게 충돌하게 되어서 압력은 증가한다. 셋째는 분자의 개수를 늘리면 용기 벽과의 충돌 횟수가 많아져서 압력은 증가한다. **아보가드로의 이론(Avogadro's theory)**은 같은 온도와 압력에 있는 같은 부피의 기체는 같은 수의 분자가 들어 있다는 것을 말한 것이다. | • 기체의 압력에 영향을 주는 세 가지 변수를 확인할 수 있다. **관련 문제:** 9<br>• 기체의 압력이 부피, 온도 또는 기체 몰 수의 변화에 대하여 증가하거나 또는 감소하는지를 말할 수 있다.<br>**관련 문제:** 11-13 |
| **10.4 보일의 법칙 : 압력 – 부피 관계**<br>기체의 압력과 부피는 서로 **반비례(inversely proportional)**한다. **보일의 법칙(Boyle's law)**에 관한 문제를 풀기 위해 온도가 일정히 유지되는 동안, 부피가 감소하면 압력은 증가한다. | • 기체에 대한 압력-부피 관계의 도표를 그릴 수 있다. **관련 문제:** 15<br>• 조건의 변화 후 기체의 압력이나 부피를 계산할 수 있다. **관련 문제:** 17-19 |
| **10.5 샤를의 법칙**<br>기체의 부피와 온도는 서로 **정비례(directly proportional)** 한다. **샤를의 법칙(Charle's law)**에 관한 문제를 풀기 위해 압력이 일정히 유지되는 동안, 온도가 증가하면 부피는 증가한다. | • 기체에 대한 부피-온도 관계를 그래프로 그릴 수 있다. **관련 문제:** 21<br>• 조건이 변화된 후에 기체의 부피 또는 온도를 계산할 수 있다. **관련 문제:** 23-25 |
| **10.6 게이–뤼삭의 법칙**<br>기체의 압력과 온도는 정비례한다. **게이-뤼삭의 법칙(Gay-Lussac's law)** 문제를 풀기 위해 부피가 일정히 유지되는 동안, 온도가 증가하면 압력은 증가한다. 기체 법칙에 대한 모든 관계를 표 10.3에서와 같이 요약할 수 있다. | • 기체에 대한 압력-온도 관계를 그래프로 그릴 수 있다. **관련 문제:** 27<br>• 조건이 변화된 후에 기체의 압력 또는 온도를 계산할 수 있다. **관련 문제:** 29-31 |

**표 10.3 기체 법칙의 변수에 대한 요약**

| 기체 법칙 | 압력 | 부피 | 온도 |
|---|---|---|---|
| 보일 | 증가 | 감소 | *불변* |
| | 감소 | 증가 | *불변* |
| 샤를 | *불변* | 증가 | 증가 |
| | *불변* | 감소 | 감소 |
| 게이 – 뤼삭 | 증가 | *불변* | 증가 |
| | 감소 | *불변* | 감소 |

| 주요 개념 | 학습목표와 관련 연습문제 |
|---|---|
| **10.7 기체 법칙의 결합**<br>**표준 온도와 압력(standard temperature and pressure, STP)**은 273 K와 1 atm이다. **기체 법칙의 결합(combined gas law)**을 포함하는 문제를 풀기 위해서는 압력, 부피 및 온도가 동시에 변한다. | • 조건 변화 후의 기체의 압력, 부피, 또는 온도를 계산할 수 있다. **관련 문제: 33-41** |
| **10.8 증기압 개념**<br>**증기압(vapor pressure)**은 증발과 응축의 속도가 같을 때에 액체 위에 존재하는 증기의 분자에 의해 가해진 압력이다. 흔한 예로 물의 증기압은 밀폐된 용기 안에 약간의 물이 담겼을 때 수면 위의 수증기에 있는 $H_2O$ 분자의 압력이다. 온도가 증가하면 증기압도 증가한다. 반대로 온도가 감소하면 증기압도 감소한다. | • 증기압과 온도 사이의 관계를 표현할 수 있다.<br>**관련 문제: 43-45** |
| **10.9 돌턴의 부분압력 법칙**<br>**돌턴의 부분 압력의 법칙(Dalton's law of partial pressures)**에 의하면 기체 혼합물의 전체 압력은 혼합물 내의 각 **기체의 부분 압력(partial pressure)**의 합과 같다. **치환에 의한 부피(volume by displacement)**를 측정하기 위해서 수상에서 기체를 포집할 수 있다. 수상에서 포집된 "습한" 기체는 수증기를 포함한다. 기체의 부분 압력은 전체 압력으로부터 물의 증기압을 빼서 구할 수 있다. | • Dalton의 부분 압력의 법칙을 기체의 혼합물에 적용할 수 있다.<br>**관련 문제: 47-53** |
| **10.10 이상 기체의 거동**<br>**분자 운동론(kinetic theory)**에 의하면 기체는 이상적으로 행동하는 개개의 분자들로 이루어졌다. **이상 기체(ideal gas)**의 분자는 무작위의 직선 경로를 빠르게 움직인다. 기체 분자들은 서로 당기지 않으며 **탄성 충돌(elastic collision)**을 한다. 운동 에너지는 켈빈 온도에 정비례한다. **절대 영도(absolute zero, 0 K)**에서 이상 기체의 압력은 영이다. 기체 분자의 속도는 온도가 증가함에 따라 증가하며, 분자량이 증가함에 따라 감소한다. 낮은 온도와 높은 압력에서 **실제 기체(real gas)**는 분자 운동론에 의하여 예측된 거동과는 상당한 차이를 보인다. | • 기체 분자 운동론에 따라 완전기체의 특성 다섯 가지를 나열할 수 있다. **관련 문제: 55-56**<br>• 부피 또는 압력 그래프와 온도 그래프에서 절대 영도 값을 결정할 수 있다.<br>**관련 문제: 57-61** |
| **10.11 이상 기체의 법칙**<br>기체 관련 문제를 풀기 위한 수학적인 방법에는 **이상 기체의 법칙(ideal gas law)**이 있다. 식 $PV = nRT$에서 **이상 기체 상수(ideal gas constant, R)**의 값은 0.0821 L · atm/mol · K 이다. | • 이상 기체 방정식으로부터 기체의 압력, 부피, 온도, 또는 몰 수를 계산할 수 있다.<br>**관련 문제: 63-65** |

## 문제 풀이 정리

| 주제 | 절차 | 예 |
|---|---|---|
| 기체의 성질<br>10.1절 | 기체의 모양과 부피를 예측하라. | 아르곤 기체의 모양과 부피는 가변적이다. |
| 대기압<br>10.2절 | 주어진 기체의 압력을 atm, mm Hg, torr, in. Hg, cm Hg, psi 및 kPa 단위로 나타내어라. | 아르곤 기체의 압력이 655 mm Hg이라면 atm단위로 얼마인가?<br>$655\ \text{mm Hg} \times \dfrac{1\ \text{atm}}{760\ \text{mm Hg}} = 0.862\ \text{atm}$ |
| 기체 압력에 영향을 주는 변수<br>10.3절 | 부피, 온도 및 분자의 수의 변화가 기체 압력을 증가 또는 감소시킬 것인지를 예측하라. | 어떤 변수의 증가가 압력의 감소를 유발시키는가?<br>답 : *부피* |
| 보일의 법칙<br>10.4절 | 부피가 변한 후, 최종 압력을 계산하라(온도는 일정).<br>압력과 부피는 반비례한다. | 압력이 1.00 atm인 기체의 부피가 5.00 L에서 2.00 L로 감소한다면, 최종 압력은 얼마인가?<br>$1.00\ \text{atm} \times \dfrac{5.00\ \text{L}}{2.00\ \text{L}} = 2.50\ \text{atm}$ |

## 문제 풀이 정리 (continued)

| | | |
|---|---|---|
| 샤를의 법칙<br>10.5절 | 온도가 변한 후, 최종 부피를 계산하라(압력은 일정).<br>부피와 온도는 정비례한다. | 부피가 50.0 mL인 기체를 300 K에서 450 K로 가열하면, 최종 부피는 얼마인가?<br>$50.0\ \text{mL} \times \frac{450\ \text{K}}{300\ \text{K}} = 75.0\ \text{mL}$ |
| 게이-뤼삭의 법칙<br>10.6절 | 온도가 변한 후, 최종 압력을 계산하라(부피는 일정).<br>압력과 온도는 정비례한다. | 압력이 1.00 atm인 기체를 300 K에서 450 K로 가열하면, 최종 압력은 얼마인가?<br>$1.00\ \text{atm} \times \frac{450\ \text{K}}{300\ \text{K}} = 1.50\ \text{atm}$ |
| 기체 법칙의 결합<br>10.7절 | 압력과 온도가 변한 후, 최종 부피를 계산하라.<br>부피와 압력은 반비례하며, 부피와 온도는 정비례한다. | 1.50 atm, 450 K인 기체 50.0 mL를 1.00 atm과 273 K로 변화시키면, 최종 부피는 얼마인가?<br>$50.0\ \text{mL} \times \frac{1.50\ \text{atm}}{1.00\ \text{atm}} \times \frac{273\ \text{K}}{450\ \text{K}} = 45.5\ \text{mL}$ |
| 돌턴의 법칙<br>10.9절 | 각 기체의 부분 압력을 더하여 기체 혼합물의 전체 압력을 계산하라. | 0.25 atm의 헬륨과 1.50 atm의 아르곤을 포함하는 기체의 전체 압력은 얼마인가?<br>$P_1 + P_2 + P_3 + \cdots = P_{전체}$<br>0.25 atm + 1.50 atm = 1.75 atm |

## 주요 용어

주요 용어에 대한 해답은 부록 H에 수록하였다.

다음의 정의에 해당하는 용어를 선택하라.

_________ 1. 용기의 벽에 충돌하는 분자들의 빈도와 분자들의 에너지의 척도.
_________ 2. 기체 분자를 포함하지 않는 공간의 부피.
_________ 3. 대기 중의 분자들에 의하여 가해지는 압력.
_________ 4. 대기압을 측정하는 도구.
_________ 5. 1 mm Hg와 동등한 압력 단위.
_________ 6. 같은 온도와 압력 하에서 같은 부피의 기체들은 같은 수의 분자를 포함한다는 진술.
_________ 7. 하나가 두 배가 되면 다른 하나도 두 배로 되는 두 변수의 관계.
_________ 8. 하나가 두 배가 되면 다른 하나는 반으로 되는 두 변수의 관계.
_________ 9. 일정 온도에서 기체의 압력과 부피는 반비례한다는 진술.
_________ 10. 일정 압력에서 기체의 부피와 절대 온도는 정비례한다는 진술.
_________ 11. 일정 부피에서 기체의 압력과 절대 온도는 정비례한다는 진술.
_________ 12. 기체의 압력은 부피에 반비례하고 절대 온도에 정비례한다는 진술.
_________ 13. 273 K와 760 mm Hg에 있는 기체의 상태.
_________ 14. 닫힌 용기 속에서 증발과 응축 속도가 동일할 때, 액체 위의 기체 증기가 가한 압력.
_________ 15. 기체 혼합물이 나타내는 압력은 각 기체가 나타내는 압력의 합과 같다는 진술.
_________ 16. 둘 혹은 그 이상의 기체 혼합물에서 각 기체가 나타내는 압력.
_________ 17. 밀려난(치환된) 물의 양에 의해 기체의 양을 측정하는 기술.
_________ 18. 이상적 행동을 설명하는, 기체 분자에 관한 이론적 서술.
_________ 19. 모든 조건에서 분자 운동론을 따르는 이론적 기체.
_________ 20. 낮은 온도와 높은 압력에서는 이상적 행동에서 벗어나는 기체.
_________ 21. 총 에너지가 변하지 않는 기체 분자 간의 충돌.

(a) 절대 영도(10.10절)
(b) 대기압(10.2절)
(c) 아보가드로 법칙(10.3절)
(d) 기압계(10.2절)
(e) 보일의 법칙(10.4절)
(f) 샤를의 법칙(10.5절)
(g) 기체 법칙의 결합(10.7절)
(h) 돌턴의 부분 압력의 법칙(10.9절)
(i) 정비례(10.5절)
(j) 탄성 충돌(10.10절)
(k) 기체 압력(10.2절)
(l) 게이-뤼삭의 법칙(10.6절)
(m) 이상 기체(10.10절)
(n) 이상 기체 상수(10.11절)
(o) 이상 기체 법칙(10.11절)
(p) 반비례(10.4절)
(q) (분자)운동론(10.10절)
(r) 부분 압력(10.9절)
(s) 실제 기체(10.10절)
(t) 표준 온도와 압력(10.7절)

_________ 22. 기체의 운동 에너지가 영이 되는 이론적 온도.

_________ 23. $PV = nRT$의 관계로 기술되는 원리.

_________ 24. $PV = nRT$의 식에서 비례 상수 R.

(u) torr(10.2절)

(v) 진공(10.2절)

(w) 증기압(10.8절)

(x) 치환에 의한 부피(10.9절)

# 문제 홀수 번호 문제에 대한 해답은 부록 I에 수록하였다.

## 기체의 성질 (10.1 절)

1. 다음 중 기체의 관측된 특성과 관련 있는 것은 무엇인가?
   (a) 가변적 모양 (b) 균일하게 확장
   (c) 무한대로 압축 (d) 다른 기체와 혼합

## 대기압 (10.2 절)

3. 다음 단위로 표준 대기압의 수치를 쓰라.
   (a) 수은의 밀리미터 (b) 평방 인치 당 파운드

5. 강철 용기 속에 산소 기체가 2.50 atm의 압력으로 들어있다면 다음의 각 단위로 표시되는 압력은 얼마인가?
   (a) mm Hg (b) psi

◀대기
대기압은 고도가 높을수록 점차로 감소한다. 예로 에베레스트산 꼭대기의 대기압은 해면에서 대기압의 약 3분의 1이다.

7. 미국 뉴스방송에서 "기압계가 30.8 in. Hg를 나타내고 있다."고 보도했다. 다음의 단위로 대기압을 나타내라.
   (a) kPa (b) torr

## 기체 압력에 영향을 주는 변수들 (10.3 절)

9. 기체의 압력이 다음의 변화에 따라 어떻게 되는지를 나타내라.
   (a) 부피가 증가한다.
   (b) 온도가 증가한다.
   (c) 기체의 몰 수가 증가한다.

11. 닫힌 용기에서 기체의 압력이 다음의 변화에 따라 증가하는지 또는 감소하는지를 말하라.
   (a) 부피가 25.0 mL에서 50.0 mL로 변한다.
   (b) 온도가 25 ℃에서 50 ℃로 변한다.
   (c) 기체의 몰 수가 0.250 몰에서 0.500 몰로 변한다.

13. 기체의 부피를 증가시키면 기체의 압력이 어떻게 감소하는지를 설명하라.

◀타이어 압력
자전거 타이어의 내부 압력은 타이어 속에 공기 분자의 수가 증가함에 따라 증가한다.

## 보일의 법칙 (10.4절)

15. 압력 대 부피의 그래프를 그려라. 온도는 일정하다고 가정하고 압력은 세로축에 부피는 가로축에 표시하라.

17. 압력 5.00 atm의 공기 시료가 1.75 L에서 2.50 L로 팽창되었다. 만약 온도가 일정하게 유지되었다면 최종 압력은 몇 atm이겠는가?

19. 아르곤 기체 5.00 L를 1.55 atm에서 6.50 atm로 변한다면 최종 부피는 얼마인가? 온도는 일정하게 유지된다고 가정한다.

## 샤를의 법칙 (10.5 절)

21. 부피 대 켈빈 온도의 그래프를 그려라. 압력은 일정하다고 가정하고 부피는 세로축에 온도는 가로축에 표시하라.

23. 25 ℃의 산화 질소 시료 555 mL를 50 ℃로 가열하였다. 압력이 일정하게 유지된다면 최종 부피는 몇 mL인가?

25. 50 ℃에서 플루오린 기체 5.00 L 시료를 3.75 L의 부피로 냉각하였다. 압력이 일정하다면 최종 섭씨 온도는 얼마가 되겠는가?

## 게이-뤼삭의 법칙 (10.6 절)

27. 압력 대 켈빈 온도의 그래프를 그려라. 부피는 일정하다고 가정하고 압력은 세로축에 온도는 가로축에 표시하라.

29. 1.00 atm에서 아르곤 기체 1.00 L를 20 ℃에서 110 ℃로 가열하였다. 부피가 일정하게 유지된다면 최종 압력은 몇 기압(atm)이겠는가?

31. 20 ℃와 0.500 atm에서 산소 기체 10.0 L 시료를 0.750 atm의 압력으로 가열하였다. 부피가 일정하다면 최종 섭씨온도는 얼마가 되겠는가?

## 기체 법칙의 결합 (10.7 절)

33. 500 ℃, 500 atm에서 공기 5.00 L를 포집하였다. STP에서 공기의 부피를 계산하라.

35. 수소 기체가 −50 ℃와 155 mm Hg에서 2.00 L를 차지한다. 75 ℃와 365 mm Hg에서 부피는 얼마인가?

37. 염화 수소 기체가 STP에서 0.750 L를 차지한다. 이 기체의 부피가 25 ℃에서 0.100 L가 되었다면 이 기체의 압력은 몇 atm 인가?

39. STP에서 질소 기체의 부피는 1.00 L이다. 2.00 atm에서 기체의 부피가 10.0 L 이었다면 기체의 온도는 몇 ℃인가?

41. STP에서 아르곤 가스 시료는 2.75 L부피를 차지한다. 기체가 4.55 L로 팽창하고 온도가 45 ℃라면 압력(atm)은 얼마인가?

## 증기압 개념 (10.8절)

43. 다음 중 25 ℃에서 증기압이 더 높은 액체는 무엇인가? : 물 또는 수은?

45. 표 10.2를 참조하여 다음 온도에서 물의 증기압을 mm Hg 단위로 나타내어라.
    (a) 25 ℃ (b) 50 ℃

## 돌턴의 부분 압력법칙 (10.9절)

47. 공기는 질소, 산소, 아르곤 및 미량 기체로 되어있다. 질소의 부분 압력이 592 mm Hg, 산소는 160 mm Hg, 아르곤이 7 mm Hg 그리고 미량 기체의 부분 압력은 1 mm Hg이라면, 대기압은 얼마인가?

49. 밀봉 용기 속에 이산화 황, 삼산화 황 및 산소 기체가 825 ℃에서 1.00 atm의 압력으로 들어 있다. 이산화 황의 부분 압력이 150 mm Hg, 삼산화 황이 475 mm Hg라면 산소 기체의 부분 압력은 몇 mm Hg인가?

51. "물 위에서 기체를 포집"이란 표현의 뜻을 설명하라.

53. 20 ℃, 766 mm Hg에서 산소가 물 위에서 포집되었다면 산소의 부분 압력은 얼마이겠는가? 물의 증기압에 관하여 표 10.2를 참조하라.

## 이상 기체 거동 (10.10 절)

55. 절대 영도에서 이상 기체가 미치는 압력은 얼마인가?

57. 절대 영도에서 이상 기체의 운동 에너지는 얼마인가?

59. 운동론에 따르는 이상 기체의 다섯 가지 특성을 서술하라.

61. 밀폐된 용기에 He, Ne 및 Ar 기체가 들어있다. 다음 중 어느 기체에 해당하는가?
    (a) 가장 높은 운동 에너지 (b) 가장 낮은 운동 에너지
    (c) 가장 빠른 원자 속도 (d) 가장 낮은 원자 속도

## 이상 기체 법칙 (10.11 절)

63. 5.00 L의 헬륨 기체가 373 K에서 1.75 atm의 압력을 나타낸다면 이 기체의 몰 수는 얼마인가?

65. 5.00 L, 25 ℃에서 헬륨 기체가 0.500 mol이면 대기압은 얼마인가?

## 일반 연습문제

67. 물로 가득 찬 기압계로 측정한 표준 대기압(cm)은 무엇인가? Given : 수은은 물보다 밀도가 13.6배 높다.)

69. 심해용 스쿠버 탱크에는 산소와 헬륨 기체가 들어있다. 만약 기체의 부분 압력이 35 atm와 125 atm이라면 총 압력(psi)는 얼마인가?

71. 베이킹 소다가 분해되면 이산화 탄소 가스가 발생한다. 22 ℃와 764 mmHg에서 습한 기체 42.5 mL를 수상 포집하였다면 STP 조건에서 건조한 기체의 부피는 어떻게 되는가? (22 ℃에서 물의 증기압은 19.8 mmHg이다.)

73. 25 ℃에서 5.00 L 용기 내 $1.51 \times 10^{23}$ 개의 산소 분자가 미치는 압력(atm)은 어떻게 되는가?

75. 천연가스는 메테인($CH_4$), 에테인($C_2H_6$), 황화 수소($H_2S$)가 포함되어있다. 어떤 분자가 가장 빠른 속도를 가지고 있는가?

77. 0.945 atm과 50 ℃에서 염소 기체 시료는 1550 mL를 차지하고 있다. 이 시료의 질량은 어떻게 되는가?

79. 만약 인체의 표면적이 255 평방 인치라면, 대기 중 인체의 총 무게를 파운드로 나타내면 어떻게 되는가?

## 도전 연습문제

81. STP에서 다음 기체 중 밀도가 2.14 g/L인 것은 어느 것인가? : $H_2$, $O_2$, $O_3$

83. 1.25 atm과 20 ℃에서 미지 기체의 시료 질량이 1.95 g이며, 부피는 3.00 L이다. 미지 기체의 몰 질량은 얼마인가?

## Chapter 10 자율 테스트 해답은 부록 J에 수록하였다.

1. 관찰된 기체의 성질은 다음 중 어느 것인가? (10.1절)
   (a) 기체는 모양과 부피가 변한다.
   (b) 기체는 무한히 퍼져 나간다.
   (c) 기체는 무한히 압축된다.
   (d) 기체는 밀도가 낮다.
   (e) 기체는 완전히 섞인다.

2. 표준 대기압은 다음 중 어느 것으로 표현되는가? (10.2절)
   (a) 29.9 in. Hg (b) 76.0 cm Hg
   (c) 760 mm Hg (d) 14.7 psi
   (e) 위의 모두가 표현된다.

3. 다음 변화 중 어느 것이 기체의 압력을 증가시키는가? (10.3절)
   (a) 부피를 증가 (b) 온도 감소
   (c) 분자 수를 증가 (d) 위의 모두
   (e) 위의 모두 아님

4. 1.00atm에서 수소 기체 부피를 0.250 L에서 0.125 L로 감소시켰다. 온도를 일정하게 유지시켰다면 최종 압력은 얼마인가? (10.4절)
   (a) 0.250 atm (b) 0.500 atm
   (c) 1.00 atm (d) 2.00 atm
   (e) 위의 모두 아님

5. 1.00 L의 산소 기체를 50.0 ℃에서 25.0 ℃로 냉각시켰다. 압력을 일정하게 유지했다면 최종 부피는 얼마인가?(10.5절)
(a) 0.500 L (b) 0.923 L
(c) 1.00 L (d) 1.08 L
(e) 2.00 L

6. 1.00 atm에서 질소 기체 시료를 250 K에서 500 K로 가열시켰다. 압력을 일정하게 유지했다면 최종 부피는 얼마인가?(10.6절)
(a) 0.250 atm (b) 0.500 atm
(c) 1.00 atm (d) 2.00 atm
(e) 위의 모두 아님

7. 공기 시료의 부피가 10.0 L이다. 압력과 켈빈 온도를 각각 두 배로 했다면 공기의 최종 부피는 얼마인가?(10.7절)
(a) 2.50 L (b) 5.00 L
(c) 10.0 L (d) 20.0 L
(e) 40.0 L

8. 만약 액체의 온도를 20 ℃에서 50 ℃로 올렸다면 증기압은 어떻게 되겠는가?(10.8절)
(a) 증가 (b) 감소
(c) 일정하게 유지 (d) 예측 불가능
(e) 위의 모두 아님

9. 25 ℃와 775 mm Hg에서 수상 포집한 기체의 부분 압력은 얼마인가? 25 ℃에서 물의 증기압은 23.8 mm Hg 이다. (10.9절)
(a) 750 torr (b) 751 torr
(c) 760 torr (d) 775 torr
(e) 799 torr

10. 다음 중 어느 것이 이상 기체에 대해 사실인가?(10.10절)
(a) 모든 분자들은 속도가 같다.
(b) 모든 분자들은 운동 에너지가 같다.
(c) 모든 분자의 충돌들은 에너지가 같다.
(d) 위의 모두 해당
(e) 위의 모두 아님

11. 227 ℃와 5.00 atm에서 헬륨 몇 몰의 부피가 5.00 L인가? (R=0.0821 atm · L /mol · K)(10.11절)
(a) 0.609 mol
(b) 1.64 mol
(c) 5.00 mol
(d) 25.0 mol
(e) 6090 mol

## 주요 개념

12. 금속 캔 속의 몇 방울의 물을 가열하여 증기로 변화시킨 후 빠르게 캔을 마개로 밀봉하였다. 증기를 100 ℃에서 20 ℃로 냉각시켰더니 그림에 보인대로 쭈그러졌다. 관찰한 것을 설명하라.

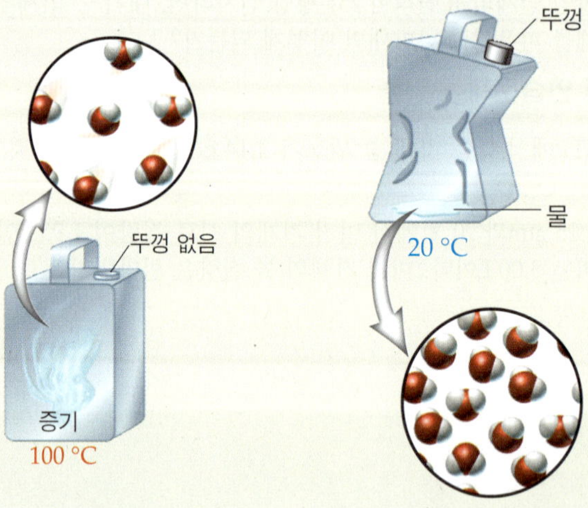


13. 메틸 아세테이트, $C_3H_6O_2$ 증기는 향기가 나고, 황화 수소 기체, $H_2S$는 달걀 썩는 냄새를 낸다. 만약, 두 기체가 같은 거리에서 동시에 방출되었다면 어느 기체의 냄새를 먼저 맡게 되겠는가?

14. 집을 떠나기 전 추운 아침에 자동차 타이어 압력을 검사하고 몇 마일 달린 후 타이어 압력은 증가 또는 감소하겠는가?

15. 플라스틱 물병을 반만 채우고 등산을 하였다. 산 정상에서 물병의 상태는 어떠하겠는가?

## 비판적 사고

16. 열린 뜨거운 공기 풍선 내부의 공기를 가열하면 풍선이 올라간다. 그 이유는?(풍선 내부의 공기 압력은 주위 공기의 압력과 같다고 가정한다.)

17. 헬륨으로 채워진 풍선을 공중으로 올리면 풍선은 대기 속으로 올라갈수록 부피는 팽창한다. 그 이유는 무엇인가? (온도는 일정하게 유지된다고 가정한다.)

18. 더운 어느 날 차안에 있는 플라스틱 물병이 한 시간 후에 불룩하게 올라왔다. 이 관찰을 설명하라.

19. 반만 채운 플라스틱 물병을 냉장고 안에 넣었을 때 한 시간 후 부서졌다. 관찰한 바를 설명하라.

CHAPTER 11

# 액체와 고체

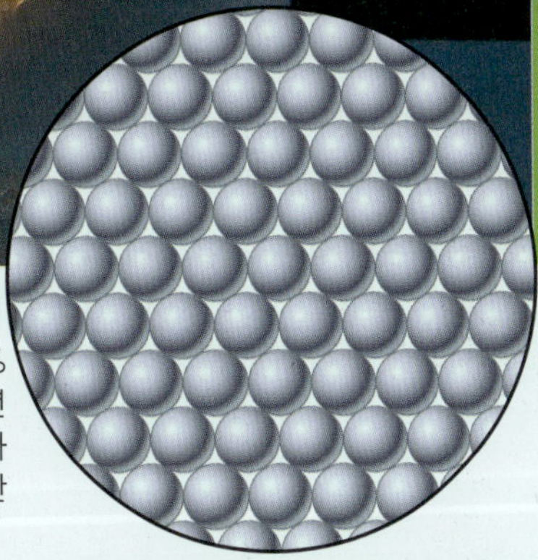

*"내가 위대한 발견을 할 수 있었던 것은 어떤 재능이 있어서 라기보다는 참을성 있게 주의를 기울인 덕분이다."*

아이작 뉴턴, 영국 과학자 (1643–1727)

11 Na sodium

**원소 11: 소듐**

소듐은 지각을 구성하는 원소들의 총량 대비 약 2.6%를 차지하며 6번째로 풍부한 원소이다. 소듐은 1807년 영국화학자 험프리 데비가 수산화 소듐을 전기분해하여 발견하였다. 자연계에 존재하는 소듐의 동위 소듐 원소는 한 가지 종류로 Na–23이고, 동물과 식물에게 필수적인 원소이다.



10장에서 우리는 분자 간의 거리가 상당히 먼 기체 상태 물질들에 대해 다루었다. 11장에서는 입자들이 서로 가까이에서 접촉하고 있는 액체와 고체에 대해 다루고자 한다. 이를 위해 물 분자를 이용하여 앞 장에서 이미 다루었던 명명법, 몰 계산, 화학량론 개념을 좀 더 자세히 설명하고자 한다.

물은 지구상에서 가장 중요한 액체이고 지구 표면의 약 75%를 덮고 있다. 물은 동물과 식물에게서 일어나는 모든 화학반응에 필수적이며 사람 체중의 약 2/3를 차지한다. 물은 산소 다음으로 우리에게 매우 중요한 물질이다. 우리는 음식을 섭취하지 않고도 어느 정도의 기간 동안 생존할 수 있지만 물 없이는 단 며칠을 버티지 못한다.

여러 가지 면에서 물은 매우 독특한 물리적 성질을 가지고 있다. 첫 번째 특이한 성질은 밀도이다. 일반적으로 물질의 밀도는 고체 상태일 때가 액체 상태일 때보다 크다. 그러나 물과 암모니아의 경우는 예외이다. 얼음의 밀도는 물보다 작기 때문에 얼음은 물 위에 뜬다. 만일 얼음의 밀도가 물의 밀도보다 크다면 수중생물들은 생존할 수 없었을 것이다. 추운 겨울 강과 호수는 표면에서부터 얼기 시작하고 얼음이 가라앉으면서 물 전체가 얼음덩어리로 변해버릴 것이다. 결국 수중생물들은 모두 죽게 될 것이다.

학습 목표

▶ 액체의 다섯 가지 성질을 설명할 수 있다.

▲**과학적 오해**–스테인레스 글라스의 아랫부분이 두꺼운 이유가 유리가 흘러내렸기 때문이라는 것은 오해에서 비롯된 것이다. 유리를 제조하는 과정에서 두께가 변한다.

## 11.1 액체의 성질

기체와 달리 액체는 온도와 압력 변화에 의해 크게 영향을 받지 않는다. 또한 기체의 법칙과 같이, 기체에 적용되는 법칙들도 액체에는 적용되지 않는다. 그보다는 다음과 같은 액체의 성질을 관찰하게 된다.

1. **액체는 여러 가지 형태를 가질 수 있으나 부피는 일정하다.** 액체를 담고 있는 용기에 따라 액체의 형태가 달라진다.
2. **액체는 쉽게 흘러내린다.** 액체는 종류에 따라 흘러내리는 속도가 다르다. 예를 들어 석유는 물보다 쉽게 흘러내린다.
3. **액체는 압축하거나 팽창하기 어렵다.** 온도나 압력이 달라질 때 액체의 부피 변화는 매우 적다.
4. **액체는 기체보다 밀도가 크다.** 기체와 액체는 모두 유체이기 때문에 형태가 자유롭고 입자들은 용기 내에서 자유로이 움직인다. 그러나 액체 입자들은 기체 입자들보다 서로서로 더 가까이 있으므로 기체보다 1000배나 더 밀도가 크다. 예를 들어 해수면에서 공기의 밀도는 약 0.001 g/mL 이지만 물의 밀도는 약 1.00 g/mL 이다.
5. **서로 녹이는 액체는 균일하게 섞인다.** 액체는 기체보다 느리게 확산한다. 그러나 서로 섞이는 액체는 결국 균일한 혼합물이 된다. 예를 들어, 식품염료를 물에 첨가하면 액체들이 천천히 확산하여 균일하게 혼합된다.

### 자세히 보기 소다회

**Q:** 소다회의 성질은 무엇이며 주로 어디에 사용되나?

탄산 소듐은, $Na_2CO_3$, 소다회 혹은 세척용 소다로 알려져 있다. 소다회는 결정형의 수화물로 존재하는데 쉽게 풍화하여 흰색 가루로 된다. 소다회는 무취의 흰색 가루인데 공기 중에서 습기를 흡수하며, 연수제로 사용된다.

소다회는 세 가지 형태의 수화물로 결정을 형성할 수 있다: 탄산 소듐 1 수화물($Na_2CO_3 \cdot H_2O$), 탄산 소듐 7 수화물($Na_2CO_3 \cdot 7\ H_2O$), 탄산 소듐 10 수화물($Na_2CO_3 \cdot 10\ H_2O$). 각각의 수화물들을 가열하면 화학실험에 사용할 수 있는 여러 가지 종류의 화합물로 분해된다.

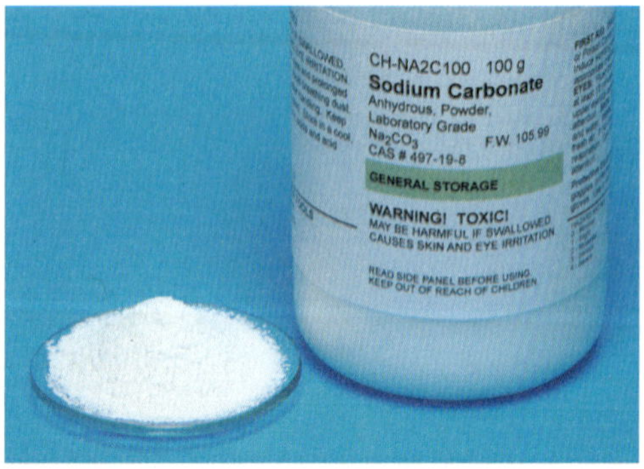


▲**소다회 분말**

탄산 소듐이 사용되는 가장 중요한 분야는 유리 제조업이다. 탄산 소듐을 원료로 제조한 유리는 소다라임이라고 불리는 일반적인 투명 유리이다. "소다"라는 이름은 탄산 소듐을 의미하고, "라임"이라는 이름은 소다라임의 제조과정에 사용하는 탄산 칼슘을 의미한다. 소다라임은 약 B.C.1000년경 이집트로 거슬러 올라갈 정도로 오래된 가장 일반적으로 사용되는 형태의 유리이다.

탄산 소듐은 사진 현상 과정에도 사용된다. 탄산 소듐은 수용액 상에서 아연이나 알루미늄과 반응하여 수소 기체를 발생시킨다. 또한 수영장에서 염소 소독으로 인한 시설의 부식을 줄이거나 pH를 높이기 위해 사용된다.

교통부에 따르면 지난 십 년 동안 인화성 물질, 부식성 물질, 독성 물질 등의 유해 폐기물 유출이 100,000건 이상 발생하였다고 한다. 산과 염기와 같은 유해 폐기물이 유출되었을 경우 소다회나 베이킹 소다로 중화시킨 후 하수도로 배출시킨다.

**A:** 소다회의 주요 사용처는 유리 제조업이다. 그밖에 소다회는 유해 물질이 유출되었을 때 처리용으로 사용되며 소다회 수화물은 화학실험에 사용된다.

## 11.2 분자 간 결합의 개념

**학습 목표**

- 분자 간 결합의 개념을 설명할 수 있다.
- 액체 상태에서 세 가지 형태의 분자 간 인력을 설명할 수 있다.

컴퓨터에서 인트라넷은 지역 내의 연결망인 반면 인터넷은 국제적인 연결망이다. 고속도로는 도시와 도시를 연결하거나 주와 주를 연결한다. 이와 마찬가지로 분자 간 결합은 분자 간의 인력을 의미하고 분자 내 결합은 한 분자 내에서 원자 간의 결합을 의미한다.

증기압과 같은 액체의 성질은 분자 간 인력의 크기에 의해 결정된다. 이러한 인력을 분자 간 결합(intermolecular bond)이라고 부르며, 원자들 사이의 결합인 분자 내 결합보다는 훨씬 약하다. 분자 간 결합에는 일시적 쌍극자, 영구적 쌍극자, 수소 결합 등 세 종류가 있다.

### 일시적 쌍극자 인력

분자 내에서 양전하와 음전하는 각 분자의 각기 다른 영역에 존재한다. 전자들이 분자 내에서 균등하게 분포하지 않기 때문에 양전하와 음전하를 띤 영역이 생기게 된다. 양전하와 음전하 영역을 갖는 분자는 쌍극자(*dipole*)를 갖는다고 표현한다.

먼저 일시적 쌍극자 인력을 생각해보자. 한 분자 내에서 원자들이 전자를 균등하게 공유할지라도 전자들이 끊임없이 움직이기 때문에 분자 내 어느 영역에서는 일시적으로 전자가 많아지기도 하고 그로 인해 다른 영역에서는 전자가 부족해지게 된다. 전자가 많아진 영역은 약간 음전하를 띠게 되고, 전자가 부족한 영역은 약간 양전하를 띠게 된다. 한 분자의 음전하 영역과 다른 분자의 양전하 영역 사이에는 약한 인력이 작용하게 된다. 이러한 분자 간의 일시적 인력을 **분산력(dispersion force)**이라고 한다.

분산력은 아주 짧은 시간 동안에만 지속되지만, 분자들 사이에 자주 일어난다. 그림 11.1은 분자의 양전하 영역과 다른 분자의 음전하 영역 간의 일시적인 분산력을 나타낸다.

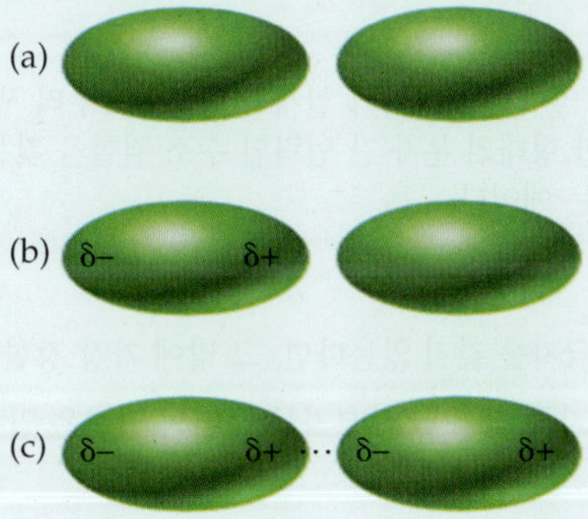


◀**그림 11.1 분자 간 분산력**
(a) 두 개의 분자. (b) 왼쪽 분자에서 일시적 쌍극자가 생기고 이것이 오른쪽 분자에 일시적 쌍극자를 유발한다. (c) 두 분자는 일시적으로 서로를 잡아당기게 되고, 이 분자들이 액체 내에 존재하는 주변의 다른 분자들에서도 일시적인 쌍극자 인력을 유발한다.

### 영구적 쌍극자와 수소 결합

원자들이 전자를 잡아당기는 성질은 원자마다 다르다. 이로 인해 분자 내에서 양전하를 띤 영역과 음전하를 띤 영역이 생긴다. 결과적으로 마치 자석과 같이 각각의 분자들은 서로서로를 당기게 된다. 일시적 쌍극자에 의한 인력과는 달리, 영구적 쌍극자로 인한 인력은 지속적이다. 즉, 영구적 **쌍극자 힘(dipole force)**은 그림 11.2에 나타낸 바와 같이 분자들 사이에 작용한다.

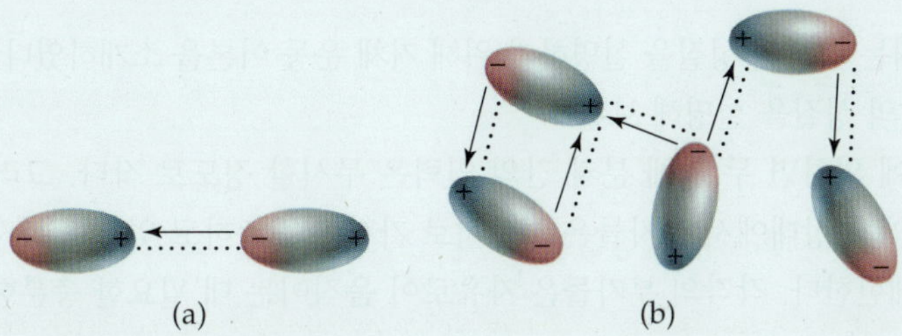


◀**그림 11.2 분자 간 쌍극자 힘**
(a) 두 분자 간에 작용하는 쌍극자 힘. (b) 액체에서 여러 분자들 간에 작용하는 쌍극자 힘.

**도움말**
**공유 결합 대 분자 간 결합**

우리는 다음 장(12장)에서 분자들을 붙들어 놓는 결합의 형태를 다룰 것이다. 공유 결합은 비금속 원소들이 원자가 전자를 공유하여 만든 결합이다. 공유 결합은 강하고 영구적이며 결합을 끊기 위해 많은 에너지가 필요하다.

11장에서 분자들은 서로서로를 일시적으로 잡아당길 수 있다는 것을 배웠다. 그러나 분자 간의 인력은 공유 결합의 세기에 비하면 매우 약하다.

- 일시적 쌍극자를 가지고 있는 분자는 쌍극자–쌍극자 분자 간 인력으로 다른 분자를 약하게 당긴다.
- 영구적 쌍극자를 가지고 있는 분자는 쌍극자–쌍극자 분자 간 인력으로 다른 분자를 강하게 당긴다.
- H—O 혹은 H—N 결합을 포함하는 분자들은 분자 간 수소 결합으로 다른 분자를 아주 강하게 당긴다.

수소 원자가 산소 원자와 결합하거나 질소 원자와 결합하면, 특히 강한 쌍극자가 생성된다. 이러한 강한 쌍극자로 인해 분자 간의 인력이 작용하는데 일반적으로 이 힘은 분자 간 인력의 약 10%를 차지한다. 이러한 특별한 형태의 영구적 쌍극자 인력을 **수소 결합(hydrogen bond)**이라고 부른다(그림 11.3). 수소 결합은 생명체 내에서 단백질의 구조, DNA의 이중 나선 구조를 형성하는 데 매우 중요한 역할을 한다.

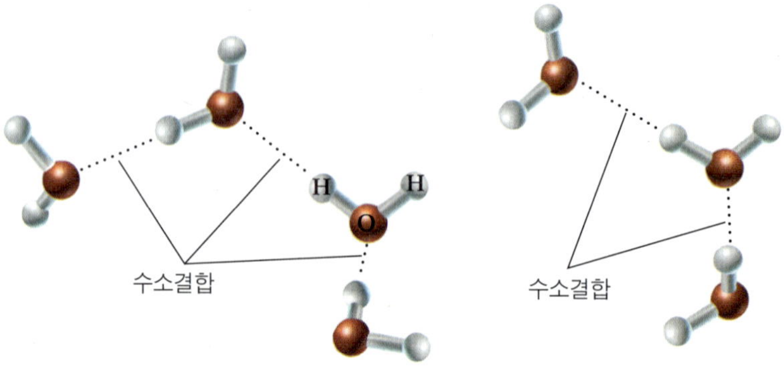


**▲그림 11.3 분자 간 수소 결합**
물 분자는 분자 간 수소 결합을 포함한다. 전기음성도가 매우 큰 산소 원자의 비공유 전자들이 수소 원자를 당기고 있음을 주목하라.

다음 예제를 통해 분자 간 인력의 특징을 설명하고자 한다.

### 예제 11.1 분자 간 인력

어떤 액체 내에 분자들이 영구적 쌍극자를 가지고 있다면, 이 분자들 간의 인력 중 가장 강한 형태의 분자 간 인력은 무엇인가?

**해답**

액체 상태에서, 분자 간 인력은 영구적 쌍극자와 일시적 쌍극자로부터 생긴다. H—O 혹은 H—N 결합을 포함하는 분자들은 가장 강한 형태의 분자 간 인력인 수소 결합을 갖는다. 액체 상태의 물($H_2O$)과 암모니아($NH_3$)가 수소 결합을 갖는 예이다.

**실전 연습문제**

액체 내의 한 분자가 영구적 쌍극자를 갖지 않는다면, 그 밖에 가장 강한 분자 간 힘은 무엇인가?

**답:** 어떤 액체에서 영구적 쌍극자를 갖지 않는 분자들 사이의 인력은 일시적 쌍극자로부터 생성되는 분산력이다.

**개념 문제**

다음 액체 중 더 강한 분자 간 인력을 갖는 것은? $CH_3$-$CH_2$-OH 또는 $CH_3$-O-$CH_3$?

**답:** 부록 G, 11.1 참조

## 11.3 증기압, 끓는점, 점성, 표면 장력

**학습 목표**

- ▶ 어떤 액체에서 분자 간 인력과 증기압, 끓는점, 점성, 표면 장력과의 관련성을 설명할 수 있다.
- ▶ 어떤 액체가 다른 액체에 비해 더 높은 증기압과 끓는점, 점성, 표면 장력을 갖는지 예측할 수 있다.

앞 장에서 우리는 기체의 성질을 설명하기 위해 기체 운동 이론을 소개하였다. 이제 이 이론을 확장하여 액체의 성질을 설명해 보자.

운동 이론에 의하면 두 기체 분자 간의 인력은 무시할 정도로 작다. 그러나 액체의 경우에는 다르다. 액체 상태에서 분자들은 서로서로 가까이 접촉하고 있으며 분자들 간의 인력은 분자 운동을 제한한다. 각각의 분자들은 자유로이 움직이는 데 필요한 충분한 에너지를 가지고 있다. 액체 상태와 기체 상태는 벌집 안에서 우글거리는 꿀벌들(액체 상태)과 꽃가루를 모으기 위해 각자 개별적으로 날아다니는 벌들(기체 상태)에 비유할 수 있다. 이제 몇 가지 액체의 성질을 생각해보자.

## 증기압

운동 이론에 의하면 분자의 평균 에너지는 온도와 관련이 있다. 온도가 높을수록 분자의 운동 에너지는 높다. 그러나 같은 온도에서 모든 분자가 동일한 에너지를 갖는 것은 아니다. 어떤 분자는 다른 분자보다 더 많은 에너지를 갖는다. 예를 들어 액체 표면에서 어떤 분자는 인접한 다른 분자의 인력을 극복할 수 있을 정도의 충분한 에너지를 갖는다. 이러한 분자는 기체 상태(증기, *vapor*라고 부름)가 되고 이 과정을 증발(*vaporization*)이라고 한다. 반대로 증기 상태에서 액체 상태로 돌아가는 과정을 응축(*condensation*)이라고 한다.

증발하는 속도와 응축하는 속도가 같을 때 기체 분자에 의해 액체 위에 가해지는 압력을 **증기압(vapor pressure)**이라고 한다. 그러나 증기압은 액체 분자들 간의 인력에 따라 달라진다. 물 분자는 강한 인력을 갖는 반면 에터 분자 간 인력은 비교적 약하다. 에터 분자 간 인력이 약하기 때문에 에터 분자는 물 분자에 비해 액체 상태로부터 좀 더 쉽게 벗어날 수 있다. 따라서 같은 온도에서 에터의 증기압은 물의 증기압보다 크다(그림 11.4).

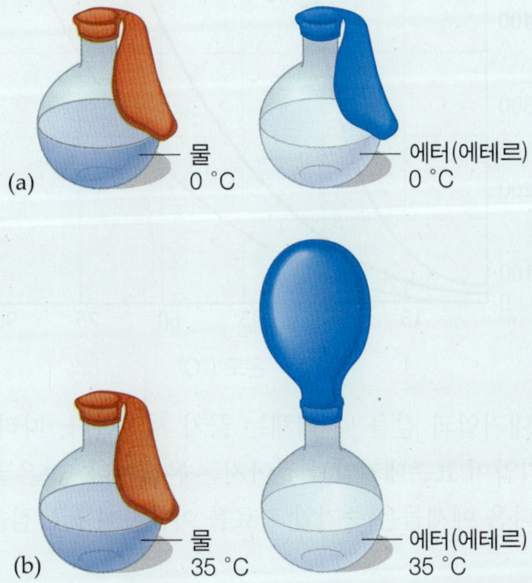


◀**그림 11.4 물과 에터의 증기압**
(a) 0 ℃에서 물과 에터 모두 풍선을 부풀릴 정도의 충분한 증기압을 갖지 않는다. (b) 35 ℃에서 물의 증기압은 여전히 작지만 에터의 증기압은 풍선을 부풀릴 정도로 커진다.

표 11.1는 몇 종류의 액체에서 분자들의 인력, 즉, *분자 간 인력(intermolecular attaction)*과 증기압을 비교한 것이다. 일반적으로 분자 간의 인력이 클수록 증기압은 감소한다. 표 11.1에서 프로피온 산과 뷰틸 알코올은 강한 분자 간 인력을 가지므로 20 ℃에서 증기압이 상당히

**표 11.1 몇 가지 액체의 증기압**

| 액체 종류 | 몰 질량 | 분자 간 인력 | 20 ℃에서의 증기압 |
|---|---|---|---|
| 물 | 18 g/mol | 강 | 18 mm Hg |
| 프로피온 산, $C_2H_5COOH$ | 74 g/mol | 강 | 5 mm Hg |
| 뷰틸 알코올, $C_4H_9OH$ | 74 g/mol | 강 | 6 mm Hg |
| 염화 프로필, $C_3H_7Cl$ | 79 g/mol | 약 | 300 mm Hg |
| 에틸 에터, $C_2H_5OC_2H_5$ | 74 g/mol | 약 | 450 mm Hg |

낮다. 반면, 염화 프로필과 에틸 에터는 약한 분자 간 인력을 가지므로 이것들의 증기압은 상당히 높다. 증기압을 비교할 때에는 몰 질량이 비슷한 두 액체를 선택해야 한다. 표 11.1에서 비교한 액체들은 물을 제외하고는 74 g/mol에 가까운 몰 질량을 갖는다.

## 끓는점

액체의 온도가 올라감에 따라 증기압이 증가한다. 30 ℃에서 물의 증기압은 약 35 mm Hg인데, 60 ℃에서는 150 mm Hg가 된다. 그림 11.5는 에터, 에탄올, 물의 온도에 따른 증기압 변화를 보여준다.

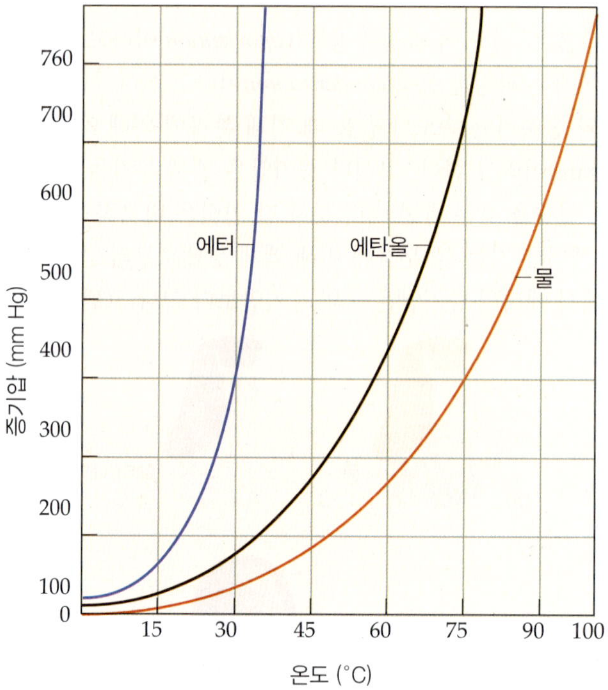


▶그림 11.5 **증기압과 온도의 관계** 온도가 증가함에 따라 액체의 증기압도 높아진다. 100 ℃에서 물의 증기압은 760 mm Hg이다. 따라서 100 ℃에서 물의 증기압은 표준 대기압(760 mm Hg)과 같고 물은 끓기 시작한다.

액체 위의 증기압이 대기압과 같을 때 액체는 끓기 시작한다. 따라서 정상 **끓는점**(**boiling point**, 기호 **Bp**)은 증기압이 표준대기압과 같아지는 온도이다. 높은 끓는점을 갖는 액체는 *낮은* 증기압을 갖는다. 다음 예제들은 증기압 자료를 이용하여 끓는점을 예측하는 방법을 보여준다.

### 예제 11.2 끓는점 예측

그림 11.5를 보고 에터의 대략적인 끓는점을 예측하라.

**해답**

어떤 액체의 정상 끓는점은 증기압이 표준 대기압, 760 mm Hg과 같아지는 온도이다. 그래프를 보면 약 35 ℃에서 에터의 증기압이 760 mm Hg이 된다. 따라서 에터의 정상 끓는점은 약 35 ℃이다. 실제로 관찰된 에터의 끓는점은 36 ℃이다.

**실전 연습문제**

그림 11.5를 이용하여 에탄올의 대략적인 끓는점을 예측하라.

**답:** ~80 ℃(실제 끓는점은 78 ℃)

**개념 문제**

다음 액체 중 어느 것의 끓는점이 더 높은가? $CH_3-CH_2-OH$ 또는 $CH_3-O-CH_3$?

**답:** 부록 G, 11.2 참조

## 점성

어떤 액체들은 다른 액체에 비해 더 쉽게 부을 수 있다. 물은 쉽게 부을 수 있지만 꿀은 그렇지 않다. 액체가 흐르는데 대해 저항하는 성질을 **점성(viscosity)**이라고 한다. 점성은 분자 간 인력의 결과로 생긴다. 점성은 또한 분자의 크기, 모양에 의해서도 영향을 받는다. 이론적으로 분자 간 인력이 클수록 점성도 커진다. 표 11.2는 몇 가지 액체의 분자 간 인력과 점성을 비교한 것이다.

▲**점성**–왼쪽의 자동차 오일은 점성이 커서 오른쪽의 자동차 오일보다 더 천천히 흘러내린다.

**표 11.2 몇 가지 액체의 점성**

| 액체 종류 | 몰 질량 | 분자 간 인력 | 20 ℃에서의 점성* |
|---|---|---|---|
| 물 | 18 g/mol | 강 | 1.00 |
| 프로피온 산, $C_2H_5COOH$ | 74 g/mol | 강 | 1.10 |
| 뷰틸 알코올, $C_4H_9OH$ | 74 g/mol | 강 | 2.95 |
| 염화 프로필, $C_3H_7Cl$ | 79 g/mol | 약 | 0.35 |
| 에틸 에터, $C_2H_5OC_2H_5$ | 74 g/mol | 약 | 0.23 |

*점성 값의 단위는 centipoise.

표 11.2를 보면 프로피온 산과 뷰틸 알코올은 강한 분자 간 인력을 가지고 있고 점성도 물보다 큰 것을 알 수 있다. 반면 염화 프로필과 에틸 에터는 분자 간 인력이 작아 점성도 물보다 작다. 꿀은 점성이 큰 액체의 한 예이다. 따라서 꿀을 이루는 분자 간 인력이 클 것이라고 예측할 수 있다.

## 표면 장력

여러분은 언젠가 물 위에 떠있는 작은 곤충을 본 적이 있을 것이다. 곤충이나 물체가 액체 속으로 가라앉는다는 것은 그것들이 액체 표면을 뚫고 들어간다는 것을 의미한다. 하지만 액체 표면의 분자들은 서로 떨어지지 않으려한다. 이러한 액체 표면에서 분자들의 인력을 **표면 장력(surface tension)**이라고 부른다. 표면 장력의 세기를 말할 때 고려해야 할 다른 요인들도 있지만 일반적으로는 분자 간 인력이 크면 표면 장력도 크다. 표 11.3은 여러 가지 액체의 분자 간 인력과 표면 장력을 비교한 것이다.

**표 11.3 몇 가지 액체의 표면 장력**

| 종류 | 몰 질량 | 분자 간 인력 | 20 ℃에서의 표면 장력* |
|---|---|---|---|
| 물, $H_2O$ | 18 g/mol | 강 | 70 |
| 피로피온 산, $C_2H_5COOH$ | 74 g/mol | 강 | 27 |
| 뷰틸 알코올, $C_4H_9OH$ | 74 g/mol | 강 | 25 |
| 염화 프로필, $C_3H_7Cl$ | 79 g/mol | 약 | 18 |
| 에틸 에터, $C_2H_5OC_2H_5$ | 74 g/mol | 약 | 17 |

*단위는 dyne/cm$^2$

◀**표면 장력** 물은 수소 결합 때문에 표면 장력이 크다. 이로 인해 작은 곤충들이 물 위에 뜰 수 있다.

비는 떨어지면서 빗방울을 형성한다. 실제로 스프레이로 분사된 액체는 작은 구 모양의 방울을 형성한다. 표면 장력으로 인해 액체는 가능한 가장 작은 표면적을 가지려하기 때문에 구 모양의 방울을 형성하는 것이다. 표 11.3을 보면 물의 표면 장력이 상당히 크다는 것을 알 수 있다.

예제 11.3 에서는 액체의 성질과 분자 간 인력의 상관관계를 보여주고자 한다.

### 예제 11.3 물리적 성질의 예측

다음과 같은 액체의 성질에 대해 생각해보자. 분자 간 인력이 강한 액체의 경우 각각의 성질에 해당하는 값이 큰지 작은지 설명하라.

(a) 증기압 (b) 끓는점
(c) 점성 (d) 표면 장력

**풀이**

분자 간 인력이 강한 액체의 경우 (b), (c), 그리고 (d)에 해당하는 값은 크고, (a)에 해당하는 값은 작다.
(a) 분자 간 인력은 증발을 방해한다. 따라서 분자 간 인력이 큰 액체의 경우 증기압이 낮다.
(b) 분자 간 인력은 분자가 액체가 끓는 것을 방해한다. 따라서 분자 간 인력이 큰 액체의 끓는점이 높다.
(c) 분자 간 인력은 액체가 흐르는 것에 대한 저항성을 증가시킨다. 분자 간 인력이 큰 액체의 점성이 크다.
(d) 분자 간 인력으로 인해 액체 방울은 구 모양을 갖게 된다. 분자 간 인력이 큰 액체의 표면 장력이 크다.

**실전 연습문제**

아이소프로필 알코올, $C_3H_7OH$의 분자 간 인력은 펜테인, $C_5H_{12}$보다 크다. 이 두 액체에 대해 다음의 성질을 비교하면 두 액체 중 어느 것이 높은 값을 가질지 예측해 보라.

(a) 증기압 (b) 끓는점
(c) 점성 (d) 표면 장력

**답:** (a) $C_5H_{12}$ (b) $C_3H_7OH$
(c) $C_3H_7OH$ (d) $C_3H_7OH$

**개념 문제**

클립의 밀도는 물의 밀도보다 훨씬 크다. 그런데도 이것이 물 위에 뜨는 이유를 설명하라.

**답:** 부록 G, 11.3 참조

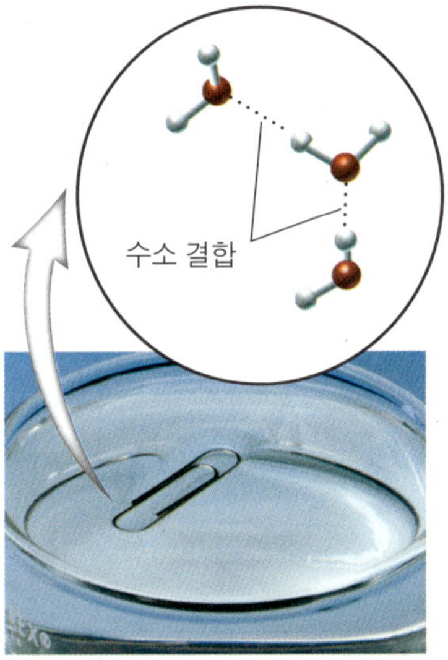

▲**표면 장력** 클립이 물 위에 뜬다.

학습 목표

▶ 고체에서 관찰되는 다섯 가지 성질을 설명할 수 있다.

## 11.4 고체의 성질

액체와는 달리, 고체는 형태를 가진다. 이는 고체를 이루는 각 입자들이 자유로이 움직일 수 없기 때문이다. 기체와 달리, 온도나 압력이 변하여도 고체의 부피는 거의 바뀌지 않는다. 고체에서 관찰되는 성질로는 다음과 같은 것이 있다.

1. **고체는 고정된 형태와 고정된 부피를 갖는다.** 액체와 달리 고체는 단단하고 그 형태는 고정되어 있다.
2. **고체는 결정형 또는 비결정형이다. 결정형 고체(crystalline solid)**의 경우 입자들이 규칙적이고 반복적으로 배열을 한다. 각 입자는 결정 안에서 정해진 위치를 차지한다. 다이아몬드나 루비처럼 분자의 질서도가 높으면 아름답고 투명한 결정을 만들 수 있다. 일반적인 돌은 비결정형의 고체로 투명하지 않다.
3. **고체는 어느 정도까지는 압축되거나 팽창되지 않는다.** 물리적 상태가 변하지 않는 한, 고체의 부피는 온도나 압력에 의해 거의 영향을 받지 않는다.

4. **물질은 고체 상태일 때 액체 상태보다 약간 더 큰 밀도를 갖는다.** 예를 들어 용융된 철이 들어 있는 고온의 용광로에서 고체 철 덩어리는 아래로 가라앉는다. 예외의 경우가 바로 물이다. 얼음은 물보다 밀도가 작아 물 위에 뜨게 된다.
5. **고체는 확산에 의해 섞이지 않는다.** 불균일 고체 혼합물의 경우, 입자들은 자유로이 확산할 수 없고 균일하게 섞일 수 없다. 균일 혼합물인 합금의 경우, 금속들은 용융된 상태에서 균일하게 섞인 후에 냉각되어 고체가 된다.

## 11.5 결정형 고체

**학습 목표**

▶ 결정형 고체의 세 가지 형태인 이온 결정, 분자 결정, 그리고 금속 결정을 설명할 수 있다.

화학자들은 결정형 고체의 입자들이 규칙적인 배열을 한다는 것을 알고 있다. 그런데 입자들은 이온, 분자, 금속 등 다양한 형태일 수 있다. 이온 고체의 경우, 이온들이 규칙적인 배열을 하여 결정을 이룬다. 분자 고체의 경우 이온이 아닌 분자들이 규칙적인 배열을 한다. 금속 고체의 경우 각 금속 원자들이 기하학적으로 규칙적으로 배열한다.

### 이온 고체

결정형 **이온 고체**(ionic soild)는 양이온과 음이온으로 구성된 이온성 화합물이다. 예를 들어 소금은 NaCl의 결정형 고체이다. 여기서 소듐 이온과, $Na^+$, 염화 이온은, $Cl^-$, 결정 격자(*crystal lattice*)라고 불리는 규칙적인 삼차원 구조로 배열되어 있다. 그림 11.6에 보여주는 식용 소금의 투명한 결정은 입방체 모양을 갖는다. NaF, $CaF_2$, $CaCO_3$ 등의 다른 이온 결정 화합물들은 다른 기하학적 형태를 갖는다.

◀그림 11.6 **결정형 이온 고체**
염화 소듐, NaCl은 결정형 이온 고체의 한 예이다.

### 분자 고체

결정형 **분자 고체**(molecular solid)에서 분자들은 특별한 삼차원적 배치를 하고 있다. 예를 들어 결정형 설탕(식탁 설탕)은 $C_{12}H_{22}O_{11}$라는 분자식을 갖는 분자들로 구성되어 있는데, 규칙적으로 배열된 분자들 사이로 빛이 통과할 수 있다. 따라서 커다란 설탕 결정이 투명한 것이다. 다른 분자 고체로는 황과 인을 들 수 있다. 황 결정(그림 11.7)은 $S_8$ 분자식을 갖는 분자들이 분자 간 결합으로 연결되어 있으며 인 분말은 $P_4$ 분자들로 이루어져 있다.

◀그림 11.7 **결정형 분자 고체**
황 결정, $S_8$은 결정형 분자 고체의 한 예이다.

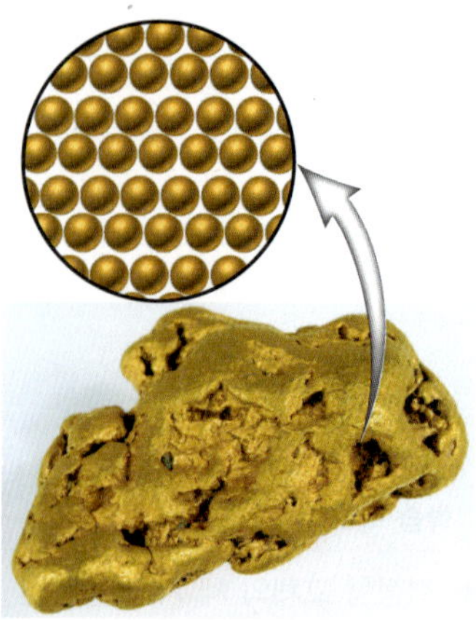

▲그림 11.8 **결정형 금속 고체**
금괴는 결정형 금속 고체의 한 예이다.

## 금속 고체

결정형 **금속 고체(metallic solid)**는 금속 원자들이 일정한 모양으로 배열한 것이다. 즉, 양이온 금속들과 그 주변을 둘러싸고 있는 원자가 전자들이 금속 결정을 만든다. 이러한 원자가 전자들이 금속 양이온 주변을 자유로이 움직이기 때문에 금속은 좋은 전도체이다. 원자들의 배열과 자유로이 움직이는 전자들을 "전자 바다" 모델이라고 한다. 전기가 흐른다는 것은 금속 사이를 이동하는 전자들의 움직임과 관련이 있다. 그림 11.8은 금 결정을 보여준다.

## 결정형 고체의 분류

결정형 고체를 분류하면 그 특성을 예측하는 데 도움이 된다. 일반적으로 녹는점, 굳기, 전기전도도, 물에 대한 용해도와 같은 이온 고체의 성질들은 비슷하다. 분자 고체의 성질 역시 보통의 경우에는 유사하다. 금속의 물리적 성질은 다소 편차가 있지만 모든 금속은 전성(malleable)이 있어서 얇은 호일로 만들 수 있고, 연성(ductile)을 가져서 줄 모양으로 늘릴 수 있으며 좋은 전도체이다. 표 11.4는 세 가지 유형의 이온 고체의 일반적인 성질을 보여준다.

**표 11.4 결정형 고체의 일반적 성질**

| 고체의 유형 | 일반적 성질 | 예 |
|---|---|---|
| 이온형 | 녹는점이 높다. 단단하다. 부스러지기 쉽다. 적어도 조금은 물에 녹는다. 용융 상태나 수용액 상태에서 전기전도도를 갖는다. | NaCl, $CaCO_3$, $MgSO_4$ |
| 분자형 | 녹는점이 낮다. 일반적으로 불용성이다. 전기부도체이다. | $S_8$, $C_{10}H_8$, $C_6H_{12}O_6$ |
| 금속형 | 녹는점이 낮은 것도 있고 높은 것도 있다. 전성과 연성, 전기전도도를 갖는다. 대부분의 용매에 녹지 않는다. | Cu, Ag, Au |

다음의 예제를 통해 결정형 이온, 분자, 금속 고체에 대해 더 자세히 설명하고자 한다.

### 예제 11.4 결정형 고체의 분류

다음 결정형 고체를 이온형, 분자형, 금속형으로 분류하라.

(a) 니켈, Ni (b) 산화 니켈(II), NiO

**해답**

결정형 고체의 유형은 고체 내 입자의 형태에 따라 결정된다.

(a) 니켈은 원소 물질이다. 따라서 Ni 은 금속 고체(metallic solid)이다.
(b) 산화 니켈은 이온들로 되어 있으므로 이온 고체(ionic solid)이다.

**실전 연습문제**

다음 결정형 고체를 이온형, 분자형, 금속형으로 분류하라.

(a) 아이오딘, $I_2$ (b) 아이오딘화 은, AgI

**답:** (a) 분자형 (b) 이온형

**개념 문제**

높은 녹는점을 가지고, 고체에서는 전기부도체이지만 용융 상태에서는 좋은 전도체의 성질을 가지는 결정형 고체는 어떤 유형인가?

**답:** 부록 G, 11.4 참조

## 11.6 물리적 상태의 변화

**학습 목표**

- ▶ 비열, 융해열, 증발열의 개념을 이해할 수 있다.
- ▶ 비열, 융해열, 증발열이 관련된 열량을 계산할 수 있다.

물질의 물리적 성질을 변화시키려면 열이 필요하다. **비열(specific heat)**은 어떤 물질 1 g의 온도를 1 ℃ 올리는 데 필요한 열량이다. 모든 물질은 고유한 비열을 갖는다. 물의 비열을 1 cal/(g× ℃) 로 정하고 이를 기준으로 삼는다. 얼음과 수증기의 비열은 물의 비열의 약 1/2 이다.

다음으로, 어떤 물질이 녹는점에서 고체에서 액체로 상태 변화하는 경우를 생각해보자. 물질 1 g을 녹이는 데 필요한 열량을 **융해열(heat of fusion, $H_{융해}$)**이라고 한다. 물의 경우 융해열은 80.0 cal/g 이다. 물이 액체에서 고체 상태로 변화할 때에도 똑같은 열량, 80.0 cal/g , 이 방출된다. 이와 같은 열량 변화를 *응고열(heat of solidification,* $H_{응고}$)이라고 한다. 모든 물질에서 융해열과 응고열의 값은 같다. 즉, 물질을 녹이는 데 필요한 열량과 응고하는 과정에서 방출되는 열량은 같다.

끓는점에서 물질은 액체에서 증기로 쉽게 변한다. 물질 1 g을 증발시키는 데 필요한 열량을 **증발열(heat of vaporization, $H_{증발}$)**라고 한다. 물의 증발열은 540 cal/g이다. 반대로 물은 기체에서 액체로 응축될 때 같은 양의 열, 540 cal/g, 을 방출한다. 이 열량을 *응축열(heat of condensation,* $H_{응축}$)이라고 한다. 모든 물질에서 증발열과 응축열은 같다. 표 11.5에 물과 얼음, 수증기의 열량 값을 제시하였다.

**표 11.5 물의 열량 값**

| 물질 | 비열 [cal/(g× ℃)] | $H_{융해}$ (cal/g) | $H_{응고}$ (cal/g) | $H_{증발}$ (cal/g) | $H_{응축}$ (cal/g) |
|---|---|---|---|---|---|
| 얼음, $H_2O(s)$ | 0.50 | 80.0 | | | |
| 물, $H_2O(l)$ | 1.00 | | 80.0 | 540 | |
| 증기, $H_2O(g)$ | 0.48 | | | | 540 |

일정한 양의 열을 지속적으로 공급할 때 온도 변화를 알아보기 위해 가열 곡선(heating curve)이라고 불리는 온도-에너지 그래프를 그린다. 그림 11.9에 물에 대한 가열 곡선을 나타내었다.

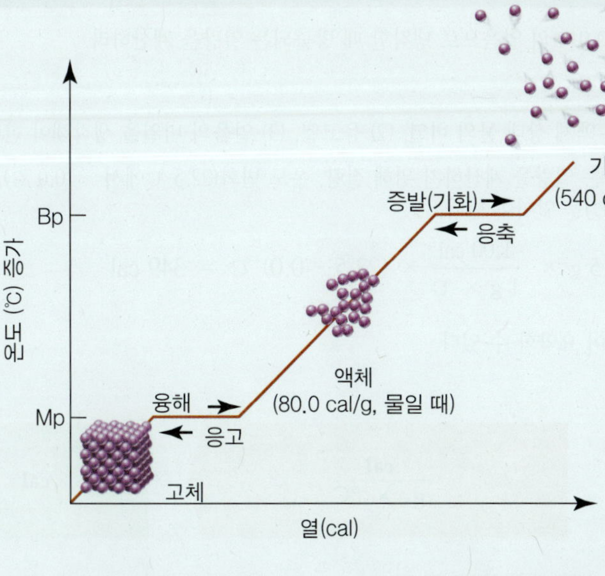


◀**그림 11.9 온도-에너지 그래프** 물질을 계속 가열하면 결국에는 물질의 물리적 상태가 바뀐다. 그래프를 보면 융해(고체에서 액체), 증발(액체에서 기체), 응축(기체에서 액체), 응고(액체에서 고체) 과정에서 온도가 항상 일정하다.

가열 곡선에 나타낸 각각의 개념을 표 11.5의 열량 값과 연결해보자. 예를 들어, -5.0 ℃의 얼음 25.5 g을 100.0 ℃의 수증기로 전환하는 데 필요한 열에너지를 계산해보자. 이 문제를 풀기 위해서는 네 단계가 필요하다: (1) -5.0 ℃의 얼음을 0.0 ℃까지 가열한다. (2) 0.0 ℃에서 이 얼음을 물로 전환한다. (3) 0.0 ℃ 물을 100.0 ℃로 가열한다. (4) 100 ℃에서 물을 수증기로 전환한다.

1. 얼음을 가열하는 데 필요한 열량을 계산하기 위해서는 질량(25.5 g), 온도 변화(-5.0 ℃에서 0.0 ℃), 얼음의 비열(0.5 cal/(g × ℃))이 필요하다.

$$25.5\ \text{g} \times \frac{0.50\ \text{cal}}{1\ \text{g} \times ℃} \times [0.0 - (-5.0)]\ ℃ = 64\ \text{cal}$$

2. 얼음의 융해열은 80.0 cal/g(표 11.5)이다. 25.5 g 얼음을 녹이기 위해 필요한 에너지는 다음과 같다.

$$25.5\ \text{g} \times \frac{80.0\ \text{cal}}{1\ \text{g}} = 2{,}040\ \text{cal}$$

3. 액체 상태의 물을 가열하는 데 필요한 열량을 계산하기 위해서는 질량, 온도 변화(0.0 ℃에서 100.0 ℃), 물의 비열을 알아야 한다.

$$25.5\ \text{g} \times \frac{1.00\ \text{cal}}{1\ \text{g} \times ℃} \times (100.0 - 0.0)\ ℃ = 2{,}550\ \text{cal}$$

4. 물의 증발열은 540 cal/g(표 11.5) 이다. 따라서 물을 수증기로 증발시키기 위해 필요한 에너지는 다음과 같다.

$$25.5\ \text{g} \times \frac{540\ \text{cal}}{1\ \text{g}} = 13{,}800\ \text{cal}$$

얼음을 가열하고 증발시키기 위해 필요한 총 열량은 1-4단계에서 계산한 값의 합이다.

$$64\ \text{cal} + 2{,}040\ \text{cal} + 2{,}550\ \text{cal} + 13{,}800\ \text{cal} = 18{,}500\ \text{cal}$$

-5.0 ℃의 얼음을 100.0 ℃의 수증기로 가열하는 데 필요한 에너지는 18,500 cal, 혹은 18.5 kcal이다. 다음 예제는 물을 냉각시켜 얼음으로 응고하는 과정에서의 열 변화를 설명해준다.

## 예제 11.5 열의 변화

22.5 ℃의 물 15.5 g을 - 10.0 ℃의 얼음으로 냉각할 때 방출되는 열량을 계산하라.

**해답**

이 문제를 풀기 위해서 (1) 액체 상태 물의 비열, (2) 응고열, (3) 얼음의 비열을 생각해야 한다.

(1) 물이 냉각될 때 방출되는 열량을 계산하기 위해 질량, 온도 변화(22.5 ℃에서 - 10.0 ℃), 그리고 물의 비열, 1.00 cal/(g × ℃)을 알아야 한다.

$$15.5\ \text{g} \times \frac{1.00\ \text{cal}}{1\ \text{g} \times ℃} \times (22.5 - 0.0)\ ℃ = 349\ \text{cal}$$

이 풀이 과정을 다음과 같이 요약할 수 있다.

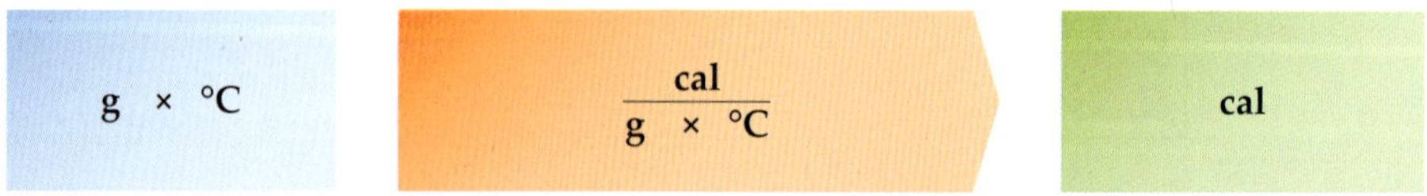


(2) 표 11.5를 보면 응고열은 80.0 cal/g이므로 물이 응고될 때 방출되는 열량은 다음과 같다.

$$15.5\ \text{g} \times \frac{80.0\ \text{cal}}{1\ \text{g}} = 1{,}240\ \text{cal}$$

(3) 얼음의 비열은 0.50 cal/(g × ℃)이므로 얼음이 −10.0 ℃까지 냉각될 때 방출되는 열량은 다음과 같다.

$$15.5\ \cancel{g} \times \frac{0.50\ \text{cal}}{1\ \cancel{g} \times \cancel{℃}} \times [0.0 - (-10.0)]\ \cancel{℃} = 78\ \text{cal}$$

물이 −10.0 ℃의 얼음으로 냉각될 때 방출되는 총 열량은 1-3단계의 열량을 합한 값과 같다.

$$349\ \text{cal} + 1{,}240\ \text{cal} + 78\ \text{cal} = 1{,}670\ \text{cal}$$

즉, 물이 냉각될 때 방출되는 열량은 1,670 cal 혹은 1.67 kcal이다.

**실전 연습문제**

100 ℃의 수증기 50.0 g을 0.0 ℃의 얼음으로 냉각할 때 방출되는 열량을 계산하라.

**답:** $3.60 \times 10^4$ cal(36.0 kcal)

**개념 문제**

다음의 변화 중 가장 많은 열량 변화가 일어나는 것은?

(a) 0.0 ℃의 얼음 1 g을 0.0 ℃의 물로 바꾸기 위해 가한 열

(b) 100 ℃의 물 1 g을 100 ℃의 수증기로 바꾸기 위해 가한 열

**답:** 부록 G, 11.5 참조

## 11.7 물의 구조

**학습 목표**

▶ 물 분자에서 결합각과 알짜 쌍극자를 설명할 수 있다.

우리는 11.3 절에서 물의 끓는점과 표면 장력이 유난히 높다는 것을 배웠다. 물은 또한 수소 결합으로 인해 분자 간 인력이 강하다는 것도 알았다. 이러한 특성을 보다 잘 이해하기 위해 물 분자를 살펴보자. 특히, 물 분자의 구조식, 결합각, 알짜 쌍극자를 살펴보자.

### 구조식과 결합각

구조식에서는 원자 간의 결합을 나타내기 위해 짧은 선(-)을 사용한다. 물 분자에서 두 개의 수소 원자는 특정한 각을 이루도록 그릴 수 있다. 실험적 증거에 의하면 두 수소 원자 사이의 각도는 104.5 °이다. 중심 원자와 이와 결합한 두 원자가 이루는 각도를 **결합각(bond angle)**이라고 한다.

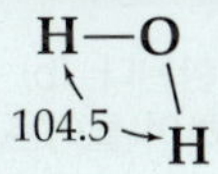


### 쌍극자와 알짜 쌍극자

물 분자에서 각각의 결합은 극성을 띤다. 산소 원자는 약간 음전하를 띠고 수소 원자들은 약간 양전하를 띤다. 델타($\delta^+$ 와 $\delta^-$) 기호로 이러한 부분 전하를 나타낸다.

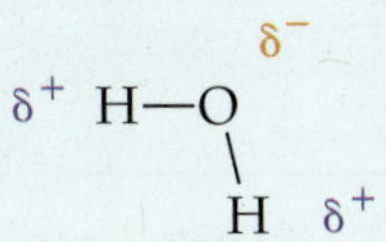


중심 원자인 산소가 전자를 당기므로 물 분자는 두 개의 쌍극자를 갖는다. 이 두 개의 쌍극자의 합이 분자의 중심을 지나는 단일 쌍극자이다. 분자 내에 존재하는 모든 쌍극자의 총합을 **알짜 쌍극자(net dipole)**라고 한다.

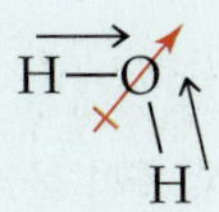


알짜 쌍극자로 인해 물 분자는 음전하를 띤 부분과 양전하를 띤 부분을 갖게 된다. 알짜 쌍

극자를 표현하는 화살표의 머리가 음전하 끝부분으로 향하도록하고, 양전하의 끝부분은 알짜 쌍극자 화살표의 다른 쪽 끝에 있는 양(+)의 부호가 향하도록 한다.

## 화학 커넥션 물의 정수

### Q: 어떻게 센물을 단물로 바꾸는가?

어떤 지역에서는 물에 여러 가지 무기물 이온들이 고농도로 존재하여 음용수나 농업용수로 사용하기에 적합하지 않는 경우가 있다. 이러한 물을 **센물(hard water)**이라고 한다. 이와 같이 무기질 이온의 농도가 너무 높으면 배관이 막히거나 부식되는 등의 문제가 생길 수 있다. 센물에 존재하는 이온은 $Ca^{2+}$, $Mg^{2+}$, $Fe^{3+}$, $Cl^-$, $CO_3^{2-}$, $SO_4^{2-}$, $PO_4^{3-}$ 등이다.

가정에서는 센물로 인해 욕조에 비누 때가 잘 생긴다. 센물에 존재하는 양이온들이 비누와 반응하여 불용성 화합물을 만들어 욕조에 들러붙게 된 것이다. 연수장치로 $Ca^{2+}$, $Mg^{2+}$, $Fe^{3+}$ 등의 이온을 제거하면 이런 문제를 해결할 수 있다. 연수장치는 $Ca^{2+}$, $Mg^{2+}$, $Fe^{3+}$ 이온들을 $Na^+$로 이온교환하는 것으로 $Na^+$를 포함하는 화합물들은 일반적으로 물에 잘 녹는다. 하지만 비록 연수장치가 이온들을 제거하긴 했으나 단물(soft water) 역시 $Na^+$ 이외에 $Cl^-$, $CO_3^{2-}$, $SO_4^{2-}$, $PO_4^{3-}$ 등의 다른 이온들을 포함하고 있다.

이러한 이온들은 화학 분석 결과에 영향을 줄 수 있기 때문에 화학자들은 항상 이러한 이온들이 들어있지 않은 물을 사용한다. 화학자들은 물을 끓여 수증기로 만든 후 이를 다시 응축한 **증류수(distilled water)**를 사용하거나 이온 교환 장치로 이온을 제거한 물을 사용한다. 이러한 방식으로 정화된 물을 **탈이온수(deionized water)**라고 한다. 탈이온수는 양이온과 음이온을 교환하는 이온 교환 시스템을 통과시켜 얻는다. 첫째로 $Na^+$와 같은 양이온들이 고분자 수지(resin)에 결합된 $H^+$와 교환되고, 이어서 $Cl^-$와 같은 음이온들이 $OH^-$ 이온과 교환된다.

$$Na^+(aq) + H^+(\text{수지}) \rightarrow Na^+(\text{수지}) + H^+(aq)$$

$$Cl^-(aq) + (\text{수지})OH \rightarrow (\text{수지})Cl^- + OH^-(aq)$$

이 과정에서 분리된 $H^+(aq)$와 $OH^-(aq)$는 결합하여 물이 된다.

$$H^+(aq) + OH^-(aq) \rightarrow H_2O(l)$$

종합하면 이온 교환 수지가 물속의 모든 이온을 제거한다.

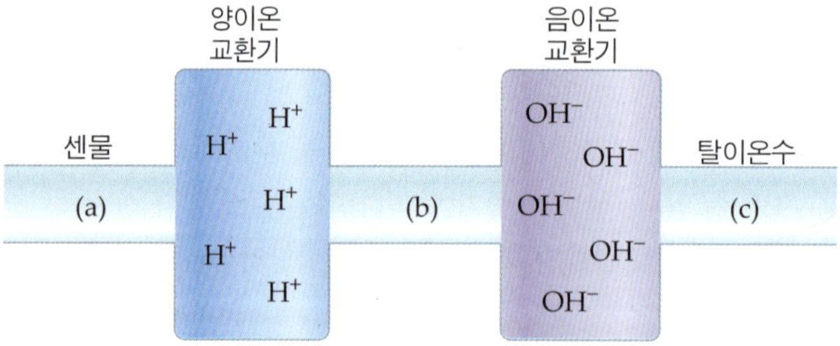


▲ **탈이온수** (a) 센물 중의 양이온은 $H^+$ 이온으로 교환된다. (b) 센물 중의 음이온은 $OH^-$으로 교환된다. (c) $H^+$와 $OH^-$는 결합하여 탈이온화된 $H_2O$를 생성한다.

**A:** 이온 교환 수지를 사용하여 센물에 포함된 $Ca^{2+}$, $Mg^{2+}$, $Fe^{3+}$를 $Na^+$ 로 교환하면 센물을 단물로 바꿀 수 있다.

**학습 목표**

▶ 물의 특이한 물리적 성질을 설명할 수 있다.

## 11.8 물의 물리적 성질

물은 무색, 무취, 무미의 액체이며 매우 좋은 용매이다. 실온에서 물은 다른 어떤 액체보다 높은 비열, 융해열(암모니아를 제외), 증발열을 갖는다.

### 밀도

일반적으로 물질은 액체 상태일 때보다 고체 상태일 때 밀도가 크다. 따라서 얼음의 밀도가 물의 밀도보다 클 것으로 예상하지만 우리는 얼음이 물 위에 뜬다는 사실로부터 물은 고체 상태일 때가 액체 상태일 때보다 밀도가 작다는 것을 알 수 있다. 얼음이 액체 상태의 물보다 밀도가 작은 이유는 수소 결합과 관계가 있다. 그림 11.10은 물 분자의 삼차원적인 수소 결합을 나타낸다.

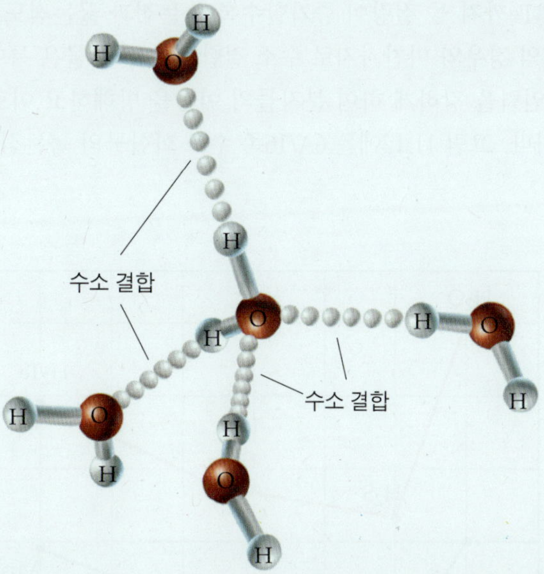


◀그림 11.10 **수소 결합** 물 분자 하나는 4개의 다른 물 분자와 서로 당기고 있다. 이러한 분자 간 수소 결합의 길이는 일반적인 공유 결합 길이보다 약 50% 정도 길다. 따라서 결합의 세기가 약하고 쉽게 끊어진다.

얼음이 형성될 때 물 분자의 수소 결합이 삼차원적인 결정 구조를 만든다. 그림 11.11은 얼음의 결정 구조를 보여준다. 물 분자들이 배열하면서 결정은 구멍을 가지게 되고 이러한 구멍들로 인해 같은 질량의 물보다 얼음은 더 큰 부피를 갖게 된다. 따라서 얼음의 밀도는 액체 물보다 작게 된다. 0 ℃에서 얼음의 밀도는 0.917 g/mL 인 반면, 4 ℃에서 물의 밀도는 1.00 g/mL이다.

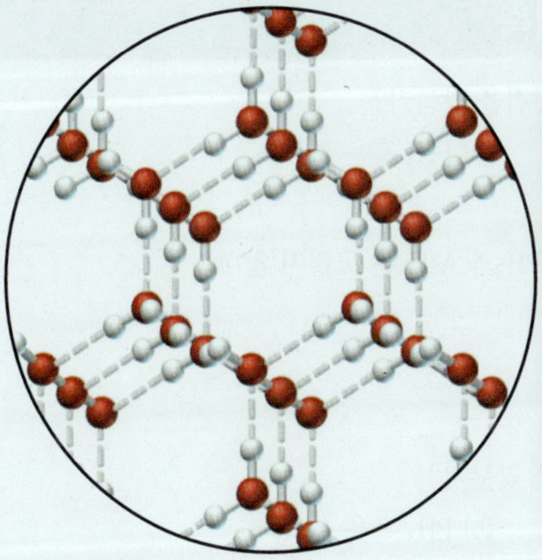

◀그림 11.11 **얼음 결정 구조** 물 분자는 수소 결합으로 육각형 고리를 형성한다. 이들 고리는 다른 고리와 수소 결합으로 연결되어 거대한 삼차원 결정 구조를 만든다.

## 녹는점과 끓는점

물은 작은 분자이지만 특이하게도 높은 녹는점과 끓는점을 갖는다. 다른 6A/16족들과 수소가 결합한 화합물과 비교해보면 물의 이러한 성질이 매우 독특하다는 것을 잘 알 수 있다.

물을 제외하고 6A/16족의 다른 수소 화합물들은 녹는점과 끓는점에서 일정한 경향성을

**표 11.6** VIA/16족 수소 화합물

| 화합물 | 몰 질량 (g/mol) | 녹는점 Mp(℃) | 끓는점 Bp(℃) | $H_{융해}$ (cal/mol) | $H_{증발}$ (cal/mol) |
|---|---|---|---|---|---|
| $H_2O$ | 18 | 0.0 | 100.0 | 1440 | 9720 |
| $H_2S$ | 34 | −85.5 | −60.7 | 568 | 4450 |
| $H_2Se$ | 81 | −60.4 | −41.5 | 899 | 4620 |
| $H_2Te$ | 130 | −48.9 | −2.2 | 1670 | 5570 |

보여준다. $H_2S$에서 $H_2Te$까지 몰 질량이 증가할수록 녹는점과 끓는점도 동시에 증가한다는 것을 알 수 있다. 밀도의 경우와 마찬가지로 수소 결합으로 인해 물은 특이한 성질을 가진다. 수소 결합은 분자 간 인력을 강하게 하여 분자들의 이동을 방해하고 이로 인해 얼음이 녹는 데 높은 온도가 필요하다. 그림 11.12에는 6A/16족 수소 화합물의 녹는점과 끓는점을 나타내었다.

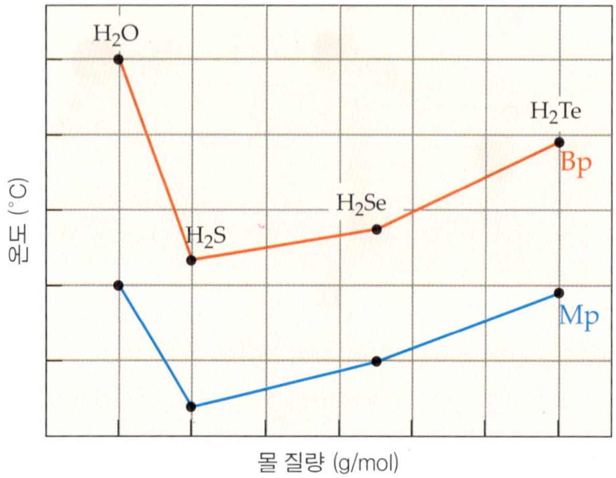


▶그림 11.12 **6A/16족 수소 화합물들의 녹는점과 끓는점**
몰 질량이 증가할수록 녹는점과 끓는점이 비례하여 증가한다. 물은 강한 분자 간 수소 결합 때문에 이러한 경향에서 크게 벗어나있다.

## 예제 11.6 물리적 성질의 예측

다음 한 쌍의 화합물들 중 어느 것이 더 높은 끓는점을 갖는가?

(a) $NH_3$ 혹은 $PH_3$　　(b) $PH_3$ 혹은 $AsH_3$

**해답**

암모니아, $NH_3$ 분자는 수소 결합을 갖고 있지만 $PH_3$과 $AsH_3$은 그렇지 않다.

(a) $NH_3$가 $PH_3$ 보다 끓는점이 높다.

(b) 분자량이 큰 $AsH_3$가 $PH_3$보다 끓는점이 높다.

**실전 연습문제**

다음 한 쌍의 화합물 중 어느 것이 더 큰 증발열을 갖는가?

(a) $NH_3$ 혹은 $PH_3$　　(b) $PH_3$ 혹은 $AsH_3$

**답:** (a) $NH_3$　　(b) $AsH_3$

**개념 문제**

다음 중 분자 간 인력이 가장 강한 것은 무엇인가: 일시적 쌍극자, 영구적 쌍극자, 수소 결합?

**답:** 부록 G, 11.6 참조

## 융해열과 증발열

물은 놀라울 정도로 높은 융해열과 증발열 값을 갖는다. 표 11.6을 보면 물을 제외하고는 $H_2S$에서 $H_2Te$까지 몰 질량이 증가할수록 융해열과 증발열도 증가한다는 것을 알 수 있다. 분자의 크기가 커지면 분자 간 인력도 약간 커지기 때문이다. 따라서 고체를 녹이거나 액체를 기화시키는 데 더 많은 에너지가 필요한 것이다. 물의 경우 수소 결합 때문에 융해열과 증발열이 유난히 높다.

## 11.9 물의 화학적 성질

**학습 목표**

▶ 물이 관여하는 화학반응에 대한 화학반응식을 쓸 수 있다.

우리는 전에 다섯 가지 기본적인 화학반응을 배웠다. 앞서 언급한 화학반응에서 물은 대부분 용매로 사용되지만, 물이 반응물로 쓰일 수도 있다. 일례로 물에 전류를 통하면 물은 수소 기체와 산소 기체로 분해되는데 이것을 **전기분해(electrolysis)**라고 한다. 균형 화학반응식에 의하면 산소 기체 1부피가 생성될 때마다 수소 기체 2부피가 생성된다.

$$2\,H_2O(l) \xrightarrow{\text{전기}} 2\,H_2(g) + O_2(g)$$

다섯 가지 기본 반응 가운데 하나가 치환 반응이다. 이 반응에서 반응성이 큰 금속(Li, Na, K, Ca, Sr, 혹은 Ba)은 물과 반응하여 수산화 금속과 수소 기체를 발생시킨다. 이 반응은 실온에서 매우 빠르게 일어난다. 예를 들어 포타슘은 물과 격렬히 반응한다.

$$2\,K(s) + 2\,H_2O(l) \longrightarrow 2\,KOH(aq) + H_2(g)$$

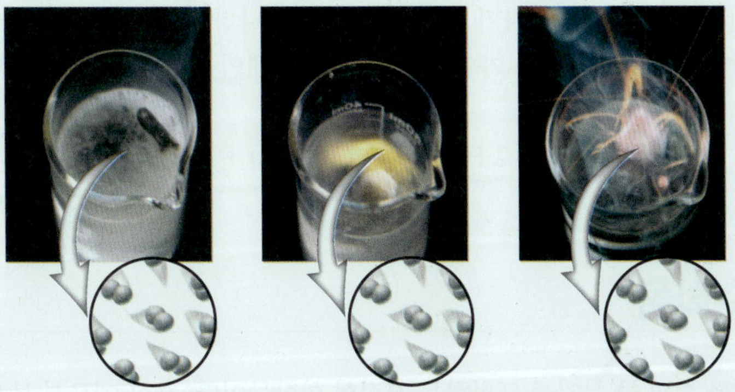

◀**물속에서의 알칼리 금속** Li, Na, K(왼쪽부터 오른쪽 순서)은 물과 반응하여 가연성인 수소 기체를 발생시킨다.

**금속 산화물(metal oxide)**은 물과 반응하여 수산화 금속을 생성할 수 있다. 수산화 화합물은 염기성 혹은 알칼리성을 띤다. 금속 산화물은 물과 반응하여 염기성 용액을 생성하므로 금속 산화물을 *염기성 산화물(basic oxide)*이라고도 한다. 예를 들어, 산화 칼슘은 다음과 같이 물과 반응한다.

$$CaO(s) + H_2O(l) \longrightarrow Ca(OH)_2(aq) \quad (\textit{염기})$$

대부분의 비금속 산화물(nonmetal oxide)은 물과 반응하여 산성 용액을 만든다. 따라서 비금속의 산화물을 산성 산화물(acidic oxide)이라고 한다. 예를 들어 이산화 탄소는 다음과 같이 물과 반응한다.

$$CO_2(g) + H_2O(l) \rightarrow H_2CO_3(aq) \quad (\textit{산})$$

### 물이 생성되는 반응

몇몇 형태의 반응에서는 물이 생성된다. 가장 간단한 반응은 수소와 산소로부터 직접 물이 생성되는 반응이다. 이 반응에서 수소 기체와 산소 기체가 반응하여 물이 생성된다. 이 반응은 실온에서는 매우 느리게 일어나지만 불꽃이나 스파크가 있으면 폭발적으로 일어난다. 균형 화학반응식을 보면 2 부피의 수소가 1 부피의 산소와 반응하는 것을 알 수 있다.

$$2\,H_2(g) + O_2(g) \xrightarrow{\text{불꽃}} 2\,H_2O(l)$$

물이 생성되는 또 다른 반응은 탄화수소의 연소 반응이다. 탄화수소는 수소와 탄소를 포함하는 유기 화합물이다. 탄화수소를 공기 중에서 연소시키면 이산화 탄소와 물이 생성된다. 예를 들어 프로판, $C_3H_8$은 다음과 같이 연소한다.

$$C_3H_8(g) + 5\,O_2(g) \xrightarrow{\text{불꽃}} 3\,CO_2(g) + 4\,H_2O(g)$$

수소와 산소를 포함하는 유기 화합물 역시 연소하여 이산화 탄소와 물을 생성한다. 예를 들어 에탄올, $C_2H_5OH$은 가솔린과 섞어 가소올, gasohol을 제조하는 데 사용된다. 에탄올은 다음과 같이 연소하여 이산화 탄소와 물을 생성한다.

$$C_2H_5OH(g) + 3\,O_2(g) \xrightarrow{\text{불꽃}} 2\,CO_2(g) + 3\,H_2O(g)$$

중화 반응에서도 물이 생성된다. 산과 염기가 중화 반응하면 염과 물이 생성된다. 예를 들어 황산, $H_2SO_4$은 수산화 소듐 수용액, NaOH과 반응하여 황산 소듐과 물이 생성된다.

$$H_2SO_4(aq) + 2\,NaOH(aq) \longrightarrow Na_2SO_4(aq) + 2\,H_2O(l)$$

수화물을 분해하면 역시 물이 생성된다. **수화물(hydrate)**은 특정한 수의 물 분자를 포함하는 결정형 화합물이다. 석고는 황산 칼슘, $CaSO_4$의 수화물이다. 화학식 $CaSO_4 \cdot 2\,H_2O$은 각각의 $CaSO_4$ 단위당 2개의 물 분자가 결합되어 있음을 나타낸다. 수화물을 가열하면 물 분자가 빠져나온다. 예를 들어 석고를 가열하면 $CaSO_4$와 2개의 물 분자로 분해된다.

$$CaSO_4 \cdot 2\,H_2O(s) \xrightarrow{\Delta} CaSO_4(s) + 2\,H_2O(g)$$

학습 목표

- 수화물에 포함된 물의 백분율을 계산할 수 있다.
- 수화물에 들어있는 수화수의 양을 계산할 수 있다.

▲터키옥석
터키옥석, $CuAl_6(PO_4)_4(OH)_8 \cdot 4\,H_2O$은 구리를 함유하는 4 수화물의 한 예이다.

## 11.10 수화물

수화물은 특정한 수의 물 분자를 포함하는 결정형 화합물이다. 흔한 예로서 붕사, $Na_2B_4O_7 \cdot 10\,H_2O$와 에프솜 염, $MgSO_4 \cdot 7\,H_2O$이 있다. 수화물 화학식에서 점(·)은 물 분자가 각 단위의 수화물에 결합되어 있음을 나타낸다. 에프솜 염에서는 각 $MgSO_4$ 단위 화학식에 7개의 물 분자가 결합되어 있다.

수화물을 가열하면 물이 빠져 나가고 **무수 화합물**(anhydrous compound, 물이 없음)이 생성된다. 예를 들어 황산 구리(II) 5 수화물을 가열하면 무수 황산 구리(II)와 물로 분해된다. 반응식은 다음과 같다.

$$CuSO_4 \cdot 5\,H_2O(s) \xrightarrow{\Delta} CuSO_4(s) + 5\,H_2O(g)$$

수화물에 포함된 물 분자를 **수화수(water of hydrate)** 혹은 *결정수(water of crystallization)*라고 한다. 황산 구리(II) 5 수화물의 수화수는 5개이다. 그림 11.13 은 황산구리(II)의 수화물과 무수물 형태를 보여준다.

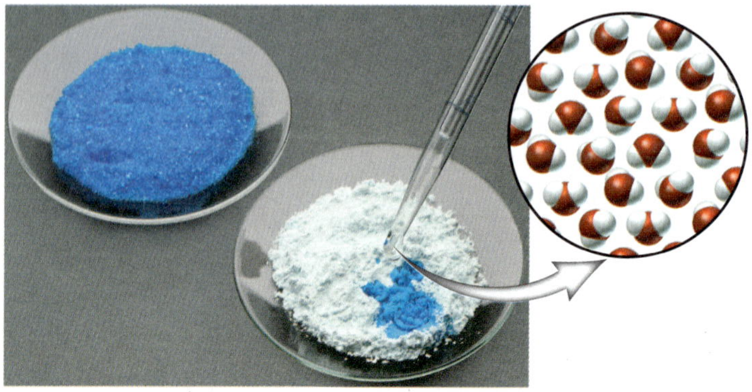

▶그림 11.13 **황산 구리(II) 수화물과 무수물**
황산 구리(II) 5 수화물, $CuSO_4 \cdot 5\,H_2O$ 결정은 진한 청색인 반면 무수 황산 구리(II), $CuSO_4$는 흰색 분말이다. 백색 분말에 물을 몇 방울 떨어뜨리면 수화물의 청색이 다시 나타난다.

IUPAC은 수화물에 대한 명명법을 정하고 있다. 이 규칙에 따르면 무수물의 화학식을 먼저 쓰고 이어서 수화수의 개수(그리스어의 접두사)와 '수화물'이라는 단어를 쓴다. 예를 들어 석고, $CaSO_4 \cdot 2\,H_2O$를 체계적으로 명명하면 calcium sulfate dihydrate(황산 칼슘 2수화물)이다. 여기서 di는 수화수가 2개임을 의미한다. 다음의 예로 수화물의 명명법에 대해 더 연습해 보자.

### 예제 11.7 수화물의 명명

다음 수화물을 명명하라.

(a) $Co(CN)_3 \cdot 3\,H_2O$ (b) $FeSO_4 \cdot H_2O$

**해답**

먼저 무수 화합물의 이름을 쓴 다음 그리스어 접두사를 이용하여 수화수의 개수를 쓴다(필요한 경우 표 7.4를 참고).

(a) $Co(CN)_3$을 스토크 체계로 명명하면 사이안화 코발트(III)(cobalt(III) cyanide)이고 라틴 체계로 명명하면 *사이안화 제이코발트*(*cobaltic cyanide*)이다. 3에 대한 그리스어 접두사는 *tri*- 이므로, 수화물의 이름은 *사이안화 코발트(III) 3 수화물*(*cobalt(III) cyanide trihydrate*)이거나 *사이안화 제이코발트 3 수화물*(*cobaltic cyanide trihydrate*)이다.

(b) $FeSO_4$을 스토크 체계로 명명하면 황산 철(II)(iron(II) sulfate)이고 라틴 체계으로 명명하면 황산 제일철(ferrous sulfate)이다. 1에 대한 그리스어 접두사는 *mono*- 이므로, 수화물의 이름은 *황산 철(II) 1 수화물*(*iron(II) sulfate monohydrate*)이거나 *황산 제일철 1 수화물*(*ferrous sulfate trihydrate*)이다.

**실전 연습문제**

다음 수화물의 화학식을 쓰라.

(a) 황산 아연 7 수화물 (zinc sulfate heptahydrate)

(b) 크롬산 소듐 4 수화물 (sodium chromate tetrahydrate)

**답:** (a) $ZnSO_4 \cdot 7\,H_2O$ (b) $Na_2CrO_4 \cdot 4\,H_2O$

**개념 문제**

다음 수화물을 명명하라: $CaCl_2 \cdot H_2O$, $CaCl_2 \cdot 2\,H_2O$, $CaCl_2 \cdot 6\,H_2O$

**답:** 부록 G, 11.7 참조

## 수화물에서 물의 백분율

8.7 절에서 화합물을 구성하는 원소들의 백분율조성을 공부하였다. 여기에서도, 수화물에 포함된 수화수의 백분율은 수화물의 총 질량에 대한 수화수의 질량비를 계산하고 여기에 100을 곱하면 구할 수 있다.

$$\frac{\text{물의 질량}}{\text{수화물의 질량}} \times 100\% = \%\ H_2O$$

예를 들어, 석고, $CaSO_4 \cdot 2\,H_2O$에 포함된 물의 백분율을 계산해보자. 주기율표를 사용하여 $H_2O$의 몰 질량은 18.02 g이고 $CaSO_4$의 몰 질량은 136.15 g임을 알 수 있다. 물의 백분율은 다음과 같이 구할 수 있다.

$$\frac{2(18.02)\ \cancel{g}}{136.15\ \cancel{g} + 2(18.02)\ \cancel{g}} \times 100\% = 20.93\%$$

석고의 화학식이 2 수화물이기 때문에 분자와 분모에서 물의 몰 질량에 2를 곱해준다. 다음의 예제를 통해 수화물에 포함된 물의 백분율 계산을 연습해보자.

### 예제 11.8 수화물에서 물의 백분율

다음 수화물에 포함된 물의 백분율을 계산하라.

(a) $CuSO_4 \cdot 5\ H_2O$ (b) $Na_2B_4O_7 \cdot 10\ H_2O$

**해답**

주기율표를 참조하여 각 무수물의 몰 질량을 알아낸다. 물의 몰 질량은 18.02 g이다.

(a) $CuSO_4$의 몰 질량은 159.62 g이고 수화수가 5개이므로 계산식은 다음과 같다.

$$\frac{5(18.02)\ \cancel{g}}{159.62\ \cancel{g} + 5(18.02)\ \cancel{g}} \times 100\% = \%\ H_2O = 36.08\%$$

(b) $Na_2B_4O_7$의 몰 질량은 201.22 g이고 수화수가 10개이므로 계산식은 다음과 같다.

$$\frac{10(18.02)\ \cancel{g}}{201.22\ \cancel{g} + 10(18.02)\ \cancel{g}} \times 100\% = \%\ H_2O = 47.24\%$$

**실전 연습문제**

다음 수화물에 포함된 물의 백분율을 계산하라.

(a) $NaC_2H_3O_2 \cdot 3\ H_2O$ (b) $Na_2S_2O_3 \cdot 5\ H_2O$

**답:** (a) 39.72% (b) 36.30%

**개념 문제**

다음 수화물 중 물 백분율이 가장 높은 것은? $CaCl_2 \cdot H_2O$, $CaCl_2 \cdot 2\ H_2O$, 또는 $CaCl_2 \cdot 6\ H_2O$

**답:** 부록 G, 11.8 참조

## 수화물의 화학식 결정하기

8.8단원에서 원소들의 백분율 조성으로부터 실험식 구하는 것을 공부하였다. 비슷한 방법으로 수화물에 포함된 수화수의 개수를 알아보자.

화합물의 실험식은 그 화합물을 구성하는 원소들 간의 가장 간단한 정수비로 표현된다. 마찬가지로, 수화물의 실험식은 물 분자와 무수 화합물 간의 가장 간단한 정수비로 표현된다. 세제로 사용되는 $Na_3PO_4 \cdot XH_2O$에서 X는 수화수의 개수를 나타낸다. X를 알아내기 위해서는 수화수의 백분율을 알아야한다. $Na_3PO_4 \cdot XH_2O$가 52.3%의 수화수를 포함한다고 가정해보자. 분해 반응식은 다음과 같다.

$$Na_3PO_4 \cdot XH_2O\ (s) \xrightarrow{\Delta} Na_3PO_4(s) + XH_2O(g)$$

수화수의 함량이 52.3%이므로 $Na_3PO_4(s)$의 함량은 47.7%이다(100.0−52.3=47.7%). 실험식 계산에서와 마찬가지로 수화물 시료가 100 g 있다고 가정해보자. 그러면 시료는 무수 화합물 47.7 g과 수화수 52.3 g을 포함한다. 다음 단계에서 물의 몰 수를 계산한다.

$$52.3\ \cancel{g\ H_2O} \times \frac{1\ mol\ H_2O}{18.02\ \cancel{g\ H_2O}} = 2.90\ mol\ H_2O$$

주기율표를 참조하여 $Na_3PO_4$의 몰 질량을 구하면 163.94 g이고, 다음과 같이 무수 화합물의 몰 수를 계산한다.

$$47.7\ \cancel{g\ Na_3PO_4} \times \frac{1mol\ Na_3PO_4}{163.94\ \cancel{g\ Na_3PO_4}} = 0.291\ mol\ Na_3PO_4$$

수화물에서 $Na_3PO_4$와 $H_2O$의 몰 비는 0.291:2.90, 정수화하면 1/10이다. 수화수가 10개이고 따라서 수화물의 화학식은 $Na_3PO_4 \cdot 10\ H_2O$이다.

## 예제 11.9 수화물의 수화수

아이오딘화 마그네슘 수화물에서 수화수의 수를 결정하라. $MgI_2 \cdot XH_2O$ 에서 물의 함량은 34.0%라고 한다.

**해답**

먼저 분해반응식을 쓴다.

$$MgI_2 \cdot XH_2O(s) \xrightarrow{\Delta} MgI_2(s) + XH_2O(g)$$

수화물은 34.0%의 물을 포함하므로 $MgI_2$의 함량은 66.0%(100.0-34.0=66.0%)이다. 수화물 시료가 100 g 있다고 가정하면 시료는 수화수 34.0 g과 무수 화합물 66.0 g을 포함한다. 물의 몰 수를 계산하면

$$34.0 \text{ g } H_2O \times \frac{1 \text{ mol } H_2O}{18.02 \text{ g } H_2O} = 1.89 \text{ mol } H_2O$$

주기율표를 참조하여 $MgI_2$의 몰 질량을 구하면 278.11 g 이고 다음과 같이 $MgI_2$의 몰 수를 구한다.

$$66.0 \text{ g } MgI_2 \times \frac{1 \text{ mol } MgI_2}{278.11 \text{ g } MgI_2} = 0.237 \text{ mol } MgI_2$$

수화물에서 $MgI_2$와 $H_2O$의 몰 비는 0.237:1.89 이고 정수비로는 1:7.97, 대략적으로 1:8이다. 수화수의 개수는 8개이다. 따라서 화학식은 $MgI_2 \cdot 8\ H_2O$이고 아이오딘화 마그네슘 8 수화물(magnesium iodide octahydrate)이라고 부른다.

**실전 연습문제**

아이오딘화 구리(II) 수화물의 수화수 개수를 구하라. $CuF_2 \cdot XH_2O$에서 물의 함량은 26.2%라고 한다.

**답:** $CuF_2 \cdot 2\ H_2O$

**개념 문제**

다음 수화물 중 수화수를 가장 많이 가지고 있는 화합물은? $CaCl_2 \cdot H_2O$, $CaCl_2 \cdot 2\ H_2O$, $CaCl_2 \cdot 6\ H_2O$

**답:** 부록 G, 11.9 참조

## 자세히 보기 병물(BOTTLED WATER)

### Q: 병물과 수돗물의 차이는 무엇인가?

병물 산업은 최근 거대 산업이 되었다. 미국 사람들이 한해 소비하는 병물은 거의 60억 병에 달한다. 조사에 의하면 미국 사람의 절반이상이 병물을 마시며 일반인들의 1/3이 규칙적으로 병물을 소비한다. 정수, 샘물, 광천수, 비타민이 추가된 물 등 여러 가지 유형의 병물이 있다.

◀**병물**
Aquafine, Perrier, Dasani는 인기 있는 병물 브랜드이다.

가정집 수도꼭지로부터 나오는 물을 수돗물(tap water)이라고 한다. 수돗물은 공중위생 목적으로 염소 처리를 한다. 증류하거나 탈이온화된 물을 정수라고 한다. 몇몇 정수회사들은 천연 음용수와 유사한 맛을 내기 위해 미네랄을 첨가하기도 한다. 지하 깊은 곳의 수원으로부터 취수한 물을 샘물(spring water)이라고 한다. 샘물은 정수 과정을 거치치 않아도 되지만 샘물을 수송할 때에는 정수가 필요할 수 있다. 이 때문에 어떤 샘물 공급업자들은 수원지에서 바로 샘물을 병에 담아 팔기도 한다.

소비자들은 병물이 수돗물보다 위생이나 건강 면에서 더 좋다고 믿는다. 놀랍게도 대부분의 경우 병물에 적용되는 정수 기준이 수돗물에 적용되는 것보다 덜 엄격하다. 미국 환경청(EPA)이 공공 급수의 질을 관리하고 있지만 병물에 대한 관리 책임은 없다. 주 경계를 넘어 다른 주로 판매되는 병물은 식품으로 분류되어 식품의약처(FDA)가 관리하는데 식품의약처는 음용수가 위생 조건에 맞게 병에 주입되는지를 감시한다.

천연자원보호협회의 연구에 의하면 캘리포니아의 병물 브랜드 38개를 조사하였더니 이 가운데 8개에서 상당량의 오염 물질이 검출되었다. Case Western Reserve 대학과 오하이오 주립대학의 연구

팀은 57개의 병물 시료를 클리블랜드의 수돗물과 비교하였는데, 39개의 병물이 수돗물보다 더 깨끗했지만 15개에서는 상당히 높은 농도의 박테리아가 검출되었다. 하지만 과학자들은 이 모든 물이 마시기에는 안전하다고 했다.

Perrier®는 수원지가 남부 프랑스인 탄산수이다. 이 탄산수의 특별한 점은 탄산이 자연적으로 생성된다는 것이다. 탄산화는 지구 내부의 화산 활동에 의한 것으로 석회암 지대에서 화산열에 의해 석회암($CaCO_3$)으로부터 유리된 이산화 탄소가 광천수에 녹아들어 간다.

**A:** 수원지에 의해 병물과 수돗물을 구별한다. 어떤 병물은 자연으로부터 취수하지만 어떤 병물은 증류하거나 수돗물을 탈이온화 처리한 것이며, 종종 무기질을 첨가하기도 한다.

# Chapter Summary

| 주요 개념 | 학습목표와 관련 연습문제 |
|---|---|
| **11.1 액체의 성질**<br>액체는 형태는 변할 수 있으나 부피는 일정하다. 액체는 쉽게 흐르지만 기체처럼 압축되거나 팽창되지 않는다. 액체의 밀도는 차이가 있지만 기체의 밀도에 비해 대략 1000배 크다. 기체와 마찬가지로 액체는 용기 안에서 균일하게 섞이고 확산한다. | • 액체의 다섯 가지 성질을 설명할 수 있다.<br>**관련 문제:** 1-3 |
| **11.2 분자 간 결합의 개념**<br>기본적인 분자 간 인력에는 세 가지가 있다: 분산력, 쌍극자 힘, 수소 결합. **분산력(dispersion force)**이 가장 약한 힘이며 분자의 일시적인 쌍극자로 인해 생긴다. **쌍극자 힘(dipole force)**은 조금 더 강한 인력으로 분자가 가지는 영구적 쌍극자로 인해 생긴다. 수소 결합(hydrogen bond)은 가장 강한 인력으로 H—O 혹은 H—N 결합을 갖는 분자들 사이에서 생긴다. | • 분자 간 결합의 개념을 설명할 수 있다.<br>**관련 문제:** 5<br>• 액체 상태에서 세 가지 형태의 분자 간 인력을 설명할 수 있다. **관련 문제:** 5 |
| **11.3 증기압, 끓는점, 점성, 표면 장력**<br>어떤 액체의 **증기압(vapor pressure)**이 대기압과 같아질 때 그 액체는 **끓는점(boiling point)**에 도달한다. 액체의 정상 끓는점은 증기압이 760 mm Hg 될 때의 온도이다. 액체는 흘러내리는 데 저항성을 나타내는데 이것을 **점성(viscosity)**이라고 한다. 액체 표면에서 분자들이 서로 잡아당기는 힘을 **표면 장력(surface tension)**이라고 한다. 이러한 성질들은 액체 내 분자들의 인력에 의해 영향을 받는다. 인력이 약하면 증기압이 높고, 반대로 인력이 강하면 끓는점, 점성, 표면 장력이 높은 값을 나타낸다. | • 어떤 액체에서 분자 간 인력과 증기압, 끓는점, 점성, 표면 장력과의 관련성을 설명 할 수 있다.<br>**관련 문제:** 7-11<br>• 어떤 액체가 다른 액체에 비해 더 높은 증기압과 끓는점, 점성, 표면 장력을 갖는지 예측할 수 있다.<br>**관련 문제:** 13-21 |
| **11.4 고체의 성질**<br>고체는 고정된 모양과 일정한 부피를 갖는다. 질서정연한 구조를 갖는 고체를 **결정형 고체(crystalline solid)**라고 한다. 고체는 어느 정도까지는 압축되거나 팽창되지 않는다. 고체 상태 물질의 밀도는 일반적으로 액체 상태의 밀도보다 크다. 물과 암모니아가 예외적인 경우라서 얼음과 고체 암모니아는 물과 암모니아수에 뜬다. 고체 상태에서 입자는 각각의 고정된 위치에 있으므로 섞이거나 확산하지 않는다. | • 고체에서 관찰되는 다섯 가지 성질을 설명할 수 있다.<br>**관련 문제:** 23-25 |
| **11.5 결정형 고체**<br>결정형 고체에는 세 가지 기본적인 유형이 있다. **이온 고체(ionic solids)**는 이온들로 구성된 것이다. 이온들은 서로서로 잡아당기며 반복적인 배열을 한다. **분자 고체(molecular solids)**는 분자들로 이루어진 결정을 만든다. **금속 고체(metallic solids)**는 금속 원자들이 일정하게 배열하여 이루어진 고체이다. 이들 각 유형별 고체의 성질은 다르다. 금속 고체는 좋은 전도체이고, 이온 고체는 용융되거나 수용액 상태에서만 전기를 통하게 한다. 일반적으로 분자 고체는 전류를 전도하지 않는다. | • 고체의 세 가지 형태인 이온 결정, 분자 결정, 그리고 금속 결정을 설명할 수 있다.<br>**관련 문제:** 27-31 |
| **11.6 물리적 상태의 변화**<br>**비열(specific heat)**은 어떤 물질 1 g의 온도를 1 ℃ 올리는 데 필요한 열량이다. **융해열(heat of fusion)**은 물질을 녹이는 데 필요한 열량이다. 어떤 물질을 고체 상태로 얼리는 데 필요한 열량은 **응고열(heat of solidification)**이라고 부른다. 응고열은 융해열과 같은 값을 가진다. 액체를 기체로 바꾸는 데 필요한 열량을 **증발열(heat of vaporization)**이라고 한다. 증기가 액체로 응축할 때 방출되는 열량과 액체가 기화할 때 필요한 열량은 같다. 이 에너지를 응축열(*heat of condensation*)이라고 한다. | • 비열, 융해열, 증발열의 개념을 이해할 수 있다.<br>**관련 문제:** 33<br>• 비열, 융해열, 증발열이 관련된 열량을 계산할 수 있다.<br>**관련 문제:** 35-41 |

| 주요 개념 | 학습목표와 관련 연습문제 |
|---|---|

## 11.7 물의 구조

두 개의 O—H로 이루어진 결합각(bond angle)이 104.5°라는 것 때문에 물은 특이한 성질을 나타낸다. 산소 원자는 부분 음전하를 띠며, 수소 원자는 부분 양전하를 띤다. 이 두 개의 쌍극자로 인해 물 분자는 **알짜 쌍극자(net dipole)**를 갖게 된다. 물에 존재하는 양이온과 음이온에 따라서 물을 **센물(hard water)**과 **단물(soft water)**로 분류할 수 있다. 물을 증류하여 모으면 **증류수(distilled water)**가 얻어지고, 이온 교환 수지를 통과시키면 **탈이온수(deionized water)**가 얻어진다.

- 물 분자에서 결합각과 알짜 쌍극자를 설명할 수 있다.

**관련 문제:** 43-49

## 11.8 물의 물리적 성질

물 분자 간의 수소 결합으로 인해 물은 예외적으로 높은 끓는점, 점성, 표면 장력을 갖는다. 얼음이 물보다 더 작은 비열을 갖는 것도 수소 결합으로 설명할 수 있다. 물은 작은 분자이지만 높은 녹는점, 끓는점, 융해열, 증발열 값을 갖는다.

- 물의 특이한 물리적 성질을 설명할 수 있다.

**관련 문제:** 51-59

## 11.9 물의 화학적 성질

물은 다음과 같은 화학반응을 일으킨다. (1) 물을 **전기분해(electrolysis)**하면 수소 기체와 산소 기체가 발생한다. (2) IA/1족과 2A/2족 금속이 물과 반응하면 수산화 금속과 수소 기체가 생성된다. (3) **금속 산화물(metal oxide)**은 물과 반응하여 수산화 금속을 생성한다. (4) **비금속 산화물(nonmetal oxide)**은 물과 결합하여 산성 용액을 만든다. (표 11.7)

- 물이 관여한 화학반응에 대한 화학반응식을 쓸 수 있다.

**관련 문제:** 61-69

**표 11.7 물이 관여하는 화학반응의 요약**

| 반응물 | | | | 생성물 |
|---|---|---|---|---|
| 물 | | | $\xrightarrow{\text{전기}}$ | 수소 + 산소 |
| 활성 금속 | + | 물 | $\longrightarrow$ | 수산화 금속 + 수소 |
| 금속 산화물 | + | 물 | $\longrightarrow$ | 염기성 용액 |
| 비금속 산화물 | + | 물 | $\longrightarrow$ | 산성 용액 |

다음 반응에서는 물이 생성된다. (1) 수소 기체와 산소 기체의 반응 (a) 탄화수소의 연소 반응 (3) 산과 염기의 중화 반응 (4) **수화물(hydrate)**의 가열(표 11.8)

**표 11.8 물을 생성하는 반응의 요약**

| 반응물 | | | | 생성물 |
|---|---|---|---|---|
| 수소 | + | 산소 | $\xrightarrow{\text{불꽃}}$ | 물 |
| 탄화수소 | + | 산소 | $\xrightarrow{\text{불꽃}}$ | 이산화 탄소 + 물 |
| 산 | + | 염기 | $\longrightarrow$ | 염 + 물 |
| | | 수화물 | $\xrightarrow{\triangle}$ | 무수 화합물 + 물 |

## 11.10 수화물

수화물을 명명할 때는 먼저 **무수화합물(anhydrous compound)**을 명명하고 수화수의 개수를 그리스어 접두사로 쓰고 마지막에 "수화물"(hydrate)을 붙인다. 예를 들어 $BaCl_2 \cdot 2H_2O$는 '염화 바륨 2 수화물(barium chloride dihydrate)'이라고 명명한다. 수화물의 화학식을 알아내는 과정은 실험식을 알아내는 과정과 비슷하다. 수화물에 포함된 수화수의 백분율을 알면 수화수와 무수물의 몰 수를 계산할 수 있다. 수화수와 무수물의 몰 비로부터 수화수(water of hydration)의 개수를 알 수 있다. 수화수는 **결정수(water of crystallization)**라고도 한다.

- 수화물에 포함된 물의 백분율을 계산할 수 있다.

**관련 문제:** 71-75

- 수화물에 들어있는 수화수의 양을 계산할 수 있다.

**관련 문제:** 77

# 주요 용어 주요 용어에 대한 해답은 부록 H에 수록하였다.

다음 각각의 정의에 해당하는 핵심어를 선택하라.

__________ 1. 일시적 쌍극자에 기초를 두는 분자 간 인력

__________ 2. 영구적 쌍극자에 기초를 두는 분자 간 인력

__________ 3. H 원자가 O 또는 N 원자에 결합한 것을 포함한 영구 쌍극자에 기반한 분자 간 인력

__________ 4. 밀폐된 용기 속에 들어있는 액체상에서 증발 속도와 응축 속도가 같을 때 기체 분자에 의해 가해진 압력

__________ 5. 액체의 증기압이 대기압과 같을 때의 온도

__________ 6. 흐름에 대한 액체의 저항

__________ 7. 구형의 방울을 형성하려는 액체의 경향

__________ 8. 규칙적인 기하학적 모형을 반복하는 이온 또는 분자들로 이루어진 고체 물질

__________ 9. 규칙적인 배열을 반복하는 이온들로 이루어진 결정 고체

__________ 10. 규칙적인 배열을 반복하는 분자들로 이루어진 결정 고체

__________ 11. 규칙적인 배열을 반복하는 금속 원자들로 이루어진 결정 고체

__________ 12. 어떤 물질 1 g을 1 ℃ 올리는 데 필요한 열

__________ 13. 녹는점에서 고체가 액체로 변할 때 필요한 열

__________ 14. 끓는점에서 액체가 기체로 증발할 때 필요한 열

__________ 15. 한 분자 내에서 중앙의 원자와 결합해 있는 두 원자 사이에 형성되는 각

__________ 16. 2개 또는 그 이상의 쌍극자를 갖는 분자 내에서 부분 음전하의 전체적인 방향

__________ 17. 수용액에 전기를 통했을 때 일어나는 화학반응.

__________ 18. 물과 반응하여 염기성 용액을 생성하는 화합물, 또는 염기성 산화물

__________ 19. 물과 반응하여 산성 용액을 생성하는 화합물, 또는 산성 산화물

__________ 20. 결정 화합물에 있어서 화학식 단위에 특정한 수의 물 분자가 결합해 있는 화합물

__________ 21. 물을 함유하지 않는 화합물을 설명하는 용어

__________ 22. 수화물에 있어서 화학식 단위에 결합해 있는 물 분자의 수, 또는 결정수

__________ 23. $Ca^{2+}$, $Mg^{2+}$, $Fe^{3+}$, $CO_3^{2-}$, $SO_4^{2-}$, $PO_4^{3-}$ 등과 같은 여러 종류의 양이온과 음이온을 함유하는 물

__________ 24. 소듐 이온과 여러 종류의 음이온을 함유하는 물

__________ 25. 이온 교환법으로 이온을 제거하여 정제한 물, 또는 탈염수라고도 함

__________ 26. 끓이고 응축된 증기를 모아서 정제한 물

(a) 무수 화합물(11.10절)
(b) 끓는점 (Bp)(11.3절)
(c) 결합각 (11.7절)
(d) 결정형 고체 (11.4절)
(e) 탈이온수 (11.7절)
(f) 쌍극자 힘 (11.2절)
(g) 분산력 (11.2절)
(h) 증류수 (11.7절)
(i) 전기분해 (11.9절)
(j) 경수 (11.7절)
(k) 융해열 (11.6절)
(l) 증발열 (11.6절)
(m) 수화물 (11.9절)
(n) 수소 결합 (11.2절)
(o) 이온 고체 (11.5절)
(p) 금속 산화물 (11.9절)
(q) 금속 고체 (11.5절)
(r) 분자 고체 (11.5절)
(s) 알짜 쌍극자 (11.7절)
(t) 비금속 산화물 (11.9절)
(u) 연수 (11.7절)
(v) 비열 (11.6절)
(w) 표면 장력 (11.3절)
(x) 증기압 (11.3절)
(y) 점성 (11.3절)
(z) 수화수 (11.10절)

# 문제 홀수 번 문제의 답은 부록I에 수록하였다.

## 액체의 성질 (11.1절)

▲**액체 상태**—단풍나무 시럽을 따르는 모습. 액체는 점성에 따라 흐르는 속도가 다르다.

1. 다음 중 액체에서 일반적으로 관찰되는 성질은 어느 것인가?
   (a) 부피가 안 변한다. (b) 균일하게 혼합된다.
   (c) 상당히 압축된다. (d) 기체보다 밀도가 크다.

3. 주어진 온도에서 다음 각 물질의 물리적 상태(고체, 액체, 기체)는 무엇인가?
   (a) −10 ℃에서 $H_2O$ (b) 110 ℃에서 $H_2O$
   (c) −100 ℃에서 $NH_3$ (d) −50 ℃에서 $NH_3$

물과 암모니아의 녹는점과 끓는점

| 화합물 | 녹는점 | 끓는점 |
|---|---|---|
| 물, $H_2O$ | 0 ℃ | 100 ℃ |
| 암모니아, $NH_3$ | −78 ℃ | −33 ℃ |

## 분자 간 결합의 개념 (11.2절)

5. 액체에서 분자 간의 일시적 쌍극자 인력과 영구적 쌍극자 인력의 차이를 구별하여 설명하라.

## 증기압, 끓는점, 점성, 표면 장력 (11.3절)

7. 물을 예로 들어 증기압의 개념을 설명하고 그림으로 나타내어라.

9. 물을 예로 들어 점성의 개념을 설명하고 그림으로 나타내어라.

11. 액체 상태에서 분자 간 인력이 강하다면 다음 중 어떤 성질이 높은 값을 나타낼까?
(a) 증기압　　(b) 끓는점
(c) 점성　　(d) 표면 장력

13. 다음의 두 액체 중 어느 것이 더 큰 증기압을 갖는가?
(a) $CH_3COOH$ 혹은 $C_2H_5Cl$
(b) $C_2H_5OH$ 혹은 $CH_3OCH_3$

15. 다음의 두 액체 중 어느 것이 더 큰 점성을 갖는가?
(a) $CH_3COOH$ 혹은 $C_2H_5Cl$
(b) $C_2H_5OH$ 혹은 $CH_3OCH_3$

17. 액체의 증기압은 온도와 일반적으로 어떤 관련성이 있는가?

19. 그림 11.5를 보고 다음 각 온도에서 에탄올의 증기압을 구하라.
(a) 45 ℃　　(b) 60 ℃

21. −59 ℃에서 아세톤의 증기압은 1 mm Hg이고, −31 ℃에서는 10 mm Hg, 8 ℃에서는 100 mm Hg, 40 ℃에서는 400 mm Hg, 그리고 56 ℃에서는 760 mm Hg이다. 아세톤의 정상 끓는점은 몇 도인가?

## 고체의 성질 (11.4절)

23. 다음 중 일반적으로 고체에서 관찰되는 성질에 해당하는 것은?
(a) 고정된 부피　　(b) 비결정형 구조
(c) 팽창되지 않음　　(d) 확산에 의해 합금으로 섞임

25. 갈륨의 녹는점(30 ℃)과 끓는점(2403 ℃)을 고려할 때, 다음의 조건 하에 갈륨의 상태(고체, 액체, 기체)는 무엇인가?
(a) 얼음물 속의 갈륨　　(b) 끓는물 속의 갈륨

## 결정형 고체 (11.5절)

27. 결정형 고체의 예를 세 가지 들어라.

29. 다음의 고체를 구성하는 입자들의 유형을 설명하라.
(a) 이온 고체
(b) 분자 고체
(c) 금속 고체

▲분자 고체, 물

31. 다음의 결정형 고체를 이온형, 분자형, 금속형으로 분류하라.
(a) 황, $S_8$　　(b) 이산화 황, $SO_2$
(c) 구리, Cu　　(d) 질산 은, $AgNO_3$

◀금속성 고체, Cu

## 물리적 변화 (11.6절)

33. 에탄올을 −120 ℃에서 120 ℃까지 가열할 때의 온도-에너지 그래프를 그려라.(녹는점= −117.3 ℃; 끓는점=78.5 ℃)

35. 0 ℃ 얼음 25.0 g을 녹일 때 흡수되는 열량을 계산하라.

37. 25.0 ℃ 물 25.0 g을 100.0 ℃ 수증기로 전환할 때 필요한 열량을 계산하라.

39. 0.0 ℃ 얼음 115 g을 100.0 ℃ 수증기로 전환할 때 필요한 열량을 계산하라.

41. −20.0 ℃ 얼음 38.5 g을 100.0 ℃ 수증기로 전환할 때 필요한 열량을 계산하라.

## 물의 구조 (11.7절)

43. 물의 증기압은 비정상적으로 높은가 혹은 낮은가?

45. 물의 점성은 비정상적으로 큰가 혹은 작은가?

47. 물 분자 내에서 관찰되는 결합각은?

49. 델타(δ) 기호를 이용하여 물 분자 내에 있는 두 개의 쌍극자를 나타내어라.

## 물의 물리적 특성 (11.8 절)

51. 비열이 가장 높은 액체는?

53. 얼음조각이 물에 떠있다. 얼음과 물 중 어느 것의 밀도가 더 큰가?

55. 표 11.6을 참조하지 말고 다음 두 물질 중 어느 쪽이 더 높은 녹는점을 갖는지 예측해보라.
(a) $H_2O$ 또는 $H_2S$　　(b) $H_2S$ 또는 $H_2Se$

57. 표 11.6을 참조하지 말고 다음 두 물질 중 어느 쪽이 더 높은 융해열(cal/mol)을 갖는지 예측해보라.
(a) $H_2O$ 또는 $H_2S$　　(b) $H_2S$ 또는 $H_2Se$

59. 일반적으로 6A/16족의 수소 화합물의 몰 질량이 증가할수록 다음의 값들은 증가하는가 감소하는가?
(a) 녹는점　　(b) 끓는점
(c) 융해열　　(d) 증발열

## 물의 화학적 성질 (11.9절)

61. 수소 기체와 산소 기체가 반응할 때 균형 화학반응식을 쓰라.

63. 다음 반응의 균형 화학반응식을 완성하라.
(a) $Li(s) + H_2O(l) \rightarrow$
(b) $Na_2O(s) + H_2O(l) \rightarrow$
(c) $CO_2(g) + H_2O(l) \rightarrow$

65. 다음 반응의 균형 화학반응식을 완성하라.
(a) $Mg(s) + H_2O(l) \rightarrow$
(b) $SrO(s) + H_2O(l) \rightarrow$
(c) $N_2O_5(g) + H_2O(l) \rightarrow$

67. 다음 반응의 균형 화학반응식을 완성하라.
(a) $C_3H_6(g) + O_2(g) \xrightarrow{\text{불꽃}}$
(b) $Na_2Cr_2O_7 \cdot 2\ H_2O(s) \xrightarrow{\Delta}$
(c) $HF(aq) + Ca(OH)_2(aq) \rightarrow$

69. 다음 반응의 균형 화학반응식을 완성하라.
(a) $C_3H_7OH(l) + O_2(g) \xrightarrow{\text{불꽃}}$
(b) $Ca(NO_3)_2 \cdot 4\ H_2O(s) \xrightarrow{\Delta}$
(c) $H_2CO_3(aq) + KOH(aq) \rightarrow$

## 수화물 (11.10절)

71. 다음 수화물을 명명하라.
(a) $MgCl_6 \cdot 6\ H_2O$ (b) $MnSO_4 \cdot 7\ H_2O$
(c) $Co(CN)_3 \cdot 3\ H_2O$ (d) $Cr(NO_3)_3 \cdot 9\ H_2O$

73. 다음 수화물에 맞는 화학식을 쓰라.
(a) 아세트산 소듐 3 수화물
(b) 황산 칼슘 2 수화물
(c) 크롬산 포타슘 4 수화물
(d) 황산 아연 7 수화물

75. 다음 각 수화물에 포함된 물의 백분율을 계산하라.
(a) $MnSO_4 \cdot H_2O$ (b) $Sr(NO_3)_2 \cdot 6\ H_2O$
(c) $Co(C_2H_3O_2)_2 \cdot 4\ H_2O$ (d) $Cr(NO_3)_3 \cdot 9\ H_2O$

77. 다음 수화물에서 수화수의 개수를 구하고 화학식을 쓰라.
(a) $SrCl_2 \cdot XH_2O$는 18.5%의 물을 포함한다.
(b) $Sr(NO_3)_2 \cdot XH_2O$는 33.8%의 물을 포함한다.
(c) $Ca(NO_3)_2 \cdot XH_2O$는 30.5%의 물을 포함한다.
(d) $Na_2B_4O_7 \cdot XH_2O$는 30.9%의 물을 포함한다.

## 일반 연습문제

79. 인간의 몸 가운데 물이 차지하는 백분율은 얼마인가?

81. 다음 각 액체에 존재하는 분자 간 인력 중 가장 강한 인력은 어떤 유형인가?
(a) $C_5H_{12}$ (b) $CH_3CH_2CH_2—Cl$
(c) $CH_3—OH$ (d) $CH_3—O—CH_3$

83. 그림 11.5를 참고할 때 압력이 0.5 기압인 고도에서 물의 끓는점은 몇 도인가?

85. 금성의 대기는 황산 구름으로 되어 있다. 금성에서 빗방울이 작은 구형일거라고 예측할 수 있는 이유는 무엇인가?

## 도전 연습문제

87. 일부 차량의 부동액은 메틸 알코올이다. 25.0 ℃ 메탄올 5.00 L를 증발시키기 위해 필요한 열량을 계산하라.(메틸 알코올의 밀도: 0.792 g/mL, 비열: 0.610 cal/(g × ℃), 끓는점= 65.0 ℃, 증발열=263 cal/g)

# Chapter 11 자율 테스트 해답은 부록 J에 수록하였다.

1. 다음 중 액체의 관찰된 성질에 해당하는 것은?(11.1 절)
(a) 액체의 밀도는 기체의 밀도보다 크다.
(b) 액체는 상당히 압축되고 팽창된다.
(c) 액체의 형태는 일정하고 부피는 변한다.
(d) 용해되지 않은 액체들은 균일하게 혼합된다.
(e) 위의 모든 사항

2. 액체 암모니아에서 가장 강한 분자 간 인력은 무엇인가?
(a) 쌍극자 힘
(b) 분산력
(c) 수소 결합
(d) 위의 사항 모두
(e) 위의 내용 중 해당사항 없음

3. 액체 내의 분자가 강한 인력을 갖는다면 그 분자는 다음 성질 중 어느 것의 값이 상대적으로 높은가?(11.3절)
(a) 끓는점
(b) 점성
(c) 표면 장력
(d) 위의 모두
(e) 위의 내용 중 해당사항 없음

4. 다음 중 고체의 관찰된 성질에 해당하는 것은?(11.4 절)
(a) 고체는 일정한 모양과 일정한 부피를 갖는다.
(b) 고체의 밀도는 액체의 밀도보다 크다
(c) 고체는 비결정형 구조를 갖는다.
(d) 고체는 상당히 압축되고 팽창된다.
(e) 위의 내용 중 해당 사항 없음

5. 다음 중 분자 결정에 해당하는 것은?(11.5절)
(a) 적동광, $Cu_2O$ (b) 드라이아이스, $CO_2$
(c) 석회석, $CaCO_3$ (d) 황철광, $FeS_2$
(e) 위의 내용 중 해당사항 없음

6. 100 ℃ 물 10.0 g을 100 ℃의 수증기로 전환하는 데 필요한 열량을 계산하라. 물의 비열은 1.00 cal/(g × ℃), 융해열은 80.0 cal/g, 증발열은 540.0 cal/g(11.6절)
(a) 8.0 cal (b) 10.0 cal
(c) 54.0 cal (d) $8.00 \times 10^2$ cal
(e) $5.40 \times 10^3$ cal

7. 물 분자에는 몇 개의 쌍극자가 있는가?(11.7절)
(a) 0 (b) 1
(c) 2 (d) 3
(e) 4

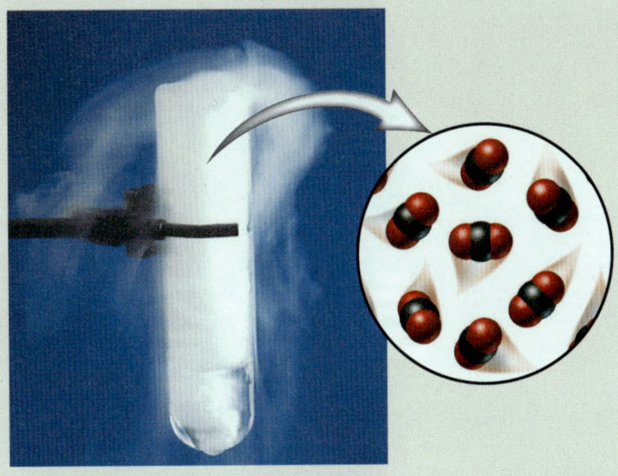

▲이산화 탄소의 고체 형태인 드라이아이스. 이산화 탄소는 고체 상태에서 기체 상태로 승화한다.

8. 다음 중 얼음이 물 위에 뜨는 이유를 올바르게 설명한 것은?
   (a) 얼음이 물보다 밀도가 크다.
   (b) 얼음의 융해열이 물의 융해열보다 크다.
   (c) 얼음이 물보다 몰 질량이 크다.
   (d) 얼음이 물보다 비열이 크다.
   (e) 같은 질량일 때 얼음의 부피는 물의 부피보다 크다.

9. 물과 금속 산화물의 반응생성물은 무엇인가?(11.9절)
   (a) 산
   (b) 염기
   (c) 비금속의 수산화물과 수소 기체
   (d) 비금속의 수산화물과 산소 기체
   (e) 위의 내용 중 해당사항 없음

10. 중크롬산 소듐 수화물을 가열하면 12.1%의 물이 방출된다. 이 수화물에서 수화수의 개수는?(11.10절)
    (a) 1
    (b) 2
    (c) 3
    (d) 4
    (e) 12

## 주요 개념

11. 다음의 비유로 설명할 수 있는 물리적 상태로는 어떤 것이 있을까? 꿀벌은 벌집 주변을 맴돈다. 화염이 가까이 오면 꿀벌은 더욱 빨리 날아간다.

12. 물병에 물을 가득 채우고 마개로 막은 후 냉동시키면 물병은 어떻게 될까?

## 비판적 사고

13. 캘리포니아의 로스엔젤레스보다 콜로라도의 덴버에서 달걀을 삶을 때가 더 어려운 이유는 무엇인가?

14. 왜 물의 표면은 오목하고 수은의 표면은 볼록한가?

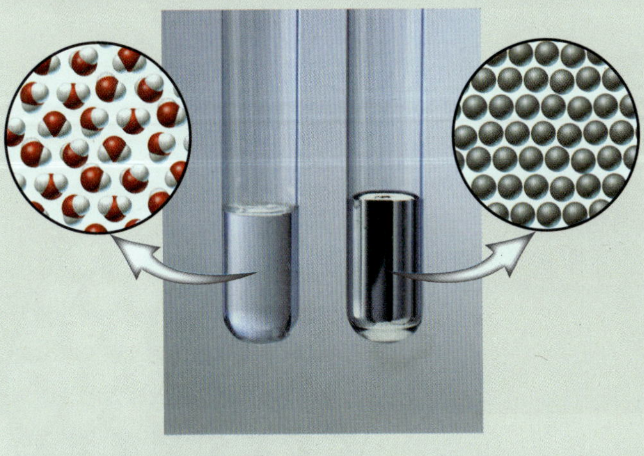

▲**물 대 수은** 왼쪽 시험관에 든 물의 표면은 오목하고, 오른쪽 시험관에 든 수은 표면은 볼록하다.

CHAPTER 12

# 화학결합

*"좋은 착상을 가지려는 최선의 방법은 많은 착상을 갖는 것이다."*
미국 화학자, 폴링(1901~1994)



12 Mg magnesium

**원소 12: 마그네슘(Magnesium)**
마그네슘은 철과 알루미늄에 의해 구조형 합금 강도를 유일하게 강화할 수 있는 경량 금속이다. 낮은 밀도와 높은 견고성 때문에 마그네슘 금속은 항공기 부속품, 레이싱카의 프레임 및 휠, 그리고 오토바이의 엔진 등에 사용되고 있다. 마그네슘 금속과 합금들은 가연성 소재이며 이들의 화염은 물 또는 탄산 가스 소화기로도 잡을 수 없다.

20세기에 들어와서, 과학자들은 원자의 신비를 빠른 속도로 밝혀내었다. 1897년에 톰슨(J.J. Thomson)은 전자를 발견하였고, 그 직후 양성자를 발견하였다. 1911년에 러더포드(Ernest Rutherford)는 원자핵의 비밀을 밝혔다. 1913년에 보어(Niels Bohr)는 전자는 행성의 궤도 운동처럼 핵 주위를 돈다고 제안하였다. 같은 시기에 과학자들은 전자가 원자들을 함께 붙들어 매는 역할을 한다고 생각하기 시작하였다. 그들은 전자가 원자와 원자를 결합시키는 "접착제" 역할을 한다고 제안하였다.

1916년 미국의 화학자 루이스(G. N. Lewis)는 화학결합의 초기이론 중의 하나를 제안하였다. 그는 영족 기체는 매우 안정하고, 헬륨을 제외한 모든 영족 기체는 외각(outer shell)에 8개의 전자를 갖는다는 것을 주목하였다. Lewis는 원자는 안정한 영족 기체 전자 구조를 갖기 위하여 결합한다고 주장하였다. *팔전자 규칙(octet rule)*이라고 언급되는 이 원리는 각각의 원자가 외각에 8개의 전자를 갖는 방법으로 원자들이 결합한다는 것이다.

## 12.1 화학결합의 개념

**학습 목표**

- ▶ 화학결합에서 원자가 전자의 역할 및 화학결합을 어떻게 만드는지를 설명할 수 있다.
- ▶ 이온 화합물 또는 분자 화합물의 결합이 이온 결합 또는 공유 결합인지 예상할 수 있다.

5.7절에서 원자는 핵심부 전자와 원자가 전자를 가진다는 것을 배웠다. 핵심부 전자는 핵 가까이에서 발견되지만, 원자가 전자는 최외각의 s, p 부껍질에서 발견된다. 원자가 전자가 2개 또는 그 이상의 원자들을 **화학결합(chemical bond)**으로 묶는다.

**팔전자 규칙(octet rule)**이란 각 원자의 외각에 8개의 전자를 얻으려는 방법으로 원자들이 결합하려는 경향을 말한다. 루이스(Lewis)는 다음과 같이 화학결합의 개념을 설명하였다.

> *두 원자들은 한 원자에서 다른 원자로 전자를 전이시킴으로써 또는 1개 이상의 전자쌍을 공유함으로써 팔전자 규칙을 만족시킨다. 두 원자에 의하여 공유된 이 전자들은 두 원자의 외각에 공통적으로 속한다고 볼 수 있다.*
> *분자의 원자가 껍질(valence shell)에 전자가 주로 짝수로 존재하는 것은 전자들이 서로 쌍을 이루고 있기 때문이다. 그래서 2개의 전자가 두 원자 중심 사이에 놓여 쌍을 이루고, 두 원자들의 껍질 속에서 연결되어 붙잡혀질 때 화학결합이 형성된다고 생각한다.*

**이온 결합(ionic bond)**에서는 금속 양이온이 비금속 음이온과 결합되어있다. 양전하를 띤 양이온과 음전하를 띤 음이온은 반대 전하의 인력에 의하여 결합된다. 이온 결합에 의하여 결합된 기본 입자를 **화학식 단위(formula unit)**라 부른다. 화학식 단위는 금속 이온과 비금속 이온을 포함하므로 쉽게 확인할 수 있다. NaCl, MgO, 그리고 AlN 모두 금속 양이온과 비금속 음이온을 포함하고 있고 이온 결합에 의하여 결합된 화학식 단위의 예이다.

**공유 결합(covalent bond)**에서는 두 비금속 원자는 원자가 전자를 공유한다. 공유 결합으로 결합된 기본 입자를 **분자(molecule)**라고 부른다. 분자는 비금속 원자를 포함하므로 쉽게 구별할 수 있다. $H_2O$, $NH_3$, 그리고 $CH_4$는 모두 비금속 원자로 구성된, 공유 결합된 분자의 예이다. 그림 12.1은 이온 결합과 공유 결합의 형성을 보여준다.

(a) (b)

**▲그림 12.1 화학결합**
(a) 이온 결합은 금속 양이온($M^+$)이 비금속 음이온($N^-$)과 결합된 것이다. (b) 공유 결합은 두 비금속 원자(N)가 원자가 전자를 공유함으로써 형성된다.

물질은 화학식 단위나 분자로 이루어질 수 있다. 그림 12.2에는 물질에서 발견된 대표적인 입자 형태를 분류하여 나타내었다.

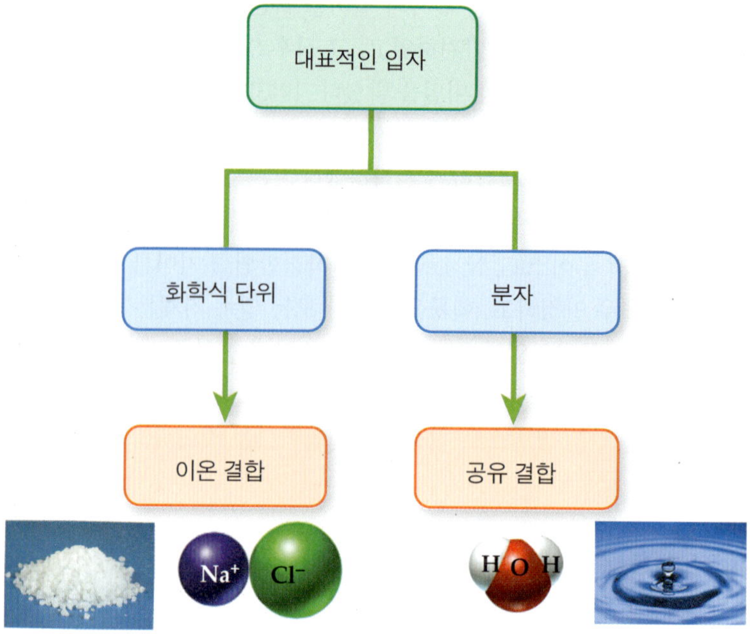


▶**그림 12.2 대표적인 입자들의 분류** 입자들은 이온 결합으로 결합된 화학식 단위(예를 들면, NaCl)이거나 공유 결합으로 결합된 분자(예를 들면, $H_2O$)이다.

다음 예제는 기본 입자 형태와 결합의 관계에 대하여 더 자세히 설명한 것이다.

### 예제 12.1 결합의 예측

다음 예가 이온 결합인지 또는 공유 결합인지를 밝혀라.

(a) 암모니아, $NH_3$　　　　(b) 질소화 마그네슘, $Mg_3N_2$

**해답**

금속 이온과 비금속 이온은 이온 결합으로 결합된다. 둘 이상의 비금속 원자들은 공유 결합으로 결합된다.
(a) $NH_3$는 비금속 질소와 수소로 되었다. 따라서 $NH_3$는 공유 결합을 형성한다.
(b) $Mg_3N_2$은 금속(Mg)과 비금속(N)으로 이루어져 있다. 따라서 $Mg_3N_2$는 이온 결합을 형성한다.

**실전 연습문제**

다음 예가 이온 결합, 또는 공유 결합인가를 밝혀라.

(a) 산화 알루미늄, $Al_2O_3$　　　　b) 이산화 황, $SO_2$

**답:** (a) 이온 결합　　　　(b) 공유 결합

**개념 문제**

금속 양이온과 비금속 음이온 사이의 인력 및 두 비금속 원자들 사이의 인력으로부터 생긴 결합은 어떤 형태의 화학결합인가?

**답:** 부록 G, 12.1 참조

**학습 목표**

▶ 금속 원자와 비금속 원자 사이의 이온 결합 형성을 기술할 수 있다.

## 12.2 이온 결합

이온 결합은 양전하를 띤 양이온과 음전하를 띤 음이온 사이의 인력에 의하여 형성된다. 보통 식탁용 소금 결정, NaCl,에는 $Na^+$ 이온과 $Cl^-$ 이온 간에 인력이 작용한다. 이런 이온 사이의 인력은 두 자석의 반대극 간의 인력과 비슷하다. 그림 12.3은 자석 간의 인력과 유사한 이온 간의 인력을 설명한 것이다.

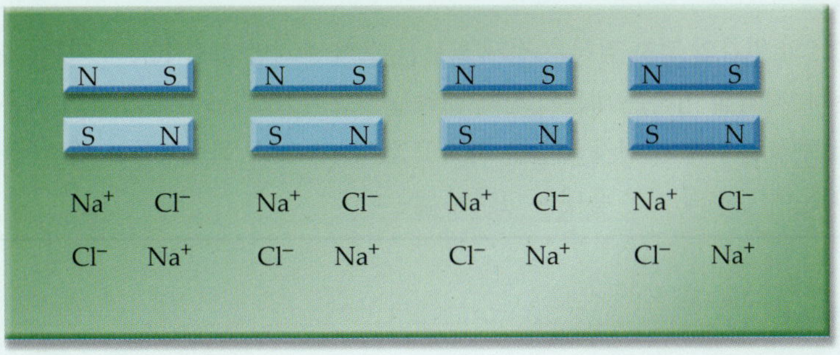


◀**그림 12.3 정전기적 인력** 일반적인 자석이 반대극끼리 끌어당기는 것과 마찬가지로 반대 전하를 가지는 양이온과 음이온은 서로 끌어당긴다. 이러한 인력은 수평 방향뿐 아니라 수직 방향으로 작용할 수 있음을 주목하라.

보통 식탁용 소금, NaCl,에서 $Na^+$ 이온과 $Cl^-$ 이온 간의 이온 결합은 매우 강해 단단한 결정 구조를 형성한다(그림 12.4). 단단한 결정 구조로 NaCl의 높은 녹는점(801℃)을 설명할 수 있다.

▲**그림 12.4 염화 소듐의 결정 구조** 염화 소듐의 결정은 규칙적으로 반복되어 나타나는 소듐 이온과 염화 이온으로 이루어져 있다. 각 소듐 이온은 몇 개의 이러한 염소 이온의 인력을 받음을 주목하라. 양이온과 음이온이 번갈아 나타나는 형태는 삼차원 결정 구조를 보여주게 된다.

## 양이온의 형성

금속 원자가 원자가 전자를 잃으면, 양전하를 띠게 된다. 5.7절에서 원자가 전자의 수는 주기율표에서 원소의 족 번호와 같다는 것을 공부했다. Na 원자(IA/1족)가 1개의 원자가 전자를 잃어 $Na^+$ 이온이 된다. 주기율표를 활용하면 $Na^+$ 이온이 10개의 전자(11 − 1 = 10 $e^-$)를 가짐을 알 수 있는데, 이는 영족 기체인 Ne(10 $e^-$)의 전자 수와 같다.

비록 예외가 있지만, 금속은 원자가 전자를 잃은 뒤 영족 기체의 전자 배치를 이룬다. 즉, 금속 이온은 영족 기체와 **등전자(isoelectronic)**이다. Mg 원자(IIA/2족)는 2개의 원자가 전자를 잃어 $Mg^{2+}$ 이온이 된다. $Mg^{2+}$ 이온은 10개의 전자(12 − 2= 10 $e^-$)를 가지므로 Ne과 등전자이다.

5.8절에서 우리는 원소의 원자에 대한 전자 점식에 관하여 배웠다. 이온의 형성에 전자 점식을 사용할 수 있다. 전자 점식을 이용하면 이온을 형성하는 과정에 관여하는 원자가 전자들에 주의를 기울일 수 있다. 그림 12.5는 3주기 금속의 이온 형성을 보여 준다.

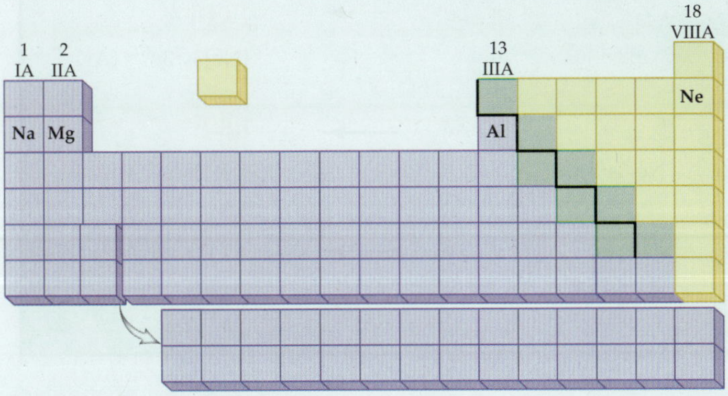


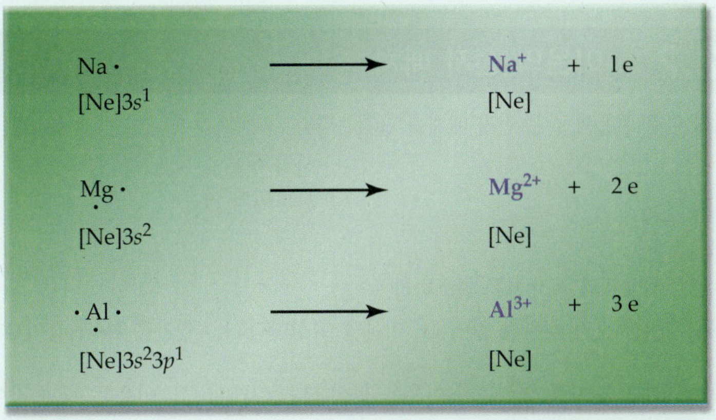


◀**그림 12.5 금속 이온들의 형성** 3주기의 금속 이온들은 전자를 각각 1개, 2개, 3개 잃어서 양이온을 만든다. 각 금속 이온은 주기율표에서 앞에 나타나는 영족 기체인 네온[Ne]과 등전자를 이루게 된다.

**주 의** 그림 12.5의 원자의 전자 점식은 전자 도트를 보여 주지만 그림 12.5의 이온은 전자 도트를 나타내지 않는다. 각각의 이온은 네온의 전자 배열을 갖는다. 그리고 네온과 같이 이온들 각각은 8개의 전자들로 구성된 안정된 전자 배열을 가지고 있다. 관례상, 화학자들은 이온들이 원자가 전자가 아니기 때문에 전자의 기본 옥텟을 그리지 않는다.

## 음이온의 형성

비금속 원자가 금속 원자로부터 원자가 전자를 얻으면, 음전하를 띤다. Cl 원자(VIIA/17족)가 1개의 원자가 전자를 얻으면, $Cl^-$ 이온이 된다. 주기율표를 보면 $Cl^-$ 이온은 영족 기체 Ar(18 $e^-$)과 같은 18개의 전자(17 + 1 = 18 $e^-$)를 가짐을 알 수 있다. S 원자(VIA/16족)는 2개의 원자가 전자를 얻어 $S^{2-}$ 이온이 된다. $S^{2-}$ 이온은 18개의 전자 (16 + 2 = 18 $e^-$)를 가져 역시 Ar과 등전자가 된다. 그림 12.6은 3주기 비금속의 이온 형성을 보여준다.

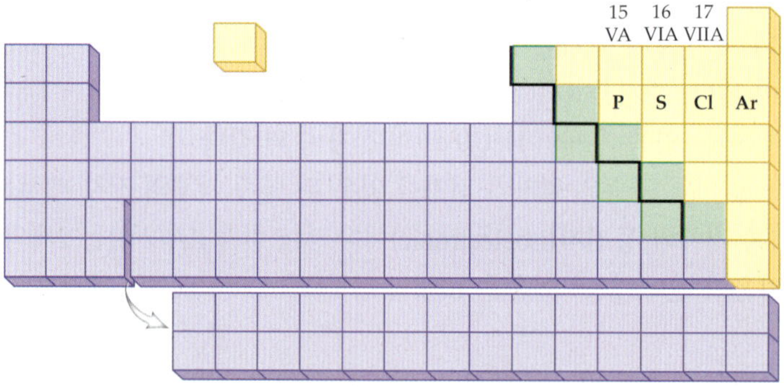


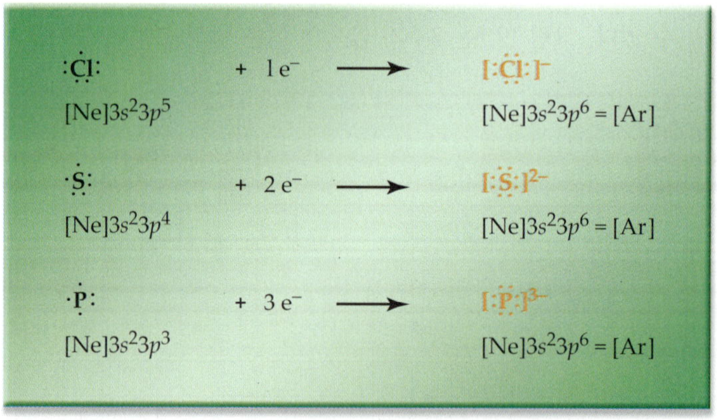


▶**그림 12.6 비금속 이온의 형성**
3주기 비금속은 전자를 각각 1개, 2개, 3개를 얻을 수 있다. 각 경우에 비금속 이온은 영족 기체인 아르곤과 등전자가 된다.

다음 예제들은 양이온과 음이온의 형성에 대하여 더 자세히 설명한 것이다.

### 예제 12.2 이온의 전자 배치

어떤 영족 기체가 다음 이온과 같은 전자 배치를 가지는가?

(a) 리튬 이온 (b) 산화 이온
(c) 칼슘 이온 (d) 브로민화 이온

**해답**

원자가 전자 수와 주기율표의 족 번호를 참조하라.

(a) Li(IA/1족)은 1개의 원자가 전자를 잃어 $Li^+$ 이온을 형성한다; $Li^+$ 이온은 *He*과 같이 2개의 전자가 남아 있다.

(b) O(VIA/16족)는 2개의 전자를 얻어 $O^{2-}$ 이온을 형성한다; 그래서 $O^{2-}$ 이온은 *Ne*과 같이 10개의 전자

를 가진다.
(c) Ca(IIA/2족)는 2개의 전자를 잃어 $Ca^{2+}$ 이온을 형성한다; $Ca^{2+}$ 이온은 Ar과 같이 18개의 전자를 가진다.
(d) Br(VIIA/17족)은 1개의 전자를 얻어 $Br^-$ 이온을 형성한다; $Br^-$ 이온은 Kr과 같이 36개의 전자를 가진다.

**실전 연습문제**

어떤 영족 기체 원소가 다음 이온과 같은 전자 배치를 가지는가?

(a) 포타슘 이온 (b) 질소화 이온
(c) 스트론튬 이온 (d) 아이오딘화 이온

**답:** (a) $K^+$ 이온은 Ar와 등전자이다. (b) $N^{3-}$ 이온은 Ne과 등전자이다.
(c) $Sr^{2+}$ 이온은 Kr와 등전자이다. (d) $I^-$ 이온은 Xe와 등전자이다.

**개념 문제**

어떤 영족 기체 원소가 바륨 이온 그리고 아이오딘화 이온 둘 다에 등전자인가?

**답:** 부록 G, 12.2 참조

## 이온 반지름 대 원자 반지름

이온 결합을 좀더 명확하게 설명하기 위하여, 소듐(나트륨) 원자가 원자가 전자를 잃은 후 작아지게 되는 것을 그림으로 나타내 보자. 소듐 원자의 반지름은 0.186 nm인 반면, 소듐 이온의 반지름은 0.095 nm이다. 이러한 반지름의 감소는 소듐 원자가 3*s* 에너지 부준위를 잃기 때문이다. 또한 소듐 이온에서 양의 핵전하(11+)가 음의 전자 전하(10−)보다 크기 때문에 전자를 핵에 더 가까이 끌어 당겨 반지름이 작아진다.

그와 반대로 염소 원자가 원자가 전자를 얻어 커지는 것을 그림으로 볼 수 있다. 염소 원자의 반지름은 0.099 nm인 반면 염화 이온의 반지름은 0.181 nm이다. 반지름이 이렇게 커지게 되는 이유는 첨가된 전자가 이미 존재하고 있는 전자와 반발하기 때문이다. 실제로, 전하를 띤 염화 이온의 반지름은 중성 염소 원자의 두 배에 가깝다.

원자 반지름을 고려할 때, 소듐과 염소의 거동은 모든 금속과 비금속에서 관찰되는 것과 같은 경향을 나타낸다. 즉, 양이온의 반지름은 그 금속 원자의 반지름보다 작고, 음이온의 반지름은 그 비금속 원소의 반지름보다 크다. Na 원자와 Cl 원자의 반지름 변화는 그림 12.7에 나타내었다.

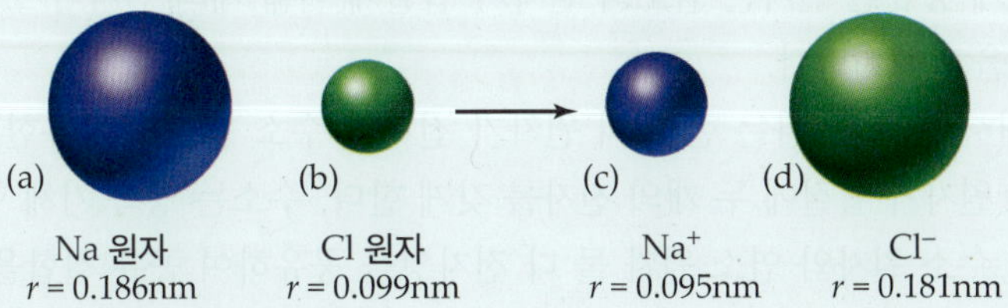


◀**그림 12.7 소듐(소듐) 이온과 염화 이온의 형성**
소듐 원자의 반지름은 전자를 잃어 감소하고 (그림 a와 c), 염소 원자의 반지름은 전자를 얻은 후 증가한다. (그림 b와 d)

다음은 이온 결합 형성의 특징에 관련된 예제이다.

### 예제 12.3 이온 결합의 특성

FeS 화학식 단위에 있는 철 이온과 황화 이온의 이온 결합 형성에 관한 다음 설명 중에서 옳은 것은 어느 것인가?
(a) 철 원자는 전자를 잃고 황 원자는 전자를 얻는다.
(b) 철 원자는 철 이온보다 반지름이 크다.
(c) 철 이온과 황화 이온은 정전기적 인력에 의하여 결합을 형성한다.

**해답**

모두 이온 결합에 대하여 옳게 설명되었다.

(a) 금속 원자는 원자가 전자를 잃고 비금속 원자는 원자가 전자를 얻는다.
(b) 금속 원자의 원자 반지름은 이온 반지름보다 크다.
(c) 이온 결합의 형성은 이온 간의 인력 때문에 생긴 것이다.

**실전 연습문제**

ZnO 화학식 단위에 있는 아연 이온과 산화 이온의 이온 결합 형성에 관한 다음 설명 중 옳은 것은 어느 것인가?

(a) 아연 원자와 산소 원자는 전자를 공유하여 결합을 형성한다.
(b) 산소 원자는 산화 이온보다 반지름이 크다.
(c) 아연 이온과 산화 이온의 반발 인력에 의하여 결합을 형성한다.

**답:** (a) 거짓: 아연과 산소는 전자를 전달하여 결합한다.
(b) 거짓: 산소 원자의 반지름은 그 이온 반지름보다 더 작다.
(c) 거짓: 아연과 산소는 이온의 인력에 의해서 결합을 형성한다.

**개념 문제**

금속과 비금속 사이에 이온 결합의 형성에 관한 다음 설명 중 어느 것이 옳은가?
(a) 금속 원자의 원자 반지름은 그 이온 반지름보다 크다.
(b) 비금속 원자의 원자 반지름은 그 이온 반지름보다 작다.
(c) 에너지는 이온 결합의 형성에서 방출된다.

**답:** 부록 G, 12.3 참조

**학습 목표**

▶ 두 비금속 원자들 사이에서 원자가 전자를 공유하여 형성되는 공유 결합을 설명할 수 있다.

## 12.3 공유 결합

공유 결합은 두 비금속 원자가 전자를 공유하여 생긴다. 이해를 돕기 위하여 각 원자 주변의 전자를 형상화하여 보자. 전자들은 두 비금속 원자에 속하고 각 원자는 팔전자를 완성하기 위하여 이러한 결합 전자들을 사용한다. 즉, 각 비금속 원자는 공유전자를 이용하여 원자가 껍질을 채운다.

이제, 공유 결합 형성 과정에 관하여 알아보자. 수소 원자와 염소 원자로부터 HCl이 형성되는 것을 예로 들어 보자. 결합을 형성할 때 수소 원자는 한 개의 원자가 전자를 염소 원자와 공유한다. 이렇게 공유된 전자는 염소의 원자가 껍질에 여덟 개의 전자가 모이게 한다. 그래서 팔전자 규칙을 만족시킨다.

같은 과정에서, 염소 원자는 한 개의 원자가 전자를 수소 원자와 공유한다. 공유된 전자는 수소 원자의 원자가 껍질에 두 개의 전자를 갖게 한다. 수소는 영족 기체 헬륨과 등전자가 되어 안정하다. 수소 원자와 염소 원자 둘 다 전자쌍을 공유하여 공유 결합을 형성하여 안정화된다.

### 결합 길이

결합 형성을 좀 더 알아보기 위하여, 서로 중첩되는 두 원자의 원자가 껍질을 그려 보자. HCl 분자에서 중첩은 수소 원자의 1*s* 에너지 부준위(sublevel)와 염소 원자의 3*p* 부준위가 섞이기 때문에 일어난다. 부준위의 이런 섞임으로 두 핵이 서로 가깝게 다가간다. 수소 원자의 반지름은 0.037 nm이고 염소 원자의 반지름은 0.099 nm이다. 만약 두 원자가 단순히 이웃해 있다면 수소 핵으로부터 염소 핵까지의 거리는 0.136 (0.037 + 0.099) nm가 될 것이다. 그러나 실제로 두 핵 간의 거리는 0.127 nm이다. 즉 껍질은 그림 12.8에 나타난 것처럼 중첩된다. 두 핵 사이의 거리를 **결합 길이(bond length)**라고 부른다.

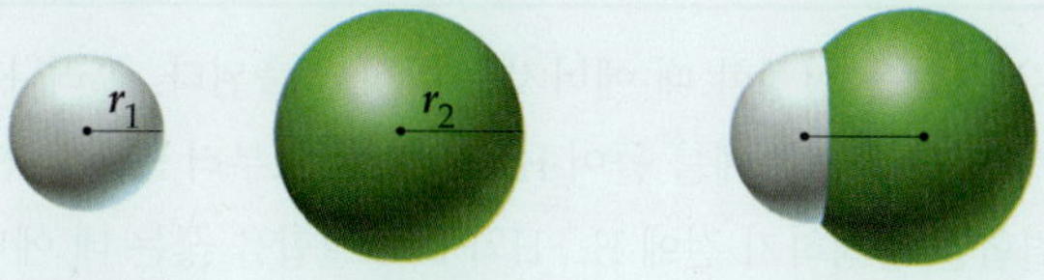


◀**그림 12.8 공유 결합의 형성**
수소 원자와 염소 원자는 전자쌍의 공유로 공유 결합이 형성된다. 두 원자는 결합하여 HCl 분자를 이룬다. 결합 길이 (0.127 nm)는 두 원자 반지름의 합 (0.037 + 0.099 = 0.136 nm)보다 작다.

## 결합 에너지

두 이온이 서로 끌어당겨 이온 결합을 형성할 때 에너지가 방출된다. 예를 들어 NaCl을 형성하는 $Na^+$와 $Cl^-$의 인력으로 열에너지가 방출된다. 비슷하게 두 원자가 공유 결합을 형성할 때도 에너지가 방출된다. 수소 원자와 염소 원자가 결합하여 HCl 분자를 형성할 때, 열에너지가 방출된다.

$$H(g) + Cl(g) \rightarrow HCl(g) + \textit{열}$$

반대로, H—Cl 결합을 끊을 때는 에너지가 필요하다. 두 원자 사이의 결합을 끊을 때 필요한 에너지양을 **결합 에너지(bond energy)**라고 한다. H—Cl 결합을 끊기 위하여 필요한 에너지의 양은 H와 Cl이 HCl 분자를 형성할 때 방출되는 열량과 같다.

$$HCl(g) + \textit{열} \rightarrow H(g) + Cl(g)$$

다음 예제는 공유 결합 형성과 관련된 특징에 관하여 요약한 것이다.

### 예제 12.4 공유 결합의 특성

$H_2O$ 분자 내에 있는 수소 원자와 산소 원자 사이의 공유 결합에 관한 다음 설명 중에서 옳은 것은 어느 것인가?

(a) 원자가 전자는 수소 원자와 산소 원자 간에 공유된다.
(b) H—O 결합 길이는 수소 원자와 산소 원자의 원자 반지름의 합보다 작다.
(c) H—O 공유 결합을 끊는 데 에너지가 필요하다.

**해답**

위 모든 설명이 옳다.

(a) 공유 결합은 두 비금속 원자 간에 원자가 전자를 공유함으로써 형성된다.
(b) 공유 결합에서 결합 길이는 두 원자의 반지름 합보다 작다.
(c) 공유 결합을 끊는 데 에너지가 필요하다.

**실전 연습문제**

$H_2S$ 분자 내에 있는 수소 원자와 황 원자의 공유 결합에 대한 다음 설명 중에서 옳은 것은 어느 것인가?
(a) 원자가 전자는 수소 원자로부터 황 원자로 전달된다.
(b) H—S 결합 길이는 수소 원자와 황 원자의 원자 반지름의 합과 같다.
(c) H—S 사이에 결합이 형성될 때 에너지가 필요하다.

**답:** (a) 거짓: 원자가 전자들은 수소와 황에 의해서 공유한다.
(b) 거짓: 결합 길이는 두 원자 반지름의 합보다 작다.
(c) 거짓: 공유 결합의 형성은 에너지를 방출한다.

**개념 문제**

두 비금속 원자들 사이에 공유 결합의 형성에 관하여 다음 설명 중 어느것이 옳은가?
(a) 결합하는 전자들은 두 비금속 원자들 사이에 공유된다.
(b) 결합 길이는 두 원자 반지름의 합보다 작다.
(c) 결합 에너지는 공유 결합을 끊는 데 필요한 에너지이다.

**답:** 부록 G, 12.4 참조

**주 의** 두 원자가 공유 결합을 형성할 때 에너지는 항상 방출된다. 그러나 종종 공유 결합이 형성되기 위해서는 에너지가 필요하다. 예를 들어 $H_2$와 $I_2$ 분자로부터 H—I결합을 형성하는 데 에너지가 필요하다. H—I 결합을 형성하기 전에 H—H와 I—I 결합을 끊는 데 에너지가 필요하기 때문이다. H—H와 I—I 결합을 끊는 데 필요한 에너지가 H—I 결합 형성에서 방출되는 에너지보다 더 크기 때문에 HI의 형성은 흡열 반응이다.

## 자세히 보기 사리염 (EPSOM SALTS)

**Q:** 사리염의 일반적인 용도와 특성은 무엇인가?

1618 년에 영국의 엡섬(Epsom)에 사는 한 농부가 자신의 젖소가 소유지의 우물에서 물을 마시지 않을 것임을 알아차렸다. 농부는 수질이 쓴 맛이 나는 물질을 함유하고 있다는 것을 조사하고 관찰했고 그 물질은 엡섬(Epsom)염으로 알려졌다. 결국에 이 물질은 황산 마그네슘($MgSO_4 \cdot 7H_2O$)으로 확인되었다.

황산 마그네슘을 함유한 목욕 소금은 피로한 몸과 다리를 진정시키기 위해 보편적으로 사용되고 있다. Epsom 염 용액은 피부 발진과 긁힌 자국의 치유 속도를 높이고 이는 황산 마그네슘이 피부에 흡수되면서 염증을 감소시키는 것으로 생각되어지고 있다. 추가적으로, 염분 농도가 높으면 목욕물의 밀도가 높아져 인체가 부력이 생기는 것과 비슷하게 Epsom 염은 무중력 테라피에서 사용된다. 이러한 용액은 피부를 진정시키고 피곤한 근육을 풀어주기도 한다.

▲Crystalline Epsom Salts

엡손(Epsom) 염은 토양에서 마그네슘 결핍증을 교정하기 위해 정원사가 흔히 사용한다. 농업에서 황산 마그네슘은 엽록소 분자의 필수 요소인 마그네슘 결핍을 바로 잡는 데 사용된다. 다른 마그네슘 화합물에 비해 황산 마그네슘의 도래는 물에서의 높은 용해도와 중성 pH의 이점을 가지고 있다.

무수 황산 마그네슘은 실험실의 화학자들이 수증기를 흡수하는 데 사용되며, 물이 유기 용매에서 일어나는 반응을 방해할 수 있는 실험 동안, 고체 황산 마그네슘이 첨가된다. 황산 마그네슘은 수분을 흡수하고, 생성된 고형 덩어리는 여과에 의해 유기 용액으로부터 용이하게 제거될 수 있다.

**A:** 사리염에 몸을 담가두면 피부가 진정되고 피곤한 근육을 이완시킬 수 있다. 또한, 사리염은 농업 및 화학 실험실에서도 사용된다.

**학습 목표**

- 분자의 전자 점식을 그릴 수 있다.
- 분자의 구조식을 그릴 수 있다.

## 12.4 분자의 전자 점식

5.8절에서 주족 원소의 원자에 대한 전자 점식을 알아보았다. 주기율표에서의 원소를 찾아서 원소의 족 번호와 원자가 전자 수의 관계를 알아보았다. 예를 들어, 2주기에서 Li 원자는 1개의 원자가 전자 (IA/1족)를 가지고, Be 원자는 2개 (IIA/2족), B 원자는 3개 (IIIA/13족), C 원자는 4개 (IVA/14족), N 원자는 5개 (VA/15족), O 원자는 6개 (VIA/16족), F 원자는 7개 (VIIA/17족)를 그리고 영족 기체 Ne는 8개 (VIIIA/18족) 원자가 전자를 갖는다. 우리는 원자가 전자를 원소 기호 주위에 전자점으로 나타내었다.

이제, 분자에 대한 **전자 점식(electron dot formula)**을 나타내보자. 루이스(Lewis) 구조라고도 부르는 전자 점식은 원자들 사이의 결합을 나타내는 원자가 전자를 보인 것이다. 원자 사이에 공유된 전자쌍을 **결합 전자(bonding electrons)**라 부른다. 단지 팔전자를 만족시키는 다른 전자쌍을 *비공유 전자쌍(nonbonding electron pair)* 또는 고립(전자)쌍(*lone pairs*)이라고 부른다.

### 분자의 전자 점식에 관한 지침

1. 분자에서 각 원자의 원자가 전자를 합하여 원자가 전자의 총 수를 계산한다. 원자가 전자의 총 수는 팔전자 규칙을 따라 짝수가 되어야 한다. 만약 원자가 전자의 총 수가 홀수이면 다시 검토해 보라.
2. 분자에서 전자쌍 수를 알기 위하여 원자가 전자의 총 수를 2로 나누어라.
3. 4개의 전자쌍을 중심 원자 주위에 배치하라. 남은 전자쌍을 이용하여 다른 원자 주위에 팔전자를 만족시켜라. (수소는 오직 1개의 전자쌍만을 필요로 하는 유일한 예외이다.)
4. 팔전자를 이루기에 각 원자의 전자쌍이 충분하지 않으면, 이미 전자쌍을 공유하는 두 원자 사이로 비공유 전자쌍을 옮겨라.

* 두 개 이상 원자가 중심 원자에 결합되어 있으면 중심 원자가 어느 것인지 파악하기 쉽지 않다. 따라서 이 교재에서는 전자 점식을 그리기 쉽도록 중심 원자는 굵은 글씨로 표시하였다.

## 물의 전자 점식

분자의 전자 점식을 나타내는 방법을 알아보기 위하여, 물, $H_2O$의 전자 점식을 그려 보자. 물 분자에서 원자가 전자의 총 수는 각 수소에서 한 개씩과 산소 원자에서 6개를 더하여 2(1 e-) + 6 e- = 8 e-이고, 전자쌍 수는 4(8/2 = 4)쌍이다. $H_2O$에서 산소는 중심 원자이고 굵게 표시되어 있다. 팔전자를 만족시키기 위하여 산소 주위에 4개의 전자쌍을 배치한다.

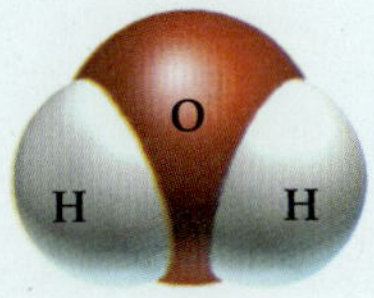


▲물, $H_2O$

4개의 전자쌍 중 임의의 위치에 2개의 수소 원자를 배치한다.

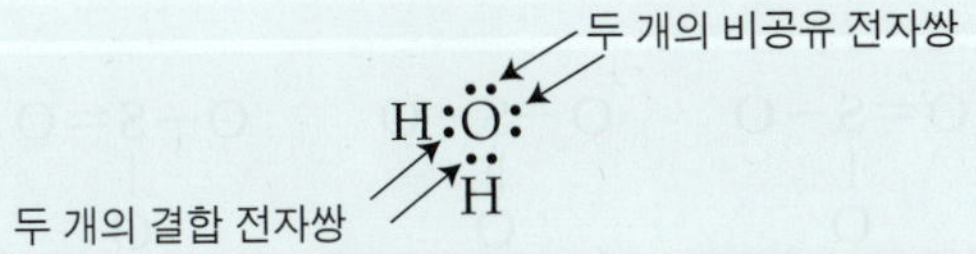


두 결합 전자쌍과 두 비공유 전자쌍이 있다는 것에 주목하자. 그렇지만 모든 전자는 동등하고 4개의 전자쌍(8개의 원자가 전자)은 분자 전체의 주위를 움직인다. 따라서 결합 전자와 비공유 전자는 분자 전체에 퍼져있고, 이것을 *비편재화(delocalized)*되어 있다고 말한다.

간단하게 나타내기 위하여 각 결합 전자쌍은 **단일 결합(single bond)**이라 불리는 단일선으로 표시한다. 이러한 구조를 **분자의 구조식(structural formula)**이라고 한다. 구조식에서 비공유 전자를 나타냈지만 보통 생략한다.

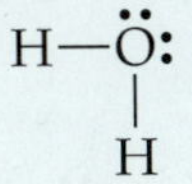

## 삼산화 황($SO_3$)의 전자 점식

이제 좀더 어려운 예인 $SO_3$의 전자 점식을 나타내 보자. S 원자는 분자에서 중심 원자이고 굵게 표시되어 있다. $SO_3$ 분자의 원자가 전자의 총 수는 24 e- [6 e- + 3(6 e-) =24 e-]이고, 전자쌍의 수는 12 (24/2 = 12)이다.

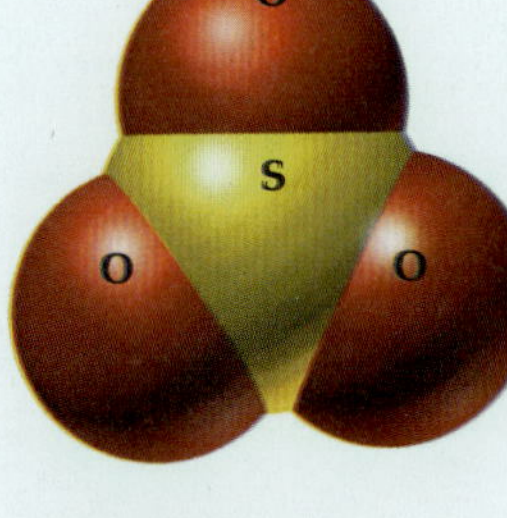


▲삼산화 황, $SO_3$

황 원자는 중심 원자이므로 황 원자 주위에 4개의 전자쌍을 먼저 배치하고 3개의 산소 원자를 첨가한다. 그러면,

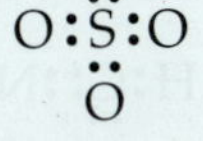

12개의 전자쌍으로 시작하여, 남아 있는 8개의 전자쌍을 산소 원자 주위에 배치하여 각각 팔전자를 만족시키도록 한다.

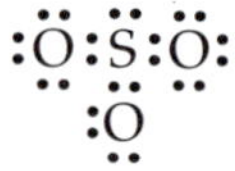

아래에 놓인 산소 원자는 3개의 전자쌍만을 가져 팔전자를 만족시키지 못하였다. 지침에 따르면, 황 원자와 산소 원자 사이에 2개의 결합 전자쌍을 제공하기 위하여 황 원자로부터 비공유 전자쌍을 옮길 수 있다.

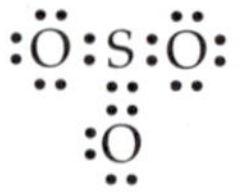

공유된 2개의 전자쌍은 **이중 결합(double bond)**을 구성한다. 이중 결합 내의 4개의 전자는 황 원자와 산소 원자 간에 공유된다. 그러므로 황 원자는 여전히 팔전자를 만족시키고, 아래에 놓인 산소 원자는 2개의 전자를 얻어 팔전자를 이룬다. $SO_3$의 구조식은 1개의 이중 결합과 2개의 단일 결합을 가진다. 이중 결합은 이중선으로 단일 결합은 단일선으로 나타낸다. 즉 다음과 같다.

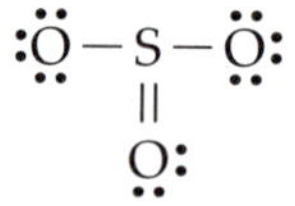

구조식은 회전할 수 있기 때문에 이중 결합은 왼쪽 또는 오른쪽에도 쓸 수 있다. 그러므로 $SO_3$ 분자의 구조식은 다음 중 어느 하나로 나타낼 수 있다. 이 현상을 **공명(resonance)**이라고 하며 $SO_3$ 분자에 대하여 세 개의 공명 구조를 그릴 수 있다.

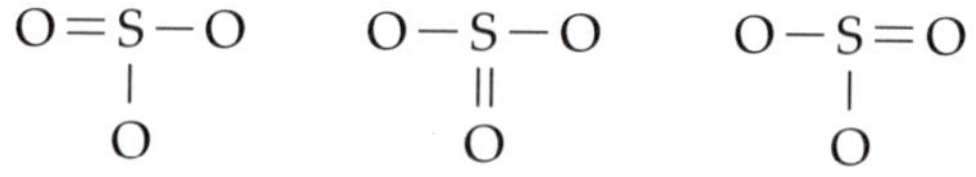

비록 분자가 다르게 보일지라도 세 구조식은 같다. 모형을 사용하여 분자를 만들면 이러한 설명을 쉽게 이해할 수 있다. 각 분자 모형을 회전시키면 다른 두 분자 모형과 같아진다.

## 사이안화 수소(HCN)의 전자 점식

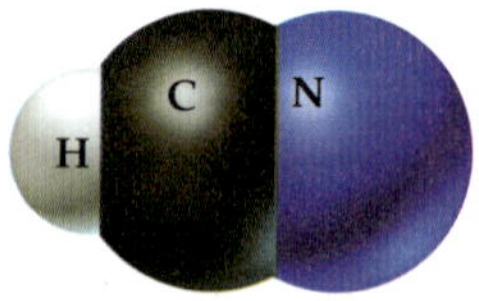

▲사이안화 수소, HCN

사이안화 수소, HCN의 전자 점식을 그려보자. **C** 원자는 분자의 중심 원자이고 굵게 표기되어 있다. 분자에서 총 원자가 전자 수는 10 e−(1 e− + 4 e− + 5 e− = 10 e−)이고, 전자쌍의 수는 5(10/2 = 5)이다. C 원자가 중심 원자이므로 C 원자 주위에 4개의 전자쌍을 배치하고 수소 원자와 질소 원자를 붙인다.

5쌍의 전자쌍으로 시작하였으니 1개의 전자쌍이 남아 있다. 수소 원자는 필요한 두 전자를 이미 가지고 있으므로 남은 1개의 전자쌍을 질소 원자 옆에 배치한다.

이제 질소 원자는 팔전자보다 작은 4개의 전자만을 가져 팔전자를 이루기에는 4개의 전자가 모자란다. 1개의 비공유 전자쌍을 C 원자와 N 원자 사이로 옮겨 보자.

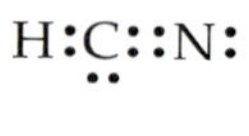

질소는 단지 6개의 전자만을 가진다. C 원자의 다른 비공유 전자쌍을 옮기면 다음과 같다.

H:C:::N:

3개의 전자쌍은 **삼중 결합(triple bond)**을 만든다. 삼중 결합에서 6개의 전자는 C 원자와 N 원자 간에 공유된다. 그러므로 탄소 원자와 질소 원자 모두 팔전자를 만족시킨다. 삼중 결합은 삼중선을 써서 나타낸다. 따라서 HCN에 대한 구조식은 다음과 같다.

H−C≡N:

다음은 분자의 전자 점식과 구조식에 관한 예제이다.

## 예제 12.5 전자 점식–단일 결합

클로로폼, $CHCl_3$에 대한 전자 점식과 구조식을 그려라.

**해답**

C 원자는 $CHCl_3$에서 중심 원자이고 굵게 표시된다. 총 원자가 전자 수는 26 e−[4 e− + 1 e− + 3(7 e−) = 26 e−]이고, 전자쌍의 수는 13(26/2 = 13)개이다. C 원자 주위에 4개의 전자쌍을 배치하고 H 원자와 3개의 Cl 원자를 첨가한다.

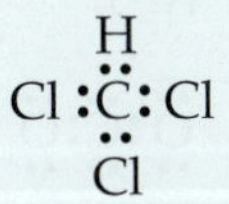

13개의 전자쌍에서 탄소 원자에 4개의 전자쌍을 배치하였으므로 9개의 전자쌍이 남아 있다. 남은 9개의 전자쌍을 각 Cl 원자 주위에 3쌍씩 배치시켜 보자.

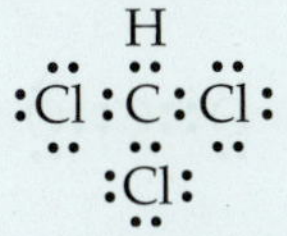

2개의 전자를 가진 각 원자는 수소를 제외하고 8개의 전자에 의하여 둘러싸여 있다. 올바른 전자 점식이다. 구조식에서 각 결합 전자쌍은 단일선으로 표시하면 다음과 같다.

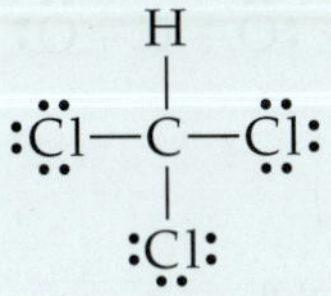

구조식은 자유롭게 회전할 수 있으므로 수소 원자를 C 원자의 아래 또는 옆에 쓸 수도 있다.

**실전 연습문제**

SiHClBrI 분자에 대한 전자 점식과 구조식을 그려라.

**답:**

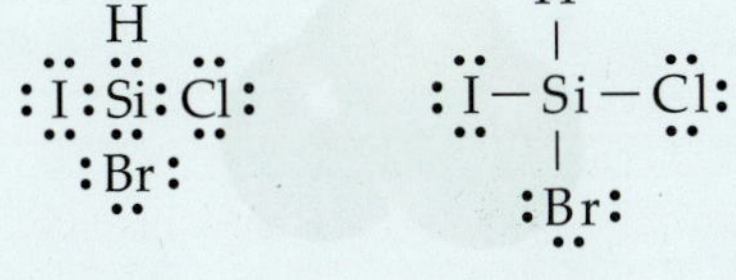

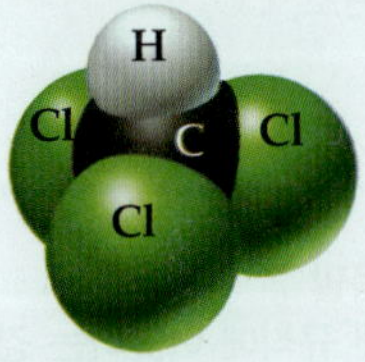


▲클로로폼, $CHCl_3$

**개념 문제**

$H_2S$ 분자에 대한 전자 점식을 그려라. 황화 수소 분자에는 비결합 전자쌍이 몇 개인가?

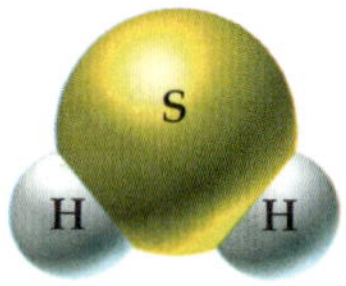


**답:** 부록 G, 12.5 참조

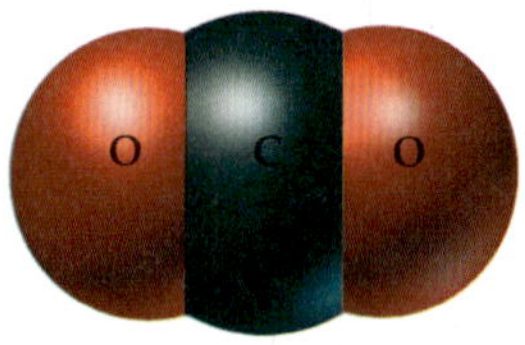


▲이산화 탄소, $CO_2$

## 예제 12.6 전자 점식–이중 결합

이산화 탄소, $CO_2$ 분자의 전자 점식과 구조식을 그려라.

**해답**

탄소 원자는 $CO_2$ 분자의 중심 원자로 굵게 표시한다. 총 원자가 전자 수는 16 e-[4 e- + 2(6 e-) = 16 e-]이고, 전자쌍의 수는 8 (16/2 = 8)이다. 탄소 원자 주위에 4개의 전자쌍을 배치하고 2개의 산소 원자를 첨가한다.

$$\mathrm{O:\ddot{\underset{..}{C}}:O}$$

남은 4개의 전자쌍을 각 산소 원자에 2쌍씩 배치한다.

$$\mathrm{\ddot{\underset{..}{O}}:\ddot{\underset{..}{C}}:\ddot{\underset{..}{O}}}$$

각 산소 원자는 팔전자보다 2개 적은 6개의 전자를 공유한다. 탄소 원자 주위의 2개의 비결합 전자쌍을 이용한다. 1쌍을 왼쪽의 산소 원자로, 다른 1쌍은 오른쪽의 산소로 이동한다. 각 C—O 결합은 2개의 전자쌍을 공유한다.

$$\mathrm{\ddot{\underset{..}{O}}::C::\ddot{\underset{..}{O}}}$$

이제 각 원자는 팔전자 규칙을 만족한다. 이것은 올바른 전자 점식이다. 각 산소 원자와 탄소 원자 간에는 2개의 전자쌍이 있다. 그래서 $CO_2$ 분자에는 2개의 이중 결합이 있다. 구조식에서 각 이중 결합을 이중선으로 표시한다.

$$\mathrm{:\ddot{O}=C=\ddot{O}:}$$

**실전 연습문제**

$SiO_2$ 분자에 대한 전자 점식과 구조식을 그려라.

**답:** $\mathrm{:\ddot{O}::Si::\ddot{O}:}$ $\mathrm{:\ddot{O}=Si=\ddot{O}:}$

**개념 문제**

$SO_2$ 분자에 대한 전자 점식을 그려라. 황에는 비결합 전자쌍이 몇 개인가?

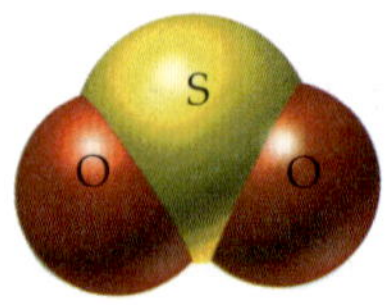


**답:** 부록 G, 12.6 참조

**도움말**
**옥텟 규칙에 어긋나는 경우들**

전자 점식 작성은 옥텟 규칙을 만족시키기 위해 원자가 전자의 사용을 포함하는 시행착오적 절차이다. 그러나 옥텟 규칙에는 화학결합에 대한 소개를 넘어서는 예외가 있다. 예를 들어, 트라이플루오린화 붕소는 중심 B (붕소) 원자 주위에 단지 6개의 전자(3개의 전자쌍)를 갖는다. 또한, 중심 원자 주변의 8개의 전자쌍을 초과하여 옥텟 규칙을 위반하는 예들도 있다. 예를 들어, 중심 P(인) 원자 주위에 10개의 전자가 있고 중심 S(황) 원자 주위에는 12개의 전자가 있다.

추가적으로, 전자가 홀수인 분자도 있다. 예를 들어, 일산화 질소(NO) 및 이산화 질소($NO_2$)의 원자가 전자의 수는 NO 분자에서 11개, $NO_2$ 분자에서는 17개가 있다. 자유 라디칼이지만, 일반적으로 다른 분자와 결합하여 안정화될 수 있으며, 자유 라디칼 화합물은 불안정하고 반응성이 높은 경향성을 보인다.

## 예제 12.7 전자 점식 – 삼중 결합

아세틸렌 분자, $C_2H_2$ 분자의 전자 점식과 구조식을 그려라.

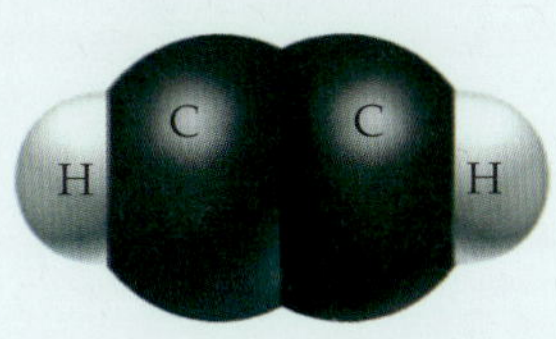


**해답**

아세틸렌에서 탄소 원자는 $C_2H_2$ 분자의 중심 원자로 굵게 표시한다. 총 원자가 전자 수는 10e- [2(4 e-) + 2(1 e-) = 10 e-]이고, 전자쌍의 수는 5 (10/2 =5 )이다. 탄소 원자 주위에 4개의 전자쌍을 배치하고 1 개의 전자쌍은 탄소와 수소 사이에 첨가한다.

$$\mathrm{H:\ddot{\underset{..}{C}}:C:H}$$

탄소는 8개의 전자를 요구하므로 각 탄소 주변에 팔전자 규칙에 만족스럽게 남은 비결합 전자쌍을 이동한다. 따라서 비결합 전자쌍 2개를 이동하면 다음과 같다.

$$\mathrm{H:C:::C:H}$$

이제 각 원자는 팔전자 규칙을 만족한다, 이것은 올바른 전자 점식이다. 각 탄소 원자 사이에 3개의 전자쌍이 존재한다. 그래서 아세틸렌 $C_2H_2$ 분자에는 1개의 삼중 결합이 있다. 구조식에서 각 삼중 결합을 삼중선으로 표시하게 되면 비결합 전자쌍은 존재하지 않게 된다.

$$\mathrm{H-C{\equiv}C-H}$$

**실전 연습문제**

HOCN분자에 대한 전자 점식과 구조식을 그려라.

**답:**

$$\mathrm{H:\ddot{\underset{..}{O}}:} \qquad \mathrm{H-O}$$
$$\mathrm{\dot{\dot{C}}:::N:} \qquad \mathrm{C{\equiv}N}$$

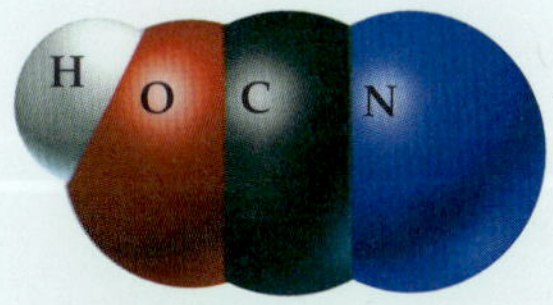


**개념 문제**

CO 분자에 대한 전자 점식을 그려라, 일산화 탄소에는 비결합 전자쌍이 몇 개인가?

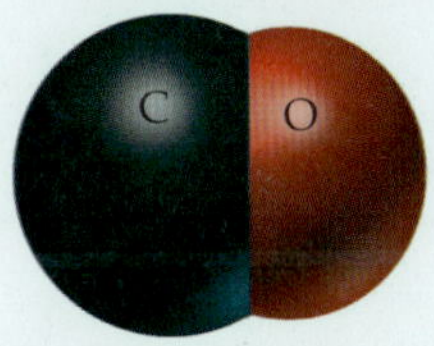


**답:** 부록 G, 12.7 참조

## 12.5 다원자 이온의 전자 점식

**학습 목표**

- 다원자 이온의 전자 점식을 그릴 수 있다.
- 다원자 이온의 구조식을 그릴 수 있다.

지금까지 이온에 대한 논의에서 오직 단일 원자의 전자 잃음과 얻음을 고려하였다. 양전하 또는 음전하를 가지는 이런 간단한 이온을 **단원자 이온(monoatomic ion)**이라고 부르고, 2개 이상의 원자를 포함한 이온 형태를 **다원자 이온(polyatomic ion)**이라고 한다. 비료로 쓰이는 암모늄 이온 $NH_4^+$, 하수구 세척제나 오븐 세척제 같은 가사 용품에서 볼 수 있는 수산화 이온 $OH^-$, 베이킹 소다에서 발견되는 탄산수소 이온 $HCO_3^-$ 등은 자주 쓰이는 다원자 이온이다.

12.4절에서 분자의 전자 점식 그리는 것을 배웠다. 이제 다원자 이온의 전자 점식을 나타내보자. 이온에 대한 다음 설명은 분자에 대한 앞의 지침과 비슷하다.

### 다원자 이온의 전자 점식을 그리기 위한 지침

1. 다원자 이온에서 각 원자의 원자가 전자를 더하여 총 원자가 전자 수를 계산한다. 만약 이온이 음으로 하전되었으면, 음전하와 같도록 원자가 전자의 수에 전자 수를 더하라. 또한 이온이 양으로 하전되었으면, 양전하와 같도록 원자가 전자의 수에서 전자 수를 빼라. 각 경우에, 그 결과는 총 원자가 전자 수가 된다.
2. 원자가 전자와 전하의 총 수를 2로 나누어 전자쌍의 수를 계산하라.
3. 4개의 전자쌍을 중심 원자 주위에 배치하라. 남아있는 전자쌍을 사용하여 각 원자 주위에 팔전자를 만족시켜라. (수소는 오직 한 개의 전자쌍만을 필요로 하는 유일한 예외이다)
4. 팔전자를 이루기에 각 원자의 전자쌍이 충분하지 않으면 비공유 전자쌍을 이미 전자쌍을 공유하는 두 원자 사이로 옮겨라.

* 두 개 이상의 원자가 중심 원자와 결합되었을 때 어떤 것이 중심 원자인지 인지하기 어렵다. 그래서 전자 점식을 쓰는 것을 돕기 위하여 중심 원자를 굵은 글씨체로 표시할 것이다.

## 암모늄 이온($NH_4^+$)의 전자 점식

다음과 같이 **N**$H_4^+$ 이온에 대한 전자 점식을 그릴 수 있다. **N**$H_4^+$ 이온에서 총 원자가 전자 수는 8 e- [5 e- + 4(1 e-) - 1 e- = 8 e-]이고, (이온이 +1가를 띠므로 전자 하나를 빼 주어야한다는 점을 주의하라) 전자쌍의 수는 4(8/2 = 4)이다. **N**$H_4^+$ 이온에서 질소는 중심 원자이므로 질소 원자 주위에 팔전자를 만족하기 위하여 4개의 전자쌍을 배치한다.

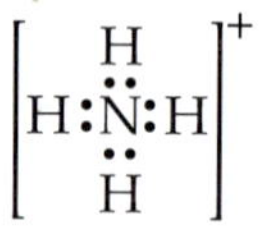

암모늄 이온의 전자 점식이 바르게 되었는지 확인하라. 질소 원자는 팔전자를, 그리고 각 수소 원자는 2개의 전자를 공유한다.

이제, 다원자 이온의 전자 점식을 간단하게 구조식으로 나타내보자. 각 결합 전자쌍을 단일선으로 표시하면, $NH_4^+$ 이온의 구조식은 다음과 같다.

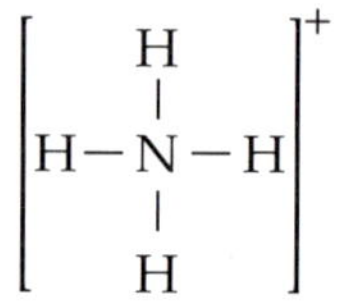

다원자 이온식은 식을 괄호로 표시하고, 전체 전하는 괄호 밖에 표시한다. 괄호 밖에 전하를 표시하여 양전하가 이온 전체에 분포되어 있음을 강조하고 있다.

## 염소산 이온($ClO_3^-$)의 전자 점식

이제, 염소산 이온, **Cl**$O_3^-$의 전자 점식을 그려보자. **Cl**$O_3^-$ 음이온의 총 원자가 전자 수는 26 e-[7 e- + 3(6 e-) + 1 e- = 26 e-]이고, (이온이 -1 전하를 가지므로 전자 하나를 더한다.) 전자쌍의 수는 13 (26/2 = 13)이다. 중심 원자인 Cl 주위에 4개의 전자쌍을 배치하고 3개의 O 원자를 첨가한다.

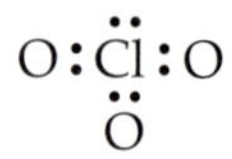

13개의 전자쌍으로 시작하였으므로 남은 9개의 전자쌍은 팔전자를 완성하도록 각 산소 원자 주위에 배치한다.

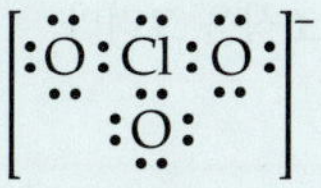

구조식에서 각 결합 전자쌍을 단일선으로 표시한다. 따라서 $ClO_3^-$ 이온의 구조식은 다음과 같다.

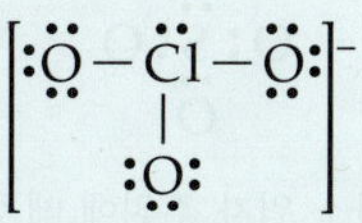

## 탄산 이온($CO_3^{2-}$)의 전자 점식

좀더 어려운 예로 탄산 이온 $CO_3^{2-}$ 이온의 전자 점식을 나타내 보자. 이 다원자 이온의 총 원자가 전자 수는 24 e−[4 e− + 3(6 e−) + 2 e− =24 e−]이고, 전자쌍의 수는 12(24/2 = 12)이다. 탄소 원자가 중심 원자이므로 C 원자 주위에 4개의 전자쌍을 배치시키고 3개의 O 원자를 첨가한다.

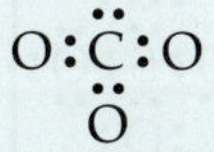

12개의 전자쌍으로 시작하였으므로 남은 8개의 전자쌍은 팔전자를 만족시키도록 산소 원자 주위에 배치한다.

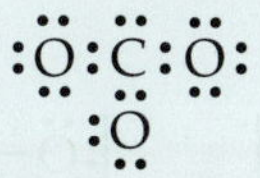

아래에 놓인 산소 원자는 3개의 전자쌍만을 가져 팔전자를 만족시키지 못하고 있다. 지침에 따라 비공유 전자쌍을 C 원자와 O 원자 사이로 옮겨보자.

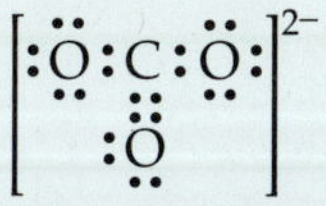

두 전자쌍은 이중 결합을 구성한다. 이중 결합 내의 4개의 전자는 C 원자와 O 원자 사이에 공유된다. 그러므로 중심 탄소 원자는 팔전자를 만족시키고, 산소 원자는 2개의 전자를 얻어 팔전자를 완성한다.

원자가 전자가 다원자 이온 주위로 자유롭게 움직인다는 것을 나타내기 위하여 괄호를 사용한다. 결과적으로 $CO_3^{2-}$ 이온은 3개의 다른 구조식으로 나타낼 수 있다.

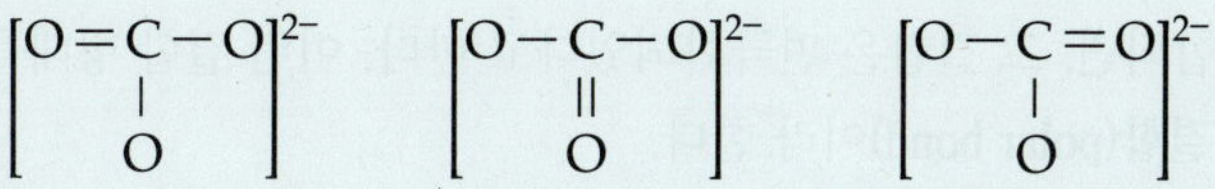

비록 $CO_3^{2-}$ 이온의 3개의 구조가 다르게 보일지라도 3가지 구조는 모두 동등하다. $CO_3^{2-}$이온을 어떻게 표현할지라도 그 구조식은 1개의 이중 결합과 2개의 단일 결합을 가진다. 다음은 다원자 이온의 전자 점식과 구조식에 관한 예제이다.

## 예제 12.8 다원자 이온의 전자 점식

황산 이온 $SO_4^{2-}$ 이온에 대한 전자 점식과 구조식을 그려라.

**해답**

총 원자가 전자 수는 각 원자의 원자가 전자 수의 합에 음전하 2를 더한 것이다: 6 e− + 4(6 e−) + 2 e− = 32 e−. 전자쌍의 수는 16 (32/2 = 16)이다. 중심 황 원자 주위에 4쌍의 전자를 배치하고 산소 원자를 첨가하면 다음과 같다.

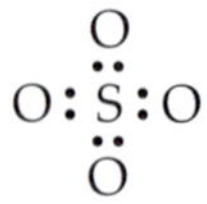

남은 12개의 전자쌍을 3개의 전자쌍씩 각 산소 원자 주위에 배치한다.

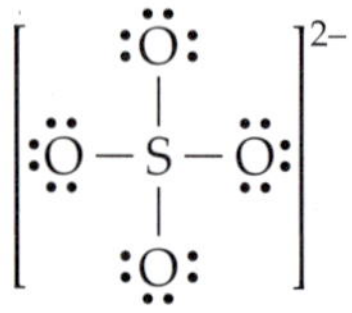

각 원자는 8개의 전자로 둘러싸여 있다. 이것은 올바른 전자 점식이다. 구조식은 각 결합 전자쌍을 단일선으로 나타낸다.

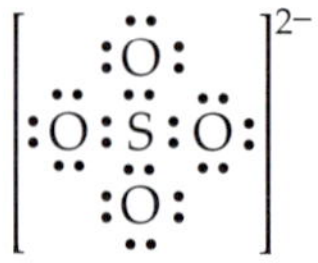

**실전 연습문제**

$NO_2^-$ 이온의 전자 점식과 구조식을 그려라.

**답:**

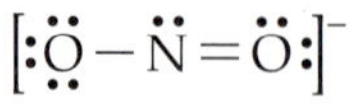

**개념 문제**

다원자인 아황산 이온, $SO_3^{2-}$에 대한 전자 점식을 그려라. 아황산 이온에는 비결합 전자쌍이 몇 개 있는가?

**답:** 부록 G, 12.8 참조

**학습 목표**

- 주기율표에서 전기음성도의 경향을 알 수 있다.
- 극성 공유 결합에서 전기음성도 차이를 계산할 수 있다.
- 극성 결합에 델타 표시($\delta^+$와 $\delta^-$)를 적용할 수 있다.

# 12.6 극성 공유 결합

공유 결합은 원자가 전자의 공유에서 생긴다. 지금까지 우리는 공유 결합에서 전자는 동등하게 공유된다고 가정하였다. 두 원자가 전자를 동등하게 공유하지 않는 공유 결합은 어떤가? 많은 경우 두 원자 중 한 원자가 전자쌍을 좀더 세게 끌어당긴다. 전자쌍이 어느 한 원자에 좀더 가깝게 결합되면, 그 결합은 편극화되었다고 한다. 이런 결합 형태를 *극성 공유 결합* 또는 간단히 **극성 결합(polar bond)**이라 한다.

## 전기음성도 경향

각 원소는 원자가 전자를 끌어당기는 능력이 있다. 원자가 전자를 끌어당기는 이런 능력은 핵과 원자가 껍질의 거리에 관계있다. 또한 핵의 양전하 크기와도 관련된다. 화학결합에서 전자를 끌어당기는 원자의 능력을 **전기음성도(electronegativity)**라고 한다. 결합 전자를 강하게 끌어당기는 원소의 원자는 전기음성도가 크다고 한다.

미국의 화학자, 폴링(Linus Pauling)은 각 원소의 전기음성도 값을 측정하는 방법을 고안하였다. 폴링은 탄소의 전기음성도를 2.5로 정하고 C와 상대적으로 결합전자를 끌어당기는 다른 원소의 능력을 결정하였다. 그는 플루오린이 가장 전기음성도가 큰 원소라는 것을 밝혔다. 플루오린의 전기음성도 값은 4.0이다. 다른 높은 전기음성도를 갖는 원소로는 O, 3.5; N, 3.0, 그리고 Cl, 3.0이다. 전기음성도가 큰 대부분의 원소는 주기율표의 오른쪽 끝에 있는 비금속이다. 그림 12.9는 주기율표에서 여러 원소의 폴링 전기음성도 값을 나타낸 것이다.

그림 12.9에서 전기음성도 경향을 알아보자. 첫째, 주기율표의 *왼쪽에서 오른쪽으로* 갈수

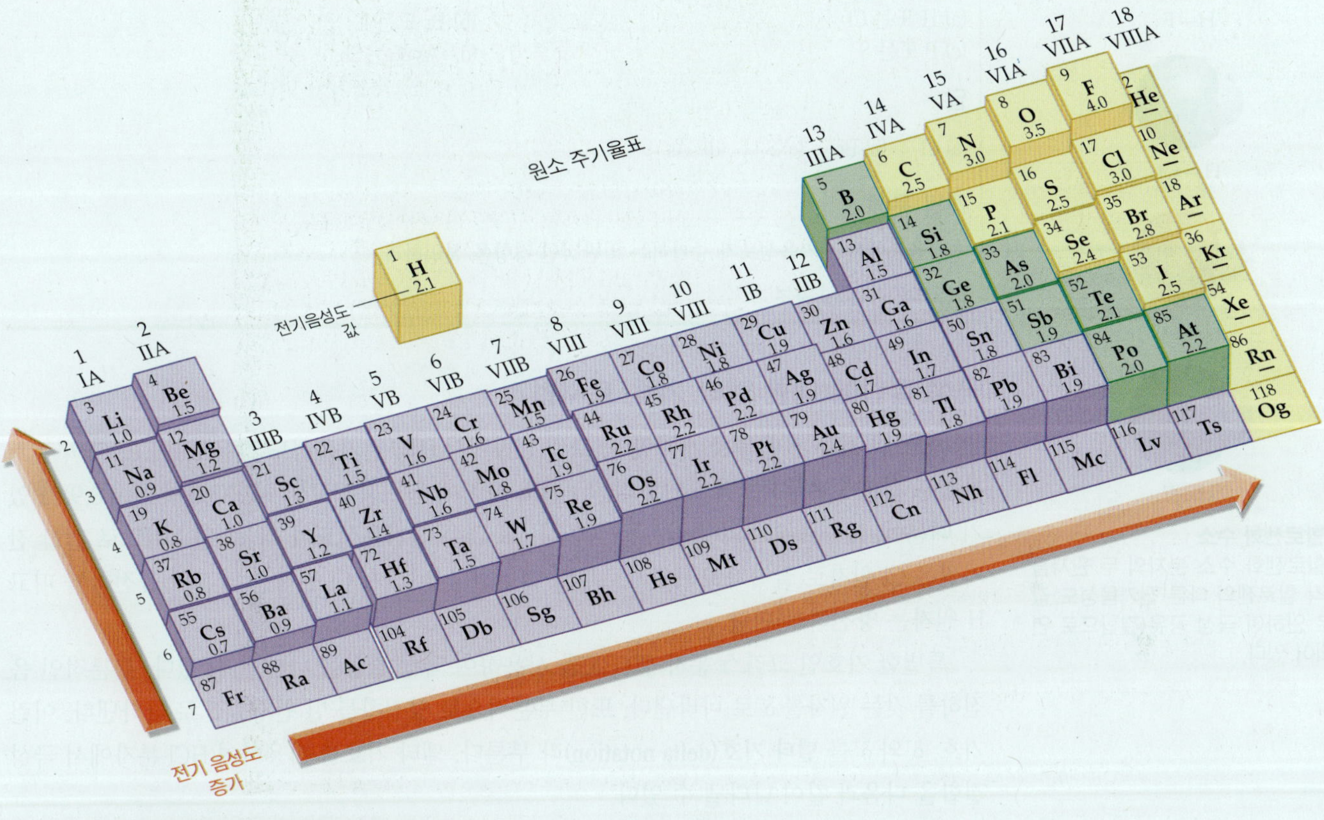


**▲ 그림 12.9 원소의 전기음성도 값**
원소 기호의 아래에 폴링 전기음성도 값을 나타내었다. 일반적으로 전기음성도는 같은 주기에서는 오른쪽으로 갈수록, 같은 족에서는 위쪽으로 갈수록 증가한다.

록 원소의 전기음성도가 커진다. 둘째, 같은 족에서는 *밑에서 위로* 갈수록 원소의 전기음성도가 증가한다.

우리는 주기의 경향이 원소의 화학적 성질과 일치한다는 것을 알 수 있다. 즉, 비금속은 전자를 얻어 반응하고 금속은 전자를 잃어 반응한다. 족의 경향은 비금속성 특징의 경향을 따른다. 예를 들어, VA/15족을 보자. Bi는 금속이고, Sb와 As는 준금속이며, P와 N은 비금속이다. 즉, 전기음성도 경향은 비금속성 특성의 경향에 따라 증가한다. 따라서 비금속은 준금속보다 전기음성도가 크고, 준금속은 금속보다는 전기음성도가 크다.

다음은 주기율표의 일반적인 경향으로부터 전기음성도를 예측하는 예제이다.

## 예제 12.9 전기음성도 예측

주기율표에서 일반적인 전기음성도 경향에 따라 다음 원소 중에서 전기음성도가 큰 원소를 예측하라.

(a) N 또는 O (b) Br 또는 Se
(c) F 또는 Cl (d) Si 또는 C

**해답**

주기에서 오른쪽에 놓이거나 혹은 족의 위에 놓인 전기음성도가 더 크다. 따라서

(a) O는 N 보다 전기음성도가 크다. (b) Br은 Se 보다 전기음성도가 크다.
(c) F는 Cl 보다 전기음성도가 크다. (d) C는 Si 보다 전기음성도가 크다.

**실전 연습문제**

주기율표에서 일반적인 전기음성도 경향에 따라 다음 원소 중에서 전기음성도가 큰 원소를 예측하라.

(a) H 또는 Cl (b) Br 또는 I
(c) P 또는 S (d) As 또는 Sb

**답:**

(a) Cl (b) Br (c) S (d) As

**개념 문제**

주기율표에서 전기음성도가 증가하는 일반적인 경향을 설명하라.

**답:** 부록 G, 12.9 참조

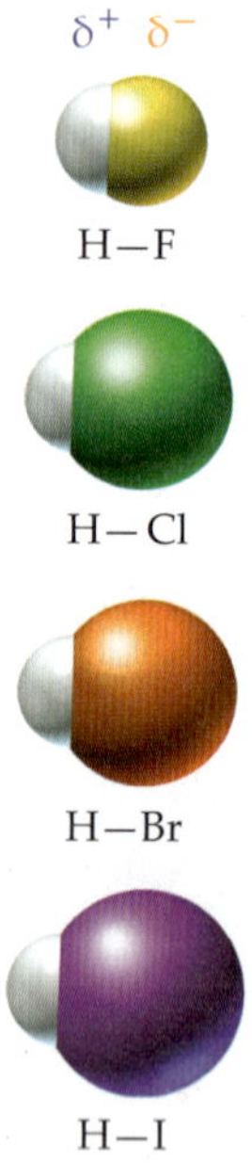


▲ **할로젠화 수소**
각 할로젠화 수소 분자의 두 원자들은 각 할로젠의 다른 전기음성도 값으로 인하여 극성 공유 결합으로 연결되어 있다.

## 극성 결합에 대한 델타 기호 표시법

12.1절에서 공유 결합을 소개하였다. 그림 12.9에서 H의 전기음성도 값은 2.1이고, Cl의 전기음성도 값은 3.0이라는 것을 알았다. 두 원소 사이에 전기음성도의 차이(3.0 − 2.1 = 0.9)가 있기 때문에, H—Cl 분자의 결합은 극성이다. 또 Cl은 전기음성도가 더 큰 원소이므로 결합 전자쌍은 Cl 원자로 끌려가고 H원자로부터 멀어진다. 따라서 Cl 원자는 약간의 음전하를 띠고 H 원자는 양전하를 띤다.

특별한 기호인 그리스 문자 델타(δ)를 사용하여 극성 결합을 나타낼 수 있다. 부분적인 음전하를 갖는 원자를 $\delta^-$로 나타낸다. 또한 부분적으로 양전하를 띤 원자를 $\delta^+$로 나타낸다. 이런 기호, $\delta^-$와 $\delta^+$를 **델타 기호(delta notation)**라 부른다. 델타 기호를 사용하여 HCl 분자에서 극성 결합을 다음과 같이 나타낼 수 있다.

$$\delta+\ \mathrm{H} — \mathrm{Cl}\ \delta^-$$

## 주요 과학자 폴링(Linus Pauling)

### Q: 노벨 화학상을 수상한 폴링은 그의 많은 업적 중 어느 것으로 수상하였는가?

폴링(Linus Pauling, 1901~1994)은 20세기에 가장 영향력 있는 화학자로서 많은 사람들에게 간주되고 있다. 폴링은 미국 오레곤주 포틀랜드의 평범한 가정에서 태어났다. 아버지가 일찍 돌아가셨기 때문에 그는 가족을 부양하기 위하여 여러 가지 막노동을 하여야 했다. 16세에 오레곤 주립대학교에 입학하여 화학공학 학사 학위를 받았다. 거기서 그는 Ava Helen Miller라는 그의 아내를 만났는데 그는 아내에게 많은 영감을 받은 것을 감사하였다. 폴링은 캘리포니아 공과대학교(Caltech) 대학원에 진학하였다. 1925년에 박사 학위를 받았고 구겐하임(Guggenheim) 장학금을 받고 유럽에서 공부하였다. 1927년 그는 화학 교수로 칼텍(Caltech)으로 돌아와서 그 후 대부분의 생애를 거기에서 보냈다. 폴링은 곧 명성을 얻었고 학과장은 다음과 같이 그를 묘사 하였다.

"만약 Pauling을 제외하고 화학과 다른 모든 교수가 없다고 해도 폴링이 재직하는 화학과는 전 세계 화학과 중 가장 중요한 학과 중의 하나일 것이다."

그는 많은 업적을 남겼는데 그중 하나로 전기음성도의 개념을 만들고 원소의 전기음성도를 계산하는 독창적인 방법을 제시하였다. 가장 뛰어난 업적 중의 하나는 벤젠 분자, $C_6H_6$의 독특한 안정

성을 설명한 것이었다. 그의 가장 유명한 업적은 단백질 구조의 연구이다. 그는 단백질 구조가 나선형임을 발견하고 더 나아가서 비정상적인 분자 구조와 유전병 사이의 관계를 확립하였다. 이 분야의 업적으로 그는 1954년 노벨 화학상을 받았다.

1960년대에는 폴링은 지상 핵무기 실험을 금지하는 데 총력을 기울였고 잠재적인 방사능의 위험을 지적하였다. 그는 열정적으로 전쟁을 반대하였고 전 세계적인 군비 축소에 힘을 기울였다. 이러한 노력으로 폴링은 1962년에 노벨 평화상을 받았다. 1970년대에는 감기를 이기기 위하여 비타민 C를 과량 복용하는 것을 공개적으로 지지하여 논란을 일으키기도 하였다. 두 노벨상 이외에도 폴링은 많은 메달과 상을 받았고 많은 학회의 명예 회원으로 추대되었으며 400편 이상의 연구 논문을 발표하였고, 「화학결합의 본질」(*The Nature of the Chemical Bond*)이라고 하는 화학의 고전을 집필하였다.

▲폴링(Linus Pauling, 1901~1994)

**A:** 폴링은 단백질 구조에 대한 그의 업적으로 1954년 노벨 화학상을 수상하였다.

Cl 원자는 전기음성도가 더 큰 원자이므로 수소 원자로부터 전자쌍을 가깝게 끌어당긴다. 따라서 수소 원자는 약간의 양전하를 띤다. 예제 12.10는 델타 기호를 적용한 예이다.

## 예제 12.10 극성 결합의 델타 기호 표시법

탄소와 산소의 결합, C—O에 대하여 전기음성도 차이를 계산하고 델타 기호를 나타내라.

**해답**

그림 12.9에서, C의 전기음성도는 2.5, O의 전기음성도는 3.5라는 것을 알 수 있다. 편의상, 큰 값에서 작은 값을 빼준다. 두 원소의 전기음성도 차이는 1.0 (3.5 - 2.5 = 1.0)이다. 그 결과는 C—O 결합이 약간 편극화되었다는 것을 나타낸다.

O 원자는 전기음성도가 더 큰 원소이기 때문에 결합 전자쌍은 C 원자로부터 멀어져 O 원자에 가깝게 위치한다. 그래서 O 원자는 약간의 음전하를 띠는 반면 C 원자는 약간의 양전하를 띤다. 델타 기호를 적용하면 다음과 같이 쓸 수 있다.

$$\delta^+ \text{C} - \text{O}\ \delta^-$$

**실전 연습문제**

주기율표의 일반적인 경향을 이용하여 다음 극성 공유 결합에서 각 원자에 델타 기호 ($\delta^+$와 $\delta^-$)를 표시하라.

(a) N—O (b) Br—F

**답:** (a) $\delta+$ N — O $\delta^-$ (b) $\delta+$ Br — F $\delta^-$

**개념 문제**

그림 12.9에 있는 전기음성도 값을 참조하여 다음 결합 중 어느 것이 극성이 가장 큰 것인지 예상하라. : H—N, H—O, 또는 H—F

**답:** 부록 G, 12.10 참조

**주 의** 델타 기호는 분자 내에서 부분적으로 양과 음의 원자를 나타낸다. 그러나 분자 내에서 극성 결합은 화학식 단위에 있는 이온 결합과 다르다. 이온 결합은 양이온과 음이온 사이에 형성된다. 두 원자 사이에 전기음성도 차이가 1.8보다 크면 이온 결합을 나타낸다. 예를 들면, NaCl은 전기음성도 차이가 2.1(3.0 − 0.9)이므로 분명히 이온 결합의 한 예가 된다.

**학습 목표**

- 비극성 공유 결합을 이해할 수 있다.
- 자연에서 2원자 분자로 존재하는 7가지 원소를 확인할 수 있다: $H_2$, $N_2$, $O_2$, $F_2$, $Cl_2$, $Br_2$, $I_2$

# 12.7 비극성 공유 결합

12.6절에서 극성 결합은 동등하지 않은 결합 전자의 공유로부터 생긴다는 것을 알았다. 극성 결합에서 두 원자 중 한 원자는 보다 세게 전자를 끌어당기는 경향을 가진다. 전기음성도가 큰 원자는 결합 전자쌍을 강하게 끌어당기고 부분적으로 음전하를 띤다.

이제 두 원자의 전기음성도 값이 같거나 비슷하다면 그 공유 결합은 어떻게 되겠는가? 이 질문에 대답하기 위하여 그림 12.9에 나타난 폴링 전기음성도 값을 다시 고찰해 보자. 일반적으로 전기음성도는 주기를 따라 그리고 족의 위로 갈수록 증가한다. 그러나 몇몇 원소는 같은 폴링 전기음성도 값을 가진다는 것에 주목하라. 예를 들어, N과 Cl은 3.0, C, S 그리고 I는 모두 같은 2.5의 전기음성도 값을 가진다.

그러면 S—I 결합을 어떻게 설명할까? 각 원자의 전기음성도가 같기 때문에 결합은 편극화되지 않는다. 같은 전기음성도를 가진 두 원자 간의 공유 결합은 비극성 공유 결합 또는 간단히 **비극성 결합(nonpolar bond)**이라 부른다. 다음 예제는 극성과 비극성 결합의 분류에 대하여 더 설명한 것이다.

## 예제 12.11 극성 및 비극성 결합

다음을 극성 또는 비극성 결합으로 분류하라.

(a) Cl—Cl (b) Cl—N
(c) Cl—Br (d) Cl—H

**해답**

그림 12.9로부터 다음 전기음성도 값을 알 수 있다; Cl = 3.0, N = 3.0, Br = 2.8 그리고 H = 2.1.

(a) Cl—Cl 결합은 비극성이다(3.0 - 3.0 = 0).
(b) Cl—N 결합은 비극성이다(3.0 - 3.0 = 0).
(c) Cl—Br 결합은 약간 극성이다(3.0 - 2.8 = 0.2).
(d) Cl—H 결합은 극성이다(3.0 - 2.1 = 0.9).

**실전 연습문제**

다음 각각을 극성 또는 비극성 결합으로 분류하라.

(a) C—C (b) C—O
(c) C—S (d) C—H

**답:** (a) 비극성 (b) 극성 (c) 비극성 (d) 약간 극성

**개념 문제**

그림 12.9에 있는 전기음성도 값을 참조하여 다음 결합 중 어느 것의 극성이 최소로 예상되는가? C—O, C—N 또는 C—I

**답:** 부록 G, 12.11 참조

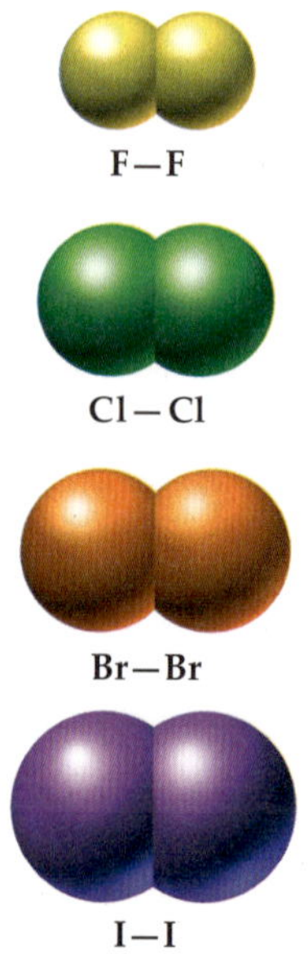


**▲할로젠 분자들**
각 할로젠 분자들의 두 원자들은 비극성 공유 결합으로 연결되어 있다.

## 이원자 비극성 분자

**이원자 분자(diatomic molecule)**는 공유 결합된 두 개의 비금속 원자로 구성된다. 가장 간단한 비극성 결합의 예는 두 개의 동일한 원자에서 찾아 볼 수 있다. 예를 들어, 산소는 자연에서 기체로 존재하고, $O_2$ 분자로 이루어져 있다. 비록 산소의 전기음성도가 크지만 $O_2$ 분자의 결합은 비극성이다. 이것은 각 산소 원자가 같은 힘으로 전자쌍을 끌어당기기 때문이다. 5.3절에서 VIIA/17족 원소에 대해 알아보았다. 이 원소들를 집합적으로 할로젠족이라 불렀다. 할로젠족(F, Cl, Br 그리고 I)은 같은 족으로 비슷한 성질을 가진다. 네 원소 모두 이원자 분자로 존재한다: $F_2$, $Cl_2$, $Br_2$ 그리고 $I_2$. 플로오린 원소는 황녹색의 기체, 염소 원소는 녹황색 기체, 브로민 원소는 적갈색 액체이며, 아이오딘은 진한 보라색의 결정성 고체이다.

자연 상태에서 이원자 분자로 존재하는 7가지 원소가 있다: $H_2$, $N_2$, $O_2$, $F_2$, $Cl_2$, $Br_2$, 그리고 $I_2$. 각 분자의 특성은 현저히 다르지만 각각은 비극성 공유 결합을 나타낸다. 우리는 결합된 두 원자의 전기음성도 차이가 없는 결합을 비극성으로 분류하였다. 실제로 두 원자 사이의 전기음성도 차이가 0.5 이하인 결합은 비극성 결합으로 간주한다.

## 12.8 배위 공유 결합

**학습 목표**

▶ 배위 공유 결합을 이해할 수 있다.

공유 결합은 두 비금속 원자 사이에 전자쌍이 공유되어 있다. 또한 각 비금속 원자는 팔전자를 이루기 위하여 비공유 전자쌍으로 둘러싸인다.

이제 전자를 공유하는 특별한 경우를 알아보자. 산소(6개의 원자가 전자)같은 원자는 다른 원자의 비공유 전자쌍을 공유함으로써 팔전자를 만족시킨다. 한 원자가 한 쌍의 전자를 다른 원자에게 제공하여 생기는 공유 결합을 **배위 공유 결합(coordinate covalent bond)**이라 부른다. 배위 공유 결합의 좋은 예는 오존, $O_3$ 분자에서 찾아 볼 수 있다. 이 분자에서 산소 분자는 다른 산소 원자에 비공유 전자쌍을 제공하여 오존을 형성한다.

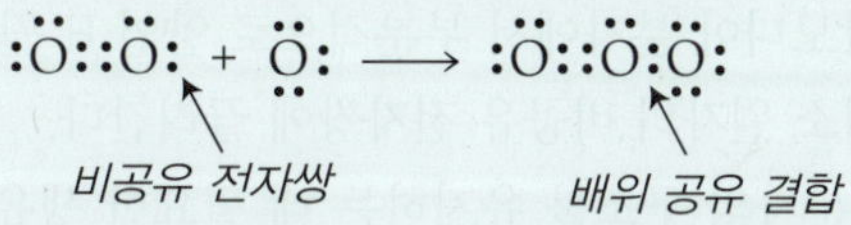


배위 공유 결합을 다음처럼 확인할 수 있다. 첫째, 임의의 분자에 대한 전자 점식을 그린다. 만일 한 원자를 제거한 다음, 남은 원자가 팔전자를 만족시키면 제거된 원자는 배위 공유 결합으로 결합되어 있다는 것을 알 수 있다. 오존, $O_3$의 경우에 O 원자가 제거된 다음, 남아 있는 $O_2$는 안정한 전자 점식을 유지한다. 그래서 $O_3$는 배위 공유 결합을 가진다. 다음 예제는 배위 공유 결합에 대하여 더 설명한 것이다.

### 예제 12.12 배위 공유 결합

노란색 황 분말을 태우면 $SO_2$가 생긴다. $SO_2$는 유독한 냄새를 가진 무색 기체이다. $SO_2$는 곤충 애벌레를 죽이는 데 사용되고, 성냥이 점화될 때 $SO_2$ 냄새가 방출된다. $SO_2$의 전자 점식을 나타내고, $SO_3$의 배위 공유 결합 형성을 설명하라.

**해답**

$SO_2$ 한 분자에서 원자가 전자의 총 수는 18 e-[6 e- + 2 (6 e-) = 18 e-]이다. 전자 배치 과정에서 $SO_2$의 전자 점식은 이중 결합을 가진다. 황 원자는 비공유 전자쌍을 가지기 때문에 첨가되는 산소 원자와 결합할 수 있다. 배위 공유 결합 형성에 대한 그림은 다음과 같다.

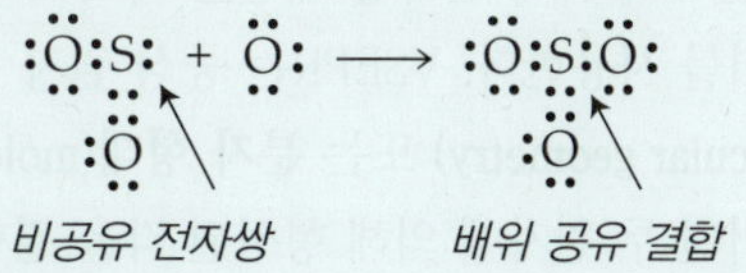


**실전 연습문제**

질소 분자는 산소 원자와 배위 공유 결합을 형성하며 $N_2O$를 생성한다.

(a) 질소 분자의 전자 점식을 그려라. (b) 산소 원자를 질소 분자에 첨가하라.

**답:** (a) :N:::N: (b) :N:::N:Ö:

**개념 문제**

HClO의 전자 점식을 그려라. 분자가 배위 공유 결합을 하였는지를 밝혀라.

**답:** 부록 G, 12.12 참조

## 12.9 수소 결합

**학습 목표**

- 두 분자 사이에 수소 결합 인력을 이해할 수 있다.

분자가 극성 공유 결합을 할 때 분자는 양으로 하전된 영역과 음으로 하전된 영역이 있다. 이것은 보통 양의 끝과 음의 끝을 갖는 분자를 만든다. 이 형태의 분자는 소형자석과 유사하게 하여 볼 수 있다. 상호 간에 서로 끌어당기는 자석처럼 두 극성 분자는 서로 끌어당긴다.

두 분자 사이의 이런 인력은 상당히 클 수 있다. 그러나 그 결합 에너지는 공유 결합 내의 두 원자 사이의 결합 에너지 보다는 훨씬 작다. 분자 사이의 결합 길이는 극성 결합하는 원자 사이의 결합 길이 보다 훨씬 길다. 이 형태의 인력에 가장 일반적인 예는 물 분자 사이에서 볼 수 있다.

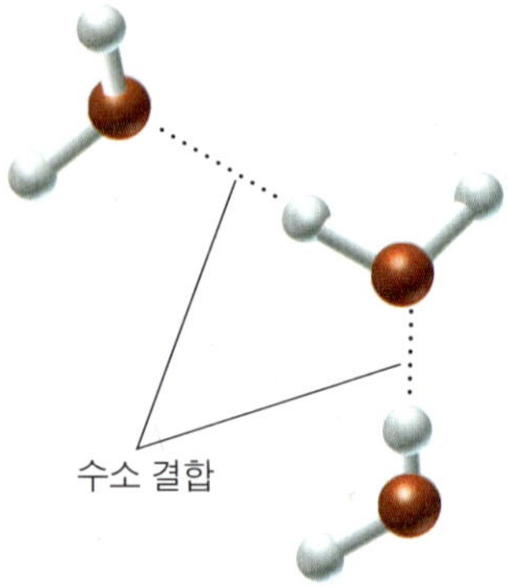


▲**수소 결합**
물분자 사이의 수소 결합을 나타내고 있다.

물에서 O—H 사이의 결합은 두 원소 사이의 전기음성도 차이가 크기 때문에 극성이 크다는 것을 상기하자. 따라서, 물 분자에서 산소 원자는 부분적으로 음이고 각 수소 원자는 부분적으로 양이다. 결과적으로, 한 분자 내에서 부분적으로 양인 H 원자는 물의 다른 분자에 있는 부분적으로 음인 산소 원자에 끌려갈 수 있다. 다른 분자에 있는 H와 O 사이의 이러한 분자 간 인력을 **수소 결합(hydrogen bond)**이라 말한다.

더구나 수소 결합은 전기음성도가 높은 원자(O, N, 또는 F)와 결합한 수소 원자를 갖는 어떤 두 극성 분자의 인력으로 생길 수 있다. 또다른 수소 결합의 예는 암모니아 분자, $NH_3$ 사이에서 일어난다. 즉, 한 암모니아 분자에서 부분적으로 양인 H 원자는 암모니아의 두 번째 분자에 있는 전기음성인 질소 원자의 비공유 전자쌍에 끌려간다.

수소 결합은 생화학 분자의 구조를 유지하는 데 필요한 생유기체에 특히 중요하다(20장을 보라). 크고 복잡한 생화학 분자에서 수소 결합은 H 원자와 같은 분자 내의 전기음성인 원자(O 또는 N) 사이에 형성된다. 단백질에서 수소 결합은 단일가닥 나선을 생성할 수 있지만 DNA에서 수소 결합은 이중가닥 나선을 형성한다.

## 12.10 분자의 형태

**학습 목표**

- VSEPR 이론을 적용하여 분자의 형태를 결정할 수 있다.
- 극성 결합을 가진 분자가 어떻게 비극성이 될 수 있는가를 설명할 수 있다.

1950년대에 분자의 형태를 설명하는 간단한 이론이 발표되었다. 이 이론은 전자쌍이 중심 원자를 둘러싸는 전자 점식의 확장이다. 이 이론의 근본은 한 원자를 둘러싸고 있는 전자쌍들이 서로 반발하는 경향이 있어, 분자의 모양은 이러한 전자쌍 반발의 결과로 결정된다는 것이다. 이 모형을 **원자가 껍질 전자쌍 반발(valence shell electron pair repulsion)** 이론이라고 부른다. 이것은 "vesper"로 발음되며 간단히 VSEPR이라 쓴다. VSEPR 모델은 결합 전자쌍과 비공유 전자쌍들이 한 분자 내에서 중심 원자 주위에 각각 특정 위치를 차지하고 있다고 생각한다.

VSEPR 이론은 중심 원자 주위에 전자쌍 배열을 나타내기 위하여 **전자쌍 기하구조(electron pair geometry)**란 용어를 사용한다. VSEPR는 중심 원자 주변의 원자 배열을 나타내기 위하여 **분자 기하구조(molecular geometry)** 또는 **분자 형태(molecular shape)**라는 용어를 사용한다. 중심 원자에 결합된 어떤 두 원자에 의해 형성된 각을 **결합각(bond angle)**이라고 부른다.

### 사면체 모양의 분자

4개의 결합 전자쌍을 가지는 메테인 $CH_4$ 분자에 대한 VSEPR 이론을 적용해 보자. 전자쌍들은 서로 반발하므로 서로 멀리 떨어져 있으려고 한다. 그 결과 $CH_4$ 분자에서 중심 C 원자는 정사면체라 불리는 삼차원적 형태의 가장 자리에 위치한 4개의 전자쌍에 의해 둘러 싸인다. 각 전자쌍은 수소 원자에 결합되어 분자의 형태는 정사면체(tetrahedral)가 되었다고 말한다. 따라서 VSEPR 이론에 따라 중심 원자 주위에 4개의 전자쌍을 가지는 모든 분자는 정사면체 전자쌍 기하구조를 가질 것이다.

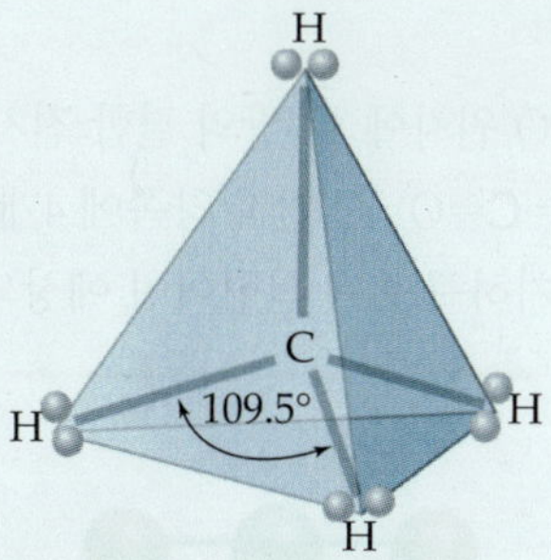


▲메테인 $CH_4$ 분자의 전자쌍 기하구조는 정사면체이다.

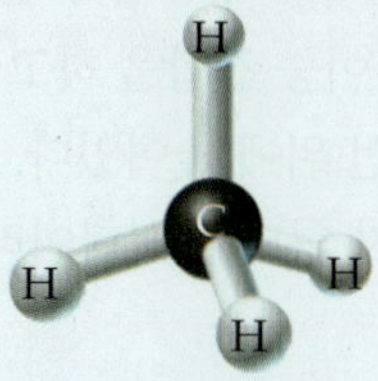


▲$CH_4$의 분자 형태는 정사면체이다. 결합각은 109.5°이다.

## 삼각뿔 형태의 분자들

암모니아 $NH_3$ 분자에서 중심 원자 **N**은 3개의 결합 전자쌍과 1개의 비공유 전자쌍에 의하여 둘러 싸여 있다. 전자쌍 기하구조는 정사면체이며, 따라서 $NH_3$는 이론적으로는 109.5°의 결합각을 가질 것이다. 그러나 결합각은 107°임이 실험적으로 밝혀졌다. VSEPR 원리는 비공유 전자쌍은 결합 전자쌍보다 반발력이 커서 결합각이 줄어든다는 것이다. 그래서 수소 원자들은 더 가깝게 되어 109.5°에서 107°로 결합각이 줄어든다. $NH_3$의 분자 형태는 *삼각뿔(trigonal pyramidal)*형이라고 한다.

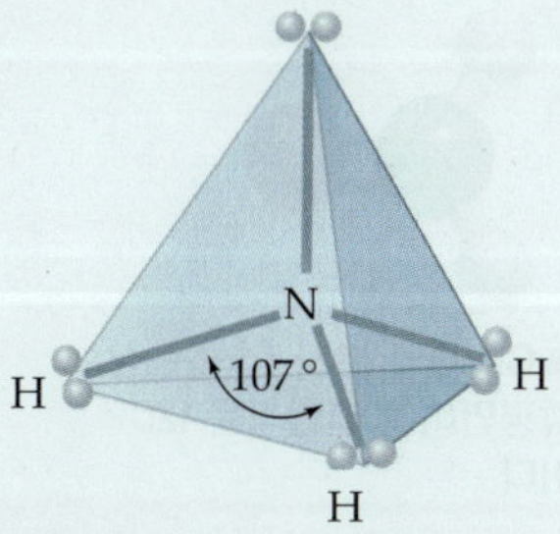


▲암모니아 $NH_3$의 전자쌍 기하구조는 정사면체이다.

▲$NH_3$의 분자 형태는 삼각뿔이며 결합각은 107°이다.

## 굽은 모양의 분자들

물 $H_2O$ 분자에서 중심 원자 **O**는 2개의 결합 전자쌍과 2개의 비공유 전자쌍에 의해 둘러 싸여 있다. 두 H 원자 간의 결합각이 109.5° 임을 예측할 수 있지만 실제 결합각은 단지 104.5°이다. 앞의 예에서와 같이 물분자 내의 비공유 전자쌍은 결합 전자쌍보다 큰 반발력을 나타낸다. 따라서 결합각은 작아지고 비공유 전자쌍은 좀더 많은 공간을 차지한다. $H_2O$의 분자 형태는 굽은형(bent) 또는 V-형이라고 말한다.

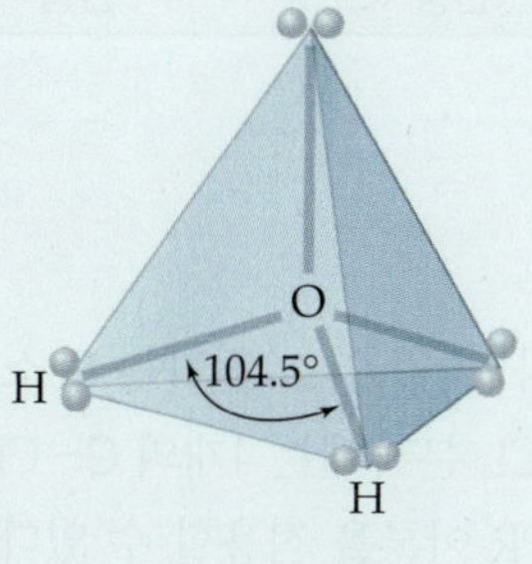


▲물 $H_2O$의 전자쌍 기하구조는 정사면체이다.

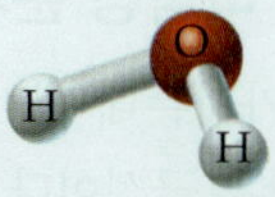


▲$H_2O$의 분자 형태는 굽은 모양이며 결합각은 104.5°이다.

## 선형 분자들

이산화 탄소 $CO_2$ 분자에서 중심 C 원자는 각 O 원자에 두 쌍의 결합 전자쌍으로 결합되어있다. 즉 각 O 원자와 이중 결합을 하고 있다(O=C=O). C 원자 양쪽에 4개의 전자쌍이 있으므로 세 원자는 일직선 위에 놓여있다. 전자쌍 기하구조는 선형이며 예상되는 결합각은 180 ° 이다. 비슷하게 분자 형태도 선형이라고 말할 수 있다.

▲이산화 탄소 $CO_2$의 전자쌍 기하구조는 선형이다.

▲$CO_2$의 분자 형태는 선형이며 결합각은 180 °이다.

## 삼각 평면 분자들

폼알데하이드), $CH_2O$ 분자에서 중심 원자 C는 O 원자와 이중 결합(C=O), 각 H 원자는 단일 결합으로 결합되어 있다. 결합 전자쌍은 서로 반발하여 세 원자들은 삼각 모서리에 있게 된다. $CH_2O$의 전자쌍 기하구조는 삼각 평면이며 원자 사이의 예상된 결합각은 120 ° 이다. 마찬가지로 분자 모양은 *삼각 평면(trigonal planar)*이라고 한다.

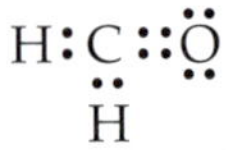

▲폼알데하이드, $CH_2O$의 전자쌍 기하구조는 삼각평면이다.

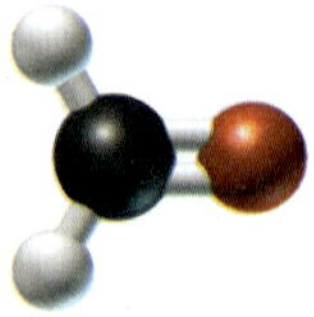

▲$CH_2O$의 분자 형태는 삼각평면이며 결합각은 120 ° 이다.

이들 형태의 분자에 대하여 VSEPR 이론을 적용하여 얻어진 정보를 표 12.1에 요약하였다.

**표 12.1 VSEPR 이론의 요약**

| 예시 분자 | 결합된 원소 수 | 결합 전자쌍* 수 | 비공유 전자쌍* 수 | 전자쌍 기하구조 | 분자 형태 | 결합각 |
|---|---|---|---|---|---|---|
| $CH_4$ | 4 | 4 | 0 | 사면체 | 사면체 | 109.5 ° |
| $NH_3$ | 3 | 3 | 1 | 사면체 | 삼각뿔 | 107 ° |
| $H_2O$ | 2 | 2 | 2 | 사면체 | 굽은 모양 | 104.5 ° |
| $CH_2O$ | 3 | 4 | 0 | 삼각 평면 | 삼각 평면 | 120 ° |
| $SO_2$ | 2 | 3 | 1 | 삼각 평면 | 굽은 모양 | 120 ° |
| $CO_2$ | 2 | 4 | 0 | 선형 | 선형 | 180 ° |

*중심 원자를 둘러싸는 결합 전자쌍과 비공유 전자쌍.

## 극성 결합을 가진 비극성 분자

$CCl_4$는 극성 결합을 가지는데 왜 비극성 분자인가? 염소 원자는 탄소 원자보다 전기음성도가 크므로 C—Cl 결합은 극성이다. 그러나 $CCl_4$ 분자에는 4개의 C—Cl 극성 결합이 있다. $CCl_4$ 분자의 비극성을 설명하기 위하여 VSEPR 이론을 적용할 수 있다. $CCl_4$ 분자에는 4개의 결합 전자쌍이 있다. 그래서 전자쌍 구조와 분자 형태는 모두 사면체이다. 다음과 같이 $CCl_4$ 분자를 사면체의 모퉁이에 4개의 Cl 원자를 가진 것으로 표시할 수 있다.

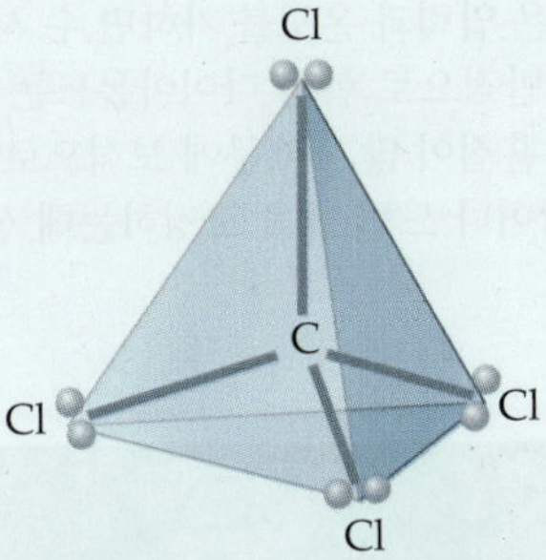

각 Cl 원자는 4개의 다른 방향으로 동등한 인력을 발휘한다. 따라서 4개의 극성 결합에 의한 인력은 서로 상쇄된다. 순수한 극성 결합 효과는 0이 되고 분자는 비극성으로 간주된다. $CCl_4$ 분자가 비극성이라는 것을 다음과 같이 나타낼 수 있다.

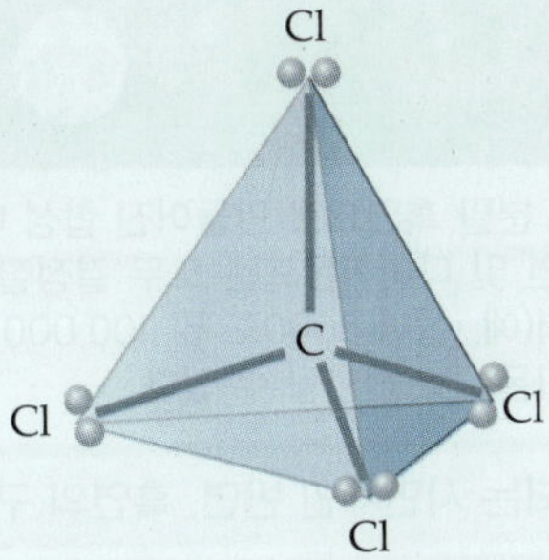


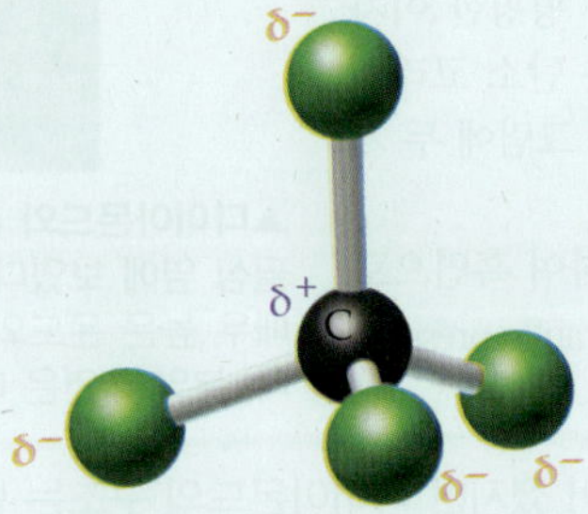


결과적으로 한 분자가 극성 결합을 내포하여도 비극성이 될 수 있다. 이산화 탄소 $CO_2$는 2개의 극성 결합이 있다. O=**C**=O 분자는 전기음성도가 큰 산소 원자가 동등하게 반대 방향에서 당기고 있기 때문에 비극성이다.

반면에 폼알데하이드 $H_2$**C**=O는 극성 분자이다. $H_2$**C**=O가 극성인 이유는 $H_2$**C**=O 분자가 한 산소만을 가지고 있고 평평한 삼각형 구조를 가지고 있기 때문이다. 산소 원자는 중심 탄소 원자에서 전자쌍을 많이 끌어당기지만 두 개의 수소 원자들은 그렇지 않다.

## 자세히 보기 다이아몬드와 흑연

**Q:** **보통 연필심의 흑연과 다이아몬드 보석과의 차이는 무엇인가?**

▲다이아몬드 - 사면체 구조

다이아몬드는 수 세기 동안 선명성과 화려한 광채로 높은 평가를 받아왔다. 다이아몬드는 고온과 압력 하에서 지구 깊은 곳에서 생성되기 때문에 가장 단단한 물질로 알려져 있다. 녹는점은 3500℃가 넘으며 부식성 화학물질과 거의 반응하지 않는다.

다이아몬드는 단단하고 결정성이 좋기 때문에 원석을 많은 작은 단면을 가지도록 가공한다. 일반적으로 다이아몬드를 가공하면 원석은 원래 질량 50% 정도로 줄어든다. 또 잘못 가공하면 다이아몬드 절단기에 의하여 원석이 작은 파편으로 부서지기도 한다.

다이아몬드는 탄소 원자가 삼차원적으로 그물 모양으로 배열된 결정성 고체이다. 탄소 원자가 삼차원적으로 그물 모양으로 배열된 결정성 고체이다. 탄소 원자는 아래의 그림에서와 같이 사면체가 반복적으로 나타나게 결합되어 있다. 반복적으로 나타나는 그물망이 크면 클수록 실제 다이아몬드는 더욱 더 커지게 된다.

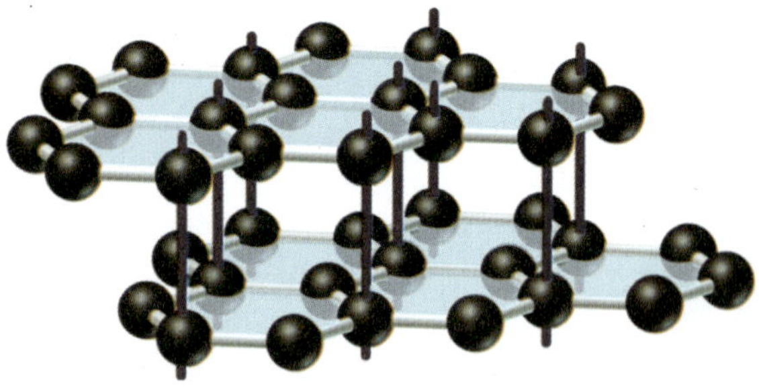

▲흑연 – 평면구조

다이아몬드와 마찬가지로 흑연도 순수하게 탄소로만 이루어진 결정형 고체이다. 다이아몬드와는 달리 흑연은 일반 연필에서 발견할 수 있는 부드러운 물질이다. 흑연의 구조는 여섯 개의 탄소들을 포함하는 육각형 고리를 결합하여 이루어지며 평평한 이차원 결정 구조로 배열되어있다. 흑연의 윤활성 특성은 탄소 고리의 "판"들이 서로 미끄러질 수 있는 것에 기인한다. 다음 그림에 두 개의 흑연 판을 나타내었다.

자연적으로 다이아몬드가 생성되는 조건을 모방하여 흑연으로부터 다이아몬드가 생성될 수 있다. 수압프레스(hydraulic press)에 흑연 시료를 넣고 높은 압력과 온도를 가하면 수 시간 후에 다이아몬드로 전환된다. 일반적으로 합성 다이아몬드는 크기가 수 밀리미터 밖에 되지 않고 흠집이 많기 때문에 보석으로 사용될 수는 없다. 그러나 공구 절삭이나 드릴 날을 코팅하는데 산업적으로 매우 중요하게 사용된다.

**▲다이아몬드와 흑연** 분말 흑연으로 만들어진 합성 다이아몬드를 연필심 옆에 보였다. 흑연 및 다이아몬드는 모두 결정질 탄소의 예이다. 매우 높은 온도와 압력(예, 섭씨 3000도 및 100,000 기압)에 노출될 때, 분말 흑연은 다이아몬드로 전환될 수 있다.

**A:** 비록 다이아몬드와 흑연은 둘 다 탄소로 이루어 졌지만 다이아몬드의 구조는 반복되는 사면체인 반면, 흑연의 구조는 반복되는 육각형의 판형 구조를 가진다.

## Chapter Summary

| 주요 개념 | 학습목표와 관련 연습문제 |
|---|---|
| **12.1 화학결합의 개념**<br>G. N. Lewis는 다른 원자에 있는 **원자가 전자(valence electrons)**는 각 원자가 원자의 원자가 껍질을 완성하려는 방식으로 상호 작용한다고 발표하여 **화학결합(chemical bond)**을 설명하였다. 영족 기체 원자의 원자가 껍질에는 8개의 전자가 있으므로, Lewis 이론은 **팔전자 규칙(octet rule)**으로 알려지게 되었다. 2개의 전자를 필요로 하는 수소 원자만이 팔전자 규칙의 예외에 속한다.<br>비금속 원자가 전자를 얻고 금속 원자가 원자가 전자를 잃으면 **이온 결합(ionic bond)**이 형성된다. 원자가 전자가 두 비금속 원자에서 공유되면 **공유 결합(covalent bond)**이 형성된다. 이온 결합 물질의 가장 대표적 입자는 **화학식 단위(formual unit)**이다. 공유 결합에 의해서 함께 붙들려 있는 입자의 가장 대표적 입자는 **분자(molecule)**이다. | • 화학결합에서 원자가 전자의 역할 및 화학결합을 어떻게 만드는지를 설명할 수 있다.<br>**관련 문제:** 1, 3<br>• 이온 화합물 또는 분자 화합물의 결합이 이온 결합 또는 공유 결합인지 예상할 수 있다.<br>**관련 문제:** 5-9 |
| **12.2 이온 결합**<br>이온의 형성에서 금속 원자는 원자가 전자를 잃어 영족 기체 구조를 이룬다. 또한 비금속 원자는 원자가 껍질을 채우기 위해 전자를 얻는다. 이온을 형성하는 과정에서 금속 원자의 반지름은 작아지는 반면 비금속 원자의 반지름은 커진다. 금속 원자와 비금속 원자 사이에 이온 결합이 형성되면 항상 열에너지가 방출된다. | • 금속 원자와 비금속 원자 사이의 이온 결합 형성을 기술할 수 있다.<br>**관련 문제:** 11-27 |
| **12.3 공유 결합**<br>공유 결합 형성에서 두 비금속 원자의 외각 원자가 껍질은 중첩되어 전자를 공유한다. 결합에서 원자는 팔전자를 이루는 데 필요한 전자 수를 공유한다. 두 원자 사이의 **결합 길이(bond length)**는 항상 원자 반지름의 합보다 작다. 원자가 결합될 때 에너지는 항상 방출된다. 결합을 형성하는 동안 방출된 에너지의 양은 그 결합을 끊는 데 필요한 에너지의 양과 정확하게 같다. 두 원자 사이의 공유 결합을 끊는 데 필요한 에너지의 양을 **결합 에너지(bond energy)**라 한다. | • 두 비금속 원자들 사이에서 원자가 전자를 공유하여 형성되는 공유 결합을 설명할 수 있다.<br>**관련 문제:** 29, 31 |

| 주요 개념 | 학습목표와 관련 연습문제 |
|---|---|
| **12.4 분자의 전자 점식**<br>**전자 점식(electron dot formula)**를 쓰기 위해서는 먼저 분자 내의 모든 원자로부터 원자가 전자의 총 수를 계산하여야 한다. 그리고 전자쌍의 수를 알기 위하여 원자가 전자의 총 수를 2로 나눈다. 전자쌍은 중심 원자 주위에 배치하고 나서 분자 내에 남은 원자에 팔전자를 만족하도록 배치한다. 두 원자 사이에 공유된 1개의 전자쌍은 **단일 결합(single bond)**이다. 분자는 두 원자 사이에 2개 또는 3개의 전자쌍을 포함할 수 있다. 이런 결합을 **이중 결합(double bond)**과 **삼중 결합(triple bond)**이라고 한다.<br>이중 결합과 삼중 결합은 분자 내의 각 원자 주위에 부족한 원자가 전자 수로부터 생긴다. 8개의 전자를 제공하기 위하여 두 원자 사이의 **비공유 전자(nonbonding electrons)**의 이동이 필요하고 이때 **결합 전자(bonding electrons)**가 된다. 한 분자의 **구조식(structural formula)**에서 단일 결합은 단일선으로, 이중 결합은 이중선으로, 그리고 삼중 결합은 삼중선으로 나타낸다. | • 분자의 전자 점식을 그릴 수 있다.<br>**관련 문제:** 33-37<br>• 분자의 구조식을 그릴 수 있다.<br>**관련 문제:** 33-37 |
| **12.5 다원자 이온의 전자 점식**<br>이온 결합은 간단한 **단원자 이온(monoatomic ion)**과 복잡한 **다원자 이온(polyatomic ion)** 사이의 인력에 의하여 형성될 수 있다. $NH_4Cl$, $CuSO_4$ 각각은 다원자 이온을 포함한다. 다원자 이온의 전자 점식을 그리기 위하여, 각 원자의 원자가 전자의 총 수를 계산한 다음 이온전하와 같은 수의 전자 수를 더하거나 빼준다. $NH_4^+$ 이온의 총 원자가 전자 수는 8(9 e- − 1 e-)이다. $SO_4^{2-}$ 이온의 총 원자가 전자 수는 32 e-(즉 30 e- + 2 e-)이다. | • 다원자 이온의 전자 점식을 그릴 수 있다.<br>**관련 문제:** 39-43<br>• 다원자 이온의 구조식을 그릴 수 있다.<br>**관련 문제:** 39-43 |
| **12.6 극성 공유 결합**<br>결합에서 한 원자가 다른 원자보다 전자를 강하게 끌어당기면, 그 원자는 **전기음성도(electronegativity)**가 더 크다고 한다. **극성 결합(polar bond)**은 결합된 원자 중 하나가 전자쌍에 대하여 인력이 더 클 때 생긴다. **델타 기호 표시법(delta notation)**을 사용하여 극성 결합을 표시할 수 있다. 즉 전기음성도가 큰 원자는 $\delta^-$로, 전기음성도가 작은 원자는 $\delta^+$로 표시한다. | • 주기율표에서 전기음성도의 경향을 알 수 있다. **관련 문제:** 45-49<br>• 극성 공유 결합에서 전기음성도 차이를 계산할 수 있다. **관련 문제:** 51<br>• 극성 결합에 델타 표시(δ+와 δ-)를 적용할 수 있다. **관련 문제:** 53 |
| **12.7 비극성 공유 결합**<br>결합에서 각 원자가 결합 전자에 같은 인력을 가지면 그 결합은 **비극성 결합(nonpolar bond)**이 된다. 비극성 결합의 가장 간단한 예는 2개의 동등한 원자를 가지는 **이원자 분자(diatomic molecule)**에서 볼 수 있다. 즉, $H_2$, $N_2$, $O_2$, $F_2$, $Cl_2$, $Br_2$, 그리고 $I_2$에서의 결합은 비극성 결합의 좋은 예이다. | • 비극성 공유 결합을 이해할 수 있다.<br>**관련 문제:** 55<br>• 자연에서 2원자 분자로 존재하는 7가지 원소를 확인할 수 있다: $H_2$, $N_2$, $O_2$, $F_2$, $Cl_2$, $Br_2$, $I_2$<br>**관련 문제:** 57 |
| **12.8 배위 공유 결합**<br>**배위 공유 결합(coordinate covalent bond)**은 한 원자가 전자쌍을 다른 원자에게 제공할 때 형성되는 공유 결합의 특별한 형태이다. 간단한 배위 공유 결합의 예는 HCl에 있는 Cl 원자가 전자쌍을 산소 원자에게 주어 HClO를 형성하는 것이다. | • 배위 공유 결합을 이해할 수 있다.<br>**관련 문제:** 59-65 |
| **12.9 수소 결합**<br>일반적으로 **수소 결합 (hydrogen bond)**은 보통 한 분자 내에 있는 수소 원자와 두 번째 분자 내에 있는 전기음성도가 높은 원자(O 또는 N)에 있는 비결합 전자쌍 사이의 인력이라 말한다. 예를 들면, 이러한 인력은 물 분자 사이에서 일어난다. 한 분자 내에서 부분적으로 양인 H 원자와 다른 분자의 전기음성도가 강한 O 원자에서 공유되지 않은 전자쌍을 끌어당기는 경우 물 분자 간의 인력이다. | • 두 분자 사이에 수소 결합 인력을 이해할 수 있다.<br>**관련 문제:** 67, 69 |

| 주요 개념 | 학습목표와 관련 연습문제 |
|---|---|
| **12.10 분자의 형태**<br>분자의 전자 점식을 완성한 후 분자 형태를 도식화할 수 있다. 즉 전자쌍 반발 이론(VSEPR)을 적용하여 분자 형태를 예측할 수 있다. **VSEPR 이론**("vesper"이라 발음됨)에 따르면, 결합 전자쌍과 비공유 전자쌍은 중심 원자 주위에 놓인다. 중심 원자의 전자쌍 배열을 **전자쌍 기하구조(electron pair geometry)**라고 한다. 중심 원자의 원자 배열을 **분자 형태(molecular shape)**라고 한다. 중심 원자에 결합된 두 원자에 의하여 형성된 각을 **결합각(bond angle)**이라고 한다. 만일 4개의 전자쌍이 있으면, 4개의 전자쌍은 사면체라 불리는 삼차원적 형태의 모퉁이에 위치한다. 중심 원자에 4개의 전자쌍을 가진 분자의 예는 $CH_4$, $NH_3$, $H_2O$ 등이 있다. 이 예들의 각각의 전자쌍 기하구조를 정사면체라고 한다. | • VSEPR 이론을 적용하여 분자의 형태를 결정할 수 있다.<br>**관련 문제:** 71-75<br>• 극성 결합을 가진 분자가 어떻게 비극성이 될 수 있는가를 설명할 수 있다.<br>**관련 문제:** 77 |

# 주요 용어 주요 용어에 대한 해답은 부록 H에 수록하였다.

다음의 정의에 해당하는 용어를 선택하라.

________ 1. 양이온과 음이온 사이 또는 두 비금속 원자 간의 인력.
________ 2. 화학결합을 형성하고 반응에 참여하는 최외각 *S* 또는 *P* 준위에 있는 전자.
________ 3. 원자가 8개 원자가 전자를 얻으려는 방법으로 결합하려는 경향이 있다는 설명.
________ 4. 양이온과 음이온의 인력에 의한 화학결합.
________ 5. 두 개의 비금속 원소들 사이에서 한 쌍 또는 그 이상의 원자가 전자쌍 공유로 생기는 화학결합.
________ 6. 이온 결합으로 형성된 물질의 가장 간단한 대표적 입자.
________ 7. 공유 결합으로 형성된 물질의 가장 간단한 대표적 입자.
________ 8. 공유 결합으로 결합된 두 원자핵 사이의 거리.
________ 9. 두 원자 사이의 공유 결합을 끊는 데 필요한 에너지의 양.
________ 10. 분자에서 공유된 원자가 전자.
________ 11. 분자에서 공유되지 않는 원자가 전자.
________ 12. 결합 전자와 비결합 전자를 나타내는 점과 각 원자의 화학 기호를 보여주는 분자 도형.
________ 13. 각 결합 전자쌍을 나타내는 점과 각 원자의 화학 기호를 보여주는 분자 도형.
________ 14. 두 원자 간에 1개의 공유 전자쌍으로 구성된 결합.
________ 15. 두 원자 간에 2개의 공유 전자쌍으로 구성된 결합.
________ 16. 두 원자 간에 3개의 공유 전자쌍으로 구성된 결합.
________ 17. 전자를 얻거나 잃어서 전하를 띠는 하나의 원자.
________ 18. 전체적으로 양전하나 음전하를 띠고 공유 결합에 의하여 형성된 원자의 집단.
________ 19. 공유 전자쌍을 끌어당기는 원자의 능력.
________ 20. 화학결합에서 부분적인 양전하나 음전하의 표현 방법.
________ 21. 한 쌍의 전자쌍이 동등하지 않게 공유된 결합.
________ 22. 한 쌍의 전자쌍이 동등하게 공유된 결합.
________ 24. 전자쌍이 공유되었으나 두 개의 전자가 한 원자에 의해 제공된 결합.
________ 25. O 또는 N에 결합한 수소 원자와 또 다른 분자의 전기음성도가 강한 원자 위에 있는 비결합 전자쌍 사이의 인력.
________ 26. 중심 원자 주위의 전자쌍 반발 때문에 생긴 분자의 모양을 설명하는 모델.
________ 27. 분자 내에서 중심 원자 주위의 결합 전자쌍과 비공유 전자쌍에 의해 형성된 기하구조 형태.
________ 28. 분자 내에서 중심 원자에 결합한 원자에 의해 형성된 기하구조 형태.
________ 29. 분자 내에서 중심 원자에 결합된 두 원자 사이의 각.

(a) 결합각(12.10절)
(b) 결합 에너지(12.3절)
(c) 결합 길이(12.3절)
(d) 결합 전자(12.4절)
(e) 화학결합(12.1절)
(f) 배위 공유 결합(12.8절)
(g) 공유 결합(12.1절)
(h) 델타(δ)기호(12.6절)
(i) 이원자 분자(12.7절)
(j) 이중 결합(12.4절)
(k) 전자 점식(12.4절)
(l) 전자쌍 기하구조(12.10절)
(m) 전기음성도(12.6절)
(n) 화학식단위 (12.1절)
(o) 수소 결합 (12.9절)
(p) 이온 결합(12.1절)
(q) 분자 형태(12.10절)
(r) 분자(12.1절)
(s) 단원자 이온(12.5절)
(t) 비공유 전자(12.4절)
(u) 비극성 결합(12.7절)
(v) 팔전자 규칙(12.1절)
(w) 극성 결합(12.6절)
(x) 다원자 이온(12.5절)
(y) 단일 결합(12.4절)
(z) 구조식(12.4절)
(aa) 삼중 결합(12.4절)
(bb) 원자가 전자(12.1절)
(cc) VSERP 이론(12.10절)

# 문제 해답은 부록 I에 수록하였다.

## 화학결합의 개념 (12.1절)

1. 리튬 원자와 염소 원자의 원자가 전자 수는 각각 얼마인가?

3. 이온 결합을 하고 있을 때 리튬 이온과 염화 이온의 원자가 전자 수는 각각 얼마인가?

5. 다음 화합물이 이온 결합인지 공유 결합인지를 예상하라.
   (a) 염화 알루미늄, $AlCl_3$ (b) 물, $H_2O$
   (c) 삼산화 황, $SO_3$ (d) 탄산 철(Ⅱ), $FeCO_3$

7. 다음 물질의 대표적인 입자가 화학식 단위인지 분자인지를 밝혀라.
   (a) 메탄올, $CH_3OH$ (b) 아염소 포타슘, $KClO_2$
   (c) 산화 망가니즈, $MnO_2$ (d) 아세트산, $HC_2H_3O_2$

9. 다음 물질의 대표적 입자가 원자인가, 화학식 단위인가, 또는 분자인가를 밝혀라.
   (a) 프로페인, $C_3H_8$ (b) 크롬, Cr
   (c) 적철광, $Fe_2O_3$ (d) 황, $S_8$

## 이온 결합 (12.2절)

11. 주기율표를 사용하여 다음 금속 이온의 이온 전하를 예상하라.
    (a) Li 이온 (b) Mg 이온
    (c) Al 이온 (d) Sn 이온

13. 주기율표를 이용하여 다음 비금속 이온의 이온 전하를 예상하라.
    (a) F 이온 (b) Br 이온
    (c) S 이온 (d) N 이온

15. 다음 금속 이온의 전자 배치를 쓰라.
    (a) $Na^+$ (b) $Mg^{2+}$
    (c) $Al^{3+}$ (d) $V^{4+}$

17. 다음 비금속 이온의 전자 배치를 쓰라
    (a) $F^-$ (b) $O^{2-}$
    (c) $N^{3-}$ (d) $C^{4-}$

19. 다음 이온과 같은 전자 배치를 갖는 영족 기체는 어느 것인가?
    (a) $S^{2-}$ (b) $Cl^-$
    (c) $K^+$ (d) $Ca^{2+}$

21. 다음 금속 이온과 등전자인 영족 기체는 어느 것인가?
    (a) $Li^+$ (b) $Al^{3+}$
    (c) $Ca^{2+}$ (d) $Mg^{2+}$

23. 다음 비금속 이온과 등전자 영족 기체는 어느 것인가?
    (a) $Cl^-$ (b) $I^-$
    (c) $S^{2-}$ (d) $P^{3-}$

25. 다음 쌍에서 반지름이 큰 것은 어느 것인가?
    (a) Li 원자와 Li 이온
    (b) Mg 원자와 Mg 이온
    (c) F 원자와 F 이온
    (d) O 원자와 O 이온

27. 화학 단위, CaO에서 칼슘과 산소 사이에 이온 결합에 대한 다음 설명 중 옳은 것은 어느 것인가?
    (a) 칼슘 이온과 산화 이온은 공유에 의해 결합한다.
    (b) 칼슘 원자는 전자를 잃고 산소 원자는 전자를 얻는다.
    (c) 칼슘 이온 반지름은 칼슘 원자 반지름보다 작다.
    (d) 칼슘과 산소 사이에 이온 결합을 끊을 때 에너지가 방출된다.

## 공유 결합 (12.3절)

29. 다음에서 작은 값을 갖는 것은 어느 것인가?
    (a) H와 Cl의 원자 반지름 합 또는 H—Cl 결합 길이.
    (b) O과 O의 원자 반지름 합 또는 O=O 결합 길이.

31. NO 분자의 공유 결합 형성에 대한 다음 설명 중 맞는 것은 어느 것인가?
    (a) 원자가 전자는 질소 원자와 산소 원자 사이를 공유한다.
    (b) 결합 전자는 결합된 원자 사이에서만 발견된다.
    (c) 결합 길이는 두 원자 반지름의 합보다 크다.
    (d) 공유 결합을 끊을 때 에너지가 필요하다.

## 분자의 전자 점식 (12.4절)

33. 다음 분자의 전자 점식과 구조식을 그려라.
    (a) $H_2$ (b) $F_2$
    (c) HBr (d) $NH_3$

35. 다음 분자의 전자 점식과 구조식을 그려라.
    (a) $N_2$ (b) $PI_3$
    (c) HONO (d) $C_2H_4$

37. 다음 분자의 전자 점식과 구조식을 그려라.
    (a) $CH_4$ (b) $OF_2$
    (c) $H_2O_2$ (d) $NF_3$

## 다원자 이온의 전자 점식 (12.5절)

39. 다음 다원자 이온의 전자 점식과 구조식을 그려라.
    (a) $IO^-$ (b) $IO_2^-$
    (c) $IO_3^-$ (d) $IO_4^-$

41. 다음 다원자 이온의 전자 점식과 구조식을 그려라.
    (a) $SO_4^{2-}$ (b) $HSO_4^-$
    (c) $SO_3^{2-}$ (d) $HSO_3^-$

43. 다음 다원자 이온의 전자 점식과 구조식을 그려라.
    (a) $H_3O^+$ (b) $OH^-$
    (c) $HS^-$ (d) $CN^-$

## 극성 공유 결합 (12.6절)

45. 주기율표의 원소들의 주기 안에서 전기음성도의 일반적인 경향은 어떠한가?

47. 금속 또는 비금속 중 어느 원소가 더 전기음성적인가?

49. 주기율표에서 일반적인 경향을 고려하여 다음 중에서 전기음성도가 큰 원소를 예상하라.

(a) Br 또는 Cl (b) O 또는 S
(c) Se 또는 As (d) N 또는 F

51. 그림 12.9의 전기음성도 값을 참고로 다음 결합의 전기음성도 차이를 계산하라.
(a) Br—Cl (b) Br—F
(c) I—Cl (d) I—Br

53. 그림 12.9를 참고하여 다음 극성 공유 결합 내의 각 원자를 델타 기호로 나타내라 (δ+ 그리고 δ−)
(a) C—H (b) Se—O
(c) P—I (d) H—Br

## 비극성 공유 결합 (12.7절)

55. 그림 12.9를 참고하여 다음에서 비극성 공유 결합이 어느 것인지 선택하라.
(a) Cl—Cl (b) Cl—N
(c) N—H (d) H—P

57. 다음 원소 중에서 이원자 분자로 자연에 존재하는 것은 어느 것인가?
H, N, Cl, Br, Ar

## 배위 공유 결합 (12.8절)

59. 산소 원자는 HBr과 결합하여 HBrO가 된다. HBrO의 전자 점식을 그리고 배위 공유 결합을 표시하라.

61. 산소 원자는 HBrO와 결합하여 $HBrO_2$가 된다. $HBrO_2$의 전자 점식을 그리고 배위 공유 결합을 표시하라.

63. 수소 이온은 $NH_3$와 결합하여 $NH_4^+$ 이온을 형성한다. $NH_4^+$ 이온의 전자 점식을 그리고 배위 공유 결합을 표시하라.

65. $NO_2^-$ 이온은 산소 원자와 결합하여 $NO_3^-$ 이온을 형성한다. $NO_3^-$ 이온의 전자 점식을 그리고 배위 공유 결합을 표시하라.

## 수소 결합 (12.9절)

67. 플루오린화 수소, HF의 두 분자 사이의 수소 결합을 모식도 및 라벨을 표시하라.

69. 극성 공유 결합 또는 수소 결합을 끊는 데 필요한 에너지 중 어느 것이 더 큰가?

## 분자 형태 (12.10절)

71. VSEPR 이론을 이용하여 $SiH_4$ 분자의 전자쌍 기하구조, 분자 형태 그리고 결합각을 예상하라.

73. VSEPR 이론을 이용하여 $NI_3$ 분자의 전자쌍 기하구조, 분자 형태 그리고 결합각을 예상하라.

75. VSEPR 이론을 이용하여 $H_2S$분자의 전자쌍 기하구조, 분자 형태 그리고 결합각을 예상하라.

77. VSEPR 이론을 이용하여 $CF_4$가 4개의 극성 결합을 가지고 있는데도 비극성 분자가 되는 이유를 설명하라.

## 일반 연습문제

79. 다음 물질의 대표적인 입자가 원자, 분자, 화학식 단위인지를 설명하라.
(a) 우라늄, U (b) 플루오린, $F_2$
(c) 육플루오린화 우라늄, $UF_6$ (d) 플루오린화 수소, HF

81. 다음 양이온과 음이온이 결합하여 생긴 화학식 단위를 써라.
(a) $Sr^{2+}$와 $As^{3-}$ (b) $Ra^{2+}$와 $O^{2-}$
(c) $Al^{3+}$와 $CO_3^{2-}$ (d) $Cd^{2+}$와 $OH^-$

83. $Na^+$ 이온의 이온 반지름(0.095 nm)이 Na 원자의 원자 반지름(0.186 nm)의 반 정도인 이유를 설명하라.

85. 그림 12.9의 전기음성도 값을 참고하여 B—Cl 결합의 전기음성도 차이를 계산하라.

87. 그림 12.9의 전기음성도 값을 참고하여 H—P 결합의 전기음성도 차이를 계산하라.

89. 델타 기호($\delta^+$, $\delta^-$)를 사용하여 Ge—Cl 결합의 극성을 표시하라.

91. 중심 원자가 준금속인 $SiH_4$의 전자 점식과 구조식을 써라.

93. 중심 금속이 준금속인 $AsO_3^{3-}$의 전자 점식과 구조식을 써라.

95. VSEPR 이론을 이용하여 이황화 탄소 분자($CS_2$)의 전자쌍 기하구조, 분자 모양, 그리고 결합각을 예측하라.

97. VSEPR 이론을 이용하여 포스겐 분자 $CCl_2O$의 전자쌍 기하구조, 분자 모양, 그리고 결합각을 예측하라.

## 도전 연습문제

99. 이산화 제논은 영족 기체를 가지고 있는 다소 안정한 분자이다. $XeO_2$의 전자 점식과 구조식을 쓰라.

# Chapter 12 자율 테스트 해답은 부록 J에 수록하였다.

1. 다음 중 어느 것이 공유 결합으로 예상되는가?(12.1절)
(a) CaO (b) NO
(c) CO (d) 위의 모두
(e) 위의 모두 아님

2. ZnO 화학식 단위에서 아연과 산소 사이의 이온 결합에 대한 다음 설명 중 어느 것이 옳은가?(12.2절)
(a) 아연 원자는 전자를 잃고 산소 원자는 전자를 얻는다.
(b) 아연 이온의 이온 반지름은 그 원자 반지름보다 작다.
(c) 아연과 산화 이온들 사이에 이온 결합이 형성될 때 에너지를 방출한다.
(d) 위의 모두 옳음.
(e) 위의 모두 아님.

3. $H_2O$ 분자에서 수소 원자와 산소 원자 사이의 공유 결합에 대한 다음 설명 중 어느 것이 옳은가?(12.3절)
(a) 결합한 전자들은 H와 O원자들 사이에 정지해 있다.
(b) 결합 길이는 두 원자 반지름의 합보다 더 크다.
(c) H와 O 원자 사이에 결합이 형성될 때 에너지가 필요하다.
(d) 위의 모두 옳음.
(e) 위의 모두 아님.

4. 과산화 수소, $H_2O_2$의 전자 점식을 그려라. 과산화 수소 분자에는 비공유 전자쌍이 몇 개 있는가?(12.4절)

(a) 1
(b) 2
(c) 3
(d) 4
(e) 위의 모두 아님

5. 탄산 이온, $CO_3^{2-}$의 전자 점식을 그려라. 탄산 이온에 있는 비공유 전자쌍은 몇 개 있는가?(12.5절)
(a) 4
(b) 8
(c) 12
(d) 24
(e) 위의 모두 아님

6. 주기율표에서 전기음성도에 대하여 일반적으로 증가하는 경향은 다음 중 어느 것인가?(12.6절)
(a) 금속의 족에서 위로 갈 때.
(b) 비금속의 족에서 위로 갈 때.
(c) 금속의 주기에서 왼쪽에서 오른쪽으로 갈 때.
(d) 비금속의 주기에서 왼쪽에서 오른쪽으로 갈 때.
(e) 위의 모두

7. H(2.1)과 F(4.0)의 값이 주어졌다. 플루오린화 수소(HF) 결합에서 전기음성도 차이를 구하라.(12.7절)
(a) −1.9
(b) −6.1
(c) 1.9
(d) 6.1
(e) 위의 모두 아님

8. 염소의 전기음성도 값이 3.0이다. C. N. O의 전기음성도 값이 각 각 2.5, 3.0, 3.5이다. 다음 분자 중 어느 것이 비극성 결합이겠는가?(12.8절)
(a) $CCl_4$
(b) $NCl_3$
(c) $Cl_2O$
(d) 위의 모두
(e) 위의 모두 아님

9. $H_2S$ 분자의 전자쌍 기하구조는 무엇인가?(12.9절)
(a) 굽은 모양
(b) 선형
(b) 정사면체
(d) 삼각뿔
(e) 위의 모두 아님

10. $H_2S$ 분자의 분자 형태는 무엇인가?(12.10절)
(a) 굽은 모양
(b) 선형
(c) 정사면체
(d) 삼각뿔
(e) 위의 모두 아님

## 주요 개념

11. 다음 그림의 물질을 원자, 화학식 단위, 분자로 구분하라.

12. 주기율표의 전기음성도 경향을 근거로 하여 다음 분자 중 어느 것이 가장 극성인가? : HF, HCl, HBr, HI?

(a)

(b)

(c)

13. 하나의 물 분자가 있다. 하나의 물 분자에 얼마나 많은 $H_2O$ 분자가 수소 결합을 직접 할 수 있는가?

14. VSEPR 이론을 이용하여 클로르폼 분자, $CHCl_3$의 분자 모양과 전자쌍 기하구조를 예측하라.

## 비판적 사고

15. 석탄을 태우는 공장으로부터 나오는 이산화 황은 "산성비"에 대한 조짐이 된다. $SO_2$의 두 개 공명 구조에 대한 구조식을 그려라. 이중 결합의 결합 에너지가 단일 결합보다 크다고 할 때 $SO_2$ 분자에서 더 강한 결합을 예상하라.

16. 석탄을 태우는 공장으로부터 나오는 삼산화 황은 산성비에 대한 조짐이 된다. $SO_3$의 두 개의 공명 구조에 대한 구조식을 그려라. $SO_3$ 분자에서 세 개의 결합 중 어떠한 것이 더 강한 결합인지 예상하라.

17. VSEPR 이론을 이용하여 물 분자 $H_2O$와 하이드로늄 이온, $H_3O^+$의 분자 형태를 비교하라.

18. VSEPR 이론을 이용하여 암모니아 분자, $NH_3$와 암모늄 이온, $NH_4^+$의 분자 형태를 비교하라.

CHAPTER

# 13

# 용액

*"당신이 할 수 없는 것이 할 수 있는 것을 방해하도록 놓아두지 마라"*

전설적인 UCLA 농구 코치 우든
(John Wooden, 1910~2010)

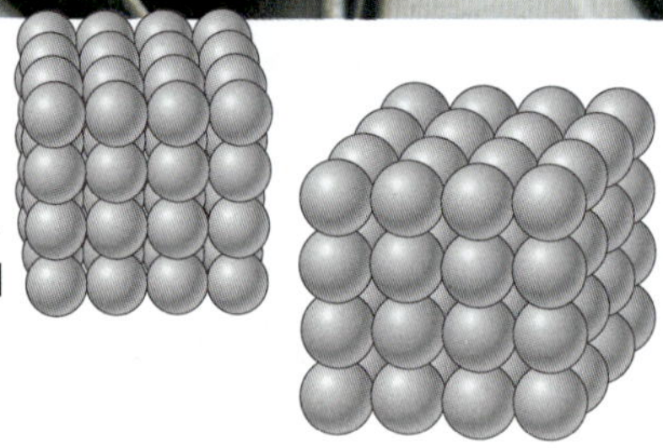

13
Al
aluminum

**원소 13: 알루미늄**

알루미늄은 지구지각에서 가장 흔한 금속이다. 알루미늄은 부식에 강한 가벼운 금속으로 우주선 제조에 사용된다. 알루미늄의 중요한 사용은 음료 용기 제조이다. 미국에서는 매년 생산된 알루미늄 캔의 65% 이상을 재활용하고 있다.



용액은 균일 혼합물이다. 이것은 용액이 전체적으로 동일하고, 용액 내의 모든 시료가 동일한 성질을 가진다는 뜻이다. 용액은 용매에 녹아있는 용질로 구성되어 있다. 예로서, 물(용매)에 녹은 설탕(용질)은 설탕의 수용액이다. 용액의 다른 예는 탄산 음료 내에 녹아 있는 이산화 탄소와 바닷물에 녹아 있는 소금이 있다. 용질과 용매의 비율은 변할 수 있다. 그러나 일반적으로, 용매가 항상 많은 양으로 존재한다.

우리는 흔히 용액은 액체라고 생각한다. 그러나 용매 전체에 퍼져있는 용질은 모두 세 가지 물리적 상태로 존재한다; 기체, 액체 그리고 고체 용액이 있다. 표 13.1은 용매의 물리적 상태에 해당하는 용액의 물리적 상태의 몇 가지 일반적인 예이다.

**표 13.1 용액의 형태**

| 용질 | 용매 | 용액 |
|---|---|---|
| *기체 용액 —* | | |
| 기체 | 기체 | 공기(질소, 산소, 아르곤 기체) |
| 액체 | 기체 | 습한 공기(공기 속에 있는 수증기) |
| *액체 용액 —* | | |
| 기체 | 액체 | 탄산 음료(물속의 $CO_2$) |
| 액체 | 액체 | 식초(물속의 $HC_2H_3O_2$) |
| 고체 | 액체 | 소금물(물속의 NaCl) |
| *고체 용액 —* | | |
| 액체 | 고체 | 치과용 충진제(은 속의 수은) |
| 고체 | 고체 | 순은(sterling silver)(은 속의 구리) |

# 13.1 용액 속의 기체

**학습 목표**

- 액체 속에서 기체의 용해도에 대한 온도의 영향을 말할 수 있다.
- 액체 속에서 기체의 용해도에 대한 압력의 영향을 말할 수 있다.

염산(muriatic acid)은 슈퍼마켓에서 구입할 수 있고, 수영장의 산도를 증가시키는 데 이용된다. 염산은 물에 염화 수소 기체를 녹임으로써 만들어진다. 암모니아 용액은 물속에 $NH_3$ 기체가 녹아 있는 것이다. 탄산 음료는 $CO_2$ 기체가 물에 녹아있는 것이다.

## 용해도와 온도

액체 속의 기체 용액은 온도 변화에 민감하게 영향을 받는다. 온도가 증가함에 따라, 녹아 있는 기체(용질) 분자들은 더 많은 에너지를 얻어 용액으로부터 빠져나가려는 경향이 더 커진다. 그러므로, 온도가 증가함에 따라 액체 내에 녹아 있는 기체의 용해도는 감소한다.

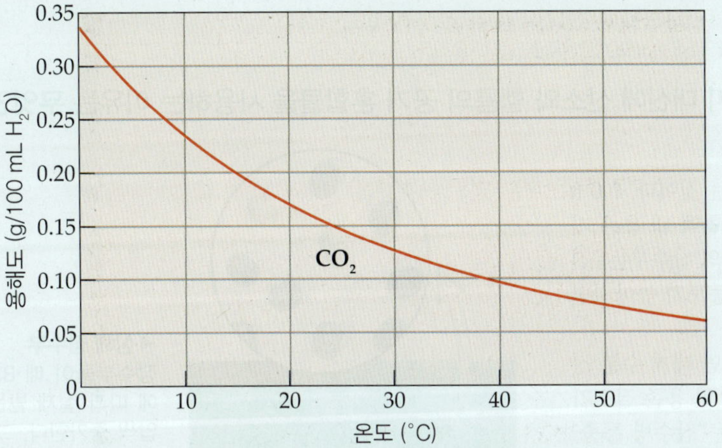


◀**액체 속에서 기체의 용해도**
온도가 증가하면 물속에서 이산화 탄소 기체의 용해도는 감소한다.

이러한 원리의 실질적인 예는 탄산 음료를 들 수 있다. 음료수를 냉장고에서 꺼내 실온에 이르도록 내 버려둔 적이 있을 것이다. 이 음료수를 열면 $CO_2$ 용액이 이탈하여 많은 거품을 형성한다. 한편, 냉장고에서 꺼낸 직후 음료수 병을 열었을 때 일어나는 거품은 약하다. 표 13.2는 물에 녹아 있는 이산화 탄소의 용해도에 관한 온도의 효과를 나타내고 있다.

## 용해도와 압력

액체 속의 기체의 용해도는 압력에 크게 영향을 받는다. 1803년에 영국의 화학자 윌리엄 헨리(William Henry)는 액체 속의 기체의 용해도에 관하여 실험을 하였다. 헨리는 기체의 용해도가 액체 위에 있는 기체의 부분 압력에 비례함을 발견하였다. 이 원리가 **헨리의 법칙(Henry's law)**으로 알려져 있다. 즉, 기체의 부분 압력이 증가하면 기체의 용해도는 부분 압력에 비례하

**표 13.2 물에서의 이산화 탄소의 용해도***

| 온도 | 압력 | $CO_2$의 용해도 |
|---|---|---|
| *온도 효과 —* | | |
| 0 ℃ | 1.00 atm | 0.348 g/100 mL 물 |
| 20 ℃ | 1.00 atm | 0.176 g/100 mL 물 |
| 40 ℃ | 1.00 atm | 0.097 g/100 mL 물 |
| 60 ℃ | 1.00 atm | 0.058 g/100 mL 물 |
| *압력효과 —* | | |
| 0 ℃ | 1.00 atm | 0.348 g/100 mL 물 |
| 0 ℃ | 2.00 atm | 0.696 g/100 mL 물 |
| 0 ℃ | 3.00 atm | 1.044 g/100 mL 물 |

높은 온도에서는 용해도가 감소하고, 높은 압력에서는 용해도가 증가함을 나타냄.

여 증가한다.

표 13.2는 물에 녹아 있는 이산화 탄소의 압력 효과에 관해 나타내고 있다.

이산화 탄소의 용해도에 대한 압력의 효과를 구하기 위해서 헨리의 법칙을 적용해보자. 압력이 1.00 기압에서 2.00 기압으로 증가할 때 이산화 탄소의 용해도를 계산해 보자. 표 13.2에 0 ℃, 1.00 기압 하에서는 0.348 g/100 mL 물로 주어져있다. 그러므로,

$$0.348\ \text{g/100 mL} \times \frac{2.00\ \text{atm}}{1.00\ \text{atm}} = 0.696\ \text{g/100 mL}$$

물속에 존재하는 이산화 탄소의 용해도가 표 13.2에 주어진 값과 계산한 값 0.696 g/100 mL과 일치함을 주목하라.

예제 13.1은 헨리의 법칙을 적용한 것이다.

## 자세히 보기 심해 잠수

**Q: 심해 잠수를 할 때, 잠수부들이 공기 대신에 산소와 헬륨의 공기 혼합물을 사용하는 이유는 무엇인가?**

심해 잠수는 100 ft 또는 그 이상의 깊이로 잠수하는 것이다. 100 ft 깊이에서의 기압은 해수면 기압의 4배에 이르며, 혈액 내 용존 기체의 양은 헨리의 법칙에 따라 4배 이상이다. 심해의 잠수부는 "질소중독" 또는 "심해황홀증" 을 겪게 된다. 질소의 농도가 높아지면 취한 상태와 비슷하게 방향감각을 잃게 된다.

질소중독은 심해에서 수면 위로 천천히 올라오면 대개 수분 정도 나타나는데, 만약 잠수부가 너무 빠르게 올라오면 용존 질소가 혈액순환계로부터 발산되지 못하여 "감압증" 또는 "잠수병 통증" 과 같은 고통을 겪는다. 잠수병을 피하기 위해서, 잠수부는 헬리오스(Heliox)라는 산소와 헬륨 혼합기체를 사용한다. 헬리오스 내의 헬륨은 혈액순환계에서 질소보다 빨리 발산하여 잠수병의 고통을 피하게 한다.

특별한 경우, 급격한 수면 상승한 잠수부은 고압실에서 기체의 압력을 천천이 감압하며 공기 또는 산소 호흡할 수 있도록 한다.

2000 ft 깊이 이상을 잠수할 때는 대기압 잠수복을 사용한다. 이 잠수복은 보통 수배의 압력을 견디어 내기 때문에 감압증 또는 잠수병과 같은 고통을 피할 수 있으며 고압실에서 호흡하게 하는 문제도 제거할 수 있다.

◀**심해 잠수부**
잠수부들이 매 33 ft씩 잠수함에 따라 실제 받는 압력은 1기압씩 증가한다. 그러므로, 수면 아래 33 ft에서 혈액 내에 공기 혼합물의 용해도는 수면에서보다 두 배가 된다. 66 ft에서는 공기 혼합물의 용해도가 3배이다.

헬륨-산소 혼합물이 천식환자에서 유익하다는 흥미로운 의학적 소견이 있다. 헬리오스(Heliox)를 잘 활용하는 만성 폐쇄성 폐질환(COPD) 환자는 천식발작 감소뿐만 아니라 자신의 운동량을 증가시킬 수 있다.

**A:** 잠수부가 상승함에 따라, 헬륨 기체가 혈액 순환계 내로부터 달아난다. 헬륨 기체는 질소 기체보다 훨씬 작기 때문에 헬륨 기체가 질소 기체보다 빠르게 이동한다. 그러므로 잠수병 고통을 피할 수 있다.

## 예제 13.1 헨리의 법칙

0 ℃와 3.00 atm의 물에 녹아 있는 이산화 탄소의 용해도를 계산하라. 0 ℃와 1.00 atm에서 이산화 탄소의 용해도는 0.348 g/100 mL 물이다.

**해답**

기체의 용해도는 액체 위에 있는 기체의 부분 압력에 비례한다.

$$\text{용해도} \times \text{압력 인자} = \text{용해도}$$

압력이 증가하면 용해도는 증가하므로 압력 인자는 1보다 크다.

$$0.348\ \text{g/100 mL} \times \frac{3.00\ \text{atm}}{1.00\ \text{atm}} = 1.044\ \text{g/100 mL}$$

### 실전 연습문제

산소는 20 ℃와 760 mm Hg에서 이산화 탄소의 용해도 0.00412 g/100 mL보다 물속에서 덜 녹는다. 20 ℃와 1,150 mm Hg에서 물에서의 산소의 용해도를 계산하라.

**답:** 0.00623 g/100 mL

### 개념 문제

Havasu 호수의 고도는 400 ft이고 Tahoe 호수의 고도는 6,200 ft이다. 물 온도는 같다고 가정하면 어느 호수가 산소기체의 농도가 적겠는가?

**답:** 부록 G, 13.1 참조

## 13.2 용액 속의 액체

**학습 목표**

▶ 서로 비슷한 것끼리 녹인다(*like dissolves like*)는 규칙을 적용하여 두 액체가 혼합되거나 혼합되지 않음을 예측할 수 있다.

**용액(solution)**은 용매에 용해된 용질로 구성되어 있다. **용질(solute)**은 보다 더 적은 양이고, **용매(solvent)**는 용질에 비해 많은 양을 차지한다. 물은 실험실에서 가장 흔한 용매이며, 모든 생체는 수용액에서 화학반응이 진행된다.

### 쌍극자

12.9절에서, 물 분자의 경우, 보다 더 전기음성적인 산소 원자가 부분적으로 음전하($\delta^-$)를 가진다는 것을 배웠다. 두 개의 수소 원자는 산소 원자에 비해 덜 전기음성적이며 부분적으로 양전하($\delta^+$)를 띤다. 양전하와 음전하의 영역을 가지고 있는 분자는 **쌍극자(dipole)**를 갖는다. 물 분자에는 두 개의 쌍극자가 있다. 이것들을 합치면, 두 개의 쌍극자는 그 분자에 대한 **알짜 쌍극자(net dipole)**를 생성한다. 그림 13.1에 보여주는 것과 같이, 알짜 쌍극자에 대한 기호는 분자의 음성을 띠는 끝부분을 향해 화살표를 그려주는 것이다.

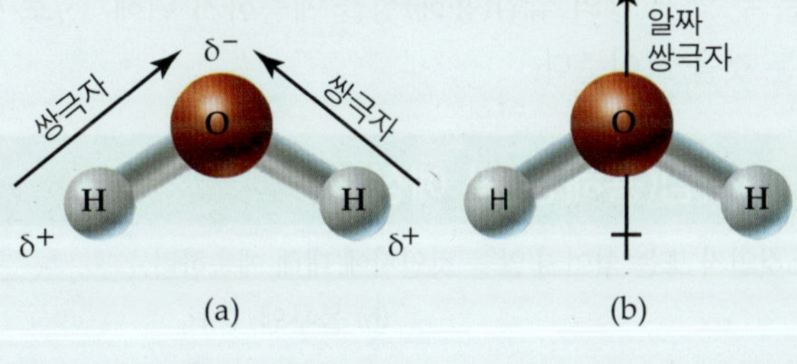


◀**그림 13.1 극성 물 분자**
(a) 전기음성도가 더 큰 산소 원자는 O—H 결합을 편극화하여, 물 분자 내에 두 개의 쌍극자를 생성한다. (b) 두 개의 쌍극자는 전체 물 분자에 대한 하나의 알짜 쌍극자를 생성한다.

### 극성과 비극성 용매

극성 분자로 이루어진 액체는 **극성 용매(polar solvent)**라고 불린다. 물 분자는 극성이며, 물은 가장 일반적인 극성 용매이다. 비록, 많은 예외가 있지만, 물과 같이 산소 원자를 가지고 있는 용매 분자는 일반적으로 극성이다. 메탄올($CH_3OH$)과 에탄올($C_2H_5OH$) 역시 극성 용매의 예들이다.

비극성 분자로 이루어진 액체는 **비극성 용매(nonpolar solvent)**이다. 비극성 용매에는 헥세인, $C_6H_{14}$, 사염화 탄소, $CCl_4$, 그리고 에틸 에터, $C_4H_{10}O$ 등이 있다. 표 13.3에 일반적인 극성 용매와 비극성 용매를 나열해 놓았다.

### 서로 비슷한 것끼리 녹인다(*like dissolves like*)는 규칙

물, $H_2O$, 그리고 에탄올, $C_2H_5OH$와 같은 극성 용매는 상호 간에 용해된다. 헥세인, $C_6H_{14}$, 그리고 사염화 탄소, $CCl_4$ 역시 서로 용해된다. 두 용매가 둘 다 극성이거나, 또는 둘 다 비극성이

**표 13.3 몇 가지 선택된 극성과 비극성 용매**

| 극성 용매 | 비극성 용매 |
|---|---|
| 물, $H_2O$ | 헥세인, $C_6H_{14}$ |
| 메탄올, $CH_3OH$ | 헵테인, $C_7H_{16}$ |
| 에탄올, $C_2H_5OH$ | 톨루엔, $C_7H_8$ |
| 아세톤, $C_3H_6O$ | 사염화 탄소, $CCl_4$ |
| 메틸 에틸 케톤, $C_4H_8O$ | 클로로폼, $CHCl_3$ |
| 폼산, HCOOH | 이염화 메테인, $CH_2Cl_2$ |
| 아세트산, $CH_3COOH$ | 에틸 에터, $C_4H_{10}O$* |

*산소를 포함하는 용매는 극성이라는 일반적 규칙에 몇몇 예외가 있다. 예로서, 에틸 에터는 산소를 포함하고 있으나, 실제로는 비극성 용매이다.

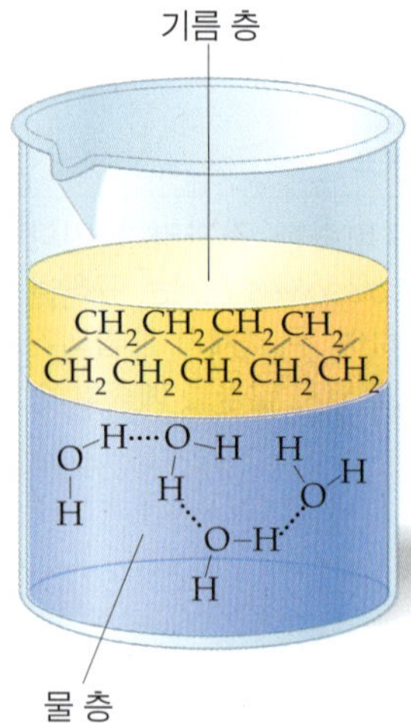


**▲섞이지 않는 액체들**
기름과 물은 섞이지 않는다. 기름 분자는 비극성이고, 물 분자는 극성이기 때문이다. 비극성인 용매(기름)와 극성인 용매(물)는 *비슷한 것끼리 녹인다*는 규칙을 따른다.

면 그것들은 상호 간에 용해된다. 이 원리가 *서로 비슷한 것끼리 녹인다(like dissolves like)*는 규칙이다.

상호 간에 완전히 녹을 수 있는 두 용매를 **혼합될 수 있다(miscible)**고 말한다. 예로서, 물과 에탄올은 혼합될 수 있다. 서로 비슷한 것끼리 녹인다(*like dissolves like*)는 규칙으로부터, 극성 용매와 비극성 용매는 혼합될 수 없음을 알 수 있다. 이러한 액체는 **혼합되지 않는다(immiscible)**고 말한다. 실험적으로, 혼합되지 않는 액체들의 혼합물은 층으로 분리된다. 예로서, 물과 가솔린은 섞이지 않으며, 물의 상층에 가솔린이 떠 있는 상태로 두 층을 이룰 것이다. *서로 비슷한 것끼리 녹인다*는 규칙을 표 13.4에 요약하였다.

**표 13.4 두 액체에 대한 서로 비슷한 것끼리 녹인다는 규칙의 요약**

| 액체 용질 | 극성 용매 | 비극성 용매 |
|---|---|---|
| 극성 | 혼합 | 혼합되지 않음 |
| 비극성 | 혼합되지 않음 | 혼합 |

다음의 예제에서는 두 액체 간의 섞임(용해)성을 예측하기 위해 "*서로 비슷한 것끼리 녹인다*"는 규칙을 이용하는 것을 보여준다.

## 예제 13.2 섞임(용해성)의 예상

물과 다음 용매가 섞일 것인지 또는 섞이지 않을 것인지에 대해 예측하라.

(a) 메탄올, $CH_3OH$ (b) 톨루엔, $C_7H_8$

### 해답

산소를 가지고 있는 대부분의 용매는 극성이라는 단순화한 가정을 적용하자. 그러므로, 메탄올은 극성이고, 톨루엔은 비극성이다. *서로 비슷한 것끼리 녹인다*는 규칙을 적용하면 다음과 같이 된다.

(a) $CH_3OH$는 극성이므로 $H_2O$에 섞인다.
(b) $C_7H_8$은 비극성이므로 $H_2O$에 섞이지 않는다.

### 실전 연습문제

다음의 각 용매가 물에 섞이는지 섞이지 않는지에 대해 예측하라.

(a) 염화 메틸렌, $CH_2Cl_2$ (b) 글리세린, $C_3H_5(OH)_3$

**답:** (a) $H_2O$에 섞이지 않는다. (b) $H_2O$에 섞인다.

### 개념 문제

"*서로 비슷한 것끼리 녹인다*"는 규칙은 두 액체의 어떤 성질이 똑같은지에 따라 두 액체가 혼합될 수 있다는 것을 말해 주는가?

**답:** 부록 G, 13.2 참조

**▲유출된 기름**
석유기름은 물보다 밀도가 덜 조밀하다. 따라서, 비극성인 매끄러운 기름은 대양 표면 위에 뜬다.

**주 의** 우리는 토론에서 두 용매가 서로 섞이느냐 섞이지 않느냐로 구별했다. 즉, 두 용매가 각기 다른 용매에 대해 녹거나 녹지 않는 것이다. 그러나 실제로는, 두 용매가 서로 부분적으로 녹을 수도 있다. 예를 들면, 비극성 용매는 극성 용매에 부분적으로 녹을 수도 있다. 비록, 에틸 에터가 일반적으로 비극성 용매로 여겨지긴 하지만, 물에 일부 용해된다(~7% 용해).

## 13.3 용액 속의 고체

**학습 목표**

▶ *비슷한 것끼리 녹인다*는 규칙을 적용하여 고체가 액체에 녹을지 안 녹을지를 예측할 수 있다.

설탕과 같은 고체 물질은 물과 같은 액체에 녹는다. 설탕과 물은 각각 서로를 끌어당기기 때문이다. 즉, 용질인 설탕 입자는 상호 간 보다는 용매인 물 분자에 더 강하게 끌린다. 용질-용매 상호 작용은 용질과 용매의 극성이 비슷할 때 가장 강하다.

일반적으로, 극성 화합물은 물과 같은 극성 용매에 잘 녹는다(표 13.5). 설탕, $C_{12}H_{22}O_{11}$은 여러 개의 산소 원자를 가지고 있으므로 극성 화합물이다. *비슷한 것끼리 녹인다*는 규칙을 적용하면, 극성인 설탕, $C_{12}H_{22}O_{11}$이 물에 녹음을 예측할 수 있다.

**표 13.5 액체 내의 고체에 대한 비슷한 것끼리 녹인다는 규칙의 요약**

| 고체 용질 | 극성 용매 | 비극성 용매 |
|---|---|---|
| 극성 | 용해 | 불용 |
| 비극성 | 불용 | 용해 |
| 이온성 | 용해 | 불용 |

유사하게, 비극성 화합물에 있는 분자들은 비극성 용매에 있는 분자들에 의해 잘 끌린다. 그러므로, 비극성 화합물은 비극성 용매에 용해된다. 예를 들면, 그리스(grease)는 테레빈유(turpentine)에 녹는다. 왜냐하면, 그리스는 비극성 화합물이고 테레빈유는 비극성 용매이기 때문이다. 테레빈유를 사용하여 그리스를 용해시키는 것은 *비슷한 것끼리 녹인다*는 규칙의 한 예이다. 역으로, 우리는 물을 사용하여 손에 묻은 그리스를 제거할 수 없다. 그리스는 비극성 화합물이고, 물은 극성 용매이다. 그러므로 그리스는 물에 용해되지 않는다.

이온 화합물은 하전된 이온으로 구성되어 있기 때문에, 극성 화합물이 극성 용매에 녹는다는 점에서 극성 화합물과 유사하다. 즉, 이온 화합물은 비극성 용매에서 보다 극성 용매에서 더 잘 녹는다. 이온 화합물인 염화 소듐, NaCl, 즉 소금을 생각해 보자. 소금은 극성 용매인 물에 쉽게 녹는다. 그러나 가솔린과 같은 비극성 용매에는 녹지 않는다. 이것은, 용질(소금)은 이온성인데 용매(가솔린)는 비극성이기 때문이다. 그렇지만, 많은 이온 화합물들이 물에 조금만 녹는다는 사실도 주목해야 한다(7.9절의 용해도 규칙을 참조하라).

다음의 예제에서는 물에 있는 고체 화합물에 대하여 *비슷한 것끼리 녹인다*는 규칙을 설명하고 있다.

**도움말**
**용해도 예측하기**

서로 비슷한 것끼리 녹인다는 규칙은 일반적으로 용해도를 예측하기에 충분하다. 그러나 일부 분자는 극성과 비극성 결합을 모두 포함한다. 따라서 우리는 분자가 전반적으로 더 극성인지 혹은 더 비극성인지 검토해야 한다.

콜레스테롤 분자($C_{27}H_{46}O$)는 극성 산소 원자를 포함하고 있기 때문에 극성이라고 예측할 수 있다. 그러나 실제로 콜레스테롤은 비극성이며, 물에 불용성이지만, 헥세인($C_6H_{14}$)와 같은 비극성 용매에 용해된다.

우리는 $C_{27}H_{46}O$가 극성 결합만을 하나만 포함하지만 비극성 결합은 많이 포함한다는 점을 지적함으로써 이러한 작용을 설명할 수 있다. 그러므로 분자는 전반적으로 극성보다 비극성이다. 콜레스테롤이 비극성이라는 사실은 콜레스테롤이 지방 조직을 제외하고는 신체에 녹지 않는 이유를 설명한다.

### 예제 13.3 용해도의 예측

다음의 각 고체 화합물이 물에 녹을 것인지 녹지 않을 것인지에 대해 예측하라.

(a) 프럭토오스(과당), $C_6H_{12}O_6$ (b) 탄산 리튬, $Li_2CO_3$ (c) 나프탈렌, $C_{10}H_8$

**해답**

일반적으로, 화합물이 녹는지를 결정하는 데 *비슷한 것끼리 녹인다*는 규칙을 적용할 수 있다. 물은 극성 용매이기 때문에 극성 화합물과 많은 이온 화합물들을 용해시킴을 예측할 수 있다.

(a) 과당은 여섯 개의 산소 원자를 가지고 있으므로 극성 화합물이다. 그러므로 $C_6H_{12}O_6$가 물에 녹음을 예측할 수 있다.
(b) 탄산 리튬은 리튬 이온과 탄산 이온을 가지고 있다. 그러므로 이것은 이온 화합물이다. $Li_2CO_3$가 물에 녹음을 예측할 수 있다.
(c) 나프탈렌은 산소를 가지고 있지 않으므로 비극성 화합물이다. 그러므로, $C_{10}H_8$는 물에 *녹지 않는다*.

**실전 연습문제**

다음의 고체 화합물이 물에 녹는지 또는 녹지 않는지를 예측하라.

(a) 안트라센, $C_{14}H_{10}$
(b) 황산 구리, $CuSO_4$
(c) 젖산(락트산), $HC_3H_5O_3$

**답:** (a) 녹지 않음 (b) 녹음 (c) 녹음

**개념 문제**

*서로 비슷한것 끼리 녹인다*는 규칙은 고체가 액체의 어떤 성질이 같아야만 액체에 용해한다는 것인가?

**답:** 부록 G, 13.3 참조

## 화학 커넥션 콜로이드

**Q: 아래의 오른쪽 용기에서는 빛살을 확인할 수 있고, 왼쪽 용기에서는 빛살을 볼 수가 없는 이유는 무엇 때문일까?**

콜로이드는 액체 속에 입자가 포함되어 있는 용액과 비슷하다. 콜로이드의 유사한 예는 우유 속의 지방 분자와 혈액 속의 단백질 분자 등이 있다. 분산된 입자의 크기로 용액과 콜로이드를 구별한다. 콜로이드는 입자의 크기가 직경이 1 nm~100 nm 범위의 용질 입자를 포함하고 있지만 용액은 1 nm보다 작은 용질 입자를 포함하고 있다. 콜로이드에 빛살을 비추면 입자는 빛을 산란시켜 빛의 진로를 볼 수 있다. 이 현상을 **틴들 효과(Tyndall effect)**라 부른다.

콜로이드와 용액은 둘 다 안정하다. 이들의 입자들은 액체에서 자동적으로 분리할 수 없다. 그러나 원심 분리기를 작동하여 콜로이드 입자를 분리할 수 있다. 예를 들면, 시험관에 콜로이드를 넣은 후 시험관을 원심 분리기 안에 놓고 회전시키면 AgCl의 콜로이드 침전물을 분리할 수 있다. 콜로이드 입자는 일반적인 거름종이를 통과할 수 있지만 너무 커서 세포막이나 셀로판 같은 합성막은 통과할 수 없다.

▲**틴들 효과**
틴들 효과는 빛살이 붉은색 콜로이드를 지나갈 때는 잘 보인다(오른쪽).

신장 투석은 합성막을 사용하여 콜로이드 입자를 분리하는 것이다. 신장 투석을 하는 동안에 혈액은 합성막의 인공 신장을 통하여 순환된다. 큰 단백질 분자와 적혈구는 막을 통과할 수 없으나 작은 독성 분자들은 막을 통과하여 제거된다. 2~3시간의 투석 후 신장병 환자는 작은 독성 분자가 거의 제거된다. 다음과 같은 방법으로 용액과 콜로이드의 차이점을 요약할 수 있다.

| 기준 | 용액 | 콜로이드 |
|---|---|---|
| 입자 크기 | 1 nm 이하 (작음) | 1~100 nm (큼) |
| 원심 분리 | 분리되지 않음 | 분리됨 |
| 거름종이 분리 | 분리되지 않음 | 분리되지 않음 |
| 막 분리 | 분리되지 않음 | 분리됨 |
| 틴들 효과 | 빛살을 볼 수 없음 | 빛살을 볼 수 있음 |

**A:** 빛살이 용액을 통과할 때는 보이지 않지만(왼쪽) 큰 용질 입자의 콜로이드를 통과할 때는 틴들 효과로 잘 보인다(오른쪽).

## 13.4 용해 과정

**학습 목표**

▶ 물에서 이온 또는 분자 결합 화합물이 어떻게 녹는지를 말할 수 있다.

용해 과정을 가시화해 보자. 용해할 수 있는 결정을 물속에 넣었을 때, 결정은 용해되기 시작한다. 이것은 물 분자가 결정을 공격하여 용질을 잡아당기기 시작하기 때문이다. 특히, 물 분자는 결정의 가장자리와 모서리 부분을 공격한다.

예를 들어, 물에 각설탕을 넣었다고 가정하자. 물 분자는 극성을 띠는 설탕, $C_{12}H_{22}O_{11}$, 분자에 끌려갈 것이고, 설탕 분자를 용액 속으로 끌어당길 것이다. 여러 개의 물 분자는 용액 내에서 설탕 분자 각각을 포위할 것이다. 물 분자 그룹 내에 잡혀있는 설탕 분자는 **용매 우리(solvent cage)** 내에 존재한다고 한다. 용매 우리 내의 물 분자의 수는 용질의 농도와 크기에 의존한다(그림 13.2).

다른 예로서, 소금 결정이 물에 녹을 때 어떤 일이 일어나는지를 생각해 보라. *비슷한 것끼리 녹인다*는 규칙에 따라, 극성 물 분자는 이온 화합물인 소금 결정에 끌려갈 것이다. 이 경우에서도 역시, 물 분자는 결정의 가장 자리를 공격할 것이고, 일부분을 물속으로 끌어당길 것이다. 소금, NaCl과 같은 이온 화합물에 대해서, 물 분자는 용해 과정이 일어나는 동안 양이온과 음이온을 멀리 떨어지게 한다. 물 분자 내에서, 음으로 하전된 산소 원자는 양으로 하전된 소듐 이온, $Na^+$ 쪽으로 끌려진다. 음으로 하전된 염화 이온, $Cl^-$는 물 분자 내에서 양으로 하전된 수소 원자에 의해 용액 내로 끌어당겨진다. 그림 13.3은 이러한 과정을 나타낸 것이다.

**▲그림 13.2 물에 용해되는 설탕**
물 분자가 각설탕의 가장 자리를 따라, 그리고 모서리도 공격한다. 설탕 분자 각각은 용액 속으로 끌어 당겨지며, 여러 개의 물 분자에 의해 포위된다.

**▲그림 13.3 물에 용해되는 소금**
각각의 이온을 둘러싸고 있는 물 분자의 배향을 주목하라. $Na^+$는 물 분자의 산소 원자에게 끌어당겨지는 반면, $Cl^-$는 수소 원자에게 끌어 당겨진다.

## 예제 13.4 용해 과정

용액을 가열하면 물속의 고체 용질은 용해 속도가 증가한다. 그 이유는 무엇인가?

**해답**

가열하는 것은 용매 분자의 운동과 에너지를 증가시킨다. 따라서 물 분자는 고체 용질을 더 빠른 속도로 공격한다.

**실전 연습문제**

용액을 교반하면 물속에 있는 고체 용질의 용해 속도가 증가한다. 그 이유는 무엇인가?

**답:** 교반하는 것은 용매 분자가 용질과 접촉하는 속도를 증가시킨다. 따라서 용매가 용질을 용액 속에 끌어 당기는 속도를 증가시킨다.

**개념 문제**

고체 결정을 분쇄하면 물속에 있는 고체 용질의 용해 속도가 증가한다. 그 이유는 무엇인가?

**답:** 부록 G. 13.4 참조

**학습 목표**

▶ 고체 화합물이 물에 녹는 속도에 대한 입자의 크기, 교반, 그리고 온도의 효과를 말할 수 있다.

## 13.5 용해 속도

설탕과 같은 고체 화합물이 용액에 녹는 속도는 세 가지 요소에 의존한다. 다음의 세 요소 중 하나에 의해 용해 속도를 증가시킬 수 있다.

1. 용액의 가열
2. 용액의 교반
3. 고체 용질의 분쇄

용액을 가열하거나 교반함에 의해, 또는 용질을 분쇄함으로써 용매 분자가 용질을 공격하는 속도를 증가시킬 수 있다. *용액을 가열하는 것*은 용액의 운동 에너지를 증가시키는 것이며, 용매 분자가 더 빠르게 움직이게 된다. 수용액에서는 물 분자가 용질을 더 자주 공격한다. 용질 분자들은 용액으로 더욱 빠르게 끌어 당겨지며, 따라서 용해 속도는 증가한다. *용액을 교반하는 것*은 물 분자와 용질 사이의 상호작용을 증가시킨다. 용질과 용매가 더 자주 상호 작용하기 때문에 용해 속도는 더 빠르게 된다.

더 작은 입자로 *용질을 분쇄한다는 것*은 더 넓은 표면적을 생성하는 것이다. 용질 결정이 더욱 더 작아짐에 따라 전체 표면적은 증가한다. 우리는 용매 분자가 가장자리를 따라 결정의 표면을 공격한다는 사실을 배웠다. 결정이 좀 더 작아질 때 더 많은 가장 자리들이 물 분자의 공격에 노출되어 진다. 물 분자는 용질을 더 자주 공격하게 되고, 따라서 용해 속도는 증가한다(그림 13.4).

▶그림 13.4 **설탕의 용해 속도** 20 ℃에서 물속에 매달려진 각설탕은 천천히 녹는다. 같은 양의 가루 설탕을 100 ℃ 물에서 교반하면 즉시 용해한다.

**예제 13.5 용해 속도**

용액을 가열하면 물속의 고체 용질은 용해 속도가 증가한다. 그 이유는 무엇인가?

**해답**

가열하는 것은 용매 분자의 운동과 에너지를 증가시킨다. 따라서 물 분자는 고체 용질을 더 빠른 속도로 공격한다.

**실전 연습문제**

용액을 교반하면 물속에 있는 고체 용질의 용해 속도가 증가한다. 그 이유는 무엇인가?

**답:** 교반하는 것은 용매 분자가 용질과 접촉하는 속도를 증가시킨다. 따라서 용매가 용질을 용액 속에 끌어 당기는 속도를 증가시킨다.

**개념 문제**

고체 결정을 분쇄하면 물속에 있는 고체 용질의 용해 속도가 증가한다. 그 이유는 무엇인가?

**답:** 부록 G, 13.5 참조

## 13.6 용해도와 온도

**학습 목표**

▶ 물에서 고체 화합물의 용해도에 대한 온도의 영향을 나타내는 그래프를 해석할 수 있다.

만약 용액에 열을 가한다면 용질 입자와 용매 사이의 상호 작용은 증가한다. 일반적으로, 고체 화합물의 용해도는 온도가 증가함에 따라 커진다. 주어진 온도에서 100 g의 물속에 용해되어 질 수 있는 용질의 최대량을 화합물의 **용해도(solubility)**로 정의한다. 그림 13.5는 여러 다른 온도에서 물 100 g 내에서의 다양한 화합물들의 용해도를 그래프로 나타낸 것이다.

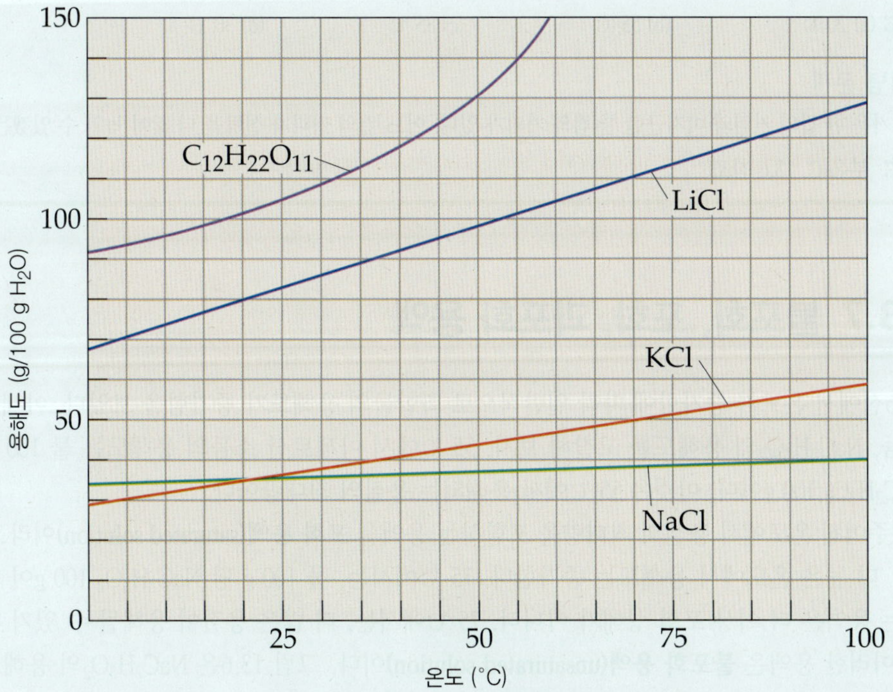


◀**그림 13.5 물속에서 다양한 고체 화합물들의 용해도**
몇 가지 예외가 있지만, 대부분의 고체 화합물들은 온도가 증가함에 따라 더 많이 녹는다.

뜨거운 음료에 설탕을 넣으면, 여러분은 아마도 용해도에 관한 온도의 효과에 대한 흥미로운 예가 될 것이다. 뜨거운 차에 설탕을 넣었다고 가정하자. 그런 후 차를 식도록 내 버려두자. 설탕의 용해도는 차가 식어감에 따라 감소한다. 만약 컵 바닥을 보면 식혀진 온도에서 용액으로부터 석출된 설탕의 결정을 감지할 수도 있다.

그림 13.5는 용해도에 대한 온도의 효과가 화합물에 따라 변화를 보여주고 있다. 물에서

의 소금, NaCl의 용해도는 온도에 아주 약간만 영향을 받는다. 이것의 용해도는 20 ℃에서 물 100 g 당 NaCl 약 35 g이고, 100 ℃에서는 물 100 g 당 40 g으로 증가한다.

흥미로운 것은 설탕, $C_{12}H_{22}O_{11}$의 용해도는 온도의 증가에 의해 영향을 많이 받는다는 것이다. 20 ℃에서 설탕의 용해도는 물 100 g 당 설탕 약 100 g이다. 그러나 55 ℃에서는 용해도가 물 100 g당 설탕 140 g이다. 만약 55 ℃에서 뜨거운 물 100 g에 설탕 140 g을 녹이고, 이것을 20 ℃로 식히면, 위에서 본 차가운 차의 경우와 마찬가지로, 여러분은 설탕 결정을 볼 수도 있다.

### 예제 13.6 그래프로부터 용해도의 결정

그림 13.5를 보고 50 ℃에서 다음 각각의 고체 화합물들의 용해도를 결정하라.

(a) NaCl (b) KCl (c) LiCl (d) $C_{12}H_{22}O_{11}$

**해답**

그림 13.5로부터 화합물의 용해도가 50 ℃를 지나는 점을 찾아보자.

(a) 50 ℃에서 NaCl의 용해도는 물 100 g 당 약 38 g이다.
(b) 50 ℃에서 KCl의 용해도는 물 100 g 당 약 45 g이다.
(c) 50 ℃에서 LiCl의 용해도는 물 100 g 당 약 98 g이다.
(d) 50 ℃에서 $C_{12}H_{22}O_{11}$의 용해도는 물 100 g 당 약 130 g이다.

**실전 연습문제**

그림 13.5에 보인 용해도를 참고하여 다음 용액을 얻기 위해 필요한 최소 온도를 구하라.

(a) 물 100 g 당 NaCl 35 g (b) 물 100 g 당 KCl 45 g
(c) 물 100 g 당 LiCl 120 g (d) 물 100 g 당 $C_{12}H_{22}O_{11}$ 109 g

**답:** (a) 20 ℃ (b) 55 ℃ (c) 85 ℃ (d) 30 ℃

**개념 문제**

뜨거운 한 컵의 커피와 미지근한 한 컵의 커피가 있다. 어느 컵의 커피가 설탕을 더 많이 녹일 수 있겠는가?

**답:** 부록 G, 13.6 참조

**학습 목표**

- 포화, 불포화 또는 과포화 용액의 특징을 이해할 수 있다.
- 용액이 포화, 불포화, 또는 과포화 용액인지를 결정할 수 있다.

## 13.7 불포화, 포화, 과포화 용액

13.6절에서 온도가 증가함에 따라 일반적으로 화합물의 용해도가 증가함을 보았다. 아세트산 소듐, $NaC_2H_3O_2$의 용해도를 고찰해 보자. 55 ℃에서 아세트산 소듐의 용해도는 물 100 g 당 $NaC_2H_3O_2$ 100 g이다. 이것은 55 ℃에서 용해되는 용질의 최대량이다.

주어진 온도에서 용질의 최대량을 포함하는 용액을 **포화 용액(saturated solution)**이라고 한다. 더 높은 온도에서 용해도는 증가한다. 75 ℃에서는, 물 100 g 당 $NaC_2H_3O_2$ 100 g이 녹아있는 용액은 더 이상 포화 상태가 아니다. 75 ℃에서는, 더 많은 용질이 용해될 수 있기 때문에 이러한 용액은 **불포화 용액(unsaturated solution)**이다. 그림 13.6은 $NaC_2H_3O_2$의 용해도를 온도의 함수로 나타낸 그래프이다.

주어진 온도에서 정상적으로 용해할 수 있는 것보다도 더 많은 용질을 포함하는 용액을 **과포화 용액(supersaturated solution)**이라고 부른다. 예를 들어, $NaC_2H_3O_2$의 포화 용액을 55 ℃에서 20 ℃로 서서히 식힌다면 모든 용질이 용액에 남을 것이다. 20 ℃에서 용해도는 더 작다. 아직 과량의 용질이 용액에 남아있다. 그러나 과포화 용액은 불안정하다. 실제로, 하나의 작은 결정으로도 그림 13.7에서 보인 것처럼 대량 결정화를 일으킬 수 있다.

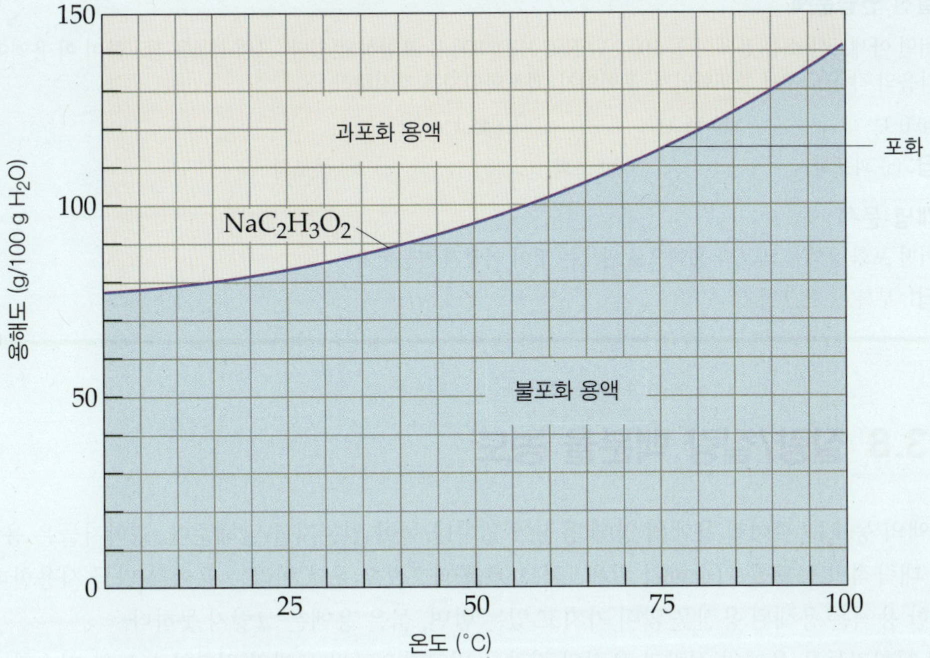


**◀그림 13.6 물에서 아세트산 소듐의 용해도**
그래프의 곡선은 여러 온도에서 아세트산 소듐, $NaC_2H_3O_2$의 포화 용액을 나타낸다.

**◀그림 13.7 과포화의 설명** (a) 아세트산 소듐, $NaC_2H_3O_2$의 단일 결정이 과포화 용액으로 떨어진다. (b) 작은 결정이 결정화를 일으키고, 마침내 (c) 용액은 고체를 형성한다.

**▲ 얼음 사탕**
실에 붙어 있는 설탕 결정은 과포화 설탕 용액 속으로 넣어서 만든다.

## 예제 13.7 그래프로부터 포화 상태를 결정

어떤 아세트산 소듐 용액이 물 100 g 당 $NaC_2H_3O_2$ 110 g을 포함하고 있다. 그림 13.6을 참고하여 이 용액이 다음의 각 온도에서 불포화인지, 포화인지, 과포화인지를 결정하라.

(a) 50 ℃ (b) 70 ℃ (c) 90 ℃

**해답**

(a) 50 ℃에서 $NaC_2H_3O_2$의 용해도는 물 100 g 당 약 97 g이다. 그런데 이 용액은 물 100 g 당 용질 110 g으로서 더 많은 용질을 포함하고 있으므로 *과포화*이다.

(b) 70 ℃에서 $NaC_2H_3O_2$의 용해도는 물 100 g 당 약 110 g이다. 그런데 이 용액은 물 100 g 당 용질 110 g으로서 똑같은 양의 용질을 포함하고 있으므로 *포화*이다.

(c) 90 ℃에서 $NaC_2H_3O_2$의 용해도는 물 100 g 당 약 130 g이다. 그런데 이 용액은 물 100 g 당 용질 110 g으로서 더 적은 용질을 포함하고 있으므로 *불포화*이다.

**실전 연습문제**

어떤 아세트산 소듐 용액이 물 100 g 당 $NaC_2H_3O_2$ 80 g을 포함하고 있다. 그림 13.6을 참고하여 이 용액이 다음의 각 온도에서 불포화인지, 포화인지, 과포화인지를 결정하라.

(a) 0 ℃ (b) 15 ℃ (c) 45 ℃

**답:** (a) 과포화 (b) 포화 (c) 불포화

**개념 문제**

어떤 포화 용액을 과포화 용액으로 만드는 것이 어떻게 가능한가?

**답:** 부록 G, 13.7 참조

**학습 목표**

- 용액의 질량 백분율 농도를 구할 수 있다.
- 용액의 질량 백분율 농도로부터 주어지는 세 쌍의 단위 인자를 쓸 수 있다.
- 용질의 질량, 용매의 질량 그리고 용액의 질량 백분율 농도를 포함하는 계산을 수행할 수 있다.

## 13.8 질량/질량 백분율 농도

용액의 농도는 주어진 용액의 양에 용질이 얼마나 녹아 있는지를 말해준다. 화학자들은 용액의 대략적인 농도를 기술하기 위해 "*묽은 용액*"과 "*진한 용액*"이라는 용어를 가끔 사용한다. 진한 용액은 용해된 용질을 많이 가지고 있는 반면, 묽은 용액은 그렇지 못하다.

화학자들은 용액의 질량과 용질의 질량을 비교함으로써 용액의 정확한 농도를 기술할 수 있다. **질량/질량 백분율(기호 m/m%)** 농도는 용액 100 g 속에 용해된 용질의 질량이다.

이 농도 표현은 다음과 같은 수식으로 표현할 수 있다.

$$\frac{\text{용질의 질량}}{\text{용액의 질량}} \times 100\% = \text{m/m}\%$$

용액의 총질량은 용질의 질량 + 용매의 질량과 같으므로, 질량/질량 백분율 농도 식은 다음과 같은 형태로도 쓸 수 있다.

$$\frac{\text{용질 g}}{\text{용질 g} + \text{용매 g}} \times 100\% = \text{m/m}\%$$

만약 물 95.00 g에 NaCl 5.00 g을 녹여 용액을 만든다면 이 용액의 질량/질량 백분율 농도는 얼마인가? NaCl는 용질이고 물은 용매이므로, 질량 백분율 농도는 다음과 같이 계산할 수 있다.

$$\frac{5.00\text{ g NaCl}}{5.00\text{ g NaCl} + 95.00\text{ g H}_2\text{O}} \times 100\% = \text{m/m}\%$$

$$\frac{5.00\text{ g NaCl}}{100.00\text{ g 용액}} \times 100\% = 5.00\%$$

### 질량/질량 백분율 농도의 단위 인자 쓰기

문제 풀이의 단위 분석 방법은 세 단계를 포함한다: 알지 못하는 단위, 관련되는 주어진 값, 그리고 어느 한 단위 인자의 적용. 용액의 농도를 단위 인자로 사용함으로써 질량/질량 백분율 계산 문제를 풀 수 있다. 예를 들면, 앞에서 언급한 NaCl 5.00% 용액은 용액 100 g 속에 NaCl 5.00 g을 포함한다. 이로부터 한 쌍의 단위 인자를 다음과 같이 쓸 수 있다.

$$\frac{5.00\text{ g NaCl}}{100\text{ g 용액}} \quad \text{그리고} \quad \frac{100\text{ g 용액}}{5.00\text{ g NaCl}}$$

용액은 용매와 용질로 구성되어 있으므로 두 번째 쌍의 단위 인자를 쓸 수 있다. 이 용액은 물 용매 95.00 g 속에 NaCl 용질 5.00 g을 포함하고 있다. 따라서,

$$\frac{5.00\text{ g NaCl}}{95.00\text{ g 물}} \quad \text{그리고} \quad \frac{95.00\text{ g 물}}{5.00\text{ g NaCl}}$$

더구나, 세 번째 쌍의 단위 인자에 용액의 질량 대 용매의 질량 비를 표현할 수 있다. 이 용액은 용액 100 g 속에 용매 95.00 g을 포함하고 있다. 따라서,

$$\frac{95.00\text{ g 물}}{100\text{ g 용액}} \quad \text{그리고} \quad \frac{100\text{ g 용액}}{95.00\text{ g 물}}$$

## 질량/질량 백분율 농도 문제 풀기

이제 질량/질량 백분율 농도로부터 유도된 단위 인자들을 용액의 계산에 적용할 수 있다. 예를 들면, 글루코오스 용액이 5.00%이라면, 글루코오스 당 1.25 g을 포함하는 용액의 질량은 얼마인가?

문제 풀이의 단위 분석 방법을 사용하자. 1단계: 모르는 양이 g 용액이다. 2단계: 관련되는 주어진 값은 1.25 g 글루코오스이다. 따라서,

$$1.25\text{ g 글루코오스} \times \frac{\text{단위}}{\text{인자}} = \text{g 용액}$$

3단계: 용액 농도가 5.00%이기 때문에 용액 100 g 속에 용질 5.00 g이 들어 있다. 이제 단위 인자를 다음과 같이 쓸 수 있다.

$$\frac{5.00\text{ g 글루코오스}}{100\text{ g 용액}} \quad \text{그리고} \quad \frac{100\text{ g 용액}}{5.00\text{ g 글루코오스}}$$

단위들이 삭제될 수 있도록 두 번째 단위 인자를 선택한다.

$$1.25\text{ }\cancel{\text{g 글루코오스}} \times \frac{100\text{ g 용액}}{5.00\text{ }\cancel{\text{g 글루코오스}}} = 25.0\text{ g 용액}$$

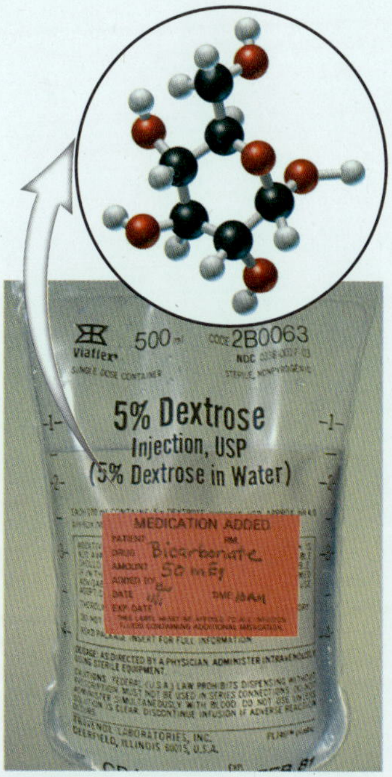


▲**5% 덱스트로오스**
5% 덱스트로오스 용액은 외과수술 전에 선택적으로 환자에게 공급된다. 덱스트로오스는 글루코오스 당 $C_6H_{12}O_6$의 보통명이다.

### 예제 13.8 질량/질량 백분율 농도

덱스트로오스 정맥 주사는 환자의 혈당 균형을 회복시켜주기 위하여 주사되어진다. 덱스트로오스 용액이 10%이라면, 덱스트로오스 용액 25.0 g에 용존되어 있는 당의 질량은 얼마인가?
문제풀이의 단위 분석 방법을 떠올리자.

주어진 값 → 단위/인자 → 해답의 단위

**해답**

**1 단계 :** 답에서 원하는 단위는 g 용액이다.

**2 단계 :** 주어진 값은 25.0 g 용액이다.

**3 단계 :** 단위들을 삭제하기 위해 환산 인자를 적용한다. 용액의 농도가 10.0% 이므로 용액 100 g 속에 당이 10.0 g이 있다.

$$\frac{10.0\text{ g 당}}{100.0\text{ g 용액}} \quad \text{그리고} \quad \frac{100.0\text{ g 용액}}{10.0\text{ g 당}}$$

주어진 단위들이 삭제될 수 있도록 첫 번째 단위 인자를 선택한다.

$$25.0\text{ }\cancel{\text{g 용액}} \times \frac{10.0\text{ g 당}}{100.0\text{ }\cancel{\text{g 용액}}} = 170\text{ g 당}$$

위의 환산을 다음과 같이 요약할 수 있다.

25.0 g 용액 → $\frac{10.0 \text{ g 당}}{100.0 \text{ g 용액}}$ → 2.50 g 당

**실전 연습문제**

프럭토오스당은 과당으로 알려져 있으며 과일의 달콤한 맛을 낸다. 프럭토오스 용액이 5%이라면, 프럭토오스 용액 10.0 g에 포함되어 있는 프럭토오스 당의 질량은 얼마인가?

**답:** 0.500 g 당

**개념 문제**

덱스트로오스와 프럭토오스는 같은 분자식, $C_6H_{12}O_6$을 갖는다. 이 당들의 화학적 특성과 물리적 특성을 설명하라?

**답:** 부록 G, 13.8 참조

## 예제 13.9 질량/질량 백분율 농도

염류(saline) 정맥주사는 외상을 입은 환자에게 전해질의 균형을 회복시켜주기 위하여 주사되어진다. 0.90%의 일반적인 정맥 주사용 염류 용액을 만들기 위하여 NaCl 1.50 g을 용해하는 데 필요한 물의 질량은 얼마인가?

문제풀이의 단위 분석 방법을 떠올리자.

주어진 값 → $\frac{\text{단위}}{\text{인자}}$ → 해답의 단위

**해답**

**1 단계 :** 답에서 원하는 단위는 g 물이다.

**2 단계 :** 주어진 값은 1.50 g NaCl이다.

**3 단계 :** 단위들을 삭제하기 위해 환산 인자를 적용한다. 용액의 농도가 0.90%이므로 용액 100 g 속에 용질 0.90 g이 있다. 따라서, 용매인 물 99.10 g 당 NaCl 0.90 g이 들어 있다. 단위 인자를 다음과 같이 쓸 수 있다.

$$\frac{0.90 \text{ g NaCl}}{99.10 \text{ g 물}} \text{ 그리고 } \frac{99.10 \text{ g 물}}{0.90 \text{ g NaCl}}$$

주어진 단위들이 삭제될 수 있도록 두 번째 단위 인자를 선택한다.

$$1.50 \text{ g NaCl} \times \frac{99.10 \text{ g 물}}{0.90 \text{ g NaCl}} = 170 \text{ g 물}$$

실제 결과는 165 g 물이나 유효 숫자가 두 개인 관계로 답은 170g 물이다.

위의 환산을 다음과 같이 요약할 수 있다.

1.50 g NaCl → $\frac{99.10 \text{ g 물}}{0.90 \text{ g NaCl}}$ → 170 g 물

**실전 연습문제**

7.50% 염화 포타슘 용액은 용액 100.0 g 중에 충분한 염의 용해로 인해 준비되어 있다. 이에 필요한 물의 질량은 얼마인가?

**답:** 92.5 g 물

**개념 문제**

어떤 용액의 질량 백분율 농도가 주어졌다. 얼마나 많은 단위 인자를 쓸 수 있는가?

**답:** 부록 G, 13.9 참조

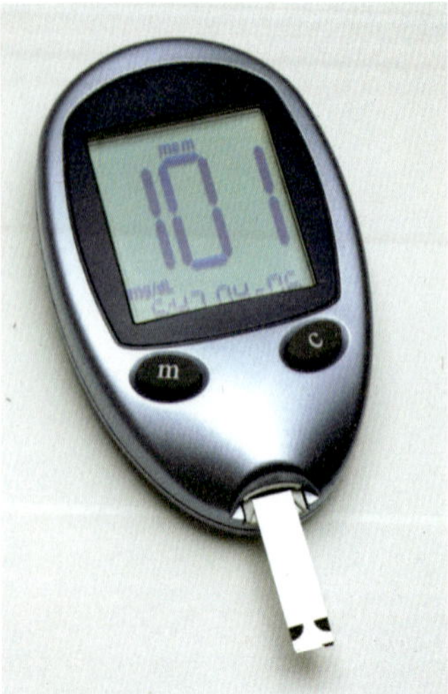

**▲혈당 측정기**

당뇨 환자는 혈액 속의 당 수치를 측정하기 위해서 자가혈당측정을 한다. 정상적인 혈당치는 70~110 mg/dL이다.

## 13.9 몰 농도

**학습 목표**

- 용액의 몰 농도를 계산할 수 있다.
- 용액의 주어진 몰 농도를 한 쌍의 단위 인자로 쓸 수 있다.
- 용질의 질량, 용액의 부피 그리고 용액의 몰 농도를 포함하는 계산을 할 수 있다.

어떤 용액의 정확한 농도를 질량-질량 백분율 농도의 형태로 표현할 수 있다. 그러나 대부분의 경우, 용액의 정확한 농도를 몰 농도의 형태로 표현한다. **몰 농도**(**molarity**, 기호 $M$)는 용질의 양을 주어진 용액의 부피에 연관시킨다. 몰 농도는 용액 1 L에 용해되어 있는 용질의 mol 수이다. 몰 농도를 다음과 같이 표현할 수 있다.

$$\frac{\text{용질의 mol 수}}{\text{용액의 리터(L)}} = M$$

한 예로서, 수산화 소듐, NaOH 용액의 가정용 배수관 세척제를 생각하자. 만약 한 제조업자가 1.00 L 용액 속에 NaOH 240.0 g이 들어 있는 용액을 준비한다면 몰 농도는 얼마인가? NaOH(40.00 g/mol)의 몰 농도를 다음과 같이 계산할수 있다.

$$\frac{240.0 \text{ g NaOH}}{1.00 \text{ L 용액}} \times \frac{1 \text{ mol NaOH}}{40.00 \text{ g NaOH}} = \frac{\text{mol NaOH}}{\text{L 용액}} = 6.00\ M \text{ NaOH}$$

두 단위 간의 비율(mol/L)인 답을 얻기 위하여 또 다른 두 단위 간의 비율(g/L)을 가지고 계산을 시작해야 한다는 것을 알아야한다.

### 몰 농도 단위 인자 쓰기

문제를 푸는데 있어 단위 분석법에서는 단위 인자를 적용한다. 단위 인자로 용액의 농도를 사용하여 몰 농도를 계산할 수 있다. 예를 들면, NaOH 6.00 M 용액은 용액의 각 리터 속에 6.00 mol의 용질을 포함한다. 이러한 단위 인자 쌍을 다음과 같이 나타낼 수 있다.

$$\frac{6.00 \text{ mol NaOH}}{1 \text{ L 용액}} \quad \text{그리고} \quad \frac{1 \text{ L 용액}}{6.00 \text{ mol NaOH}}$$

실험실에서 용액의 부피는 보통 밀리리터로 측정된다. 1 리터는 1000 mL이기 때문에 단위 인자의 1 L를 1,000 mL로 바꿔 쓸 수 있다.

$$\frac{6.00 \text{ mol NaOH}}{1000 \text{ mL 용액}} \quad \text{그리고} \quad \frac{1000 \text{ mL 용액}}{6.00 \text{ mol NaOH}}$$

### 몰 농도 문제 풀기

몰 농도로부터 유도되어진 단위 인자를 용액 계산에 적용할 수 있다. 물에 중크롬산 포타슘을 용해하여 만든 용액을 가정해 보자. 0.100 $M$ $K_2Cr_2O_7$ 용액 250.0 mL에 용해되어 있는 용질의 질량을 계산해 보자. 단위 분석법으로 문제를 풀어 보자. 1단계 : 알지 못하는 양은 g $K_2Cr_2O_7$이다. 2단계: 문제에 주어진 값은 250.0 mL 용액이다.

$$250.0 \text{ mL 용액} \times \frac{\text{단위}}{\text{인자}} = \text{g } K_2Cr_2O_7$$

그리고, 용액의 농도는 0.100 $M$이기 때문에 용액의 각 리터 속에 용질인 $K_2Cr_2O_7$ 0.100 mol이 있는 것이다. 이로부터 두 가지의 단위 인자를 쓸 수 있다.

$$\frac{0.100 \text{ mol } K_2Cr_2O_7}{1000 \text{ mL 용액}} \quad \text{그리고} \quad \frac{1000 \text{ mL 용액}}{0.100 \text{ mol } K_2Cr_2O_7}$$

단위들이 적절히 삭제되어 질 수 있도록 첫 번째 단위 인자를 선택한다. 그리고, 이에 덧붙여 mol 수를 g 수로 전환하기 위하여 $K_2Cr_2O_7$의 몰 질량 (294.20 g/mol)을 사용해야만 한다.

$$250.0 \text{ mL 용액} \times \frac{0.100 \text{ mol } K_2Cr_2O_7}{1000 \text{ mL 용액}} \times \frac{294.20 \text{ g } K_2Cr_2O_7}{1 \text{ mol } K_2Cr_2O_7} = 7.36 \text{ g } K_2Cr_2O_7$$

▲**중크롬산 포타슘**
중크롬산 포타슘의 오렌지색 결정은 물에 녹아 $K_2Cr_2(aq)$를 생성한다.

## 예제 13.10 몰 농도

7.30 g의 HCL (36.46 g/mol) 용질이 녹아 있는 12.0 M 염산 용액의 mL 수는 얼마인가?

몰 농도 계산에서, 주어진 값을 일단 mol 수로 연계시켜야 하고, 그런 후 해답에서 요구하는 단위로 변환해야 한다.

| 주어진 값 | 단위 / 인자 | 단위 / 인자 | 해답의 단위 |
|---|---|---|---|

**해답**

**1 단계:** 해답에서 요구하는 단위는 mL 산이다.

**2 단계:** 관련된 주어진 값은 7.30 g HCl이다.

**3 단계:** HCl의 몰 질량 (36.46 g/mol)과 용액의 몰 농도(12.0 mol/1000 mL)는 단위 인자로 사용되어진다. 단위들이 삭제되어 질 수 있도록 단위 인자들을 선택해야 한다.

$$7.30\ \text{g HCl} \times \frac{1\ \text{mol HCl}}{36.46\ \text{g HCl}} \times \frac{1000\ \text{mL 산}}{12.0\ \text{mol HCl}} = 16.7\ \text{mL 산}$$

두 변의 변환을 아래와 같이 요약할 수 있다.

| 7.30 g HCl | 몰 / 질량 | 몰 / 농도 | 16.7 mL 산 |
|---|---|---|---|

**실전 연습문제**

10.0 g의 HCl (36.46 g/mol) 용질이 녹아 있는 6.00 *M* 염산 용액의 부피는 얼마인가?

**답:** 45.7 mL 산

**개념 문제**

용액의 몰 농도가 주어졌다. 우리가 쓸 수 있는 단위 인자는 몇 개인가?

**답:** 부록 G, 13.10 참조

**학습 목표**

▶ 용액의 농도를 묽히는 것을 포함하는 계산을 수행할 수 있다.

## 13.10 용액의 묽힘

화학 실험실에서, 0.1 *M* HCl, 또는 0.1 *M* NaOH라고 표기된 시약 병들을 보았을 것이다. 이러한 용액들의 농도는 대략적인데, 이 용액들은 농도가 더 진한 용액을 묽게 하는 방법으로 실험 준비실에서 만들어지곤 한다. 예를 들면, 실험을 위한 0.1 *M* NaOH 용액을 만드는 데 6 *M* NaOH 진한 용액이 사용된다.

묽힌 용액의 농도를 계산할 때 다음의 법칙을 기억해야만 한다: *용질의 양은 묽히는 동안에도 변하지 않는다.* 다른 말로 표현한다면, 진한 용액 내에 있는 용질의 양은 묽힌 용액 내에 있는 용질의 양과 같다. 6 *M* NaOH 진한 용액을 사용하여 0.1 *M* NaOH 용액 5.00 L를 만든다고 가정해 보자. 우선, 0.1 *M* NaOH를 단위 인자로 사용하여 묽힌 용액 내에 있는 NaOH의 mol 수를 구할 수 있다.

$$5.00\ \text{L 용액} \times \frac{0.1\ \text{mol NaOH}}{1\ \text{L 용액}} = 0.5\ \text{mol NaOH}$$

NaOH의 mol 수는 묽히는 동안에도 일정하게 유지된다는 것을 알고 있으므로, 진한 용액 내에 있는 NaOH의 mol 수는 묽힌 용액 내에 있는 NaOH의 mol 수, 즉 0.5 mol NaOH와 같아야만 된다. 6 $M$ NaOH를 단위 인자로 사용하여 필요로 하는 6 $M$ 진한 용액의 부피를 아래와 같이 계산할 수 있다.

$$0.5\ \text{mol NaOH} \times \frac{1\ \text{L 용액}}{6\ \text{mol NaOH}} = 0.08\ \text{L NaOH}$$

위의 예는, 보다 더 진한 용액으로부터 0.1 $M$ NaOH 용액 5.00 L를 어떻게 만드는가를 보여 주었다. 즉, 6 $M$ NaOH 진한 용액 0.08 L (~80 mL)를 총 부피가 5.00 L가 되도록 증류수로 묽히면 되는 것이다.

또 다른 방법으로서, 이 문제를 간단한 산술식을 이용하여 풀 수도 있다. 몰 농도 (mol/L)와 부피 (L)의 곱은 mol 수가 된다. *진한 용액과 묽힌 용액 내에 있는 NaOH의 mol 수는 같으므로*, 각각에서의 몰 농도와 부피의 곱한 결과는 같아야 한다.

$$M_1 \times V_1 = M_2 \times V_2$$

여기서 $M_1$과 $V_1$은 묽히기 전 진한 용액의 몰 농도와 부피를 나타내는 것이고, $M_2$와 $V_2$는 묽힌 후의 몰 농도와 부피를 나타내는 것이다. 앞의 문제에서 우리는, 묽히여 0.1 $M$ NaOH 용액 5.00 L를 만드는 데 필요한 6 $M$ NaOH 진한 용액의 부피를 알아내었다. 위의 식을 이용해서도 그 부피를 알아낼 수 있다. 위의 식에 주어진 값들을 대입하면 다음과 같이 된다.

$$6\ M \times V_1 = 0.1\ M \times 5.00\ \text{L}$$

$V_1$에 대해 풀면,

$$\frac{0.1\ M \times 5.00\ L}{6\ M} = V_1$$
$$= 0.08\ \text{L NaOH}$$

다음의 예제들은 용액의 농도를 포함하는 묽힘 문제를 더 보여주고 있다.

▲**수산화 소듐, NaOH**
가정용 배수관 세제는 화학실험실에 있는 수산화 소듐과 같은 화학약품을 포함하고 있다.

## 예제 13.11 용액의 묽힘

진한 염산은 12 $M$ 용액으로 판매하고 있다. 진한 염산 용액 50.0 mL를 증류수로 묽게 하여 총 부피가 2.50 L가 되도록 만든 HCl 용액의 몰 농도는 얼마인가?

**개념적 해법**

묽히기 전 진한 HCl의 mol 수를 우선 구해 보자.

$$50.0\ \text{mL 용액} \times \frac{12\ \text{mol HCl}}{1000\ \text{mL 용액}} = 0.60\ \text{mol HCl}$$

묽히는 동안에 HCl의 mol 수는 변화하지 않는다는 것을 알고 있다: 묽힌 HCl 용액의 mol 수는 진한 HCl 용액의 mol 수와 같아야만 한다. 묽힌 HCl의 부피가 2.50 L이므로, 묽힌 용액의 농도를 계산할 수 있다.

$$\frac{0.60\ \text{mol HCl}}{2.50\ \text{L 용액}} = \frac{0.24\ \text{mol HCl}}{1\ \text{L 용액}} = 0.24\ M\ \text{HCl}$$

**산술적 해답**

또 다른 방법으로써, 이 문제를 다음 식을 이용하여 풀 수도 있다.

$$M_1 \times V_1 = M_2 \times V_2$$

주어진 값들을 대입하면 다음과 같이 된다.

$$12\ M \times 50.0\ \text{mL} = M_2 \times 2.50\ \text{L}$$

그런데 부피에 대한 단위가 일치하여야 한다; 예를 들면, 2.50 L를 mL로 변환한 2,500 mL를 사용해야 한다. $M_2$에 대해 풀면 다음과 같다.

$$\frac{12\ M \times 50.0\ \text{mL}}{2{,}500\ \text{mL}} = 0.24\ M\ \text{HCl}$$

**실전 연습문제**

▲**수산화 소듐, NaOH**
화학약품 저장실에는 수산화 소듐의 무게를 달아 이것을 일정량 부피의 증류수에 녹여 6 $M$ NaOH 실험용액을 준비해 놓는다.

배터리용 산은 18 *M* 황산이다. 0.50 *M* $H_2SO_4$ 용액 1.00 L를 만들기 위해서는 얼마 만큼의 배터리용 산을 증류수로 묽혀야 하는가?

**답:** 28 mL $H_2SO_4$ (이 양을 증류수와 함께 총 부피가 1.00 L가 되도록 묽힌다.)

**개념 문제**

6 M 황산과 증류수를 같은 부피로 함께 섞었다. 묽혀진 산의 농도는 얼마인가?

**답:** 부록 G, 13.11 참조

**학습 목표**

▶ 균형 화학반응식과 용액의 몰 농도를 포함하는 계산을 수행할 수 있다.

## 13.11 용액의 화학량론

9장에서 화학반응식을 포함하는 몰 계산방법을 공부했다. 균형 반응식에서 양들 간의 관계를 *화학량론(stoichiometry)*이라 한다. 이제, 화학량론을 용액의 몰 농도를 포함하는 화학반응들에 적용해 보자. 탄산 소듐, $Na_2CO_3$, 4.24 g이 주어졌고, 이것을 0.150 *M* 염산, HCl과 반응시킨다고 가정해 보자. 이 반응의 균형 화학반응식은 다음과 같다.

$$Na_2CO_3(s) + 2\ HCl(aq) \rightarrow 2\ NaCl(aq) + H_2O(l) + CO_2(g)$$

$Na_2CO_3$ 4.24 g과 반응하는 0.150 *M* HCl의 부피를 계산해 보자. 이 문제를 3단계로 풀 수 있다. 1단계는, $Na_2CO_3$의 mol 수를 계산한다. $Na_2CO_3$의 몰 질량은 105.99 g/mol이다. 그러므로,

$$4.24\ \text{g Na}_2\text{CO}_3 \times \frac{0.1\ \text{mol Na}_2\text{CO}_3}{105.99\ \text{g Na}_2\text{CO}_3} = 0.0400\ \text{mol Na}_2\text{CO}_3$$

2단계는, 균형 화학반응식의 계수를 적용하여 $Na_2CO_3$의 mol 수를 HCl의 mol 수로 전환시키는 것이다. 두 물질 간의 관계는 1 mol $Na_2CO_3$ = 2 mol HCl이다. 단위 인자 환산은 다음과 같다.

$$0.0400\ \text{mol Na}_2\text{CO}_3 \times \frac{2\ \text{mol HCl}}{1\ \text{mol Na}_2\text{CO}_3} = 0.0800\ \text{mol HCl}$$

3단계는, $Na_2CO_3$와 반응하는 HCl의 부피를 구하기 위해 염산 용액의 몰 농도를 단위 인자로 사용하는 것이다. 이 예의 경우, 0.150 *M* HCl이 두 개의 단위 인자를 제공한다: 0.150 mol HCl/1 L 용액, 그리고 그 역인 1 L 용액/0.150 mol HCl.

$$0.0800\ \text{mol HCl} \times \frac{1\ \text{L 용액}}{0.150\ \text{mol HCl}} = 0.533\ \text{L 용액}$$

이 화학량론 문제를 하나의 연속적인 계산으로 푸는 것 또한 가능하다. 이 문제에 대한 완성된 해답은 다음과 같다.

$$4.24\ \text{g Na}_2\text{CO}_3 \times \frac{1\ \text{mol Na}_2\text{CO}_3}{105.99\ \text{g Na}_2\text{CO}_3} \times \frac{2\ \text{mol HCl}}{1\ \text{mol Na}_2\text{CO}_3} \times \frac{1\ \text{L 용액}}{0.150\ \text{mol HCl}}$$

$$= 0.533\ \text{L 용액}$$

다음의 예제들은 용액의 농도를 포함하는 계산 문제의 추가 연습이 될 것이다.

## 예제 13.12 용액의 화학량론 문제

0.100 M 브로민화 알루미늄 용액 37.5 mL가 질산 은 용액과 반응한다면, AgBr(187.77 g/mol)의 생성량은 얼마인가?

$$AlBr_3(aq) + 3\ AgNO_3(aq) \rightarrow 3\ AgBr(s) + Al(NO_3)_3(aq)$$

**해답**

**1 단계 :** 해답에서 요구하는 단위는 g AgBr이다.

**2 단계 :** 주어진 값은 37.5 mL 용액이다.

**3 단계 :** 단위들을 삭제하기 위하여 단위 환산 인자를 적용한다. 이 예제에서는, 몰 농도 (0.100mol $AlBr_3$/1000 mL 용액)와 몰 질량 (187.77 g/mol)을 단위 인자로 사용할 수 있다. 또한 균형 화학반응식으로부터 1 mol $AlBr_3$ = 3 mol AgBr임을 알 수 있다; 그러므로,

$$37.5\ \text{mL 용액} \times \frac{0.100\ \text{mol}\ AlBr_3}{1000\ \text{mL 용액}} \times \frac{3\ \text{mol AgBr}}{1\ \text{mol}\ AlBr_3} \times \frac{187.77\ \text{g AgBr}}{1\ \text{mol AgBr}} = 2.11\ \text{g AgBr}$$

세 단계의 변환을 다음과 같이 요약할 수 있다.

mL $AlBr_3$ 용액 → 몰/농도 → 몰/비 → 몰/질량 → g AgBr

**실전 연습문제**

0.210 M 아이오딘화 리튬 용액 27.5 mL가 0.133 M 질산 납(Ⅱ)와 반응한다면, 완전한 침전을 위해 필요한 ($Pb(NO_3)_2$ 용액의 부피는 얼마인가?

$$Pb(NO_3)_2(aq) + 2\ LiI(aq) \rightarrow PbI_2(s) + 2\ LiNO_3(aq)$$

**답:** 21.7 mL $Pb(NO_3)_2$

**개념문제**

단위 분석 적용과 용액의 화학량론 문제풀이 전에 첫째로 항상 해야 하는 것이 무엇인가?

**답:** 부록 G, 13.12 참조

# Chapter Summary

| 주요 개념 | 학습목표와 관련 연습문제 |
|---|---|
| **13.1 용액 속의 기체**<br>가장 일반적인 용액은 물속에 용해되어 있는 고체, 액체 또는 기체로부터 형성된다. 만약 용질이 기체라면 그 용해도는 온도와 압력에 의하여 영향을 받는다. 용액의 온도를 증가시키면 용해되는 기체의 용해도는 감소한다. 반면에, 용액 위의 기체의 부분 압력을 높이면 용액 속의 녹아있는 기체의 양은 증가한다. 실제로, **헨리의 법칙(Henry's Law)**은 액체 속의 기체의 용해도는 액체 위의 기체의 부분 압력에 비례한다는 것이다. | • 용액 속에서 기체의 용해도에 대한 온도의 영향을 말할 수 있다. **관련 문제:** 1<br>• 용액 속에서 기체의 용해도에 대한 압력의 영향을 말할 수 있다. **관련 문제:** 3, 5 |

| 주요 개념 | 학습목표와 관련 연습문제 |
|---|---|
| **13.2 용액 속의 액체**<br>**용액(solution)**은 **용매(solvent)**에 용해되어 있는 용질(solute)로 구성되어 있다. 용액은 용질과 용매 분자의 상호 작용의 결과이다. 극성 분자는 부분 양전하와 부분 음전하를 띠는 부분을 모두 갖고 있으며 이를 쌍극자(dipole)라고 한다. 물에는 두 개의 쌍극자가 존재하며, 두 쌍극자가 결합하여 하나의 **알짜 쌍극자(net dipole)**를 만든다. 물은 극성 $H_2O$ 분자로 구성되어 있으며, 따라서 물은 **극성 용매(polar solvent)**이다. 헥세인은 비극성 분자($C_6H_{14}$)로 구성되어 있으며, 따라서 헥세인은 **비극성 용매(nonpolar solvent)**이다. 비록 단순화한 것이지만, 종종 극성 용매들은 $H_2O$, $CH_3OH$, $C_2H_5OH$처럼 하나 이상의 산소 원자를 포함하는 작은 분자들이다.<br>*서로 비슷한 것끼리 녹인다는 규칙(like dissolves like rule)*을 적용하여 두 종류 액체가 서로 녹는지를 예측할 수 있다. 이 규칙은, 두 액체가 둘 다 극성 용매이거나, 또는 둘 다 비극성 용매일 때 두 액체는 섞일 수 있다는 것을 말한 것이다. 두 액체가 섞일 수 없는 것은 하나의 액체가 극성 용매이고 다른 것은 비극성 용매일 경우이다. $CH_3OH$는 극성이므로 물과 섞인다. 헥세인($C_6H_{14}$)은 비극성이므로 물과 섞이지 않는다. | • "서로 비슷한 것끼리 녹인다"는 규칙을 적용하여 두 액체가 혼합되거나 혼합되지 않음을 예측할 수 있다.<br>**관련 문제:** 7-13 |
| **13.3 용액 속의 고체**<br>어떤 고체 화합물이 주어진 용매에 녹는지 아닌지 예측할 수 있다. ***서로 비슷한 것끼리 녹인다***는 규칙으로부터 극성 용매는 극성 화합물을 녹이고, 비극성 용매는 비극성 화합물을 녹인다. 어떤 이온 화합물은 극성 용매에 약간만 녹는다. | • 비슷한 것끼리 녹인다는 규칙을 적용하여 고체가 액체에 녹을지 안 녹을지를 예측할 수 있다.<br>**관련 문제:** 15-19 |
| **13.4 용해 과정**<br>고체 화합물의 용해 과정에서 용매 분자는 용질 입자를 공격하여 용액 속으로 용질 입자를 끌어들인다. 그렇게 되면 용질 입자는 **용매 우리(solvent cage)**를 형성하는 물 분자에 의하여 둘러싸이게 된다. 분자 화합물은 용액 속에서 분자를 방출하는 반면, 이온 화합물은 용액 속에서 이온을 방출한다. 콜로이드(colloid)는 용액과 비슷하나 용해된 입자가 보다 더 크다. 이들의 큰 콜로이드 입자는 빛의 산란을 나타낸다; 이러한 현상을 **틴들 효과(Tyndall effect)**라고 한다. | • 물에서 이온 또는 분자 결합 화합물이 어떻게 녹는지를 말할 수 있다. **관련 문제:** 21-23 |
| **13.5 용해 속도**<br>고체 용질 화합물이 용액에 녹는 속도는 다음의 3가지 인자에 의하여 증가된다; 용액의 가열(heating the solution), 용액의 교반(stirring the solution), 용질의 분쇄(grinding the solute) | • 고체 화합물이 물에 녹는 속도에 대한 입자의 크기, 교반 그리고 온도의 효과를 말할 수 있다.<br>**관련 문제:** 25 |
| **13.6 용해도와 온도**<br>일반적으로, 용액의 온도를 올려주면 고체 화합물의 **용해도(solubility)**는 증가한다. 용해도 그래프를 참조하여 주어진 온도에서 물 100 g에 녹을 수 있는 용질의 양을 결정할 수 있다. | • 물에서 고체 화합물의 용해도에 대한 온도의 영향을 나타내는 그래프를 해석할 수 있다.<br>**관련 문제:** 27-35 |
| **13.7 불포화, 포화, 과포화 용액**<br>어떤 주어진 온도에서 최대로 녹을 수 있는 용질의 양을 포함하는 용액을 **포화(saturated)**용액이라고 말한다. 만약 용액의 농도가 용액의 최대 용해도보다 적을 때는 **불포화(unsaturated)**용액이라고 말한다. 특별한 조건에서는 용액의 최대 용해도를 초과 할 수도 있다. 이런 용액은 불안정하며 **과포화(supersaturated)용액**이라고 말한다. | • 포화, 불포화 또는 과포화 용액의 특징을 이해할 수 있다. **관련 문제:** 37-40<br>• 용액이 포화, 불포화, 과포화 용액 인자를 결정할 수 있다. **관련 문제:** 41 |
| **13.8 질량/질량 백분율 농도**<br>종종, 용액의 농도를 **질량/질량 백분율(mass/mass percent, m/m%)**로 나타내기도 한다. 질량/질량 백분율 농도는 100 g의 용액에 녹아 있는 용질의 그램 수로 나타낸다. | • 용액의 질량 백분율 계산하기 **관련 문제:** 43<br>• 용액의 질량 백분율 농도로부터 주어지는 세 쌍의 단위 인자를 쓸 수 있다. **관련 문제:** 45<br>• 용질의 질량, 용매의 질량 그리고 용액의 질량 백분율 농도를 포함하는 계산을 수행할 수 있다. **관련 문제:** 47-51 |

| 주요 개념 | 학습목표와 관련 연습문제 |
|---|---|
| **13.9 몰 농도**<br>용액의 농도는 **몰 농도(molarity, *M*)**로 나타낼 수 있다. 몰 농도는 용액 1 L에 녹아 있는 용질의 mol 수로서 나타낸다.(용질의 몰 수/용액의 리터) | • 용액의 몰 농도를 계산할 수 있다. **관련 문제:** 53<br>• 용액의 주어진 몰 농도를 한 쌍의 단위 인자로 쓸 수 있다. **관련 문제:** 55<br>• 용질의 질량, 용액의 부피 그리고 용액의 몰 농도를 포함하는 계산을 할 수 있다. **관련 문제:** 57-63 |
| **13.10 용액의 묽힘**<br>화학 실험실에 있는 여러 가지 묽은 용액은 진한 용액으로부터 만들어진다. 예를 들면, 6 *M* HCl 용액은 0.1 *M* HCl 용액으로 묽어질 수 있다 묽힘과 관련된 계산을 함에 있어, 용질의 양은 용액이 묽게 되더라도 변하지 않는다는 사실을 아는 것이 중요하다. | • 용액의 농도를 묽히는 것을 포함하는 계산을 수행할 수 있다. **관련 문제:** 65-67 |
| **13.11 용액의 화학량론**<br>용액이 관련된 화학량론 계산은 다른 화학량론 계산들과 유사하며 균형 화학반응식을 필요로 한다. 그렇지만, 용액이 관련된 화학량론 문제는 용액의 몰 농도가 포함되어 있다는 점에서는 다르다. | • 균형 화학반응식과 용액의 몰 농도를 포함하는 계산을 수행할 수 있다. **관련 문제:** 69 |

## 문제 풀이 정리

| 주제 | 절차 | 예 |
|---|---|---|
| 용액 속의 기체<br>13.1절 | 헨리의 법칙으로부터, 기체의 용해도는 액체 위에 있는 기체의 부분 압력에 정비례함을 안다. | 1.00 기압에서 어떤 기체의 용해도가 0.100 g/100 mL이라면, 3.50 기압에서의 용해도는 얼마인가?<br>$0.100\text{ g/100 mL} \times \frac{3.50\text{ 기압}}{1.00\text{ 기압}} = 0.350\text{ g/100 mL}$ |
| 질량/질량 백분율 농도<br>13.8절 | 1. 해답에서 요구하는 단위를 쓴다.<br>2. 관련된 주어진 값을 쓴다.<br>3. 주어진 단위가 해답에서 요구하는 단위로 전환할 수 있도록 단위 인자를 적용한다. | 10.0% 설탕 용액 몇 g이 15.5 g의 설탕을 포함하고 있는가?<br>$15.5\text{ g 설탕} \times \frac{100\text{ g 용액}}{10.0\text{ g 설탕}} = 155\text{ g 용액}$ |
| 몰 농도<br>13.9절 | 1. 해답에서 요구하는 단위를 쓴다.<br>2. 관련된 주어진 값을 쓴다.<br>3. 주어진 단위가 해답에서 요구하는 단위로 전환할 수 있도록 단위 인자를 적용한다. | 0.100 *M* 설탕 용액 0.500 L에 있는 설탕, $C_{12}H_{22}O_{11}$(342.34 g/mol)의 질량은 얼마인가?<br>$0.500\text{ L 용액} \times \frac{0.100\text{ mol 설탕}}{1\text{ L 용액}} \times \frac{342.34\text{ g 설탕}}{1\text{ mol 설탕}} = 17.1\text{ g 설탕}$ |
| 용액의 묽힘<br>13.10절 | 묽힘 문제는 단위 분석법에 의해 풀거나 또는 산술적 방법인 다음식을 이용하여 푼다.<br>$M_1 \times V_1 = M_2 \times V_2$ | 6.0 *M* NaOH 용액 50.0 mL를 총 부피가 250 mL가 되도록 묽힌다면 이 용액의 최종 몰 농도는 얼마인가?<br>$6.0\ M \times 50.0\text{ mL} = M_2 \times 250\text{ mL}$<br>$M_2$에 대하여 풀면,<br>$\frac{6.0\ M \times 50.0\text{ mL}}{250\text{ mL}} = 1.2\ M$ |
| 용액의 화학량론<br>13.11절 | 1. 해답에서 요구하는 단위를 쓴다.<br>2. 관련되어 주어진 값을 쓴다.<br>3. 주어진 단위가 해답에서 요구하는 단위로 전환할 수 있도록 단위 인자를 적용한다. | 0.100 *M* KCl 용액 50.0 mL와 과량의 $AgNO_3$와의 반응으로부터 생성되는 AgCl(143.32 g/mol)의 질량은 얼마인가?<br>주어진 식 : $KCl(aq) + AgNO_3(aq) \rightarrow AgCl(s) + KNO_3(aq)$<br>$50.0\text{ mL KCl} \times \frac{0.100\text{ mol KCl}}{1000\text{ mL KCl}} \times \frac{1\text{ mol AgCl}}{1\text{ mol KCl}}$<br>$\times \frac{143.32\text{ g AgCl}}{1\text{ mol AgCl}} = 0.717\text{ g AgCl}$ |

## 주요 용어 주요 용어에 대한 해답은 부록 H에 수록하였다.

다음의 정의에 해당하는 용어를 선택하라.

_______ 1. 액체 속에 있는 기체의 용해도는 기체의 부분 압력에 비례한다.
_______ 2. 용액의 성분 중에서 보다 적은 양으로 존재하는 용액의 성분.
_______ 3. 용액의 성분 중에서 보다 많은 양으로 존재하는 용액의 성분.
_______ 4. 용매에 용질이 용해되어 있는 것에 대한 일반적인 용어.
_______ 5. 부분 양전하와 부분 음전하를 갖고 있는 극성 분자의 영역.
_______ 6. 분자 속에서 부분 음전하의 전체 방향.
_______ 7. 극성 분자로 구성된 용해액.
_______ 8. 비극성 분자로 구성된 용해액.
_______ 9. 용질의 극성이 용매의 극성과 비슷할 때 용해도가 가장 크다는 원리.
_______ 10. 서로를 완전히 녹일 수 있는 액체를 일컫는 용어.
_______ 11. 서로를 녹이지 못하고 두 층으로 분리되는 액체를 일컫는 용어.
_______ 12. 용액 속에서 용질 입자들을 둘러싸고 있는 용매 분자 덩어리.
_______ 13. 분산된 입자의 지름이 1 nm에서 100 nm의 범위에 있는 혼합물.
_______ 14. 콜로이드 입자들에 의하여 빛이 산란되는 현상.
_______ 15. 주어진 온도에서 용매에 녹을 수 있는 용질의 최대량.
_______ 16. 주어진 온도에서 녹을 수 있는 용질의 최대량이 녹아 있는 용액.
_______ 17. 주어진 온도에서 녹을 수 있는 용질의 최대량보다 적게 녹아 있는 용액.
_______ 18. 주어진 온도에서 정상적으로 녹을 수 있는 용질의 양보다 더 녹아 있는 용액.
_______ 19. 용액 100 g 당 녹아있는 용질의 g 수를 표시한 용액의 농도 식.
_______ 20. 용액 1 L 당 녹아 있는 용질의 mol 수를 표시한 용액의 농도 표현.

(a) 콜로이드(13.3절)
(b) 쌍극자(13.2절)
(c) 헨리의 법칙(13.1절)
(d) 혼합할 수 없는(13.2절)
(e) 서로 비슷한 것끼리 녹인다는 규칙(like dissolves like rule)(13.2절)
(f) 질량/질량 백분율 농도(m/m%)(13.8절)
(g) 혼합할 수 있는(13.2절)
(h) 몰 농도 (M)(13.9절)
(i) 알짜 쌍극자(13.2절)
(j) 비극성 용매(13.2절)
(k) 극성 용매(13.2절)
(l) 포화 용액(13.7절)
(m) 용해도(13.6절)
(n) 용질(13.2절)
(o) 용액(13.2절)
(p) 용매(13.2절)
(q) 용매 우리(13.4절)
(r) 과포화 용액(13.7절)
(s) 틴들 효과(13.3절)
(t) 불포화 용액(13.7절)

## 문제 홀수 번 문제의 답은 부록I에 수록하였다.

### 용액 속의 기체 (13.1절)

1. 다음 변화 각각의 경우 소다 속에서 이산화 탄소 기체의 용해도가 증가하는지 감소하는지를 나타내어라.
   (a) 소다의 온도를 10 ℃에서 20 ℃로 증가시킨다.
   (b) $CO_2$의 부분 압력을 1 기압에서 2 기압으로 증가시킨다.

3. 1.00 기압의 혈액 속에서 질소 기체의 용해도가 1.90 mL/dL이라면 깊이가 200 ft이고 압력이 7.00 기압인 곳에 있는 잠수부의 혈액 속에 있는 질소 기체의 용해도는 얼마인가?

5. 20 ℃와 1.00 기압에서 산화 질소의 용해도는 0.12 g/100 g 물이다. 20 ℃에서 물 100 g에 이 기체 0.25 g이 녹기 위해서 필요한 부분 압력은 얼마인가?

◀ **헨리(Henry)의 법칙의 예**
탄산 음료 캔을 열은 후 유리잔에 부으면 이산화 탄소 기체가 날아가면서 탄산 음료는 쉿 소리를 낸다. 이산화 탄소 기체가 캔 속의 압력 하에 있을 때보다는 유리잔에서 용해도가 낮아졌기 때문이다.

### 용액 속의 액체 (13.2절)

7. 다음의 용질과 용매의 결합이 섞일 수 있는지 또는 섞일 수 없는지를 말하라.
   (a) 극성 용질 + 극성 용매
   (b) 극성 용질 + 비극성 용매

9. 다음의 용매들이 극성인지 또는 비극성인지 예측하라.
   (a) 물, $H_2O$ (b) 헥세인, $C_6H_{14}$

(c) 아세톤, $C_3H_6O$ (d) 클로로폼, $CHCl_3$

11. 다음의 용매들이 헥세인, $C_6H_{14}$과 섞일 수 있는지 또는 섞일 수 없는지를 예측하라.
    (a) 헵테인, $C_7H_{16}$
    (b) 메탄올, $CH_3OH$
    (c) 메틸 에틸 케톤, $C_4H_8O$
    (d) 클로로폼, $CHCl_3$

13. 실험실에서 미지의 액체가 극성인지 비극성인지를 어떻게 빨리 결정할 수 있겠는가?

## 용액 속의 고체 (13.3절)

15. 다음의 용질과 용매의 결합은 일반적으로 가용성인지 또는 불용성인지를 말하라.
    (a) 극성 용질 + 비극성 용매
    (b) 비극성 용질 + 비극성 용매
    (c) 이온성 용질 + 비극성 용매

17. 다음의 화합물이 물에 가용성인지 또는 불용성인지를 예측하라.
    (a) 나프탈렌, $C_{10}H_8$
    (b) 수산화 포타슘, KOH
    (c) 아세트산 칼슘, $Ca(C_2H_3O_2)_2$
    (d) 트라이클로로톨루엔, $C_7H_5Cl_3$

19. 다음의 화합물이 수용성인지 지용성인지를 예측하라.
    (a) 올레산, $C_{18}H_{34}O_2$
    (b) 시트르산, $C_6H_8O_7$
    (c) 락트산, $CH_3CH(OH)COOH$
    (d) 스테아르산, $CH_3(CH_2)_{16}COOH$

## 용해 과정 (13.4절)

21. 물에 용해된 프럭토오스($C_6H_{12}O_6$) 분자를 그림으로 나타내어라.

23. 물에 용해된 다음 물질들의 화학식 단위를 그림으로 나타내어라.
    (a) 브로민화 리튬, LiBr (b) 염화 칼슘, $CaCl_2$

## 용해 속도 (13.5절)

25. 용액에서 고체 물질의 용해 속도를 증가시키는 세 가지의 인자는 무엇인가?

## 용해도와 온도 (13.6절)

27. 다음의 용질들은 20 ℃에서, 100 g의 물에 몇 g이 용해될 수 있는가? (그림 13.5 참조.)
    (a) NaCl (b) KCl

29. 40 ℃에서 다음 고체 화합물들의 최대 용해도를 결정하라. (그림 13.5 참조)
    (a) NaCl (b) KCl

31. 다음의 물질을 용해시키기 위하여 요구되는 최소의 온도는 얼마인가? (그림 13.5 참조)
    (a) 100 g 물속의 34 g NaCl
    (b) 100 g 물속의 50 g KCl

33. 다음의 용액은 각각 어느 온도에서 포화되는가? (그림 13.5 참조.)
    (a) 40 g NaCl/100 g 물
    (b) 40 g KCl/100 g 물

35. 다음의 용액이 포화, 불포화, 또는 과포화인지를 말하라. (그림 13.5 참조.)
    (a) 50 ℃에서 물 100 g에 있는 110 g의 LiCl
    (b) 70 ℃에서 물 100 g에 있는 110 g의 LiCl
    (c) 90 ℃에서 물 100 g에 있는 110 g의 LiCl

## 불포화, 포화, 그리고 과포화 용액 (13.7절)

37. 100 ℃에서 물 100 g에 LiCl 100 g을 녹인 후, 이 용액을 20 ℃로 냉각시켰다고 가정하자(그림 13.5 참조).
    (a) 용액에 잔류하는 LiCl의 양은 얼마인가?
    (b) 용액으로부터 결정화되는 LiCl의 양은 얼마인가?

39. 다음의 용액이 포화, 불포화, 또는 과포화인지를 말하라. (그림 13.6 참조.)
    (a) 70℃에서 물 100 g에 있는 120 g의 $NaC_2H_3O_2$
    (b) 80℃에서 물 100 g에 있는 120 g의 $NaC_2H_3O_2$
    (c) 90℃에서 물 100 g에 있는 120 g의 $NaC_2H_3O_2$

41. 30 ℃에서 암염(소금)의 용해도는 물 100 g 당 40.0 g이다. 만약 어떤 용액이 30 ℃에서 25.0g의 물 속에 소금 10.0 g을 함유하고 있다면, 이 용액은 포화, 불포화 또는 과포화인가?

## 질량/질량 백분율 농도 (13.8절)

43. 다음 각각의 용액에 대하여 질량/질량 백분율 농도를 계산하라.
    (a) 100.0 g 용액 속의 1.25 g의 NaCl
    (b) 95.0 g 용액 속의 2.50 g의 $K_2Cr_2O_7$
    (c) 250.0 g 용액 속의 10.0 g의 $CaCl_2$
    (d) 125.0 g 용액 속의 65.0 g의 $C_6H_{12}O_6$

45. 다음 각각의 수용액에 대하여 주어진 질량/질량 백분율 농도에 대한 단위 인자 세 쌍을 써라.
    (a) 1.50% KBr
    (b) 2.50% $AlCl_3$
    (c) 3.75% $AgNO_3$
    (d) 4.25% $Li_2SO_4$

47. 다음 용질의 양이 용해된 용액의 질량은 얼마인가?
    (a) 10.0% 용액 속의 5.36 g의 글루코오스(glucose)
    (b) 12.5% 용액 속의 25.0 g의 수크로오스(sucrose)

49. 다음 용액 속에 용해된 용질의 질량은 몇 그램인가?
    (a) 2.00% $FeBr_2$ 용액 85.0 g
    (b) 5.00% $Na_2CO_3$ 용액 105.0 g

51. 다음 각각의 용액을 조제하기 위하여 필요한 물의 질량은 얼마인가?
    (a) 5.00% 질산, $HNO_3$ 용액 100 g
    (b) 10.0% NaOH 용액 250.0 g

## 몰 농도 (13.9절)

53. 다음 각각의 용액에 대한 몰 농도를 계산하라.
    (a) 100.0 mL 용액 속의 1.50 g의 NaCl

(b) 100.0 mL 용액 속의 1.50 g의 $K_2Cr_2O_7$
(c) 125 mL 용액 속의 5.55 g의 $CaCl_2$
(d) 125 mL 용액 속의 5.55 g의 $Na_2SO_4$

55. 몰 농도로 주어진 다음 각각의 수용액에 대하여 단위 인자 두 쌍을 적어라.
(a) 0.100 *M* LiI (b) 0.100 *M* $NaNO_3$
(c) 0.500 *M* $K_2CrO_4$ (d) 0.500 *M* $ZnSO_4$

57. 다음과 같이 표시된 용해된 용질의 양을 함유하는 용액의 부피는 각각 얼마인가?
(a) 0.325 *M* $KNO_3$ 속의 2.50 g의 용질
(b) 0.325 *M* $AlBr_3$ 속의 2.50 g의 용질
(c) 1.00 *M* $Co(C_2H_3O_2)_2$ 속의 2.50 g의 용질
(d) 1.00 *M* $(NH_4)_3PO_4$ 속의 2.50 g의 용질

59. 다음과 같이 표시된 용액의 부피에 용해된 용질의 질량은 각각 얼마인가?
(a) 0.200 *M* $FeCl_3$ 용액 2.25 L
(b) 0.200 *M* $KIO_4$ 용액 2.25 L
(c) 2.295 *M* $ZnSO_4$ 용액 50.0 mL
(d) 2.295 *M* $Ni(NO_3)_2$ 용액 50.0 mL

61. 100.0 mL 용액 속에 0.185 g의 용질을 함유하는 황산 칼슘 포화 용액의 몰 농도는 얼마인가?

63. 병원용 글루코오스 용액의 농도를 확인하기 위하여 분석된다. 10.483 g의 질량을 갖는 10.0 mL의 시료를 증발하여 건조시켰다. 만약 고체 글루코오스 잔류물이 0.524 g의 질량을 갖는다면, (a) 질량/질량 백분율 농도는 얼마인가? (b) 글루코오스, $C_6H_{12}O_6$ 용액의 몰 농도는 얼마인가?

### 용액의 묽힘(13.10절)

65. 진한 염산은 12 *M* 용액이다. 진한 산 10.0 mL를 증류수로 묽게 하여 총 부피를 250.0 mL로 만든 HCl 용액의 몰 농도는 얼마인가?

67. 진한 황산은 18 *M*이다. 2.50 L의 0.10 *M* $H_2SO_4$을 만들기 위해서 증류수로 묽힌 $H_2SO_4$의 부피는 얼마인가?

### 용액의 화학량론 (13.11절)

69. 아래의 균형 잡히지 않은 반응식에 따라, 0.125 *M* 질산 은 50.0 mL가 아이오딘화 마그네슘 용액 15.0 mL와 완전히 반응한다면,

$$MgI_2(aq) + AgNO_3(aq) \rightarrow AgI(s) + Mg(NO_3)_2(aq)$$

(a) $Mg(NO_3)_2$ 용액의 몰 농도는 얼마인가?
(b) AgI 침전물의 질량은 얼마인가?

### 일반 연습문제

71. 안개 낀 날씨에 자동차 헤드라이트는 틴들 효과를 나타낸다. 안개 속 물방울의 대략적인 크기는 얼마인가?

73. 잠수부는 125 feet보다 더 깊이 잠수할 때 호흡장치(스쿠버)에 압축된 공기보다 헬륨과 산소의 특별한 혼합 기체를 사용한다. 그 이유를 설명하라.

75. 20 ℃에서 포화된 용액 1.00 L 속에 들어 있는 이산화 황 기체의 질량을 계산하라. 20 ℃에서 $SO_2$의 용해도는 22.8 g/100 mL이다.

77. 에틸 에터, $C_4H_{10}O$는 물에 7%만 섞인다. 에터는 전기음성인 산소 원자를 포함하고 있음에도 불구하고 부분적으로만 용해하는 이유를 설명하라.

79. 다음의 목록은 물에 대한 여러 가지 알코올들의 용해도이다. 용해도가 감소하는 것에 대해 설명을 하라.

| 알코올 | 용해도 |
|---|---|
| 에탄올, $C_2H_5OH$ | 혼합될 수 있음 |
| 펜탄올, $C_5H_{11}OH$ | 2.2 g/100 mL 물 |
| 헥세인올, $C_6H_{13}OH$ | 0.59 g/100 mL 물 |
| 데칸올, $C_{10}H_{21}OH$ | 혼합될 수 없음 |

81. 다음 용액들 속의 용질과 용매를 규명하라.
(a) 80도 알코올 (물속에 40% 에탄올)
(b) 실험실 알코올 (물속에 95% 에탄올)

### 도전 연습문제

83. 식초 용액은 5% 아세트산, $CH_3COOH$이다. 식초 속 $CH_3COOH$의 몰 농도는 얼마인가?(밀도는 1.01 g/mL라고 가정)

## Chapter 13 자율 테스트 해답은 부록 J에 수록하였다.

1. 발효 중에 이산화 탄소 기체가 샴페인 속에서 생성된다. 이산화 탄소 기체가 어떤 조건에서 가장 잘 녹는가?(13.1절)
(a) 저온, 고압
(b) 저온, 저압
(c) 고온, 저압
(d) 고온, 고압
(e) 위에 해당사항 없음

2. *서로 비슷한 것끼리 녹인다*는 규칙을 적용하여 다음 액체 중 어느 것이 물과 *섞이는지* 예상하라.(13.2절)
(a) 벤젠, $C_6H_6$
(b) 클로르폼, $CHCl_3$
(c) 메탄올, $CH_3OH$
(d) 위의 모두
(e) 위에 해당사항 없음

3. *서로 비슷한 것끼리 녹인다*는 규칙을 적용하여 다음 비타민 중 어느 것이 물에 녹는가?(13.3절)
(a) 비타민A, $C_{20}H_{30}O$ (b) 비타민C, $C_6H_8O_6$
(c) 비타민D, $C_{27}H_{44}O$ (d) 비타민E, $C_{29}H_{50}O_2$
(e) 위에 해당사항 없음

4. 글루코오스, $C_6H_{12}O_6$이 물에 녹을 때 다음 중 어느 것이 용액 속에서 형성하는가?(13.4절)
(a) $H_2O$의 수화덩어리 (b) $CO_2$의 수화덩어리
(c) $H_2CO_3$의 수화덩어리 (d) $C_6H_{12}O_6$의 수화덩어리
(e) 위에 해당사항 없음

5. 용매 속에서 고체 용질의 용해 속도를 감소시키는 것은 다음 중 어느 것인가?(13.5절)
   (a) 용질 분쇄　(b) 용액 가열
   (c) 용액 교반　(d) 위의 모두
   (e) 위에 해당사항 없음

6. 20 ℃에서 $C_{12}H_{22}O_{11}$의 용해도는 얼마인가(그림 13.6참조)
   (a) 20 g/100 g 물　(b) 55 g/100 g 물
   (c) 100 g/100 g 물　(d) 140 g/100 g 물
   (e) 150 g/100 g 물

7. 90 ℃에서 100 g의 물에 130 g의 $NaC_2H_3O_2$가 들어있는 용액은 농도가 어떠한가? (그림 13.7을 참조)
   (a) 불포화　(b) 포화
   (c) 과포화　(d) 과불포화
   (e) 위에 해당사항 없음

8. 40.0%의 부동액 5.00 kg에 녹아있는 용질의 질량은 얼마인가?
   (a) 1.25 kg　(b) 2.00 kg
   (c) 7.50 kg　(d) 12.5 kg
   (e) 200 kg

9. 9.809 g의 $H_2SO_4$ 용질(98.09 g/mol)을 함유한 3.00 *M* 황산의 부피는 얼마인가? (13.9절)
   (a) 0.300 mL　(b) 30.0 mL
   (c) 33.3 mL　(d) 333 mL
   (e) 3330 mL

10. 0.50 *M* $HNO_3$ 500.0 mL를 만들기 위해 증류수로 희석해야 할 16 *M* 질산의 부피는 얼마인가? (13.10절)
   (a) 0.016 mL　(b) 0.16 mL
   (c) 1.6 mL　(d) 16 mL
   (e) 160 mL

11. 탄산 소듐, $Na_2CO_3$(105.99 g/mol) 0.125 g과 완전히 반응하는 0.115 *M* 염산의 부피는 얼마인가? (13.11절)

$$Na_2CO_3(s) + 2\,HCl(aq) \rightarrow$$
$$Na_2SO_4(aq) + 2\,H_2O(l) + 2\,CO_2(g)$$

   (a) 9.75 mL　(b) 10.3 mL
   (c) 20.5 mL　(d) 41.0 mL
   (e) 97.5 mL

## 주요 개념

12. 물이 들어있는 냄비를 가열할 때 냄비 내부 표면에 거품이 생기는 이유를 설명하라.

13. 땅콩버터로 옷의 그리스를 제거할 수 있는 이유를 설명하라.

14. 가루 설탕이 덩어리 설탕보다 물에 더 빨리 녹는 이유를 설명하라.

## 비판적 사고

15. 핵 호수와 녹색 호수는 같은 높이에 인접해 있다. 만약, 핵 호수의 물로 핵발전소를 냉각시키고, 녹색 호수는 그렇게 하지 않았다면 어느 호수에 산소 기체가 더 많이 용해되어 있겠는가?

16. 다음 그림은 NaCl과 AgCl이 물에 녹는 것을 보인 것이다. 분자의 기준에서 NaCl이 AgCl보다 더 많이 녹는 이유를 설명하라.

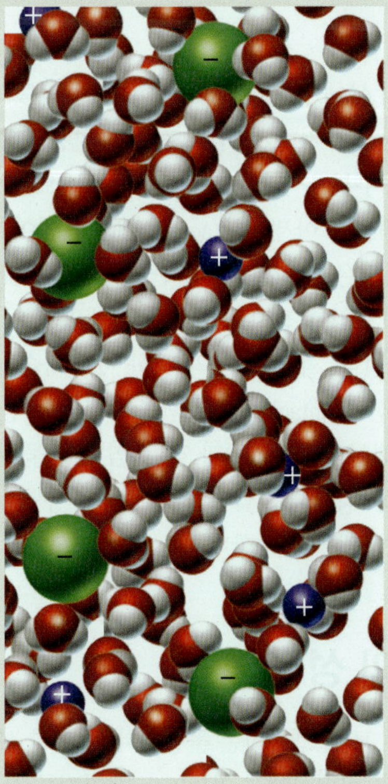

(a) NaCl은 매우 잘 용해

(b) AgCl은 약간만 용해

CHAPTER 14

# 산과 염기

*"인생의 많은 실패들은 사람들이 성공에 얼마나 가까웠는지를 깨닫지 못하고 포기하는 순간에 일어난다"*

Thomas Alva Edison,
발명가 겸 과학자 (1847–1931)



14 **Si** silicon

**원소 14: 규소**

규소(Si)는 지각의 약 25%를 차지하고 있는 반금속이다. 자연상태의 규소는 산소와 결합한 무기물의 형태로 존재한다. 과학기술 분야에서 중요한 역할을 담당하고 있는 규소는 컴퓨터와 스마트폰 그리고 가전제품을 만드는 데 필수적인 집적회로 칩을 생산하기 위한 출발물질로 이용되고 있다. San Francisco 만에 위치한 규소 밸리(Silicone Valley)라는 지역 명칭의 유래는 전자 부품의 제조뿐만 아니라 그와 관련된 연구/개발을 수행하는 수많은 회사들이 이 지역에 밀집되어 있기 때문이다.

산과 염기는 우리들의 삶에 중요한 역할을 한다. 우리들의 혈액과 체액의 적당한 산도는 우리들의 생명을 유지하게 하며, 정교한 완충 시스템에 의하여 조절된다. 우리들이 섭취하는 음식의 대부분은 산성이다. 예를 들어, 오렌지와 레몬은 시트르산(citric acid)을 함유하고 있으며 식초는 아세트산(acetic acid) 용액이다. 비타민 C는 아스코르브산(ascorbic acid)이고, 아스피린은 아세틸살리실산(acetylsalicylic acid)이다. 수영장의 산도는 염산으로 조절하며 자동차의 축전지는 황산으로 채워져 있다.

산과 염기는 서로 중화한다. 제빵 소다와 산화 마그네슘(magnesia) 우유는 염기성이다. 속쓰림에 사용하는 제산제(antacid)는 산을 중화시키는 탄산염(carbonate), 중탄산염(bicarbonate) 그리고 수산화물(hydroxide)과 같은 염기성 물질이 포함되어 있다. 우리들이 바닥 청소에 사용하는 용액은 묽은 염기성 암모니아 용액이며, 하수구나 오븐을 청소할 때는 진한 수산화 소듐 용액을 사용한다.

**학습 목표**

- 산과 염기의 일반적인 성질을 열거할 수 있다.
- 용액을 주어진 pH에 따라 강산, 약산, 중성, 약염기 또는 강염기 용액으로 분류할 수 있다.

## 14.1 산과 염기의 성질

*산(acid)*은 물에서 수소 이온, $H^+$을 생성하는 물질이다. 이러한 성질을 이용하여 어떤 물질이 산성인지 시험해 볼 수 있다. 실험실에서 리트머스 시험지를 사용하여 산성 용액을 확인할

수 있다. 수소 이온이 존재하면 리트머스 시험지가 붉은 색으로 바뀐다. 따라서 리트머스 시험지를 어떤 용액에 담갔을 때 붉은 색으로 바뀐다면 그 용액이 산성임을 알 수 있다. 예를 들어 리트머스 시험지를 레몬 주스에 담그면 레몬 주스는 산성이기 때문에 시험지가 붉은 색으로 변한다.

리트머스 시험지는 산성도의 변화에 민감한 식물 색소를 사용하여 만든다. 많은 식물의 색깔은 그들이 자라는 토양의 산도에 영향을 받는다. 예를 들면, 자라는 토양의 산도에 따라서 난초꽃의 색깔이 엷은 보라색에서부터 짙은 자주색까지 다양하게 나타날 수 있다. 붉은 장미를 산성 용액에 놓으면 색이 엷어져서 분홍색으로 된다.

산은 특유의 성질들을 가지고 있다. 그 중 하나가 신맛을 띠는 성질이며, 레몬이나 사과 또는 식초의 신맛으로부터 이러한 식품들이 산성임을 알 수 있다. 산에 예민한 미각돌기는 혀의 가장자리를 따라 분포되어 있다. 그래서 우리들이 신맛을 느끼려할 때는 혀를 굴리게 된다.

*염기(base)*는 용액 내에서 수산화 이온, $OH^-$을 생성하는 물질이다. 염기 또한 특유의 성질들을 가지고 있다. 예를 들면, 염기는 미끄럽고 미끈미끈한 촉감과 쓴맛을 나타낸다. 마그네시아(magnesia, 산화 마그네슘) 우유는 쓴맛이 나며 이것이 염기성 물질임을 나타내는 것이다. 염기에 예민한 미각돌기는 혀의 뒤쪽인 목구멍 쪽으로 분포되어있어서, 이것이 쓴맛을 느끼려고 할 때 혀를 내밀게 되는 이유이다.

실험실에서, 용액의 염기성을 확인할 때 리트머스 시험지를 사용한다. 수산화 이온이 하수구나 오븐 청소용 세제용액에 존재하면 리트머스 시험지가 푸르게 바뀐다. 산과 염기의 또 다른 성질은 7장 11절에서 공부한, 중화 반응이다. 산과 염기가 반응하면 염과 물이 생성된다. 예를 들어, 염산으로 수산화 포타슘 용액을 중화하면 염화 포타슘과 물이 생성된다.

$$HCl(aq) + KOH(aq) \rightarrow KCl(aq) + H_2O(l)$$

산과 염기의 성질을 표 14.1에 요약하였다.

▲**Litmus 시험지**
염기성 용액에 적셨다가 빼낸 붉은색의 리트머스 시험지는 푸른색으로 변한다(왼쪽). 산성 용액에 적셨다가 빼낸 푸른색의 리트머스 시험지는 붉은색으로 변한다(오른쪽).

**표 14.1 산과 염기의 성질**

| 성질 | 산성 용액 | 염기성 용액 |
|---|---|---|
| 맛 | 시다 | 쓰다 |
| 느낌 | _ | 미끌거리고 비누 같은 촉감 |
| 리트머스 시험지 | 붉은색으로 변한다 | 푸른색으로 변한다 |
| pH 값 | 7보다 작다 | 7보다 크다 |
| 중화 반응 | 염기와 반응하여 염과 물을 생성한다 | 산과 반응하여 염과 물을 생성한다 |

## pH 척도

어떤 용액의 pH 값은 그 용액의 산도 또는 염기도를 나타낸다. 대부분의 용액은 0에서 14 사이의 pH 값을 가진다. 예를 들어, 1 *M* HCl 용액의 pH는 0(강한 산)이며, 1 *M* NaOH 용액의 pH는 14(강한 염기)이다. pH 7은 중성이므로 순수한 증류수의 pH는 7이다.

pH 척도에서 산성 용액은 pH가 7보다 작다. 산도가 증가할수록 pH 값은 감소한다. 따라서 pH가 3인 용액은 pH가 4인 용액보다 산도가 더 크다. 염기성 용액은 pH가 7보다 크다. 염기도가 증가할수록 pH값은 커진다. 그러므로 pH가 11인 용액은 pH가 10인 용액보다 염기도가 더 크다.

용액의 pH에 따라 강산성, 약산성, 중성, 약염기성 혹은 강염기성 용액으로 분류할 수 있다. 강산성 용액의 pH는 0과 2 사이의 값을 가지며, 약산성 용액의 pH는 2와 7 사이의 값을 가진다. 약염기 용액의 pH 범위는 7에서 12이며, 강염기성 용액의 pH 범위는 12에서 14 사이이다. 그림 14.1은 몇 가지 일반적인 물질의 대략적인 pH를 나타내었다.

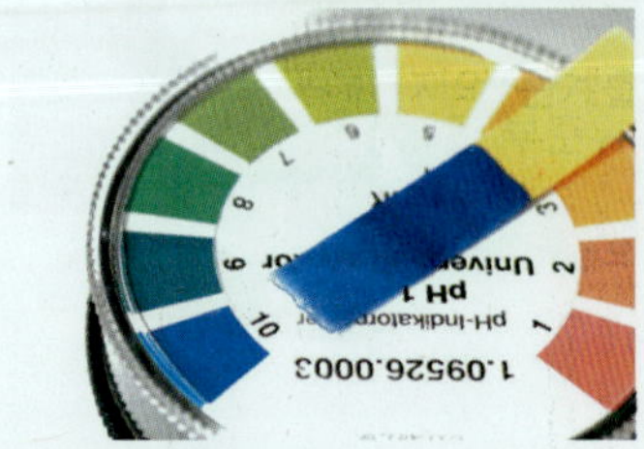


▲**pH 시험지**
범용 지시약(universal indicator)을 이용하여 어떤 용액의 pH를 알아내는 데 사용하기도 한다. 위의 결과는 용액의 pH가 10 근처임을 보여 주고 있다.

▶**그림 14.1 pH 척도** 용액은 강산성(pH ~1)이거나 약산성(pH ~4), 중성(pH ~7), 약염기성(pH ~10) 혹은 강염기성(pH ~ 14)으로 크게 분류할 수도 있다.

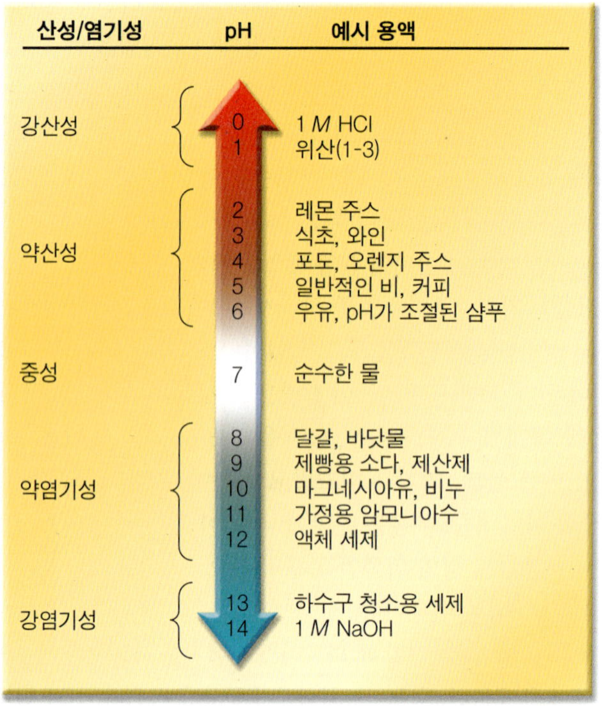


다음 예제에 몇 가지 일반적인 용액의 산-염기의 세기를 예시하였다.

## 예제 14.1 pH 척도

아래의 용액이 강산성, 약산성, 중성, 약염기성 혹은 강염기성 중 어디에 속하는지 표시하라.

(a) 위산, pH 1.5 (b) 오븐 세정제, pH 13.5
(c) 오렌지 주스, pH 4.5 (d) 초순수, pH 7.0
(e) 달걀, pH 7.5 (f) 탄산소다, pH 4.0

**해답**

그림 14.1의 예시를 참조하여 각 용액을 분류하여 보자.

(a) 위액의 pH는 0과 2 사이의 값이므로, 강산성이다.
(b) 오븐 세정제의 pH는 13.5이므로, 강염기성이다.
(c) 오렌지 주스의 pH는 2와 7 사이에 있으므로, 약산성이다.
(d) 초순수의 pH는 7.0이며 중성이다.
(e) 달걀의 pH는 7.5이며 약염기성이다.
(f) 탄산소다의 pH는 4.0이며 약산성이다.

**실전 연습문제**

아래의 성질들을 산이나 염기의 특성 중 어디에 속하는지 표시하라.

(a) 신맛 (b) 미끌거리는 느낌
(c) 리트머스 시험지를 붉게 변화시킴 (d) 7 보다 큰 pH

**답:** (a) 산 (b) 염기 (c) 산 (d) 염기

**개념 문제**

다음 중 어느 것이 가장 높은 산도를 갖는가? pH 1, pH 5, 또는 pH 9

**답:** 부록 G, 14.1 참조

▲**레몬은 시다** 레몬, 라임, 오렌지와 포도는 산성 물질인 시트르산을 포함하고 있다.

## 완충 용액

식품, 제지 그리고 화학물질 제조 시 산도의 조절이 매우 중요하다. 농업에서 토양의 pH 조절은 수확량을 높이기 위해 필요하다. **완충 용액(buffer solution)**이란 산이나 염기가 첨가되더라도 pH 변화가 크게 일어나지 않도록 조절하는 용액이다. 완충 용액은 과량으로 첨가된 수소

이온이나 수산화 이온을 소비하는 방식(역자 주: 각각 약산 혹은 약염기로 변화시킨다!)으로 작동하여 궁극적으로 용액의 pH를 일정하게 유지시킨다.

완충 용액은 약산과 그 약산의 염, 예를 들면, 시트르산(citric acid)과 시트르산 소듐(sodium citrate)으로 이루어진 수용액이다. 이 용액에 산을 가하면, 시트르산 이온이 과량으로 첨가된 수소 이온과 결합하여 시트르산(역자 주: 약산!)이 된다. 반대로 이 용액에 염기를 가하면, 시트르산이 과량으로 첨가된 수산화 이온을 중화하여 시트르산 염(역자 주: 약염기!)을 만든다. 만약 완충 용액의 양보다 상대적으로 적은 양의 산과 염기가 가해지면, 완충용액의 pH 변화는 매우 조금 일어난다.

완충 용액의 다른 예는 바닷물 속에 존재하는 탄산수소 이온과 탄산 이온(carbonate ion) 계로서 바닷물의 pH가 8 근처에서 유지되도록 한다. 이와 비슷한 완충 용액이 우리 혈액의 pH를 조절하고 있는데, 우리 혈액은 pH가 7.4 근처의 매우 좁은 범위에서 조절되어야만 한다.

▲**완충 용액** 매우 넓은 범위에서 다양한 pH를 가지는 표준 완충 용액이 시판되고 있다.

## 14.2 아레니우스(Arrhenius)의 산-염기 개념

**학습 목표**

- ▶ 아레니우스 산과 염기를 확인할 수 있다.
- ▶ 주어진 이온화 정도에 따라 강산 혹은 약산으로 구분할 수 있다.
- ▶ 주어진 염을 생성하는 데 필요한 산과 염기를 제시할 수 있다.

1884년에 스웨덴인 화학자 아레니우스(Svante Arrhenius)는 산과 염기에 대한 개념을 처음으로 제시하였다. 그는 물에서 이온화되어 수소 이온을 생성하는 물질을 산(acid)이라고 제안하였다. 반면에, 염기(base)는 물에서 해리하여 수산화 이온을 내놓는 물질이라고 제안하였다. 이렇듯 간단한 개념으로 **아레니우스 산(Arrhenius acid)**과 **아레니우스 염기(Arrhenius base)**를 정의한다.

### 이온화 대 해리

산과 염기는 다양한 세기를 가진다. 아레니우스 산의 세기는 용액에서의 이온화도에 따라 결정된다. **이온화(ionization)**는 극성 화합물의 분자가 이온화 반응을 통해 양이온과 음이온을 형성하는 과정이다. 따라서, 염산, HCl 분자는 이온화되어 $H^+$와 $Cl^-$를 형성한다.

아레니우스 염기의 세기는 용액에서의 해리도에 따라 결정된다. **해리(dissociation)**란 이온 결합 화합물이 단순히 이미 존재하는 이온들로 분리되는 과정이다. 따라서, 수산화 소듐, NaOH는 $Na^+$와 $OH^-$으로 해리된다.

### 아레니우스 개념에 따른 강산과 약산

산이 강하다 혹은 약하다라고 말할 수 있는 근거는 해당 산이 물에서 얼마나 이온화되느냐에 달렸다. 아레니우스의 정의에 따르면, 강산은 수용액 내에서 거의 모두 이온화되어 수소 이온을 내놓는다. 염산을 강산이라고 하는 이유는 거의 100% 이온화되기 때문이다. 플루오린화 수소산(HF)는 약간만 이온화되는데 즉, 대략 1% 정도만 이온화하기 때문에 약산이라고 한다. 표 14.2에 몇 가지 일반적인 아레니우스 산의 이온화 정도를 보여주고 있다.

▲**플루오린화 수소산, HF** 플루오린화 수소산 수용액은 비록 약산이지만 유리를 부식한다. 위의 유리 문양은 먼저 유리 전체를 왁스로 코팅하였다가 위의 문양에 해당하는 부분의 왁스를 제거하여 완성된 것이다. 이 유리를 플루오린화 수소산 수용액에 담그면 해당 문양이 플루오린화 수소산에 의해 부식되어 새겨지게 된다.

**표 14.2 일반적인 아레니우스 산의 이온화도와 세기**

| 산 수용액 | 이온화도 | 산의 세기 |
|---|---|---|
| 염산 수용액, $HCl(aq)$ | ~100% | 강함 |
| 질산 수용액, $HNO_3(aq)$ | ~100% | 강함 |
| 황산 수용액, $H_2SO_4(aq)$ | ~100% | 강함 |
| 아세트산 수용액, $CH_3CO_2H(aq)$ | 약간만 | 약함 |
| 탄산 수용액, $H_2CO_3(aq)$ | 약간만 | 약함 |
| 플루오린화 수소산 수용액, $HF(aq)$ | 약간만 | 약함 |
| 인산 수용액, $H_3PO_4(aq)$ | 약간만 | 약함 |

모든 아레니우스 산 분자에는 수소 원자가 극성 결합에 의해 붙어 있다. 대부분의 산은 O 원자에 H 원자가 결합되어 있는 약한 삼성분 산소산이다. 산 분자가 이온화할 때 이 결합은 끊어지게 된다. 수용액에서 극성인 물 분자들은 산 분자로부터 수소 이온을 끌어당김으로써 해당 산이 이온화되는 것을 도와주게 된다. 염산, HCl과 아세트산, $CH_3CO_2H$의 이온화 과정을 다음과 같이 나타낼 수 있다.

$$HCl(aq) + H_2O(l) \rightarrow H_3O^+(aq) + Cl^-(aq) \qquad (\sim 100\%)$$
$$CH_3CO_2H + H_2O(l) \rightarrow H_3O^+(aq) + CH_3CO_2^-(aq) \quad (\sim 1\%)$$

비록 화학자들은 보통 수소 이온을 포함하는 용액을 산이라 하지만, 실제로 수소 이온은 수용액에서 $H_3O^+$ 형태로 존재한다. **하이드로늄 이온(hydronium ion)**, $H_3O^+$은 수용액에서 수소 이온이 물 분자의 비공유 전자쌍과 결합하여 형성된 것이다. 간단하게 표기하기 위하여, 수용액 중의 수소 이온은 일반적으로 $H^+(aq)$로 나타낸다.

## 아레니우스 개념에 따른 강염기와 약염기

어떤 염기의 강함 혹은 약함은 얼마나 해리되느냐에 따라서 결정됨을 상기하라. 아레니우스의 정의에 따르면, 강염기는 용액 내에서 거의 모두 해리되어 수산화 이온을 내놓는다. 수산화 소듐은 강염기이며 수용액에서 거의 100% 해리한다. 수산화 암모늄($NH_4OH$)은 약염기인데, 이유는 용액 중에 존재하는 수산화 이온의 수가 상대적으로 적기 때문이다. 표 14.3에 몇 가지 일반적인 아레니우스 염기의 해리도를 보여주고 있다.

**표 14.3 일반적인 아레니우스 염기의 해리도와 세기**

| 염기 수용액 | 해리도 | 염기의 세기 |
|---|---|---|
| 수산화 바륨 수용액, $Ba(OH)_2(aq)$ | ~100% | 강함 |
| 수산화 칼슘 수용액, $Ca(OH)_2(aq)$ | ~100% | 강함 |
| 수산화 리튬 수용액, $LiOH(aq)$ | ~100% | 강함 |
| 수산화 포타슘 수용액, $KOH(aq)$ | ~100% | 강함 |
| 수산화 소듐 수용액, $NaOH(aq)$ | ~100% | 강함 |
| 수산화 암모늄 수용액, $NH_4OH(aq)$ | 약간만 | 약함 |

물에 수산화 소듐을 녹이면 NaOH 수용액이 얻어진다. 수용액에서의 용해되는 과정을 통해, NaOH는 소듐 이온, $Na^+(aq)$와 수산화 이온, $OH^-(aq)$으로 해리된다. $NH_4OH$ 수용액은 약염기성으로 수용액에서 상대적으로 적은 수의 수산화 이온을 방출한다. 이 두 아레니우스 염기의 해리 과정은 다음과 같다.

$$NaOH(aq) \rightarrow Na^+(aq) + OH^-(aq) \quad (\sim 100\%)$$
$$NH_4OH(aq) \rightarrow NH_4^+(aq) + OH^-(aq) \; (\sim 1\%)$$

아래 예제는 용액 중에 이온을 내놓는 능력에 따라 산-염기의 세기를 분류하는 것을 보여주고 있다.

### 예제 14.2 강산과 약산

주어진 이온화도에 따라 아래 용액들을 강한 또는 약한 아레니우스 산으로 분류해 보라.
(a) 과염소산 수용액, $HClO_4(aq)$ ~100%
(b) 하이포아염소산 수용액, $HClO(aq)$ ~1%

**해답**

수용액을 강산성 또는 약산성 용액으로 분류하기 위해서는 이온화되는 양을 알아야만 한다.

(a) 과염소산은 거의 모두 이온화되므로 강산이라 할 수 있다. 이 수용액에는 $H^+(aq)$와 $ClO_4^-(aq)$이 주로 존재한다.

(b) 하이포아염소산은 약간만 이온화되므로 약산이다. 이 수용액에 존재하는 것은 대부분 $HClO_4$ 분자이다.

### 실전 연습문제

주어진 해리도에 따라 아래 용액을 강한 또는 약한 아레니우스 염기로 분류해 보라.

(a) 수산화 마그네슘, $Mg(OH)_2(aq)$ ~1%

(b) 수산화 스트론튬, $Sr(OH)_2(aq)$ ~100%

**답:** (a) 약염기 (b) 강염기

### 개념 문제

다음 중 어느 것이 강한 아레니우스 산인가? $HNO_3(aq)$, $H_2CO_3(aq)$, $H_3PO_4(aq)$

**답:** 부록 G, 14.2 참조

## 자세히 보기 암모니아 용액

**Q:** 왜 암모니아 용액을 $NH_4OH$라고 쓰는 것이 틀린 표현인가?

우리 대부분은 물건을 닦을 때 사용하는 암모니아, $NH_3$ 냄새와 친숙하다. 암모니아는 많은 물건들의 표면을 닦을 때 사용하는 일반적인 세제이다. 암모이나 세제는 길쭉한 모양의 흔적을 남기지 않으므로 유리나 스테인레스 스틸 표면을 청소하는 데 매우 좋다. 암모니아는 또한 오븐을 청소하거나 빵을 굽는 데 쓰이는 팬에 남아 있는 오물등을 제거하는 데 사용되기도 한다.

일반화학 실험실에 있는 암모니아 시약병에는 보통 수산화 암모늄, $NH_4OH$라고 표시되어 있다. 아이러니하게도 $NH_4OH$라는 화학종은 존재하지 않는다. 수산화 암모늄 용액은 보통 물에 암모니아 기체를 녹여서 만드므로 암모니아 수용액, $NH_3(aq)$이라고 표시하여야 한다. 그러나 $NH_3$는 브뢴스테드-로우리 염기로 작용하여 물을 이온화하여 암모늄 이온, $NH_4^+$와 수산화 이온, $OH^-$을 생성한다.

암모니아의 끓는점은 -33 ℃로 상온 대기압 하에서 기체상으로 존재한다. 암모니아는 물과 마찬가지로 액체상보다 고체상의 밀도가 더 작은 특이한 물질이다. 따라서, 얼음 조각이 물에 뜨듯이 고체 암모니아 조각은 액체 암모니아에 뜬다. 실험실에 사용하는 암모니아 용액의 농도는 보통 6 *M*이며, 가정용 암모니아는 3-6 *M*(5-10%) 정도 범위를 가진다.

암모니아는 농장에서 일반적으로 사용되는 비료이다. 또한, 암모니아 증기는 후자극제(smelling salt)로서 호흡기관을 자극하는 데 사용된다. 재미난 점은 암모니아가 바로 마약으로 사용될 수 있는 신경 흥분제인 메탐페타민(methamphetamine)을 만드는 데 꼭 필요한 재료라는 것이다. 메탐페타민 제조 과정은 매우 위험한데 필수 재료인 금속 소듐과 액체 암모니아는 매우 반응성이 커서 두 화합물이 만나면 폭발할 수 있기 때문이다.

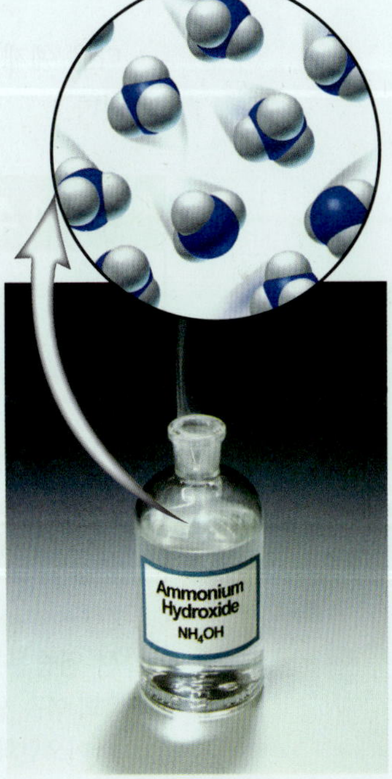


▲**수산화 암모늄, $NH_4OH$** 물에 암모니아 기체를 녹인 용액을 일반적으로 수산화 암모늄 용액이라고 한다.

**A:** 암모니아 기체를 녹인 수용액을 보다 정확하게 표시하려면 $NH_3(aq)$라고 나타내어야 한다. 그러나 일반적으로 암모니아 용액을 수산화 암모늄, $NH_4OH$이라고 표시하는 이유는 암모늄 이온과 수산화 이온이 암모늄 용액에서 생성되기 때문이다.

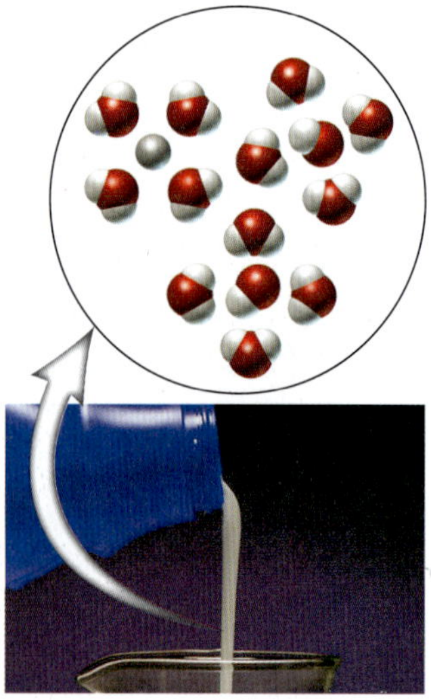

▲**위 제산제** 마그네시아유(milk of magnesia, $Mg(OH)_2$)는 약염기로 과다 분비된 위산을 중화시킨다.

## 중화 반응

산이 염기를 중화하면 **염(salt)**과 물이 생성된다. 예를 들면, 염산이 수산화 소듐과 반응하여 염화 소듐 염과 물을 생성한다. 이 반응의 반응식은 다음과 같다.

$$HCl(aq) + NaOH(aq) \rightarrow NaCl(aq) + H_2O(l)$$

이 반응은 수용성 염인 NaCl을 생성한다. 다른 산들은 다른 염을 생성한다. 예를 들어, 만약 수산화 소듐 수용액으로 황산을 완전히 중화시키면, 황산 소듐이 얻어진다. 이때의 반응식은 다음과 같다.

$$H_2SO_4(aq) + 2\ NaOH(aq) \rightarrow Na_2SO_4(aq) + 2\ H_2O(l)$$

산이 내놓는 수소 이온은 염기가 해리되어 내놓는 수산화 이온에 의하여 중화된다. 수소 이온과 수산화 이온은 결합하여 물을 만든다. 우리는 위의 중화 반응에서 $Na_2SO_4$ 염이 생성된다는 것을 알았다.

우리는 주어진 염으로부터 어떤 아레니우스 산과 염기가 사용되었는지 확인할 수 있다. 왜냐하면 생성된 염은 염기에서 나온 양이온과 산에서 나온 음이온으로 되기 때문이다. 예를 들면, 아세트산 포타슘, $CH_3CO_2K$ 염을 생성하는 데 필요한 중화 반응을 예상할 수 있다. 염이 포타슘을 포함하고 있으므로, 중화된 염기는 수산화 포타슘, KOH이어야만 한다. 아세트산 이온은 아세트산, $CH_3CO_2H$으로부터 나온다. 따라서 반응식은 다음과 같다.

$$CH_3COOH + KOH(aq) \rightarrow CH_3COOK + H_2O(l)$$

다음 예제는 산과 염기가 중화되면 염과 물이 생성되는 반응에 대한 추가 설명을 보여 주고 있다.

### 예제 14.3 중화 반응

다음의 염을 생성하는 산과 염기를 결정하라. 이 중화 반응에 대한 균형 반응식을 완결하라.

(a) 플루오린화 리튬, $LiF(aq)$ (b) 황산 칼슘, $CaSO_4(aq)$

**해답**

(a) 염 LiF는 염기 LiOH와 산 HF로부터 생성된다. 중화 반응의 반응식은 다음과 같다.

$$HF(aq) + LiOH(aq) \longrightarrow LiF(aq) + H_2O(l)$$

(b) 황산 칼슘은 $Ca(OH)_2$와 $H_2SO_4$의 중화 반응으로부터 생성된다. 중화 반응의 반응식은 다음과 같다.

$$H_2SO_4(aq) + Ca(OH)_2(aq) \longrightarrow CaSO_4(aq) + 2\ H_2O(l)$$

**실전 연습문제**

다음의 염을 생성하는 산과 염기를 결정하라. 이 중화 반응에 대한 균형 반응식을 완결하라.

(a) 아이오딘화 포타슘, $KI(aq)$ (b) 질산 바륨, $Ba(NO_3)_2(aq)$

**답:** (a) 산은 HI이고 염기는 KOH이다.

$$HI(aq) + KOH(aq) \rightarrow KI(aq) + H_2O(l)$$

(b) 산은 $HNO_3$이고 염기는 $Ba(OH)_2$이다.

$$2\ HNO_3(aq) + Ba(OH)_2(aq) \rightarrow Ba(NO_3)_2(aq) + 2\ H_2O(l)$$

**개념 문제**

어느 산과 염기가 중화 반응을 해야 아세트산 소듐, $NaC_2H_3O_2$이 생성하는가?

**답:** 부록 G, 14.3 참조

## 주요 과학자 아레니우스(Svante Arrhenius)

**Q: 이온성 용액에 대한 이론을 정리한 아레니우스의 탁월한 Ph.D. 논문은 처음에 어떤 평가를 받았나?**

아레니우스(Svante Arrhenius, 1859~1927)는 세 살 때 스스로 읽기를 익힌 천재적인 어린이었다. 고등학교를 수석으로 졸업하고, 그의 고향 스웨덴에 있는 웁살라(Uppsala) 대학에 입학하였다. 그는 화학을 전공하였고 수용액에서의 전기 흐름에 대한 연구를 수행하였다.

아레니우스는 22살에 스톡홀름(Stockholm)에서 박사 과정을 시작하였다. 박사 논문을 위해 그는 용액의 전기적 거동에 대한 그의 관심을 지속적으로 이어 나갔다. 그는 특히 염화 소듐 용액은 전기가 통하는데 반해 설탕 용액은 전기가 통하지 않는 현상에 대하여 궁금해했다. 실험 결과를 세심하게 검토한 후, 아레니우스는 염화 소듐 용액에 전류가 흐르는 이유는 염화 소듐이 용액 내에서 하전을 띤 입자로 분리되기 때문이라는 대담한 제안을 하였다. 설탕 용액이 전기를 통하지 않는 이유는 설탕이 용액 내에서 전하를 띤 입자를 생성하지 않기 때문이라고 하였다.

◀아레니우스 (1859-1927)

아레니우스는 또한 염에 의한 물의 어는점 내림이 설탕 용액의 경우보다 두 배라는 더 낮다는 사실도 주목하였다. 그는 이러한 현상을 NaCl 염은 용액에 녹을 때 소듐 이온과 염화 이온으로 분리되지만 설탕은 용액에 녹아도 분자로 존재하기 때문이라고 설명하였다.

그러나 아레니우스는 용액에서의 하전된 이온들에 대한 개념이 수용되기 어렵다는 것을 깨달았다. 당시 과학계에서 원자는 분할되지 않으며 전기적으로 중성인 입자로 생각하고 있었다.

1884년 아레니우스는 전리설에 관한 박사 학위 논문을 제출하고 심사를 받게 되었다. 그는 4시간에 걸친 격렬한 심의를 받은 다음, 최하 등급으로 간신히 통과되었다. 논문 심사 위원회는 용액 중의 이온들에 대한 개념을 쉽게 받아들일 준비가 되어있지 않았던 것이다.

아레니우스의 경력은 거의 10년 동안 제자리를 맴돌았고, 그의 이론은 거의 지지를 받지 못했다. 마침내 유명한 화학자인 오스트발트(Wilhelm Ostwald, 1853-1932)의 지지를 받게 되었고, 그의 초청으로 함께 연구하게 되었다. 점진적으로 이온 개념을 입증하는 증거들이 서서히 쌓여나갔다. 가장 현저한 증거는 1897년 전자의 발견으로 하전을 띤 아원자 입자의 존재가 입증된 것이었다.

전리설은 신뢰를 얻게 되었고, 아레니우스는 스톡홀롬 대학으로부터 교수직을 제의받게 되었다. 1899년 그는 '수용액에서 물질의 해리에 관하여(On the Dissociation of Substances in Aqueous Solutions)'라는 명논문을 발표하였다. 그의 개념을 인정받기 위한 20년간의 노력 끝에, 1903년 아레니우스는 용액의 전리설로 노벨화학상을 수상하였다.

**A:** 아레니우스는 간신히 논문 심사를 통과하였다. 심사 위원회는 용액의 이온설을 쉽게 수용하려 하지 않았다.

## 14.3 브뢴스테드-로우리(Brønsted-Lowry)의 산-염기 개념

**학습 목표**

▶ 중화 반응에서의 Brønsted-Lowry의 산과 염기를 확인할 수 있다.

1923년 덴마크인 화학자 브뢴스테드(Johannes Brønsted, 1879-1947)와 영국인 화학자 로우리(Thomas Lowry, 1874-1936)는 각기 독자적으로 아레니우스 산과 염기보다 확장된 산과 염기에 대한 정의를 제시하였다. 아레니우스는 물에서 수소 이온을 내놓는 물질이라고 정의했는데, 브뢴스테드와 로우리는 수소 이온을 다른 물질에 주는 물질을 산이라고 하였다. 수소 이온은 양성자(proton) 하나와 같으므로 **브뢴스테드-로우리 산(Brønsted-Lowry acid)**을 **양성자 주개(proton donor)**라고도 한다.

아레니우스는 물에서 수산화 이온을 내놓으면 염기라고 하였음을 상기하자. 우리는 수산화 이온은 수소 이온을 중화하여 물을 생성한다는 것을 알고 있다. 그러나 수산화 이온 외에도 많은 물질이 수소 이온을 중화한다. 브뢴스테드와 로우리는 수소 이온을 받아들이는 물질을 염기라고 제시하였다. 따라서 **브뢴스테드-로우리 염기(Brønsted-Lowry base)**는 **양성자 받개(proton acceptor)**이다.

산과 염기에 대한 브뢴스테드-로우리의 산-염기 정의가 아레니우스의 산-염기 정의와 약간의 차이가 있다 하더라도, 산과 염기는 서로서로 중화한다는 사실은 변함이 없다. 다음에 예를 든 반응은 염산에 의한 몇가지 브뢴스테드-로우리 염기의 중화 반응이다.

$$HCl(aq) + NaOH(aq) \longrightarrow NaCl(aq) + H_2O(l)$$
$$HCl(aq) + NH_3(aq) \longrightarrow NH_4Cl(aq)$$
$$HCl(aq) + H_2O(l) \longrightarrow H_3O^+(aq) + Cl^-(aq)$$

첫 번째 반응에서, 수용액 중의 NaOH가 양성자를 받는다. 그러므로, 브뢴스테드-로우리의 정의에 따라 NaOH는 염기이다. 두 번째 반응에서, 수용액 중의 $NH_3$가 양성자를 받으므로 이 또한 염기이다. 세 번째 반응을 보면, 물 분자는 수소 이온을 받아들이기 때문에 물 분자도 브뢴스테드-로우리 염기로 작용한다.

물에서 수소 이온과 수산화 이온을 내놓을 수 있는 여부에 의해 정의되는 아레니우스의 산과 염기와는 달리, 브뢴스테드-로우리의 산과 염기는 화학 반응에 의존한다. 예를 들면, 어떤 반응에서 수용액 중의 $NaHCO_3$가 양성자를 받아들이면 염기(base)가 된다. 그러나 또 다른 반응에서는, 수용액 중의 $NaHCO_3$가 양성자를 제공함으로써 산(acid)으로 작용할 수도 있다. 이 때의 반응식은 다음과 같다.

$$HCl(aq) + NaHCO_3(aq) \longrightarrow NaCl(aq) + H_2CO_3(aq)$$
$$NaOH(aq) + NaHCO_3(aq) \longrightarrow Na_2CO_3(aq) + H_2O(l)$$

첫 번째 반응에서, $NaHCO_3$는 HCl로부터 양성자를 받아들이기 때문에 브뢴스테드-로우리 염기이다. 두 번째 반응에서, $NaHCO_3$는 NaOH에 양성자를 제공함으로 브뢴스테드-로우리 산이다. 양성자를 줄 수도 받을 수도 있는 물질을 **양쪽성(amphiprotic)** 물질이라고 한다. 브뢴스테드-로우리의 정의에 따라, 물은 양쪽성 물질이다. 즉, $H_2O$는 산으로 작용하여 양성자를 제공할 수 있고 염기로도 작용하여 양성자를 제공받아 하이드로늄 이온, $H_3O^+$으로 되기도 한다. 물의 양쪽성 성질을 다음과 같이 나타낼 수 있다.

$$\underset{\substack{\text{양성자 주개} \\ \text{산}}}{H_2O(l)} + \underset{\substack{\text{양성자 받개} \\ \text{염기}}}{H_2O(l)} \longrightarrow H_3O^+(aq) + OH^-(aq)$$

**도움말**
**산과 염기**

간단하게 말하면, 산은 수용액에서 수소 이온을 내놓는 물질이고 염기는 수용액에서 수산화 이온을 내놓는 물질이라고 정의하는 것이다. 이러한 아레니우스 산-염기 개념은 대부분의 경우 잘 적용된다.

그러나, 수산화 이온이 관여되지 않는 중화 반응이 있다. 예를 들면, 탄산 소듐, $Na_2CO_3$는 염기로 작용하여 산을 중화한다. 브뢴스테드-로우리 개념은 수산화 이온을 포함하지 않는 중화 반응에서의 물질을 설명할 때 사용되곤 한다.

산-염기에 대한 보다 정교한 개념이 있다. 루이스(Lewis) 산은 전자쌍을 받아들이는 물질로 정의되는 반면에 루이스 염기는 전자쌍을 제공할 수 있는 물질이다. 루이스 산의 예는 $AlCl_3$이고 루이스 염기의 예에는 $NH_3$가 있다.

## 14.4 산-염기 지시약

**학습 목표**

▶ 주어진 pH에서 페놀프탈레인, 메틸 레드 혹은 브로모싸이몰 블루와 같은 지시약이 들어 있는 용액의 색깔을 설명할 수 있다.

리트머스 시험지로 어떤 용액이 산성 혹은 염기성인지를 알아 낼 수 있음을 14.1절에서 언급하였다. 또한, 용액의 pH를 대략적으로 알아낼 수 있는 pH 시험지에 대해서도 언급하였다. 이

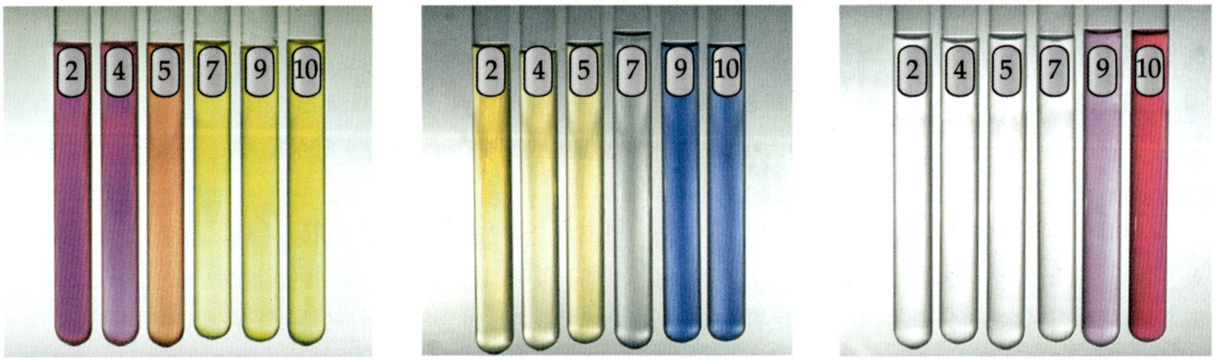


▲ 그림 14.2 **pH와 산-염기 지시약의 색깔** pH 변화에 따른 3개의 다른 산-염기 지시약의 색깔 변화. 메틸 레드(왼쪽)는 pH 5에서 붉은색에서 노란색으로 변한다. 브로모싸이몰 블루(중간)는 pH 7에서 노란색에서 푸른색으로 변한다. 페놀프탈레인(오른쪽)은 pH 9에서 무색에서 분홍색으로 변한다.

**표 14.4 산–염기 지시약**

| 지시약 | 변 색 | 색 깔 |
|---|---|---|
| 메틸 레드 | pH ~5 | 5 보다 낮은 pH, 붉은색<br>5 보다 높은 pH, 노란색 |
| 브로모싸이몰 블루 | pH ~7 | 7 보다 낮은 pH, 노란색<br>7 보다 높은 pH, 푸른색 |
| 페놀프탈레인 | pH ~9 | 9 보다 낮은 pH, 무색<br>9 보다 높은 pH, 분홍색 |

러한 시험지들은 시험용액의 pH에 따라 변색하는 물질로 물들여져 있다. 이런 지시 시험지에는 식물에서 추출한 물질들이 포함되어있다. 이런 식물 추출물들은 포도 주스와 붉은 양배추 그리고 장미나 제비꽃 혹은 난초꽃의 꽃잎으로부터 추출한 것들이다.

pH에 따라 예민하게 변색하여 다른 색깔을 보이는 물질을 **산–염기 지시약(acid–base indicator)**이라고 한다. 그림 14.2는 몇 가지 지시약의 변색 범위를 보여준다. 표 14.4에는 각 지시약에 대한 pH 범위를 요약하였다.

메틸 레드는 만약 용액의 pH가 5보다 높으면 노란색, 5보다 낮으면 붉은색을 띤다. pH = 5에서는 메틸 레드는 노란색과 붉은색을 둘 다 포함하므로 그 용액의 색깔은 오렌지색으로 나타난다.

페놀프탈레인은 만약 용액의 pH가 9이거나 9보다 높으면 분홍색, 9보다 낮으면 무색을 띤다. 실험실에서 사용 가능한 지시약은 많지만, 오직 페놀프탈레인만 무색으로 변하는 지시약이다. 사용상의 실용적 고려와 관찰의 용이성 때문에 페놀프탈레인은 많은 실험에서 지시약으로 사용하고 있다.

주어진 용액의 pH에서 산–염기 지시약의 변색과 관련된 문제를 다음 예제에 보였다.

### 예제 14.4 산–염기 지시약

다음 용액에서 산–염기 지시약의 색을 말하라.
(a) pH 3 용액에 메틸 레드 지시약을 한 방울 가했을 때
(b) pH 8 용액에 브로모싸이몰 블루 지시약을 한 방울 가했을 때
(c) pH 11 용액에 페놀프탈레인을 지시약을 한 방울 가했을 때

**해답**

용액의 색은 표 14.4를 참조하여 결정한다.
(a) pH 3에서 메틸 레드는 붉은색이므로 용액의 색깔은 *붉은색*이다.
(b) pH 8에서 브로모싸이몰 블루는 푸른색이므로 용액의 색깔은 *푸른색*이다.
(c) pH 11에서 페놀프탈레인은 분홍색이므로 용액의 색깔은 *분홍색*이다.

**실전 연습문제**

다음 산–염기 지시약이 변색이 일어나는 pH를 말하라.
(a) 메틸 레드 (b) 브로모싸이몰 블루 (c) 페놀프탈레인

**답:** (a) 5 (b) 7 (c) 9

**개념 문제**

산성과 중성 용액에서 무색을 띠는 일반적인 산–염기 지시약은 무엇인가?

**답:** 부록 G, 14.4 참조

## 14.5 산–염기 적정

**학습 목표**

▶ 주어진 자료를 이용하여 산–염기 적정과 관련된 문제를 해결할 수 있다.

▶ 주어진 용액의 몰 농도를 질량 백분율 농도로 바꿀 수 있다.

식초가 신맛이 나는 이유는 아세트산이 포함되어 있기 때문이다. 농도를 정확히 알고 있는 염기 용액을 사용하여 식초 시료를 분석하면 그 식초에 들어있는 아세트산의 몰 농도를 알아 낼 수 있다. 일반 실험실에서는 적정 기술을 사용하여 아세트산을 분석할 수 있다. **적정(titration)**은 적가된 용액의 부피를 측정하는 과정이다. 식초 시료 내 아세트산을 분석하기 위해서는 수

산화 소듐 용액을 식초 시료 속으로 가해주면서 적정하여야 한다. 이때 우리는 페놀프탈레인 지시약을 사용하여 식초 속의 아세트산이 모두 중화되는 순간을 알아내게 된다.

아세트산이 모두 중화된 후, 과량으로 가해진 한 방울의 NaOH가 용액의 pH를 급격히 증가시키고 이때 페놀프탈레인 지시약은 무색에서 분홍색으로 변색된다. 이렇게 적정에서 지시약이 변색되는 순간이 **종말점(endpoint)**이다. 그림 14.3에서 이 실험 과정을 보여주고 있다.

식초 시료 중의 아세트산 분석을 위해 다음과 같은 적정을 생각해 보자. 아세트산을 포함하고 있는 식초 시료 10.0 mL의 적정에서 0.223 M NaOH 용액이 37.55 mL가 적가되었다. 이 반응의 균형 화학반응식은 다음과 같다.

$$CH_3COOH + NaOH(aq) \rightarrow CH_3CO_2Na(aq) + H_2O(l)$$

이것은 용액의 화학량론 문제(13.11절)이다. 아세트산의 몰 농도를 알기 위해서는 우선 적가된 NaOH의 몰 수를 알아내야 한다. 적가된 NaOH의 부피는 37.55 mL이고 농도는 0.223 M이다. NaOH의 몰 농도 단위는(0.223 mol NaOH)/(1000 mL 용액)와 같은 단위 인자로 바꿀 수 있다.

$$37.55\ \cancel{\text{mL 용액}} \times \frac{0.223\ \text{mol NaOH}}{1000\ \cancel{\text{mL 용액}}} = 0.00837\ \text{mol NaOH}$$

그 다음에는 아세트산이 몇 mol 들어 있었는지를 결정한다. 균형 화학반응식으로부터 1 mol의 NaOH는 1 mol의 $CH_3CO_2H$를 중화하는 것을 알 수 있다.

$$0.00837\ \cancel{\text{mol NaOH}} \times \frac{1\ \text{mol}\ HC_2H_3O_2}{1\ \cancel{\text{mol NaOH}}} = 0.00837\ \text{mol}\ HC_2H_3O_2$$

마지막으로 아세트산의 몰 농도를 계산한다. $HC_2H_3O_2$의 부피는 10.0 mL이다. 따라서,

$$\frac{0.00837\ \text{mol}\ CH_3COOH}{10.0\ \cancel{\text{mL 용액}}} \times \frac{1000\ \cancel{\text{mL 용액}}}{1\ \text{L 용액}} = \frac{0.837\ \text{mol}\ CH_3COOH}{1\ \text{L 용액}}$$

$$= 0.837\ M\ CH_3COOH$$

이제 아세트산의 몰 농도를 질량백분율 농도(m/m %)로 표현하여 보자. 만약 식초의 밀도가 1.01 g/mL이고, 아세트산의 몰 질량이 60.06 g/mol이라면 다음과 같이 계산을 수행하면 된다.

▲그림 14.3 수산화 소듐을 이용한 아세트산의 적정
(a) 삼각 플라스크에는 한 방울의 페놀프탈레인 지시약을 떨어뜨린 아세트산을 포함하는 시료가 있다.
(b) 뷰렛을 통해 측정 가능한 부피의 수산화 소듐 용액을 플라스크로 적가한다.
(c) 적정은 플라스크 용액의 색깔이 분홍색으로 완전히 변했을 때 끝나게 된다.

$$\frac{0.837 \text{ mol } CH_3CO_2H}{1000 \text{ mL 용액}} \times \frac{60.06 \text{ g } CH_3CO_2H}{1 \text{ mol } CH_3CO_2H} \times \frac{1 \text{ mL 용액}}{1.01 \text{ g 용액}} \times 100\ \%$$

$$= \frac{0.0498 \text{ g } CH_3CO_2H}{1 \text{ g 용액}} \times 100\ \% = 4.98\%\ HC_2H_3O_2$$

따라서, 식초 용액 중의 아세트산 농도는 0.837 *M*이고, 이는 질량 백분율로는 4.98%에 해당한다. 일반적으로 식초병에는 "5% 산도를 갖도록 물로 희석한 것"라고 쓰여 있다.

적정은 같은 방법으로 염기 용액에도 수행할 수 있지만, 보통 뷰렛에는 염기 대신에 산을 넣는다. 가정용 세제 시료 내 암모니아의 농도도 적정 기술을 사용하여 계산할 수 있다. 다음 예제 14.5는 암모니아 용액의 분석에 대한 것이다.

## 예제 14.5 암모니아의 산–염기 적정

만약 암모니아 수용액 10.0 mL를 메틸 레드 종말점까지 적정하는데 0.277 *M* HCl 용액 25.30mL가 사용되었다면, 암모니아의 몰 농도는 얼마인가? 암모니아 수용액을 $NH_4OH$로 표시하여 균형 화학반응식을 나타내면 다음과 같다.

$$HCl(aq) + NH_4OH(aq) \rightarrow NH_4Cl(aq) + H_2O(l)$$

**해답**

$NH_4OH$의 몰 농도를 결정하려면, $NH_4OH$의 몰 수를 알아내야 한다. 균형 화학반응식으로부터, HCl 1mol은 $NH_4OH$ 1 mol이 중화됨을 알 수 있다. 산의 농도가 0.277 *M* HCl이므로, 단위 인자(0.277 mol HCl)/(1000 mL 용액)을 이용할 수 있다.

$$25.30 \text{ mL 용액} \times \frac{0.277 \text{ mol HCl}}{1000 \text{ mL 용액}} \times \frac{1 \text{ mol } NH_4OH}{1 \text{ mol HCl}} = 0.00701 \text{ mol } NH_4OH$$

위 내용은 다음과 같은 그림으로 표현 할 수 있다.

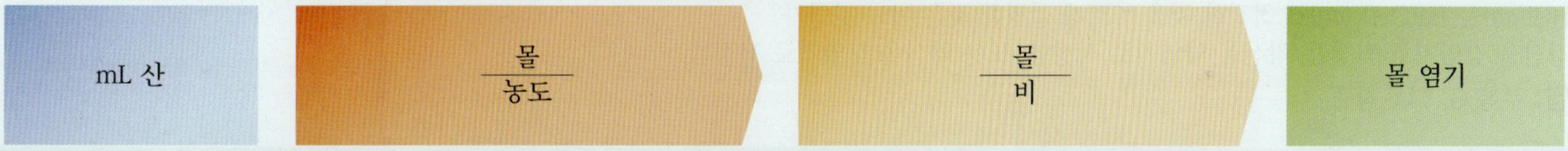


$NH_4OH$의 몰 수를 적정하려는 암모니아 수용액의 부피, 즉 10.0 mL로 나누면 우리가 구하구자 하는 몰 농도를 계산할 수 있다.

$$\frac{0.00701 \text{ mol } NH_4OH}{10.0 \text{ mL 용액}} \times \frac{1000 \text{ mL 용액}}{1 \text{ L 용액}} = \frac{0.701 \text{ mol } NH_4OH}{1 \text{ L 용액}} = 0.701\ M\ NH_4OH$$

**실전 연습문제**

인산 수용액 25.0 mL를 적정하는데 0.250 *M* NaOH 용액 38.30 mL가 사용되었다면, 인산의 몰 농도는 얼마인가?
균형 화학반응식은 다음과 같다.

$$H_3PO_4(aq) + 3\ NaOH(aq) \rightarrow Na_3PO_4(aq) + 3\ H_2O(l)$$

**답:** 0.128 *M*

**개념 문제**

$H_3PO_4(aq)$을 $NaOH(aq)$으로 적정한 실험을 바르게 설명한 것은 다음 중 어느 것인가?
강산을 강염기로 적정함, 강산을 약염기로 적정함, 또는 약산을 강염기로 적정함

**답:** 부록 G, 14.5 참조

다른 종류의 예제를 통해 산을 중화하는 데 필요한 염기의 부피를 알아보도록 하자. 예를 들면, 축전지에 들어 있는 황산을 중화하는 데 필요한 염기의 부피를 구할 수 있다. 다음 예제는 적정 기술을 사용하여 축전지의 산을 분석하는 것을 다루고 있다.

## 예제 14.6 산–염기 적정을 이용한 축전지내 산의 양 분석

축전지에 들어있는 0.555 $M$ $H_2SO_4$ 10.0 mL를 0.223 $M$ NaOH로 적정하려고 한다. 이 적정에 필요한 수산화 소듐의 부피는 얼마인가?

$$H_2SO_4(aq) + 2\ NaOH(aq) \rightarrow Na_2SO_4(aq) + 2\ H_2O(l)$$

**해답**

**1 단계 :** 요구하는 단위는 NaOH의 부피로 mL 단위이다.

**2 단계 :** 주어진 값은 $H_2SO_4$ 10.0 mL이다.

**3 단계 :** 단위를 소거하기 위해 적절한 단위 환산 인자를 적용한다. 이 예에서 단위 인자로 산의 몰 농도(축전지의 산 1000 mL 당 0.555 mol $H_2SO_4$)와 염기의 몰 농도(NaOH 1000 mL 당 0.223 mol NaOH)를 사용한다. 균형 화학반응식부터 1 mol의 $H_2SO_4$는 2 mol의 NaOH를 중화함을 알 수 있다.

$$10.0\ \text{mL 용액} \times \frac{0.555\ \text{mol}\ H_2SO_4}{1000\ \text{mL 용액}} \times \frac{2\ \text{mol NaOH}}{1\ \text{mol}\ H_2SO_4} \times \frac{1000\ \text{mL NaOH}}{0.223\ \text{mol NaOH}} = 49.8\ \text{mL NaOH}$$

위의 내용을 다음과 같은 그림으로 표현할 수 있다.

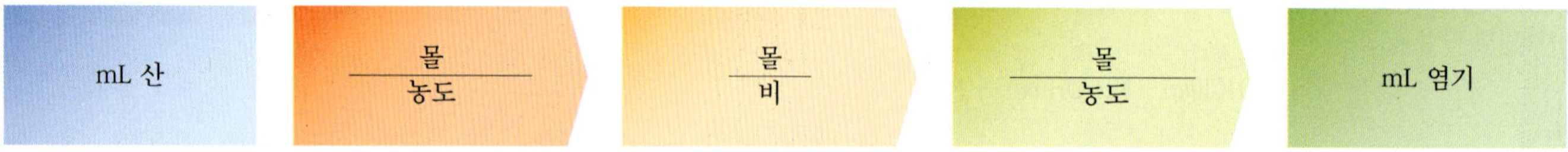


**실전 연습문제**

염산 시료 25.0 mL를 0.125 $M$ $Ba(OH)_2$로 적정한다. 만약 50.0 mL의 수산화 바륨이 이 적정에 필요하다면, 산의 몰 농도는 얼마인가? 이 반응의 균형 반응식은 다음과 같다.

$$2\ HCl(aq) + Ba(OH)_2(aq) \rightarrow BaCl_2(aq) + 2\ H_2O(l)$$

**답:** 0.500 M HCl

**개념 문제**

HCl($aq$)을 $Ba(OH)_2(aq)$로 적정한 것을 바르게 설명한 것은 어느 것인가?
강산을 강염기로 적정함, 강산을 약염기로 적정함, 또는 약산을 강염기로 적정함.

**답:** 부록 G, 14.6 참조

**학습 목표**

- 산이나 염기 표준 용액을 설명할 수 있다.
- 산이나 염기 표준 용액의 표정(standardization)을 포함하는 문제를 해결할 수 있다.

## 14.6 산–염기 표준화

**표준 용액(standard solution)**은 농도가 정확히 알려진 용액으로 셋 혹은 네 개의 유효숫자를 가지고 있다. 예를 들면, 위에서 소개된 아세트산 적정에 사용된 NaOH 용액의 농도는 0.223 $M$이었다.

화학자들은 표준 용액을 사용하여 물질을 반복적으로 분석한다. 즉, 제산제의 중화 용량이나 청량음료 향의 산도를 분석하는데 표준 용액이 사용된다. 표준 용액은 화학 산업에서 품질을 확인하는 데에도 많이 사용된다. 이 경우, 화학물질 시료 여러 개를 무작위로 선택하여 하나의 표준 용액으로 분석하게 된다. 이 과정을 품질 관리(quality control, QC) 또는 품질 보증(quality assurance, QA)이라고 한다.

산 용액을 표준화하기 위해서 화학자들은 정확하게 측정한 고체 염기의 질량을 사용한다. 예를 들어, 염산을 표준화할 때 고체 탄산 소듐, 0.375 g의 $Na_2CO_3$를 사용할 수 있다. 만약 0.375 g의 $Na_2CO_3$를 중화하는 데 염산 용액 25.50 mL가 필요하다고 할 때, 이 염산 용액의 몰 농도를 결정해 보자. 수용액에서 이 중화 반응에 대한 균형 화학반응식은 다음과 같다.

$$2\ HCl(aq) + Na_2CO_3(aq) \rightarrow 2\ NaCl(aq) + H_2O(l) + CO_2(g)$$

염산 용액의 몰 농도를 계산하기 위해서는 우선 HCl의 몰 수를 구해야 한다. 균형 화학반응식으로부터 2 mol 염산은 1 mol $Na_2CO_3$(105.99 g/mol)과 반응함을 알 수 있다. 따라서,

$$0.375\ \cancel{\text{g Na}_2\text{CO}_3} \times \frac{1\ \cancel{\text{mol Na}_2\text{CO}_3}}{105.99\ \cancel{\text{g Na}_2\text{CO}_3}} \times \frac{2\ \text{mol HCl}}{1\ \cancel{\text{mol Na}_2\text{CO}_3}} = 0.00708\ \text{mol HCl}$$

염산 용액의 몰 농도를 구하기 위해서 염산의 몰 수를 탄산 소듐을 중화하는 데 필요한 HCl의 부피 25.50 mL로 나눈다.

$$\frac{0.0708\ \text{mol HCl}}{25.50\ \cancel{\text{mL 용액}}} \times \frac{1000\ \cancel{\text{mL 용액}}}{1\ \text{L 용액}} = \frac{0.277\ \text{mol HCl}}{1\ \text{L 용액}}$$

$$= 0.277\ M\ \text{HCl}$$

염기 용액을 표준화 할 때, 고체 산의 질량을 달아서 사용할 수 있다. 예를 들면, 옥살산, $H_2C_2O_4$ 결정을 사용하여 NaOH 수용액을 표준화할 수 있다. 먼저 $H_2C_2O_4$ 시료의 무게를 달아 물에 녹인 다음, 이를 중화하는 데 필요한 염기 용액의 부피를 측정한다. 다음 예제는 NaOH 용액의 농도를 어떻게 결정하는 지를 보여주고 있다.

## 예제 14.7 염기의 산–염기 표준화(표정)

만약 옥살산, $H_2C_2O_4$(90.04 g/mol), 0.424 g을 중화하는 데 NaOH 용액 32.15 mL가 필요하다면, 수산화 소듐 용액의 몰 농도는 얼마인가? 이 반응의 균형 화학반응식은 다음과 같다.

$$H_2C_2O_4(aq) + 2\ NaOH(aq) \rightarrow Na_2C_2O_4(aq) + 2\ H_2O(l)$$

**해답**

NaOH의 몰 농도를 계산하려면, 우선 $H_2C_2O_4$의 몰 수를 구하여야 한다. 중화하는 데 사용된 $H_2C_2O_4$의 질량은 0.424 g이고, 옥살산의 몰 질량은 90.04 g/mol이다. 균형 화학반응식에서 보면 2 mol의 NaOH는 1 mol의 $H_2C_2O_4$와 반응한다.

$$0.424\ \cancel{\text{g H}_2\text{C}_2\text{O}_4} \times \frac{1\ \cancel{\text{mol H}_2\text{C}_2\text{O}_4}}{90.04\ \cancel{\text{g H}_2\text{C}_2\text{O}_4}} \times \frac{2\ \text{mol HCl}}{1\ \cancel{\text{mol H}_2\text{C}_2\text{O}_4}} = 0.00942\ \text{mol NaOH}$$

위의 내용을 다음과 같은 그림으로 표현할 수 있다.

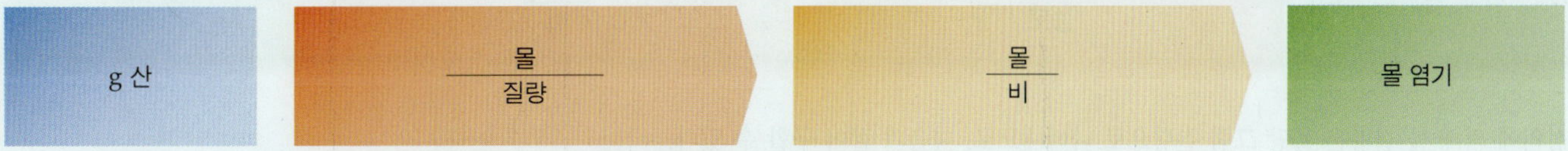


옥살산을 중화하는 데 필요한 염기의 부피로 NaOH의 mol수를 나누면, NaOH 용액의 몰 농도가 구해진다.

$$\frac{0.00942\ \text{mol NaOH}}{32.15\ \cancel{\text{mL 용액}}} \times \frac{1000\ \cancel{\text{mL 용액}}}{1\ \text{L 용액}} = \frac{0.293\ \text{mol NaOH}}{1\ \text{L 용액}}$$

$$= 0.293\ M\ \text{NaOH}$$

**실전 연습문제**

만약, 옥살산 미지 시료를 0.293 $M$ NaOH 33.50 mL를 사용하여 중화하였다면, 이 미지 시료 속 옥살산의 질량은 얼마인가? 옥살산과 수산화 소듐의 중화 반응에 대한 균형 화학반응식은 위에 주어져 있다.

**답:** 0.442 g $H_2C_2O_4$

**개념 문제**

옥살산을 수산화 소듐으로 적정할 때, 종말점에서 페놀프탈레인 지시약은 무슨 색을 띠겠는가?

**답:** 부록 G, 14.7 참조

### 고체 산 또는 고체 염기의 몰 질량

표준 용액의 응용의 한 예는 몰 질량을 결정하는 방법으로 그 고체 산이나 염기를 확인하는 것이다. 예를 들어, 표준 염기 용액으로 고체 시료의 몰 질량을 결정함으로써 그 물질이 시트르산인지 여부를 확인할 수 있다. 먼저 고체 산 결정을 물에 녹인 다음 이를 표준 염기 용액을 사용하여 중화시킨다. 만약 고체 산 시료의 질량과 표준 염기 용액의 부피가 주어진다면, 그 산의 몰 질량을 계산할 수 있다.

다음 예제는 시트르 산의 몰 질량을 결정하는 것을 설명하고 있다.

## 예제 14.8 산의 몰 질량

시트르산(약자 $H_3Cit$,로 나타냄)은 탄산 음료에서 톡쏘는 신맛을 낸다. 만약 0.293 *M* NaOH 36.10 mL가 시트르산 시료 0.677 g을 중화한다면, 시트르산의 몰 질량은 얼마인가? 이 반응의 균형 화학반응식은 다음과 같다.

$$H_3Cit(aq) + 3\,NaOH(aq) \rightarrow Na_3Cit(aq) + 3\,H_2O(l)$$

**해답**

주어진 NaOH 용액의 부피는 36.10 mL 이다. 몰 농도는 0.293 *M*이므로 NaOH 용액의 몰 농도는 단위 인자로 0.293 mol NaOH/1000 mL 용액을 사용할 수 있다.

$$36.10\ \cancel{\text{mL 용액}} \times \frac{0.293\ \text{mol NaOH}}{1000\ \cancel{\text{mL 용액}}} = 0.0106\ \text{mol NaOH}$$

균형 화학반응식으로 부터, NaOH 3 mol은 $H_3Cit$ 1 mol과 반응함을 알 수 있다. 따라서, 시트르산의 몰 수는 다음과 같다.

$$0.0106\ \cancel{\text{mol NaOH}} \times \frac{1\ \text{mol}\ H_3Cit}{3\ \cancel{\text{mol NaOH}}} = 0.00353\ \text{mol}\ H_3Cit$$

위의 내용을 다음과 같은 그림으로 표현할 수 있다.

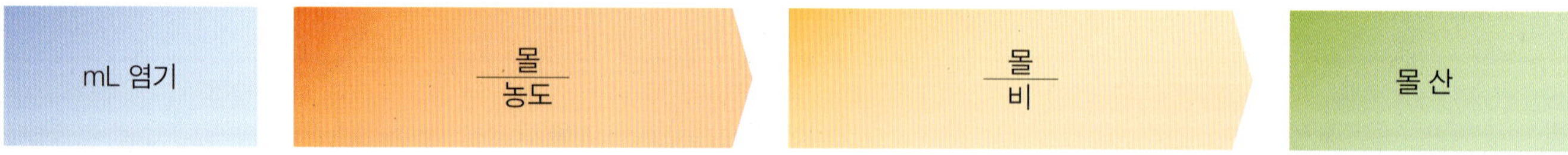


정의에 의해 몰 질량은 몰당 그램 질량으로 나타내므로, 다음과 같이 구할 수 있다.

$$\frac{0.677\ \text{g}\ H_3Cit}{0.00353\ \text{mol}\ H_3Cit} = 192\ \text{g/mol}$$

적정 데이터를 사용하여 시트르산의 몰 질량을 192 g/mol으로 결정하였다. 시트르산의 화학식이 $H_3C_6H_5O_7$임을 고려하여 각 원자량을 모두 더하여 몰 질량을 계산하면 그 값은 192.14g/mol이 된다.

**실전 연습문제**

벤조산은 흔한 식품 방부제로 분자식은 $HC_7H_5O_2$이다. 벤조산 시료 0.806 g을 중화하는 데 0.293 *M* NaOH 용액이 22.55 mL가 필요하다면, 벤조산의 몰 질량은 얼마인가? 이 반응의 균형 화학반응식은 다음과 같다.

$$HC_7H_5O_2(aq) + NaOH(aq) \rightarrow NaC_7H_5O_2(aq) + H_2O(l)$$

**답:** 122 g/mol

**개념 문제**

수산화 소듐으로 벤조산을 적정할 때 종말점에서 페놀프탈레인 지시약은 무슨 색을 띠는가?

**답:** 부록 G, 14.8 참조

## 14.7 물의 이온화 반응

**학습 목표**

- 물의 이온화 상수식, $K_w$를 표현할 수 있다.
- 주어진 $H^+$의 몰 농도를 이용하여 수산화 이온의 몰 농도를 계산할 수 있다.

우리는 금속이 좋은 전기 전도체라는 것을 알고 있다. 만약 열쇠의 전기 전도도 실험을 한다면 어떤 일이 일어날까? 열쇠는 금속으로 만들어졌으므로 전류가 통할 것이라고 예상할 수 있다. 그림 14.4(a)에서, 열쇠는 전기 전도도 측정 장치의 회로를 완성함으로써 전구에 불이 켜지게 하는 것을 볼 수 있다. 이것을 다음과 같이 설명할 수 있다. 전기는 전자의 흐름으로 정의된다. 11.5절에서 설명한 대로, 금속에 있는 원자가 전자는 자유롭게 흐를 수 있다는 전자 바다 모델을 상기해 보자. 전류는 전자들을 한 원자에서 다른 원자로 밀어낼 수 있다. 따라서 전자들이 한 원자에서 다른 원자로 이동하는 것과 마찬가지로 전류는 금속 열쇠의 한쪽 끝에서 다른 쪽 끝으로 흐르게 된다.

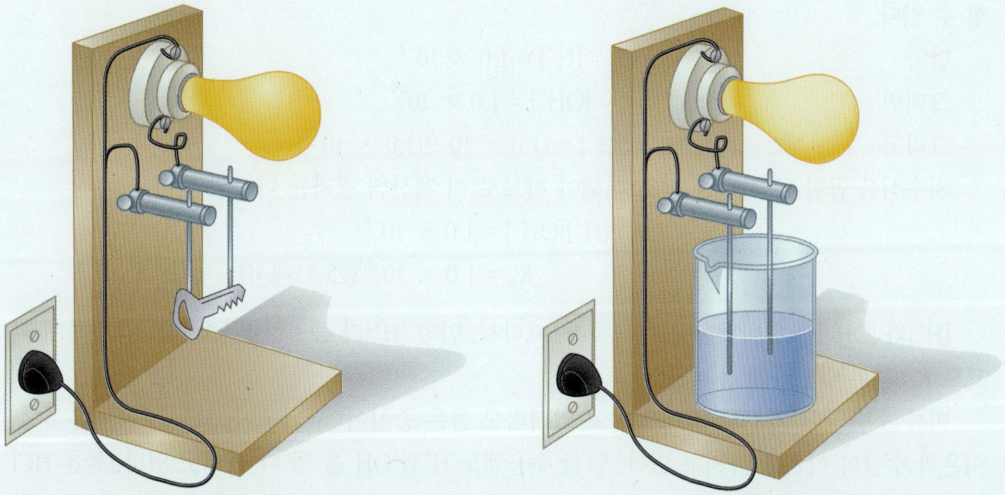

(a) 강한 전도체 (b) 약한 전도체

◀**그림 14.4 전도도 측정 장치** (a) 금속은 좋은 전기 전도체이다. 금속 열쇠는 전기 회로를 완성함으로써 전구에 불이 들어오도록 한다. (b) 순수한 물은 매우 나쁜 전기 전도체여서 전기가 매우 약하게 통하게 하고 따라서 전구에 매우 약한 불이 들어오도록 한다.

순수한 물에 대한 전기 전도 실험을 해보면 어떻게 될까? 그림 14.4(b)에서 보듯이, 순수한 물은 아주 약한 전기 전도체이다. 많은 실험적 증거들은 물 한 분자로부터 다른 물 분자로 전자를 이동시키기가 매우 어렵다는 것을 보여준다. 그렇다면 순수한 물에서 전기가 약간 통하는 현상을 어떻게 설명할 수 있을까? 이러한 현상은 순수한 물에 이온이 존재한다고 가정하면 설명될 수 있다.

아레니우스는 염이 녹아있는 수용액이 좋은 전기 전도체임을 발견하였다. 그는 용액 중에 있는 이온(ion)들이 전기 전도를 일으키는 원인이 된다고 정확하게 결론지었다. 물은 매우 약한 전도체이기 때문에, 순수한 물에는 매우 적은 양의 이온이 존재한다고 결론 내릴 수 있다(그림 14.5).

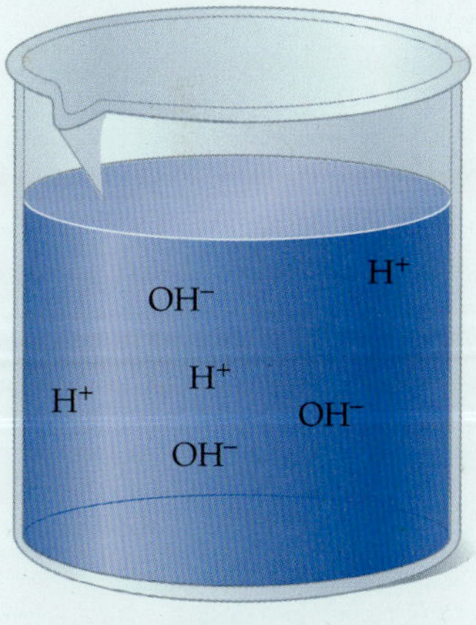


▲**그림 14.5 물의 이온화** 순수한 물은 이온화하여 매우 적은 양의 수소 이온과 수산화 이온을 내놓는다. 대략 5억 개 분자 중 한 분자만 이온화되기 때문에 물은 매우 약한 전기 전도체이다.

우리는 액체 상태의 물 분자들은 자유롭게 돌아다니면서 서로 충돌한다는 것을 알고 있다. 아주 드물게 발생하기는 하지만, 우연한 기회에 두 개의 물 분자는 그들의 결합을 끊을 수 있을 만큼 충분한 에너지를 가지고 서로 충돌한다. 이렇게 결합이 끊어지는 과정을 통해서 하이드로늄 이온, $H_3O^+$과 수산화 이온, $OH^-$가 생성된다. 더욱이 이 일은 동적 과정으로 발생한다. 일부 분자들의 결합이 끊어지는 동안에 다른 한편으로는 이온들이 결합하여 물 분자를 만든다. 어떤 주어진 순간에, 대략 5억 개 분자 중 단 한 분자만이 이온화된다. 그러나 비록 물에 존재하는 이온의 양이 매우 작기는 하지만 매우 약한 전류를 흐르게 하는 데에는 충분하다. 이 충돌 반응에 대한 화학반응식은 다음과 같다.

$$H_2O(l) + H_2O(l) \rightarrow \underset{\text{하이드로늄 이온}}{H_3O^+(aq)} + \underset{\text{수산화 이온}}{OH^-(aq)}$$

이 물의 이온화를 아래와 같이 간단하게 쓰기도 한다.

$$H_2O(l) \rightarrow \underset{\text{수소 이온}}{H^+(aq)} + \underset{\text{수산화 이온}}{OH^-(aq)}$$

순수한 물에서 수소 이온 농도는 25 ℃에서 $1.0\times10^{-7}$ mol/L이다. 만약 수소 이온 농도를 안다면, 수산화 이온의 농도도 알 수 있다. 물 한 분자가 이온화되어 하나의 $H^+$와 하나의 $OH^-$가 생성되기 때문에, 두 이온의 농도는 같다. 그러므로 $OH^-$의 농도 또한 25 ℃에서 $1.0\times10^{-7}$ mol/L이어야 한다. 더욱이 $H^+$의 몰 농도에 $OH^-$의 몰 농도를 곱한 값은 상수가 된다. 이 곱을 **물의 이온화 상수(ionization constant of water, $K_w$)**라 한다.

이제 25 ℃에서의 $K_w$ 값을 계산해 보자. 편의상, 우리들은 사각괄호, [ ]를 사용하여 몰 농도를 표시한다. 따라서 $[H^+]$는 수소 이온의 몰 농도를 나타낸다. $K_w$ 값을 다음과 같이 계산할 수 있다.

만약 $$[H^+] = 1.0 \times 10^{-7}$$

그러면 $$[OH^-] = 1.0 \times 10^{-7}$$

그리고 $$[H^+][OH^-] = (1.0 \times 10^{-7})(1.0 \times 10^{-7})$$

지수식을 곱할 때 지수는 서로 더해야 하므로 이 계산의 결과는 다음과 같다.

$$[H^+][OH^-] = 1.0 \times 10^{-14}$$

$$K_w = 1.0 \times 10^{-14} (25\ ℃\text{에서})$$

$[H^+]$와 $[OH^-]$는 반비례함을 주목하라. 따라서, 만약 $[H^+]$가 증가하면 $[OH^-]$는 감소하게 되므로 $K_w$ 값은 일정하게 유지된다.

비록 소량의 $H^+$와 $OH^-$을 포함하고 있더라도 물은 중성이다. 더욱이, 모든 수용액은 수소 이온과 수산화 이온을 가지고 있다. 염산 수용액도 $H^+$과 $OH^-$을 둘 다 가지고 있다. 물론 HCl 수용액에서는 $H^+$의 농도는 높고, $OH^-$은 약간만 존재한다. 모든 수용액에서, $[H^+]$와 $[OH^-]$의 곱은 물의 이온화 상수 값과 같다.

$$[H^+][OH^-] = 1.0 \times 10^{-14}$$

만약 HCl 수용액이 0.1 *M*이라면, 수산화 이온의 농도를 다음과 같이 계산할 수 있다.

$$[0.1][OH^-] = 1.0 \times 10^{-14}$$

그리고 $$[OH^-] = 1.0 \times 10^{-13}$$

비록 $[OH^-]$가 단지 0.000 000 000 0001 M이라 하더라도, 염산 용액은 미량이지만 수산화 이온을 포함하고 있다는 것이다.

요약하자면, 산성 수용액에서는 $[H^+]$가 $[OH^-]$ 보다 크다. 염기성 수용액에서는 $[H^+]$가 $[OH^-]$보다 작다. 중성 수용액에서는 $[H^+]$가 $[OH^-]$과 같다. 다음 예제 14.9는 수용액에서 수소 이온과 수산화 이온의 개념을 설명하고 있다.

### 예제 14.9 이온화 상수, $K_w$

25 ℃에서 수용액 중의 수소 이온 농도가 다음과 같을 때, 수산화 이온의 몰 농도는 얼마인가?

(a) $[H^+] = 1.4 \times 10^{-6}$ (b) $[H^+] = 5.2 \times 10^{-11}$

**해답**

물의 이온화 상수로부터, $[H^+][OH^-] = 1.0 \times 10^{-14}$이다.

(a) $[H^+]$가 $1.4 \times 10^{-6}$이면, $[OH^-]$는 다음과 같이 계산할 수 있다.

$$K_w = [H^+][OH^-] = 1.0 \times 10^{-14}$$

$$[1.4 \times 10^{-6}][OH^-] = 1.0 \times 10^{-14}$$

양변을 $1.4 \times 10^{-6}$으로 나누면, 다음 결과를 얻는다.

$$[OH^-] = 7.1 \times 10^{-9}$$

(b) $[H^+]$가 $5.2 \times 10^{-11}$이면, $[OH^-]$는 다음과 같이 계산할 수 있다.

$$K_w = [H^+][OH^-] = 1.0 \times 10^{-14}$$

$$[5.2 \times 10^{-11}][OH^-] = 1.0 \times 10^{-14}$$

양변을 $5.2 \times 10^{-11}$로 나누면, 다음 결과를 얻을 수 있다.

$$[OH^-] = 1.9 \times 10^{-4}$$

**실전 연습문제**

수용액 중의 수산화 이온의 농도가 다음과 같다면, 수소 이온의 몰 농도는 얼마인가?

(a) $[OH^-] = 7.5 \times 10^{-4}$　　(b) $[OH^-] = 2.1 \times 10^{-10}$

**답:** (a) $[H^+] = 1.3 \times 10^{-11}$　　(b) $[H^+] = 4.8 \times 10^{-5}$

**개념 문제**

왜 증류수는 수소 이온과 수산화 이온을 포함하고 있음에도 중성인지 그 이유를 설명하라.

**답:** 부록 G, 14.9 참조

## 14.8 pH 개념14.6 산–염기 표준화

**학습 목표**

▶ pH 값과 $[H^+]$와의 관계를 설명할 수 있다.

제14장 1절에서, pH를 소개하였다. 다시 한번 살펴보면 순수한 물은 중성이고 pH 7이다. 또한 산의 pH가 7보다 작다는 것을 이미 알고 있다. pH 값이 *감소*하면, 용액의 산성은 증가한다. 따라서, pH 3은 pH 4보다 더 산성이다. pH 값이 *증가*하면, 용액은 더 염기성이 된다. 따라서 pH 11은 pH 10보다 더 염기성이다.

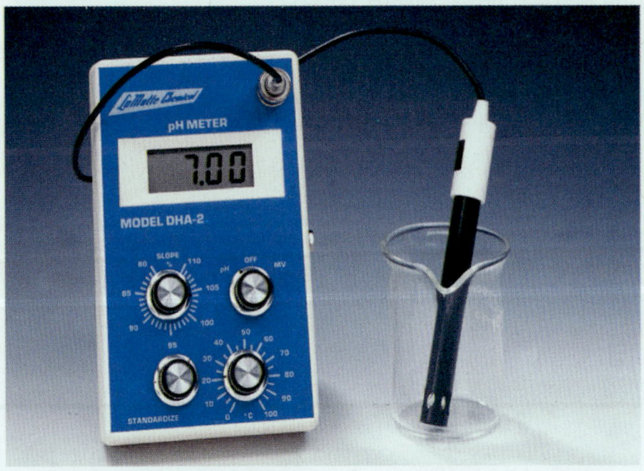


▶ **디지털 pH 미터** 디지털 pH 미터는 유리 전극(그림 참조)을 사용하여 비어커에 있는 용액의 수소 이온 농도를 측정한다. 끓인 뒤 측정한 순수한 물의 수소 이온 농도는 $1.0 \times 10^{-7}$ *M*로 이는 pH = 7.00에 해당한다.

### $[H^+]$를 pH로 변환하기

수용액에서, 수소 이온 농도는 1 *M* 이상에서부터 0.000 000 000 000 01 *M* 이하까지 다양한 값을 가질 수 있다. pH 척도는 이런 넓은 범위의 수소 이온 농도를 간편하게 표시하는 방법이다. pH 척도는 수소 이온의 몰 농도, $[H^+]$를 10의 지수로 나타내는 것이다.

바꾸어 말하면, pH는 10의 지수를 이용하여 용액 내 산의 양을 표현한다. pH가 3인 용액은 pH가 4인 용액보다 10배 더 산성이다. 반대로 pH가 11인 용액은 pH가 10인 용액보다 10배 작은 산성이다. 수학적 용어로 **pH**는 수소 이온의 몰 농도에 대한 음의 로그값이다.

▲공학용 계산기

$$pH = -\log [H^+]$$

예를 들어, 만약 수소 이온의 몰 농도, $[H^+]$가 0.1 M 이면, pH는 다음과 같다.

$$pH = -\log 0.1$$

pH 문제를 해결하기 위해 로그함수 자체를 이해할 필요는 없다. 단지 필요한 것은 수소 이온 농도를 10의 지수로 표시하면 그 지수가 로그값과 같다는 것만 알면 된다. 이와 유사한 용어가 지진의 강도를 나타내는 리히터 규모(Richter Scale)이다. 리히터 규모는 로그 척도이며 강도 6의 지진은 강도 5의 지진보다 10배 더 강한 지진이다.

수소 이온 농도 0.1 *M*을 10의 지수($10^{-1}$)로 쓰면 pH는 다음과 같다.

$$pH = -\log 10^{-1}$$
$$= -(-1) = 1$$

따라서, 수소 이온 농도 0.1 *M* 의 pH는 1이다.

다음 예제는 수용액의 주어진 수소 이온 몰 농도로부터 pH를 구하는 연습을 위한 것이다.

▲**식초** 아세트산은 식초에서 발견되는 화합물로 식초가 신맛을 나도록 한다.

## 예제 14.10 $[H^+]$를 pH로 변환하기

수소 이온의 몰 농도가 다음과 같이 주어진 용액의 pH를 계산하라.

(a) 식초, $[H^+] = 0.001\ M$ (b) 제산제(antacid), $[H^+] = 0.000\ 000\ 001\ M$

**해답**

(a) 식초의 pH는 $-\log [H^+]$와 같다.

$$pH = -\log 0.001 = -\log 10^{-3}$$
$$= -(-3) = 3$$

식초의 신맛은 산의 존재함을 의미한다. 식초의 산은 아세트산, $CH_3COOH$이고, pH는 대략 3 정도이다.

(b) 제산제의 pH는 $-\log [H^+]$와 같다.

$$pH = -\log 0.000\ 000\ 001 = -\log 10^{-9}$$
$$= -(-9) = 9$$

**실전 연습문제**

수소 이온의 몰 농도가 0.0001 *M*인 사과주스의 pH를 계산하라.

**답:** pH = 4

**개념 문제**

pH가 4인 사과주스는 약산성, 중성, 또는 약염기성 용액 중 어느 것으로 분류하겠는가?

**답:** 부록 G, 14.10 참조

## pH를 $[H^+]$ 로 변환하기

용액의 pH가 주어지면, 그 용액의 수소 이온 몰 농도를 계산할 수 있다. 용액의 수소 이온의 몰 농도를 표현하기 pH 정의를 다시 정리해 보자. 아래 보인 것처럼 $[H^+]$는 10의 -pH 제곱과 같다.

$$[H^+] = 10^{-pH}$$

만약 우유의 pH가 6이라면, $[H^+]$는 다음과 같이 나타낼 수 있다.

$$[H^+] = 10^{-6} = 0.000\ 001\ M$$

예제 14.11은 주어진 pH를 수소 이온의 몰 농도로 변환하는 연습을 위한 것이다.

## 예제 14.11 pH를 $[H^+]$로 변환하기

용액의 pH가 다음과 같을 때, 수소 이온의 몰 농도를 계산하라.

(a) 레몬 주스, pH 2 (b) 토마토 주스, pH 5

**해답**

(a) 레몬 주스의 수소 이온 농도는 10의 -pH 제곱과 같다. pH가 2이므로,

$$[H^+] = 10^{-pH}$$
$$= 10^{-2} = 0.01\ M$$

(b) 토마토 주스의 pH가 5이면, $[H^+]$는 다음과 같이 표시된다.

$$[H^+] = 10^{-pH}$$
$$= 10^{-5} = 0.000\ 01\ M$$

레몬 주스와 토마토 주스는 pH 단위로 3의 차이가 있다. 따라서, 레몬 주스는 토마토 주스보다 1000배 더 강한 산성 용액이다.

**실전 연습문제**

마그네시아유(magnesia)의 pH가 10일 때의 수소 이온 농도를 계산하라.

**답:** $[H^+] = 0.000\ 000\ 000\ 1\ M\ (1 \times 10^{-10}\ M)$

**개념 문제**

pH가 10인 마그네시아유는 약산성, 중성 또는 약염기성 용액 중 어느 것으로 분류하겠는가?

**답:** 부록 G, 14.11 참조

▲ **레몬 주스** 시트르산은 레몬 주스에서 신맛을 낸다.

## 14.9 고급 pH 계산

**학습 목표**

▶ pH 값과 수소 이온의 몰 농도를 계산할 수 있다.

앞의 절에서, 수소 이온 농도를 표현하는 지수적 방법으로 pH를 정의하였으나 오직 정수 값을 가지는 pH에 대해서만 다루었다. 하지만 많은 화학반응들의 pH가 소수 값의 단위에서 엄밀하게 조절되어야 한다. 예를 들면, 생화학 반응은 아주 작은 pH 변화에도 매우 민감하다. 실제로, 우리 혈액의 pH는 7.3-7.5 사이의 아주 좁은 범위 내에서 유지되어야한다. 혈액 속에 있는 정교한 완충계(buffering system)를 통해 pH를 이렇게 좁은 범위 안에서 조절할 수 있는데, 이 완충계는 여러 가지 탄산 이온과 인산 이온 그리고 단백질 등을 포함하고 있다.

### $[H^+]$를 pH로 변환하기

pH에 대한 수학적인 정의를 다시 살펴보면, pH는 수소 이온 몰 농도에 대한 음의 로그값이다.

$$pH = -\log [H^+]$$

수소 이온 농도가 0.00015 M인 용액의 pH를 계산해보자. pH 계산식은 다음과 같다.

$$pH = -\log 0.00015$$
$$= -\log 1.5 \times 10^{-4}$$

공학용 계산기를 사용하면 주어진 수에 대한 로그값을 쉽게 구할 수 있다. 공학용 계산기에 $1.5 \times 10^{-4}$를 입력하고 로그 키를 누르면, 표시 창에 -3.82가 나타난다. pH 값은 음의 대수이므로 아래 과정을 통해 음의 부호를 바꾸어 준다.

$$pH = -(-3.82)$$
$$= 3.82$$

▲**포도 주스** 주석산(tartaric acid)은 포도 주스에서 발견되는데, 포도 주스의 부드러운 신 맛을 낸다.

주어진 농도의 유효 숫자 자리수와 로그 계산 값의 소수점 이하의 자리수가 같아야 함에 주의한다. 위의 예에서 보면 농도의 두 개의 유효 숫자를 가지고 있으므로 이 농도에 대한 로그 계산 값은 소수점 이하 두 자리를 가져야 한다. 예제 14.12는 수소 이온의 몰 농도가 주어진 수용액의 pH를 구하는 문제이다.

### 예제 14.12 $[H^+]$를 pH로 변환하기

수소 이온의 몰 농도가 주어진 다음 용액의 pH를 계산하라.

(a) 위산, $[H^+] = 0.020\ M$ (b) 혈액, $[H^+] = 0.000\ 000\ 048\ M$

**해답**

(a) 위산의 pH는 다음과 같이 계산할 수 있다.

$$\begin{aligned} pH &= -\log 0.020 \\ &= -(-1.70) \\ &= 1.70 \end{aligned}$$

위산의 pH 범위는 1~3이다; 따라서, 이 시료의 상태는 정상이다.

(b) 혈액의 pH는 다음과 같이 계산할 수 있다.

$$\begin{aligned} pH &= -\log 0.000\ 000\ 048 \\ &= -\log 4.8 \times 10^{-8} \\ &= -(-7.32) \\ &= 7.32 \end{aligned}$$

혈액의 pH범위는 7.3~7.5이다; 따라서, 이 시료의 상태는 정상이다.

**실전 연습문제**

수소 이온 농도가 0.000 089 M 인 포도 주스의 pH를 계산하라.

**답:** pH = 4.05

**개념 문제**

pH가 4.05인 포도 주스는 약산성, 중성, 또는 약염기성 용액 중 어느 것으로 분류하겠는가?

**답:** 부록 G, 14.12 참조

## pH를 $[H^+]$ 로 변환하기

앞에서, $[H^+]$는 10의 −pH 제곱으로 나타내었다. 즉

$$[H^+] = 10^{-pH}$$

만약 오렌지 주스의 pH가 2.75라면, 이 주스의 $[H^+]$는 다음과 같이 표현된다.

$$[H^+] = 10^{-2.75}$$

소수 값을 가지는 지수 값을 구하려면, 공학용 계산기를 사용하여 역 로그값을 구해야 한다. −2.75를 입력하고 역 로그 키를 누르면 표시 창에 0.0018 또는 $1.8 \times 10^{-3}$이 나타난다.

$$[H^+] = 10^{-2.75} = 0.0018\ M$$

다음 예제는 주어진 pH를 수소 이온의 몰 농도로 변환하는 또 다른 연습이다.

## 예제 14.13 pH를 $[H^+]$로 변환하기

다음과 같이 pH가 주어진 용액의 수소 이온의 몰 농도를 계산하라.
(a) 산성비, pH 3.68 (b) 바닷물, pH 7.85

**해답**

(a) 산성비의 pH가 3.68이면, $[H^+]$는 다음과 같이 구할 수 있다.

$$[H^+] = 10^{-3.68}$$

공학용 계산기를 사용하여 역 로그값을 구하면, 답이 얻어진다.

$$[H^+] = 2.1 \times 10^{-4} = 0.000\,21\ M$$

(b) 바닷물의 pH가 7.85이면, $[H^+]$는 다음과 같이 구할 수 있다.

$$[H^+] = 10^{-7.85} = 1.4 \times 10^{-8} = 0.000\,000\,014\ M$$

**실전 연습문제**

pH가 3.25인 포도주 속에 들어있는 수소 이온의 농도를 계산하라.

**답:** $[H^+] = 0.000\,56\ M\ (5.6 \times 10^{-4}\ M)$

**개념 문제**

pH가 3.25인 포도주는 약산성, 중성 또는 약염기성 용액 중 어느 것으로 분류하겠는가?

**답:** 부록 G, 14.13 참조

## 예제 14.14 $K_w$, $[H^+]$, $[OH^-]$와 pH

수소 이온의 농도가 다음과 같이 변할 때 수산화 이온의 농도 변화를 설명하라.
(a) $[H^+]$가 증가하면 $[OH^-]$는 어떻게 되겠는가?
(b) $[H^+]$가 감소하면 $[OH^-]$는 어떻게 되겠는가?

**해답**

(a) $[H^+]$가 증가하면 $[OH^-]$는 감소한다; $K_w = [H^+][OH^-]$.
(b) $[H^+]$가 감소하면 $[OH^-]$는 증가한다; $K_w = [H^+][OH^-]$.

**실전 연습문제**

수소 이온의 몰 농도가 다음과 같이 변할 때 pH 변화를 설명하라.
(a) $[H^+]$가 증가하면 pH는 어떻게 되겠는가?
(b) $[H^+]$가 감소하면 pH는 어떻게 되겠는가?

**답:**

(a) $[H^+]$가 증가하면 pH는 감소한다.
(b) $[H^+]$가 감소하면 pH는 증가한다.

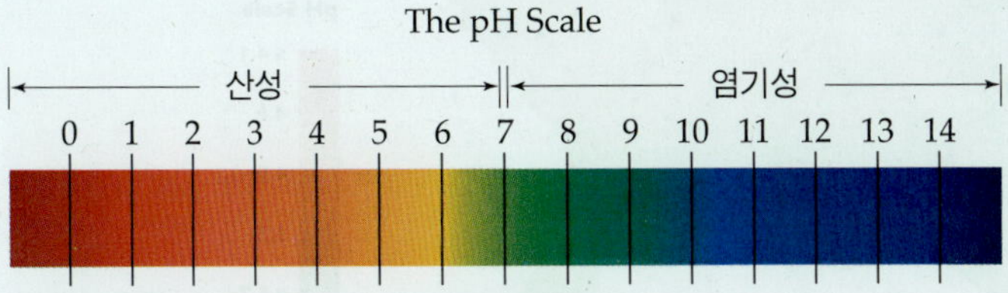


◀ pH 척도

**개념 문제**

물의 온도가 25 ℃ 이상 높아지면 운동 에너지가 증가하고 더 많은 물 분자들이 이온화된다. $K_w$ 값은 25 ℃보다 높은 온도에서 증가하겠는가 혹은 감소하겠는가? 50 ℃에서 증류수의 pH는 7.0보다 높은가 낮은가?

**답:** 부록 G, 14.14 참조

## 자세히 보기 산성비(Acid Rain)

### Q: "산성비"에서는 어떤 산(acid)들이 발견되는가?

1935년도 찍은 조오지 워싱턴(George Washington) 조각상의 사진과 현재 찍은 사진을 비교해 보라. 두 사진의 현저한 차이는 산성비에 기인한 것으로 산성비는 조각상의 탄산 칼슘과 반응하여 조각상을 침식한다.

영국인 화학자 스미스(Robert Smith)가 런던에 내린 빗물을 조사한 후 "산성비(*acid rain*)"라는 용어를 만들었다. 그는 석탄의 연소로부터 심하게 오염된 대기에서 생성된 비가 비정상적으로 산성인 것을 발견하였다. 산성비라는 말은 계속 사용되고 있고 오늘날에는 pH 5 이하의 비를 산성비라고 한다.

산성비를 일으키는 기체의 대부분은 황이나 질소의 산화물이다. 대기 중의 이산화 황과 삼산화 황은 제련소나 발전소에서 주로 배출된다. 이곳에서는 황의 농도가 높은 낮은 질의 석탄을 연료로 사용한다. 질소 산화물의 대부분은 자동차로부터 배출된다. 황과 질소 산화물이 대기 중으로 방출되면, 대기 중의 수증기에 용해된다. 나중에 내리는 비는 황산과 질산을 포함하는 빗방울이 된다.

정상적인 비나 산성비는 모두 산성이지만, pH 값은 서로 다르다. 정상적인 비는 대략 5.5 정도의 pH를 가진다. 이렇게 약간의 산성을 띠는 것은 대기 중의 이산화 탄소가 빗방울에 녹아 묽은 탄산 용액을 생성하기 때문이다. 센 산성비는 정상적인 비의 경우보다 수백 배 높은 산성을 띠는데, 건강에 안 좋은 2.8의 pH를 가지는 산성비가 내린 기록이 있다. 미국 북동부에 내리는 산성비는 pH가 4인데, 석탄 연소에서 방출되는 황산화물 때문이다(아래 지도를 보라).

산성비는 전 지구적인 문제로 모든 나라가 산성비를 줄이기 위해 노력하고 있다. 한 가지 방법은 환경오염 물질의 배출을 줄이는 것이다. 캐나다는 자국의 이산화 황 배출을 감소시키기 위한 프로그램을 시행하고 있다. 미국과 일본 그리고 독일은 질 좋은 석탄을 사용함으로써 황의 산화물 배출을 줄이고 있다. 결국, 산성비 문제는 대체 에너지원 사용을 늘림으로써 최소화될 수 있다. 즉, 수력 발전이나 태양에너지가 대기를 오염시키지 않을 가능성 있는 에너지원이다.

◀**산성비** 왼쪽에 있는 사진은 1935년에 찍은 조오지 워싱턴의 석회암 조각상을 보여주고 있다. 오른쪽 사진은 최근에 찍은 것으로 산성비의 영향 즉, 대리석에 있는 탄산 칼슘을 녹여 없애버린 것을 보여주고 있다.

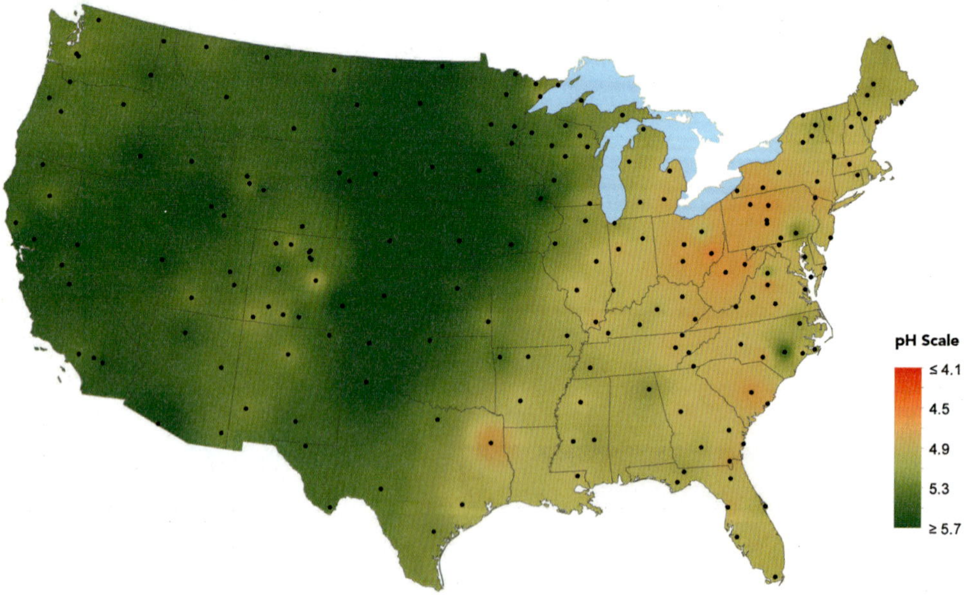


**A:** 산성비에는 화석 연료의 연소로부터 나오는 탄산, 자동차 배기 가스로부터 나오는 질산, 질 낮은 석탄의 연소로부터 나오는 황산이 들어 있다(지도 위의 점은 미국의 주요 도시를 나타낸다).

## 14.10 강전해질과 약전해질

**학습 목표**

- 강전해질과 약전해질의 전기 전도도를 설명할 수 있다.
- 이온화 또는 비이온화로 강전해질과 약전해질을 설명할 수 있다.

물은 매우 소량만 이온화되기 때문에 약한 전기 전도체이다. 실험실에서 전기 전도도 측정 장치를 사용하여 수용액에 녹아 있는 물질이 강한 전기 전도체인지 약한 전기 전도체인지 결정할 수 있다. 만약 수용액이 좋은 전기 전도체이면 **강전해질(strong electrolyte)**이라 부르고 수용액이 나쁜 전기 전도체이면 **약전해질(weak electrolyte)**이라고 부른다.

그림 14.6과 같은 장치를 사용하여 염산과 아세트산의 전기 전도도 시험을 해 볼 수 있다. 실험 관찰 결과로부터, 염산은 강전해질이기 때문에 거의 대부분이 이온화된다고 결론내릴 수 있다. 아세트산은 약전해질이기 때문에 아주 소량만 이온화된다. 전도도 측정 장치를 이용한 유사한 실험을 통하여 수용액의 전해질 특성을 알아 볼 수 있다.

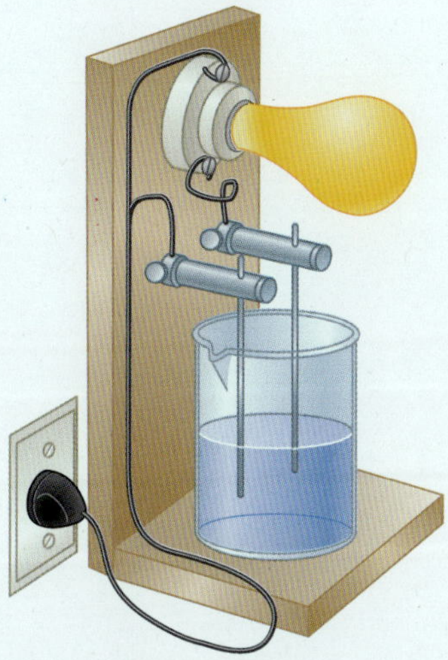

(a) 강전해질

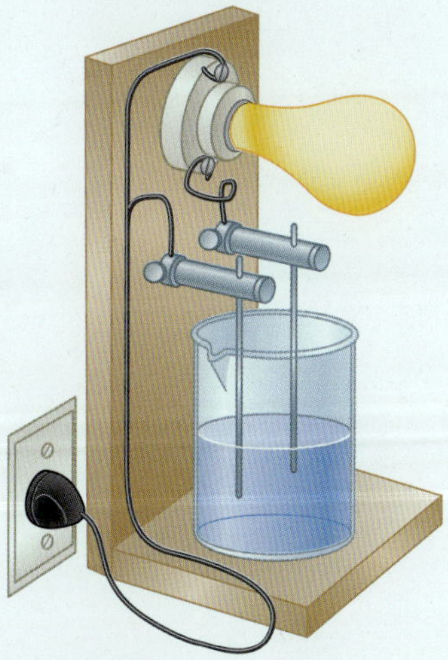

(b) 약전해질

**▲그림 14.6 수용액의 전도도**
(a) 염산 수용액은 강전해질이고 전구는 밝게 빛나고 있다. (b) 아세트산 수용액은 약전해질이고 전구는 약하게 빛나고 있다.

### 수용액에서의 이온화도

어떤 물질의 이온화도는 수용액의 전도도 시험을 통해 측정할 수 있다. 강전해질은 이온화가 많이 된다. 강전해질에 속하는 것은 강산과 강염기 그리고 가용성 이온 화합물들이다. 가용성 이온 화합물은 이온으로 해리되면서 용해된다.

약전해질은 약간만 이온화된다. 약전해질에 속하는 것은 약산과 약염기 그리고 용해도가 매우 낮은 이온 화합물들이다. 난용성으로 분류된 이온 화합물이라고 하더라도, 실제로 약간은 용해된다. 난용성 이온 화합물이 용액 중에서 녹는 양은 약전해질로 작용하는 데는 충분한 양이다. 표 14.5에 강전해질과 약전해질의 예를 보여주고 있다.

**표 14.5 강한 전해질과 약한 전해질**

| 강전해질 | 약전해질 |
|---|---|
| *강산—* | *약산—* |
| 염산, $HCl(aq)$ | 플루오린화 수소산, $HF(aq)$ |
| 질산, $HNO_3(aq)$ | 아질산, $HNO_2(aq)$ |
| 황산, $H_2SO_4(aq)$ | 아황산, $H_2SO_3(aq)$ |
| 과염소산, $HClO_4(aq)$ | 아세트산, $HC_2H_3O_2(aq)$ |
| | 탄산, $H_2CO_3(aq)$ |
| | 인산, $H_3PO_4(aq)$ |
| *강염기—* | *약염기—* |
| 수산화 소듐, $NaOH(aq)$ | 수산화 암모늄, $NH_4OH(aq)$ |
| 수산화 포타슘, $KOH(aq)$ | 난용성 수산화물 |
| 수산화 리튬, $LiOH(aq)$ | $Mg(OH)_2(s)$, $Al(OH)_3(s)$, $Fe(OH)_3(s)$ |
| 수산화 칼슘, $Ca(OH)_2(aq)$ | |
| 수산화 스트론튬, $Sr(OH)_2$ | |
| 수산화 바륨, $Ba(OH)_2$ | |
| *가용성 염—* | *난용성 염*—* |
| 염화 소듐, $NaCl(aq)$ | 염화 은, $AgCl(s)$ |
| 탄산 포타슘, $K_2CO_3(aq)$ | 탄산 칼슘, $CaCO_3(s)$ |
| 황산 아연, $ZnSO_4(aq)$ | 황산 바륨, $BaSO_4(s)$ |

* 난용성 염은 물에서 아주 소량만 녹지만 매우 약한 전해질 용액이 되기에는 충분한 수의 이온으로 해리된다.

전도도 실험으로부터, 용액의 이온화도를 결정할 수 있다. 즉 많이 이온화되는 강한 전해질과 조금 이온화되는 약한 전해질로 구분할 수 있다. 강한 전해질은 수용액에서 거의 완전히 이온화된다. 예를 들면, 염화 소듐이나 염화 칼슘은 다음과 같이 이온으로 해리된다.

$$NaCl(aq) \rightarrow Na^+(aq) + Cl^-(aq)$$
$$CaCl_2(aq) \rightarrow Ca^{2+}(aq) + 2\,Cl^-(aq)$$

주어진 전해질의 세기로부터 수용액에서 전해질이 이온화되는 양을 예측할 수 있다. 즉, 용액 속 이온의 수는 전도도와 비례한다. 강전해질은 대부분 이온화되므로, 이온 형태로 화학식을 쓴다. 약전해질은 극히 일부만 이온화되기 때문에, 이온화되지 않은 형태로 화학식을 쓴다. 이온화되지 않은 형태는 보통 분자식으로 불린다. 이는 엄밀하게 말하면 아주 정확한 표현은 아니다. 왜냐하면 이온 화합물은 분자가 아니라 화학식 단위로 존재하기 때문이다. 다음 예제는 수용액에 녹아 있는 전해질의 화학식을 어떻게 쓰는지 보여주고 있다.

## 예제 14.15 강전해질과 약전해질

주어진 전해질 세기를 바탕으로 다음 각 수용액에 존재하는 이온 형태 또는 이온화되지 않은 형태의 화학식을 쓰라.

(a) $HNO_3(aq)$, 강　(b) $NH_4OH(aq)$, 약　(c) $K_2CO_3(aq)$, 강

**해답**

(a) 질산 용액은 강전해질이므로 거의 대부분 이온화된다. 따라서 화학식은 이온화된 형태로 $H^+(aq)$와 $NO_3^-(aq)$로 쓴다.

(b) 수산화 암모늄 용액은 약전해질이므로 극히 일부만 이온화된다. 따라서 이온화되지 않은 형태로 $NH_4OH(aq)$와 같이 쓴다.

(c) 탄산 포타슘 용액은 강전해질이므로 거의 모두 이온화된다. 따라서, $2K^+(aq)$와 $CO_3^{2-}(aq)$로 쓴다.

**실전 연습문제**

전해질의 세기가 다음과 같이 주어질 때, 수용액 중의 이온 형태나 비이온 형태의 화학식을 쓰라.

(a) $HF(aq)$, 약　(b) $Ba(OH)_2(aq)$, 강　(c) $CaCO_3(s)$, 약

**답:** (a) $HF(aq)$　(b) $Ba^{2+}(aq)$와 $2OH^-(aq)$　(c) $CaCO_3(s)$

**개념 문제**

약산 $HF(aq)$가 약염기 $NH_4OH(aq)$를 중화할 때, 전도도 측정 장치의 전구 불빛이 밝게 빛나겠는가 혹은 희미하게 빛나겠는가?

**답:** 부록 G, 14.15 참조

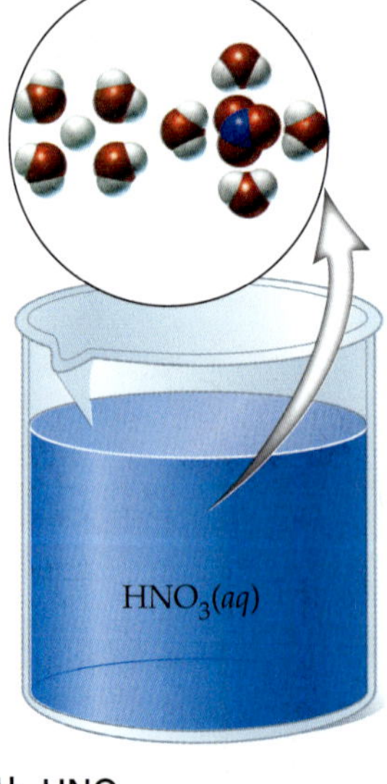


▲**질산, $HNO_3$**
질산은 강전해질로 수용액에서 거의 100% 이온화된다.

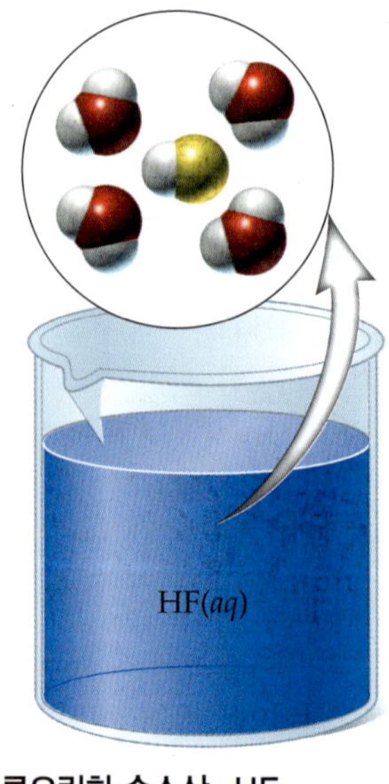


▲**플루오린화 수소산, HF**
플루오린화 수소산은 약전해질로 수용액에서 1% 미만만 이온화된다.

**주 의** 예제에서 우리는 수용액이 강전해질인지 약전해질인지를 생각해 보았다. 그런데 어떤 액체는 비전해질이다. 즉, 비전해질 액체는 전기를 전혀 전도하지 않는다. 예를 들면, 알코올, 에터, 아세톤과 같은 유기 액체가 여기에 속한다.

## 14.11 알짜 이온 반응식

**학습 목표**

- 알짜 이온 반응식을 쓰는 과정을 설명할 수 있다.
- 주어진 화학반응식에 대한 알짜 이온 반응식을 쓸 수 있다.

14장 10절에서, 우리는 강전해질의 이온 형태 화학식과 약전해질의 이온화되지 않은(비이온 형태) 화학식을 쓰는 방법을 배웠다. 이온화 개념을 이용하여 우리는 이온 용액을 보다 정확하게 나타낼 수 있다. 즉, 강전해질을 이온 형태로 표시함으로써 화학반응식을 쓸 수 있다.

염산과 수산화 소듐의 중화 반응을 생각해 보자. 이 반응에 대한 이온화되지 않은 형태의 반응식은 다음과 같다.

$$HCl(aq) + NaOH(aq) \rightarrow NaCl(aq) + H_2O(l)$$

강산과 강염기 그리고 가용성 염은 이온 형태의 화학식을 써서 위 반응을 더 정확하게 표현할 수 있다. **전체 이온 반응식(total ionic equation)**에서 각 화합물은 용액 중에 주로 존재하는 형태로 쓴다. 거의 모두 이온화되는 물질을 표 14.5에서 나타내었다. 강전해질에는 HCl과 NaOH 그리고 NaCl이 있다. 따라서 위 반응식은 다음과 같이 쓸 수 있다.

$$H^+(aq) + Cl^-(aq) + Na^+(aq) + OH^-(aq) \rightarrow Na^+(aq) + Cl^-(aq) + H_2O(l)$$

$Na^+(aq)$과 $Cl^-(aq)$은 반응식 양쪽에 모두 나타남을 주목하자. 이러한 이온들을 **구경꾼 이온(spectator ion)**이라 부른다. 이들은 용액 중에 존재하지만 반응에는 참여하지 않는다. 구경꾼 이온을 제거함으로써 전체 이온 반응식을 보다 간단하게 표현할 수 있다. 그 결과는 반응에 참여하는 물질만 나타내는 **알짜 이온 반응식(net ionic equation)**이다. 위 반응의 알짜 이온 반응식은 다음과 같다.

$$H^+(aq) + OH^-(aq) \rightarrow H_2O(l)$$

▲**염산, HCl**
염산은 강산으로 수용액에서 거의 100% 이온화된다.

▲**수산화 소듐, NaOH**
수산화 소듐은 강염기로 수용액에서 거의 100% 해리된다.

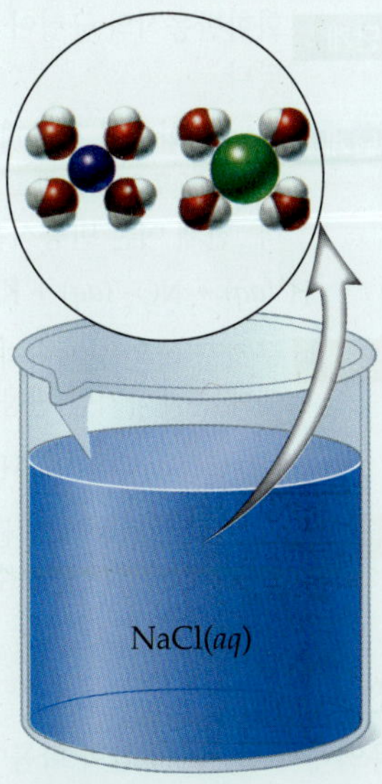


▲**염화 소듐, NaCl**
염화 소듐은 가용성 염으로 수용액에서 거의 100% 해리된다.

중화되는 실제 산과 실제 염기를 볼 수 없다는 것에 주목하자. 이 알짜 이온 반응식은 강산과 강염기가 반응하여 물이 된다는 것을 나타낸다. 강산과 강염기가 반응하여 가용성 염을 만드는 모든 반응의 알짜 이온 반응식은 사실 모두 동일하다.

알짜 이온 반응식을 쓰는데 유용한 일반적인 과정을 살펴보자. 기억해야 할 것은 알짜 이온 반응식은 우리에게 반응에 참여하는 물질의 명확한 모습을 보여 준다는 것이다. 즉, 알짜 이온 반응식은 반응에 참여하는 물질에만 우리가 주목할 수 있도록 도와준다.

## 알짜 이온 반응식 쓰기에 대한 일반적 지침

1. 이온화되지 않은 형태의 화학반응식을 쓰고 균형을 맞춘다.
2. 이온화되지 않은 형태의 화학식을 전체 이온 반응식으로 바꾼다. 강전해질은 이온 형태로 쓰고 약전해질은 이온화되지 않은 형태의 화학식으로 쓴다. 물과 용해된 기체는 이온화되지 않은 형태의 화학식으로 쓴다. 화합물이 가용성인지 난용성인지는 표 7.2를 참조한다.
3. 구경꾼 이온을 제거하여 알짜 이온 반응식을 얻는다.
   (a) 만약 구경꾼 이온을 제거했을 때 모든 화학종이 사라지면, 그러한 반응은 일어나지 않는 반응이다.
   (b) 화학 반응 계수를 간단히 하여 가장 간단한 정수 관계를 가지도록 한다.
4. 반응식 양쪽의 이온 혹은 원자를 대조한다. 반응식에서 반응물 쪽의 전체 전하(양 또는 음)는 생성물 쪽의 전체 전하와 같아야만 한다.

## 예제 14.16 중화 반응의 알짜 이온 반응식

질산과 탄산수소 포타슘 수용액 반응에 대한 알짜 이온 반응식을 쓰라.

$$HNO_3(aq) + KHCO_3(aq) \rightarrow KNO_3(aq) + H_2O(l) + CO_2(g)$$

**해답**

**1 단계 :** 화학반응식의 균형이 맞는지 확인한다. 위 반응의 경우, 계수가 모두 1이고 반응식도 균형이 맞다.

**2 단계 :** 어떤 화학종이 강하게 이온화되는지를 결정한다. 표 14.5에서, $HNO_3$가 강한 전해질임을 알 수 있다. 표 7.2에서 참고하면, $KHCO_3$와 $KNO_3$는 가용성 강전해질이며, $H_2O$와 $CO_2$는 약전해질이다. 전체 이온 반응식은 다음과 같다.

$$H^+(aq) + NO_3^-(aq) + K^+(aq) + HCO_3^-(aq) \rightarrow K^+(aq) + NO_3^-(aq) + H_2O(l) + CO_2(g)$$

**3 단계 :** 구경꾼 이온을 제거하고 알짜 이온 반응식으로 정리한다. 이 문제의 경우, $K^+$와 $NO_3^-$는 수용액에 존재하지만 반응에는 참여하지 않는다. 알짜 이온 반응식은 다음과 같다.

$$H^+(aq) + HCO_3^-(aq) \rightarrow H_2O(l) + CO_2(g)$$

**4 단계 :** 알짜 이온 반응식의 균형이 맞는지 확인한다. 위 반응식은 균형이 맞다. 왜냐하면 (a) 양쪽에 있는 각 원소의 원자수가 같고 (b) 양쪽의 전체 전하가 동일하기 때문이다. 이 경우 알짜 전하는 0이다.

**실전 연습문제**

수용액에서 질산과 수산화 바륨이 반응할 때의 알짜 이온 반응식을 쓰라.

$$2\ HNO_3(aq) + Ba(OH)_2(aq) \rightarrow Ba(NO_3)_2(aq) + 2\ H_2O(l)$$

**답:** 질산 이온과 바륨 이온은 구경꾼 이온이므로 제거할 수 있다.

$$H^+(aq)+OH^-(aq) \rightarrow H_2O(l)$$

**개념 문제**

강산 $HNO_3(aq)$가 강염기 $Ba(OH)_2(aq)$를 중화할 때 전도도 측정 기구의 불빛은 밝게 빛나겠는가 또는 희미하겠는가?

**답:** 부록 G, 14.16 참조

## 예제 14.17 침전 반응의 알짜 이온 반응식

수용액에서 질산 은과 염화 알루미늄이 반응할 때의 알짜 이온 반응식을 쓰라.

$$AgNO_3(aq) + AlCl_3(aq) \rightarrow AgCl(s) + Al(NO_3)_3(aq)$$

**해답**

**1 단계 :** 화학반응식의 균형을 맞춘다.

$$3\ AgNO_3(aq) + AlCl^{3+}(aq) \rightarrow 3\ AgCl(s) + Al(NO_3)_3(aq)$$

**2 단계 :** 어느 화학종이 강전해질인지를 결정한다. 표 7.2에서 보면, AgCl을 제외한 다른 화합물은 모두 가용성이다. AgCl은 극히 일부만 이온화되므로 전체 이온 반응식을 쓰면 다음과 같다.

$$3\ Ag^+(aq) + 3\ NO_3^-(aq) + Al^{3+}(aq) + 3\ Cl^-(aq) \rightarrow 3\ AgCl(s) + Al^{3+}(aq) + 3\ NO_3^-(aq)$$

**3 단계 :** 구경꾼 이온을 제거한다. 이 예제에서는, $Al^{3+}$와 $NO_3^-$가 반응에 참여하지 않는다. 이들을 제거하면 다음 식을 얻는다.

$$3\ Ag^+(aq) + 3\ Cl^-(aq) \rightarrow 3\ AgCl(s)$$

**4 단계 :** 반응의 균형이 맞는지를 확인한다. 이 반응에서 각 화학종의 반응 계수가 모두 3 임을 주목하라. 가장 간단한 정수로 알짜 이온 반응식을 다시 쓰면 다음과 같다.

$$Ag^+(aq) + Cl^-(aq) \rightarrow AgCl(s)$$

**실전 연습문제**

수용액에서 황산 리튬과 질산 마그네슘 사이의 반응에 대한 알짜 이온 반응식으로 쓰라.

$$Li_2SO_4(aq) + Mg(NO_3)_2(aq) \rightarrow MgSO_4(aq) + 2\ LiNO_3(aq)$$

**답:** $Li_2SO_4(aq) + Mg(NO_3)_2(aq) \rightarrow$ 반응하지 않음

**개념 문제**

모두 강전해질인 $AgNO_3(aq)$와 $AlCl_3(aq)$가 반응하여 난용성 $AgCl(s)$을 생성할 때, 전도도 측정 기구는 밝게 빛나겠는가 혹은 희미하겠는가?

**답:** 부록 G, 14.17 참조

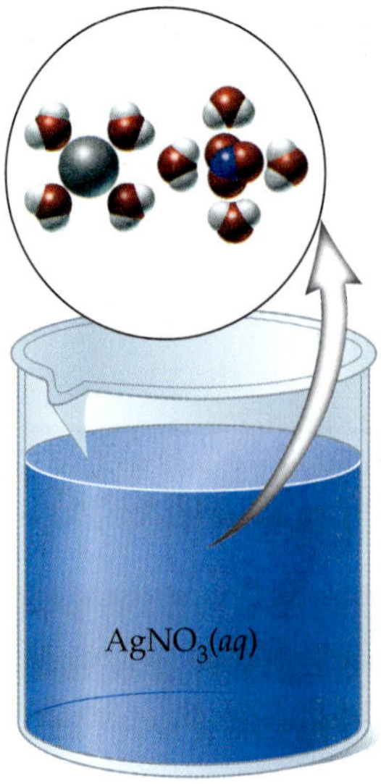


▲**질산 은, $AgNO_3$**
질산 은은 가용성 염으로 수용액에서 거의 100% 해리된다.

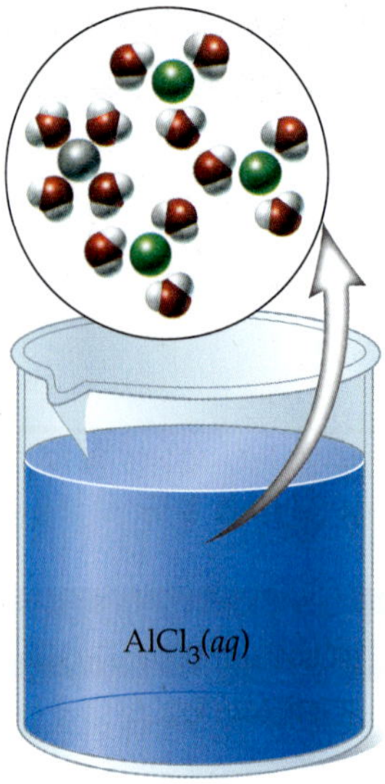


▲**염화 알루미늄, $AlCl_3$**
염화 알루미늄은 가용성 염으로 수용액에서 거의 100% 해리된다.

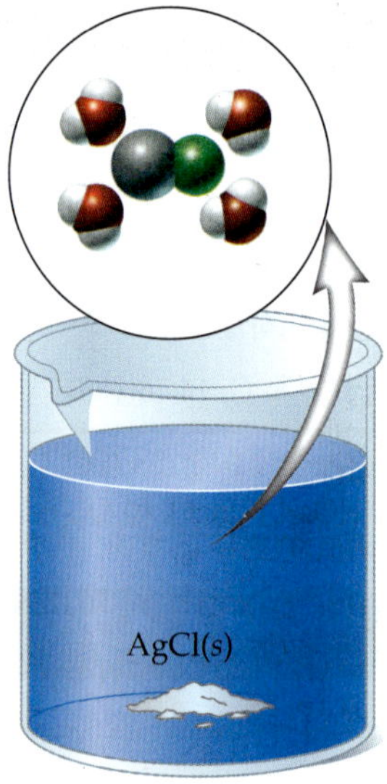


▲**염화 은, AgCl**
염화 은은 난용성 염으로 수용액에서 1% 미만만 해리된다.

# Chapter Summary

| 주요 개념 | 학습목표와 관련 연습문제 |
|---|---|
| **14.1 산과 염기의 성질**<br>산의 성질은 신맛을 내고, 리트머스 시험지를 붉게 변색시키고, 7보다 작은 pH 값을 가지며, 염기를 중화할 수 있다. 염기의 성질에는 쓴맛을 내고, 만지면 미끄럽고, 리트머스 시험지를 푸르게 변색시키며, 7보다 큰 pH 값을 가진다. 산이나 염기를 가해도 pH 변화가 아주 작은 용액을 **완충 용액(buffer solution)**이라 한다. | • 산과 염기의 일반적인 성질을 열거할 수 있다.<br>**관련 문제:** 1<br>• 용액을 주어진 pH에 따라 강산, 약산, 중성, 약염기 또는 강염기 용액으로 분류할 수 있다.<br>**관련 문제:** 3 |
| **14.2 아레니우스의 산-염기 개념**<br>**아레니우스 산(arrhenius acid)**은 물에서 **이온화(ionization)**되어 수소 이온을 내놓는 물질이다. 염산은 거의 모두 이온화되기 때문에 강산이다. 아세트산은 이온화가 많이 되지 않기 때문에 약산이다. 수소 이온은 용액 중의 물 분자와 결합하여 **하이드로늄 이온(hydronium ion)**을 생성한다. **아레니우스 염기(arrhenius base)**는 물에서 **해리(dissociation)**되어 수산화 이온을 내놓는 물질이다. 산과 염기의 반응으로부터 **염(salt)**이 만들어진다. 질산 바륨, $Ba(NO_3)_2$는 질산과 수산화 바륨의 중화 반응으로부터 얻어진다. | • 아레니우스 산과 염기를 확인할 수 있다.<br>**관련 문제:** 5-7<br>• 주어진 이온화 정도에 따라 강산 혹은 약산으로 구분할 수 있다.<br>**관련 문제:** 9<br>• 주어진 염을 생성하는 데 필요한 산과 염기를 제시할 수 있다.<br>**관련 문제:** 11-13 |
| **14.3 브뢴스테드-로우리의 산-염기 개념**<br>**브뢴스테드-로우리 산**은 양성자 주개이며, **브뢴스테드-로우리 염기**는 **양성자 받개**이다. 산-염기 반응에서 양성자를 줄 수도 받을 수도 있는 물질을 **양쪽성 물질**이라고 한다. | • 중화 반응에서의 Brønsted-Lowry의 산과 염기를 확인할 수 있다.<br>**관련 문제:** 15-19 |
| **14.4 산-염기 지시약**<br>리트머스 시험지를 사용하여 용액이 산성인지 염기성인지를 확인할 수 있다. 실험실에서는 **산-염기 지시약**을 사용할 수 있다. 가장 일반적인 지시약 세 가지는 메틸 레드와 브로모싸이몰 블루 그리고 페놀프탈레인이다. 메틸 레드는 pH 5에서 변색하고, 브로모싸이몰 블루는 pH 7에서 변색하며, 페놀프탈레인은 pH 9에서 변색한다. | • 주어진 pH에서 페놀프탈레인, 메틸 레드 혹은 브로모싸이몰 블루와 같은 지시약이 들어 있는 용액의 색깔을 설명할 수 있다.<br>**관련 문제:** 21-25 |

| 주요 개념 | 학습목표와 관련 연습문제 |
|---|---|
| **14.5 산-염기 적정**<br>**적정**(titration)은 용액 속의 산이나 염기의 양을 분석하는 실험 과정이다. 산이나 염기 시료 용액의 부피는 뷰렛을 통해 아는 양이 들어 있는 플라스크로 적가하면서 결정된다. 지시약은 적정에서 중화되는 시점을 알아내기 위해 사용한다. **종말점**(endpoint)에 도달하면, 지시약이 변색되고 적정은 멈춘다. | • 주어진 자료를 이용하여 산-염기 적정과 관련된 문제를 해결할 수 있다.<br>**관련 문제**: 27-31<br>• 주어진 용액의 몰 농도를 질량 백분율 농도로 바꿀 수 있다.<br>**관련 문제**: 33 |
| **14.6 산-염기 표준화**<br>**표준 용액**(standard solution)의 농도는 농도를 정확히 아는 용액으로 적어도 3개 이상의 유효 숫자 개수를 가진다. 표준 용액은 주어진 시료 중의 산이나 염기의 양을 분석하는 데 사용된다. 예를 들면, 식초 내 아세트산이나 제산제 내의 제빵소다 양을 결정할 수 있다. | • 산이나 염기 표준 용액을 설명할 수 있다.<br>**관련 문제**:35<br>• 산이나 염기 표준 용액의 표정을 포함하는 문제를 해결할 수 있다.<br>**관련 문제**: 35-41 |
| **14.7 물의 이온화 반응**<br>전도도 실험에 기초하여, 순수한 물은 아주 약한 전해질임을 알 수 있다. 물이 이온화되어 소량의 수소 이온과 수산화 이온을 생성한다. $[H^+]$와 $[OH^-]$는 각각 $1 \times 10^{-7}$의 같은 값을 갖는다. **물의 이온화 상수**(ionization constant of water), $K_w$ 값은 25 ℃에서 $1 \times 10^{-14}$이다. 모든 수용액 중에는 소량의 $H^+$과 $OH^-$가 항상 같이 존재한다. | • 물의 이온화 상수식, $K_w$를 표현할 수 있다.<br>**관련 문제**: 43<br>• 주어진 $H^+$의 몰 농도를 이용하여 수산화 이온의 몰 농도를 계산할 수 있다.<br>**관련 문제**: 45-47 |
| **14.8 pH 개념**<br>용액의 **pH** 값은 지수 척도로 $[H^+]$를 표현한다. 즉, pH 1인 용액은 pH 2인 용액보다 10배 더 산성이다. 용액의 pH를 계산하려면, $[H^+]$를 10의 지수로 하고 부호를 바꾼다. 예를 들어, $[H^+]$가 $10^{-2}$ M이면, pH는 2이다. 반대로, 주어진 pH에 대한 $[H^+]$를 구하려면, 10의 −pH 제곱을 하여야한다. 예를 들어, pH가 3이면, $[H^+]$는 $10^{-3}$ *M*, 즉 0.001 *M*이다. | • pH 값과 $[H^+]$와의 관계를 설명할 수 있다.<br>**관련 문제**: 49-51 |
| **14.9 고급 pH 계산**<br>수소 이온 농도가 10의 정수 제곱이 아닌 용액의 pH를 계산하려면, 공학용 계산기를 사용하여 음의 로그값을 구한다. 즉, pH =-log $[H^+]$이다. 반대로, 주어진 pH에 대한 수소 이온 농도를 계산한다면, 계산기로 −pH에 대한 역 로그값을 구하여야 한다. | • pH 값과 수소 이온의 몰 농도를 계산할 수 있다.<br>**관련 문제**: 53-59 |
| **14.10 강전해질과 약전해질**<br>강산과 강염기 그리고 가용성 이온 화합물은 **강전해질**(strong electrolyte)의 예이다. 그러므로 이런 용액들은 크게 이온화되어 있다. 염산은 강산이며 수용액에서는 $H^+(aq)$과 $Cl^-(aq)$으로 표현된다. 염화 소듐은 물에 가용성이며 $Na^+(aq)$와 $Cl^-(aq)$로 표현된다. 약산과 약염기 그리고 난용성 이온 화합물은 **약전해질**(weak electrolyte)의 예이다. 그러므로 이런 용액들은 아주 약간만 이온화되어 있다. 아세트산은 약산이며 수용액에서 $HC_2H_3O_2(aq)$로 표현된다. 난용성 이온 화합물인 염화 은은 $AgCl(s)$로 표현된다. | • 강전해질과 약전해질의 전기 전도도를 설명할 수 있다.<br>**관련 문제**: 61-65<br>• 이온화 또는 비이온화로 강전해질과 약전해질을 설명할 수 있다.<br>**관련 문제**: 67-69 |
| **14.11 알짜 이온 반응식**<br>**알짜 이온 반응식**(net ion equation)은 용액 내의 반응을 보다 정확하게 보여준다. 첫 번째 단계는 화학 반응의 균형을 맞추는 것이다. 두 번째는 반응의 **전체 이온 반응식**(total ionic equation)을 쓴다. 강전해질은 이온 형태로 쓰고 약전해질은 이온화되지 않은 형태로 쓴다. 세 번째는 반응식 양쪽에서 모두 나타나는 **구경꾼 이온**(spectator ion)을 제거한다. 마지막으로 알짜 이온 반응식의 균형이 맞는지를 검사하고 계수를 가능한 간단히 한다. | • 알짜 이온 반응식을 쓰는 과정을 설명할 수 있다.<br>**관련 문제**: 71<br>• 주어진 화학반응식에 대한 알짜 이온 반응식을 쓸 수 있다.<br>**관련 문제**: 73-75 |

# 문제 풀이 정리

| 주제 | 절차 | 예 |
|---|---|---|
| 산–염기 적정<br>14.5절 | 1. 해답이 요구한 단위를 쓰라.<br>2. 관련된 주어진 값을 쓰라.<br>3. 주어진 단위를 해답의 단위로 전환하기 위해서 단위 인자를 적용한다. | 10.00 mL의 0.100 $M$ 황산이 15.50 mL의 KOH로 중화되었다면 염기의 몰 농도는 얼마인가?<br>$H_2SO_4(aq) + 2\ KOH(aq) \rightarrow K_2SO_4(aq) + 2\ H_2O(l)$<br>$10.00\ \cancel{mL\ 용액} \times \frac{0.100\ \cancel{mol\ H_2SO_4}}{1000\ \cancel{mL\ 용액}} \times \frac{2\ mol\ KOH}{1\ \cancel{mol\ H_2SO_4}}$<br>$= 0.00200\ mol\ KOH$<br>$\frac{0.00200\ mol\ KOH}{15.50\ \cancel{mL\ 용액}} \times \frac{1000\ \cancel{mL\ 용액}}{1\ L\ 용액} = 0.129\ M\ KOH$ |
| 산–염기 표준화<br>14.6절 | 1. 해답이 요구한 단위를 쓰라.<br>2. 관련된 주어진 값을 쓰라.<br>3. 주어진 단위를 해답의 단위로 전환하기 위해서 단위 인자를 적용한다. | 15.50 mL의 KOH가 0.995 g의 KHP($KHC_8H_4O_4$)(204.23 g/mol)로 중화되었다면 염기의 몰 농도는?<br>$KHP(aq) + KOH(aq) \rightarrow K_2P(aq) + H_2O(l)$<br>$0.995\ \cancel{g\ KHP} \times \frac{1\ \cancel{mol\ KHP}}{204.23\ \cancel{g\ KHP}} \times \frac{1\ mol\ KOH}{1\ \cancel{mol\ KHP}} = 0.00487\ mol\ KOH$<br>$\frac{0.0487\ mol\ KOH}{15.50\ \cancel{mL\ 용액}} \times \frac{1000\ \cancel{mL\ 용액}}{1\ L\ 용액} = 0.314\ M\ KOH$ |
| 물의 이온화<br>14.7절 | 물의 이온화식을 이용하여 수용액에서 $[H^+]$또는 $[OH^-]$를 풀어라.<br>$K_w = [H^+][OH^-]$ | 수용액에서 $[H^+]$가 0.0015 M 이라면 수산화 이온의 농도는 얼마인가?<br>$[H^+][OH^-] = 1.0 \times 10^{-14}$<br>$[0.0015][OH^-] = 1.0 \times 10^{-14}$<br>$[OH^-] = 6.7 \times 10^{-12}$ |
| pH 개념<br>14.8절 | $[H^+]$를 pH로 전환하기 위해 다음 식을 사용한다.<br>$pH = -\log [H^+]$ | 어떤 산에서 $[H^+]$는 0.001 $M$이라면 pH는 얼마인가?<br>$pH = -\log [10^{-3}] = -(-3)$<br>$= 3$ |
| 고급 pH계산<br>14.9절 | pH를 $[H^+]$로 전환하기 위해 다음 식을 사용한다.<br>$[H^+] = 10^{-pH}$ | 어떤 산의 pH가 3.20이라면 $[H^+]$는 얼마인가?<br>$[H^+] = 10^{-3.20} = 0.00063\ M$ |

## 주요 용어 주요 용어에 대한 답을 부록 H에 수록하였다

다음 각 정의와 일치하는 용어를 골라 보라.

______ 1. 산이나 염기가 첨가되어도 pH 변화가 거의 없는 용액.
______ 2. 물에 녹아서 수소 이온을 내놓는 물질.
______ 3. 물에 녹아서 수산화 이온을 내놓는 물질.
______ 4. 극성 화합물이 물에 녹아서 양이온과 음이온을 생성하는 과정.
______ 5. 이온 화합물이 물에 녹아서 양이온과 음이온으로 분리되는 과정.
______ 6. 수용액 중의 수소 이온을 정확하게 표현한 이온.
______ 7. 중화 반응의 결과로 얻어지는 물 이외의 생성물.
______ 8. 산-염기 반응에서 양성자를 주는 물질.
______ 9. 산-염기 반응에서 양성자를 받는 물질.
______ 10. 수소 이온 주개의 동의어.
______ 11. 수소 이온 받개의 동의어.
______ 12. 산-염기 반응에서 양성자를 줄 수도 받을 수도 있는 물질.
______ 13. 용액의 pH에 따라 색이 변하는 화학물질.
______ 14. 뷰렛을 통하여 소비된 용액의 부피를 측정하는 과정.
______ 15. 적정에서 지시약이 변색하는 단계.
______ 16. 농도가 정확히 입증된 용액.
______ 17. 수소 이온의 몰 농도와 수산화 이온의 몰 농도를 곱하면 얻어지는 상수.
______ 18. 수소 이온 몰 농도를 지수 값으로 나타내는 것.
______ 19. 전기 전도성이 좋은 수용액.
______ 20. 전기 전도성이 나쁜 수용액.
______ 21. 용액에서 거의 이온화된 물질은 이온 형태로, 약하게 이온화하는 물질은 이온화되지 않은 형태로 쓰는 화학반응식.
______ 22. 수용액에는 존재하지만 반응에는 참여하지 않아 알짜 이온 반응식에는 나타나지 않는 이온들.
______ 23. 전체 이온식에서 구경꾼 이온을 제거한 후의 화학반응식.

(a) 산-염기 지시약(14.4절)
(b) 양쪽성(14.3절)
(c) 아레니우스 산(14.2절)
(d) 아레니우스 염기(14.2절)
(e) 브뢴스테드-로우리 산(14.3절)
(f) 브뢴스테드-로우리 염기(14.3절)
(g) 완충 용액(14.1절)
(h) 해리(14.2절)
(i) 종말점(14.5절)
(j) 하이드로늄 이온($H_3O^+$)(14.2절)
(k) 이온화(14.2절)
(l) 물의 이온화 상수, ($K_w$)(14.7절)
(m) 알짜 이온 반응식(14.11절)
(n) pH(14.8절)
(o) 양성자 받개(14.3절)
(p) 양성자 주개(14.3절)
(q) 염(14.2절)
(r) 구경꾼 이온(14.11절)
(s) 표준 용액(14.6절)
(t) 강전해질(14.10절)
(u) 적정(14.5절)
(v) 전체 이온 반응식(14.11절)
(w) 약전해질(14.10절)

## 문제 홀수 번호에 해당하는 문제의 해답은 부록 I에 수록되어 있다.

### 산과 염기의 성질 (14.1절)

1. 다음에서 산성 용액의 일반적 성질을 나타낸 것은?
   (a) 신맛
   (b) 리트머스 시험지를 붉게 변색시킴
   (c) pH가 7보다 작다.
   (d) 미끌거린다.

**▲일반적인 산**
메틸 레드 지시약을 라임(lime) 주스, 식초, 그리고 소다수가 담긴 비커에 넣었다. 지시약의 색은 용액의 산도에 따라 다양하게 나타난다.

3. 다음 수용액을 강산성, 약산성, 약염기성, 강염기성 또는 중성 용액 중 하나로 분류하라.
   (a) 위 산, pH 1.5 (b) 식초, pH 3.2
   (c) 증류수, pH 7.0 (d) 배수관 세제, pH 13.5

### 아레니우스 산과 염기 (14.2절)

5. 다음 아레니우스 산을 주어진 이온화도에 따라 강산 혹은 약산으로 분류하라.
   (a) 차아염소산, $HClO(aq)$, ~1%
   (b) 아염소산, $HClO_2(aq)$, ~1%
   (c) 염소산, $HClO_3(aq)$, ~100%
   (d) 과염소산, $HClO_4(aq)$, ~100%

7. 다음을 아레니우스 산이나 아레니우스 염기 또는 염으로 분류해보라.
   (a) $H_2SO_4(aq)$ (b) $Na_2SO_4(aq)$
   (c) $NaOH(aq)$ (d) $Na_2CO_3(aq)$

9. 다음 중화 반응에서 아레니우스 산과 아레니우스 염기를 확인하라.
   (a) $HBr(aq) + NaOH(aq) \rightarrow NaBr(aq) + H_2O(l)$
   (b) $H_2SO_4(aq) + Mg(OH)_2(aq) \rightarrow K_2SO_4(aq) + 2\ H_2O(l)$

11. 중화되어 다음 염을 생성하는 산과 염기를 말하라.
(a) 플루오린화 소듐, $NaF(aq)$
(b) 아이오딘화 마그네슘, $MgI_2(aq)$
(c) 질산 칼슘, $Ca(NO_3)_2(aq)$
(d) 탄산 리튬, $Li_2CO_3(aq)$

13. 다음 중화 반응을 완결하라.
(a) $HNO_3(aq) + Ca(OH)_2(aq) \rightarrow$
(b) $H_2CO_3(aq) + Ba(OH)_2(aq) \rightarrow$

## 브뢴스테드-로우리 산과 염기 (14.3절)

15. 다음 중화 반응에서 브뢴스테드-로우리 산과 염기를 확인하라.
(a) $CH_3COOH(aq) + LiOH(aq) \rightarrow CH_3COOLi(aq) + H_2O(l)$
(b) $NH_3(aq) + HCl(aq) \rightarrow NH_4Cl(aq)$

17. 다음 중화 반응에서 브뢴스테드-로우리 산과 염기를 확인하라.
(a) $HI(aq) + H_2O(l) \rightarrow H_3O+(aq) + I^-(aq)$
(b) $HC_2H_3O_2(aq) + HS^-(aq) \rightarrow H_2S(aq) + C_2H_3O_2^-(aq)$

19. 다음 브뢴스테드-로우리의 중화 반응을 완결하고 균형을 맞추시오.
(a) $HF(aq) + NaHS(aq) \rightarrow$
(b) $HNO_2(aq) + NaC_2H_3O_2(aq) \rightarrow$

## 산-염기 지시약 (14.4절)

21. 다음과 같은 pH 값을 가지는 용액에 페놀프탈레인 지시약을 한 방울 가했을 때, 각 용액의 색깔을 말하라.
(a) pH 6 (b) pH 12

23. 다음과 같은 pH 값을 가지는 용액에 메틸 레드 지시약을 한 방울 가했을 때, 각 용액의 색깔을 말하라.
(a) pH 3 (b) pH 7

25. 다음과 같은 pH 값을 가지는 용액에 브로모 싸이몰 블루 지시약을 한 방울 가했을 때, 각 용액의 색깔을 말하라.
(a) pH 5 (b) pH 9

## 산-염기 적정 (14.5절)

27. 만약 질산 용액 25.0 mL를 중화하는 데 0.115 M 수산화 바륨 용액 21.50 mL가 필요하다면 이 산 용액의 몰 농도 얼마인가?
$$2\ HNO_3(aq) + Ba(OH)_2(aq) \rightarrow Ba(NO_3)_2(aq) + 2\ H_2O(l)$$

29. 만약 황산 시료 10.0 mL를 중화하는 데 0.100 M 수산화 소듐 용액 28.15 mL가 필요하다면, 이 산 용액의 몰 농도는 얼마인가?
$$H_2SO_4(aq) + 2\ NH_4OH(aq) \rightarrow (NH_4)_2SO_4(aq) + 2\ H_2O(l)$$

31. 만약 인산 용액 50.0 mL를 중화하는 데 0.500 M LiOH 용액이 42.45 mL가 필요하다면, 이 산 용액의 몰 농도는 얼마인가?
$$H_3PO_4(aq) + 3\ LiOH(aq) \rightarrow Li_3PO_4(aq) + 3\ H_2O(l)$$

33. 다음 각 산성 용액의 몰 농도와 밀도가 다음과 같을 때, 질량/질량 퍼센트 농도를 계산하라.
(a) 6.00 $M$ HCl(d = 1.10 g/mL)
(b) 1.00 $M$ $CH_3COOH$(d = 1.01 g/mL)
(c) 0.500 $M$ $HNO_3$(d = 1.01 g/mL)
(d) 3.00 $M$ $H_2SO_4$(d = 1.18 g/mL)

## 산-염기 표준화 (14.6절)

35. 탄산수소 소듐 1.115 g을 중화하는 데 HCl 용액 33.25 mL가 필요하다면, 염산 용액의 몰 농도는 얼마인가?
$$HCl(aq) + NaHCO_3(aq) \rightarrow NaCl(aq) + H_2O(l) + CO_2(g)$$

37. 옥살산, $H_2C_2O_4$ 0.506 g을 중화하는 데 LiOH 용액 28.85 mL가 필요하다면, 이 산의 몰 농도는 얼마인가?
$$H_2C_2O_4(aq) + 2\ LiOH(aq) \rightarrow Li_2C_2O_4(aq) + H_2O(l)$$

39. 프탈산 수소 포타슘, $KHC_8H_4O_4$ (204.23 g/mol) 1.466 g을 중화하는 데 필요한 0.128 M 수산화 칼슘 용액의 부피는 얼마인가?
$$2\ KHC_8H_4O_4(aq) + Ca(OH)_2(aq) \rightarrow CaK_2(C_8H_4O_4)_2(aq) + 2\ H_2O(l)$$

41. 비타민 C의 화학명은 아스코르브산으로 약어로는 HAsc으로 나타낸다. 만약 0.959 g의 비타민 C를 중화하는 데 0.176 $M$ NaOH가 30.95 mL 필요하다면, 비타민 C의 몰 질량은 얼마인가?
$$HAsc(aq) + NaOH(aq) \rightarrow NaAsc(aq) + H_2O(l)$$

## 물의 이온화 (14.7절)

43. 순수한 물의 이온화에 대한 다음 물음에 답하라.
(a) 간단한 이온화 반응식
(b) 이온화 상수 식, $K_w$
(c) 25 ℃에서의 이온화 상수 값

45. 수소 이온의 몰 농도가 다음과 같을 때, 수산화 이온의 농도를 계산하라.
(a) $[H^+] = 0.025$ (b) $[H^+] = 0.000\ 017$

47. 수산화 이온의 몰 농도가 다음과 같을 때, 수소 이온의 농도를 계산하라.
(a) $[OH^-] = 0.0016$ (b) $[OH^-] = 0.000\ 29$

## pH 개념 (14.8절)

49. 수소 이온의 몰 농도가 다음과 같이 주어졌을 때, 각각의 pH를 계산하라.
(a) 탄산음료, $[H^+] = 0.001\ M$
(b) 커피, $[H^+] = 0.000\ 01\ M$

51. pH가 다음과 같이 주어졌을 때, 각각의 수소 이온의 몰 농도를 계산하라.
(a) 샴푸, pH 6 (b) pH가 조절된 샴푸, pH 8

## 고급 pH 계산 (14.9절)

53. 다음 수소 이온의 몰 농도에 해당하는 pH를 각각 계산하라.
(a) 우유, $[H^+] = 0.000\ 000\ 30\ M$
(b) 달걀, $[H^+] = 0.000\ 000\ 016\ M$

55. 다음 생체용액의 pH에 해당하는 수소 이온의 몰 농도를 각각 계산하라.
(a) 침, pH = 6.55 (b) 혈액, pH = 7.50

57. 다음 수산화 이온의 몰 농도에 해당하는 pH를 각각 계산하라.
(a) $[OH^-] = 0.11\ M$ (b) $[OH^-] = 0.000\ 55\ M$

59. 다음 pH 값을 가지는 용액의 수산화 이온의 몰 농도를 각각 계산하라.
(a) pH = 4.55 (b) pH = 5.20

## 강전해질과 약전해질 (14.10절)

61. 수용액 중에서 다음 물질이 거의 대부분 이온화되는지 또는 아주 조금만 이온화되는지 말하라.
(a) 강산 (b) 강염기
(c) 가용성 이온 화합물

63. 다음 산을 강전해질 혹은 약전해질로 구분하라.
(a) $HF(aq)$ (b) $HCl(aq)$
(c) $HNO_3(aq)$ (d) $HNO_2(aq)$

65. 다음 수용액을 강전해질 혹은 약전해질로 구분하라.
(a) $ZnCO_3(s)$ (b) $Sr(NO_3)_2(aq)$
(c) $K_2SO_4(aq)$ (d) $PbI_2(s)$

67. 수용액에서 다음 산의 존재 형태를 이온 형태 혹은 이온화되지 않은 형태로 쓰라.
(a) $HF(aq)$ (b) $HBr(aq)$
(c) $HNO_3(aq)$ (d) $HNO_2(aq)$

69. 수용액에서 다음 염의 존재 형태를 이온 형태 혹은 이온화되지 않은 형태로 쓰라.
(a) $AgF(aq)$ (b) $AgI(s)$
(c) $Hg_2Cl_2(s)$ (d) $NiCl_2(aq)$

## 알짜 이온 반응식 (14.11절)

71. 균형 잡힌 알짜 이온 반응식을 완결하기 위한 과정을 4단계로 정리해보라.

73. 다음 산-염기 반응에 대한 균형 잡힌 알짜 이온 반응식을 완결하라(전해질에 관해서는 부록 D와 표 14.5를 참조하라.).
(a) $HCl(aq) + KOH(aq) \rightarrow KCl(aq) + H_2O(l)$
(b) $CH_3COOH(aq) + Ca(OH)_2(aq) \rightarrow CH_3COOH(aq) + H_2O(l)$

75. 다음 용액의 반응에 대한 균형 잡힌 알짜 이온 반응식을 완결하라(전해질에 관해서는 표 14.5와 부록 D를 참조하라.).
(a) $AgNO_3(aq) + KI(aq) \rightarrow AgI(s) + KNO_3(aq)$
(b) $BaCl_2(aq) + K_2CrO_4(aq) \rightarrow BaCrO_4(s) + KCl(aq)$

## 일반 연습문제

77. 증류수에 메틸 레드 지시약과 페놀프탈레인 지시약을 각각 한 방울씩 첨가하였다. 색깔은 어떻게 될까?

79. 산-염기 지시약 메틸 오렌지의 변색 범위는 pH 3.2~4.4이다. 만약이 지시약이 pH 3에서는 붉은색이고 pH 5에서는 노랑색이라면, pH 3.8에서 이 지시약의 색깔은 무엇인가?

81. 다음 반응을 보고 양쪽성 물질을 확인하라.

$$HCl(aq) + NaH_2PO_4(aq) \rightarrow H_3PO_4(aq) + NaCl(aq)$$
$$NaOH(aq) + NaH_2PO_4(aq) \rightarrow Na_2HPO_4(aq) + H_2O(l)$$

83. 0.50 *M* HCl 용액의 pH는 얼마인가?

85. 물 1mL 속에는 $3 \times 10^{22}$개의 물 분자가 있다. 1mL의 물속에는 수소 이온이 몇 개 있는가?
(Hint : 10억 개 물 분자 중에서 2개 분자만 이온화한다.)

87. 약전해질인, 아세트산과 수산화 암모늄이 반응할 때의 알짜 이온 반응식을 쓰라.

## 도전 연습문제

89. 알라닌(HAla)은 단백질에 있는 아미노산이다. 만약 21.05mL의 0.145 *M* NaOH로 0.272 g의 HAla을 중화한다면 이 아미노산의 몰 질량은 얼마인가?

# Chapter 14 자율 테스트 해답은 부록 J에 수록하였다.

1. 다음 중 어느 것이 염기성 용액의 일반적 성질인가?(14.1절)
(a) 쓴맛
(b) 리트머스 시험지를 푸르게 변화시킴
(c) pH가 7보다 큼
(d) 염기를 중화시킴
(e) 위의 사항 모두

2. 다음 중 어느 것이 강한 아레니우스 산인가?(14.2절)
(a) $HCl(aq)$ (~100% 이온화)
(b) $HNO_3(aq)$ (~100% 이온화)
(c) $H_2SO_4(aq)$ (~100% 이온화)
(d) 위의 사항 모두
(e) 위의 사항 모두 아님

3. 다음 반응에서 어느 반응물이 Brønsted-Lowry 염기인가?(14.3절)

$$HCl(aq) + KHS(aq) \rightarrow KCl(aq) + H_2S(aq)$$

(a) HCl (b) KHS
(c) KCl (d) $H_2S$
(e) 위의 사항 모두 아님

4. pH 7에서 페놀프탈레인 지시약의 색은 무엇인가?(14.4절)
(a) 붉은색 (b) 푸른색
(c) 분홍색 (d) 무색
(e) 위의 사항 모두 아님

5. 25.0 mL의 0.100 *M* HCl을 0.150 *M* $Ba(OH)_2$로 적정할 때 산을 중화하는 데 필요한 수산화 바륨 용액의 부피는 얼마인가?(14.5절)

$$2HCl(aq) + Ba(OH)_2(aq) \rightarrow BaCl_2(aq) + 2\ H_2O(l)$$

(a) 8.33 mL (b) 16.7 mL
(c) 18.8 mL (d) 33.3 mL
(e) 37.5 mL

6. 탄산 소듐(105.99 g/mol) 0.424 g을 중화하는 데 HCl 20.00 mL가 필요하다면 염산 용액의 몰 농도는 얼마인가?(14.6절)

$$2\ HCl(aq) + Na_2CO_3(aq) \rightarrow 2\ NaCl(aq) + H_2O(l) + CO_2(g)$$

(a) 0.100 *M* (b) 0.200 *M*
(c) 0.300 *M* (d) 0.400 *M*
(e) 0.500 *M*

7. $[H^+] = 2.5 \times 10^{-7}$인 수용액에서 수산화 이온의 몰 농도는 얼마인가?(14.7절)
(a) $[OH^-] = 2.5 \times 10^{-7}\ M$ (b) $[OH^-] = 2.5 \times 10^{-8}\ M$
(c) $[OH^-] = 4.0 \times 10^{-6}\ M$ (d) $[OH^-] = 4.0 \times 10^{-7}\ M$
(e) $[OH^-] = 4.0 \times 10^{-8}\ M$

8. pH 시험지로 pH가 4로 측정된 오줌시료의 수소 이온 농도는 얼마인가?(14.8절)
(a) 0.001 *M* (b) 0.004 *M*
(c) 0.0001 *M* (d) 0.0004 *M*
(e) 0.00001 *M*

9. pH미터를 사용하여 pH 7.30을 나타내는 혈액 시료의 $[H^+]$은 얼마인가?(14.9절)
(a) 0.000 000 020 *M* (b) 0.000 000 050 *M*

(c) 0.000 000 20 $M$　　(d) 0.000 000 50 $M$

(e) 0.000 073 $M$

10. 만약 배수관 세제 용액이 강전해질이라면 다음 중 어느 것이 맞는 표현인가?(14.10절)
   (a) 세제용액은 높은 반응성이 있다.
   (b) 세제용액은 약간의 반응성이 있다.
   (c) 세제용액은 이온화가 잘 되어 있다.
   (d) 세제용액은 약간 이온화되어 있다.
   (e) 위의 사항 모두 아님

11. 질산은 강산이다. 수산화 소듐은 강한 염기이고 질산 소듐은 가용성 염이다. 다음 반응의 알짜 이온식은 다음 중 어느 것인가?(14.11절)

$$HNO_3(aq) + NaOH(aq) \rightarrow NaNO_3(aq) + H_2O(l)$$

   (a) $H^+(aq) + OH^-(aq) \rightarrow H_2O(l)$
   (b) $NO_3^-(aq) + Na^+(aq) \rightarrow NaNO_3(s)$
   (c) $H^+(aq) + NaOH(aq) \rightarrow Na^+(aq) + H_2O(l)$
   (d) $HNO_3(aq) + OH^-(aq) \rightarrow NO_3^-(aq) + H_2O(l)$
   (e) 위의 사항 모두 아님

## 주요 개념

12. 산-염기 적정 문제를 풀기 위해 단위 분석을 적용할 때, 먼저 수행해야 할 것은 무엇인가?

13. 비커 X와 Y에는 질산 또는 아질산 중 하나가 들어있다. 아래 보여준 전도도 측정 검사에 근거하여 어느 비커에 $HNO_3$가 들어 있는가? 어느 비커에 $HNO_2$이 들어 있는가?

(a) 비커 X　　(b) 비커 Y

## 비판적 사고

14. 생선의 비린내는 암모니아와 관련된 염기성 유기화합물 때문이다. 불쾌한 생선 냄새를 중화하는 데 사용할 수 있는 주방에서 일반적으로 사용하는 화학약품은 무엇인가?

15. 10mL의 산이 들어 있는 시험관의 용액에 한 방울의 페놀프탈레인과 한 방울의 브로모싸이몰 블루를 떨어뜨렸을 때 무슨 색을 띠겠는가?

16. 다음 그림은 용액 속에서 HCl과 HF가 이온화하는 것을 설명한 것이다. 분자 수준에서, HCl은 HF보다 이온화가 왜 더 잘 되는지를 설명하라.

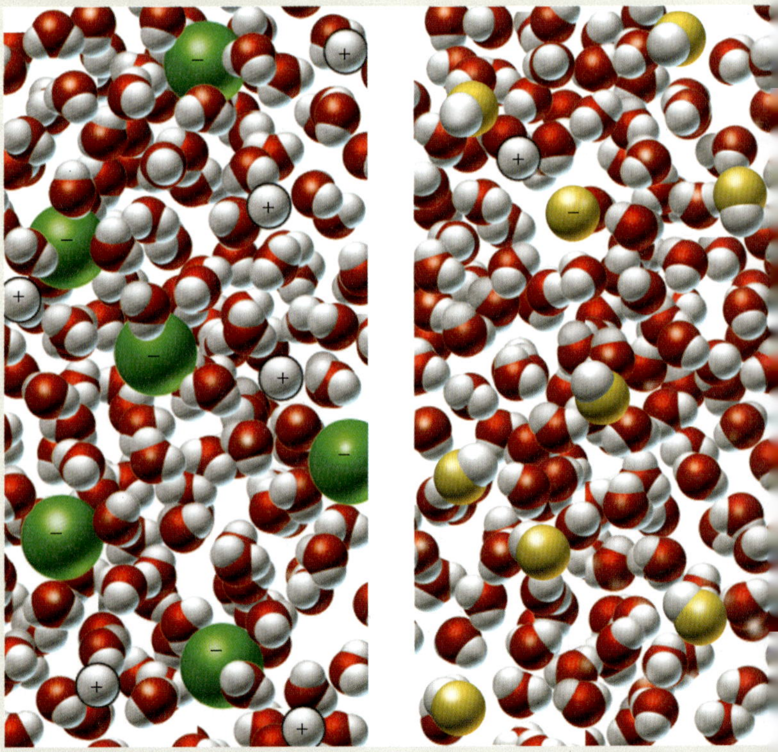

(a) HCl은 이온화가 잘 됨　　(b) HF는 이온화가 약간만 됨

CHAPTER 15

# 고급 문제 풀이

*"단순함은 복잡함보다 더 어렵다. 생각을 명확히 하고 단순하게 만들려면 열심히 노력해야 한다. 생각을 단순하게 만들 수 있는 단계에 도달하면 산도 움직일 수 있다."*

애플 컴퓨터의 창시자, 스티브 잡스 (Steve jobs) (1955~2012)



15
P
phosphorus

**원소 15: 인**

인은 자연에서 해리되어 발견되지 않고 무기질 속에 결합되어 있다. 원소 인은 색깔이 흰색, 빨간색, 또는 흑색으로 다른 결정체 형태로 생성한다. 흰색 인이 가장 작용이 강하고, 어두움 속에서 점점 더 변해서, 공기 중에서는 빨간색으로 서서히 산화된다.

앞장에서 화학 문제를 푸는 기초를 쌓아왔다. 우리가 배웠던 한 가지 중요한 기술은 문제 풀이의 단위 분석 방법을 사용하여 계산을 수행하는 방법이었다. 각각의 새로운 주제에 대해서는 문제를 푸는 데 합리적이고 체계적인 방법을 적용하였다.

첫째, 미터 체계 전환을 하기 위해서 단위 분석을 적용하였다.

둘째, 단위 분석을 화학식 계산과 화학량론 문제에 적용하였다. 이때, 단위 분석은 기체 법칙 문제와 용액 농도 문제를 푸는 데 적용하였다. 이 장에서는 앞에서 배웠던 많은 계산 주제들을 결합할 것이다. 즉, 이미 개별적으로 다루었던 주제들을 이제 합치려고 한다. 두 개 또는 그 이상의 주제(예, 실험식과 이상 기체 법칙)들을 같은 문제에 통합할 것이다.

학습 목표

- 단위 분석, 대수학적 분석, 개념 지도및 시각화를 포함하여 문제 풀이에 대한 몇가지 기술을 할 수 있다.
- 자세한 해답을 얻기 위해서 계산기를 사용하기 전에 대략적인 답을 예상할 수 있다.

## 15.1 고급 문제 – 풀이 전략

앞에서 간단한 개념을 포함한 문제 풀이는 다루었다. 이 장에서는 두 개 또는 그 이상의 개념이 포함된 문제를 고려할 것이다. 또한 문제 풀이의 또 다른 방법을 공부할 것이다. 여러분은 문제를 푸는 선택권을 제공 받을 것이며 가장 적합한 방법을 선택할 것이다.

다중-개념 문제를 성공적으로 풀기 위해서 주어진 정보를 체계적으로 분석하는 것이 필요하다. 첫째, 미지의 양을 알기 위해서 문제를 조사한다. 다음은 어느 주어진 정보가 미지량에 관련 있는가를 결정한다. 최종적으로 주어진 값을 미지량에 연결하는 전략을 세워야 한다. 요약하면 다음과 같다.

1. *미지량을 결정하기 위해서 문제를 조사한다.*
2. *미지량에 관련시킨 주어진 값을 기록한다.*
3. *주어진 값을 미지량에 관련시키는 전략을 수립한다.*

문제의 설명을 읽은 후, 여러분은 계산해야 되는 미지량이 무엇이냐고 물을 것이다.: 미지량은 질량, 부피 또는 온도일 수 있다. 대부분의 문제에서 우리는 미지량의 단위가 특별한 것을 풀었다. 즉, 계산하려고 질문했던 양은 질량(g), 부피(L), 용액의 농도 (mol/L)이다. 이제, 특별한 단위가 없는 미지량을 계산하라는 문제를 풀어야 될 경우이다. 이 경우에는 편리한 단위를 선택하라. 예를 들면, 만약 찾아야 할 양이 질량이라면 질량은 kg, g, mg 등으로 나타낼 수 있다.

두 번째로 물어야 할 의문은 "계산해야 할 미지량에 관련되는 주어진 값이 무엇이냐?"이다. 만약, 미지량이 부피라면 관련된 주어진 값은 L, mL, 또는 $cm^3$ 단위일 것이다. 따라서, 문제를 1.00 L, 10.0 mL, 또는 10.0 $cm^3$ 같은 적절한 값으로 찾아야 한다.

세 번째로 물어야 할 의문은 "주어진 값으로부터 미지량까지 가는 과정에 몇 단계가 필요하느냐?"이다. 고급 문제를 풀 때에는 문제를 푸는 데 알맞은 여러 가지 기술이 있다. 이들 기술은 단위 분석, 대수학적 분석, 개념 지도 및 시각화 등이 있다.

### 단위 분석

꼭 익숙해야 할 기술은 단위 분석으로 문제를 푸는 것이다. 문제를 푸는 단위 분석 방법은 간단한 화학 문제를 푸는 데 강력한 도구이다. 문제를 푸는 단위 분석의 형태는 다음과 같다.

$$\underset{(2)}{\text{관련된 주어진 값}} \times \underset{(3)}{\frac{\text{단위}}{\text{인자(s)}}} = \underset{(1)}{\text{해답의 단위}}$$

이 장에서 문제를 풀기 위해서는 좀 더 복잡한 방법이 필요할 것이다. 이들 고급 문제에서 단위 분석을 사용하는 이들 지침을 고려하라.

**(a)** *많은 문제들은 간단한 단위 분석 적용으로 풀 수 없다.* 만약, 문제가 복잡하다면 이 문제를 둘 또는 그 이상의 더 간단한 문제로 나누어야 한다. 어떤 계산을 하기 전에 최종 해답을 얻기 위해서 전체 전략을 세워야 한다.

**(b)** *만약 미지량이 하나의 간단한 단위(예: cm, g, mL) 이라면, 주어진 값도 역시 하나의 간단한 단위이다.* 만약, 미지량이 비율(예: g, g/mL, g/mol, mol, mol/L) 이라면 주어진 값은 비율이다. 즉, 관련된 주어진 단위는 분모와 분자 둘 다 단위가 있는 비율이다.

**(c)** *문제가 주어진 값이 타당하지 않을 수도 있다.* 이때는 필수적인 것과 무시할 수 있는 것을 결정하기 위해서 주어진 정보를 통해서 취사 선택해야 한다.

**(d)** *문제가 해답을 얻는데 필요한 정보를 생략할 수 있다.* 이때는 기준 출처에 있는 정보(자료)

를 찾아야 한다. 예를 들면, 어떤 물질의 몰 질량을 알기위해서 주기율표를 이용할 수 있다. 화학교과서의 부록에는 기준표가 수록되어 있다. 밀도, 비열 및 용해도 같은 자료의 기준(표준)은 Handbook of chemistry and Physics에 수록되어 있다. 또한 Google, com, 또는 Wikipedia, org, 같은 online 기준을 이용할 수 있다.

(e) *만약 계산이 화학반응에 근거로 한다면 그 반응에 대한 균형 화학반응식을 써라.*

(f) *계산기를 사용하기 전에, 대략적 해답을 예상하라. 예를 들면, 다음 계산을 고려해 보자.*

$$1.125\text{ g KI} \times \frac{1\text{ mol KI}}{166.00\text{ g KI}} \times \frac{1\text{ mol HgI}_2}{2\text{ mol KI}} \times \frac{454.39\text{ g HgI}_2}{1\text{ mol HgI}_2} = \text{g HgI}_2$$

반올림하는 절대 규칙은 없다. 그러나 다음과 같이 해답을 어림할 수 있다.

$$\sim 1\text{ g KI} \times \frac{1\text{ mol KI}}{\sim 200\text{ g KI}} \times \frac{1\text{ mol HgI}_2}{2\text{ mol KI}} \times \frac{\sim 500\text{ g HgI}_2}{1\text{ mol HgI}_2} = \sim 1\text{ g HgI}_2$$

어림값의 해답은 1 g이다. 계산기를 사용하여 어림값을 검사할 수 있다. 이 예에서 계산기 값은 1.540 g이다. 이 값은 어림값 ~ 1 g과 거의 같다.

▲$\mathbf{HgI_2}$ **침전** 아이오딘화 수은(II)은 오렌지 침전물이다.

## 대수학적 분석

대부분의 문제에서 문제를 푸는 단위 분석법은 첫 번째 선택이다. 그러나 단위 분석이 적합하지 않은 몇 가지 문제들이 있다. 어떤 문제들은 대수학적 분석을 사용하면 더 쉽게 풀 수 있다. 2.8절에서 단위 분석법을 이용하여 밀도 문제를 풀었다. 이들 문제를 대수학을 이용하여 풀 수 있다.

밀도($d$)는 단위 부피($v$)당 질량($m$)이다. 따라서 다음과 같은 식을 쓸 수 있다.

$$d = \frac{m}{v}$$

만약, 재생 알루미늄캔 1,550 g이 있다면 캔을 부숴 버린 후의 부피를 계산할 수 있다. 주어진 알루미늄의 밀도는 2.70 g/cm$^3$ 이다.

$$2.70\text{ g/cm}^3 = \frac{1{,}550\text{ g}}{v}$$

식을 다시 배열하면, 부서진 알루미늄캔의 부피는 다음과 같다.

$$v = \frac{1{,}550\text{ g}}{2.70\text{ g/cm}^3} = 574\text{ cm}^3$$

10.11에서 이상 기체식 PV = $n$RT를 소개하였다. 이것은 대수학이 화학 계산을 푸는 데 더 적합하다.

▲**재생하려는 알루미늄 캔**

## 개념 지도

*개념 지도*는 하나 또는 그 이상의 화학 개념과 관련되는 도표이다. 예로써 다음 문제를 고려해 보자. 표준 상태에서 3.25 g의 산소 기체는 부피가 몇 리터인가? 문제에 대한 개념 지도는 다음과 같다.

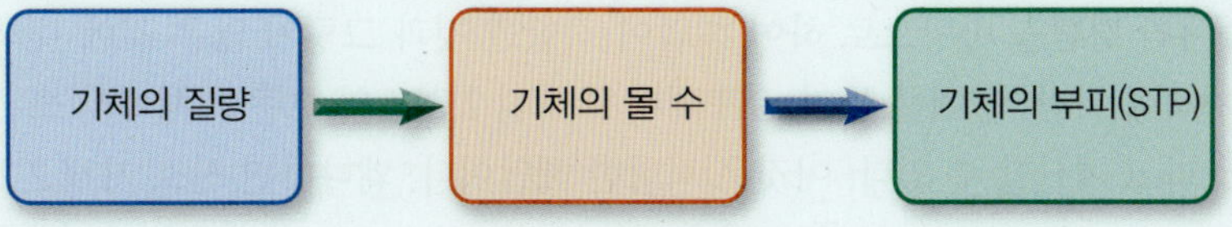


이 문제를 풀기 위해서 두 가지 전환을 수행해야 한다. 첫째, $O_2$의 g을 $O_2$의 mol로 전환한다. 둘째, $O_2$의 mol을 STP에서 $O_2$의 리터(L)로 전환한다.

## 시각화

여러분은 달에 가 보지 않았을지라도 달의 분화구와 먼지 쌓인 표면을 설명할 수 있다. 달 표면의 상상도(정신적 그림, mental picture)는 아폴로(Apollo) 우주 비행으로부터 얻은 사진에 근거하여 그릴 수 있다. 화학에 있는 개념들 중 많은 것은 실제 경험에서 유사하게 이동 시킨 것이다. 이들 개념들은 *시각화(visualization)*의 과정을 통해서 더 명확하게 된다. 한 가지 예는 원자들과 분자들의 시각화이다. 우리는 원자를 볼 수 없으나 한 분자 내에 있는 한 개의 원자 또는 원자들의 집단을 그릴 수 있다.

상상도를 만드는 이 과정은 우리가 직접 관할할 수 없는 개념들을 이해하는 데 도움을 준다. 상상도를 만드는 우리의 능력을 통해서 원자들의 개념을 더 명확하게 알 수 있다.

▲ 오존, $O_3$

STP에서 산소 기체 3.25 g의 부피를 구하는 문제를 다시 알아보자. 문제를 푸는 데 도움을 주는 시각화를 이용하기 위해서, 스테인레스 강 용기 안에 제멋대로 주위에 움직이는 산소 분자의 상상도를 작성한다. 광택이 나는 금속 용기를 그리면서 용기가 얼마나 클까? 라는 질문을 생각할 수 있다.

시각하는 능력은 여러분이 실습으로 얻을 수 있고 발전시킬 수 있는 하나의 기술이다. 시각화 과정을 설명한 그림 15.1을 참조하라.

(a) (b)

▶그림 15.1 **시각화 과정**
(a) 한 학생은 용기 속에 작은 공을 시각화하여 기체의 상상도를 만들 수 있다.
(b) 광택나는 금속 용기 속 주위에 빠르게 움직이는 기체 분자를 그려서 만든 상상도는 더 선명하게 된다.

**도움말**
**문제 해결 방법**

이 장에서는, 두 가지 또는 그 이상 화학개념을 구체화시킬 수 있는 더 어려운 문제를 다룬다. 대다수의 화학문제를 풀기 위해 단위 분석으로 충분하더라도, 대수학적 분석이 좀 더 편리하다는 예들이 있다. 그러므로 학생들은 단위 분석이나 대수학적 분석을 사용하여 문제 풀이를 심사숙고할 수 있고, 개념 지도와 시각화와 같은 또 다른 기술로부터 이익을 얻을 수 있다.

해답을 계산하기 전에, 그 답에 대한 수많은 값을 추정하기에 좋은 실행 방법이다. 계산기를 사용한 후, 추정된 "어림" 해답과 계산기 해답을 비교한다.

## "어림(ballpark)" 해답

해답이 적합한지 또는 그렇지 않은지는 모르더라도 화학 계산을 가끔 정확하게 실행한다. 경험으로 계산기를 사용하기 전에 해답을 어림잡을 수 있다.

숫자 계산을 한 후 각 값을 한 자리 유효숫자까지 반올림하고 마음 속으로 계산을 한다.

그 결과 예상되는 해답은 어림값이 단지 대략적이기 때문에 어림 해답(ballpark answer)이라 부른다. 오존 기체를 이용한 다음 예는 예상되는 어림 해답을 설명한 것이다.

$$4.75\ \text{g O}_3 \times \frac{1\ \text{mol O}_3}{48.00\ \text{g O}_3} \times \frac{22.4\ \text{L O}_3}{1\ \text{mol O}_3} = \text{L O}_3$$

각 숫자 값을 한 자리로 반올림 하면,

$$5\ \text{g O}_3 \times \frac{1\ \text{mol O}_3}{50\ \text{g O}_3} \times \frac{20\ \text{L O}_3}{1\ \text{mol O}_3} = \sim 2\ \text{L O}_3$$

예상된 해답은 ~2 L $O_3$이고 계산기의 해답은 2.22 L $O_3$이다. 따라서 어림 해답이 계산한 값과 거의 일치하며 해답이 옳다는 신뢰는 갖는다.

문제 풀이의 경험을 바탕으로 하여 해답이 적합한 것과 그렇지 않은 것에 대하여 하나의 평가를 전개하여 나간다. 예를 들면, STP에서 주어진 2.28 L의 오존 기체에서 오존 분자수를 $6.13 \times 10^{22}$ 라고 계산할 수 있다. 이것은 적합한 해답이다. 왜냐하면 산소 기체 2.28 L는 대략 1몰 (22.4L)의 1/10이고 $6.13 \times 10^{22}$는 대략 아보가드로 수($6.02 \times 10^{23}$)의 1/10이기 때문이다.

## 15.2 개념 지도 – 몰 관계

**학습 목표**

▶ 다음 물질의 몰 관련 문제들을 풀 수 있다:

(a) 원자, 분자 또는 식 단위의 수

(b) 물질의 질량

(c) 기체의 부피

8장에서 몰 계산에 대하여 배웠다. 아보가드로 수, 몰 질량, 몰 부피를 관련시키는 것도 배웠다. 몰 관계의 전체적 상관관계를 얻기 위해서 그림 15.2에 보인 것과 같이 개념 지도를 그릴 수 있다.

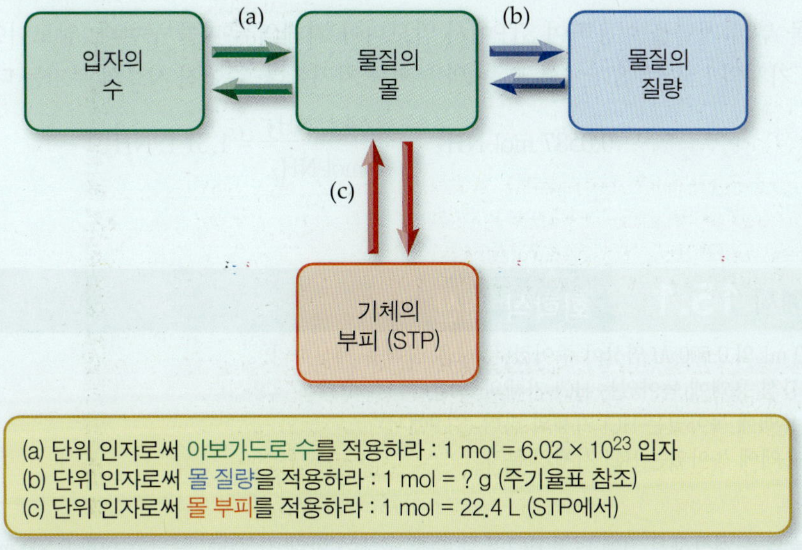


**▲그림 15.2 몰 개념 지도**
개념 지도는 가운데 몰 개념에 관련되는 여러 가지 양을 나타낸다. 물질의 몰을 (a) 입자수 (b) 물질의 질량 또는 (c) 기체의 부피로부터 구할 수 있다. 만약, 물질의 몰이 주어졌다면 어떤 다른 양도 계산할 수 있다.

1.00 g의 암모니아 기체, $NH_3$가 주어졌다. STP에서 $NH_3$ 기체의 부피와 암모니아 분자의 수를 구해 보자. 그림 15.2에 있는 개념 지도로부터 먼저 $NH_3$의 몰을 계산해야 한다. 아래와 같이 문제에 대한 개념 지도를 그릴 수 있다.

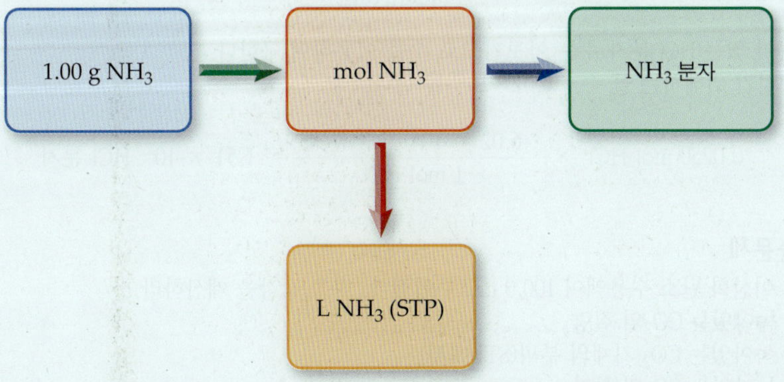

**▲ 암모니아, $NH_3$**

주기율표를 이용하면, $NH_3$의 몰 질량은 17.04 g/mol이고 $NH_3$의 몰은 아래와 같이 구할 수 있다.

$$1.00\ \cancel{g\ NH_3} \times \frac{1\ mol\ NH_3}{17.04\ \cancel{g\ NH_3}} = 0.0587\ mol\ NH_3$$

암모니아의 몰 수를 구했다면 어떤 다른 양도 계산할 수 있다. 예를 들면, 1 mol의 암모니아 속에는 아보가드로 수의 분자가 있다. 주어진 시료에 있는 분자 수를 다음과 같이 구할 수 있다.

$$0.0587\ \text{mol NH}_3 \times \frac{6.02 \times 10^{23}\ \text{NH}_3\ \text{분자}}{1\ \text{mol NH}_3} = 3.53 \times 10^{22}\ \text{NH}_3\ \text{분자}$$

몰 부피 개념을 이용하여 STP에서 암모니아 기체의 부피를 구한다. 암모니아 또는 어떤 다른 기체의 1 mol은 STP에서 22.4 L의 부피를 차지한다. 주어진 시료의 부피는 다음과 같다.

$$0.0587\ \text{mol NH}_3 \times \frac{22.4\ \text{L NH}_3}{1\ \text{mol NH}_3} = 1.31\ \text{L NH}_3$$

▲염화 수소, HCl

## 예제 15.1 화학식 계산

50.0 mL의 0.500 *M* 염산이 주어졌다. 다음 각각을 계산하라.
(a) 산성 용액에 녹아있는 HCl 기체의 그램
(b) 용액에 녹아있는 HCl 기체의 리터 (STP에서)
(c) 용액에 녹아있는 HCl 기체의 분자

### 해답

다른 양을 계산하기 전에 먼저 HCl의 몰 수를 구해야 한다. 0.500 M은 단위 인자 0.500 mol/1000 mL에 해당함을 기억하자. 그러면

$$50.0\ \text{mL 용액} \times \frac{0.500\ \text{mol HCl}}{1000\ \text{mL 용액}} = 0.0250\ \text{mol HCl}$$

(a) 주기율표로부터 HCl의 몰 질량은 36.46 g/mol 임을 구한다. 따라서 산성 용액에 녹아 있는 HCl의 질량은 다음과 같다.

$$0.0250\ \text{mol HCl} \times \frac{36.46\ \text{g HCl}}{1\ \text{mol HCl}} = 0.912\ \text{g HCl}$$

(b) STP에서 HCl을 포함하여 어떤 기체의 몰 부피는 22.4 L/mol이다. 표준 상태에서 HCl 기체의 부피는

$$0.0250\ \text{mol HCl} \times \frac{22.4\ \text{L HCl}}{1\ \text{mol HCl}} = 0.560\ \text{L HCl (STP)}$$

(c) 산에 녹아 있는 HCl 분자 수는 아보가드로 수를 이용하여 구한다.
분자 수를 얻기 위해서는 몰 수×$(6.02 \times 10^{23})$를 한다.

$$0.0250\ \text{mol HCl} \times \frac{6.02 \times 10^{23}\ \text{HCl 분자}}{1\ \text{mol HCl}} = 1.51 \times 10^{22}\ \text{HCl 분자}$$

### 실전 연습문제

0.105 *M*의 이산화 탄소 수용액이 100.0 mL 주어졌다. 다음 각각을 계산하라.
(a) 용액에 녹아있는 $CO_2$의 질량
(b) 용액에 녹아있는 $CO_2$ 기체의 부피(STP에서)
(c) 용액에 녹아있는 $CO_2$의 분자

**답:**
(a) 0.462 g $CO_2$ (b) 0.235 L $CO_2$(STP에서) (c) $6.32 \times 10^{21}$ $CO_2$ 분자

### 개념 문제

기체 1 mol의 개념에 관련된 네 개의 양(예: 질량)은 무엇인가?

**답:** 부록 G, 15.1 참조

▲이산화 탄소, $CO_2$

## 15.3 개념 지도 – 화학량론

**학습 목표**

▶ 다음 형태의 문제에 대하여 계산할 수 있다.
(a) 질량 – 질량 화학량론
(b) 질량 – 부피 화학량론
(c) 부피 – 부피 화학량론
(d) 용액 화학량론

9장에서 화학반응식 계산에 대해서 배웠다. 질량-질량, 질량-부피 그리고 부피-부피 문제가 포함된 양들을 관련시키는 것을 배웠다. 화학량론 관계의 전체적인 윤곽을 얻기 위해서 그림 15.3에서 보인 개념 지도를 그릴 수 있다.

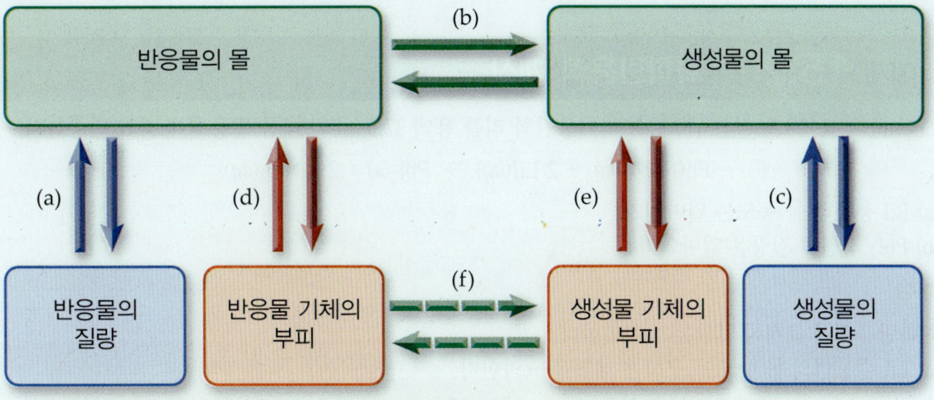


(a) 단위 인자로써 몰 질량을 적용하라 : 1 mol = ? g (주기율표 참조)
(b) 단위 인자로써 몰 비율을 적용하라 : (균형 반응식 계수 참조)
(c) 단위 인자로써 몰 질량을 적용하라 : 1 mol = ? g (주기율표 참조)
(d) 단위 인자로써 몰 부피를 적용하라 : 1 mol = 22.4 L(STP에서)
(e) 단위 인자로써 몰 부피를 적용하라 : 1 mol = 22.4 L(STP에서)
(f) 단위 인자로써 부피 비율을 적용하라 : (균형 반응식 계수 참조)

**▲그림 15.3 화학량론 개념 지도**
개념 지도는 균형 화학반응식에 의해서 관련된 양들을 보여준다. 반응물과 생성물의 질량은 물론 기체상의 반응물과 생성물의 부피를 관련시킬 수 있다.

이제 화학반응식 계산의 이해를 강화해보자. 0.150 *M* HCl과 반응하는 4.24 g의 탄산 소듐, $Na_2CO_3$이 주어졌다고 가정해 보면 반응식은 다음과 같다.

$$Na_2CO_3(s) + 2\ HCl(aq) \rightarrow 2\ NaCl(aq) + H_2O(l) + CO_2(g)$$

반응으로부터 생성되는 $CO_2$의 부피를 STP에서 리터(L)로 구해보자. 그림 15.3을 참조하면, 첫째 $Na_2CO_3$의 질량을 몰로 전환한다. 둘째 $CO_2$의 몰 수를 구하기 위하여 균형 화학식의 계수를 적용한다. 셋째 기체의 몰 수를 STP에서 기체의 부피로 전환한다. 다음과 같이 문제에 대한 개념 지도를 그릴 수 있다.

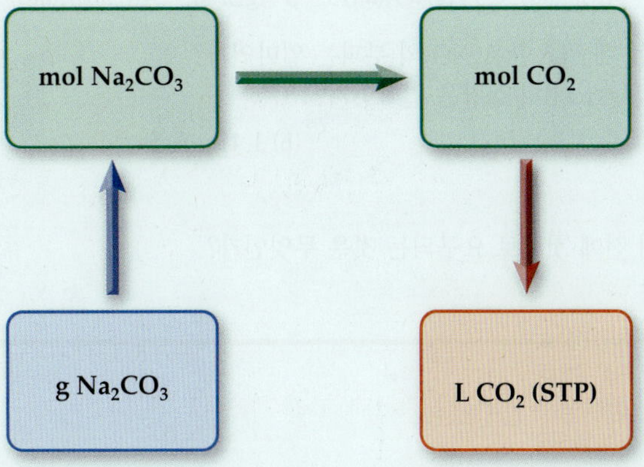

다음에는 단위 분석 풀이를 문제에 대입한다. 주기율표로부터 원자 질량을 더하여 $Na_2CO_3$의 몰 질량이 105.99 g/mol을 구한다. 몰 부피의 값은 22.4 L/mol 이다. 계산은 다음과 같다.

$$4.24\ \text{g Na}_2\text{CO}_3 \times \frac{1\ \text{mol Na}_2\text{CO}_3}{105.99\ \text{g Na}_2\text{CO}_3} \times \frac{1\ \text{mol CO}_2}{1\ \text{mol Na}_2\text{CO}_3} \times \frac{22.4\ \text{L CO}_2}{1\ \text{mol CO}_2} = 0.896\ \text{L CO}_2$$

예제 15.2는 용액의 농도를 포함한 화학반응식 계산을 푸는 연습을 제공한 것이다.

▲ $PbI_2$ 침전

## 예제 15.2 화학반응식 계산

25.0 mL의 0.100 *M* 질산 납(Ⅱ)이 아이오딘화 리튬 용액 37.5 mL와 다음 반응식에 따라 반응한다.

$$Pb(NO_3)_2(aq) + 2\ LiI(aq) \rightarrow PbI_2(s) + 2\ LiNO_3(aq)$$

(a) LiI 용액의 몰 농도는 얼마인가?
(b) $PbI_2$ 침전의 질량은 얼마인가?

### 해답

화학반응식이 균형이 맞았는지 확인한다.

(a) LiI 수용액의 몰 농도를 구하는 계획을 요약한다.

$$\text{mL Pb(NO}_3)_2 \rightarrow \text{mol Pb(NO}_3)_2 \rightarrow \text{mol LiI} \rightarrow M\ \text{LiI}$$

균형 반응식으로부터 1 mol $Pb(NO_3)_2$는 2 mol LiI와 반응함을 볼 수 있다.
LiI의 몰 수는 다음과 같이 계산한다.

$$25.0\ \text{mL Pb(NO}_3)_2 \times \frac{0.100\ \text{mol Pb(NO}_3)_2}{1000\ \text{mL Pb(NO}_3)_2} \times \frac{2\ \text{mol LiI}}{1\ \text{mol Pb(NO}_3)_2} = 0.00500\ \text{mol LiI}$$

몰 농도는 부피에 대한 몰의 비율이다. 몰 농도는 화합물 단위(mol/L)이기 때문에 화합물 단위(mol/L)로 시작하는 것이 필요하다. 37.5 mL의 용액에 0.00500 mol LiI이 있다.
따라서,

$$\frac{0.00500\ \text{mol LiI}}{37.5\ \text{mL 용액}} \times \frac{1000\ \text{mL}}{1\ \text{L}} = \frac{0.133\ \text{mol LiI}}{1\ \text{L 용액 L}} = 0.133\ M\ \text{LiI}$$

(b) $PbI_2$ 침전의 질량을 구하기 위해서 개념들을 관련시킬 수 있다.

$$\text{mL Pb(NO}_3)_2 \rightarrow \text{mol Pb(NO}_3)_2 \rightarrow \text{mol PbI}_2 \rightarrow \text{g PbI}_2$$

균형 반응식으로부터 1mol $Pb(NO_3)_2$는 1mol $PbI_2$가 된다. $PbI_2$의 몰 질량은 461.0 g/mol이다. 따라서,

$$25.0\ \text{mL Pb(NO}_3)_2 \times \frac{0.100\ \text{mol Pb(NO}_3)_2}{1000\ \text{mL Pb(NO}_3)_2} \times \frac{1\ \text{mol PbI}_2}{1\ \text{mol Pb(NO}_3)_2} \times \frac{461.0\ \text{g PbI}_2}{1\ \text{mol PbI}_2} = \text{g PbI}_2$$

$$= 1.15\ \text{g PbI}_2$$

### 실전 연습문제

25.0 mL의 0.100 *M* 브롬화 알루미늄이 0.125 *M* 질산은 용액과 반응한다.

$$AlBr_3(aq) + 3\ AgNO_3(aq) \rightarrow 3\ AgBr(s) + Al(NO_3)_3(aq)$$

(a) 침전이 완전히 되는 데 필요한 $AgNO_3$의 부피는 얼마인가?
(b) 침전한 AgBr(187.77 g/mol)의 질량은 얼마인가?

**답:** (a) 60.0 mL $AgNO_3$ (b) 1.41 g AgBr

### 개념 문제

화학량론 문제를 풀기 전에 첫째로 요구되는 것은 무엇인가?

**답:** 부록 G, 15.2 참조

## 15.4 다중 – 반응 화학량론

**학습 목표**

▶ 둘 또는 그 이상의 화학반응에 대한 화학량론 계산을 할 수 있다.

화학 공업에서 화학제품의 제조비용을 결정하는 데 화학량론 계산을 하는 것은 중요하다. 더구나 많은 공정은 둘 또는 그 이상의 화학반응을 한다. 예를 들면, 질산, $HNO_3$ 제조의 오스트발트(Ostwald) 공정과 황산, $H_2SO_4$ 제조의 접촉법은 각각 세 개의 반응으로 되어 있다. 다행히 우리가 배웠던 화학량론 기술은 다중 반응까지 확장할 수 있게 되었다.

탄산 소듐, $Na_2CO_3$은 중요한 공업 화학 제품 중 하나이다. 이것의 보통명은 소다회(소다재, Soda ash)이다. 소다회는 와이오밍(Wyoming) 주와 캘리포니아 주에 있는 모하비(Mojave) 사막에 있는 풍부한 광산에서 채광되고 있다. 또한 이것은 화학적으로 제조된다. 1869년에 솔베이(Solvay)는 그의 이름이 탄생하게 한 소다회 제조의 공업적 방법을 발명하였다. 솔베이법에서

첫 번째 반응은 이산화 탄소와 암모니아수를 탄산수소 암모늄으로 전환하는 것이다.

$$CO_2(g) + NH_3(g) + H_2O(l) \rightarrow NH_4HCO_3(aq) \qquad (1)$$

두 번째 반응에서 중탄산 암모늄은 이중 치환 반응을 하여 중탄산 소듐($NaHCO_3$, 제빵 소다)이 된다.

$$NH_4HCO_3(aq) + NaCl(aq) \rightarrow NaHCO_3(s) + NH_4Cl(aq) \qquad (2)$$

세 번째 반응에서는 제빵 소다를 가열하여 소다회, $Na_2CO_3$를 생성시킨다.

$$2\ NaHCO_3(s) \xrightarrow{\Delta} Na_2CO_3(s) + CO_2(g) + H_2O(g) \qquad (3)$$

반응(1)에서 75.0 g의 이산화 탄소 기체로부터 생성되는 소다회의 질량을 계산해 보도록 하자. $CO_2$와 $Na_2CO_3$의 관계를 다음과 같이 윤곽을 잡을 수 있다.

$$\text{mol } CO_2 \rightarrow \text{mol } NH_4HCO_3 \rightarrow \text{mol } NaHCO_3 \rightarrow \text{mol } Na_2CO_3$$

$CO_2$를 시작으로하여 탄소를 한 물질에서 다른 물질로 전환하는 것을 다룬 것이다. 이 문제에서 75.0 g의 $CO_2$로부터 생성되는 $Na_2CO_3$의 질량을 구하는 것이다.

다중-반응 문제에서는 추가적인 단위 인자들을 적용해야 한다. 즉, 각 반응에 있는 물질의 몰 수를 관련시켜야 한다. 단위 분석 해법은 다음과 같다.

$$75.0\ \text{g}\ CO_2 \times \frac{1\ \text{mol}\ CO_2}{44.01\ \text{g}\ CO_2} \times \frac{1\ \text{mol}\ NH_4HCO_3}{1\ \text{mol}\ CO_2} \times \frac{1\ \text{mol}\ NaHCO_3}{1\ \text{mol}\ NH_4HCO_3}$$
$$\times \frac{1\ \text{mol}\ Na_2CO_3}{2\ \text{mol}\ NaHCO_3} \times \frac{105.99\ \text{g}\ Na_2CO_3}{1\ \text{mol}\ Na_2CO_3} = 90.3\ \text{g}\ Na_2CO_3$$

이 예의 다중-반응 화학량론에서 세 개의 화학반응식이 있다는 것을 주시하라. 예제 15.3은 질산으로부터 암모니아 제조에 대한 다중-반응 화학량론을 설명한 것이다.

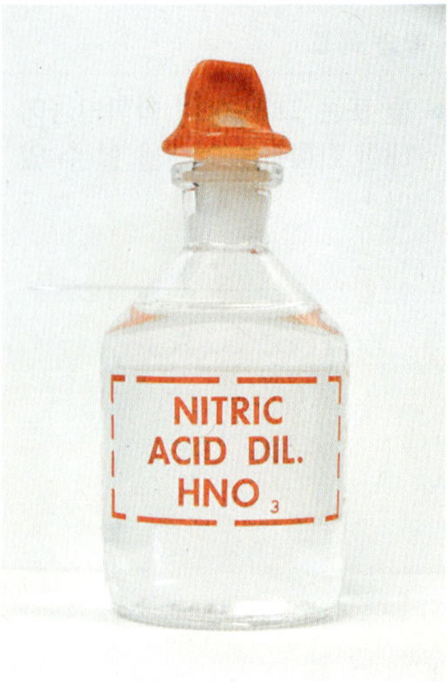


▲ 질산, $HNO_3$

## 예제 15.3 다중 – 반응 화학량론

질산은 공업적으로 암모니아를 변환시켜서 만든다. 이 변환에는 오스트발트법으로 언급되는 세 단계가 있다.

$$4\,NH_3(g) + 5\,O_2(g) \xrightarrow{Pt/850\ ℃} 4\,NO(g) + 6\,H_2O(g)$$
$$2\,NO(g) + O_2(g) \longrightarrow 2\,NO_2(g)$$
$$3\,NO_2(g) + H_2O(l) \longrightarrow 2\,HNO_3(aq) + NO(g)$$

STP에서 10.0 L의 $NH_3$가 질산으로 완전히 변환된다고 가정할 때 생성되는 $HNO_3$(63.02 g/mol)의 질량은 얼마인가?

### 해답

다음과 같이 $NH_3$가 $HNO_3$에 관련되는 계획을 세울 수 있다.

$$\text{L } NH_3 \longrightarrow \text{mol } NH_3 \longrightarrow \text{mol } NO \longrightarrow \text{mol } NO_2 \longrightarrow \text{mol } HNO_3 \longrightarrow g\ HNO_3$$

$NH_3$를 시작으로 하여 질소는 질소 원자를 포함하는 다른 물질로 전환한다. 10.0 L의 $NH_3$로부터 $HNO_3$의 질량을 구해야 한다. 따라서, 단위 분석 계산에 대한 일반형식을 보자.

$$10.0\text{ L } NH_3 \times \text{단위 인자} = \text{g } HNO_3$$

전략적 계획으로부터 변환시키는 데 다섯 개의 단위 인자가 필요하다. 문제에 완성된 단위 분석 풀이는 다음과 같다.

$$10.0\ \cancel{\text{L } NH_3} \times \frac{1\ \cancel{\text{mol } NH_3}}{22.4\ \cancel{\text{L } NH_3}} \times \frac{4\ \cancel{\text{mol } NO}}{4\ \cancel{\text{mol } NH_3}} \times \frac{2\ \cancel{\text{mol } NO_2}}{2\ \cancel{\text{mol } NO}}$$
$$\times \frac{2\ \cancel{\text{mol } HNO_3}}{3\ \cancel{\text{mol } NO_2}} \times \frac{63.02\text{ g } HNO_3}{1\ \cancel{\text{mol } HNO_3}} = 18.8\text{ g } HNO_3$$

10.0 L의 $NH_3$가 18.8 g $HNO_3$로 변환하는 데는 세 가지 반응이 필요하다. 각 반응에서 100% 수득률로 얻었다고 가정했다. 공정에서 실제 수득률은 적다. 오스트발트 공정은 대략 90% 수득률을 달성한다.

### 실전 연습문제

많은 양의 황은 황화 수소를 포함한 신(sour) 냄새나는 천연가스에서 얻는다.

첫째, 황화 수소를 공기 중에서 연소시켜 이산화 황으로 만든다. 둘째, 생성된 $SO_2$를 $H_2S$와 추가로 반응시켜 황 원소를 얻는다.

$$2\,H_2S(g) + 3\,O_2(g) \longrightarrow 2\,SO_2(g) + 2\,H_2O(g) \qquad (1)$$
$$2\,SO_2(g) + 2\,H_2S(g) \longrightarrow 3\,S(l) + 2\,H_2O(g) \qquad (2)$$

STP에서 1.00 g의 황을 생성하는 데 필요한 $H_2S$의 부피를 구하라.

**답:** 466 L의 $H_2S$ (STP에서)

### 개념 문제

만약, STP에서 2.00 L의 황화 수소가 2.00 L의 산소 기체와 반응한다면 두 기체 중 어느 기체가 한계 반응물인가?

**답:** 부록 G, 15.3 참조

**주 의** 다중-반응 화학량론 문제는 둘 또는 그 이상의 균형 화학반응식이 포함된다. 이들 화학량론 문제들은 질량 대 질량, 질량 대 부피, 또는 부피 대 부피와 같은 단일 반응에 대해서 이미 학습했던 어떤 양과도 관련시킬 수 있다. 비록 이들 문제들이 좀더 복잡하게 보이지만 다중-반응 계산은 단위 분석 변환에서 단지 하나의 추가적인 단위 인자가 필요한 것이다.

## 15.5 고급 문제 – 풀이 예제

학습 목표

▶ 둘 또는 그 이상의 화학 원리를 포함한 계산을 할 수 있다.

지금까지 풀어왔던 화학 계산 문제들은 하나의 화학 원리만 포함된 것이었다. 따라서, 여러 규칙들을 이용하여 체계적으로 문제를 풀 수 있다. 가장 많은 시간 동안 우리는 문제를 푸는 단위 분석법에서 세 개의 기본 단계를 적용해 왔다. 이제 좀더 도전적인 문제를 취급해야 할 시점이다. 둘 또는 그 이상의 화학 원리가 포함된 문제이다. 이들 문제를 풀기 위해서 각 문제를 주의 깊게 분석하고 그 해답에 대한 전략을 발전시켜야 한다. 지금까지 화학 원리를 소개하는 정도로 학습하였지만 이들 원리들의 많은 결합과 변화가 있다. 다음의 예제 문제들은 지금까지 학습해왔던 가장 중요한 개념들을 설명하기 위해서 선택한 것이다.

### 실례 : 미터법과 밀도

미터법과 밀도를 포함하는 계산을 고려해보자. 미터의 전환을 실행하고 밀도 개념을 적용하는것이 필요하다.

### 예제 15.4 미터법과 밀도

리튬은 최소 조밀한 금속 원소이다. 그의 밀도는 0.534 g/mL이다. 1.00 in.$^3$의 금속에 있는 리튬의 질량을 얼마인가?

**해답**

요구하는 양을 결정하여 문제를 풀어보도록 시작하자. 양은 질량이므로 g 단위를 선택할 것이다. 다음에는 밀도는 미터 단위이고 부피는 영국 단위 in.$^3$이다. 이제 해답을 두 개의 분리된 문제로 계획해 보자. 첫째, 부피를 영국 단위에서 미터 단위로 변환한다.

$$\text{in.}^3\ \text{Li} \rightarrow \text{cm}^3\ \text{Li} \rightarrow \text{mL Li}$$

둘째, 단위 인자로써 밀도를 사용하여 Li의 부피를 Li의 질량으로 변환한다.

$$\text{mL Li} \rightarrow \text{g Li}$$

입방체는 한면이 1.00 in.이다. 따라서 부피는 1.00 in. × 1.00 in. × 1.00 in. = 1.00 in.$^3$ 이다. 1 in. = 2.54cm 그리고 1 cm$^3$= 1 mL임을 상기하자. 단위 변환은 다음과 같다.

$$1.00\ \text{in.}^3 \times \left(\frac{2.54\ \text{cm}}{1\ \text{in.}}\right)^3 \times \frac{1\ \text{mL}}{1\ \text{cm}^3} = \text{mL Li}$$

$$1.00\ \text{in.}^3 \times \frac{16.4\ \text{cm}^3}{1.00\ \text{in.}^3} \times \frac{\text{mL}}{1\ \text{cm}^3} = 16.4\ \text{mL Li}$$

리튬의 밀도는 0.534 g/mL, 1 mL = 0.534 g 이므로 부피를 질량으로 변환하면

$$16.4\ \text{mL} \times \frac{0.534\ \text{g}}{1\ \text{mL}} = 8.76\ \text{g Li}$$

비교해보면, 금은 주기율표에서 가장 조밀한 금속 중의 하나이다. 금 1.00 in.$^3$의 무게는 300 g 이상 이며 리튬 질량의 30배 이상이다.

**실전 연습문제**

얼음 2.00 in.$^3$에 있는 물의 질량을 구하라. 얼음의 밀도는 0.917 g/cm$^3$이다.

**답:**

이 문제를 풀기 위한 방법은 다음과 같다.

$$\text{in.}^3\ H_2O \rightarrow \text{cm}^3\ H_2O \rightarrow \text{g}\ H_2O$$

얼음 입방체의 부피는 8.00 in.$^3$ 또는 131 cm$^3$, 얼음의 질량은 120 g이다.

**개념 문제**

얼음 1.00 cm$^3$ 또는 물 1.00 cm$^3$ 중에서 어느 것이 무게가 더 많은가?

**답:** 부록 G, 15.4 참조

▲ **리튬 금속, Li** 리튬 금속은 물 위에 뜨는 광유(mineral oil)속에 보인다.

## 실례 : 측정과 몰 개념

측정과 몰 개념을 포함한 문제를 고려해보자. 다음 예제는 가솔린에 있는 납의 농도와 환경에 방출하는 납 원자 수를 계산하기 위해서 몰 개념을 이용할 것이다.

▲ 금속 납, Pb

### 예제 15.5 측정과 몰 개념

자동차가 가납 휘발유(테트라에틸 납을 첨가한 휘발유, leaded gasoline)를 사용하여 도로를 벗어나서 125 마일을 달렸다. (평균 10.5 마일/갤런 소모). 가납 휘발유가 0.10 g Pb/gal이 포함되었다면 얼마나 많은 납 원자가 환경에 방출되었는가? (1996년 EPA(환경보호국)는 자동차가 가납 휘발유를 사용하여 도로상을 다니지 못하도록 금지시켰다.

**해답**

요구하는 양이 무엇인지를 아는 것으로 시작한다. 이 예제에서 주어진 자료로 납 원자 수를 구하는 것이다. 납의 질량은 다음과 같이 찾을 수 있다.

$$\text{mi(마일)} \rightarrow \text{gal(갤런)} \rightarrow \text{g Pb}$$

납의 질량을 납의 원자 수로 전환시킨다.

$$\text{g Pb} \rightarrow \text{mol Pb} \rightarrow \text{Pb 원자}$$

주어진 자료 : 휘발유 1 갤런 = 10.5 마일 ; 0.10 g Pb = 1 갤런의 휘발유 단위 분석을 적용하면

$$125\ \cancel{\text{마일}} \times \frac{1\ \cancel{\text{갤런}}}{10.5\ \cancel{\text{마일}}} \times \frac{0.10\text{ g Pb}}{1\ \cancel{\text{갤런}}} = 1.2\text{ g Pb}$$

1 몰의 납은 아보가드로 수의 납 원자를 포함한다. 주기율표로부터 몰 질량을 찾는다.
1 mol Pb = 207.2 g, 따라서

$$1.2\ \cancel{\text{g Pb}} \times \frac{1\ \cancel{\text{mol Pb}}}{207.2\ \cancel{\text{g Pb}}} \times \frac{6.02 \times 10^{23}\text{ Pb 원자}}{1\ \cancel{\text{mol Pb}}} = 3.5 \times 10^{21}\text{ Pb 원자}$$

**실전 연습문제**

자동차로 375 마일을 달렸다. (평균 24.0 마일/갤런) 만약 1.00 갤런의 휘발유가 8,184 g의 $CO_2$를 생성한다면 여행 중 방출된 이산화 탄소는 STP에서 몇 L인가?

**답:** 이 문제를 푸는 방법은 다음과 같다.

$$\text{mi(마일)} \rightarrow \text{gal(갤런)} \rightarrow \text{g } CO_2 \rightarrow \text{mol } CO_2 \rightarrow \text{L } CO_2$$

여행 중에 65, 100 L(STP)의 이산화 탄소를 방출하였다.

**개념 문제**

이산화 탄소는 "온실(greenhouse)" 기체이다. 온실 기체라는 말은 무엇을 의미하며 이산화 탄소는 지구 온난화에 어떻게 기여하는가?

**답:** 부록 G, 15.5 참조

## 실례 : 실험식과 이상 기체 법칙

실험식과 이상 기체 법칙이 포함된 계산을 고려해보자. 첫째 어떤 화합물 증기의 실험식을 구하고 화합물의 실제 화학식과 몰 질량을 구하기 위하여 기체 법칙 계산을 이용한다.

## 예제 15.6 실험식과 이상 기체 법칙

사이클로헥세인(cyclohexane)은 유기 용매와 살균제로 사용한다. 이 화합물을 원소 분석하여 그 성분이 85.7% C와 14.3% H 임을 알았다. 만약, 100 ℃와 0.995 기압에서 0.500 L 플라스크 안에 있는 사이클로헥세인 증기의 무게가 1.37 g이었다면 이 화합물의 몰 질량과 분자식은 무엇인가?

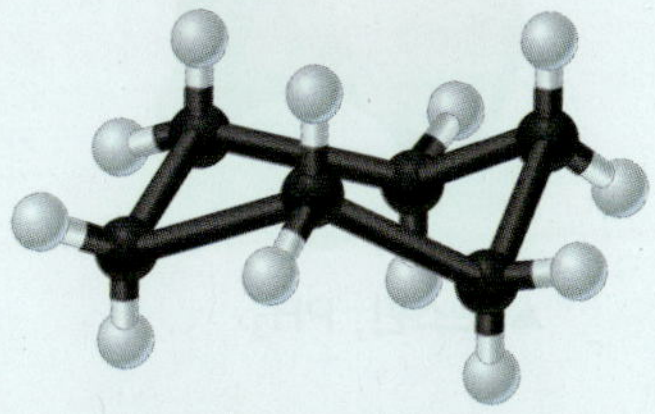

▲ 사이클로헥세인 모형

**해답**

이 문제에서 분자식을 구하는 것이다. 분자식은 실험식 단위를 반복하는 어떤 수에 해당한다. 즉, $(C_xH_y)_n$ 이다. 첫째로 백분율 조성으로부터 실험식을 결정해야 한다. 만약, 100 g의 사이클로헥세인이라고 가정하면 85.7 g C와 14.3 g의 H가 있다. 다음과 같이 실험식을 계산할 수 있다.

$$85.7\ \cancel{g\ C} \times \frac{1\ mol\ C}{12.01\ \cancel{g\ C}} = 7.14\ mol\ C$$

$$14.3\ \cancel{g\ H} \times \frac{1\ mol\ H}{1.01\ \cancel{g\ H}} = 14.2\ mol\ H$$

실험식은 $C_{7.14}H_{14.2}$의 비율이다. 더 작은 몰 값으로 나누어 간단히 하면

$$C_{\frac{7.14}{7.14}}H_{\frac{14.2}{7.14}} = C_1H_{1.99} = C_1H_2$$

이제 증기 밀도 자료로부터 사이클로헥세인의 몰 질량을 계산할 수 있다. 이 예제에서 대수학적 접근을 이용하는것이 더 편리하다. 이상 기체식, $PV = nRT$를 이용할 수 있다. R은 상수이며 그 값은 0.0821 atm · L/mol · K이다. 주어진 자료를 식에 대입하면

$$0.995\ \cancel{atm} \times 0.500\ \cancel{L} = n \times \frac{0.0821\ \cancel{atm} \cdot \cancel{L}}{1\ mol \cdot \cancel{K}} \times 373\ \cancel{K}$$

정리하고 $n$에 대해 풀면,

$$n = 0.0162\ mol$$

g/mol 단위의 몰 질량을 구하는 것이 필요하므로 플라스크 안에 있는 증기의 질량은 1.37 g이다. 따라서

$$\frac{1.37\ g}{0.0162\ mol} = 84.6\ g/mol$$

실험식은 $CH_2$이므로 분자식은$(CH_2)_n$이다. 실험식 단위, $CH_2$의 몰 질량은 14.03 g/mol이다. 사이클로헥세인의 몰 질량은 84.6 g/mol 이다. 따라서, 사이클로헥세인에서 반복하는 실험식 단위의 수는 다음과 같다.

$$\text{사이클로헥세인}: \frac{(CH_2)_n}{CH_2} = \frac{84.6\ g/mol}{14.03\ g/mol}$$

$$n = 6.03 \approx 6$$

$n$은 6과 같으므로 사이클로헥세인의 분자식은 $(CH_2)_6$이고 $C_6H_{12}$로 쓴다.

**실전 연습문제**

기체 연료의 백분율 조성이 92.3% C와 7.7% H이다. 만약, 1.33 g의 기체가 20 ℃와 750 mm Hg에서 부피가 1.25 L 차지한다면 기체의 (a) 실험식과 (b) 분자식은 무엇인가?

**답:** (a) CH (b) $C_2H_2$

**개념 문제**

기체의 몰 질량 (MM, molar mass)이 이상 기체 법칙식에 있는 다른 변수와 같도록 이상 기체 법칙식을 다시 써라.

**답:** 부록 G, 15.6 참조

## 실례 : 화학량론과 결합기체 법칙

화학반응식과 결합 기체 법칙을 포함하는 문제를 고려해보자. 이 문제는 생성된 기체가 표준 상태에 있지 않기 때문에 질량-부피 화학량론보다 좀 더 복잡하다.

▲ 포스핀, $PH_3$

## 예제 15.7 화학량론과 결합기체 법칙

포스핀, $PH_3$은 악취가 나고 호흡기 계통을 자극한다. 인화 칼슘과 물의 반응은 포스핀 기체와 수용성 수산화 칼슘을 형성한다.

$$Ca_3P_2(s) + H_2O(l) \rightarrow PH_3(g) + Ca(OH)_2(aq)$$

만약, 3.50 L의 포스핀이 749 mm Hg와 25 ℃에서 포집되었다면 반응한 인화 칼슘의 질량은 얼마인가? 모든 화학량론 문제는 균형 화학반응식에서 시작해야 한다. 위의 화학식을 균형있게 하면

$$Ca_3P_2(s) + 6\ H_2O(l) \rightarrow 2\ PH_3(g) + 3\ Ca(OH)_2(aq)$$

기체를 포함한 화학량론 문제는 STP에 있어야 한다. 이 예제에서 $PH_3$ 기체는 표준상태에 있지 않다. 화학량론 계산을 시작하기전에 760 mm Hg와 0 ℃에 있는 기체의 부피로 고쳐야 한다. 12.9절에서 단위 분석 방법을 응용하여 기체 법칙 문제를 풀었다. 이제, 최초와 최종에 있는 기체를 나타내는 자료표를 만들자.

| 상태 | $P$ | $V$ | $T$ |
|---|---|---|---|
| 최초 | 749 mm Hg | 3.50 L | 25 ℃ + 273 = 298 K |
| 최종 | 760 mm Hg | $V_2$ | 273 K |

기체 법칙 계산의 단위 분석식은 다음과 같다.

$$3.50\ \text{L} \times P_{\text{인자}} \times T_{\text{인자}} = \text{L (STP에서)}$$

기체 압력은 STP로 증가하기 때문에 부피는 감소한다. 온도는 감소하므로 부피는 감소해야 한다. 따라서, 단위 인자 풀이는 다음과 같다.

$$3.50\ \text{L} \times \frac{749\ \text{mm Hg}}{760\ \text{mm Hg}} \times \frac{273\ \text{K}}{298\ \text{K}} = 3.16\ \text{L}$$

이 문제에서 $Ca_3P_2$의 질량을 구하는 것이 필요하다. $PH_3$의 부피가 주어졌으므로 방법은 다음과 같다.

$$\text{L } PH_3 \rightarrow \text{mol } PH_3 \rightarrow \text{mol } Ca_3P_2 \rightarrow \text{g } Ca_3P_2$$

균형 화학반응식으로부터 2 mol $PH_3$는 1 mol $Ca_3P_2$로부터 얻어짐을 알 수 있다. 주기율표로부터 $Ca_3P_2$의 몰 질량은 182.3 g/mol 임을 계산한다. $Ca_3P_2$의 질량을 다음과 같이 계산해 보자.

$$3.16\ \text{L } PH_3 \times \frac{1\ \text{mol } PH_3}{22.4\ \text{L } PH_3} \times \frac{1\ \text{mol } Ca_3P_2}{2\ \text{mol } PH_3} \times \frac{182.18\ \text{g } Ca_3P_2}{1\ \text{mol } Ca_3P_2} = 12.9\ \text{g } Ca_3P_2$$

이 문제는 여러 개의 원리가 포함되었다. 그러나 체계적으로 더 간단한 문제를 푸는 데 대한 지침을 응용하여 어려운 문제를 성공적으로 풀었다.

### 실전 연습문제

칼슘 금속과 물의 반응은 수용성 수산화 칼슘과 수소 기체를 생성한다. 만약, 1.05 g의 칼슘이 완전히 반응하고 수소 기체가 759 mm Hg와 20 ℃에서 수상(물위) 포집되었다면 STP에서 이 기체의 부피는 얼마인가? (20 ℃에서 물의 증기압은 24 mm Hg이다)

$$Ca(s) + 2\ H_2O(l) \rightarrow Ca(OH)_2(aq) + H_2(g)$$

**답:** 529 mL (0.529 L) $H_2$ (STP에서)

### 개념 문제

포집된 습기 찬 수소 기체의 부피는 같은 수의 수소 분자가 건조한 수소 기체에 있을 때의 부피보다 더 적은가? 또는 더 큰가?

**답:** 부록 G, 15.7 참조

## 실례 : 몰 농도와 이온 용액

이온 용액의 몰 농도를 포함한 계산을 고려해 보자. 두 수용액에 있는 질산 이온 농도를 두 용액의 혼합 전과 후를 분석할 것이다.

## 예제 15.8 몰 농도와 이온 용액

만약, 25.0 mL의 0.500 *M* 질산 칼륨 용액과 75.0 mL의 0.125 *M* 질산 알루미늄 용액을 혼합했다면 그 결과 질산 이온의 몰 농도는 얼마인가? (용액의 부피를 첨가시켜 전체 부피가 100 mL가 된다고 가정할 수 있다.)

**해답**

수용액 $KNO_3$과 $Al(NO_3)_3$를 혼합한 후 질산 이온의 몰 농도를 구해야 한다. 각 용액 속에서 이온들의 해리에 대한 식을 써보자.

$$KNO_3(aq) \rightarrow K^+(aq) + NO_3^-(aq)$$

$$Al(NO_3)_3(aq) \rightarrow Al^{3+}(aq) + 3\ NO_3^-(aq)$$

mol/L 단위를 갖는 몰 농도를 구해야 한다. 혼합한 후의 용액의 부피는 100.0 mL이다. 그러므로, 각 용액으로부터 $NO_3^-$의 몰 수를 구해야 한다. 계산은 다음과 같다.

$$25.0\ \text{mL} \times \frac{0.500\ \text{mol KNO}_3}{1000\ \text{mL 용액}} \times \frac{1\ \text{mol NO}_3^-}{1\ \text{mol KNO}_3} = 0.0125\ \text{mol NO}_3^-$$

$$75.0\ \text{mL} \times \frac{0.125\ \text{mol Al(NO}_3)_3}{1000\ \text{mL 용액}} \times \frac{3\ \text{mol NO}_3^-}{1\ \text{mol Al(NO}_3)_3} = 0.0281\ \text{mol NO}_3^-$$

두 용액을 합한 후 $NO_3^-$의 총 몰 수는 다음과 같다.

$$0.0125\ \text{mol NO}_3^- + 0.0281\ \text{mol NO}_3^- = 0.0406\ \text{mol NO}_3^-$$

질산이온의 몰 농도는 $NO_3^-$의 몰 수를 용액의 부피 100.0 mL로 나누면 된다. 즉,

$$\frac{0.0406\ \text{mol NO}_3^-}{100.0\ \text{mL 용액}} \times \frac{1000\ \text{mL 용액}}{1\ \text{L 용액}} = \frac{0.406\ \text{mol NO}_3^-}{1\ \text{L 용액}} = 0.406\ M\ \text{NO}_3^-$$

**실전 연습문제**

만약, 50.0 mL의 0.100 *M* 염화 소듐과 100.0 mL의 0.150 *M* 염화 칼슘을 혼합하였다면 그결과 염화 이온의 몰 농도는 얼마인가? (용액을 혼합하면 전체 부피는 150.0 mL이라고 가정한다)

**답:** 0.233 $M\ Cl^-$

**개념 문제**

NaCl, KCl 그리고 AgCl의 각각 1 mol을 분리되어 있는 1 L 비커의 물속에 넣었다. 어느 비커의 용액에 염화 이온이 최소 적은 수가 들어있겠는가?

**답:** 부록 G, 15.8 참조

## 실례 : 다중 – 반응 화학량론

최종 예제로써 두 가지 반응을 포함하는 계산을 해보자. 이 문제를 다소 어렵게 하는 것은 미지량을 구하는 것이 아닌 것이다. 그 대신, 문제는 두 물질 중 어느 것이 가장 효과적인 제산제 알약인지를 결정하는 것이다.

▲물속에서의 제산제 알약

## 예제 15.9 다중 – 반응 화학량론

중탄산 소듐과 수산화 알루미늄은 제산제 알약으로 알려졌다. 대략 0.100 *M* HCl 위산을 어느 제산제 알약이 더 많이 중화하겠는가? : 알약은 1.00 g $NaHCO_3$ 또는 1.00 g $Al(OH)_3$이다.

**해답**

화학량론 문제에서 균형 화학반응식으로 시작한다.
두 개의 반응이 있으므로 두 개의 균형 반응식을 써야 한다.

$$NaHCO_3(s) + HCl(aq) \rightarrow NaCl(aq) + H_2O(l) + CO_2(g)$$

$$Al(OH)_3(s) + 3\ HCl(aq) \rightarrow AlCl_3(aq) + 3\ H_2O(l)$$

1.00 g $NaHCO_3$ 또는 1.00 g $Al(OH)_3$이 대부분의 산을 중화할 것인지를 구해야하기 때문에 두 가지 문

제가 있다. 첫째, $NaHCO_3$에 의해서 소모된 산의 부피를 계산한다. 둘째, $Al(OH)_3$에 의해서 소모된 산의 부피를 구한다.

균형 화학반응식으로부터 1 mol $NaHCO_3$는 1 mol HCl과 반응함을 알 수 있다. $NaHCO_3$의 몰 질량은 주기율표에서 몰 질량을 더하면 84.01 g/mol 임을 안다. 산의 mL를 다음과 같이 구할 수 있다.

$$1.00\ \text{g}\ \cancel{NaHCO_3} \times \frac{1\ \cancel{\text{mol}\ NaHCO_3}}{84.01\ \cancel{\text{g}\ NaHCO_3}} \times \frac{1\ \cancel{\text{mol HCl}}}{1\ \cancel{\text{mol}\ NaHCO_3}} \times \frac{1000\ \text{mL HCl}}{0.100\ \cancel{\text{mol HCl}}} = 119\ \text{mL HCl}$$

균형 화학반응식으로부터 1mol $Al(OH)_3$는 3 mol HCl과 반응함을 알 수 있다.
$Al(OH)_3$의 몰 질량은 78.01 g/mol 이다. 반응하는 산의 mL는 다음과 같다.

$$1.00\ \text{g}\ \cancel{Al(OH)_3} \times \frac{1\ \cancel{\text{mol}\ Al(OH)_3}}{78.01\ \cancel{\text{g}\ Al(OH)_3}} \times \frac{3\ \cancel{\text{mol HCl}}}{1\ \cancel{\text{mol}\ Al(OH)_3}} \times \frac{1000\ \text{mL HCl}}{0.100\ \cancel{\text{mol HCl}}} = 385\ \text{mL HCl}$$

따라서, $Al(OH)_3$ 알약이 $NaHCO_3$ 알약보다 위산을 더 많이 중화한다.

### 실전 연습문제

두 개의 제산제 알약을 복용하였다. — 하나는 수산화 마그네슘이고 다른 하나는 수산화 알루미늄이다. 만약 각 알약이 500 mg의 제산제를 포함한다면 두 개의 제산제를 중화하는데 0.100 M HCl의 전체 부피는 얼마인가?

**답:** 171 mL + 192 mL = 363 mL의 0.100 *M* HCl

### 개념 문제

다음 제산제 알약 중 어느 것이 산을 더 많이 중화하는가? 1.00 g - $NaHCO_3$ 알약 또는 1.00g - $KHCO_3$ 알약.

**답:** 부록 G, 15.9 참조

**주 의** 고급 문제를 푸는 이 절에서 한 가지 이상의 화학 원리를 포함하는 몇 가지 예를 학습하였다. 실제로 지금까지 배웠던 원리들을 근거로 하여 수천 개의 화학 계산이 가능하다. 더 어려운 문제들을 취급해야 할 때, 이 장에서 공부하던 방법들을 결합시켜 적용할 수 있다.

## 자세히 보기 국제단위계

**Q: SI와 미터법에서 동일한 기준은 무엇인가?**

1960년에, 미국을 포함한 여러 나라가 국제단위계를 설정하는 데 동의하였다. 미터계의 확장인 국제단위계는 7가지 기본 단위가 있다. 길이의 기본단위는 미터이고, 다른 6가지 국제단위계는 질량, 시간, 온도, 전류, 광도, 물질의 양 등이 있다. 부피는 기본단위가 아니다. 왜냐하면 큐빅 길이($m^3$)에서 유도되었기 때문이다.

국제단위계(SI)

| 수량 | 기본 단위 | 기호 |
|---|---|---|
| 길이 | meter(미터) | m |
| 질량 | kilogram(킬로그램) | kg |
| 시간 | second(초) | s |
| 온도 | Kelvin(켈빈) | K |
| 전류 | ampere(암페어) | A |
| 빛의 세기 | candela(칸델라) | cd |
| 물질의 양 | mole(몰) | mol |

SI 단위가 자연현상을 토대로 만들어진 것에 주목하는 것은 중요하며 물리적인 표준 기준을 요구하지 않는다. 예를 들면, 1미터는 크립톤 기체의 들뜬 상태인 원자에서 방출하는 주황색 빛의 1,650,763.73 파장으로 규정하였다. 질량은 유일한 예외이며 질량으로서의 표준 기준인 원래의 국제 킬로그램 원기(prototype kilogram)에 여전히 의존한다.

◀ **킬로그램**
공식 표준 킬로그램은 1790년에 백금과 이리듐 금속으로 주조되었다. 원래의 주조물은 프랑스 파리 외곽의 국제중량 계측국에 보관되었다.

현재 미국 중량 및 계량국은 SI 단위의 사용을 권장한다. 실제로 과학자들은 항상 SI 협약을 따르는 것은 아니다. SI를 올바르게 적용하려면 많은 노력이 필요하며 SI 단위로 많은 계측기가 보정되지 않았다. 더욱이 SI는 익숙한 용어 "리터"를 허용하지 않고 공통 접두어인 *deci*-와 *centi*-의 사용을 권장하지 않는다.

**A:** 최초의 원형 킬로그램은 미터법과 SI 모두에서 표준이다.

# Chapter Summary

| 주요 개념 | 학습목표와 관련 연습문제 |
|---|---|
| **15.1 풀이 전략**<br>문제를 푸는 개요로 논의를 시작해 보자. 문제를 풀어야 할 때마다 세 가지 질문이 필요하다. 해답이 요구하는 양이 무엇인가? 어떤 주어진 자료가 타당한가? 주어진 자료를 해답으로 전환하는 데 어떤 방법이 이용될 수 있는가? 문제를 푸는 데 아주 흔히 단위 분석을 이용한다. 그러나 기체 법칙문제들은 대수학적 분석이 더 적합하다. 어떤 문제에 대한 해답을 계획하기 위해서 개념 지도 또는 시각화를 이용할 수도 있다. | • 단위 분석, 대수학적 분석, 개념 지도 및 시각화를 포함하여 문제 풀이에 대한 몇 가지 기술을 할 수 있다.<br>**관련 문제:** 1-7<br>• 자세한 해답을 얻기 위해서 계산기를 사용하기 전에 대략적인 답을 예상할 수 있다.<br>**관련 문제:** 9 |
| **15.2 개념 지도 – 몰 관계절**<br>모든 화학적 계산에서 중심 개념은 몰이다. 몰은 다음 사항과 각각 관련되어 있음을 상기하자. (1) 실체의 수 (2) 몰 질량 (3) 몰 부피 (4) 몰 농도이다. 몰 개념은 입자 수, 물질의 질량, 기체의 부피 또는 수용액의 농도에 관련시켜 이용할 수 있다. | • 다음 물질의 몰 관련 문제들을 풀 수 있다:<br>(a) 원자, 분자 또는 식 단위의 수<br>(b) 물질의 질량<br>(c) 기체의 부피<br>**관련 문제:** 11-21 |
| **15.3 개념 지도 – 화학량론**<br>화학량론은 균형 화학반응식에 근거하여 물질의 양과 관련된다. 화학량론은 반응물의 어떤 주어진 양이 생성물에 직접 관련된다. 반대로, 화학량론은 생성물의 어떤 주어진 양이 반응물에 간접적으로 관련된다. 주어진 어떤 반응물 또는 어떤 생성물에 대해 다음을 관련시킬 수 있다. (1) 물질의 두 가지 질량 (2) 기체상 물질의 두 가지 부피 (3) 수용액 또는 관계된 여러 가지 결합의 두 가지 부피. | • 다음 형태의 문제에 대하여 계산할 수 있다:<br>(a) 질량 - 질량 화학량론<br>(b) 질량 - 부피 화학량론<br>(c) 부피 - 부피 화학량론<br>(d) 용액 화학량론<br>**관련 문제:** 23-27 |
| **15.4 다중 – 반응 화학량론**<br>많은 공정은 일련의 두 가지 또는 그 이상의 반응을 포함한다. 화학량론 계산을 하기 위해서는 모든 반응에 있는 일반적인 양들을 관련시켜야 한다. 예를 들면, 황산은 일련의 세 가지 반응으로 황 원소로부터 만든다. 원소를 중간 생성물의 각각의 과정을 유지시키면서 산에 관련시킬 수 있다. 이 경우, 황은 다음과 같이 황산으로 전환된다.<br>$S \longrightarrow SO_2 \longrightarrow SO_3 \longrightarrow H_2SO_4$<br>다중 반응을 포함한 양들은 화학량론의 기본 규칙을 확대하여 관련시킨다. 화학량론 문제에서 두 번째 단계는 반응물의 몰 수는 생성물의 몰 수와 관련된다. 다중 반응에서, 이 단계는 각각의 추가적인 반응에 대해서 반복한다. | • 둘 또는 그 이상의 화학반응에 대한 화학량론 계산을 할 수 있다.<br>**관련 문제:** 29-33 |
| **15.5 고급 문제 – 풀이 예제**<br>이 절에서는 약간 어려운 기본적인 화학 계산이 나왔다. 예를 들면, 이 절은 둘 또는 그 이상의 원리들을 포함하는 문제들이다. 이미, 문제를 푸는 것은 하나의 원리와 어떤 특별한 문제를 푸는 방법에 제한된다. 지금은 어떤 문제의 해답을 구하는 계획을 짜는 것과 최종 해답을 예상하는 것이 필요하다. 최종 해답을 컴퓨터로 계산한 후, 계산한 값이 합리적인지를 결정하기 위해서 예상된 값과 비교하라. | • 둘 또는 그 이상의 화학 원리를 포함한 계산을 할 수 있다.<br>**관련 문제:** 35-45 |

## 주요 용어 주요 용어에 대한 해답은 부록 H에 수록하였다.

다음의 정의에 해당하는 용어를 선택하라.

_________ 1. 물질의 한 단위 부피에 있는 질량의 양.
_________ 2. 화합물은 항상 같은 원소들이 질량의 같은 비율을 포함한다는 원리.
_________ 3. 어떤 물질이 물에 녹아있는 균일 혼합물.
_________ 4. 탄소 12.01 g에 있는 원자 수에 해당하는 값.
_________ 5. 아보가드 수의 입자를 포함하는 물질의 양.
_________ 6. 물질 1mol의 질량을 g으로 나타낸 질량.
_________ 7. STP에서 1mol의 기체가 차지하는 부피.
_________ 8. 같은 부피의 기체는 같은 온도와 압력에서 같은 수의 분자를 포함한다는 원리.
_________ 9. 한 분자에 있는 각 원소의 원자들 또는 한 식 단위에 있는 이온들의 최소 정수비를 나타낸 화학식.
_________ 10. 한 분자 내에 있는 각 원소의 원자들의 실제 수를 나타낸 화학식.
_________ 11. 균형 화학반응식의 계수에 따라 반응물과 생성물의 몰 수 비율.
_________ 12. 질량은 화학반응 중에 증가하거나 손실되지 않는다는 진술.
_________ 13. 균형 화학반응식에 따르는 화학반응에서 양(예, 물질의 질량, 또는 기체의 부피)의 관계.
_________ 14. 화학반응에서 형성된 생성물의 최대량을 제한하는 물질.
_________ 15. 한 변수가 두 배로 될 때 다른 변수도 두 배되는 두 변수 사이의 관계.
_________ 16. 한 변수가 두 배로 될 때 다른 변수는 절반이 되는 두 변수 사이의 관계.
_________ 17. 기체에 의해서 가해진 압력은 그 기체의 부피에 반비례하고 그리고 기체의 캘빈 온도에 정비례 한다는 진술.
_________ 18. 어떤 기체에 대한 온도는 273 K 그리고 압력은 760 mm Hg.
_________ 19. PV = *n*RT 관계로 나타낸 원리.
_________ 20. PV = *n*RT 식에서 비례 상수 R.
_________ 21. 각 용액 100g에 녹아 있는 용질의 g 질량과 관련된 용액 농도식.
_________ 22. 용액의 각 L에 용해된 용질의 몰 수와 관계된 용액 농도식.

(a) 수용액 (*aq*)
(b) 아보가드로의 수
(c) 아보가드로의 원리
(d) 기체 법칙의 결합
(e) 밀도
(f) 정비례
(g) 실험식
(h) 이상 기체 상수
(i) 이상 기체 법칙
(j) 반비례
(k) 질량 보존의 법칙
(l) 일정 성분비의 법칙
(m) 한계 반응물
(n) 질량/질량 백분율(m/m %)
(o) 몰 농도 (*M*)
(p) 몰 질량 (MM)
(q) 몰 부피
(r) 몰
(s) 몰 비율
(t) 분자식
(u) 표준 온도와 압력(STP)
(v) 화학량론

## 문제 문제에 대한 해답은 부록 I에 수록하였다.

### 고급 문제 – 풀이 전략 (15.1절)

1. 다음 각각에 의해서 설명한 문제 풀이 전략을 진술하라.
   (a) 단위 인자를 사용하는 어떤 주어진 양에 미지의 양을 관련시키는 일련의 단계들을 쓰는 용어는 무엇인가?
   (b) 미지 변수를 풀기 위해서 한 식에 있는 변수를 재배열하는 용어를 무엇이라 하는가?

3. 다음 물리량의 각각에 대한 기본 미터계 단위를 진술하라.
   (a) 길이 (b) 질량
   (c) 부피 (d) 시간
   (e) 온도 (f) 열에너지

5. 다음 단위의 각각에 해당하는 물리양을 진술하라.
   (a) cm (b) kg
   (c) $cm^3$ (d) s
   (e) ℃ (f) kcal

7. 다음 미터 단위의 각각에 해당하는 물리양을 진술하라.
   (a) m/s (b) g/mL
   (c) cal/(g × ℃) (d) g 용질/100 g 용액

9. 다음 각 계산에 대한 대략적인 해답을 어림하라. 계산기를 사용하여 어림잡은 해답을 증명하라.
   (a) $1.228 \text{ g Mg} \times \frac{1 \text{ mol Mg}}{24.31 \text{ g Mg}} \times \frac{1 \text{ mol MgO}}{1 \text{ mol Mg}} \times \frac{40.31 \text{ g MgO}}{1 \text{ mol MgO}} = ? \text{ g MgO}$
   (b) $1.150 \text{ g Ag} \times \frac{1 \text{ mol Ag}}{107.87 \text{ g Ag}} \times \frac{1 \text{ mol Ag}_2\text{O}}{2 \text{ mol Ag}} \times \frac{231.74 \text{ g Ag}_2\text{O}}{1 \text{ mol Ag}_2\text{O}} = ? \text{ g Ag}_2\text{O}$

## 개념 지도 – 몰 관계 (15.2절)

11. 다음 몰 양의 각각과 관련되는 개념 지도를 그려라.
    (a) 이산화 황 기체의 분자와 STP에서 $SO_2$ 부피
    (b) STP에서 질소 기체의 부피와 $N_2$ 질량

13. 다음 화학량론 양의 각각과 관련되는 개념 지도를 그려라.
    (a) 반응물의 질량과 생성물의 질량
    (b) 반응물의 질량과 기체 생성물의 부피

15. 0.0142 mol의 염화 수소 기체가 47.5mL의 용액에 녹아있다. 몰 개념 지도를 그리고 다음 각각을 계산하라.
    (a) 용액에 녹아있는 HCl 기체(STP)의 그램
    (b) 용액에 녹아있는 HCl 기체(STP)의 리터
    (c) 용액에 녹아있는 HCl 기체의 분자
    (b) 염산 용액의 몰 농도

17. 1.00 g의 플루오르화 수소가 100 mL의 용액에 녹아있다. 몰 개념 지도를 그리고 다음 각각을 계산하라.
    (a) 용액에 녹아있는 HF 기체 (STP)의 리터
    (b) 용액에 녹아있는 HF 기체의 분자
    (c) 플루오르화 수소산 용액의 몰 농도

19. STP에서 1.00 L의 이산화 탄소가 500.0 mL의 용액에 녹아있다. 몰 개념 지도를 그리고 다음 각각을 계산하라.
    (a) STP에서 용액에 녹아있는 $CO_2$ 기체의 그램
    (b) 용액에 녹아있는 $CO_2$ 기체의 분자
    (c) 탄산, $H_2CO_3$ 용액의 몰 농도

21. 황화 수소 분자 $2.22 \times 10^{22}$개가 450.0 mL 용액에 녹아있다. 몰 개념 지도를 그리고 다음의 각각을 계산하라.
    (a) 용액에 녹아있는 $H_2S$ 기체 (STP)의 리터
    (b) 용액에 녹아있는 $H_2S$ 기체의 그램
    (c) 황화 수소산, $H_2S$ 용액의 몰 농도

## 개념 지도 – 화학량론 (15.3절)

23. 메테인 기체, $CH_4$가 산소와 반응하여 화학반응식에 따라 물 5.00 g을 생성한다.

$$CH_4(g) + O_2(g) \rightarrow CO_2(g) + H_2O(l)$$

    화학량론 개념 지도를 그리고 계산하라.
    (a) 반응한 메테인의 질량
    (b) STP에서 생성된 이산화 탄소의 부피

25. 염산은 0.466 g의 알루미늄 금속과 반응하여 다음 화학반응에 따라 수소 기체를 생성한다.

$$Al(s) + HCl(aq) \rightarrow AlCl_3(aq) + H_2(g)$$

    화학량론 개념 지도를 그리고 다음을 계산하라.
    (a) STP에서 생성된 수소 기체의 부피
    (b) 반응이 완결되는 데 필요한 0.100 *M* HCl의 부피

27. 50.0 mL의 0.100 *M* 브로민화 마그네슘이 다음 반응에 따라 질산은 용액 13.9 mL와 완전히 반응한다.

$$MgBr_2(aq) + AgNO_3(aq) \rightarrow AgBr(s) + Mg(NO_3)_2(aq)$$

    화학량론 개념 지도를 그리고 다음을 계산하라.
    (a) $AgNO_3$ 용액의 몰 농도
    (b) 생성된 AgBr 침전물의 질량

## 다중 – 반응 화학량론 (15.4절)

29. 일산화 탄소 기체는 철광석을 불순한 선철로 변환시키기 위해 용광로에서 사용된다. 이산화 탄소는 화재 소화기와 드라이아이스 제조에 사용한다. 석탄을 시작으로 하여 탄소는 다음 반응을 진행한다.

$$2\,C(g) + O_2(g) \rightarrow 2\,CO(g)$$

$$2\,CO(g) + O_2(l) \rightarrow 2\,CO_2(g)$$

    25.0 g의 탄소와 과량의 산소 기체를 시작으로 하여 다음을 계산하라.
    (a) 생성된 이산화 탄소의 질량
    (b) STP에서 생성된 이산화 탄소의 부피
    (c) 이 과정에서 소모된 산소의 질량

31. 황산은 가장 중요한 공업 화학 약품 중 하나이다. 약 4억 톤이 매년 제조된다. 황 원소가 다음과 같이 접촉법으로 황산으로 전환된다.

$$S(g) + O_2(g) \longrightarrow SO_2(g)$$

$$2\,SO_2(g) + O_2(l) \xrightarrow{V_2O_5} 2\,SO_3(g)$$

$$SO_3(g) + H_2O(l) \longrightarrow H_2SO_4(g)$$

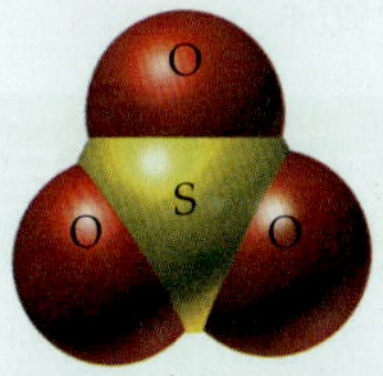


    1.00 kg의 황과 과량의 산소 기체를 시작으로하여 다음을 계산하라.
    (a) 생성된 삼산화 황의 질량
    (b) STP에서 생성된 삼산화 황의 부피
    (c) 수득률 55.0 % 공정이라 가정할 때 생성되는 황산의 질량

33. 우주 왕복선에서 로켓을 조종하는 것은 하이드라진, $N_2H_4$과 사산화 이질소, $N_2O_4$의 반응에 의해서 추진력을 얻는다. 하이드라진 제조 반응과 사산화 이질소와의 반응은 다음과 같다.

$$2\,NH_3(aq) + NaOCl(aq) \rightarrow N_2H_4(aq) + NaCl(aq) + H_2O(l)$$

$$2\,N_2H_4(l) + N_2O_4(l) \rightarrow 3\,N_2(g) + 4\,H_2O(g)$$

    6.00 *M* 암모니아 50.0 mL와 과량의 다른 반응물을 시작으로 하여 다음을 계산하라.
    (a) 생성된 질소 기체의 질량
    (b) STP에서 생성된 질소 기체의 부피
    (c) 생성된 물의 질량

## 고급 문제 – 풀이 예제 (15.5절)

35. 100 ℃와 0.989 기압에서 1.45g/ L 부피가 생성된다면, 미지의 기체의 몰 양을 계산하라.

37. 염화 칼슘 34.5 g이 500.0 mL 용액에 용해되었다. 용액에 있는 칼슘 이온과 염화 이온의 몰 농도를 구하라. (염은 100% 이온화한다고 가정한다)

39. STP에서 50.0 mL의 수소 기체를 물위에서 포집하기 위해 과량의 아연 금속과 0.100 *M* 염산 몇 mL가 반응해야 하는가?

41. 25 ℃와 749 mm Hg에서 산화 질소 0.150 L가 주어졌다. $N_2O$ 분자 수를 계산하라. 이 기체의 질량은 얼마인가?

43. 만니톨(mannitol)은 무설탕껌에서 발견되는 인공 감미료이다. 백분율 조성은 39.6% 탄소, 7.77% 수소, 그리고 52.8% 산소이며 그 밀도는 1.47 g/mL이다. 만약, 만니톨이 mL당 4.93 × $10^{21}$개의 분자가 포함되었다면 만니톨의 분자식은 무엇인가?

45. 염소산 소듐 고체를 촉매인 이산화 망간과 함께 가열하면 염화 소듐 고체와 산소 기체가 생성된다. 만약, 245 mL의 습한 산소를 25 ℃와 754 mm Hg에서 수상 포집하였다면 분해된 염소산 소듐의 질량은 얼마인가? 25 ℃에서 물의 증기압은 24 mm Hg이다.

## 일반 연습

47. 연필제조업자가 288,125개의 연필을 생산한다면, 연필 몇 gross를 팔 수 있을까? (1 gross는 144개 연필)

49. 주어진 45.0 mL의 질소 가스가 불균형의 반응식에 따라 65.0 mL의 산소와 반응한다.

$$N_2(g) + O_2(g) \rightarrow NO_2(g)$$

(a) 한계 반응물은 무엇인가?
(b) 상태가 일정하다고 가정하면, $NO_2$의 부피는 얼마인가?

51. 1.00 g의 수산화 알루미늄과 아래의 비균형 반응식에 따라 25 mL의 0.500 *M* 황산과 반응한다.

$$Al(OH)_3(s) + H_2SO_4(l) \rightarrow Al_2(SO_4)_3(aq) + H_2O(l)$$

(a) 한계 반응물은 무엇인가?
(b) 생성된 $H_2O$의 질량은 얼마인가?

53. 바닷물은 1 mL당 금 원자를 대략 1.22 × $10^{10}$개 포함하고 있다. 12.0 g의 금을 얻기 위해서 바닷물을 몇 kg 증발시켜야 하는가? (바닷물의 밀도는 1.05 g/mL이라고 가정)

55. 50.0 mL의 0.100 *M* 염화 소듐과 50.0 mL의 0.200 *M* 황산 소듐을 혼합한 후 소듐 이온의 몰 농도는 얼마인가?

57. 탄산 소듐 시료가 50.0 mL의 0.345 *M* HCl과 반응하였다. 과량의 염산은 15.9 mL의 0.155 *M* NaOH으로 적정하였다. 탄산 소듐 시료의 질량을 계산하라.

$$Na_2CO_3(s) + 2\ HCl(aq) \rightarrow 2\ NaCl(aq) + H_2O(l) + CO_2(g)$$

$$HCl(aq) + NaOH(aq) \rightarrow NaCl(aq) + H_2O(l)$$

## 도전 연습문제

59. 대학총장은 이사회에 보고하며, 3명의 부총장은 대학 총장에게 보고한다. 주요 재정 행정가는 이사회에게 직접적으로 보고한다. 대학행정을 위한 개념 지도를 그려라.

## Chapter 15 자율 테스트 해답을 부록 J 에 수록하였다.

1. 화학 문제를 읽은 후 항상 첫 번째 단계는 무엇인가? (15.1절)
   (a) 주어진 값에 대한 상대치를 측정한다.
   (b) 미지량을 결정한다.
   (c) 관련된 주어진 값을 결정한다.
   (d) 어림잡은 해답을 예상한다.
   (e) 기준 근원을 찾는다.

2. 다음 문제에 대한 미지량의 단위들은 무엇인가? (15.1절)
   1.00 g의 기체가 0.700 L를 차지하는 산소 기체의 몰 질량을 계산하라.
   (a) g/L　(b) L/g
   (c) mol/g　(d) g/mol
   (e) 위에 해당 없음

3. 다음 단위들의 어느 것이 기체 압력을 나타내는 것인가? (15.1절)
   (a) atm　(b) kPa
   (c) mm Hg　(d) psi
   (e) 위의 모두

4. 어떤 화학 계산에 해답을 조직화한 후 계산기를 사용하기 전에 무엇을 행해야 하는가? (15.1절)
   (a) 문제를 푸는 전략을 결정
   (b) 미지량 결정
   (c) 어림잡을 해답 예상
   (d) 참고 문헌 참조
   (e) 균형 화학반응식 쓰는 것

5. 만약 미지량이 g/cm$^3$이라면 주어진 값이 타당한 것은 무엇인가? (15.1절)
   (a) 주어진 값은 두 단위의 비율이다.
   (b) 주어진 값은 미터 단위로 표현한 것이다.
   (c) 주어진 값은 지수를 포함한다.
   (d) 위의 모두
   (e) 위에 해당 없음

6. STP에서 1.12 L의 $CO_2$ 기체가 75.0 mL의 수용액에 용해되었다면, 용액에 녹아있는 이산화 탄소 분자 수는 몇 개인가? (15.2절)
   (a) 2.39 × $10^{22}$ 분자　(b) 3.01 × $10^{22}$ 분자
   (c) 4.17 × $10^{23}$ 분자　(d) 1.20 × $10^{25}$ 분자
   (e) 1.51 × $10^{25}$ 분자

7. 메테인 기체, $CH_4$ 시료를 산소 기체와 완전히 반응시켜 1.75 g의 물이 생성되었다면, STP에서 반응한 메탄의 부피는 얼마인가? (15.3절)

$$CH_4(g) + O_2(g) \xrightarrow{\text{불꽃}} CO_2(g) + H_2O(l)$$

(a) 0.352 L (b) 0.703 L
(c) 1.09 L (d) 2.18 L
(e) 4.35 L

8. 철광석, $Fe_2O_3$을 용융 "선철(pigiron)로 전환하는데 세 단계의 용광로 과정이 다음과 같이 주어졌다.

$$3\,Fe_2O_3(l) + CO(g) \rightarrow 2\,Fe_3O_4(l) + CO_2(g)$$
$$Fe_3O_4(l) + CO(g) \rightarrow 3\,FeO(l) + CO_2(g)$$
$$FeO(l) + CO(g) \rightarrow Fe(l) + CO_2(g)$$

1.00 미터톤(1000 kg)의 철을 생산하려면 $Fe_2O_3$의 질량은 얼마인가? (15.4절)
(a) 175 kg (b) 699 kg
(c) 715 kg (d) 1,430 kg
(e) 2,860 kg

9. 마그네슘 1.00 in.$^3$의 질량은 얼마인가? ($d$=1.74 g/cm$^3$) (15.5절)
(a) 0.575 g (b) 1.74 g
(c) 9.43 g (d) 16.4 g
(e) 28.5 g

10. 얼음 1.00 mm$^3$에는 물 분자가 몇 개 있는가? ($d$ = 0.917 g/cm$^3$) (15.5절)
(a) $9.17 \times 10^{-4}$ 분자 (b) $3.06 \times 10^{19}$ 분자
(c) $3.06 \times 10^{22}$ 분자 (d) $5.09 \times 10^{18}$ 분자
(e) $5.09 \times 10^{20}$ 분자

## 주요 개념

11. 문제를 푸는 데 어떤 기술이 주어진 값을 하나 또는 그 이상의 단위 인자를 적용하여 변환하는가?
12. 문제를 푸는 데 어떤 기술이 미지량을 계산하기 위해 식에 있는 변수들을 재배열해야 하는가?
13. 문제를 푸는 데 어떤 기술이 관련된 상자에 의해서 가끔 보여주는 화학 개념들의 관계를 따라가야 하나?
14. 문제를 푸는 데 어떤 기술이 기체 안에 있는 분자들처럼 직접 관찰할 수 없는 개념들을 이해하는데 도움을 주는가?

## 비판적 사고

15. 어떤 문제에서 단위 분석 해답에 미지량이 복합단위, 예를 들면, kg/L를 가졌다면, 타당하게 주어진 값은 무엇인가 ?
16. 다음의 각각에 대한 기준을 말하라.
(a) 물질의 몰 질량
(b) 물질의 물리적 성질

CHAPTER 16

# 화학 평형

*"과학이라는 한 줄기 빛이 있어, 어디를 비추건 모든 곳이 밝아진다."*
러시아/미국 과학작가, 아시모브(Asimov) (1920~1992)

16 S sulfur **원소 16: 황**
황은 일반적으로 "유황"이라고 불리는 노란색의 비금속 분말이다. 미국에서 가장 큰 황의 지하 매장량은 텍사스와 루이지애나에 있다. 가장 중요한 공업화학 물질인 황산은 S를 $SO_3$로 전환하고 물에 용해시켜 $H_2SO_4$ 용액을 생성함으로써 제조된다.

앞에서, 우리는 반응물들이 다 소모되어 반응이 멈출 때까지 화학 반응은 계속된다고 가정하였다. 실제로 대부분의 반응들은 가역 과정이 진행됨으로써 계속 지속된다. 다시 말하면, 반응은 생성물을 생성하는 정방향으로 일어남과 동시에 원래의 반응물을 생성하는 반대 방향으로 역반응이 일어난다.

역반응의 예로, 침전을 생성하는 화학 변화에 대하여 생각해 보자(그림 16.1 참조). 반응 초기에는 불용성 입자들이 수용액 내에 형성된다. 그 후, 입자의 일부는 용해되어 용액 안으로 되돌아간다. 몇몇 입자들은 침전되고 있는 반면, 다른 입자들은 용해되고 있으므로 진행 중인 과정은 동적이라고 말할 수 있다. 이러한 화학의 가역 반응을 다음과 같이 표시할 수 있다.

$$\text{가용성 물질} \underset{\text{용해}}{\overset{\text{침전}}{\rightleftarrows}} \text{불용성 입자}$$

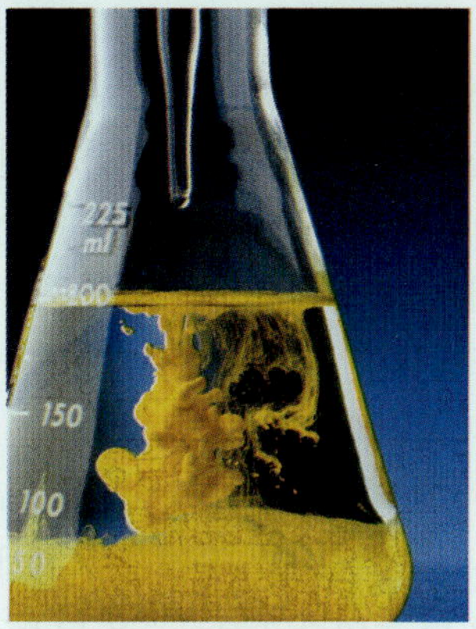

◀그림 16.1 가역 반응
질산 납(II)과 아이오딘화 포타슘이 반응하여 노란색의 불용성 입자인 아이오딘화 납 침전이 형성된다. 동시에, 아주 적은 양의 아이오딘화 납(II) 불용성 입자가 용액에 용해되고, 용액으로부터 다른 노란색 입자가 침전된다.

대부분의 화학 반응은 동적인 가역 변화를 수반한다. 반응물들이 생성물을 생성하기 위하여 반응에 참여하는 것처럼 생성물들도 원래의 반응물들을 생성하기 위해 상호 간에 반응한다. 반응 초기에는 정반응의 속도가 빠르다. 그러나 반응이 진행되면서 반응물의 농도가 감소하고 생성물의 농도가 증가한다. 이러한 농도의 변화로 정반응의 속도는 느려지고, 역반응의 속도가 빨라지는데, 정반응과 역반응이 같은 속도로 일어날 때 그 계는 평형 상태에 있다고 말한다. 동적인 가역 반응을 다음과 같이 표시할 수 있다.

$$\text{반응물} \underset{\text{역반응}}{\overset{\text{정반응}}{\rightleftharpoons}} \text{생성물}$$

화학 변화는 *동적(dynamic)*이며 *가역 과정(reversible process)*이라는 것을 명심해야 한다. 즉, 대부분의 화학 변화에서 정반응과 역반응은 동시에 일어나 진행한다.

## 16.1 충돌 이론

**학습 목표**

- 충돌 빈도, 충돌 에너지 및 분자의 배향이 화학 반응의 속도에 미치는 영향을 설명할 수 있다.
- 화학 반응의 속도에 농도, 온도 및 촉매가 미치는 영향을 설명할 수 있다.

화학자들은 분자들이 반응하기 위하여 충돌해야만 한다는 반응의 이론적 모델을 제시하였다. 충돌이 성공적이라면, 반응물 분자들은 생성물로 변화된다. 성공적인 충돌 시 분자 내에 존재하는 결합들은 끊어지고 새로운 결합들이 형성된다. 이 모델을 반응의 **충돌 이론(collision theory)**이라고 부른다. 성공적인 충돌 시 분자들은 결합들이 재배열되는 전이 상태를 거친다. 그림 16.2는 질소와 산소 분자들이 충돌하여 일산화 질소 두 분자가 형성되는 반응을 예로 들어 충돌 이론을 설명한 것이다.

◀그림 16.2 충돌 반응
질소와 산소 기체 분자들은 충돌하여 일시적인 전이 상태를 형성한다. 충돌이 성공적일 때, $N_2$ 분자 하나와 $O_2$ 분자 하나는 NO 분자 2개를 생성한다.

충돌 이론은 세 가지 인자가 화학 반응 속도에 영향을 준다는 것을 제시한 이론이다. 즉 세 가지 인자, (1) 충돌 빈도, (2) 충돌 에너지, (3) 분자들의 배향이 충돌 속도에 실질적인 영향을 미친다는 것이다. 각각의 인자들에 대하여 좀 더 자세하게 살펴보자.

1. **충돌 빈도(collision frequency)**. 분자들의 충돌 빈도를 증가시키면, 반응 속도는 증가한다. 충돌 빈도를 증가시키는 한 가지 방법은 분자의 농도를 증가시키는 것이다. 충돌 빈도를 증가시키는 두 번째 방법은 온도를 높여 주는 것이다. 온도가 높아지면 분자들의 운동 속도가 더 빨라지게 되고, 따라서 더 빈번하게 충돌하게 된다.
2. **충돌 에너지(collision energy)**. 비록 분자들이 충돌한다 해도, 반응이 일어나지 않을 수도 있다. 반응이 일어나기 위해서 분자들은 새로운 결합을 형성하기에 충분한 에너지를 지니고 충돌해야만 한다. 만일 온도를 더 높여주면 분자들은 더 빠른 속도로 움직이고 분자 간 충돌은 더욱 더 활발해진다. 충돌 에너지가 증가함에 따라 반응 속도 또한 더 빠르게 진행된다.
3. **충돌 배향(collision orientation)**. 분자들이 에너지를 많이 지니고 충돌을 할지라도 반응이 일어난다는 보장은 없다. 반응이 일어나기 위해서는 반응 중인 분자들이 적절한 위치로 배향해야만 한다. 즉, 충돌하는 분자들은 유효 충돌을 하기 위하여 어떤 특정한 방향에서 서로 부딪쳐야만 한다. 그렇지 않으면 분자들은 반응하지 않고 서로 부딪쳐 되튄다. (a) 유효 충돌과 (b) 비유효 충돌을 그림 16.3에서 볼 수 있다.

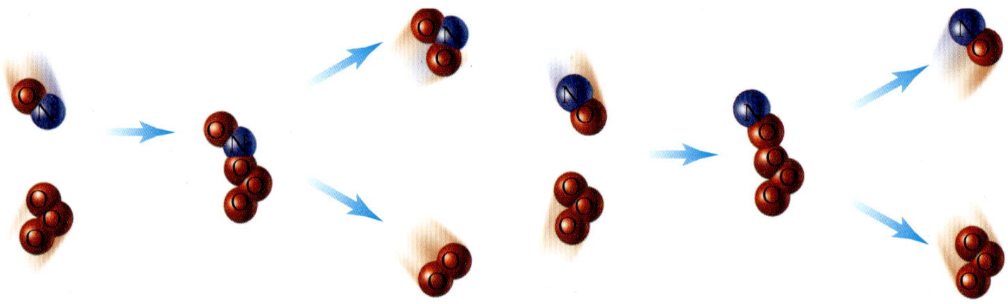
(a) (b)

▶그림 16.3 **유효 충돌 대 비유효 충돌**
(a) 기체 NO와 $O_3$ 분자가 유효 충돌을 하면 $NO_2$와 $O_2$가 생성된다. (b) NO와 $O_3$ 분자의 비유효 충돌은 생성물을 형성하지 않는다. 분자들이 올바르게 배향되어 있지 않으면 그들은 새로운 분자를 형성하지 않은 채 서로 부딪쳐 튕겨 나간다.

## 농도, 온도 및 촉매 효과

지금까지 우리는 개념적 수준에서 반응의 속도에 영향을 주는 인자들에 대하여 설명하였다. 이제, 실제적인 단계에서 화학 반응의 속도를 증가시키는 방법을 설명할 것이다. 실험을 통해 세 가지 인자들이 반응 속도에 영향을 미친다는 것이 밝혀졌다. 이들 인자들은 반응물의 농도, 반응의 온도 및 촉매의 존재 여부이다. 이 인자들에 대하여 각각 살펴보자.

1. **반응물 농도(reactant concentration).** 반응물의 농도를 증가시키면 분자들 사이의 거리가 가까워지므로 분자들은 더욱 빈번하게 충돌한다. 그러므로 반응물들의 농도가 증가함에 따라 화학 반응의 속도는 더 빠르게 진행된다.
2. **반응 온도(reaction temperature).** 반응 온도를 증가시킨다면 분자의 에너지가 증가된다. 온도의 증가는 반응 속도에 두 가지 방법으로 영향을 미친다. 첫째, 충돌 빈도가 증가함에 따라 반응 속도가 빨라진다. 둘째, 충돌 에너지가 더 커짐에 따라, 결합을 끊어 새로운 분자들을 형성하기에 충분한 에너지를 지닌 분자들이 더 많아지게 된다. 그러므로 온도가 증가함에 따라 증가된 충돌 빈도(collision frequency)와 충돌 에너지(collision energy)로 인하여 반응 속도는 증가한다.
3. **촉매(catalyst).** 촉매를 첨가하면 화학 반응의 속도는 증가한다. 촉매로 반응 속도를 빠르게 하는 방법은 유효 충돌 수를 증가시키기 때문에 가능하다. 수소 기체가 포함된 반응에서는

Pt, Ni 및 Zn 금속을 촉매로 사용할 수 있다. $H_2$ 분자들이 금속 표면에 부착되어 더욱더 안정되고, 생성에 적합한 충돌 *배향(collision orientation)*을 만들게 됨으로써 반응 속도가 증가한다.

다음의 예제에는 화학 반응의 속도에 영향을 주는 변수들이 요약되어 있다.

### 예제 16.1 반응 속도

충돌 이론에 따르면, 다음 인자 중 어느 것이 화학 반응 속도에 영향을 주겠는가?

(a) 분자 충돌의 빈도
(b) 분자 충돌의 에너지
(c) 분자 충돌의 배향

**해답**

각각의 인자들은 반응 속도에 다음과 같이 영향을 줄 것이다.

(a) 충돌 빈도의 증가는 반응 속도를 증가시킨다.
(b) 충돌 에너지의 증가는 반응 속도를 증가시킨다.
(c) 특정 분자 배향은 반응 속도를 증가시킨다.

**실전 연습문제**

화학 반응의 속도를 증가시키기 위해서 변화를 줄 수 있는 세 가지 실험 변수를 말하라.

**답:** 반응 속도는 (1) 반응물 농도의 증가, (2) 반응 온도를 높임, (3) 촉매를 첨가함으로써 증가될 수 있다.

**개념 문제**

온도가 증가할 때 유효 충돌 속도는 두 가지 원인 때문에 증가한다. 이 두 가지 원인을 설명하라.

**답:** 부록 G 16.1.

## 16.2 화학 반응의 에너지 단면

**학습 목표**

- 흡열 반응과 발열 반응에 대한 일반적인 에너지 단면(profile)을 작성할 수 있다.
- 주어진 에너지 단면에서 전이상태, 활성화 에너지 및 반응열을 표시할 수 있다.

공기 중에서 질소와 산소 기체는 반응하지 않는다. 하지만, 뜨거운 자동차의 엔진 속에서 두 기체는 서로 반응하여 일산화 질소를 형성할 수 있다. 반응하기 위하여 $N_2$와 $O_2$ 분자들은 생성물을 형성하기 이전에, 전이 상태에 도달하기 위하여 충분한 에너지를 가지고 충돌해야만 한다. 전이 상태는 높은 에너지 지점에 있으므로, 반응물과 생성물 사이에 에너지 장벽이 있다. 그림 16.4는 화학 반응이 일어나는 동안의 에너지 변화를 설명하기 위해서 비유한 것이다.

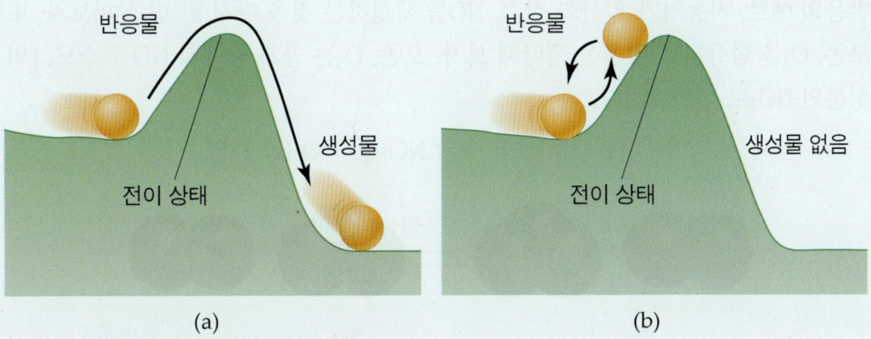


**▲그림 16.4 화학 반응의 에너지 장벽에 대한 비유**
(a) 공은 생성물을 생성하기에 충분한 에너지를 가지고 반응 중인 분자를 상징한다. 만약 공이 에너지가 충분하다면, 언덕 정상에 있는 전이 상태에 도달하고, 언덕의 다른 편으로 굴러 떨어진다. (b) 공은 분자들이 생성물을 형성하기에 충분한 에너지를 갖지 못한 반응을 상징한다. 만일 공이 충분한 에너지를 갖지 못했다면 전이 상태에 이를 수도 없으며, 언덕의 다른 편으로 굴러 떨어질 수도 없다.

## 흡열 반응 단면

**흡열 반응**(endothermic reaction)은 열을 흡수하여, 열에너지를 소모함으로써 진행된다. 예를 들어, 질소와 산소 기체에서 일산화 질소가 형성되는 것을 살펴보자. 반응은 다음과 같다.

$$N_2(g) + O_2(g) + 열 \rightleftharpoons 2\,NO(g)$$

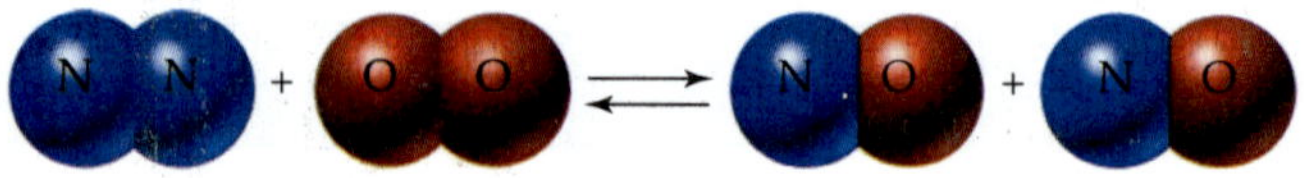

반응물과 생성물의 에너지 단면을 그려봄으로써 화학 반응의 과정을 따라갈 수 있다. **반응 단면**(reaction profile)은 반응하는 동안의 반응물과 생성물의 에너지를 나타낸다. 반응 단면에서 가장 높은 지점이 **전이 상태**(transition state)로, 결합이 끊어지면서 동시에 다른 결합이 형성되는 지점이다. 이 위치 에너지는 반응이 일어나게 해주는 에너지이다.

질소와 산소의 반응에 대한 반응 단면(profile)을 그림 16.5에 나타내었다. 반응물이 전이 상태에 도달하는 데 필요한 에너지를 **활성화 에너지**(activation energy; **기호** $E_{act}$), 반응물과 생성물 사이의 에너지 차이를 **반응열**(heat of reaction;**기호** $\Delta H$)이라고 정의한다. 에너지가 흡수되는 흡열 반응 단면에서 결국 생성물이 반응물보다 더 높은 위치 에너지를 갖게 된다.

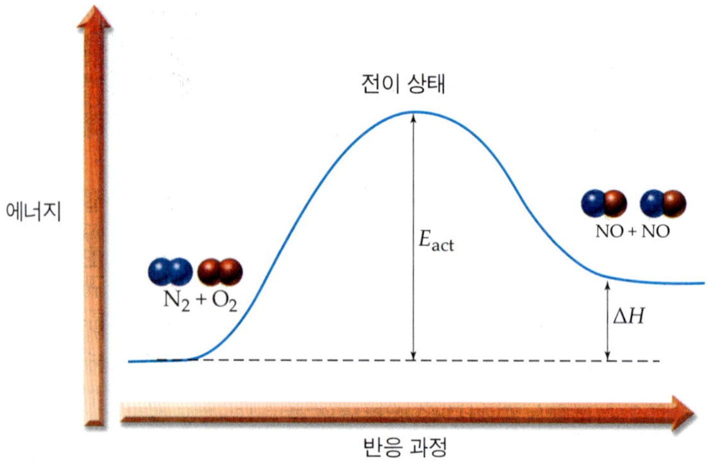


▶그림 16.5 **흡열 반응의 반응 단면**
생성물, NO가 반응물, $N_2$와 $O_2$보다 더 높은 에너지 준위에 있다는 것에 주목하라.

## 발열 반응 단면

**발열 반응**(exothermic reaction)은 열에너지를 방출하면서 진행된다. 열을 방출함으로써 진행되는 반응의 예로, 자동차가 일산화 질소, NO를 생성하는 것을 다시 한 번 살펴보자. 또한 공기가 오존, $O_3$을 함유하고 있음을 생각해 보자. 오존, $O_3$는 공기 중에서 NO를 스모그의 갈색 기체 성분인 $NO_2$로 전환시킨다.

$$NO(g) + O_3(g) \rightleftharpoons NO_2(g) + O_2(g) + 열$$

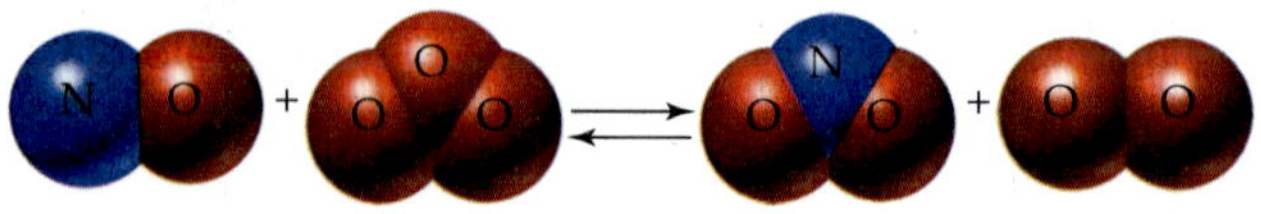

화학식으로부터 아는 바와 같이, 이산화 질소의 생성은 열을 방출한다. 열에너지를 방출하는 화학 과정을 발열 반응이라고 정의한다. 앞에서와 같이, 이 반응에 대한 에너지의 변화를 지켜보기 위하여 반응 단면을 만들 수 있다. 그림 16.6은 발열 반응에 있어 반응물과 생성물 간의 에너지 차이를 나타낸 것이다. 에너지가 방출되는 발열 반응 단면에서는 생성물이 반

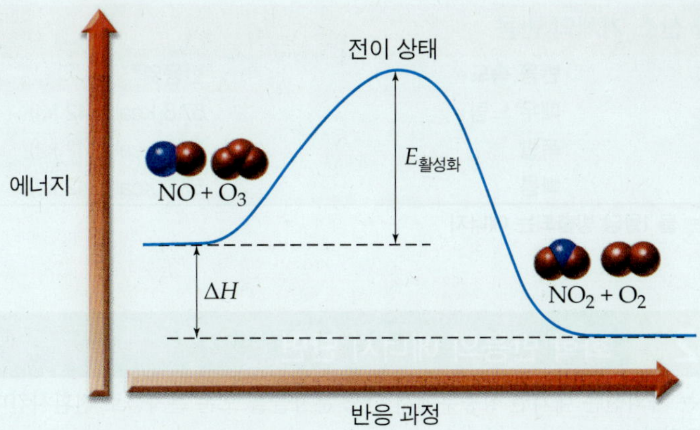


◀**그림 16.6 발열 반응의 반응 단면**
생성물, $NO_2$와 $O_2$가, 반응물 NO와 $O_3$보다 더 낮은 에너지 준위에 있다는 것에 주목하라.

응물보다 낮은 위치 에너지를 갖게 된다.

생성물을 생성하기 위해, 반응물은 활성화 에너지 장벽을 넘기에 충분한 에너지를 지녀야만 한다. 활성화 에너지가 높으면 높을수록 반응은 천천히 진행된다. 전이 상태에 도달하기 위한 충분한 에너지를 지닌 분자들이 적어지기 때문에 반응은 더욱 느려진다.

더 빠른 속도로 반응을 진행시키기 위해 촉매를 사용할 수 있다. 앞에서 촉매란 소모되지 않고 반응의 속도를 높여주는 물질이라고 정의하였음을 상기하라. 이제, **촉매(catalyst)**란 활성화 에너지를 낮춤으로써 반응을 더 빠르게 진행시키는 물질로 정의할 수 있다. 그 예로, 수소와 산소 기체의 발열 반응에서 물이 어떻게 생성되는지를 살펴보자. 반응식은 다음과 같다.

$$2\ H_2(g) + O_2(g) \rightleftharpoons 2\ H_2O(g) + \text{열}$$

반응할 때 열에너지가 생성되더라도 상온에서의 반응은 매우 느리다. 수소와 산소 기체의 혼합물이 불꽃이나 전기 스파크에 노출되면, 반응은 즉각적으로 일어난다. 실제로, 많은 양의 에너지 방출은 폭발을 일으킨다. 실온에서, 아연 가루 같은 분말 상태의 금속이 촉매로 작용하면 폭발하지 않고 반응을 빠르게 일으키는 요인이 된다. 그림 16.7은 촉매가 있을 때와 없을 때의 수소와 산소 기체에 대한 반응 단면을 예로 보여 준다.

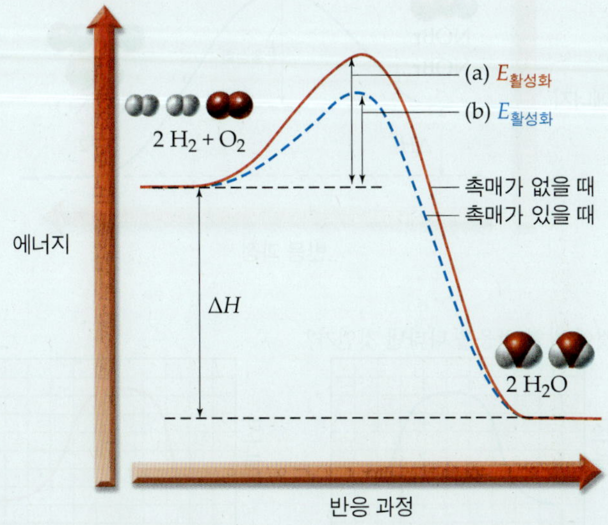


◀**그림 16.7 활성화 에너지에 미치는 촉매의 영향**
(a) 촉매가 없을 때 $H_2$와 $O_2$의 반응 단면(실선) (b) 아연 금속 촉매가 있을 때 $H_2$와 $O_2$ 반응 단면(점선). 반응열, $\Delta H$는 촉매에 의하여 영향을 받지 않음에 유의하라.

촉매가 있을 때와 없을 때의 반응열이 같으므로 반응열, $\Delta H$는 촉매에 의해 변화되지 않음을 주의하라. 그러므로 반응 속도는 반응열과는 관계가 없다. 표 16.1은 수소와 산소 기체에서 물이 형성될 때 촉매 종류에 따른 반응 속도와 반응열을 나타낸 것이다.

다음의 예제는 반응물과 생성물 및 반응 단면의 관계를 더욱 잘 보여 준다.

**표 16.1 수소와 산소 기체의 반응**

| 촉매 | 반응 속도 | 반응열* |
|---|---|---|
| 없을 때 | 매우 느림 | 57.8 kcal (242 kJ) |
| 스파크 | 폭발 | 57.8 kcal (242 kJ) |
| 아연 가루 | 빠름 | 57.8 kcal (242 kJ) |

*25℃에서 생성되는 물 1몰당 방출되는 에너지

## 예제 16.2 화학 반응의 에너지 단면

태양으로부터 오는 자외선은 대기권 상층부에서 산소 분자들을 오존 분자들로 전환시킨다. 반응에 대한 반응 단면을 그려라.

$$3\ O_2(g) + \text{열} \xrightleftharpoons{\text{UV (자외선)}} 2\ O_3(g)$$

**해답**

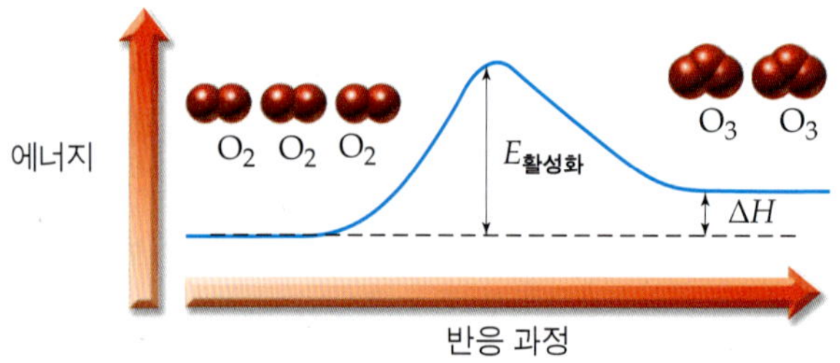


흡열 반응이므로 반응 단면은 다음과 같다.

**실전 연습문제**

브로민화 나이트로실(NOBr, nitrosyl bromide)은 분해되어 산화 질소(nitric oxide)와 브로민 기체를 생성한다. 반응에 대한 반응 단면을 그려라:

$$2\ NOBr(g) \rightleftharpoons 2\ NO(g) + Br_2(g) + \text{열}$$

**답:** 발열 반응이므로 반응 단면은 다음과 같다.

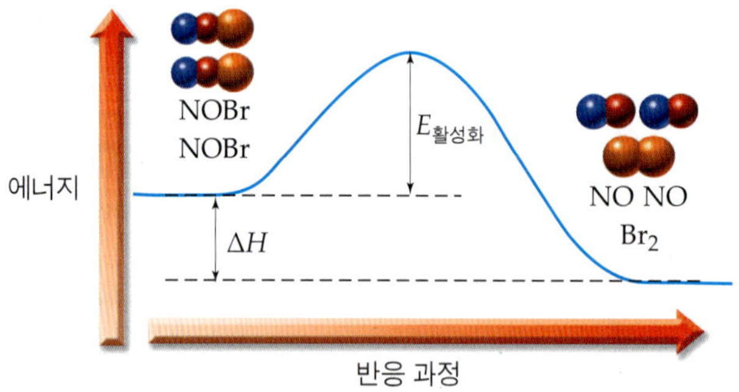


**개념 문제**

다음 반응 중 어느 것이 발열 반응을 나타낸 것인가?

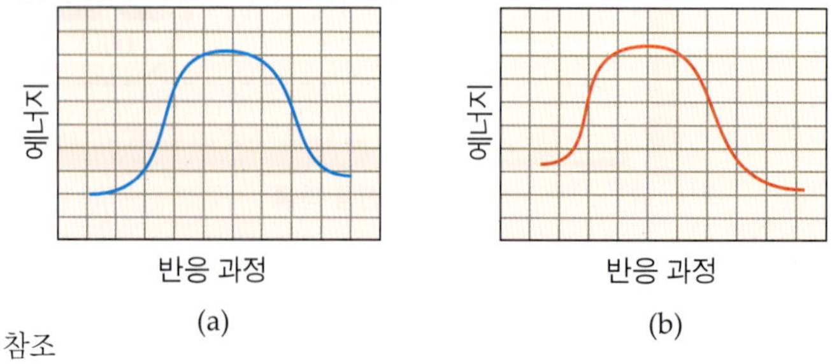


**답:** 부록 G, 16.2 참조

# 16.3 화학 평형 개념

**학습 목표**

- 가역 반응에 대한 평형 개념을 서술할 수 있다.
- 화학 평형의 법칙을 반응식으로 표시할 수 있다.

앞서 말했듯이, 대부분의 화학 반응들은 가역 과정이다. 즉, 화학 변화는 생성물로 향하는 정반응과 반응물로 향하는 역반응이 동시에 진행되는 **가역 반응(reversible reaction)**이다. 정반응의 속도와 역반응의 속도가 같을 때 그 반응은 **화학 평형(chemical equilibrium)** 상태에 있다고 말한다.

반응이 평형 상태에 있다는 것은, 더 이상 반응이 일어나지 않는다는 의미가 아님을 이해해야 한다. 또한 반응물의 양과 생성물의 양이 같다는 것을 의미하지도 않는다. 오히려, 평형 상태에 있는 화학 반응은 *동적(dynamic)*이며 *가역 과정(reversible process)*임을 의미한다. 즉 정반응 (→)과 역반응 (←)이 같은 속도로 계속 일어나고 있는 것이다.

예로, 대기권 상층부에서 산소 분자($O_2$)가 오존 분자($O_3$)로 전환되는 것을 살펴보자. 반응은 자외선으로부터 시작된다. 가역 반응에 대한 반응식은 다음과 같다.

$$3\,O_2(g) \rightleftharpoons 2\,O_3(g)$$

산소 오존

우리는 유리구(球) 안에서 이 가역 반응을 모의 실험할 수 있다. 어떤 기체도 들어 있지 않은, 속이 텅 빈 유리구 안으로 산소 기체를 주입한다. 그 다음, 유리구 안에 들어 있는 산소 기체에 자외선을 쏘아준다. 반응 초기에는 정반응 속도가 매우 빠르며 역반응은 느리게 일어난다. 반응이 진행됨에 따라 정반응은 느려지며 역반응은 빨라진다. 이 기체 반응이 화학 평형에 도달하면 다음과 같은 식을 얻는다.

$$속도_f\,(O_2\ 반응) = 속도_r\,(O_3\ 반응)$$

**반응 속도(rate of reaction)**란 단위 시간당 반응물의 농도가 감소하거나 또는 생성물의 농도가 증가되는 속도로 정의한다. 그림 16.8은 산소-오존 가역 반응의 진행에 따른 정반응과 역반응의 속도 변화를 나타낸 것이다.

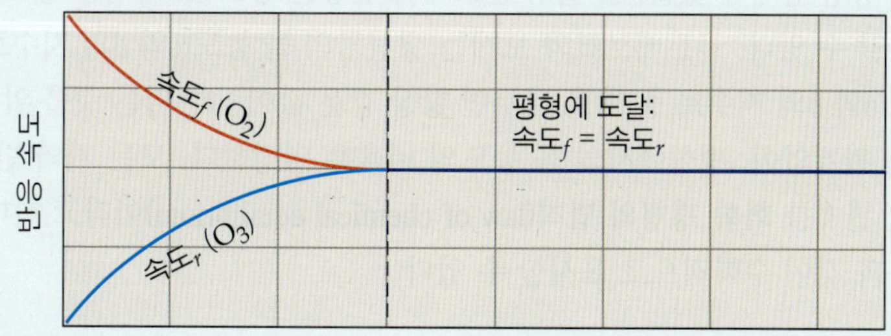


◀**그림 16.8 화학 평형과 반응 속도** $O_2$에 대한 반응 속도는 시간이 경과함에 따라 감소한다. 반응이 진행됨에 따라 $O_3$에 대한 반응 속도는 증가한다. 평형시, 정반응과 역반응의 속도는 같다.

그림 16.9는 평형 과정(equilibrium process)을 이해하는 데 도움을 주는 모형이다. 산소 분자, $O_2$는 밀폐된 용기 안에서 반응하여 오존 분자, $O_3$를 생성하며, 동시에 몇 개의 오존 분자가 분해되어 $O_2$ 분자를 생성한다. 반응 초기에는 $O_2$ 농도가 높아서 정반응이 빠르게 일어나며, $O_3$ 농도는 낮아서 역반응은 천천히 일어난다. 평형에 접근함에 따라 정반응의 속도는 느려지고 역반응의 속도는 빨라진다. 정반응의 속도와 역반응의 속도가 같아질 때, 반응은 평형 상태에 있게 된다.

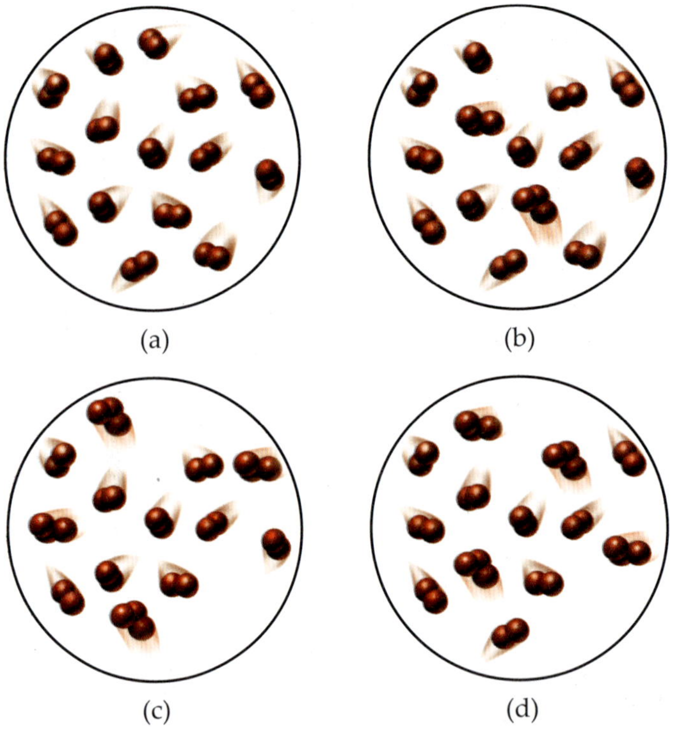

**▶그림 16.9 동적 평형의 모형**
(a) 용기 안에는 $O_2$ 기체 분자만 들어 있음. (b) 반응이 진행됨에 따라 $O_3$가 형성된다. (c) 평형시, 정반응과 역반응은 같은 속도로 일어난다. (d) 그 후, $O_2$와 $O_3$ 분자들이 반응을 계속하지만 $O_2$ 및 $O_3$의 양은 일정하다.

## 화학 평형의 법칙

1864년 노르웨이의 화학자인 굴트베르크(Cato Guldberg)와 보게(Peter Waage)는 가역 반응 중에 있는 물질의 양을 변화시키면 평형 이동이 나타난다는 것을 관찰하였다. 즉 반응 물질을 더 첨가하면 더 많은 생성물을 생성하기 위한 방향으로 반응이 이동한다. 반대로 생성물을 첨가하면, 반응은 더 많은 반응물을 생성하는 방향으로 이동한다. 이제 평형 이동(shift in equilibrium)이 어떤 가역 반응에서도 발생할 수 있다는 것을 알게 된다. 즉

$$a\text{A} + b\text{B} \rightleftharpoons c\text{C} + d\text{D}$$

일반적인 가역 반응에서 A와 B는 반응물을, C와 D는 생성물을, 그리고 a, b, c, d는 계수를 나타낸다.

또 한 가지, 평형 상태에 있을 때, 일정 온도에서 반응물 농도 대 생성물 농도의 비율이 일정하다는 것도 알 수 있다. 굴트베르크와 보게는 생성물의 몰 농도(c와 d의 지수로 증가)를 반응물의 몰 농도(a와 b의 지수로 증가)로 나누면 항상 같은 값이 나온다는 것을 알아냈다. 반응물의 초기 양에 관계없이, 평형에서의 몰 농도의 비율은 일정하다. 모든 가역 반응에 적용되는 이러한 상관 관계를 **화학 평형의 법칙(law of chemical equilibrium)**이라고 한다. 화학 평형의 법칙을 다음과 같이 수학적으로 표시할 수 있다:

$$K_{eq} = \frac{[\text{C}]^c\,[\text{D}]^d}{[\text{A}]^a\,[\text{B}]^b}$$

이 식에서 [A], [B], [C]와 [D]는 반응물과 생성물의 몰 농도를 나타내며, a, b, c, d는 **균형 화학식(balanced chemical equation)**의 계수에 해당한다. 이 비율은 일정 온도에서 반응에 관계된 각 물질의 몰 농도를 나타내는 **일반 평형 상수(general equilibrium constant, 기호 $K_{eq}$)**와 같다.

## 자세히 보기 나노테크놀로지

### Q: 나노테크놀로지란 무엇인가?

이 트랜지스터는 20세기의 가장 위대한 발명품 중 하나이다. 트랜지스터는 대형 라디오 및 TV 진공관을 마이크로 스케일 칩으로 대체하여 전자산업을 혁신적으로 변화시켰다. 마이크로일렉트로닉스(Microelectronics)라는 용어는 하나의 마이크로미터($10^{-6}$ m)에서 작동하는 전자장치를 의미한다. 나노테크놀로지라는 용어는 1 나노미터($10^{-9}$ m)에서 작동하는 장치를 의미한다. 이 장치의 크기는 가시광선(400-700 nm)의 파장보다 작다. 나노테크놀로지의 응용에는 자외선을 흡수하는 자외선 차단제에 이산화 타이타늄 나노 입자와 항균제 역할을 하는 스포츠 의류의 실버 메탈 나노 입자가 포함된다.

과학자들은 직경이 100 nm 이하인 속이 빈 나노 스케일 실린더가 유체를 예상보다 훨씬 빨리 흐를 수 있게 한다는 것을 발견하였다. 소위 "나노튜브(nanotube)"는 작은 내경에도 불구하고 상대적으로 물과 가스 분자의 빠른 흐름을 가능하게 한다. 작은 분자가 작은 나노튜브를 빠르게 통과하는 한 가지 이유는 튜브의 내벽이 미끄러운 표면을 가지고 있기 때문이다.

◀**나노튜브**
탄소 나노튜브는 물 분자와 가스의 흐름을 허용하는 미끄러운 내부 표면을 가지고 있다.

과학자들은 나노테크놀로지가 식수를 생산하기 위해 소금물에서 무기물을 제거하는 것과 같은 실용적인 응용으로 이어질 것이라고 기대하고 있다. 또한 과학자들은 제한된 동맥을 청소하기 위한 나노 크기의 장비와 단백질 및 기타 생체 분자에서 독소를 분리하여 혈액을 정화하는 신장투석기와 같은 의학적 응용을 예견한다.

**A:** 나노테크놀로지는 1-100 nm 범위의 디바이스 과학을 의미한다.

# 16.4 일반 평형 상수, $K_{eq}$

**학습 목표**

- ▶ 가역 반응에 대한 평형 상수식을 쓸 수 있다.
- ▶ 실험값으로부터 평형 상수, $K_{eq}$를 계산할 수 있다.

다음 가역 반응에 대한 평형 상수식을 써보자.

$$2\,A \rightleftharpoons B$$

평형식, $K_{eq}$를 쓰기 위하여 생성물의 농도를 분자에, 반응물의 농도를 분모에 쓴다.

$$K_{eq} = \frac{[B]}{[A]}$$

균형 화학식에서의 계수는 $K_{eq}$ 식의 지수로 쓰여진다. A의 계수는 2이고, B의 계수는 당연히 1이다. 이 계수들은 관련된 농도항의 지수로 쓰여지므로 다음과 같다.

$$K_{eq} = \frac{[B]}{[A]^2}$$

**도움말**
**평형 상수**
$K_{eq}$가 1보다 크면($K_{eq} \gg 1$), 반응은 생성물에 유리하다. 반대로 $K_{eq}$가 1보다 작으면($K_{eq} \ll 1$), 반응은 반응물에 유리하다.

다음 예제에서 일반적인 가역 반응에 대한 $K_{eq}$식을 쓰는 연습을 좀 더 해보자.

### 예제 16.3 일반 평형 상수, $K_{eq}$

다음 가역 반응에 대한 평형 상수식을 쓰라.

$$A + 2\,B \rightleftharpoons 3\,C + D$$

**해답**

두 단계로 시작해 보자. 첫째, $K_{eq}$ 식에 대입하여 보자. 반응물의 농도에 대한 생성물의 농도 비율은 다음과 같다.

$$K_{eq} = \frac{[C]^c\,[D]^d}{[A]^a\,[B]^b}$$

둘째, 균형 반응식의 계수를 생각해 보자. 위 반응식의 계수는 각각 1, 2, 3과 1이므로 다음과 같다.

$$K_{eq} = \frac{[C]^3\,[D]}{[A]\,[B]^2}$$

**실전 연습문제**

다음의 가역 반응의 평형 상수식을 쓰라.

$$2\,A + 3\,B \rightleftharpoons C + 4\,D$$

**답:** $K_{eq} = \dfrac{[C]\,[D]^4}{[A]^2\,[B]^3}$

**개념 문제**

반응이 평형에 도달한 후 가역 반응에서 동적인 반응물과 생성물의 농도는 어떠한가?

**답:** 부록 G, 16.3 참조

## 동일한 물리적 상태에서 화학 평형

대부분의 가역 반응에서, 모든 반응물과 생성물은 동일한 물리적 상태에 있다. 오존 반응에서 반응물과 생성물이 둘 다 기체인 것과 같다. 이와 같이 평형에 있는 모든 물질들이 동일한 상태일 때의 가역 반응을 **균일 평형(homogeneous equilibrium)**이라고 부른다. 예를 들면, 저급 석탄은 많은 양의 황을 함유하고 있어 연소되면 $SO_2$를 생성한다. 다음의 반응에 따라, 대기권에서 산소는 $SO_2$를 $SO_3$로 전환시킨다.

$$2\,SO_2(g) + O_2(g) \rightleftharpoons 2\,SO_3(g)$$

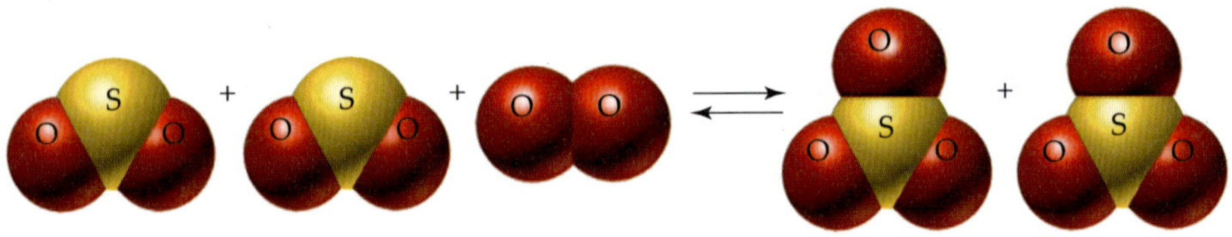

반응물과 생성물의 농도를 일반적인 평형식에 대입시켜 보면,

$$K_{eq} = \frac{[SO_3]}{[SO_2]\,[O_2]}$$

균형 화학식에서 각항의 계수는 2, 1과 2이다. 그러므로 반응에 대한 평형식은 다음과 같다.

$$K_{eq} = \frac{[SO_3]}{[SO_2]\,[O_2]}$$

## 상이한 물리적 상태에서 화학 평형

기체상 평형의 앞선 예들에 액체와 고체는 포함되지 않았고, $K_{eq}$식에도 보이지 않았다. 때때로, 반응물이나 생성물이 고체나 액체 상태일 수도 있다. 반응하는 물질들 중 하나가 물리적으로 다른 상태에 있는 평형에서의 반응을 **불균일 평형(heterogeneous equilibrium)**이라고 한다.

예를 들면, 뜨거운 석탄(고체) 위로 수증기를 통과시켜 만들어지는 수소 기체를 살펴보자. 반응식은 다음과 같다.

$$C(s) + H_2O(g) \rightleftharpoons CO(g) + H_2(g)$$

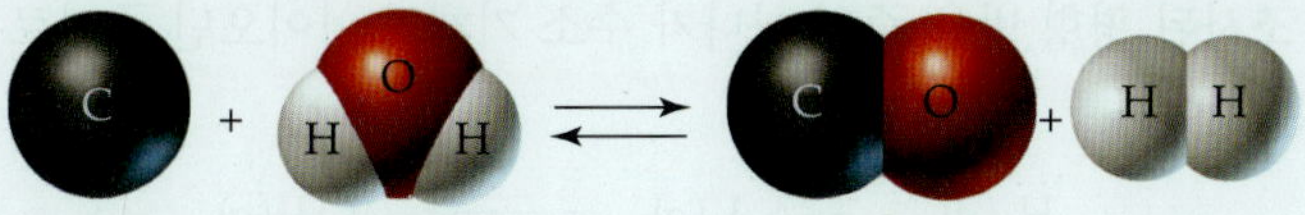


평형 상수식은 다음과 같다.

$$K_{eq} = \frac{[CO]\,[H_2]}{[C]\,[H_2O]}$$

석탄은 고체이나 반응 중인 다른 물질들은 기체이다. 실험을 통해 반응을 연구해 보면, 석탄의 양은 평형에 어떤 영향도 주지 않음을 알게 된다. 그러므로 평형식에서 석탄의 농도, [C]는 생략해도 무방하다. 따라서 다음과 같이 쓸 수 있다.

$$K_{eq} = \frac{[CO]\,[H_2]}{[H_2O]}$$

더구나, 액체와 고체는 어떤 기체상 평형에도 영향을 주지 않는다. 그러므로 액체나 고체는 평형식에 쓰지 않는다. 다음의 예제를 통하여 균일 및 불균일 평형에 대해 $K_{eq}$ 식으로 나타내는 연습을 좀 더 해 보자.

## 예제 16.4 $K_{eq}$식 쓰기

다음의 가역 반응에 대한 평형 상수식을 쓰라.

(a) $2\ NO(g) + 2\ H_2(g) \rightleftharpoons N_2(g) + 2\ H_2O(g)$

(b) $NH_4NO_3(s) \rightleftharpoons N_2O(g) + 2\ H_2O(g)$

**해답**

다음과 같이 $K_{eq}$식에 대입한다.

(a) 균형 화학식이므로 각 물질의 농도항에 균형 화학식의 계수와 똑같은 값을 지수로 붙여준다.

$$K_{eq} = \frac{[N_2]\,[H_2O]^2}{[NO]^2[H_2]^2}$$

(b) 이 반응에서 $NH_4NO_3$는 고체이다. $NH_4NO_3$가 기체가 아니므로, 평형식에 쓰지 않는다. 그러므로 평형식은 다음과 같다.

$$K_{eq} = [N_2O][H_2O]^2$$

**실전 연습문제**

다음의 가역 반응에 대한 평형 상수식을 쓰라.

(a) $4\ NH_3(g) + 5\ O_2(g) \rightleftharpoons 4\ NO(g) + 6\ H_2O(g)$

(b) $CaCO_3(s) \rightleftharpoons CaO(s) + CO_2(g)$

**답:** (a) $K_{eq} = \frac{[NO]^4\,[H_2O]^6}{[NH_3]^4[O_2]^5}$ (b) $K_{eq} = [CO_2]$

**개념 문제**

반응이 평형에 도달 전에 가역 반응에서 동적인 반응물과 생성물의 농도는 어떠한가?

**답:** 부록 G, 16.4 참조

## $K_{eq}$의 실험적 결정

가장 면밀하게 조사된 평형 반응 중의 하나가 수소 기체와 아이오딘 증기로부터 아이오딘화 수소를 생성하는 것이다.

$$\underset{\text{무색 기체}}{H_2(g)} + \underset{\text{보라색 증기}}{I_2(g)} \rightleftharpoons \underset{\text{무색 기체}}{2\,HI(g)}$$

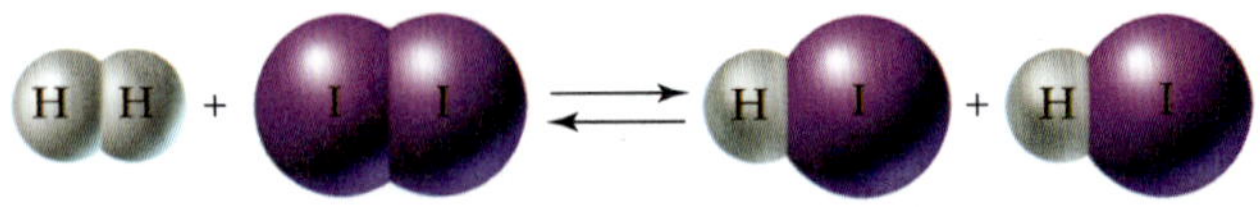

실험을 통해, 평형 상태에 있는 각 기체의 몰 농도를 측정할 수 있다. 1 L 용기 안에 $H_2$와 $I_2$를 1.000 몰씩 넣었다면, 평형시 $[H_2] = 0.212\,M$, $[I_2] = 0.212\,M$ 및 $[HI] = 1.576\,M$ 임을 알게 된다. 평형 상수, $K_{eq}$의 실험값을 계산하기 위하여 평형식을 써 보자.

$$K_{eq} = \frac{[HI]^2}{[H_2]\,[I_2]}$$

수치를 대입하여 보면 다음과 같다.

$$K_{eq} = \frac{[1.576]^2}{[0.212]\,[0.212]} = 55.3$$

흥미롭게도, HI 1.000 몰에서 시작하여 반대 방향에서 평형에 접근한다고 해도 같은 $K_{eq}$값을 얻는다. 실제로 반응에 대한 $K_{eq}$값은 각 기체의 원래 농도와 무관하게 55.3이다. 표 16.2는 HI 평형을 포함한 네 가지 실험에 대한 결과를 보여 준다.

**표 16.2 $K_{eq}$의 실험적 측정**

| 실험 | 초기 농도 | | | 평형 농도 | | | 425℃에서 $K_{eq}$의 계산값* |
|---|---|---|---|---|---|---|---|
| | $[H_2]$ | $[I_2]$ | [HI] | [H] | $[I_2]$ | [HI] | $\frac{[HI]^2}{[H_2][I_2]}$ |
| 1 | 1.000 | 1.000 | 0 | 0.212 | 0.212 | 1.576 | 55.3 |
| 2 | 0.500 | 0.500 | 0 | 0.106 | 0.106 | 0.788 | 55.3 |
| 3 | 0 | 0 | 1.000 | 0.106 | 0.106 | 0.788 | 55.3 |
| 4 | 0 | 0 | 2.000 | 0.212 | 0.212 | 1.576 | 55.3 |

*평형 상수값의 단위는 보통 생략한다. 위의 예에서 $K_{eq}$식의 분자와 분모의 단위는 생략되었다.

개념적으로, 평형 상태에 있는 $H_2$, $I_2$ 및 HI 세 기체가 들어있는 밀폐된 용기를 가시화할 수 있다. 만일 우리가 어떤 기체의 양에 변화를 주면, 반응은 반응물과 생성물 농도의 비율을 일정하게 유지하는 방향으로, 정반응의 방향이건 역반응의 방향이건 이동을 한다. 다음 예제를 통해 실험값에서 평형 상수를 계산하는 연습을 더 해 보자.

### 예제 16.5 실험적 평형 상수, $K_{eq}$

대기권 상층부에서 일산화 질소와 이산화 질소는 다음과 같이 반응하여 평형에 이른다.

$$2\,NO(g) + O_2(g) \rightleftharpoons 2\,NO_2(g)$$

25℃에서 각각의 기체에 대한 평형 농도가 아래와 같이 주어졌을 때 $K_{eq}$값을 구하라.

$$[NO] = 1.5 \times 10^{-11}\,M$$
$$[O_2] = 8.9 \times 10^{-3}\,M$$
$$[NO_2] = 2.2 \times 10^{-6}\,M$$

**해답**

첫째, 반응에 대한 평형식을 쓴다.

$$K_{eq} = \frac{[NO_2]^2}{[NO]^2\,[O_2]}$$

둘째, 평형식에 농도값을 대입한다.

$$K_{eq} = \frac{[2.2 \times 10^{-6}]^2}{[1.5 \times 10^{-11}]^2\,[8.9 \times 10^{-3}]}$$

$$= 2.4 \times 10^{12}$$

이 반응에서 $K_{eq}$ 값이 크다는 것은 평형이 압도적으로 $NO_2$를 생성하는 방향을 선호함을 의미한다. 하지만, $K_{eq}$는 반응 속도를 알려주지는 못한다. 대기권에서 NO가 $NO_2$로 전환되는 과정은 천천히 일어난다.

**실전 연습문제**

100℃에서 기체 혼합물의 평형 농도가 아래와 같이 주어질 때, 다음 반응의 $K_{eq}$ 값을 계산하라.

$$N_2O_4(g) \rightleftharpoons 2\,NO_2(g)$$

$$0.00140\,M \qquad\qquad 0.0172\,M$$

**답:** $K_{eq} = 0.211$

**개념 문제**

다음 가역 반응에 대한 평형 상수식을 쓰라.

$$2\,X_2(g) + 3\,Y_2(g) \rightleftharpoons 2\,X_2Y_3(g) + \text{열}$$

**답:** 부록 G, 16.5 참조

**주 의** 10.3절에서 기체의 압력은 분자의 농도에 비례한다는 것을 배웠다. 그러므로 기체의 부분 압력에 기초하여 가역 기체 반응에 대한 평형식을 쓸 수 있다. 가역 기체 반응에 대한 평형식은 다음과 같다.

$$K_p = \frac{P_C^{\,c} \times P_D^{\,d}}{P_A^{\,a} \times P_B^{\,b}}$$

여기서 $K_p$는 평형 상수이며, $P_A$, $P_B$, $P_C$와 $P_D$는 평형 반응에 참여하는 기체들의 부분 압력이다.

## 16.5 기체 상태의 평형 이동

**학습 목표**

▶ 기체 상태의 가역 반응에 르샤틀리에의 원리를 적용할 수 있다.

르샤틀리에(Henri Louis Le Chatelier, 1850~1936)는 프랑스에서 광산 기술자로 교육을 받았다. 대학을 졸업한 후, 광산 학교의 화학 교수가 되었다. 그의 최대 관심사는 광산 폭발을 예방하기 위하여 화염을 연구하는 것이었다. 그는 가역 반응에 미치는 열의 효과를 연구하여 1888년, 마침내 그를 유명하게 만든 원리를 발표했다: "평형에 관여하는 인자들을 하나씩 변화시키면 원래의 변화를 최소화하기 위한 방향으로 계의 재배열을 가져온다."

평형계에 영향을 주는 인자들은 농도, 온도 및 압력이다. 이들 인자 중에서 어떤 것이라도 변화하면 평형은 이동한다. 화학 반응에 있어서 **르샤틀리에의 원리(Le Chatelier's principle)**는 다음과 같다: "평형에 있는 가역 반응이 농도, 온도 또는 압력의 변화에 의해 영향을 받는다면, 평형은 그 영향을 감소시키는 방향으로 이동한다."

### 농도의 영향

모든 평형계에서, 반응물이나 생성물의 농도에 변화를 주는 실험을 통해 반응을 정반응이나 역반응으로 이동시킬 수 있다. 다음의 평형식을 살펴보자.

$$N_2O_4(g) \rightleftharpoons 2\ NO_2(g)$$

*무색* *갈색*

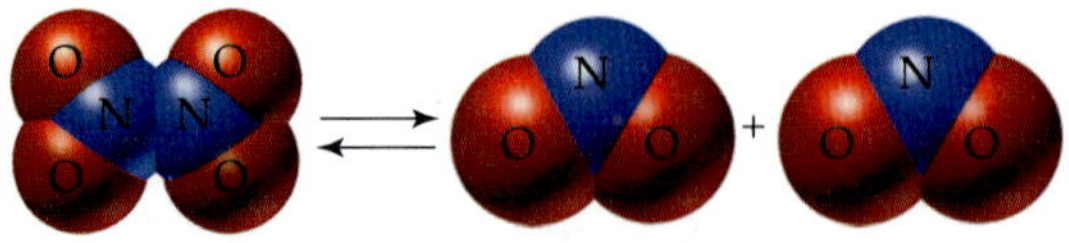


$N_2O_4$의 농도를 증가시키면, 평형은 오른쪽으로 이동하여 $NO_2$의 농도가 증가한다. $N_2O_4$의 농도를 감소시키면, 평형은 왼쪽으로 이동하여 $NO_2$의 농도가 감소한다.

반대로, $NO_2$의 농도를 증가시키면, 평형은 왼쪽으로 이동하여 $N_2O_4$의 농도가 증가한다. 만약 $NO_2$의 농도를 감소시키면, 평형은 오른쪽으로 이동하여 $N_2O_4$의 농도가 감소한다.

## 온도의 영향

이제, 다음의 평형에서 온도의 영향을 살펴보자.

$$N_2O_4(g) + \text{열} \rightleftharpoons 2\ NO_2(g)$$

*무색* *갈색*

가역 반응에서 온도에 변화를 주면, 평형계에 영향을 준다. 그러므로 평형은 영향을 감소시키는 방향으로 이동할 것이다. 이 예에서 흡열 반응에 열을 가해 주면 평형은 *오른쪽으로* 이동한다. $N_2O_4$의 농도는 감소하고 $NO_2$의 농도는 증가한다. 반응물을 냉각시키면 평형 *왼쪽으로* 이동한다. $NO_2$의 농도는 감소하는 반면, $N_2O_4$의 농도는 증가한다.

*흡열 반응*에서 열을 가해주면, 그 영향을 감소시키기 위해 평형은 생성물을 향하여 오른쪽으로 이동한다. 반대로 *발열 반응*에서 생성물에 열을 가한다고 생각해보자. 발열 반응에서 열을 가해주면, 평형은 반응물을 향하여 왼쪽으로 이동한다. 그림 16.10은 $N_2O_4$의 가열로 인한 평형의 이동을 그림으로 보여준 것이다.

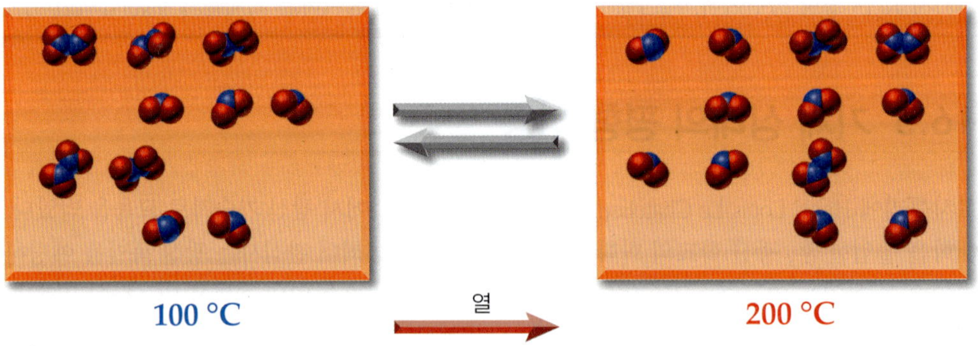


**▲그림 16.10 평형시 온도의 영향**
(a) 초기의 평형 혼합물 안에 $N_2O_4$ 5분자와 $NO_2$ 5분자가 들어 있다. (b) 온도를 상승시키면 그 영향을 감소시키기 위하여 평형이 오른쪽으로 이동한다. 그 결과로 $N_2O_4$ 분자 수는 감소하며 $NO_2$ 분자 수는 증가한다.

$N_2O_4$는 무색 기체이며 $NO_2$는 암갈색 기체임에 주목하라. 각 기체의 색을 구별할 수 있기 때문에 기체 혼합물의 색을 통하여 평형 이동을 관찰할 수 있다. 그림 16.11은 무색의 $N_2O_4$ 기체를 가열함으로써 평형이 이동하여 암갈색 $NO_2$ 기체가 생성되는 과정을 보여 주고 있다.

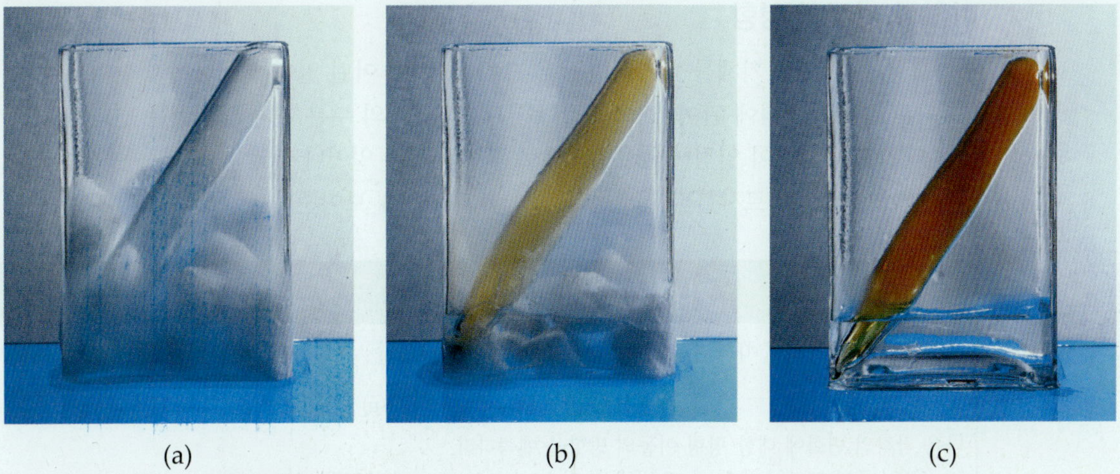


▲그림 16.11 **$N_2O_4$–$NO_2$ 평형의 가열**
(a) 저온에서, $N_2O_4$–$NO_2$ 평형은 무색 기체인 $N_2O_4$ 기체가 우세하다. (b) 계를 가열하면, 갈색 기체인 $NO_2$를 더 많이 생성하기 위하여 평형이 이동한다. (c) 더 가열시, 더 많은 $NO_2$가 생성되어 기체 혼합물은 흑갈색이 된다.

## 압력의 영향

다수의 기체 상태 평형계에서, 기체의 부피를 변화시킴에 따라 압력에도 변화를 주는 실험을 통하여 반응을 정반응 또는 역반응의 방향으로 이동시킬 수 있다. 부피를 감소(압력은 증가)시키면, 더 적은 수의 분자들을 생성하여 압력을 감소하도록 평형이 이동할 것이다. 다시 한 번, 다음의 평형을 살펴보자.

$$\underset{\text{무색}}{N_2O_4(g)} \rightleftharpoons \underset{\text{갈색}}{2\ NO_2(g)}$$

$N_2O_4$ 분자 한 개가 $NO_2$ 분자 두 개를 생성한다는 것에 유의하라. 만일 용기의 부피를 줄이면, 기체의 압력은 증가한다. 영향을 감소시키기 위하여 평형은 분자 수가 더 적은 방향으로 이동한다. 즉 $NO_2$ 두 분자당 $N_2O_4$ 한 분자가 있으므로 평형은 왼쪽으로 이동한다. 그림 16.12는 부피의 감소에 대한 평형 이동을 보여준다.

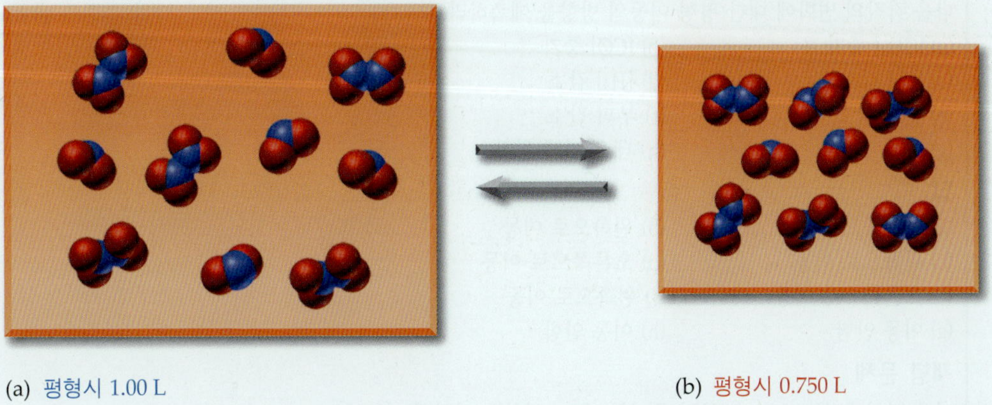


◀그림 16.12 **평형시 압력의 영향**
(a) 초기에는 $N_2O_4$–$NO_2$ 평형시 10개의 분자가 존재한다. (b) 부피를 감소시키고 압력을 증가시키면, 평형은 영향을 감소하기 위하여 이동한다. 결과로, $NO_2$는 $N_2O_4$로 전환되고 분자의 총 개수는 감소한다.

만약 용기의 부피를 증가시키면, 기체 압력은 감소한다. 그 영향을 감소시키기 위하여 평형은 더 많은 수의 분자가 있는 방향으로 이동한다. 즉 $N_2O_4$ 한 분자당 $NO_2$ 두 분자가 있으므로 평형은 오른쪽으로 이동한다.

## 비활성 기체의 영향

헬륨과 같은 비활성 기체를 첨가하면 $N_2O_4$-$NO_2$ 평형에 어떤 일이 일어나는지 살펴보자. 헬륨은 $N_2O_4$-$NO_2$ 평형에 관여하지 않으므로 $N_2O_4$와 $NO_2$의 부분 기체 압력에는 변화가 없다. $N_2O_4$와 $NO_2$의 압력이 일정하게 유지되므로 평형 이동은 일어나지 않는다. 다음 예제는 기체 상태의 계에 적용된 르샤틀리에의 원리를 좀 더 자세하게 보여준다.

### 예제 16.6 기체 상태의 평형 이동

석탄은 다음 반응식에 따라 수증기와 반응한다.

$$C(s) + H_2O(g) + \text{열} \rightleftharpoons CO(g) + H_2(g)$$

다음 각각의 변화에 대한 평형 이동의 방향을 예측하라.

(a) $[H_2O]$ 증가 (b) $[H_2O]$ 감소
(c) $[CO]$ 증가 (d) $[H_2]$ 감소
(e) 온도 증가 (f) 부피 감소
(g) 촉매 첨가 (h) 석탄(탄소) 첨가

**해답**

각각의 변화에 르샤틀리에의 원리를 적용하여 보자.

(a) $[H_2O]$ 증가시, 평형은 오른쪽으로 이동한다.
(b) $[H_2O]$ 감소시, 평형은 왼쪽으로 이동한다.
(c) $[CO]$ 증가시, 평형은 왼쪽으로 이동한다.
(d) $[H_2]$ 감소시, 평형은 오른쪽으로 이동한다.
(e) 온도 증가시, 평형은 오른쪽으로 이동한다.
(f) 부피 감소시, 평형은 기체 분자의 수가 더 적은 쪽으로 이동한다. 평형은 왼쪽으로 이동한다.
(g) 촉매 첨가는 반응 속도를 증가시키나 반응물이나 생성물의 양에는 영향을 주지 않는다. 그러므로 평형이동은 없다.
(h) 탄소가 고체이므로 탄소 첨가는 기체상 평형에 어떤 영향도 주지 않는다. 그러므로 평형 이동은 없다.

**실전 연습문제**

메테인, $CH_4$은 아래 반응식에 따라 제한된 양의 산소와 반응한다.

$$2\ CH_4(g) + O_2(g) \rightleftharpoons 2\ CO(g) + 4\ H_2(g) + \text{열}$$

다음 각각의 변화에 대한 평형 이동의 방향을 예측하라.

(a) $[CH_4]$ 증가 (b) $[CO]$ 증가
(c) $[O_2]$ 감소 (d) $[H_2]$ 감소
(e) 온도 감소 (f) 부피 감소
(g) 촉매 첨가 (h) 네온 기체 첨가

**답:**

(a) 오른쪽으로 이동 (b) 왼쪽으로 이동
(c) 왼쪽으로 이동 (d) 오른쪽으로 이동
(e) 오른쪽으로 이동 (f) 왼쪽으로 이동
(g) 이동 안함 (h) 이동 안함

**개념 문제**

다음 평형에서 (a)온도 (b)압력 증가할 때 그 영향을 어떻게 되는가?

$$SO_3(g) + NO(g) + \text{열} \rightleftharpoons SO_2(g) + NO_2(g)$$

**답:** 부록 G, 16.6 참조

## 16.6 이온화 평형 상수, $K_i$

**학습 목표**

- ▶ 약한 산이나 약한 염기에 대한 평형 상수식을 쓸 수 있다.
- ▶ 실험값으로부터 이온화 상수, $K_i$를 계산할 수 있다.

16.3절에서는 일반 평형 상수식, $K_{eq}$의 개념을 전개시켰다. 이 장에서는 약한 산이나 약한 염기에 대한 특별한 평형 상수식을 전개시켜 나갈 것이다. 이런 종류의 평형은 그 이온들과 평형 상태에 있는 약한 산이나 약한 염기에 의해 특징지어 진다(평형에 있는 약한 산과 약한 염기가 이온과 함께 있는 특징이 있다).

### 약한 산의 이온화

약한 산의 수용액부터 시작해 보자. 예를 들면, 수용액 내의 아세트산은 다음과 같이 이온화된다.

$$HC_2H_3O_2(aq) + H_2O(l) \rightleftharpoons H_3O^+(aq) + C_2H_3O_2^-(aq)$$

수용액에서 물의 농도는 일정하다. 그러므로 가역 반응을 다음과 같이 단순화할 수 있다.

$$HC_2H_3O_2(aq) \rightleftharpoons H^+(aq) + C_2H_3O_2^-(aq)$$

일반적으로, 약한 산에 대한 평형은 압도적으로 왼쪽 방향으로 전개된다. 보통, **어미 분자(parent molecules)**의 1% 미만이 이온화된다. 위의 반응에서 아세트산의 극히 일부분이 이온화된다. 분자의 약 1% 정도가 이온화되지만 99%는 이온화되지 않는다. 그러므로 평형은 압도적으로 역반응이 우세하다. 일반적인 평형 상수식에 아세트산 평형을 대입시키면 아래와 같다.

$$K_i = \frac{[H^+][C_2H_3O_2^-]}{[HC_2H_3O_2]}$$

여기서 $K_i$는 약한 산의 **이온화 평형 상수(ionization equilibrium constant)**이다. 약한 산은 아주 조금만 이온화되기 때문에 Ki는 아주 작은 값이다. 다음 예제를 통해 평형 상수식 쓰는 법을 연습해 보자.

**▲아세트산, $HC_2H_3O_2$**
아세트산은 물에서 용해하여 1% 이하로 이온화하는 약한 산이다.

**예제 16.7 $K_i$식 쓰기**

다음의 약한 산에 대하여 평형 상수식을 쓰라.

$$HNO_2(aq) \rightleftharpoons H^+(aq) + NO_2^-(aq)$$

**해답**

다음과 같이 Ki식에 대입한다.
생성물의 농도를 분자에, 반응물의 농도를 분모에 대입한다.

$$K_i = \frac{[H^+][NO_2^-]}{[HNO_2]}$$

**실전 연습문제**

다음의 약한 산에 대하여 평형 상수식을 쓰라.

$$H_2CO_3(aq) \rightleftharpoons H^+(aq) + HCO_3^-(aq)$$

탄산, $H_2CO_3$은 이온화되어 $H^+$와 $HCO_3^-$가 된다. 이온 평형식에 대입하면 아래와 같다.

$$K_i = \frac{[H^+][HCO_3^-]}{[H_2CO_3]}$$

**개념 문제**

다음의 약한 산에 대하여 평형 상수식을 쓰라.

$$H_3PO_4(aq) \rightleftharpoons H^+(aq) + H_2PO_4^-(aq)$$

**답:** 부록 G, 16.7 참조

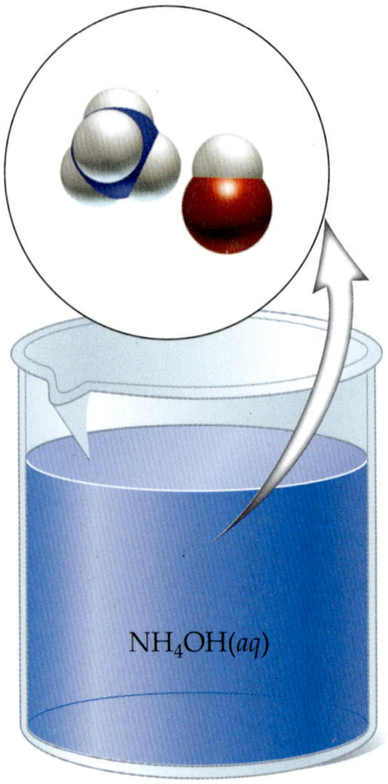


▲**암모니아수, $NH_4OH$**
물에 용해한 암모니아 기체는 약한 염기로 1% 이하로 이온화한다.

## 약한 염기의 이온화

약한 염기의 수용액은 약한 산 수용액과 비슷한 성질을 나타낸다. 즉, 약한 염기는 소량 이온화되며 생성된 이온들과 함께 평형을 이룬다. 예를 들면, 수산화 암모늄은 다음과 같이 평형을 이룬다.

$$NH_4OH(aq) \rightleftharpoons NH_4^+(aq) + OH^-(aq)$$

일반적으로, 약한 염기에 대한 평형은 압도적으로 왼쪽으로 전개된다. 수산화 암모늄으로부터 1% 미만만이 이온화된다. 그러므로 평형은 역반응 방향이 더 우세하다. 일반적인 평형 상수식에 대입하면 아래와 같다.

$$K_i = \frac{[NH_4^+][OH^-]}{[NH_4OH]}$$

## $K_i$의 실험적 결정

실험실에서 pH값을 측정함으로써 약한 산이나 약한 염기의 실험적 평형 상수를 계산할 수 있다. 예를 들면, pH 미터를 사용하여 용액 안의 $[H^+]$를 측정한다. 그러면 수소 이온 농도로부터 $K_i$ 값이 계산된다.

아세트산의 이온화 상수, $K_i$를 계산하여 보자. 실험을 통해 0.100 *M*의 아세트산 용액은 0.00134 *M*의 수소 이온 농도가 됨을 알 수 있다. 평형 농도를 분석하는 것으로 시작해 보자. 각각의 아세트산 분자가 이온화되면, $H^+$ 이온 한 개와 $C_2H_3O_2^-$ 이온 한 개가 생성된다. 그러므로 $[H^+]$는 $[C_2H_3O_2^-]$와 같아야 하고, 따라서 0.00134 *M*이다. 평형 반응은 아래와 같다.

$$\begin{array}{ccccc} HC_2H_3O_2(aq) & \rightleftharpoons & H^+(aq) & + & C_2H_3O_2^-(aq) \\ 0.100\ M & & 0.00134\ M & & 0.00134\ M \end{array}$$

다음으로, 분자에 이온 농도를 쓰고 분모에 약한 산의 몰 농도를 써서 평형 상수식을 다음과 같이 완성한다.

$$K_i = \frac{[H^+][C_2H_3O_2^-]}{[HC_2H_3O_2]}$$

각각의 농도를 평형식에 대입하면 아래와 같다.

$$K_i = \frac{[0.00134][0.00134]}{[0.100]} = 1.80 \times 10^{-5}$$

아세트산의 이온화 상수값은 $1.80 \times 10^{-5}$으로 작다. 그 이유는 아세트산은 약한 산으로 수용액 내에서 아주 적은 양만 이온화되기 때문이다.

학습 목표

▶ 약한 산과 약한 염기 용액에 르샤틀리에의 원리를 적용할 수 있다.

# 16.7 약한 산–약한 염기의 평형 이동

16.5절에서 기체 상태에 있는 가역 반응의 평형에 대한 르샤틀리에(Le Chatelier)의 원리를 공부했다. 이 원리는 또한 수용액 상태의 평형에도 적용된다. 즉, 수용액 속에 있는 화학종의 농도 변화는 그 영향을 감소시키기 위해 평형을 이동시키는 요인이 된다.

수용액 속에서 매우 적은 양만이 이온화되는 아세트산을 다시 살펴보자. 약한 산의 평형을 다음과 같이 나타낼 수 있다.

$$HC_2H_3O_2(aq) \rightleftharpoons H^+(aq) + C_2H_3O_2^-(aq)$$

$HC_2H_3O_2$의 몰 농도를 증가시키면, 평형의 왼쪽 부분에 영향을 준다. 그러면, 가역 반응은 오른쪽으로 이동함으로써 그 영향에 대응한다. 최종 결과는 더 많은 수의 $HC_2H_3O_2$ 분자들이

이온화되어 $H^+$와 $C_2H_3O_2^-$의 몰 농도가 증가된다.

강한 산을 첨가하여 $H^+$의 몰 농도를 증가시키면 평형의 오른쪽에 영향을 주고, 평형은 왼쪽으로 이동함으로써 그 영향에 대응한다. 최종 결과는 $C_2H_3O_2^-$의 몰 농도는 감소하는 반면, $HC_2H_3O_2$의 몰 농도는 증가한다. 추가로 산을 첨가하는 것이므로, $H^+$의 몰 농도 역시 증가한다.

또한 pH의 변화에 해당하는 $[H^+]$의 변화도 지적할 수 있다. $[H^+]$와 pH는 역비례 관계이므로 pH가 증가함에 따라 $[H^+]$는 감소한다. 그러므로 아세트산 용액의 pH를 증가시키면 $[H^+]$는 감소한다. $[H^+]$의 감소는 평형이 오른쪽으로 이동하는 요인이 된다. 그러므로 $[C_2H_3O_2^-]$가 증가되는 반면, $[HC_2H_3O_2]$는 감소된다.

고체 Na $C_2H_3O_2$를 첨가하여 $C_2H_3O_2^-$의 몰 농도가 증가되면, 평형식의 오른쪽에 영향을 준다. Na $C_2H_3O_2$ 고체가 용액 안에서 용해됨에 따라 평형은 왼쪽으로 이동함으로써 그 영향에 대응한다. 최종 결과는 $[H^+]$가 감소하는 반면 $[HC_2H_3O_2]$는 증가한다. Na $C_2H_3O_2$를 첨가함으로써 $C_2H_3O_2^-$ 또한 증가한다.

만약 고체 NaOH를 첨가하면 H+를 중화시키고 평형의 오른쪽에 영향을 주게 된다. NaOH는 $H^+$ 농도를 낮추고, 평형을 오른쪽으로 이동시킨다. 평형이 이동한 후에 $C_2H_3O_2^-$ 농도는 증가하는 반면 $HC_2H_3O_2$ 농도는 감소한다.

최종적으로 고체 $NaNO_3$를 아세트산 수용액에 첨가하면 어떤 일이 일어날지 살펴보자. 질산소듐은 가용성 염이므로 용액 내에서 용해되어 $Na^+$와 $NO_3^-$를 생성해 낸다. 이들 이온은 둘 다 아세트산의 평형에 관여하지 않으므로 $NaNO_3$를 첨가해도 평형에는 영향을 미치지 않으며, 평형이동도 일어나지 않는다. 다음 예제는 르샤틀리에의 원리를 더 자세하게 설명해 준다.

## 예제 16.8 약한 산의 평형 이동

플루오르화 수소산, HF는 다음 반응식에 따라 이온화한다.

$$HF(aq) \rightleftharpoons H^+(aq) + F^-(aq)$$

다음 각각의 변화에 대한 평형 이동의 방향을 예측하라.

(a) [HF] 증가 (b) $[H^+]$ 증가
(c) $[F^-]$ 감소 (d) HCl 기체 첨가
(e) 고체 NaF 첨가 (f) 고체 NaCl 첨가
(g) 고체 NaOH 첨가 (h) pH 감소

**해답**

각각의 변화에 대하여 르샤틀리에의 원리를 적용하여 보자.

(a) [HF] 증가시, 평형은 오른쪽으로 이동한다.
(b) $[H^+]$ 증가시, 평형은 왼쪽으로 이동한다.
(c) $[F^-]$ 감소시, 평형은 오른쪽으로 이동한다.
(d) HCl 첨가시, $[H^+]$가 증가하여 평형은 왼쪽으로 이동한다.
(e) NaF 첨가시, $[F^-]$가 증가하여 평형은 왼쪽으로 이동한다.
(f) NaCl 첨가시, $[Cl^-]$증가하나 평형에 영향을 미치지 않으므로 평형 이동은 없다.
(g) NaOH 첨가시, $OH^-$는 $H^+$와 중화되어 농도가 낮아진다. 그러므로 평형은 오른쪽으로 이동한다.
(h) pH 감소시, $[H^+]$가 증가하여 평형은 왼쪽으로 이동한다.

**실전 연습문제**

사이안화 수소산, HCN은 다음 반응식에 따라 이온화된다.

$$HCN(aq) \rightleftharpoons H^+(aq) + CN^-(aq)$$

다음 각각의 변화에 대하여 평형 이동의 방향을 예측하라.

(a) [HCN] 증가 (b) $[H^+]$ 감소
(c) $[CN^-]$ 증가 (d) $HNO_3$ 수용액 첨가
(e) 고체 KCN 첨가 (f) 고체 KCl 첨가
(g) 고체 KOH 첨가 (h) pH 증가

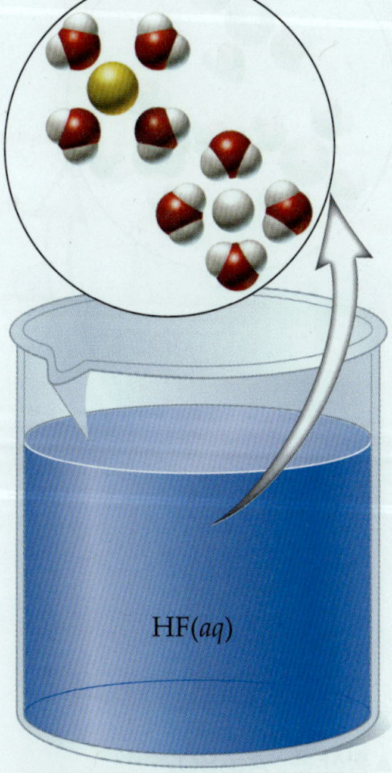


▲플루오르화 수소산, HF
플루오르화 수소산은 약한 산이며 수용액에서 1% 이하로 이온화한다.

**답:**
(a) 오른쪽으로 이동 (b) 오른쪽으로 이동 (c) 왼쪽으로 이동 (d) 왼쪽으로 이동
(e) 왼쪽으로 이동 (f) 이동 안함 (g) 오른쪽으로 이동 (h) 오른쪽으로 이동

**개념 문제**

다음 평형에 (a) $NH_4Cl$과 (b) NaOH를 첨가할 때 어떤 영향을 주겠는가?

$$NH_4OH(aq) \rightleftharpoons NH_4^+(aq) + OH^-(aq)$$

**답:** 부록 G, 16.8 참조

**학습 목표**

- 미량 용해하는 이온화 화합물에 대한 평형 상수식을 쓸 수 있다.
- 실험값으로부터 용해도곱 상수, $K_{sp}$를 계산할 수 있다.

## 16.8 용해도곱 평형 상수, $K_{SP}$

굴트베르크(Guldberg)와 보게(Waage)는 수용액 내의 불용성 탄산 바륨 연구에 기초하여 화학 평형의 법칙에 대한 토대를 마련하였다. 불용성 탄산 바륨에 가용성 황산 칼륨을 첨가한 후에 탄산 바륨과 황산 바륨, 두 가지를 다 포함하는 불용성 침전물을 발견하였다. 노르웨이 화학자들은 다음과 같은 수용액 내의 가역 반응을 제시하였다.

$$BaCO_3(s) + K_2SO_4(aq) \rightleftharpoons BaSO_4(s) + K_2CO_3(aq)$$

$BaCO_3$와 $BaSO_4$는 둘 다 불용성 침전물이나, 고체인 이 물질들은 약간 용해된다는 것을 알아야 한다. 수용액에서 $BaCO_3$는 아래와 같이 용해된다.

$$BaCO_3(s) \rightleftharpoons Ba^{2+}(aq) + CO_3^{2-}(aq)$$

$BaCO_3$가 이온으로 해리될 때, $Ba^{2+}$는 $SO_4^{2-}$와 재결합하여 불용성 침전물 $BaSO_4$를 생성한다. 그러므로 화학자들은 육안으로 보기에, 수용액 안의 불용성 침전물은 사실상 아주 미량 용해된다고 결론지었다. 더구나 이러한 불용성 이온 화합물은 그들을 구성하고 있는 이온 성분들과 동적 평형 상태에 있다.

이제 수용액 내에서 미량 용해하는 $Ag_2SO_4$에 대한 평형 반응을 써보자. $Ag_2SO_4$침전은 아래와 같이 해리된다.

$$Ag_2SO_4(s) \rightleftharpoons 2\ Ag^+(aq) + SO_4^{2-}(aq)$$

$Ag_2SO_4$는 $Ag^+$ 이온 두 개와 $SO_4^{2-}$ 이온 하나로 해리 된다는 것을 인지하라. 이 평형을 일반적인 $K_{eq}$식에 대입하면 다음과 같다.

$$K_{eq} = \frac{[Ag^+]^2\,[SO_4^{2-}]}{[Ag_2SO_4]}$$

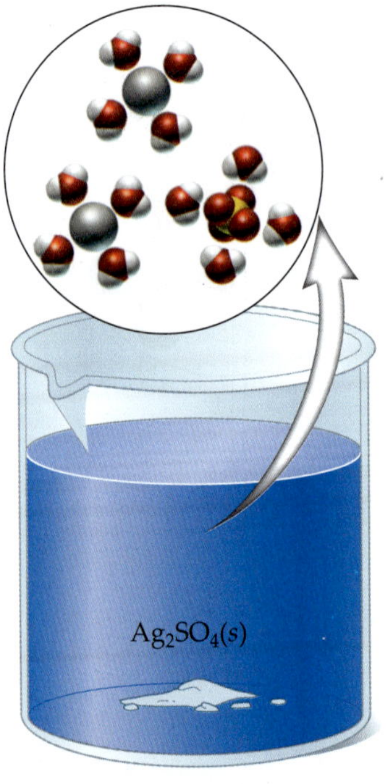


▲**황산 은, $Ag_2SO_4$**
황산 은은 불용성 화합물이다. 수용액에서 1% 이하로 해리된다.

수용액이 불용성 $Ag_2SO_4$로 포화되어 있다면, 고체인 침전물의 양은 평형에 영향을 주지 못한다. 용해되지 않은 침전이 약간 있다 해도, $Ag^+$와 $SO_4^{2-}$의 농도는 변하지 않는다. 고체의 양은 평형에 어떤 영향도 주지 못하며, 이러한 평형식은 다음과 같이 쓴다.

$$K_{sp} = [Ag^+]^2\,[SO_4^{2-}]$$

여기서 $K_{sp}$는 **용해도곱 평형 상수(solubility product equilibrium constant)**이다. $K_{sp}$는 수용액 내에서 미량 용해하는 이온 화합물의 몰 평형 농도를 나타내는 상수로 정의한다. 수용액 내에 있는 불용성 화합물의 경우, 평형식에 이온들만 나타낸다. 즉 침전물은 $K_{sp}$ 식에 나타내지 않는다. 다음 예제를 통하여 용해도곱 식을 쓰는 연습을 더 해 보자.

## 예제 16.9 $K_{sp}$ 식 쓰기

수용액 내에서 미량 용해하는 다음 이온 화합물에 대하여 용해도곱 식을 쓰라.

$$Ca_3(PO_4)_2(s) \rightleftharpoons 3\ Ca^{2+}(aq) + 2\ PO_4^{3-}(aq)$$

**해답**

$K_{sp}$식에 다음과 같이 대입한다.
인산 칼슘은 3 $Ca^{2+}$과 2 $PO_4^{3-}$로 해리된다. 그러므로 $Ca^{2+}$ 농도는 세 제곱하고 $PO_4^{3-}$는 제곱하여 서로 곱한다.

$$K_{sp} = [Ca^{2+}]^3\ [PO_4^{3-}]^2$$

**실전 연습문제**

수용액 내에서 미량 용해하는 다음의 이온 화합물들에 대하여 용해도곱 식을 쓰라.

$$Al_2(CO_3)_3(s) \rightleftharpoons 2\ Al^{3+}(aq) + 3\ CO_3^{2-}(aq)$$

**답:** $K_{sp} = [Al^{3+}]^2\ [CO_3^{2-}]^3$

**개념 문제**

수용액 내에서 미량 용해하는 다음 이온 화합물의 용해도곱 식을 쓰라.

$$Al(OH)_3(s) \rightleftharpoons Al^{3+}(aq) + 3\ OH^-(aq)$$

**답:** 부록 G, 16.9 참조

## $K_{sp}$의 실험적 결정

미량 용해하는 이온 화합물의 $K_{sp}$값을 얻기 위하여 여러 가지 방법을 사용할 수 있다. 한 가지 방법은 실험을 통해 수용액 내의 이온 농도를 측정하여 용해도곱 상수의 값을 계산하는 것이다. 예를 들면, 수산화 마그네슘, $Mg(OH)_2$의 포화 용액에서 수산화 이온의 농도는 0.00032 *M*이라는 것을 알아낸다. 용해도곱 상수를 계산하기 위하여 우선, 평형을 분석하여 보자.

$$Mg(OH)_2(s) \rightleftharpoons Mg^{2+}(aq) + 2\ OH^-(aq)$$

$Mg(OH)_2$는 1 $Mg^{2+}$과 2 $OH^-$로 해리된다. 해리에 대한 평형 상수식은 다음과 같다.

$$K_{sp} = [Mg^{2+}][OH^-]^2$$

2 $OH^-$당 1 $Mg^{2+}$이 생성되므로 $[Mg^{2+}]$는 $[OH^-]$의 1/2값과 같다. $[OH^-]$가 0.00032 *M*이므로 $[Mg^{2+}]$는 0.00016 *M*이다. $K_{sp}$식에 대입하면 다음과 같다.

$$K_{sp} = [1.6 \times 10^{-4}][3.2 \times 10^{-4}]^2$$

간단히 하면 아래와 같다.

$$K_{sp} = 1.6 \times 10^{-11}$$

수산화 마그네슘의 용해도곱 상수는 $1.6 \times 10^{-11}$이다.

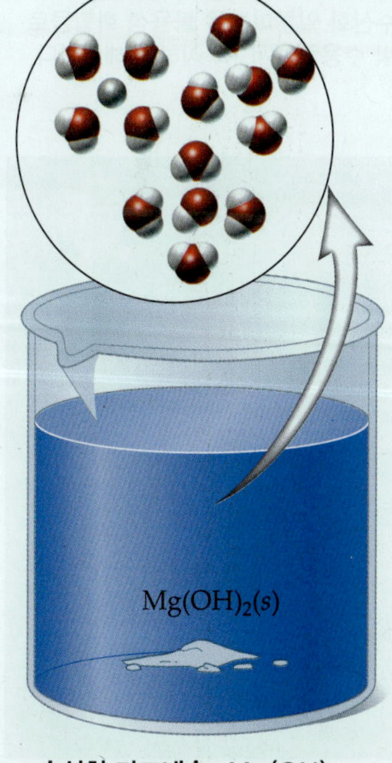


▲**수산화 마그네슘, $Mg(OH)_2$** 수산화 마그네슘은 불용성 화합물이다. 수용액에서 1% 이하로 해리된다.

학습 목표

▶ 미량 용해하는 이온 화합물의 포화 용액에 르샤틀리에의 원리를 적용할 수 있다.

## 16.9 난용성 화합물의 평형 이동

16.7절에서는 르샤틀리에의 원리를 이온화 평형에 적용하여 공부하였다. 르샤틀리에의 원리를 해리 평형에도 적용해 보자. 즉, 해리 평형에 참여하는 어떤 이온의 농도를 변화시킨다면, 평형은 그 영향을 감소시키기 위하여 이동할 것이다.

수용액 안에 들어 있는 제산제 알약의 해리에 대하여 살펴보자. 그 알약은 아주 미량 용해되는 수산화 알루미늄, $Al(OH)_3$가 들어있다. 해리 평형은 다음과 같다.

$$Al(OH)_3(s) \rightleftharpoons Al^{3+}(aq) + 3\ OH^-(aq)$$

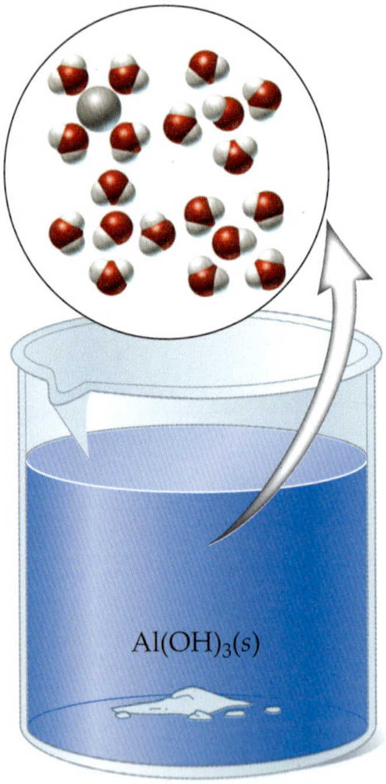

▲**수산화 알루미늄, $Al(OH)_3$**
수산화 알루미늄은 불용성 화합물로써 수용액에서 1% 이하로 해리한다.

용액이 포화되었다면, $Al^{3+}$와 $OH^-$는 최대 농도일 것이다. 그러므로 수산화 알루미늄, $Al(OH)_3$을 용액에 첨가해도 아무런 영향을 받지 않는다. 따라서 평형 이동은 일어나지 않는다.

$Al^{3+}$ 농도를 증가시키기 위해 고체 $AlCl_3$를 용액에 첨가한다고 가정하여 보자. 고체는 용해되어 더 많은 $Al^{3+}$를 생성해 낸다. 생성된 이 알루미늄 이온은 반응의 오른편에 영향을 주어, 평형은 왼쪽으로 이동한다. 더구나 더 많은 양의 수산화 이온이 침전되어 $OH^-$의 농도가 감소한다.

고체 NaCl을 수용액에 첨가한다고 가정해 보자. 염화 소듐이 용해되어 소듐 이온과 염화 이온이 생성된다. $Na^+$ 이온이나 $Cl^-$ 이온 어느 것도 평형에 관여하지 않으므로 NaCl은 계에 영향을 주지 못한다. 그러므로 평형은 이동하지 않으며, $Al^{3+}$와 $OH^-$의 농도는 일정하게 유지된다.

평형에 간접적인 영향을 주어 보자. HCl 수용액을 첨가하여 $H^+$ 농도를 증가시켜 보자. 염산은 강한 산이므로 이온화되어 $H^+$와 $Cl^-$를 생성한다. 평형에 $H^+$와 $Cl^-$, 두 이온 모두 나타나지 않지만, $H^+$는 $OH^-$를 중화시켜서 용액 안의 $OH^-$ 농도를 감소시킨다.

$OH^-$ 농도가 감소됨에 따라 평형식의 오른쪽에 영향을 주게 되어, 평형은 오른쪽으로 이동한다. 평형이 이동되면서 $Al(OH)_3$가 더 많이 용해되어 $Al^{3+}$ 이온의 농도가 증가한다. 다음의 예제를 통하여 르샤틀리에의 원리를 좀 더 자세히 살펴보자.

▲**AgCl 포화 용액**
용액에 여러 가지 물질을 첨가하면 용해도 평형에 영향을 준다. 그 영향은 르샤틀리에의 원리에 따라 평형을 왼쪽(더 많은 침전) 또는 오른쪽(더 적은 침전)으로 이동시키는 요인이 된다.

### 예제 16.10 용해도 평형 이동

염화 은 포화 용액은 다음의 반응식에 따라 해리된다.

$$AgCl(s) \rightleftharpoons Ag^+(aq) + Cl^-(aq)$$

다음 각각의 영향에 대하여 평형 이동의 방향을 예측하라.

(a) $[Ag^+]$ 증가　　(b) $[Ag^+]$ 감소
(c) $[Cl^-]$ 증가　　(d) $[Cl^-]$ 감소
(e) 고체 $AgNO_3$ 첨가　　(f) 고체 $NaNO_3$ 첨가
(g) 고체 AgCl 첨가　　(h) pH 감소

**해답**

각각의 영향에 르샤틀리에의 원리를 적용하여 보자.
(a) $[Ag^+]$이 증가하면, 평형은 왼쪽으로 이동한다.
(b) $[Ag^+]$이 감소하면, 평형은 오른쪽으로 이동한다.
(c) $[Cl^-]$이 증가하면, 평형은 왼쪽으로 이동한다.
(d) $[Cl^-]$이 감소하면, 평형은 오른쪽으로 이동한다.
(e) $AgNO_3$을 첨가하면, $[Ag^+]$이 증가하여 평형은 왼쪽으로 이동한다.
(f) $NaNO_3$을 첨가하면, $[Na^+]$와 $[NO_3^-]$가 증가하지만 이들은 평형에 영향을 미치지 않으므로 평형 이동은 없다.

(g) AgCl 첨가시, 용액이 AgCl로 포화되어 있기 때문에 평형상에 영향을 미치지 않는다. 그러므로 평형 이동은 없다.
(h) pH 감소시 $[H^+]$ 농도는 증가한다. 수소 이온은 평형에 영향을 미치지 않으므로 평형 이동은 없다.

**실전 연습문제**

수산화 마그네슘 포화 용액은 다음 반응식과 같이 해리된다.

$$Mg(OH)_2(s) \rightleftharpoons Mg^{2+}(aq) + 2\,OH^-(aq)$$

다음 각각의 변화에 대하여 평형 이동의 방향을 예측하라.

(a) $[Mg^{2+}]$ 증가 (b) $[Mg^{2+}]$ 감소
(c) $[OH^-]$ 증가 (d) $[OH^-]$ 감소
(e) 고체 KOH 첨가 (f) 고체 $KNO_3$ 첨가
(g) 고체 $Mg(OH)_2$ 첨가 (h) pH 감소

**답:**
(a) 왼쪽으로 이동 (b) 오른쪽으로 이동 (c) 왼쪽으로 이동 (d) 오른쪽으로 이동 (e) 왼쪽으로 이동
(f) 이동 안함 (g) 이동 안함 (h) 오른쪽으로 이동($OH^-$을 중화시킴)

**개념 문제**

다음 평형에 (a) $Ca(NO_3)_2$과 (b) $Na_2CO_3$를 첨가하면 어떤 영향을 주는가?

$$CaCO_3(s) \rightleftharpoons Ca^{2+}(aq) + CO_3^{2-}(aq)$$

**답:** 부록 G, 16.10 참조

# Chapter Summary

| 주요 개념 | 학습목표와 관련 연습문제 |
|---|---|
| **16.1 충돌이론**<br>반응 속도의 **충돌 이론(collision theory)**에 따르면, 반응속도는 충돌 빈도, 충돌 에너지 및 분자들의 배향에 의하여 결정된다. (1) 반응물의 농도를 증가시키거나 (2) 온도를 높이거나 또는 (3) 촉매를 첨가함으로써 반응 속도를 증가시킬 수 있다. | • 충돌 빈도, 충돌 에너지 및 분자의 배향이 화학 반응의 속도에 미치는 영향을 설명할 수 있다.<br>**관련 문제:** 1, 3<br>• 화학 반응의 속도에 농도, 온도 및 촉매가 미치는 영향을 설명할 수 있다.<br>**관련 문제:** 5, 7 |
| **16.2 화학반응의 에너지 단면**<br>**흡열 반응(endothermic reaction)**은 열에너지를 흡수하며 **발열 반응(exothermic reaction)**은 열에너지를 방출한다. **반응단면(reaction profile)**은 반응물이 생성물로 전환됨에 따른 에너지의 변화를 그린 것이다. 분자들이 반응하기 위해서는 **전이 상태(transition state)**에 도달하기에 충분한 에너지를 가져야만 한다. 전이 상태에 도달하는 데 필요한 에너지를 **활성화 에너지**(activation energy, 기호 $E_{act}$)라고 부른다. **촉매(catalyst)**란 활성화 에너지를 낮추어줌으로써 반응 속도를 빠르게 해 주는 물질로 정의한다. 반응물의 에너지와 생성물의 에너지 간의 차이를 **반응열(heat of reaction)**, $\Delta H$라고 부른다. | • 흡열 반응과 발열 반응에 대한 일반적인 에너지 단면(profile)을 작성할 수 있다.<br>**관련 문제:** 9<br>• 주어진 에너지 단면에서 전이 상태, 활성화 에너지 및 반응열을 표시할 수 있다.<br>**관련 문제:** 11, 13 |
| **16.3 화학평형 개념**<br>**가역 반응(reversible reaction)**은 정반응과 역반응이 동시에 일어난다. **반응 속도(rate of reaction)**는 단위 시간당 반응물의 농도가 감소되거나 생성물의 농도가 증가되는 속도를 의미한다. 정반응의 속도와 역방응의 속도가 같을 때, 반응은 **화학 평형(chemical equilibrium)** 상태에 있다고 한다. **화학 평형의 법칙(the law of chemical equilibrium)**은 생성물의 몰 농도를 반응물의 몰 농도로 나눈 것(균형 화학식에서의 계수만큼 지수를 곱한 것)으로 정의하며, 이는 **일반 평형 상수(general equilibrium constant)**, $K_{eq}$와 동일하다. 화학 평형의 법칙은 모든 가역 반응에 적용되며 표 16.3에 예를 들어 놓았다. | • 가역 반응에 대한 평형 개념을 서술할 수 있다.<br>**관련 문제:** 15<br>• 화학 평형의 법칙을 반응식으로 표시할 수 있다. |

| 주요 개념 | 학습목표와 관련 연습문제 |
|---|---|

**표 16.3 화학 평형식의 몇 가지 유형**

| 평형 유형 | 평형식 |
|---|---|
| 일반 평형 | |
| $aA + bB \rightleftharpoons cC + dD$ | $K_{eq} = \frac{[C]^c[D]^d}{[A]^a[B]^b}$ |
| 이온 평형 | |
| $HC_2H_3O_2(aq) \rightleftharpoons H^+(aq) + C_2H_3O_2^-(aq)$ | $K_i = \frac{[H^+][C_2H_3O_2^-]}{[HC_2H_3O_2]}$ |
| 해리 평형 | |
| $Al(OH)_3(s) \rightleftharpoons Al^{3+}(aq) + 3\ OH^-(aq)$ | $K_{sp} = [Al^{3+}][OH^-]^3$ |

## 16.4 일반 평형상수, $K_{eq}$

**균일 평형(homogeneous equilibrium)**에서 반응에 참여하는 모든 물질들은 같은 물리적 상태에 있다. 반응물과 생성물들이 모두 기체 상태인 평형을 예로 들 수 있다. **불균일 평형(heterogeneous equilibrium)**에서는, 반응에 참여하는 물질들 중 하나가 다른 물리적 상태에 있다. 고체 물질이 분해되어 기체 혼합물을 생성하는 평형을 예로 들 수 있다.

- 가역 반응에 대한 평형 상수식을 쓸 수 있다.
  **관련 문제:** 17
- 실험값으로부터 평형 상수, $K_{eq}$를 계산할 수 있다.
  **관련 문제:** 19

## 16.5 기체 상태의 평형이동

농도, 온도 또는 압력의 변화는 가역 반응에 영향을 주는 요인이 될 수 있다. **르샤틀리에의 원리(Le Chatelier's principle)**에 따르면, 평형에서의 화학 반응은 그 영향을 감소시키기 위하여 이동한다는 것이다. 여러 가지 영향에 대한 평형 이동을 표 16.4에 요약해 놓았다.

- 기체 상태의 가역 반응에 르샤틀리에의 원리를 적용할 수 있다.
  **관련 문제:** 21, 23

**표 16.4 화학 평형 이동의 요약**

| 평형의 변화 요인 | 평형에 미치는 영향 |
|---|---|
| *농도 증가 (모든 계)* | |
| 반응물 | *오른쪽으로 이동* |
| 생성물 | *왼쪽으로 이동* |
| *온도 증가(기체상의 계)* | |
| 흡열 반응일 때 | *오른쪽으로 이동* |
| 발열 반응일 때 | *왼쪽으로 이동* |
| *압력 증가(기체상의 계)* | |
| 반응물 분자 수가 더 많을 때 | *오른쪽으로 이동* |
| 생성물 분자 수가 더 많을 때 | *왼쪽으로 이동* |
| 반응물 분자 수 = 생성물 분자 수 | *이동 없음* |

## 16.6 이온화 평형상수, $K_i$

화학 평형의 법칙을 약한 산과 약한 염기의 수용액에 적용한다. **이온화 평형 상수(ionization equilibrium constant)**, $K_i$는 이온의 몰 농도를 약한 산이나 약한 염기의 몰 농도로 나눈 값과 같다.

- 약한 산이나 약한 염기에 대한 평형 상수식을 쓸 수 있다.
  **관련 문제:** 25
- 실험값으로부터 이온화 상수, Ki를 계산할 수 있다.
  **관련 문제:** 27, 29

| 주요 개념 | 학습목표와 관련 연습문제 |
| --- | --- |
| **16.7 약한 산 – 약한 염기의 평형이동**<br>르샤틀리에의 원리는 약한 산과 약한 염기의 수용액에 적용된다. 수용액 내의 이온 중 하나의 농도를 변화시킨다면, 평형은 그 영향을 감소시키기 위해 이동할 것이다. 만약 평형에 영향을 주지 않는 물질을 첨가하면, 평형 이동은 일어나지 않는다. | • 약한 산과 약한 염기 용액에 르샤틀리에의 원리를 적용할 수 있다.<br>**관련 문제:** 31, 33 |
| **16.8 용해도곱 평형 상수, $K_{SP}$**<br>화학 평형의 법칙을 미량 용해되는 이온 화합물의 포화 용액에 적용한다. **용해도곱 평형 상수(solubility product equilibrium constant), $K_{sp}$**는 용액 내, 이온들의 몰 농도의 곱과 같다. 불용성 화합물은 포화 용액의 평형에 영향을 미치지 않으므로 $K_{sp}$ 식에 쓰지 않는다. | • 미량 용해하는 이온화 화합물에 대한 평형 상수식을 쓸 수 있다.<br>**관련 문제:** 35<br>• 실험값으로부터 용해도곱 상수, $K_{sp}$를 계산할 수 있다.<br>**관련 문제:** 37 |
| **16.9 난용성 화합물의 평형 이동**<br>르샤틀리에의 원리를 미량 용해되는 이온 화합물의 포화 용액에 적용한다. 수용액 내 이온 중 하나의 농도를 변화시키면, 평형은 그 영향을 감소시키기 위하여 이동할 것이다. 만일 평형에 관여하지 않는 물질을 첨가하면, 평형 이동은 일어나지 않는다. | • 미량 용해하는 이온 화합물의 포화 용액에 르샤틀리에의 원리를 적용할 수 있다.<br>**관련 문제:** 39, 41 |

# 주요 용어

주요 용어에 대한 답을 부록 H에 수록하였다

다음 각 정의와 일치하는 용어를 골라 보라.

_______ 1. 화학 반응의 속도는 서로 부딪치는 분자들의 빈도와 에너지에 의해 조절된다는 원리.

_______ 2. 열에너지를 흡수하는 화학 반응.

_______ 3. 열에너지를 방출하는 화학 반응.

_______ 4. 반응 경과에 따른 반응물과 생성물의 에너지 그래프.

_______ 5. 반응 단면(reaction profile)에서 가장 높은 점.

_______ 6. 반응물이 전이 상태에 도달하는 데 필요한 에너지.

_______ 7. 반응물과 생성물 간의 에너지 차이.

_______ 8. 활성화 에너지를 낮춤으로써 반응의 속도를 높여주는 물질.

_______ 9. 반응물을 생성하는 방향과 생성물을 생성하는 방향으로 동시에 진행하는 반응.

_______ 10. 단위 시간당 반응물의 농도가 감소되는 속도.

_______ 11. 정반응과 역반응의 속도가 같은 가역 반응의 동적 상태.

_______ 12. 가역 반응에서 생성물의 몰 농도를 반응물의 몰 농도로 나눈 값(균형 화학식에서의 계수만큼 지수를 곱한 것)은 일정하다는 원리.

_______ 13. 일정 온도에서 가역 반응에 참여하는 각 물질의 몰 평형 농도를 나타내는 상수.

_______ 14. 반응에 참여하는 모든 화학종이 물리적으로 같은 상태에 있는 평형의 형태.

_______ 15. 반응에 참여하는 모든 화학종이 물리적으로 다른 상태에 있는 평형의 형태.

_______ 16. 농도, 온도 및 압력의 변화에 의해 영향을 받는 화학 평형은 그 영향을 감소시키기 위하여 이동을 한다는 설명.

_______ 17. 극미량 이온화하는 산이나 염기에 대하여 수용액 내의 몰 평형 농도를 나타내는 상수.

_______ 18. 극미량 해리되는 이온 화합물에 대하여 수용액 내의 몰 평형 농도를 나타내는 상수

(a) 활성화 에너지($E_{활성화}$) (16.2절)
(b) 촉매 (16.2절)
(c) 화학 평형 (16.3절)
(d) 충돌 이론 (16.1절)
(e) 흡열 반응(16.2절)
(f) 발열 반응(16.2절)
(g) 일반 평형 상수($K_{eq}$) (16.3절)
(h) 반응열($\Delta H$) (16.2절)
(i) 불균일 평형(16.4절)
(j) 균일 평형(16.4절)
(k) 이온화 평형 상수($K_i$) (16.6절)
(l) 화학 평형의 법칙(16.3절)
(m) Le Chatelier의 원리(16.5절)
(n) 반응 속도(16.3절)
(o) 반응 단면(reaction profile) (16.2절)
(p) 가역 반응(16.3절)
(q) 용해도곱 평형 상수($K_{sp}$)(16.8절)
(r) 전이 상태(16.2절)

# 문제 홀수 번호에 해당하는 문제의 해답은 부록 I에 수록되어 있다.

## 충돌 이론 (16.1절)

1. 다음 이론적 인자 중 화학 반응 속도를 증가시켜 주는 인자들은 무엇인가?
 (a) 충돌 빈도 증가
 (b) 충돌 에너지 증가
 (c) 유효 충돌 배향

3. 수소 분자 하나와 브로민 분자 하나 사이의 유효 충돌 배향을 나타내는 그림(diagram)을 그려라.

5. 다음의 각 항이 반응 속도에 미치는 영향을 설명하라.
 (a) 반응물 농도의 증가
 (b) 반응 온도의 증가
 (c) 금속 촉매 첨가

7. 접촉법은 황산 제조를 위해 삼산화 황을 생산하는 데 금속 촉매를 사용한다. 촉매가 삼산화 황 기체의 양을 증가시키는지를 설명하라.

## 화학 반응의 에너지 단면 (16.2절)

9. 오염화 인은 전자 산업에서 컴퓨터칩을 제조하는 데 사용된다. 다음 반응의 에너지 단면(profile)을 그려라

$$PCl_5(g) + 열 \rightleftharpoons PCl_3(g) + Cl_2(g)$$

11. 다음 발열 반응에 대한 에너지 단면을 그려라.

$$H_2(g) + Cl_2(g) \rightleftharpoons 2\ HCl(g)$$

"에너지"와 "반응 과정"을 좌표축으로 하여 반응물, 생성물, 전이 상태, 활성화 에너지 및 반응 에너지를 표시하라.

13. 촉매가 활성화 에너지, $E_{활성화}$에 미치는 영향을 설명하라.

## 화학 평형 개념 (16.3절)

15. 가역 흡열 반응에 대한 에너지 단면을 살펴보자. E 활성화의 값은 정반응과 역반응 중에서 어느 쪽이 더 큰가?
 (a) 기체 평형에 대한 $K_{eq}$는 온도에 의존하지 않는다.
 (b) 기체 평형에 대한 $K_{eq}$는 고체물질을 포함하지 않는다.

## 일반 평형 상수, $K_{eq}$ (16.4절)

17. 정반응의 속도를 (a) 반응물 농도와 (b) 생성물 농도의 관점에서 정의하라.
 (a) $H_2(g) + F_2(g) \rightleftharpoons 2\ HF(g)$
 (b) $4\ NH_3(g) + 7\ O_2(g) \rightleftharpoons 4\ NO_2(g) + 6\ H_2O(g)$
 (c) $ZnCO_3(s) \rightleftharpoons ZnO(s) + CO_2(g)$

19. 850 ℃에서 각 기체의 평형 농도가 주어졌을 때 삼산화 황을 제조하기 위한 $K_{eq}$ 값을 계산하라.

$$\underset{1.75M}{2\ SO_2(g)} + \underset{1.50M}{O_2(g)} \rightleftharpoons \underset{2.25M}{2\ SO_3(g)}$$

## 기체 상태 평형 이동 (16.5절)

21. 500 ℃, 300 atm에서 산업적으로 암모니아를 제조하는 조건이다. (a) 온도 증가와 (b) 압력이 증가한다면 암모니아의 농도를 일으키는 요인은 일으키는 것은 무엇인가?

$$N_2O_4(g) + 열 \rightleftharpoons 2\ NO_2(g)$$

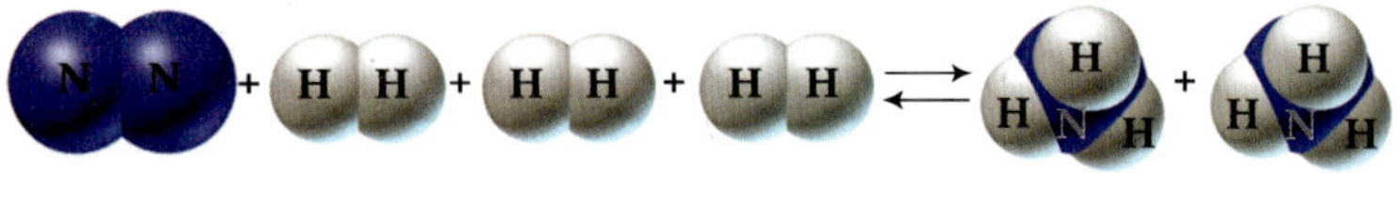

23. 높은 온도에서 메테인과 열을 반응하여 수소가스를 제조하는 산업적인 공정이다.

$$CH_4(g) + H_2O(g) + 열\ CO(g) + 3\ H_2(g)$$

아래의 조건에서 평형이동의 방향을 예측하라.
 (a) $[CH_4]$ 증가
 (b) $[H_2O]$ 증가
 (c) [CO] 증가
 (d) $[H_2]$ 증가
 (e) 온도 증가
 (f) 온도 감소
 (g) 부피 증가
 (h) 부피 감소
 (i) 아연 부가
 (j) 제논 비활성 기체 부가

## 이온화 평형 상수, $K_i$ (16.6절)

25. 다음의 가역 반응에 대한 평형 상수식을 각각 쓰라.
 (a) $HCHO_2(aq) \rightleftharpoons H^+(aq) + CHO_2^-(aq)$
 (b) $H_2C_2O_4(aq) \rightleftharpoons H^+(aq) + HC_2O_4^-(aq)$
 (c) $H_3C_6H_5O_7(aq) \rightleftharpoons H^+(aq) + H_2C_6H_5O_7^-(aq)$

27. 아질산($HNO_2$)은 유기 염료 화합물의 합성에 사용된다. 0.125 *M* 용액 내의 수소 이온 농도가 $7.5 \times 10^{-3}$ *M*이라면 이 산의 이온화 상수는 얼마인가?

29. 플루오르화 수소산(HF)은 규소 컴퓨터칩의 제조 시 사용된다. 0.139 *M* 용액의 pH가 2.00이라면, 이 산의 이온화 상수는 얼마인가?

## 약한 산–약한 염기의 평형 이동 (16.7절)

31. 플루오르화 수소산(HF)의 이온화에 대한 화학 평형식이 아래와 같을 때

$$HF(aq) \rightleftharpoons H^+(aq) + F^-(aq)$$

다음의 각 영향에 대한 평형 이동의 방향을 예측하라.
 (a) [HF] 증가
 (b) $[H^+]$ 감소
 (c) [HF] 감소
 (d) $[F^-]$ 감소
 (e) 고체 [NaF] 첨가
 (f) 고체 [HCl] 첨가
 (g) 고체 [NaOH] 첨가
 (h) [pH] 증가

33. 아세트산의 이온화에 대한 화학식이 아래와 같을 때

$$HC_2H_3O_2(aq) \rightleftharpoons H^+(aq) + C_2H_3O_2^-(aq)$$

다음의 각 영향에 대하여 평형 이동의 방향을 예측하라.
(a) $[HC_2H_3O_2]$ 증가
(b) $[H^+]$ 증가
(c) $[HC_2H_3O_2]$ 감소
(d) $[C_2H_3O_2^-]$ 감소
(e) 고체 $NaC_2H_3O_2$ 첨가
(f) 고체 NaCl 첨가
(g) 고체 NaOH 첨가
(h) pH 증가

## 용해도곱 평형 상수, $K_{sp}$ (16.8절)

35. 포화 수용액 내에서 극미량 용해되는 이온 화합물에 대한 용해도곱식을 쓰라.
(a) $AgI(s) \rightleftharpoons Ag^+(aq) + I^-(aq)$
(b) $Ag_2CrO_4(s) \rightleftharpoons 2\ Ag^+(aq) + CrO_4^{2-}(aq)$
(c) $Ag_3PO_4(s) \rightleftharpoons 3\ Ag^+(aq) + PO_4^{3-}(aq)$

37. 황화 코발트(II)(CoS)의 포화 용액 내, 코발트(Ⅱ) 이온의 농도는 $7.7 \times 10^{-11}$ $M$이다. 평형 상수 값을 계산하라.

39. 치아와 뼈는 주로 인산 칼슘으로 구성되어 있는데 이는 수용액에서 아래와 같이 미량 해리된다.

$$Ca_3(PO_4)_2(s) \rightleftharpoons 3\ Ca^{2+}(aq) + 2\ PO_4^{3-}(aq)$$

다음의 각 영향에 대한 평형 이동의 방향을 예측하라.
(a) $[Ca^{2+}]$ 증가
(b) $[PO_4^{3-}]$ 증가
(c) $[Ca^{2+}]$ 감소
(d) $[PO_4^{3-}]$ 감소
(e) 고체 $Ca_3(PO_4)_2$ 첨가
(f) 고체 $Ca(NO_3)_2$ 첨가
(g) 고체 $KNO_3$ 첨가
(h) pH 감소

41. 수산화 구리는 수용액에서 아래와 같이 미량 해리된다.

$$Cu(OH)_2(s) \rightleftharpoons Cu^{2+}(aq) + 2\ OH^-(aq)$$

(a) $[Cu^{2+}]$ 증가
(b) $[OH^-]$ 증가
(c) $[Cu^{2+}]$ 감소
(d) $[OH^-]$ 감소
(e) 고체 $Cu(OH)_2$ 첨가
(f) 고체 NaOH 첨가
(g) 고체 NaCl 첨가
(h) pH 감소

## 일반 연습문제

43. 100 ℃에서 $N_2O_4$—$NO_2$ 가역 반응은 아래와 같은 평형 농도를 가진다고 한다. 이 반응의 $K_{eq}$를 계산하라.

$$\underset{4.5\times10^{-5}\,M}{N_2O_4(g)} \rightleftharpoons \underset{3.0\times10^{-3}\,M}{2\ NO_2(g)}$$

45. 물의 이온화에 대한 화학식이 다음과 같을 때

$$H_2O(l) \rightleftharpoons H^+(aq) + OH^-(aq)$$

다음의 각 영향에 대한 평형 이동의 방향을 예측하라.
(a) $[H^+]$ 증가
(b) $[OH^-]$ 감소
(c) pH 증가
(d) pH 감소

## 도전 연습문제

47. 수산화 칼슘, $Ca(OH)_2$ 포화 용액의 pH는 12.35이다. 수산화 이온의 농도를 구하여 평형 상수를 계산하라.

# Chapter 16 자율 테스트 해답은 부록 J에 수록하였다.

1. 다음 인자 중 어느 것이 화학 반응 속도에 영향을 주는가? (16.1절)
(a) 농도
(b) 온도
(c) 촉매
(d) 위의 모두
(e) 위의 모두 아님

2. 반응열이 발열이라면 다음 중 어느 것이 사실인가?(16.2절)
(a) 반응 속도는 빠르다.
(b) 반응 속도는 느리다.
(c) 반응물의 에너지는 생성물보다 더 크다.
(d) 반응물의 에너지는 생성물보다 더 적다.
(e) 위의 모두 아님

3. 반응이 평형에 도달한 후 다음 중 어느 것이 사실인가?(16.3절)
(a) 반응물과 생성물의 양은 똑같다.
(b) 반응물과 생성물의 양은 일정하다.
(c) 반응물의 양은 증가하고 있다.
(d) 생성물의 양은 증가하고 있다.
(e) 위의 모두 아님

4. 사산화 이질소는 분해하여 이산화 질소를 생성한다. 100 ℃에서 평형 농도가 다음과 같다면 평형 상수는 얼마인가? $[N_2O_4]$ = 0.800과 $[NO_2]$ = 0.400 (16.4절)

$$N_2O_4(g) \rightleftharpoons 2\ NO_2(g)$$

(a) $K_{eq} = 0.200$
(b) $K_{eq} = 0.500$
(c) $K_{eq} = 0.625$
(d) $K_{eq} = 2.00$
(e) $K_{eq} = 5.00$

5. 다음 가역 반응의 평형에 효과가 없는 것은 다음 변화 중 어느 것인가? (16.5절)

$$CO(g) + H_2O(g)\ CO_2(g) + H_2(g) + \text{열}$$

(a) 부피 증가
(b) 부피 감소
(c) 촉매 첨가
(d) 네온 기체 첨가
(e) 위의 모두

6. 0.100 $M$ $HC_3H_5O_3$의 수소 이온 농도가 0.0038 $M$이라면 락트산의 이온화 상수는 얼마인가? (16.6절)
(a) $K_i = 1.4 \times 10^{-3}$
(b) $K_i=1.4 \times 10^{-4}$
(c) $K_i = 1.4 \times 10^{-5}$
(d) $K_i=3.8 \times 10^{-3}$
(e) $K_i = 3.8 \times 10^{-4}$

7. 수용액에서 다음 가역 반응의 평형에 효과가 없는 것은 다음 변화 중 어느 것인가? (16.7절)

$$HC_2H_3O_2(aq) \rightleftharpoons H^+(aq) + C_2H_3O_2^-(aq)$$

(a) $[HC_2H_3O_2]$ 증가
(b) $[H^+]$ 증가
(c) 고체 $NaC_2H_3O_2$ 첨가
(d) 고체 $NaNO_3$ 첨가
(e) 고체 NaOH 첨가

8. 포화 용액에서 은 이온 농도가 0.00026 $M$이라면 탄산은, $Ag_2CO_3$의 $K_{sp}$ 값은 얼마인가? (16.8절)
(a) $K_{sp}= 3.4 \times 10^{-8}$
(b) $K_{sp}= 6.8 \times 10^{-8}$
(c) $K_{sp}= 3.6 \times 10^{-11}$
(d) $K_{sp}= 4.4 \times 10^{-12}$
(e) $K_{sp}= 8.8 \times 10^{-12}$

9. 다음 가역 반응에서 평형에 효과가 없는 것은 다음 변화 중 어느 것인가? (16.9절)

$$Mg(OH)_2(s) \rightleftharpoons Mg^{2+}(aq) + 2\ OH^-(aq)$$

(a) $[Mg^{2+}]$ 증가
(b) [pH] 증가
(c) 황산 첨가
(d) 고체 $Mg(OH)_2$ 첨가
(e) 고체 $Mg(NO_3)_2$ 첨가

## 주요 개념

10. 다음 반응 단면도는 발열 반응 또는 흡열 반응 중 어느 것을 나타내는가?

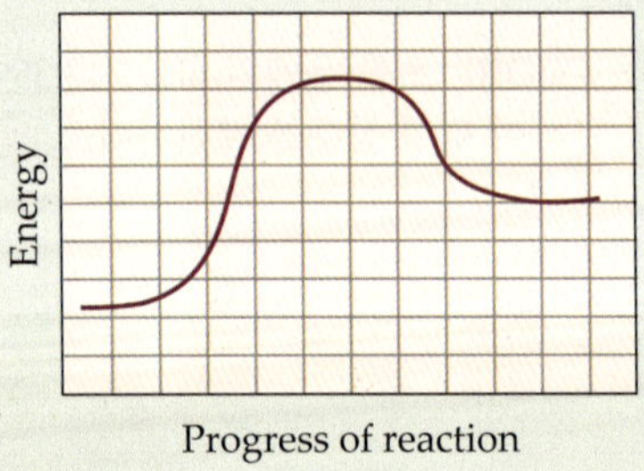


11. 산소/오존 반응에서 평형 상수식은 무엇인가?

$$3\ O_2(g) \rightleftharpoons 2\ O_3(g)$$

12. 반응을 가열 후 평형 이동의 방향은 무엇인가?

$$3\ O_2(g) + \text{열} \rightleftharpoons 2\ O_3(g)$$

13. 부피를 감소한 후 평형 이동의 방향은 무엇인가?

$$3\ O_2(g) \rightleftharpoons 2\ O_3(g)$$

14. 촉매를 첨가한 후 평형 이동의 방향은 무엇인가?

$$3\ O_2(g) + \text{열} \rightleftharpoons 2\ O_3(g)$$

## 비판적 사고

15. 불티가 탄광 내에서는 폭발을 일으키지만 숯불바베큐에서는 그렇지 않은 이유는 무엇인가?

16. (a)에서 보이는 것처럼 밀봉한 비커 속의 액체가 증발하기 시작한다. 액체 위의 부피가 증기로 포화되었을 때 증기는 (b)에 보이는 것처럼 액체로 응축되기 시작한다. 계가 평형 상태에 도달되었을 때 증발 속도와 응축 속도는 어떻게 되는가(c)?

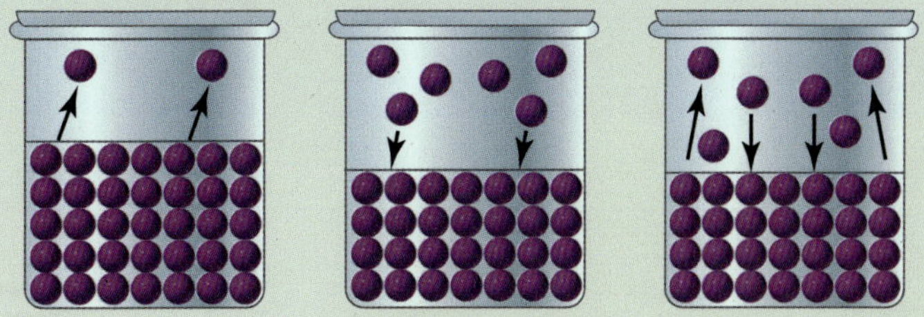

(a) (b) (c)

CHAPTER 17

# 산화와 환원

*"실수를 하지 않는 사람은 아무 것도 시도하지 않는 사람일 뿐이다."*

테어도어 루즈벨트, 대통령 (1858~1919)

17 **Cl** chlorine

**원소 17: 염소**

염소, $Cl_2$는 정상 조건에서 노랑-초록색의 이원자 기체이다. 가장 흔한 염소 화합물은 염화 소듐인데, 이것은 고대에서부터 알려져 있으며 노예들에게 봉급으로 사용되어 왔다. 영국 화학자 험프리 데비는 1774년에 이 노랑-초록색 기체를 묘사하였고 그리스어로 "연한 노랑"을 뜻하는 클로린으로 명명하였다(소듐 금속은 왼쪽에 있다).



전자가 한 물질에서 다른 물질로 이동되었을 때 한 물질은 *산화*(*oxidized*)되었고, 다른 물질은 *환원*(*reduced*)되었다고 말한다. 이 장에서 전자가 한 물질로부터 다른 물질로 이동되는 반응, 즉, *산화-환원*(*oxidation-reduction*) 반응을 공부할 것이다.

*산화 - 환원* 이라는 용어를 아직 사용하지는 않았지만, 이미 공부한 많은 반응들은 전자들의 이동을 포함하고 있다. 실제로 어떤 금속이 어떤 비금속과 반응할 때마다 전자가 이동된다. 예를 들면 철 금속은 대기에서 산소에 노출되면 녹슨다(그림 17.1b). 즉, 철은 산소와 반응하여 산화철(III)이 된다. 이 반응식은 다음과 같다.

$$4\ Fe(s) + 3\ O_2\ (g) \longrightarrow Fe_2O_2(s)$$

산화철(III)은 이온 화합물이므로 $Fe_2O_3$를 $Fe^{3+}$와 $O^{2-}$로 존재한다. 철 원자가 이온으로 되는 과정에서는 전자 3개를 잃는다. 여기서 철 금속은 산소 기체에 전자를 잃었기 때문에 철은 산화되었다고 한다.

$$Fe \rightarrow Fe^{3+} + 3\ e^-$$

반응이 진행되면 산소는 철 금속으로부터 전자를 얻었기 때문에 산소는 환원되었다고 한다. 이 예에서 산소 분자 당 4개의 전자를 얻어 2개의 산화 이온으로 된다.

$$O_2 + 4\ e^- \rightarrow 2\ O^{2-}$$

다른 예를 들어 보자. 은 금속이 공기 중에서 적은 양의 황화 수소에 노출되면 은이 변색된다. 이 반응식은 다음과 같다.

$$2\ Ag(s) + H_2S(g) \rightarrow Ag_2S(s) + H_2(g)$$

황화 은은 이온 화합물이기 때문에 $Ag^+$와 $S^{2-}$처럼 이온으로 표시할 수 있다. 이온이 되는 과정에서 은 원자는 전자를 잃는다. 이 때 은 금속은 황화 수소 기체에 의해서 *산화*되었다고 한다.

$$Ag \rightarrow Ag^+ + e^-$$

(a) (b)

◀그림 17.1 **철의 산화**
산화의 예는 (a) 강철 솜과 산소의 빠른 반응으로 연소하는 것 (b) 쇠사슬과 산소의 느린 반응으로 녹스는 것이다.

동시에 황화 수소는 은이 산화되면서 *환원된다*. 황화 수소는 2개의 전자를 얻어서 1개의 수소 분자를 생성한다.

$$H_2S + 2\ e^- \rightarrow H_2 + S^{2-}$$

한 물질이 산화되면 다른 물질이 환원되는데, 이 전체 과정을 산화-환원 반응이라고 한다. 화학자들은 이 과정을 간단히 *산화환원 반응(redox reaction)*이라고 한다.

## 17.1 산화수

**학습 목표**

- 산화수의 개념을 설명할 수 있다.
- 다음 각 원소의 산화수를 정할 수 있다:
  (a) 금속과 비금속
  (b) 단원자와 다원자 이온
  (c) 이온 화합물과 분자 화합물

철과 은의 산화환원 반응에서 한 원자가 잃거나 얻을 수 있는 전자수는 다르다는 것을 보았다. 한 원자가 잃거나 얻는 전자수를 설명하기 위해서 **산화수(oxidation number)**가 어떤 일련의 규칙에 따라 정해진다(표 17.1). 결합하지 않는 모든 원소는 유리 상태에 있다고 말하며 이것들은 전기적으로 중성이다. 따라서 그들의 산화수는 0이다. 예를 들면, Ag, Cu, Fe,

◀**유리 상태의 금속들**
사진에 있는 금속들은 마그네슘, 구리, 그리고 금(맨 위에서부터 시계방향)이며, 이들은 0의 산화수를 가진다.

**▶유리 상태의 비금속들**
결합하지 않은 유리 상태에 있는 비금속의 산화수는 0이다. (그림에서 시계방향으로 노란색 황, 자색의 아이오딘, 빨간색 인 사진).

S, 그리고 P의 산화수는 0이다. 심지어 $O_2$와 $Cl_2$와 같이 분자로 존재하는 비금속도 0의 산화수를 가진다.

단원자 이온의 산화수는 이온 전하와 동일하다. 예를 들면 $Ca^{2+}$의 산화수는 +2이고, $Cl^-$의 산화수는 −1이다. 이온의 전하와 산화수 사이에 차이를 주목하며, 이온의 전하는 원소 기호 우측 상단에 숫자 다음에 기호로 표시하고, 산화수는 숫자 앞에 기호로 표시한다. 예를 들면, $Fe^{2+}$와 $Fe^{3+}$의 산화수는 각각 +2와 +3이다.

화합물에 있는 원소들의 산화수는 어떻게 정하는지 알아 보자. 화합물이 전체적으로 전기적 중성인 것을 생각하면, 화합물 내의 각 원자들의 산화수의 합은 0이다. 하나의 금속과 하나의 비금속으로 이루어진 이(二)성분 이온 화합물에서는, 금속과 비금속의 산화수는 그들 이온의 전하와 같다. 예를 들면 NaCl에서 $Na^+$의 산화수는 +1이고 $Cl^-$의 산화수는 −1이다. $AlF_3$에서 $Al^{3+}$의 산화수는 +3이고 $F^-$의 산화수는 −1이다. 적어도 하나의 금속을 포함하는 세 원소를 지닌 화합물인 삼(三)성분 이온에서는, 상황은 더 복잡하지만, 산화수의 합은 여전히 0과 같다.

두 비금속을 포함하는 이성분 분자 화합물에서는, 전기음성도가 더 큰 원소의 산화수는 그 원소의 이온이 유리 상태 이온일 때의 전하와 같도록 정한다.

산소의 산화수는 일반적으로 −2이고 수소는 +1이다. 산소와 수소의 산화수를 정하면 이성분 분자 화합물에서 다른 비금속 원소의 산화수를 정할 수 있다. 예를 들면 NO에서 질소의 산화수는 +2이고 $NO_2$에서 질소의 산화수는 +4이다. 산화수를 정하는 일반적으로 규칙이 표 17.1에 기술되었다.

**표 17.1 산화수를 정하는 규칙**

1. 유리 상태의 금속과 비금속의 산화수는 0이다.
2. 단원자 이온의 산화수는 그 이온의 전하와 같다.
3. 일반적으로 수소 원자의 산화수는 +1이다.
4. 일반적으로 산소 원자의 산화수는 −2이다.
5. 분자 화합물에서는 전기음성도가 큰 원소가 음의 산화수를 갖고, 그 전하는 음이온과 같다.
6. 이온 화합물에서 각 원자들의 산화수의 합은 0이다.
7. 다원자 이온에서 각 원자들의 산화수의 합은 다원자 이온의 이온 전하와 같다.

몇 개의 예를 들어 산화수를 정하는 법칙을 설명할 수 있다. 표 17.2에 유리 상태의 원소, 단원자 이온, 이온 화합물, 분자 화합물, 그리고 다원자 이온들의 산화수 몇 가지를 나타내었다. 각 예는 표 17.1에 있는 적당한 규칙에 의한 것임을 주목하라.

▲탄소
다이아몬드와 석탄은 둘 다 탄소 원소로 되어있다.

**표 17.2 산화수 할당**

| 예 | 산화수 | |
|---|---|---|
| 마그네슘 금속, Mg | Mg = 0 | (제1규칙) |
| 브로민 액체, $Br_2$ | Br = 0 | (제1규칙) |
| 포타슘 이온, $K^+$ | K = +1 | (제2규칙) |
| 황화 이온, $S^{2-}$ | S = −2 | (제2규칙) |
| 물, $H_2O$ | H = +1 | (제3규칙) |
| | O = −2 | (제4규칙) |
| 사염화 탄소, $CCl_4$ | Cl = −1 | (제5규칙) |
| | C = +4 | (제6규칙) |
| 염화 바륨, $BaCl_2$ | Ba = +2 | (제6규칙) |
| | Cl = −1 | (제6규칙) |
| 질산 이온, $NO_3^-$ | O = −2 | (제4규칙) |
| | N = +5 | (제7규칙) |

## 화합물에서 산화수 결정하기

화합물에서 원소의 산화수를 결정하자. 옥살산, $H_2C_2O_4$은 보석을 깨끗하게 하는 데 사용된다. $H_2C_2O_4$에서 탄소의 산화수를 계산하기 위해서는 다음과 같이 한다. 첫째, 수소의 산화수를 +1로 한다. 둘째, 화합물에서 전기음성도가 가장 큰 산소의 산화수는 −2로 한다. 화합물은 전기적으로 중성이기 때문에 산화수의 합은 0이다.

$$2\ (\text{H의 산화수}) + 2\ (\text{C의 산화수}) + 4\ (\text{O의 산화수}) = 0$$

H와 O의 산화수를 대입하면

$$2\ (+1) + 2\ (\text{C의 산화수}) + 4\ (-2) = 0$$

식을 간단히 하여 탄소의 산화수를 구하면,

$$+2 + 2\ (\text{C의 산화수})\ (-\ 8) = 0$$

$$2\ (\text{C의 산화수}) = +6$$

$$\text{C의 산화수} = +3$$

$H_2C_2O_4$의 산화수는 +3임을 알았다. 다음 예제는 화합물 속에 원소의 산화수를 결정하는 방법을 보여주기 위해서 추가로 예를 들었다.

## 예제 17.1 탄소의 산화수 계산하기

다음 화합물들에서 탄소의 산화수를 계산하라.

(a) 다이아몬드, C
(b) 드라이아이스, $CO_2$
(c) 대리석, $CaCO_3$
(d) 제빵 소다, $NaHCO_3$

**해답**

화합물과 마찬가지로, 유리 상태에 있는 원소도 전기적으로 중성임을 기억하자. 따라서, 유리 원소들과 화합물들은 전하가 없다.

(a) 다이아몬드에서는, 탄소의 산화수는 0이다.

(b) $CO_2$에서, 산소의 산화수는 −2이다. $CO_2$에서의 탄소의 산화수는 다음과 같이 정한다.

$$\begin{aligned} \text{C의 산화수} + 2\,(\text{O의 산화수}) &= 0 \\ \text{C의 산화수} + 2\,(-2) &= 0 \\ \text{C의 산화수} &= +4 \end{aligned}$$

(c) $CaCO_3$에서, 칼슘 이온의 산화수는 +2이고, 산소의 산화수는 −2이다. $CaCO_3$에서의 탄소의 산화수는 다음과 같이 정한다.

$$\begin{aligned} \text{Ca의 산화수} + \text{C의 산화수} + 3\,(\text{O의 산화수}) &= 0 \\ +2 + \text{C의 산화수} + 3\,(-2) &= 0 \\ \text{C의 산화수} &= +4 \end{aligned}$$

(d) $NaHCO_3$에서, 소듐 이온의 산화수는 +1이고, 수소의 산화수는 +1이며, 산소의 산화수는 −2이다.. $NaHCO_3$에서의 탄소의 산화수는 다음과 같이 정한다.

$$\begin{aligned} \text{Na의 산화수} + \text{H의 산화수} + \text{C의 산화수} + 3\,(\text{O의 산화수}) &= 0 \\ +1 + (+1) + \text{C의 산화수} + 3(-2) &= 0 \\ +1 + (+1) + \text{C의 산화수} + -6 &= 0 \\ \text{C의 산화수} &= +4 \end{aligned}$$

**실전 연습문제**

다음 화합물에서 아이오딘의 산화수를 계산하라.

(a) 아이오딘, $I_2$
(b) 아이오딘화 포타슘, KI
(c) 과아이오딘산 은, $AgIO_4$
(d) 아이오딘산 아연, $Zn(IO_3)_2$

**답:** (a) 0 (b) −1 (c) +7 (d) +5

**개념 문제**

다음 화합물들에서 비금속 X의 산화수를 구하라.

(a) $X_2$
(b) $X_2O$
(c) $CaX_2$
(d) $HXO_4$

**답:** 부록 G, 17.1 참조

## 다원자 이온에서 산화수 결정하기

많은 화합물은 다원자 이온을 포함하므로 다원자 이온에서 원소의 산화수를 결정하자. 중크롬산 이온, $Cr_2O_7^{2-}$은 물고기 수족관의 물을 소독하는 데 사용된다. 화합물과 달리 다원자 이온은 중성이 아니다. $Cr_2O_7^{2-}$의 전체 전하가 2−이다. $Cr_2O_7^{2-}$에서 크롬의 산화수를 구하기 위해 산소의 산화수를 −2로 한다. $Cr_2O_7^{2-}$의 전체 전하가 2−이므로, 아래와 같이 식을 쓸 수 있다.

$$2\,(\text{Cr의 산화수}) + 7\,(\text{O의 산화수}) = -2$$

O의 산화수를 -2로 대입하면,

$$2\ (\text{Cr의 산화수}) + 7\ (-2) = -2$$

식을 간단히 하여 Cr의 산화수를 구하면,

$$2\ (\text{Cr의 산화수}) = +12$$

$$\text{Cr의 산화수} = +6$$

▲**크롬 화합물**
노란색의 $K_2CrO_4$와 오렌지색의 $K_2Cr_2O_7$ 내의 Cr의 산화수는 +6이다.

다음 예제는 다원자 이온에서 원소의 산화수를 계산하는 추가 문제이다.

## 예제 17.2 황의 산화수 계산하기

다음 각 이온들 중에서 황의 산화수를 계산하라.

(a) 황화 이온, $S^{2-}$
(b) 아황산 이온, $SO_3^{2-}$
(c) 황산 이온, $SO_4^{2-}$
(d) 싸이오황산 이온, $S_2O_3^{2-}$

### 해답

이온의 전하는 각 산화수의 합이다.

(a) $S^{2-}$에서 황의 산화수는 -2이다.

(b) $SO_3^{2-}$에서 다원자 음이온의 전하는 2-이다. 산소의 산화수는 -2이고 식을 쓰면,

$$\begin{aligned} \text{S의 산화수} + 3\ (\text{O의 산화수}) &= -2 \\ \text{S의 산화수} + 3\ (-2) &= -2 \\ \text{S의 산화수} &= +4 \end{aligned}$$

(c) $SO_4^{2-}$에서 다원자 음이온의 전하는 2-이다. 산소의 산화수는 -2이고 식을 쓰면,

$$\begin{aligned} \text{S의 산화수} + 4\ (\text{O의 산화수}) &= -2 \\ \text{S의 산화수} + 4\ (-2) &= -2 \\ \text{S의 산화수} &= +6 \end{aligned}$$

(d) $S_2O_3^{2-}$에서 다원자 음이온의 전하는 2-이다. 산소의 산화수는 -2이고 식을 쓰면,

$$\begin{aligned} 2\ (\text{S의 산화수}) + 3\ (\text{O의 산화수}) &= -2 \\ 2\ (\text{S의 산화수}) + 3\ (-2) &= -2 \\ 2\ (\text{S의 산화수}) &= +4 \\ \text{S의 산화수} &= +2 \end{aligned}$$

### 실전 연습문제

다음 각 이온들 중에서 염소의 산화수를 계산하라.

(a) 하이포아염소산 이온, $ClO^-$
(b) 아염소산 이온, $ClO_2^-$
(c) 염소산 이온, $ClO_3^-$
(d) 과염소산 이온, $ClO_4^-$

**답:** (a) +1 (b) +3 (c) +5 (d) +7

**개념 문제**

다음 이온들에서 비금속 X의 산화수를 구하라.

(a) $X^-$ (b) $XO^-$

(c) $XO_2^-$ (d) $XO_3^-$

**답:** 부록 G, 17.2 참조

**학습 목표**

- 산화환원 반응에서 산화된 물질과 환원된 물질을 인식할 수 있다.
- 산화환원 반응에서 산화제와 환원제를 인식할 수 있다.

## 17.2 산화 – 환원 반응

숯을 태우거나 마그네슘을 연소시킬 때 공통으로 존재하는 것은 무엇인가? 답은 두 반응 모두 산소 기체가 참여하고 전자의 이동이 있다는 것이다. 숯은 이산화 탄소로, 금속 마그네슘은 산화 마그네슘으로 산화된다. 우리는 전자의 이동이 있는 화학변화를 산화–환원 반응이라고 하며, 간단히 **산화환원 반응(redox reaction)**이라고도 한다.

예를 들면, 철 금속을 황 분말과 함께 가열하면 다음과 같은 산화환원 반응이 일어난다.

$$\mathrm{Fe}(s) + \mathrm{S}(s) \xrightarrow{\Delta} \mathrm{FeS}(s)$$

S의 산화수는 0에서 -2까지 변한다(표 17.2 참조). 동시에 Fe는 0에서 +2까지 변한다. 그러므로 각각의 철 원자는 산화되어 전자 2개를 잃고, 각각의 황 원자는 환원되어 전자 2개를 얻는다. 그 과정을 도식하면 아래와 같다.

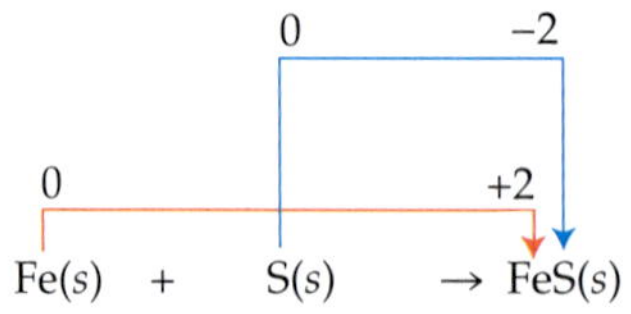


화학변화가 일어나는 동안에 전자들이 이동이 있기 때문에, 이것은 산화환원 반응의 한 예이다. 철과 황 모두 산화수의 변화가 있다는 것을 인식하라.

### 산화제와 환원제

정의에 의하면, **산화(oxidation)**란 전자를 잃는 것이고 **환원(reduction)**은 전자를 얻는 것으로 특징지어진다. 위의 예로, 철은 전자 2개를 잃으므로 산화가 일어나며, 황은 전자 2개를 얻으므로 환원이 일어난다.

**산화제(oxidizaing agent)**란 산화환원 반응에서 이동된 전자를 받음으로써 산화를 일으키는 물질이다. 따라서, 산화제는 전자를 얻는다. 황이 철과 반응하면, S는 Fe가 0에서 +2로 산화되게 한다.따라서, S는 산화제이고 전자를 얻는다. **환원제(reducing agent)**란 이동된 전자를 줌으로써 환원을 일으키는 물질이다. 따라서 환원제는 전자를 잃는다. 철이 황과 반응하면, Fe는 S가 0에서 -2로 환원되게 한다. 따라서, Fe는 환원제이다. 산화환원 반응 과정을 도식하면 아래와 같다.

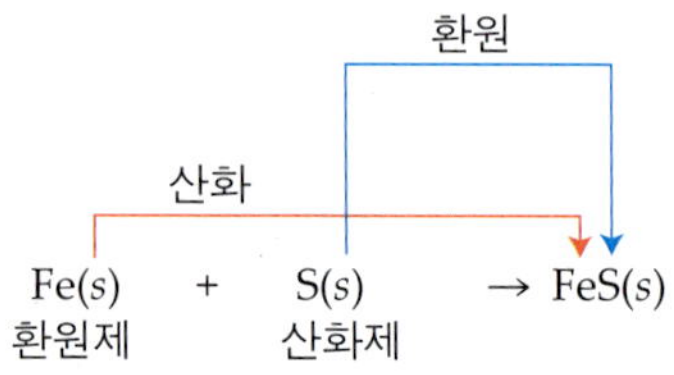

하나의 산화환원 반응에서 한 물질은 산화수가 증가하는 반면에 다른 물질은 산화수가 감소한다. 대부분의 경우, 산화수는 +7에서 −4 사이이다. 그림 17.2는 산화환원 반응에서 산화수들의 관계를 나타낸다.

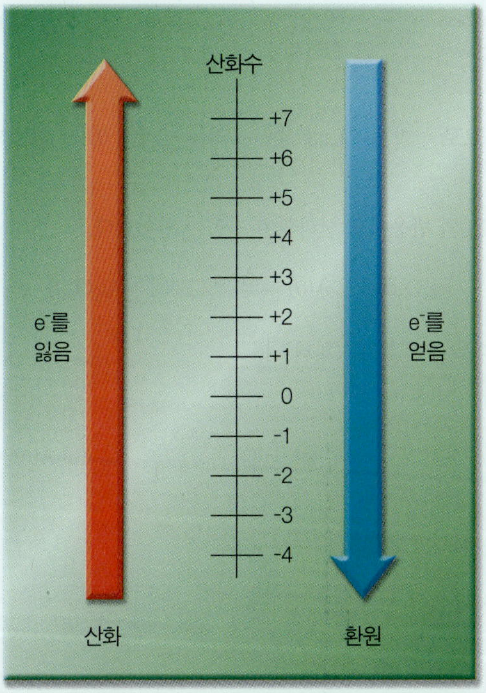


◀**그림 17.2 산화와 환원** 산화 과정은 전자를 잃는 것이다(산화수가 증가한다). 환원 과정은 전자를 얻는 것이다(산화수가 감소한다).

다음 예제는 산화제와 환원제의 명칭에 대한 문제이다.

## 예제 17.3 산화제와 환원제 인식하기

뜨거운 황화 구리(II)에 수소 증기를 통과시키면 산화-환원 반응이 일어난다.

$$CuS(s) + H_2(g) \xrightarrow{\Delta} Cu(s) + H_2S(g)$$

위의 산화환원 반응에서 다음 각각을 나타내어라.

(a) 산화된 물질 (b) 환원된 물질
(c) 산화제 (d) 환원제

**해답**

정의에 의해서, 산화되는 물질은 전자를 잃고 그 산화수는 증가한다. 환원되는 물질은 전자를 얻고 그 산화수는 감소한다. 각 원자에 산화수를 부여하면, 다음과 같다.

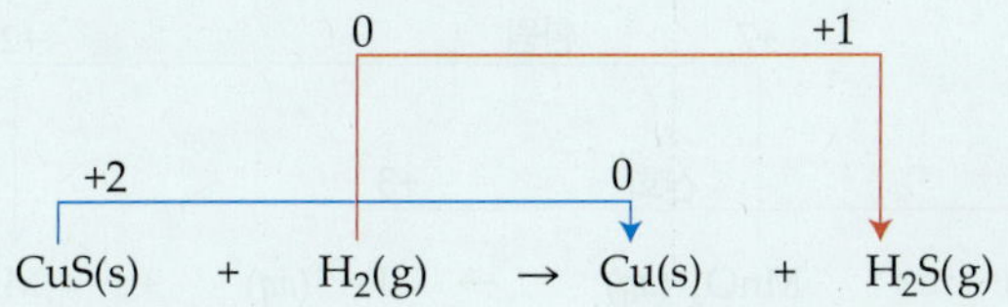

수소의 산화수는 0에서 +1로 증가한다. 따라서 $H_2$는 산화된다.구리의 산화수는 +2에서 0으로 감소한다. 따라서 CuS에서 Cu는 환원된다.여기서 S의 산화수는 −2로 일정하다는 것을 유의하라.

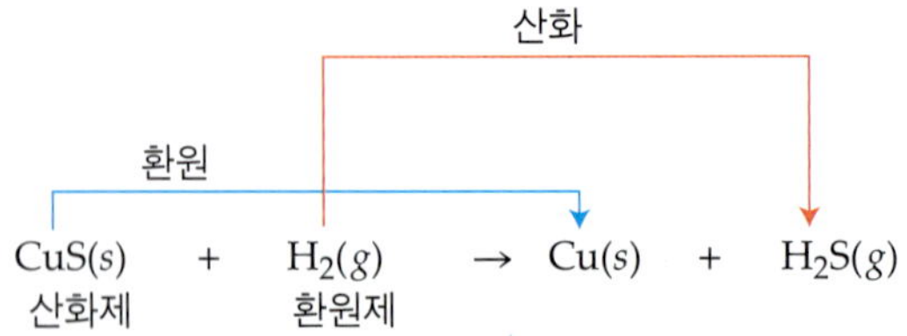


수소는 0에서 +1로 산화되므로 산화제는 CuS이다. 구리는 +2에서 0으로 환원되므로 환원제는 $H_2$이다.

### 실전 연습문제

용융 알루미늄이 산화 철(III)과 반응하면 산화환원 반응이 일어난다.

$$Fe_2O_3(l) + 2\ Al(l) \xrightarrow{\Delta} 2\ Fe(l) + Al_2O_3(l)$$

위의 산화환원 반응에서 다음 각각을 표시하라.

(a) 산화된 물질 (b) 환원된 물질
(c) 산화제 (d) 환원제

**답:** (a) Al (b) $Fe_2O_3$ (c) $Fe_2O_3$ (d) Al

### 개념 문제

다음 산화환원 반응에서 산화제와 환원제를 표시하라.

$$M(s) + 2\ HX(aq) \xrightarrow{\Delta} MX_2(aq) + H_2(g)$$

**답:** 부록 G, 17.3 참조

## 수용액에서 이온 반응식

14.11절에서 이온 반응식을 쓰는 방법을 복습하라. 수용액 중에서 일어나는 산화환원 반응들은 대부분 이온 형태로 기술한다. 그 이유는 이온 반응식이 산화수의 변화를 쉽게 보여 주기 때문이다. 한 예로, 철의 분석은 보통 산화환원 방법으로 수행된다. 특별히 과망가니즈산 포타슘 용액을 사용하는 반응은 아래와 같다.

$$5\ Fe^{2+}(aq) + MnO_4^-(aq) + 8\ H^+(aq) \rightarrow 5\ Fe^{3+}(aq) + Mn^{2+}(aq) + 4\ H_2O(l)$$

이 반응식은 복잡한 것처럼 보이지만, 산화 혹은 환원된 물질의 반응식을 체계적으로 잘 학습할 수 있다. 첫째, 철의 산화수가 +2에서 +3으로 변화된 것을 주목하라. $Fe^{2+}$는 전자를 잃었기 때문에 이것은 산화된다. $Fe^{2+}$는 산화되기 때문에 이것은 이 반응에서 환원제이다.

다음으로 환원되는 물질에 대해서 알아보자. 과망가니즈산 이온, $MnO_4^-$에서 망가니즈의 산화수를 계산하면 그 값은 +7이다. 반응식의 생성물이 있는 쪽에서 $Mn^{2+}$의 산화수는 +2이다. 과망가니즈산 이온은 전자를 얻었기 때문에 이것은 환원되는 물질이다. $MnO_4^-$가 환원되기 때문에 이것은 이 반응에서 산화제이다.

산화환원 반응에서 이 산화환원 과정을 도식하면 다음과 같다.

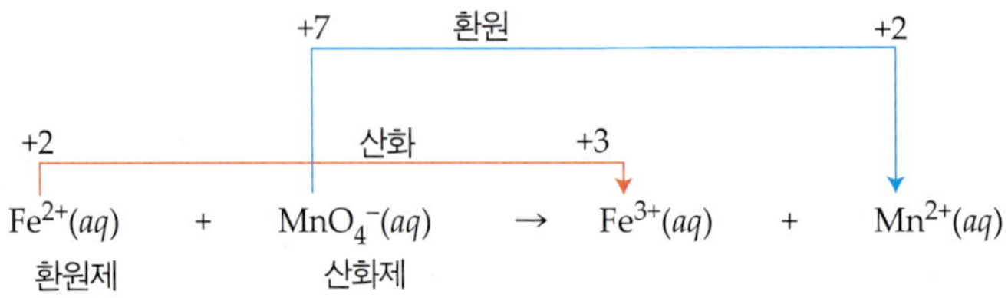

다음은 산화환원 반응에서 산화제와 환원제를 결정하는 예제이다.

### 예제 17.4 산화제와 환원제 인식하기

용액 속에서 아이오딘의 양은 아황산 용액을 사용하여 산화환원 방법으로 측정할 수 있는데 반응식은 다음과 같다.

$$I_2(s) + SO_3^{2-}(aq) + H_2O(l) \rightarrow 2\ I^-(aq) + SO_4^{2-}(aq) + 2\ H^+(aq)$$

위의 반응식에서 다음 각각을 표시하라.

(a) 산화된 물질　　(b) 환원된 물질
(c) 산화제　　(d) 환원제

**해답**

먼저 아이오딘이 아이오딘화 이온으로 변화됨을 주목하라. $I_2$는 전자를 얻었기 때문에 이것은 환원되며 $I_2$는 산화제이다.

환원제는 한눈에 확인할 수 없다. $SO_3^{2-}$와 $SO_4^{2-}$에서 황의 산화수를 계산하면, 황이 +4에서 +6으로 변하여 전자를 잃음을 알 수 있다. 따라서, $SO_3^{2-}$의 황은 산화되고, $SO_3^{2-}$는 환원제이다. 산화환원 반응에서 산화환원되는 과정을 도식하면 다음과 같다.

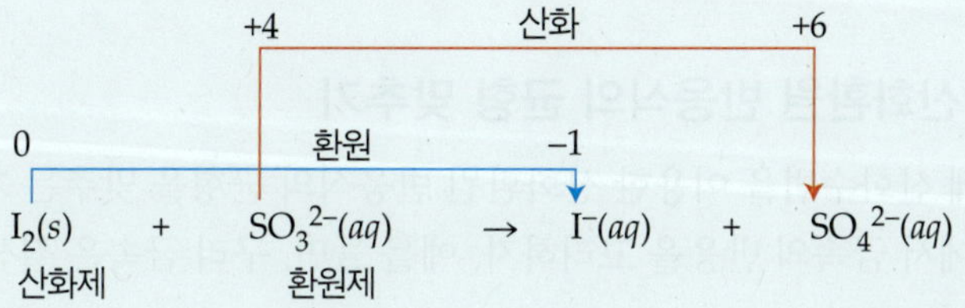


**실전 연습문제**

주석(II) 이온($Sn^{2+}$)이 아이오딘산 이온($IO_3^-$)과 반응하는 산화환원 반응은 다음과 같다.

$$6\ H^+(aq) + 3\ Sn^{2+}(aq) + IO_3^-(aq) \rightarrow 3\ Sn^{4+}(aq) + I^-(aq) + 3\ H_2O(l)$$

위의 산화환원 반응에서 다음 각각을 표시하라.

(a) 산화된 물질　　(b)환원된 물질
(c) 산화제　　(d) 환원제

**답:** (a) $S_n^{2+}$　(b)$IO_3^-$　(c)$IO_3^-$　(d)$Sn^{2+}$

**개념 문제**

다음 산화환원 반응에서 산화제와 환원제를 표시하라.

$$Y_2(g) + 2\ X^-(aq) \rightarrow 2\ Y^-(aq) + X_2(g)$$

**답:** 부록 G, 17.4 참조

## 17.3 산화환원 반응의 균형맞추기 : 산화수법

**학습 목표**

▶ 산화수법을 이용하여 산화환원 반응의 균형 화학반응식을 쓸 수 있다.

7.3절에서 검산에 의해서 화학 반응식의 균형을 맞추는 법을 배웠다. 단순한 산화환원 반응은 검산에 의해서 균형을 맞출 수 있다. 그런데 복잡한 산화환원 반응식의 균형을 맞추기는 어렵다. 따라서 *산화수법(oxidation number method)*을 사용하여 산화환원 반응의 균형을 맞추는 다음의 일반적 지침을 이용할 것이다.

## 산화수법을 이용하여 산화환원 반응의 균형 화학반응식을 쓸 수 있다.

**1.** 반응물질과 생성물질 중에서 산화수의 변화가 있는지 검사하라. 경우에 따라서는 명확하지 않아서 산화수를 계산해야 한다.
 (a) 산화되거나 환원된 원소 위에 산화수를 기록하라.
 (b) 산화된 물질이 잃은 전자의 개수와 환원된 물질이 얻은 전자의 개수를 도식화하라.

**2.** 계수를 사용하여 반응식 내의 원소의 숫자를 맞추어라. 산화 혹은 환원 과정에서 잃거나 얻은 전자의 개수의 합은 각각 같음을 기억하라.
 (a) 산화된 물질 앞에 환원된 물질이 얻은 전자의 개수와 같은 계수를 쓴다.*
 (b) 환원된 물질 앞에 산화된 물질이 잃은 전자의 개수와 같은 계수를 쓴다.*
 (c) 나머지 원소들의 계수를 맞추어라.

**3.** 반응식의 계수를 맞춘 후 계수들이 맞는가 확인하라.
 (a) 반응물질과 생성물질에 있는 각 원자의 개수가 같으면 원소기호 위에 체크(√) 표시를 하라.
 (b) 이온 반응식인 경우에는 반응식 좌우편에 전체 전하가 같은가 확인하라.

*얻은 전자의 개수와 잃은 전자의 개수가 같다면, 계수는 필요없다.

## 산화수에 의한 산화환원 반응식의 균형 맞추기

산화환원 반응식에 산화수법을 이용한 산화환원 반응식의 균형을 맞추는 기준을 이용하자. 특별히 수용액 중에서 금속의 반응을 고려하자. 예를 들면, 구리 금속은 질산 은 수용액과 다음과 같이 반응한다.

$$Cu(s) + AgNO_3(aq) \rightarrow Cu(NO_3)_2(aq) + Ag(s)$$

이 반응식에서 구리의 산화수는 0에서 +2로 증가한다. 동시에 은의 산화수는 +1에서 0으로 감소한다. 따라서 구리는 전자 2개를 잃고 은은 전자 1개를 얻는다. 전자의 이런 손실을 도식화하면 다음과 같다.

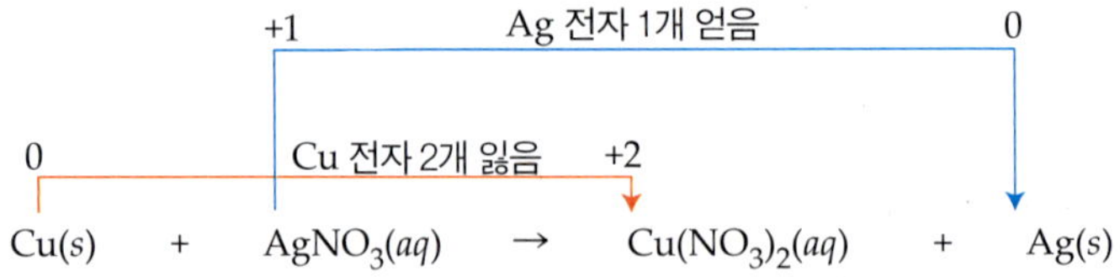


구리는 전자 2개를 잃고 은은 단지 전자 1개를 얻었기 때문에 전자의 이동한 계수를 맞추기 위해서는 은 원자 2개가 필요하다. 따라서 각각의 은 앞에 계수 2를 쓴다. 계수를 맞춘 균형 화학 반응식은 다음과 같다.

$$Cu(s) + 2\ AgNO_3(aq) \rightarrow Cu(NO_3)_2(aq) + 2\ Ag(s)$$

계수를 쓴 후에는 반응식 안의 각 원소에 체크(√)를 하면서 반응식의 숫자를 맞춘다. 질산 이온은 전하가 변하지 않았기 때문에 다원자 이온을 한 개의 단위로 간주한다.

$$\overset{\surd}{Cu}(s) + 2\ \overset{\surd}{Ag}\overset{\surd}{NO_3}(aq) \rightarrow \overset{\surd}{Cu}(\overset{\surd}{NO_3})_2(aq) + 2\ \overset{\surd}{Ag}(s)$$

모든 원소의 개수가 같기 때문에 이 반응식은 균형 화학식이라고 확인할 수 있다. 다음 예제는 산화환원 반응식의 계수를 완결하는 추가 문제이다.

## 예제 17.5 산화환원 반응식의 균형맞추기

공업용 용광로에서 철광석($Fe_2O_3$)은 용융 상태의 철로 환원된다. 산화수법을 이용하여 다음 산화환원 반응의 균형을 맞추어라.

$$Fe_2O_3(l) + CO(g) \rightarrow Fe(l) + CO_2(g)$$

**해답**

이 반응식에서, 철의 산화수는 $Fe_2O_3$에서 +3에서 Fe의 0으로 감소한다. 동시에, 탄소의 산화수는 +2에서 +4로 증가한다. 따라서, 철 1개당 전자 3개를 얻고 탄소 1개당 전자 2개를 잃는다. 이 산화환원 과정은 다음과 같이 도식화할 수 있다.

+2 C 전자 2개 잃음 +4

+3 Fe 전자 3개 얻음 0

$$Fe_2O_3(l) + CO(g) \rightarrow Fe(l) + CO_2(g)$$

전자 득실의 개수가 같아야 하기 때문에 최소 공배수를 구해야 한다. 이 경우에는 최소 공배수가 6이다. 각 Fe는 전자 3개를 얻으므로, CO와 $CO_2$ 앞에 계수 3을 쓴다.

$$Fe_2O_3(l) + 3\ CO(g) \rightarrow Fe(l) + 3\ CO_2(g)$$

각 탄소는 전자 2개를 잃으므로 각 철 원자 앞에 계수 2를 쓴다. $Fe_2O_3$는 철 원자 2개를 가지므로 계수가 필요 없다.

$$Fe_2O_3(l) + 3\ CO(g) \rightarrow 2\ Fe(l) + 3\ CO_2(g)$$

마지막으로, 반응식의 계수를 확인하고 각각의 원소를 체크(√)한다.

√ √ √√ √ √√

$$Fe_2O_3(l) + 3\ CO(g) \rightarrow 2\ Fe(l) + 3\ CO_2(g)$$

모든 원소들의 개수가 같기 때문에 산화환원 반응식의 균형이 맞추어졌다.

**실전 연습문제**

산화수법을 이용하여 다음 산화환원 반응식의 균형을 맞추어라.

$$Cl_2O_5(g) + CO(g) \rightarrow Cl_2(g) + CO_2(g)$$

**답:** $Cl_2O_5(g) + 5\ CO(g) \rightarrow Cl_2(g) + 5\ CO_2(g)$

**개념 문제**

산화수법을 이용하여 다음 산화환원 반응식의 균형을 맞추어라.

$$M_2O_3(s) + X_2(g) \rightarrow MX_3(aq) + O_2(g)$$

**답:** 부록 G, 17.5 참조

## 산화수에 의한 이온 산화환원 반응식의 균형 맞추기

이온 반응식의 산화환원 균형을 맞추는 데 위의 기준을 적용해 보자. 그림 17.3은 구리 동전이 질산과 반응하는 경우를 보여주는데, 다음과 같은 반응이 일어난다.

$$Cu(s) + H^+(aq) + NO_3^-(aq) \rightarrow Cu^{2+}(aq) + NO_2(g) + H_2O(l)$$

이 이온 반응식에서 구리의 산화수가 0에서 +2로 증가함을 알 수 있다. 분명하지는 않지만, 질소의 산화수는 +5에서 +4로 감소한다. 따라서 Cu는 전자 2개를 잃고 N은 전자 1개를 얻

▲그림 17.3 질산 용액 속의 동전
구리로 된 동전이 진한 질산($HNO_3$)과 반응하면 녹색의 용액과 갈색의 $NO_2$ 기체로 변한다.

**도움말**
**질량과 전하 균형 맞추기**
산화환원 반응에서 질량과 전하를 둘 다 확인하는 것이 필요하다. 즉 반응물과 생성물에 있는 각 원자의 원자 수가 같아야 하고 반응물의 총 전하와 생성물의 총 전하가 동일해야 한다.

는다. 전자의 이런 득실은 다음과 같이 도식화할 수 있다.

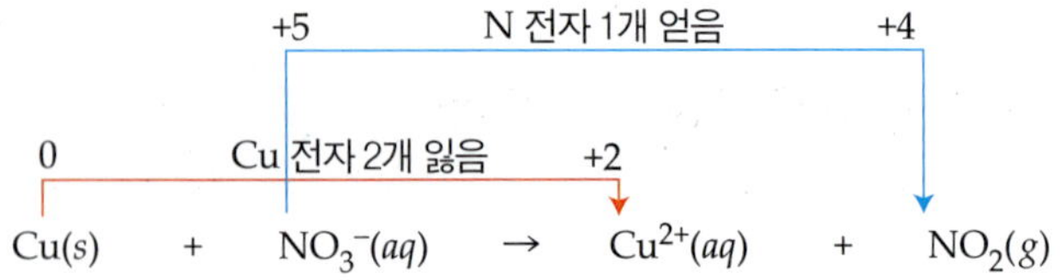


각 질소 물질 앞에 계수 2를 쓰면 전자 득실의 균형을 맞출 수 있다. 각 구리의 계수가 1인 것이 이해가 된다.

$$Cu(s) + H^+(aq) + 2\ NO_3^-(aq) \rightarrow Cu^{2+}(aq) + 2\ NO_2(g) + H_2O(l)$$

이 예에서는 $H^+$와 $H_2O$가 반응에 참여한다. 따라서 그것들 또한 균형을 맞춰야 한다. 검산으로 반응식의 균형 맞추기를 완결한다. 반응물 중에 산소 원자가 모두 6개가 있기 때문에 생성물 속에도 산소 원자는 6개가 되어야 한다. 따라서 $H_2O$ 앞에 계수 2를 쓴 후 반응식에 남아 있는 수소 원자의 계수를 완결한다.

$$Cu(s) + 4\ H^+(aq) + 2\ NO_3^-(aq) \rightarrow Cu^{2+}(aq) + 2\ NO_2(g) + 2\ H_2O(l)$$

이제 산화환원 반응식에서 각 원소를 체크(√)하여 계수를 확인한다.

$$\overset{\checkmark}{Cu(s)} + \overset{\checkmark}{4\ H^+(aq)} + \overset{\checkmark\checkmark}{2\ NO_3^-(aq)} \rightarrow \overset{\checkmark}{Cu^{2+}(aq)} + \overset{\checkmark\checkmark}{2\ NO_2(g)} + \overset{\checkmark\ \checkmark}{2\ H_2O(l)}$$

마지막으로 반응물과 생성물의 전하가 각각 같은지 확인한다. 반응식 왼편에는 +4 − 2 = +2이다. 반응식 오른편에는 +2이다. 양편의 이온 전하가 모두 +2이므로 반응식은 완결되었다. 다음 예제는 이온 산화환원 반응에서 균형을 맞추는 추가 문제이다.

## 예제 17.6 이온 산화환원 반응식의 균형 맞추기

아이오딘화 소듐 수용액은 중크롬산 포타슘 용액과 반응한다. 다음 산화환원 반응식의 균형을 맞추어라.

$$H^+(aq) + I^-(aq) + Cr_2O_7^{2-}(aq) \rightarrow I_2(s) + Cr^{3+}(aq) + H_2O(l)$$

**해답**

이 예제에서는, 특별히 $Cr_2O_7^{2-}$와 $I_2$가 각각 전자 이동에 영향을 미치는 첨자를 포함한다. 반응물에 크롬 원자 2개와 생성물에 아이오딘 원자 2개가 있음을 주목하라. 이 크롬과 아이오딘 원자의 균형을 먼저 맞춰 보자.

$$H^+(aq) + 2\ I^-(aq) + Cr_2O_7^{2-}(aq) \rightarrow I_2(s) + 2\ Cr^{3+}(aq) + H_2O(l)$$

이 반응에서는, 각 아이오딘 원자의 산화수는 −1에서 0으로 증가하고, 각 크롬 원자의 산화수는 +6에서 +3으로 감소한다. 이런 전자의 손실을 도식화하면,

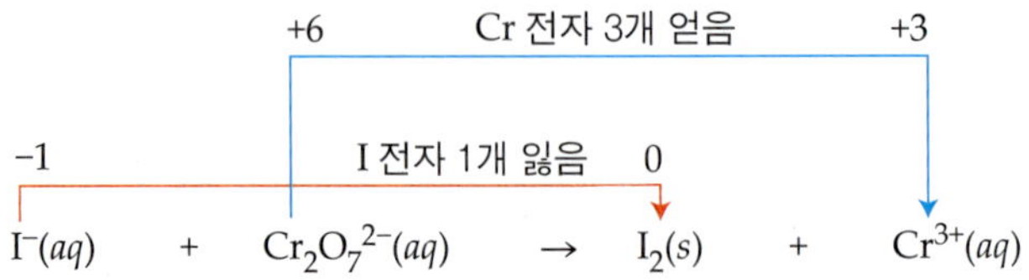

크롬 원자 2개가 있으므로 얻은 전체 전자수는 6개이다. 따라서 잃은 전체 전자수도 6개가 되어야 한다. 아이오딘 원자 2개와 아이오딘 이온 1개가 있으므로 다음과 같이 계수를 쓸 수 있다.

$$H^+(aq) + 6\ I^-(aq) + Cr_2O_7^{2-}(aq) \rightarrow 3\ I_2(s) + 2\ Cr^{3+}(aq) + H_2O(l)$$

다음으로 수소와 산소 원자의 계수를 완결한다. 반응물에 산소 원자 7개가 있으므로 $H_2O$ 앞에 계수 7을 쓴다. 이는 수소가 14개가 되므로 $H^+$ 앞에 계수 14를 쓴다.

$$14\ H^+(aq) + 6\ I^-(aq) + Cr_2O_7^{2-}(aq) \rightarrow 3\ I_2(s) + 2\ Cr^{3+}(aq) + 7\ H_2O(l)$$

각 원소에 체크(√)를 하며 반응의 계수를 확인할 수 있다.

√ √ √√ √ √ √√

$$14\ H^+(aq) + 6\ I^-(aq) + Cr_2O_7^{2-}(aq) \rightarrow 3\ I_2(s) + 2\ Cr^{3+}(aq) + 7\ H_2O(l)$$

마지막으로 이온의 전하를 확인한다. 반응식의 왼편은 +14 − 6 − 2 = +6이다. 반응식의 오른편은 2 (+3) = +6이다. 양편의 전하가 +6이므로 이 반응식의 균형이 맞추어졌다.

**실전 연습문제**

다음 산화환원 반응의 균형 반응식을 쓰라.

$$H^+(aq) + MnO_4^-(aq) + NO_2^-(aq) \rightarrow Mn^{2+}(aq) + NO_3^-(aq) + H_2O(l)$$

**답:** $6\ H^+(aq) + 2\ MnO_4^-(aq) + 5\ NO_2^-(aq) \rightarrow 2\ Mn^{2+}(aq) + 5\ NO_3^-(aq) + 3\ H_2O(l)$

**개념 문제**

산화수법을 이용하여 산성 용액에서 다음 산화환원 반응의 균형을 맞추어라.

$$MnO_4^-(aq) + SO_3^{2-}(aq) \rightarrow Mn^{2+}(aq) + SO_4^{2-}(aq)$$

**답:** 부록 G, 17.6 참조

**도움말**
**산화환원 반응의 균형 맞추기**
이 장에서는 산화제의 산화수가 감소하는 것과 동시에 환원제의 산화수가 증가하는 것에 주목하여 산화환원 반응의 균형을 맞추는 법을 배웠다. 이 방법은 중성 혹은 산성 용액에서 일어나는 산화환원 반응에 효과적이다. 산화환원 반응의 균형을 맞추는 두 번째 방법은 산화와 환원의 반쪽–반응을 분리해서 균형을 맞추는 것이다. 먼저 각각의 반쪽–반응에서 질량 균형을 맞춘 다음, 전자를 이용하여 각각의 반쪽–반응에서 전하 균형을 맞춘다. 이 방법은 산성, 중성 혹은 염기성 용액에서 일어나는 산화환원 반응에 효과적이다.

## 17.4 산화환원 반응의 균형 맞추기: 반쪽–반응법

**학습 목표**

- ▶ 반쪽 반응의 개념을 이해할 수 있다.
- ▶ 반쪽 반응법을 이용하여 산화환원 반응의 균형 화학반응식의 균형을 맞출 수 있다.
  (a) 산성 용액에서
  (b) 염기성 용액에서

앞 절에서는 산화수를 이용해서 산화환원 반응식의 계수를 맞추는 방법을 배웠다. 이 절에서는 다른 방법으로 산화환원 반응의 계수를 맞추려고 한다. 이 다른 방법을 *반쪽–반응법(half-reaction method)*이라고 한다.

**반쪽–반응(half-reaction)**이란 산화와 환원의 과정을 분리해서 보여준다. 반쪽–반응법은 체계적으로 산화 반쪽–반응의 균형을 맞춘 다음 환원 반쪽–반응의 균형을 맞춘다. 반쪽–반응법으로 산화환원 반응식의 계수를 맞추는 일반적인 지침을 사용할 것이다.

### 산화환원 반응식의 균형을 맞추는 지침: 반쪽-반응법

1. 산화와 환원의 반쪽–반응을 모두 쓴다.
   (a) 산화된 반응물과 그의 생성물을 확인한다.
   (b) 환원된 반응물과 그의 생성물을 확인한다.
2. 계수를 써서 각 반쪽–반응의 원자의 개수를 맞춘다.
   (a) 산소와 수소를 제외한 모든 원소의 개수를 맞춘다.
   (b) $H_2O$를 이용하여 산소의 개수를 맞춘다.
   (c) $H^+$를 이용하여 수소의 개수를 맞춘다.

(주의: 염기성 용액의 반응식에서는 $OH^-$를 넣어 $H^+$를 중화시킨다. 예를 들면, 2 $OH^-$가 2 $H^+$와 중화하여 2 $H_2O$를 생성한다.)

(d) $e^-$(전자)를 이용하여 이온의 전하를 맞춘다.

3. 산화로 잃은 전자의 숫자와 환원으로 얻은 전자의 숫자가 같도록 각각의 반쪽-반응에 정수배를 한다.
4. 반응식의 양편에 전자를 포함해서 같은 종류의 물질을 소거하고 두 반쪽-반응을 합한다.
5. 반응식의 개수를 맞추고, 계수가 정확한가 확인한다. 그리고, 반응식의 왼쪽의 전체 전하와 오른쪽의 전체가 전하가 같은가 확인한다.

## 산성 용액에서 산화환원 반응식의 균형 맞추기

**도움말**
**산화환원 반응의 균형 맞추기**
- 전자는 산화 반쪽-반응의 생성물 쪽에 가해진다.
- 전자는 환원 반쪽-반응의 반응물 쪽에 가해진다.

산성 수용액에서 산화환원 반응의 균형을 맞추는 데 위의 지침을 적용해 보자. 예로, 아연은 질산과 반응하여 일산화 질소 기체를 생성한다. 산화환원 반응인 이 이온 반응식은 다음과 같다.

$$Zn(s) + NO_3^-(aq) \rightarrow Zn^{2+}(aq) + NO(g)$$

**1 단계 :** 산화와 환원 반쪽-반응을 쓴다. 아연의 산화가 증가하므로 Zn은 산화된다. 질소의 산화가 감소하므로, $NO_3^-$는 환원된다.

$$\text{산화}: Zn \rightarrow Zn^{2+}$$
$$\text{환원}: NO_3^- \rightarrow NO$$

**2 단계 :** 각각의 반쪽-반응의 원자와 전하를 맞춘다. 반쪽-반응식을 완결하면,

$$Zn \rightarrow Zn^{2+} + 2\,e^-$$
$$3\,e^- + 4\,H^+ + NO_3^- \rightarrow NO + 2\,H_2O$$

**3 단계 :** Zn은 전자 2개를 잃고 $NO_3^-$는 전자 3개를 얻는다. 전자의 득실수가 같기 위해서 Zn 반쪽-반응에 3을, $NO_3^-$ 반쪽-반응에 2를 곱한다.

$$3\,Zn \rightarrow 3\,Zn^{2+} + 6\,e^-$$
$$6\,e^- + 8\,H^+ + 2\,NO_3^- \rightarrow 2\,NO + 4\,H_2O$$

**4 단계 :** 이제 두 반쪽-반응을 더하고 전자 6개를 삭제한다.

$$3\,Zn \rightarrow 3\,Zn^{2+} + \cancel{6\,e^-}$$
$$\cancel{6\,e^-} + 8\,H^+ + 2\,NO_3^- \rightarrow 2\,NO + 4\,H_2O$$
$$\overline{3\,Zn + 8\,H^+ + 2\,NO_3^- \rightarrow 3\,Zn^{2+} + 2\,NO + 4\,H_2O}$$

**5 단계 :** 마지막으로 반응식이 맞는지 확인하기 위해서 원자의 개수와 이온 전하를 확인한다.

$$\text{원자}: 3\,Zn, 8\,H, 2\,N, 6\,O = 3\,Zn, 2\,N, 6\,O, 8\,H$$
$$\text{전하량}: 8\,(+1) + 2\,(-1) = 3\,(+2)$$
$$+6 = +6$$

원자의 개수와 이온 전하가 같기 때문에 산화환원 반응식의 균형이 맞추어졌다.

## 염기성 용액에서 산화환원 반응식의 균형 맞추기

이제, 염기성 수용액에서 산화환원 반응의 균형을맞추어 보자. 예를 들면, 아이오딘화 소듐과 과망가니즈산 포타슘이 염기성 용액에서 반응하면 아이오딘과 이산화 망가니즈를 생성한다. 이 이온 반응식은 다음과 같다.

$$I^-(aq) + MnO_4^-(aq) \rightarrow I_2(s) + MnO_2(s)$$

염기성 용액에서 산화환원 반응식의 균형을 맞추는 과정은 산성 용액에서 산화환원 반응식의 균형을 맞추는 과정과 유사하다.

**1 단계 :** 첫째로, 산화와 환원 반쪽–반응을 쓴다. 아이오딘이 –1에서 0으로 산화된다. 동시에 망가니즈는 +7에서 +4로 환원된다.

$$\text{산화 : } I^- \rightarrow I_2$$
$$\text{환원 : } MnO_4^- \rightarrow MnO_2$$

**2 단계 :** 둘째로, 각각의 반쪽–반응의 원자와 전하를 맞춘다. 산화 반쪽–반응에서는, $I^-$ 앞에 계수 2를 쓰고 생성물 쪽에 전자 2개를 첨가한다. 환원 반쪽–반응은 다음과 같이 균형을 맞춘다. O 원자의 균형을 맞추기 위해 $H_2O$를 첨가하고, H 원자의 균형을 맞추기 위해 $H^+$를 첨가하며, 전하의 균형을 맞추기 위해 $3\,e^-$를 첨가한다. 균형이 맞춰진 반쪽–반응식은,

$$2\,I^- \rightarrow I_2 + 2\,e^-$$
$$3\,e^- + 4\,H^+ + MnO_4^- \rightarrow MnO_2 + 2\,H_2O$$

이 산화환원 반응식은 산성 용액에서 일어나지 않고 염기성 용액에서 일어나는 점에 유의하라. 따라서 $H^+$는 $OH^-$로 중화되어야 한다는 지침 2(c)를 따라야 한다. 이 예에서는 환원 반쪽–반응 양쪽에 $4\,OH^-$를 첨가하여 식을 정리한다.

$$3\,e^- + 4\,H^+ + 4\,OH^- + MnO_4^- \rightarrow MnO_2 + 2\,H_2O + 4\,OH^-$$
$$3\,e^- + 4\,H_2O + MnO_4^- \rightarrow MnO_2 + 2\,H_2O + 4\,OH^-$$
$$3\,e^- + 2\,H_2O + MnO_4^- \rightarrow MnO_2 + 4\,OH^-$$

**3 단계 :** $2\,I^-$는 전자 2개를 잃고 $MnO_4^-$는 전자 3개를 얻는다. 전자 득실을 같게 하기 위하여, 산화 반쪽–반응에 3을, $MnO_4^-$ 환원 반쪽–반응에 2를 곱한다.

$$6\,I^- \rightarrow 3\,I_2 + 6\,e^-$$
$$6\,e^- + 4\,H_2O + 2\,MnO_4^- \rightarrow 2\,MnO_2 + 8\,OH^-$$

**4 단계 :** 이제 두 반쪽–반응을 더하고 전자 6개를 삭제한다.

$$6\,I^- \rightarrow 3\,I_2 + 6\,\cancel{e^-}$$
$$6\,\cancel{e^-} + 4\,H_2O + 2\,MnO_4^- \rightarrow 2\,MnO_2 + 8\,OH^-$$
$$\overline{6\,I^- + 4\,H_2O + 2\,MnO_4^- \rightarrow 3\,I_2 + 2\,MnO_2 + 8\,OH^-}$$

**5 단계 :** 마지막으로 반응식이 맞는지 확인한다.

원자 : 6 I, 8 H, 12 O, 2 Mn = 6 I, 2 Mn, 12 O, 8 H

전하 : 6 (–1) + 2 (–1) = 8 (–1)

–8 = –8

원자의 개수와 이온 전하가 같기 때문에 산화환원 반응식의 균형이 맞추어졌다. 예제 17.7은 반쪽–반응법에 의해 산화환원 반응식의 균형을 맞추는 문제이다.

## 예제 17.7 반쪽-반응법에 의하여 산화환원 반응식의 균형 맞추기

산성 용액에서 황산 철(II)과 과망가니즈산 포타슘이 반응하는 이온 반응식의 균형을 맞추어라. 이온 반응식은 다음과 같다.

$$MnO_4^-(aq) + Fe^{2+}(aq) \rightarrow Fe^{3+}(aq) + Mn^{2+}(aq)$$

**해답**

다음과 같이 반쪽-반응법으로 산화환원 반응의 균형을 맞추면,

**1 단계 :** $Fe^{2+}$는 +2에서 +3으로 산화되므로, $MnO_4^-$는 환원되어야 한다. 두 반쪽-반응식은,

산화 : $Fe^{2+} \rightarrow Fe^{3+}$
환원 : $MnO_4^- \rightarrow Mn^{2+}$

**2 단계 :** 다음과 같이 각 반쪽-반응의 균형을 맞추면,

$$Fe^{2+} \rightarrow Fe^{3+} + e^-$$
$$5\ e^- + 8\ H^+ + MnO_4^- \rightarrow Mn^{2+} + 4\ H_2O$$

**3 단계 :** $Fe^{2+}$는 전자 1개를 잃고 $MnO_4^-$는 전자 5개를 얻으므로, $Fe^{2+}$ 반쪽-반응에 5를 곱한다.

$$5\ Fe^{2+} \rightarrow 5\ Fe^{3+} + 5\ e^-$$
$$5\ e^- + 8\ H^+ + MnO_4^- \rightarrow Mn^{2+} + 4\ H_2O$$

**4 단계 :** 이제 두 반쪽-반응을 더하고 전자 5개를 삭제한다.

$$5\ Fe^{2+} \rightarrow 5\ Fe^{3+} + \cancel{5\ e^-}$$
$$\cancel{5\ e^-} + 8\ H^+ + MnO_4^- \rightarrow Mn^{2+} + 4\ H_2O$$
$$5\ Fe^{2+} + 8\ H^+ + MnO_4^- \rightarrow 5\ Fe^{3+} + Mn^{2+} + 4\ H_2O$$

**5 단계 :** 마지막으로 반응식이 맞는지 확인하기 위해서 원자의 개수와 이온 전하를 확인한다.

원자 : 5 Fe, 8 H, 1 Mn, 4 O = 5 Fe, 1 Mn, 8 H, 4 O
전하 : 5 (+2) + 8 (+1) + (−1) = 5 (+3) + (+2)
+17 = +17

원자의 개수와 이온 전하가 같기 때문에 산화환원 반응식은 균형이 맞추어졌다.

**실전 연습문제**

산성 용액에서 아질산 소듐과 과망가니즈산 포타슘이 반응하는 이온 반응식의 균형을 맞추어라. 이온 반응식은,

$$MnO_4^-(aq) + NO_2^-(aq) \rightarrow Mn^{2+}(aq) + NO_3^-(aq)$$

**답:** $6\ H^+ + 2\ MnO_4^- + 5\ NO_2^- \rightarrow 2\ Mn^{2+} + 5\ NO_3^- + 3\ H_2O$

**개념 문제**

반쪽-반응법을 이용하여 염기성 용액에서 다음 산화환원 반응의 균형을 맞추어라.

$$MnO_4^-(aq) + SO_3^{2-}(aq) \rightarrow MnO_2(s) + SO_4^{2-}(aq)$$

**답:** 부록 G, 17.7 참조

## 17.5 자발적인 산화환원 반응 예측하기

**학습 목표**

- 주어진 환원 전위표로 더 강한 산화제와 환원제를 예측할 수 있다.
- 주어진 환원 전위표로 산화환원 반응이 자발인지 비자발인지 예측할 수 있다.

어떤 전기적 에너지의 출입이 없어도 일어나는 화학반응을 *자발적 반응(spontaneous reaction)*이라고 한다. 수용액 중에서 금속의 자발적 반응을 생각해 보자. 예를 들면, 황산 구리(II) 수용액에서 아연 금속의 반응을 가정해 보자. 이 반응의 알짜 이온 반응식은,

$$Zn(s) + Cu^{2+}(aq) \rightarrow Zn^{2+}(aq) + Cu(s)$$

아연 금속이 황산 구리(II) 수용액 중에서 자발적으로 반응이 진행됨이 실험적으로 관찰되었다. 구리와 아연 이온은 둘 다 환원될 수 있으므로, 구리와 아연의 두 환원 반쪽-반응을 비교해 보자.

$$Cu^{2+}(aq) + 2\,e^- \rightarrow Cu(s)$$

$$Zn^{2+}(aq) + 2\,e^- \rightarrow Zn(s)$$

황산 구리(II) 수용액에서 아연의 전체 산화환원 반응에 의하면, $Zn(s)$는 산화되고 $Cu^{2+}(aq)$는 환원된다. 따라서, $Cu^{2+}(aq)$가 환원되려는 경향이 $Zn^{2+}(aq)$가 환원되려는 경향보다 더 크다.

다른 말로 하면, $Cu^{2+}$가 $Zn^{2+}$보다 전자를 얻으려는 경향이 더 크다. 수용액 중에서 여러 종류의 금속과 반응시키면, 전자를 얻으려는 금속의 능력에 따라 원소들의 순서를 나열할 수 있다. 가장 강한 산화제는 가장 쉽게 환원되는 물질이다. 즉, 전자를 얻으려는 경향이 더 크다. 반대로, 가장 강한 환원제는 가장 쉽게 산화되는 물질이며 전자를 잃으려는 경향이 더 크다.

어떤 물질이 전자를 얻어 환원이 일어나는 경향을 **환원 전위(reduction potential)**라고 한다. 물질의 환원 전위는 산화제로서의 상대적인 세기, 즉 전자를 자신에게 잡아 당기려는 자신의 상대적 세기를 의미한다. 그림 17.4는 환원 반응이 일어나는 능력에 따라 몇 개 물질의

| 가장 강한 산화제 ↑ | | 가장 약한 환원제 ↓ |
|---|---|---|
| $F_2(g)$ | $+2\,e^- \rightarrow$ | $2\,F^-(aq)$ |
| $Cl_2(g)$ | $+2\,e^- \rightarrow$ | $2\,Cl^-(aq)$ |
| $Br_2(l)$ | $+2\,e^- \rightarrow$ | $2\,Br^-(aq)$ |
| $Ag^+(aq)$ | $+\,e^- \rightarrow$ | $Ag(s)$ |
| $Fe^{3+}(aq)$ | $+\,e^- \rightarrow$ | $Fe^{2+}(aq)$ |
| $I_2(s)$ | $+2\,e^- \rightarrow$ | $2\,I^-(aq)$ |
| $Cu^{2+}(aq)$ | $+2\,e^- \rightarrow$ | $Cu(s)$ |
| **$2\,H^+(aq)$** | **$+2\,e^- \rightarrow$** | **$H_2(g)$** |
| $Pb^{2+}(aq)$ | $+2\,e^- \rightarrow$ | $Pb(s)$ |
| $Sn^{2+}(aq)$ | $+2\,e^- \rightarrow$ | $Sn(s)$ |
| $Ni^{2+}(aq)$ | $+2\,e^- \rightarrow$ | $Ni(s)$ |
| $Fe^{2+}(aq)$ | $+2\,e^- \rightarrow$ | $Fe(s)$ |
| $Cr^{3+}(aq)$ | $+3\,e^- \rightarrow$ | $Cr(s)$ |
| $Zn^{2+}(aq)$ | $+2\,e^- \rightarrow$ | $Zn(s)$ |
| $Mn^{2+}(aq)$ | $+2\,e^- \rightarrow$ | $Mn(s)$ |
| $Al^{3+}(aq)$ | $+3\,e^- \rightarrow$ | $Al(s)$ |
| $Mg^{2+}(aq)$ | $+2\,e^- \rightarrow$ | $Mg(s)$ |
| $Na^+(aq)$ | $+\,e^- \rightarrow$ | $Na(s)$ |
| $Ca^{2+}(aq)$ | $+2\,e^- \rightarrow$ | $Ca(s)$ |
| $K^+(aq)$ | $+\,e^- \rightarrow$ | $K(s)$ |
| $Li^+(aq)$ | $+\,e^- \rightarrow$ | $Li(s)$ |
| 가장 약한 산화제 | | 가장 강한 환원제 |

◀**그림 17.4 산화제와 환원제**
가장 강한 산화제는 $F_2$(플루오린 기체는 전자를 얻으려는 경향이 가장 큼)이다. 가장 강한 환원제는 Li(리튬 금속은 전자를 잃으려는 경향이 가장 큼)이다.

환원 전위가 나열되었다. 표의 위쪽에 있는 물질은 강한 환원 전위를 가지며 전자를 강하게 끌므로 쉽게 환원된다. 표의 낮은 곳에 있는 물질은 약한 환원 전위를 가지며 전자를 강하게 끌지 못하므로 쉽게 환원되지 않는다.

## 자발적인 반응

물질의 환원되는 정도, 즉 전자를 끄는 힘은 표의 상단에서 하단으로 내려갈수록 감소한다. 가장 강한 산화제는 표의 좌측 상단에 있다. 따라서 $F_2$는 가장 큰 환원 전위를 가지며 가장 강한 산화제이다. 반대로 물질의 산화되는 정도는 위에서 아래로 갈수록 증가한다. 가장 강한 환원제는 표의 우측 상단에 있다. 따라서 Li은 가장 큰 산화 전위를 가지며 가장 강한 환원제이다.

금속 이온은 표에서 그 금속보다 아래에 있는 어떤 환원제에 의해서 환원되고 전자를 얻는다. 예를 들면, $Sn^{2+}$는 Ni 혹은 Fe에 의해서는 환원되지만, Pb에 의해서는 환원되지 않는다. 표에서 $H_2$보다 밑에 있는 금속은 산과 반응하여 산화되지만 위에 있는 금속은 산과 반응하지 않는다. 예를 들면, Pb, Sn, 그리고 Ni은 산과 반응하여 산화되지만, Cu와 Ag는 산과 반응하지 않는다.

비금속은 표에서 밑에 있는 환원제를 산화시킬 수 있다. 예를 들면, $Cl_2$는 $Br^-$ 혹은 Ag를 산화시킬 수 있지만, $F^-$는 산화시킬 수 없다. 그림 17.4는 $F_2$가 가장 강한 산화제이고 Li이 가장 강한 환원제라는 것을 보여 준다. 그러나 $H_2$는 가장 강한 비금속 환원제이다.

그림 17.4로부터 $Cu^{2+}(aq)$는 $Zn^{2+}(aq)$보다 더 강한 산화제라는 것을 알 수 있다. 또한 Zn 금속은 Cu 금속보다 더 강한 환원제라는 것도 알 수 있다. 따라서 다음과 같이 반응을 설명할 수 있다.

| $Cu^{2+}(aq)$ | + | $Zn(s)$ | → | $Cu(s)$ | + | $Zn^{2+}(aq)$ |
|---|---|---|---|---|---|---|
| 더 강한 산화제 | | 더 강한 환원제 | | 더 약한 환원제 | | 더 약한 산화제 |

더욱이 역반응은 잘 일어나지 않는 경향이 있기에 비자발적이라는 것을 알 수 있다. 따라서 아연 이온 수용액과 구리 금속 사이에는 반응이 일어나지 않음을 알 수 있다.

| $Zn^{2+}(aq)$ | + | $Cu(s)$ | → | $Zn(s)$ | + | $Cu^{2+}(aq)$ |
|---|---|---|---|---|---|---|
| 더 약한 산화제 | | 더 약한 환원제 | | 더 강한 환원제 | | 더 강한 산화제 |

이제, 수용액 중에서 비금속 반응을 고려해 보자. 예를 들면, 브로민화 소듐 수용액에 염소 기체를 방울방울 통과시키면 어떻게 되는지 생각해 보자. 이에 가장 알짜 이온 반응식은,

$$Cl_2(g) + 2\ Br^-(aq) \rightarrow 2\ Cl^-(aq) + Br_2(l)$$

그림 17.4로부터 $Cl_2(g)$는 $Br_2(l)$보다 더 강한 산화제라는 것을 알 수 있다. $Br^-(aq)$이 $Cl^-(aq)$보다 더 강한 환원제라는 것도 알 수 있다. 따라서 다음과 같이 반응을 설명할 수 있다.

| $Cl_2(g)$ | + | $2\ Br^-(aq)$ | → | $2\ Cl^-(aq)$ | + | $Br_2(l)$ |
|---|---|---|---|---|---|---|
| 더 강한 산화제 | | 더 강한 환원제 | | 더 약한 환원제 | | 더 약한 산화제 |

반응 물질에는 더 강한 산화제와 환원제가 있기 때문에 자발적으로 반응이 일어난다. 역반응은 자발적일까? 염화 이온과 브로민 액체는 각각 더 약한 환원제와 산화제이기 때문에 역반응은 비자발적이다. 만일 산화환원 반응이 자발적으로 일어나지 않으면, 일반적으로 반응은 일어나지 않는다고 한다.

| $2\ Cl^-(aq)$ | + | $Br_2(l)$ | → | $Cl_2(g)$ | + | $2\ Br^-(aq)$ |
|---|---|---|---|---|---|---|
| 더 약한 환원제 | | 더 약한 산화제 | | 더 강한 산화제 | | 더 강한 환원제 |

다음 예제는 산화환원 반응이 자발적인지 아닌지를 예측하는 추가 예제이다.

## 예제 17.8 자발적인 산화환원 반응 예측하기

다음 반응이 자발적인지 아닌지를 예측하라.

$$Ni^{2+}(aq) + Sn(s) \rightarrow Ni(s) + Sn^{2+}(aq)$$

**해답**

이 반응이 자발적인지 아닌지 예측하기 위해서 환원 전위표를 참고하자. 그림 17.4에서는 $Ni^{2+}(aq)$가 $Sn^{2+}(aq)$보다 더 약한 산화제로 되어 있다. 더욱이 Sn(s)는 Ni(s)보다 더 약한 환원제이다.

| $Ni^{2+}(aq)$ | + | $Sn(s)$ | → | $Ni(s)$ | + | $Sn^{2+}(aq)$ |
|---|---|---|---|---|---|---|
| 더 약한 산화제 | | 더 약한 환원제 | | 더 강한 환원제 | | 더 강한 산화제 |

반응물들이 더 약한 산화제와 환원제로 되어 있으므로 이 반응은 비자발적이다. 반대로 생성물들이 모두 더 강한 산화제와 환원제이므로 역반응은 자발적이다.

**실전 연습문제**

다음 반응이 자발적인지 아닌지를 예측하라.

$$Ni^{2+}(aq) + Al(s) \rightarrow Ni(s) + Al^{3+}(aq)$$

**답:** 자발적

**개념 문제**

그림 17.4을 참조하여 다음 금속들 중 어느 것이 $FeSO_4$ 수용액에서 자발적으로 반응하는지 예측하라.

(a) Ag (b) Al

(c) Cr (d) Ni

**답:** 부록 G, 17.8 참조

# 17.6 볼타 전지

**학습 목표**

- 주어진 볼타 전지에서 음극과 양극을 표시할 수 있다.
- 주어진 자발적 전기화학 전지에서 산화와 환원 반쪽-반응식을 표시할 수 있다.

배터리는 우리의 일상 생활에서 중요한 역할을 한다. 이것은 스위치만 돌리면 간단히 자동차가 출발하게도 하고, 코드가 없는 전기 기구를 사용할 수 있게도 한다. 심장병 환자에게 심장 박동 조절장치(pacemaker)를 통해 주기적으로 전기 충격을 가하여 생명을 연장시킨다. 이런 모든 장치들은 배터리에서 제공되는 전기 에너지를 사용한다. 장치들은 다른 형태의 배터리를 사용하지만 모든 배터리들은 자발적 산화환원 반응을 일으켜서 전기 에너지와 전류를 생성한다.

## 볼타 전지에서의 산화환원 반응

산화환원 반응을 통하여 화학 에너지를 전기 에너지로, 그리고 전기 에너지를 화학 에너지로 변환시키는 것을 **전기화학(electrochemistry)**이라고 한다. 예를 들면, 황산 구리(II) 용액 속에 아연 금속의 반응을 생각해 보자.

$$Zn(s) + CuSO_4(aq) \rightarrow Cu(s) + ZnSO_4(aq)$$

실험적으로 환원 반쪽-반응으로부터 산화 반쪽-반응을 물리적으로 분리할 수 있다. 용기나 칸막이로 분리해서 첫 번째 칸막이에 $ZnSO_4$ 수용액을, 두 번째 칸막이에 $CuSO_4$ 수용액을 각각 넣는다. 그런 다음, $ZnSO_4$ 수용액이 들어 있는 첫 번째 칸막이에 Zn 금속 전극을, $CuSO_4$

수용액이 들은 두 번째 칸막이에 Cu 금속 전극을 넣는다. 두 전극을 전선으로 연결하여 전자들이 두 칸막이 사이를 자유롭게 이동하도록 한다. 각 칸막이를 **반쪽-전지(half-cell)**라고 하고, 전체 장치를 **전기화학 전지(electrochemical cell)**라고 한다(그림 17.5).

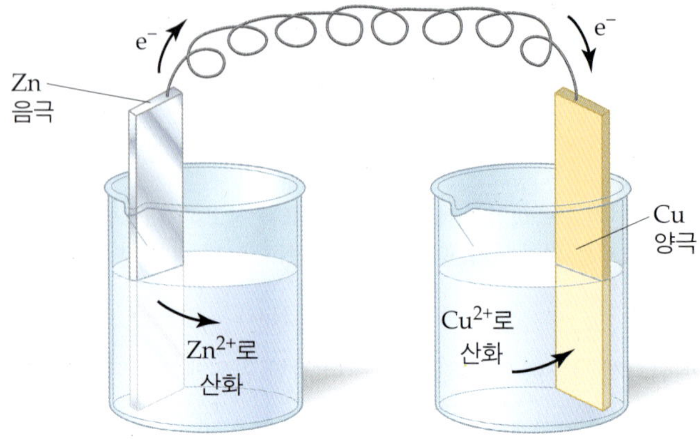


$$Zn(s) + CuSO_4(aq) \rightarrow Cu(s) + ZnSO_4(aq)$$

▶**그림 17.5 반쪽-전지에서의 산화환원 반응** 왼쪽 칸막이에서는 아연 금속의 산화가 일어난다. 오른쪽 칸막이에서는 구리(II) 이온이 환원된다. 이 산화환원 반응이 진행되면, 왼쪽 반쪽-전지에서의 아연 이온의 수가 증가하고, 오른쪽 반쪽-전지에서의 구리(II) 이온의 수가 감소한다.

반응이 진행되면 왼쪽 칸막이 안의 $Zn^{2+}$의 농도가 증가한다. 오른쪽 칸막이 안의 $Cu^{2+}$의 농도는 감소한다. 두 칸막이 안의 $SO_4^{2-}$의 농도는 일정하다. 그 결과 왼쪽 반쪽-전지에서는 알짜 양전하가, 오른쪽 반쪽-전지에서는 알짜 음전하가 많아지게 된다.

반응이 계속되면, 각각의 칸막이에서 전하가 많아지는데 이렇게 되면 산화환원 과정이 중지된다. 그러나 **염다리(salt bridge)**로 두 칸막이를 연결하면 증가된 전하를 없앨 수 있다. 구리 용액 안의 과량의 황산 음이온이 $Zn^{2+}$가 과량으로 들어 있는 아연 용액으로 이동할 수 있다. 염다리가 전하의 축적을 제거하므로, 반응은 자발적으로 계속 일어난다. 전기 에너지를 생산하는 자발적인 반응은 전기 에너지를 생산하기 때문에, 이 전지를 **볼타 전지(voltaic cell)** 또는 **갈바니 전지(galvanic cell)**라고 한다. 그림 17.6은 $CuSO_4$ 수용액에서 Zn이 반응하는 볼타 전지를 보여 준다.

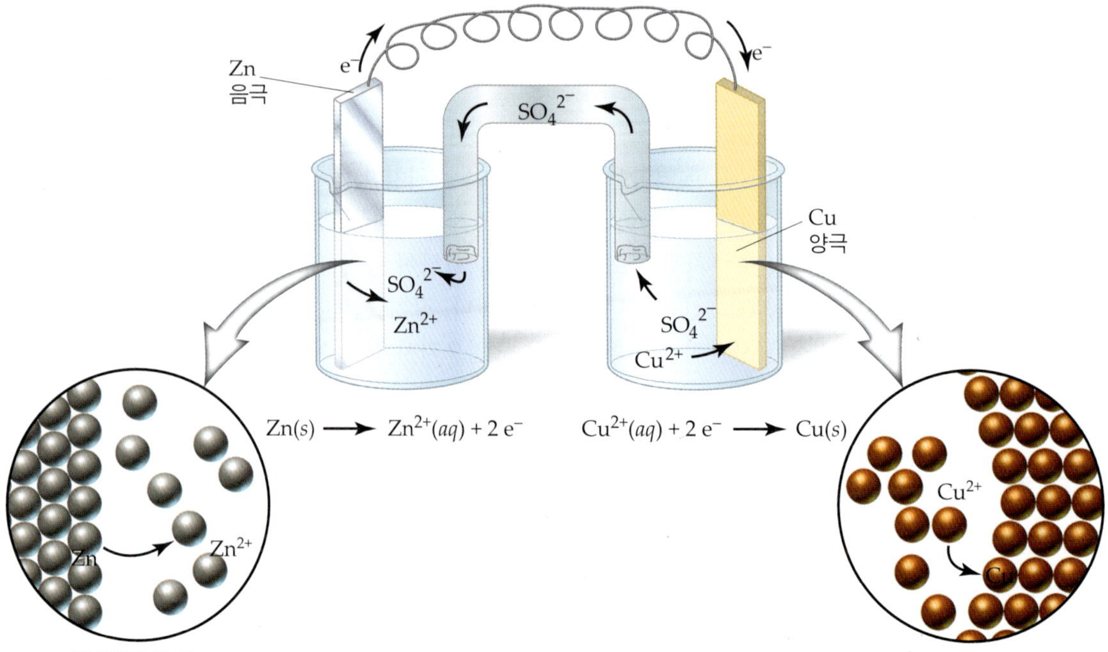


▲**그림 17.6 볼타 전지** 두 개의 반쪽-전지가 염다리로 연결되어 있고, 황산 이온이 오른쪽 반쪽-전지에서 왼쪽 반쪽-전지로 이동한다. 염다리는 왼쪽 반쪽-전지에서의 양전하 축적을, 오른쪽 반쪽-전지에서의 음전하 축적을 감소시킨다. 이 전지는 전자가 아연 음극에서 구리 양극으로 이동하면서 자발적으로 작동이 계속된다.

전기화학 전지에서, 산화가 일어나는 전극을 **음극(anode)**, 환원이 일어나는 전극을 **양극(cathode)**이라고 한다. 그림 17.6의 볼타 전지에서, 아연 전극은 음극이고, Zn은 산화된다. 구리 전극은 양극이고 $Cu^{2+}$는 환원된다. 다음 예제는 자발적 전기화학 전지에서 일어나는 산화와 환원의 과정을 보여 준다.

## 예제 17.9 볼타 전지 – 자발적 반응

니켈은 다음과 같은 이온 반응식으로 질산 은 용액과 반응한다.

$$Ni(s) + 2\ Ag^{+}(aq) \rightarrow 2\ Ag(s) + Ni^{2+}(aq)$$

두 개의 칸막이로 반쪽-반응들이 분리되어 있다고 가정하라. Ni 전극은 1.00 *M* $Ni(NO_3)_2$에, Ag 전극은 1.00 *M* $AgNO_3$에 넣는다. 다음을 표시하라.

(a) 산화 반쪽-전지 반응
(b) 환원 반쪽-전지 반응
(c) 음극과 양극
(d) 전자 흐름의 방향
(e) 염다리에서 $NO_3^-$의 방향

### 해답

그림 17.4를 참고하면, $Ag^+$는 $Ni^{2+}$보다 더 큰 환원 전위를 갖는다는 것을 알 수 있다. 따라서 이 과정은 자발적이며 Ni는 산화되고 $Ag^+$는 환원된다. 두 반쪽-전지의 과정은,

(a) 산화: $Ni \rightarrow Ni^{2+} + 2\ e^-$
(b) 환원: $Ag^+ + e^- \rightarrow Ag$
(c) 음극은 산화가 일어나는 곳이다. 따라서, Ni이 음극이다.
양극은 환원이 일어나는 곳이다. 따라서, Ag가 양극이다.
(d) Ni은 전자를 잃은 반면에 $Ag^+$는 전자를 얻는다. 따라서, 전자 흐름의 방향은 Ni에서 Ag이다(전자는 음극에서 양극으로 흐른다).
(e) Ni 음극은 전자를 잃으므로, Ni 용기는 $Ni^{2+}$ 때문에 알짜 양전하를 얻는다. Ag 양극은 전자를 얻으므로, Ag 칸막이는 과량의 $NO_3^-$ 때문에 알짜 음전하를 얻는다. 염다리는 $NO_3^-$ 이온이 Ag 칸막이에서 Ni 칸막이로 이동하므로 전지의 작동을 계속하게 한다(음이온들은 양극에서 음극으로 흐른다).

### 실전 연습문제

철은 질산 주석(II) 수용액과 반응하며, 그 이온 반응식은 다음과 같다.

$$Fe(s) + Sn^{2+}(aq) \rightarrow Sn(s) + Fe^{2+}(aq)$$

Fe 전극은 1.00 M $Fe(NO_3)_2$에, Sn 전극은 1.00 M $Sn(NO_3)_2$에 넣는다. 다음을 표시하라.

(a) 산화 반쪽-전지 반응
(b) 환원 반쪽-전지 반응
(c) 음극과 양극
(d) 전자 흐름의 방향
(e) 염다리에서 $NO_3^-$의 방향

**답:**
(a) 산화: $Fe \rightarrow Fe^{2+} + 2\ e^-$
(b) 환원: $Sn^{2+} + 2\ e^- \rightarrow Sn$
(c) Fe는 음극이고, Sn는 양극이다.
(d) 전자는 Fe 음극에서 Sn 양극으로 흐른다.
(e) 염다리는 $NO_3^-$ 이온이 Sn 양극 용기에서 Fe 음극 용기로 흐르게 한다.

### 개념 문제

위 연습 문제에서 설명한 볼타 전지를 그리고 설명하라. 그림 17.4를 참조하여 음극과 양극을 표시하고, 전자와 음이온 흐름의 방향을 보여라.

**답:** 부록 G, 17.9 참조

규약에 의해서, 전기화학 전지의 음극은 일반적으로 왼쪽에 반쪽-전지를 표시한다. 만일 음극이 왼쪽에 있다면, 전자는 왼쪽 반쪽-전지에서 오른쪽 반쪽-전지로 흐른다. 오른쪽 반쪽-전지에서의 음전하 축적을 피하기 위해서,음이온은 오른쪽 반쪽-전지에서 나가고 염다리를 통해 이동하며 왼쪽 반쪽-전지로 들어간다.

염다리 속에는 양이온도 존재한다는 사실을 알아야 한다. 음이온과 반대로, 양이온은 왼쪽 반쪽-전지에서 나가고 염다리를 통해 이동하며 오른쪽 반쪽-전지로 들어간다. 요약하면, 음이온은 전자가 나가는(음극) 반쪽-전지 칸막이로 이동하고, 양이온은 전자가 들어가는(양극) 반쪽-전지 칸막이로 이동한다.

### 배터리

자발적으로 전기 에너지를 생산하는 전기화학 전지를 일반적으로 **배터리(battery)**라고 한다. 배터리는 화학 에너지를 저장하는데, 이것은 볼트로 측정된 전기 에너지를 생산할 수 있다. 배터리는 하나 또는 그 이상의 볼타 전지들로 구성되어 있다. 예를 들면, 자동차에 있는 일반적인 납 축전지는 각각 2볼트씩 생성하는 전지 6개가 직렬로 연결되어 있다. 함께 작동시키면 6개의 전지는 12볼트를 생성한다.

▲그림 17.7 **배터리** 배터리는 산화환원 반응으로 전기 에너지를 생성한다.

일반적인 볼타 전지와는 달리, 전등과 전자 장난감에 사용되는 배터리는 전극들이 전해질 용액에 담겨 있지 않다. 오히려 그 전극들은 전기를 통하게 하는 고체 반죽에 의해서 연결되어 있다. 전해질 용액을 사용하지 않는 배터리를 **건전지(dry cell)**라고 한다. 가장 일반적인 알칼리 건전지 배터리는 100년 전 프랑스 화학자 조지 르클랑셰(George Leclanche)에 의해서 발명되었다.

좀 더 압축된 형태의 건전지로 수은 건전지가 있다. 이 배터리에서는 작은 아연 컵이 HgO와 KOH의 전도성 반죽으로 채워져 있다. 산화는 아연 음극에서 일어나고 환원은 강철 양극에서 일어난다. 수은 건전지는 전자 손목시계와 보청기 같은 작은 장치의 전원으로 사용된다.

일반 건전기 배터리는 재충전할 수 없고 배터리의 반응물은 결국 소멸된다. 그러나 건전지의 특별한 형태인 니카드 배터리(NiCad battery)는 거의 무한정으로 재충전할 수 있다. 즉 전기는 자발적 반응을 역반응으로 하는 데 쓰이고, 원래의 반응물과 생성물은 재형성된다. 니카드 배터리는 니켈과 카드뮴이 산화환원 반응이 일어난다는 사실로부터 그 이름이 유래한다. 니카드 배터리는 계산기나 휴대용 전자 기구를 재충전하는 데 사용된다. 그림 17.7은 일반적인 배터리들을 보여 주고 있다.

## 17.7 전기분해 전지

학습 목표

- 주어진 전해 전지에서 양극과 음극을 표시할 수 있다.
- 주어진 비자발적 전기화학 전지에서 산화와 환원의 반쪽-반응을 표시할 수 있다.

지금까지 자발적으로 작동하는 전기화학 전지를 논의해 왔다. 자발적으로 작동하지 않는 전기화학 전지도 똑같이 중요하다. 산화환원 반응이 비자발적이라도 전기를 공급하고 반응이 억지로 일어나게 할 수 있다. 이 과정을 **전기분해(electrolysis)**라고 한다. 휴대전화 배터리가 방전되면 전기를 이용하여 비자발적인 반응을 자발적으로 일으켜서 재충전된다. 따라서 전기를 응용해서 휴대전화가 작동하도록 에너지를 공급하여 반응이 자발적으로 일어날 반응물을 만든다.

크롬 금속은 일반적으로 전해 방법에 의해서 강철 위에 도금된다. 크롬 수용액 안에서의 철의 반응은 자발적이 아니더라도 반응이 일어나게 할 수 있다. 이 과정에서 철이나 강철을 크롬 수용액에 넣고 비자발적을 극복하기 위해서 직류를 통해준다.

소듐과 염소와 같은 많은 중요한 원소들은 전기분해에 의해서 그들의 화합물로부터 생성된다. 소듐 금속과 염소 기체의 제법에서, 첫 번째로 염은 바닷물을 증발시켜 얻는다. 그 다음으로, 두 개의 비활성 전극을 용융 상태의 염화 소듐 용액에 담그고 전기를 걸어 준다. 전극, 용융 상태의 염화 소듐, 그리고 전원은 **전기분해 전기(electrolytic cell)**를 형성하며, 이것은 그림 17.8에서 보여 준다.

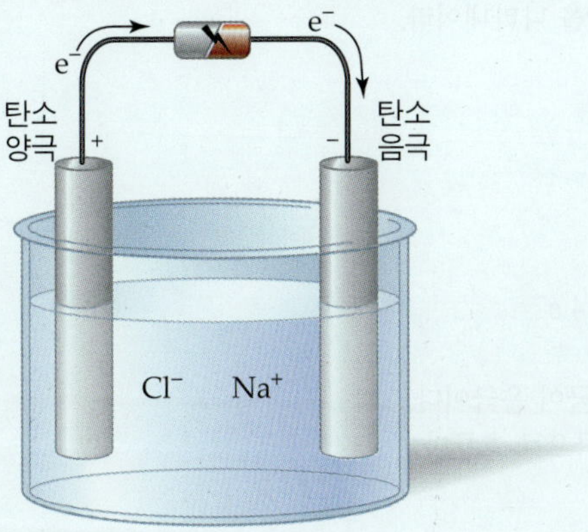


**◀그림 17.8 전기분해 전지**
전기분해 전지는 용융 NaCl로부터 소듐 금속과 염소 기체를 생성한다. 직류 전원은 전자가 염소 이온이 산화되는 양극에서 나와서 소듐이 환원되는 음극으로 이동하게 한다.

전기분해 전기는 직류 전기를 통해 주어 비자발적인 반응이 일어나도록 하는 시스템이다. 전류는 비자발적인 반응이 일어나도록 하며, 다음의 예에서 NaCl은 그 원소들로 분해된다.

음극 반응(환원):

$$2\ Na^+(l) + 2\ e^- \rightarrow 2\ Na(l)$$

양극 반응(산화)

$$2\ Cl^-(l) \rightarrow Cl_2(g) + 2\ e^-$$

두 개의 반쪽-반응을 합해서 전체 반응을 쓴다. 전자 2개를 식의 양쪽에서 삭제하면 비자발적인 산화환원 반응식을 얻는다.

$$2\ Na^+(l) + 2\ Cl^-(l) \rightarrow 2\ Na(l) + Cl_2(g)$$

예제 17.10은 전기분해 전지에서 일어나는 추가적인 비자발적 산화환원 반응을 보여 준다.

## 예제 17.10 전기분해 전지 – 비자발적 반응

용융 상태인 빙정석 광물에 녹아 있는 보크사이트($Al_2O_3$)에 전류를 통해 주면 알루미늄 금속이 생긴다. 흑연 막대는 전극으로 사용되고 산화환원 반응식은 다음과 같다.

$$3\ C(s) + 2\ Al_2O_3(l) \xrightarrow{\text{전기}} 4\ Al(l) + 3\ CO_2(g)$$

비자발적 과정에서 다음 각각을 나타내어라.

(a) 산화 반쪽-전지 반응
(b) 환원 반쪽-전지 반응
(c) 양극과 음극
(d) 전자 흐름의 방향

**해답**

이 반응식에서, C는 $CO_2$로 산화되고 $Al_2O_3$는 Al 금속으로 환원됨을 알 수 있다. 이 두 반쪽-전지 과정은,

(a) 산화 : $C + 2\ O^{2-} \rightarrow CO_2 + 4\ e^-$

(b) 환원 : $Al^{3+} + 3\,e^- \rightarrow Al$
(c) 산화는 $CO_2$가 발생하는 흑연 양극에서 일어난다. 환원은 Al 금속이 생성되는 흑연 음극에서 일어난다.
(d) 전자는 $CO_2$ 기체가 발생하는 양극으로부터 Al 금속이 생성되는 음극으로 흐른다.

### 실전 연습문제

마그네슘 금속은 바닷물을 증발시켜 얻은 용융 $MgCl_2$를 통해 전류를 흘려 보냄으로써 생성된다. 탄소와 백금 막대를 전극으로 사용하고, 산화환원 반응은 다음과 같이 쓸 수 있다.

$$C(s) + 2\,MgCl_2(l) \xrightarrow{\text{전기}} 2\,Mg(l) + CCl_4(g)$$

비자발적 과정에서 다음 각각을 나타내어라.
(a) 산화 반쪽-전지 반응
(b) 환원 반쪽-전지 반응
(c) 양극과 음극
(d) 전자 흐름의 방향

**답:**
(a) 산화: $C + 4\,Cl^- \rightarrow CCl_4 + 4\,e^-$
(b) 환원: $Mg^{2+} + 2\,e^- \rightarrow Mg$
(c) C 전극이 양극이며, Pt 전극이 음극이다.
(d) 전자는 C 양극에서 Pt 음극으로 흐른다.

### 개념 문제

위 연습 문제에서 제시한 전기분해 전지를 그리고 설명하라. 그림 17.6을 참조하여 양극과 음극을 표시하고 전자의 흐르는 방향을 보여라.
**답:** 부록 G, 17.10 참조

## 자세히 보기 하이브리드 자동차

**Q: 가솔린 엔진과 리튬 이온 배터리를 사용하는 하이브리드 차인 쉐비 볼트(Chevy Volt)의 예상 가솔린 연비는?**

많은 자동차 회사들은 더 좋은 가솔린 연비를 얻기 위해서 다양한 기술을 개발하고 있다. 일본 제조사들은 최근 가솔린 엔진이 작동하는 동안 전기 에너지를 생산하는, 가벼운 볼타 전지와 재래식 가솔린 동력을 결합시켜 하이브리드 자동차를 만들어 냈다.

▲**쉐보레 하이브리드** 가솔린-전기 볼트

쉐보레 볼트(The Chevrolet Volt)는 리튬 배터리와 가솔린 동력 발전기 묶음으로 전기를 생산하는 하이브리드 자동차이다. 볼트는 53 마일까지는 가솔린 없이 갈 수 있으며, 1000 마일 이상을 하이브리드 모드로 간다. 이 배터리는 표준 120 볼트 전원으로 재충전하는 데 13 시간이 걸린다.

하이브리드 자동차는 감속과 경사에 내려갈 때 에너지를 생산하도록 설계되었으며, 배터리 묶음에 전기를 에너지 형태로 저장한다. 가속하면 자동차는 에너지를 전기 모터를 움직이는 데 이용하여 연료 소모를 줄인다. 다른 하이브리드는 가솔린 엔진을 보충하는 데 배터리 동력 전기 모터를 이용하는 반면에 볼트는 배터리가 방전될 때까지 전기 동력으로 작동한다. 그런 다음 가솔린 동력 발전기가 활성화되어 배터리를 위한 전기를 생산한다.

쉐보레 볼트는 149 마력을 내는 전기 모터가 앞에 붙어 있고 최대 시속 100 마일까지 낼 수 있다. 배터리는 자동차 바닥에 놓여 있고 8.9 갤런의 연료 탱크가 뒤에 있다. 도시와 고속도로에서 가솔린 연비는 가솔린 1 갤런 당 100 마일이 넘는다. 다른 하이브리드와 마찬가지로, 볼트도 전형적인 가솔린 자동차 엔진보다 상대적으로 적은 이산화 탄소 온실가스를 내므로 환경친화적이다.

**A:** 정상적인 운행 조건에서 쉐보레 볼트는 갤런 당 100마일이 넘는 가솔린 연비를 가지고 있다.

# Chapter Summary

**주요 개념** | **학습목표와 관련 연습문제**

## 17.1 산화수

산화–환원 반응은 전자가 이동하는 특성이 있다. 물질이 산화가 일어나면 전자를 잃으며 **산화수**가 증가한다. 반대로, 물질이 환원이 일어나면 전자를 얻고 산화수가 감소한다. Cu가 $Cu^{2+}$로 산화되면, 산화수는 0에서 +2로 변한다. $Cu^{2+}$가 Cu로 환원되면, 산화수는 +2에서 0으로 변한다. 비금속과 같이 전이금속도 다양한 산화수를 갖는다. 예를 들면, Mn은 +7, +6, +4, +3, +2, 그리고 0의 산화수를 갖는다. Cl의 산화수는 +7, +5, +3, +1, 0, 그리고 −1이다.

- 산화수의 개념을 설명할 수 있다.

  **관련 문제:** 1, 3
- 다음 각 원소의 산화수를 정할 수 있다.
  (a) 금속과 비금속
  (b) 단원자와 다원자 이온
  (c) 이온 화합물과 분자 화합물

  **관련 문제:** 5, 7

## 17.2 산화–환원 반응

산화–환원 반응, 또는 **산화환원 반응**에서 산화와 환원이 동시에 일어난다. **산화**의 과정에서 물질은 전자를 잃는다. **환원**의 과정에서 물질은 전자를 얻는다. 전자를 잃는 물질은 환원을 일으키고 이것을 **환원제**라고 한다. 반면에, 전자를 얻는 물질은 산화를 일으키고 이것을 **산화제**라고 한다. 이 전체 산화환원 과정을 도식화하면,

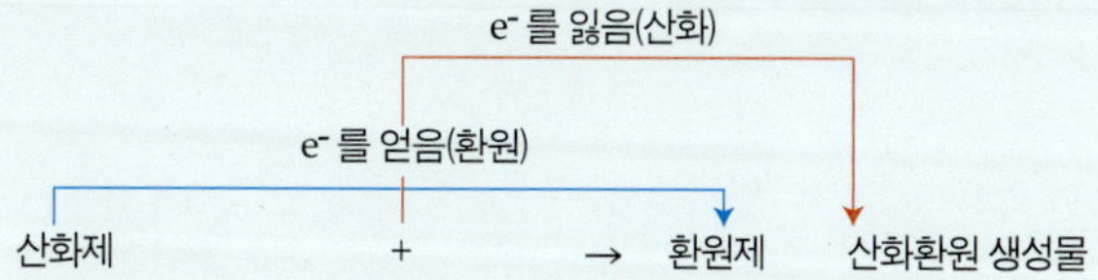


- 산화환원 반응에서 산화된 물질과 환원된 물질을 인식할 수 있다.

  **관련 문제:** 9–13
- 산화환원 반응에서 산화제와 환원제를 인식할 수 있다.

  **관련 문제:** 15

## 17.3 산화환원 반응식의 균형 맞추기: 산화수법

산화환원 반응식의 균형을 맞추기 위해서 산화수의 변화를 조사한다. 이 방법은 산화제와 환원제의 산화수 변화를 결정하는 것에 의하여 산화환원 반응식의 균형을 맞추도록 해 준다. 산화제가 전자 2개를 얻고 환원제가 전자 1개를 잃었다면 전자의 균형을 맞추기 위해서 환원제에 2를 곱해야 한다. 그런 다음 검산에 의해서 반응식의 나머지 원소들의 균형을 맞춘다.

- 산화수법을 이용하여 산화환원 반응의 균형 화학반응식을 쓸 수 있다.

  **관련 문제:** 17–21

## 17.4 산화환원 반응식의 균형 맞추기: 반쪽–반응법

산화환원 반응은 **반쪽–반응법**에 의해서도 균형을 맞출 수 있다. 첫 번째로, 산화 과정의 균형 반쪽–반응을 쓴다. 두 번째로, 환원 과정의 균형 반쪽–반응을 쓴다. 그런 다음 각 반쪽–반응에 상대 반쪽–반응의 전자 득실의 개수를 곱한다. 따라서 산화에서 잃는 전자수는 환원에서 얻는 전자수와 같다. 마지막으로 두 개의 반쪽–반응을 더하면 균형이 맞추어 진 전체 산화환원 반응이 된다.

- 반쪽–반응의 개념을 이해할 수 있다.

  **관련 문제:** 23
- 반쪽–반응법을 이용하여 산화환원 반응의 균형 화학반응식의 균형을 맞출 수 있다.
  (a) 산성 용액에서
  (b) 염기성 용액에서

  **관련 문제:** 25–27

## 17.5 자발적인 산화환원 반응 예측하기

반쪽–반응은 환원이 일어나는 정도에 따라서 배열할 수 있다. 이런 경향을 환원 전위라고 하는데, 그림 17.4에 선택된 산화제와 환원제의 **환원 전위**가 나와 있다. 쉽게 환원되는 물질은 강한 산화제이고, 쉽게 산화되는 물질은 강한 환원제이다. 자발적인 산화환원 반응에서는, 산화제는 산화되는 물질보다 전자를 더 잘 끌어 당겨야 한다.

- 주어진 환원 전위표로 더 강한 산화제와 환원제를 예측할 수 있다.

  **관련 문제:** 29–31
- 주어진 환원 전위표로 산화환원 반응이 자발적인지 비자발적인지 예측할 수 있다.

  **관련 문제:** 33–35

| 주요 개념 | 학습목표와 관련 연습문제 |
|---|---|
| **17.6 볼타 전지**<br>**전기화학**은 화학 에너지와 전기 에너지의 상호 변환을 연구하는 것이다. **전기화학 전지**에서, 화학 반응은 전기 에너지를 생성한다. 전기화학 전지는 두 개의 **반쪽-전지** 칸막이로 구성되어 있다. 산화는 하나의 반쪽-전지에서, 환원은 다른 하나의 반쪽-전지에서 일어난다. 산화환원 반응이 자발적으로 일어나면, 이 전지를 **볼타 전지**라고 한다. 음극에서 산화가 일어나며, 양극에서 환원이 일어난다. 전기화학 전지를 작동할 때, 전극은 전선으로 연결되어 있고, 두 반쪽-전지는 **염다리**로 연결되어 있어서 이온이 칸막이 한 쪽에서 다른 쪽으로 이동한다. **배터리**는 전기를 공급하는 장치이며 하나 또는 그 이상의 볼타 전지로 되어 있다. **건전지**는 전해질 용액이 없는 특별한 형태의 배터리이다. | • 주어진 볼타 전지에서 음극과 양극을 표시할 수 있다.<br>**관련 문제:** 37<br>• 주어진 자발적인 전기화학 전지에서 산화와 환원 반쪽-반응을 표시할 수 있다.<br>**관련 문제:** 39 |
| **17.7 전기분해 전지**<br>산화환원 반응이 볼타 전지에서 자발적인 반면에, **전기분해 전지**에서는 비자발적이다. 전기분해 전지에서는, 전기 에너지를 공급하여 화학 반응을 생성하는 것이 필요하다. 예를 들면, 물의 **전기분해**로 수소와 산소 기체가 생성된다. Na, K, 그리고 Ca와 같은 활성 금속들은 전기분해 전지로부터 얻는다. 뿐만 아니라, 염소 기체와 브로민 액체는 전기분해 전지를 통해 직류를 흘려 보냄으로써 상업적으로 생산한다. | • 주어진 전해 전지에서 양극과 음극을 표시할 수 있다.<br>**관련 문제:** 41–43<br>• 주어진 비자발적 전기화학 전지에서 산화와 환원의 반쪽-반응을 표시할 수 있다.<br>**관련 문제:** 41–43 |

## 주요 용어 주요 용어에 대한 해답은 부록 H에 있다.

다음 정의에 해당하는 용어를 선택하라.

_______ 1. 물질 속에 있는 원자에 할당된 값으로 원자가 유리된 원자에 비해서 전자가 많은지 적은지를 나타내는 것
_______ 2. 전자의 이동이 일어나는 반응
_______ 3. 물질이 전자를 잃는 화학 반응
_______ 4. 물질이 전자를 얻는 화학 반응
_______ 5. 산화환원 반응에서 환원이 일어나는 물질
_______ 6. 산화환원 반응에서 산화가 일어나는 물질
_______ 7. 산화환원 과정 중 한쪽을 표시하는 반응
_______ 8. 환원이 일어나는 물질의 상대적 능력
_______ 9. 화학 에너지와 전기 에너지의 상호 전환 연구
_______ 10. 분리된 칸막이 사이에 도선으로 연결된 두 개의 전극이 있는 장치의 이름
_______ 11. 산화나 환원이 일어나는 단일 전극을 가지고 있는 전기화학 전지의 일부분
_______ 12. 각 칸막이에 이온 전하량의 균형을 유지하기 위해서 두 반쪽-전지 사이에 이온이 이동하게 한 다공성 장치
_______ 13. 자발적 산화환원 반응이 일어나고 전기 에너지를 생성하는 전기화학 전지
_______ 14. 비자발적 산화환원 반응이 일어나기 위해 전기를 공급하는 것
_______ 15. 직류 전류를 통했을 때 비자발적 산화환원 반응이 일어나는 전기화학 전지
_______ 16. 전기화학 전지에서 산화가 일어나는 전극
_______ 17. 전기화학 전지에서 환원이 일어나는 전극
_______ 18. 전기 에너지를 생성하는 어떤 전기화학 전지의 일반적인 이름
_______ 19. 양극과 음극 반응이 수용액 속에서 일어나지 않는 전기화학 전지

(a) 음극(17.6절)
(b) 배터리(17.6절)
(c) 양극(17.6절)
(d) 건전지(17.6절)
(e) 전기화학 전지(17.6절)
(f) 전기화학(17.6절)
(g) 전기분해(17.7절)
(h)전기분해 전지(17.7절)
(i) 반쪽-전지(17.6절)
(j) 반쪽-반응(17.4절)
(k) 산화(17.2절)
(l)산화수(17.1절)
(m) 산화제(17.2절)
(n) 산화환원 반응 (17.2절)
(o) 환원제(17.2절)
(p) 환원(17.2절)
(q) 환원 전위(17.5절)
(r) 염다리(17.6절)
(s) 볼타 전지(17.6절)

# 문제 홀수 문제의 해답은 부록 I에 있다.

## 산화수 (17.1절)

1. 유리 상태에서 다음 원소들의 산화수를써라.

(a) Ag (b) Mg
(c) S (d) $F_2$

3. 다음 단원자 이온들의 산화수를써라.

(a) $Ag^+$ (b) $Mg^{2+}$
(c) $S^{2-}$ (d) $F^-$

5. 다음 화합물에서 질소의 산화수를 계산하라.

(a) $NH_3$ (b) $N_2O_4$
(c) $Li_3N$ (d) $KNO_3$

7. 다음 다원자 이온에서 황의 산화수를 계산하라.

(a) $SO_3^{2-}$ (b) $HSO_4^-$
(c) $HS^-$ (d) $S_2O_8^{2-}$

## 산화–환원 반응 (17.2절)

9. 다음 사항에 일치하는 용어를 써라.

(a) 전자를 얻는 산화환원 과정
(b) 산화환원 반응에서 환원을 일으키는 물질

11. 다음 산화환원 반응에서 산화와 환원이 일어나는 물질들을 표시하라.

(a) $Co(s) + S(s) \rightarrow CoS(s)$
(b) $Cd(s) + Cl_2(g) \rightarrow CdCl_2(s)$

13. 다음 이온 산화환원 반응에서 산화와 환원이 일어나는 물질들을 표시하라.

(a) $Al(s) + Cr^{3+}(aq) \rightarrow Al^{3+}(aq) + Cr(s)$
(b) $F_2(g) + 2\,Cl^-(aq) \rightarrow 2\,F^-(aq) + Cl_2(g)$

15. 다음 산화환원 반응에서 산화제와 환원제를 표시하라.

(a) $CuO(s) + H_2(g) \rightarrow Cu(s) + H_2O(l)$
(b) $PbO(s) + CO(g) \rightarrow Pb(s) + CO_2(g)$

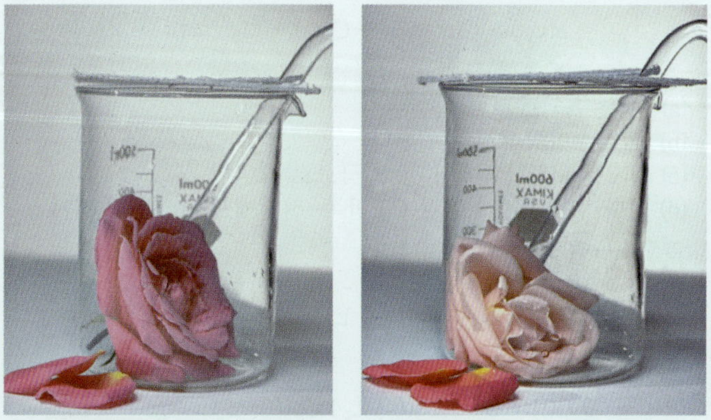

▲**산화환원과 장미** 빨간 장미(왼쪽)은 무색의 $SO_2$ 기체 하에서 환원이 일어난다. 몇 분 후, 장미의 색깔은 빨간색에서 분홍색으로 변한다(오른쪽).

## 산화환원 반응의 균형 맞추기: 산화수법 (17.3절)

17. 균형이 맞추어진 산화환원 반응식에서는 산화로 잃은 전자수와 환원으로 얻은 전자수가 항상 같은가?

19. 산화수법을 이용하여 다음 산화환원 반응의 균형을 맞추어라.

(a) $Br_2(l) + NaI(aq) \rightarrow NaBr(aq) + I_2(s)$
(b) $PbS(s) + O_2(g) \rightarrow PbO(aq) + SO_2(g)$

21. 산화수법을 이용하여 다음 산화환원 반응의 균형을 맞추어라.

(a) $MnO_4^-(aq) + I^-(aq) + H^+(aq) \rightarrow Mn^{2+}(aq) + I_2(s) + H_2O(l)$
(b) $Cu(s) + H^+(aq) + SO_4^{2-}(aq) \rightarrow Cu^{2+}(aq) + SO_2(g) + H_2O(l)$

## 산화환원 반응의 균형 맞추기: 반쪽–반응법 (17.4절)

23. 산성 용액에서 다음 반쪽-반응의 균형을 맞추어라.

(a) $H_2O_2(aq) \rightarrow H_2O(l)$
(b) $AsO_3^{3-}(aq) \rightarrow AsO_3^-(aq)$

25. 반쪽-반응법을 이용하여 산성 용액에서 다음 산화환원 반응의 균형을 맞추어라.

(a) $Zn(s) + NO_3^-(aq) \rightarrow Zn^{2+}(aq) + NO(g)$
(b) $Mn^{2+}(aq) + BiO_3^-(aq) \rightarrow MnO_4^-(aq) + Bi^{3+}(aq)$

27. 염소는 산화와 환원이 동시에 일어나는 산화환원 반응을 한다. 산성 용액에서 다음 반응의 균형을 맞추어라.

$$Cl_2(aq) \rightarrow Cl^-(aq) + HOCl(aq)$$

## 자발적인 산화환원 반응 예측하기 (17.5절)

29. 그림 17.4를 참고하여 다음 각 쌍 중에서 산화되는 경향이 더 큰 것을 표시하라.

(a) $Li(s)$ 또는 $K(s)$
(b) $Al(s)$ 또는 $Mg(s)$
(c) $Fe^{2+}(aq)$ 또는 $I^-(aq)$
(d) $Br^-(aq)$ 또는 $Cl^-(aq)$

31. 그림 17.4를 참고하여 다음 각 쌍 중에서 더 강한 환원제를 표시하라.

(a) $Cu(s)$ 또는 $Cr(s)$
(b) $H_2(g)$ 또는 $Cu(s)$
(c) $Cu(s)$ 또는 $I^-(aq)$
(d) $Cl^-(aq)$ 또는 $H_2(g)$

33. 그림 17.4를 참고하여 다음 반응이 자발적인지 비자발적인지 써라.

(a) $Br_2(l) + LiF(aq) \rightarrow F_2(s) + LiBr(aq)$
(b) $Al(NO_3)_3(aq) + Mn(s) \rightarrow Mn(NO_3)_2(aq) + Al(s)$

35. 그림 17.4를 참고하여 다음 이온 산화환원반응이 자발적인지 비자발적인지 써라.

(a) $Mg(s) + Sn^{2+}(aq) \rightarrow Mg^{2+}(aq) + Sn(s)$
(b) $H^+(aq) + Ni(s) \rightarrow H_2(g) + Ni^{2+}(aq)$

## 볼타 전지 (17.6절)

37. 다음 칸막이를 보여 주는 볼타 전지를 그리고, 음극과 양극, 두 전극을 연결하는 전선, 그리고 염다리를 그려라.

$$Mn(s) + Cd(NO_3)_2(aq) \rightarrow Cd(s) + Mn(NO_3)_2(aq)$$

39. 37번 문제에서 전자 흐름의 방향과 두 반쪽-전지를 연결하는 염다리에서 질산 이온의 방향을 표시하라.

### 전기분해 전지 (17.7절)

41. 니켈과 황산 철(II) 수용액의 비자발적 산화환원 반응은 다음과 같다.

$$Ni(s) + FeSO_4(aq) \rightarrow Fe(s) + NiSO_4(aq)$$

반쪽-반응은 두 칸막이로 분리된다. Ni 전극은 1.00 M $NiSO_4$에, Fe 전극은 1.00 M $FeSO_4$에 넣는다. 이 전기분해 전지에서 다음을 표시하라.
(a) 산화 반쪽-전지 반응 (b) 환원 반쪽-전지 반응
(c) 양극과 음극 (d) 전자 흐름의 방향
(e) 염다리에서 $SO_4^{2-}$의 방향

43. 염소 기체와 플루오린화 소듐 수용액의 비자발적 산화환원 반응은 다음과 같다.

$$Cl_2(g) + 2\ NaF(aq) \rightarrow 2\ NaCl(aq) + F_2(g)$$

반쪽-반응은 두 칸막이로 분리된다. Pt 전극은 1.00 M NaCl에, 두 번째 Pt 전극은 1.00 M NaF에 넣는다. 이 전기분해 전지에서 다음을 표시하라.
(a) 산화 반쪽-전지 반응 (b) 환원 반쪽-전지 반응
(c) 양극과 음극 (d) 전자 흐름의 방향
(e) 염다리에서$Na^+$의 방향

### 일반 문제

45. 테트라싸이오 소듐($Na_2S_4O_6$)에 있는 황의 산화수를 계산하라.

47. 코발트 금속과 질산 수은(II) 수용액이 산화환원 반응하면 질산 코발트(II)와 액체 수은 금속 방울이 생긴다. 이 반응의 알짜 이온 반응식을 써라.

49. 아연 금속과 황산이 산화환원 반응하면 황산 아연과 수소 기체가 생긴다. 이 반응의 알짜 이온 반응식을 써라.

### 도전 연습문제

51. 묽은 질산 용액에서 반응하는 구리 동전의 다음 반응식의 균형을 맞추어라.

$$Cu(s) + NO_3^-(aq) \rightarrow Cu^{2+}(aq) + NO(g)$$

## Chapter 17 자율 테스트 해답은 부록 J에 수록하였다.

1. 아연 금속에 있는 Zn의 산화수는? (17.1절)
(a) 0 (b) −1
(c) −2 (d) −3
(e) 위에 해당 없음

2. 다음 산화환원 반응에서 산화되는 물질은? (17.2절)

$$Zn(s) + Cu^{2+}(aq) \rightarrow Zn^{2+}(aq) + Cu(s)$$

(a) Zn (b) $Cu^{2+}$
(c) $Zn^{2+}$ (d) Cu
(e) 위에 해당 없음

3. 산화수법을 이용하여 다음 산화환원 반응식의 균형을 맞추면 Co의 계수는? (17.3절)

$$Co_2O_3(s) + CO(g) \rightarrow Co(s) + CO_2(g)$$

(a) 1 (b) 2
(c) 3 (d) 6
(e) 위에 해당 없음

4. 반쪽-반응법을 이용하여 산성 용액에서 다음 산화환원 반응식의 균형을 맞추면 $H_2O$의 계수는? (17.4절)

$$Cu(s) + NO_3^-(aq) \rightarrow Cu^{2+}(aq) + NO(aq)$$

(a) 1 (b) 2
(c) 3 (d) 4
(e) 위에 해당 없음

5. 주어진 다음 자발적인 산화환원 반응에서 가장 강한 산화제는? (17.5절)

$$Mg(s) + Pb^{2+}(aq) \rightarrow Mg^{2+}(aq) + Pb(s)$$

(a) Mg (b) $Pb^{2+}$
(c) $Mg^{2+}$ (d) Pb
(e) 위에 해당 없음

6. 자발적인 전기화학 전지에서 다음 산화환원 반응과 관련해서 맞는 것은? (17.6절)

$$Mg(s) + Cu^{2+}(aq) \rightarrow Cu(s) + Mg^{2+}(aq)$$

(a) Mg는 음극에서 산화된다.
(b) $Cu^{2+}$는 양극에서 환원된다.
(c) 전자는 Mg 전극에서 Cu 전극으로 흐른다.
(d) 염다리 내의 음이온은 Cu 반쪽-전지에서 Mg 반쪽-전지로 흐른다.
(e) 위에 다 해당됨

7. 비자발적인 전기화학 전지에서 다음 산화환원 반응과 관련해서 맞는 것은? (17.7절)

$$3\ C(s) + 2\ Co_2O_3(l) \xrightarrow{\text{전지}} 4\ Co(l) + 3\ CO_2(g)$$

(a) 산화 반쪽-반응: $C + 2\ O^{2-} \rightarrow CO_2 + 4\ e-$
(b) 환원 반쪽-반응: $Co^{3+} + 3\ e^- \rightarrow Co$
(c) $CO_2$ 기체는 양극에서 생성된다.
(d) Co 금속은 음극에서 생성된다.
(e) 위에 다 해당됨

## 주요 개념

8. 다음 산화환원 반응과 관련하여 각각의 항목을 표시하라.

$$H_2O_2(aq) + NO_2^-(aq) \rightarrow H_2O(l) + NO_3^-(aq)$$

(a) 산화 반쪽-반응
(b) 환원 반쪽-반응
(c) 산화되는 물질
(d) 환원되는 물질
(e) 산화제
(f) 환원제

9. 다음 볼타 전지 그림과 관련하여 각각의 항목을 표시하라.
(a) 산화 반쪽-반응
(b) 환원 반쪽-반응
(c) 음극과 양극
(d) 전자 흐름의 방향
(e) $SO_4^{2-}$ 이온 흐름의 방향

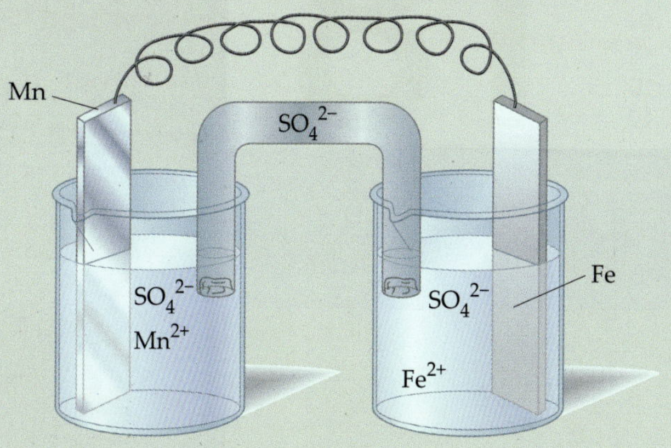


## 비판적 사고

10. 니켈-카드뮴 배터리는 재충전을 할 수 있는 전자계산기에 쓰인다. 방전되는 주어진 니카드 배터리의 반응에서 산화되는 물질은?

$$Cd(s) + NiO_2(s) + 2\ H_2O(l) \rightarrow Cd(OH)_2(s) + Ni(OH)_2(s)$$

11. 니켈-카드뮴 배터리는 재충전을 할 수 있는 전자계산기에 쓰인다. 충전되는 주어진 니카드 배터리의 반응에서 환원되는 물질은?

$$Cd(OH)_2(s) + Ni(OH)_2(s) \rightarrow Cd(s) + NiO_2(s) + 2\ H_2O(l)$$

CHAPTER 18

# 핵화학

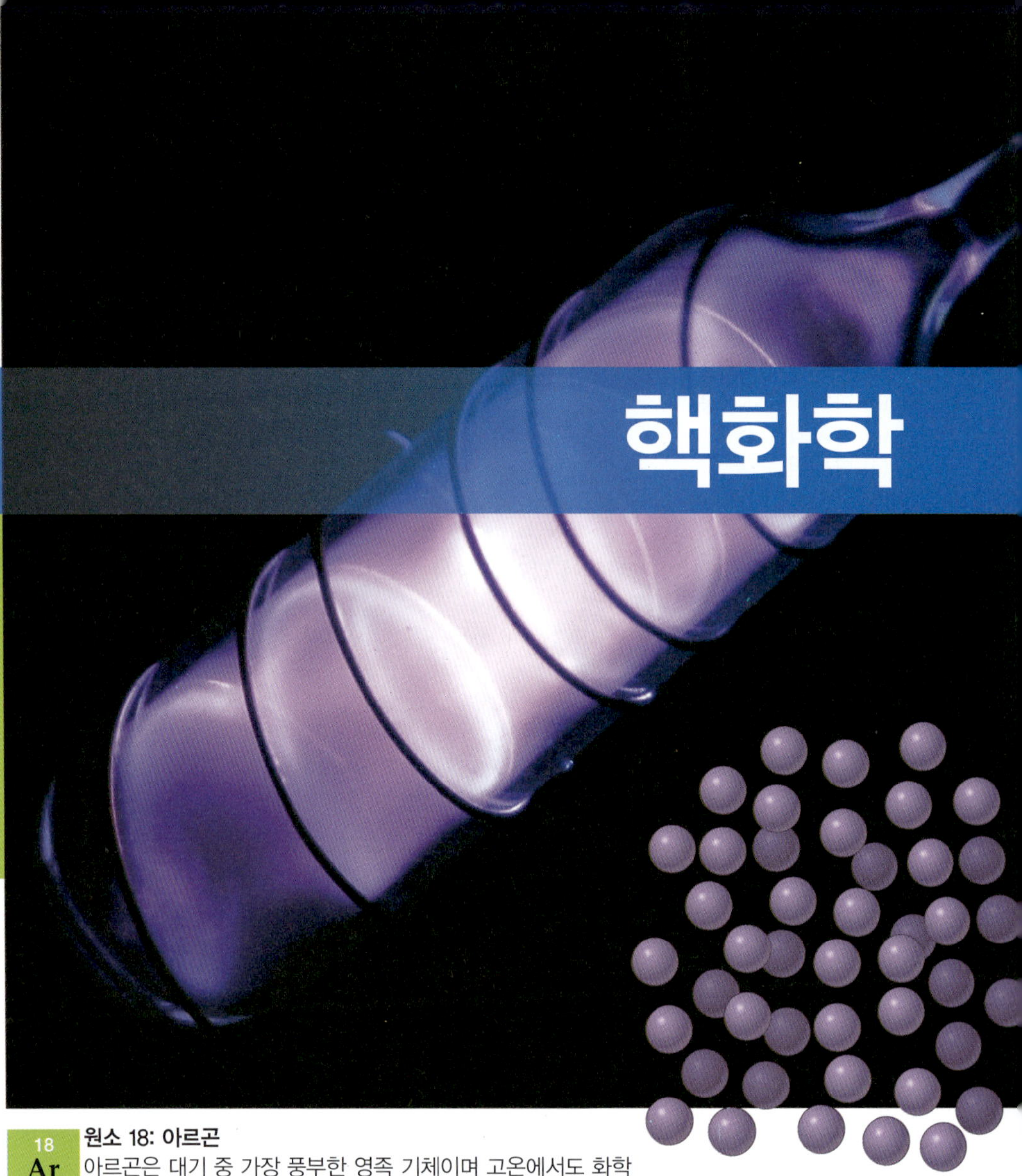

*"나는 과학에 위대한 아름다움이 있다고 생각한다."*
퀴리, 프랑스 물리학자 (1867~1934)

18 **Ar** argon
**원소 18: 아르곤**
아르곤은 대기 중 가장 풍부한 영족 기체이며 고온에서도 화학 반응에 불활성이다. 전기를 방전하면 아르곤 기체가 보라색 빛을 발한다.



공업 국가들의 에너지 요구와 재생 불가능한 화석 연료의 급격한 소모 때문에 추가적인 에너지 공급원을 개발할 필요성이 대두되고 있다. 따라서 석유와 천연 가스 같은 부존 자원의 고갈을 보완할 수 있는 대체 에너지 공급원에 커다란 관심을 가지고 있다. 핵 에너지는 대체 에너지 공급원 중의 하나이다. 원자핵(매우 현저하게 우라늄핵)이 분열할 때 발생하는 에너지를 핵분열 에너지라고 하며, 간단하게 핵 에너지라고도 한다. 미국은 금세기 중반까지 필요로 하는 에너지를 핵 에너지로 충족할 수 있을 만큼 충분한 양의 우라늄을 확보하였지만, 핵 사고의 위험성과 방사성 폐기물의 처리가 사회적인 쟁점으로 대두되고 있다.

전 세계에서 생산한 전력 중에서 약 15% 정도는 핵 발전 시설을 이용하고 있다. 흥미롭게도, 미국에서 전력 생산의 약 20% 정도를 핵분열 원자로로 생산하고 있다. 영국, 독일 및 일본에서도 핵 에너지가 차지하는 비중은 미국의 수준보다 약간 작다. 그러나 중국에서는 전력의 1% 정도만을 핵전력으로 생산하고 있지만 프랑스에서는 거의 80% 정도를 핵전력에 의존하고 있다. 동유럽에서도 이 정도의 높은 비중을 차지한다.

학습 목표

▶ 알파, 베타 및 감마-방사선의 성질을 서술할 수 있다.

## 18.1 자연 방사능

1896년 프랑스 물리학자 베크렐(Henri Becquerel, 1852~1908)은 두꺼운 흑색의 광선 차단용 종이를 벗겨 보니 노출시키지 않은 사진 건판에 흐릿한 영상이 맺혀 있는 것을 발견하였다. 더욱이 맺혀진 영상은 사진 건판을 감싸고 있는 종이 위에 놓아두었던 우라늄 결정의 모양과 똑같음을 발견하였다. 베크렐은 우라늄 결정이 높은 에너지의 방사선을 방출하여 흐릿한 영상을 맺히게 한 것으로 결론지었다. 그는 몇 가지 다른 실험을 통해서 우라늄 결정이 높은 에너지의 방사선과 더불어 하전을 띤 작은 입자를 방출하고 있음을 발견하였다.

▲**퀴리(Marie Curie)**
1903년에 퀴리는 그녀의 남편 피에르, 그리고 베크렐과 함께 물리학 분야에서 노벨상을 공동 수상하였다. 1911년에는 그녀는 단독으로 화학 분야에서 노벨상을 수상하였다.

## 불안정한 원자의 방사성 붕괴

베크렐이 발견했던 광선은 프랑스 물리학자 피에르 퀴리(Pierre Curie, 1859~1906)와 나중에 그의 부인이 된 Marie Sklodowska(1867~1934)에게 즉각적인 관심을 불러 일으켰다. 실제로, 베크렐 광선을 **방사능(radioactivity)**으로 명명했던 사람은 Marie이었다. 방사능 원소는 불안정한 원자핵으로부터 입자 또는 에너지를 방출하거나 입자와 에너지를 동시에 방출하기도 한다. 1898년 퀴리 부부는 두 가지의 또 다른 방사성 원소인 폴로늄과 라듐도 발견하였다. 그렇지만, 이들은 지루할 만큼 끈질긴 노력으로 8톤의 우라늄 광석으로부터 1g의 라듐을 분리하는 데 무려 4년여의 시간이 걸렸다. 1903년 피에르와 마리 퀴리 부부는 방사능에 대한 업적으로 베크렐과 함께 노벨 물리학상을 공동 수상하였다.

1903년에 영국의 물리학자 러더포드는 서로 다른 세 가지 방사능을 확인하였고 이들의 이름을 명명하였다. 첫째 형태의 알파선은 양성 입자의 흐름이며 둘째 형태의 베타선은 음성 입자이고, 셋째 형태의 감마선은 입자가 아니고 X선과 비슷한 높은 에너지의 방사선이라는 것을 밝혀냈다. 러더포드는 방사성 물질로부터 방출되는 방사선을 전기장에 통과시켜 알파, 베타, 감마선으로 분리하였다. 그가 사용하였던 장치를 그림 18.1에 나타냈다.

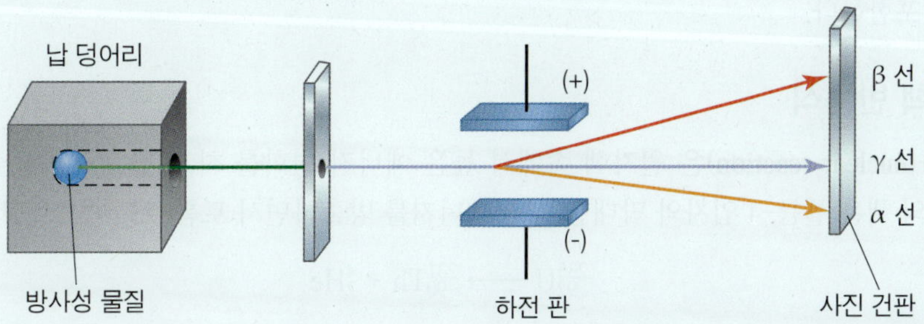


◀**그림 18.1 알파선, 베타선 및 감마선의 분리**
알파선은 음극 쪽으로 휘어지며 베타선은 양극 쪽으로 휘어진다. 이와 같은 결과는 알파선은 양의 하전을 띠고 베타선은 음의 하전을 띠고 있음을 보여주고 있다. 감마선은 전하를 띠지 않기 때문에 전기장에 영향을 받지 않는다.

세 가지 형태의 방사선에 대하여 더 많은 연구를 한 후에, 러더포드는 알파 입자가 헬륨 핵과 같다는 것을 알게 되었다. 즉 **알파 입자(alpha particle, α)**는 2개의 양성자와 2개의 중성자로 구성된 헬륨핵과 동일하다. 또한 **베타 입자(beta particle, β)**는 전자와 동일하다는 것을 알게 되었다. **감마선(gamma ray, γ)**은 강력한 형태의 핵 방사선이며 질량도 없고 전하도 띠지 않는다. 표 18.1에 알파, 베타 및 감마 방사선의 성질을 나타내었다.

**표 18.1 핵 방사선의 성질**

| 방사선 | 등가 | 속도* | 차단 물질 | 투과력 |
|---|---|---|---|---|
| 알파, α | 헬륨 핵 | ≤ 10% c | 종이, 섬유 | 약함, 피부에 의해 차단됨 |
| 베타, β | 전자 | ≤ 90% c | 30 cm 두께의 나무판, 알루미늄 호일 | 중간, ~1 cm 두께의 피부 속까지 침투 |
| 감마, γ | 높은 에너지의 방사선 | 100% c | 10 cm 두께의 납, 30 cm 두께의 콘크리트 | 강함, 인체를 완전히 투과함 |

* 기호 C는 빛의 속도($3\times10^8$ m/s)

# 18.2 핵 반응식

4.4절에서, 원자핵의 성분을 나타내기 위하여 사용하였던 원자 기호법을 소개하였다. 원자 기호법에서, 원소 기호 앞에 위첨자와 아래첨자를 나타내었다. 아래첨자는 양성자의 개수를 나

**학습 목표**

- 여러 가지 방사선들에 대하여 원자 기호법을 이용하여 설명할 수 있다 : 알파, 베타, 감마, 양전자, 중성자 및 양성자.
- 자연 방사능을 포함하는 균형 핵 반응식을 완결할 수 있다.

타내며, 위첨자는 양성자의 개수에 중성자의 개수를 합한 것을 나타낸다. 예를 들면, 다음과 같이 **원자 번호**(atomic number, 기호 *Z*)와 **질량수**(mass number, 기호 *A*)를 각각 아래첨자와 위첨자로 나타낸다.

질량수 ($p^+$와 $n^0$) → $^{A}_{Z}\mathrm{Sy}$ — 원소 기호

원자 번호 ($p^+$) → $^{A}_{Z}\mathrm{Sy}$

이 장에서, 특정한 원자의 핵을 언급할 때 **핵종(nuclide)**이라는 용어를 사용하게 된다. 예를 들면, 스트론튬-90의 핵은 총 90개의 양성자와 중성자를 가지고 있는 방사성 핵종이다. 주기율표를 살펴보면, 스트론튬은 원자 번호가 38이다. 따라서 스트론튬-90의 원자 기호법은 다음과 같이 나타낸다.

$$^{90}_{38}\mathrm{Sr}$$

질량수에서 원자 번호를 빼보면(90 - 38 = 52), 스트론튬-90에는 38개의 양성자를 가지고 있는데다가 52개의 중성자를 가지고 있다는 것을 알게 된다. 스트론튬-90은 방사성 원소이지만 다른 스트론튬은 방사성 원소가 아니다. 예컨대, Sr-86, Sr-87 및 Sr-88은 안정한 원소이다. 따라서 중성자는 Sr 핵이나 다른 원소들의 핵종의 안정성에 영향을 준다고 생각할 수 있다. 핵종들의 변화를 나타내는 핵 반응식은 방사능으로 인한 것이다. 화학반응식처럼 이들 반응식도 균형을 맞출 필요가 있다. 원자가 전자를 포함하는 화학 변화와 달리 핵반응은 원자핵들을 포함한다.

## 균형 핵 반응식

**핵 반응(nuclear reaction)**은 원자핵 속에서 높은 에너지 변화를 하고 있다. 예를 들면, 우라늄-238의 핵은 헬륨-4 입자와 막대한 양의 에너지를 방출하면서 토륨-231 핵으로 바뀐다.

$$^{235}_{92}\mathrm{U} \longrightarrow {}^{231}_{90}\mathrm{Th} + {}^{4}_{2}\mathrm{He}$$

균형 **핵 반응식(nuclear equation)**을 쓰려면 참여하는 모든 핵종의 원자 번호와 질량수를 고려해야 한다. 즉, 반응물에 대한 원자 번호의 합과 생성물에 대한 원자 번호의 합이 똑같아야 한다. 더욱이 반응물에 대한 질량수의 합과 생성물에 대한 질량수의 합도 또한 똑같아야 한다. 핵 반응식을 완결하기 위한 기준은 다음과 같다.

## 균형 핵 반응식을 위한 일반적인 기준

1. 반응식의 왼쪽에 있는 원자 번호(아래 첨자)의 전체 합은 오른쪽에 있는 원자 번호의 전체 합과 반드시 같아야 한다.

   반응물에 대한 원자 번호의 합 = 생성물에 대한 원자 번호의 합

2. 반응식의 왼쪽에 있는 질량수(위첨자)의 전체 합은 오른쪽의 질량수의 전체 합과 반드시 같아야 한다.

   반응물에 대한 질량수의 합 = 생성물에 대한 질량수의 합

3. 원자 기호법을 이용해서 참여하는 모든 핵의 입자를 나타내어 반응식을 작성하고 필요하다면 다음의 관계를 고려하여 계수를 맞추어 준다.
   (a) 반응물과 생성물의 원자 번호
   (b) 반응물과 생성물의 질량수

핵 반응식에 나타난 원자 번호와 질량수를 맞추기 위해서는 반응에 나타날 수 있는 각 입자들에 대한 원자 기호법을 알아두어야 한다. 핵 반응식에 흔히 나타나고 있는 몇 가지 보편적인 입자들을 표 18.2에 수록하였다.

**표 18.2 핵 반응식에 나타나는 입자들**

| 입자 | 표기 | 질량 | 전하 |
|---|---|---|---|
| 알파, α | ${}^{4}_{2}He$ | ~ 4 amu | 2+ |
| 베타, $\beta^-$ | ${}^{0}_{-1}e$ | ~ 0 amu | 1– |
| 감마, *γ | ${}^{0}_{0}\gamma$ | 0 amu | 0 |
| 양전자, $\beta^+$ | ${}^{0}_{+1}e$ | ~ 0 amu | 1+ |
| 중성자, $n^0$ | ${}^{1}_{0}n$ | ~ 1 amu | 0 |
| 양성자, $p^+$ | ${}^{1}_{1}H$ | ~ 1 amu | 1+ |

감마선은 입자와 달리 질량을 갖지 않는 높은 에너지의 방사선이다.

## 알파 입자 방출

알파 방출에 의해 라듐-226이 방사성 붕괴하는 반응에 대한 균형 핵 반응식을 완성하는 방법을 생각해 보자. 이 붕괴 과정을 다음과 같이 기호를 사용하여 나타낼 수 있다.

$$ {}^{226}_{88}Ra \longrightarrow {}^{A}_{Z}X + {}^{4}_{2}He \quad (\alpha \text{ 입자}) $$

먼저, 양성자의 수를 맞추어 보면 X의 원자 번호(Z로 표현)는 86 (88=86+2)이 된다. 그러므로 반응식을 다음과 같이 쓸 수 있다.

$$ {}^{226}_{88}Ra \longrightarrow {}^{A}_{86}X + {}^{4}_{2}He $$

주기율표를 참고하면, 86번의 원소는 라돈, Rn임을 알 수 있다. 따라서 반응식을 다음과 같이 정리할 수 있다.

$$ {}^{226}_{88}Ra \longrightarrow {}^{A}_{86}Rn + {}^{4}_{2}He $$

양성자와 중성자의 수를 맞추어 보면 X의 질량수(A로 표현)는 222 (226 = 222 + 4)가 되어야 한다. 따라서, 완성된 균형 반응식은 다음과 같다.

$$ {}^{226}_{88}Ra \longrightarrow {}^{222}_{86}Rn + {}^{4}_{2}He $$

▲**자연 방사능**
방사선 노출의 위험을 충분히 이해하기 전에는 방사성 라듐은 시계의 문자판에 사용되었다. 시계가 어두운 곳에서도 빛을 내는 것은 라듐으로부터 방출되는 방사선 때문이다.

## 베타 입자 방출

라듐-226은 알파 방출을 하면서 붕괴하지만 라듐-228은 베타 방출을 하면서 붕괴한다. 베타 방출에 의한 붕괴 과정은 기호를 사용하여 다음과 같이 나타낼 수 있다.

$$ {}^{228}_{88}Ra \longrightarrow {}^{A}_{Z}X + {}^{0}_{-1}e \quad (\beta^- \text{ 입자}) $$

양성자수를 맞추어 보면, X의 원자 번호(Z로 표현)는 89(88 = 89 – 1)가 된다. 핵종 X는 89의 원자 번호를 갖는다. 주기율표에서 찾아보면 이 원소는 악티늄, Ac이다. 그러므로 핵 반응식은 다음과 같이 쓸 수 있다.

$$ {}^{228}_{88}Ra \longrightarrow {}^{A}_{89}Ac + {}^{0}_{-1}e $$

다음으로 반응물과 생성물에 대한 질량수를 맞추어 보면, 핵종 Ac의 A값은 228 (228 = 228 + 0)이 되어야 한다. 이 반응에 대한 반응식을 완결하면 다음과 같다.

$$ {}^{228}_{88}Ra \longrightarrow {}^{228}_{89}Ac + {}^{0}_{-1}e $$

베타 방출은 원자 번호를 1 만큼 증가시키므로 주기율표에서 다음 번호의 원소를 생성하게 된다는 것을 유의하자. 베타 방출의 알짜 결과는 라듐-228의 핵에 있는 중성자 하나가 전자를 방출하면서 양성자로 붕괴하는 것이다.

## 감마선 방출

더 복잡한 경우를 살펴보자. 우라늄-233은 알파 입자와 감마선을 내놓으면서 붕괴한다. 이 붕괴 과정은 다음과 같이 쓸 수 있다.

$$^{233}_{92}\text{U} \longrightarrow {}^{A}_{Z}\text{X} + {}^{4}_{2}\text{He} + {}^{0}_{0}\gamma \quad (\gamma\text{선})$$

아래첨자를 살펴서 계수를 맞추어 보자. X의 원자 번호는 90 (92 = 90 + 2 + 0)이 되어야 한다. 핵종 X의 원자 번호가 90이므로 주기율표로부터 이 원소는 토륨, Th임을 알게 된다. 반응식을 정리하면 다음과 같이 쓸 수 있다.

$$^{233}_{92}\text{U} \longrightarrow {}^{A}_{90}\text{Th} + {}^{4}_{2}\text{He} + {}^{0}_{0}\gamma$$

반응물과 생성물에 대한 질량수를 맞추어 보면, 핵종 Th의 A값은 229 (233 = 229 + 4 + 0)가 되어야 한다. 이 반응에 대한 균형 화학반응식은 다음과 같다.

$$^{233}_{92}\text{U} \longrightarrow {}^{229}_{90}\text{Th} + {}^{4}_{2}\text{He} + {}^{0}_{0}\gamma$$

감마선의 원자 번호와 질량수는 모두 0이므로 반응식에 아무런 영향을 주지 않는다는 것을 알아야 한다. 그러나 감마선은 붕괴 과정에서 높은 에너지의 방사선이 방출되는 것이 포함되어 있음을 알아야 한다.

## 양전자 입자 방출

1932년에 새로운 입자가 발견되었다. 이 입자의 질량은 전자와 동일하지만 전하가 1- 보다는 오히려 1+을 갖는다. 새롭게 발견된 이 입자는 양성의 전자이므로 **양전자**(positron, $\beta^+$)로 명명되었다. 양전자들이 전자와 충돌하면 충돌하는 순간에 이들은 서로 소멸하게 된다. 양전자와 전자 사이의 충돌은 상호 소멸하면서 2개의 감마선을 방출하게 된다.

소듐-22는 양전자를 방출하는 원소로서 뇌의 작은 손상을 진단하는 진단시약으로 사용되고 있다. 방사성 붕괴에 대한 반응식은 다음과 같다.

$$^{22}_{11}\text{Na} \longrightarrow {}^{A}_{Z}\text{X} + {}^{0}_{+1}\text{e} \quad (\text{양전자})$$

생성물과 반응물의 원자 번호를 맞추어 보면, X의 원자 번호는 10 (11 = 10 + 1)이다. 주기율표를 참고하면 원자 번호가 10번인 것은 네온, Ne에 해당한다. 따라서 반응식을 정리하면 다음과 같다.

$$^{22}_{11}\text{Na} \longrightarrow {}^{A}_{10}\text{Ne} + {}^{0}_{+1}\text{e}$$

다음으로 반응물과 생성물의 질량수를 맞추어 보면, Ne의 질량수는 22 (22 = 22 + 0)가 되어야 한다. 이 반응에 대한 균형 화학반응식은 다음과 같다.

$$^{22}_{11}\text{Na} \longrightarrow {}^{22}_{10}\text{Ne} + {}^{0}_{+1}\text{e}$$

양전자 방출은 원자 번호가 1만큼 감소하여 주기율표에서 하나 낮아진 원소가 된다. 양전자 방출의 알짜 결과는 소듐-22 핵에 있는 양성자 하나가 양전자를 방출하면서 중성자로 붕괴하는 것이다.

## 전자 포획

몇 가지 크고 불안정한 핵종들은 소위 **전자 포획**(electron capture, EC)이라는 과정에 의해 붕괴된다. 이 과정에서는 크게 양으로 하전된 핵은 전자를 강하게 잡아 당겨 핵 가까이 있도록 한다. 만약 인력이 충분히 크다면, 음으로 하전된 전자는 핵에 의해 포획되어 양성의 양성자는 중성의 중성자로 바뀌게 된다. 그리하여 원자 번호는 1만큼 감소한다.

예를 들어, 불안정한 핵종 납-205가 다음과 같이 전자를 포획하는 반응을 생각해 보자.

$$^{205}_{82}Pb + ^{0}_{-1}e \longrightarrow ^{A}_{Z}X$$

양쪽의 원자 번호를 맞추어 보면, X의 원자 번호는 81 (82 - 1 = 81)이다. 한편, 주기율표로부터 81번의 원소는 탈륨, Tl임을 알 수 있다. 전자의 질량이 0이므로 질량수는 변하지 않는다(205 + 0 = 205). 따라서 이 반응에 대한 균형 화학반응식을 다음과 같이 쓸 수 있다.

$$^{205}_{82}Pb + ^{0}_{-1}e \longrightarrow ^{205}_{81}Tl$$

다음의 예제를 통해 자연적으로 붕괴하는 핵종에 대한 균형 핵 반응식을 완결하는 방법을 살펴보자.

### 예제 18.1 핵 반응 쓰기

아래와 같은 방사성 붕괴 반응에 대한 균형 핵 반응식을 써라.
(a) 라돈-222는 알파 방출과 감마 방출을 하여 붕괴한다.
(b) 바륨-133은 전자 포획을 하여 붕괴한다.

**해답**

균형 핵 반응식을 쓰려면 다음 조건을 만족시켜야 한다.
(1) 반응물과 생성물 각각에 대한 원자 번호의 합이 똑같아야 한다.
(2) 반응물과 생성물 각각에 대한 질량수의 합이 똑같아야 한다.
(a) 알파 방출과 감마 방출을 하면서 라돈-222가 붕괴하는 반응식은 다음과 같이 쓸 수 있다.

$$^{222}_{86}Rn \longrightarrow ^{218}_{84}Po + ^{4}_{2}He + ^{0}_{0}\gamma$$

원자 번호의 합(86)과 질량수의 합(222)이 반응물과 생성물에 대해 똑같으므로 이 반응식은 완결된 상태이다.
(b) 전자 포획에 의해 바륨-133이 붕괴하는 반응식은 다음과 같이 쓸 수 있다.

$$^{133}_{56}Ba + ^{0}_{-1}e \longrightarrow ^{133}_{55}Cs$$

원자 번호의 합(55)과 질량수의 합(133)이 반응물과 생성물 각각에 대하여 똑같으므로 이 반응식은 완결된 상태이다.

**실전 연습문제**

(a) 베타 방출과 (b) 양전자 방출을 하면서 방사성 붕괴가 일어나는 다음과 같은 핵 반응식에서 생성되는 핵종 X를 써라.
(a) $^{99}_{43}Tc \longrightarrow ^{A}_{Z}X + ^{0}_{-1}e$ (b) $^{30}_{15}P \longrightarrow ^{A}_{Z}X + ^{0}_{+1}e$

**답:** (a) $^{99}_{44}Ru$ (b) $^{30}_{14}Si$

**개념 문제**

어느 형태의 자연 방사선이 다음 각각의 설명에 해당하는가?
(a) 인체 피부에 의해 정지되고 두꺼운 옷의 차단이 필요하다.
(b) 인체 피부 속까지 침투하고 알루미늄 호일의 차단이 필요하다.
(c) 인체를 통과하고 납의 차단이 필요하다.

**답:** 부록 G, 18.1 참조

## 18.3 방사성 붕괴 계열

18.2절에서 불안정한 핵종들의 방사성 붕괴를 언급하였다. 붕괴 과정이 일어나는 동안에 핵종들은 방사선을 방출하면서 안정하게 된다. 대부분의 핵종들은 단일단계로 방사선 방출을 하면서 안정화된다. 그러나 우라늄-238과 같은 무거운 핵종들은 안정한 핵종에 도달하기 위해서 반드시 붕괴 단계의 계열을 거쳐야 한다. 안정한 핵에 도달할 때까지 일어나는 방사성 핵종의 단계적 붕괴를 **방사성 붕괴 계열**(**radioactive decay series**)이라고 한다.

**학습 목표**

- 우라늄-238의 방사성 붕괴 계열에서 나오는 물질을 확인할 수 있다.
- 우라늄-235의 방사성 붕괴 계열에서 나오는 물질을 확인할 수 있다.
- 토륨-232의 방사성 붕괴 계열에서 나오는 물질을 확인할 수 있다.

## 자연 붕괴 계열

자연적으로 일어나고 있는 세 가지 방사성 핵종들에 대한 붕괴 계열은 물리학자들과 화학자들에 의해 광범위하게 연구되어 왔다. 이 방사성 핵종들은 우라늄-238, 우라늄-235, 및 토륨-232이다. 이들 방사성 핵종은 다음과 같은 단계의 계열을 거쳐 납의 안정한 동위원소로 붕괴한다.

$$\text{U-238} \longrightarrow \longrightarrow \longrightarrow \text{Pb-206}$$
$$\text{U-235} \longrightarrow \longrightarrow \longrightarrow \text{Pb-207}$$
$$\text{Th-232} \longrightarrow \longrightarrow \longrightarrow \text{Pb-208}$$

붕괴하는 어미핵과 생성되는 딸핵 사이의 관계를 나타내기 위하여 **어미-딸핵종(parent-daughter nuclides)**이라는 용어를 사용한다. 비록, 위에 나타낸 도식표가 안정한 핵종에 이를 때까지 필요로 하는 전반적인 붕괴 단계를 나타내지는 않았을지라도 각 핵종에 대한 실질적인 경로는 이미 잘 알려져 있다. 우라늄-238의 경우, 안정한 핵종으로 될 때까지는 14단계의 붕괴 단계를 거치게 된다. 한편, 우라늄-235는 11단계를 거치게 되며, 토륨-232는 10단계를 거치게 된다.

우라늄-238이 방사성 붕괴하는 첫 단계는 토륨-234를 생성하는 알파 입자의 방출이다. 즉, 이 붕괴 단계는 다음과 같다.

$$\underset{\text{어미 핵종}}{{}^{238}_{92}\text{U}} \longrightarrow \underset{\text{딸 핵종}}{{}^{234}_{90}\text{Th}} + \underset{\text{알파 입자}}{{}^{4}_{2}\text{He}}$$

두 번째 단계는 다음과 같이 Th-234가 베타 방출을 하면서 Pa-234로 전환하는 방사성 붕괴이다.

$${}^{234}_{90}\text{Th} \longrightarrow {}^{234}_{91}\text{Pa} + {}^{0}_{-1}\text{e}$$

이 계열의 세 번째 단계는 베타 방출을 하는 Pa-234의 붕괴이다. 이 붕괴 계열에서는 안정한 핵종인 Pb-206에 도달할 때까지 여러 단계를 더 거치게 된다. 그림 18.2에 우라늄-238의 전반적인 붕괴 계열을 나타내었다. 여기서 주의할 점은 $\alpha$ (${}^{4}_{2}\text{He}$)방출할 때마다 원자 번호가 2 만큼씩 감소하며, $\beta$ (${}^{0}_{-1}\text{e}$)방출을 한 후에는 원자 번호가 1 만큼씩 증가한다는 것이다.

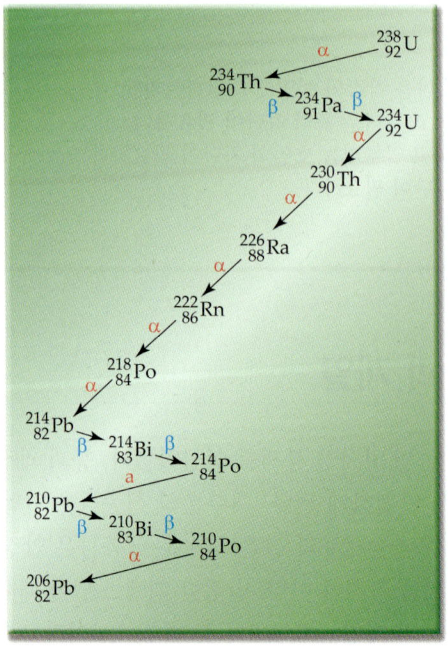


▶그림 18.2 **우라늄-238의 방사성 붕괴 계열**
우라늄-238은 안정한 핵종에 도달할 때까지 14단계의 붕괴 단계를 거친다. Pa, Pb 및 Bi와 같은 몇 가지 방사성 핵종들은 불안정하여 붕괴되고 이 붕괴 계열의 최종 생성물인 Pb-206만이 유일하게 안정한 핵종이다.

**주 의** 주기율표를 살펴보면, 비스무트 다음에 오는 모든 원소에 대해서 원자량보다는 괄호 속에 질량수로 표기하고 있음을 알 수 있다. 이것은 비스무트보다 원자 번호가 큰 원소는 어떤 원소이든 안정한 핵종이 존재하지 않는다는 것을 의미한다. 원자 번호가 83번 이상의 모든 원소들은 불안정하여 자발적으로 방사성 붕괴가 일어난다.

## 18.4 방사성 반감기

**학습 목표**

▶ 방사성 핵종의 초기 양, 경과 시간 및 반감기가 주어졌을 때 방사성 시료의 양을 계산할 수 있다.

1908년, 가이거는 러더포드와 함께 연구를 수행하는 동안에 방사선을 측정할 수 있는 장비를 개발하였다. 가이거는 방사선에 의해 이온화하는 기체를 관에 채워 넣었다. 이온화한 기체입자는 '딸깍'하는 음성신호로 바꿀 수 있는 전기적 펄스를 발생시킨다. 가이거 계수기(Geiger counter)의 딸깍(click) 소리는 방사성 물질(그림 18.3)에서 방사선이 방출하고 있음을 반영한 것이다. 디지털 계수기는 붕괴하는 핵종의 개수가 얼마나 되는가를 나타내는 '딸깍' 소리의 횟수를 숫자로 기록하는 장치이다. 주어진 일정 시간 동안에 붕괴하는 핵종의 개수를 시료의 **활성도(activity)**이라고 한다.

**▲그림 18.3 가이거(Geiger) 계수기** 방사성 핵이 붕괴하여 입자를 방출할 때마다 가이거 계수기에서 "딸깍" 소리가 난다.

### 방사성 시료의 반감기

과학자들은 모든 방사성 시료의 방사능 준위가 시간이 흐름에 따라 감소한다는 것을 발견하였다. 예를 들면, 분당 1000번 붕괴[dpm(disintegrations per minute)]의 활성도가 일어나는 시료를 가지고 조사해 보면, 주어진 한주기의 시간 후에 방사능은 처음 준위의 절반에 해당하는 500 dpm으로 떨어지게 된다. 더욱이 동일한 주기의 시간 후에는 방사능이 500 dpm에서 250 dpm으로 떨어지게 된다.

시료의 활성도가 절반으로 줄어드는 데 걸리는 시간을 **반감기(half-life, $t_{1/2}$)**라고 한다. 만일 어떤 시료의 반감기가 4시간이라고 한다면, 활성도가 반으로 줄어드는데 소요되는 시간은 4시간이 걸린다. 즉, 1000 dpm에서 500 dpm으로, 500 dpm에서 250 dpm으로 그리고 250 dpm에서 125 dpm으로 변하는 반감기에 따른 소요되는 시간은 각각 4시간이 걸린다. 방사능이 1000 dpm에서 125 dpm으로 떨어지는데 세 번의 반감기가 경과되었으므로, 소요된 전체 시간은 다음과 같다.

$$3\ t_{1/2} \times \frac{4\text{시간}}{1\ t_{1/2}} = 12\ \text{시간}$$

활성도의 감소는 그림 18.4에 나타낸 붕괴 곡선으로 설명할 수 있다. 이 붕괴 곡선은 한 번의 반감기가 경과될 때 매번 활성도가 50%씩 줄어드는 것을 보여주고 있다.

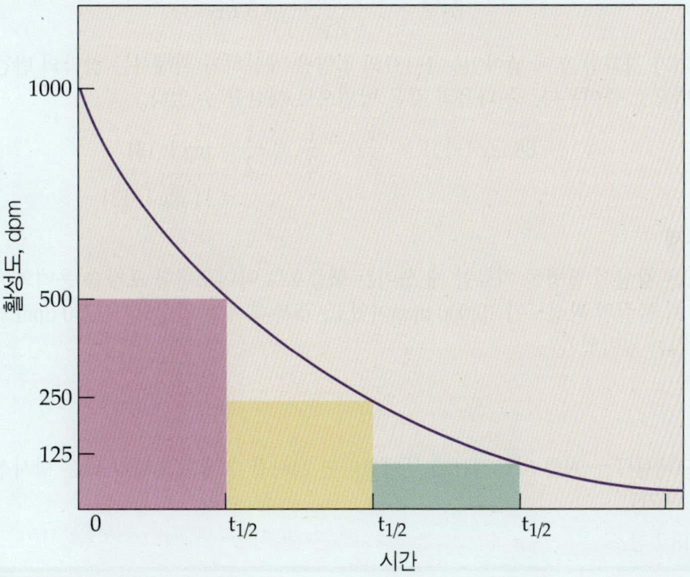


**◀그림 18.4 붕괴 곡선과 반감기** 방사성 시료의 활성도가 1,000 dpm에서 500 dpm으로 감소하는 데 소요되는 시간을 한번의 반감기라고 한다. 활성도가 500 dpm에서 250 dpm으로 떨어질 때에도 똑같은 시간, 즉 한 번의 반감기가 걸린다.

## 방사성 폐기물

방사성 폐기 물질의 처리 문제는 방사능의 위험 준위가 수 천년 동안 지속될 수 있기 때문에, 커다란 관심을 불러일으키고 있다. 예를 들면, 플루토늄-239 원자로의 방사성 연료막대는 원자로에 연료를 공급할 수 없을 만큼 약화된 후에도 상당히 높은 준위의 방사능이 오랫동안 방출된다. 여기서, 플루토늄 연료 막대의 방사능이 20,000 dpm에서 625 dpm으로 감소하는데 걸리는 시간이 얼마나 되는가를 생각해 보자.

Pu-239의 반감기는 24,000년이다. 정의에 의하여, 한 번의 반감기가 경과한 후에는 방사성 시료의 활성도가 반으로 줄어든다는 것을 알고 있다. 따라서 경과한 시간에 해당하는 시료의 활성도를 다음과 같이 기록할 수 있다.

| 활성도 | 경과 시간 | 경과 시간 |
|---|---|---|
| 20,000 dpm | – | 0 |
| 10,000 dpm | 1 $t_{1/2}$ | 24,000 년 |
| 5,000 dpm | 2 $t_{1/2}$ | 48,000 년 |
| 2,500 dpm | 3 $t_{1/2}$ | 72,000 년 |
| 1,250 dpm | 4 $t_{1/2}$ | 96,000 년 |
| 625 dpm | 5 $t_{1/2}$ | 120,000 년 |

플루토늄의 방사능이 20,000 dpm에서 625 dpm으로 떨어지는 데 다섯 번의 반감기가 경과되었음을 알 수 있다. 반감기가 24,000년이므로, 방사선이 625 dpm으로 떨어지는 데 걸리는 시간은 다음과 같이 쉽게 계산할 수 있다.

$$5\ t_{1/2} \times \frac{24{,}000\text{년}}{1\ t_{1/2}} = 120{,}000\text{년}$$

시료의 활성도는 방사성 핵종의 수 그리고 즉, 시료의 질량에 비례한다. 방사성 물질이 안전한 준위의 물질로 붕괴할 때까지 걸리는 시간은 핵종의 종류에 따라 다르다. 핵 에너지의 사용을 검토할 때는 방사능 폐기물의 처리 문제와 수천 년 동안 환경에 미칠 잠재적인 영향을 반드시 고려해야 한다.

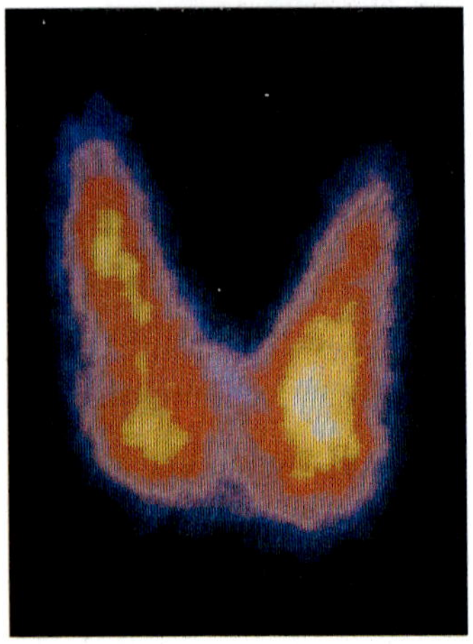

**▲갑상선 주사**
의사들은 신진대사를 조절하는 갑상선 분비선의 활성도를 검사하기 위한 진단도구로 방사성 아이오딘-131을 사용한다.

### 예제 18.2 방사성 핵종의 반감기

아이오딘-131은 갑상선의 기능 상태를 진단하고자 할 때 사용되는 핵종으로, 아이오딘화 소듐 정제의 형태로 투입한다. 투입한 정제 속에는 처음에 I-131이 88 mg이 들어 있었다면, 24일 후에 남아있는 이 핵종의 질량은 얼마인가? I-131의 반감기는 8일이다.

**해답**

이 문제는 24일 후에 남아있을 I-131의 질량을 구하는 것이다. 우선, 경과된 반감기의 횟수를 찾아보자. 한번의 반감기는 8일이므로,

$$24\text{일} \times \frac{1\ t_{1/2}}{8\text{일}} = 3\ t_{1/2}$$

세 번의 반감기가 경과한 후에 남아있는 I-131의 질량을 계산하기 위해서는 각각의 반감기 동안 I-131의 질량은 절반으로 줄어든다. 즉 다음과 같은 방법으로 계산할 수 있다.

$$88\text{ mg I-131} \times \frac{1}{2} \times \frac{1}{2} \times \frac{1}{2} = \text{mg I-131}$$
$$= 11\text{ mg I-131}$$

**실전 연습문제**

아이오딘-128은 갑상선 질병을 치료할 때 쓰이는 핵종으로 아이오딘화 포타슘 용액의 형태로 사용되고 있다. 처음에 이 물질의 활성도가 10,000 dpm이었고, 75분 후에는 활성도가 1250 dpm으로 떨어졌다면, I-128의 반감기는 얼마인가?

**답:** $t_{1/2}$ = 25분

**개념 문제**

500 mg의 테크네튬(Tc)-99를 의료진단에 투여했다면 24시간 후에는 얼마나 많은 방사성 핵종이 남아 있는가? ($t_{1/2}$ = 6기간)

**답:** 부록 G, 18.2 참조

# 18.5 방사성 핵종의 이용

**학습 목표**

▶ 선택된 방사성 핵종의 몇 가지 이용에 대해 기술한다.

불안정한 핵종을 **방사성 핵종**(radionuclide)이라고 한다. 서로 다른 방사성 핵종은 각기 다른 형태의 방사선을 방출하며 붕괴한다. 이와 같은 서로 다른 형태의 방사성 방출은 농업, 공업, 의학 및 학술 연구 분야에서 다양하게 이용되고 있다.

## 방사성 탄소의 연대 측정

자연계에서 탄소는 2가지 안정한 핵종인 탄소-12와 탄소-13으로 존재한다. 또한, 베타 방출에 의해 붕괴되는 불안정한 핵종인 탄소-14도 존재한다. 탄소-14가 불안정하다는 사실은 탄소를 함유하고 있는 물질의 나이를 측정하는 데 이용될 수 있음을 말해준다. 실제로, 과학자들은 탄소-14의 방사능의 준위를 측정하여 이 작업을 수행하고 있다. 이러한 작업과정을 탄소-14 연대 측정(carbon-14 dating) 혹은 방사성 탄소의 연대 측정(radiocarbon dating)이라고 한다.

방사성 탄소의 연대 측정은 빙하 얼음 속에 수천 년동안 갇혀있었던 대기로부터 온 이산화탄소, 나무, 뼈, 인조 가공품과 같은 화석들의 연대 측정에 응용되었다. 이 방법은 적어도 50,000년 정도까지는 신뢰할 만하다고 여겨진다. 이보다 오래된 유물에서는 방사선의 방출이 거의 일어나지 않기 때문에 정확한 측정을 할 수 없다.

탄소-14는 지구의 상층대기(upper atmosphere)에서 끊임없이 생성되고 있다. 이 물질의 생성과정은 우주선(cosmic ray)이 대기 중의 분자와 충돌하여 높은 에너지의 중성자를 산란시킬 때 시작된다. 산란된 중성자는 이어서 대기 중의 질소와 충돌한다. 이러한 충돌로 탄소-14와 양성자가 생성된다. 이 과정의 핵 반응식은 다음과 같다.

$$^{14}_{7}\text{N} + ^{1}_{0}\text{n} \longrightarrow ^{14}_{6}\text{C} + ^{1}_{1}\text{H}$$

대기의 탄소-14는 산소 분자와 결합하여 방사성 $CO_2$를 생성하게 된다. 이 이산화 탄소는 광합성을 통해 식물의 조직에 축적된다. 먹이 사슬은 식물에서 시작하여 동물로 넘어가고 최종적으로 인간에 이르게 된다. 탄소-14를 함유하고 있는 물질은 다음과 같은 핵 반응을 통해 베타 방사선을 방출한다.

$$^{14}_{6}\text{C} \longrightarrow ^{14}_{7}\text{N} + ^{0}_{-1}\text{e}$$

살아있는 식물이나 동물에서는 방사성 탄소로부터 나오는 방사선은 탄소 1 g 당 15.3 dpm 정도이다. 식물이나 동물이 죽으면, 탄소-14의 섭취가 중단되어 방사선의 준위가 감소하기 시작한다. 한 번의 반감기가 지나면, 활성도는 7.7 dpm으로 줄어든다. 탄소-14의 반감기는 5,730년이다. 따라서 방사성 시료가 7.7 dpm의 활성도를 가지고 있다면, 이 시료에 대하여 추측된 연대는 5,730년이 될 것이다.

최근에 터키 동부의 Ararat 산에서 나무 조각이 발견되었다. 이 나무 조각을 노아 방주의 일부분일 것으로 추정하였다. 탄소-14의 연대 측정결과 이 나무 조각은 탄소 1 g당 12.5 dpm의 활성도를 가지고 있었다. 이 활성도는 약 1,000년의 나이가 된 시료에 해당한다. 따라서 방사성 탄소 연대 측정을 한 결과로 보아 과학자들은 이 나무 조각이 노아 방주의 파편이 아니라는 결론을 내렸다.

중동의 사해에서 두루마리 성서가 발견되었을 때, 두루마리 성서의 신빙성을 입증하기 위해 방사성 탄소 연대 측정이 이용되었다. 구약 성서 필사본을 포장한 아마포(linen)는 실제로 약 2,000년 정도의 역사를 지닌 것으로 판명되었다. 이 측정값은 대략 A.D. 0년에 해당하며, 성서의 역사와 잘 일치하고 있다. 따라서 사해의 두루마리 성서는 히브리 성서의 원본으로 믿어진다.

똑같은 방법으로, 영국 Stonehenge 유적의 야영지에서 출토된 숯의 연대를 측정하였다. 이 결과, 숯의 방사능은 탄소 1 g당 9.5 dpm이었다. 이 활성도는 약 3,800년의 나이에 해당한다. 따라서 Stonehenge 유적이 B.C. 1,800년경에는 활기찬 곳이었다. 그림 18.5에 이러한 방사성 탄소 연대 측정 결과를 나타냈다.

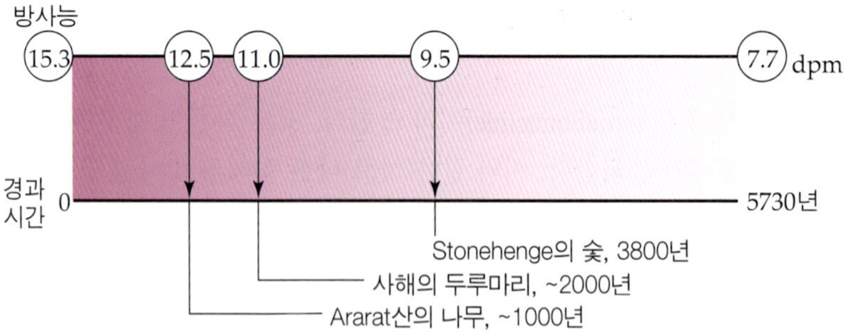


▶그림 18.5 **방사성 탄소에 대한 연대 측정**
생체 조직에 있는 탄소-14로부터 나오는 활성도는 약 15.3 dpm이다. 조직이 죽으면 대기권으로부터 탄소-14를 더 이상 유입할 수 없게 되지만, 이미 유입된 탄소-14는 끊임없이 방사성 붕괴를 한다. 죽은 뒤 5,730년 후에는 시료에 있던 탄소-14 핵종의 절반이 붕괴하여 활성도는 약 7.7 dpm으로 된다.

방사선 탄소의 연대 측정은 기본적인 가정에 의존한다. 대기 중에 존재하는 탄소 -14의 양은 지난 5000년 동안 일정하게 유지 되었다고 가정한 것이다. 만약 이 가정이 사실이 아니라면 방사성 탄소의 연대 측정은 타당하지 않을 것이다.

## 우라늄-납의 연대 측정

자연계에 존재하는 우라늄-238은 14단계의 계열을 거쳐서 납-206으로 되는 방사성 붕괴를 한다. 전체 과정에 대한 반감기는 45억 년이다. 이 과정에 대한 알짜 반응은 다음과 같이 나타낼 수 있다.

$$^{238}_{92}\mathrm{U} \longrightarrow\ ^{206}_{82}\mathrm{Pb} + 8\ ^{4}_{2}\mathrm{He} + 6\ ^{0}_{-1}\mathrm{e}$$

우라늄 시료에 존재하는 우라늄-238과 납-206의 비율은 아주 오래된 지질학적 사건을 추정할 수 있는 정보를 제공한다. 예를 들면, 멕시코에 떨어진 운석은 우라늄-238과 납-206의 비율이 1:1의 값을 가지고 있음을 발견하였다. 1:1의 비율은 한번의 반감기에 해당한다. 따라서 이 운석의 나이는 약 45억 년이다.

우라늄-납 연대 측정 기술도 마찬가지로 지구의 나이와 아폴로(Apollo) 우주탐사 계획에서 수집한 월석(달의 암석) 시료의 나이를 추정할 때 이용되었다. 우라늄-납 연대 측정은 지구와 달의 나이가 거의 비슷함을 보여 주었다. 이로써, 과학자들은 달이 원래 지구의 한 부분이었으며, 지구가 초기의 용융 상태에 있었을 때 떨어져 나가 생성되었을 것이라는 학설에 대한 증거를 얻게 되었다.

## 방사성 핵종의 농업에 이용

▲**식품의 방사선 쪼임**
감마선을 쪼여주면 식품에 있는 미생물을 박멸하여 신선도를 높일 수 있다.

DDT와 같은 몇몇 살충제는 효과적으로 해충들을 제어할 수 있지만, 이들은 가끔 주위 환경에 아주 오랫 동안 잔류하고 있다. 이러한 살충제 중에서 일부는 동물과 인간에게 독성을 주고 있다. 이의 대체용으로, 방사선을 이용하여 곤충의 개체군을 조절할 수 있다. 코발트-60과 같은 방사성 핵종으로부터 나오는 감마선을 수컷 곤충에 쪼여 주어 불임시키는 데 이용하고 있다. 불임시킨 다수의 수컷을 집단 서식처에 방출하면 암컷과 교미하더라도 수정이 되지 않는다. 따라서 곤충 개체군이 감소하게 되어 효과적으로 개체수가 조절된다. 곤충 개체군이 감소함에 따라 농산물의 수확량이 증가하게 된다.

가공 식품에 감마선을 쪼여주면, 미생물을 박멸할 수 있다. 예를 들어, 돼지 고기에 코발트-60의 방사선을 쪼여주면 선모충 병을 유발하는 기생충이 박멸되고, 닭고기에 방사선을 쪼여주면 살모넬라 식중독을 일으키는 기생충이 박멸된다. 그 외에도, 식품을 방사선 처리하면 방부제를 사용하지 않고서도 식품의 보존 기간을 연장할 수 있다.

## 의료에의 이용

오늘날, 의학적 진단과 치료에 이용되고 있는 방사성 핵종은 100여 가지를 상회한다. 관심을 끄는 한 가지 예로써, 감마선 방출에 의해 붕괴되는 플루토늄-238이 있다. 감마선은 부정맥 환자에게 맥박 조정기(pacemaker)의 공급원으로 이용되고 있다. 작은 스테인레스강 깡통에 방사성 핵종을 넣어 봉합한 후 환자의 가슴에 이식한다. 플루토늄-238에서 나오는 방사선은 다음에 교체하기 전까지 10년 이상 심장 박동  조정기를 작동할 수 있다.

## 자세히 보기 핵의학

**Q:** **어떤 방사성 핵종이 암 환자의 종양에 방사선 치료를 이용하는 감마선을 방출하는가?**

핵의학(nuclear medicine)이라는 용어는 방사성 핵종을 의료의 목적으로 사용하는 것을 의미한다. 예를 들어, 정상적인 신진대사 과정에서 아이오딘을 필요로 하는 갑상선의 상태를 진단하는데 아이오딘-131이 이용되고 있다. 검진할 환자에게 갑상선의 기능에 적합한 양의 아이오딘-131의 정제를 투약하고 24시간 후에 방사선을 정밀 주사(scan)하여 진단한다. 갑상선이 위치한 인후부에서 나오는 방사선의 양은 갑상선의 상태를 나타내 준다.

제논-133은 호흡기관의 상태를 진단할 때에 이용된다. 환자에게 방사선 핵종이 함유된 공기를 마시게 하면, 건강한 허파 조직은 산소와 제논-133을 잘 흡수하게 된다. 방사선으로 가슴을 정밀 주사하면 허파의 건강한 부위는 선명하게 나타나고 방사선이 미약하게 나타난 부위는 호흡 기관이 손상된 부위임을 말해준다.

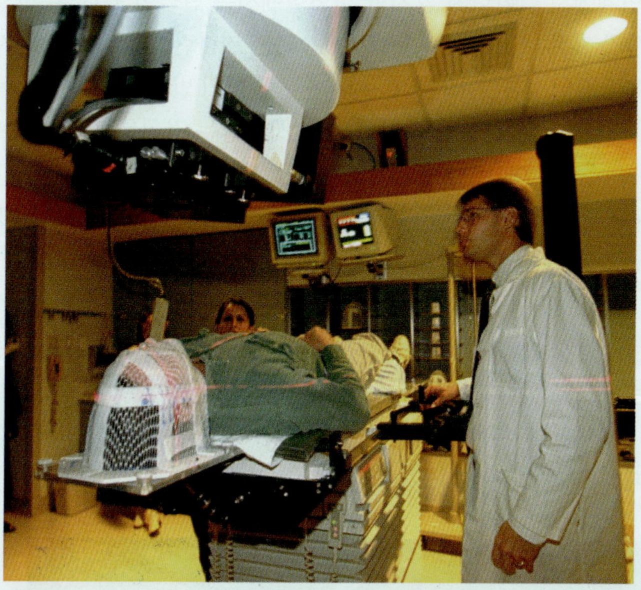

철-59는 빈혈증을 진단할 때 이용된다. 빈혈증은 적혈구 세포의 수가 적을 때에 나타나는 증상이다. 적혈구 세포 속에는 헤모글로빈이 들어있는 데, 여기에는 철 원자가 들어있다. 환자에게 철-59를 투입하면 이 방사성 핵종은 헤모글로빈과 결합하게 된다. 환자의 방사선을 검사하면, 방사선의 주사는 방사성 헤모글로빈을 나타내고 적혈구 세포의 개수를 간접적으로 헤아릴 수 있는 방법을 제공한다.

뇌 조직에서 농축하는 테크네튬-99를 이용하여 뇌종양을 진단할 수 있다. 뇌종양 환자에게 테크네튬-99를 투입하면, 방사성 핵종이 정상적인 세포보다는 암세포에 보다 쉽게 분배되어 축적된다.

유방암은 이리듐-192를 이용하여 치료할 수 있다. 먼저 피하주사 바늘을 종양에 찔러 넣고 주사 바늘을 통해 이리듐-192의 작은 입자를 삽입한다. 그런 후에 주사 바늘을 빼면 방사성 핵종으로부터 방출되는 감마선이 종양을 파괴한다.

그러나, 방사선 치료와 비슷하게 감마선은 종양 주위의 건강한 조직 일부를 파괴한다. 방사성 물질의 이용에 대한 대중적인 우려가 있기는 하지만 핵의학은 안전하다고 생각하고 있다. 실제로, 의료용 방사성 핵종을 이용한 진단과 치료는 매년 수천 명의 인명을 구제하거나 수명을 연장시킨다.

◀**방사선 치료**
뇌 종양에 방사선 치료를 받고 있는 암 환자

**A:** 코발트-60은 종양에 있는 암세포를 죽이는 방사선 치료에 이용되는 감마선의 근원이다.

# 18.6 유발 방사능

**학습 목표**

▶ 유발 방사능을 포함한 균형 핵반응식을 쓸 수 있다.

핵종을 원자 입자로 세게 충돌시킬 때, 핵종들이 가끔 전혀 다른 원소로 바뀐다. 다시 말하면, 핵반응이 일어난다. 입자의 센 충돌에 의하여 핵반응을 일으키는 것을 유발 방사능이라고 말한다. 유발 핵반응에 의해 한 원소가 다른 원소로 전환되는 것을 **변환(transmutation)**이라고 한다.

1919년, 러더포드는 최초로 변환 반응을 발견하였다. 러더포드는 질소-14에 알파 입자를 세게 충돌 시킬 때 양성자, ${}^{1}_{1}H$가 방출되는 것을 발견하였다. 그는 이 실험을 면밀하게 분석한 후, 산소도 함께 생성되었다고 결론지었다. 이 변환에 대한 반응식은 다음과 같다.

$${}^{14}_{7}N + {}^{4}_{2}He \longrightarrow {}^{17}_{8}O + {}^{1}_{1}H$$

1932년, 러더포드의 제자였던 채드윅(Chadwick)은 베릴륨 금속의 얇은 판에 알파 입자를 발사시켰더니 베릴륨의 일부분이 탄소로 변화되고 중성입자가 방출되는 것을 발견하였다. 채드윅은 그 중성 입자를 중성자라 불렀다. 흥미롭게도 러더포드는 이보다도 20년 전에 중성 입자의 존재를 예견하였지만, 그 당시에는 중성자의 실체를 파악하기 어려워 실험적으로 확

▲**UC 버클리 사이클로트론**
사이클로트론은 캘리포니아 버클리 대학교에서 발명하였고 넵투늄, 플루토늄 및 다른 중원소(heavy element)들을 만드는 데 사용되었다.

인할 수 없었다. 중성자가 방출되는 핵 반응식은 다음과 같이 쓸 수 있다.

$$^{9}_{4}\mathrm{Be} + {}^{4}_{2}\mathrm{He} \longrightarrow {}^{12}_{6}\mathrm{C} + {}^{1}_{0}\mathrm{n}$$

## 새로운 원소의 합성

중성자가 발견된 이후, 중성 입자는 다른 핵종에 쉽게 침투할 수 있을 것으로 제안되었다. 이러한 제안은 1940년, 우라늄이 새로운 원소로 변환됨으로써 그 타당성이 입증되었다. 우라늄으로부터 변환된 새로운 원소는 해왕성(Neptune)의 이름을 본떠서 넵투늄으로 명명하였다[우라늄의 명칭은 천왕성(Uranus)의 이름에서 유래한 것인데 천왕성 바로 위에 있는 행성은 해왕성이다]. 넵투늄의 합성에 대한 핵 반응식은 다음과 같이 쓸 수 있다.

$$^{238}_{92}\mathrm{U} + {}^{1}_{0}\mathrm{n} \longrightarrow {}^{239}_{93}\mathrm{Np} + {}^{0}_{-1}\mathrm{e}$$

우라늄 이상의 원소들은 자연계에서 나타나지 않지만 실험실에서는 만들어 왔다. 투사할 작은 입자를 높은 속도로 가속시킨 후에, 목표물의 핵으로 제공되는 커다란 핵종에 가속입자를 발사하여 우라늄 이상의 원소들을 합성한다. 작은 입자가 목표물 핵의 반발을 충분히 극복할 수 있는 충분한 에너지를 갖도록 작은 입자를 가속시키는 데 사용하는 장치를 싸이클로트론(cyclotron)이라고 한다. 우라늄 이상의 대부분의 원소들은 미국 캘리포니아 버클리 대학교에 있는 싸이클로트론을 이용하여 합성되었다. 사실상, 103번의 원소는 싸이클로트론을 발명한 미국의 물리학자 로렌스(Ernest O. Lawrence)의 업적을 기려 로렌슘(Lr)으로 명명하였다.

입자를 가속하기 위한 다른 장치로서 선형 가속기(linear accelerator)도 있다(그림 18.6). 스탠포드 대학교에 설치되어 있는 선형 가속기는 세계에서 가장 길고 1966년에 완공되었다. 이 장치는 양으로 하전되거나 또는 음으로 하전된 투사 입자를 빛의 속도에 가까운 속도까지 가속시킬 수 있다. 선형 가속기와 싸이클로트론은 대단히 높은 속도의 입자를 목표물 핵종에 강하게 충돌시키고 있기 때문에 때때로 "원자분쇄기"로 불리기도 한다.

▲**그림 18.6 스탠포드 선형 입자 가속기**
스탠포드 선형 가속기는 스탠포드 대학교에서 운용하고 있으며 캠퍼스 근처에 위치해 있다. 이 선형 가속기는 길이가 약 2마일(3.2km)이며 세계에서 가장 긴 선형 가속기이다.

1964년에 소련의 물리학자들은 104번째의 원소를 합성하였다고 주장하였다. 그들은 연구팀의 팀장인 Igor Kurchatov를 예우하여 이 원소를 커차토븀(Ku)으로 명명하였다. 그들은 목표물 핵인 플루토늄에 강하게 충돌시키려는 네온-22를 투사하기 위해 선형 가속기를 사용하였다. 합성된 새로운 원소의 반감기가 비록 0.3초에 지나지 않았지만, 러시아 과학자들은 이 핵 반응을 다음과 같이 제안하였다.

$$^{242}_{94}\mathrm{Pu} + {}^{22}_{10}\mathrm{Ne} \longrightarrow {}^{260}_{104}\mathrm{Ku} + {}^{1}_{0}\mathrm{n}$$

이 반응식에서는 질량수가 균형이 맞지 않았음을 알아야 한다. 반응물에 나타난 위첨자의 총합은 264 (242 + 22)인데 비하여 생성물에 나타난 위첨자의 총합은 261 (260+1)이다. 따라서, 반응식의 균형을 맞추려면 4개의 중성자가 필요하다. 균형 핵 반응식은 다음과 같다.

$$^{242}_{94}\mathrm{Pu} + {}^{22}_{10}\mathrm{Ne} \longrightarrow {}^{260}_{104}\mathrm{Ku} + 4\,{}^{1}_{0}\mathrm{n}$$

미국의 과학자들은 러시아 사람들의 실험을 확인하려는 시도를 해 보았지만 번번이 실패

하였다. 이로써, 그들은 104번 원소에 대한 신빙성에 의구심을 갖게 되었다. 그러나, 1969년 버클리 대학교의 과학자들은 104번 원소에 해당하는 반감기가 5초인 전혀 새로운 핵종을 발견하였다고 했다. 버클리 대학교 연구팀은 이 원소를 러더포드의 업적을 기념하여 러더포듐(Rf)으로 명명하였다. 그들은 목표물 핵으로 캘리포늄(Cf)을 선택하고, 이 핵에 탄소-12를 투사하여 다음과 같은 반응으로 새로운 원소를 합성하였다.

$$^{249}_{98}\text{Cf} + {}^{12}_{6}\text{C} \longrightarrow {}^{257}_{104}\text{Rf} + {}^{1}_{0}\text{n}$$

이 반응식을 살펴보면, 원자 번호는 잘 일치하고 있지만 질량수는 맞지 않는다. 좌변에 있는 위첨자의 합은 261이지만 우변의 경우는 단지 258이다. 따라서 반응식을 완결하려면 중성자 항의 앞에 계수 4를 넣어 주어 질량수를 맞추어야 한다. 균형 핵 반응식은 다음과 같이 쓸 수 있다.

$$^{249}_{98}\text{Cf} + {}^{12}_{6}\text{C} \longrightarrow {}^{257}_{104}\text{Rf} + 4\,{}^{1}_{0}\text{n}$$

다음의 예제 18.3에서 새로운 원소의 합성에 대한 균형 핵 반응식을 작성할 때 나타나는 추가적인 방법을 배우게 된다.

### 예제 18.3 유발 방사선의 핵 반응식 쓰기

철 핵종에 의한 유발핵 반응에 대한 핵 반응식을 작성해 보라.

Bi-209 + Fe-? ⟶ Mt-266 + 1 중성자

**해답**

핵 반응식을 쓰려면 원자 번호와 질량수를 살펴보아야 한다. 우선, 원자 기호법을 이용하여 핵 반응식을 나타내 본다. 주기율표로부터 각 핵종의 원자 번호를 구할 수 있다.

$$^{209}_{83}\text{Bi} + {}^{?}_{26}\text{Fe} \longrightarrow {}^{266}_{109}\text{Mt} + {}^{1}_{0}\text{n}$$

원자 번호의 총합은 반응식의 양변에서 모두 109임을 알 수 있다. 다음으로 질량수를 살펴보자. 우변의 질량수 총합은 267이므로 좌변의 질량수 총합 역시 267이 되어야 한다. 따라서 Fe의 질량수는 58(209 + 58 = 267)이 되어야 한다. 균형 핵 반응식은 다음과 같다.

$$^{209}_{83}\text{Bi} + {}^{58}_{26}\text{Fe} \longrightarrow {}^{266}_{109}\text{Mt} + {}^{1}_{0}\text{n}$$

**실전 연습문제**

다음과 같은 핵 합성에 대한 균형 핵 반응식을 작성해 보라.

Cf-249 + O-18 ⟶ Sg-? + 4 중성자

**답:** $^{249}_{98}\text{Cf} + {}^{18}_{8}\text{O} \longrightarrow {}^{263}_{106}\text{Sg} + 4\,{}^{1}_{0}\text{n}$

**개념 문제**

1994년 독일, 물리학자, 다름슈타트(Darmstadt)는 110번 원소(Ds)를 합성하였다. 만약 Ds-269와 한 개의 중성자가 생성되도록 Pb-208에 발사체를 쏘았다면 발사 핵종은 무엇인가?

**답:** 부록 G, 18.3 참조

## 18.7 핵분열

**학습 목표**

- 핵분열 반응의 과정을 서술할 수 있다.
- 주어진 핵분열 반응에 대한 핵 반응식을 작성할 수 있다.

자발적인 **핵분열(nuclear fission)**은 우라늄-235처럼 무거운 핵이 가벼운 핵종들로 분열하는 과정으로 막대한 양의 에너지를 방출한다. 많은 무거운 핵종들은 불안정하여 자발적으로 핵분열을 하여 붕괴한다. 예를 들면, 캘리포늄-252는 자발적으로 다음과 같이 가벼운 핵종으로 분열한다.

$$^{252}_{98}\text{Cf} \longrightarrow {}^{142}_{56}\text{Ba} + {}^{106}_{42}\text{Mo} + 4\,{}^{1}_{0}\text{n} + \text{에너지}$$

분열이 일어날 수 있는 것은 불과 몇 가지의 핵종뿐이다. 예를 들면, 우라늄-235, 우라늄-233, 및 플루토늄-239의 핵종들이다. 분열 과정은 느리게 움직이는 중성자에 의해 유발된

다. 무거운 핵을 중성자로 때려줄 때 무거운 핵은 중성자를 포획하게 된다. 중성자를 포획한 무거운 핵은 불안정하다. 이러한 불안정한 핵은 가벼운 핵종으로 분열하여 붕괴되면서 몇개의 중성자를 방출한다. 우라늄-235의 분열은 다음과 같이 일어난다.

$$^{1}_{0}\text{n} + ^{235}_{92}\text{U} \longrightarrow ^{137}_{52}\text{Te} + ^{97}_{40}\text{Zr} + 2\,^{1}_{0}\text{n} + \text{에너지}$$

우라늄-235를 중성자로 때려준 후에 생성된 핵은 종류가 각기 다른 여러 가지 형태로 분열할 수 있다(그림 18.7). 이러한 모습은, 마치 작은 돌맹이를 던져 유리 그릇을 맞추면 유리 그릇이 여러 가지 모양으로 깨지는 현상과 비슷하다. 예를 들면, 우라늄-235는 분열하여 생성물로서 다음과 같이 전혀 다른 종류의 핵종을 생성하기도 한다.

$$^{1}_{0}\text{n} + ^{235}_{92}\text{U} \longrightarrow ^{142}_{56}\text{Ba} + ^{91}_{36}\text{Kr} + 3\,^{1}_{0}\text{n} + \text{에너지}$$

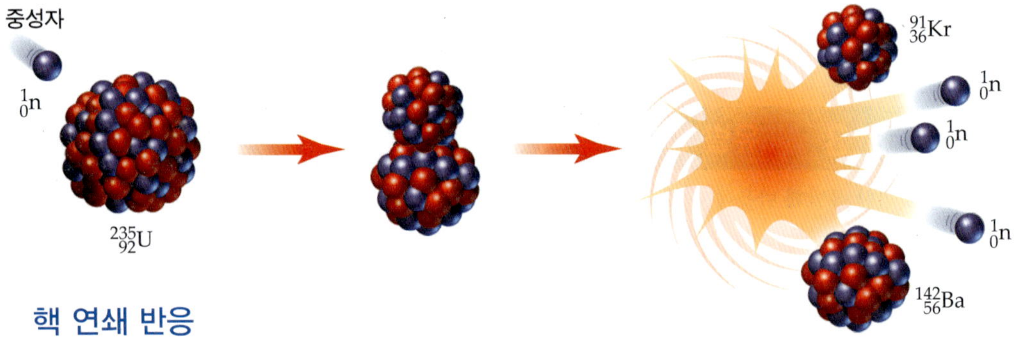


▶그림 18.7 **핵분열**
느린 속도의 중성자가 우라늄-235 핵과 충돌하여 흡수되면 우라늄-236이 생성된다. 생성된 핵은 불안정하여 2개의 더 가벼운 핵종으로 분열하면서 몇 개의 중성자를 만들어 낸다. 핵분열은 이와 같은 입자의 생성 이외에 막대한 양의 에너지를 폭발적으로 방출한다.

## 핵 연쇄 반응

핵분열이 일어나는 각각의 핵에서 보통 2개 또는 3개의 중성자가 방출된다. 이렇게 방출된 중성자는 2차 핵분열이 일어나게 하는 원인이 된다. 이어서 2차 핵분열에서 새로이 방출된 중성자는 순차적으로 3차 분열이 일어나게 한다. 만일 핵분열 과정이 끊임없이 반복하여 자체 지속된다면 이 과정을 **연쇄 반응(chain reaction)**이라고 한다. 우라늄-235의 연쇄 반응에서 생성되는 중성자의 수가 증가하는 것을 다음과 같이 나타낼 수 있다.

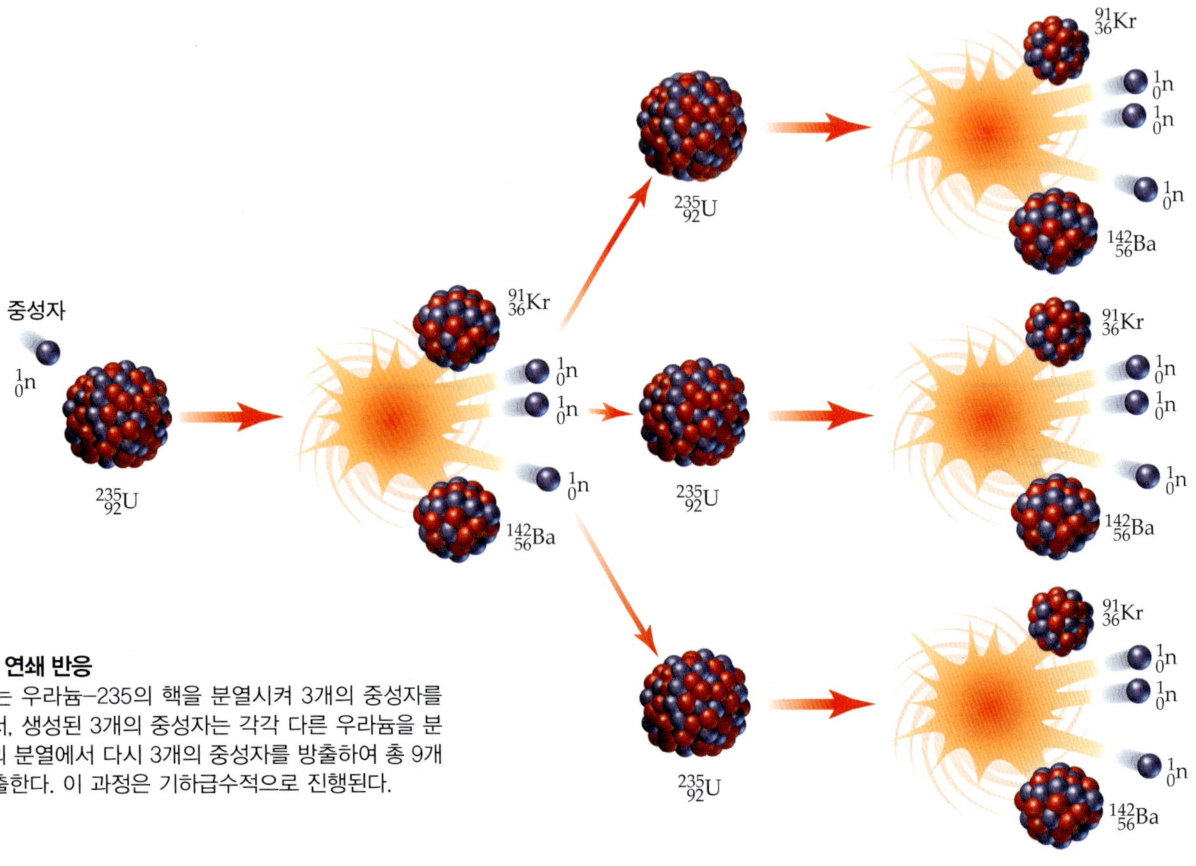


▲그림 18.8 **핵 연쇄 반응**
한 개의 중성자는 우라늄-235의 핵을 분열시켜 3개의 중성자를 방출한다. 이어서, 생성된 3개의 중성자는 각각 다른 우라늄을 분열시킨다. 각각의 분열에서 다시 3개의 중성자를 방출하여 총 9개의 중성자를 방출한다. 이 과정은 기하급수적으로 진행된다.

$$1\ {}^{1}_{0}\mathrm{n} \longrightarrow 3\ {}^{1}_{0}\mathrm{n} \longrightarrow 9\ {}^{1}_{0}\mathrm{n} \longrightarrow 27\ {}^{1}_{0}\mathrm{n}$$

연쇄 반응은 그림 18.8에서 나타낸 것처럼 설명할 수 있다. 한 개의 우라늄-235 핵과 하나의 중성자로 시작하지만 연쇄 반응은 빠르게 단계적으로 그 수를 증가시켜 분열 생성물들과 더불어 9개의 중성자를 만들어 내고 있다.

연쇄 반응이 일어나기 위해서는 핵분열하는 핵의 질량이 상당히 커야한다. 원자들은 대부분이 빈 공간으로 되어있다는 점을 상기하자. 핵의 질량이 작으면 분열에서 생긴 중성자는 핵분열을 일으키는 두 번째의 핵을 때리지 못하고 단순히 핵분열하는 물질을 빠져나와 지나가 버린다. 연쇄 반응이 계속 일어나도록 유지하는데 필요한 핵분열 핵종의 최소 질량을 **임계 질량(critical mass)**이라고 한다. 임계 질량은 시료의 순도와 다른 인자에 의존한다. 우라늄-235의 경우, 임계 질량은 약 50 kg 이다.

핵분열은 1939년 독일에서 최초로 발견하였다. 3년 후 비로소 연쇄 반응을 꾸준히 유지할 수 있는 가능성을 실험적으로 확인하였다. 국제 과학자 단체를 관리하던 이태리 물리학자인 페르미는 1942년에 최초로 자체 유지(self-sustaining) 핵분열 연쇄 반응을 성공리에 수행하였다. 이러한 획기적인 사건은 시카고대학 지하실의 스쿼시 경기장을 개조한 실험실에서 일어났다. 이 대학에서는 기념 현판을 세워 이를 기념하고 있다(그림 18.9).

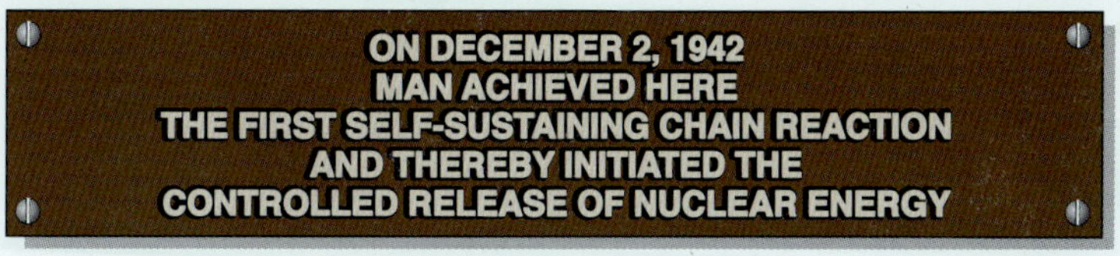


◀**그림 18.9 기념 현판**
시카고 대학에 있는 커다란 이 현판은 핵 시대에서 선도하고 있음을 알리고 있다.

## 우라늄-235 농축

자연에 존재하는 우라늄에는 분열성 우라늄-235가 겨우 0.7%뿐이다. 대부분의 우라늄 99.3%는 비분열성 우라늄-238이다. 연쇄 반응을 일으키기 위해서는 천연 혼합물을 분열성 핵종과 함께 농축시킬 필요가 있다. 즉 우라늄-235를 0.7%에서 약 3% 농축시켜야 한다. 농축 과정은 우라늄과 플루오린 기체와 반응시켜 기체의 육플루오린화 우라늄(Uranium hexafluoride)을 얻는 것이다. 이 반응은 다음과 같다.

$$^{235}\mathrm{U}(s) + 3\ \mathrm{F_2}(g) \rightarrow {}^{235}\mathrm{UF_6}(g)$$
$$^{238}\mathrm{U}(s) + 3\ \mathrm{F_2}(g) \rightarrow {}^{238}\mathrm{UF_6}(g)$$

생성된 핵종 $^{235}UF_6$와 $^{238}UF_6$는 너무 비슷하여 화학적으로 분리할 수 없다. 그러나 두 가지 우라늄 화합물은 기체 확산 방법을 이용하여 물리적으로 분리할 수 있다. 즉 더 가벼운 핵종 $^{235}UF_6$는 더 무거운 핵종 $^{238}UF_6$보다 더 빨리 확산한다. 관을 통하여 첫 번째 확산하는 기체의 일부를 포집하면 그 시료에는 확산이 더 빠른 핵종, 즉 $^{235}UF_6$가 더 많이 존재한다. 이때 포집된 우라늄 화합물은 환원되어 $^{235}U$이 농축된 원소로 된다.

## 자세히 보기 중수

**Q: 모든 물 분자는 질량이 같은가?**

보통 수소 원자의 핵은 양성자 1개만을 가지고 있다. 그러나 수소 원자 6,000개 중 약 1개 비율로 핵은 양성자와 중성자를 하나씩 모두 가지고 있다. 이러한 수소의 동위 원소를 중수소(重水素, deuterium, D)라 한다. 중수소의 질량은 수소의 약 2배이다. 물에서 수소 원자가 중수소 원자로 치환될 때, 중수(重水, heavy water)라고 하는 화합물이 만들어진다. 중수의 화학명은 산화 중수소(deuterium oxide), 화학식은 $D_2O$이다.

중수는 무색, 무취, 무미이지만 인간과 동물에게는 독성을 나타

| 물의 성질 vs. 중수의 성질 | | |
|---|---|---|
| 성질 | 경수(물, $H_2O$) | 중수($D_2O$) |
| 모양, 냄새, 맛 | 무색, 무취, 무미의 액체 | 무색, 무취, 무미의 액체 |
| 몰 질량 | 18.02 amu | 20.03 amu |
| 밀도 | 4 ℃에서 1.000 g/mL | 4 ℃에서 1.105 g/mL |
| 어는점 | 0.00 ℃ | 3.82 ℃ |
| 끓는점 | 100.00 ℃ | 101.42 ℃ |

낸다. 중수의 물리적, 화학적 성질은 보통의 경수(輕水, light water)의 성질과 비슷하다. 다음 표에 중수와 경수의 성질을 나타내었다.

중수는 핵 반응기에서 두 가지 중요한 용도가 있다. 원자핵이 쪼개질 때(예, 분열) 원자핵은 중성자를 방출한다. 그러나 이들 중성자는 빠른 속도로 움직이며 우라늄-235 같은 방사능 물질의 핵분열을 더하게 하므로 중성자를 붙잡기 위해서는 속도를 느리게 해야 한다. 중수는 핵 분열시 빠른 중성자를 감속시키는 데 이상적이다. 또한, 중수는 물보다 비열이 높아 반응로를 냉각시키고 원자로 노심의 용융을 막아준다.

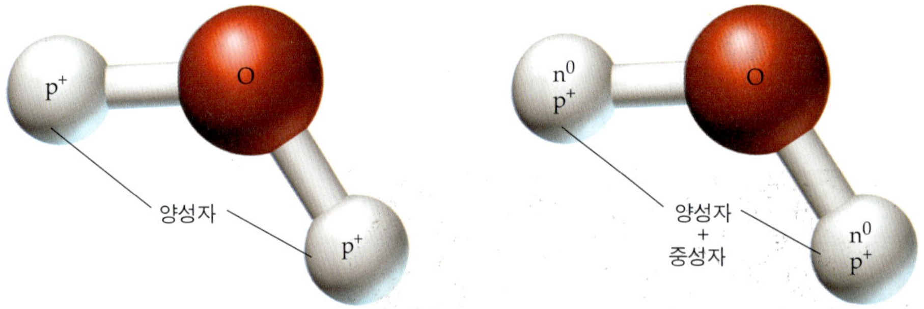


**A:** 경수, $H_2O$는 분자량이 18.02 amu이다. 반면에 중수, $D_2O$는 20.03 amu이다. 중수 분자는 중수소 원자가 수소 원자보다 중성자를 한 개 더 가졌으므로 질량이 더 크다.

**학습 목표**

- 핵융합 반응 과정을 기술할 수 있다.
- 주어진 융합 반응에 대한 핵 반응식을 쓸 수 있다.

## 18.8 핵융합

**핵융합(nuclear fusion)**은 2개의 가벼운 핵종을 묶어 하나의 무거운 핵으로 만드는 과정이다. 핵융합 반응을 개시시키는 것은 핵분열 반응의 경우보다 훨씬 어렵지만, 비교적 핵분열 반응의 경우보다는 많은 에너지를 방출한다. 더욱이, 핵융합은 방사성 폐기물을 거의 배출하지 않기 때문에 핵분열의 경우에 비하여 청정 과정이다.

본질적으로, 태양은 수백만 도의 온도에서 작동하고 있는 거대한 핵융합 원자로이다. 태양은 73%의 수소, 26%의 헬륨, 및 1%의 나머지 여러 원소들로 이루어졌다. 다음과 같은 3가지의 핵융합 반응이 태양에서 일어난다고 생각하고 있다.

$$^{1}_{1}\mathrm{H} + {}^{1}_{1}\mathrm{H} \longrightarrow {}^{2}_{1}\mathrm{H} + {}^{0}_{+1}\mathrm{e} + \text{에너지}$$
$$^{2}_{1}\mathrm{H} + {}^{1}_{1}\mathrm{H} \longrightarrow {}^{3}_{2}\mathrm{He} + \text{에너지}$$
$$^{3}_{2}\mathrm{He} + {}^{1}_{1}\mathrm{H} \longrightarrow {}^{4}_{2}\mathrm{He} + {}^{0}_{+1}\mathrm{e} + \text{에너지}$$

양으로 하전된 핵종의 강한 반발을 극복하기 위하여 10,000,000 ℃ 이상의 대단히 높은 온도가 필요하다. 실험적으로는 핵융합을 개시할 수 있는 열을 생성하기 위하여 강력한 레이저 빔을 사용한다. 만만치 않는 중요한 기술적인 문제는 수백만 도의 온도에서 일어나는 반응을 어떻게 제한시키느냐는 점이다. 일반적인 물질은 이러한 높은 온도에서는 증발하기 때문에, 핵융합 반응을 제한하기 위하여 강한 자장을 이용하고 있다. 이러한 연유로 핵융합은 "자기병(magnetic bottle)"에서 일어난다고 말하고 있다.

**도움말**
**핵분역 vs. 핵융합**

핵분열은 우라늄-235와 같은 중핵이 두 개의 더 가벼운 핵으로 에너지를 방출하면서 쪼개지는 과정이다. 이 분열 과정은 큰 원자핵이 느리게 움직이는 중성자를 포획하고, 뒤이어 두 개의 무거운 조각과 몇 개의 중성자로 쪼개질 때 시작된다. 이 때 순서대로 두 번째 분열 반응이 시작될 수 있다.

핵융합은 수소나 중수소와 같이 두 개의 가벼운 핵들이 결합하여 더 무거운 하나의 핵을 형성하는 과정이다. 이 융합 과정은 일천만 도 이상의 온도를 필요로 하며 "자기병(magnetic bottle)" 안에 있어야 한다.

그동안 핵융합은 한정된 규모의 연구용 핵융합 원자로에서 수행되었다(그림 18.10). 현재까지는 지속적인 핵융합을 성공하지 못했으며 영리적 목적의 핵융합 원자로도 전혀 가동하지 못하고 있다. 기술적인 문제가 극복될 수만 있다면 2개의 중수소핵의 핵융합을 전 세계에 전기를 공급하는 데 이용하도록 할 수 있다.

**중수소(denterium)**, $^{2}_{1}H$는 하나의 양성자와 하나의 중성자를 가지고 있는 수소의 핵종이다. 중수소는 바닷물에서 중수 분자($D_2O$)의 형태로 얻을 수 있다(4.5절). 에너지의 잠재력을 비교할 때, 전 세계에 비축된 석유로부터 얻은 것보다 1입방 마일의 바닷물에 들어있는 중수소로부터 얻어지는 에너지가 훨씬 크다고 추정된다. 중수소의 대표적인 핵융합 반응을 다음과 같이 쓸 수 있다.

$$^{2}_{1}H + ^{2}_{1}H \longrightarrow ^{4}_{2}He + \text{에너지}$$

전망성이 좋은 핵융합 반응으로 중수소와 삼중수소의 핵 반응도 있다. **삼중수소(tritium)**, $^{3}_{1}H$는 1개의 양성자와 2개의 중성자로 구성된 수소의 핵종이다. 다시 말하지만, 이 핵융합 반응도 10,000,000 ℃ 이상의 온도가 필요하여 강도 높은 레이저로 반응을 개시한다. 중수소와 삼중수소의 대표적인 핵융합 반응은 다음과 같이 알파 입자와 중성자를 생성하는 동시에 막대한 양의 에너지를 방출한다.

$$^{3}_{1}H + ^{2}_{1}H \longrightarrow ^{4}_{2}He + ^{1}_{0}n + \text{에너지}$$

## Chapter Summary

| 주요 개념 | 학습목표와 관련 연습문제 |
|---|---|
| **18.1 자연 방사능**<br>불안정한 핵은 알파, 베타, 및 감마선 형태의 **방사선(radioactive ray)**을 방출하면서 붕괴한다. **알파 입자(alpha particle)**는 양전하를 띠며 헬륨-4의 핵과 동일하다. **베타 입자(beta particle)**는 음전하를 띠며 전자와 똑같다. **감마선(gamma ray)**은 질량과 전하가 없는 높은 에너지의 핵방사선이다. | • 알파, 베타 및 감마-방사선의 성질을 서술할 수 있다.<br>**관련 문제:** 1-5 |
| **18.2 핵 반응식**<br>핵의 조성은 원자 번호와 질량수를 나타내는 원자 표기법을 사용하여 나타낸다. 이때, 원소의 **원자 번호(atomic number)**는 아래첨자로 나타내며 **질량수(mass number)**는 위첨자로 나타낸다. 이 장에서는 특정 동위 원소의 핵을 나타내기 위해 **핵종(nuclide)**이라는 용어를 사용하였다.<br>**핵 반응(nuclear reaction)**은 핵의 변화, 예를 들면, **전자 포획(electron capture)**이나 **양전자(positron)** 방출 같은 변화를 포함한다. **핵 반응식(nuclear equation)**은 개개의 입자에 대한 원자 기호법을 이용하여 핵 변화를 나타낸다. 균형 핵 반응식을 쓰려면 다음과 같은 기준이 필요하다: (1) 원자 번호의 합이 반응식의 양변에서 똑같아야 하며, (2) 생성물과 반응물 각각에 대한 질량수의 합이 똑같아야 한다. | • 여러 가지 방사선들에 대하여 원자 기호법을 이용하여 설명 할 수 있다 : 알파, 베타, 감마, 양전자, 중성자 및 양성자.<br>**관련 문제:** 7<br>• 자연 방사능을 포함하는 균형 핵 반응식을 완결할 수 있다.<br>**관련 문제:** 9-11 |
| **18.3 방사성 붕괴 계열**<br>한 단계이상으로 방사선을 방출하면서 핵종이 붕괴한다면, 전체 과정을 **방사성 붕괴계열(radioactive decay series)**이라고 한다. 붕괴하는 핵을 어미 핵종이라고 부르며, 붕괴하여 생성된 핵을 딸 핵종이라고 한다. 이것을 종합하여 이들의 관계를 **어미-딸 핵종(parent-daughter nuclides)**이라고 한다. 자연계에서는 우라늄-235, 우라늄-238 및 토륨-232 계열의 3가지 중요한 방사성 붕괴 계열이 있다. 각각의 핵종들은 안정한 핵종인 납에 도달할 때까지 계열내의 단계를 거치면서 끊임없이 붕괴한다. | • 우라늄-238의 방사성 붕괴 계열에서 나오는 물질을 확인할 수 있다.<br>**관련 문제:** 13<br>• 우라늄-235의 방사성 붕괴 계열에서 나오는 물질을 확인할 수 있다.<br>**관련 문제:** 15<br>• 토륨-232의 방사성 붕괴 계열에서 나오는 물질을 확인할 수 있다.<br>**관련 문제:** 17 |

| 주요 개념 | 학습목표와 관련 연습문제 |
|---|---|
| **18.4 방사성 반감기**<br>가이거(Geiger) 계수기를 사용하여 시료에서 붕괴하는 핵종의 개수를 추적할 수 있다. 시료의 **활성도(activity)**는 주어진 시간 동안에 붕괴하는 불안정한 핵종의 개수로 언급한다. 불과 몇 개의 핵종만이 붕괴하기 때문에 시료의 활성도는 시간에 따라 감소한다. 그러나 방사성 핵종의 50%가 붕괴하는데 필요한 시간은 일정하므로 이런 시간을 **반감기(half-life)**라고 한다. 한번의 반감기가 지난 후에는 방사성 핵종은 50%만이 남아있게 된다. | • 방사성 핵종의 초기 양, 경과 시간 및 반감기가 주어졌을 때 방사성 시료의 양을 계산할 수 있다.<br>**관련 문제:** 19-23 |
| **18.5 방사성 핵종의 이용**<br>과학자들은 방사성 핵종의 폭넓은 선택성을 이용한 중요한 응용기술을 발견하였다. 연대측정, 농산물 수확량의 증대, 및 에너지 수급을 위해 필요한 매우 유용한 **방사성 핵종(radionuclides)**들이 있다. 여기에 부가해서, 의학적 진단과 치료를 목적으로 사용하는 핵종이 방사성 핵종의 목록표에 많이 수록되어 있다. | • 선택된 방사성 핵종의 몇 가지 이용에 대해 기술할 수 있다.<br>**관련 문제:** 25-29 |
| **18.6 유발 방사능**<br>과학자들은 무거운 핵종에 가속시킨 가벼운 핵종을 발사시켜 방사능을 유도해낼 수 있다. 원자 번호가 변하는 결과로 생기는 새로운 핵은 전혀 다른 원소에 해당한다. 이런 변화를 **변환(transmutation)**이라고 한다. 입자 가속기로 수백 가지의 핵반응을 일으키는 것이 가능하다. *싸이클로트론(cyclotron)*이나 *선형 가속기(linear accelerator)*와 같은 입자 가속기는 투사할 핵종을 가속시켜서 목표의 핵에 강하게 충돌하도록 발사한다. 이러한 기술을 "원자 분쇄기"라고 일컫고 있으며 이 기술로 많은 합성 핵종을 만들었다. | • 유발 방사능을 포함한 균형 핵 반응식을 쓸 수 있다.<br>**관련 문제:** 31-37 |
| **18.7 핵분열**<br>불안정한 핵을 중성자로 때려주면 **핵분열(nuclear fission)**을 일으킬 수 있다. 다시 말하면, 에너지를 방출하면서 핵이 둘 또는 그 이상의 입자로 분열할 수 있다. 핵분열하는 가장 중요한 3가지 핵종은 우라늄-235, 플루토늄-239, 및 우라늄-233의 핵종이다. 핵분열이 일어날 때는 일반적으로 두 개 또는 세 개의 중성자를 방출한다. 이 중성자들은 번갈아 가며 2차, 3차 핵분열을 일으키게 한다. 한 개의 중성자가 연속적인 핵분열을 촉진하였다면, 이 과정을 소위 **연쇄 반응(chain reaction)**이라고 한다. 연쇄 반응이 일어나기 위해서는 핵분열하는 핵종의 양이 충분해야 한다. 연쇄 반응을 유지할 수 있는 시료의 최소 크기를 **임계 질량(critical mass)**이라고 한다. | • 핵분열 반응의 과정을 서술할 수 있다.<br>**관련 문제:** 39-45<br>• 주어진 핵분열 반응에 대한 핵 반응식을 작성할 수 있다.<br>**관련 문제:** 39-45 |
| **18.8 핵융합**<br>두 개의 가벼운 핵이 결합하여 한 개의 핵으로 되는 과정을 **핵융합(nuclear fusion)**이라고 한다. 대략 10,000,000 ℃인 태양의 내부에서는 끊임없이 핵융합이 일어난다. 실험실에서는 과학자들이 제한적으로 성공하였으며 현재까지는 지속적으로 일어나는 핵융합을 성공한 사례가 없다. 전망성이 밝은 핵융합 중의 하나는 두 개의 **중수소(deuterium)**, ${}^{2}_{1}H$,핵을 핵융합하는 것이며 또 다른 가능성이 있는 핵융합은 중수소와 **삼중수소(tritium)**, ${}^{3}_{1}H$,핵의 핵융합이다. 만만치 않은 기술적인 문제로 대두되는 것은 핵융합 과정이 수백만 도의 온도를 필요로 한다는 점이다. 그러나 핵융합은 방사성 폐기물을 배출하지 않는다는 커다란 장점이 있어서 미래의 에너지 원천으로서 촉망받고 있다. | • 핵융합 반응의 과정을 서술할 수 있다.<br>**관련 문제:** 47-51<br>• 주어진 핵융합 반응에 대한 핵 반응식을 작성할 수 있다.<br>**관련 문제:** 47-51 |

## 주요 용어 주요 용어에 대한 해답은 부록 H에 수록하였다.

다음의 정의에 해당하는 용어를 선택하라.

_______ 1. 불안정한 핵으로부터 입자 또는 에너지의 방출.
_______ 2. 헬륨-4의 핵과 똑같은 핵 방사선.
_______ 3. 전자와 똑같은 핵 방사선.
_______ 4. 질량도 전하도 갖지 않은 핵 방사선.
_______ 5. 핵에 들어있는 양성자의 수를 나타낸 값.
_______ 6. 핵에 들어있는 양성자와 중성자의 수를 나타낸 값.
_______ 7. 특정수의 양성자와 중성자를 가진 원자.
_______ 8. 높은 에너지를 수반한 원자핵의 변화.
_______ 9. 원자 기호법을 사용하여 핵 반응을 나타낸 간단한 식.
_______ 10. 질량이 전자와 동일한 핵 방사선이지만 전하가 반대인 방사선.
_______ 11. 무거운 핵종이 전자 하나를 핵 속으로 끌어들이는 핵반응.
_______ 12. 안정한 핵종에 도달할 때까지 방사성 핵종이 단계적으로 붕괴하는 과정.
_______ 13. 붕괴하는 핵과 생성되는 핵 간의 관계.
_______ 14. 주어진 시간 동안에 붕괴하는 시료의 방사성 핵종의 수, 예를 들면, 분당 500번의 붕괴(dpm)로 표현된다.
_______ 15. 시료에 들어있는 방사성 핵종의 50%가 붕괴하는 데 필요한 시간.
_______ 16. 원자의 핵이 불안정하여 방사성 붕괴함.
_______ 17. 핵반응으로 한 원소가 전혀 다른 원소로 전환하는 것.
_______ 18. 한 핵이 두 개나 그 이상의 작은 핵으로 분열되는 핵반응.
_______ 19. 방출된 중성자가 두 번째 반응을 개시하고 차례로 세 번째 반응 및 그 이상으로 개시하는 핵분열 반응.
_______ 20. 연쇄 반응을 유지하는 데 필요한 핵분열하는 핵종의 최소 질량.
_______ 21. 두 개의 가벼운 핵이 결합하여 한 개의 핵으로 되는 핵 반응.
_______ 22. 한 개의 중성자를 가지고 있는 수소의 핵종.
_______ 23. 두 개의 중성자를 가지고 있는 수소의 핵종.

(a) 활성도(activity, 18.4절)
(b) 알파 입자($\alpha$)(18.1절)
(c) 원자 번호(Z)(18.2절)
(d) 베타 입자($\beta$-)(18.1절)
(e) 연쇄 반응(18.7절)
(f) 임계 질량(18.7절)
(g) 중수소(18.8절)
(h) 전자 포획(EC)(18.2절)
(i) 감마선($\gamma$)(18.1절)
(j) 반감기($t_{1/2}$)(18.4절)
(k) 질량수(A)(18.2절)
(l) 핵 반응식(18.2절)
(m) 핵분열(18.7절)
(n) 핵융합(18.8절)
(o) 핵 반응(18.2절)
(p) 핵종(18.2절)
(q) 어미-딸핵종(18.3절)
(r) 양전자($\beta^+$)(18.2절)
(s) 방사성 붕괴 계열(18.3절)
(t) 방사능(radioactivity, 18.1절)
(u) 방사성 핵종(18.5절)
(v) 변환(18.6절)
(w) 삼중수소(18.8절)

## 문제 해답은 부록 I에 수록하였다.

### 자연 방사능 (18.1)

1. 어떤 종류의 방사선이 헬륨 핵과 동일하고 하전 판 사이를 통과할 때 음극 쪽으로 휘어지는가?

3. 어떤 종류의 방사선이 전자와 동일하고 하전 판 사이를 통과할 때 양극 쪽으로 휘어지는가?

5. 어떤 종류의 방사선이 하전 판을 통과할 때 휘어지지 않는 높은 에너지의 방사선인가?

### 핵 반응식 (18.2)

7. 다음의 각각에 대한 대략적인 질량을 써라.
   (a) 알파 입자 (b) 베타 입자
   (c) 감마선 (d) 양전자
   (e) 중성자 (f) 양성자

9. 다음 각각의 자연 방사성 붕괴 과정에 대한 반응식을 작성하라.
   (a) 알파 방출에 의한 U-238의 붕괴
   (b) 베타 방출에 의한 Al-28의 붕괴
   (c) 양전자 방출에 의한 O-15의 붕괴
   (d) 전자 포획에 의한 Fe-55의 붕괴

11. 다음과 같은 정보가 주어질 때 해당하는 미지의 방사성 핵종 X를 말하라.
   (a) 알파 방출에 의해 핵종 X가 붕괴하여 $^{217}$Rn이 된다.
   (b) 베타 방출에 의해 핵종 X가 붕괴하여 $^{43}$Ca가 된다.
   (c) 양전자 방출에 의해 핵종 X가 붕괴하여 $^{73}$Br이 된다.
   (d) 전자 포획에 의해 핵종 X가 붕괴하여 $^{133}$Cs가 된다.

13. 우라늄-238 붕괴 계열은 알파 입자의 방출로 시작한다. 딸 생성물은 베타 입자를 방출하여 어느 핵종이 되는가?

15. 우라늄-235 붕괴 계열은 알파 입자의 방출로 시작한다. 딸 생성물은 베타 입자를 방출하여 어느 핵종이 되는가?

17. 방사성 토륨-232의 10단계 붕괴 계열은 다음과 같다. 각 단계에서 방출되는 입자를 말하라.

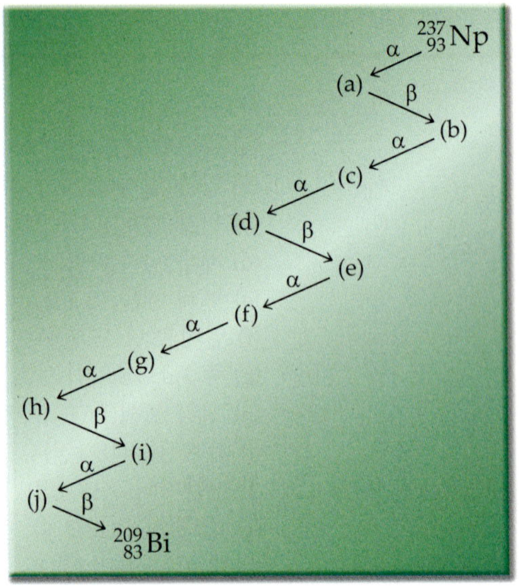


## 방사선 반감기 (18.4)

19. 시료 속에 있는 U-238 방사성 핵종은 두 번의 반감기 후 몇 % 남아 있겠는가?

21. 화석 뼈의 탄소-14가 60 dpm이고 최근의 뼈가 240 dpm이라면 이 화석의 추정 나이는 얼마인가?

23. 소듐 전해질의 균형을 진단하기 위해 NaCl의 형태로 소듐-24를 투약하고 있다. 80 mg의 의료용 방사성 핵종을 투입하였다면 60시간 후에는 Na-24가 얼마만큼 남아있겠는가?($t_{1/2}$ = 15시간)

## 방사성 핵종의 이용 (18.5)

25. 50,000년 이상이 되는 화석의 연대를 측정하기 위해 사용할 수 있는 방사성 핵종의 기술은 어떤 것인가?

27. 어떤 방사성 핵종이 식품의 방사선 쪼임과 미생물 제거에 이용되는가?

29. 어떤 감마선 방출 핵종이 뇌종양의 진단과 위치 찾기에 이용되는가?

## 유발 방사능 (18.6절)

31. 양성자로 Na-23을 폭격하면 하나의 방사성 핵종과 하나의 중성자가 생성된다. 생성된 방사성 핵종은 무엇인가?

33. 감마선으로 Br-81을 폭격하면 하나의 방사성 핵종과 하나의 중성자가 생성된다. 생성된 방사성 핵종은 무엇인가?

35. 1967년에 러시아 팀은 아메리슘 목표물에 네온 핵을 충돌시켜 새로운 원소 X를 합성하였다고 주장하였다. 이 반응식을 다음과 같이 쓸 수 있다면 러시아인들이 합성한 새로운 핵종은 무엇인가?

$$^{243}_{95}Am + ^{22}_{10}Ne \longrightarrow ^{A}_{Z}X + 5\ ^{1}_{0}n$$

37. 1974년에 러시아 물리학자 팀은 납-207 목표물에다 크롬-54 핵을 충돌시켰다. 이 충돌에 의해 새로운 원소, X와 한 개의 중성자가 생성되었다면, 러시아인들이 합성한 핵종은 무엇인가?

## 핵분열 (18.7절)

39. 한 개의 중성자가 핵분열을 일으켜 2개의 중성자를 방출한다면 3차 핵분열이 일어난 후에는 얼마나 많은 중성자가 생성되는가? (핵분열의 각 단계에서는 2개의 중성자가 방출한다고 가정한다.)

41. 우라늄 광석이 원자로의 연료봉에 사용되기 전에 U-235에 농축되어야하는 이유는 무엇인가?

43. 다음과 같은 핵분열 반응에서 생성된 중성자의 개수는 얼마인가?

$$^{235}_{92}U + ^{1}_{0}n \longrightarrow ^{144}_{54}Xe + ^{90}_{38}Sr + ^{1}_{0}n$$

45. 핵분열을 일으켜 바륨-143, 크립톤-88 및 3개의 중성자를 생성하는 핵종은 어떤 것인가?

## 핵융합 (18.8절)

47. 2개의 중수소로 핵융합을 하면 한 개의 삼중수소 핵, 한 개의 양전자 및 X-입자가 생성된다. 생성된 X-입자는 무엇인가?

49. 한 개의 헬륨-3핵과 X-입자로 핵융합을 하면 한 개의 알파 입자와 한 개의 양전자가 생성된다. X-입자는 어떤 것인가?

51. 2개의 똑같은 핵종으로 핵융합을 하면 한 개의 알파 입자와 한 개의 감마선이 생성된다. 핵융합에 사용한 핵종은 무엇인가?

## 일반 연습문제

53. Oregon의 Crater 호수는 화산 폭발로 생겼다. 화산 폭발로 새까맣게 탄 나무의 활성도는 대략 ~7.7 dpm 정도이다. C-14의 반감기가 5730년이라면 Crater 호수의 생성 연대는 대략 얼마나 되는가?

55. 화재경보기에서 방사성 핵종은 공기를 이온화하여 전류를 통하게 한다. 화재경보기 속으로 연기가 들어가면 연기가 전류를 교란시켜 경보음을 울리게 한다. 화재경보기의 공기를 이온화하는 데 사용되고 있는 α-방출 방사성 핵종은 어떤 것인가? (힌트: 방사성 핵종은 Np-237로 붕괴한다.)

## 도전 연습문제

57. 중수소와 삼중수소의 핵융합은 알파 입자와 에너지, 핵종 X를 방출한다. 이 때 핵종 X를 말하라.

## Chapter 18 자율 테스트 해답은 부록 J에 수록하였다.

1. 어느 형태의 핵 방사선이 하나의 전자와 동일하며 이것이 전기적으로 하전된 판 사이를 지나가면 양 전극을 향하여 휘어지는가? (18.1절)
   (a) 알파 (b) 베타
   (c) 감마 (d) 위의 모두
   (e) 위의 해당 없음

2. 감마 방사선의 대략적인 질량과 상대전하는 무엇인가? (18.2절)
   (a) 4 amu 와 2+ (b) 1 amu 와 1+
   (c) 1 amu 와 0 (d) 0 amu 와 0
   (e) 0 amu 와 1-

3. 다음 기호, $^{0}_{+1}e$로 나타내는 입자의 이름은 무엇인가? (18.3절)
   (a) 전자 (b) 중성자
   (c) 양전자 (d) 양성자
   (e) 위에 해당 없음

4. Ra-221 핵이 Rn-217로 붕괴할 때 방출되는 입자는 무엇인가? (18.4절)
   (a) 알파 (b) 베타
   (c) 중성자 (d) 양전자
   (e) 양성자

5. 우라늄-235 붕괴계열의 마지막 단계에서 어미 핵종은 붕괴하여 납-207 핵종과 하나의 베타 입자가 된다. 어미 핵종은 무엇인가? (18.3절)
   (a) $^{206}_{82}Pb$ (b) $^{208}_{82}Pb$
   (c) $^{207}_{83}Bi$ (d) $^{207}_{81}Tl$
   (e) 위에 해당 없음

6. 만약 철-59 시료가 처음 활성도가 160 dpm이라면, 활성도가 20 dpm으로 떨어지는데는 얼마나 많은 시간이 필요한가? (18.4절) ($t_{1/2}$ = 45일)
   (a) 45일 (b) 90일
   (c) 135일 (d) 180일
   (e) 210일

7. 방사성 탄소의 연대 측정에 대한 중요한 가정은 무엇을 신뢰하는가? (18.5절)
   (a) 대기중에 질소-14의 양은 일정하게 유지된다.
   (b) 대기중에 탄소-14 양이 일정하게 유지된다.
   (c) 대기중에 중성자의 수가 일정하게 유지된다.
   (d) 대기중에 양성자의 수가 일정하게 유지된다.
   (e) 대기의 온도가 일정하게 유지된다.

8. 1919년 러더포드는 원소의 첫 번째 핵 변화를 수행하였다. 그들은 알파 입자로 N-14를 폭발시켜 하나의 양성자와 어떤 다른 방사성 핵종을 얻었는가? (18.6절)
   (a) 플루오린-17 (b) 플루오린-18
   (c) 산소-17 (d) 산소-18
   (e) 위에 해당 없음

9. 다음 핵분열 반응으로부터 생성되는 중성자는 몇 개인가? (18.7절)

$$^{235}_{92}U + ^{1}_{0}n \rightarrow ^{141}_{56}Ba + ^{91}_{36}Kr + ^{1}_{0}n$$

   (a) 1 (b) 2
   (c) 3 (d) 4
   (e) 위에 해당 없음

10. 헬륨-3 핵과 핵종 X의 핵융합으로 한 개의 알파 입자와 한 개의 양전자가 방출되었다. 핵종 X는 무엇인가? (18.8절)
   (a) 중수소 (b) 삼중수소
   (c) 중성자 (d) 양전자
   (e) 양성자

## 주요 개념

11. 다음 자연 붕괴반응의 각각에 대한 핵 반응식을 써라.
   (a) U-238은 붕괴하여 알파를 방출한다.
   (b) U-239는 붕괴하여 베타를 방출한다.
   (c) K-40은 붕괴하여 양전자를 방출한다.
   (d) K-40은 전자 포획으로 붕괴한다.

12. 하나의 중성자는 우라늄-235가 핵분열을 일으켜 세 개의 중성자를 방출시켰다. 방출된 중성자들의 각각은 세 개 이상의 중성자들을 방출시키는 분열을 일으킨다고 가정하면 두 번째 단계에서 방출되는 중성자들은 몇 개인가?

13. 두 개의 양성자들은 핵융합을 하여 하나의 중수소핵과 핵종 X를 방출하였다. 핵종 X는 무엇인가?

## 비판적 사고

14. 다음 방사성 붕괴에 해당하는 핵 반응식을 써라.

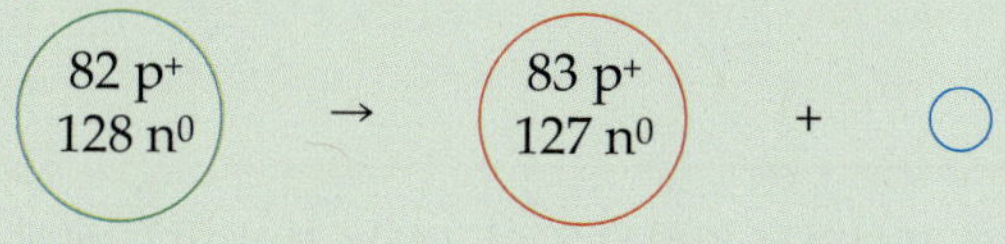


15. 2010년 독일 물리학자팀이 원소 117의 원자를 만들었다. 그 원자의 질량 수가 294이고, Ca-48과 목표 핵을 충돌시켜 3개의 중성자가 방출되었다면 목표 핵은 무엇인가?

CHAPTER

# 19 유기화학

"탄소원자가 오직 어떤 예외적 특성을 가지고 있다는 이유 때문에 우주에 생명체가 존재한다."

제임스 진 경, 영국의 물리학자 (1877~1946)



19 K potassium

**원소 19: 포타슘(Potassium)**

포타슘은 반응성이 매우 큰 알칼리 금속이다. 물에 떨어지면 격렬하게 반응하여 수산화 포타슘과 수소 가스를 발생시켜서 화염을 일으킨다.

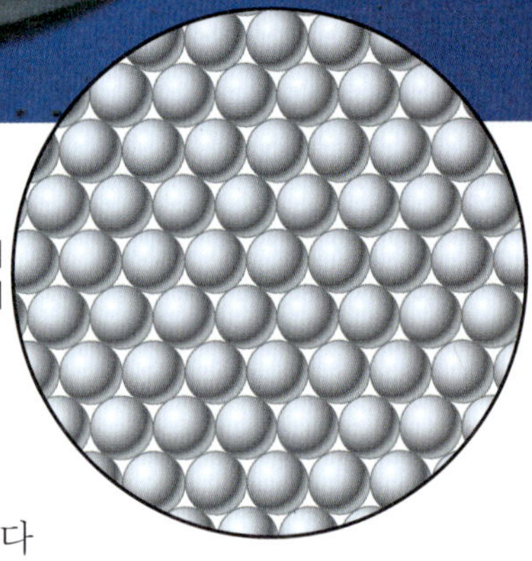

1800년대 초 화학자들은 무기 화합물이 유기 화합물과 다르다고 믿었다. 무기 화합물은 암석과 광물에서 유래되지만, 그 반면에 유기 화합물은 식물과 동물에서 유래된다. 유기 화합물은 살아있는 유기체에서 얻어지기 때문에 생명의 힘(생명력)을 가지고 있다고 그들은 믿었다. 이런 일반적인 생각을 "*생명력 이론(vital force theory)*"이라 불렀다.

1828년에 독일 화학자인 프리드리히 뵐러(Wöhler, 1800~1882)는 사이안산 암모늄을 가열하여 오줌 속에 존재하는 화합물인 요소를 얻었다. 이 실험 결과는 매우 놀라웠는데, 왜냐하면 사이안산 암모늄은 무기(inorganic) 화합물로 간주된 반면에 동물로부터 얻어진 요소는 유기(organic) 화합물이기 때문이다. 비록 비판론자들이 뵐러의 손에서 나온 생명력이 결과를 왜곡시켰다고 고집스럽게 주장했음에도 불구하고 뵐러의 실험은 생명력 이론을 부정하는 데 큰 역할을 했다.

유기화학은 간단하지만 어느 정도 논쟁의 여지가 있는 시작에서 출발하여 오늘날 현대 문명에서의 많은 물질과 의약품들이 유기화학 연구 결과로 얻어지는 상태까지 발전되어 왔다. 예를 들면, 플라스틱, 직물과 카페트의 섬유, 의약관련 물품, 생활 용품 및 자동차와 비행기의 부품들 모두는 유기화학이 만들어낸 산물이다. 이에 더하여 동물과 식물의 생명과 관련되는 분자들은 유기 분자이다.

## 19.1 탄화수소

**학습 목표**

▶ 단일, 이중 혹은 삼중 결합의 탄화수소를 분류할 수 있다.

**유기화학(organic chemistry)**은 탄소를 포함하는 화합물을 연구하는 분야이다. 현재 약 오천만 개의 유기 화합물의 구조가 규명되었고, 이는 알려진 물질의 약 90%를 차지한다. 더욱이 매년 100,000개 이상의 새로운 유기 화합물이 확인되고 있다. 이렇게 유기 화합물의 수가 많은 이유는 탄소 원자가 길고 복잡한 사슬로 연결될 수 있는 능력이 있기 때문이다. 탄소의 주요 원천은 석유, 천연가스, 석탄으로서 이들은 모두 화석 연료라 불린다.

유기 화합물 중 **탄화수소(hydrocarbon)**는 탄소와 수소 원소로 이루어져 있다. 탄화수소는 포화와 불포화로 분류할 수 있다. **포화 탄화수소(saturated hydrocarbon)**는 각각의 탄소 원자 사이에 단일 결합을 가진다. 탄소 원자는 4개의 원자가 전자를 가지기 때문에 4개의 다른 원자와 결합할 수 있다. 즉, 탄소 원자는 4개의 단일 공유 결합을 형성할 수 있다. 만약 어떤 탄화수소가 모두 단일 결합을 가지고 있다면, 이 탄화수소는 알케인(alkane) 계열에 속한다.

**불포화 탄화수소(unsaturated hydrocarbon)**는 두 탄소 원자 사이에 이중 혹은 삼중 결합을 가지고 있다. 만약 화합물이 이중 결합을 가지고 있다면 알켄(alkene)계열이다. 만약 삼중 결합을 가지고 있다면 알카인(alkyne)계열에 속한다. **방향족 탄화수소(aromatic hydrocarbon)**는 보통 벤젠 고리를 가지는 특성이 있다. 만약 화합물이 벤젠 고리를 가지고 있다면 아렌(arene) 계열에 속한다. 그림 19.1은 탄화수소의 분류를 보여 주고 있다.

▶ 탄화수소를 포화, 불포화 또는 방향족으로 분류할 수 있다.

▶ 탄화수소를 알케인(alkane), 알켄(alkene), 알카인(alkyne) 또는 아렌으로 분류할 수 있다.

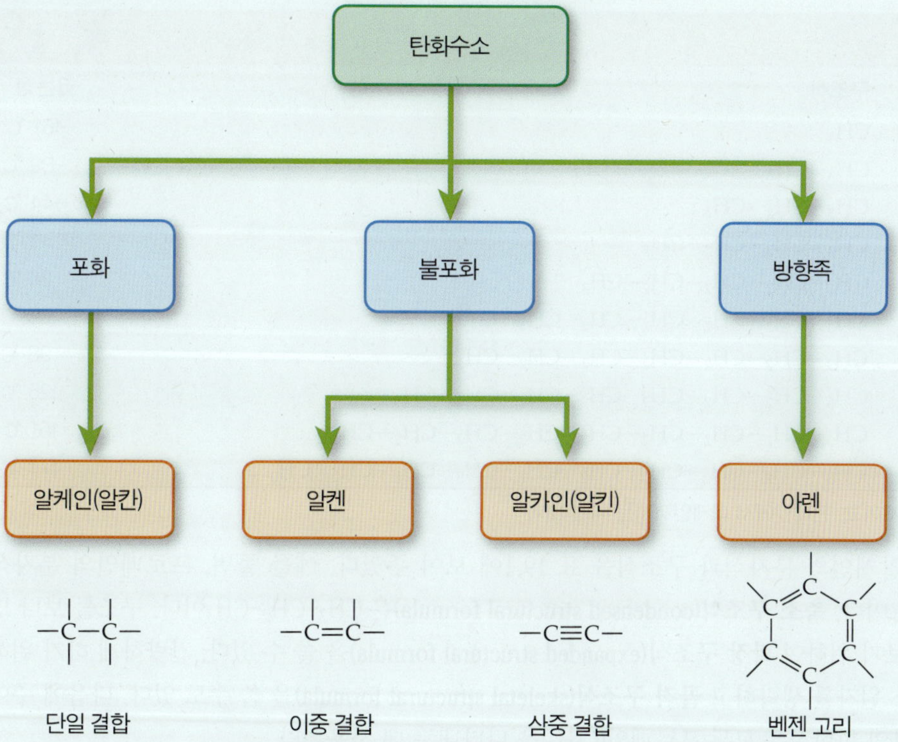


◀**그림 19.1 탄화수소의 분류**
탄화수소는 알케인, 알켄, 알카인 혹은 아렌으로 분류할 수 있다.

우리는 탄화수소의 삼차원적인 구조를 인식하기 위해 분자 모형을 만들어 볼 수 있다. 공-막대기 모형(Ball-and-stick model)은 분자에서 원자의 배열을 보여주기 위하여 보통 사용된다. 그림 19.2는 4가지 계열 화합물들의 분자 모형을 보여주고 있다.

(a) (b) (c) (d)

▲**그림 19.2 탄화수소의 분자 모형**
위 사진은 (a) 알케인(알칸; 포화), (b) 알켄(불포화), (c) 알카인(알킨, 불포화), (d) 아렌(방향족 탄화수소)의 분자 모형을 보여준다. (C–검은색, H–흰색)

**학습 목표**

- 간단한 알케인의 이름과 화학식을 쓸 수 있다.
- 알케인의 연소 반응식을 쓸 수 있다.

## 19.2 알케인(알칸)

**알케인(알칸, alkane)**은 이름이 접미사 -ane로 끝나는 포화 탄화수소이다. 알케인의 일반적인 분자식은 $C_nH_{2n+2}$이며 $n$은 탄소 원자의 수이다. 그림 19.2(a)에서 알칸은 2개의 탄소 원자($n$ = 2)와 6개의 수소 원자($2n + 2 = 6$)을 가지며 분자식은 $C_2H_6$이다. 알케인의 여섯 번째 화합물은 6개의 탄소 원자($n$ = 6)와 14개의 수소 원자 ($2n + 2 = 14$)를 가지며 분자식은 $C_6H_{14}$이다.

### 알케인 계열

1개에서 10개 탄소를 갖는 알케인 계열의 작은 분자들은 기체와 액체 연료로 사용된다. 20개에서 40개 탄소를 갖는 큰 분자들은 말랑말랑한 고체이다. 이 고체 알케인들은 *파라핀(paraffin)*이라 불리며 왁스와 초를 만드는 데 사용된다. 표 19.1은 알케인 계열의 처음 10개 분자를 나타내고 있다.

**표 19.1 알케인(알칸)***

| IUPAC 이름 | 분자식 | 구조식 | 끓는점 |
|---|---|---|---|
| methane(메테인, 메탄) | $CH_4$ | $CH_4$ | −161 ℃ |
| ethane(에테인, 에탄) | $C_2H_6$ | $CH_3—CH_3$ | −89 ℃ |
| propane(프로페인, 프로판) | $C_3H_8$ | $CH_3—CH_2—CH_3$ | −44 ℃ |
| butane(뷰테인, 부탄) | $C_4H_{10}$ | $CH_3—CH_2—CH_2—CH_3$ | −1 ℃ |
| pentane(펜테인, 펜탄) | $C_5H_{12}$ | $CH_3—CH_2—CH_2—CH_2—CH_3$ | 36 ℃ |
| hexane(헥세인, 헥산) | $C_6H_{14}$ | $CH_3—CH_2—CH_2—CH_2—CH_2—CH_3$ | 68 ℃ |
| heptane(헵테인, 헵탄) | $C_7H_{16}$ | $CH_3—CH_2—CH_2—CH_2—CH_2—CH_2—CH_3$ | 98 ℃ |
| octane(옥테인, 옥탄) | $C_8H_{18}$ | $CH_3—CH_2—CH_2—CH_2—CH_2—CH_2—CH_2—CH_3$ | 125 ℃ |
| nonane(노네인, 노난) | $C_9H_{20}$ | $CH_3—CH_2—CH_2—CH_2—CH_2—CH_2—CH_2—CH_2—CH_3$ | 151 ℃ |
| decane(데케인, 데칸) | $C_{10}H_{22}$ | $CH_3—CH_2—CH_2—CH_2—CH_2—CH_2—CH_2—CH_2—CH_2—CH_3$ | 174 ℃ |

*알케인의 처음 4분자들은 상온 (25 ℃)에서 기체이고, 펜테인에서 데케인까지는 액체이다.

알케인의 분자식과 구조식을 표 19.1에 보여 주었다. 예를 들면, 프로페인의 분자식은 $C_3H_8$이다. **축소 구조식(condensed structural formula)**은 $CH_3$-$CH_2$-$CH_3$이다. 구조를 보다 명확히 보기 위하여 **확장 구조식(expanded structural formula)**을 쓸 수 있다. 간략하게 하기 위해서 수소 원자를 생략하고 **골격 구조식(skeletal structural formula)**을 쓸 수도 있다. 다음에 주어진 각각의 화학식은 모두 프로페인($C_3H_8$)을 나타내는 데 사용된다.

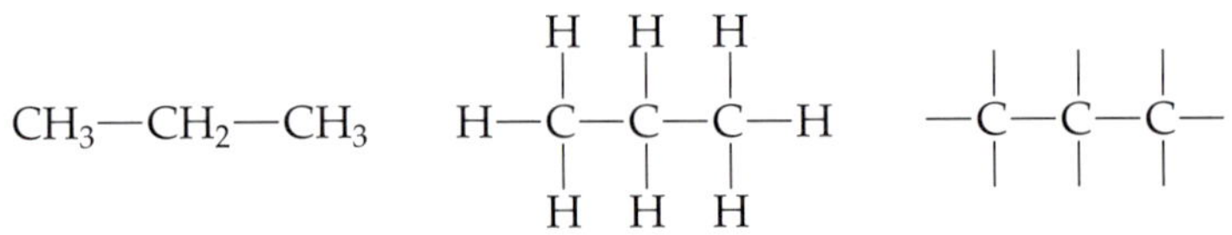

축소 구조식 확장 구조식 골격 구조식

### 가지달린 탄화수소 사슬

표 19.1에 있는 각각의 구조식은 가지가 없는 직선 사슬형의 분자들을 나타내었다. 그러나 많은 탄소 사슬이 가지를 가지고 있다. 가지가 생길 때 다른 화합물이 얻어진다. 분자식은 같으나 구조식이 다른 두 화합물을 **구조 이성질체(structural isomers)**라 부른다.

뷰테인의 분자식은 $C_4H_{10}$이다. 하지만 구조식은 2가지 방법 즉, $CH_3CH_2CH_2CH_3$와 $CH_3CH(CH_3)CH_3$로 그릴 수 있는데, 이 구조식들은 2개의 이성질체인 뷰테인과 "아이소뷰테인(isobutane)"을 나타낸다. 이성질체들은 구조식이 다른 것 외에도 녹는점과 끓는점과 같은 물리적 성질들도 다르다.

**도움말**
**IUPAC 이름 대 "관용명(common name)"**
이 책에서 관용명은 공식적인 IUPAC 명이 아님을 나타내기 위하여 "아이소뷰테인(isobutane)"과 같이 괄호를 사용하였다. "아이소뷰테인"의 체계적인 IUPAC명은 2-methylpropane이다.

$CH_3—CH_2—CH_2—CH_3$

뷰테인
Mp = -138 °C, Bp = -0.5 °C

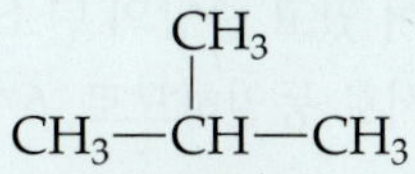

아이소뷰테인
Mp = -159 °C, Bp = -12 °C

분자 안의 탄소 수가 증가함에 따라 가능한 이성질체의 수도 증가한다. 예를 들어, $C_5H_{12}$은 3개의 이성질체를, $C_6H_{14}$는 5개의 이성질체를, $C_{10}H_{22}$는 75개의 이성질체를 갖는다. 분자식에 따른 구조 이성질체를 그리기 위하여 아래의 지침을 이용하라.

## 탄화수소 이성질체 그리기 지침

1. 탄소 원자의 연속된 사슬을 그린다. $C_5H_{12}$의 경우에 사슬은 5개의 탄소 원자로 구성된다. 간략하게 하기 위하여 수소 원자는 생략하고 골격 구조식을 나타내라.

$$C—C—C—C—C$$

2. 다른 이성질체를 만들기 위하여 더 짧은 연속 사슬을 그려라. 이 경우 사슬은 4개의 탄소 원자로 구성된다. 5번째의 탄소 원자는 사슬의 중간에 있는 탄소 원자 어느 곳에 붙여도 된다.

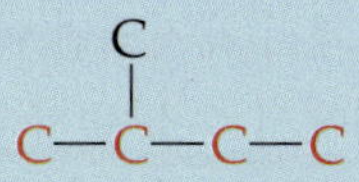

5번째의 탄소 원자를 사슬 중간에 있는 어떤 탄소 원자에 붙여도 차이가 없는데, 그 이유는 구조를 변화시키지 않고 분자를 뒤집었을 때 가지가 똑같이 사슬 끝에서 2번째 탄소에 있으며, 따라서 아래의 구조는 앞의 구조와 동일하다.

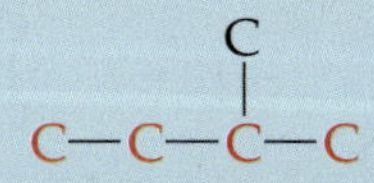

3. 또 다른 이성질체를 만들기 위하여 사슬을 3탄소 원자까지 더 줄여라. 4번째 및 5번째의 탄소 원자를 중앙의 탄소 원자에 붙여라.

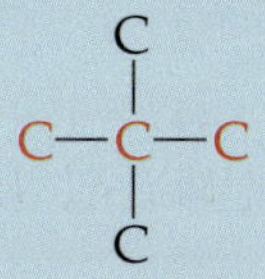

4. 5개 이상의 탄소 원자를 가지는 상위의 알케인 계열 분자도 동일한 과정을 적용하라. 비록 과정은 복잡하지만, 이 체계적인 과정은 매우 효과적이다.

## 알킬과 아릴기

알케인에서 수소 원자 하나를 제거했을 때, **알킬기**(**alkyl group**, 기호 **R–**)가 얻어진다. 알킬기는 수소 원자 하나가 없음으로서 다른 원자나 혹은 분자와 결합할 수 있다. 알킬기의 이름은 알케인의 접미사 *-ane*를 접미사 *-yl*로 바꾸면 된다. 예를 들면 메테인은 메틸기가 된다.

$$\underset{\text{메테인}}{CH_4} \quad - \quad H \; = \; \underset{\text{메틸}}{CH_3—}$$

비슷하게 에테인에서 수소 원자를 제거하면 에틸기가 된다.

$$\underset{\text{에테인}}{CH_3—CH_3} \quad - \quad H \; = \; \underset{\text{에틸}}{CH_3—CH_2—}$$

프로페인에서 수소 원자를 제거하는 것은 2가지 방법, 즉 분자의 말단이나 혹은 중간 탄소 원자에서 제거가 가능하다. 프로페인의 구조식, $CH_3—CH_2—CH_3$은 맨 끝의 탄소 원자에 6개의 수소 원자가 붙어 있고 중앙의 탄소 원자에 2개의 수소 원자가 붙어 있음을 보여준다. 양 끝의 탄소 원자는 서로 동일하므로, 6개의 수소 원자 중에서 어느 하나를 제거하여도 프로필기를 만들 수 있다.

$$\underset{\text{프로페인(프로판)}}{CH_3-CH_2-CH_3} \quad - \quad H \quad = \quad \underset{\text{프로필}}{CH_3-CH_2-CH_2-}$$

중앙의 2수소 원자는 동등하기 때문에 이 수소 원자 어느 것을 제거해도 아이소프로필기를 만들 수 있다.

$$\underset{\text{프로페인}}{CH_3-CH_2-CH_3} - H = \underset{\text{아이소프로필}}{CH_3-\overset{|}{C}H-CH_3}$$

우리는 프로페인 분자의 2개의 다른 위치에 염소 원자를 치환할 수 있음을 쉽게 알 수 있다. 만약 염소 원자가 맨 끝의 탄소에 붙는다면, 염화 프로필, $CH_3-CH_2-CH_2-Cl$이 얻어진다. 만약 염소 원자가 중앙의 탄소에 붙는다면, "염화 아이소프로필", $CH_3-CH(Cl)-CH_3$이 얻어진다. "염화 프로필"과 "염화 아이소프로필"은 이성질체이며, 따라서 다른 성질을 갖는다.

수소 원자 하나가 방향족 탄화수소에서 제거되면 **아릴기**(**aryl group**, 기호 **Ar−**)가 얻어진다. 가장 일반적인 아릴기는 벤젠 고리에서 수소 원자 하나가 제거되었을 때 얻어지고, 이를 **페닐기**(**phenyl group**)라 부른다.

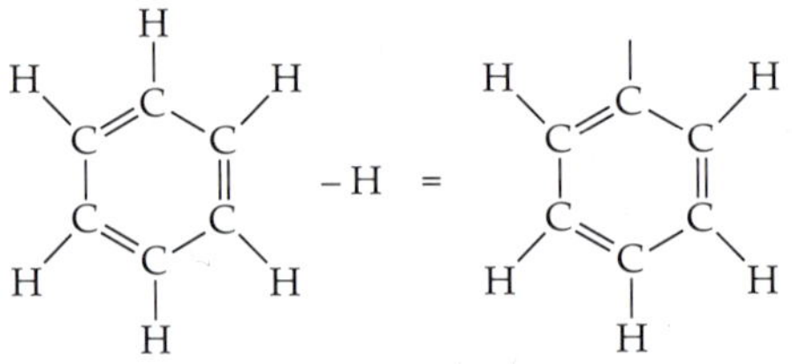

벤젠, $C_6H_6$　　　　페닐, $C_6H_5-$

이제 알킬기의 구조를 요약해 보자. 선택된 알킬과 아릴기의 이름과 화학식을 표 19.2에 나타내었다.

**표 19.2 알킬 및 아릴기**

| 이름 | 분자식 | 구조식 | 예 |
|---|---|---|---|
| 메틸 | $CH_3-$ | $CH_3-$ | $CH_3-Cl$<br>"염화 메틸" |
| 에틸 | $C_2H_5-$ | $CH_3-CH_2-$ | $CH_3-CH_2-Cl$<br>"염화 에틸" |
| 프로필 | $C_3H_7-$ | $CH_3-CH_2-CH_2-$ | $CH_3-CH_2-CH_2-Cl$<br>"염화 프로필" |
| 아이소프로필 | $C_3H_7-$ | $CH_3-\underset{\mid \atop CH_3}{CH}-$ | $CH_3-\underset{\mid \atop CH_3}{CH}-Cl$<br>"염화 아이소프로필" |
| 페닐 | $C_6H_5-$ | 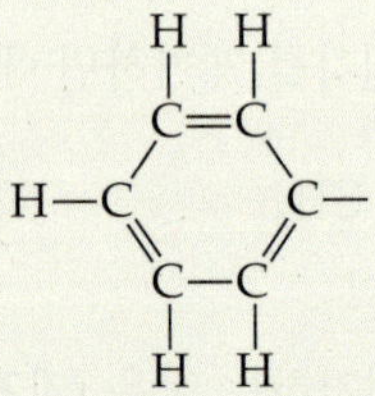 | 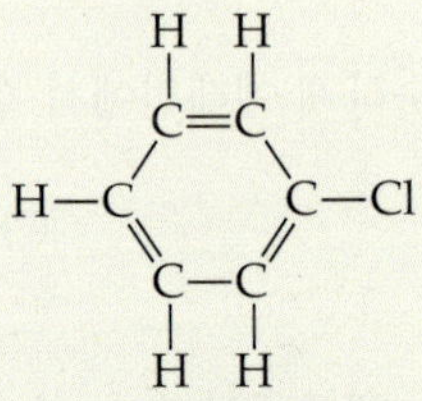<br>"염화 페닐" |

## 알케인의 명명법

국제순수및응용화학연맹(IUPAC, International Union of Pure and Applied Chemistry)이 1892년 스위스의 제네바에서 회의를 갖고 유기 화합물의 명명을 위한 일련의 체계적인 규칙을 제안하였다. 비록 이 규칙들이 IUPAC에 의하여 정기적으로 개정되기는 했지만, 유기 화합물의 명명을 위한 기본적인 지침들은 아직도 *제네바 협정*이라 부르고 있다. 알케인의 명명에서 아래의 지침들이 적용된다.

▲**유기 화합물 명명법**
이 스위스 우표는 1892년 스위스 제네바에서 있었던 회의에서 IUPAC에 의하여 최초로 제안된 유기 화합물의 체계적인 명명 규칙의 100주년을 기념하고 있다.

### 알케인의 명명 지침

1. 주 사슬("parent" chain)이라 불리는 가장 긴 탄소 사슬에 해당하는 알케인의 이름을 붙인다. 만약, 가장 긴 사슬이 탄소 원자 5개라면 이 화합물은 펜테인(pentane)이다. 탄소 사슬에 붙어 있는 가지와 상관없이 이 알케인은 펜테인이다.

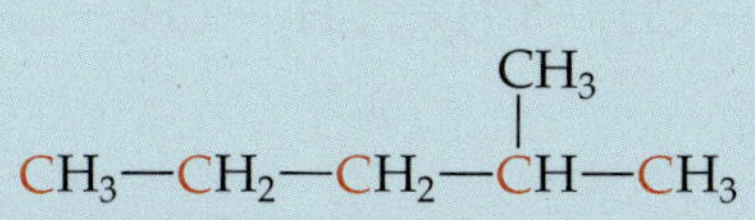

2. 사슬의 첫 가지가 있는 가장 가까운 끝에서 시작하여 가장 긴 연속 사슬에 번호를 부여하라. 위에 예에서는 오른쪽에서 왼쪽으로 번호를 부여한다.

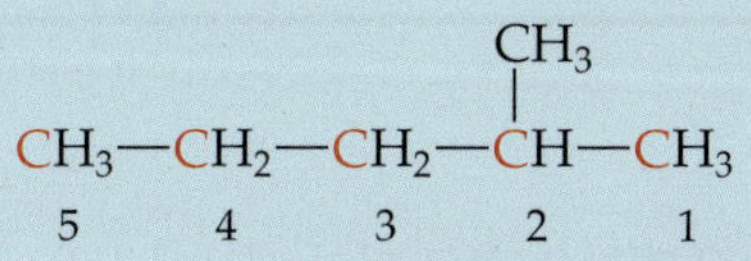

3. 알킬기의 위치를 이름과 번호로 나타낸다. 위의 예에서 메틸기는 2번째 탄소원자에 붙어 있으므로, 따라서 IUPAC 이름은 2-메틸펜테인(*2-methylpentane*)이다.

4. 만약 사슬에 둘 또는 그 이상의 동일한 기가 붙어 있으면, 둘에 대해서는 다이(*di-*), 셋에 대해서는 트라이(*tri-*), 넷에 대해서는 테트라(*tetra-*) 등의 접두어를 사용하라.

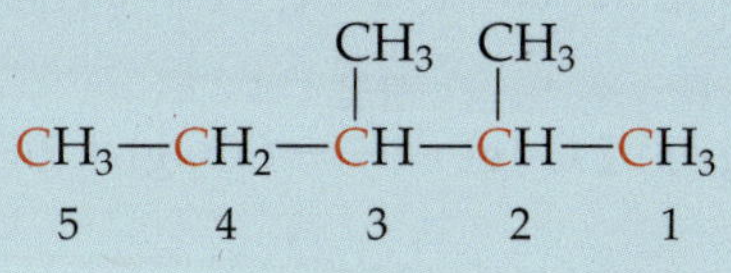

2개의 메틸기가 2번째와 3번째의 탄소 원자에 붙어 있으므로, 이 탄화수소의 이름은 2,3-다이메틸펜테인(*2,3-dimethylpentane*)이다.

### 예제 19.1 알케인의 명명법

아래의 구조의 IUPAC 이름을 말하라.

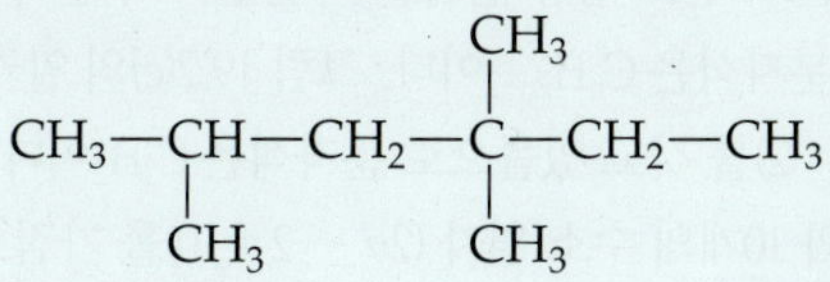

**해답**

알케인 명명에 관한 체계적인 규칙을 적용하자.

1. 가장 긴 연속 탄소 사슬은 6개의 탄소 원자를 가짐으로 이 화합물은 헥세인이다.

2. 최초의 가지가 사슬의 왼쪽 끝에 가장 가까이 있으므로 왼쪽에서 오른쪽으로 번호를 부여한다.

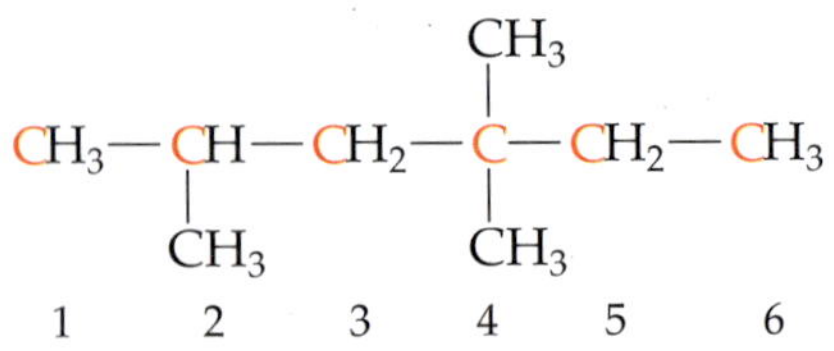

3. 붙어 있는 3개의 각각의 기는 메틸이다. 따라서, 이 화합물은 *메틸헥세인(methylhexane)*이다.
4. 3개의 메틸기가 있으므로 접두사 트라이를 사용하고, 각각의 메틸기의 위치를 표시한다. 이 탄화수소의 IUPAC 이름은 *2,4,4-트라이메틸헥세인(2,4,4-trimethylhexane)*이다.

### 실전 연습문제

2,3-다이메틸데케인(2,3-dimethyldecane)의 축소된 구조식을 그려라.

**답:**

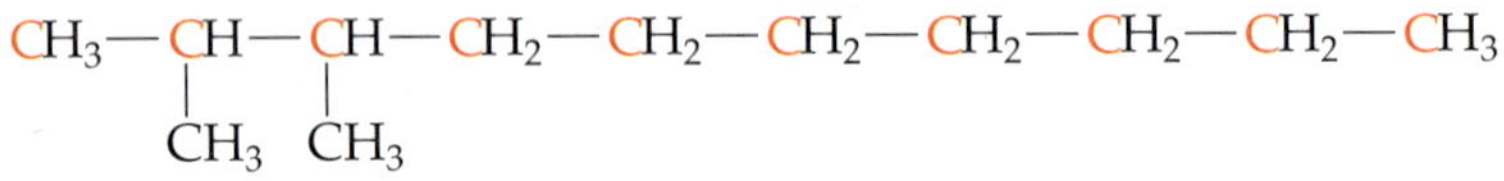

### 개념 문제

다음 화합물 중 어느 것이 알케인의 예인가?
데케인($C_{10}H_{22}$), 데센($C_{10}H_{20}$), 데사인($C_{10}H_{18}$), 또는 나프탈렌($C_{10}H_8$)

**답:** 부록 G, 19.1 참조

### 알케인의 반응

알케인은 강력한 C—C 및 C—H 결합을 갖고 있기 때문에 상온에서는 반응성이 없다. 그러나 높은 온도에서 알케인은 공기 중의 산소에 의하여 급격히 연소된다. 이것을 **연소 반응(combustion reaction)**이라 부르며, 이런 가연성 알케인은 세계에서 사용되는 에너지의 대부분을 공급하고 있다.

알케인의 완전 연소로 얻어지는 생성물은 이산화 탄소와 물이다. 만약 산소의 양이 제한되면 일산화 탄소가 생길 수도 있다. 예로서 메테인 기체의 완전 연소식은 다음과 같다.

$$CH_4(g) + 2\,O_2(g) \xrightarrow{\text{불꽃}} CO_2(g) + 2\,H_2O(g)$$

## 19.3 알켄과 알카인(알킨)

**학습 목표**

- 간단한 알켄의 이름과 화학식을 쓸 수 있다.
- 간단한 알카인의 이름과 화학식을 쓸 수 있다.
- 알켄과 알카인의 첨가반응을 쓸 수 있다.

**알켄(alkenes)**은 탄소-탄소 이중 결합을 가진 불포화 탄화수소이다. 하나의 이중 결합을 가지는 알켄의 일반적인 분자식은 $C_nH_{2n}$이다. 그림 19.2(b)의 알켄은 2개의 탄소 원자 ($n = 2$)와 4개의 수소 원자($2n = 4$)를 갖고 있음으로 분자식은 $C_2H_4$이다. 알켄 계열의 6번째 화합물은 6개의 탄소 원자($n = 6$)와 12개의 수소 원자 ($2n = 12$)를 가짐으로서 분자식은 $C_6H_{12}$이다.

**알카인(알킨, alkynes)**은 탄소-탄소 삼중 결합을 가진 불포화 탄화수소이다. 하나의 삼중 결합을 갖는 알카인의 일반적인 분자식은 $C_nH_{2n-2}$이다. 그림 19.2(c)의 알카인은 2개의 탄소 원자 ($n = 2$)와 2개의 수소 원자($2n - 2 = 2$)를 갖고 있음으로 분자식은 $C_2H_2$이다. 알카인 계열의 6번째 화합물은 6개의 탄소 원자($n = 6$)와 10개의 수소 원자 ($2n - 2 = 10$)를 가짐으로써 분자식은 $C_6H_{10}$이다.

### 알켄 계열 화합물

알켄 계열의 처음이자 가장 작은 분자는 그림 19.2(b)에 있는 $CH_2{=}CH_2$이다. 이것의 IUPAC이름은 에텐이나 보통 "에틸렌"이라 불린다. 알칸 계열의 두 번째 분자는 $CH_2{=}CH{-}CH_3$이다.

이것의 IUPAC 이름은 프로펜이나 보통 "프로필렌"이라고 불린다. 에틸렌과 프로필렌은 각각 폴리에틸렌과 폴리프로필렌 같은 플라스틱을 만드는 데 사용된다.

알켄의 다음 분자는 뷰텐, $C_4H_8$이다. 2개의 가능한 이중 결합 위치가 있기 때문에 뷰텐은 2개의 구조 이성질체를 가진다. 이중 결합은 처음과 2번째의 탄소 원자 사이에 존재할 수 있거나 ($CH_2{=}CH{-}CH_2{-}CH_3$), 혹은 2번째와 3번째 사이에 있을 수 있다($CH_3{-}CH{=}CH{-}CH_3$). 처음 이성질체의 이름은 1-뷰텐이고, 두 번째 것의 이름은 2-뷰텐이다. 표 19.3에 알켄 계열의 처음 몇 분자를 수록하였다.

**표 19.3 알켄**

| IUPAC이름 | 관용명 | 분자식 | 구조식 | 끓는점 |
|---|---|---|---|---|
| ethene | "에틸렌" | $C_2H_4$ | $CH_2{=}CH_2$ | −104 ℃ |
| propene | "프로필렌" | $C_3H_6$ | $CH_2{=}CH{-}CH_3$ | −47 ℃ |
| 1-butene | "1-뷰틸렌" | $C_4H_8$ | $CH_2{=}CH{-}CH_2{-}CH_3$ | −6 ℃ |
| 2-butene | "2-뷰틸렌" | $C_4H_8$ | $CH_3{-}CH{=}CH{-}CH_3$ | * |

*2-butane은 두 개의 이성질체가 있으며 끓는점은 각각 3 ℃와 1 ℃이다.

## 알켄의 명명법

알켄의 이름은 대응하는 알케인의 이름에 따라 주어진다. 즉, 알켄의 이름은 접미사 *-ane*를 접미사 *-ene*으로 바꾸면 된다. 예를 들어, 에테인(ethane)은 에텐(ethene)으로 바뀐다. 알켄의 명명 규칙은 알케인의 명명 규칙과 비슷하므로 다음의 명명 지침을 이용하기로 한다.

### 알켄의 명명 지침

1. 이중 결합을 포함하는 가장 긴 연속 탄소 사슬을 가진 알켄을 명명한다. 다음의 알켄을 고려해 보면,

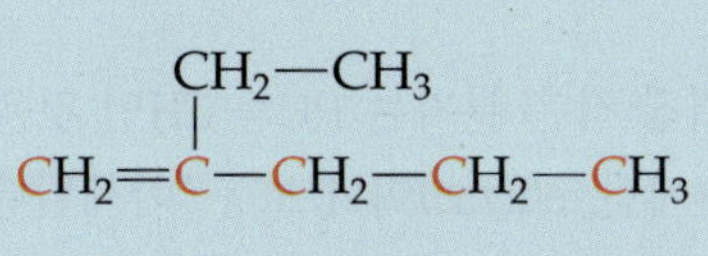

   비록 가장 긴 사슬이 6개의 탄소 원자로 되어 있지만 이중 결합을 가진 사슬에는 오직 5개의 탄소 원자만 있다. 따라서, 이 화합물은 펜텐(*pentene*)이다.

2. 이중 결합과 가장 가까운 쪽 끝에서부터 가장 긴 연속 사슬에 번호를 붙여라. 그러므로 왼쪽에서 오른쪽으로 번호를 붙이면 1-펜텐(*1-pentene*)이다.

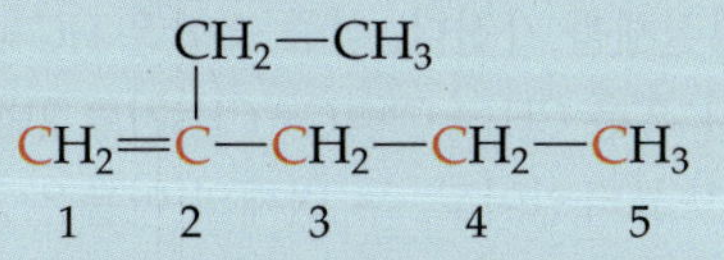

3. 이름과 번호로 각각의 부착된 알킬기의 위치를 나타낸다. 2번째의 탄소에 에틸기, $CH_3{-}CH_2{-}$가 있으므로 이 화합물은 2-에틸-1-펜텐(*2-ethyl-1-pentene*)이다.
4. 만약 사슬에 둘이나 그 이상의 같은 기가 있다면, 둘의 경우에는 접두사 다이, 셋의 경우에는 접두사 트라이, 넷의 경우에는 접두사 테트라를 사용하라. 이 경우에는 하나의 치환기가 있으므로 이름은 2-에틸-1-펜텐(*2-ehtyl-1-pentene*)이다.

**예제 19.2** 알켄의 명명법

아래의 구조의 IUPAC 이름을 말하라.

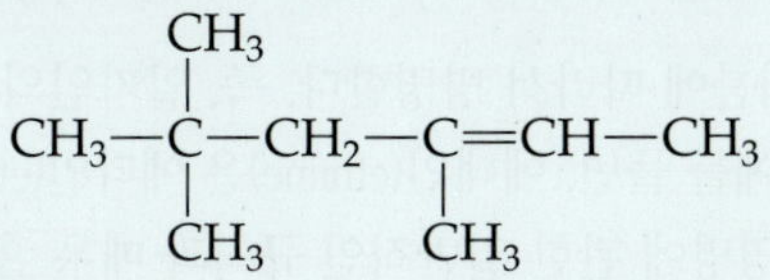

**해답**

알켄 명명에 대한 체계적인 규칙을 적용하자.

1. 이중 결합을 포함한 가장 긴 연속 탄소 사슬은 6개의 탄소를 가짐으로서, 이 화합물은 헥센(hexene)이다.
2. 이중 결합에 가장 낮은 번호를 부여하기 위하여 오른쪽에서부터 번호를 시작한다. 이 화합물은 2-헥센(*2-hexene*)이다.

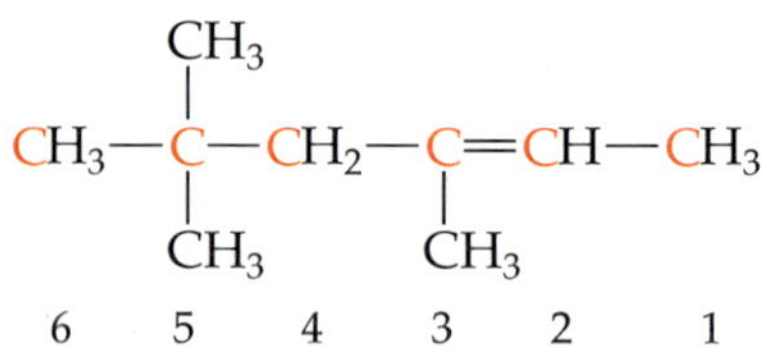

3. 3개의 가지들이 각각 메틸기이므로, 이 화합물은 메틸-2-헥센(*mehtyl-2-hexene*)이다.
4. 3개의 메틸기가 있으므로 접두사 트라이를 사용하고, 또한 각 치환기의 위치를 나타내자. 이 알켄의 IUPAC 이름은 3,5,5-트라이메틸-2-헥센(*3,5,5-trimethyl-2-hexene*)이다.

**실전 연습문제**

2-메틸-2-펜텐(*2-methyl-2-pentene*)의 축소 구조식을 그려라

**답:**

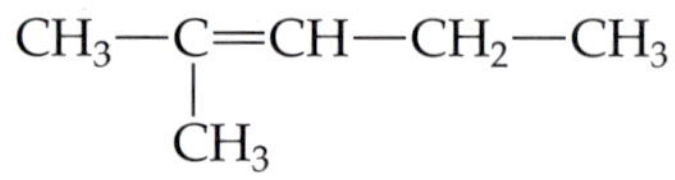

**개념 문제**

다음 화합물 중 어느 것이 알켄의 예인가? 데케인($C_{10}H_{22}$), 데센($C_{10}H_{20}$), 데사인($C_{10}H_{18}$) 또는 나프탈렌($C_{10}H_8$)

**답:** 부록 G, 19.2 참조

## 알카인 계열 화합물

알카인 계열 중 첫 번째이자 가장 작은 분자는 HC≡CH인 것을 그림 19.2(c)에서 알 수 있다. 이것의 IUPAC 이름은 에타인(에틴, ethyne)이나 보통 "아세틸렌"이라고 불린다. 산소와 아세틸렌 가스는 산소-아세틸렌 용접에 쓰인다. 산소와 아세틸렌 기체가 점화되면 온도는 3000 ℃에 도달한다. 알카인족의 2번째 분자는 HC≡C—$CH_3$이다. 이것의 IUPAC 이름은 프로파인(프로핀)이지만 보통 "메틸 아세틸렌"이라 부른다.

알카인 계열의 다음 분자는 뷰타인($C_4H_6$)이다. 뷰타인은 가능한 삼중 결합의 위치가 두 곳이기 때문에, 2개의 구조 이성질체를 가진다. 삼중 결합은 HC≡C—$CH_2$—$CH_3$처럼 처음과 2번째 탄소 원자 사이에 있거나 혹은 $CH_3$—C≡C—$CH_3$처럼 2번째와 3번째 탄소 원자 사이에 있다. 첫 이성질체의 이름은 1-뷰타인이고, 두 번째의 이름은 2-뷰타인이다. 표 19.4는 알카인 계열의 처음 몇 분자를 보여 주고 있다.

**표 19.4 알킨(알카인)**

| IUPAC 이름 | 관용명 | 분자식 | 구조식 | 끓는점 |
|---|---|---|---|---|
| ethyne(에타인) | "아세틸렌" | $C_2H_2$ | CH≡CH | −84 ℃ |
| propyne(프로파인) | "메틸 아세틸렌" | $C_3H_4$ | $CH_3$—C≡CH | −23 ℃ |
| 1-butyne(1-뷰타인) | "에틸 아세틸렌" | $C_4H_6$ | $CH_3$—$CH_2$—C≡CH | 8 ℃ |
| 2-butyne(2-뷰타인) | "다이메틸 아세틸렌" | $C_4H_6$ | $CH_3$—C≡C—$CH_3$ | 27 ℃ |

## 알카인의 명명법

알카인은 대응하는 알케인의 이름에 따라서 명명한다. 즉, 알카인의 이름은 접미사 *-ane*를 접미사 *-yne*로 바꾸어서 만든다. 예를 들면, 에테인(ethane)은 에타인(ethyne)으로 바뀐다. 복잡한 알카인의 명명 규칙은 알켄의 명명에 관한 일반적인 규칙과 매우 흡사하다. 다음의 예제들이 명명 규칙의 예를 보여준다.

## 예제 19.3 알카인의 명명법

다음의 구조의 IUPAC 이름을 말하라.

$$CH_3-\underset{\displaystyle CH_3}{\underset{|}{CH}}-C\equiv CH$$

**해답**

알켄을 명명하는 체계적인 규칙을 따를 수 있으나, 알카인에 대하여 접미사 *-yne*로 치환한다.

1. 삼중 결합을 포함하는 가장 긴 연속 탄소사슬이 4개의 탄소를 가짐으로 이 화합물은 뷰타인(*butyne*)이다.
2. 삼중 결합에 가장 낮은 번호를 부여하기 위하여 오른쪽에서 번호를 시작한다. 이 화합물은 1-뷰타인(*1-butyne*)이다.

$$\overset{4}{CH_3}-\underset{\displaystyle CH_3}{\underset{|}{\overset{3}{CH}}}-\overset{2}{C}\equiv \overset{1}{CH}$$

3. 3번째 탄소에 메틸기가 붙어 있으므로 이 화합물의 완전한 이름은 3-메틸-1-뷰타인(*3-methyl-1-butyne*)이다.

**실전 연습문제**

1-펜타인(1-pentyne)의 축소 구조식을 그려라.

**답:** $CH\equiv C-CH_2-CH_2-CH_3$

**개념 문제**

다음 화합물 중 어느 것이 알카인의 예인가?

데케인($C_{10}H_{22}$), 데센($C_{10}H_{20}$), 데사인($C_{10}H_{18}$) 또는 나프탈렌($C_{10}H_8$)

**답:** 부록 G, 19.3 참조

## 알켄과 알카인의 반응

알케인처럼 알켄과 알카인도 산소에 의하여 연소되면 에너지를 방출한다. 예를 들면, 산소-아세틸렌 용접에서 아세틸렌($C_2H_2$)과 산소 기체는 아래의 연소 반응을 한다.

$$2\ C_2H_2(g) + 5\ O_2(g) \xrightarrow{\text{불꽃}} 4\ CO_2(g) + 2\ H_2O(g)$$

알켄과 알카인은 이중 결합과 삼중 결합 때문에 알케인보다 반응성이 더 크다. 알케인과 달리 알켄과 알카인은 수소 가스와 반응할 수 있는 불포화 결합을 가지고 있다. 알켄과 알카인에 수소 기체가 첨가될 때 이를 **수소첨가 반응(hydrogenation reaction)**이라 한다. 예를 들면, 불포화 식물성 오일을 수소첨가 반응시키면 반고체성 마아가린으로 변환된다. 수소첨가 반응은 니켈이나 백금 같은 금속 촉매가 사용되면 상온과 대기압 하에서 쉽게 일어난다.

아세틸렌에 수소 기체가 첨가되는 다음의 단계적 첨가 반응을 살펴보자. 우선, 에타인은 에텐으로 변환되고, 에텐은 다시 에테인으로 바뀐다.

$$\underset{\text{에타인(에틴)}}{CH\equiv CH(g)} + H_2(g) \xrightarrow{Ni} \underset{\text{에텐}}{CH_2=CH_2(g)}$$

$$\underset{\text{에텐}}{CH_2=CH_2(g)} + H_2(g) \xrightarrow{Ni} \underset{\text{에테인(에탄)}}{CH_3-CH_3(g)}$$

## 알켄의 고분자화 반응(Polymerization reaction)

**고분자(중합체, poylmer)**는 **단량체(monomer)**라고 불리는 작은 분자들이 많이 붙어 있는 거대 분자이다. 고분자는 한 개의 알켄 분자가 두 번째 알켄 분자와 반응하고 다시 세 번째 분자와 순차적으로 반응하는 등으로 하여 만들어진다. 예를 들면, 에틸렌($CH_2{=}CH_2$)은 서로 반응하여 폴리에틸렌(*polyethylene*)이라 부르는 거대한 분자를 만들 수 있다. 이 고분자를 $[-CH_2-CH_2-]_n$으로 표시하는데, 여기에서 n은 반복되는 에틸렌 단량체의 숫자를 나타낸다. 중합 반응을 하는 동안 이중 결합이 깨지고 다른 에틸렌 분자와 다음과 같이 연결된다.

| 단위체 | + | 단위체 | + | …… → | 고분자(중합체) |
|---|---|---|---|---|---|
| $CH_2{=}CH_2$ | + | $CH_2{=}CH_2$ | + | …… → | $[-CH_2-CH_2-]_n$ |
| 에틸렌 | + | 에틸렌 | + | …… → | 폴리에틸렌 |

**학습 목표**

▶ 간단한 방향족 탄화수소의 이름과 화학식을 쓸 수 있다.

## 19.4 아렌

1825년에 영국 과학자인 마이클 페러데이(Michael Faraday, 1791~1867)는 램프에서 쓰던 연료유(fuel oil)로부터 하나의 물질을 분리해 냈다. 분석 후에 그 물질의 화학식은 $C_6H_6$라고 결정되었다. 몇 년 뒤에 같은 화합물이 국소 방부제였던 천연물 벤조인에서도 분리되었다. 이 화합물인 $C_6H_6$은 처음에는 벤진(benzin)이라 불렸으나 후에 다시 벤자인(benzine)으로 바뀌었다가 최종적으로 벤젠(benzene)으로 바뀌었다.

### 아렌계열 화합물

▲**아우구스트 케쿨레**
이 우표는 1865년에 벤젠의 고리 구조를 제안한 Kekulé를 기념하고 있다.

다른 유기 화합물들이 분리되고 구조가 규명된 것처럼, 화학자들은 벤젠 구조를 가지고 있는 물질들이 흔히 방향성 향기를 가지고 있음을 발견하였다. 그래서 이 화합물들은 기분 좋은 향기 때문에 *방향족(aromatic)*이라고 이름 지워졌다. 더 정밀한 분석으로 벤젠 구조와 향기는 아무 관계가 없음이 밝혀졌으나, 그 이름은 계속 사용되어 왔고 오늘날 방향족 탄화수소란 벤젠 구조를 포함한 화합물들이다. **아렌(arenes)**은 이름 끝에 접미사 *-ene*을 갖는 벤젠 고리를 가진 방향족 탄화수소 계열의 화합물이다.

1865년에 독일 화학자 아우구스트 케쿨레(August Kekulé 1829~1896)는 벤젠($C_6H_6$)이 3개의 이중 결합을 가진 고리 구조라고 제안하였다. 그는 6개의 탄소 원자가 단일 결합과 이중 결합으로 번갈아 가면서 고리를 형성한다고 제안하였으며, 이 구조를 벤젠의 *Kekulé구조(Kekule structure of benzene)*라고 부른다. 이중 결합이 고정되어 있지 않고 탄소 원자 사이를 이동하기 때문에 이 전자를 비편재화(delocalized)되었다고 한다. 이러한 현상 때문에 간략하게 표현하기 위하여 벤젠 고리는 $C_6H_6$를 표시하는 원을 포함하는 육각형으로 나타낸다.

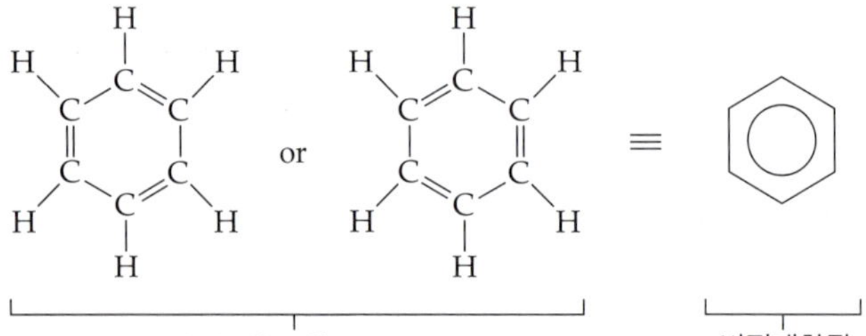


Kekulé 모형 구조　　비편재화된 전자 모형 구조

### 벤젠의 이성질체

벤젠의 비편재화된 전자 모형을 이용하여 다이클로로벤젠(dichlorobenzene)의 구조를 아래와 같이 나타낼 수 있다.

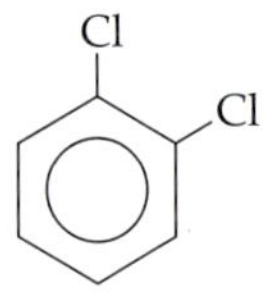

2개의 염소 원자가 벤젠 고리에서 바로 옆에 있음에 주목하라. 벤젠 고리에서 두 치환기가 바로 인접해있다면, 이들의 위치는 접두사 오쏘(*ortho-*)로 표시한다. 만약 치환기가 하나의 탄소 원자에 의하여 분리되었다면, 이들의 위치는 접두사 메타(*meta-*)로 표시한다. 만약 치환기가 벤젠 고리의 반대편에 각각 위치한다면, 이들의 위치는 접두사 파라(*para-*)로 표시한다.

오쏘-, 메타-, 파라-화합물들은 동일한 분자식을 가졌지만 구조가 다르기 때문에 이들은 구조 이성질체이다. 이성질체들은 서로 다른 물리적 성질을 가짐을 상기하라. 이 이성질체들을 다음과 같이 묘사할 수 있다.

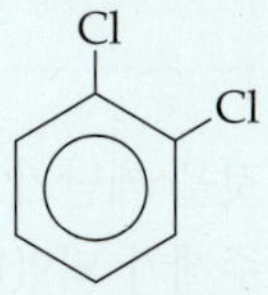

오쏘-다이클로로벤젠 (*ortho*-dichlorobenzene) Mp=-17 ℃, Bp=181 ℃

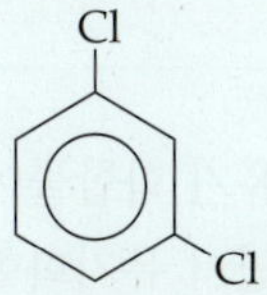

메타-다이클로로벤젠 (*meta*-dichlorobenzene) Mp=25 ℃, Bp=174 ℃

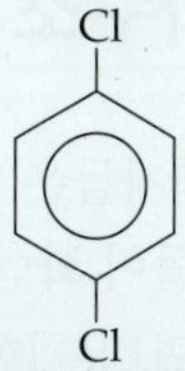

파라-다이클로로벤젠 (*para*-dichlorobenzene) Mp=53 ℃, Bp=175 ℃

## 예제 19.4 벤젠 이성질체

메타-다이메틸벤젠(*meta*-dimethylbenzene)의 구조식을 그려라.

**해답**

이 화합물은 벤젠을 포함한다. 또한 벤젠 고리의 메타 위치에 2개의 $—CH_3$기를 갖는다.

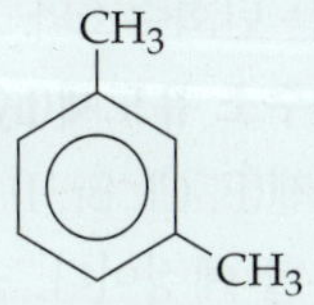

**실전 연습문제**

아래 화합물의 IUPAC 이름을 말하라.

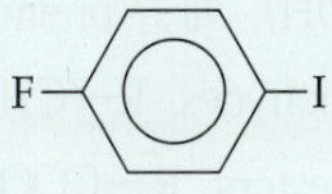

**답:** 파라-플루오르아이오드벤젠(para-fluoroiodobenzene)

**개념 문제**

다음 화합물 중 어느 것이 아렌의 예인가?
데케인($C_{10}H_{22}$), 데센($C_{10}H_{20}$), 데사인($C_{10}H_{18}$) 또는 나프탈렌($C_{10}H_8$)

**답:** 부록 G, 19.4 참조

## 예제 19.5 탄화수소

탄화수소의 이름에 근거하여 아래 화합물들이 알케인, 알켄 혹은 알카인 인지 판별하라.

(a) cyclopropane (b) methylpropyne

**해답**

(a) Cyclopropane은 접미사로서 *-ane*를 가짐으로 알케인이다.
(b) Methylpropyne은 접미사로서 *-yne*를 가짐으로 알카인이다.

**실전 연습문제**

탄화수소의 이름에 근거하여 아래 화합물들이 알케인, 알켄 혹은 알카인 인지 판별하라.

(a) cyclohexene (b) ethylpentyne

**답:**

(a) 알켄 (b) 알카인

**개념 문제**

탄화수소의 접미사에 근거하여 알켄과 아렌을 구별할 수 있는가?

**답:** 부록 G, 19.5 참조

## 19.5 탄화수소 유도체

**학습 목표**

- 유기 작용기의 개념을 설명할 수 있다.
- 다음 화합물들 (유기 할로젠화물, 알코올, 페놀, 에터, 아민) 각각에 대하여 작용기를 구별할 수 있다.
- 다음 화합물들 알데하이드(알데히드), 케톤, 카복실산, 에스터(에스테르), 아마이드 각각에 대하여 작용기를 구별할 수 있다.

1800년대에 화학자들은 대단히 많은 유기 화합물이 존재한다는 것을 깨닫기 시작하였다. 좀 더 많은 화합물들이 확인되고 연구되면서 유기화학은 압도적인 주제가 되었다. 독일의 화학자 뵐러에 의하면, 유기화학은 "무서운 끝이 없는 정글(dreadful endless jungle)"처럼 보였다는 것이다. 점차로 화학자들은 유기 화합물들을 단지 몇 개의 부류로 분리할 수 있음을 깨닫기 시작하였다. 그 결과 수백만 개의 유기 화합물이 몇 개의 항목으로 나누어지게 되었다. 이들 각각의 부류는 **화합물의 족(class of compounds)**이라 불리며, 특정 족에 속하는 모든 화합물은 비슷한 이름과 화학적 성질을 가진다.

### 탄화수소 유도체

유기화학의 광범위한 주제를 이해하기 위하여, 화학자들은 유기 화합물의 구분에 대한 광범위한 정보를 분류하였다. 첫 번째 분류는 탄화수소와 그 유도체들을 나누는 것이다. 탄화수소는 오직 수소와 탄소만 포함한다. **탄화수소 유도체(hydrocarbon derivatives)**는 탄화수소에서 유래되었지만, 그러나 산소, 질소, 할로젠(F, Cl, Br, I) 같은 다른 원소를 포함한다.

탄화수소 유도체 10개의 족을 공부할 예정이다. 공부의 첫째 사항은 각 족의 구성 분자들은 이름과 특성에서 유사성을 갖는다는 사실이다. 이들 족들은 유기 할로젠화물(organic halides, R—X), 알코올(alcohols, R—OH), 페놀(phenols, Ar—OH), 에터(ethers, R—O—R'), 아민(amines, R—$NH_2$), 알데하이드(aldehydes, R—CHO), 케톤(ketones, R—COR'), 카복실산(carboxylic acids, R—COOH), 에스터(esters, R—COOR')와 아마이드(amides, R—$CONH_2$)이다. R과 R'의 사용은 기(group)가 서로 같을 수도 또는 같지 않을 수도 있다는 것을 보여준다.

화합물의 족을 특징짓는 분자의 구조적 특징을 **작용기(functional group)**라 부른다. 예를 들면, 알코올(R-OH)의 경우에 작용기는 탄소 원자에 붙어 있는 —OH이다. 에터(R—O—R')의 경우에 작용기는 두 탄소 원자 사이에 있는 산소 원자이다.

이러한 10개의 탄화수소 유도체 중에서 5개는 산소 원자와 이중 결합된 탄소 원자(C=O)

**도움말**
**알킬(R) 대 아릴(Ar)**
기호 R은 알킬기를 나타내고 Ar은 아릴기를 나타낸다. R 과 R'는 서로 다른 알킬기를 표시한다.

**도움말**
**다중 작용기**
유기 화합물은 한 개 이상의 작용기를 가질 수 있다. 따라서 유기화합물은 두 개 이상의 탄화수소 유도체를 나타낼 수 있다.

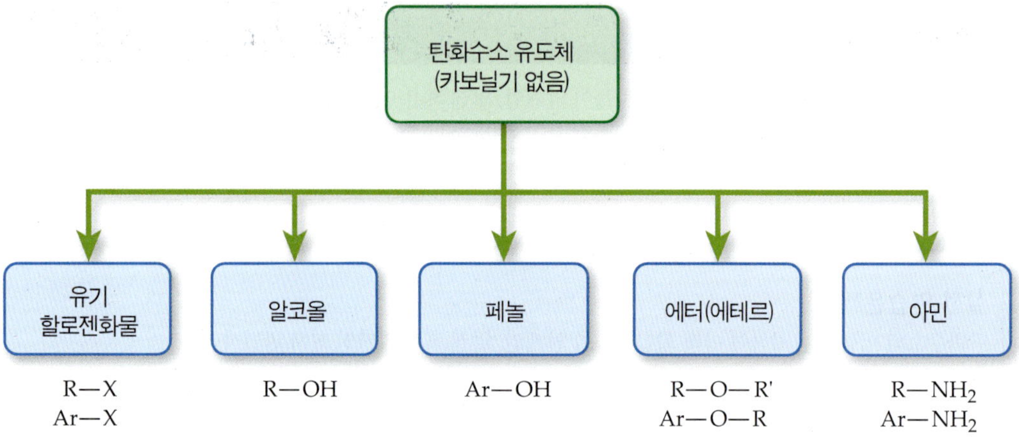


▶그림 19.3 **탄화수소 유도체(카보닐기가 없는)**
유기 할로젠화물에서 X는 F, Cl, Br 또는 I이다. 알코올에서 R은 아릴기(Ar)가 아닌 임의의 알킬기이다. 페놀에서 -OH기는 반드시 아릴기에 직접 연결되어야 한다.

를 가지고 있고, 나머지 5개는 그렇지 않다 (그림 19.3과 19.4). 산소 원자와 이중 결합된 탄소 원자는 **카보닐기(carbonyl group)**라 불린다. 카보닐기의 존재는 카보닐기를 가진 아마이드와 그렇지 않은 아민과 같이 그 족의 화합물들에 특징적인 성질을 부여한다.

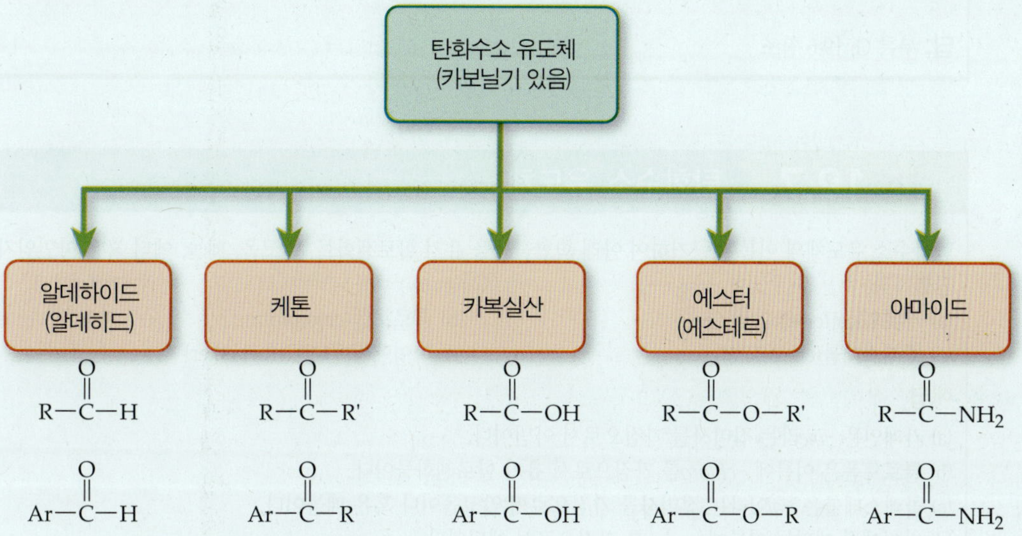


**▲그림 19.4 탄화수소 유도체(카보닐기를 갖는)**
알데하이드, 케톤, 카복실산, 에스터 및 아마이드는 서로 다른 기가 부착된 카보닐기를 가지고 있다. 기호 R은 알킬기 이고 Ar은 아릴기이다. (R이 케톤 외에는 수소 원자일 수도 있다)

## 예제 19.6 탄화수소 유도체의 분류

아래 화합물들에 대하여 탄화수소 유도체의 족을 말하라.

(a) $CH_3—Br$

(b) $CH_3—CH_2—NH_2$

(c) 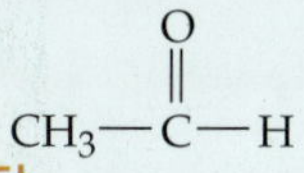

(d) 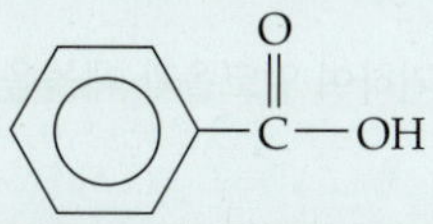

**해답**

먼저 각 화합물에서 작용기를 규명하라. 그런 다음 일반식을 참고하여 화합물의 족을 결정할 수 있다.

(a) 이 탄화수소 유도체는 카보닐기를 가지고 있지 않고, 또한 작용기는 할로젠(—Br)이므로, $CH_3—Br$은 유기 할로젠화물이다.

(b) 이 탄화수소 유도체는 카보닐기를 가지고 있지 않고, 또한 작용기는 아민(—$NH_2$)이므로, $CH_3—CH_2—NH_2$는 아민이다.

(c) 이 탄화수소 유도체는 카보닐기를 가지고 있으며, 또한 작용기는 H 원자와 결합된 카보닐기를 가지므로,

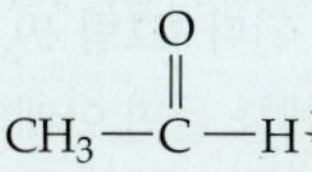는 알데하이드이다.

(d) 이 탄화수소 유도체는 벤젠 고리와 연결된 카보닐기를 가지며, 또한 작용기는 –OH가 결합된 카보닐기를 가지므로,

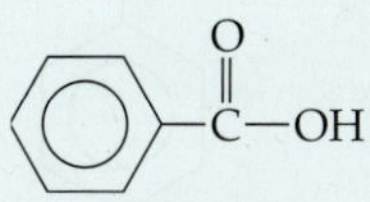는 카복실산이다.

**실전 연습문제**

아래 화합물들에 대하여 탄화수소 유도체의 족을 말하라.

(a) $(CH_3)_2CH—OH$

(b) 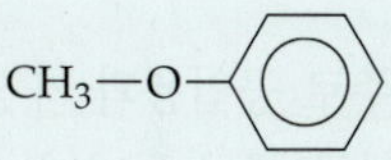

(c) 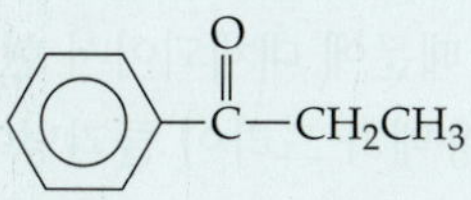

(d) 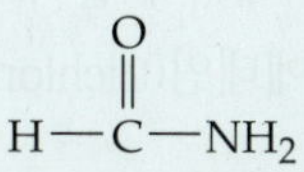

**답:** (a) 알코올 (b) 에터 (c) 케톤 (d) 아마이드

### 개념 문제

탄화수소 유도체의 족 중에서 어느 것들이 카보닐기를 가지는가? 탄화수소 유도체의 족 중에서 어느 것들이 카보닐기를 가지지 않는가?

**답:** 부록 G, 19.6 참조

## 예제 19.7 탄화수소 유도체

탄화수소 유도체의 이름에 근거하여 아래 화합물들을 유기 할로젠화물, 알코올, 페놀, 에터 혹은 아민인지 판별하라.

(a) 카페인(caffeine)
(b) 클로로폼(chloroform)
(c) 콜레스테롤(cholesterol)
(d) 다이에틸에터(diethyl ether)

### 해답

(a) 카페인은 *-ine*라는 접미사를 가짐으로서 아민이다.
(b) 클로로폼은 이름에 *-chloro*를 가짐으로서 유기 할로젠화물이다.
(c) 콜레스테롤은 *-ol*이라는 접미사를 가짐으로써 알코올이나 혹은 페놀이다.
(d) 다이에틸 에터는 이름에 *-ether*를 가짐으로서 에터이다.

### 실전 연습문제

탄화수소 유도체의 이름에 근거하여 아래 화합물들을 알데하이드, 케톤, 카복실산, 에스터 혹은 아마이드인지 판별하라.

(a) 시나말(cinnamal)
(b) 코티손(cortisone)
(c) 메틸아세테이트(methylacetate)
(d) 설파닐아마이드(sulfanilamide)

**답:**
(a) 알데하이드 (b) 케톤 (c) 에스터 (d) 아미이드

### 개념 문제

탄화수소 접미사에 근거하여 알코올과 페놀을 구별할 수 있는가?

**답:** 부록 G, 19.7 참조

## 19.6 유기 할로젠화물

**학습 목표**

▶ 간단한 유기 할로젠화물의 이름과 화학식을 쓸 수 있다.

만약 할로젠 원자(F, Cl, Br, I)가 탄화수소의 수소 원자를 대체한다면, 그것은 유기 할로젠화물(*organic halides*)이라 불리는 화합물의 족이 된다 (그림 19.5). 이런 화합물의 족에서 탄화수소기는 알킬, R—X,혹은 아릴, Ar—X, 이다. 예를 들면 아래와 같다.

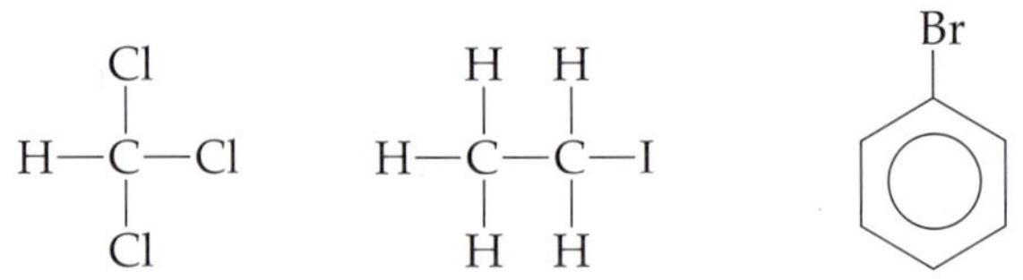

(a) "클로로폼" (b) "아이오딘화 에틸" (c) "브로민화 페닐"

유기 할로젠화물은 주로 공업용과 가정용 용매로 사용된다. 비록 사염화 탄소($CCl_4$)가 한동안 드라이 클리닝과 얼룩 제거에 널리 사용되었었지만 그 독성 때문에 대체되어서 현재는 독성이 적은 트라이클로로에테인(trichloroethane, $C_2H_3Cl_3$) 같은 용매가 드라이 클리닝에 사용되고 있다.

(a) (b) (c)

▲그림 19.5 **유기 할로젠화물의 분자 모형**
(a) 클로로폼(chloroform, $CHCl_3$), (b) 아이오딘화 에틸(ethyl iodide, $C_2H_5I$), (c) 브로민화 페닐(phenyl bromide, $C_6H_5Br$)의 모형 구조 (Cl은 초록색, I는 보라색, Br는 오렌지색)

클로로폼(chloroform, $CHCl_3$)은 원래 일반 마취제로 쓰이던 범용 용매이다. 그 증기가 호흡기에 해롭다는 사실이 밝혀지자 할로에테인(haloethane, $CF_3CHClBr$) 같은 안전한 마취제로 대체되었다. 염화 에틸(ethyl chloride, $CH_3CH_2Cl$)은 약한 국소 마취제로 사용된다. 이것을 피부에 뿌리면 염화 에틸은 재빨리 기화되어서 피부에 차가운 느낌을 주어 피부를 무감각하게 만든다.

염화 플루오린화 탄소(CFCs)는 염소, 불소 및 탄소로 이루어진 유기 할로젠화물이다. 가장 잘 알려진 예는 에어로졸 추진제와 냉매 기체로 사용되는 프레온-12($CF_2Cl_2$)이다. 이산화탄소가 대부분의 에어로졸 통에서 프레온-12를 대체하고 있다. 최근에 CFCs는 냉장고와 에어콘에서 하이드로플루오로탄소(hydrofluorocarbon, HFCs)에 의하여 대체되고 있는데, 이러한 변화는 CFCs가 성층권에서 오존층을 고갈시킨다고 알려진 후에 의무화되어 있다.

유기 할로젠화물은 알드린(aldrin), 클로르데인(chlordane) 및 DDT를 포함한 많은 살충제에서 발견된다. 1972년에 환경보호국(environmental protection agency)은 야생 생물에 대한 위협 때문에 살충제인 DDT의 사용을 금지시켰다. 사용이 금지되기 전까지 DDT는 농업 수확량을 증가시키고 말라리아와 황열병을 옮기는 곤충의 수를 줄인다고 하여 각광을 받고 있었다.

IUPAC 명명법에 의하면, 유기 할로젠화물은 모체 알케인에 붙은 할로겐을 명명함으로써 이름을 부른다. 예를 들면, $CH_3CH_2Br$은 브로모에테인(bromoethane)이라고 명명한다. 다른 방법으로, 브로민 원자가 붙은 알킬기를 언급하는 관용명으로 화합물을 나타낼 수도 있다. 즉 $CH_3CH_2Br$을 "브로민화 에틸(ethyl bromide)"라 부를 수도 있다.

대부분의 유기 할로젠화물은 비극성이지만 몇 가지는 약한 극성을 갖는다. 일반적으로 유기 할로젠화물은 알케인과 비슷한 물리적 성질을 가진다. 즉, 이들은 끓는점이 낮으며, 탄화수소 용매에 녹고, 물에는 녹지 않는다. 표 19.5에 간단히 유기 할로젠화물의 성질을 나타내었다.

**표 19.5 유기 할로겐화물***

| IUPAC 이름 | 관용명 | 분자식 | 끓는점* | 물에서의 용해도 |
|---|---|---|---|---|
| chloromethane (클로로메테인) | "염화 메틸" (메틸 클로라이드) | $CH_3—Cl$ | −24 ℃ | 불용성 |
| chloroethane (클로로에테인) | "염화 에틸" (에틸 클로라이드) | $CH_3—CH_2—Cl$ | 12 ℃ | 불용성 |
| 1-chloropropane (1-클로로프로페인) | "염화 프로필" (프로필 클로라이드) | $CH_3—CH_2—CH_2—Cl$ | 47 ℃ | 불용성 |
| 2-chloropropane (2-클로로프로페인) | "아이소프로필 클로라이드" | $CH_3—CH(Cl)—CH_3$ | 36 ℃ | 불용성 |
| chlorobenzene (클로로벤젠) | "염화 페닐" (페닐 클로라이드) | $C_6H_5—Cl$ | 132 ℃ | 불용성 |

*저분자 질량을 갖는 대부분의 유기 할로젠화물은 상온에서 액체이다.

**학습 목표**

- 간단한 알코올, 페놀, 에터의 이름과 화학식을 쓸 수 있다.

## 19.7 알코올, 페놀 및 에터(에테르)

알코올, 페놀 및 에터(에테르)는 모두 수소와 탄소 외에도 산소를 가지고 있다. 알코올과 페놀은 —OH기를 가지고 있으며 일반적으로 극성이다. 반면에 에터는 C—O—C 작용기를 가지고 있으며 대부분이 비극성이다.

### 알코올과 페놀계 화합물

알케인의 수소 원자가 —OH기로 치환되면, 결과물은 알코올(alcohol, R—OH)이다. 벤젠고리에서 수소 원자가 —OH기로 치환되면, 페놀(phenol, Ar—OH)이다. 알코올과 페놀의 —OH기는 하이드록실기(hydroxyl group)라 불린다(그림 19.6). 예를 들면,

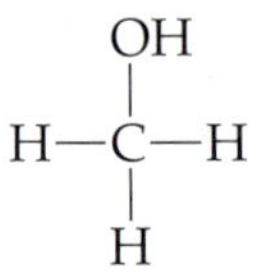

(a) "메틸 알코올"

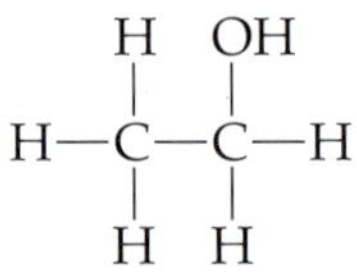

(b) "에틸 알코올"

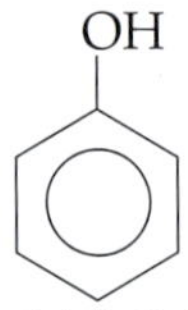

(d) "페놀"

(a) (b) (c)

**▲그림 19.6 알코올과 페놀의 분자 모형**
(a) "메틸 알코올"(methyl alcohol, $CH_3OH$), (b) "에틸 알코올"(ethyl alcohol, $C_2H_5OH$), (c) "페놀"(phenol $C_6H_5OH$)의 모형 구조 (C는 검은색, H는 흰색, O는 붉은색)

알코올은 많은 실용적인 용도로 매일 사용되는 물질이다. 가장 간단한 분자인, "메틸 알코올"($CH_3OH$)은 부동액, 용매와 바이오 디젤연료 생산에 사용된다. 메틸 알코올은 나무를 건류하면 생성되므로 목정(木精, wood alcohol)이라 불린다. 목정은 밀주한 위스키에서 발견됨으로서 악명이 높은데, 곡주와 달리 소량의 목정을 마시면 장님이 될 수 있고 심하면 생명을 잃을 수 있다. "에틸 알코올"($C_2H_5OH$)은 가솔린과 섞어서 가소홀(gasohol)을 만든다. 주유소에서 인기가 있는 E85는 85% 에틸 알코올이다. 에틸 알코올은 옥수수, 호밀 및 보리 같은 다양한 곡식에서 얻어지는 설탕을 발효시켜서 만들기 때문에 종종 곡주(grain alcohol)라고 불린다. "아이소프로필 알코올"(isopropyl alcohol, $CH_3CH(OH)CH_3$)은 많은 가정에서 소독용 알코올로 사용된다.

알코올은 동일한 분자에 2개나 그 이상의 하이드록실기를 가질 수 있다. 에틸렌 글라이콜($CH_2(OH)CH_2(OH)$)과 글리세롤($CH_2(OH)CH(OH)CH_2(OH)$)은 중요한 예이다. 에틸렌 글라이콜은 자동차 영구 부동액의 주요 성분이다. 또한, 글리세린(*glycerin*)이라고도 불리는 글리세롤은 화장품의 보습제로 사용되는 끈적끈적한 액체이다.

IUPAC 명명법에 의하면, 알코올의 이름은 어미 알케인에서 유래한다. 이름은 마지막 -e를 없애고 접미사 -ol을 붙인다. 예를 들면, $CH_3OH$은 메테인 분자에 —OH기가 있으므로 IUPAC 이름은 메탄올(methanol)이고, 이것의 관용명은 "메틸 알코올"이다. $CH_3CH_2OH$의 경

우에 —OH기가 에테인 분자에 붙어 있으므로 체계적인 이름은 에탄올이고, 관용명은 "에틸 알코올"이다.

만약 벤젠 고리에 —OH기가 붙어 있으면 생성된 알코올은 페놀(*phenol*, Ar—OH)이라 불리는 특별한 족의 화합물이다. 이 족의 가장 간단한 분자인 페놀($C_6H_5OH$)은 중요한 공업용 화학 약품이다. 페놀은 플라스틱 생산과 염료 제조에 사용된다. 페놀은 어느 정도는 산성이며, "석탄산(carbolic acid)"으로도 알려져 있다. 페놀 유도체들은 항균성 특성을 가짐으로써 의약 및 치과 병원에서 사용되고 또한, 화장품에 방부제로 사용된다.

대부분의 알코올은 —OH기 때문에 아주 극성이다. 알코올은 물처럼 다른 분자의 산소 원자와 수소 원자 사이에 수소 결합을 이룰 수 있다. 그림 19.7은 알코올 분자 사이의 수소 결합을 보여 준다.

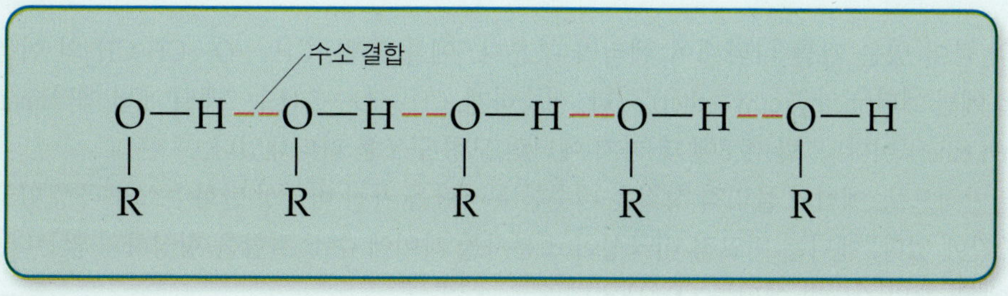


**◀그림 19.7 알코올의 수소 결합**
수소 결합은 알코올 분자를 긴 사슬로 연결하는 것에 주목하라.

수소 결합 때문에 알코올의 물리적 성질은 어미 알칸의 물리적 성질과는 아주 다르다. 알코올은 알케인보다 더 높은 끓는점이 가지며, 또한 물 같은 극성 용매에 녹거나 또는 약간 녹는다. 표 19.6에 페놀을 포함한 몇 가지 단순한 알코올을 나타내었다.

**표 19.6 알코올과 페놀**

| IUPAC 이름 | 관용명 | 분자식 | 끓는점* | 물에서의 용해도 |
|---|---|---|---|---|
| methanol | "메틸 알코올" | $CH_3$—OH | 65 ℃ | 가용성 |
| ethanol | "에틸 알코올" | $CH_3$—$CH_2$—OH | 78 ℃ | 가용성 |
| 1-propanol | "프로필 알코올" | $CH_3$—$CH_2$—$CH_2$—OH | 97 ℃ | 가용성 |
| 2-propanol | "아이소프로필 알코올" | $CH_3$—CH(OH)—$CH_3$ | 82 ℃ | 가용성 |
| phenol | "석탄산" | $C_6H_5$—OH | 182 ℃ | ~7% |

*저분자 질량을 갖는 대부분의 알코올은 상온에서 액체이며, 페놀은 고체이다.

## 에터(에테르)계 화합물

만약 두 알킬기가 산소 원자에 연결되어 있으면 에터(ethers, R—O—R')라고 불리는 화합물족이 얻어진다. 이 족의 화합물 중 상업적으로 가장 중요한 화합물은 다이에틸 에터(diethyl ether, $CH_3CH_2$—O—$CH_2CH_3$)이다. 이것은 흔히 "에틸 에터" 또는 간단히 "에터(에테르)"라고 불린다.

에틸 에터는 유기 반응을 위해 실험실에서 흔히 쓰이는 용매이다. 에터는 일반적인 외과수술 마취제였으나 높은 인화성과 환자에게 구역질을 일으키는 작용 때문에 대체되었다. "에틸 에터"는 "에틸 알코올"의 탈수에 의하여 제조된다. 반응 중에 황산이 아래와 같이 두 분자의 알코올에서 물 한 분자를 빼내기 위하여 사용된다.

$$\underset{\text{"에틸 알코올"}}{CH_3CH_2\text{—}OH} + \underset{\text{"에틸 알코올"}}{H\text{—}OCH_2CH_3} \xrightarrow{H_2SO_4} \underset{\text{"다이에틸 에터"}}{CH_3CH_2\text{—}O\text{—}CH_2CH_3} + H_2O$$

에터족 화합물에서 붙어 있는 기는 알킬이나 아릴일 수 있다. 즉, 에터가 R—O—Ar, Ar—O—Ar' 또는 R—O—R'이다(그림 19.8 참조). 에터의 IUPAC 이름은 흔히 쓰이지 않고,

(a) (b) (c)

▲**그림 19.8 에터의 분자 모형**
(a) "다이에틸 에터"(diethyl ether, $CH_3CH_2–O–CH_2CH_3$), (b) "메틸 에틸 에터"(methyl ethyl ether, $CH_3–O–CH_2CH_3$), (c) "메틸 페닐 에터"(methyl phenyl ether, $CH_3–O–C_6H_5$)의 모형 구조 (C는 검은색, H는 흰색, O는 붉은색)

2개의 붙어 있는 기를 나타내어 에터라 부른다. 예를 들면, $CH_3—O—CH_2CH_3$의 이름은 "메틸 에틸 에터(methyl ethyl ether)"이다. 비슷하게, $CH_3—O—C_6H_5$는 "메틸 페닐 에터(methyl phenyl ether)"이다. 그림 19.8에 몇 가지 에터의 모형 구조를 나타내었다.

일반적으로, 에터의 물리적 성질은 비슷한 분자량을 가진 비극성 탄화수소와 극성 알코올의 중간에 있다. 에터는 비교적 비극성이고 분자들 사이에 수소 결합을 형성하지 않는다. 표 19.7에 몇 개의 간단한 에터를 나타내었다.

**표 19.7 에터(에테르)**

| IUPAC 이름 | 관용명 | 분자식 | 끓는점* | 물에서의 용해도 |
|---|---|---|---|---|
| — | "다이메틸 에터" | $CH_3—O—CH_3$ | −25 ℃ | 가용성 |
| — | "메틸 에틸 에터" | $CH_3—O—CH_2CH_3$ | 8 ℃ | 가용성 |
| — | "다이에틸 에터" | $CH_3CH_2—O—CH_2CH_3$ | 35 ℃ | ~7% |
| — | "다이페닐 에터" | $C_6H_5—O—C_6H_5$ | 259 ℃ | 불용성 |

*대부분의 저분자량 에터(에테르)는 상온에서 액체이고, "다이페닐 에터"(diphenyl ether)는 고체이다.

**학습 목표**

▶ 간단한 아민의 이름과 화학식을 쓸 수 있다.

## 19.8 아민

아민은 종종 불쾌한 냄새를 가진다. 가장 간단한 아민인 $CH_3NH_2$은 암모니아 같은 냄새를 낸다. 탄소 사슬이 길어질수록 나쁜 냄새는 점점 더 심해지며, $CH_3CH_2CH_2CH_2NH_2$는 매우 고약한 냄새를 낸다. 푸트레신 (putrescine)과 카다베린(cadaverine) 등의 아민은 썩어가는 생선에서 볼 수 있으며 역겨운 냄새를 낸다. 다. 아민의 다른 예로는, 치과용 마취제인 노보카인(novocaine), 호르몬인 에피네프린(epinephrine), 니코틴(nicotine), 신경 각성제인 암페타민(amphetamine) 및 코카인(cocaine)등이 있다.

### 아민계 화합물

만약 알킬기(R—)가 암모니아($NH_3$)의 수소 원자 하나를 치환하면 생성물은 $R—NH_2$로서 아민(*amine*)이라 부른다(그림 19.9). 더 많은 치환으로 둘 또는 세 개의 알킬기를 갖는 아민인 $R_2—NH$ 또는 $R_3—N$이 만들어 진다. 이 화합물의 족에서 탄화수소기는 알킬 또는 아릴기일 수 있다. 예를 들면,

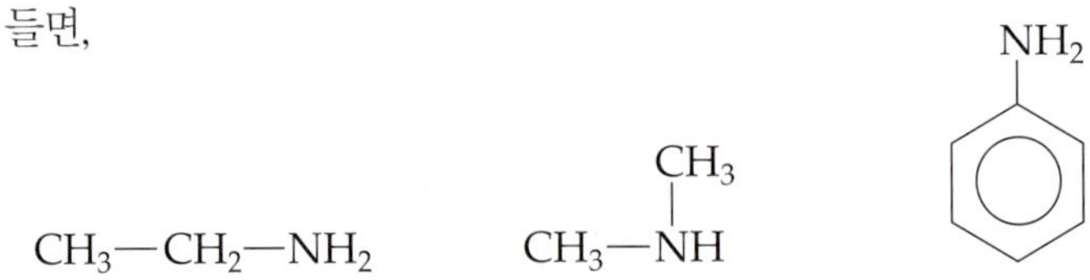

(a) "에틸아민" (b) "다이메틸아민" (c) "페닐아민"

(a) (b) (c)

**▲그림 19.9 아민의 분자 모형**
(a) "에틸아민"(ethylamine, $C_2H_5NH_2$), (b) "다이메틸아민"(dimethylamine, $(CH_3)_2NH$), (c) "페닐아민"(phenylamine, $C_6H_5NH_2$)의 분자 구조(C는 검은색, H는 흰색, N은 푸른색)

아민의 IUPAC명은 잘 쓰이지 않음으로, 따라서 아민의 이름으로 관용명을 사용한다. 예를 들면, $CH_3NH_2$의 관용명은 "메틸아민(methylamine)"이며, $CH_3CH_2NH_2$의 관용명은 "에틸아민(ethylamine)"이다. 비슷하게 $C_6H_5NH_2$는 "페닐아민(phenylamine)"이라 부른다.

대부분의 아민은 $—NH_2$기 때문에 극성이다. 사실 아민은 분자간 수소결합을 형성할 수 있다는 점에서 알코올과 유사하다. 따라서 우리가 예상할 수 있는 것처럼 아민의 물리적 성질은 알코올과 비슷하다. 즉, 높은 끓는점을 가지며 물에 녹는다. 표 19.8에 몇 가지 간단한 아민을 나타내었다.

**표 19.8 아민**

| IUPAC 이름 | 관용명 | 분자식 | 끓는점* | 물에서의 용해도 |
|---|---|---|---|---|
| — | "메틸아민" | $CH_3—NH_2$ | −7 ℃ | 가용성 |
| — | "에틸아민" | $CH_3—CH_2—NH_2$ | 17 ℃ | 가용성 |
| — | "프로필아민" | $CH_3—CH_2—CH_2—NH_2$ | 48 ℃ | 가용성 |
| — | "아이소프로필아민" | $CH_3—CH(NH_2)—CH_3$ | 33 ℃ | 가용성 |
| — | "페닐아민" | $C_6H_5—NH_2$ | 185 ℃ | ~5% |

* 저분자 질량을 갖는 대부분의 아민은 상온에서 액체이다.

## 19.9 알데하이드와 케톤

**학습 목표**

▶ 간단한 알데하이드와 케톤의 이름과 화학식을 쓸 수 있다.

많은 알데하이드(알데히드, aldehyde)와 케톤(ketone)은 특이한 맛과 향기를 가진다. 이런 이유 때문에 이들 화합물들은 흔히 음식과 사탕에 향료로 첨가되고, 또한 흡입제와 향수에 방향제로 사용된다. 또한 이들은 용매로 사용되기도 하고, 다른 유기 화합물의 합성에도 사용된다.

### 알데하이드(알데히드)계 화합물

알데하이드는 카보닐기(C=O)를 가지고 있으며 일반적으로 극성이다. 알데하이드(RCHO)에서 카보닐기는 수소 원자 및 알킬 또는 아릴기에 붙어 있다 (그림 19.10). 예를 들면,

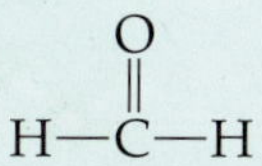

(a) "폼알데하이드"

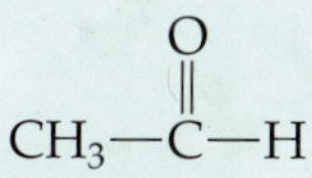

(b) "아세트알데하이드"

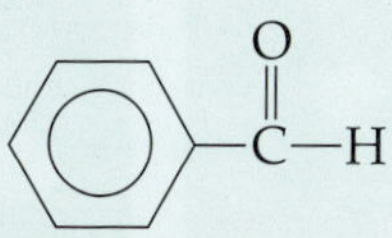

(c) "벤즈알데하이드"

(a) (b) (c)

▶**그림 19.10 알데하이드의 분자 모형** (a) "폼알데하이드"(formaldehyde, HCHO), (b) "아세트알데하이드"(acetaldehyde, $CH_3CHO$) 및 (c) "벤즈알데하이드"(benzaldehyde, $C_6H_5CHO$)의 모형 구조 (C는 검은색, H는 흰색, O는 붉은색)

가장 간단한 알데하이드인 "폼알데하이드"(HCHO)는 상위 50위권 공업용 화학물질 중의 하나이다. 폼알데하이드는 생물 교실에서 표본을 보존하는 부패를 방지하는 용액으로 가장 잘 알려져 있다. 사실 방부제는 폼알데하이드의 수용액인 포르말린(formalin)이다. 폼알데하이드는 다양한 금속 촉매를 이용하여 메탄올의 산화 반응에 의하여 제조된다.

IUPAC 명명법에 따르면, 알데하이드의 이름은 어미 알케인의 이름에서 유도된다. 즉, 알칸 이름의 마지막 *-e*를 없애고 접미사 *-al*을 붙인다. 예를 들면, HCHO의 IUPAC 이름은 메타날(methanal)이고, $CH_3CHO$의 이름은 에타날(ethanal)이다. 또한 $CH_3CHO$는 관용명으로 "아세트알데하이드(acetaldehyde)"라고도 부른다. 낮은 분자 질량의 알데하이드는 카보닐기 때문에 약간 극성이다. 이들은 알코올처럼 강한 극성은 아니고 또한 수소 결합도 형성하지 못한다. 따라서, 알데하이드의 물리적 성질은 극성 알코올과 비극성 탄화수소의 중간쯤이다. 일반적으로 알데하이드는 비슷한 알코올에 비하여 물에 덜 녹고 끓는점도 낮다. 표 19.9에 몇 가지 간단한 알데하이드를 나타내었다.

**표 19.9 알데하이드**

| IUPAC 이름 | 관용명 | 분자식 | 끓는점* | 물에서의 용해도 |
|---|---|---|---|---|
| methanal | "폼알데하이드" | H—CHO | −21 ℃ | 가용성 |
| ethanal | "아세트알데하이드" | $CH_3$—CHO | 21 ℃ | 가용성 |
| propanal | "프로피온알데하이드" | $CH_3$—$CH_2$—CHO | 49 ℃ | 가용성 |
| benzaldehyde | "벤조 알데하이드 " | $C_6H_5$—CHO | 179 ℃ | ~1% |

*저분자 질량을 갖는 대부분의 알데하이드는 상온에서 액체이다.

## 케톤계 화합물

케톤은 카보닐기(C=O)를 가지며 일반적으로 극성이다. 케톤(RCOR')에서는 카보닐기의 양쪽에 알킬 또는 아릴기가 붙어 있다(그림 19.11). 예를 들면,

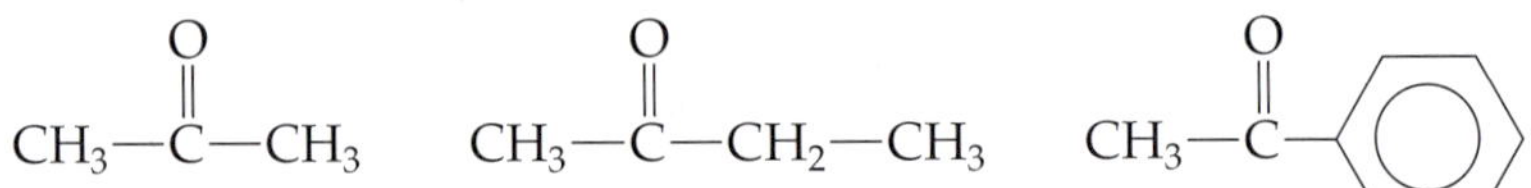

(a) "다이메틸 케톤 또는 아세톤" (b) "메틸 에틸 케톤 또는 뷰타논" (d) "메틸 페닐 케톤 또는 아세토페논"

(a) (b) (c)

▶**그림 19.11 케톤의 분자모형** (a) 아세톤(acetone, $CH_3COCH_3$), (b) 뷰타논(butanone, $CH_3COC_2H_5$), (c) 아세토페논(acetophenone, $CH_3COC_6H_5$)의 모형 구조 (C-검은색, H-흰색, O-붉은색)

"아세톤($CH_3COCH_3$)"은 가장 간단한 케톤이며 상위 50위권 공업용 화학물질 중의 하나이다. 아세톤은 휘발성 액체로서 증기는 인화성이 있다. 아세톤이 비록 물에 잘 녹지만 넓은 범위의 극성 및 비극성 화합물을 녹일 수 있다. "메틸 에틸 케톤($CH_3COCH_2CH_3$)"은 페인트 공업에서 용매로 사용된다. 케톤은 알코올의 산화에 의하여 제조된다. 예를 들면, 많은 양의 아세톤은 아이소프로필 알코올의 산화에 의하여 얻어진다.

IUPAC 명명법에 따르면, 케톤의 이름은 어미 알케인에서 유도된다. 이 이름은 알케인 이름의 마지막 *-e*를 없애고 접미사 *-one*을 붙인다. 예를 들면, $CH_3COCH_3$의 IUPAC 이름은 프로파논(propanone)이며, 관용명으로 "다이메틸 케톤(dimethyl ketone)" 또는 "아세톤"으로 부른다. $CH_3COCH_2CH_3$의 IUPAC 이름은 뷰타논(butanone)이며, 관용명으로 "메틸 에틸 케톤"이라 부른다. 이 계열의 다음 화합물은 펜타논(pentanone)이다. 그러나 카보닐기가 주 골격의 2번째 탄소($CH_3COCH_2CH_2CH_3$) 또는 3번째 탄소($CH_3CH_2COCH_2CH_3$)에 있을 수 있다. 따라서, 각각 2-펜타논 및 3-펜타논이라 불리는 2개의 이성질체가 존재한다.

저분자 질량의 케톤은 카보닐기 때문에 약간 극성이다. 이들은 알코올처럼 강한 극성은 아니며 수소 결합을 형성하지 못한다. 일반적으로 케톤은 비슷한 알코올보다 물에 잘 녹지 않고 끓는점도 낮다. 표 19.10에 가장 잘 알려진 3가지 케톤을 나타내었다.

**표 19.10 케톤**

| IUPAC 이름 | 관용명 | 분자식 | 끓는점* | 물에서의 용해도 |
|---|---|---|---|---|
| propanone | "아세톤" 또는 "다이메틸 케톤" | $CH_3—CO—CH_3$ | 56 ℃ | 가용성 |
| butanone | "메틸 에틸 케톤" | $CH_3—CO—CH_2CH_3$ | 80 ℃ | 가용성 |
| acetophenone | "메틸 페닐 케톤" | $CH_3—CO—C_6H_5$ | 202 ℃ | ~1 |

*저분자량 케톤의 대부분은 상온에서 액체이며, 아세토페논은 20 ℃에서 녹는다.

## 19.10 카복실산, 에스터(에스테르) 및 아마이드

**학습 목표**

- ▶ 간단한 카복실산, 에스터 및 아마이드의 이름과 화학식을 쓸 수 있다.
- ▶ 에스터에서 모체 알코올과 산을 구별할 수 있다.

카복실산(carboxylic acid), 에스터(에스테르, ester) 및 아마이드(amide)는 각 족의 화합물들이 카보닐기(C=O)를 포함하고 있다는 점에서 유사하며, 또한 일반적으로 극성이다. 카복실산은 많은 반응을 일으키며, 그 중 몇 가지는 에스터와 아마이드를 생성한다. 그러므로 에스터와 아마이드는 카복실산에서 유도된다.

### 카복실산계 화합물

카복실산(*carboxylic acid*)에서는 카보닐기와 하이드록실기가 결합하여 카복실기(carboxyl group, —COOH)를 형성한다(그림 19.12). 이 화합물 족의 경우, 탄화수소는 알킬 또는 아릴이다. 예를 들면,

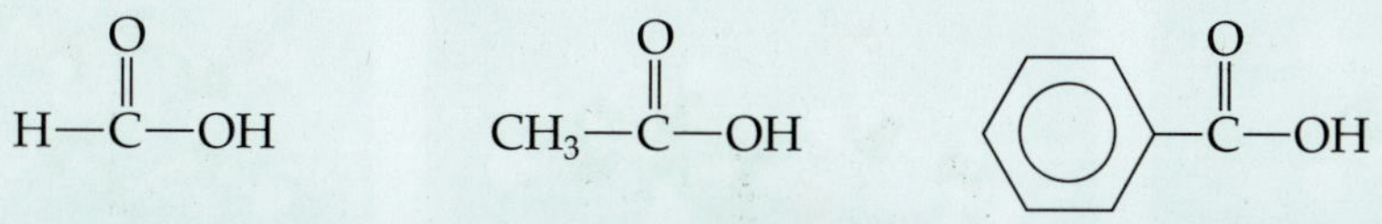

(a) "폼산" (b) "아세트산" (c) 벤조산

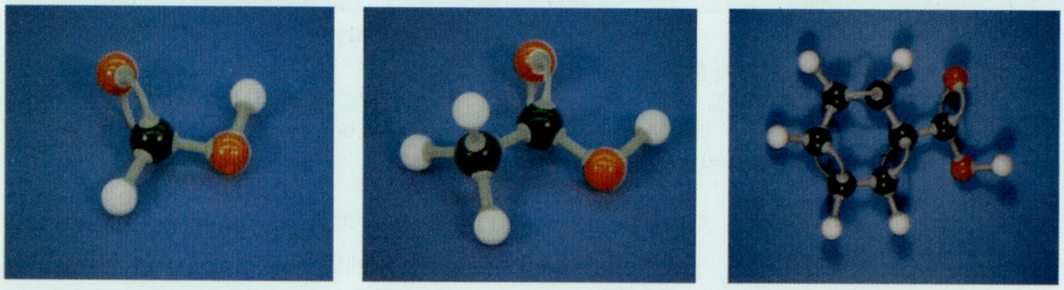

(a) (b) (c)

◀**그림 19.12 카복실산의 분자 모형**
(a) "폼산"(formic acid, HCOOH), (b) "아세트산"(acetic acid, $CH_3COOH$) (c) "벤조산"(benzoic acid, $C_6H_5COOH$)의 모형 구조 (C는 검은색, H는 흰색, O은 붉은색)

가장 간단한 카복실산은 "폼산"(HCOOH)이다. 폼산은 처음 개미에서 추출되었다. 사실 이것의 이름은 "개미"를 뜻하는 라틴어 formica로부터 유래되었다. 폼산은 불개미가 물었을 때 쏘는 듯한 느낌의 원인이다. 이것은 공업적으로 가죽의 무두질과 고무 라텍스의 응고에 사용된다.

"아세트산"은 처음 식초에서 분리되었고, 이의 이름은 신맛을 의미하는 라틴어인 acetum에서 유래되었다. 아세트산은 식초에 신맛을 내는 가장 흔한 카복실산으로 다른 화학물질을 합성하거나 피클이나 샐러드 드레싱 같은 식품제조에 사용된다.

IUPAC 명명법에 따르면 카복실산의 이름은 어미 알케인의 이름에서 유도된다. 이 이름은 알케인 이름의 마지막 *-e*를 없애고 접미사 *-oic acid*을 첨가한다. 예를 들면, HCOOH의 IUPAC 이름은 메탄산(methanoic acid)이고, $CH_3COOH$의 이름은 에탄산(ethanoic acid)이다. 또한 $CH_3COOH$는 관용명으로 "아세트산(acetic acid)"이라 부른다.

카복실산이 극성 —COOH기를 가지고 있으므로 이들은 분자 간 수소 결합을 할 수 있다. 카복실산의 성질은 알코올과 유사하고, 또한 높은 끓는점을 가진다. 카복실기가 강한 극성이기 때문에 카복실산은 보통 물에 잘 녹으리라 예상할 수 있다. 표 19.11을 보면 저분자 질량을 갖는 카복실산에 대해서 우리의 예상이 옳다는 것을 알 수 있다.

**표 19.11 카복실산**

| IUPAC 이름 | 관용명 | 분자식 | 끓는점* | 물에서의 용해도 |
|---|---|---|---|---|
| methanoic acid | "폼산" | H—COOH | 101 ℃ | 가용성 |
| ethanoic acid | "아세트산" | $CH_3$—COOH | 118 ℃ | 가용성 |
| propanoic acid | "프로피온산" | $CH_3$—$CH_2$—COOH | 141 ℃ | 가용성 |
| benzoic acid | — | $C_6H_5$—COOH | 249 ℃ | ~1% |

* 저분자 질량을 갖는 대부분의 카복실산은 상온에서 액체이고, 벤조산(benzoic acid)은 고체이다.

## 에스터계 화합물

에스터(에스테르, RCOOR')의 경우 카보닐은 -R과 -OR'에 연결되어 있다(그림 19.13). 이 화합물의 족에서 탄화수소는 알킬이나 아릴이다. 예를 들면,

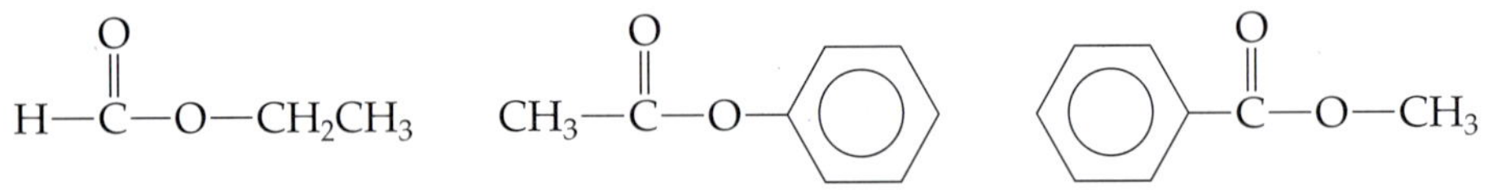

(a) '에틸 폼에이트" (b) "페닐 아세테이트" (c) "메틸 벤조에이트"

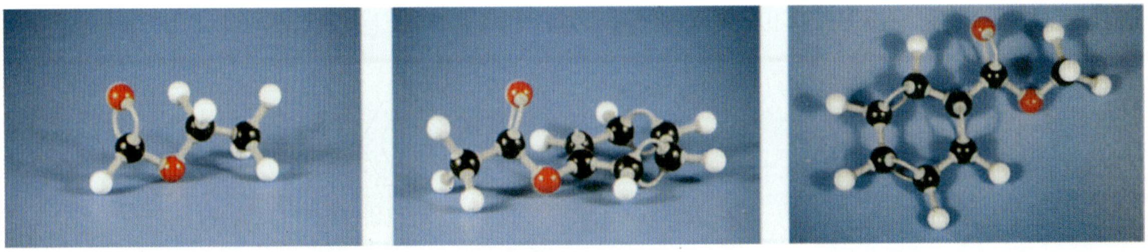

(a) (b) (c)

**▲그림 19-13 에스터의 분자 모형**
(a) "에틸 폼에이트"(폼산 에틸, ethyl formate, $HCOOC_2H_5$), (b) "페닐 아세테이트"(아세트산 페닐, phenyl acetate, $CH_3COOC_6H_5$) 및 (c) "메틸 벤조에이트"(벤조산 메틸, methyl benzote, $C_6H_5COOCH_3$)의 모형 구조 (C는 검은색, H는 흰색, O는 붉은색)

에스터는 전형적으로 기분좋은 과일 향을 가지고 있다. 예를 들어, 뷰틸 아세테이트(butyl acetate)는 바나나의 향을 가지며, 에틸 뷰티레이트(뷰틸산 에틸, ethyl butyrate)는 파인애플 향

을, 그리고 에틸 폼에이트(폼산 에틸, ethyl formate)는 럼(rum)의 향을 가진다.

에스터는 카복실산과 알코올의 반응으로 얻어진다. 황산 촉매 속에서 하나의 물 분자를 분리시켜 반응이 일어난다. 예를 들면, 아세트산과 에틸 알코올이 반응하여 에틸 아세테이트(아세트산 에틸)와 물을 생성한다.

$$\underset{\substack{\text{에타산}\\\text{“아세트산”}}}{CH_3-\overset{\overset{\displaystyle O}{\|}}{C}-\mathbf{OH}} + \underset{\substack{\text{에탄올}\\\text{“에틸 알코올”}}}{\mathbf{HO}-CH_2CH_3} \xrightarrow{H_2SO_4} \underset{\substack{\text{에틸 에타노에이트}\\\text{“아세트산 에틸”}}}{CH_3-\overset{\overset{\displaystyle O}{\|}}{C}-O-CH_2CH_3} + \mathbf{H_2O}$$

IUPAC 명명법에 따르면, 에스터의 이름은 어미 알코올과 카복실산의 이름으로부터 만들어지며 접미사는 *-oate*이다. 예를 들면, $HCOOCH_2CH_3$의 IUPAC 이름은 어미 알코올(에탄올)과 어미 산(메타노산)으로부터 만들어 진다. 접미사 *-oate*를 붙인 후 얻어지는 이름은 에틸 메타노에이트(ethyl methanoate)이다. 에스터 $HCOOCH_2CH_3$의 관용명은 “에틸 폼에이트(ethyl formate)”이다.

에스터는 카보닐기 때문에 약간 극성을 띤다. 이들은 알코올만큼 극성이지도 않고, 또한 수소 결합을 형성하지 못한다. 결과적으로, 이들의 물리적 성질은 극성 알코올과 비극성 탄화수소의 사이에 있다. 일반적으로, 에스터는 물에 녹지 않고 비슷한 알코올보다 낮은 끓는점을 가진다. 표 19.12에 몇 가지 에스터를 나타내었다.

**▲에스터 향기**
바나나의 향기는 뷰틸 아세테이트이고, 사과의 향기는 메틸 뷰티레이트이고, 오렌지의 향기는 옥틸 아세테이트이다.

**표 19.12 에스터(에스테르)**

| IUPAC 이름 | 관용명 | 분자식 | 끓는점* | 물에서의 용해도 |
|---|---|---|---|---|
| methyl methanoate | “메틸 폼에이트” | $H-CO-OCH_3$ | 32 ℃ | 가용성 |
| methyl ethanoate | “메틸 아세테이트” | $CH_3-CO-OCH_3$ | 57 ℃ | 가용성 |
| ethyl ethanoate | “에틸 아세테이트” | $CH_3-CO-OCH_2CH_3$ | 77 ℃ | 가용성 |
| methyl benzoate | — | $C_6H_5-CO-OCH_3$ | 200 ℃ | ~1% |

*저분자 질량을 갖는 대부분의 에스터는 상온에서 액체이다.

## 아마이드계 화합물

아마이드($RCONH_2$)의 경우 카보닐기는 —R기와 —$NH_2$기에 연결되어 있다(그림 19.14). 이 화합물의 족에서 탄화수소는 알킬이나 아릴이다. 예를 들면,

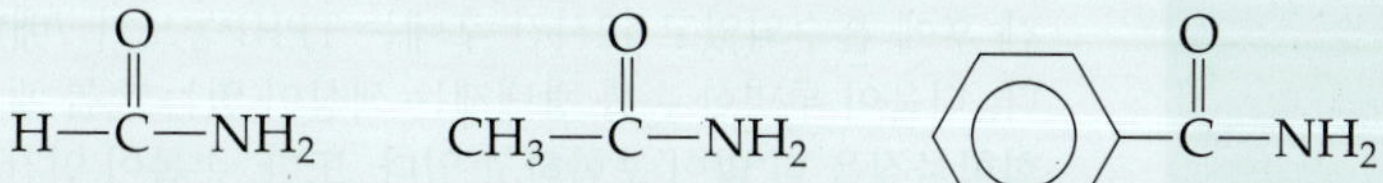

(a) “폼아마이드” (b) “아세트아마이드” (c) “벤즈아마이드”

(a) (b) (c)

**▲그림 19.14 아마이드의 분자 모형**
(a) “폼아마이드”(formamide, $HCONH_2$), (b) “아세트아마이드”(acetamide, $CH_3CONH_2$) 및 (c) “벤즈아마이드”(benzamide, $C_6H_5CONH_2$)의 모형 구조 (C는 검은색, H는 흰색, O는 붉은색, N은 푸른색)

$$CH_3-\overset{\overset{\displaystyle O}{\|}}{C}-\mathbf{OH} + \mathbf{H}-NH_2 \xrightarrow{D} CH_3-\overset{\overset{\displaystyle O}{\|}}{C}-NH_2 + \mathbf{H_2O}$$

에탄산 "아세트산"    암모니아    에탄아마이드 "아세트아마이드"

IUPAC 명명법에 의하면, 아마이드 화합물의 이름은 접미사 *-amide*로 끝난다. 아마이드의 이름은 어미 산의 이름에서 *-oic acid*를 없애고 접미사 *-amide*를 붙여서 만든다. 예를 들면, 에탄산의 아마이드 유도체는 $CH_3CONH_2$이고, 그 이름은 에탄아마이드(ethanamide)이다. 프로판산의 아마이드 유도체는 $CH_3CH_2CONH_2$이고, 그 이름은 프로판아마이드(propanamide)이다.

아마이드는 극성 $-CONH_2$기를 가짐으로서 분자 간 수소 결합을 할 수 있다. 아마이드의 성질은 카복실산과 유사하고, 또한 보통의 경우 물에 잘 녹는다. 표 19.13을 보면, 아마이드가 상온에서 고체임을 알 수 있다.

**표 19.13 아마이드**

| IUPAC 이름 | 관용명 | 분자식 | 끓는점* | 물에서의 용해도 |
|---|---|---|---|---|
| methanamide | "폼아마이드" | $H-CONH_2$ | 3 ℃ | 가용성 |
| ethanamide | "아세트아마이드" | $CH_3-CONH_2$ | 82 ℃ | 가용성 |
| propanamide | "프로피온아마이드" | $CH_3CH_2-CONH_2$ | 79 ℃ | 가용성 |
| benzamide | "벤조산 아마이드" | $C_6H_5-CONH_2$ | 132 ℃ | ~1% |

*대부분의 아마이드는 상온에서 고체이나, 메탄아마이드는 액체이다.

## 자세히 보기 독성 손톱 광택제

### Q: 손톱 광택제가 유독한가?

의약 연구자들은 손톱 광택제에 포함되어 있는 잠재적으로 위험한 화학물질을 발견하였다. 비록 이 연구 발견이 아직 초기적인 것이지만, 트라이페닐 포스페이트(TPHP)란 화학물질이 여성에게 호르몬 변화를 유발하여 생식계의 문제를 촉발할 수도 있다는 것이다. 모든 손톱 광택제의 대략 반 정도가 이 화학물질을 함유하고 있다. 흥미롭게도 이 연구결과는 손톱 광택제에 있는 TPHP가 인체에 흡수된다는 것을 보여주고 있다. 연구 결과에 의하면, TPHP는 몇 시간 후에 흡수되었고 12시간 후에는 TPHP농도가 7배나 증가되었다. 더욱이 투명한 손톱 광택제는 색상이 있는 손톱 광택제보다 이 화학물질을 더 많이 포함하고 있다. 또한, 손톱이 인간의 손톱이든 혹은 아크릴로 된 인공 손톱이든지에 상관이 없었다. TPHP는 플라스틱과 손톱 광택에서 물질을 더 신축성 있게 만드는데 사용된다. 미국 듀크 대학에서 실시한 연구결과에 의하면, 연구자들은 TPHP가 비만, 출산 및 호르몬 부조화 같은 몇 가지 건강문제와 관련되어 있음을 발견하였다. 십대들이 특히 호르몬 변화에 취약하기 때문에 십대들은 손톱 광택 및 이와 관련된 다른 미용 상품의 사용을 피하도록 권고 되고 있다. 손톱 광택제를 사용할 시에는 환기가 잘 되는 방에서 사용하라.

**A:** 매니큐어에는 트라이페닐 포스페이트(TPHP)가 들어 있는데, 이는 특히 청소년과 어린이의 호르몬 신진대사를 방해할 수 있다.

# Chapter Summary

| 주요 개념 | 학습목표와 관련 연습문제 |
|---|---|
| **19.1 탄화수소**<br>유기화학(Organic Chemistry)은 탄소 화합물을 연구하는 것이다. **탄화수소(hydrocarbon)**는 탄소와 수소로 이루어진 화합물이다. **포화 탄화수소(saturated hydrocarbon)**는 단일 결합을 갖고 있으며, 이런 화합물 부류를 알케인이라 부른다. **불포화 탄화수소(unsaturated hydrocarbon)**는 이중 결합을 가진 알켄 계열을 구성하거나 또는 삼중 결합을 가진 알카인 계열을 구성한다. **방향족 탄화수소(aromatic hydrocarbon)**는 벤젠 고리를 포함하고 아렌 계열을 구성한다. | • 단일, 이중 혹은 삼중 결합을 가진 탄화수소를 분류하라. **관련 문제:** 1-5<br>• 탄화수소를 포화, 불포화 또는 방향족으로 분류하라. **관련 문제:** 1-5<br>• 탄화수소를 알케인(alkane), 알켄(alkene), 알카인(alkyne) 또는 아렌으로 분류하라.<br>**관련 문제:** 1-5 |
| **19.2 알케인(알칸)**<br>알케인은 단일 결합을 가지며 일반 분자식은 $CnH_{2n+2}$이다. **구조식(structural formula)**은 분자 내 원자들의 배열을 보여 준다. 분자식은 같지만 구조식이 다른 분자들을 **이성질체(isomers)**라 한다. 알케인 계열에 속한 각 분자 이름은 접미사 -ane으로 끝난다. 알케인에서 수소 원자 한 개가 제거되면 **알킬기(alkyl group)**가 얻어진다. 방향족 탄화수소에서 수소 원자 한 개가 제거되면 **아릴기(aryl group)**가 얻어진다. 벤젠 분자에서 수소 원자 한 개가 제거되면 **페닐기(phenyl group)**가 얻어진다. 알케인이 공기 중 산소와 함께 연소되면 이를 **연소 반응(combustion reaction)**이라 부른다. | • 간단한 알케인의 이름과 화학식을 쓰라.<br>**관련 문제:** 7-17<br>• 알케인의 연소 반응식을 쓰라.<br>**관련 문제:** 19 |
| **19.3 알켄과 알카인(알킨)**<br>알켄은 적어도 하나의 탄소-탄소 이중 결합을 가지고 있으며 일반 분자식은 $C_nH_{2n}$이다. 알카인은 적어도 하나의 탄소-탄소 삼중 결합을 가지고 있으며 일반 분자식은 $C_nH_{2n-2}$이다. 알켄 계열 화합물 이름은 접미사 -ene으로 끝난다. 알카인의 이름은 접미사 -yne으로 끝난다. 알켄과 알카인은 **수소첨가 반응(hydrogenation reaction)**을 할 수 있다. 즉, 수소 분자가 알켄과 알카인의 불포화 결합에 첨가될 수 있다. 알켄은 자신과 반응하여 **고분자(중합체, polymer)**라 불리는 긴 사슬 분자를 형성할 수 있는데, 이 때 반복되는 분자 단위를 **단량체(momomer)**라고 부른다. | • 간단한 알켄의 이름과 화학식을 쓰라.<br>**관련 문제:** 21, 23<br>• 간단한 알카인의 이름과 화학식을 쓰라.<br>**관련 문제:** 25-33<br>• 알켄과 알카인의 수소첨가반응을 쓰라.<br>**관련 문제:** 35 |
| **19.4 아렌**<br>아렌은 벤젠 고리를 가진 탄화수소이다. 만약 고리에 2개의 치환기가 붙어 있다면, 3개의 이성질체, 오쏘(*ortho*), 메타(*meta*) 및 파라(*para*)가 존재한다. 예를 들면, 만약 두 브로민 원자들이 고리의 인접한 위치에 있다면, 이 이성질체는 오쏘-다이브로모벤젠이라 불린다. 만약 두 브로민 원자들이 고리에 있는 하나의 탄소에 의하여 분리되어 있다면, 이 이성질체는 메타-다이브로모벤젠이라 불린다. 만약 브로민 원자들이 고리에서 서로 반대쪽에 있다면, 이 이성질체는 파라-다이브로모벤젠이라 불린다. | • 간단한 아렌의 이름과 화학식을 쓰라.<br>**관련 문제:** 37, 39 |
| **19.5 탄화수소 유도체**<br>**탄화수소 유도체**는 탄소, 수소 외에 추가적으로 O, N, 할로젠과 같은 원소를 가진다. 탄화수소 유도체는  화합물을 **화합물의 족(class compound)**이라고 하는 계열(family)로 나눌 수 있다. 10개의 탄화수소 유도체 족들이 있는데, 그 중 5개는 카보닐기(C=O)를 가지고 있고 나머지 5개는 없다. 화합물의 족을 특징짓는 원자나 원자단을 **작용기(functional group)**라고 부른다. | • 유기 작용기의 개념을 설명하라.<br>**관련 문제:** 41, 43<br>• 다음 화합물들(유기 할로젠화물, 알코올, 페놀, 에테르, 아민) 각각에 대하여 작용기를 구별하라.<br>**관련 문제:** 41, 43<br>• 다음 화합물들(알데하이드, 케톤, 카복실산, 에스터, 아마이드) 각각 에 대하여 작용기를 구별하라. **관련 문제:** 41, 43 |
| **19.6 유기 할로젠화물**<br>**유기 할로젠화물**은 수소, 탄소 및 할로젠을 포함한 화합물이다. 일반적으로 이들은 비극성이고 물에 녹지 않는다. 유기 할로젠화물의 체계적인 IUPAC 이름은 할로젠과 어미 알케인의 이름에서 유도된다. 예를 들면, $CH_3Br$은 브로모메테인(bromomethane)이라 부르는데, 이것의 관용명은 "브로민화 메틸(methyl bromide)"이다. | • 간단한 유기 할로젠화물의 이름과 화학식을 쓰라.<br>**관련 문제:** 45, 47 |

**표 19.14 탄화수소 유도체 요약**

| 계열명 | 일반식 | 작용기 | 예 |
|---|---|---|---|
| 유기 할로젠화물 | R—X | —X | $CH_3$—$CH_2$—Cl<br>"염화 에틸" |
| 알코올 | R—OH | —OH | $CH_3$—$CH_2$—OH<br>"에틸 알코올" |
| 페놀 | Ar—OH | —OH | 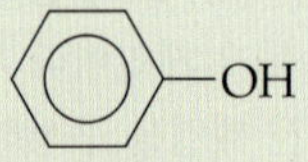<br>페놀 |
| 에터(에테르) | R—O—R′ | —O— | $CH_3$—O—$CH_3$<br>"다이메틸 에터" |
| 아민 | R—$NH_2$ | —$NH_2$ | $CH_3$—$CH_2$—$NH_2$<br>"에틸 아민" |
| 알데하이드 | R—C(=O)—H | —C(=O)—H | $CH_3$—C(=O)—H<br>"아세트알데하이드" |
| 케톤 | R—C(=O)—R′ | —C(=O)— | $CH_3$—C(=O)—$CH_3$<br>"아세톤" |
| 카복실산 | R—C(=O)—OH | —C(=O)—OH | $CH_3$—C(=O)—OH<br>"아세트산" |
| 에스터<br>(에스테르) | R—C(=O)—O—R′ | —C(=O)—O— | $CH_3$—C(=O)—O—$CH_3$<br>"아세트산 메틸" |
| 아마이드<br>(아미드) | R—C(=O)—$NH_2$ | —C(=O)—$NH_2$ | $CH_3$—C(=O)—$NH_2$<br>"아세트아마이드" |

## 주요 개념 / 학습목표와 관련 연습문제

### 19.7 알코올, 페놀 및 에터

알코올과 페놀은 일반적으로 극성이고 물에 녹는다. 알코올은 **하이드록실기(hydroxyl group, —OH)**가 수소 결합을 형성하기 위해 다른 분자를 끌어 들일 수 있기 때문에 높은 끓는점을 가진다. 알코올의 IUPAC 이름은 어미 알케인의 이름에 접미사 *-ol*을 붙임으로 명명한다. 예를 들면, $CH_3OH$는 메탄올이라 부르고, $CH_3CH_2OH$는 에탄올이라 부른다. 페놀류의 가장 중요한 분자는 $C_6H_5OH$이며, 이것의 체계적인 이름은 페놀이다. 에터는 일반적으로 비극성이고 약간 물에 녹는다. 에터는 보통 관용명으로 부른다. 예를 들면, $CH_3CH_2$—O—$CH_2CH_3$는 다이에틸 에터"라 부른다.

- 간단한 알코올의 이름과 화학식을 쓰라.
  **관련 문제:** 49–57
- 간단한 페놀의 이름과 화학식을 쓰라.
  **관련 문제:** 51–57
- 간단한 에테르의 이름과 화학식을 쓰라.
  **관련 문제:** 51–57

### 19.8 아민

아민은 일반적으로 극성이고 물에 녹는다. 아민은 수소 결합을 할 수 있기 때문에 높은 녹는점과 끓는점을 가진다. 아민의 관용명은 어미 알킬기의 이름에 아민을 붙여서 명명한다. 예를 들면, $CH_3NH_2$의 이름은 "메틸아민"이고, $CH_3CH_2NH_2$는 "에틸아민"이라 명명된다. 방향족 아민 $C_6H_5NH_2$의 이름은 "페닐아민"이다.

- 간단한 아민의 이름과 화학식을 쓰라.
  **관련 문제:** 59, 61

| 주요 개념 | 학습목표와 관련 연습문제 |
|---|---|
| **19.9 알데하이드와 케톤**<br>알데하이드와 케톤은 약한 극성을 가지며, 저분자 질량을 가지는 이들 화합물들은 물에 녹는다. 알데하이드의 체계적인 이름은 어미 알케인의 이름에 접미사 -al을 붙여서 명명한다. 예를 들면, HCHO의 이름은 메타날이지만 보통 "폼알데하이드(formaldehyde)"라는 관용명으로 불린다. 케톤의 체계적인 이름은 어미 알케인의 이름에 접미사 *-one*을 붙여서 명명한다. 예를 들면, $CH_3COCH_3$의 이름은 프로파논이지만, "아세톤" 또는 "다이메틸케톤"이라 부른다. | • 간단한 알데하이드의 이름과 화학식을 쓰라.<br>**관련 문제:** 63<br>• 간단한 케톤의 이름과 화학식을 쓰라.<br>**관련 문제:** 65, 67 |
| **19.10 카복실산**<br>카복실산은 **카복실기**(—COOH)가 수소 결합을 할 수 있기 때문에 물에 녹으며 높은 끓는점을 가진다. 산의 체계적인 이름은 어미 알케인의 이름에 접미사 *-oic acid*를 붙여서 명명한다. 예를 들면, $CH_3COOH$는 에탄산으로 명명되지만, 보통 아세트산이라 불린다. 에스터는 카복실산과 알코올의 반응으로 만들어진다. 에스터의 체계적인 이름은 어미 카복실산의 이름에 접미사 *-oate*를 붙여서 명명한다. 예를 들면, $CH_3COOCH_3$는 메틸 에타노에이트(에탄산 메틸, methyl ethanoate)라 부른다. 아마이드는 카복실산과 암모니아의 반응으로부터 얻어진다. 아마이드의 체계적인 이름은 어미 카복실산의 이름에 접미사 *-amide*를 붙여서 명명한다. 예를 들면, $CH_3CONH_2$는 에탄산으로부터 합성되므로 에탄아마이드(ethanamide)라 부른다. | • 간단한 카복실산의 이름과 화학식을 쓰라.<br>**관련 문제:** 69<br>• 간단한 에스터의 이름과 화학식을 쓰라.<br>**관련 문제:** 71<br>• 간단한 아마이드의 이름과 화학식을 쓰라.<br>**관련 문제:** 73<br>• 에스터에서 모체 알코올과 산을 구별하라.<br>**관련 문제:** 75 |

## 주요 용어

주요 용어에 대한 해답은 부록 H에 수록하였다.

다음의 정의에 해당하는 용어를 선택하라.

_______ 1. 탄소 화합물의 연구.
_______ 2. 오직 탄소와 수소만을 함유하는 화합물.
_______ 3. 오직 단일 결합을 포함하는 탄화수소.
_______ 4. 탄소-탄소 이중 또는 삼중 결합을 함유하는 탄화수소.
_______ 5. 벤젠 고리를 함유하는 탄화수소 화합물.
_______ 6. 포화 탄화수소 화합물의 계열.
_______ 7. 이중 결합을 가지며 불포화 탄화수소 화합물의 계열.
_______ 8. 삼중 결합을 가지며 불포화 탄화수 화합물의 계열.
_______ 9. 작은 분자가 반복적으로 긴 사슬로 연결되어 이루어진 거대 분자.
_______ 10. 긴 사슬을 형성하기 위해 그 자신에 반복적으로 결합하는 작은 분자.
_______ 11. 방향족 탄화수소 화합물의 계열.
_______ 12. 분자에서 원자의 배열을 나타내는 화학식.
_______ 13. 같은 분자식을 가지나 구조가 다른 화합물.
_______ 14. 알케인(알칸)으로부터 H 원자를 제거한 후에 얻어지는 부분.
_______ 15. 아렌으로부터 H 원자를 제거한 후에 얻어지는 부분.
_______ 16. 벤젠으로부터 H 원자를 제거한 후에 얻어지는 부분.
_______ 17. 탄화수소가 산소와 급격하게 반응하는 화학 반응.
_______ 18. 불포화 탄화수소가 수소 또는 할로겐과 반응하는 화학 반응.
_______ 19. 모든 구성 분자가 유사한 이름과 특징을 가지는 화합물 계열.
_______ 20. 탄소, 수소, 그리고 그 밖의 원소들을 함유하는 화합물.
_______ 21. 화합물의 족을 특징짓는 원자 또는 원자단.
_______ 22. C=O기.
_______ 23. —OH기.
_______ 24. —COOH기

(a) 알케인(알칸) (19.2절)
(b) 알켄(19.3절)
(c) 알킬기(R—) (19.2절)
(d) 알카인(알킨) (19.3절)
(e) 아렌 (19.4절)
(f) 방향족 탄화수소 (19.1절)
(g) 아릴기(Ar—)(19.2절)
(h) 카보닐기(19.5절)
(i) 카복실기 (19.10절)
(j) 화합물의 족 (19.5절)
(k) 연소 반응 (19.2절)
(l) 작용기 (19.5절)
(m) 탄화수소 (19.1절)
(n) 탄화수소 유도체 (19.5절)
(o) 수소화 반응 (19.3절)
(p) 하이드록실기 (19.7절)
(q) 이성질체 (19.2절)
(r) 단위체 (단량체) (19.3절)
(s) 유기화학 (19.1절)
(t) 페닐기 (19.2절)
(u) 고분자 (19.3절)
(v) 포화 탄화수소 (19.1절)
(w) 구조식 (19.2절)
(x) 불포화 탄화수소(19.1절)

# 문제 홀수 번 문제의 답은 부록I에 수록하였다.

## 탄화수소 (19.1절)

1. 탄화수소의 어느 족이 포화되었는가?
3. 탄화수소의 어느 족이 불포화되었는가?
5. 탄화수소의 어느 족이 이중 결합을 가지는가?

## 알케인(알칸) (19.2절)

7. 아래 분자식에서 알케인은 어느 것인가?
   (a) $C_6H_{14}$ (b) $C_6H_{12}$
9. 아래 알케인(알칸)을 명명하라.
   (a) $CH_3-CH_2-CH_3$
   (b) $CH_3-CH_2-CH_2-CH_2-CH_3$
   (c) $CH_3-CH_2-CH_2-CH_2-CH_2-CH_2-CH_3$
   (d) $CH_3-CH_2-CH_2-CH_2-CH_2-CH_2-CH_2-CH_2-CH_3$
11. 펜테인, $C_5H_{12}$의 3개 이성질체에 대한 축소 구조식을 그려라.
13. 브로모프로페인, $C_3H_7Br$의 두 가지 이성질체를 그려라.
15. 아래 알킬기를 그려라.
   (a) 메틸 (b) 에틸
17. 아래 구조식의 각각에 대하여 IUPAC 이름으로 명명하라.
   (a) $CH_3-CH_2-CH_2-\overset{CH_3}{\overset{|}{C}H}-CH_3$
   (b) $CH_3-\underset{CH_3}{\underset{|}{C}H}-CH_2-\overset{CH_2-CH_3}{\overset{|}{C}H}-CH_2-CH_3$
   (c) $CH_3-\underset{CH_3}{\underset{|}{C}H}-CH_2-\underset{CH_3}{\underset{|}{\overset{CH_3}{\overset{|}{C}}}}-CH_2-CH_2-CH_3$
   (d) $CH_3-CH_2-CH_2-\underset{CH_3}{\underset{|}{C}H}-\overset{CH_3}{\overset{|}{C}H}-\underset{CH_3}{\underset{|}{C}H}-CH_2-CH_3$
19. 아래 화합물의 완전 연소에 대한 균형 화학식을 기술하라.
   (a) 메테인(메탄) (b) 프로페인(프로판)
   (c) 헥세인(헥산) (d) 옥테인(옥탄)

◀**연소 반응**
숯은 공기 중 산소와 함께 연소하여 이산화탄소, 물 및 열을 생성한다.

## 알켄과 알카인(알킨) (19.3절)

21. 아래의 분자식에서 알켄은 어느 것인가?
   (a) $C_6H_{14}$ (b) $C_6H_{12}$
23. 아래의 알켄을 명명하라.
   (a) $CH_2=CH-CH_2-CH_3$
   (b) $CH_2=CH-CH_2-CH_2-CH_3$
   (c) $CH_3-CH=CH-CH_2-CH_2-CH_3$
   (d) $CH_3-CH_2-CH_2-CH=CH-CH_2-CH_2-CH_3$
25. 아래의 분자식에서 알카인(알킨)은 어느 것인가?
   (a) $C_6H_{12}$ (b) $C_6H_{10}$
27. 아래의 알카인(알킨)을 명명하라.
   (a) $CH_3-C\equiv C-CH_2-CH_3$
   (b) $CH\equiv C-CH_2-CH_2-CH_3$
   (c) $CH_3-CH_2-C\equiv C-CH_2-CH_3$
   (d) $CH_3-CH_2-CH_2-CH_2-C\equiv C-CH_3$
29. 곧은 사슬 펜텐($C_5H_{10}$)의 두 가지 구조 이성질체를 그려라.
31. 아래 구조식의 각각에 대하여 IUPAC 이름으로 명명하라.
   (a) $CH_3-CH=CH-\overset{CH_3}{\overset{|}{C}H}-CH_3$
   (b) $CH_3-\overset{CH_3}{\overset{|}{C}H}-CH_2-\overset{CH_3}{\overset{|}{C}}=CH-CH_3$
33. 아래 구조식의 각각에 대하여 IUPAC 이름으로 명명하라.
   (a) $CH_3-C\equiv C-\underset{CH_3}{\underset{|}{\overset{CH_3}{\overset{|}{C}}}}-CH_2-CH_2-CH_3$
   (b) $CH_3-CH_2-CH_2-\underset{CH_3}{\underset{|}{C}H}-\overset{CH_3}{\overset{|}{C}H}-\underset{CH_3}{\underset{|}{C}H}-C\equiv CH$
35. 아래의 반응에 대하여 균형 화학식을 기술하라.
   (a) $CH_2=CH_2 + O_2 \rightarrow$
   (b) $CH_3-CH=CH_2 + H_2 \rightarrow$

## 방향족 탄화수소 (19.4절)

37. 용매 자일렌[xylene, $C_6H_4(CH_3)_2$]의 세 가지 이성질체의 구조를 그리고 명명하라.
39. 벤젠의 완전 연소로 생성되는 두 가지 물질은 무엇인가?

## 탄화수소 유도체 (19.5절)

41. 아래 탄화수소 유도체의 족을 말하라.
   (a) R—O—R' (b) R—X
   (c) Ar—OH (d) $R-NH_2$
43. 아래의 탄화수소 유도체의 족을 말하라.
   (a) $CH_3-NH_2$ (b) $CH_3-CH_2-F$
   (c) $CH_3-\overset{O}{\overset{\|}{C}}-O-CH_3$ (d) $H-\overset{O}{\overset{\|}{C}}-OH$

(e)

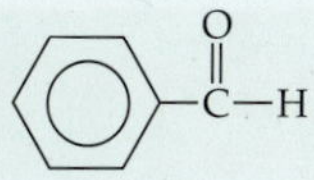

(f)

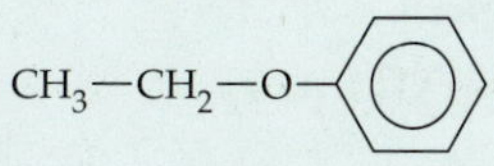

(g)

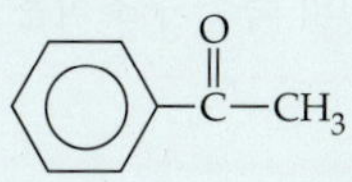

(h)

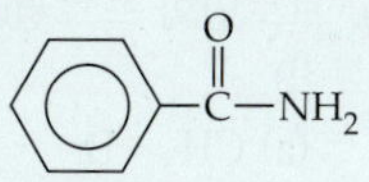

## 유기 할로젠화물 (19.6절)

45. 아래 유기 할로젠화물의 보통 이름을 기술하라.
    (a) $CH_3—I$
    (b) $CH_3—CH_2—Br$
    (c) $CH_3—CH_2—CH_2—F$
    (d) $(CH_3)_2—CH—Cl$

47. 전자 및 자동차 부품의 그리스 제거에 사용하는 용매인 트라이클로로에틸렌(trichloroethylene)의 구조식을 그려라.

## 알코올, 페놀, 및 에터(에테르) (19.7절)

49. 아래의 알코올의 체계적인 IUPAC 이름을 말하라.
    (a) $CH_3—CH_2—CH_2—CH_2—OH$
    (b) $CH_3—CH_2—CH(OH)—CH_3$
    (c) $CH_2(OH)—CH_2—CH_2—CH_3$
    (d) $CH_3—CH(OH)—CH_2—CH_3$

51. 아래의 페놀에 대하여 가능한 이름을 말하라.
    (a)

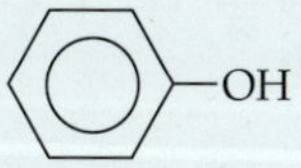

    (b)

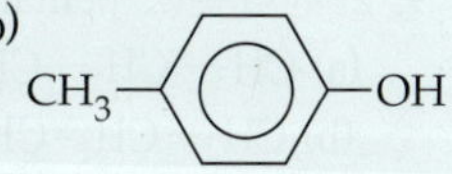

53. 아래 에터의 관용명을 말하라.
    (a) $CH_3—O—CH_3$ (b) $CH_3—O—CH_2CH_3$
    (c) $CH_3CH_2CH_2—O—CH_2CH_2CH_3$
    (d)

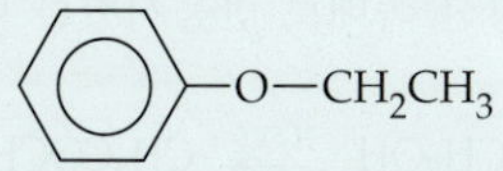

55. 에틸 알코올과 다이메틸 에터는 같은 분자 질량을 갖고 있다. 왜 에틸알코올의 끓는점(78 ℃)이 다이메틸 에터의 끓는점(−25 ℃)보다 매우 높은지 그 이유를 설명하라.

57. 분자식 $C_2H_6O$를 갖는 두 가지 화합물이 있다. 각 이성질체의 구조를 그리고, 어떤 탄화수소 유도체인지 말하라.

## 아민 (19.8)

59. 아래의 아민을 관용명으로 명명하라.
    (a) $CH_3CH_2NH_2$ (b) $CH_3CH_2CH_2NH_2$

61. 에틸아민과 프로페인은 거의 같은 분자 질량을 갖는다. 왜 에틸아민의 끓는점(17 ℃)이 프로페인의 끓는점(−44 ℃)보다 훨씬 높은지 그 이유를 설명하라.

## 알데하이드와 케톤 (19.9)

63. 아래의 알데하이드를 IUPAC 이름으로 명명하라.
    (a) $H—\overset{\overset{\displaystyle O}{\|}}{C}—H$ (b) $CH_3—CH_2—\overset{\overset{\displaystyle O}{\|}}{C}—H$

65. 아래의 케톤을 IUPAC 이름을 말하라.
    (a) $CH_3—\overset{\overset{\displaystyle O}{\|}}{C}—CH_3$ (b) $CH_3—CH_2—CH_2—\overset{\overset{\displaystyle O}{\|}}{C}—CH_3$

67. 알데하이드와 케톤의 분자식이 각각 $C_3H_6O$이다. 각 이성질체의 구조를 그려라.

## 카복실산, 에스터(에스테르) 및 아마이드 (19.10)

69. 아래의 카복실산을 IUPAC 이름을 말하라.
    (a) $H—\overset{\overset{\displaystyle O}{\|}}{C}—OH$ (b) $CH_3—CH_2—\overset{\overset{\displaystyle O}{\|}}{C}—OH$

71. 아래의 에스터를 IUPAC 이름을 말하라.
    (a) $H—\overset{\overset{\displaystyle O}{\|}}{C}—O—CH_2—CH_3$ (b) $CH_3—CH_2—\overset{\overset{\displaystyle O}{\|}}{C}—O—CH_2—CH_3$

73. 아래 반응에 대한 균형 화학식을 쓰라.
    (a) $CH_3—\overset{\overset{\displaystyle O}{\|}}{C}—OH + CH_3—OH \xrightarrow{H_2SO_4}$
    (b)

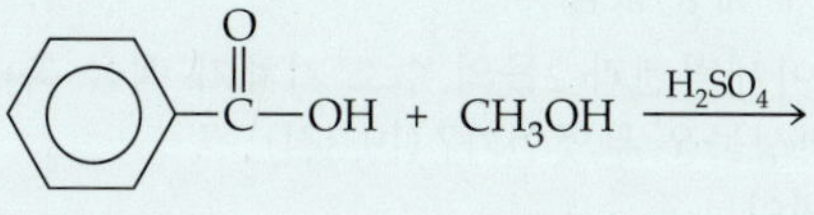

75. 아래의 아마이드의 이름을 말하라.
    (a) $H—\overset{\overset{\displaystyle O}{\|}}{C}—NH_2$ (b) $C_6H_5—\overset{\overset{\displaystyle O}{\|}}{C}—NH_2$

## 일반 연습문제

77. 아래의 화합물의 이름을 보고 포화이지 불포화인지 예측하라.
    (a) 아이코세인(eicosane) (b) 도데센(dodecene)

79. 아세틸 살리실산(acetylsalicylic acid)은 아스피린의 활성성분이다. 그 이름과 접미사에 근거하여 어느 작용기가 있는가 말하라.

81. 안드로스테론(androsterone)은 남성호르몬이다. 그 이름과 접미사에 근거하여 어느 작용기가 있겠는가?

83. 수화클로랄(chloral hydrate)은 마취제이다. 그 이름에 근거하여 어느 두 가지 작용기가 있겠는가?

## 도전 연습문제

85. 다음 화합물의 쌍은 대략 같은 분자 질량을 갖고 있다. 각 쌍의 어느 화합물의 끓는점이 더 높은지 예측하라.
    (a) $CH_3OCH_3$ 혹은 $CH_3CH_2OH$
    (b) $CH_3CH_2CH_2NH_2$ 혹은 $CH_3CH_2CH_2F$

## Chapter 19 자율 테스트 해답은 부록 J에 수록하였다.

1. 다음 탄화수소 중 어느 것이 포화인가? (19.1절)
   (a) 알케인(알칸)
   (b) 알켄
   (c) 알카인(알킨)
   (d) 위의 모두 해당
   (e) 위에 해당 없음

2. 다음 구조식의 IUPAC 이름은 무엇인가? (19.2절)

$$CH_3-CH_2-CH_2-CH_2-CH_2-CH_3$$

   (a) 데세인(데칸)
   (b) 헵테인
   (c) 헥세인
   (d) 옥테인
   (e) 위에 해당 없음

3. 1몰의 아세틸렌과 2몰의 수소 기체가 백금 촉매 아래 반응했을때 생성물은 무엇인가? (19.3절)
   (a) 에테인
   (b) 에텐
   (c) 프로페인
   (d) 프로펜
   (e) 위에 해당 없음

4. 벤젠, $C_6H_6$은 비편재화 모델에 따라 몇 개로 표시할 수 있는가? (19.4절)
   (a) 1 (b) 2
   (c) 3 (d) 4
   (e) 위에 해당 없음

5. 다음 어느 족의 화합물이 카르보닐(Carbonyl)기를 가지고 있는가? (19.5절)
   (a) 알데하이드 (b) 아마이드
   (c) 에스터 (d) 케톤
   (e) 위에 모두

6. 브로민화 프로필(propyl bromide)의 축소 구조식은 무엇인가? (19.6절)
   (a) $CH_3—Br$
   (b) $CH_3—CH_2—Br$
   (c) $CH_3—CH_2—CH_2—Br$
   (d) $CH_3—CHBr—CH_3$
   (e) 위에 해당 없음

7. 2-프로파놀(2-propanol)의 축소 구조식은 무엇인가? (19.7절)
   (a) $CH_3—CH_2—CH_2—OH$
   (b) $CH_3—CH(OH)—CH_3$
   (c) $CH_3—CH_2—O—CH_3$
   (d) $CH_3—O—CH_2—CH_3$
   (e) 위에 해당 없음

8. 다음 화합물 중 어느 것이 수소 결합을 형성할 수 있는가? (19.8절)
   (a) $CH_3—CH_2—CH_2\text{-}CH_2\text{-}Cl$
   (b) $CH_3—CH_2—CH_2—CH_2—CH_3$
   (c) $CH_3—CH_2—CH_2—CH{=}CH_2$
   (d) $CH_3—CH_2—CH_2—CH_2—OH$
   (e) 위에 해당 없음

9. 2-펜타논(2-pentanone)의 축소 구조식은 무엇인가? (19.9절)
   (a) $CH_3—CH_2—CH_2—CH_2—CH_3$
   (b) $CH_3—CH{=}CH—CH_2—CH_3$
   (c) $CH_3—CH_2—CO—CH_2—CH_3$
   (d) $CH_3—CH_2—CH_2—CH_2—COOH$
   (e) 위에 해당 없음

10. 에탄산과 메탄올을 황산 촉매로 반응시켰을 때 생성물은 무엇인가? (19.10절)
   (a) $CH_3COOH + CH_3CH_2OH \xrightarrow{H_2SO_4} CH_3COCH_2CH_3 + H_2O$
   (b) $CH_3COOH + CH_3CH_2OH \xrightarrow{H_2SO_4} CH_3CH_2CHO + H_2O$
   (c) $CH_3COOH + CH_3CH_2OH \xrightarrow{H_2SO_4} CH_3CH_2CH_2COOH + H_2O$
   (d) $CH_3COOH + CH_3CH_2OH \xrightarrow{H_2SO_4} CH_3COOCH_2CH_3 + H_2O$
   (e) $CH_3COOH + CH_3CH_2OH \xrightarrow{H_2SO_4}$ 반응없음

## 주요 개념

11. 분자식이 $C_2H_6O$인 알코올과 에터의 이성질체를 그려라.
12. 분자식이 $C_3H_6O$인 알데하이드와 케톤의 이성질체를 그려라.
13. 분자식이 $C_2H_4O_2$인 카복실산과 에스터의 이성질체를 그려라.
14. 타이록신(thyroxine, 갑상샘 호르몬)에 있는 5개의 작용기를 확인하여라.

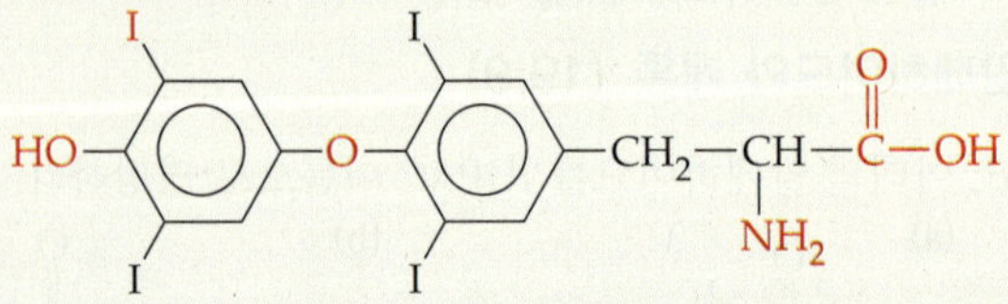

## 비판적 사고

15. 다음 각각의 분자에 대하여 축소 구조식을 그려라.

(a)

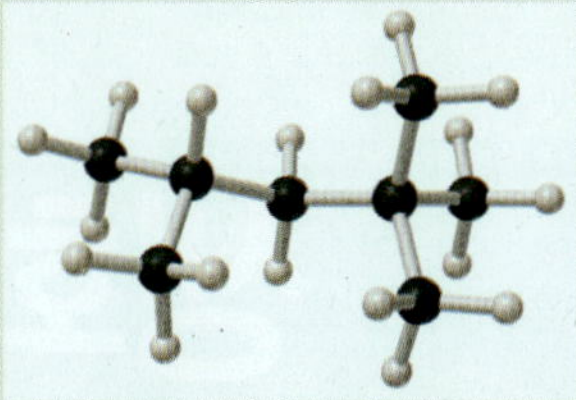

(b)

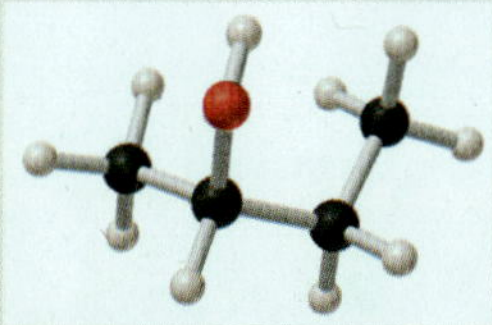

16. 유기 화합물인 카페인(caffeine)은 커피에서 발견되는 자극제이다. 접미사에 근거하여 카페인은 화합물의 어느 족에 가장 알맞게 속하는가?

17. 유기 화합물인 콜레스테롤(cholesterol)은 동맥 반점에 연결되어 있다. 접미사에 근거하여 콜레스테롤은 화합물의 어느 족에 가장 알맞게 속하는가?

18. 유기 화합물인 코티존(cortisone)은 관절염 치료약이다. 접미사에 근거하여 코티존은 화합물의 어느 족에 가장 알맞게 속하는가?

CHAPTER 20

# 생화학

*"예술은 나이고 과학은 우리이다."*
프랑스 생리학자, 베르나르
(1813~1878)



20
**Ca**
calcium

**원소 20: 칼슘**
칼슘은 물과 반응하는 알칼리 토금속이다. 금속 칼슘을 물에 떨어뜨리면, 물과 반응하여 다소 불용성의 수산화 칼슘을 만들면서 수소 기체 거품을 방출한다. 칼슘은 뼈 형성에 중요한 식이성 미네랄이다.

생명체에 필수적인 화학 원소가 약 30개 있다. 그림 3.7의 주기율표에는 생명을 유지하는데 필요한 *필수 원소(essential element)*들을 보여준다. 인간에게 있어서 상당한 양을 차지하는 원소들에는 산소, 탄소, 수소, 질소, 인, 염소, 황, 칼슘, 마그네슘, 소듐 그리고 포타슘이 있다. 게다가 단지 작은 양으로 존재하지만 생명을 유지하는데 없어서는 안 될 여러 미량 원소(trace element)들이 있다. 이들 미량 원소에는 철, 아연, 코발트, 아이오딘과 몇몇 다른 것들이 있다.

생명체에 대한 화학의 연구를 *생화학(biochemistry)*이라 한다. 많은 생화학자들은 식물과 동물에서 화학 반응에 영향을 주는 약을 제조하는 제약 공업에 종사한다. 어떤 생화학자들은 분자 생물학자로 불려진다. 왜냐하면 그들은 다른 형태의 생체 분자와 생명체의 특성을 결정하는데 있어서 그들의 역할 간의 관계를 연구하기 때문이다. 21세기로 들어오면서 생물 공학과 유전공학의 응용은 전에는 상상하지도 못한 방식으로 우리의 삶을 변화시키는 잠재력을 제공한다.

## 20.1 생물학적 화합물

학습 목표

▶ 단백질, 탄수화물, 지질, 핵산의 기본 구조를 알 수 있다.

**생화학(biochemistry)**은 생물학적 화합물과 그들의 화학적 반응에 관한 연구로 정의될 수 있다. 비록 생물학적 화합물들이 종종 크고 복잡할지라도, 그것들은 우리가 간단한 유기 화합물들에서 고려한 것과 같은 형태의 작용기들을 가진다. 예를 들어, 생화학적 화합물들에는 알코올, 아민, 알데하이드, 케톤, 카복실산, 에스터 또는 아마이드 같은 작용기가 포함된다.

생물학적 화합물들은 때때로 1,000,000 g/mol보다 더 큰 몰 질량을 가진 거대 분자들이다. 비록 생화학적 화합물들이 종종 거대하고 복잡할지라도, 이들 큰 분자들은 작은 분자들의 연속적인 긴 사슬 형태로 연결되어 구성된다. 작은 분자들이 많은 반복을 통해 이루어진 거대 분자를 고분자(polymer)라 부른다. 단백질, 녹말, 핵산들이 식물이나 동물에서 발견되는 천연 고분자의 예들이다.

이 장에서, 우리는 다음 형태의 생화학적 화합물들인 단백질(protein), 탄수화물(carbohydrate), 지질(lipid) 그리고 핵산(nucleic acid)에 대해 공부할 것이다. 이들 네 가지 형태의 화합물들은 그림 20.1에 분류되어 있다.

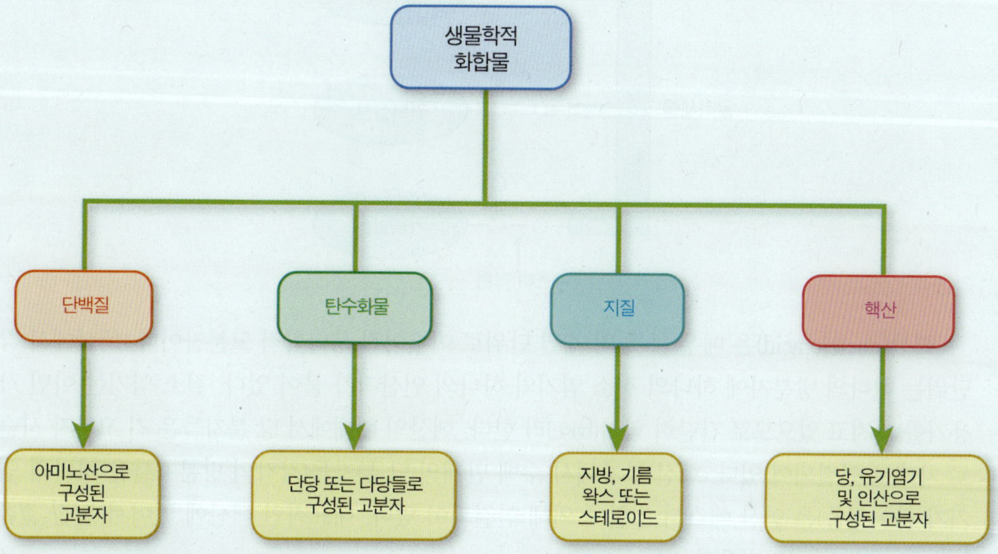


▲그림 20.1 **생물학적 화합물의 분류**
생화학적 화합물은 다음 중의 하나로 구분될 수 있다. 단백질, 탄수화물, 지질, 또는 핵산. 이장에서 단백질 구조는 붉은색, 탄수화물은 초록색, 지질은 푸른색, 핵산은 분홍색으로 나타냈다.

세부적으로 생물학적 화합물을 이야기하기 전에, 단백질, 탄수화물, 지질과 핵산의 일반적인 특징에 대해 간략히 서술하자. **단백질(protein)**은 많은 아미노산들로 이루어진 천연고분자이다. 아미노산은 아민과 카복실산 작용기를 가지고 있다. 단백질에서, 아미노산 분자는 아마이드 결합으로 서로 연결된다. 이들 아마이드 결합을 *펩타이드 결합(peptide likage)*이라 한다.

**도움말**
**생체 물질**

비록 단백질, 탄수화물, 지질과 핵산의 구조가 복잡하게 보이지만, 각 화합물의 구조는 19장에서 배운 간단한 작용기들을 가지고 있다.

단백질은 아미드기; 탄수화물은 알데하이드나 케톤 작용기와 알코올기; 지질은 에스터 결합을; 핵산은 알코올, 아민, 아마이드 작용기를 가지고 있다.

**탄수화물(carbohydrate)**은 단당류나 많은 단당분자들로 구성된 고분자 형태로 이루어진 화합물이다. 탄수화물은 보통 알데하이드나 케톤 작용기를 가지고 있다. 게다가, 전형적인 탄수화물은 여러 개의 알코올기를 가짐으로써 특성화된다: 예로서, 글루코오스는 단당류로서 알데하이드와 다섯 개의 알코올기로 구성되어 있고, 프럭토오스(fructose, 과당)는 단당류로서 케톤과 다섯 개의 알코올 기로 구성되어 있다.

녹말은 탄수화물 고분자로 글루코오스 단량체가 연결되어 큰 분자를 이루고 있다. 하나 이상의 단당류를 포함하는 탄수화물에서 당분자들은 —O—결합에 의해 연결되어 있다. 탄수화물에서 당분자들 사이의 —O— 결합은 *글리코사이드 결합(glycosides linkage)*이라 부르며 다음과 같다.

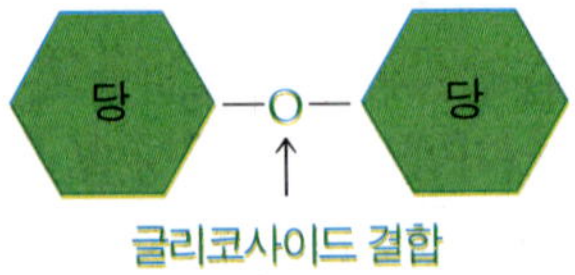


**지질(lipid)**은 비수용성 화합물로 대개 하나의 알코올과 하나 또는 그 이상의 카복실산 분자로 구성되어 있다. 지질은 동물성 지방(fat)과 식물성 기름(oil)을 포함한다. 지방과 기름은 3개의 —OH기를 가지고 있는 알코올인 글리세롤의 에스터이다. 이와 같은 이유로 각 분자의 지방이나 기름은 1개의 글리세롤 분자에 3개의 카복실산 분자들이 연결되어 있는 3개의 에스터 기를 가지고 있다. 지방이나 기름 분자에서의 *에스터 결합(ester linkages)*은 다음과 같다.

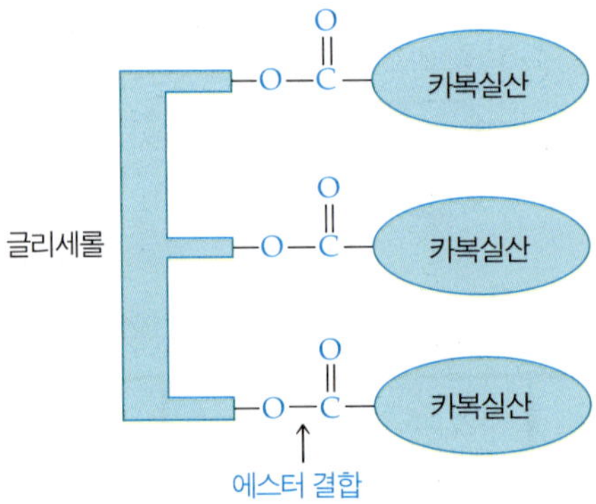


**핵산(nucleic acid)**은 매우 큰 수의 개별 단위로 이루어진 생화학적 고분자이다. 핵산에서 각 단위는 하나의 당분자에 하나의 질소 염기와 하나의 인산기가 붙어 있다. 질소 염기는 아민 작용기를 가지고 있으므로 간단히 염기(base)라 한다. 핵산의 뼈대에서 당 분자들은 긴 고분자 사슬로 차례로 연결되어 있다. 핵산 분자에서 수백 만개의 당 분자들(각각의 당분자들은 하나의 염기가 붙어있음)은 인산 에스터 결합에 의해 연결되어 있다. 대표적인 핵산에 있어서 *인산 결합(phosphate linkage)*은 다음과 같다.

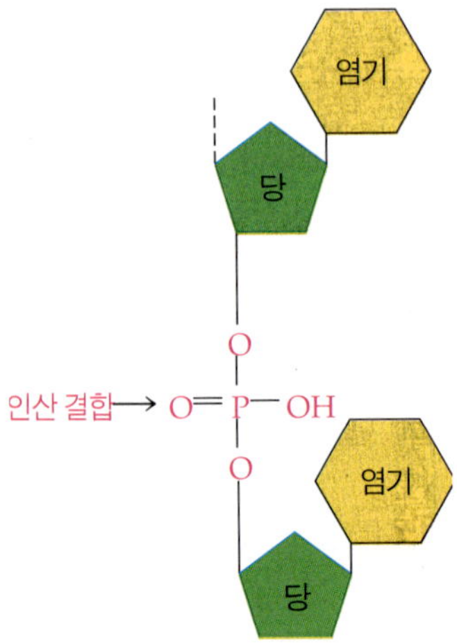

**예제 20.1 생체 화합물**

생체 화합물인 단백질, 탄수화물, 지질, 핵산 중에서 아래에서 설명하고 있는 각각의 화합물은?

(a) 아마이드 결합으로 연결된 아미노산의 사슬
(b) 글리코사이드 결합으로 연결된 당 분자들

**해답**

(a) 아마이드 결합으로 연결된 아미노산의 사슬은 단백질이라고 한다.
(b) 글리코사이드 결합으로 연결된 당 분자들은 탄수화물이다.

**실전 연습문제**

생체 화합물인 단백질, 탄수화물, 지질, 핵산 중에서 아래에서 설명하고 있는 각각의 화합물은?

(a) 글리세롤 1분자에 3개의 지방산이 에스터 결합한 화합물
(b) 오탄당 분자와 염기가 인산 결합으로 연결된 사슬

**답:**

(a) 글리세롤 1분자에 3개의 지방산이 에스터 결합한 화합물은 지방 또는 기름이고 이들을 지질이라고 한다.
(b) 오탄당 분자와 염기가 인산 결합으로 연결된 사슬은 핵산이다.

**개념 문제**

지질이 단백질, 탄수화물, 핵산과 구별되는 물리적 특성은 무엇인가?

**답:** 부록 G, 20.1 참조

## 20.2 단백질

**학습 목표**

- 단백질의 일차, 이차, 삼차 구조를 알 수 있다.
- 아미노산과 펩타이드 결합을 이해할 수 있다.

단백질은 실질적으로 모든 생물학적 과정에 중요한 역할을 한다. 사실상 "단백질"이란 단어는 "가장 중요한 것 중 하나"를 뜻하는 그리스어인 "proteios"로부터 유래되었다. 단백질 분자의 모양은 긴 섬유상이거나 조밀한 구형으로 관찰되었다. 더욱이 생화학자들은 단백질의 분자 모양이 단백질의 생물학적 작용과 관계가 있다는 것을 발견하였다.

◀**단백질 식품들**
육류, 어류, 가금류, 치즈, 우유 제품은 모두 단백질이 풍부한 음식재료이다.

긴 섬유상 단백질들은 유기체의 구조가 되고, 지지체가 되고, 움직이는 데 역할을 한다. 따라서 섬유상 단백질들은 근육 조직과 연골 조직에서 발견된다. 게다가, 섬유상 단백질은 머리카락, 피부, 손톱을 구성한다. 이에 반해 조밀한 구형 단백질들은 신진대사를 하게 한다. 예를 들면, 많은 호르몬들은 뇌하수체와 췌장에 의해 분비되는 구형 단백질들이다. 구형 단백질들은 성장 조절, 작은 분자와 이온들의 이동, 이물질로부터 면역 보호를 제공한다.

사람의 단백질은 20종류의 다른 아미노산으로 구성되어 있다. 이들 20종류의 아미노산 중 약 반절만이 필수적이고, 이것은 일상의 음식물에 들어있어야만 한다. 나머지 반절의 아미노산은 필수적인 것은 아니고, 이것은 사람의 몸에 있는 필수 아미노산들로부터 합성할 수 있다. **아미노산 (amino acid)**은 카복실기인 —COOH와 결합하고 있는 탄소에 아민기 —$NH_2$가 연결되어 있다. 분자에서 카복실기가 붙어 있는 탄소 원자를 *알파-탄소(α-탄소)*라 부른다. 아민기가 α-탄소에 결합되어 있기 때문에, 아미노산을 α-아미노산이라 말한다. α-아미노산은 다음과 같은 일반적인 구조식을 가진다:

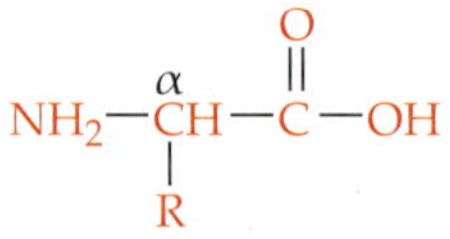

α- 아미노산

아미노산은 α-탄소에 결합된 R-기에 따라서 서로 다르다. 이 R—기를 곁사슬(side chain)이라 한다. 어떤 아미노산에서 R—기는 중성이고 다른 아미노산 곁사슬에서는 산성 또는 염기성의 특성을 가진다. 사람의 단백질에서 발견되는 20종류의 α-아미노산들의 구조를 그림 20.2에 나타내었다. 편의상 화학자들은 세 글자의 기호에 의해 아미노산의 이름을 간략화 했다. 예를 들면, 아미노산인 글라이신(glycine)을 간략히 Gly라 한다.

우리는 앞서 아미노산으로 구성된 단백질이 아마이드 결합에 의해 서로 연결되어 있다고 언급하였다. 단백질에서 아마이드 결합은 **펩타이드 결합(peptide linkage)**이라고 부른다. 펩타이드 결합의 일반적인 구조는 다음과 같다:

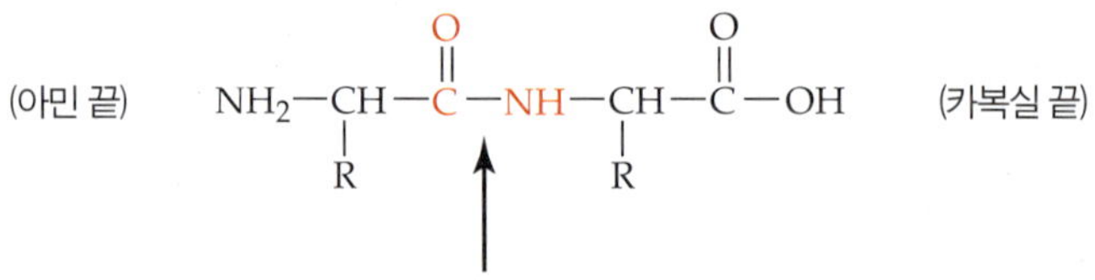


**다이펩타이드(dipeptide)**에는 두 개의 아미노산 단량체가 하나의 펩타이드 결합에 의해 연결되어있다. 트라이펩타이드에서는 세 개의 아미노산이 있고, **폴리펩타이드(polypeptide)**에는 50개에 달하는 아미노산들이 있다. 예를 들면, 사람의 인슐린은 48개의 아미노산 단위체(단량체)로 구성된 폴리펩타이드이다. 우리는 두 아미노산인 글라이신(glycine)과 알라닌(alanine)의 결합으로 특유한 다이펩타이드(dipeptide)를 설명할 수 있다.

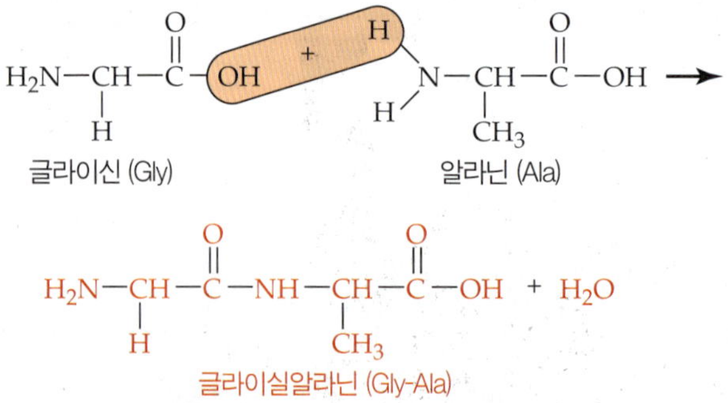


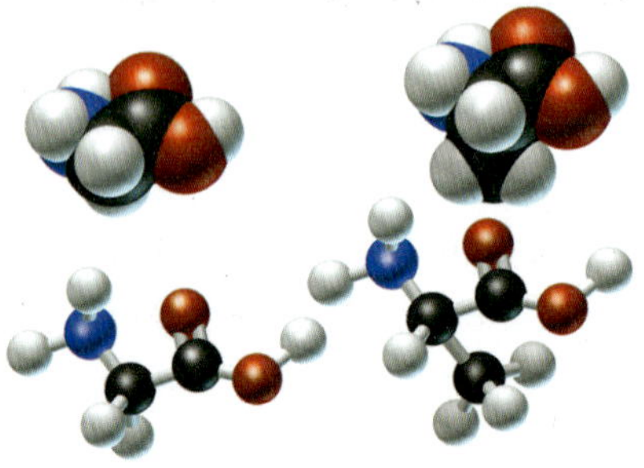

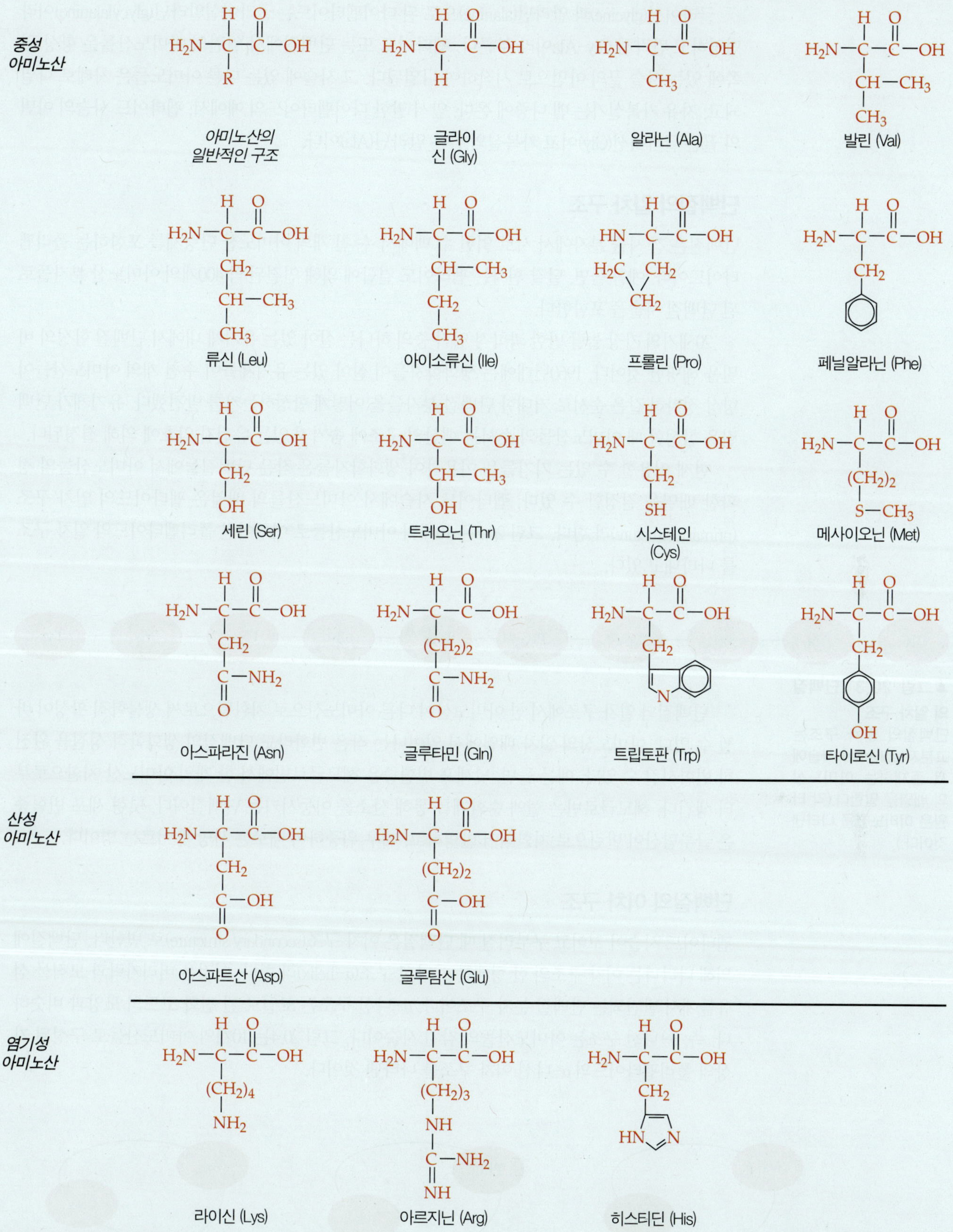


**▲그림 20.2 일반적인 아미노산**
아미노산들은 R-기를 제외한 나머지가 유사하다는 것을 주목하라. 곁사슬은 중성, 산성, 염기성 특성들을 가지는 아미노산을 결정한다.

글라이신(glycine)과 알라닌(alanine)으로 된 다이펩타이드는 글라이실알라닌(glycylalanine)이라 명명하고 간략히 Gly-Ala이라 부른다. 펩타이드 또는 단백질에서 일련의 아미노산들은 항상 왼쪽에 있는 사슬 끝의 아민으로 시작하여 나열된다. 그 사슬에 있는 다른 아미노들은 차례로 나열되고, 자유 카복실기는 맨 나중에 온다. 앞서 말한 다이펩타이드의 예에서, 펩타이드 사슬의 아민의 끝은 글라이신(Gly)이고 카복실의 끝은 알라닌(Ala)이다.

## 단백질의 일차 구조

단백질은 긴 사슬 분자에서 서로 얽힌 수 백에서 수 천 개의 아미노산 단량체를 포함하는 폴리펩타이드이다. 예를 들면, 달걀 흰자는 펩타이드 결합에 의해 연결된 약 400개의 아미노산 분자들로 된 단백질 사슬을 포함한다.

20세기의 가장 놀랄 만한 과학적 업적 중의 하나는 살아 있는 유기체 내에서 단백질 합성의 비밀을 해명한 것이다. 1960년대에는 생화학자들이 살아 있는 유기체들이 수천 개의 아미노산들이 항상 정확히 같은 순서로 거대한 단백질 분자들을 어떻게 합성하는가를 발견했다. 유기체가 단백질을 합성할 때 아미노산들의 순서는 핵산의 구조에 숨겨져 있는 유전자 암호에 의해 결정된다.

현재 이용할 수 있는 기기들을 이용하여 생화학자들은 작은 단백질들에서 아미노산들의 정확한 배열을 결정할 수 있다. 펩타이드 사슬에서 아미노산들의 배열은 펩타이드의 일차 구조(primary structure)라 한다. 그림 20.3은 10개의 아미노산들로 이루어진 폴리펩타이드의 일차 구조를 나타내고 있다.

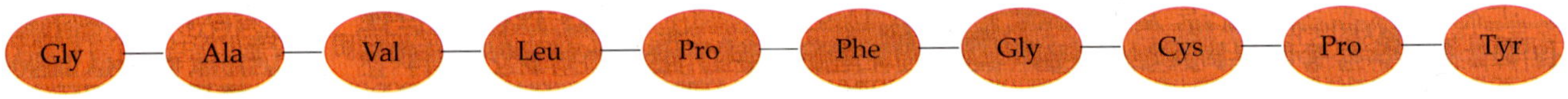


**▲그림 20.3 단백질의 일차 구조**
단백질의 일차 구조는 고분자(polymer) 사슬에서 존재하는 아미노산의 배열을 말한다.(각 타원은 아미노산을 나타낸 것이다.)

단백질의 일차 구조에서 한 아미노산이 다른 아미노산으로 치환됨으로써 생물학적 활성이 바뀔 수 있다. 아미노산의 일차 배열에서 일어나는 작은 변화라도 단백질의 생화학적 성질을 완전히 변화시킬 수 있다. 예를 들면, 낫세포 빈혈증은 헤모글로빈에서 한 개의 아미노산 치환으로부터 생긴다. 헤모글로빈은 혈액 순환계를 통해 산소를 이동시키는 단백질이다. 낫형 세포 빈혈증은 글루탐산이 발린으로 치환되어 발병하고, 매우 위중하며 때로는 사망에 이르는 병이다.

## 단백질의 이차 구조

펩타이드 사슬이 꼬이고 구부러질 때 단백질은 이차 구조(secondary structure)로 변한다. 단백질에 의해 나타나는 이차 구조의 한 형태를 α-나선 구조(α-helix)라 한다. 이것은 머리카락과 모직물 섬유들에서 발견되는 단백질 분자 구조이다. α-나선 구조는 코일로 된 전화 코드의 모양과 비슷하다. 즉, α-나선 구조는 아미노산들의 감긴 사슬이다. 그림 20.4는 10개의 아미노산들로 구성된 가상의 폴리펩타이드의 α-나선 이차 구조를 나타낸 것이다.

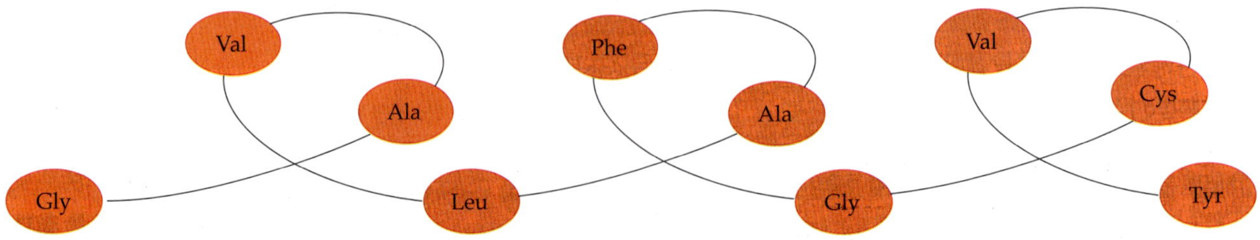


**▲그림 20.4 단백질의 이차 구조 : α-나선 구조**
단백질의 이차 구조는 α-나선 구조라 언급한 아미노산의 감긴 사슬 모양일 수 있다.
(각 타원은 아미노산을 나타낸 것이다.)

단백질의 이차 구조를 유지하는 힘은 무엇인가? 그 답은 수소 결합이다(12.9 절). 즉, 단백질의 이차 구조는 아미노산들 사이의 수소 결합에 의해 유지된다. α-나선 구조에서 수소 결합은 같이 감긴 단백질 사슬에 인접한 아미노산 단량체들 사이에서 이루어진다.

## 단백질의 삼차 구조

단백질의 전체적인 삼차원 구조는 삼차 구조(tertiary structure)라 부른다. 단백질의 삼차 구조는 길게 늘일 수 있거나 조밀하게 접힐 수도 있다. 단백질의 삼차 구조를 유추하면 직선으로 늘일 수 있고 또는 매듭 모양으로 접혀질 수 있는 전화 코드와 유사할 수도 있다. 꼬인 α-나선 구조는 삼차 구조를 설명해 준다. 꼬여진 나선 구조는 구 모양을 가지는 단백질 분자를 형성한다.

단백질의 삼차 구조는 일차 수소 결합인 분자간의 힘에 의해 서로 유지된다. 그림 20.5는 마이오글로빈의 삼차 구조를 나타낸다. 마이오글로빈은 대사 활성에 필요할 때까지 동물 조직에서 산소를 저장하는 구형 단백질이다.

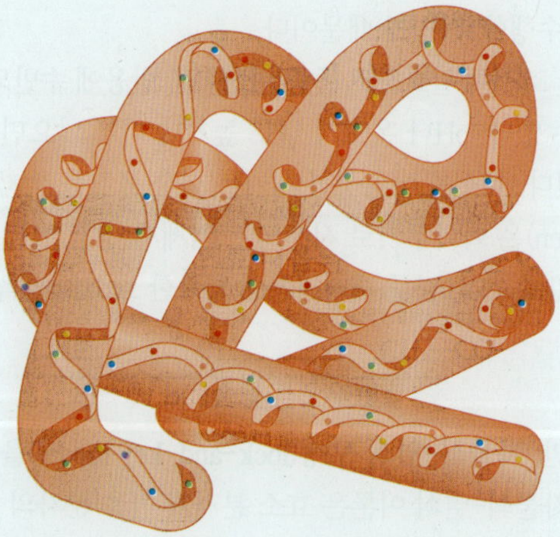

◀**그림 20.5 단백질의 삼차 구조**
꼬여진 α-나선 구조는 단백질의 삼차 구조를 형성한다. 이 모형 구조는 감겨진 이차 구조가 꼬여서 삼차 구조를 형성한 마이오글로빈 단백질 구조를 보여준다.

수소 결합은 일반적인 공유 결합보다 약하고, 단백질의 삼차 구조는 pH 또는 온도 변화에 의해서 파괴될 수 있다. 단백질 분자에서 수소 결합들이 끊어지는 과정을 *변성(denaturation)*이라 한다. 단백질 변성의 실질적 예는 뜨거운 물에서 달걀을 삶는 것을 들 수 있다.

### 예제 20.2 단백질

다음 다이펩타이드에 있는 아미노산은 무엇인가?

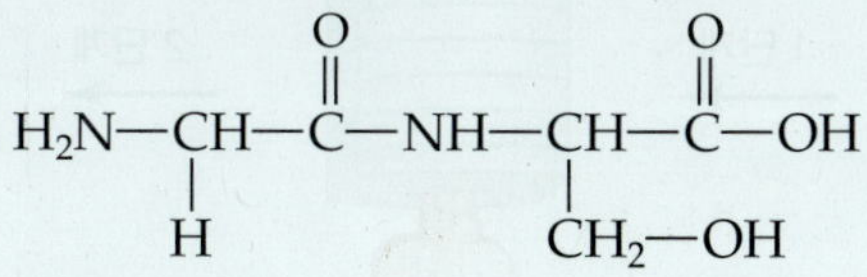

**해답**

다이펩타이드는 두 개의 아미노산이 하나의 펩타이드 결합으로 결합되었다. 그림 20.2를 참고하면 두 개의 아미노산은 글라이신(왼쪽)과 세린(오른쪽)이다.

**실전 연습문제**

글라이신과 세린을 중성, 산성 또는 염기성 아미노산으로 분류하여라.

**답:** 그림 20.2를 참고하면 글라이신과 세린은 둘 다 중성 아미노산임을 볼 수있다. 아미노산은 아미노산 구조의 R- 부분에 하나의 아민기 또는 하나의 카복실기도 갖지 않음을 볼 수 있다.

**개념 문제**

단백질 구조는 나선형 단백질 사슬에 있는 아미노산을 나선 구조라고 한다. 이 설명은 단백질 분자의 일차, 이차 또는 삼차 구조 중 어디에 해당하는가?

**답:** 부록 G, 20.2 참조

**학습 목표**

- 효소의 자물쇠-열쇠 모형을 설명할 수 있다.
- 촉매로서 효소의 역할을 설명할 수 있다.

## 20.3 효소

하나의 인간 세포에는 생명활동에 중요한 많은 효소를 포함하고 있다. **효소(enzyme)**는 생물학적 촉매로서 작용하는 단백질이다. 효소는 특정 분자들에 대해 현저하게 선택적이다. 효소는 존재하지 않을 때에 비하여 반응 속도를 백만배나 빠르게 하기 때문에 생화학 반응 속도를 빠르게 할 수 있다. 효소가 없으면 이러한 반응들이 아주 느리게 일어나므로 생명 활동이 불가능해진다. 또한 효소는 매우 적은 양만이 필요하다. 왜냐하면 생화학 반응은 $10^{-6}$초 내에서 일어날 수 있고 촉매로서 역할을 반복적으로 수행할 수 있기 때문이다.

생화학 반응은 민감한 조건이 필요하고 종종 비생화학 반응에 수반되는 아주 높거나 낮은 pH 또는 고온 조건을 견딜 수 없다. pH나 온도가 너무 높거나 너무 낮으면 효소는 비활성화되고 생화학 반응은 일어날 수 없다. 효소를 비활성화 시키는 화학 물질을 *억제제(inhibitor)*라고 한다. 사린(Sarin)과 포스겐(Phosgen)은 화학무기로 사용되는 억제제이다. 이들은 우리 몸에서 자연적으로 축적되는 치명적 독소(lethal toxins)를 제거하는데 필요한 효소 생성을 방해하는 억제제이다.

### 자물쇠-열쇠 모형

효소의 작용은 복잡하지만, **자물쇠-열쇠 모형(lock-and-key model)**을 이용하여 일반적인 메카니즘을 설명할 수 있다. 자물쇠-열쇠 이론은 효소 분자가 반응 분자의 형상과 비슷한 구조적 특징을 갖고 있음을 말해준다. 효소에서 반응이 일어날 수 있는 위치를 활성 자리(active site)라고 하고, 반응 분자를 기질(substrate)이라 한다. 그림 20.6은 자물쇠와 열쇠를 이용하여 자물쇠-열쇠 모형을 설명한 것이다.

효소 촉매화 반응은 두 단계로 일어난다. 첫째, 기질(S)은 효소(E)의 활성 자리에 결합한다. 둘째, 기질 분자는 반응을 하고 효소는 두 개 또는 그 이상의 생성물(P1 과 P2)을 내놓는다.

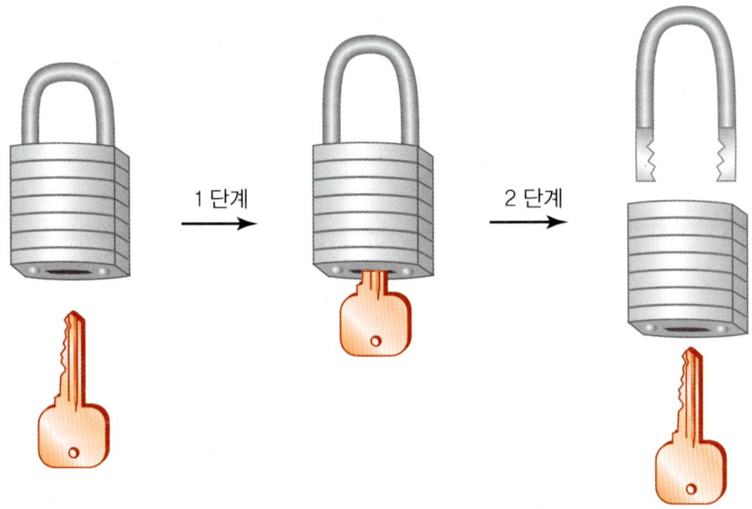


▶그림 20.6 **효소 촉매에 대한 유사성(analogy)**
1 단계에서 열쇠(효소)를 자물쇠(기질)에 삽입한다. 2 단계에서 열쇠는 자물쇠를 열고 두 부분(생성물)으로 나누어진다.

1 단계 : $E + S \rightarrow ES$

2 단계 : $ES \rightarrow E + P_1 + P_2$

그림 20.7은 두 개의 생성물을 내놓는 기질 분자의 효소 촉매화 반응에 대한 두 단계 과정을 보여준다.

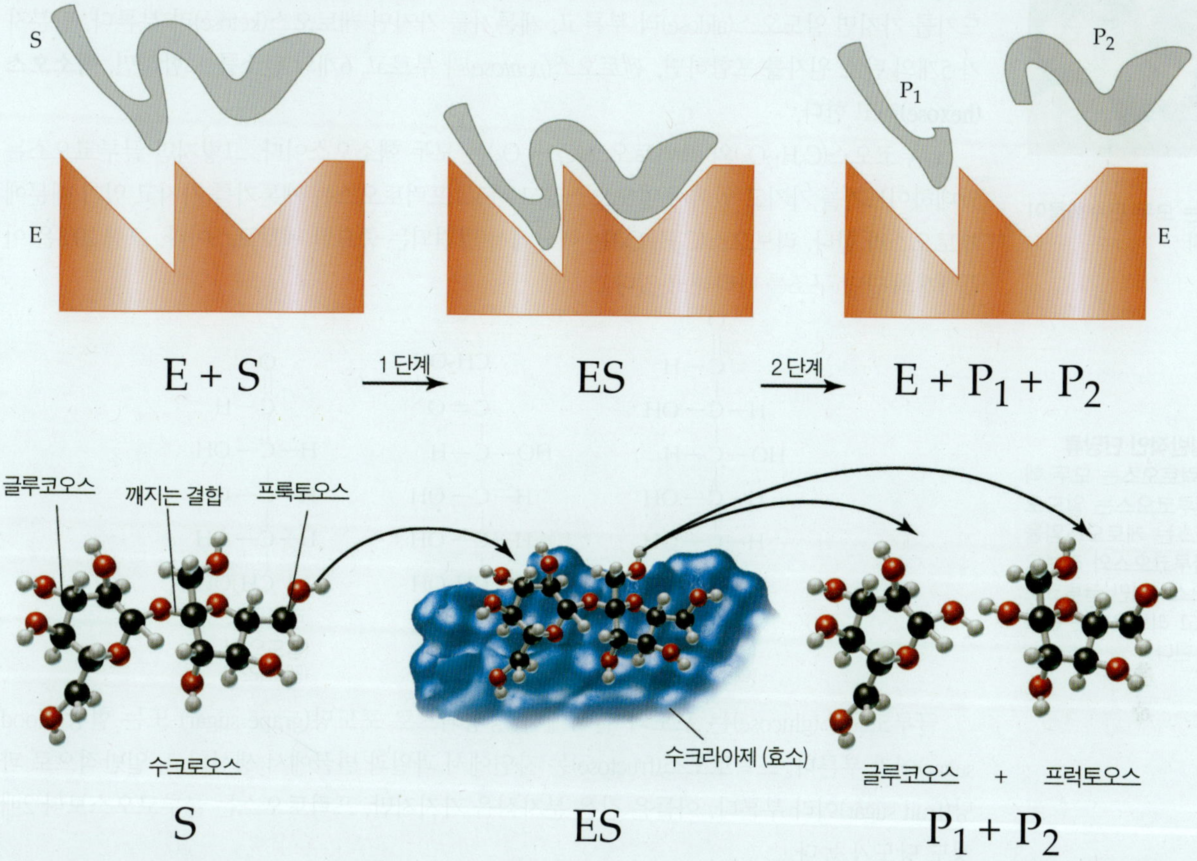


**▲그림 20.7 효소 촉매**
1 단계에서, 기질 분자 (S)는 효소(E)의 활성 자리에 결합한다. 2 단계에서, 효소는 기질을 쪼개어 두 개의 생성물 $P_1$과 $P_2$를 내놓는다.

효소가 생성물을 내놓은 후에, 효소는 자유롭게 다른 기질 분자와 결합하고 다시 모든 과정을 반복한다. 효소 촉매 작용은 속도가 매우 빨라서, 미량의 효소라도 짧은 시간 안에 많은 양의 생성물을 생성해 낼 수 있다.

일반적인 짭짤한 크래커로 효소 촉매 작용을 설명할 수 있다. 크래커가 달지는 않더라도, 고분자 글루코오스 당인 전분을 포함하고 있다. 입에 크래커를 넣었을 때, 단시간에 단맛을 느끼게 될 것이다. 이것은 전분 분자를 단당으로 분해함으로써 소화 과정을 시작하는 프티알린(ptyalin) 효소를 침이 갖고 있음을 말해준다.

만약 효소에 의해 1분에 단맛이 난다면, 효소가 없을 때 단맛이 나려면 일백만 분(약 2년)이 걸린다.

## 20.4 탄수화물

**학습 목표**

- 단당류(mono–), 이당류(di–)와 다당류(polysaccharides)의 기본구조를 이해할 수 있다.
- 단당류 사이의 글리코사이드 결합을 알 수 있다.

탄수화물(carbohydrate)은 동물에게 중요한 식품원이고 식물의 구조를 제공한다. "탄수화물"이라는 말은 글자 그대로 "탄소의 수화물($C \cdot H_2O$)"을 의미하고, 많은 탄수화물은 $CH_2O$의실험식(empirical formula)을 가지고 있다. 보통 탄수화물의 이름은 접미사에 -ose, 로 끝난다. 예를 들면, glucose(포도당), fructose(과당), sucrose(설탕) 등이다. 탄수화물은 알데하이드 혹은 케톤 작용기 그리고 몇 개의 하이드록실기(—OH)를 포함하는 구조를 가진다.

▲**탄수화물 식품**
빵, 과일 및 채소는 모두 탄수화물이 풍부한 식품원이다.

단당 분자는 대표적으로 3~6개 탄소, 하나의 알데하이드 또는 케톤 작용기 그리고 몇 개의 하이드록실기를 가지고 있다. 단당 분자는 **단당류(monosaccharide)**라 부른다. 단당류가 알데하이드기를 가지면 알도오스(aldose)라 부르고, 케톤기를 가지면 케토오스(ketose)라 부른다. 당분자가 5개의 탄소 원자를 포함하면, *펜토오스(pentose)*라 부르고, 6개의 탄소를 포함하면, **헥소오스(hexose)**라고 한다.

글루코오스($C_6H_{12}O_6$)와 프럭토오스($C_6H_{12}O_6$)는 모두 헥소오스이다. 그렇지만 글루코오스는 알데하이드기를 가지고 있어서 알도오스라고 하고, 프럭토오스는 케톤기를 가지고 있기 때문에 케토오스라 한다. 리보오스($C_5H_{10}O_5$)는 핵산에서 발견되는 중요한 펜토오스이다. 그림 20.8은 이들 3개의 단당 구조를 나타내고 있다.

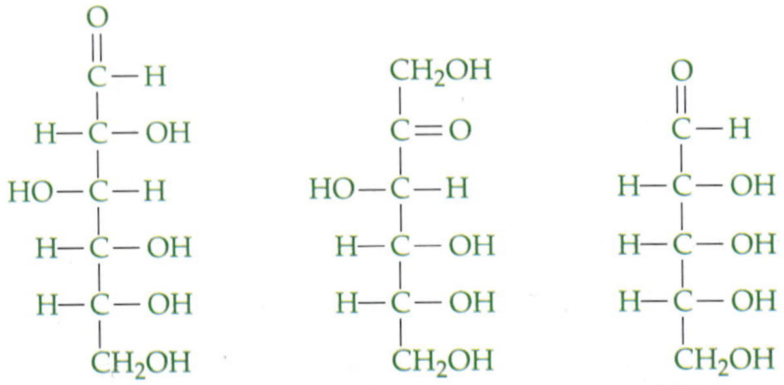

| 글루코오스 | 프룩토오스 | 리보오스 |
|---|---|---|
| (알도오스) | (케토오스) | (알도오스) |
| (헥소오스) | (헥소오스) | (펜토오스) |

▶**그림 20.8 일반적인 단당류**
글루코오스와 프럭토오스는 모두 헥소오스이지만 글루코오스는 알도오스이고 프럭토오스는 케토오스임을 주목해야한다. 글루코오스와 리보오스는 모두 알도오스이지만 글루코오스는 헥소오스이고 리보오스는 펜토오스임을 알아야 한다.

글루코오스(glucose)는 포도와 혈액에서 생성되므로 포도당(grape sugar) 또는 혈당(blood sugar)이라 부른다. 프럭토오스(fructose)는 자연에서 과일과 벌꿀에서 생성되고, 일반적으로 과당(fruit sugar)이라 부른다. 이들은 같은 분자식을 가지지만, 프럭토오스는 글루코오스보다 2배 정도 당도가 높다.

**이당류(disaccharide)**는 2개의 단당으로 구성되어져 있다. 예를 들면, 말토오스(maltose, 맥아당)는 2개의 글루코오스 분자로 구성된 맥아당(malt sugar)이다. 락토오스(lactose)는 글루코오스와 갈락토오스(galactose)를 함유한 젖당(milk sugar)이다. 수크로오스(sucrose)는 일반적으로 사탕수수나 사탕무에서 나오는 식용당이다. 수크로오스는 글루코오스와 프럭토오스로 이루어진 이당류이다. 효소와 수용액 산의 존재하에서 이당류는 두 개의 단당류로 분해된다. 말토오스, 락토오스와 수크로오스의 산 가수 분해(hydrolysis) 식은 다음과 같다.

$$C_{12}H_{22}O_{11} + H_2O \xrightarrow{H^+} C_6H_{12}O_6 + C_6H_{12}O_6$$

말토오스 + 물 ⟶ 글루코오스 + 글루코오스
락토오스 + 물 ⟶ 갈락토오스 + 글루코오스
수크로오스 + 물 ⟶ 글루코오스 + 프럭토오스

## 수용액 중 당의 구조

수용액 중에서 당 분자는 일반적으로 고리 구조로 존재한다. 수용액 중에 글루코오스는 알데하이드기에 하이드록실기를 연결함으로써 고리 구조를 형성한다. 그래서 생긴 고리 구조는 다섯 개

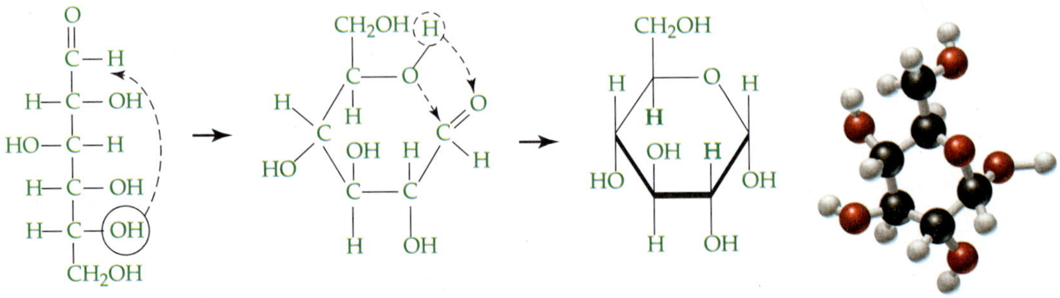

▶**그림 20.9 수용액 중의 글루코오스**
수용액 중에서 글루코오스 분자는 다섯 개의 탄소와 한 개의 산소 원자를 포함하는 고리 구조를 형성한다.

의 탄소 원자와 한 개의 산소 원자를 가지고 있다. 그림 20.9는 수용액 중의 글루코오스 고리구조의 형성을 나타내고 있다.

이당류의 형성과정에서 두 개의 단당류는 물이 제거됨으로써 **글리코사이드 결합(glycoside linkage)**이라고 하는 특별한 "—O— 결합"으로 연결된다. 예를 들면, 갈락토오스와 글루코오스는 물이 제거됨으로써 락토오스 분자를 형성한다.

소화 과정에서 효소 락타아제는 락토오스를 분해하여 갈락토오스와 글루코오스를 만든다. 성인이 유아보다 이 효소의 활성이 낮다는 것은 흥미로운 일이다. 결과적으로 많은 성인이 락토오스를 분해하지 못하게 되고 계속적으로 소화 불량으로 고통을 받는다. 락토오스 과민성으로 알려진 이 상태는 우유 제품을 피하거나 액상이나 알약의 형태로 젖당 분해 효소 보충제를 섭취함으로써 치료된다. 그림 20.10은 락토오스에서 글리코사이드 결합의 형성과 분해를 나타내고 있다.

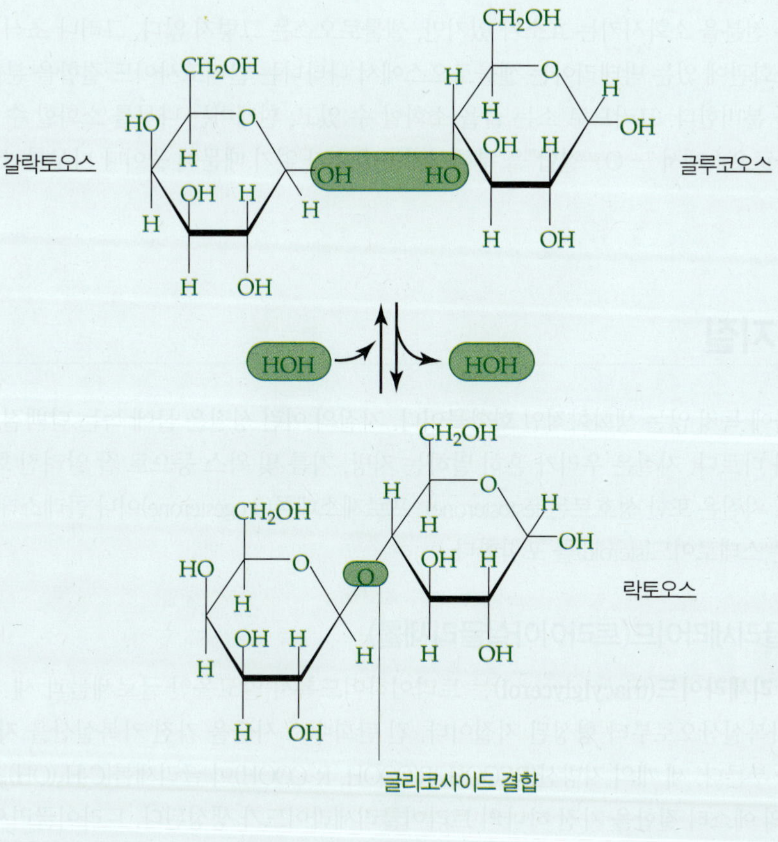


**◀그림 20.10 글리코사이드 결합의 형성과 분해**
락토오스(lactose)는 글루코오스와 갈락토오스 두 단당으로 구성되어 있다. 글리코사이드 결합의 형성에서 갈락토오스와 글루코오스 분자로부터 물이 제거된다. 역반응에서 글리코사이드 결합은 효소나 산의 존재 하에서 분해된다.

## 다당류

**다당류(polysaccharide)**는 수백 또는 수천 개의 단당류 단위가 글리코사이드 결합으로 연결되어 구성된 중합체이다. 전분(starch)과 셀룰로오스(cellulose)는 다당류의 대표적인 예이다. 전분은 단일 반복 단위로 구성된 다당류이다. 전분이 가수 분해되거나 묽은 산 또는 효소에 의해 분해될 때 유일하게 얻어지는 생성물은 글루코오스이다. 그림 20.11은 글루코오스 분자가 연결된 전분 중합체의 한 부분을 나타내고 있다.

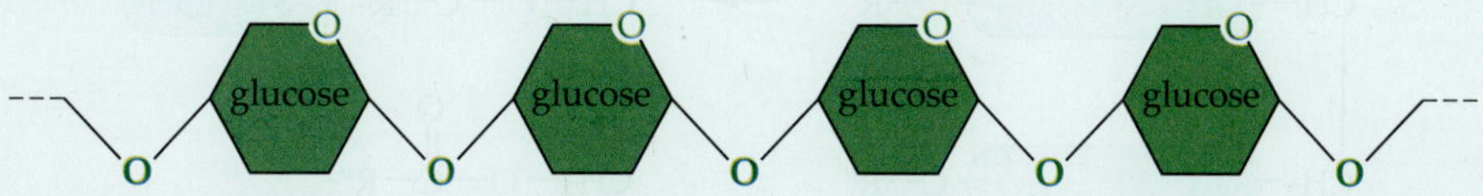


**◀그림 20.11 전분의 일부분**
전분은 반복되는 글루코오스 단위의 중합체이다. 전분은 직선 사슬 분자에 추가해서 글루코오스 단위로 구성된 수 많은 가지를 가지고 있다.

인체에서 글루코오스 단당류들은 서로 결합하여 글리코겐(glycogen)을 형성하고 소형 다당류는 에너지원으로 근육과 간에 저장된다. 그러나 과다한 글루코오스는 지질로 변환되고 지방으로 체내에 저장된다. 육체적 활동으로 에너지가 소모될 때 글리코겐이 분해된다. 즉, 글리코겐이 차례로 끊어져서 글루코오스 분자를 생성한다. 글루코오스 분자는 더 분해되어 이산화 탄소, 물, 그리고 신체의 에너지를 생산한다.

셀룰로오스는 나무와 식물에서 발견되는 다당류이다. 셀룰로오스가 묽은 산에 의하여 분해될 때 얻어지는 유일한 생성물은 글루코오스이다. 그러므로 전분과 셀룰로오스는 모두 글루코오스 단위로 구성된 다당류이다. 비록 이들의 차이는 미미하지만 전분과 셀룰로오스에서 글루코오스 단위는 같은 방법으로 연결되어 있지는 않다. 셀룰로오스에서 모든 다른 글루코오스 단위는 위아래로 뒤집어져 있다. 그림 20.12는 글루코오스 분자가 연결되어 있는 셀룰로오스 중합체의 일부분을 보여준 것이다.

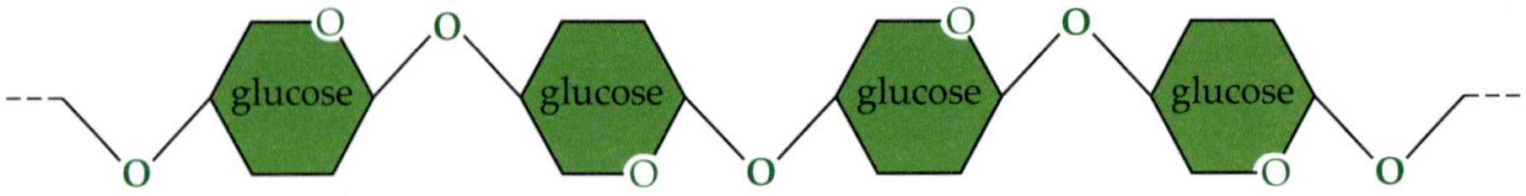


▶그림 20.12 **셀룰로오스의 일부분**
셀룰로오스는 반복되는 글루코오스 단위의 중합체이다. 그림에서 각 글루코오스가 고리 위에 있는 O의 위치가 글루코오스마다 위 아래 위치가 바뀌어 있음을 유의하자.

전분과 셀룰로오스의 미묘한 구조적 차이는 자연적으로 높은 선택성을 나타낸다. 즉, 대부분의 동물은 전분을 소화시키는 효소가 있지만, 셀룰로오스는 그렇지 않다. 그러나 초식 동물과 흰개미의 소화관에 있는 박테리아는 셀룰로오스에서 나타나는 글리코사이드 결합을 분해할 수 있는 효소를 분비한다. 그러므로 소는 풀을 소화할 수 있고, 흰개미는 나무를 소화할 수 있지만 인간은 셀룰로오스에서 "—O—결합"을 분해시키는 효소가 없기 때문에 풀이나 나무를 소화시킬 수 없다.

## 20.5 지질

**학습 목표**

- ▶ 트라이글리세라이드(triglyceride), 인지질(phospholipid) 및 지질 왁스(lipid wax)의 구조를 이해할 수 있다.
- ▶ 스테로이드(steroid)의 기본적인 고리구조를 이해할 수 있다.

지질은 물에 녹지 않는 생화학적인 화합물이다. 지질의 이런 성질은 물에 녹는 단백질, 탄수화물 및 핵산과 다르다. 지질은 우리가 흔히 말하는 지방, 기름 및 왁스 등으로 잘 알려진 화합물들을 포함한다. 지질은 또한 성호르몬(testosterone), 프로제스테론(progesterone)이나 콜레스테롤(cholesterol) 같은 스테로이드(steroid)를 포함한다.

### 트라이글리세라이드(트라이아실글리세롤)

**트라이글리세라이드(triacylglycerol)**는 트라이하이드록시 알코올인 글로세롤과 세 개의 긴 사슬로된 카복실산으로부터 형성된 지질이다. 긴 탄화수소 사슬을 가진 카복실산을 **지방산(fatty acid)**이라 부른다. 세 개의 지방산(RCOOH, R′COOH, R″COOH)이 글리세롤[$C_3H_5(OH)_3$]과 반응하여 세 개의 에스터 결합을 가진 하나의 트라이글리세라이드가 생성된다. 트라이글리세라이드를 형성하는 일반적인 반응을 아래와 같이 나타낸다.

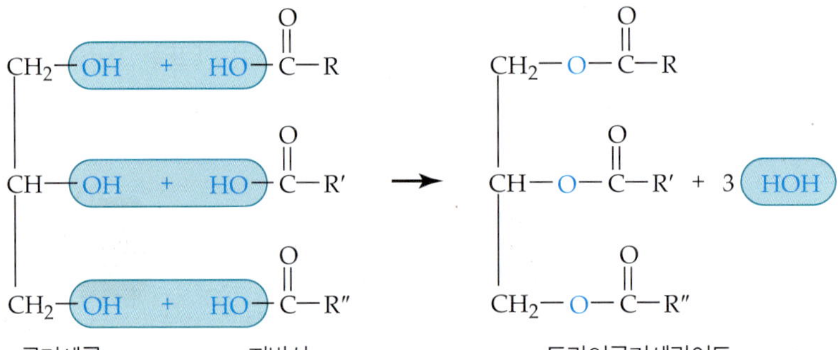


R, R′ 및 R″ 같은 표기법은 세 개의 지방산에 연결된 긴 탄화수소를 나타낸다. 동물로부터 얻어진 트라이글리세라이드에는 지방산 사슬이 대부분 포화되어있고 소수의 이중결합을 가지고 있다. 동물로부터 얻어진 반고형 지질을 **지방(fat)**이라 한다. 표 20.1에는 동물의 지방에서 나오는 몇몇 일반적인 포화 지방산이 나열되어 있다.

| **표 20.1 일반적인 포화 지방산** | |
|---|---|
| 이름 | 구조 |
| 라우르산 | $CH_3-CH_2-CH_2-CH_2-CH_2-CH_2-CH_2-CH_2-CH_2-CH_2-CH_2-COOH$<br>$CH_3-(CH_2)_{10}-COOH$ |
| 미리스트산 | $CH_3-(CH_2)_{12}-COOH$ |
| 팔미트산 | $CH_3-(CH_2)_{14}-COOH$ |
| 스테아르산 | $CH_3-(CH_2)_{16}-COOH$ |

▲**지질**
식물성 기름, 마아가린 및 크림이 많은 식품은 지질이 풍부하다.

아래의 구조는 동물의 지방에서 발견할 수 있는 포화 트라이글리세라이드의 한 예를 설명한 것이다.

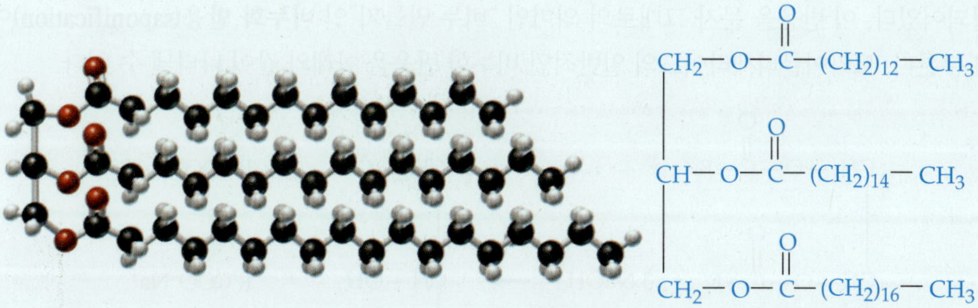


미리스트산 에스터
팔미트산 에스터
스테아르산 에스터

식물로부터 얻어진 액상의 지질을 기름(oil)이라 한다. 식물로부터 얻어진 트라이글리세라이드에는 지방산 사슬이 주로 불포화되어 있으며 하나 또는 그 이상의 이중 결합을 가진다. 표 20.2에는 식물의 기름에서 나오는 몇몇 일반적인 불포화 지방산이 나열되어 있다.

| **표 20.2 일반적인 불포화 지방산** | |
|---|---|
| 이름 | 구조 |
| 올레산 | $CH_3-CH_2-CH_2-CH_2-CH_2-CH_2-CH_2-CH_2-CH=CH-(CH_2)_7-COOH$ |
| 리놀레산 | $CH_3-CH_2-CH_2-CH_2-CH_2-CH=CH-CH_2-CH=CH-(CH_2)_7-COOH$ |
| 리놀렌산 | $CH_3-CH_2-CH=CH-CH_2-CH=CH-CH_2-CH=CH-(CH_2)_7-COOH$ |

아래의 구조는 식물의 기름에서 발견된 불포화 트라이글리세라이드의 예를 설명하고 있다. 지방산이 각각 한 개, 두 개, 세 개의 이중 결합을 가지고 있다는 것을 주목하라.

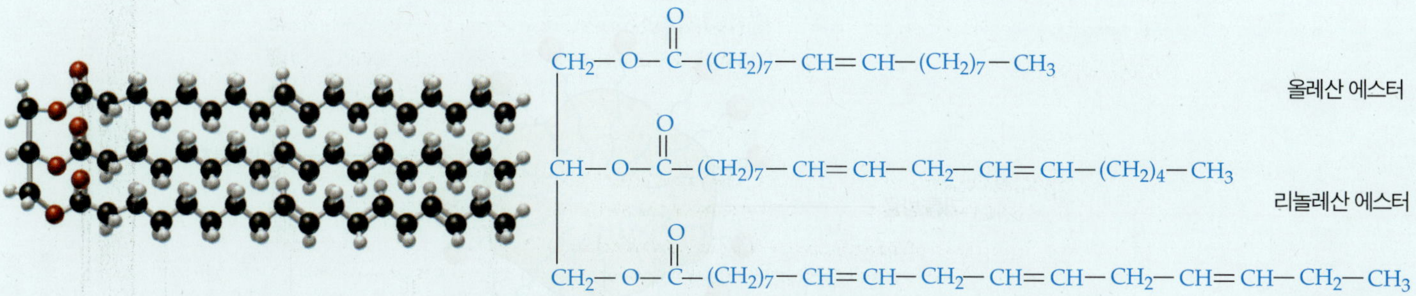


올레산 에스터
리놀레산 에스터
리놀렌산 에스터

지방과 기름의 구별은 기본적으로는 지방산의 포화에 근거하지만, 많은 예외가 일반화되어 있다. 즉, 지방이더라도 적은 비율의 불포화 지방산을 함유하고, 기름도 적은 양이나마 포화 지방산을 함유한다는 것이다. 게다가, 천연에 존재하는 지방과 기름의 천연 근원은 트라이글리세라이드의 복합적 혼합물로 되어있다.

지방 또는 기름을 정밀 분석하면 각 지방산의 평균적인 함량을 나타낼 수 있다. 예를 들면, 옥수수기름은 2% 미리스트산(myristic acid), 8% 팔미트산(palmitic acid), 5% 스테아르산(stearic acid), 35% 올레산(oleic acid) 및 50% 리놀레산(linoleic acid)을 함유한다. 그러므로, 옥수수기름은 평균 15%의 포화 지방산과 85%의 불포화 지방산을 포함하고 있다.

## 지방과 기름의 비누화 반응

트라이글리세라이드에서의 에스터 결합은 수산화 소듐으로 처리함으로써 끊을 수 있다. 반응의 생성물은 글리세롤과 세 개의 지방산 소듐 염이다. 지방산 소듐 염은 우리가 흔히 말하는 비누로 구성되어있다. 이 반응을 문자 그대로의 의미인 "비누 만들기"인 **비누화 반응(saponification)**이라고 부른다. 트라이글리세라이드의 일반적인 비누화 반응을 아래와 같이 나타낼 수 있다.

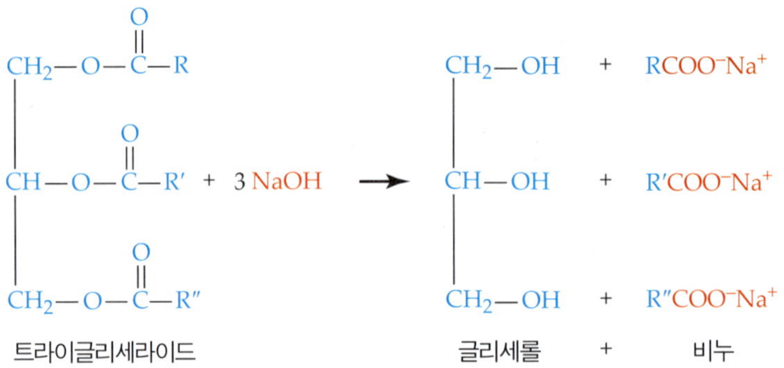


비누는 극성 이온인 "머리"($COO^-Na^+$)와 긴 비극성인 "꼬리"(R, R′ 또는 R″)를 가지고 있다. 비록 기름과 물이 섞이지 않지만, 우리는 비누로 손에 묻은 기름때를 제거할 수 있다. 기름을 제거할 때 비누의 역할은 "비누의 지방산 꼬리는 기름에 들러붙고 머리는 물에 들러붙는 것"이다. 그 때문에 비누는 비극성 기름 분자와 극성 물 분자 사이의 결합을 유지한다(그림 20.13). 그러므로, 비누와 물로 손을 씻으면 물과 기름이 서로 섞일 수 없을지라도 기름때를 제거할 수 있다.

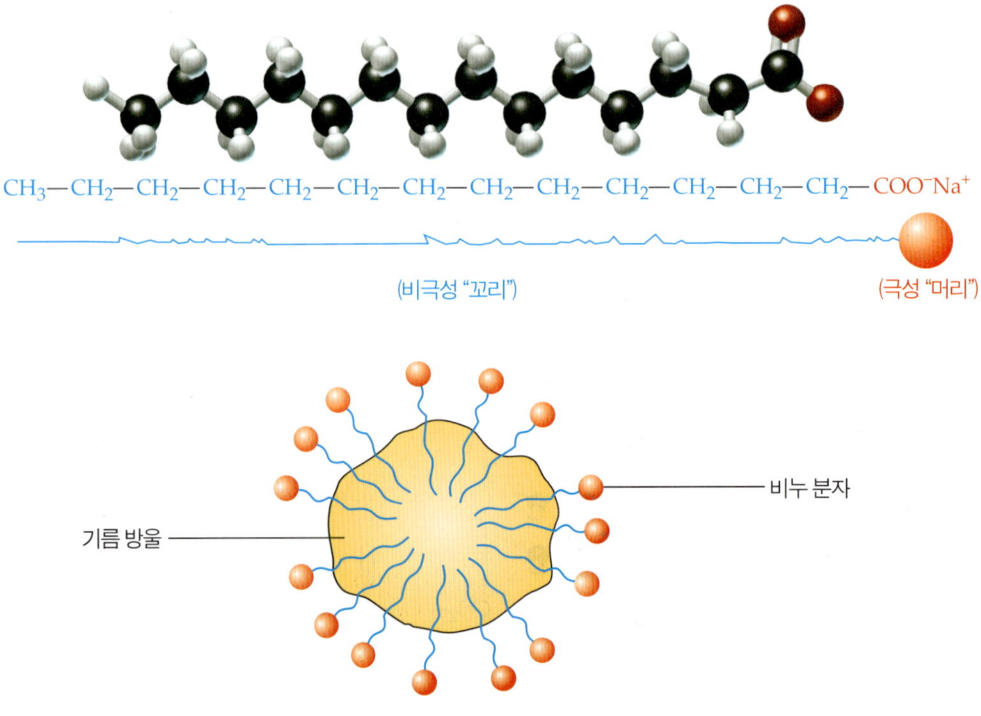


▶그림 20.13 **비누의 작용**
비누 분자($R—COO^-Na^+$)는 긴 비극성인 "꼬리"(R, R′, 또는 R″)와 극성인 "머리"($COO^-Na^+$)를 가지고 있다. 비누의 "꼬리"는 지용성이고 "머리"는 수용성이기 때문에 기름을 제거하는 데 효과적이다.

## 인지질

**인지질(phospholipid)**은 생세포와 세포막에서 발견할 수 있는 글리세라이드이다. 트라이글리세라이드인 지방과 기름과는 달리 인지질은 글리세롤에 두 개의 지방산이 에스터화 되어 있다. 글리세롤에서 세 번째 —OH기에는 인산이 연결되어 있다. 그러므로 인지질의 특성은 지방이나 기름과는 다르다. 인산기를 첨가하면 인지질은 비수용성인 비극성 꼬리뿐만 아니라 수용성인 이온성 머리를 가진다. 사실, 인지질 레시틴(lecithin)은 비수용성인 마가린과 초콜릿을 에멀션화 하는데 사용한다. 아래의 구조는 레시틴의 전형적인 조성을 설명한 것이다.

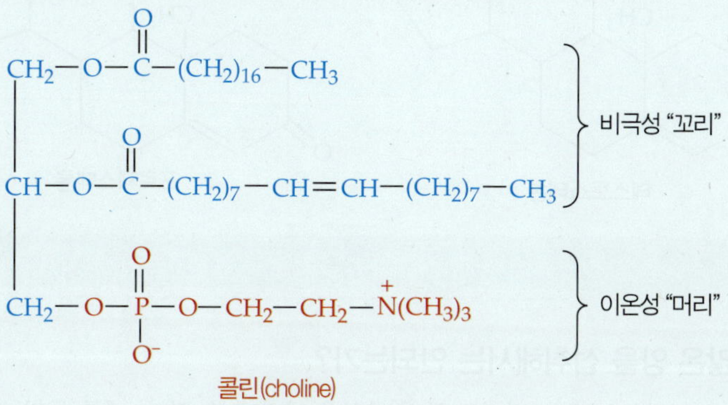


레시틴에 있는 인산 에스터는 글리세롤뿐만 아니라 콜린, HO—$CH_2CH_2N$+$(CH_3)$3와 결합되어 있다. 콜린은 달걀노른자에서 발견된 비타민 B-복합체 이고 간기능에 필수적이다.

## 왁스

지질 **왁스(Wax)**는 지방산과 긴 사슬의 알코올 분자가 에스터 결합으로 생성된 물질들의 혼합체로서 자연에서 발견된다. 밀랍(beeswax)은 벌집에서 발견되는 지질 왁스의 한 예이며 양초와 구두 광택제를 만드는데 사용된다. 다른 예로 카르나우바 왁스(carnauba wax)는 자동차와 가구 광택제의 원료이다. 지질 왁스는 비수용성이고 과일, 야채 및 식물의 잎에서 미끄러운 코팅제로서 자연에서 발견된다. 왁스가 물에 녹지 않기 때문에 직물과 나무 표면에 방수제로 사용할 수 있다. 아래 예의 구조는 밀랍에서 발견할 수 있는 대표적인 에스터 중의 하나를 설명한 것이다.

$$CH_3-(CH_2)_{34}-\overset{\displaystyle O}{\overset{\|}{C}}-O-(CH_2)_{35}-CH_3$$ 밀랍

왁스는 자연에서 발견되는 에스터이고 트라이글리세라이드처럼 지방산 성분이 다양하다. 카르나우바 왁스는 탄소 12개의 불포화 지방산과 여러 종류의 긴 사슬 알코올로 구성되어 있다.

## 스테로이드

**스테로이드(steroid)**는 지질의 특별한 족에 속하는데, 탄소 원자로 된 네 개의 고리 구조가 함께 붙어 있다. 콜레스테롤은 중요한 스테로이드의 한 예이고 생명 유지에 필수적인 다른 많은 스테로이드 분자의 선구 물질이다. 반면에 콜레스테롤의 농도가 높으면 동맥에서 침전물을 형성하게 되고 이는 심장병을 유발할 수 있다. 콜레스테롤의 고리 구조를 아래와 같이 도식할 수 있다.

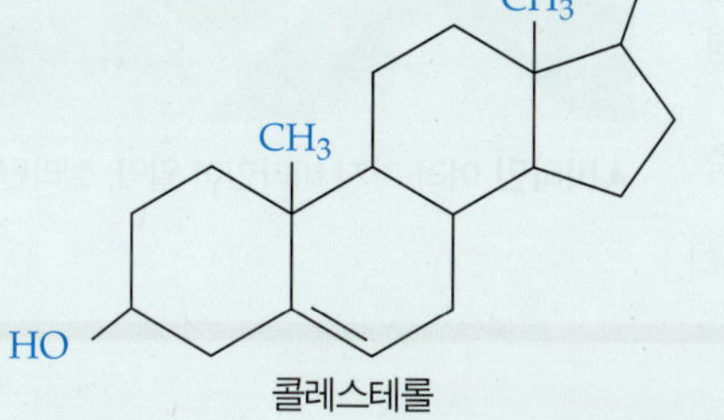

콜레스테롤

앞에서 언급한 것처럼, 성 호르몬도 스테로이드이다. 여기에는 테스토스테론과 프로제스테론 같은 호르몬들이 포함되고 이들은 각각 고환과 난소에서 분비된다. 프로제스테론이 여성의 배란을 조절하는 것을 돕는 반면에, 테스토스테론은 남성의 성적 특성에 관계한다.

두 호르몬은 매우 유사하나 분자 구조에서 아주 약간 다르다는 것을 알면 매우 흥미롭다.

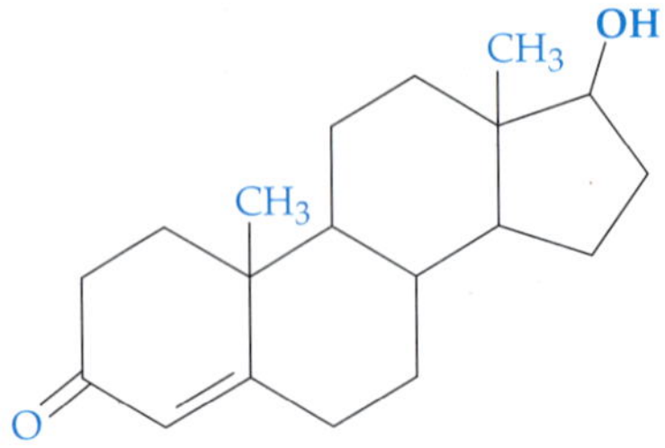


테스토스테론

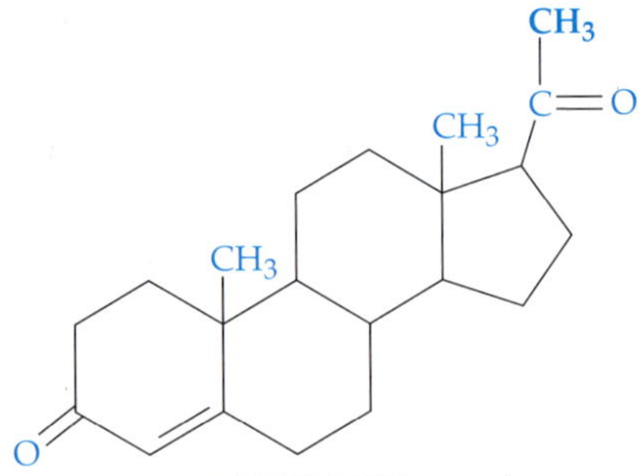


프로제스테론

## 화학 커넥션 비타민

**Q:** 어떠한 비타민이 지용성이며 너무 많은 양을 섭취해서는 안되는가?

비타민은 정상적인 신진 대사에 필요한 생화학적 화합물이며, 우리 몸에서 합성되지 않으므로 음식물을 통해서 섭취해야 한다. 음식물에 비타민이 없다면, 그것은 비타민 결핍증을 유발한다.

미국의 식품 영양 위원회(Food and Nutrition Board)는 최소한의 비타민 요구량을 정립하였다. 이 위원회는 최근 연구 결과에 따라 비타민의 음식물 허용치(Recommended Dietary Allowance)를 주기적으로 공포한다. 이 RDA값은 어른과 어린이들의 비타민 필요량을 추정하는 데 지침으로 사용되고 개인적인 환경에 따라 변할 수도 있다. 오염된 공기나 물을 마시는 것은 비타민의 요구량을 증가시킨다. 고열을 동반하는 몇몇 전염병들은 마찬가지로 비타민의 요구량을 증가시킬 수 있다.

대부분의 경우, 신선한 과일, 야채, 우유 및 고기 등을 포함하는 음식물을 먹으면 필요한 양의 비타민을 섭취할 수 있다. 그러나 내과 의사들은 스트레스, 성장 또는 임신 기간 동안에는 비타민을 보충할 필요가 있다고 말한다. 비타민 A, C 와 E가 암의 위험을 감소시킬 수 있다는 증거도 있다. 이들 비타민들은 항산화제이고, 소위 말하는 "자유 라디칼 이론(free radical theory)"에는 자유 라디칼이 DNA의 구조를 변경시킬 수 있다고 제안되어 있다. 미네랄인 셀레늄과 함께 비타민 C와 E는 조직에서 독성을 가지고 있는 자유 라디칼을 제거하는 데 도움을 준다.

최근 비타민을 보충하기 위해 많은 양을 섭취하는 것에 약간의 논쟁이 제기되고 있다. 과량의 수용성 비타민($B_1$, $B_2$, $B_3$, $B_6$, $B_{12}$ 및 C)은 오줌 속에 녹아서 빠르게 배설되고 거의 독성이 없다. 비록 비타민 C가 비교적 독성이 없으나 과량의 일상적인 섭취는 개인에 따라 피부 발진과 설사를 유발한다. 아스코르브산인 비타민 C의 결핍은 이빨이 빠지고 잇몸에서 피가 나는 괴혈병을 유발할 수 있다. 이 병을 예방하고 치료하는 데에는 감귤류의 과일이 좋다. 1800년대 초반에 괴혈병 예방으로 영국 해군이 병사들에게 레몬과 라임 열매를 급식으로 배급을 시작하면서 "limeys"라는 별명을 갖게 되었다.

지용성 비타민(A, D, E, K)의 과량 복용은 신체 지방조직에 축적되고 독성 증상을 나타낼 수 있다. 예를 들면, 과량의 비타민 A는 감수성을 내게 하고, 구토, 식욕부진, 두통 및 피부를 건조하게 한다. 반면 비타민 A(레티놀)의 부족은 야맹증을 유발한다고 오랫동안 알려져 왔다. 비타민 D는 피부가 햇빛에 노출되면 우리 몸에서 합성된다. 과량의 비타민 D는 허약, 피로, 두통, 메스꺼움 및 구토를 유발할 수 있다. 비타민 D의 결핍은 열대 기후에서는 드물고 북부 지역에서 더 흔하다. 비타민 D의 결핍은 칼슘과 인의 섭취를 방해하여 뼈가 기형으로 성장하는 원인이 된다. 아이들에게 있어서, 이 병은 구루병으로 알려져 있고 갈비뼈의 기형과 다리가 굽는 것으로 특징된다.

알파 토코페롤인 비타민 E의 보충은 특히 관상 동맥 질환과 같은 많은 질병을 치료해 왔다. 이것은 어느 정도 과량을 섭취해도 비교적 독성이 없는 것으로 여겨졌다. 비타민 K는 우유 제품에서 얻을 수 있고, 이것은 혈액 응고에 필수적이다. 그리고 야채, 달걀 및 생선과 같은 다양한 식품은 비타민 K를 함유하고 있다. 그래서 비타민 K는 거의 결핍되지 않는다.

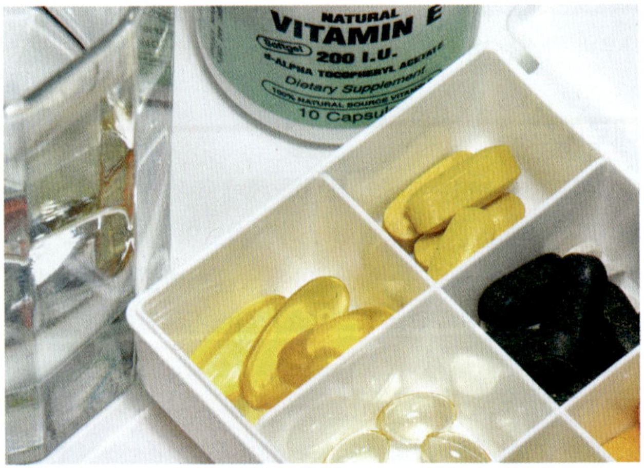


▲**비타민** 여러 가지 비타민이 알약, 젤라틴 캡슐 등으로 판매되고 있다.

**A:** 지용성 비타민(A, D, E 및 K)은 과량으로 섭취해서는 안 된다.

## 20.6 핵산

**학습 목표**

- ▶ 뉴클레오타이드의 세 가지 구성 성분을 알수 있다.
- ▶ DNA와 RNA 뉴클레오타이드를 구별할 수 있다.
- ▶ 복제 과정을 설명할 수 있다.
- ▶ 전사 과정을 설명할 수 있다.

핵산은 생화학적 화합물로 모든 생물 세포에서 발견된다. 핵산은 종의 복제를 담당하는 유전 정보를 포함한다. 핵산은 두 가지 기본 형태가 있다. 즉, 데옥시라이보핵산(deoxyribonucleic acid, DNA)과 라이보핵산(ribonucleic acid, RNA)이 있다.

핵산은 각각의 **뉴클레오타이드(nucleotide)**라 불리는 단위들이 수없이 반복된 중합체이다. 모든 뉴클레오타이드가 동일하지는 않지만 모든 뉴클레오타이드는 세 가지 유사한 성분 분자인 당(sugar), 염기(base) 및 인산(phosphoric acid)으로 구성되어 있다. 뉴클레오타이드의 일반적인 구조는 이들 세 성분으로 되어 있음을 그림 20.14에 나타냈다. DNA와 RNA에서 발견되는 당은 약간 다르다. 즉, DNA속의 당은 데옥시라이보오스(deoxyribose)이고, RNA속의 당은 라이보오스(ribose)이다. 이들 당들은 하나의 하이드록실기(—OH)를 제외하면 동일하다.

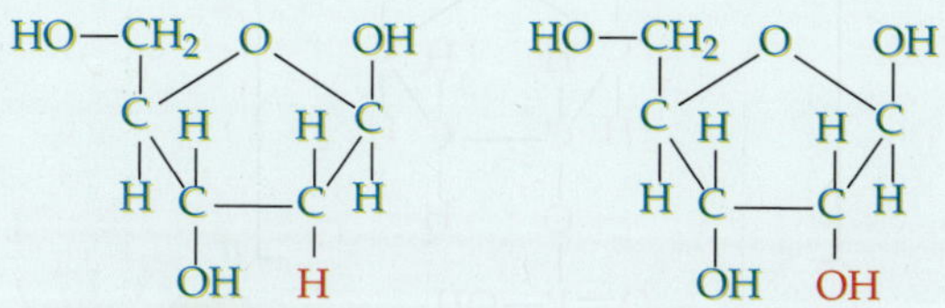

데옥시라이보오스(DNA) 라이보오스 (RNA)

**▲데옥시라이보오스와 라이보오스** DNA에 있는 당인 데옥시라이보오스, RNA에 있는 당인 라이보오스는 하나의 하이드록실기(—OH)에 의해 달라진다는 것을 주목하라.

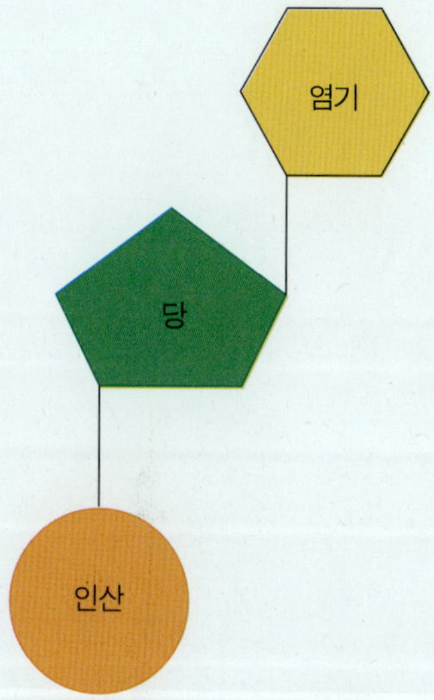


**▲그림 20.14 뉴클레오타이드**
핵산은 뉴클레오타이드의 중합체이다. 뉴클레오타이드는 라이보오스(또는 데옥시라이보오스)와 한 개 질소 염기가 붙어있다. 뉴클레오타이드는 인산 결합으로 핵산 속에서 함께 연결되어 있다.

DNA와 RNA의 염기들은 한 가지를 제외하면 동일하다. DNA와 RNA는 각각 아데닌(adenine, A), 사이토신(cytosine, C), 구아닌(guanine, G)을 공통적으로 포함하고 있다. 차이점은 DNA는 타이민(T) 염기가 있고 반면에 RNA는 유라실(U) 염기가 있다.

타이민과 유라실은 한 개의 메틸기를 제외하고는 구조가 같다. 그림 20.15는 DNA와 RNA에 있는 염기 구조를 나타낸 것이다.

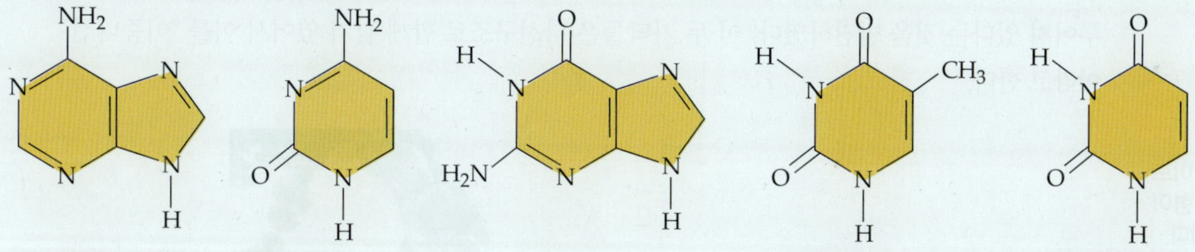

아데닌(A) [DNA] [RNA]　사이토신(C) [DNA] [RNA]　구아닌(G) [DNA] [RNA]　타이민(T) [DNA]　유라실(U) [RNA]

**▲그림 20.15 핵산 염기**
DNA는 네 개의 염기인 A, C, G, T를 포함하고 있다는 것을 주목하라. RNA에서는 네 개의 질소 염기인 A, C, G 및 유라실(U)이 포함되어 있다.

지금까지 우리는 뉴클레오타이드의 기본 성분의 구조를 알아보았다. 지금부터는 당, 염기 그리고 인산기가 어떻게 결합되어 있는지를 알아보자. 그림 20.16은 DNA 뉴클레오타이드와 RNA 뉴클레오타이드의 전형적인 구조를 보여준 것이다.

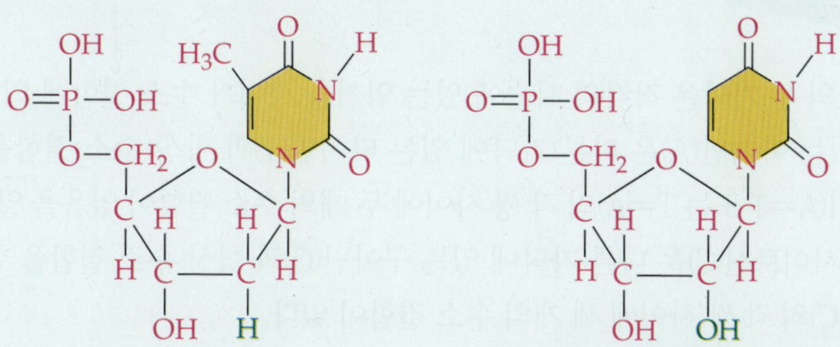

DNA 뉴클레오타이드　RNA 뉴클레오타이드

**◀그림 20.16 DNA와 RNA 뉴클레오타이드**
DNA 뉴클레오타이드는 데옥시라이보오스당를 포함하고 RNA는 라이보오스당을 포함한다는 것을 주목하라. 이 예에서 DNA 뉴클레오타이드 속의 데옥시라이보오스는 타이민 염기와 결합하고, RNA 뉴클레오타이드 속의 라이보오스는 유라실 염기와 결합하고 있다.

큰 DNA분자의 일부분 즉, 단일 DNA 사슬의 한 도형을 고려해 보자. 간단히 하기 위해서 염기를 특정화하지 않을 것이다. 그림 20.17은 핵산의 일부를 설명한 것으로 뉴클레오타이드의 작은 사슬을 설명하고 있다.

▶**그림 20.17 뉴클레오타이드의 사슬**
핵산은 인산 결합에 의해 연결되어진 많은 뉴클레오타이드 분자로 구성되어 있다. 그림에서 중심 뉴클레오타이드는 중합체 사슬 내에서 여러 번 반복되지만 변할 수 있다.

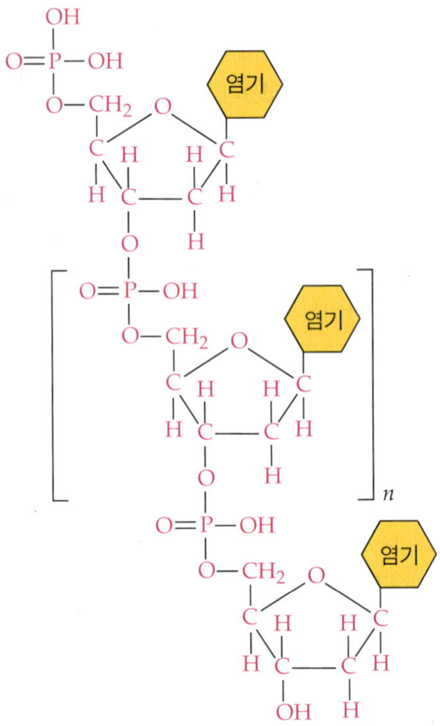


## 이중 나선형 DNA

획기적인 과학적 성과는 영국 화학자 크릭(Crick, 1916~2004)과 미국 생화학자 왓슨(Watson, 1928~)의 DNA구조 발견이었다. 그들은 DNA 분자가 두 개의 긴 DNA 뉴클레오타이드 사슬로 이루어져 있다는 것을 발견하였다. 이 두 가닥들은 나선구조로 함께 감겨 있어서 이를 "이중나선"이라고 한다.

▶**DNA 나선 모형**
분자 모형은 두 개의 뉴클레오타이드 가닥이 꼬여서 하나의 α—나선형이 된 DNA의 일부분을 나타낸 것이다.

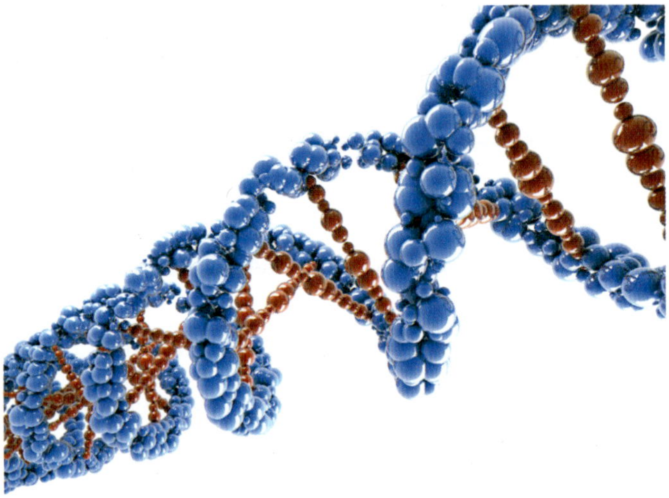

나선형 DNA의 두 가닥은 각각의 사슬에 있는 염기들 사이가 수소 결합에 의해 결합되어 있다. 한 가닥에 있는 아데닌(A)은 다른 가닥에 있는 타이민(T)과 항상 수소 결합을 이룬다. 그림 20.18에서는 염기(A=T 또는 T=A)의 각 쌍 사이에 두 개의 수소 결합이 있음을 알 수 있다. 또한, 한 가닥에 있는 사이토신(C)은 다른 가닥에 있는 구아닌(G)과 항상 수소 결합을 한다. 이들 염기(C≡G 또는 G≡C)의 각 쌍 사이에 세 개의 수소 결합이 있다.

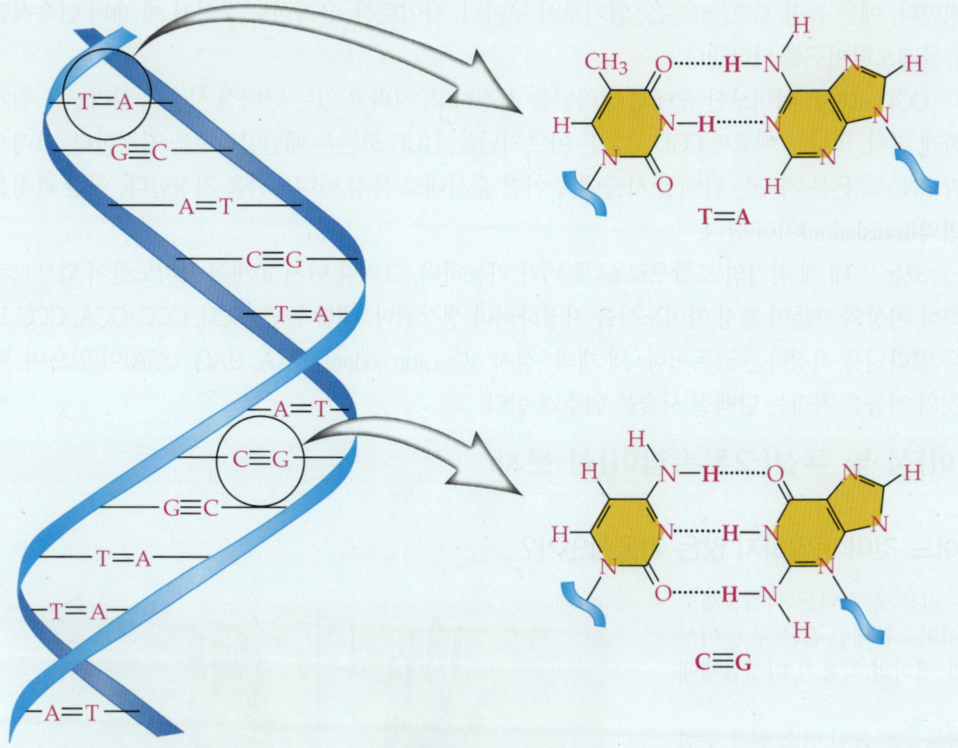


**◀그림 20.18 DNA 이중 나선형** 두 DNA가닥은 뉴클레오타이드 간의 수소 결합에 의해 결합되어 있다. 수소 결합은 두 개의 염기 사이에 항상 존재한다. 즉, 타이민(T)과 아데닌(A) 사이에는 두 개의 수소 결합, 사이토신(C)과 구아닌(G) 사이에는 세 개의 수소 결합이 존재한다.

**복제(replication)**는 한 분자의 DNA로부터 두 분자의 DNA를 합성하는 과정을 나타낸다. 우선 DNA 분자는 이중 나선의 두 사슬에 있는 질소 염기 간에 작용하는 수소 결합이 끊어지고 풀어진다. 그런 다음 DNA의 각 단일 가닥이 새로운 가닥의 DNA를 합성하기 위하여 주형(틀)으로 작용한다.

염기는 항상 같은 방법(A=T, T=A, C≡G, G≡C)으로 쌍을 이루기 때문에 DNA 주형 가닥에 있는 각 염기는 성장하고 있는 DNA 가닥에 상보적인 염기를 항상 지정한다. 즉, 주형 가닥의 아데닌(A)은 성장 가닥에서는 타이민(T)을 지정하고, T는 A를, C는 G를, G는 C를 지정한다.

복제가 완성되면, DNA 원래 분자에 있는 가닥들은 DNA의 대응 가닥을 생산해 낸다. 각 주형 가닥은 새로운 DNA 이중 나선 속에서 대응 가닥에 수소 결합되어 있다. 최종 결과는 원래 DNA 분자와 동일한 두 개의 이중 나선형 DNA가 생긴다.

## 단백질 합성

DNA는 유전 정보를 전달하는 어미 분자이다. DNA는 RNA에 유전 암호를 전달하는데, RNA는 단백질 합성에 대한 정보를 가지고 있는 분자이다. 첫째, 세포핵 속의 DNA 분자는 RNA 분자를 합성한다. 즉, DNA 분자는 그의 유전 암호를 RNA 분자로 전사한다. 다음에, RNA 분자는 세포핵 밖으로 나와 단백질 합성이 일어나는 세포질로 이동한다.

DNA와 다르게, RNA는 단일 가닥의 뉴클레오타이드 중합체이다. **전사(transcription)**는 이중 나선 DNA 사슬이 풀려서, 각 사슬에 대응하는 두 개의 RNA 가닥을 합성하는 과정이다. 즉, 각 DNA가닥의 뉴클레오타이드는 자라고 있는 RNA 사슬에 있는 뉴클레오타이드의 대응 가닥에 대한 암호를 가진다. 특히 DNA 주형 가닥에 있는 타이민(T)은 자라고 있는 RNA 사슬에 아데닌(A)에 대한 암호를 가지고 있고, 사이토신(C)은 구아닌(G)에 대한, 구아닌(G)은 사이토신(C)에 대한 암호를 가진다. 그러나 복제와 달리, 아데닌(A)은 자라는 RNA 사슬에 타이민(T)이 아닌 유라실(U)에 대한 함호를 가진다.

유전 암호는 RNA 분자의 세 개의 연속적인 뉴클레오타이드에 있다. 각각의 이들 트라이뉴클레오타이드를 코돈(codon)이라 한다. 각 코돈은 단백질을 만드는데 사용되는 특정 아미노산을 지정한다. 예를 들면, GCU 코돈은, 염기로서 구아닌, 사이토신, 유라실로 구성된 세 개의 연속적인 뉴클레오타이드를 나타낸다.

GCU 코돈은 아미노산 중에서 알라닌을 지정하고, 자라고 있는 단백질 사슬에 알라닌을 첨가하게 한다. 또다른 예로써 CGU 코돈은 아르지닌을, UUU 코돈은 페닐알라닌을 지정한다. 그래서 각 RNA 코돈은 자라는 단백질 사슬에 주어진 순서대로 특정 아미노산을 지정한다. 이런 과정을 **번역(translation)**이라 한다.

코돈은 네 개 염기의 조합으로 64개($4^3$)가 가능하다. 그러나 단지 20개의 아미노산이 있으므로 하나 이상의 코돈이 특정 아미노산을 지정하리라 생각된다. 예를 들면, GCU, GCC, GCA, GCG 모두 알라닌을 지정하는 코돈이다. 세 개의 "정지 코돈(stop codon)"(UAA, UAG, UGA)이 있으며, 이것의 기능은 자라는 단백질 사슬을 멈추게 한다.

## 자세히 보기 좌선(왼손잡이)성 및 우선(오른손잡이)성 분자

**Q:** 아래 보여준 컵 중에서 어느 것이 동일하지 않은 거울상인가?

매우 많은 유기 화합물이 존재한다는 이유 중 하나는 이성질체로 설명할 수 있다. 19장에서 뷰테인과 아이소뷰테인 같은 구조 이성질체 그리고 분자식이 같은 알코올과 에터의 작용기 이성질체에 관하여 배웠다.

구조 이성질체에 추가로 유기 화합물들은 중심 탄소 원자 주위에 원자의 공간 배열이 다른 "입체 이성질체(stereoisomer)"가 존재할 수 있다. 즉, 만약 하나의 탄소 원자에 네 개의 다른 기(예, F, Cl, Br 및 I)가 붙어 있다면 두 가지 가능한 공간 배향이 있고 두 분자가 동일하지 않은 거울상이 존재한다. 사람손이 동일하지 않은 거울상의 예이다. 우리의 왼손과 오른손이 비슷하지만 이 둘은 포개놓을 수 없다.

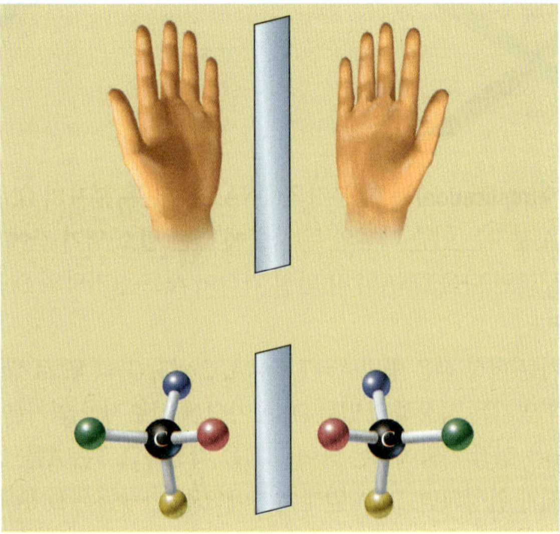

만약, 왼손 앞에 거울을 놓았다면 거울에 반사된 상은 왼손과 동일하지 않지만 오른손과 유사하다. 오른쪽 모양을 주의 깊게 관찰해보면 두 개의 유기 분자들은 동일한 거울상이 아님을 알 수 있다.

이 장에서 아미노산은 알파(α) - 탄소에 아민기가 있음을 배웠다.아래 그림을 보면 알파 탄소 원자에 네 개의 동일하지 않은 기가 붙어 있음을 알 수 있다.

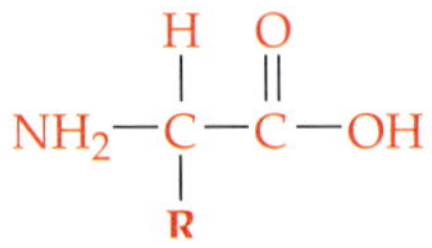

알파 아미노산

아미노산은 알파탄소에 네 개의 동일하지 않은 기를 가졌기 때문에 입체 이성질체가 가능함을 알 수 있다. 화학자들이 실험실에서 아미노산을 합성할 때 특별한 좌선성 또는 우선성 시약을 사용하지 않아도 좌선성과 우선성 입체 이성질체를 둘 다 얻는다.

그러나 하나의 입체 이성질체만이 자연에서 발견된다. 자연에서는 좌선성 아미노산만 생성하고 우선성 분자는 생성하지 않는다. 마찬가지로, 글루코오스처럼 당 분자는 탄소 원자에 네 개의 다른 기들이 붙어 있어 입체 이성질체가 생긴다. 흥미롭게도, 자연은 우선성 당 만 생성하고 좌선성 분자는 생성하지 않는다.

19장에서 이성질체를 공부할 때 이성질체는 물리적 및 화학적 성질이 다르다는 것을 배웠다. 입체 이성질체는 한 가지를 제외하고 다른 성질은 동일하다.

편광빛살을 하나의 입체 이성질체를 포함한 용액에 통과시키면 빛살을 왼쪽 또는 오른쪽 중 어느 한쪽 방향으로만 회전시킨다. 동일하지 않은 거울상은 편광빛을 반대 방향으로 같은 각도만큼 회전 시킨다. 각 입체 이성질체를 같은 농도로 포함한 용액은 편광빛이 회전되지 않음을 볼 수 있다.

▲비대칭 컵과 대칭 컵

**A:** 왼쪽 컵은 한쪽 면에 디자인이 되었고 오른쪽 컵은 그렇지 않다. 따라서 왼쪽 컵은 동일하지 않은 거울상을 가졌고 오른쪽 컵은 동일한 거울상을 가졌다.

# Chapter Summary

**주요 개념** | **학습목표와 관련 연습문제**

## 20.1 생물학적 화합물

**생화학(biochemistry)**은 생물학적 화합물과 그들의 화학적 반응들에 관한 연구이다. **단백질(protein)**은 아미노산으로 구성된 고분자이다. **탄수화물(carbohydrate)**은 하나 또는 그 이상의 단당류 분자로 구성되어진 화합물이다. **지질(lipid)**은 지방, 기름, 왁스 또는 스테로이드와 같은 비수용성 생물학적 화합물이다. **핵산(nucleic acid)**은 당분자, 질소 염기 그리고 인산으로 구성된 고분자이다. 비록 생물학적 화합물들이 크고 복잡할지라도 그것들은 아민, 알코올, 그리고 에스터 같은 잘 알려진 작용기를 가진다.

- 구조식이 주어졌을 때 단백질을 구별할 수 있다. **관련 문제: 1, 3**
- 구조식이 주어졌을 때 탄수화물을 구별할 수 있다. **관련 문제: 1, 3**
- 구조식이 주어졌을 때 지질을 구별할 수 있다.
- 구조식이 주어졌을 때 핵산을 구별할 수 있다.

## 20.2 단백질

아민기를 가지는 카복실산은 **아미노산(amino acid)**이라 한다. 다이펩타이드(dipeptide)는 **펩타이드 결합(peptide linkage)**이라고 부르는 아마이드 결합에 의해 두 분자의 아미노산이 결합된 것이다. **폴리펩타이드(polypeptide)**는 펩타이드 결합에 의해 연결된 여러 개의 아미노산들을 가진다. 단백질은 수천 개의 아미노산들을 포함할 수 있는 거대한 폴리펩타이드이다. 단백질의 구조는 단백질의 생물학적 작용과 관계가 있다. 확장된 단백질 분자들은 모양과 구조에 관여하고 반면 구형 단백질들은 종종 호르몬의 활성을 조절한다.

- 단백질의 일차 구조를 알 수 있다. **관련 문제: 5**
- 단백질의 이차 구조를 알 수 있다.
- 단백질의 삼차 구조를 알 수 있다. **관련 문제: 7**
- 아미노산과 펩타이드 결합을 이해할 수 있다. **관련 문제: 9-17**

▲ **α-나선 모델**
분자 모델은 2차 구조가 알파 나선으로 꼬인 단백질 사슬의 일부를 보여준다.

## 20.3 효소

**효소(enzyme)**는 생화학 반응에서 촉매로 작용하는 단백질이다. 효소는 주어진 생물학적 분자에 대해 매우 특수하게 작용하고 pH와 온도 변화에 매우 민감하다. 효소 활성 메커니즘은 복잡하지만, **자물쇠-열쇠 모형(lock-and-key)**은 효소의 선택성을 설명해 준다. 생화학 반응을 빨리 진행시키려면, 기질분자의 형상이 효소의 활성자리의 외형과 일치해야만 한다.

- 효소의 자물쇠-열쇠 모형을 설명할 수 있다. **관련 문제: 19, 21**
- 촉매로서 효소의 역할을 설명할 수 있다. **관련 문제: 23**

## 20.4 탄수화물

탄수화물은 하나 또는 그 이상의 당 분자를 포함하고 있는 생물학적 화합물이다. 글루코오스는 하나의 단당 분자에 해당하는 **단당류(monosaccharide)**이다. 수크로오스는 **이당류(disaccharide)**로써 **글리코사이드 결합(glycoside linkage)**에 의해서 결합된 글루코오스와 프럭토오스의 분자를 포함한다. 전분은 **다당류(polysaccharide)**로써 글리코사이드 결합에 의해서 결합된 많은 글루코오스 분자를 포함한다.

- 단당류(mono-), 이당류(di-)와 다당류(polysaccharides)의 기본구조를 이해한다. **관련 문제: 25-29**
- 단당류 사이에 글리코사이드 결합을 알 수 있다. **관련 문제: 31**

## 20.5 지질

많은 지질들이 세 개의 하이드록실기를 가진 알코올인 글리세롤을 함유하고 있다. **지방산(fatty acid)**은 긴 탄화수소 사슬을 생성하는 카복실산이다. 트라이글리세라이드(triglyceride)는 세 개의 지방산과 글리세롤의 에스테르이다. 동물성 지방(fat)은 대부분 포화된 지방산을 가진 트라이글리세라이드이다. 식물성 기름(oil)은 주로 불포화된 지방산을 가진 트라이글리세라이드이다. 트라이글리세라이드는 수산화 소듐과 반응하여 비누와 글리세롤을 생성한다. 이 화학 반응을 **비누화 반응(saponification)**이라 부른다.

**인지질(phospholipid)**은 에스터 결합에 의해 글리세롤과 결합된 두 개의 지방산과 인산을 함유한다. 지질 왁스(wax)는 지방산과 긴사슬 알코올의 단순한 에스터 형태이다. **스테로이드(steroid)**는 탄소 원자로 된 고리 네 개를 가진 특정 구조로 된 지질의 하나이다. 스테로이드는 많은 호르몬과 지용성 비타민을 포함한다.

- 트라이글리세라이드(triglyceride)의 구조를 이해한다. **관련 문제: 33, 35**
- 인지질(phospholipid)의 구조를 이해한다. **관련 문제: 37**
- 지질 왁스(lipid wax)의 구조를 이해한다. **관련 문제: 39**
- 스테로이드(steroid)의 구조를 이해한다. **관련 문제: 41**

| 주요 개념 | 학습목표와 관련 연습문제 |
|---|---|

## 20.6 핵산

핵산은 유전 정보를 전달하는 생물학적 화합물이다. 핵산은 뉴클레오타이드라 불리는 단위로 반복되는 중합체이다. **뉴클레오타이드(nucleotide)**는 당, 염기와 인산으로 구성되어 있다. DNA와 RNA는 핵산의 두 가지 기본 형태이다. DNA와 RNA는 표 20.3에 나타낸 것과 같이 조성이 조금씩 다른 뉴클레오타이드 화합물이다. DNA 한 분자가 동일한 DNA 한 분자를 합성할 때 이 과정을 **복제(replication)**라 한다. 첫째, DNA 분자는 이중 나선형에 있는 염기 사이의 수소 결합을 끊어 풀어진다. 이때 DNA의 각 가닥은 한 번에 한 개씩의 뉴클레오타이드를 첨가하면서 DNA 대응 가닥을 합성한다. 마찬가지로, DNA 한 분자가 풀어지고 RNA의 한 대응 가닥 합성에 주형으로 작용한다. 이 과정을 **전사(transcription)**라 한다. 단백질 합성 중에 자라나는 단백질 사슬에 아미노산이 첨가되는 것을 **번역(translation)**이라 부르는데 코돈이라는 RNA 트라이뉴클레오타이드에 의해서 특정 아미노산이 지정된다.

- 뉴클레오타이드의 세 가지 구성 성분을 알 수 있다.
  **관련 문제:** 43-47
- DNA와 RNA 뉴클레오타이드를 구별할 수 있다.
  **관련 문제:** 49
- 단백질 복제, 전사 과정을 설명할 수 있다.
  **관련 문제:** 51, 53

**표 20.3 DNA와 RNA 뉴클레오타이드**

| 구성 요소 | DNA | RNA |
|---|---|---|
| 당(sugar) | 데옥시라이보오스 (deoxyribose) | 라이보오스(ribose) |
| 염기(base) | 아데닌(adenine, A) | 아데닌(adenine,A) |
| | 사이토신(cytosine, C) | 사이토신(cytosine,C) |
| | 구아닌(guanine, G) | 구아닌(guanine,G) |
| | 타이민(thymine, T) | 유라실(uracil,U) |
| 무기산 (inorganic acid) | 인산 (phosphoric acid) | 인산 (phosphoric acid) |

# 주요용어

다음의 정의에 해당하는 용어를 선택하라.

_______ 1. 생물학적 화합물에 대한 연구
_______ 2. 아미노산의 중합체인 생물학적 화합물
_______ 3. 단당 또는 다당분자로 구성된 생물학적 화합물
_______ 4. 지방, 기름, 왁스와 같은 물에 녹지 않은 생물학적 화합물
_______ 5. 유전암호를 운반할 수 있는 생물학적 중합체 화합물
_______ 6. α-탄소에 아민기를 갖은 카복실산
_______ 7. 두 아미노산을 연결하는 아마이드 결합
_______ 8. 펩타이드 결합으로 연결된 두 아미노산
_______ 9. 펩타이드 결합으로 연결된 10~50개의 아미노산
_______ 10. 생화학 반응을 촉매하는 단백질 분자
_______ 11. 효소 촉매 작용을 설명하는 이론
_______ 12. 한개의 단당류로 구성된 탄수화물
_______ 13. 두개의 단당류로 구성된 탄수화물
_______ 14. 많은 단당류로 구성된 탄수화물
_______ 15. 두 개의 단당을 연결하는 —O—결합
_______ 16. 긴 탄화수소 사슬로된 카복실산
_______ 17. 글리세롤과 세 개의 지방산으로 구성된 지질
_______ 18. 대부분 포화지방산으로 동물에서 얻은 트라이글리세라이드(triglyceride)
_______ 19. 대부분 불포화지방산이며 식물에서 얻은 트라이글리세라이드(triglyceride)
_______ 20. 비누를 생성하기 위하여 수산화 소듐과 지방 또는 기름의 화학 반응
_______ 21. 글리세롤, 두 개의 지방산 및 인산으로 구성된 지질
_______ 22. 지방산과 긴 사슬 알코올로 구성된 지질
_______ 23. 탄소 원자로 된 네 개의 고리를 갖은 지질 호르몬
_______ 24. 당, 질소 염기, 그리고 인산으로 구성된 핵산에서의 반복 단위
_______ 25. DNA 분자가 동일한 DNA 분자를 합성하는 과정
_______ 26. DNA 분자가 대응 단일 RNA 가닥을 합성하는 과정
_______ 27. 자라고 있는 단백질 사슬에 특정 아미노산을 지정하여 첨가할 수 있는 RNA 분자의 세 개의 연속적인 뉴클레오타이드
_______ 28. RNA 코돈이 자라고 있는 단백질 사슬에 특정 아미노산을 지정하는 과정

(a) 아미노산 (20.2절)
(b) 생화학 (20.1절)
(c) 탄수화물 (20.1절)
(d) 코돈 (20.6절)
(e) 다이펩타이드(dipeptide) (20.2절)
(f) 이당류(disaccharide) (20.4절)
(g) 효소(enzyme) (20.3절)
(h) 지방(fat) (20.5절)
(i) 지방산(fatty acid) (20.5절)
(j) 글리코사이드(glycoside) 결합 (20.4절)
(k) 지질(lipid) (20.1절)
(l) 자물쇠-열쇠 모형(lock-and-key model) (20.3절)
(m) 단당류(monosaccharide) (20.4절)
(n) 핵산(nucleic acid) (20.1절)
(o) 뉴클레오타이드 (20.6절)
(p) 기름(oil) (20.5절)
(q) 펩타이드 결합 (20.2절)
(r) 인지질 (20.5절)
(s) 폴리펩타이드 (20.2절)
(t) 다당류 (20.4절)
(u) 단백질 (20.1절)
(v) 복제 (20.6절)
(w) 비누화 반응 (20.5절)
(x) 스테로이드 (20.5절)
(y) 전사 (20.6절)
(z) 번역(20.6절)
(aa) 트라이글리세라이드 (20.5절)
(bb) 왁스 (20.5절)

# 문제 해답은 부록 I에 수록하였다.

## 생물학적 화합물 (20.1절)

1. 다음 구조를 가지는 생물학적 화합물의 형태를 구분하라.
(a)
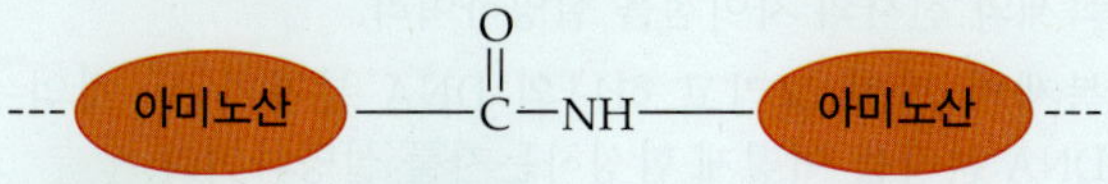

(b)
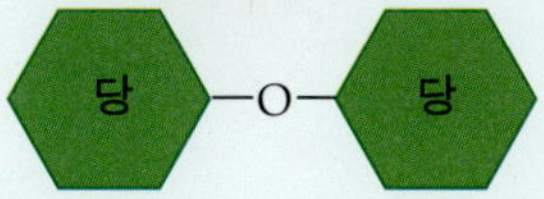


3. 아래의 각각에 대해서 반복 단위를 연결하는 결합의 형태를 구분하라.
(a) 단백질
(b) 탄수화물의 두 개의 당

## 단백질 (20.2절)

5. 단백질의 일차 구조를 유지하는 결합의 형태는 무엇인가?

7. 단백질의 일차와 이차 구조의 차이점을 설명하라.

9. 알라닌(alanine) 아미노산의 두 분자로부터 형성된 다이펩타이드의 구조를 그려라. 펩타이드 결합을 원으로 표시하라.

11. 다이펩타이드 세릴티로신(seryltyrosine, Tyr—Ser)의 구조를 그려라.

13. 알라닌(alanine), 글루타민(glutamine), 메사이오닌(methionine)를 포함하는 트라이펩타이드에 대한 모든 가능한 순서를 나타내라; 각 아미노산에 대한 표준 생략부호를 사용하라 (Ala, Gln, Met).

15. 다음 트라이펩타이드가 단백질 조각에 포함되어 있다. 트라이펩타이드에 있는 세 개의 아미노산은 무엇인가?
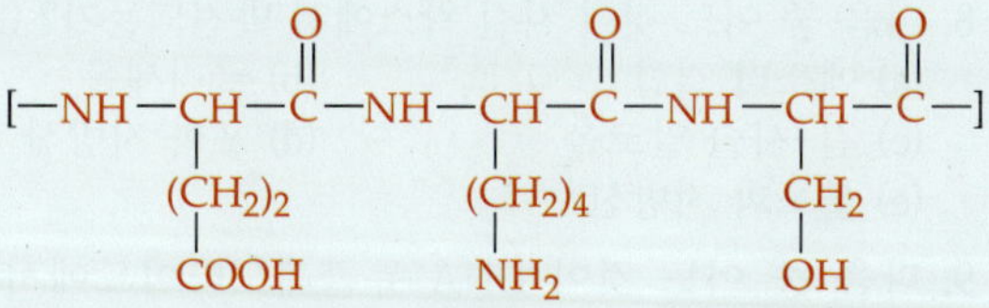

17. 두 호르몬 바소프레신(vasopressin)과 옥시토신(oxytocin)은 9개의 아미노산으로 이루어진 폴리펩타이드이다. 각 호르몬에 대한 일차 서열을 보고, 각 폴리펩타이드에서 서로 다른 2개의 아미노산을 구분하라.
바소프레신(vasopressin) :
Cys - Tyr - Phe - Gln - Asn - Cys - Pro - Arg - Gly
옥시토신(oxytocin) :
Cys - Tyr - Ile - Gln - Asn - Cys - Pro - Leu - Gly

## 효소 (20.3절)

19. 효소촉매 작용의 자물쇠-열쇠 모형에서 열쇠는 무엇을 나타내는가?

21. 효소촉매 작용의 자물쇠-열쇠 모형에서 열쇠의 모양은 무엇을 나타내는가?

23. 효소의 활성을 잃게 하는 실험 조건은 무엇인가?

## 탄수화물 (20.4절)

25. 펜토오스 당(pentose sugar)의 분자에서 몇 개의 탄소 원자가 있는가?

27. 알도오스 당(aldose sugar)의 두개의 작용기는 무엇인가?

29. 단당류와 이당류 사이에 구별되는 점은 무엇인가?

31. 수크로오스(sucrose)에서 글리코사이드 결합으로 연결되어 있는 두 개의 단당류는 무엇인가?

## 지질 (20.5절)

33. 다음 어느 성분의 특징이 지방, 기름, 또는 둘 모두를 가르키는지 설명하라.
(a) 동물성
(b) 식물성
(c) 준 고체
(d) 비수용성

35. 다음 트라이글리세라이드 지방에서 지방산을 구별하라.
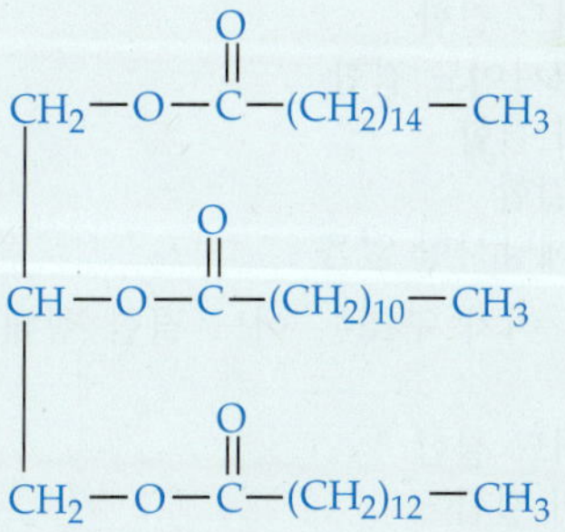

37. 하나의 인지질에는 몇 개의 지방산이 있는가?

39. 카나우바(Carnauba) 왁스는 야자나무의 잎에서 얻고 금속과 나무의 표면을 광택 내는 데 사용되는 지질이다. 다음 주어진 구조가 수산화 소듐과 같이 처리하면 두 생성물의 화학식은 무엇인가?
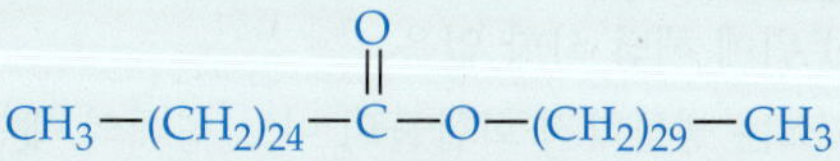
카나우바 왁스

41. 스테로이드 화합물의 전형적인 유일한 고리구조를 그려라.

## 핵산 (20.6절)

43. DNA 뉴클레오타이드의 세 가지 일반적인 성분은 무엇인가?

45. DNA에서 네 가지 염기는 무엇인가?

47. DNA분자에는 뉴클레오타이드 사슬이 몇 가닥 있는가?

49. DNA 이중 나선에서 아데닌(adenine)과 타이민(Thymine) 뉴클레오타이드 사이에 수소 결합이 몇 개 있는가?

51. DNA복제 동안에 주형 가닥(template strand)의 아데닌 염기(adenine base)는 대응 가닥(complementary strand)에서 어떤 염기로 해독되는가?

53. RNA 전사 과정에서 주형 가닥(template strand)의 아데닌 염기(adenine base)는 자라나는 가닥(growing strand)에서 어떤 염기로 해독되는가?

### 일반 연습문제

55. 근육 조직에 있는 단백질 같이 힘을 제공하는 단백질의 전체적인 모양은 무엇인가?

57. 수용성 산에서 변형을 받을 때 단백질에서는 무슨 일이 일어나는가?

59. 어느 비타민이 생물학적 화합물의 지질족에 속하는가?

61. 아데닌, 사이토신, 구아닌 염기를 가지는 RNA 트라이뉴클레오타이드에 얼마나 많은 코돈이 가능한가?

### 도전 연습문제

63. 복제와 전사의 차이점을 설명하여라.

65. 복제의 과정 그리고 하나의 DNA 분자가 두 개의 동일한 DNA 분자를 어떻게 합성하는지를 설명하여라.

## Chapter 20 자율 테스트 해답은 부록 J에 수록하였다.

1. 단백질에는 다음 형태의 결합 중 어느 것이 있는가? (20.1절)
   (a) 펩타이드 결합
   (b) 글리코사이드 결합
   (c) 에스터 결합
   (d) 인산 결합
   (e) 위에 해당사항 없음

2. 단백질의 이차 구조는 어느 결합 형태로 모양을 만드는가? (20.2 절)
   (a) 아마이드 결합
   (b) 에스터 결합
   (c) 수소 결합
   (d) 이온 결합
   (e) 위에 해당사항 없음

3. 글리신(Gly), 발린(Val), 프롤린(Pro)의 세 개의 아미노산으로 몇 개의 가능한 트라이펩타이드 조합이 가능한가? (20.3절)
   (a) 1 (b) 3
   (c) 6 (d) 9
   (e) 위에 해당 사항 없음

4. 효소는 생물학적 화합물의 어느 형태의 예인가? (20.4절)
   (a) 단백질 (b) 탄수화물
   (c) 지질 (d) 핵산
   (e) 위에 해당 없음

5. 하나의 알도오스 당에서 다음 작용기들 중에서 어느 것이 발견되는가? (20.4절)
   (a) 알코올과 알데하이드
   (b) 알코올과 케톤
   (c) 알데하이드와 케톤
   (d) 알데하이드와 페놀
   (e) 위에 해당 없음

6. 락토오스의 가수 분해로부터 생성되는 단당류들은 어느 것인가? (20.4절)
   (a) 글루코오스와 프럭토오스
   (b) 글루코오스와 갈락토오스
   (c) 글루코오스와 라이보오스
   (d) 글로코오스와 트레오스
   (e) 위에 해당 없음

7. 다음 중 어느 것이 지질 기름의 특징인가? (20.5절)
   (a) 동물성 (b) 포화 지방산
   (c) 준 고체 (d) 비수용성
   (e) 위의 모두

8. 다음 중 어느 것이 지질 왁스에서 발견되는가? (20.5절)
   (a) 에스터 결합 (b) 글리세롤
   (c) 긴-사슬 알코올 (d) 포화 지방산
   (e) 불포화 지방산

9. 다음 중 어느 것이 DNA 뉴클레오타이드에서 발견되는가? (20.6절)
   (a) 데옥시라이보오스 (b) 질소 염기
   (c) 인산 (d) 위의 모두
   (e) 위에 해당 없음

10. 다음 염기 중 어느 것이 DNA 뉴클레오타이드에서 발견되지 않는가? (20.6절)
   (a) 아데닌 (b) 사이토신
   (c) 구아닌 (d) 타이민
   (e) 유라실

## 주요 개념

11. 다이펩타이드인 글라이실 발린(Gly-Val)의 구조를 그려라.

12. 이당류인 수크로오스의 산 가수분해에 대한 다음 반응을 완결하고 두 생성물을 명명하라.

$$\underset{\text{수크로오스}}{C_{12}H_{22}O_{11}} + \underset{\text{물}}{H_2O} \xrightarrow{H^+}$$

13. 물에 불용성인 지방, 기름 또는 왁스는 어느 형태의 생물학적 화합물인가?

14. 인산에 의해서 함께 결합되고, 염기에 붙어있는 당의 중합체는 어느 형태의 생물학적 화합물인가?

15. 동물성 지방의 비누화 반응에 대한 다음 반응을 완성하라. 생성물들을 명명하고 동물성 지방에 있는 지방산을 확인하라.

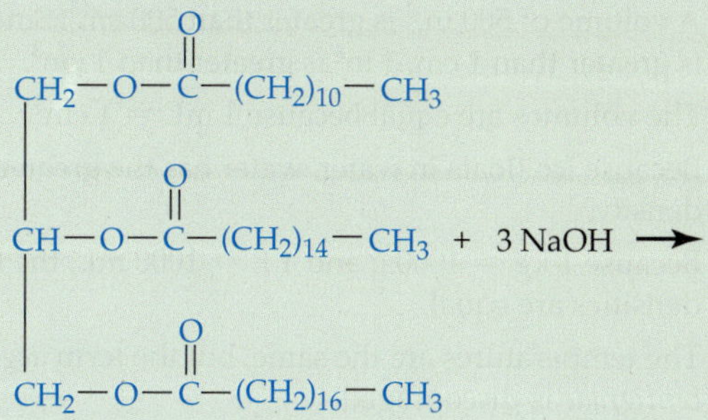

16. 밀랍의 성분 중 하나는 다음에 나타난 지방산과 알코올로 구성된 에스터이다. 밀랍 에스터의 구조를 그려라.
지방산 : $CH_3 - (CH_2)_{34} - COOH$
알코올 : $CH_3 - (CH_2)_{35} - OH$

17. DNA 복사 중에 주형가닥 위의 아데닌 염기는 대응가닥에 어느 염기를 유전 정보로 지정하는가?

18. DNA 전사 중에 주형가닥 위의 아데닌 염기는 자라는 RNA 가닥 위에 어느 염기를 유전 정보로 지정하는가?

## 비판적 사고

19. 다음에서 각각 당과 염기를 구분하라.
(a) 뉴클레오타이드 A (b) 뉴클레오타이드 B

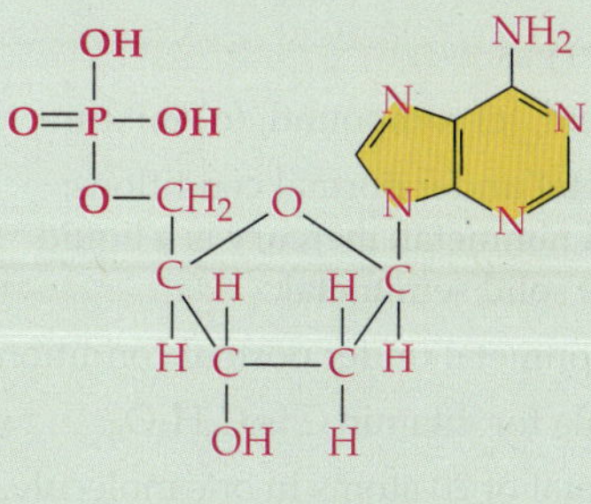

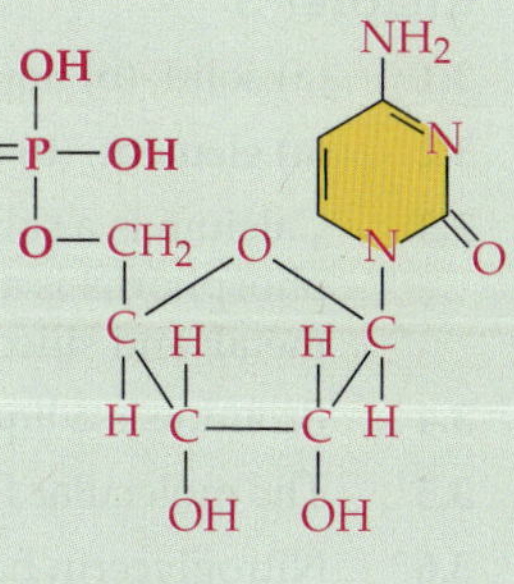

APPENDIX

# G 주요 개념의 답

## Chapter 1

1.1 Alchemists believed in a magic potion that had the power to heal and to transmute lead into gold.

1.2 By studying the "vase/profiles" example in Section 1.3, and the "stacked blocks" example in the Exercises, a student begins to expand their perceptions.

## Prerequisite Science Skills

**PSS.1** No instrument is capable of an exact measurement.

**PSS.2** No measurement is exact due to uncertainty.

**PSS.3** No measurement has infinite significant digits because no measurement is exact.

**PSS.4** The rules for significant digits do not apply to exact numbers; the rules apply only to measurements.

**PSS.5** When *adding* or *subtracting* measurements, the answer is limited by the decimal place with the most uncertainty. That is, the measurement that is least certain in a set of data limits the answer.

**PSS.6** When *multiplying* or *dividing* measurements, the answer is limited by the number of significant digits in the data. That is, the measurement with the least number of significant digits limits the number of digits in the answer.

**PSS.7** The length $1 \times 10^{-3}$ cm is less; note the negative power of 10.

**PSS.8** The mass 0.000 001 g is less; note the extra placeholder zero.

**PSS.9** The mass 0.000 01 g is greater; that is, $1 \times 10^{-5}$ g is greater than $1 \times 10^{-6}$ g.

**PSS.10** A length of $1.55 \times 10^{0}$ cm equals 1.55 cm expressed as an ordinary number.

## Chapter 2

2.1 The basic units of the metric system are meter, gram, and liter.

2.2 Because 1 m equals 1000 mm exactly, there is an infinite number of significant digits in the unit equation.

2.3 Because 1 L = 1000 mL exactly, there is an infinite number of significant digits in the unit factor.

2.4 The volume of a cube 1 cm on a side ($1\ cm^3$) equals 1 mL.

2.5 There is an infinite number of significant digits in the unit factor 1 g/1000 mg because 1 g = 1000 mg is an exact relationship.

2.6 There are an infinite number of significant digits in the unit factor 1 gal/4 qt because 1 gal = 4 qt is an exact relationship.

2.7 There are three significant digits in the unit factor 1 kg/2.20 lb because 1 kg = 2.20 lb is not an exact relationship. The kilogram and pound come from different systems of measurement.

2.8 The percent of gold in the alloy is 75%; that is, pure gold is 100% minus 20% silver and 5% copper.

2.9 The unit factors are: $\frac{11.2\ \text{g hydrogen}}{100\ \text{g water}}$ and $\frac{100\ \text{g water}}{11.2\ \text{g hydrogen}}$.

2.10 The volume of a cube 10 cm on a side ($1000\ cm^3$) equals 1 L.

2.11 The thicknesses are all equal; that is, 1 mm = 0.1 cm = 0.001 m.

2.12 A volume of 500 $in.^3$ is greater than 500 $cm^3$. Since 1 in. is greater than 1 cm, 1 $in^3$ is greater than 1 $cm^3$.

2.13 The volumes are equal because 1 mL = 1 $cm^3$.

2.14 Because ice floats in water, water has the greater density.

2.15 Because 1 kg = 1000 g and 1 L = 1000 mL, the two densities are equal.

2.16 The temperatures are the same, but the term *degrees centigrade* is discouraged.

2.17 The Kelvin temperature scale is assigned a value of zero for the coldest possible temperature; thus, −100 K cannot exist.

2.18 If the can feels cold, heat is flowing away from your hand into the can.

## Chapter 3

3.1 (a) solid, (b) liquid, (c) gas

3.2 (a) element, (b) element, (c) compound, (d) mixture

3.3 Calcium is a solid metal under normal conditions; phosphorus is a solid nonmetal; mercury is a liquid metal; and silicon is a solid semimetal.

3.4 Bromine is a liquid nonmetal under normal conditions.

3.5 The molecular formula for vitamin C is $C_6H_8O_6$.

3.6 Nitroglycerin has a total of 20 atoms in one molecule.

3.7 Copper turning black when heated is an example of a chemical change.

3.8 An Alka–Seltzer® tablet dissolving in water and producing gas bubbles is an example of a chemical change.

3.9 Applying the conservation of mass law, the mass of sulfur is found by difference to be 0.252 g (1.252 g − 1.000 g).

3.10 As the temperature increases, the kinetic energy of air molecules increases. As kinetic energy increases, the velocity of air molecules increases.

3.11 The energy required to heat 10.0 g of alcohol from 20 °C to 50 °C is identical to the heat released when 10.0 g of alcohol cools from 50 °C to 20 °C.

**3.12** Chemical, electrical, heat, light, mechanical, and nuclear are all basic forms of energy; solar energy is an example of light energy.

## Chapter 4

**4.1** Atoms of different elements have a different number of protons, and *cannot have* the same atomic number.

**4.2** Atoms of different elements *can have* isotopes with the same mass number.

**4.3** (a) Simple Average Mass: $\dfrac{2.00\text{ g} + 1.00\text{ g}}{2} = 1.50\text{ g}$

(b) Weighted Average Mass:

$$2.00\text{ g}\left(\frac{75\text{ large marbles}}{100\text{ total marbles}}\right) + 1.00\text{ g}\left(\frac{25\text{ small marbles}}{100\text{ total marbles}}\right)$$
$$= 1.50\text{ g} + 0.25\text{ g} = 1.75\text{ g}$$

**4.4** Because the periodic table lists the atomic mass of sodium as 22.99, and Na-23 is the only stable isotope, the mass of a Na-23 isotope is 22.99 amu.

**4.5** Atomic number and mass number are always whole numbers; the atomic mass is never a whole number because it is obtained from a measurement of mass.

**4.6** The energy *decreases* as the wavelength increases; but the energy *increases* as frequency increases.

**4.7** A water wave is to a drop of water, as a light wave is to a *photon*.

**4.8** All three statements are true.

**4.9** The theoretical number of sublevels corresponds to the energy level. Thus, the 10th energy level has 10 sublevels.

**4.10** The sublevels are closer together and the energy difference between sublevels *decreases* moving away from the nucleus. (Refer to Figure 4.13.)

**4.11** The atomic number of Mn is one more than Cr, so Mn has one more *d* electron in the outermost sublevel.

**4.12** All three statements are true.

## Chapter 5

**5.1** The modern periodic law states that elements are arranged according to *increasing atomic number*.

**5.2** The group number for each family of elements is as follows:

(a) IA/1

(b) IIA/2

(c) VIIA/17

(d) VIIIA/18

**5.3** Period 1 at the top of the periodic table represents the smallest atomic radius. Group IA/1 at the far left of the periodic table represents the most metallic character.

**5.4** Given the density of Ag (10.5 g/cm$^3$) and Au (19.3 g/cm$^3$), the difference is 8.8 g/cm$^3$. The estimated density for Rg is 28.1 g/cm$^3$.

**5.5** Because Zn and Cd are in the same group, they have very similar chemical properties.

**5.6** Because Ag is in Period 5 and Group 1B/11, the highest energy sublevel is 4*d*.

**5.7** Because Pt is the 8th element in the 5*d* sublevel, we predict the number of 5*d* electrons is 8.

**5.8** Representative elements have valence electrons only in the outermost *s* and *p* sublevels. Transition elements have electrons in the outermost *d* and *f* sublevels, which complicates making reliable predictions.

**5.9** Because Mg has two valence electrons in a 3*s* sublevel, we can draw the two electrons next to each other, or separate.

Mg**:** which may be preferable to **·**Mg**·**

Either formula is acceptable. However, valence electrons are not stationary and the electron dot formula is only a tool for keeping track of valence electrons.

**5.10** The noble gases have the highest ionization energies since they have filled valence shells. The alkali metals have the lowest ionization energies since they assume a noble gas electron configuration by losing one electron.

**5.11** Group IA/1 elements have an ionic charge of 1+, Group IIA/2 elements have a charge of 2+, and Group IIIA/13 elements have a charge of 3+.

**5.12** Group VIIA/17 elements have an ionic charge of 1−, Group VIA/16 elements have a charge of 2−, and Group VA/15 elements have a charge of 3−.

**5.13** The next ion in the isoelectronic series $Se^{2-}$, $Br^-$, Kr, $Rb^+$, $Sr^{2+}$ is $Y^{3+}$.

**5.14** The electron configuration is simply [Rn].

## Chapter 6

**6.1** A binary acid is in an aqueous solution and is indicated by (*aq*), for example, HCl(*aq*).

**6.2** $Hg^{2+}$ is a monoatomic cation; whereas, $Hg_2{}^{2+}$ is a polyatomic cation.

**6.3** The Stock system specifies the charge on a cation using a Roman numeral in parentheses.

**6.4** Iodide is a monoatomic anion because it has an −*ide* suffix.

**6.5** A monoatomic anion has an −*ide* suffix; a polyatomic anion has an −*ate* or −*ite* suffix.

**6.6** The formula for the metal oxide is $M_2O_3$.

**6.7** The formula for the metal carbonate is $M_2(CO_3)_3$.

**6.8** The charge on an oxide ion is 2−, and there are two oxide ions. The total negative charge is 4−. Thus, the positive charge on metal M is 4+.

**6.9** Sodium chloride is a binary ionic compound as indicated by the −*ide* suffix.

**6.10** LiCl is a binary ionic compound because it has two elements.

**6.11** Because potassium and sodium are in the same family, and fluorine and iodine are in the same family, the formula for potassium iodide is KI.

**6.12** The charge on a carbonate ion is 2−. Thus, the positive charge on metal M is 2+.

**6.13** Potassium nitride is a binary ionic compound. Potassium nitrate and potassium nitrite are ternary ionic compounds as indicated by the −*ate* and −*ite* suffixes.

6.14 LiCl is a binary ionic compound. LiClO and $LiClO_2$ are ternary ionic compounds because they have three elements.

6.15 Since calcium and strontium are in the same family, the formula for strontium sulfate is $SrSO_4$.

6.16 $P_2O_3$ is a binary molecular compound and requires Greek prefixes to specify the nonmetal ratio; that is, diphosphorus trioxide. $Fe_2O_3$ is an ionic compound and does not use Greek prefixes; that is, iron(III) oxide.

6.17 Nitrogen oxide is a binary molecular compound because it contains a nonmetal and oxygen.

6.18 HBr(*aq*) is a binary acid named hydrobromic acid.

6.19 $HBrO_3$(*aq*) is a ternary oxyacid named bromic acid, similar to chloric acid, $HClO_3$(*aq*). $HBrO_2$(*aq*) is a ternary oxyacid named bromous acid, similar to chorus acid, $HClO_2$(*aq*).

## Chapter 7

7.1 If the beaker becomes warm, the reaction is exothermic. If the beaker becomes cool, the reaction is endothermic.

7.2 The nonmetals that occur naturally as diatomic molecules are $H_2$, $N_2$, $O_2$, $F_2$, $Cl_2$, $Br_2$, and $I_2$.

7.3 No, changing a subscript gives an incorrect chemical formula.

7.4 Writing water as HOH often makes a neutralization equation easier to balance, as it is a special type of a double replacement reaction.

7.5 Decomposition reactions are easily recognized as they only have one reactant, unlike other types of reactions.

7.6 Heating a metal and oxygen produces a metal oxide.

7.7 Heating a nonmetal and oxygen produces a nonmetal oxide.

7.8 Heating a metal and nonmetal produces an ionic compound.

7.9 Heating a metal hydrogen carbonate produces a metal carbonate, water, and carbon dioxide gas.

7.10 Heating a metal carbonate produces a metal oxide and carbon dioxide gas.

7.11 Heating an oxygen-containing compound often releases oxygen gas.

7.12 Zn and Cu metals react with aqueous $AgNO_3$ (above Ag in the activity series), but not Au.

7.13 The metals that react with aqueous acid (above H in the activity series) include Zn, but not Cu and Au.

7.14 $Pb(NO_3)_2$ is soluble in water; $PbCl_2$ and $PbCO_3$ are insoluble.

7.15 AgCl(*s*) is the insoluble product.

7.16 NaCl(*aq*) is the salt product.

## Chapter 8

8.1 (a) A carbon atom has a mass of 12.01 amu. (b) Avogadro's number of carbon atoms has a mass of 12.01 g.

8.2 (a) One platinum atom has a mass of 195.08 amu. (b) Avogadro's number of platinum atoms has a mass of 195.08 g.

8.3 The number of atoms in 1.00 mol of a metallic element is $6.02 \times 10^{23}$.

8.4 The number of molecules in 1.00 mol of a diatomic nonmetal is $6.02 \times 10^{23}$.

8.5 The mass of Avogadro's number of water molecules is 18.02 g.

8.6 The mass of Avogadro's number of sulfur molecules is 256.56 g ($8 \times 32.07$ g).

8.7 The mass of Avogadro's number of ozone molecules is 48.00 g ($3 \times 16.00$ g).

8.8 The mass of a carbon monoxide molecule is 28.01 amu.

8.9 The He balloon rises because the density of helium gas is much less than air. The $N_2$ balloon does not rise because the density of nitrogen gas is about the same as air, which is composed of 78% $N_2$ and 21% $O_2$.

8.10 The volume of 1.00 mol of any gas at STP is 22.4 L.

8.11 The number of molecules in 1.00 mol of ozone gas is $6.02 \times 10^{23}$.

8.12 The mass of 1.00 mol of hydrogen gas is 2.02 g.

8.13 The percent oxygen is 53.3% (100.0% − 40.0% − 6.7%).

8.14 The empirical formula is $SO_2$.

8.15 The empirical formula is $SO_3$.

8.16 The empirical formula is HO.

## Chapter 9

9.1 The coefficients of a balanced equation indicate the ratio of moles and volumes of gases, but *not* the masses of gas, which vary with the molar mass of each gas.

9.2 One unit factor is required for a mole-mole conversion problem.

9.3 The three types of stoichiometry problem are mass–mass, mass–volume, and volume–volume.

9.4 The three steps in the unit analysis method of problem solving are as follows: (1) Write down the unit asked for in the answer. (2) Write down the given value that is related to the answer. (3) Apply unit factor(s) to convert the given value to the units in the answer.

9.5 Three unit factors are usually required to convert the mass given to the mass in the answer.

9.6 The three steps in unit analysis are as follows: (1) Write down the unit in the answer. (2) Write down the given value. (3) Apply unit factor(s) to convert the given value to the answer.

9.7 Three unit factors are usually required to convert the mass given to the volume in the answer.

9.8 One unit factor is usually required to convert the volume given to the volume in the answer.

9.9 Because equal volumes of gas have the same number of molecules, the coefficients in the balanced chemical equation indicate the volume ratio of gases, as well as the mole ratio. Thus, the mole ratio can be used to solve volume–volume stoichiometry problems in one step.

9.10 Each bicycle frame requires two tires for a total of six tires. Thus, only three bicycles can be assembled.

9.11 Zn metal is the limiting reactant.

9.12 S powder is the limiting reactant.

9.13 A percent yield greater than 100% is possible as some experimental errors lead to high results, and others to low results.

## Chapter 10

10.1 An atmosphere is the largest unit, and the greatest gas pressure is 1 atm.

10.2 Increasing the volume produces a *decrease* in gas pressure because molecules are further apart and collide less frequently.

10.3 The gas pressure *increases* because the volume decreases, and there are more molecular collisions.

10.4 The volume *decreases* when the temperature cools; the air molecules move slower, and the balloon shrinks to maintain constant pressure.

10.5 The pressure *decreases* when the temperature cools; the air molecules move slower, and the collisions are fewer and less energetic.

10.6 The pressure doubles when the temperature doubles, but the pressure halves when the volume doubles. Thus, the volume does not change.

10.7 The partial pressure of NO gas is found by subtracting the partial pressure of $N_2$ and $O_2$ from 2.50 atm. Thus, the partial pressure of NO is 0.50 atm.

10.8 The pressure doubles when the volume halves, but the pressure halves when the temperature is halved. Thus, the pressure does not change.

10.9 No real gases are ideal; however, He behaves most like an ideal gas.

10.10 The proportionality constant ($R$) in the ideal gas law equals $PV/nT$.

## Chapter 11

11.1 Because $CH_3—CH_2—OH$ can hydrogen bond, it has a stronger intermolecular attraction than $CH_3—O—CH_3$.

11.2 Because $CH_3—CH_2—OH$ can hydrogen bond, it has a higher boiling point than $CH_3—O—CH_3$.

11.3 A paper clip can float on water due to the surface tension between water molecules. If you disturb the paper clip, it will sink because it is more dense.

11.4 An *ionic crystalline solid* has a high melting point, and is a conductor of electricity only when melted. A *molecular crystalline solid* has a low melting point, and is a nonconductor of electricity.

11.5 Because the heat of vaporization is greater than the heat of fusion, it requires more heat to vaporize 1 g of water (540 cal) than to melt 1 g of water (80 cal).

11.6 hydrogen bond

11.7 The systematic names for the hydrates are calcium chloride *monohydrate*, calcium chloride *dihydrate*, and calcium chloride *hexahydrate*, respectively.

11.8 The hexahydrate, $CaCl_2 \cdot 6H_2O$, has the highest percentage of water.

11.9 The hexahydrate, $CaCl_2 \cdot 6H_2O$, has the most water of hydration (6).

## Chapter 12

12.1 The attraction between a metal cation and a nonmetal anion gives an *ionic bond*; the attraction between two nonmetal atoms produces a *covalent bond*.

12.2 Xenon is isoelectronic with both $Ba^{2+}$ and $I^-$.

12.3 All three statements are true.

12.4 All three statements are true.

12.5 There are 2 pairs of nonbonding electrons in $H_2S$.

12.6 There are 6 pairs of nonbonding electrons in $SO_2$.

12.7 There are 2 pairs of nonbonding electrons in CO.

12.8 There are 10 pairs of nonbonding electrons in $SO_3^{2-}$.

12.9 The general trends for increasing electronegativity in the periodic table are from left to right in a period, and from bottom to top in a group.

12.10 HF has the greatest difference in electronegativity $(4.0 - 2.1 = 1.9)$; thus, the bond in **H—F** is the most polar.

12.11 The bond in **C—I** is the least polar because there is no difference in the electronegativity of carbon and iodine $(2.5 - 2.5 = 0)$.

12.12 The structural formula for the molecule is H—Cl—O. Since the oxygen atom can be removed with its six valence electrons, the **Cl—O** bond is coordinate covalent.

## Chapter 13

13.1 Because atmospheric pressure is less at higher elevations, Lake Tahoe has less dissolved oxygen gas than Lake Havasu.

13.2 According to the *like dissolves like* rule, two liquids are miscible when both liquids are polar, or both liquids are nonpolar.

13.3 According to the *like dissolves like* rule, a solid is soluble in a liquid when the solid and liquid are both polar, or both nonpolar. An ionic compound is more soluble in a polar liquid than a nonpolar liquid.

13.4 Because the oxygen atom in a water molecule is partially negative, it is attracted to the positive cation in the solid solute.

13.5 Grinding the solute gives smaller particles with more surface area. Because solvent molecules attack the particle surface, the solute dissolves faster.

13.6 A hot cup of coffee can dissolve more sugar than coffee at a lower temperature.

13.7 By saturating a solution at a higher temperature, and allowing the solution to cool without disturbing it, the solute remains in the solution at a lower temperature and is said to be supersaturated.

13.8 Although dextrose and fructose have the same molecular formula, they have a different structural formula (see Figure 20.9).

13.9 There are six mass percent concentration unit factors; that is, three unit factors and their reciprocals.

13.10 There are four molar concentration unit factors; that is, two unit factors and their reciprocals.

13.11 Because equal volumes of 6 $M$ sulfuric acid and distilled water are added together, the concentration is halved, and the diluted acid is 3 $M$.

**13.12** Before solving a stoichiometry problem, first write a balanced chemical equation for the reaction.

## Chapter 14

**14.1** The solution with the lowest pH (1) has the highest acidity.

**14.2** Aqueous $HNO_3$ is a strong Arrhenius acid (refer to Table 14.2).

**14.3** Aqueous $HC_2H_3O_2$ and NaOH react to give sodium acetate, $NaC_2H_3O_2$.

**14.4** Phenolphthalein is colorless in acidic and neutral solutions (refer to Table 14.4).

**14.5** The titration of $H_3PO_4$ with NaOH is the titration of a weak acid with a strong base.

**14.6** The titration of HCl with $Ba(OH)_2$ is the titration of a strong acid with a strong base.

**14.7** Phenolphthalein is pink at the endpoint of the titration of oxalic acid.

**14.8** Phenolphthalein is pink at the endpoint of the titration of benzoic acid.

**14.9** Distilled water is neutral because the concentration of hydrogen ions and hydroxide ions is equal.

**14.10** Apple juice at pH 4 is weakly acidic.

**14.11** The value increases at higher temperatures; for example, at 50 °C, $K_w = 5.5 \times 10^{-14}$. The pH is slightly less than 7.0; for example, at 50 °C, pH = 6.6.

**14.12** Milk of magnesia at pH 10 is weakly basic.

**14.13** Grape juice at pH 4.05 is weakly acidic.

**14.14** Wine at pH 3.25 is weakly acidic.

**14.15** The reaction of HF*aq* and $NH_4OH(aq)$ produces $NH_4F$ and $H_2O$; $NH_4F$ is a soluble salt, so the conductivity apparatus will glow brightly.

**14.16** The reaction of $HNO_3(aq)$ and $Ba(OH)_2(aq)$ produces $Ba(NO_3)_2$ and $H_2O$; $Ba(NO_3)_2$ is a soluble salt, so the apparatus will glow brightly.

**14.17** The reaction of $AgNO_3(aq)$ and $AlCl_3(aq)$ gives AgCl and $Al(NO_3)_3$. Although AgCl is insoluble, $Al(NO_3)_3$ is soluble, so the apparatus will glow brightly.

## Chapter 15

**15.1** A mole of gas is related to: (1) mass of gas; (2) number of gaseous particles; (3) volume of a gas at STP; and (4) molar concentration of a solution.

**15.2** A balanced chemical equation is required to solve a stoichiometry problem.

**15.3** According to the balanced equation, the mole ratio is 2 mol $H_2S$ to 3 mol $O_2$. Since the starting volumes of gas are equal, the limiting reactant is $O_2$. That is, 2.00 L $H_2S$ produces 2.00 L $SO_2$, but 2.00 L $O_2$ produces only 1.33 L$SO_2$.

**15.4** Because ice floats in water, 1.00 $cm^3$ of water weighs more than a 1.00-cm cube of ice.

**15.5** Similar to a plant greenhouse that retains heat energy from sunlight, carbon dioxide gas in the atmosphere traps heat energy from the Sun, and contributes to global warming (see the Chemistry Connection in Section 10.2).

**15.6** Because $pV = nRT$, $n = pV/RT$. The number of moles of gas ($n$) is equal to its mass divided by its molar mass (MM); that is, $n = g/MM$. Substituting $g/MM$ for $n$ in the ideal gas law, and rearranging, we have $MM = gRT/PV$.

**15.7** The volume of wet hydrogen gas is greater than the same number of hydrogen molecules in a dry gas assuming the temperature and pressure are equal.

**15.8** The beaker of water containing AgCl contains the least number of chloride ions because silver chloride is insoluble.

**15.9** Because the molar mass of $NaHCO_3$ is less than $KHCO_3$, a 1.00-g $NaHCO_3$ tablet has more moles of bicarbonate and neutralizes more stomach acid.

## Chapter 16

**16.1** (a) At higher temperatures molecules have a greater velocity, and the collision frequency increases. As the number of collisions increases, there are more effective collisions.

(b) At higher temperatures molecules have more kinetic energy, and collision energy increases. If the collisions are more energetic, more molecules have the necessary energy to react.

**16.2** Notice that the progress of reaction (a) goes from lower to higher energy, which characterizes an endothermic reaction. The progress of reaction (b) is higher to lower, which characterizes an *exothermic reaction*.

**16.3** *After* a reaction reaches chemical equilibrium, the concentrations of reactants and products are constant.

**16.4** *Before* a reaction reaches chemical equilibrium, the concentration of reactants is decreasing, and the concentration of products is increasing.

**16.5** The equilibrium constant expression is: $K_{eq} = \dfrac{[X_2Y_3]^2}{[X_2]^2[Y_2]^3}$

**16.6** (a) Increasing temperature for an endothermic reaction shifts the equilibrium to the right, toward the products.

(b) Increasing pressure for this reaction has no effect on the equilibrium because there are the same number of reactant and product molecules.

**16.7** The ionization constant expression is: $K_i = \dfrac{[H^+][H_2PO_4^-]}{[H_3PO_4]}$

**16.8** (a) Adding $NH_4Cl$ increases the $NH_4^+$ concentration; thus, shifting the equilibrium to the left toward the reactants.

(b) Adding NaOH increases the $OH^-$ concentration; thus, shifting the equilibrium to the left toward the reactants.

**16.9** The solubility product constant expression is: $K_{sp} = [Al^{3+}][OH^-]^3$.

**16.10** (a) Adding $Ca(NO_3)_2$ increases the $Ca^{2+}$ concentration; thus, shifting the equilibrium to the left toward the reactants.

(b) Adding $Na_2CO_3$ increases the $CO_3^{2-}$ concentration; thus, shifting the equilibrium to the left toward the reactants.

## Chapter 17

**17.1** (a) 0 (b) +1; (c) −1; (d) +7

**17.2** (a) −1; (b) +1; (c) +3; (d) +5

**17.3** oxidizing agent: HX; reducing agent: M

**17.4** oxidizing agent: $Y_2$; reducing agent: $X^-$

**17.5** $2\,M_2O_3(s) + 6\,X_2(g) \rightarrow 4\,MX_3(aq) + 3\,O_2(g)$

**17.6** $2\,MnO_4^-(aq) + 5\,SO_3^{2-}(aq) + 6\,H^+(aq) \rightarrow$
$2\,Mn^{2+}(aq) + 5\,SO_4^{2-}(aq) + 3\,H_2O(l)$

**17.7** $2\,MnO_4^-(aq) + 3\,SO_3^{2-}(aq) + H_2O(l) \rightarrow$
$2\,MnO_2(s) + 3\,SO_4^{2-}(aq) + 2\,OH^-(aq)$

**17.8** Figure 17.4 lists Cr and Al as stronger reducing agents than $Fe^{2+}(aq)$. Thus, Cr and Al react spontaneously with $FeSO_4(aq)$; Ag and Ni are weaker and do not react.

**17.9** $Fe(s) + Sn^{2+}(aq) \rightarrow Sn(s) + Fe^{2+}(aq)$

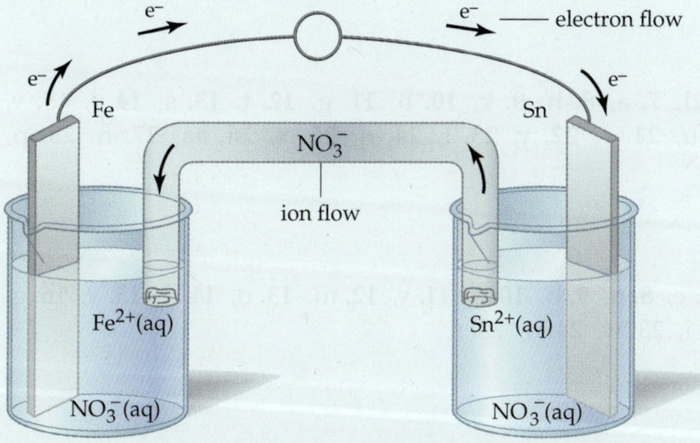


**Voltaic Cell**

**17.10** $C(s) + 2\,MgCl_2(l) \xrightarrow{\text{electricity}} 2\,Mg(l) + CCl_4(g)$

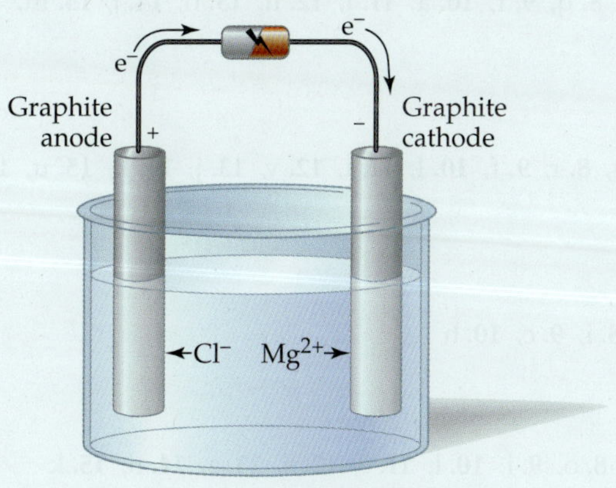


**Electrolytic Cell**

## Chapter 18

**18.1** (a) alpha ray, (b) beta ray, (c) gamma ray

**18.2** 31 mg

**18.3** ${}^{208}_{82}Pb + {}^{62}_{28}Ni \rightarrow {}^{269}_{110}Ds + {}^{1}_{0}n$

## Chapter 19

**19.1** Note that decane ($C_{10}H_{22}$) has an −*ane* suffix, and fits the general molecular formula for an alkane ($C_nH_{2n+2}$).

**19.2** Note that decene ($C_{10}H_{20}$) has an −*ene* suffix, and fits the general molecular formula for an alkene ($C_nH_{2n}$).

**19.3** Note that decyne ($C_{10}H_{18}$) has a −*yne* suffix, and fits the general molecular formula for an alkyne ($C_nH_{2n-2}$).

**19.4** Note that decene and naphthalene each have an −*ene* suffix; however, decene fits the general molecular formula for an alkene ($C_nH_{2n}$). Naphthalene has a different molecular formula ($C_nH_{n-2}$), so it is the arene by process of elimination.

**19.5** Because an alkene and arene each end with an −*ene* suffix, it is not possible to distinguish an alkene from an arene based on the suffix.

**19.6** Aldehydes, ketones, carboxylic acids, esters, and amides contain a carbonyl group. Organic halides, alcohols, phenols, ethers, and amines do not.

**19.7** Because an alcohol and phenol each end with an −*ol* suffix, it is not possible to distinguish an alcohol from an phenol based on the suffix.

## Chapter 20

**20.1** A lipid is insoluble in water; whereas, a protein, carbohydrate, and nucleic acid are soluble.

**20.2** A spiral helix describes the *secondary* structure of a protein. The sequence of amino acids in the protein corresponds to the *primary* structure, and a twisted helix describes the *tertiary* structure.

APPENDIX H

# 주요 용어의 답

## Chapter 1

**1.** j, **2.** d, **3.** k, **4.** f, **5.** l, **6.** h, **7.** a, **8.** c, **9.** i, **10.** g, **11.** b, **12.** e

## Prerequisite Science Skills

**1.** f, **2.** a, **3.** c, **4.** g, **5.** d, **6.** m, **7.** e, **8.** l, **9.** h, **10.** j, **11.** b, **12.** i, **13.** k

## Chapter 2

**1.** e, **2.** o, **3.** n, **4.** h, **5.** m, **6.** r, **7.** j, **8.** w, **9.** f, **10.** x, **11.** q, **12.** v, **13.** p, **14.** c, **15.** y, **16.** d, **17.** s, **18.** i, **19.** u, **20.** g, **21.** b, **22.** l, **23.** t, **24.** a, **25.** k

## Chapter 3

**1.** z, **2.** cc, **3.** i, **4.** l, **5.** m, **6.** dd, **7.** a, **8.** h, **9.** k, **10.** b, **11.** g, **12.** t, **13.** s, **14.** j, **15.** v, **16.** bb, **17.** c, **18.** w, **19.** r, **20.** u, **21.** e, **22.** y, **23.** f, **24.** d, **25.** x, **26.** aa, **27.** n, **28.** p, **29.** o, **30.** q

## Chapter 4

**1.** h, **2.** t, **3.** q, **4.** d, **5.** e, **6.** p, **7.** c, **8.** n, **9.** b, **10.** a, **11.** y, **12.** m, **13.** o, **14.** x, **15.** v, **16.** g, **17.** s, **18.** f, **19.** k, **20.** j, **21.** l, **22.** i, **23.** w, **24.** u, **25.** r

## Chapter 5

**1.** r, **2.** h, **3.** q, **4.** b, **5.** c, **6.** i, **7.** p, **8.** t, **9.** u, **10.** o, **11.** a, **12.** j, **13.** s, **14.** v, **15.** f, **16.** d, **17.** w, **18.** g, **19.** k, **20.** m, **21.** l, **22.** n, **23.** e

## Chapter 6

**1.** i, **2.** h, **3.** d, **4.** p, **5.** e, **6.** b, **7.** c, **8.** q, **9.** f, **10.** a, **11.** l, **12.** n, **13.** o, **14.** j, **15.** m, **16.** g, **17.** k

## Chapter 7

**1.** h, **2.** o, **3.** n, **4.** d, **5.** q, **6.** g, **7.** s, **8.** r, **9.** f, **10.** l, **11.** i, **12.** v, **13.** j, **14.** k, **15.** u, **16.** m, **17.** p, **18.** c, **19.** b, **20.** a, **21.** e, **22.** t

## Chapter 8

**1.** a, **2.** g, **3.** e, **4.** f, **5.** j, **6.** b, **7.** d, **8.** i, **9.** c, **10.** h

## Chapter 9

**1.** j, **2.** b, **3.** d, **4.** h, **5.** m, **6.** f, **7.** g, **8.** o, **9.** i, **10.** l, **11.** c, **12.** e, **13.** a, **14.** n, **15.** k

## Chapter 10

**1.** k, **2.** v, **3.** b, **4.** d, **5.** u, **6.** c, **7.** p, **8.** i, **9.** e, **10.** f, **11.** l, **12.** g, **13.** t, **14.** w, **15.** h, **16.** r, **17.** x, **18.** q, **19.** m, **20.** s, **21.** j, **22.** a, **23.** o, **24.** n

## Chapter 11

**1.** g, **2.** f, **3.** n, **4.** x, **5.** b, **6.** y, **7.** w, **8.** d, **9.** o, **10.** r, **11.** q, **12.** v, **13.** k, **14.** l, **15.** c, **16.** s, **17.** i, **18.** p, **19.** t, **20.** m, **21.** a, **22.** z, **23.** j, **24.** u, **25.** e, **26.** h

## Chapter 12

**1.** e, **2.** bb, **3.** v, **4.** p, **5.** g, **6.** n, **7.** r, **8.** c, **9.** b, **10.** d, **11.** t, **12.** k, **13.** z, **14.** y, **15.** j, **16.** aa, **17.** s, **18.** x, **19.** m, **20.** h, **21.** w, **22.** u, **23.** i, **24.** f, **25.** o, **26.** cc, **27.** l, **28.** q, **29.** a

## Chapter 13

**1.** c, **2.** n, **3.** p, **4.** o, **5.** b, **6.** i, **7.** k, **8.** j, **9.** e, **10.** g, **11.** d, **12.** q, **13.** a, **14.** s, **15.** m, **16.** l, **17.** t, **18.** r, **19.** f, **20.** h

## Chapter 14

**1.** g, **2.** c, **3.** d, **4.** k, **5.** h, **6.** j, **7.** q, **8.** e, **9.** f, **10.** p, **11.** o, **12.** b, **13.** a, **14.** u, **15.** i, **16.** s, **17.** l, **18.** n, **19.** t, **20.** w, **21.** v, **22.** r, **23.** m

## Chapter 15

**1.** e, **2.** l, **3.** a, **4.** b, **5.** r, **6.** p, **7.** q, **8.** c, **9.** g, **10.** t, **11.** s, **12.** k, **13.** v, **14.** m, **15.** f, **16.** j, **17.** d, **18.** u, **19.** i, **20.** h, **21.** n, **22.** o

## Chapter 16

**1.** d, **2.** e, **3.** f, **4.** o, **5.** r, **6.** a, **7.** h, **8.** b, **9.** p, **10.** n, **11.** c, **12.** l, **13.** g, **14.** j, **15.** i, **16.** m, **17.** k, **18.** q

## Chapter 17

**1.** l, **2.** n, **3.** k, **4.** p, **5.** m, **6.** o, **7.** j, **8.** q, **9.** f, **10.** e, **11.** i, **12.** r, **13.** s, **14.** g, **15.** h, **16.** a, **17.** c, **18.** b, **19.** d

## Chapter 18

**1.** t, **2.** b, **3.** d, **4.** i, **5.** c, **6.** k, **7.** p, **8.** o, **9.** l, **10.** r, **11.** h, **12.** s, **13.** q, **14.** a, **15.** j, **16.** u, **17.** v, **18.** m, **19.** e, **20.** f, **21.** n, **22.** g, **23.** w

## Chapter 19

**1.** s, **2.** m, **3.** v, **4.** x, **5.** f, **6.** a, **7.** b, **8.** d, **9.** u, **10.** r, **11.** e, **12.** w, **13.** q, **14.** c, **15.** g, **16.** t, **17.** k, **18.** o, **19.** j, **20.** n, **21.** l, **22.** h, **23.** p, **24.** i

## Chapter 20

**1.** b, **2.** u, **3.** c, **4.** k, **5.** n, **6.** a, **7.** q, **8.** e, **9.** s, **10.** g, **11.** l, **12.** m, **13.** f, **14.** t, **15.** j, **16.** i, **17.** aa, **18.** h, **19.** p, **20.** w, **21.** r, **22.** bb, **23.** x, **24.** o, **25.** v, **26.** y, **27.** d, **28.** z

APPENDIX I

# 문제의 답

## Chapter 1

1. *yin* and *yang*
3. air, earth, fire, and water
5. Plan and *perform an experiment*, *make observations*, and *record data*.
7. *Conduct additional experiments* in order to test the hypothesis.
9. A *scientific theory* explains the behavior of nature using a model or concept, whereas a *natural law* states a relationship that is measurable under various experimental conditions.
11. (a) and (c)
13. *Chemistry* is referred to as the central science because it supports other physical sciences, life sciences, and earth sciences. An understanding of chemistry is also prerequisite to the health sciences.
15. Scientists and engineers must have formal training in chemistry, as well as doctors, nurses, dentists, physical therapists, chiropractors, dietitians, and veterinarians.
17. A solution to the nine–dot problem with only one straight line is to use a *very wide* line; the unconscious assumption regards the thickness of the line.
19. Although the perception is that line segment AB is shorter than BC, the two lines are of equal length. Measure each line segment to confirm this statement.

## Prerequisite Science Skills

1. approximately 5 g
3. (a) length; (b) mass; (c) volume; (d) time
5. (a) 5.0 cm; (d) 0.5 cm
7. (d) 75.518 g
9. (b) 32.00 mL; (c) 32.05 mL
11. (a) 1; (b) 1; (c) 1; (d) 1
13. (a) 1; (b) 4; (c) 2; (d) 3
15. (a) 3; (b) 4; (c) 1; (d) 2
17. (a) 10.3; (b) 10.2; (c) 0.0103; (d) 10,200
19. (a) $9.12 \times 10^5$; (b) $9.46 \times 10^{10}$; (c) $9.00 \times 10^{-7}$; (d) $9.08 \times 10^{-12}$
21. (a) 55.0 cm; (b) 22.3 cm
23. (a) 11.6 cm; (b) 9.9 cm
25. (a) 0.6 $cm^2$; (b) 2.8 $cm^2$; (c) 12.0 $cm^2$; (d) 17 $cm^2$
27. (a) 8.8 g/mL; (b) 3.0 g/mL; (c) 4.26 g/mL; (d) 9.124 g/mL
29. (a) $10^3$; (b) $(1/10)^3$ or $10^{-3}$
31. (a) $2^3$; (b) $(1/2)^3$ or $2^{-3}$
33. (a) 1000; (b) 0.000 000 1
35. (a) $1 \times 10^9$; (b) $1 \times 10^{-8}$
37. (a) 10; (b) 0.1
39. (a) $8.0916 \times 10^7$; (b) $1.5 \times 10^{-8}$; (c) $3.356 \times 10^{14}$; (d) $9.27 \times 10^{-13}$
41. $2.69 \times 10^{22}$ oxygen molecules
43. $5.32 \times 10^{-23}$ g/oxygen molecule
45. 10.0 mL (± 0.1 mL)
47. $1.86 \times 10^5$ miles per second
49. 205 cm
51. (a) $3.52 \times 10^6$; (b) $1.91 \times 10^{-6}$
53. $3.3475 \times 10^{-24}$ g
55. $4.200 \times 10^3$ lb

## Chapter 2

1. (a) meter; (b) gram; (c) liter; (d) second
3. (a) Em; (b) Tg; (c) aL; (d) ps
5. (a) kilometer; (b) megagram; (c) nanoliter; (d) decisecond
7. (a) length; (b) mass; (c) volume; (d) time
9. (a) gigameter, Gm; (b) kilogram, kg; (c) milliliter, mL; (d) nanosecond, ns
11. (a) 1 km $= 1 \times 10^3$ m; (b) 1 Mg $= 1 \times 10^6$ g; (c) 1 L $= 1 \times 10^3$ mL; (d) 1 s $= 1 \times 10^6$ $\mu$s
13. (a) $\dfrac{1\text{ km}}{1 \times 10^3\text{ m}}$ and $\dfrac{1 \times 10^3\text{ m}}{1\text{ km}}$
    (b) $\dfrac{1\text{ Mg}}{1 \times 10^6\text{ g}}$ and $\dfrac{1 \times 10^6\text{ g}}{1\text{ Mg}}$
    (c) $\dfrac{1\text{ L}}{1 \times 10^3\text{ mL}}$ and $\dfrac{1 \times 10^3\text{ mL}}{1\text{ L}}$
    (d) $\dfrac{1\text{ s}}{1 \times 10^6\ \mu\text{s}}$ and $\dfrac{1 \times 10^6\ \mu\text{s}}{1\text{ s}}$
15. (a) $5.00 \times 10^{-3}$ km; (b) $5.00 \times 10^2$ cg; (c) 50.0 dL; (d) $5.00 \times 10^9$ ns
17. (a) $6.50 \times 10^6$ Mm; (b) $6.5 \times 10^8$ kg; (c) $6.50 \times 10^{-2}$ dL; (d) 0.650 ps
19. (a) 1 in. = 2.54 cm; (b) 1 lb = 454 g; (c) 1 qt = 946 mL; (d) 1 sec = 1.00 s
21. (a) 9.8 in.; (b) 0.055 lb; (c) 2,370 mL; (d) 2.50 s
23. (a) 1.8 m; (b) 79.5 kg; (c) 0.473 L; (d) 0.273 ds
25. 541 m
27. 45 mi/gal
29. 4.91 g copper
31. 40.5% of solution is ethanol
33. 2.5% copper
35. (a) 1 $cm^3$ (exactly); (b) 16.4 $cm^3$

37. 1.09 $cm^3$
39. $1.90 \times 10^{-3}$ cm
41. 5.82 L
43. 2.5 mL
45. 62.5 mL
47. (a) float; (b) sink
49. (a) rise; (b) drop
51. 1.00 g/mL
53. (a) 0.788 g/mL; (b) 0.714 g/mL
55. (a) 170 g; (b) 120 g
57. (a) 35.0 mL; (b) 18.9 mL
59. (a) 32 °F; (b) 0 °C; (c) 273 K
61. (a) 38 °C; (b) −137 °C
63. (a) 768 K; (b) 88 K
65. −128 °F
67. gold
69. 1900 kJ
71. 67.5 cal
73. 0.0309 cal/g × °C
75. 52.5 g titanium
77. $1.5 \times 10^6$ MB
79. 320 DVDs
81. 35,000 $\mu$s; $3.5 \times 10^4$ $\mu$s
83. $5.87 \times 10^{12}$ mi
85. 435 $m^2$
87. A 400-meter race (0.248 mi) is less than a quarter mile (0.250 mi).
89. 7690 tablets
91. 0.801
93. 8.33 lb/gal
95. 3.90 cm

## Chapter 3

1. solid state
3. gaseous state
5. solid state
7. (a) condensing; (b) freezing
9. (a) cooling; (b) cooling
11. cooling
13. (a) element; (b) element; (c) compound; (d) mixture
15. (a) element; (b) heterogeneous mixture; (c) compound; (d) homogeneous mixture
17. (a) Li; (b) Ar; (c) Mg; (d) Mn; (e) Be; (f) Si; (g) Hg; (h) Ti
19. (a) phosphorus; (b) sulfur; (c) krypton; (d) iron; (e) antimony; (f) nitrogen; (g) platinum; (h) silver
21. (a) 1; (b) 5; (c) 13; (d) 22; (e) 33; (f) 38; (g) 50; (h) 83
23. (a) metal; (b) nonmetal; (c) metal; (d) nonmetal
25. (a) nonmetal; (b) nonmetal; (c) metal; (d) nonmetal
27. (a) nonmetal; (b) nonmetal; (c) metal; (d) metal
29. (a) semimetal; (b) metal; (c) metal; (d) metal
31. (a) gas; (b) solid; (c) gas; (d) solid
33. (a) gas; (b) solid; (c) gas; (d) liquid
35. (a) 27 carbon atoms; 46 hydrogen atoms; 1 oxygen atom; (b) 20 carbon atoms; 24 hydrogen atoms; 2 nitrogen atoms; 2 oxygen atoms
37. (a) $C_6H_{14}N_2O_2$; (b) $C_5H_{11}NO_2S$
39. (a) 21 atoms; (b) 12 atoms
41. The mass ratio of the elements in water is constant: 1:8.
43. (a) physical; (b) physical; (c) physical; (d) chemical
45. (a) chemical; (b) physical; (c) chemical; (d) physical
47. (a) chemical; (b) physical; (c) chemical; (d) physical
49. (a) chemical; (b) physical; (c) chemical; (d) chemical
51. (a) chemical; (b) physical; (c) physical; (d) chemical
53. (a) physical; (b) chemical; (c) physical; (d) chemical
55. (a) chemical; (b) physical; (c) physical; (d) chemical
57. (a) physical; (b) chemical; (c) chemical; (d) physical
59. 1.49 g zinc sulfide
61. 1.60 g carbon dioxide
63. solid state
65. increase
67. increase
69. 10.5 kcal
71. 807 cal
73. 68.2 kcal
75. (a) chemical → heat; (b) heat → mechanical; (c) mechanical → mechanical; (d) mechanical → electrical
77. (a) heat → mechanical; (b) mechanical → mechanical; (c) mechanical → mechanical; (d) mechanical → electrical
79. A pre-1982 penny is an alloy, thus a homogeneous mixture.
81. homogeneous mixture
83. germanium
85. oxygen, silicon, and aluminum
87. (a) 26; (b) 29; (c) 50; (d) 82
89. 3250 cal
91. In theory, the mass should be slightly less.
93. $E$ = energy, $m$ = mass, $c$ = speed of light
95. physical change

## Chapter 4

1. Empedocles
3. Robert Boyle; Antoine Lavoisier; and Joseph Proust
5. (c) Atoms are indivisible
7. electrons
9. electron ($e^-$)
11. electron (−1)
13. Protons and neutrons are located in the nucleus.
15. $1 \times 10^{-8}$ cm
17. 1 and 1836
19. (a) 0 $n^0$; (b) 2 $n^0$; (c) 8 $n^0$; (d) 10 $n^0$
21. (a) 0 $n^0$; (b) 7 $n^0$; (c) 32 $n^0$; (d) 74 $n^0$

**23.**

| Atomic Notation | Atomic Number | Mass Number | Number of Protons | Number of Neutrons | Number of Electrons |
|---|---|---|---|---|---|
| $^{11}_{5}B$ | 5 | 11 | 5 | 6 | 5 |
| $^{15}_{7}N$ | 7 | 15 | 7 | 8 | 7 |
| $^{40}_{20}Ca$ | 20 | 40 | 20 | 20 | 20 |
| $^{200}_{80}Hg$ | 80 | 200 | 80 | 120 | 80 |

**25.** (a) 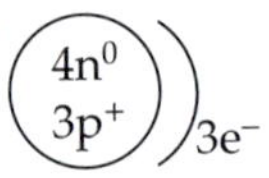


(b) 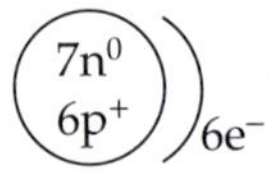


(c) 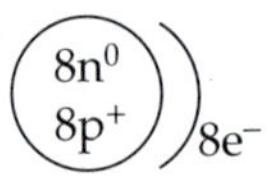


(d) 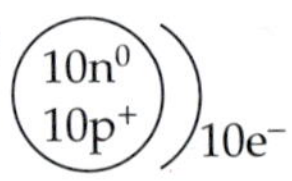


**27.** The atomic number refers to the number of protons in the nucleus; whereas, the mass number refers to the number of protons *and* neutrons.

**29.** The carbon-12 reference isotope is assigned a mass of 12 amu.

**31.** 22.99 amu

**33.** 19.00 amu

**35.** 6.941 amu

**37.** 55.85 amu

**39.** red light

**41.** yellow light

**43.** yellow light

**45.** 400 nm

**47.** photon

**49.** (a) continuous; (b) quantized

**51.** (a) continuous; (b) quantized

**53.** $5 \rightarrow 2$

**55.** $4 \rightarrow 1$

**57.** red line

**59.** ultraviolet

**61.** red line

**63.** (a) 1; (b) 1

**65.** (a) ultraviolet; (b) red; (c) infrared

**67.** lines in the emission spectrum of hydrogen

**69.** (a) 1 sublevel; (b) 2 sublevels; (c) 3 sublevels; (d) 4 sublevels

**71.** (a) 2 $e^-$; (b) 6 $e^-$; (c) 10 $e^-$; (d) 14 $e^-$

**73.** 8 $e^-$

**75.** See Figure 4.16; 3*d* follows 4*s*

**77.** (a) $1s^2$; (b) $1s^2\ 2s^2$; (c) $1s^2\ 2s^2\ 2p^6\ 3s^2\ 3p^6\ 4s^2\ 3d^7$; (d) $1s^2\ 2s^2\ 2p^6\ 3s^2\ 3p^6\ 4s^2\ 3d^{10}\ 4p^6\ 5s^2\ 4d^{10}$

**79.** (a) Li; (b) Si; (c) Ti; (d) Sr

**81.** (a) 1*s*

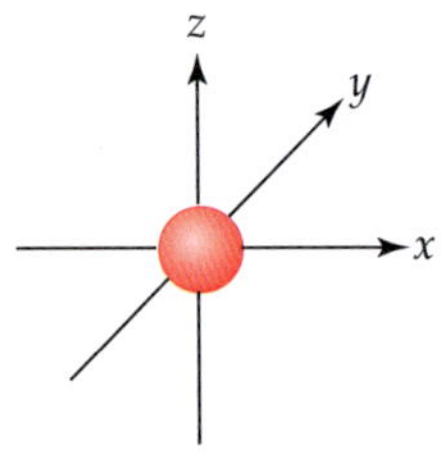


(b) $2p_x$

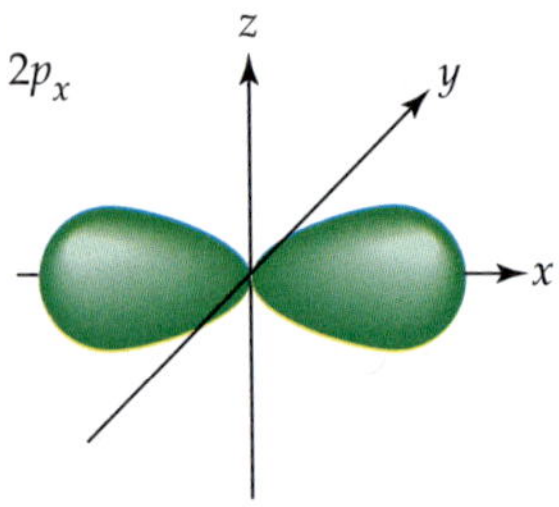


(c) $3p_y$

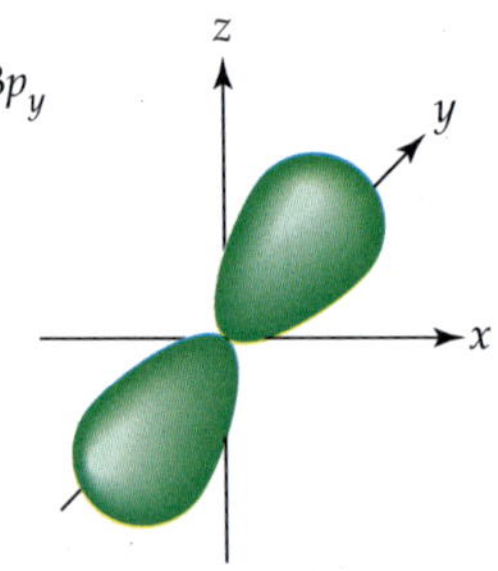


(d) $4p_z$

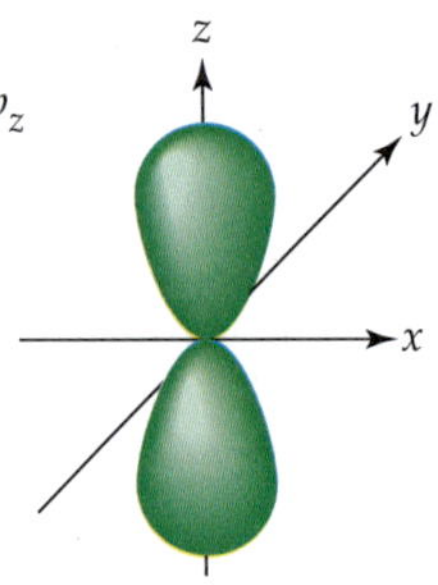


**83.** (a) 3*s*; (b) $3p_x$; (c) equal; (d) equal

**85.** (a) 5*s*; (b) 4*p*

**87.** (a) 2 $e^-$; (b) 2 $e^-$; (c) 2 $e^-$; (d) 2 $e^-$

**89.** 106.9 amu

**91.** no stable isotopes

**93.** (a) ultraviolet; (b) infrared

**95.** Ag-107

**97.** An atom is more stable with a completely filled *d* sublevel than a partially filled sublevel. If one of the silver 5*s* electrons drops into the 4*d* sublevel, the 4*d* sublevel is completely filled, and thus the silver atom is more stable.

## Chapter 5

**1.** Neon was not discovered until 1898 (see Figure 3.7).

**3.** Mendelevium was not synthesized until 1955 (see Figure 3.7).

**5.** increasing atomic mass

**7.** Co and Ni

**9.** groups or families

**11.** representative elements

**13.** the lanthanides

**15.** the lanthanides

**17.** metals

**19.** Sc and Y

**21.** (a) IA/1; (b) IIA/2; (c) VIIA/17; (d) VIIIA/18

**23.** (a) 1; (b) 13; (c) 15; (d) 17; (e) 11; (f) 3; (g) 5; (h) 7

**25.** (a) B; (b) Ge; (c) Cl; (d) At

**27.** (a) Na; (b) Mg; (c) Lu; (d) Pm

**29.** decreases

**31.** decreases

**33.** (a) K; (b) Mg; (c) Fe; (d) S

**35.** (a) Na; (b) P; (c) Ca; (d) Kr

**37.** 284 pm; 2.33 g/mL; 17.5 °C

**39.** 151 pm; 6.76 g/mL; 309 °C

**41.** (a) KF; (b) $CaF_2$; (c) $BBr_3$; (d) $GeI_4$

**43.** (a) $CaF_2$; (b) $CaCl_2$; (c) $CaBr_2$; (d) $CaI_2$

**45.** (a) $As_2O_3$ and $As_2O_5$; (b) $Sb_2O_3$ and $Sb_2O_5$

**47.** *s* sublevels

**49.** *d* sublevels

**51.** 4*f* sublevel

**53.** (a) 1*s*; (b) 3*s*; (c) 4*f*; (d) 4*p*; (e) 5*s*; (f) 2*p*; (g) 5*p*; (h) 6*s*

**55.** (a) $1s^2\,2s^1$
(b) $1s^2\,2s^2\,2p^5$
(c) $1s^2\,2s^2\,2p^6\,3s^2$
(d) $1s^2\,2s^2\,2p^6\,3s^2\,3p^3$
(e) $1s^2\,2s^2\,2p^6\,3s^2\,3p^6\,4s^2$
(f) $1s^2\,2s^2\,2p^6\,3s^2\,3p^6\,4s^2\,3d^5$
(g) $1s^2\,2s^2\,2p^6\,3s^2\,3p^6\,4s^2\,3d^{10}\,4p^1$
(h) $1s^2\,2s^2\,2p^6\,3s^2\,3p^6\,4s^2\,3d^{10}\,4p^6\,5s^1$

**57.** (a) 1; (b) 3; (c) 5; (d) 7

**59.** (a) 1; (b) 3; (c) 5; (d) 7; (e) 2; (f) 4; (g) 6; (h) 8

**61.** (a) H• (b) •B•
(c) •N: (d) :F:
(e) Ca• (f) •Si•
(g) •O: (h) :Ar:

**63.** increases

**65.** Group IA/1

**67.** (a) Mg; (b) S; (c) Sn; (d) N

**69.** (a) Cs; (b) Ar; (c) Al; (d) I

**71.** (a) 1+; (b) 2+; (c) 3+; (d) 4+

**73.** (a) 2+; (b) 4+; (c) 3−; (d) 2−

**75.** (a) $K^+$; (b) $Sr^{2+}$; (c) $Cl^-$; (d) $Se^{2-}$

**77.** (a) [Ne]; (b) [Ar]; (c) [Ar] $3d^6$; (d) [Kr] $4d^2$

**79.** (a) [He] $2s^2\,2p^6$, or [Ne]
(b) [Ne] $3s^2\,3p^6$, or [Ar]
(c) [He] $2s^2\,2p^6$, or [Ne]
(d) [Kr] $5s^2\,4d^{10}\,5p^6$, or [Xe]

**81.** (a) Group IA; (b) Group IB; (c) Group IIIB; (d) Group IIIA

**83.** 131 pm; 13.42 g/mL; 1824 °C

**85.** (a) [Kr] $5s^2$; (b) [Kr] $5s^2\,4d^6$; (c) [Kr] $5s^2\,4d^{10}\,5p^3$; (d) [Xe] $6s^1$

**87.** Although H and the Group IA/1 metals each have one valence electron, in H the electron is closer to its nucleus. Because the negatively charged electron is closer to the positively charged nucleus, it requires more energy to remove the electron from hydrogen than a Group IA/1 metal.

**89.** scandium (Sc)

**91.** When an alkali metal atom loses one electron, it gains a noble gas configuration. An alkaline earth metal atom must lose two electrons to gain a noble gas electron configuration.

## Chapter 6

**1.** (a) binary molecular; (b) binary ionic; (c) ternary ionic; (d) binary acid

**3.** (a) polyatomic cation; (b) monoatomic cation; (c) monoatomic anion; (d) polyatomic anion

**5.** (a) calcium ion; (b) cadmium ion; (c) cobalt(II) ion; (d) copper(II) ion

**7.** (a) fluoride ion; (b) chloride ion; (c) bromide ion; (d) iodide ion

**9.** (a) $K^+$; (b) $Ba^{2+}$; (c) $Fe^{2+}$; (d) $Sn^{2+}$

**11.** (a) nitrate ion; (b) nitrite ion; (c) chlorate ion; (d) chlorite ion

**13.** (a) $CrO_4^{2-}$; (b) $Cr_2O_7^{2-}$; (c) $OH^-$; (d) $CN^-$

**15.** (a) $AlBr_3$; (b) CdS; (c) $Mn_3P_2$; (d) $PbF_4$

**17.** (a) $KNO_3$; (b) $(NH_4)_2Cr_2O_7$; (c) $Cu_2CO_3$; (d) $MnSO_3$

**19.** (a) $Sr(NO_2)_2$; (b) $Zn(MnO_4)_2$; (c) $CaCrO_4$; (d) $Ni(ClO_4)_2$

**21.** (a) magnesium oxide; (b) zinc oxide; (c) cadmium oxide; (d) barium oxide

**23.** (a) cobalt(II) oxide; (b) iron(II) oxide; (c) mercury(II) oxide; (d) tin(II) oxide

**25.** (a) $Cu_2O$; (b) $Fe_3N_2$; (c) $HgCl_2$; (d) $PbS_2$

**27.** (a) RbCl; (b) NaBr

**29.** (a) GaN; (b) AlAs

**31.** (a) lithium permanganate; (b) strontium chlorite; (c) barium carbonate; (d) ammonium dichromate

**33.** (a) copper(II) sulfate; (b) iron(II) chromate; (c) mercury(II) nitrite; (d) lead(II) acetate

**35.** (a) $Mn(C_2H_3O_2)_2$; (b) $Pb(ClO_2)_4$; (c) $Sn_3(PO_4)_2$; (d) $Fe(ClO)_3$

**37.** (a) $Fr_2SO_4$; (b) $Na_2SO_3$

**39.** (a) $Ra(ClO_3)_2$; (b) $Ba(BrO_3)_2$

**41.** (a) cobaltous ion; cobaltic ion; stannous ion; stannic ion

**43.** (a) $Cu^+$; $Cu^{2+}$; $Pb^{2+}$; $Pb^{4+}$

**45.** (a) cupric sulfide; ferrous oxide; mercuric nitrite; plumbous acetate

**47.** (a) $CuCl_2$; FeS; $Co(C_2H_3O_2)_3$; $SnCrO_4$

**49.** (a) $N_2O_5$; (b) $CCl_4$; (c) IBr; (d) $H_2S$

**51.** (a) bromine monofluoride; (b) carbon tetrafluoride; (c) diiodine tetraoxide; (d) dichlorine trioxide

**53.** (a) hydrosulfuric acid; (b) hydrobromic acid

**55.** (a) $HC_2H_3O_2(aq)$; (b) $HNO_3(aq)$

57. (a) chlorous acid; (b) phosphoric acid
59. (a) 0; (b) 2+; (c) 3+; (d) 0
61. (a) $IO_4^-$; (b) $SiO_3^{2-}$
63.

| Ions | chloride ion | sulfide ion | phosphide ion |
|---|---|---|---|
| **copper(I) ion** | CuCl copper(I) chloride | $Cu_2S$ copper(I) sulfide | $Cu_3P$ copper(I) phosphide |
| **cobalt(III) ion** | $CoCl_3$ cobalt(III) chloride | $Co_2S_3$ cobalt(III) sulfide | CoP cobalt(III) phosphide |
| **lead(IV) ion** | $PbCl_4$ lead(IV) chloride | $PbS_2$ lead(IV) sulfide | $Pb_3P_4$ lead(IV) phosphide |

65.

| Ions | hydroxide ion | sulfate ion | phosphate ion |
|---|---|---|---|
| **mercurous ion** | $Hg_2(OH)_2$ mercurous hydroxide | $Hg_2SO_4$ mercurous sulfate | $(Hg_2)_3(PO_4)_2$ mercurous phosphate |
| **ferrous ion** | $Fe(OH)_2$ ferrous hydroxide | $FeSO_4$ ferrous sulfate | $Fe_3(PO_4)_2$ ferrous phosphate |
| **stannous ion** | $Sn(OH)_2$ stannous hydroxide | $SnSO_4$ stannous sulfate | $Sn_3(PO_4)_2$ stannous phosphate |

67. (a) *−ide*; (b) *−ic acid*
69. (a) *−ite*; (b) *−ous acid*
71. (a) *−ate*; (b) *−ic acid*
73. (a) $H_2O$; (b) NaClO; (c) NaOH; (d) $NaHCO_3$
75. (a) boron trifluoride; (b) silicon tetrachloride; (c) diarsenic pentaoxide; (d) diantimony trioxide
77. $TiO_2$
79. $AcCl_3$

## Chapter 7

1. (a) chemical reaction; (b) chemical reaction
3. (a) chemical reaction; (b) physical change
5. (a) chemical reaction; (b) chemical reaction
7. $Mg(s) + Br_2(l) \rightarrow MgBr_2(s)$
9. $Zn(HCO_3)_2(s) \rightarrow ZnCO_3(s) + H_2O(g) + CO_2(g)$
11. $Cd(s) + Co(NO_3)_2(aq) \rightarrow Cd(NO_3)_2(aq) + Co(s)$
13. $LiI(aq) + AgNO_3(aq) \rightarrow AgI(s) + LiNO_3(aq)$
15. $HC_2H_3O_2(aq) + NH_4OH(aq) \rightarrow NH_4C_2H_3O_2(aq) + HOH(l)$
17. (a) $3\,H_2(g) + N_2(g) \rightarrow 2\,NH_3(g)$
    (b) $Al_2(CO_3)_3(s) \rightarrow Al_2O_3(s) + 3\,CO_2(g)$
    (c) $Sr(s) + 2\,H_2O(l) \rightarrow Sr(OH)_2(aq) + H_2(g)$
    (d) $K_2SO_4(aq) + Ba(OH)_2(aq) \rightarrow BaSO_4(s) + 2\,KOH(aq)$
    (e) $2\,H_3PO_4(aq) + 3\,Mn(OH)_2(s) \rightarrow Mn_3(PO_4)_2(s) + 6\,HOH(l)$
19. (a) $2\,Pb(s) + O_2(g) \rightarrow 2\,PbO(s)$
    (b) $2\,LiNO_3(s) \rightarrow 2\,LiNO_2(s) + O_2(g)$
    (c) $Mg(s) + 2\,HC_2H_3O_2(aq) \rightarrow Mg(C_2H_3O_2)_2(aq) + H_2(g)$
    (d) $Hg_2(NO_3)_2(aq) + 2\,NaBr(aq) \rightarrow Hg_2Br_2(s) + 2\,NaNO_3(aq)$
    (e) $H_2CO_3(aq) + 2\,NH_4OH(aq) \rightarrow (NH_4)_2CO_3(aq) + 2\,HOH(l)$
21. (a) combination; (b) decomposition; (c) single replacement; (d) double replacement; (e) neutralization
23. (a) combination; (b) decomposition; (c) single replacement; (d) double replacement; (e) neutralization
25. metal + oxygen gas → metal oxide
    (a) $2\,Ni(s) + O_2(g) \rightarrow 2\,NiO(s)$
    (b) $4\,Fe(s) + 3\,O_2(g) \rightarrow 2\,Fe_2O_3(s)$
27. (a) $2\,C(s) + O_2(g) \rightarrow 2\,CO(g)$
    (b) $4\,P(s) + 5\,O_2(g) \rightarrow 2\,P_2O_5(s)$
29. (a) $2\,Cu(s) + Cl_2(g) \rightarrow 2\,CuCl(s)$
    (b) $Co(s) + S(s) \rightarrow CoS(s)$
31. (a) $4\,Cr(s) + 3\,O_2(g) \rightarrow 2\,Cr_2O_3(s)$
    (b) $2\,Cr(s) + N_2(g) \rightarrow 2\,CrN(s)$
33. (a) $4\,Li + O_2 \rightarrow 2\,Li_2O$
    (b) $2\,Ca + O_2 \rightarrow 2\,CaO$
35. (a) $2\,Na + I_2 \rightarrow 2\,NaI$
    (b) $3\,Ba + N_2 \rightarrow Ba_3N_2$
37. (a) $2\,KHCO_3(s) \rightarrow K_2CO_3(s) + H_2O(g) + CO_2(g)$
    (b) $Sr(HCO_3)_2(s) \rightarrow SrCO_3(s) + H_2O(g) + CO_2(g)$
39. (a) $Co_2(CO_3)_3(s) \rightarrow Co_2O_3(s) + 3\,CO_2(g)$
    (b) $Sn(CO_3)_2(s) \rightarrow SnO_2(s) + 2\,CO_2(g)$
41. (a) $2\,AgHCO_3(s) \rightarrow Ag_2CO_3(s) + H_2O(g) + CO_2(g)$
    (b) $Zn(HCO_3)_2(s) \rightarrow ZnCO_3(s) + H_2O(g) + CO_2(g)$
43. (a) $Ca(NO_3)_2(s) \rightarrow Ca(NO_2)_2(s) + O_2(g)$
    (b) $2\,Ag_2SO_4(s) \rightarrow 2\,Ag_2SO_3(s) + O_2(g)$
45. (a) $2\,NaClO_3(s) \rightarrow 2\,NaCl(s) + 3\,O_2(g)$
    (b) $Ca(NO_3)_2(s) \rightarrow Ca(NO_2)_2(s) + O_2(g)$
47. (b) Sn; (c) Co; (d) Mn
49. (b) Sn; (c) Co; (d) Mn
51. (a) Li; (c) Ca
53. (a) $2\,Al(s) + 3\,Cu(NO_3)_2(aq) \rightarrow 3\,Cu(s) + 2\,Al(NO_3)_3(aq)$
    (b) $Cu(s) + Al(NO_3)_3(aq) \rightarrow$ NR
55. (a) $Ni(s) + Pb(C_2H_3O_2)_2(aq) \rightarrow Pb(s) + Ni(C_2H_3O_2)_2(aq)$
    (b) $Pb(s) + Ni(C_2H_3O_2)_2(aq) \rightarrow$ *NR*
57. (a) $Mg(s) + 2\,HNO_3(aq) \rightarrow Mg(NO_3)_2(aq) + H_2(g)$
    (b) $Mn(s) + 2\,HCl(aq) \rightarrow MnCl_2(s) + H_2(g)$
59. (a) $2\,Li(s) + 2\,H_2O(l) \rightarrow 2\,LiOH(aq) + H_2(g)$
    (b) $Ba(s) + 2\,H_2O(l) \rightarrow Ba(OH)_2(aq) + H_2(g)$
61. (a) $Zn(s) + Pb(NO_3)_2(aq) \rightarrow Pb(s) + Zn(NO_3)_2(aq)$
    (b) $Cd(s) + Fe(NO_3)_2(aq) \rightarrow$ NR
63. (a) $Zn(s) + 2\,HNO_3(aq) \rightarrow Zn(NO_3)_2(aq) + H_2(g)$
    (b) $Cd(s) + 2\,HNO_3(aq) \rightarrow Cd(NO_3)_2(aq) + H_2(g)$
65. (a) $Zn(s) + H_2O(l) \rightarrow$ *NR*
    (b) $Ba(s) + 2\,H_2O(l) \rightarrow Ba(OH)_2(aq) + H_2(g)$

**67.** (a) $(NH_4)_2S$; (d) $Pb(C_2H_3O_2)_2$

**69.** (a) insoluble; (c) insoluble; (d) insoluble

**71.** (a) $SnCl_2(aq) + K_2S(aq) \rightarrow SnS(s) + 2\,KCl(aq)$
(b) $Co(NO_3)_2(aq) + Na_2CrO_4(aq) \rightarrow CoCrO_4(s) + 2\,NaNO_3(aq)$

**73.** (a) $MgSO_4(aq) + BaCl_2(aq) \rightarrow BaSO_4(s) + MgCl_2(aq)$
(b) $FeSO_4(aq) + Ca(OH)_2(aq) \rightarrow Fe(OH)_2(s) + CaSO_4(aq)$

**75.** (a) $H_2CO_3(aq) + 2\,LiOH(aq) \rightarrow Li_2CO_3(aq) + 2\,HOH(l)$
(b) $2\,HNO_3(aq) + Ca(OH)_2(aq) \rightarrow Ca(NO_3)_2(aq) + 2\,HOH(l)$

**77.** (a) $2\,HNO_3(aq) + Ca(OH)_2(aq) \rightarrow Ca(NO_3)_2(aq) + 2\,HOH(l)$
(b) $2\,HNO_2(aq) + Ca(OH)_2(aq) \rightarrow Ca(NO_2)_2(aq) + 2\,HOH(l)$

**79.** Not necessarily. The sum of the coefficients may or may not be the same.

**81.** (a) $3\,Fe(s) + 4\,H_2O(g) \rightarrow Fe_3O_4(s) + 4\,H_2(g)$
(b) $4\,FeS(s) + 7\,O_2(g) \rightarrow 2\,Fe_2O_3(s) + 4\,SO_2(g)$

**83.** (a) $F_2(g) + 2\,NaBr(aq) \rightarrow Br_2(l) + 2\,NaF(aq)$
(b) $Sb_2S_3(s) + 6\,HCl(aq) \rightarrow 2\,SbCl_3(aq) + 3\,H_2S(g)$

**85.** (a) $CH_4(g) + 2\,O_2(g) \rightarrow CO_2(g) + 2\,H_2O(g)$
(b) $C_3H_8(g) + 5\,O_2(g) \rightarrow 3\,CO_2(g) + 4\,H_2O(g)$

**87.** $Fe_2O_3(l) + 3\,CO(g) \rightarrow 2\,Fe(l) + 3\,CO_2(g)$

## Chapter 8

**1.** (a) 22.99 amu; (b) 87.62 amu; (c) 28.09 amu; (d) 78.97 amu

**3.** (a) 22.99 g; (b) 87.62 g; (c) 28.09 g; (d) 78.97 g

**5.** (a) $6.02 \times 10^{23}$ atoms C; (b) $6.02 \times 10^{23}$ molecules $CH_4$

**7.** (a) 1 mol S; (b) 1 mol $SO_2$

**9.** (a) $6.02 \times 10^{22}$ atoms Mg; (b) $1.20 \times 10^{23}$ molecules $Cl_2$; (c) $1.81 \times 10^{23}$ formula units $MgCl_2$

**11.** (a) 0.0415 mol Fe; (b) 0.831 mol $SO_3$; (c) 12.5 mol $FeSO_4$

**13.** (a) 26.98 g/mol; (b) 28.09 g/mol; (c) 74.92 g/mol; (d) 32.07 g/mol

**15.** (a) 72.15 g/mol; (b) 136.15 g/mol; (c) 150.90 g/mol; (d) 92.11 g/mol

**17.** (a) 98.3 g Hg; (b) 0.540 g $N_2$; (c) 1.75 g $BaCl_2$

**19.** (a) $2.31 \times 10^{22}$ atoms K; (b) $8.84 \times 10^{21}$ molecules $O_2$; (c) $1.75 \times 10^{21}$ formula units $AgClO_3$

**21.** (a) $1.15 \times 10^{-23}$ g/atom; (b) $4.66 \times 10^{-23}$ g/atom; (c) $1.06 \times 10^{-22}$ g/molecule; (d) $7.31 \times 10^{-23}$ g/molecule

**23.** 0 °C and 1 atm

**25.** (a) 1.78 g/L; (b) 1.70 g/L; (c) 0.717 g/L; (d) 1.97 g/L

**27.** (a) 32.0 g/mol; (b) 34.0 g/mol; (c) 44.1 g/mol; (d) 121 g/mol

**29.**

| Gas | Molecules | Mass | Volume at STP |
|---|---|---|---|
| nitrogen, $N_2$ | $6.02 \times 10^{23}$ | 28.02 g | 22.4 L |
| oxygen, $O_2$ | $6.02 \times 10^{23}$ | 32.00 g | 22.4 L |
| nitrogen dioxide, $NO_2$ | $6.02 \times 10^{23}$ | 46.01 g | 22.4 L |

**31.** (a) $3.22 \times 10^{21}$ molecules CO; (b) $2.69 \times 10^{21}$ molecules $H_2$

**33.** (a) 1.60 g $H_2S$; (b) 3.97 g $C_3H_8$

**35.** (a) 1.40 L He; (b) 0.826 L $CH_4$

**37.**

| Gas | Molecules | Mass | Volume at STP |
|---|---|---|---|
| methane, $CH_4$ | $1.50 \times 10^{23}$ | 4.00 g | 5.58 L |
| ethane, $C_2H_6$ | $1.50 \times 10^{23}$ | 7.50 g | 5.58 L |
| propane, $C_3H_8$ | $1.50 \times 10^{23}$ | 11.0 g | 5.58 L |

**39.** The law of definite composition states that a compound always contains the same elements in the same proportion by mass. Thus, the percent sodium in a kilogram of salt 39.34%.

**41.** 42.10% C, 6.49% H, 51.42% O

**43.** 40.24% C, 7.444% H, 9.388% N, 21.49% S, 21.44% O

**45.** 26.722% Hg, 6.125% Na, 31.999% C, 1.08% H, 21.288% Br, 12.79% O

**47.** CoS

**49.** CuO

**51.** $SnO_2$

**53.** CuCl

**55.** $SnBr_2$

**57.** $C_2HCl_3$

**59.** $C_9H_8O_4$

**61.** $C_6H_{10}O_4$

**63.** $CH_3O$, $C_2H_6O_2$

**65.** CHCl, $C_6H_6Cl_6$

**67.** $C_5H_7N$, $C_{10}H_{14}N_2$

**69.** $GeCl_4$

**71.** 5-g nickel coin

**73.** Earth

**75.** $2.11 \times 10^{22}$ atoms C

**77.** 11.3 g $Cu_2O$

**79.** $2.99 \times 10^{-23}$ cm$^3$ $H_2O$

**81.** $6.04 \times 10^{23}$ atoms Cu/mol

## Chapter 9

**1.** (a) 1 mol C; (b) 2 L B

**3.** (a) 2.50 g C; (b) 3.00 g B

**5.** (a) 152.04 g → 152.04 g; (b) 216.04 g → 216.04 g

**7.** 2.50 mol $O_2$

**9.** 2.50 mol $O_2$

**11.** 0.150 mol $Cl_2$ react; 0.100 mol $FeCl_3$

**13.** 0.500 mol $C_3H_8$ react; 1.50 mol $CO_2$

**15.** mass–mass problem

**17.** mass–volume problem

**19.** volume–volume problem

**21.** 1.24 g ZnO

**23.** 5.21 g $BiCl_3$

**25.** 3.39 g Ag

**27.** 6.38 g Hg

29. 1.68 g $Ca_3(PO_4)_2$
31. 233 mL $CO_2$
33. 1150 mL $O_2$
35. 129 mL $O_2$
37. 510 mL $O_2$
39. 16.7 L $N_2$
41. 5.00 mL $O_2$
43. 1750 mL $Cl_2$
45. 50.0 L $SO_3$
47. 500.0 $cm^3$ $N_2$
49. $N_2$ or $O_2$ are each a limiting reactant because each produces 10.0 mol NO.
51. The limiting reactant is NO, which produces 1.50 mol of $NO_2$.
53. The limiting reactant is $H_2$, which produces 5.00 mol of $H_2O$.
55. The limiting reactant is $C_2H_6$, which produces 3.00 mol of $H_2O$.
57. (a) Neither Co nor S is a limiting reactant; the reaction produces 1.00 mol CoS.
After the reaction:
Co = 0.00 mol; S = 0.00 mol; CoS = 1.00 mol.
(b) The limiting reactant is Co, which produces 2.00 mol of CoS.
After the reaction:
Co = 0.00 mol; S = 1.00 mol; CoS = 2.00 mol.
59. Mg is the limiting reactant and produces 23.0 g Fe.
61. Al is the limiting reactant and produces 31.1 g Fe.
63. 0.742 g $MgSO_4$
65. 0.693 g $H_2O$
67. 90.0 mL $NO_2$
69. 30.0 mL $N_2O_3$
71. 2.50 L $SO_3$
73. 20.0 L $Cl_2$
75. 104%
77. 106%
79. g/mol
81. 0.929 g $Cr_2O_3$
83. 655 g Al
85. 0.593 L $H_2S$
87. 16.3 g $H_2O$
89. 124 L $H_2$

## Chapter 10

1. (a), (b), and (d)
3. (a) 760 mm Hg; (b) 14.7 psi
5. (a) $1.90 \times 10^3$ mm Hg; (b) 36.8 psi
7. (a) 104 kPa; (b) 783 torr
9. (a) pressure decreases; (b) pressure increases; (c) pressure increases
11. (a) pressure decreases; (b) pressure increases; (c) pressure increases
13. pressure decreases
15.

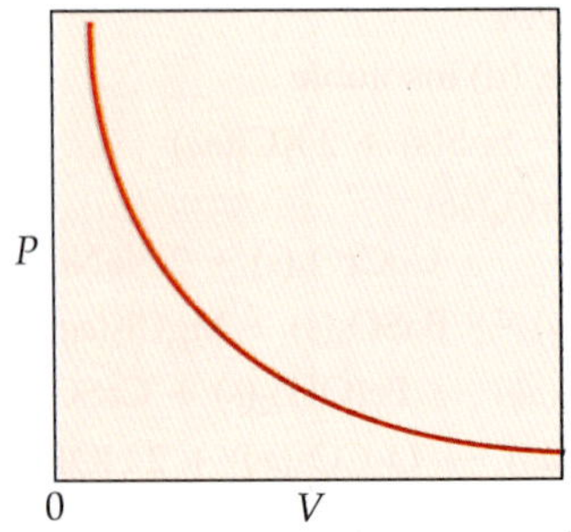


17. 3.50 atm
19. 1.19 L
21.

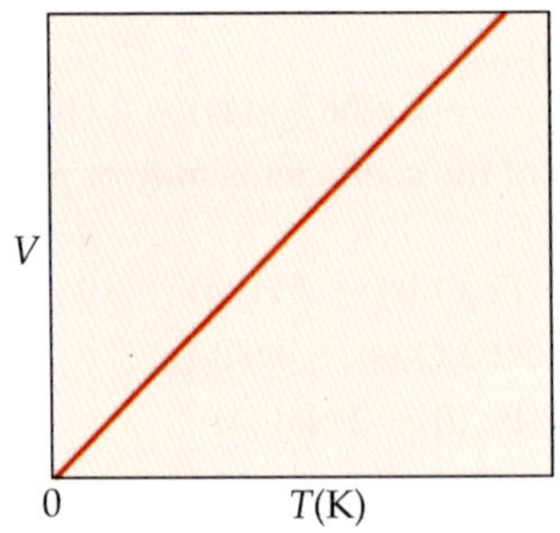


23. 602 mL
25. −31 °C
27.

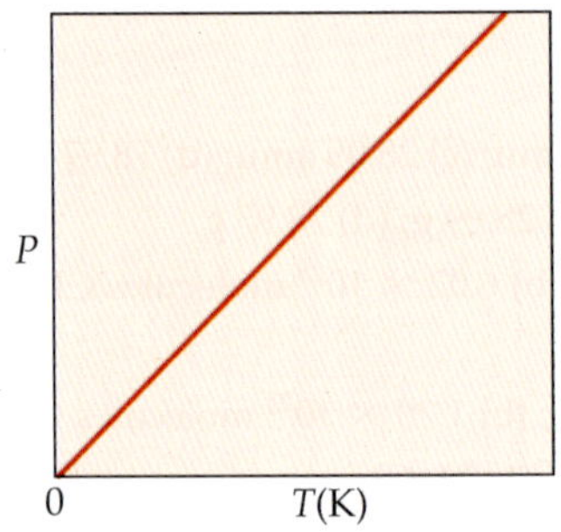


29. 1.31 atm
31. 215 °C
33. 8.83 L
35. 1.33 L
37. 8.19 atm
39. 5187 °C (rounds to 5190 °C)
41. 0.704 atm
43. vapor pressure of water is greater
45. (a) 23.8 mm Hg; (b) 92.5 mm Hg
47. 760 mm Hg
49. 135 mm Hg
51. A gas may be collected over water in a graduated cylinder by displacing an equal volume of water (see Figure 10.11).
53. 749 mm Hg
55. zero pressure (0 mm Hg)
57. zero kinetic energy
59. Refer to Section 10.10 in the textbook.
61. (a) all gases are equal; (b) all gases are equal; (c) He atoms; (d) Ar atoms
63. 0.286 mol He

65. 0.411 atm
67. 1030 cm $H_2O$
69. 2350 psi
71. 38.5 mL
73. 1.23 atm
75. $CH_4$ molecules
77. 3.92 g $Cl_2$
79. 3750 lb
81. $O_3$ (48.0 g/mol)
83. 12.5 g/mol

## Chapter 11

1. (a), (b), and (d) are true, and generally observed properties of liquids.
3. (a) solid; (b) gas; (c) solid; (d) liquid
5. A *temporary dipole* is caused by electrons moving about in a molecule. The resulting positive and negative charges in a molecule give rise to a temporary attraction between molecules. A *permanent dipole* is caused by electrons being drawn closer to one atom than another within a molecule. The resulting positive charge in one molecule is attracted to the negative charge in another molecule.
7. The vapor pressure of water is the pressure exerted by water vapor molecules when the *rate of evaporation* is equal to the *rate of condensation*.
9. The intermolecular attraction in water is strong; thus the viscosity of water is higher than other liquids with molecules the same size.
11. (a) low; (b) high; (c) high; (d) high
13. (a) $C_2H_5Cl$; (b) $CH_3OCH_3$
15. (a) $CH_3COOH$; (b) $C_2H_5OH$
17. As the temperature of a liquid increases, the vapor pressure increases.
19. (a) ~180 mm Hg; (b) ~330 mm Hg
21. 56 °C
23. (a) true; (b) true; (c) true; (d) false
25. (a) liquid; (b) liquid
27. NaCl, $Cl_2$, and Na
29. (a) ions; (b) molecules; (c) atoms
31. (a) molecular; (b) molecular; (c) metallic; (d) ionic
33.

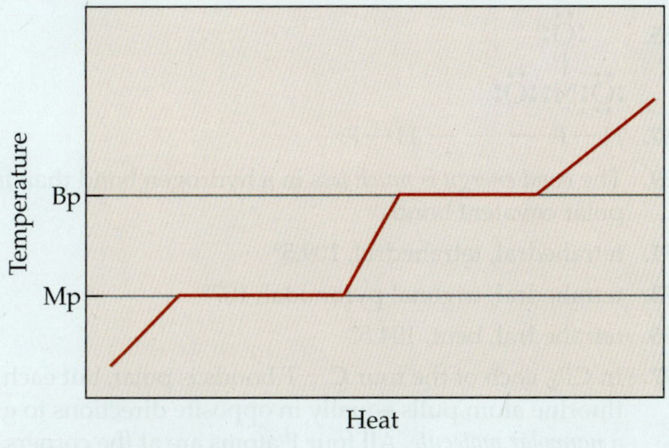


35. $2.00 \times 10^3$ cal (2.00 kcal)
37. 15,400 cal (15.4 kcal)
39. 82,800 cal (82.8 kcal)
41. 28,100 cal (28.1 kcal)
43. Water has an unusually *low* vapor pressure.
45. Water has an unusually *high* viscosity.
47. 104.5°
49.

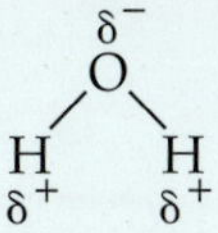


51. Water has the highest specific heat of any liquid.
53. Water is more dense than ice.
55. (a) $H_2O$; (b) $H_2Se$
57. (a) $H_2O$; (b) $H_2Se$
59. (a) increases; (b) increases; (c) increases; (d) increases
61. $2\,H_2(g) + O_2(g) \rightarrow 2\,H_2O(l)$
63. (a) $2\,Li(s) + 2\,H_2O(l) \rightarrow 2\,LiOH(aq) + H_2(g)$
    (b) $Na_2O(s) + H_2O(l) \rightarrow 2\,NaOH(aq)$
    (c) $CO_2(g) + H_2O(l) \rightarrow H_2CO_3(aq)$
65. (a) $Mg(s) + H_2O(l) \rightarrow NR$
    (b) $SrO(s) + H_2O(l) \rightarrow Sr(OH)_2(aq)$
    (c) $N_2O_5(s) + H_2O(l) \rightarrow 2\,HNO_3(aq)$
67. (a) $2\,C_3H_6(g) + 9\,O_2(g) \rightarrow 6\,CO_2(g) + 6\,H_2O(g)$
    (b) $Na_2Cr_2O_7 \cdot 2\,H_2O(s) \rightarrow Na_2Cr_2O_7(s) + 2\,H_2O(g)$
    (c) $2\,HF(aq) + Ca(OH)_2(aq) \rightarrow CaF_2(aq) + 2\,HOH(l)$
69. (a) $2\,C_3H_7OH(l) + 9\,O_2(g) \xrightarrow{\text{spark}} 6\,CO_2(g) + 8\,H_2O(g)$
    (b) $Ca(NO_3)_2 \cdot 4H_2O(s) \xrightarrow{\Delta} Ca(NO_3)_2(s) + 4\,H_2O(g)$
    (c) $H_2CO_3(aq) + 2\,KOH(aq) \rightarrow K_2CO_3(aq) + 2\,HOH(l)$
71. (a) magnesium chloride hexahydrate; (b) manganese(II) sulfate heptahydrate; (c) cobalt(III) cyanide trihydrate; (d) chromium(III) nitrate nonahydrate
73. (a) $NaC_2H_3O_2 \cdot 3\,H_2O$; (b) $CaSO_4 \cdot 2\,H_2O$; (c) $K_2CrO_4 \cdot 4H_2O$; (d) $ZnSO_4 \cdot 7H_2O$
75. (a) 10.66% $H_2O$; (b) 33.81% $H_2O$; (c) 28.94% $H_2O$; (d) 40.52% $H_2O$
77. (a) $SrCl_2 \cdot 2\,H_2O$; (b) $Sr(NO_3)_2 \cdot 6\,H_2O$; (c) $Ca(NO_3)_2 \cdot 4\,H_2O$; (d) $Na_2B_4O_7 \cdot 5\,H_2O$
79. ~65%
81. (a) dispersion force; (b) dipole force; (c) hydrogen bond; (d) dipole force
83. ~65 °C
85. Sulfuric acid, $H_2SO_4$, has O—H bonds and molecules show strong intermolecular attraction. Thus, sulfuric acid has high surface tension, minimal surface area, and sulfuric acid "raindrops" on Venus will be spherical.
87. 96,600 cal + 1,040,000 cal = 1,140,000 cal (1,140 kcal)

## Chapter 12

1. Na (1 valence $e^-$); Cl (7 valence $e^-$)
3. $Na^+$ (0 valence $e^-$); $Cl^-$ (8 valence $e^-$)
5. (a) ionic; (b) covalent; (c) covalent; (d) ionic
7. (a) molecule; (b) formula unit; (c) formula unit; (d) molecule
9. (a) molecule; (b) atom; (c) formula unit; (d) molecule
11. (a) 1+; (b) 2+; (c) 3+; (d) 4+

13. (a) 1−; (b) 1−; (c) 2−; (d) 3−
15. (a) $1s^2\,2s^2\,2p^6$
 (b) $1s^2\,2s^2\,2p^6$
 (c) $1s^2\,2s^2\,2p^6$
 (d) $1s^2\,2s^2\,2p^6\,3s^2\,3p^6\,3d^1$
17. (a) $1s^2\,2s^2\,2p^6$
 (b) $1s^2\,2s^2\,2p^6$
 (c) $1s^2\,2s^2\,2p^6$
 (d) $1s^2\,2s^2\,2p^6$
19. (a) Ar; (b) Ar; (c) Ar; (d) Ar
21. (a) He; (b) Ne; (c) Ar; (d) Ne
23. (a) Ar; (b) Xe; (c) Ar; (d) Ar
25. (a) Li atom; (b) Mg atom; (c) F ion; (d) O ion
27. The true statements are (a) and (c).
29. (a) The bond length in H—Cl is less.
 (b) The bond length in O═O is less.
31. The true statements are (a) and (d).
33.
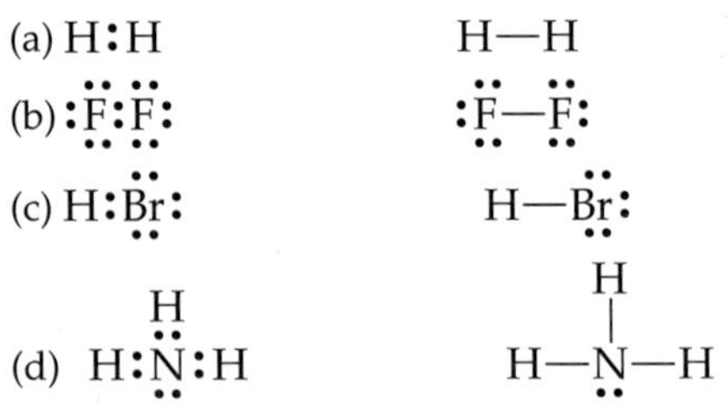
35.
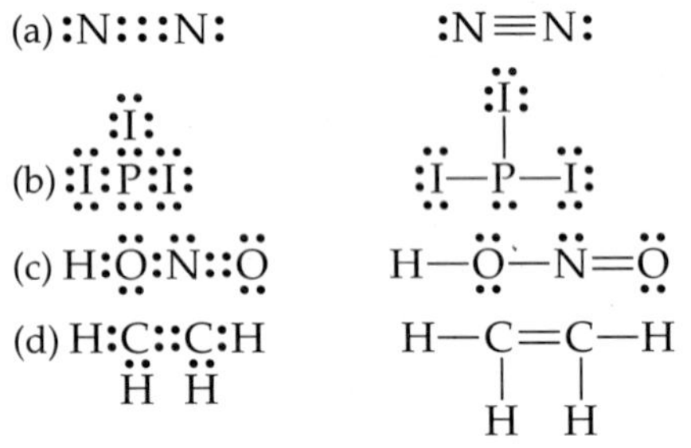
37.
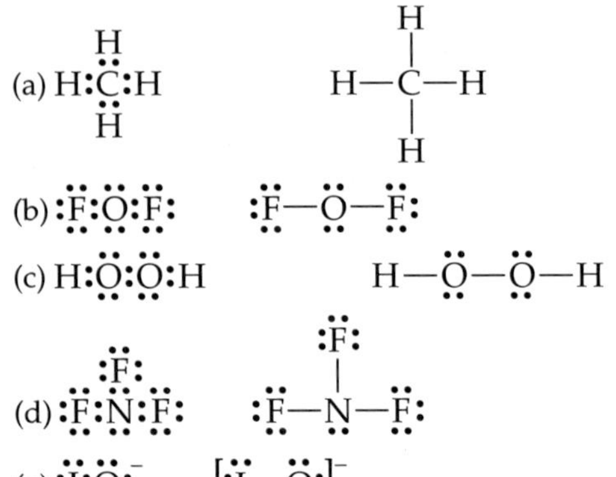
39.
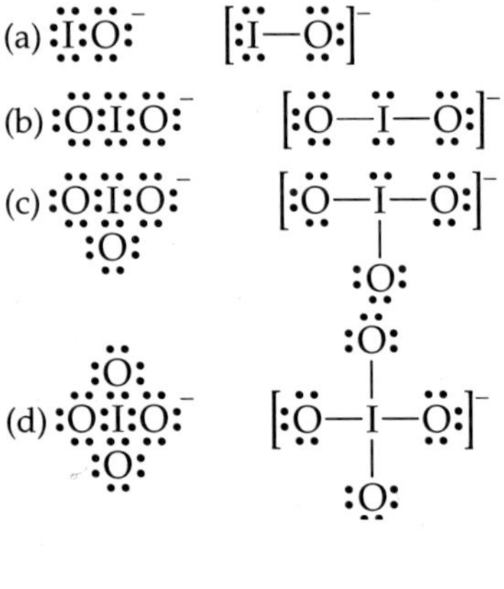
41.
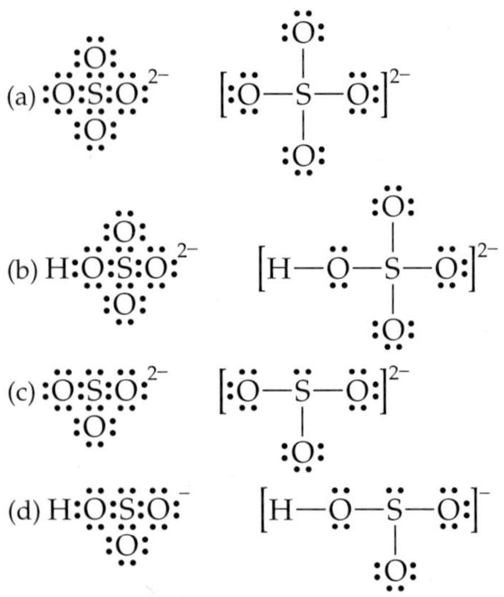
43.
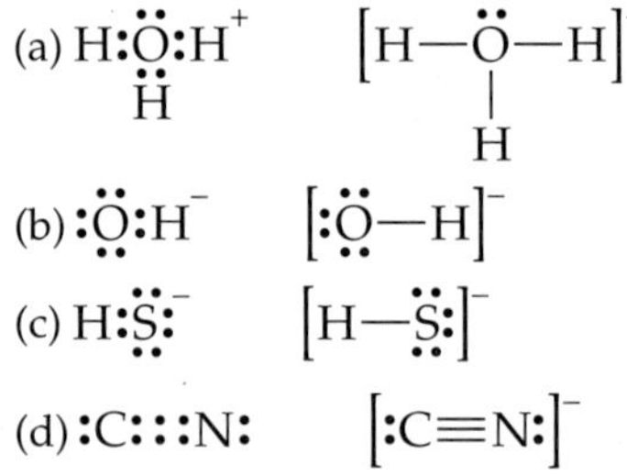
45. Electronegativity increases from left to right in the periodic table.
47. nonmetals
49. (a) Cl; (b) O; (c) Se; (d) F
51. (a) 0.2; (b) 1.2; (c) 0.5; (d) 0.3
53. (a) $\delta^-$ C—H $\delta^+$ (b) $\delta^+$ Se—O $\delta^-$ (c) $\delta^+$ P—I $\delta^-$
 (d) $\delta^+$ H—Br $\delta^-$
55. (a), (b), and (d) are nonpolar
57. $H_2$, $N_2$, $Cl_2$, and $Br_2$ occur naturally as diatomic molecules.
59.
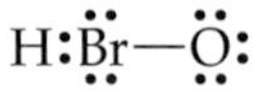
61.
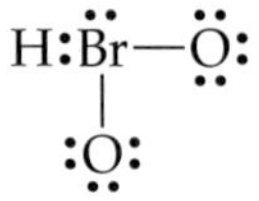
63.
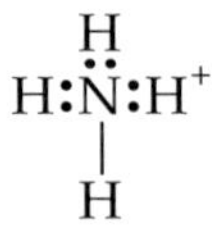
65.
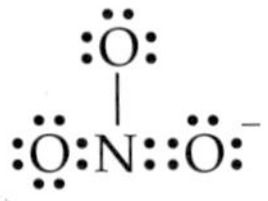
67. H—F: — — — H—F:
69. The *bond energy is much less* in a hydrogen bond than in a polar covalent bond.
71. tetrahedral, tetrahedral, 109.5°
73. tetrahedral, trigonal pyramidal, 107°
75. tetrahedral, bent, 104.5°
77. In $CF_4$, each of the four **C**—F bonds is polar, but each fluorine atom pulls equally in opposite directions to give a *nonpolar molecule*. All four F atoms are at the corners of a tetrahedron and the molecular shape is described as *tetrahedral*.
79. (a) atom; (b) molecule; (c) formula unit; (d) molecule

**81.** (a) $Sr_3As_2$; (b) RaO; (c) $Al_2(CO_3)_3$; (d) $Cd(OH)_2$

**83.** The radius of a sodium ion is about half that of a sodium atom because the sodium ion has one less energy level (3*s*). In addition, the sodium ion has one more proton than electron, which draws the electrons closer to the nucleus.

**85.** 1.0 (polar)

**87.** 0 (nonpolar)

**89.** $\delta^+$ Ge—Cl $\delta^-$

**91.** 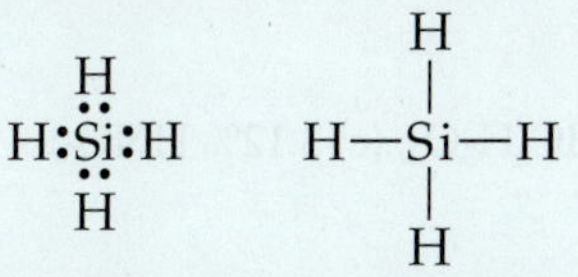

**93.** 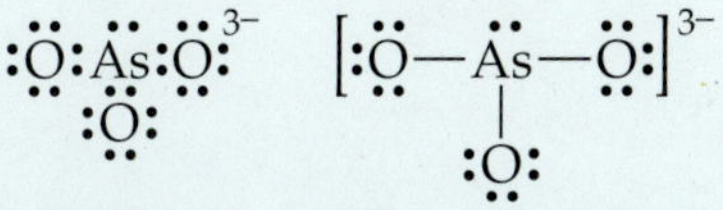

**95.** linear, linear, 180°

**97.** trigonal planar, trigonal planar, 120°

**99.** 

## Chapter 13

**1.** (a) solubility of $CO_2$ gas increases; (b) solubility of $CO_2$ gas decreases

**3.** 8.55 mL $N_2$/1 dL blood

**5.** 2.1 atm

**7.** (a) miscible; (b) immiscible

**9.** (a) polar; (b) nonpolar; (c) polar; (d) nonpolar

**11.** (a) miscible; (b) immiscible; (c) immiscible; (d) miscible

**13.** Add a few drops of water to the unknown liquid. If the unknown liquid is miscible with water, it is polar. If the unknown liquid is immiscible with water, it is nonpolar.

**15.** (a) insoluble; (b) soluble; (c) insoluble

**17.** (a) insoluble; (b) soluble; (c) soluble; (d) insoluble

**19.** (a) fat soluble; (b) water soluble; (c) water soluble; (d) fat soluble

**21.** 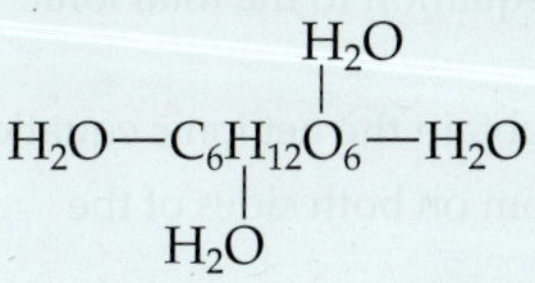

**23.** (a) 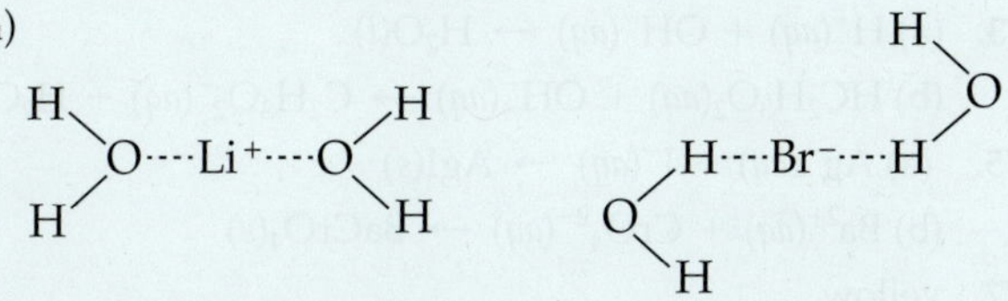

(b) 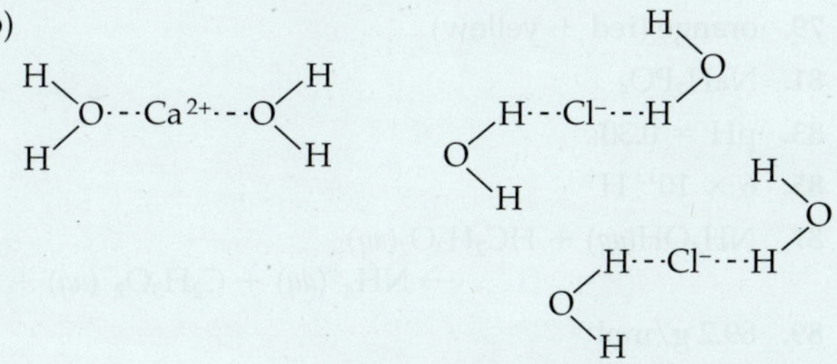

**25.** (1) heating the solution; (2) stirring the solution; (3) grinding the solute

**27.** (a) ~35 g NaCl; (b) ~35 g KCl

**29.** (a) ~35 g NaCl/100 g $H_2O$; (b) ~40 g KCl/100 g $H_2O$

**31.** (a) ~0 °C; (b) ~70 °C

**33.** (a) ~100 °C; (b) ~35 °C

**35.** (a) supersaturated; (b) saturated; (c) unsaturated

**37.** (a) ~80 g LiCl in solution; (b) ~20 g LiCl crystallizes

**39.** (a) supersaturated; (b) saturated; (c) unsaturated

**41.** saturated

**43.** (a) 1.25%; (b) 2.63%; (c) 4.00%; (d) 52.0%

**45.** (a) $\frac{1.50\text{ g KBr}}{100\text{ g solution}}$ and $\frac{100\text{ g solution}}{1.50\text{ g KBr}}$

$\frac{98.50\text{ g H}_2\text{O}}{100\text{ g solution}}$ and $\frac{100\text{ g solution}}{98.50\text{ g H}_2\text{O}}$

$\frac{1.50\text{ g KBr}}{98.50\text{ g H}_2\text{O}}$ and $\frac{98.50\text{ g H}_2\text{O}}{1.50\text{ g KBr}}$

(b) $\frac{2.50\text{ g AlCl}_3}{100\text{ g solution}}$ and $\frac{100\text{ g solution}}{2.50\text{ g AlCl}_3}$

$\frac{97.50\text{ g H}_2\text{O}}{100\text{ g solution}}$ and $\frac{100\text{ g solution}}{97.50\text{ g H}_2\text{O}}$

$\frac{2.50\text{ g AlCl}_3}{97.50\text{ g H}_2\text{O}}$ and $\frac{97.50\text{ g H}_2\text{O}}{2.50\text{ g AlCl}_3}$

(c) $\frac{3.75\text{ g AgNO}_3}{100\text{ g solution}}$ and $\frac{100\text{ g solution}}{3.75\text{ g AgNO}_3}$

$\frac{96.25\text{ g H}_2\text{O}}{100\text{ g solution}}$ and $\frac{100\text{ g solution}}{96.25\text{ g H}_2\text{O}}$

$\frac{3.75\text{ g AgNO}_3}{96.25\text{ g H}_2\text{O}}$ and $\frac{96.25\text{ g H}_2\text{O}}{3.75\text{ g AgNO}_3}$

(d) $\frac{4.25\text{ g Li}_2\text{SO}_4}{100\text{ g solution}}$ and $\frac{100\text{ g solution}}{4.25\text{ g Li}_2\text{SO}_4}$

$\frac{95.75\text{ g H}_2\text{O}}{100\text{ g solution}}$ and $\frac{100\text{ g solution}}{95.75\text{ g H}_2\text{O}}$

$\frac{4.25\text{ g Li}_2\text{SO}_4}{95.75\text{ g H}_2\text{O}}$ and $\frac{95.75\text{ g H}_2\text{O}}{4.25\text{ g Li}_2\text{SO}_4}$

**47.** (a) 53.6 g solution; (b) $2.00 \times 10^2$ g solution

**49.** (a) 1.70 g $FeBr_2$; (b) 5.25 g $Na_2CO_3$

**51.** (a) 95.0 g $H_2O$; (b) 225 g $H_2O$

**53.** (a) 0.257 *M* NaCl; (b) 0.0510 *M* $K_2Cr_2O_7$; (c) 0.400 *M* $CaCl_2$; (d) 0.313 *M* $Na_2SO_4$

**55.** (a) $\frac{0.100\text{ mol LiI}}{1\text{ L solution}}$ and $\frac{1\text{ L solution}}{0.100\text{ mol LiI}}$

$\frac{0.100\text{ mol LiI}}{1000\text{ mL solution}}$ and $\frac{1000\text{ mL solution}}{0.100\text{ mol LiI}}$

(b) $\frac{0.100\text{ mol NaNO}_3}{1\text{ L solution}}$ and $\frac{1\text{ L solution}}{0.100\text{ mol NaNO}_3}$

$\frac{0.100 \text{ mol NaNO}_3}{1000 \text{ mL solution}}$ and $\frac{1000 \text{ mL solution}}{0.100 \text{ mol NaNO}_3}$

(c) $\frac{0.500 \text{ mol K}_2\text{CrO}_4}{1 \text{ L solution}}$ and $\frac{1 \text{ L solution}}{0.500 \text{ mol K}_2\text{CrO}_4}$

$\frac{0.500 \text{ mol K}_2\text{CrO}_4}{1000 \text{ mL solution}}$ and $\frac{1000 \text{ mL solution}}{0.500 \text{ mol K}_2\text{CrO}_4}$

(d) $\frac{0.500 \text{ mol ZnSO}_4}{1 \text{ L solution}}$ and $\frac{1 \text{ L solution}}{0.500 \text{ mol ZnSO}_4}$

$\frac{0.500 \text{ mol ZnSO}_4}{1000 \text{ mL solution}}$ and $\frac{1000 \text{ mL solution}}{0.500 \text{ mol ZnSO}_4}$

**57.** (a) 0.0761 L solution; (b) 0.0288 L solution; (c) 0.0141 L solution; (d) 0.0168 L solution

**59.** (a) 73.0 g $FeCl_3$; (b) 104 g $KIO_4$; (c) 2.38 g $ZnSO_4$; (d) 2.69 g $Ni(NO_3)_2$

**61.** 0.0250 $M$ $Ca(OH)_2$

**63.** (a) 5.00%; (b) 0.291 $M$ $C_6H_{12}O_6$

**65.** 0.48 $M$ HCl

**67.** 0.014 L (14 mL)

**69.** (a) 0.208 $M$ $Mg(NO_3)_2$; (b) 1.47 g AgI

**71.** Fog demonstrates the Tyndall effect when it contains small water droplets ranging in size from 1–100 nm.

**73.** Helium gas is less soluble in blood and allows for quicker vdecompression.

**75.** 228 g $SO_2$

**77.** Although ethyl ether, $C_4H_{10}O$, contains two C—O polar bonds, it is only partially miscible in water because it has mostly nonpolar C—H bonds.

**79.** Water can hydrogen bond with the polar —OH in an alcohol, and draw it into solution. As the nonpolar $C_xH_y$– – portion of the alcohol molecule increases, the alcohol becomes less soluble, and eventually immiscible with water.

**81.** (a) In a 40% solution, ethanol is the solute and water is the solvent.
(b) In a 95% solution, water is the solute and ethanol is the solvent.

**83.** 0.841 $M$ $CH_3COOH$

## Chapter 14

**1.** (a) and (b) are general properties of an acidic solution.

**3.** (a) strongly acidic; (b) weakly acidic; (c) neutral; (d) strongly basic

**5.** (a) weak acid; (b) weak acid; (c) strong acid; (d) strong acid

**7.** (a) Arrhenius acid; (b) salt; (c) Arrhenius base; (d) salt

**9.** (a) $HBr(aq)$, $NaOH(aq)$; (b) $H_2SO_4(aq)$, $Mg(OH)_2(aq)$

**11.** (a) $HF(aq)$, $NaOH(aq)$; (b) $HI(aq)$, $Mg(OH)_2\ (aq)$; (c) $HNO_3(aq)$, $Ca(OH)_2(aq)$; (d) $H_2CO_3(aq)$, $LiOH(aq)$

**13.** (a) $2\ HNO_3(aq) + Ca(OH)_2(aq) \rightarrow Ca(NO_3)_2(aq) + 2\ H_2O(l)$
(b) $H_2CO_3(aq) + Ba(OH)_2(aq) \rightarrow BaCO_3(aq) + 2\ H_2O(l)$

**15.** (a) $HC_2H_3O_2(aq)$, $LiOH(aq)$; (b) $HCl(aq)$, $NH_3(aq)$

**17.** (a) $HI(aq)$, $H_2O(l)$; (b) $HC_2H_3O_2(aq)$, $HS^-(aq)$

**19.** (a) $HF(aq) + NaHS(aq) \rightarrow H_2S(aq) + NaF(aq)$
(b) $HNO_2(aq) + NaC_2H_3O_2(aq) \rightarrow NaNO_2(aq) + HC_2H_3O_2(aq)$

**21.** (a) colorless; (b) pink

**23.** (a) red; (b) yellow

**25.** (a) yellow; (b) blue

**27.** 0.198 $M$ $HNO_3$

**29.** 0.141 $M$ $H_2SO_4$

**31.** 0.142 $M$ $H_3PO_4$

**33.** (a) 19.9% HCl; (b) 5.95% $HC_2H_3O_2$; (c) 3.12% $HNO_3$; (d) 24.9% $H_2SO_4$

**35.** 0.3992 $M$ HCl

**37.** 0.390 $M$ LiOH

**39.** 28.0 mL solution

**41.** 176 g/mol

**43.** (a) $H_2O(l) \rightarrow H^+(aq) + OH^-(aq)$; (b) $K_w = [H^+][OH^-]$; (c) $K_w = 1.0 \times 10^{-14}$

**45.** (a) $[OH^-] = 4.0 \times 10^{-13}\ M$; (b) $[OH^-] = 5.9 \times 10^{-10}\ M$

**47.** (a) $[H^+] = 6.3 \times 10^{-12}\ M$; (b) $[H^+] = 3.4 \times 10^{-11}\ M$

**49.** (a) pH = 3; (b) pH = 5

**51.** (a) $[H^+] = 0.000001\ M$; (b) $[H^+] = 0.00000001\ M$

**53.** (a) pH = 6.52; (b) pH = 7.80

**55.** (a) $[H^+] = 2.8 \times 10^{-7}\ M$; (b) $[H^+] = 3.2 \times 10^{-8}\ M$

**57.** (a) pH = 13.04; (b) pH = 10.74

**59.** (a) $[OH^-] = 3.6 \times 10^{-10}\ M$; (b) $[OH^-] = 1.6 \times 10^{-9}\ M$

**61.** (a) highly ionized; (b) highly ionized; (c) highly ionized

**63.** (a) weak; (b) strong; (c) strong; (d) weak

**65.** (a) weak; (b) strong; (c) strong; (d) weak

**67.** (a) $HF(aq)$; (b) $H^+(aq)$ and $Br^-(aq)$; (c) $H^+(aq)$ and $NO_3^-(aq)$; (d) $HNO_2(aq)$

**69.** (a) $Ag^+(aq)$ and $F^-(aq)$; (b) $AgI(s)$; (c) $Hg_2Cl_2(s)$; (d) $Ni^{2+}(aq)$ and $2\ Cl^-(aq)$

**71.** (1) Complete and balance the nonionized equation.
(2) Convert the nonionized equation to the total ionic equation.
(3) Cancel spectator ions to obtain the net ionic equation.
(4) Check ($\surd$) each ion or atom on both sides of the equation.

**73.** (a) $H^+(aq) + OH^-(aq) \rightarrow H_2O(l)$
(b) $HC_2H_3O_2(aq) + OH^-(aq) \rightarrow C_2H_3O_2^-(aq) + H_2O(l)$

**75.** (a) $Ag^+(aq) + I^-(aq) \rightarrow AgI(s)$
(b) $Ba^{2+}(aq) + CrO_4^{2-}(aq) \rightarrow BaCrO_4(s)$

**77.** yellow

**79.** orange (red + yellow)

**81.** $NaH_2PO_4$

**83.** pH = 0.30

**85.** $6 \times 10^{13}\ H^+$

**87.** $NH_4OH(aq) + HC_2H_3O_2(aq) \rightarrow NH_4^+(aq) + C_2H_3O_2^-(aq) + H_2O(l)$

**89.** 89.2 g/mol

## Chapter 15

1. (a) unit analysis; (b) algebraic analysis
3. (a) meter (m); (b) gram (g); (c) liter (L); (d) second (s); (e) degree Celsius (°C); (f) calorie (cal)
5. (a) length; (b) mass; (c) volume; (d) time; (e) temperature; (f) heat energy
7. (a) velocity; (b) density; (c) specific heat; (d) m/m% concentration
9. (a) estimated answer: ~2 g MgO; calculated answer: 2.036 g MgO; (b) estimated answer: ~1 g $Ag_2O$; calculated answer: 1.235 g $Ag_2O$
11. (a)

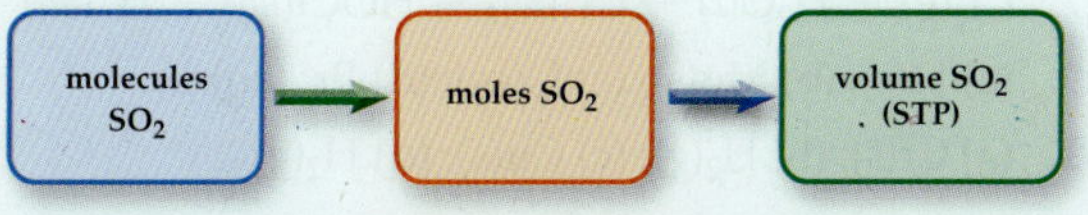


(b)

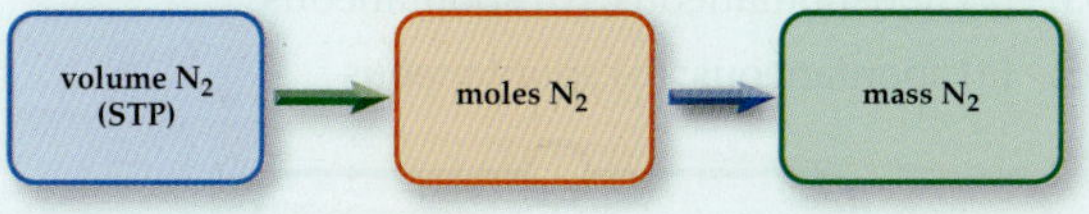


13. (a)

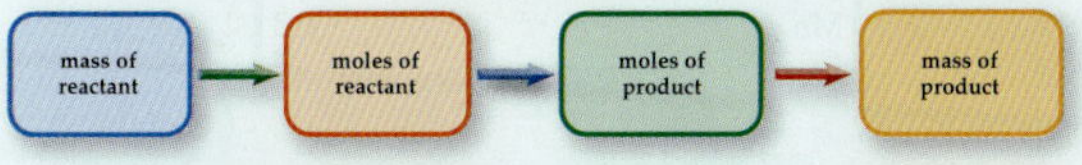


(b)

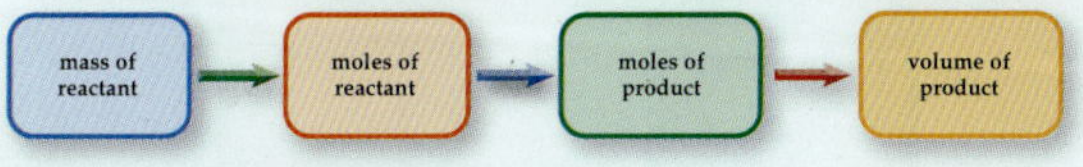


15. Refer to Figure 15.2.
(a) 0.518 g HCl (b) 0.318 L HCl
(c) $8.55 \times 10^{21}$ molecules HCl (d) 0.299 $M$ HCl
17. Refer to Figure 15.2.
(a) 1.12 L HF; (b) $3.01 \times 10^{22}$ molecules HF; (c) 0.500 $M$ HF
19. Refer to Figure 15.2.
(a) 1.96 g $CO_2$; (b) $2.69 \times 10^{22}$ molecules $CO_2$;
(c) 0.0893 $M$ $H_2CO_3$
21. Refer to Figure 15.2.
(a) 0.826 L $H_2S$; (b) 1.26 g $H_2S$; (c) 0.0819 $M$ $H_2S$
23. Refer to Figure 15.3.
(a) 2.23 g $CH_4$; (b) 3.11 L $CO_2$
25. Refer to Figure 15.3.
(a) 0.580 L $H_2$; (b) 518 mL HCl solution
27. Refer to Figure 15.3.
(a) 0.719 $M$ $AgNO_3$; (b) 1.88 g AgBr
29. (a) 91.6 g $CO_2$; (b) 46.6 L $CO_2$;
(c) 1st reaction + 2nd reaction:
33.3 g + 33.3 g = 66.6 g $O_2$
31. (a) 2500 g $SO_3$; (b) 698 L $SO_3$; (c) 1680 g $H_2SO_4$
33. (a) 6.30 g $N_2$; (b) 5.04 L $N_2$; (c) 5.41 g $H_2O$
35. 44.9 g/mol
37. 0.622 $M$ $Ca^{2+}$; 1.24 $M$ $Cl^-$
39. 44.6 mL solution
41. $3.64 \times 10^{21}$ molecules $N_2O$; 0.266 g $N_2O$
43. $C_6H_{14}O_6$
45. 0.683 g $NaClO_3$
47. 2,000 gross
49. (a) $SO_2$ is the limiting reactant; (b) 65.0 mL $NO_2$
51. (a) $H_2SO_4$ is the limiting reactant; (b) 0.451 g $H_2O$
53. $3.16 \times 10^9$ kg seawater
55. 0.250 $M$ $Na^+$
57. 0.784 g $Na_2CO_3$
59. A concept map for the college administration is:

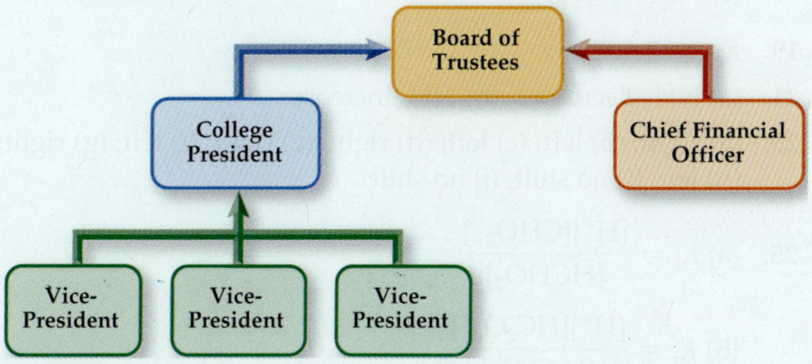


## Chapter 16

1. (a), (b), and (c) decrease the rate of a reaction
3.

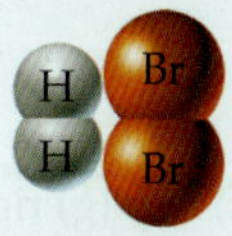


5. (a), (b), and (c) increase the rate of a reaction
7. No, a catalyst speeds up the rate of reaction, but does not affect the amount of product.
9. $PCl_5(g) + heat \rightleftarrows PCl_3(g) + Cl_2(g)$

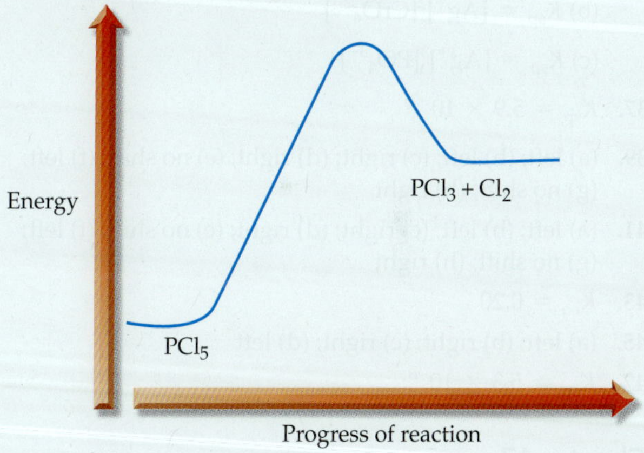


11. $H_2(g) + Cl_2(g) \rightleftarrows 2\,HCl(g) + heat$

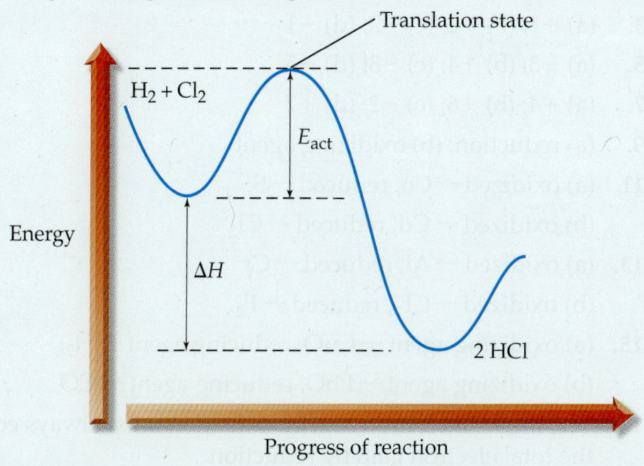

13. lowers $E_{act}$
15. (a) false; (b) true
17. (a) $K_{eq} = \frac{[HF]^2}{[H_2][F_2]}$

(b) $K_{eq} = \frac{[NO_2]^4[H_2O]^6}{[NH_3]^4[O_2]^7}$

(c) $K_{eq} = [CO_2]$

19. $K_{eq} = 1.10$
21. (a) $NH_3$ decreases; (b) $NH_3$ increases
23. (a) right; (b) left; (c) left; (d) right; (e) right; (f) left; (g) right; (h) left; (i) no shift; (j) no shift
25. (a) $K_i = \frac{[H^+][CHO_2^-]}{[HCHO_2]}$

(b) $K_i = \frac{[H^+][HC_2O_4^-]}{[H_2C_2O_4]}$

(c) $K_i = \frac{[H^+][H_2C_6H_5O_7^-]}{[H_3C_6H_5O_7]}$

27. $K_i = 4.5 \times 10^{-4}$
29. $K_i = 7.2 \times 10^{-4}$
31. (a) right; (b) left; (c) left; (d) right; (e) left; (f) left; (g) right; (h) right
33. (a) right; (b) left; (c) left; (d) right; (e) left; (f) no shift; (g) right; (h) right
35. (a) $K_{sp} = [Ag^+][I^-]$

(b) $K_{sp} = [Ag^+]^2[CrO_4^{2-}]$

(c) $K_{sp} = [Ag^+]^3[PO_4^{3-}]$

37. $K_{sp} = 5.9 \times 10^{-21}$
39. (a) left; (b) left; (c) right; (d) right; (e) no shift; (f) left; (g) no shift; (h) right
41. (a) left; (b) left; (c) right; (d) right; (e) no shift; (f) left; (g) no shift; (h) right
43. $K_{eq} = 0.20$
45. (a) left; (b) right; (c) right; (d) left
47. $K_{sp} = 5.3 \times 10^{-6}$

## Chapter 17

1. (a) 0; (b) 0; (c) 0; (d) 0
3. (a) +1; (b) +2; (c) −2; (d) −1
5. (a) −3; (b) +4; (c) −3; (d) +5
7. (a) +4; (b) +6; (c) −2; (d) +7
9. (a) reduction; (b) oxidizing agent
11. (a) oxidized—Co, reduced—S;
(b) oxidized—Cd, reduced—$Cl_2$
13. (a) oxidized—Al, reduced—$Cr^{3+}$;
(b) oxidized—$Cl^-$, reduced—$F_2$
15. (a) oxidizing agent—CuO; reducing agent—$H_2$;
(b) oxidizing agent—PbO; reducing agent—CO
17. Yes, the total electron loss by oxidation must always equal the total electron gain by reduction.
19. (a) $Br_2(l) + 2\,NaI(aq) \rightarrow 2\,NaBr(aq) + I_2(s)$
(b) $2\,PbS(s) + 3\,O_2(g) \rightarrow 2\,PbO(s) + 2\,SO_2(g)$
21. (a) $2\,MnO_4^-(aq) + 10\,I^-(aq) + 16\,H^+(aq) \rightarrow 2\,Mn^{2+}(aq) + 5\,I_2(s) + 8\,H_2O(l)$
(b) $Cu(s) + SO_4^{2-}(aq) + 4\,H^+(aq) \rightarrow Cu^{2+}(aq) + SO_2(g) + 2\,H_2O(l)$
23. (a) $H_2O_2(aq) + 2\,H^+(aq) + 2\,e^- \rightarrow 2\,H_2O(l)$
(b) $AsO_3^{3-}(aq) \rightarrow AsO_3^-(aq) + 2\,e^-$
25. (a) $3\,Zn(s) + 2\,NO_3^-(aq) + 8\,H^+(aq) \rightarrow 3\,Zn^{2+}(aq) + 2\,NO(g) + 4\,H_2O(l)$
(b) $2\,Mn^{2+}(aq) + 5\,BiO_3^-(aq) + 14\,H^+(aq) \rightarrow 2\,MnO_4^-(aq) + 5\,Bi^{3+}(aq) + 7\,H_2O(l)$
27. $Cl_2(g) + H_2O(l) \rightarrow Cl^-(aq) + HOCl(aq) + H^+(aq)$
29. (a) Li(*s*); (b) Mg(*s*); (c) $I^-(aq)$; (d) $Br^-$(aq)
31. (a) Cr(*s*); (b) $H_2(g)$; (c) Cu(*s*); (d) $H_2(g)$
33. (a) nonspontaneous; (b) spontaneous
35. (a) spontaneous; (b) spontaneous
37.

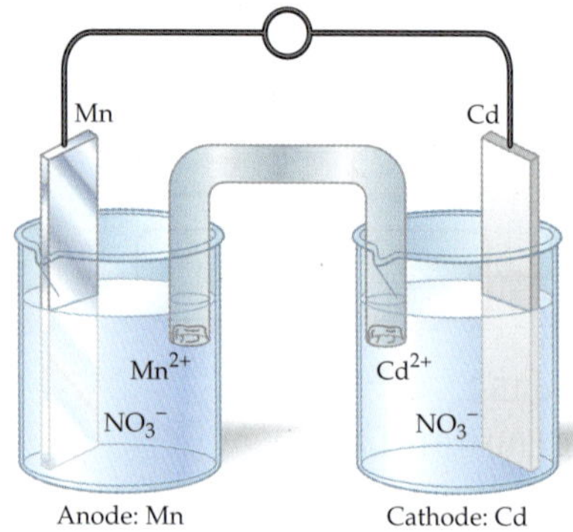


$Mn(s) + Cd(NO_3)_2(aq) \rightarrow Cd(s) + Mn(NO_3)_2(aq)$

39.

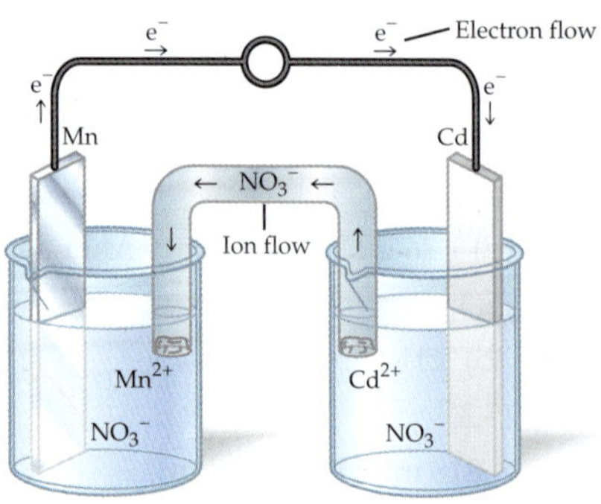


$Mn(s) + Cd(NO_3)_2(aq) \rightarrow Cd(s) + Mn(NO_3)_2(aq)$

41. (a) $Ni(s) \rightarrow Ni^{2+}(aq) + 2\,e^-$;
(b) $Fe^{2+}(aq) + 2\,e^- \rightarrow Fe(s)$;
(c) Ni anode, Fe cathode;
(d) Ni anode → Fe cathode;
(e) Fe half-cell → Ni half-cell
43. (a) $2\,F^-(aq) \rightarrow F_2(g) + 2\,e^-$;
(b) $Cl_2(g) + 2\,e^- \rightarrow 2\,Cl^-(aq)$;
(c) $Pt(F_2)$ anode, $Pt(Cl_2)$ cathode;
(d) $Pt(F_2)$ anode → $Pt(Cl_2)$ cathode; cathode;
(e) $Pt(F_2)$ half-cell → $Pt(Cl_2)$ half-cell half-cell

45. +2.5

47. $Co(s) + Hg^{2+}(aq) \rightarrow Co^{2+}(aq) + Hg(l)$

49. $Zn(s) + 2\,H^{+}(aq) \rightarrow Zn^{2+}(aq) + H_2(g)$

51. Net ionic equation:
$3\,Cu(s) + 8\,H^{+}(aq) + 2\,NO_3^{-}(aq) \rightarrow 3\,Cu^{2+}(aq) + 2NO(g) + 4\,H_2O(l)$

## Chapter 18

1. alpha particle ($\alpha$)
3. beta particle ($\beta$)
5. gamma ray ($\gamma$)
7. (a) ~4 amu; (b) ~0 amu; (c) 0 amu; (d) ~0 amu; (e) ~1 amu; (f) ~1 amu
9. (a) ${}^{238}_{92}U \rightarrow {}^{234}_{90}Th + {}^{4}_{2}He$;
(b) ${}^{28}_{13}AI \rightarrow {}^{28}_{14}SI + {}^{0}_{-1}e$;
(c) ${}^{15}_{8}O \rightarrow {}^{15}_{7}N + {}^{0}_{+1}e$;
(d) ${}^{55}_{26}Fe + {}^{0}_{-1}e + {}^{55}_{25}Mn$
11. (a) ${}^{221}_{88}Ra$; (b) ${}^{43}_{19}K$; (c) ${}^{73}_{36}Kr$; (d) ${}^{133}_{56}Ba$
13. ${}^{234}_{91}Pa$
15. ${}^{231}_{91}Pa$
17. (a) $\alpha$; (b) $\beta$; (c) $\beta$; (d) $\alpha$; (e) $\alpha$; (f) $\alpha$; (g) $\alpha$; (h) $\beta$; (i) $\beta$; (j) $\alpha$;
19. 25%
21. 11,500 years
23. 5 mg
25. radiocarbon dating
27. cobalt-60
29. technetium-99
31. ${}^{23}_{12}Mg$
33. ${}^{80}_{35}Br$
35. ${}^{260}_{105}Db$
37. ${}^{260}_{106}Sg$
39. 8 neutrons
41. The number of neutrons varies, but the *average* number is 2.4.
43. 2 neutrons
45. ${}^{233}_{92}U$
47. ${}^{1}_{0}n$
49. ${}^{1}_{1}H$
51. ${}^{2}_{1}H$
53. ~6000 years
55. ${}^{241}_{95}Am$
57. ${}^{1}_{0}n$

## Chapter 19

1. alkanes
3. alkanes
5. alkynes
7. (a) $C_6H_{14}$ is an alkane; (b) $C_6H_{12}$ is not an alkane
9. (a) butane; (b) hexane; (c) octane; (d) decane
11. Three isomers of pentane ($C_5H_{12}$)

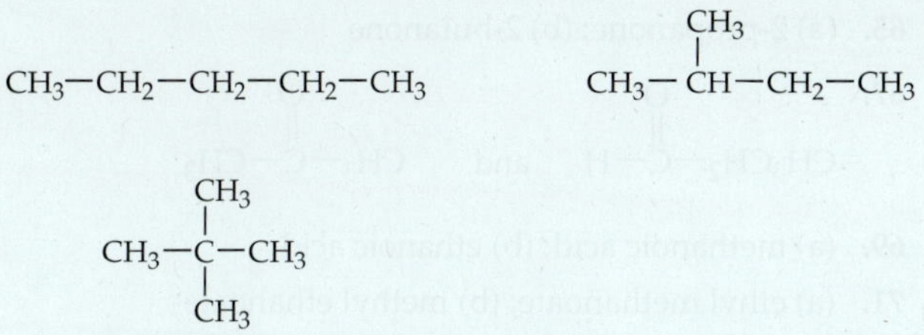

13. Two isomers of bromopropane ($C_3H_7Br$)
$CH_3-CH_2-CH_2-Br$ $\quad CH_3-CH(Br)-CH_3$
15. (a) $CH_3^-$; (b) $CH_3CH_2^-$
17. (a) 2-methylpentane; (b) 4-ethyl-2-methylhexane; (c) 2,4,4-trimethylheptane; (d) 3,4,5-trimethyloctane
19. (a) $CH_4 + 2\,O_2 \rightarrow CO_2 + 2\,H_2O$
(b) $C_3H_8 + 5\,O_2 \rightarrow 3\,CO_2 + 4\,H_2O$
(c) $2\,C_6H_{14} + 19\,O_2 \rightarrow 12\,CO_2 + 14\,H_2O$
(d) $2\,C_8H_{18} + 25\,O_2 \rightarrow 16\,CO_2 + 18\,H_2O$
21. (a) $C_6H_{14}$ is not an alkene; (b) $C_6H_{12}$ is an alkene
23. (a) 1-butene; (b) 1-pentene; (c) 2-hexene; (d) 4-octene
25. (a) $C_6H_{12}$ is not an alkyne; (b) $C_6H_{10}$ is an alkyne
27. (a) 2-pentyne; (b) 1-pentyne; (c) 3-hexyne; (d) 2-heptyne
29. $CH_2{=}CH-CH_2-CH_2-CH_3$ and $CH_3-CH{=}CH-CH_2-CH_3$
31. (a) 4-methyl-2-pentene; (b) 3,5-dimethyl-2-hexene
33. (a) 4,4-dimethyl-2-heptyne; (b) 3,4,5-trimethyl-1-octyne
35. (a) $CH_2{=}CH_2 + 3\,O_2 \rightarrow 2\,CO_2 + 2\,H_2O$
(b) $CH_3-CH{=}CH_2 + H_2 \rightarrow CH_3-CH_2-CH_3$
37.

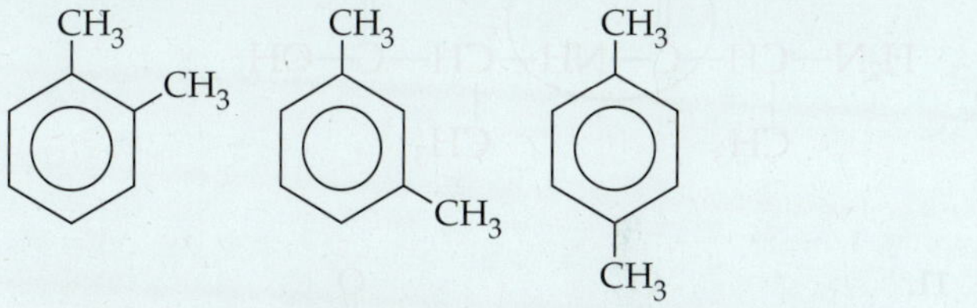

*ortho* *meta* *para*

39. carbon dioxide and water
41. (a) ether; (b) organic halide; (c) phenol; (d) amine
43. (a) amine; (b) organic halide; (c) ester; (d) carboxylic acid; (e) aldehyde; (f) ether; (g) ketone; (h) amide
45. (a) "methyl iodide"; (b) "ethyl bromide"; (c) "propyl fluoride"; (d) "isopropyl chloride"
47. $CCl_2{\equiv}CHCl$
49. (a) 1-butanol; (b) 2-butanol; (c) 1-butanol; (d) 2-butanol
51. (a) phenol; (b) para-methylphenol
53. (a) "dimethyl ether"; (b) "methyl ethyl ether"; (c) "dipropyl ether"; (d) "phenyl ethyl ether"
55. "Ethyl alcohol" has a higher boiling point because it can hydrogen bond.
57. $CH_3-CH_2-OH$ and $CH_3-O-CH_3$
59. (a) "ethylamine"; (b) "propylamine"
61. "Ethylamine" has a higher boiling point because it can hydrogen bond.

63. (a) methanal; (b) ethanal

65. (a) 2-propanone; (b) 2-butanone

67.

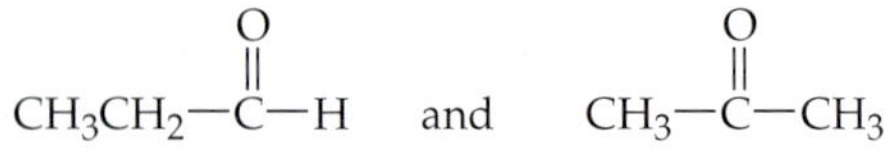

69. (a) methanoic acid; (b) ethanoic acid

71. (a) ethyl methanoate; (b) methyl ethanoate

73. (a)

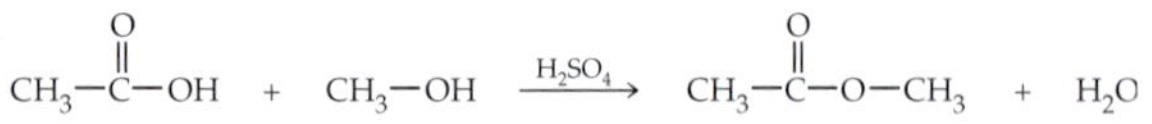

(b)

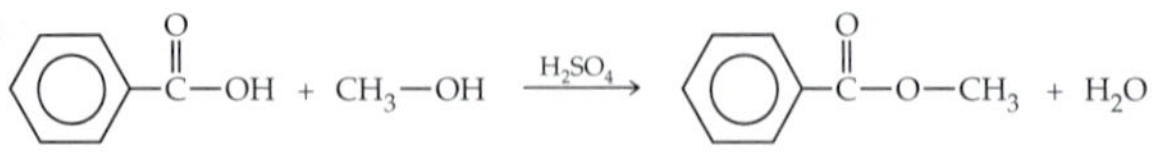

75. (a) methanamide ("formamide"); (b) benzamide

77. (a) saturated; (b) unsaturated

79. carboxylic acid

81. ketone

83. organic chloride, aldehyde

85. (a) $CH_3CH_2—OH$; (b) $CH_3CH_2CH_2—NH_2$

## Chapter 20

1. (a) protein; (b) carbohydrate

3. (a) peptide linkage; (b) glycoside linkage

5. covalent amide bond

7. The primary structure of a protein refers to the amino acid sequence. The secondary structure of a protein refers to the shape of the polymer chain.

9.

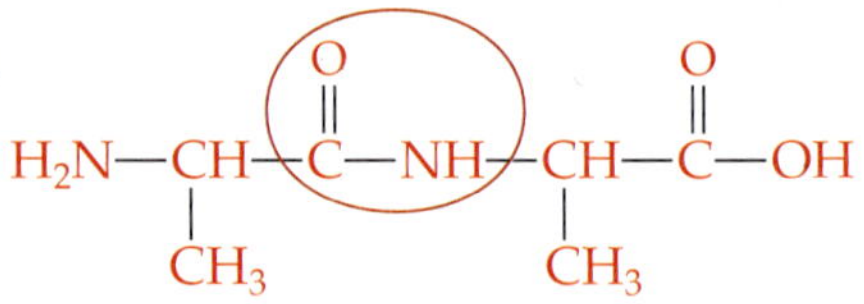

11.

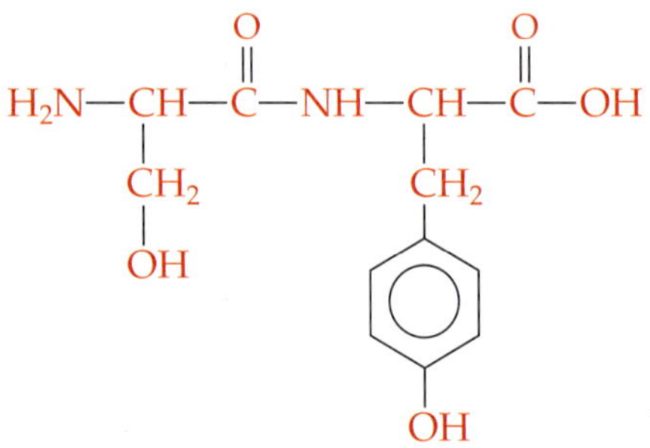

13. (1) Ala–Gln–Met; (2) Ala–Met–Gln; (3) Gln–Ala–Me; (4) Gln–Met–Ala; (5) Met–Ala–Gln; (6) Met–Gln–Ala

15. glutamic acid, lysine, and serine

17. In oxytocin, *isoleucine* replaces phenyl alanine and *leucine* replaces arginine.

19. The key represents an *enzyme (E)*.

21. The "teeth" on the key represent an active site on the enzyme molecule.

23. An enzyme is likely to be inactive under experimental conditions where the pH or temperature is too high or too low.

25. A pentose sugar molecule has five carbon atoms.

27. An aldose sugar has an *aldehyde* group and one or more *alcohol* groups.

29. A *monosaccharide* is a simple sugar molecule such as glucose, whereas a *disaccharide* has two simple sugar molecules joined by a glycoside linkage.

31. *Glucose* and *fructose* are joined by a glycoside linkage in sucrose.

33. (a) fat; (b) oil; (c) fat; (d) fat and oil

35.

| Name of Fatty Acid | Structure of Fatty Acid |
|---|---|
| (a) palmitic acid | $HOOC—(CH_2)_{14}—CH_3$ |
| (b) lauric acid | $HOOC—(CH_2)_{10}—CH_3$ |
| (c) myristic acid | $HOOC—(CH_2)_{12}—CH_3$ |

37. A phospholipid has *two* fatty acids and phosphoric acid esterifed to glycerol.

39. $CH_3—(CH_2)_{24}—COO^- Na^+$ and $CH_3—(CH_2)_{29}—OH$

41.

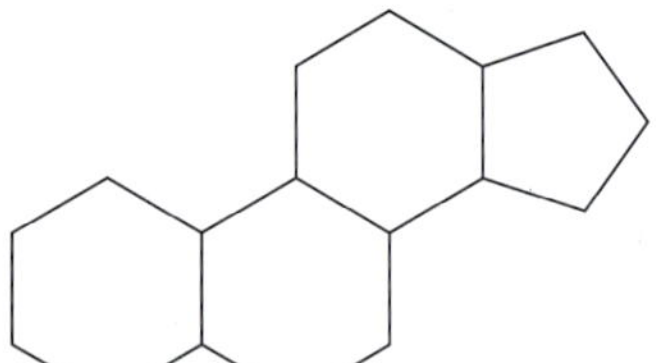

43. deoxyribose sugar, a nitrogen base, and phosphoric acid

45. adenine (A), cytosine (C), guanine (G), and thymine (T)

47. 2 strands of nucleotides

49. 2 hydrogen bonds

51. thymine (T)

53. uracil (U)

55. long and extended

57. When a protein is denatured in aqueous acid, hydrogen bonds are broken and the molecule assumes a random shape.

59. A, D, E, and K

61. ACG, AGC, CAG, CGA, GAC, and GCA

63. *Replication* is the process by which a DNA molecule synthesizes an identical molecule of DNA; whereas, *transcription* is the process by which a DNA molecule synthesizes a complementary strand of RNA.

65. The first step in *replication* is for a DNA molecule to unwind by breaking the hydrogen bonds (A=T and C≡G) that hold the double helix together.

In the second step, each strand of DNA acts as a template to synthesize a complementary strand of DNA. That is, a nucleotide in the template strand that contains the base adenine (A) codes for thymine (T) on the growing strand; cytosine (C) codes for guanine (G); guanine (G) codes for cytosine (C); and thymine (T) codes for adenine (A).

At the conclusion, each pair of template strands and complementary strands are joined by hydrogen bonds (A=T and C≡G) and the two resulting structures are exact duplicates of the original DNA molecule. Thus, two identical molecules of DNA are produced from one molecule of DNA.

APPENDIX

# J 자율 테스트 답

## Chapter 1 — Self-Test

1. (c) 2. (b) 3. (e)

### Key Concept

4. The image of a cube creates a dual perception. By mentally pulling the red dot, the front face of the cube appears to be down and to the right. By mentally pushing the red dot, the front face of the cube appears to be up and to the left.

### Critical Thinking

5. Chemical evolution is a *scientific theory* because it is not measurable, and the relationship between elements is not expressed as a mathematical equation.

6. Biological evolution is a *scientific theory* because it is not measurable, and the relationship between species is not expressed as a mathematical equation.

## Prerequisite Science Skills — Self-Test

1. (d) 2. (b) 3. (e) 4. (b) 5. (c) 6. (a) 7. (c)

### Key Concepts

8. Round off the answer in the display after the final calculation. Rounding off the final answer is more accurate, and convenient.

### Critical Thinking

9. Note the exponent for the mass of an alpha and beta particle. Since $10^{-24}$ g is four powers of 10 greater than $10^{-28}$ g, the alpha particle is much heavier.

10. Precious metals such as silver and gold are weighed in units of troy ounces, whereas base metals such as aluminum and iron are weighed in avoirdupois ounces. However, a gram is a constant unit of mass in the metric system. Thus, an ounce of silver (31.1 g) weighs more than an ounce of aluminum (28.4 g).

## Chapter 2 — Self-Test

1. (e) 2. (a) 3. (b) 4. (c) 5. (d) 6. (e) 7. (a) 8. (c) 9. (b) 10. (d)

### Key Concepts

11. Fool's gold ($d = 5.00$ g/mL) sinks in water, but rests on mercury. The gold nugget ($d = 18.3$ g/mL) sinks in both water and liquid mercury ($d = 13.6$ g/mL), and comes to rest at the bottom of the glass cylinder.

12. Since the absolute scale begins at zero Kelvin, the coldest possible temperature is 0 K; for comparison, 0 °F is 523 K, and 0 °C is 273 K.

### Critical Thinking

13. The mass of a silver dime is greater than a zinc penny because silver metal is more dense than zinc metal.

14. Gasoline and chloroform are insoluble in water. Add a few drops of each liquid to water and observe if they sink or float. Gasoline ($d = 0.70$ g/mL) is *less dense* than water ($d = 1.00$ g/mL), so it floats. Chloroform ($d = 1.5$ g/mL) is *more dense* than water, so it sinks.

## Chapter 3 — Self-Test

1. (d) 2. (a) 3. (e) 4. (c) 5. (d) 6. (b) 7. (c) 8. (a) 9. (b) 10. (d)

### Key Concepts

11. (a) liquid; (b) gas; (c) solid

12. (a) heterogeneous mixture; (b) compound; (c) element; (d) homogeneous mixture

13. The photo shows a mineral and illustrates a heterogeneous mixture. The model illustrates a molecule of $S_8$, which is an element.

14. The molecular formula for aspirin is $C_9H_8O_4$.

### Critical Thinking

15. Ice floating in water is an example of a heterogeneous mixture because ice and water have different densities, and can be separated by physical methods.

16. The properties of an element (Co) and its compounds (CoO, $Co_2O_3$, $Co(NO_3)_3$) are not related, and their physical and chemical properties are different.

17. When a playground swing is at its lowest point, the potential energy is minimum, and kinetic energy is maximum.

18. On a roller coaster ride the potential energy is greatest when the coaster is at its highest point. As the coaster travels down, it loses potential energy and gains kinetic energy. Thus, the potential energy is maximum, and the kinetic energy is minimum, when the roller coaster is at its highest point.

19. The conservation of mass law applies to ordinary chemical reactions. For nuclear reactions, the energy change is so large that there is a measurable loss of mass. That is, the Sun is a huge nuclear reactor that converts hydrogen into helium while losing some mass, which is converted to energy.

20. The conservation of mass and energy law explains the mass difference for the conversion of two hydrogen atoms to a helium atom.

## Chapter 4 — Self-Test

1. (d) 2. (a) 3. (d) 4. (b) 5. (a) 6. (d) 7. (c) 8. (a) 9. (e) 10. (b) 11. (d)

### Key Concepts

12. In the analogy "like a marble in Dallas Cowboys Stadium" the marble represents the atomic nucleus, and the stadium represents the entire atom.

13. In the analogy, the missile represents an alpha particle and the planets in our solar system represent atomic nuclei.

14. An *electron* is to electricity, as a *photon* is to light.

15. The evidence for electrons occupying fixed energy states is a line spectrum; that is, the "atomic fingerprint" of an element.

## Critical Thinking

16. If the two isotopes, Cu-63 and Cu-65, were each 50% abundant, the atomic mass would be approximately 64 amu. Since the atomic mass of copper is 63.55, the lighter isotope, Cu-63, is more abundant.
17. No, atoms of different elements have different atomic numbers, and cannot have the same number of protons.
18. Yes, atoms of different elements can have the same mass number, and the same number of neutrons.

## Chapter 5 — Self-Test

1. (e) **2.** (a) **3.** (c) **4.** (c) **5.** (c) **6.** (a) **7.** (d) **8.** (e) **9.** (b) **10.** (c)

## Key Concepts

11. The metallic character *decreases* up a group of elements, and generally *decreases* from left to right in a given period.
12. The atomic radius *decreases* up a group of elements, and generally *decreases* from left to right in a given period.
13. The ionization energy *increases* up a group of elements, and generally *increases* from left to right in a given period.
14. Elements in the same group react to form compounds with similar chemical formulas; for example, P and As are in Group VA/15 and react with oxygen to form $P_2O_5$ and $As_2O_5$, respectively.

## Critical Thinking

15. *Yes*, ions of different elements can have the same number of electrons. For example, $Na^+$ and $Mg^{2+}$ each have 10 electrons.
16. *No*, ions of different elements have a different number of protons.
17. *Yes*, ions of different elements can have the same number of neutrons. For example, $O^{2-}$ and $F^-$ each have isotopes with 10 neutrons (O-18 and F-19).
18. The yellow substance appears to be sulfur powder. The gray substance appears metallic, so it must be the semimetal antimony. By elimination, the orange substance must be antimony sulfide, $Sb_2S_3$.

## Chapter 6 — Self-Test

1. (c) **2.** (b) **3.** (a) **4.** (c) **5.** (d) **6.** (d) **7.** (b) **8.** (a) **9.** (b) **10.** (d)

## Key Concepts

11. NaCl is a binary ionic compound; $NaClO_3$ is a ternary ionic compound; HCl is a binary molecular compound; HCl(*aq*) is a binary acid; $HClO_3$(*aq*) is a ternary oxyacid
12. NaCl is named using an *–ide* suffix; that is, sodium chloride.
13. $NaClO_3$ is named using an *–ate* suffix; that is, sodium chlorate.
14. $NaClO_2$ is named using an *–ite* suffix; that is, sodium chlorite.
15. HCl(*aq*) is named as a *hydro* + *nonmetal stem* + *ic* acid; that is, hydrochloric acid.
16. $HClO_3$(*aq*) is named *nonmetal stem* + *ic* acid; that is, chloric acid.
17. $HClO_2$(*aq*) is named *nonmetal stem* + *ous* acid; that is, chlorous acid.

## Critical Thinking

18. Copper predictably loses two 4*s* electrons giving $Cu^{2+}$. Copper can also lose one 4*s* electron giving $Cu^+$. This ion is especially stable as the remaining 4*s* electron can move into the 3*d* sublevel, thus filling the third energy level.
19. Predictably, iron loses two 4*s* electrons giving $Fe^{2+}$. Iron can lose an additional 3*d* electron giving $Fe^{3+}$. This ion is especially stable as the 3*d* sublevel is half-filled. A half-filled 3*d* sublevel has one electron in each of the five 3*d* orbitals.
20. White chalk is made by grinding limestone into a fine powder and pressing the powder into chalk. Marble is a crystalline form of the mineral found naturally.

## Chapter 7 — Self-Test

1. (d) **2.** (a) **3.** (a) **4.** (a) **5.** (a) **6.** (d) **7.** (c) **8.** (c) **9.** (b) **10.** (e) **11.** (d)

## Key Concepts

12. $4\,Fe(s) + 3\,O_2(g) \rightarrow 2\,Fe_2O_3(s)$
13. $Ca(HCO_3)_2(s) \xrightarrow{\Delta} CaCO_3(s) + H_2O(g) + CO_2(g)$
14. $Zn(s) + Ni(NO_3)2(aq) \rightarrow Zn(NO_3)_2(aq) + Ni(s)$
15. $HNO_3(aq) + NH_4OH(aq) \rightarrow NH_4NO_3(aq) + HOH(l)$
16. $C_2H_5OH(l) + 3\,O_2(g) \xrightarrow{spark} 2\,CO_2(g) + 3\,H_2O(g)$

## Critical Thinking

17. $HC_2H_3O_2(aq) + NaHCO_3(aq) \rightarrow NaC_2H_3O_2\,(aq) + H_2O(l) + CO_2(g)$
18. $Pb(C_2H_3O_2)_2(aq) + 2\,NaI(aq) \rightarrow PbI_2(s) + 2\,NaC_2H_3O_2\,(aq)$

## Chapter 8 — Self-Test

1. (a) **2.** (c) **3.** (b) **4.** (c) **5.** (e) **6.** (b) **7.** (c) **8.** (b) **9.** (d)

## Key Concepts

10. The mass is found in the periodic table. One atom of aluminum has a mass of 26.98 amu, and Avogadro's number of atoms has a mass of 26.98 g.
11. The mass is found in the periodic table. One atom of iodine has a mass of 126.90 amu, and Avogadro's number of atoms has a mass of 126.90 g.
12. Avogadro's number of steel balls has an estimated mass equal to Earth.
13. Avogadro's number of small marbles has a volume equal to the Moon.

## Critical Thinking

14. No. Ten trillion ($1 \times 10^{13}$) copper atoms weigh $1 \times 10^{-9}$ g, which is much less than a mass of 1 1 $\mu$g($1 \times 10^{-6}$ g).
15. A 1-carat diamond has about $1 \times 10^{22}$ carbon atoms. A googol ($1 \times 10^{100}$) of atoms is many more than the number of atoms in a 1-carat diamond.

## Chapter 9 — Self-Test

1. (b) **2.** (c) **3.** (c) **4.** (c) **5.** (d) **6.** (a) **7.** (b) **8.** (b) **9.** (c)

## Key Concepts

10. A balanced chemical equation is necessary before solving a stoichiometry problem.
11. Typically, *three* unit factors are required to solve a mass-mass problem.
12. Typically, *three* unit factors are required to solve a mass-volume problem.
13. Typically, only *one* unit factor is required to solve a volume–volume problem because the coefficients of the balanced equation are in the same ratio as the volumes of gaseous reactants and products.

## Critical Thinking

14. The limiting reactant is gasoline; the excess reactant is oxygen in air.
15. (a) 2 $Ag_2S$, 2 excess S atoms (Ag is limiting reactant)
    (b) 2 $Ag_2S$, 2 excess Ag atoms (S is limiting reactant)

## Chapter 10 — Self-Test

1. (c) **2.** (e) **3.** (c) **4.** (d) **5.** (b) **6.** (d) **7.** (c) **8.** (a) **9.** (b) **10.** (e) **11.** (a)

## Key Concepts

12. As the steam cools inside the capped can, it condenses to a liquid, thus reducing gaseous molecules and the pressure inside the can. The pressure outside the can is greater than inside, and atmospheric pressure crushes the can.
13. You would be repulsed first because $H_2S$ (34 amu) has less molecular mass than $C_3H_6O_2$ (74 amu), so the molecules of $H_2S$ move faster.
14. If you check tire pressure after driving a few miles, the pressure increases because road friction has heated the tire and the air molecules inside, which are moving faster and colliding more frequently.
15. At the top of the mountain the atmospheric pressure is less than the pressure inside the bottle, so the plastic bottle bulges.

## Critical Thinking

16. The balloon rises because the density of air inside the balloon is less than outside. Heating air in a hot-air balloon causes air molecules to move faster and escape so as to equalize pressure inside and outside the balloon.
17. If you release a helium balloon into the air, the volume of the balloon increases as it ascends because atmospheric pressure outside the balloon is less at higher elevations.
18. The water bottle bulges on a hot day because the vapor pressure of water in the bottle increases and the pressure inside the bottle is greater than outside.
19. The water bottle at a colder temperature in a refrigerator collapses because the vapor pressure of water inside the bottle is less than outside.

## Chapter 11 — Self-Test

1. (a) **2.** (c) **3.** (d) **4.** (c) **5.** (b) **6.** (e) **7.** (c) **8.** (e) **9.** (b) **10.** (b)

## Key Concepts

11. A beehive surrounded by flying honey bees is analogous to the gaseous physical state. If honey bees move about faster near a fire, their movement is analogous to gas molecules when a gas is heated.
12. As the water freezes to a solid, water molecules will form hydrogen bonds and the volume will expand. Thus, the cap will pop off, or the bottle will break.

## Critical Thinking

13. In Los Angeles, water boils at 100 °C. In Denver at a mile-high elevation, water boils at 95 °C because the atmospheric pressure is lower. Eggs cook slower at lower temperatures, and it takes longer to hard boil an egg.
14. Water has a concave lens because there is *attraction* between water and glass. Mercury has a convex lens because there is *repulsion* between mercury and glass.

## Chapter 12 — Self-Test

**1.** (a) **2.** (d) **3.** (e) **4.** (d) **5.** (b) **6.** (e) **7.** (c) **8.** (b) **9.** (c) **10.** (a)

## Key Concepts

11. The three diagrams represent (a) atoms, (b) molecules, and (c) formula units; for example, (a) Na atoms, (b) $H_2O$ molecules, and (c) NaCl formula units.
12. The HF molecule is most polar because F is the most electronegative element in Group VIIA/17.
13. A water molecule has two pairs of nonbonding electrons on the oxygen atom, and two hydrogen atoms. Thus, *four* $H_2O$ molecules can attach directly to a single $H_2O$ molecule by hydrogen bonds (see Figure 11.12).
14. The electron pair geometry of $CHCl_3$ is *tetrahedral*, and the molecular shape is *tetrahedral*.

## Critical Thinking

15. Sulfur dioxide has two resonance structures: O═**S**—O and O—**S**═O. A double bond is stronger than a single bond, but due to resonance, the two bonds are equivalent, and each has the same bond energy and bond length.
16. Sulfur trioxide has three resonance structures; one double bond and two single bonds. A double bond is stronger than a single bond, but due to resonance, the three bonds are equivalent, and each has the same bond energy and bond length.
17. The electron pair geometry in both $H_2O$ and $H_3O^+$ is tetrahedral. However, in $H_2O$ the molecular shape is *bent*, and in $H_3O^+$ the molecular shape is *trigonal pyramidal.*
18. The electron pair geometry in both $NH_3$ and $NH_4^+$ is tetrahedral. However, in $NH_3$ the molecular shape is *trigonal pyramidal*, and in $NH_4^+$ the molecular shape is *tetrahedral.*

## Chapter 13 — Self-Test

**1.** (a) **2.** (c) **3.** (b) **4.** (d) **5.** (d) **6.** (c) **7.** (b) **8.** (b) **9.** (c) **10.** (d) **11.** (c)

## Key Concepts

12. Bubbles form on the inside surface of a pan when the water is heated because water contains air and the solubility of a gas in water is less as the temperature increases.
13. Peanut butter can dissolve grease in clothing because peanut butter and grease are both nonpolar.
14. Powdered sugar dissolves faster because the solute particles are smaller than granulated sugar, and thus greater surface area to be attacked by solvent water molecules.

## Critical Thinking

15. Lake Green has more dissolved oxygen gas. Lake Nuclear cools a nuclear power plant and the heat raises the temperature of the water. At a higher temperature (Lake Nuclear), the solubility of oxygen gas is less.
16. At the conceptual level for NaCl, there is less attraction between $Na^+$ and $Cl^-$ ions than the ion attraction for water molecules. Conversely, with AgCl there is more attraction between $Ag^+$ and $Cl^-$ ions than the ion attraction for solvent water molecules.

## Chapter 14 — Self-Test

**1.** (e) **2.** (d) **3.** (b) **4.** (d) **5.** (a) **6.** (d) **7.** (e) **8.** (c) **9.** (b) **10.** (c) **11.** (a)

## Key Concepts

12. We must always start with a balanced equation before applying unit analysis to solve an acid-base titration problem.
13. The bright light indicates Beaker X contains a strong electrolyte such as $H_2SO_4$, which is highly ionized. The dim light indicates Beaker Y has a weak electrolyte such as $H_2SO_3$, which is slightly ionized.

## Critical Thinking

14. A "fishy smell" due to a basic organic compound can be neutralized using an acid. Household vinegar contains acetic acid, which can neutralize the fish odor.
15. Since phenolphthalein is colorless in acid, and bromthymol blue is yellow in acid, the color of the solution in the test tube will be yellow.
16. At the molecular level, it requires less energy to break H—Cl bonds than to break H—F bonds. In addition, more energy is released by the solvent water molecules surrounding $H^+$ and $Cl^-$ than $H^+$ and $F^-$.

## Chapter 15 — Self-Test

1. (b) **2.** (d) **3.** (e) **4.** (c) **5.** (a) **6.** (b) **7.** (c) **8.** (d) **9.** (e) **10.** (b)

## Key Concepts

11. The *unit analysis method* converts a given value to an unknown value by applying one or more unit factors.
12. The *algebraic method* requires rearranging variables in an equation to calculate an unknown quantity.
13. *Concept mapping* traces the relationship of chemical concepts by connected boxes.
14. *Visualization* helps to understand concepts that cannot be observed directly.

## Critical Thinking

15. The given value must have compound units, for example, g/mL.
16. a. The molar mass of a substance can be found by summing the masses of each element in the periodic table; or, by using an online reference.
    b. The physical properties of a substance can be found online, or, by using a reference book, such as the *Handbook of Chemistry and Physics.*

## Chapter 16 - Self-Test

**1.** (d) **2.** (a) **3.** (b) **4.** (a) **5.** (e) **6.** (b) **7.** (d) **8.** (e) **9.** (d)

## Key Concepts

10. The reaction profile shows products at a higher energy level than reactants; thus, the profile represents an endothermic reaction.
11. $K_{eq} = [O_3]^2/[O_2]^3$
12. After heating an endothermic reaction, the equilibrium shifts to the right.
13. After reducing the volume of a reaction in which products have fewer molecules than reactants, the equilibrium shifts to products on the right.
14. After adding a catalyst, the rate increases, but there is *no shift* in equilibrium.

## Critical Thinking

15. In a coal mine, small particles of coal dust in the air provide a large surface area for reaction. In a charcoal barbecue, the briquettes have less surface area to contact oxygen in air.
16. At equilibrium, the rate of evaporation of the liquid equals the rate of condensation of the vapor.

## Chapter 17 — Self-Test

**1.** (a) **2.** (a) **3.** (b) **4.** (d) **5.** (b) **6.** (e) **7.** (e)

## Key Concepts

8. Given the redox reaction:
   $H_2O_2(aq) + NO_2^-(aq) \rightarrow H_2O(l) + NO_3^-(aq)$
   a. $H_2O(l) + NO_2^-(aq) \rightarrow NO_3^-(aq) + 2\,H^+(aq) + 2\,e^-$
   b. $2\,e^- + 2\,H^+(aq) + H_2O_2(aq) \rightarrow 2H_2O(l)$
   c. $NO_2^-(aq)$
   d. $H_2O_2(aq)$
   e. $H_2O_2(aq)$
   f. $NO_2^-(aq)$
9. Given the voltaic cell shown:
   a. $Mn(s) \rightarrow Mn^{2+}(aq) + 2\,e^-$
   b. $Fe^{2+}(aq) + 2\,e^- \rightarrow Fe(s)$
   c. anode: Mn; cathode: Fe
   d. Electrons flow from Mn anode to Fe cathode.
   e. $SO_4^{2-}$ ions flow from Fe compartment to Mn compartment.

## Critical Thinking

10. As a NiCad battery is *discharging,* Cd is being *oxidized.*
11. As a NiCad battery is *recharging,* $Ni(OH)_2$ is being *oxidized.*
12. Zinc metal is undergoing *oxidation,* while silver oxide is undergoing *reduction.*

## Chapter 18 — Self-Test

1. (c) **2.** (d) **3.** (b) **4.** (d) **5.** (d) **6.** (c) **7.** (b) **8.** (c) **9.** (d) **10.** (e)

## Key Concepts

11. (a) ${}^{238}_{92}U \rightarrow {}^{234}_{92}U + {}^{4}_{2}He$
    (b) ${}^{239}_{92}U \rightarrow {}^{239}_{93}Np + {}^{0}_{-1}e$
    (c) ${}^{40}_{19}K \rightarrow {}^{40}_{18}Ar + {}^{0}_{+1}e$
    (d) ${}^{40}_{19}K + {}^{0}_{-1}e \rightarrow {}^{40}_{18}Ar$
12. $1\,n^0 \rightarrow 3\,n^0 \rightarrow 9\,n^0$
13. positron, ${}^{0}_{+1}e$

## Critical Thinking

14. ${}^{210}_{82}Pb \rightarrow {}^{210}_{83}Bi + {}^{0}_{-1}e$
15. ${}^{249}_{97}Bk + {}^{48}_{20}Ca \rightarrow {}^{294}_{117}Ts + 3\,{}^{1}_{0}n$

## Chapter 19 — Self-Test

**1.** (a) **2.** (b) **3.** (a) **4.** (b) **5.** (e) **6.** (c) **7.** (b) **8.** (d) **9.** (e) **10.** (d)

## Key Concepts

11. alcohol: $CH_3—CH_2—OH$; ether: $CH_3—O—CH_3$
12. aldehyde: $CH_3—CH_2—CHO$; ketone: $CH_3—CO—CH_3$
13. carboxylic acid: $CH_3—CO—OH$; ester: $H—CO—OCH_3$
14. Thyroxine contains the following functional groups (left to right): phenol, organic halide, ether, amine, carboxylic acid.

## Critical Thinking

**15.** a. $CH_3{-}CH(CH_3){-}CH_2{-}C(CH_3)_2{-}CH_3$

b. $CH_3{-}CH(OH){-}CH_2{-}CH_3$

**16.** Caffeine is an *amine;* the *−ine* suffix suggests an amine.

**17.** Cholesterol is an *alcohol;* the *−ol* suffix suggests an alcohol.

**18.** Cortisone is a *ketone;* the *−one* suffix suggests a ketone.

## Chapter 20 — Self-Test

**1.** (a) **2.** (c) **3.** (c) **4.** (a) **5.** (a) **6.** (b) **7.** (d) **8.** (e) **9.** (d) **10.** (e)

## Key Concepts

**11.**

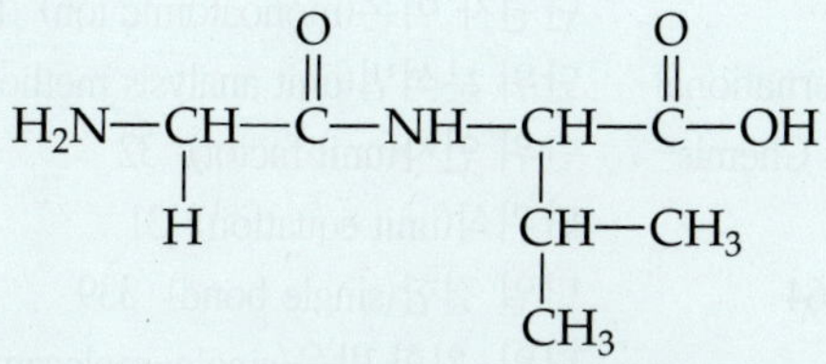

**12.** $$\underset{\text{sucrose}}{C_{12}H_{22}O_{11}} + \underset{\text{water}}{H_2O} \xrightarrow{H^+} \underset{\text{glucose}}{C_6H_{12}O_6} + \underset{\text{fructose}}{C_6H_{12}O_6}$$

**13.** A *lipid* is a water-insoluble fat, oil, or wax.

**14.** A *nucleic acid* is a polymer of a sugar, a base, and phosphoric acid.

**15.**

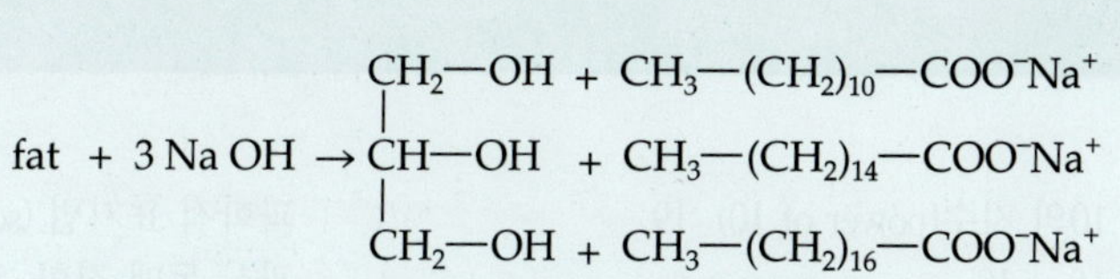

The products are glycerol and soap. The soap is composed of the sodium salts of lauric acid, palmitic acid, and stearic acid.

**16.**

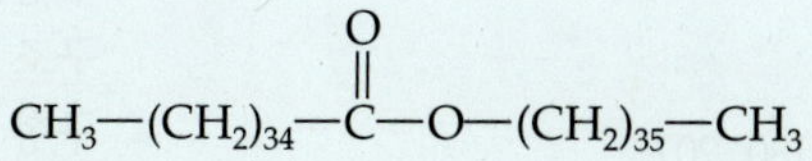

**17.** During DNA replication, an adenine base will code for *thymine.*

**18.** During DNA transcription, an adenine base will code for *uracil.*

## Critical Thinking

**19.** a. Nucleotide A shows the sugar deoxyribose and the base adenine; thus, nucleotide A is found in DNA.

b. Nucleotide B shows the sugar ribose and the base cytosine; thus, nucleotide B is found in RNA.

# 찾아보기

### ㅈ



### ㅊ



### ㅋ

**화학교재편찬위원회**

고한중, 곽지훈, 김수종, 김재유, 김정대, 김정호, 김해진, 마상용, 박범석, 박주훈, 변부형, 송재희, 신은주, 심상덕, 심재호, 안명석, 안삼영, 엄인용, 윤기남, 이갑용, 이기승, 이기완, 이상진, 이상협, 이인철, 이창섭, 이현철, 임우택, 장효원, 조동회, 지광환, 최대옥, 최동성, 최원호, 표명호, 하동수

가나다 순

제 8 판

**일반화학** 개념과 비판적 사고

초판인쇄 2018년 2월 20일
초판발행 2018년 2월 25일

지은이 Charles H. Corwin
엮은이 화학교재편찬위원회
펴낸이 홍정수
펴낸곳 탐구당

출판등록 1950. 11. 1 서울 제 03-00993호
140-011 서울특별시 용산구 한강로1가 158
전화 (02)3785 - 2211 | 팩스 (02)3785 - 2272
E-mail : tamgudang@tamgudang.co.kr
http://www.tamgudang.co.kr

값 35,000 원
ISBN 978-89-6499-037-7 93430

「이 도서의 국립중앙도서관 출판예정도서목록(CIP)은 서지정보유통지원시스템 홈페이지(http://seoji.nl.go.kr)와 국가자료공동목록시스템(http://www.nl.go.kr/kolisnet)에서 이용하실 수 있습니다.(CIP제어번호: CIP2018002651)」

## Metric Prefixes

| Prefix | Symbol | Multiple or Fraction | | |
|---|---|---|---|---|
| exa | E | 1,000,000,000,000,000,000 | = | $1 \times 10^{18}$ |
| peta | P | 1,000,000,000,000,000 | = | $1 \times 10^{15}$ |
| tera | T | 1,000,000,000,000 | = | $1 \times 10^{12}$ |
| giga | G | 1,000,000,000 | = | $1 \times 10^{9}$ |
| mega | M | 1,000,000 | = | $1 \times 10^{6}$ |
| kilo | k | 1000 | = | $1 \times 10^{3}$ |
| hecto | h | 100 | = | $1 \times 10^{2}$ |
| deca | da | 10 | = | $1 \times 10^{1}$ |
| deci | d | 0.1 | = | $1 \times 10^{-1}$ |
| centi | c | 0.01 | = | $1 \times 10^{-2}$ |
| milli | m | 0.001 | = | $1 \times 10^{-3}$ |
| micro | $\mu$ | 0.000 001 | = | $1 \times 10^{-6}$ |
| nano | n | 0.000 000 001 | = | $1 \times 10^{-9}$ |
| pico | p | 0.000 000 000 001 | = | $1 \times 10^{-12}$ |
| femto | f | 0.000 000 000 000 001 | = | $1 \times 10^{-15}$ |
| atto | a | 0.000 000 000 000 000 001 | = | $1 \times 10^{-18}$ |

## English–Metric Equivalents

| Quantity | English Unit | Metric Equivalent | | |
|---|---|---|---|---|
| length | 1 inch (in.) | 1 in. | = | 2.54 cm |
| mass | 1 pound (lb) | 1 lb | = | 454 g |
| volume | 1 quart (qt) | 1 qt | = | 946 mL |
| time | 1 second (sec) | 1 sec | = | 1.00 s |

## Temperature Equivalents

$\frac{9}{5}$°C + 32 = °F

°C + 273 = K

## Energy Equivalents

| | | |
|---|---|---|
| 1 calorie (cal) | = | 4.184 joules (J) |
| 1 kilocalorie (kcal) | = | 1000 calories (cal) |

## Physical Constants

| | | |
|---|---|---|
| Avogadro's number | = | $6.02 \times 10^{23}$ |
| Molar volume of a gas | = | 22.4 L @ STP |

# Common Monoatomic Cations

## —*Stock System*

| Cation | Name | Cation | Name |
|---|---|---|---|
| $Al^{3+}$ | aluminum ion | $Li^{+}$ | lithium ion |
| $Ba^{2+}$ | barium ion | $Mg^{2+}$ | magnesium ion |
| $Cd^{2+}$ | cadmium ion | $Mn^{2+}$ | manganese(II) ion |
| $Ca^{2+}$ | calcium ion | $Hg_2^{2+}$ | mercury(I) ion |
| $Co^{2+}$ | cobalt(II) ion | $Hg^{2+}$ | mercury(II) ion |
| $Co^{3+}$ | cobalt(III) ion | $Ni^{2+}$ | nickel(II) ion |
| $Cu^{+}$ | copper(I) ion | $K^{+}$ | potassium ion |
| $Cu^{2+}$ | copper(II) ion | $Ag^{+}$ | silver ion |
| $Cr^{3+}$ | chromium(III) ion | $Na^{+}$ | sodium ion |
| $H^{+}$ | hydrogen ion | $Sr^{2+}$ | strontium ion |
| $Fe^{2+}$ | iron(II) ion | $Sn^{2+}$ | tin(II) ion |
| $Fe^{3+}$ | iron(III) ion | $Sn^{4+}$ | tin(IV) ion |
| $Pb^{2+}$ | lead(II) ion | $Zn^{2+}$ | zinc ion |
| $Pb^{4+}$ | lead(IV) ion | | |

## —*Latin System*

| Cation | Name | Cation | Name |
|---|---|---|---|
| $Co^{2+}$ | cobaltous ion | $Pb^{2+}$ | plumbous ion |
| $Co^{3+}$ | cobaltic ion | $Pb^{4+}$ | plumbic ion |
| $Cu^{+}$ | cuprous ion | $Hg_2^{2+}$ | mercurous ion |
| $Cu^{2+}$ | cupric ion | $Hg^{2+}$ | mercuric ion |
| $Fe^{2+}$ | ferrous ion | $Sn^{2+}$ | stannous ion |
| $Fe^{3+}$ | ferric ion | $Sn^{4+}$ | stannic ion |

## Common Monoatomic Anions

| Anion | Name | Anion | Name |
|---|---|---|---|
| $Br^-$ | bromide ion | $N^{3-}$ | nitride ion |
| $Cl^-$ | chloride ion | $O^{2-}$ | oxide ion |
| $F^-$ | fluoride ion | $P^{3-}$ | phosphide ion |
| $I^-$ | iodide ion | $S^{2-}$ | sulfide ion |

## Common Polyatomic Cations

| Cation | Name | Cation | Name |
|---|---|---|---|
| $NH_4^+$ | ammonium ion | $H_3O^+$ | hydronium ion |

## Common Polyatomic Anions

| Anion | Name | Anion | Name |
|---|---|---|---|
| $C_2H_3O_2^-$ | acetate ion | $OH^-$ | hydroxide ion |
| $CO_3^{2-}$ | carbonate ion | $ClO^-$ | hypochlorite ion |
| $ClO_3^-$ | chlorate ion | $NO_3^-$ | nitrate ion |
| $ClO_2^-$ | chlorite ion | $NO_2^-$ | nitrite ion |
| $CrO_4^{2-}$ | chromate ion | $ClO_4^-$ | perchlorate ion |
| $CN^-$ | cyanide ion | $MnO_4^-$ | permanganate ion |
| $Cr_2O_7^{2-}$ | dichromate ion | $PO_4^{3-}$ | phosphate ion |
| $HCO_3^-$ | hydrogen carbonate ion | $SO_4^{2-}$ | sulfate ion |
| $HSO_4^-$ | hydrogen sulfate ion | $SO_3^{2-}$ | sulfite ion |